ISBN 978-0-282-70528-2
PIBN 10450507

1 MONTH OF
FREE
READING

at

www.ForgottenBooks.com

By purchasing this book you are eligible for one month membership to ForgottenBooks.com, giving you unlimited access to our entire collection of over 700,000 titles via our web site and mobile apps.

To claim your free month visit:

www.forgottenbooks.com/free450507

English
Français
Deutsche
Italiano
Español
Português

www.forgottenbooks.com

Mythology Photography **Fiction**
Fishing Christianity **Art** Cooking
Essays Buddhism Freemasonry
Medicine **Biology** Music **Ancient
Egypt** Evolution Carpentry Physics
Dance Geology **Mathematics** Fitness
Shakespeare **Folklore** Yoga Marketing
Confidence Immortality Biographies
Poetry **Psychology** Witchcraft
Electronics Chemistry History **Law**
Accounting **Philosophy** Anthropology
Alchemy Drama Quantum Mechanics
Atheism Sexual Health **Ancient History**
Entrepreneurship Languages Sport
Paleontology Needlework Islam
Metaphysics Investment Archaeology
Parenting Statistics Criminology
Motivational

Figurenverzeichniss.

Verzeichniss der Figuren auf den Tafeln.

Verzeichniss der Figuren im Text.

Ueber Spektralanalyse.

Von Dir. Dr. Krumme in Remscheid.

I.

Auf den Wunsch des Herrn Herausgebers dieser Zeitschrift
fasse ich hier die wesentlichsten jetzt durch Spektralanalyse er-
zielten Resultate in einer Form zusammen, welche die Verwendung derselben zu Schulzwecken erleichtert. Die Beschreibung
der zur Herleitung oder Demonstration der Resultate erforderlichen Versuche und Apparate ist der leichteren Uebersichtlichkeit wegen von der Darstellung der Resultate selbst getrennt.
Citate sind nicht beigefügt, jedoch bemerke ich, dass vorwiegend
nur die Werke von Roscoe und Schellen benutzt worden sind,
Auf die Benutzung von Zeichnungen ist der nicht unbedeutenden Herstellungskosten wegen verzichtet worden. Es konnte
das auch um so eher geschehen, als die meisten derselben in
leicht zugänglichen Werken und Zeitschriften enthalten sind
für die Fachgenossen eine kurze Beschreibung aber auch ohnehin genügt. '

Zerlegung des Lichts glühender Körper in seine Bestandtheile.

Aufgabe der Spektralanalyse. Die Spektralanalyse hat
nach der Bedeutung des Wortlauts zum Gegenstande die Zerlegung
des Lichts leuchtender Körper durch ein Prisma oder durch ein
System von Prismen in seine elementaren Bestandtheile. Aus
der Zahl und Qualität der Elementarfarben werden dann
Schlüsse auf die materielle Beschaffenheit der leuchtenden
Körper gemacht. Die einzigen leuchtenden Körper, deren Licht
ein specifisches Merkmal abgibt, sind die Gase, und der eine
Haupttheil der Spektralanalyse lehrt demgemäss aus dem Licht
eines glühenden Gases die chemische Natur desselben erkennen.

Hierbei ist aber vorausgesetzt, dass die leuchtenden Gase vom Auge des Beobachters nicht durch Körper getrennt sind, die das durch sie hindurchgehende Licht qualitativ veründern. Nach einem aus der Theorie des beweglichen Gleichgewichts folgenden Satze absorbiren alle Gase von dem durch sie hindurch gehenden Lichte diejenigen elementaren Bestandtheile, die in dem von dem glühenden Gase ausgeschickten Lichte enthalten sind. Die durch Absorption hervorgebrachten Modifikationen des Lichts gestalten demnach einen Schluss auf die chemische Natur des absorbirenden Gases, und dieses ist die zweite Hauptanwendung der Spektralanalyse.

Analyse des Lichts selbstleuchtender Körper. Das Licht leuchtender fester Körper ist bis zu einer gewissen Temperatur von derselben abhängig. Ein erwärmter aber noch nicht leuchtender Körper schickt nur dunkle Wärmestrahlen aus. Wird die Temperatur gesteigert, und der Körper zum Selbstleuchten erhitzt, so zeigt die Analyse des Lichts durch das Prisma, dass das Licht zunächst roth ist. Durch fernere Steigerung der Temperatur wird die Intensität des rothen Lichts erhöht; gleichzeitig tritt aber auch orangefarbiges Licht hinzu. Durch weitere Erhöhung der Temperatur treten neue Lichtarten zu dem bis dahin ausgestrahlten Lichte hinzu, während gleichzeitig die Intensität der vorher in dem Licht enthaltenen Bestandtheile gesteigert wird. Die qualitative Aenderung des Lichts durch Steigerung der Temperatur erreicht ihr Ende, wenn der Körper weissglühend geworden ist und es tritt auch keine Lichtart zu dem von dem festen weissglühenden Körper ausgestrahlten Lichte hinzu, wenn der Körper durch weiteres Erhitzen feurig flüssig geworden ist.

Zur Weissgluth erhitzte feste oder flüssige Körper zeigen durch ein Prisma oder ein System von Prismen analysirt ein kontinuirliches, weder durch dunkle Linien, noch durch dunkle Bänder unterbrochenes Spektrum. Ein solcher Körper enthält also Licht von jeder Brechbarkeit zwischen derjenigen des äussersten Roth und des äussersten Violett.

Dabei ist jedoch vorausgesetzt, dass zwischen dem weissglühenden festen oder flüssigen Körper und dem Auge des Beobachters oder dem auffangenden Schirme sich kein auswählend absorbirendes Medium befinde. Das Spektrum gestattet demnach keinen Schluss auf die Natur des Körpers.

Das Spektrum glühender Gase. Zum Selbstleuchten erhitzte Gase geben ein Spektrum, welches aus hellen Linien besteht, die durch dunkle oder fast dunkle Zwischenräume getrennt sind. Das Spektrum ist vom Druck des brennenden Gases und von der Temperatur bis zu einer ziemlich weit gelegenen Grenze unabhängig und für die chemische Natur des Gases charakteristisch. Das Spektrum eines jeden glühenden in den gasförmigen Zustand übergeführten Elementes hat nach Zahl und Lage genau bestimmte Linien. Obgleich zu einer genaueren Vergleichung der Spektren die Einrichtung getroffen worden ist, dass zwei Spektren übereinander gelagert waren, sich also mit ihren Längsseiten berührten, so sind doch nur sechs Fälle von Koincidenz heller Linien beobachtet worden. Es gibt also nur sechs helle Linien, von denen jede zwei Elementen angehört, wobei es jedoch weiteren, mit noch mehr vervollkommneten Instrumenten angestellten Beobachtungen vorbehalten bleibt zu bestimmen, ob diese Koincidenz eine wirkliche oder nur eine scheinbare ist. Weil nun das Spektrum eines jeden gasförmigen glühenden Elementes eine charakteristische Eigenschaft dieses Elementes ist, so kann auch die chemische Natur eines Elementes aus dem ihm im gasförmigen und glühenden Zustande zukommenden Spektrum mit derselben Sicherheit erschlossen werden wie durch eine die Natur des Gases feststellende chemische Reaktion. Die Spektralanalyse ist gleichwerthig mit der chemischen Analyse; nur hat erstere vor letzterer den Vorzug der grösseren Empfindlichkeit.

Bestimmung der Lage der hellen Linien eines Gasspektrums. Das nach Kirchhoff benannte, obwohl nur zum Theil von ihm selbst beobachtete und bezeichnete Sonnenspektrum — an der Herstellung betheiligten sich ausser Kirchhoff noch Ångström, Hofmann und Thalén — ist über drei Meter lang und enthält die genaue Angabe aller durch die besten Beobachtungsmittel wahrnehmbaren dunklen Linien und die Vergleichung der Lage dieser Linien mit den (unterhalb des Spektrums markirten) hellen Linien der Spektren einer grossen Anzahl von Elementen. Eine Skale zur genauen Bestimmung der Lage der dunklen Linien wurde dadurch geschaffen, dass zwei Linien,

deren Winkelabstand bei der Beobachtung einem Theilstrich
der Mikrometerschraube entsprach, in der Zeichnung einen Abstand von einem Millimeter hatten. Huggins nahm zum Vergleich nicht das Sonnenspektrum, sondern das Luftspektrum*).
Als Einheit der Skala zur Bestimmung der Lage der Linien
wurde der Abstand zweier Linien genommen, zu deren auf-
einanderfolgender Einstellung das Beobachtungsfernrohr um
15 Sek. gedreht werden musste. Uebrigens sind die Skalen von
Kirchhoff und Huggins nicht mit einander vergleichbar, weil
Kirchhoff im Laufe der Beobachtung die Prismen mehrfach änderte, um für die verschiedenen Strahlen das Minimum der Ablenkung zu erhalten, Huggins dagegen die Stellung der Prismen
so wählte, dass die Natriumlinie D das Minimum der Ablenkung
(198^0) erfuhr und die Stellung während der Dauer der Beobachtung nicht änderte. Endlich gaben Ångstom und Thalén eine
sorgfältige Abbildung des Sonnenspektrums, welche die Wellenlänge jeder Lichtart ohne Weiteres erkennen lässt. Der obere
Rand des Spektrums ist in Millimeter eingetheilt. Die neben
jedem Theilstrich stehende Zahl gibt die Wellenlänge der betreffenden Farbe in Zehnmillionteln eines Millimeters an.

    Spektren von Gasgemengen und chemischen Ver-
bindungen. Wird ein Gemenge von verschiedenen Elementen
in den glühenden gasförmigen Zustand versetzt, so ist das
Spektrum des Gasgemenges eine Uebereinanderlagerung der
Spektren der einzelnen elementaren Bestandtheile des Gemenges.
Das Vorkommen heller Linien im Spektrum eines glühenden
Gases, welches keinem der darin vermutheten Elemente ange-
hörte, hat zur Entdeckung neuer Elemente geführt.

    Das Spektrum einer chemischen Verbindung steht in keiner
einfachen Beziehung zu den Spektren ihrer Elemente. Nach dem

---

*) Der zwischen Platinspitzen in atmosphärischer Luft überspringende
Induktionsfunken gibt, wenn der Zwischenraum zwischen den Spitzen
nicht zu gross ist, ein reines Luftspektrum, das nur zwei oder drei leicht
erkennbare Platinlinien enthält. Der Induktionsapparat hatte eine sekundäre Spirale, deren Drahtlänge 15 englische Meilen betrug. Die Platin-
bleche der Grove'schen Elemente hatten jedes 33 □ ″ Inhalt. Es wurden
meistens zwei (Funkenlänge 3″), häufig auch vier benutzt. Der Hauptstrom war mit einem Kondensator verbunden; in den Nebenstrom war
eine Batterie von 9 leydener Flaschen eingeschaltet, von denen jede einen
Metallbeleg von 140 □ ″ hatte.

Richtung gibt und tritt dann durch einen Spalt. Etwa 30 cm. von
dem Spalt wird eine Linse von grosser Oeffnung (9 cm.) und Brenn-
weite (30 cm.) aufgestellt, die von dem Spalt ein scharfes Bild
auf dem zwischen Beobachter und Spalt aufgestellten Schirm (aus
Pauspapier oder angefeuchtetem Muslin) entwirft. Dicht hinter die
Linse wird dann ein mit Schwefelkohlenstoff gefülltes Prisma gebracht. — Ein wie empfindliches Reagens die Spektralanalyse ist,
mag man aus folgenden Versuchen ersehen. In einer vom Standorte
des für subjektive Beobachtung eingerichteten Spektralapparats möglichst entlegenen Ecke des Beobachtungszimmers (von etwa 60 Ku-
bikmeter Inhalt) wurden 3 mgr. chlorsaures Natron mit Milchzucker
verpufft und gleichzeitig wurde die nicht leuchtende Flamme vor
dem Spalte beobachtet. Schon nach wenigen Minuten gab die
allmählig sich fahlgelblich färbende Flamme eine starke Natriumlinie, welche erst nach 10 Minuten wieder vollständig verschwunden war. Alle Körper, die der Luft ausgesetzt gewesen sind, geben
beim Erhitzen in der Flamme des Bunsen'schen Brenners die gelbe
Natriumlinie. Wird in der Nähe dieser Flamme ein Buch ab-
gestäubt, so färt sich die Flamme gelb. Eine wässerige Chlor-
strontiumlösung von bekanntem Salzgehalt wurde in einem
Platinschälchen über einer grossen Flamme rasch erhitzt, bis
das Wasser verdunstet war und die Schale zu glühen anfing.
Hierbei dekrepitirte das Salz zu mikroskopischen Partikelchen,
die sich als weisser Rauch in die Atmosphäre erhoben. Eine
Wägung des Salzrückstandes in der Schale ergab, dass auf
diese Weise 0,077 gr. Chlorstrontium als feiner Staub in die
77,000 gr. wiegende Luft des Zimmers übergegangen war.
Nachdem die Luft des Zimmers mittelst eines aufgespannten,
in rasche Bewegung gesetzten Regenschirms gleichmässig
durcheinander gemengt worden war, zeigten sich die charakteristischen Linien des Strontiumspektrums sehr schön ausgebildet. — Mittelst der Spektralanalyse sind folgende Metalle
entdeckt worden. Rubidium und Cäsium in den Mineralwassern
von Dürkheim und von Baden (aus 44,000 kgr. Soole wurden
gegen 14 gr. gemischter Salze erhalten), Thallium 1861 von
Crookes in einem Schwefelkies, Indium von Reich und Richter
in einer Zinkblende. — Bei Körpern, welche in hoher Temperatur zersetzt wurden und deren Spektrum sich in Folge
dessen änderte, trat das ursprüngliche Spektrum wieder hervor,

als sich die getrennten Körper beim Erkalten wieder zu der ursprünglichen Verbindung vereinigten. — Das Spektrum des dreifachen Chlorphosphors ist ganz verschieden sowohl vom Spektrum des Chlors als von dem des Phosphors, und die hellen Linien, welche in den Spektren von Kupferchlorid und Kupferjodid sich zeigen, sind nicht allein unter sich abweichend, sondern zeigen auch keine Aehnlichkeit mit dem Spektrum des reinen Kupfers.

schon in dieser einfachen Vergleichung; denn in der gesammten Anwendung kommt keine Forderung der Wiederholung vor.

Beseitigt man also die zwei genannten Fehler, den Gedanken an ein constantes (absolutes) Unendlich und die Forderung eines unendlichen (wiederholten) Gedankenprocesses, zunächst aus der Doctrin, dann aber auch durch entschiedene Berichtigung aus den Ideen der Schüler, wofern sie dieselben aufgenommen haben, so bleibt sicher kein Einwand gegen den Namen übrig; derselbe wird wie jeder von der Wissenschaft eingeführte mit gleicher Bereitwilligkeit als neuer angenommen werden.

Das Unendlichgrosse bietet nach Erklärung des Unendlichkleinen keine neue Schwierigkeit.

Es bleibt noch ein wichtiger Punkt zu erörtern betreffend den Anschluss der eigentlichen Infinitesimalrechnung an die aufgestellte Basis. In der Anwendung der zweiten Erklärung scheiden sich grundsätzlich die höhere und niedere Doctrin. Gleichwie die Betrachtung eines Punktes nichts produciren kann, so auch die einer einzigen Unendlichen. Die höhere Doctrin hat diese Bemerkung sogleich allgemein aufzufassen. Eine Unendliche ist bedeutungslos. Eine zweite muss sich der Erklärung zufolge mit der ersten gleichzeitig verändern. Wäre die Veränderung unabhängig, so wären beide so bedeutungslos wie vorher die eine. Daher beginnt die Bedeutung d. i. Fruchtbarkeit des Begriffs erst, wo mindestens eine Unendliche Function der andern ist, und hiermit nimmt der Begriff seine Stelle in der Functionstheorie ein. In Bezug auf das Weitere verweise ich auf mein Lehrbuch. In der niedern Doctrin gehen wir an jener Bemerkung, so bekannt sie auch dem Lehrer sein muss, vorbei. Sie kommt in der That in ihrer Allgemeinheit nirgends in Betracht. Der Lehrsatz zeigt die Productivität des Begriffs, wenn 2 Unendliche gleichzeitig eingeführt werden, und dieser Satz genügt für alle Anwendung.

In der oben berührten Frage, ob die Lehre vom Unendlichen überhaupt in die Schule gehöre, liegt es mir sehr fern eine absolute Entscheidung zu treffen. Man mag den Gegenstand an sich für instructiv oder vielleicht für unvermeidlich erklären, oder man mag ihn meiden wollen und auch die Lehrmethode ganz davon frei erhalten; für den gegenwärtigen Gesichtspunkt wird das Ergebniss immer dasselbe sein: die Doctrin

muss eine klare Stellung zu dem Element des Unendlichen einnehmen, und der Lehrer muss über das Verhältniss im Reinen
sein, mag er die Theorie als Correctiv gegen falsche Begriffe
in Bereitschaft haben, oder sie sonstwie in Anwendung bringen.

Nehmen wir z. B. die drei berüchtigten Ausdrucksweisen:
I. Parallelen treffen sich in unendlicher Entfernung; II. Der
Kreis ist ein Vieleck von unendlich vielen unendlich kleinen
Seiten; III. 1 dividirt durch 0 ist unendlich gross. Es hat wenig
geholfen, dieselben für Unsinn zu erklären. Es bleibt die
Ueberzeugung, dass es einen richtigen Gedanken giebt, welcher
einer jeden unter ihnen entspricht. Sagen wir lieber: die Sätze
sind falsch — und formuliren wir sie richtig. Sie werden
lauten:

I. Eine Gerade, welche mit der einen von zwei Parallelen
einen unendlich kleinen Winkel bildet, schneidet die andere in
unendlich grosser Entfernung, und umgekehrt.

II. Ein Kreis differirt an Umfang und Inhalt unendlich
wenig von einem Sehnen- oder Tangentenvieleck von unendlich
kleinen Seiten.

III. Der Quotient von 1 dividirt durch eine Unendlichkleine
ist unendlich gross, und umgekehrt.

Allerdings könnten wir auch statt dessen sagen: jene Ausdrucksweisen sind Abkürzungen für die drei genannten Sätze.
Indes, wie gegenwärtig die Sachen liegen, möchte es doch gerathen sein, auf solche Abkürzungen zu verzichten, bis wir bei
jedem Schüler eine hinlängliche Vertrautheit mit dem exacten
Begriff des Unendlichen voraussetzen dürfen.

Steht die Nützlichkeit der drei Sätze in Frage, so ist von
Satz I. zu bemerken, dass mittelst seiner nicht etwa die Paral-
lentheorie bewiesen werden kann. Eben deswegen aber kann
man ihn als einen richtigen, nicht bewiesenen Satz zur Probe
gebrauchen, um die Fehler scheinbarer Beweise mittelst des
Unendlichen zu enthüllen, die sogleich in die Augen fallen, sobald man exacte Begriffe einführt. Satz III. dient als einfachste
Verbindung oder Uebergang zwischen Unendlichkleinen und
Unendlichgrossen, hat aber ausser deren Theorie kaum Anwendung. Satz II. hingegen kann in streng bündiger Weise die
Stelle ausfüllen, über welche man häufig zur Meidung von Umständlichkeit hinwegspringt. In Betreff des Kreisumfangs ver-

tritt er die Definition der Länge, ganz im Sinne der höhern Curventheorie, sofern (nach Satz 3. der Infinitesimaltheorie) es nur eine constante Grösse geben kann, die vom variablen Umfange des Sehnenvielecks unendlich wenig differirt. Satz II. in Anwendung auf die Kreisfläche ist nicht schwer zu beweisen, insbesondere beim regelmässigen Vieleck. Dies einmal als geschehen vorausgesetzt, sei u der Umfang, x der Inhalt des regelmässigen Tangentenvielecks von unendlichkleiner Seite, r der Radius, p der Umfang, c der Inhalt des Kreises; dann differirt die Variable $x = \frac{1}{2} r u$ unendlich wenig von den zwei Constanten c und $\frac{1}{2} r p$; folglich ist nach Satz 3. $c = \frac{1}{2} r p$.

Statt des vollen Kreises konnte man überall einen Kreisbogen nehmen; auch auf andere Curvenbogen ist die Anwendung leicht. Gleichwie die Länge der Bogen lässt sich auch der irrationale Verhältnissexponent irgend welcher Linien oder eine durch Bedingungen bestimmte Irrationalzahl auf Grund jenes Satzes bei nachgewiesener beliebiger Annäherung mittelst letzterer definiren, und die Gültigkeit der an commensurabeln Linien bewiesenen Sätze für incommensurabele folgern.

Ob man von diesen Methoden Gebrauch machen will, scheint mir weniger wichtig, und kann eine eventuelle zweite Frage sein. Erstes Erforderniss ist, dass die Mathematik als Wissenschaft zu ihrem Rechte kommt, dass wir nicht mitten in ihrer Doctrin einen zweifelhaften, unaufgeklärten Punkt dulden. Wir sind im Besitze eines exacten und einfachen Begriffs der unendlichen Grössen; ein davon abweichender exacter Begriff ist nicht aufgestellt worden; es existirt keine methodische Schwierigkeit in Betreff des Unendlichen. Einwände gegen diese Behauptungen, die ich reichlich begründet zu haben glaube, würden mir stets willkommen sein. Es handelt sich darum: Ist der Begriff nebst Anwendung richtig, bestimmt, ausschliessend und leicht fasslich? Ich schliesse mit der Bitte an alle Leser, welche den Vorzug mathematischer Erkenntniss zu würdigen wissen, bei jeder hervortretenden Aeusserung, welche das Unendliche noch wie ehedem für etwas trügerisches, geheimnissvolles, nicht definirbares, für einen disponibeln Gegenstand beliebiger Meinungen und Ansichten ausgeben sollte, auf Entscheidung der vorliegenden Fragen zu bestehen. Hierzu wird es wohl dienlich sein, die

Gegenstände, um welche es sich handelt, durch einfache, entscheidende Merkmale zu kennzeichnen.

Das Unterscheidende der neuen Infinitesimaltheorie allem ältern Verfahren gegenüber besteht in Folgendem. Die unendlichen Grössen sind Variable; sie bezeichnen als solche keine Grössenwerthe. Kein Resultat ist bedingt durch das Verschwinden einer Unendlichkleinen, sondern jedes ist Folgerung aus dessen Eigenschaft. Das Unterscheidende der hier mitgetheilten Methode meiner frühern Bearbeitung gegenüber ist, dass der Begriff des Unendlichkleinen frei von jeder Combination erklärt, und der Hauptsatz der Theorie ohne Bezugnahme auf den Functionsbegriff bewiesen wird.

Zum Capitel der Incorrectheiten.

Von Dr. R. Sturm in Bromberg.

Ich habe bei früherer Gelegenheit*) die Aufmerksamkeit auf die Incorrectheit einer Ausdrucksweise wie: „$AB = CD$ als Gegenseiten des Parallelogramms $ABDC$" gelenkt. Während andere von mir gerügte Incorrectheiten als solche anerkannt worden sind, hat man diese Ausdrucksweise gerade nicht correct genannt, doch besonders ihrer Kürze wegen als zulässig bezeichnet (so auch in der Zeitschrift fürs Gymnasialwesen Herr Professor Rühle, dem ich sonst für die meinen Artikeln aus dem ersten Jahrgange gewährte Anerkennung zu Danke verpflichtet bin). Es wird gesagt, dass „$AB = CD$" ebenso gut interpretirt werden kann: „AB ist gleich CD" als auch „AB und CD sind gleich." Ich meinerseits bin noch immer sehr im Zweifel, ob wirklich diese stilistische Zweideutigkeit gestattet ist: das Gleichheitszeichen steht doch nun einmal in der Mitte zwischen AB und CD und die Formel, welche doch auch ein Satz ist, kann den Regeln über die Satzstellung nicht widersprechen. Andererseits verleitet diese Zweideutigkeit die Schüler, indem sie, besonders in Nebensätzen, das in = versteckte Wort „ist" schreiben, oder auch das Zeichen = durch die Worte „ist gleich" ersetzen, zu folgenden gewiss incorrecten Sätzen:

„Da $AC = CB$ ist als Radien desselben Kreises" oder: „AD ist gleich CB als Gegenseiten u. s. f."; oder: „dann sind Winkel $p = t$".

Die ersten Sätze beweisen auch zu deutlich, dass die Schüler gewöhnlich das = interpretiren durch „ist gleich;" der letzte Satz freilich ist ein Beispiel der durch die umgekehrte Auffassung veranlassten Confusion.

Ich glaube wohl, nicht allein solche Fehler in Schülerheften gefunden zu haben; für derartigen stilistischen Unsinn aber

---

*) Jahrg. I. Hft. 4. S. 272. Vergl. Hft. 2. S. 89—97 und Hft. 4. S. 333.
Die Red.

tragen die Schüler nur halbe Schuld, warum lassen wir (und die Lehrbücher) die falsche Apposition zu? — Was nun überhaupt die Anwendung der Zeichen betrifft, so lasse man ihren Gebrauch nicht überwuchern; obgleich sie in keinem Lehrbuche*) eine solche Schreibweise sehen, schreiben die Schüler nur zu gern überall die Zeichen statt der Worte: z. B. „Die Dreiecke ABC und DEF sind $\cong$" oder „das Viereck $ABCD$ ist ein #" oder gar „als Winkel eines $\triangle$ s". Das ist ein Unfug im Zeichengebrauch.

Diesen Bemerkungen erlaube ich mir wiederum eine Reihe unterdes gesammelter anderer Incorrectheiten anzuschliessen:

Neben das früher gerügte: „$\alpha + \beta = 2R$ als Nebenwinkel" stellt sich: „$\alpha + \beta + \gamma = 2R$ als Winkel eines Dreiecks"; Subject ist die Summe $\alpha + \beta + \gamma$; also richtig: „als Summe der Winkel eines Dreiecks". Man darf eben nur dann kurz sein, wenn dadurch die Correctheit nicht leidet. Falsch ist ferner nach meiner Ansicht: „Ich multiplicire (dividire) eine Gleichung mit einer (durch eine) Grösse, ich addire, subtrahire u. s. f. zwei Gleichungen," denn Gleichungen sind keine Grössen. Richtig ist: „Ich multiplicire (dividire) die beiden Seiten der Gleichung, ich addire, subtrahire u. s. f. beziehlich die linken und rechten Seiten der Gleichungen." Die Einsicht in die Sacheselbst wird ausserdem durch diese Ausdrucksweisen sicher mehr gefördert.

Sind ferner folgende ganz üblichen Ausdrucksweisen richtig:

„Der Sinus eines spitzen Winkels im rechtwinkligen Dreiecke ist gleich der gegenüberliegenden Kathete dividirt durch die Hypotenuse" oder

„Der Flächeninhalt eines Dreiecks ist gleich der Grundlinie mal (multiplicirt mit) der Höhe, dividirt durch 2."?

Also der Sinus ist gleich der durch die Hypotenuse dividirten gegenüberliegenden Kathete? Oder der Flächeninhalt ist (zunächst) gleich der mit der Höhe multiplicirten Grundlinie? (abgesehen davon, dass die Multiplication mit einer Länge gar keinen Sinn hat), und wozu gehört das Particip „dividirt"?

Der Sinus ist danach zunächst eine Länge, desgleichen der Flächeninhalt?

---

*) Und doch! s. z. B. Lehrb. d. Elem. Math. von Nissen, (Schlesw. 1871) II. Th. S. 17. „In jedem $\triangle$ liegt dem grösseren $<$ auch die grössere Seite gegenüber." So durch das ganze für Seminarien bestimmte Buch! D. Red.

Kann man wohl sagen: „3 ist gleich der durch die Länge 4 Meter dividirten Länge 12 Meter," oder: „90 □ᵐ ist gleich der mit der Länge 6ᵐ multiplicirten Länge 15ᵐ 15ᵐ."?

Warum wird nicht stets gesagt:

„Der Sinus u. s. f. ist gleich dem Quotienten der gegenüberliegenden Kathete durch die Hypotenuse (wobei freilich diese Ausdrucksweise, durch welche Dividendus und Divisor unterschieden werden, erst zu recipiren ist)*) oder gleich dem Verhältniss der gegenüberliegenden Kathete zur Hypotenuse."?

Und was den Satz für den Flächeninhalt eines Dreiecks betrifft, so ist freilich, weil die Multiplikation zweier benannter Grössen keinen Sinn hat, nicht einmal möglich zu sagen: „Der Flächeninhalt eines Dreiecks ist gleich dem halben Produkte aus Grundlinie und Höhe," sondern auch hier muss unbedingt, wie auch für die trigonometrischen Sätze, das Beispiel des in dieser Beziehung musterhaften Schlömilch befolgt werden, aus dem ich mir einige Sätze ihrem Wortlaute nach zu citiren erlaube:

Ebene Geometrie S. 71. Die Flächenzahl eines Dreiecks ist das halbe Produkt der Längenzahlen seiner Grundlinie und Höhe.

S. 87. Die Flächenzahlen zweier ähnlichen Vielecke verhalten sich wie die Quadrate der Längenzahlen zweier ähnlich liegenden (homologen) Seiten.

Geometrie des Raumes S. 66. Die Inhaltszahl eines ganz beliebigen Prismas ist das Produkt aus der Flächenzahl seiner Basis und der Längenzahl' seiner Höhe.

S. 69. Die Inhaltszahl einer Pyramide ist der dritte Theil des Produkts u. s. f.

Man sehe G. d. R. S. 70, 163, 165, 167, u. an andern Stellen nach, wie Schlömilch sich bei schwierigeren Formeln hilft, ohne die Correctheit zu verletzen. Oft ist es besser, die Umschreibung einer complicirten Formel in Worten zu vermeiden und sich blos auf die Formel zu beschränken. Was nützt z. B. diejenige für die Formel für sin $(\alpha - \beta)$ bei Kambly Trig. S. 11, da sie doch nicht Minuendus und Subtrahendus unterscheidet?

Wie ungeheuerlich ist die gewöhnliche Umschreibung des Cosinussatzes, nach der der Cosinus eines Winkels zunächst die

---

*) Es würde vielleicht auch genügen, festzusetzen, dass der Divisor immer die zweitgenannte Grösse sei; ähnlich bei der Subtraction der Subtrahendus.

Summe zweier Quadrate ist und. dann das Particip „dividirt"*)
ohne ein zugehöriges Substantiv in der Luft schwebt!

Eine richtige Umschreibung würde sagen: Der Cosinus jedes
Winkels in dem Dreiecke ist gleich dem Bruche, dessen
Zähler die um das Quadrat der Längenzahl der Gegenseite
verminderte Summe der Quadrate der Längenzahlen der beiden
einschliessenden Seiten ist und dessen Nenner das doppelte
Produkt der beiden letzten Längenzahlen ist. Mag es auch
vielleicht noch anders auf correcte Weise und auch noch besser
ausgedrückt werden können, jedenfalls wird die Umschreibung
sehr umständlich und. es ist die Frage, ob dieselbe einen
wesentlichen Nutzen hat, sobald nur in die Formel selbst volles
Verständniss gebracht wird. Schlömilch hat sie für diese und
.ähnliche Formeln ganz unterlassen.

Wir haben bei Schlömilch die genaue Unterscheidung zwischen benannten und unbenannten Grössen beobachtet; wir
kommen nun noch schliesslich auf die Misslichkeiten zu sprechen,
die auch noch in anderer Beziehung aus der Vernachlässigung
dieser Unterscheidung entspringen, und erlauben uns behufs
Entfernung derselben eine einfache Bezeichnung vorzuschlagen.
Buchstaben bedeuten doch sehr oft benannte Grössen, aber
wirr durcheinander wird besonders in trigonometrischen Rechnungen derselbe Buchstabe bald als benannte Grösse, bald blos
als deren Masszahl gebraucht; am Anfang der Aufgabe steht
vielleicht $a = 7^m$, also a eine benannte Grösse, nachher steht
aber log a, während keine benannte Zahl logarithmirt werden kann.

Ich finde z. B. Kambly Trig. S. 16:

$$c = \frac{78''}{\sin 62^0 9' 41''};$$

danach log $c =$ log 78 — log sin 62° 9' 41''; bei 78 ist die Benennung zwar weggelassen (warum das auf einmal erlaubt ist,
wird freilich auch nicht gesagt: „es werden beide Seiten der
Gleichung durch die Einheit der benannten Grösse, hier 1'', dividirt"), aber wie ist zu erkennen, dass die Benennung welche in c
steckt, nun auch wegzulassen ist? Nachher erscheint c wieder benannt: $c = 88,2087''$. Gebe man durch irgend ein Zeichen (etwa

---

*) Das zugefügte „alles" (dividirt) bei Kambly macht die Sache kaum
besser, deutet nur an, dass der Verfasser das Gefühl der Mangelhaftigkeit des Satzes gehabt hat.

durch einen Strich) kund, wann der Buchstabe als benannte Grösse aufzufassen ist; ich erlaube mir mit dieser Bezeichnung eine kleine trigonometrische Aufgabe zu rechnen:

Gegeben ist in einem Dreiecke, die Euler'sche Bezeichnung mit a, b, c, α, β, γ vorausgesetzt:

$$\overline{a} = 13,763^{m}, \ \alpha = 74^{0} \, 36' \, 24'', \ \beta = 61^{0} \, 18' \, 12'';$$

wie gross ist zunächst $\overline{b}$?

$$\frac{\sin \alpha}{\sin \beta} = \frac{a}{b}$$

(indem schon früher gezeigt ist, dass der Quotient zweier [gleichartig benannter] Grössen gleich dem ihrer Masszahlen ist; natürlich wird dies nach der Herleitung des Sinussatzes wiederum betont werden müssen); wird nun logarithmirt, was bei der gewöhnlichen Schreibweise, bei der a und b benannt sind, gar nicht möglich ist, so ergiebt sich:

$$\log \sin \alpha - \log \sin \beta = \log a - \log b,$$

was nach $\log b$ aufgelöst wird; wir erhalten schliesslich

$$\log b = \ \ 1,09777$$
$$b = \ 12,525; \ \text{also} \ \overline{b} = 12,525^{m}.*)$$

Man wird auch leicht erkennen, dass ich den seltener vorkommenden benannten Grössen das Zeichen gegeben habe.

Dass diese Bezeichnung ausserdem auch noch pädagogischen Werth habe, indem sie den Schüler zwingt, stets sich zu überlegen, ob er es mit einer benannten oder unbenannten Zahl zu thun hat, (worüber er jetzt in den seltensten Fällen nachdenkt,) dürfte wohl anerkannt werden.

Die Flächeninhaltsformel für das Parallelogramm heisst ohne Benennung:

$$F = gh,$$

mit der Benennung aber:

$$\overline{F} = \overline{gh}, \ \text{nicht aber} \ \overline{g} \, . \, \overline{h};$$

denn dem Produkte der unbenannten Zahlen g und h wird die den zugehörigen Benennungen entsprechende Flächenbenennung zugefügt.

Ueber die Ausdrücke 0te, 1ste, 2te, 3te Dimension muss dem Schüler natürlich Klarheit verschafft werden.

---

*) Nebenbei bemerkt: die Logarithmen der trigonometrischen Functionen dürfen nach meiner Ansicht von Schülern nie um 10 zu gross, wie in den Tafeln, wo ein typographischer Grund vorliegt, geschrieben werden.

Kleinere Mittheilungen.

Ueber mathematische Beweisführung.

Von Dr. K. Zerlang, Rector der höheren Bürgerschule zu Witten.

a) In der Geometrie.

In der Planimetrie begegnet man häufig paarigen Gruppen von Lehrsätzen, welche unter einander einen bestimmten Zusammenhang haben. Ich wähle als Beispiel folgende vier Sätze:

1) Gleiche Sehnen eines Kreises sind vom Mittelpunkte gleichweit entfernt.

2) Gleichweit vom Mittelpunkte entfernte Sehnen eines Kreises sind einander gleich.

3) Die grössere von zwei Sehnen eines Kreises liegt dem Mittelpunkte näher.

4) Die dem Mittelpunkte nähere von zwei Sehnen eines Kreises ist die grössere.

In dieser Reihenfolge pflegen die Sätze aufzutreten. Ordnet man sie anders, nämlich 1), 3), 2), 4), so lässt sich für sie und alle analogen Satzgruppen ein im Vergleich mit dem gewöhnlichen einfacherer Beweis geben.

Der Kürze wegen mag der Satz 3) der Gegensatz von Satz 1) heissen, weil ihre Voraussetzungen einander entgegengesetzt sind. Dann ist Satz 4) der Gegensatz von 2) oder der Umkehrungsgegensatz von Satz 1).

Das logische Gesetz, auf welches die Beweise zurückgeführt werden sollen, lautet:

Mit einem Satze und seinem Gegensatze (resp. seinen Gegensätzen) gelten auch ihre Umkehrungen.

Die Richtigkeit dieses Gesetzes erhellt sofort, wenn man bedenkt, dass durch den Beweis des Gegensatzes dem Hauptsatze das Wort „nur" eingeschoben wird. Der angeführte Beweis obiger Sätze wird dies noch klarer machen.

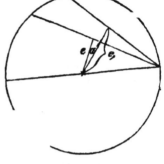

Nachdem Satz 1) in der gewöhnlichen Weise mit Hülfe der Congruenz bewiesen ist, beweise man Satz 3) folgendermassen:

$$e_1 > a > e.$$

Die Sätze 2) und 4) ergeben sich nun mit indirektem Beweise sofort.

Dadurch ist der obige logische Satz gewonnen, dessen Anwendung in allen Fällen dieser Art ohne Weiteres stattfinden kann.

Ist z. B. die Congruenz zweier Dreiecke aus 2 Seiten und ihrem Winkel und als Gegensatz das Wachsen einer Seite mit ihrem Gegenwinkel nachgewiesen, so ergiebt sich die Congruenz zweier Dreiecke aus einer Seite und den beiden anliegenden Winkeln und das Wachsen eines Dreieckswinkels mit seiner Gegenseite von selbst.

Als drittes Beispiel diene der Pythagoras für das rechtwinklige Dreieck mit seinen beiden Gegensätzen für die Gegenseite eines stumpfen, resp. spitzen Dreieckswinkels. Auch hier folgt die Richtigkeit der Umkehrung aller drei Sätze ohne weiteren Beweis.

Neben einer zweckmässigen, auf einem klaren Principe beruhenden Gruppirung solcher zusammengehörigen Sätze und der Kürze der Beweise, sowie ihrer Herleitung aus einem und demselben Grundgedanken scheint hierbei auch der didaktische Vortheil nicht zu unterschätzen zu sein, dass dem Schüler die Gründe klar gelegt werden, warum man Umkehrungssätze indirekt zu beweisen pflegt.

Eine andere Form, im Grunde genommen sogar nur eine specielle Seite des obigen Satzes ist die Contraposition eines Urtheils, seine Umkehrung mit doppelter Verneinung, welche meines Erachtens zu wenig Beachtung beim elementaren Unterrichte in der Mathematik gefunden hat.

Ist dem Schüler klar, dass aus dem Urtheile: „Wenn Regen so Nässe," das zweite: „Keine Nässe, kein Regen" ganz sicher folgt, so weiss er auch, dass, weil bei Parallelen die Summe entgegengesetzter Winkel $2R$ beträgt, bei einer von $2R$ abweichenden Summe dieser Winkel kein Parallelismus der geschnittenen Linien stattfinden kann. Ist, um auch ein Beispiel aus der Physik zu wählen, das Causalitätsgesetz: Wenn eine Wirkung da ist, so ist auch eine Ursache vorhanden, begriffen, so ist auch das Beharrungsgesetz: „Ohne Ursache keine Wirkung, d. h. keine Aenderung im Zustande des Körpers," logisch richtig erfasst, was dem richtigen Verständnisse der empirischen Beweise sehr zu statten kommt.

b) In der Arithmetik.

In den Lehrbüchern der elementaren Arithmetik findet man häufig eine Beweisführung, welche in keiner Weise der wissenschaftlichen Schärfe genügt. Ich wähle als Beispiel den 1. Lehrsatz des § 19 der 12. Auflage von Kambly's Arithmetik, welcher lautet:

Eine Summe dividirt man, indem man ihre Summanden einzeln dividirt und die Theilquotienten addirt.

$$\text{Es ist } \frac{a+b}{c} = \frac{a}{c} + \frac{b}{c};$$

$$\text{Denn } \left(\frac{a}{c} + \frac{b}{c}\right) c = a + b.$$

Der Beweis besteht hier darin, dass das Produkt aus dem Divisor und dem Quotienten der Dividend ist.

Es folgt aber aus diesem Beweise nur die Richtigkeit des Quotienten, keineswegs die Richtigkeit des Lehrsatzes. Der Beweis ist nur eine Rechnungsprobe.

Wie bedenklich diese scheinbare Beweisführung ist, mögen folgende Beispiele zeigen, denen man beim Unterrichte in einer Tertia wohl begegnen kann. Es sei der Quotient $\frac{x^2 - a^2}{x - a}$ zu finden. Der Schüler bildet gern die Regel: Man dividirt x^2 durch x und $- a^2$ durch $- a$. Der Quotient ist $x + a$. Nach dem obigen Beweisverfahren wäre die Regel richtig, weil die Rechnungsprobe $(x + a)(x - a) = x^2 - a^2$ gibt.

Eben so ist nach der falschen und richtigen Regel

$$\frac{x^3 - x^5 - x^7 + x^9}{x^3 - x^4 - x^5 + x^6} = 1 + x + x^2 + x^3.$$

Entsprechend liessen sich auch nach der falschen Regel: „Man multiplicirt Aggregate aus gleichviel Gliedern, indem man ihre gleichvielten Glieder mit einander multiplicirt" die richtigen Produkte

$(x + a)(x - a) = x^2 - a^2$ und

$(1 + x + x^2 + x^3)(x^3 - x^4 - x^5 + x^6) = x^3 - x^5 - x^7 + x^9$

finden. Die richtige Division, also die Rechnungsprobe ergäbe ebenfalls die Richtigkeit des Resultates, aber nicht die Richtigkeit des Satzes.

Folgender Beweis für den angeführten Lehrsatz mag ein Beispiel eines strengeren Beweisverfahrens geben:

$$\frac{a+b}{c} = \frac{\frac{a}{c} \cdot c + \frac{b}{c} \cdot c}{c} = \frac{\left(\frac{a}{c} + \frac{b}{c}\right)c}{c} = \frac{a}{c} + \frac{b}{c}.$$

Der Toricelli'sche Versuch in zweierlei Form.

Von Dir. Dr. Krumme in Remscheid.

Herr Prof. Herm. Schäffer aus Jena theilt mir mit, dass er sich von Greiner & Friederichs in Stützerbach den Apparat von Auzout († 1691) in Glas hat anfertigen lassen. Der Apparat scheint es mir zu verdienen der Vergessenheit entrissen zu werden, weil er den Versuch zu machen gestattet, eine an einem Ende verschlossene, am andern Ende offene, luftleere Röhre mit dem offenen Ende unter Quecksilber zu bringen und dadurch dem Toricelli'schen Versuche eine andere Form zu geben.

Die Röhren A und B des beistehend im Durchschnitt gezeichneten Apparats sind beide über 29 Zoll lang. Wird der Apparat ganz mit Quecksilber gefüllt und mit der Oeffnung c wie mit der freien Oeffnung des Glasrohrs bei Anstellung des Toricelli'schen Versuchs verfahren, so bleibt das Quecksilber in B in der Höhe des Barometerstandes stehen. Oeffnet man dann den Hahn b so steigt das Quecksilber in A bis zur Höhe des Barometerstandes, während es sich natürlich im Rohre B und im Gefässe gleich hoch stellt.

Ueber den Gebrauch der Influenzmaschine auf Schulen.

Von Schlegel in Waren.

Die in Jahrg. II. S. 423 dieser Zeitschrift enthaltene Notiz, dass die Influenzmaschine für Schulen nicht zu empfehlen sei, veranlassten mich, da meine bisherigen Erfahrungen mit einer solchen

Maschine mich gerade zum entgegengesetzten Resultate geführt hatten, zu einigen Versuchen, deren Resultat ich im Folgenden mittheilen will. — Ich bemerke vorher, dass die Versuche mit einer Maschine nach neuster Construction (Holtz) angestellt wurden, wie sie im „Jarbuch der Erfindungen" von Hirzel und Gretschel 1869, S. 150 abgebildet und beschrieben ist.

1. In einem geheizten einfenstrigen Zimmer gelang die Erregung der Electricität vollkommen, nachdem seit ¼ Stunde ein Dutzend Schüler anwesend waren; von einer Abnahme der Wirkung war im Laufe der nächsten halben Stunde nichts zu bemerken.

2. Am Abend eines feuchten Novembertages wurden in dem eben erwähnten Zimmer Thür und Fenster geöffnet, und die vorher erregte Maschine an das offene Fenster gebracht. Nach einer Viertelstunde war die Wirkung der Maschine noch von derselben Güte wie anfangs; später, als die Maschine in's Innere des Zimmers zurückgebracht wurde, hatte der Umstand, dass ich mit durchnässtem Ueberrock davorstand, ebensowenig eine Verringerung ihrer Leistung zur Folge.

3. Gegen den Hauch des Mundes erwies sich die feste Scheibe als ganz unempfindlich; bei der rotirenden Scheibe hatte dieser Versuch nur die Folge, dass die Wirkung der im Gang befindlichen Maschine auf wenige Augenblicke (nämlich bis´ der Beschlag wieder verschwunden war) unterbrochen wurde.

4. Aus dem ungeheizten Zimmer wurde die Maschine in ein Klassenzimmer gebracht, nachdem soeben 30 Schüler, welche sich drei Stunden lang darin aufgehalten, dasselbe verlassen hatten. Die Erregung gelang nicht, auch nicht in der Nähe des Ofens, da derselbe die kalte Scheibe nicht so schnell bis zur Temperatur des Zimmers erwärmen konnte. Als jetzt die Maschine in das ungeheizte Zimmer zurückgebracht wurde, genügte das Abwischen der rotirenden Scheibe an der vorderen Seite und an dem durch die Ausschnitte der festen Scheibe erreichbaren Ringe der hinteren Seite, um sofort die volle Wirkung zu erzielen. Als endlich die einmal in Thätigkeit gesetzte Maschine wieder in das eben erwähnte Klassenzimmer gebracht wurde, blieb ihre Wirkung in der Nähe des Ofens, wenn auch etwas geschwächt, doch genügend, und konnte durch schnelle Drehung bei Näherung der Electroden bis auf 1^{cm} immer wieder verstärkt werden. In einen anderen Theil des Zimmers gebracht, versagte die Maschine.

5. Wurde aber die Maschine, ehe sie in das Klassenzimmer gebracht wurde, erwärmt, ohne erregt zu sein, so gelang in dem soeben von 30 Schülern verlassenen Zimmer, in welchem sie sich vier Stunden lang aufgehalten hatten, auch die Erregung der Electricität.

Aus diesen Versuchen scheint mir zu folgen:

a) Die Influenzmaschine ist gegen Einflüsse der Witterung absolut unempfindlich.

b) Bei trockner Luft ist sie auch gegen die Temperatur des Zimmers unempfindlich.

c) Sobald die rotirende Scheibe ebenso warm, oder wärmer als die umgebende Luft ist, gelingt selbst die Erregung auch in feuchter Luft.

d) In erregtem Zustande ist die Maschine unempfindlicher als in ruhendem. Die erregte Maschine kann namentlich eine allmälige Steigerung der Feuchtigkeit um so besser ertragen, in je kürzeren Pausen sie in Bewegung gesetzt wird.

Hieraus folgt, dass man sich in jedem Falle das Gelingen der Versuche durch vorherige Erwärmung der Maschine am Ofen sichern kann. Und da die Maschine neben ihren sonstigen grossen Vorzügen noch mit grösster Bequemlichkeit zu transportiren ist, so scheinen mir gegen ihren Gebrauch in Schulen keine Bedenken vorzuwalten.

Einige arithmetische Aufgaben.

Von Dr. Rudolf Sturm in Bromberg.

An Stelle der Aufgaben, die jetzt in der Combinationslehre und bei den diophantischen Gleichungen gegeben werden, und die meistens nur Spielereien und deshalb von ephemerem Werthe sind, erlaube ich mir einige andere vorzuschlagen, die mehr allgemeinen Werth haben und andern wichtigeren Theilen der Mathematik, besonders der Geometrie zu Gute kommen, so dass diese Vorschläge sich als im Zusammenhang mit der früher von mir geäusserten Ansicht die auch von Andern getheilt wird, stehend zeigen, dass einige dieser, am Schluss des Gymnasialcursus durchgenommenen Capitel der Arithmetik, wie die Kettenbrüche, die diophantischen Gleichungen, die Reihen höherer Ordnung (jedoch nicht die Combinationslehre) zu Gunsten einer intensiveren Behandlung der Geometrie überhaupt aus dem Lehrplan ausgeschieden werden möchten.

Aufgaben zur Combinationslehre:

Bekannter sind noch die, in denen nach der Zahl der Schnittpunkte von *n* Geraden derselben Ebene, der Verbindungslinien von *n* Punkten (in der Ebene oder im Raume), der Schnittpunkte und Schnittlinien von *n* Ebenen, der Ebenen durch *n* Punkte und dergleichen gefragt wird und die durch hinzugefügte Bedingungen (Parallelismus oder andere specielle Lagen der gegebenen Elemente) leicht modificirt werden können.

Weniger oft angewandt dürften wohl folgende sein:

1) Wie viel *n*-Ecke werden durch *n* Punkte gegeben, diejenigen mit sich durchschneidendem Perimeter natürlich mit gerechnet? (Man denke an die 60 Pascalschen Linien beim Hexagramma mysticum.)

2) Wie viele Kreise können drei gegebene Kreise berühren, wenn die innere und äussere Berührung unterschieden wird, und zur Modification auch die möglichen Lagen der 3 gegebenen Kreise in Betracht gezogen werden? Desgleichen, wie viele Kugeln giebt es, welche 4 gegebene Kugeln berühren?

3) Aus wie vielen Aufgaben besteht das Apollonische Tactionsproblem? Ebenso kann man andere Aufgaben zu einem Cyclus vereinigen und nach ihrer Zahl fragen.

4) Wie viele (einfachen) Proportionen bestehen zwischen den homologen Seiten zweier ähnlichen n-Ecke? Dazu die freilich nicht in die Combinationslehre gehörige Frage: Wie viele von diesen Proportionen sind Consequenzen der übrigen, von einander unabhängigen?

5) Wie viele Glieder hat eine homogene oder auch eine nicht homogene ganze Function n^{ten} Grades von p Variabeln? Dabei die Bemerkung, dass die nicht homogene leicht in eine homogene Function von $p + 1$ Variabeln verwandelt werden kann.

6) Wie viele anharmonische Verhältnisse werden durch 4 Punkte derselben Geraden geliefert? (Für solche Schulen, die die Elemente der neueren Geometrie lehren.)

7) Auf wie viele Weisen kann eine Multiplikation von n Grössen ausgeführt werden?

8) Die Glieder einer Determinante können gebildet, dabei kann auch der Begriff der cyclischen Vertauschung eingeführt und vielleicht auch auf die Verwendung der Determinanten zur Auflösung von Gleichungen ersten Grades mit mehreren Unbenannten eingegangen werden.

Bei den **diophantischen Gleichungen** verlohnt es sich folgenden arithmetischen Satz zu beweisen:

Jeder irreduzible Bruch $\frac{p}{q}$ (es genügt zu sagen: echter Bruch) führt durch Multiplication mit allen ganzen Zahlen von 1 bis q und Weglassung der erhaltenen Ganzen zu allen echten Brüchen, die den Nenner q haben $\left(\frac{0}{q} = 0 \text{ mit eingeschlossen} \right)$. Denn wenn $\frac{p}{q}$ und $\frac{r}{q} < 1$ sind und $\frac{p}{q}$ irreduzibel ist, so giebt es immer zwei ganze Zahlen x und y, von denen $x \leqq q$, $y \leqq p$ ist, so dass

$$x \frac{p}{q} = y + \frac{r}{q} \text{ oder}$$

$$px - qy = r.$$

Besitzt man also einen Bogen, der gleich $\frac{p}{q}$ von der ganzen Peripherie eines Kreises ist, so bekommt man durch q maliges Abtragen desselben, wobei die Peripherie p mal durchlaufen wird, alle Theilpunkte für die Theilung in q gleiche Theile.

Daraus geht hervor, dass durch die Theilung eines Kreises in m gleiche Theile und in n gleiche Theile die in mn gleiche Theile erhalten ist, sobald nur m und n relative Primzahlen sind, weil dann $\frac{1}{m} - \frac{1}{n} = \frac{m-n}{mn}$ ein irreduzibler Bruch ist.

Ferner bietet dieser Satz das Mittel, die Anzahl der regulären Polygone mit bestimmter Seitenzahl zu finden. Jeder irreduzible Bruch, dessen Nenner gleich der Seitenzahl (also n) ist, liefert ein reguläres n-Eck; von diesen n-Ecken ist dasjenige, für welches $\frac{1}{n}$ der Peripherie benutzt wird, das gewöhnliche; bei den übrigen durchschneidet sich der Perimeter; $\frac{p}{n}$ von der Peripherie liefert ein Polygon derselben Art wie $\frac{n-p}{n}$, denn zu beiden Bogen gehört eine gleich lange Sehne; also giebt es stets so viele reguläre n-Ecke, als es gegen n relative Primzahlen giebt, die kleiner als $\frac{1}{2}$ n sind. Die Anzahl der Umläufe eines solchen Polygons ist immer gleich dem Zähler des benutzten Bruches, vorausgesetzt, dass dieser Bruch unter $\frac{1}{2}$ liegt. (Baltzer, Plan. § 7.)

Ueber das Minimum der Ablenkung in einem Prisma.

Vom Oberlehrer Kiesling in Hamburg.

An verschiedenen Orten[*]) ist eine ganze Reihe verschiedener Ableitungen für das Minimum der Ablenkung bei Gleichheit des Eintritts- und Austrittswinkels mitgetheilt worden, von denen einige auf äusserst einfachen geometrischen Konstruktionen beruhen und ganz besonders geeignet sind, einem Schüler ohne weitere analytische Betrachtung das betreffende Gesetz ganz anschaulich vor Augen zu führen. Trotz dieser reichlichen Auswahl scheinen einige Verfasser physikalischer Lehrbücher bei der Begründung dieses wichtigen Lehrsatzes in Verlegenheit gewesen zu sein; wenigstens findet sich in mehreren Lehrbüchern, und zwar auch solchen, welche auf wissenschaftlichen Werth Anspruch erheben, ein allerdings sehr kurzer, aber durchaus sinnloser Beweis, an dem man, wie es scheint, noch keinen Anstoss genommen hat. Er beruht auf einem Trugschluss, der allerdings bei oberflächlicher Betrachtung leicht übersehen werden kann, so dass es sich wohl der Mühe verlohnt, darauf näher einzugehen.

So findet sich bei Wüllner, Lehrbuch der Experimentalphysik 1. Auflage Bd. I. p. 682 folgende Betrachtung:

„Wir haben
$$\delta = i + i_1 - \alpha.$$
Ist nun $i = i_1$, so wird
$$\delta = 2i - \alpha = 2i_1 - \alpha.$$

---

[*]) Pogg. Ann. Bd. 132. p. 659. Bd. 112. p. 428. Bd. 117. p. 241. Bd. 131. p. 472. Schlömilch Z. Bd. 12. p. 434.

Ist nun aber $i > i_1$, z. B. $i = i_1 + \beta$,

so wird $\qquad\qquad\qquad \delta = 2i_1 + \beta - \alpha$,

oder ist $\qquad\qquad\qquad i_1 = i + \beta$,

$$\delta = 2i + \beta - \alpha.$$

Die beiden letzten Ausdrücke sind aber, sobald β von 0 verschieden ist, grösser als $2i - \alpha$. Wenn demnach δ seinen kleinsten Werth hat, der Strahl also am wenigsten von seiner Bahn abgelenkt ist, dann ist

$$\delta = 2i - \alpha.\text{``}$$

Derselbe Beweis steht in der Experimentalphysik von Quintus Icilius 1. Auflage p. 242 in folgender Fassung: „An einem gegebenen Prisma wird es aber einen Einfallswinkel geben, für welchen die Ablenkung χ am kleinsten wird, und zwar wird dieses dann der Fall sein, wenn $\psi = \varphi$ wird; denn ist $\varphi > \psi$, und setzen wir

$$\varphi = \psi + u$$

so wird $\qquad\qquad\qquad \chi = 2\psi + u - \alpha$

welches am kleinsten wird, wenn $u = 0$ oder $\varphi = \psi$.

Ist aber $\varphi < \psi$ und setzen wir

$$\psi = \varphi + u$$

so wird $\qquad\qquad\qquad \chi = 2\varphi + u - \alpha$,

welches wieder seinen kleinsten Werth erhält, wenn $u = 0$ oder $\varphi = \psi$ ist.“

Ebenso bei Wundt, Handbuch der medizinischen Physik (1867) „Wenn der Einfallswinkel α gleich dem Austrittswinkel α_1 ist, muss die durch das Prisma bewirkte Ablenkung oder der Winkel δ am kleinsten sein, weil nun $\delta = 2\alpha - \gamma = 2\alpha_1 - \gamma$ ist. Für jeden anderen Fall ist aber entweder $\alpha > \alpha_1$ oder $\alpha_1 > \alpha$, also $\delta = 2\alpha - \gamma + x$, wo x diejenige Grösse bezeichnet, um welche entweder $\alpha > \alpha_1$ oder $\alpha_1 > \alpha$ ist.

Ferner von bekannteren Lehrbüchern[*]) noch bei Hofmeister Leitfaden der Physik 2. Auflage (1870). „Für die Ablenkung δ des Strahles erhält man $\delta = x + y' - \alpha$ d. h. abhängig vom brechenden Winkel, dem Einfallswinkel und dem Brechungsverhältniss. Ist $x > y_1$ oder $x = y_1 + k$, so wird $\delta = 2y' + k - \alpha$ und erhält seinen kleinsten Werth für $k = 0$ oder für $x = y'$. Ist $x < y_1$ oder $y_1 = x + k$, so wird $\delta = 2x + k - \alpha$ und wieder am kleinsten, wenn $k = 0$ oder $x = y_1$.“

---

[*]) In ganz derselben Form steht dieser Beweis noch in dem Lehrbuch von Heussi 4. Auflage (1871) § 217.

Das Fehlerhafte dieses Raisonnements liegt (wenn wir die zuletzt gebrauchte Bezeichnungsweise anwenden) in der Behauptung:

$$\delta = 2x + k - \alpha$$

sei ein Minimum für $k = 0$. Da x und y_1 durch die transcendente Bedingungsgleichung:

$$\sin y_1 = \sin \alpha \sqrt{n^2 - \sin^2 x} - \cos \alpha \cdot \sin x$$

mit einander verbunden sind, so ist y_1 von x abhängig; setzt man also, falls z. B. $x < y_1$ angenommen wird,

$$y_1 = x + k$$

so ist auch x von k abhängig in Folge der Bedingungsgleichung

$$\sin (x + k) = \sin \alpha \sqrt{n^2 - \sin^2 x} - \cos \alpha \cdot \sin x;$$

man kann also **nicht** ohne weiteres behaupten, dass $\delta = 2x + k - \alpha$ für $k = 0$ ein Minimum erreiche, wenn man nicht zugleich die Veränderung von x genau untersucht.

Es dürfte daher rathsam sein, diese illusorischen, den Anfänger verwirrenden Beweise in etwaigen späteren Auflagen der betreffenden Lehrbücher zu beseitigen.

Literarische Berichte.

MEHLER, F. G. (Prof. am K. Gymn. z. Elbing). Hauptsätze der Elementar-Mathematik zum Gebrauche der Gymnasien und Realschulen. Mit einen Vorwort von Schellbach (Professor am Königlichen Friedrich-Wilhelms-Gymnasium und an der Königlichen Kriegs-Akademie zu Berlin). Fünfte Auflage. Berlin, Druck und Verlag von Georg Reimer 1871. Preis?

Vorliegendes Werk ist der ausgezeichnetste Vertreter derjenigen Richtung des mathematischen Unterrichtes, welche dem Schüler nur das Skelett des Lehrstoffes giebt und die Umkleidung desselben mit der lebendigen Form dem Lehrer überlässt. Die Individualität des Lehrers tritt dadurch in den Vordergrund und, in der Voraussetzung, dass dieselbe wirklich bedeutend genug ist um die Schüler mit sich fortzureissen, können auf diesem Wege gewiss die erfreulichsten Resultate erzielt werden — dass aber so in zahlreicheren Klassen auch die schwächern und mittelmässigen Köpfe verhältnissmässig gefördert werden, möchte Referent bezweifeln. Für die Richtigkeit dieses Urtheiles scheint auch der Umstand zu sprechen, dass die Erweiterungen, welche die fünfte Auflage mit der ersten verglichen zeigt, wesentlich darauf hinauslaufen, an Stelle bloser Andeutungen und Formeln, welche die erste bringt, eine mehr oder weniger ausgeführte Theorie zu setzen. — Der Herr Verfasser hat es also für richtiger erachtet, das Hauptsächlichste nicht blos in den Resultaten, sondern zugleich mit der Begründung zu geben und, wenn hiermit das von ihm ursprünglich befolgte Princip auch faktisch aufgegeben ist, so hat das Werk selbst doch dabei ungemein gewonnen.

Die neueste 5te Auflage unterscheidet sich in der Behandlung des planimetrischen Theiles nur sehr wenig von der ersten. Die Vertauschung der Folge von § 53 und 54, einige Zusätze und Beweisausführungen, einige Umkehrungs- und Ortssätze — das ist alles, was hinzugetreten ist. Gerade dieser Theil enthielt aber auch schon in der ersten Auflage nicht blos die erforderlichen Sätze, sondern auch die zugehörigen Beweise. Dagegen an Stelle der frühern arithmetischen Formelsammlung ist jetzt eine ausgeführte Theorie der Arithmetik gegeben, wobei namentlich auch die numerischen Rechnungen (Decimalbrüche und Wurzelausziehungen) die gebührende Berücksichtigung finden. Neu hinzugekommen sind die Gleichungen von der Form $u^3 + 3u = 2a$ und $u^5 + 5u^3 + 5u = 2a$ nebst einer hinlänglich vollständigen Theorie der Kettenbrüche mit Anwendungen auf diophantische Gleichungen und Quadratwurzeln. Auch die Theorie der Reihen und Combinationen ist um einige Zusätze bereichert, insbesondere der binomische Lehrsatz und die Anwendungen desselben. Die Stereometrie ist gleichfalls vollständig umgearbeitet. Ursprünglich war hier weiter nichts als eine Formelsammlung gegeben, welche sich auf den Inhalt und die Oberfläche der wichtigsten Körper bezog. Gegenwärtig ist das Wesentlichste über die Lage von Geraden und Ebenen im Raume ausgeführt, ebenso das Hauptsächlichste von den Ecken und Polyedern; auch sind die Inhalts- und Oberflächenformeln nicht blos zusammengestellt, sondern erwiesen. Die Trigonometrie ist wieder nur wenig verändert worden und schliesslich eine Uebersicht über das neue Mass und Gewicht beigefügt.

Im Einzelnen sind folgende Bemerkungen zu machen.

Die Theorie der Parallelen ist auf dem Grundsatz basirt, dass durch einen Punkt ausserhalb einer Geraden sich nur eine Parallele zu derselben ziehen lässt — übrigens erscheint dieselbe mit den beiden Sätzen § 9 und § 11 doch zu dürftig behandelt.

Der Satz, dass eine gerade Linie der kürzeste Weg zwischen zwei Punkten sei, durfte nicht als Grundsatz (S. 1 § 1) aufgeführt werden.

Der zu dem vierten Congruenzsatze gegebene Beweis ist direkt und dem üblichen indirekten gewiss vorzuziehen. In dem darauf folgenden § 28 wäre es zweckmässig gewesen die Winkelbeziehung in zwei incongruenten Dreiecken, welche zwei Seiten und den Gegenwinkel der kleineren Seite gleich haben, aufzustellen.

Bei dem Hauptsatze von der Proportionalität der Linien (§ 73) und auch später bei der arithmetischen Theorie der Proportionen ist der Fall der Incommensurabilität unberücksichtigt geblieben.

Die wichtigsten Sätze der neueren Geometrie über Harmonikalen, vollständiges Vierseit und Aehnlichkeitspunkte sind mit aufgenommen worden.

In der Algebra wird die negative Zahl als das Resultat der Substraktion einer negativen Zahl von Null definirt und darauf mit begriffloser Willkür festgestellt, dass die Zahlen 1, 2, 3, ... auch durch $+1, +2, +3, ...$ bezeichnet und positive Zahlen genannt werden. Ueber die Unzuträglichkeit dieser Auffassung hat sich Referent schon vielfältig ausgesprochen und tritt dies auch hier sogleich hervor: denn die sich anschliessende geometrische Veranschaulichung der algebraischen Zahlenreihe ist ohne jedwede Besiehung zu den beiden aufgestellten Definitionen und nur zu verstehen, wenn die negativen und positiven Zahlen als Richtungszahlen definirt werden.

Bei der Verwandlung eines periodischen Decimalbruches in den ihm gleichen gemeinen Bruch wird die Existenz der bezüglichen Reihensumme vorausgesetzt.

In Betreff der Theorie der complexen Zahlen finden sich nur Formeln vor und weder Beweise, noch auch selbst die zugehörigen begrifflichen Definitionen. Insbesondere fehlt auch der hinterher angewandte Satz von der Auflösung einer Gleichung zwischen complexen Zahlen in zwei Gleichungen zwischen reellen Zahlen.

Die Theorie der Proportionen wird auf den Satz von der Gleichheit der beiden Produkte zurückgebracht. Mit Rücksicht auf die geometrischen Anwendungen, welche benannte Verhältnissglieder voraussetzen, dürfte es zweckmässiger sein, die betreffenden Sätze aus der Gleichheit der beiden Exponenten herzuleiten.

Die Kreisfunktionen sind als Linien aufgefasst. — Referent hält es für besser, sie als Verhältnissexponenten zu definiren und dabei den Begriff von den rechtwinkligen Coordinaten eines Punktes vorauszusetzen. Hingegen ist es gewiss richtig, dass der sogenannte Sinussatz vom schiefwinkligen Dreieck durch denjenigen Satz ersetzt wird, welcher die geometrische Bedeutung des Verhältnisses einer Dreiecksseite zu dem Sinus des Gegenwinkels angiebt.

Um die Exponentialbrüche zu erhalten wird in § 190 ohne Beweis vorausgesetzt, dass der Ausdruck $\left(1 + \frac{1}{n}\right)^n$ für wachsende Werthe von n einen endlichen und reellen, mit e bezeichneten Werth darstellt. Indem nun $\frac{n}{x}$ an Stelle von n tritt, folgt $\left(1 + \frac{x}{n}\right)^{\frac{n}{x}} = e$, also $\left(1 + \frac{x}{n}\right)^n = e^x$. Nun geht freilich die linke Seite dieser Gleichung, nach dem binomischen Lehrsatze entwickelt und in bekannter Weise umgeformt, für unbegrenzt wachsende Werthe von n in die unendliche Reihe $1 + \frac{x}{1} + \frac{x^2}{1 \cdot 2} + \frac{x^3}{1 \cdot 2 \cdot 3} + \dots$ über: aber man darf diese Reihe doch nur dann dem Ausdrucke e^x auf der rechten Seite gleich setzen, wenn jener Uebergang vom Endlichen ins Unendliche wirklich eine Zahl liefert, mit anderen Worten, wenn die Reihe $1 + \frac{x}{1} + \frac{x^2}{1 \cdot 2} + \frac{x^3}{1 \cdot 2 \cdot 3} + \dots$ eine Summe hat. Der Nachweis hierfür ist aber nicht geführt. Die Herleitung der Reihen für $\sin x$, $\cos x$, $\log x$ ist mit ähnlichen Mängeln behaftet und überhaupt, trotzdem vielfältig mit unendlichen Reihen operirt wird, von der Theorie solcher Reihen nichts beigebracht.

Im Uebrigen zeichnet sich die Darstellung bei reichhaltigem Inhalte durch Kürze und präcise Fassung aus: Referent wünscht dem Werke, welches auch durch Druck und preiswürdige Ausstattung sich empfiehlt, die weiteste Verbreitung, indem er davon überzeugt ist, dass es in seiner gegenwärtigen Gestalt dem Unterrichte mit dem besten Erfolge zu Grunde gelegt werden kann.

Dr. Schwarz.

Rechenbücher.

I. Meier Hirsch. Sammlung von Beispielen, Formeln und Aufgaben aus der Buchstabenrechnung und Algebra. 14. umgearbeitete und vermehrte Auflage von Professor H. Bertram. Berlin 1871. (1 Thlr.)

Das altehrwürdige Buch kann wohl als den Lesern bekannt gelten. Noch bekannter sind zahlreiche Beispiele aus demselben, die sich in den neueren Aufgabenbüchern, denen ja Meier Hirsch als Vorbild und Grundlage gedient hat, noch immer buchstäblich wiederfinden.

Es bietet im Allgemeinen nicht so viele Uebungsbeispiele, wie neuere Bücher; die Aufgaben zielen weniger auf Einübung, als auf Verständniss, sie sind auch nicht darauf angelegt, des Schülers Zeit zu schonen. Es erscheint daher zum Selbststudium für den entwickelten, geistig reiferen Schüler mehr empfehlenswerth, als für die Schulklasse.

„Die neue Auflage," sagt der Bearbeiter im Vorworte, „schliesst sich an die vorhergehende so nahe an, dass möglichst auch die Nummern der einzelnen Aufgaben beibehalten, die neu hinzugefügten entweder in neue Paragraphen, oder an das Ende der alten, oder endlich unter frühere Nummern mit Buchstabenmarken gestellt sind. Statt einzelner, nur scheinbar aus dem Leben gegriffener, Aufgaben, welche eher eine Geringschätzung mathematischer Betrachtungen, als eine Ahnung von ihrer Bedeutung erwecken konnten, sind Aufgaben aus der Physik gewählt; andere konnten kürzer gefasst werden. Fortgelassen sind die Fragen, welche in einzelnen Kapiteln die Repetition leiten sollten, und die grösstentheils veralteten literarischen Bemerkungen, sowie das ganze frühere Kapitel IX über die Permutationen, Combinationen und Variationen, welches kaum mehr als die Formeln der Lehrbücher enthielt. So konnte die Zahl der Aufgaben erheblich vermehrt werden, während der Umfang des Buches derselbe blieb. Es schien zweckmässig, die Lösungen ans Ende des Buches zu stellen; nur in den Fällen, wo ihr unmittelbarer Anblick den Sinn der gestellten Aufgabe erläutert, oder der resultirende Buchstabenausdruck eine complicirte Form behält, haben sie ihren Platz unmittelbar nach den Aufgaben behalten."

Die Zusätze sind hauptsächlich folgende: Angewandte Aufgaben über Decimalbrüche, Fehlergrenzen, relative Unsicherheit; Quadrirung und Kubirung mehrziffriger Zahlen zur Erläuterung der Wurzelausziehung; viele Beispiele für Reductionen algebraischer Ausdrücke, Aufsuchung des grössten gemeinschaftlichen Theilers von Polynomen; mehrere Paragraphen des achten Kapitels (über Zahlensysteme, Gaussische Tafeln, Aufgaben über die Genauigkeit logarithmischer Rechnungen, mit Anweisung zur Berechnung der Logarithmen auf mehr Stellen, als die Tafeln enthalten); allgemeinere Behandlung des binomischen Lehrsatzes (für ganze positive Exponenten); beträchtliche Erweiterung des Paragraphen über arithmetische Reihen, sowie der quadratischen Gleichungen, zumal mit mehreren Unbekannten; über die Grenzen der Wurzeln (höherer) numerischer Gleichungen und Auflösung durch Näherung (nach Newton und Lagrange), endlich Aufgaben über Gleichungen im Allgemeinen.

Diese Zusätze tragen von vorn herein den Charakter der Wissenschaftlichkeit und führen den Schüler in allen Kapiteln hinauf zu schwierigen Problemen. Schon in den Anwendungen der Decimalbrüche ist die Rede von specifischem Gewicht, Wellenlänge des Lichts, Ausdehnung durch die Wärme, Sternzeit und mittlerer Zeit. In den Vorübungen der Buchstabenrechnung spielt die Grundformel des Stosses und der Nonius eine Rolle.

Uebrigens finden sich nicht nur Aufgaben, sondern an angemessener Stelle Entwicklungen, zumal in den schwierigsten Aufgaben des Gebiets.

Es versteht sich von selbst, dass die neuen Masse etc. an Stelle der früheren eingeführt worden sind.

II. Philipp Pauschitz. Lehrbuch der Arithmetik für die I. u. II. Klasse der Mittelschulen als Behelf einer rationellen mathematischen Vorbildung. Wien 1870.

Das Werk ist ein ausführliches Lehrbuch. Es will den Schülern der unteren Klassen der Mittelschulen Gelegenheit bieten, das gesammte Zahlenrechnen noch einmal zu vollem Verständniss durchzuarbeiten oder vielmehr durchzudenken. „Denn, was in den ersten Klassen der Mittelschulen anzustreben ist, ist nicht das Eindrillen von Rechnungsregeln und deren Einübung an Dutzenden von ... Beispielen, sondern die Entwicklung des gesunden Denkens und Umsetzung der Ergebnisse desselben aus der alltäglichen Ausdrucksweise in die mathematische d. i. allmäliges und gründliches Angewöhnen des Schülers an den mündlichen und schriftlichen Ausdruck, welcher der Mathematik eigenthümlich ist." Dieser Zweck ist im Ganzen gut verfolgt. Der Gegenstand ist ziemlich vollständig und im Allgemeinen in klarer Weise behandelt, so dass das Buch gewiss mit Nutzen gebraucht werden wird. Die Ausführlichkeit ist aber so weit getrieben, dass der Schüler der Mittelschule es ohne Schwierigkeit selbst studiren kann, so dass dem Lehrer dann kaum etwas übrig bleibt, als das, was im Buche steht, abzuhören. Viele Auseinandersetzungen, die mündlich beim Unterrichte wohl am Platze sind, aber das Lehrbuch voluminös machen, konnten wegbleiben oder kürzer gefasst werden; so z. B. „In den civilisirten Ländern werden zu Geldmasseinheiten verwendet runde Scheibchen, welche aus Gold, Silber oder Kupfer geprägt sind." Dergleichen scheint mir in einem Lehrbuche für die „unteren Klassen der Mittelschulen" doch nicht am Platze zu sein. Indessen muss man, um über die Zweckmässigkeit grosser Ausführlichkeit aburtheilen zu können, die localen Verhältnisse beachten; in der That hat der Unterricht in „polyglotten Schulen" (wie der Verfasser in Görz erfahren haben mag) mit Schwierigkeiten des Ausdrucks zu kämpfen, von denen man in deutschen Schulen meist keine Ahnung hat.

Der Verfasser giebt gar keine Uebungsaufgaben, „da die ... Beispiele aus einer der in grosser Zahl vorhandenen Beispielsammlungen entnommen werden können." Sollen die Schüler sich zwei Bücher anschaffen oder liegt die Annahme zu Grunde, dass dieselben noch von ihrem früheren Rechenunterrichte her ein Aufgabenbuch besitzen? Offenbar unterschätzt der Verfasser den Werth der Uebung.

Eigenthümlich ist die Reihung: Addition, Multiplikation, Subtraktion, Division. Die Erläuterungen sind klar und vollständig, aber gar zu ausführlich und nicht immer unanfechtbar. Die „Axiome" (Gleiches zu Gleichem addirt, giebt Gleiches etc.) werden in eigener Weise erläutert z. B. bei der Division (§ 48): „Axiom des Dividirens. Aufgabe. Jede von zwei Stangen ist $72''$ lang und von beiden wird der 8. Theil ihrer Länge abgeschnitten; welche gegenseitige Länge haben die abgeschnittenen Stücke? Der 8. Theil der 1. Stange ist $72'' : 8 = 9''$ und der der 2. ist $72'' : 8 = 9''$. Die abgeschnittenen Stücke sind $9''$, also gleich lang. Da nun die zwei angezeigten Quotienten denselben wirklichen Quotienten geben, so sind sie nach Axiom 3 in § 28 (Wenn zwei Grössen einer dritten gleich sind, sind sie einander gleich) auch einander gleich. Demnach ist $72'' : 8 = 72'' : 8$ oder $72 : 8 = 72 : 8$. Dies drückt man in der Arithmetik so aus: Gleiches durch Gleiches dividirt, giebt Gleiches." (Diese Entwicklung dürfte nicht viel Beifall finden).

Ansätze, wie „60 Turner : 6 Reihen $= 10$ Turner", oder „100 fl. : 10 Mädchen $= 10$ fl." wird der Verfasser wohl jetzt selbst verwerfen. Man kann doch nicht mit 10 Mädchen in 100 Gulden dividiren! Der Verfasser macht aber aus solchen Beispielen eine eigene Rubrik: „Wenn der Dividend mit dem Divisor ungleichartig, der angezeigte Quotient also ein Bruch ist."

Um eine Zahl in Primfactoren zu zerlegen, lässt der Verfasser zuerst mit der kleinsten Primzahl (2) dividiren u. s. f. z. B. 8190 = 2. 4095 = 2. 3. 1365 u. s. f. Das ist zu umständlich. Die 8190 zerlegt man in 10. 819 = 10. 9. 91 = 2. 3^2. 5. 7. 13. Zu loben ist dagegen die Aufsuchung des Generalnenners (kleinster gemeinschaftlicher Vielfacher), nur wagt der Verfasser noch nicht, die Exponenten einzuführen; er schreibt 2. 2. 2 statt 2^3.

Die angewandten Aufgaben löst der Verfasser durch Proportionen, doch entwickelt er die Zinsformel und behandelt die Gesellschaftsrechnung nach der Schlussmethode.

Die Decimalbrüche bilden den Schluss des Werkes; ihre Theorie wird auf die gemeinen Brüche gegründet. Die abgekürzten Rechnungen werden gelehrt, ebenso, jedoch nur nach der alten Methode, die Verwandlung der Perioden.

Nicht unzweckmässig hat der Verfasser die Worte des Textes, von denen eine mündliche Sacherklärung nöthig oder wünschenswerth erschien, mit einem Sternchen bezeichnet, um den Schüler zu veranlassen, nach der Bedeutung zu fragen.

III. PICK, Dr. AD. JOS. Rechenbuch für die oberen Klassen gehobener Volks- und Bürgerschulen sowie für die unteren Klassen der Mittelschulen. Wien 1871.

Das Werk von Pick ist zwar auch ziemlich ausführlich, doch kürzer und zumal correcter, als das von Pauschitz. Man sieht dem Buche überall an, dass es das Resultat grösserer geistiger Arbeit, gründlicher Einsicht und gewissenhafter Sorgfalt ist.

Es zerfällt in drei Abschnitte: I. Grundrechnungsoperationen mit ganzen Zahlen und Decimalbrüchen. II. Eigenschaften der Zahlen. III. Gemeine Brüche. Die Verschmelzung der Decimalbrüche mit den ganzen Zahlen ist schon desshalb zu billigen, weil so die Theorie derselben direkt aus dem Zahlensysteme hergeleitet werden muss. Auch die abgekürzte Multiplication und Division findet sich im ersten Abschnitte. In der Division der Decimalbrüche lässt der Verfasser das Komma nicht ans Ende des Divisors rücken, sondern nur nach der ersten geltenden Ziffer z. B. 0,0014752 : 0,0564 = 0,14752 : 5,64 (wie ich es in Bd. I S. 424 auch empfohlen habe). Ein besonderes Kapitel handelt von „Darstellung der Zahlen durch andre Systeme als das dekadische."

Die Proportionen haben in dem Werke keinen Platz gefunden, sowie man ja überhaupt mehr und mehr zu der Ansicht kommt, dass dieselben nicht in das Zahlenrechnen gehören. Die betreffenden Aufgaben sind (am Schlusse des ersten Abschnittes) durch Schlussrechnung gelöst. Die Musterbeispiele für die gemeine Regeldetri sind auf 5—6 verschiedene Arten aufgefasst und erläutert, was dem gründlichen Verständniss offenbar sehr förderlich ist. In ähnlicher Weise sind Zins-, Discont-, Gesellschafts- und Mischungsrechnung behandelt.

Jedem Kapitel folgen eine Anzahl (etwa 20) Uebungsbeispiele. Die angewandten Aufgaben sind mit Geschick gebildet und klar ausgedrückt.

Der zweite Abschnitt, der z. B. die Faktorenzerlegung, die Staffel-(Ketten-) Division, die Aufsuchung des kleinsten gemeinschaftlichen Vielfachen enthält, ist gleichfalls wohl gelungen. Die in Bd. I, 418 d. Z. empfohlene Methode zur Aufsuchung des kleinsten gemeinschaftlichen Vielfachen wird jedoch darin nicht gelehrt. In den Theilungsregeln nimmt der Verfasser 2 u. 5, 4 u. 25, 8 u. 125 in eine Regel zusammen, offenbar zweckmässig, da dem Schüler die Entstehung der Regel ($2^3 \cdot 5^3 = 10^3$) stets vor Augen gehalten wird.

Auch mit der Behandlung der Brüche sind wir im Wesentlichen einverstanden, nur behagt uns die „Umkehrung" in der Division nicht recht, und die Uebungsaufgaben sind für gründliche Einübung und volles Verständniss nicht ausreichend: wir behaupten, dass ohne viele Uebung an gut gewählten, den Verstand des Schülers stark in Anspruch nehmenden Aufgaben die Bruchrechnung trotz der besten Erläuterungen und Regeln nicht gründlich begriffen und gelernt wird.

Den Schluss des Werkes bilden die Verwandlung gemeiner Brüche in Decimalbrüche und umgekehrt, letztere jedoch auch nur nach der alten Methode, und die Erläuterung der welschen Praktik.

Etwas störend ist übrigens in den österreichischen Büchern die specifisch österreichische Orthographie (Fisik, Zentimeter, Miriameter).

IV. CARL NEUMANN, Dr. Repetitorium der Elementar-Mathematik. I. Theil: Arithmetik. Dresden 1871. (10 Ngr.)

Das Buch soll jungen Leuten von entwickeltem Verstande, deren mathematische Erkenntnisse der Auffrischung oder Ergänzung bedürfen, als Anhalt dienen. Zunächst ist es, wie es scheint, für Diejenigen bestimmt, die sich zum Freiwilligen-Examen vorbereiten. Es umfasst das ganze, auf unsern höheren Schulen behandelte, Gebiet der Mathematik und giebt die betreffenden Gesetze sammt ihrer Herleitung in kurzer klarer Form, so dass es für den angegebenen Zweck recht wohl empfohlen werden kann.　　　　KOBER.

WINKLER, F., (Oberl. am k. Seminar z. Friedrichstadt-Dresden). Leitfaden
zur physikalischen und mathematischen Geographie
für höhere Bildungsanstalten, insbesondere Schullehrerseminarien, sowie zum Selbstunterricht. Dresden 1871.

Dieser Leitfaden umfasst die physikalische Geographie auf 107
Seiten in 4 Capiteln, nämlich 1) das Festland — Lagerung und
Ausbreitung (2 Seiten), Relief (3), Gebirgssystem (4), Vulcane (4),
Erdbeben (3), Hebungen und Senkungen (3), Inseln (3); 2) die
Gewässer — das Wasser (1), Quellen (3), Bäche, Flüsse, Ströme
(4), Flussmündungen (3), Seen und Sümpfe (2), das Meer (2), Bewegung desselben (7), die Oceane (4); 3) die Luft — Atmosphäre
(3), Temperatur (4), thermische Linien (3), Klima (4), Schneegrenze
und Gletscher (4), Bewegung der Luft (5), Feuchtigkeit der Atmosphäre (6), Erdmagnetismus (2) — dieser letztere ist offenbar nur
deshalb im 3. Capitel, weil der Verf. ihn nirgends anderswo unter-
zubringen wusste. Von der atmosphärischen Elektricität (Gewitter)
und vom Nordlicht ist keine Rede; 4) das Leben — Verbreitung
der Pflanzen (5), der Thiere (3), Menschenrassen (5), Sprachen (3),
Cultur und Civilisation (4), Verbreitung der Krankheiten (3) —
(letzterer Paragraph dürfte wohl, der Sache unbeschadet, ganz fehlen)
— und die mathematische Geographie auf 61 Seiten, nämlich: Gestalt
der Erde (2), Grösse (3), Abplattung (4), Rotation (4), jährliche
Bewegung (3), Beweise für die Revolution (!) (3), die Ekliptik (6),
der Mond (4), Finsternisse (4), die Sonne (3), der Kalender (5),
das Planetensystem (3), einzelne Planeten (2), die Weltsysteme (4),
Fixsterne (2), Entstehung der Sternenwelt (2), Kometen und Meteoriten (2).

So anerkennenswerth es auch sein mag, dass der Verf. im ersten
Theil (der physikalischen Geographie) den geognostischen Beziehungen
gebührend Rechnung trägt, — was bei der Mehrzahl der bezüglichen
Lehrbücher und Leitfäden keineswegs der Fall ist, — und so gern
Ref. auch zugiebt, dass von den Ergebnissen der wissenschaftlichen
Forschungen auf dem betreffenden Gebiete nichts von Belang unerwähnt geblieben ist, dass endlich Plan und Anordnung des Ganzen
wohl durchdacht erscheinen, so wenig dem angegebenen Zweck des
Werkchens, als Leitfaden beim Unterricht in höheren Bildungsanstalten dienen zu wollen, entsprechend kann er diesen ersten Theil
desselben doch erachten. Es hätte hierzu des Verf. Bestreben sein
müssen, sein Thema nicht blos als zu erlernendes Wissen, sondern
vorzugsweise als Bildungsmittel zu betrachten, mithin aus der
reichen Fülle des ihm vorliegenden Materials (s. Schluss der Vorrede!) eine richtige Auswahl zu treffen, das für den Anfänger Ent-
behrliche und alles nur Problematische und noch als Streitfrage
Schwebende möglichst fern zu halten, Neues nur durch bereits Be-

kanntes zu erklären und sich aller Sonderbarkeiten und Ungenauigkeiten des Ausdrucks bestens zu enthalten. Von allem dem findet
sich hier an vielen Stellen das Gegentheil. Der erste didaktische
Grundsatz, der wenn irgend Einem, dann doch einem Lehrer an einer
Anstalt, die selbst Lehrer heranbilden soll, theoretisch und praktisch
geläufig sein müsste, nämlich seinen Unterricht dem geistigen Standpunkt und Bedürfniss des zu Unterrichtenden anzupassen, ist in
diesem Theil des Leitfadens nur zu oft unbeachtet geblieben. Oder
sollte etwa — was dem Ref. freilich nicht bekannt ist — der Standpunkt eines sächsischen Seminaristen ein so viel höherer sein als der
seines preussischen Commilitonen (in derselben Classe) oder als der
des Gymnasiasten? — Für Erwachsene, wenn sie einer allgemeinen
höheren Bildung theilhaftig und überdies in der glücklichen Lage sind,
sich nöthigenfalls bei einem Fachmann Raths erholen zu können, dürfte
allerdings dieser Theil des Buchs sich zur Selbstbelehrung ganz wohl
eignen; als Leitfaden bei Vorlesungen für „gebildete Kreise" möchte
er sich ebenfalls zu Grunde legen lassen; für den Schulgebrauch dagegen erscheint er dem Ref. wenigstens zum grossen Theil nicht geeignet: beim Lesen desselben konnte er sich an manchen Stellen sogar
kaum des Gedankens erwehren, der Verf. habe nicht sowohl ein
Schulbuch schreiben, als vielmehr eine Art Uebersicht des gegenwärtigen Standpunktes der Wissenschaft auf den von ihm behandelten
Gebieten geben wollen; leider tritt aber dabei mitunter eine höchst
befremdliche Unkenntniss der Elemente einzelner der Hülfswissenschaften zu Tage, die zu einem solchen Unternehmen am wenigsten
entbehrlich sein würden.

Als im Ganzen seinen Zweck recht wohl erfüllend muss Ref.
dagegen den zweiten Theil (mathematische Geographie) bezeichnen.
Wenn er sich auch nicht überall auf das dem Schüler-Standpunkt
Entsprechende beschränkt, — was u. a. von der Spiller'schen Kosmogenie in §. 17 gelten möchte —, und keineswegs frei von
Unrichtigkeiten und Sonderbarkeiten ist, so glaubt Ref. doch,
dass nach gehöriger Berichtigung derselben dieser Theil dem betreffenden Unterricht in der obersten Classe solcher Anstalten, die,
wie Schullehrerseminarien, sich in der Mathematik auf die ersten Elemente beschränken müssen, mit gutem Erfolg zu Grunde gelegt werden
könnte. Auch zum Selbstunterricht würde unter derselben Voraussetzung sich dieser Theil, namentlich wegen der sachgemässen Anordnung des an und für sich in didaktischer Hinsicht doch ziemlich
spröden Materials nicht minder gut eignen.

Zur Begründung des Vorstehenden möge nun noch etwas näher
auf das Einzelne eingegangen werden:

Unter der Ueberschrift „Allgemeines" wird (S. 1) die physikalische Geographie folgendermassen eingeführt: „Physik ist die Lehre
von der Bewegung. Die physikalische Geographie behandelt diejenigen

Bewegungen, welche durch die planetarischen Bewegungsverhältnisse und durch die innerhalb der Materie wirkenden Kräfte hervorgerufen werden." So richtig Dieses (um von allen stylistischen Rücksichten abzusehen) auch im Grunde genommen sein mag, so verkehrt weil unverständlich erscheint es dem Schüler oder dem das Buch zu seiner Selbstbelehrung lesenden Anfänger gegenüber. Wird ihm, der wahrscheinlich noch nie etwas davon gehört hat, dass z. B. die Wärme durch Schwingungen körperlicher, das Licht durch solche von sog. Aether-Molecülen hervorgerufen werde, diese Definition der Physik nicht unklar erscheinen?*) Der Verf. fühlt sich allerdings veranlasst, weiterhin hinzuzufügen: „jede im Reiche der Natur hervortretende Form, selbst die eines gegenwärtig starren und scheinbar unbeweglichen Aggregatzustandes, ist ja Produkt einer Bewegung," d. h. er beruft sich auf Wahrheiten, die dem Eingeweihten bekannt, dem Anfänger aber nicht minder unbekannt sind als jene vorgenannten. Dass er dadurch die Sache nicht verbessert, ist selbstredend. — Sollte es ferner nicht zweckmässiger sein, statt der gegebenen Definition der physikalischen Geographie die deutlichere zu setzen, dass sie der Theil der Erdbeschreibung sei, welcher die natürliche Beschaffenheit der Erdoberfläche und ihrer Atmosphäre, sowie die auf beide bezüglichen Erscheinungen (und ihre Veränderungen) zum Gegenstande habe.

Was kann es ferner (S. 2) dem Seminaristen helfen, sich Folgendes zu merken: „Die hierauf**) bezüglichen Fragen werden ebenfalls ausführlicher in besonderen Disciplinen erörtert: in der Hydrologie oder der Lehre vom Wasser, in der Oceanographie oder der Kunde vom Weltmeer und in der Hydrographie oder der Beschreibung der continentalen Gewässer." Weiterhin ist dann noch die Rede von der Geobotanik, Zoogeographie, physischen Ethnologie u. s. w. — Auch hier könnte man fragen: was sollen diese Unterscheidungen, was alle diese mit Ausnahme der „Hydrographie" und der „Ethnologie" doch wohl selten vorkommenden Fremdwörter dem Seminaristen? — Denn dem Gymnasiasten könnten sie allenfalls noch als Uebungsstoff dargereicht werden, damit er an ihnen seine bereits erlangte Kenntniss des Griechischen erprobe.

Nicht minder eigenthümlich — und für den Anfänger ganz unverständlich — ist der Excurs über das bei uns doch schon längst eingebürgerte Wort „Klima" auf S. 66: „Eigentlich ist darunter die Neigung einer Stelle der Erdoberfläche gegen die Ebene der Ekliptik (welches Wort hier zum erstenmal vorkommt!) zu ver-

---

*) Gewöhnlich wird doch auch die Lehre von der Bewegung als Dynamik, d. h. als der eine Theil der Mechanik oder mechanischen Physik aufgeführt.
**) Correcter wäre hier wohl: „die auf die flüssigen Theile der Erdoberfläche bezüglichen Fragen."

stehen, d. h. ein Winkel, der nur von der geographischen Breite abhängig ist, und weil man die Witterungsverhältnisse für eine Function der Breite (!) hielt, so übertrug man den Namen Klima auf dieselben." Wäre das Buch nur für Gymnasiasten bestimmt, die wenigstens das Verbum κλίνειν schon kennen, so hätte diese ganze Ausführung allenfalls noch einen Zweck. — Warum hat der Verf. nicht lieber Ausdrücke wie Pectognathen, Pteropoden, Coprophagen, Creo - Saprophagen und dgl. etymologisch erörtert? — Wie stimmen ferner zu solcher Gräcität die im Druckfehlerverzeichniss nicht berichtigten Fehler: Zoolithen st. Zeolithen (S. 14 Z. 9), neocänen st. eocänen (15, 22), Sizygien (23, 26 u. 28) und Syzigien (144, 10 v. u.) st. Syzygien, Amphiboden st. Amphipoden (95, 19), *heteoscii* st. *heteroscii* (137, 2 v. u.), Lamnos st. Lemnos (150, 3), was übrigens wohl Samos sein müsste, *parallaso* st. *parallasso* (143, 14) u. dgl. m.? — Im Bereiche der Latinität sind dergleichen unberichtigte Druckfehler zwar minder zahlreich, doch nicht minder stark, so z. B. Radiaren (15, 23), Trompen st. Tromben (79, 14), die *Marias* (145, 7). —

Dass z. B. (S. 23) in Südamerika und auf den Molukken die meisten Erdbeben in die Regenzeit, in Europa in den Winter fallen, ist zwar nicht erklärt, weil nicht erklärbar, möchte jedoch immerhin im „Ausland" oder „Globus" oder einer andern derartigen Zeitschrift der Erwähnung werth sein; was es aber in einem Buche, wie das vorliegende es sein will, eigentlich soll, ist unerfindlich.

Ein Gleiches gilt, um nur noch das Stärkste hervorzuheben, von den langen Sprachregistern auf S. 101 u. 102. Was soll dem Seminaristen, was dem Gymnasiasten oder Realschüler die Kunde von der Existenz des Tamil, Telugu, Tulu, Kanari, Malayalam in Süd-, des Radjmahali, Uraon, Khole und Ghond in Norddekan; was sollen ihm Suomi, Wogulisch, Sirjänisch, Tschapataisch, Tschapogirisch, Orotongisch, Betscha, Dankali, Tamascheg, Oriya, Suanisch, Kitisch? — Fürwahr, wenn den Ref. etwas zu Gunsten der „viel gepriesenen und viel gescholtenen" preussischen Schulregulative stimmen könnte, so wäre es dieser Ballast, mit dem ein k. sächsischer Seminar-Oberlehrer das Gedächtniss seiner Zöglinge behelligen möchte! —

S. 95. „21) Polynesien, Reich der Nymphaliden und Apterygiden." Dass der Verf. die Kenntniss des merkwürdigen Vogels *Apteryx (australis)* und somit auch die der Apterygiden bei seinen Lesern voraussetzt, dürfte zum mindesten schon als etwas gewagt bezeichnet werden. Wie steht es aber gar mit den Nymphaliden? — Warum fügt er diesen und ähnlichen Namen, wenn er ihre Kenntniss dem Schüler unentbehrlich erachtet, nicht wenigstens eine ganz kurze Erklärung bei?*) Der Seminarist — und auch wohl der eine

---

*) Z. B. Nymphaliden (Tagfalter-Sippe) u. s. w.

oder andere Seminarlehrer — würde ihm dafür gewiss sehr dankbar sein. —

Von Ungenauigkeiten und irrigen Angaben mögen folgende angeführt werden:

S. 1. „Die einzige noch jetzt in Thätigkeit erscheinende Form
der Bewegung tellurischer Materie ist der Vulcanismus." Wie stimmt
dieses zu dem auf S. 39 über die Wirkung der fliessenden (oder
allgemeiner der bewegten) Gewässer (Deltabildung, An- und Ab-
schwemmungen) ganz richtig Gesagten? —

S. 16. Zu „Lyas, Lager" muss bemerkt werden, dass Lyas
nur ein Provincialismus für *layers* ist.

S. 49. „Im grossen, indischen und atlantischen Ocean beginnt
stets eine neue Fluthwelle an der Ostküste, die von der Westküste
reflectirt wird, ehe eine zweite primäre Welle sich gebildet hat." —
Nach der gegenwärtig wohl allgemein adoptirten Whewell-Lubbock-
schen Theorie bildet sich die selbständige Fluthwelle nur im grossen
Ocean, während die Fluthwelle in den übrigen Meeren, auch im
atlantischen, nur eine abgeleitete ist, d. h. die fortgepflanzte und
durch Reflexion an den Küsten in andere Richtung gerathene des
grossen Oceans.

S. 74. „Unter dem Einfluss der Sonnenstrahlen wird das trockne
Land bis zu einem gewissen Grad schneller erwärmt als das Wasser,
weil die Sonnenstrahlen von dem Lande schon an der Oberfläche
zurückgeworfen und verschluckt werden, während sie durch das Wasser
hindurch auf den Grund fahren."

Dieser schon an sich eigenthümliche Passus (das Land hat ja
doch keinen „Grund!") verräth überdies eine für den Verfasser eines
solchen Buchs befremdliche Unkenntniss einfacher physikalischer Vorgänge. Soll er, was ohne Zweifel der Fall ist, die Bedeutung haben,
dass die das feste Land treffenden Sonnenstrahlen von ihm theils
reflectirt oder zerstreut, theils absorbirt werden, während das Wasser
sie weder an seiner Oberfläche zurückwerfe, noch weiterhin absorbire,
Beides vielmehr erst auf dem Boden desselben erfolge, so ist er
unrichtig. Denn bekanntlich wirft zunächst die Oberfläche des Wassers
einen Theil der sie treffenden Wärmestrahlen zurück und dann ist
auch das klarste Wasser (trotzdem dass es die Lichtstrahlen erst
bei bedeutender Tiefe schwächt) nichts weniger als. diatherman, absorbirt vielmehr schon bei sehr geringer Tiefe die Wärmestrahlen
vollständig. Die Hauptsache ist aber vom Verf. gar nicht erwähnt
worden. Erwärmung und Abkühlung werden bekanntlich durch drei
Factoren bedingt: Masse, Oberflächen-Beschaffenheit und Wärmecapacität. Bei der Vergleichung zweier von derselben Wärmestrahlen-Menge
auf gleiche Weise getroffenen gleichen Massen wären demnach deren
Oberflächen und Wärmecapacitäten in Betracht zu ziehen. Jene lassen
sich zwar bei einem festen Körper und einer Flüssigkeit nicht füglich

vergleichen, im Allgemeinen jedoch wird wohl, da der Spiegel der
ruhenden Flüssigkeit die Oberfläche auch des glattesten festen Körpers
noch an Glätte übertrifft, aus diesem Grunde der feste Körper die
Wärmestrahlen besser absorbiren resp. emittiren als die Flüssigkeit.
Hierzu kommt nun aber noch als der gewichtigste Umstand der, dass die
Wärmecapacität des Wassers die grösste unter den Wärmecapacitäten
aller bekannten Stoffe ist, sodass es hauptsächlich aus diesem letzteren
Grunde sich langsamer erwärmt und auch langsamer erkaltet.

S. 95. „19) Pampas, Reich der Lagostomiden oder Hasenmäuse
und der Harpaliden oder Harfenschnecken." Die Harpaliden sind
aber keine Harfenschnecken (diese würden vielmehr als „Har-
piden" bezeichnet worden sein) — wie sollten auch solche durch
Kiemen athmende Meeresschnecken in die Pampas gerathen? —
sondern eine Coleopterenfamilie, Verwandte der auch in Europa
sehr verbreiteten Gattung *Harpalus*. (*Harpalus cupripennis* soll in
Buenos-Ayres von Zeit zu Zeit in ungeheuren Schwärmen erscheinen.)

S. 95 Z. 24 findet sich der noch unberichtigte starke Fehler:
Pflanzerwangen st. Panzerwangen!

S. 128 Z. 5 u. 6 v. u. ist die Schwungkraft richtig als mit der
Centrifugal-, dagegen S. 139 Z. 1 v. u. als mit der Tangentialkraft
identisch aufgeführt. — Was an ersterer Stelle der Satz: „Es ist
bekannt, dass jeder an der Oberfläche der Erde sich befindende
Körper u. s. w." eigentlich soll, ist nicht einzusehen, da im zunächst
Folgenden nur von der Tangential-, nirgends aber von der Centrifugalkraft die Rede ist.

S. 129. „Nach dem Gesetze der Trägheit behält die Schwingungsebene des Pendels die ursprüngliche Richtung bei."

Dies ist ja schon aus dem einfachen Grunde unmöglich, dass
sie überall vertical ist. Statt dieser — allerdings sehr verbreiteten
— ungenauen Darstellung müsste Folgendes stehen: „Von den beiden
die Bewegung des Pendels bedingenden Kräften, die man sich als
im Schwerpunkt desselben angreifend denken kann, ändert die eine
(continuirliche), die Schwerkraft, als überall nach dem Mittelpunkt
der (kugelförmig gedachten) Erde gerichtet, ihre Richtung in jedem
Augenblicke, während die andere (sog. momentane), welche das Pendel
in Schwingung versetzt hat, die stossende Seitenkraft, in Folge des
Beharrungsvermögens in ihrer anfänglichen Richtung fortzuwirken
strebt."

S. 137. „Allerdings wird durch die Anziehungskraft des Mondes
wie der Sonne ein Schwanken der Erdaxe zwischen 21⁰ und 28⁰
verursacht; man nennt dieses Schwanken die Nutation der Erdaxe."
Es ist dieses unrichtig. Unter Nutation wird nur eine alle 18,6 Jahre
periodisch wiederkehrende Oscillation der Erdaxe verstanden, in Folge
deren der Himmelspol eine kleine Ellipse von 18″,44 grossem und
13″,72 kleinem Diameter zurücklegt. Sie wird hervorgerufen durch

die Aenderung der störenden Einwirkung des Mondes auf die abge-
plattete Erde, welche Einwirkung selbst in Gemeinschaft mit der Sonne
die sog. Präcession bewirkt; in der angegebenen Periode ändern sich
nämlich Lage und Richtung der Mondbahn fortwährend (Knoten-
Umlauf!). Jene grössere Schwankung ist eine säculäre Störung,
bedingt durch die Gesammt-Einwirkung der zu unserm Sonnensystem
gehörenden Weltkörper auf die Erde und ihre Bahn, bewegt sich
aber nicht zwischen den Grenzen 21 und 28^0, sondern (nach Lagrange) nur zwischen 22^0 54$'$ und 25^0 21$'$.

Weiter auf derselben Seite: „Nach Fig. 17 steht die Erde am
23. September im Zeichen des Widders, die Sonne im Zeichen der
Wage." Da Letzteres der Fall ist, so muss selbstverständlich, von
der Sonne aus gesehen, die Erde im gegenüberliegenden Zeichen
stehen.

Ebendaselbst Z. 1 v. u. und S. 138 Z. 1: „Dämmerung (bürgerliche), wenn die Sonne 6^0 23$'$ 30$''$ unter dem Horizont steht." Das
ist ja eine sehr scharfe Angabe für einen so wenig scharf begrenzten
Begriff.

S. 171 Z. 1 v. u. „die Kometen bewegen sich in allen Richtungen. Die Form ihrer Bahn lässt sich nicht bestimmen. Von
Ellipticität zeigt sich keine Spur. Die Bahnen sind vielleicht
Parabeln und Hyperbeln" und damit in directem Widerspruch gleich
dahinter (auf der folgenden Seite): „da aber einzelne nach einer bestimmten Zeit wiederkehren, so ist es wahrscheinlich, dass sie sich in
excentrischen Ellipsen bewegen." Also doch blos wahrscheinlich!
Und giebt es auch andere als excentrische Ellipsen? Es soll wohl
„stark excentrisch" heissen. Sollte man Derartiges in einem solchen
Buche für möglich halten!?

Wegen ihres sonderbaren oder verkehrten Ausdrucks auffallend
erscheinen dem Ref. besonders folgende Stellen:

S. 53 Z. 16 wo es vom atlantischen Ocean heisst: „Sein
Streben geht auf geistige und sittliche Verknüpfung der Völker
u. s. w."

S. 57 Z. 17 u. 18: „Vermöge der Spannkraft, welche in Rücksicht der Theilchen eines und desselben Gases statt hat, . . ."

und weiterhin Z. 23 u. 24: „die Anziehungskraft erlahmt mit
dem Quadrat der Entfernung und so wird die Luft in den obern
Schichten immer mehr dem ihr innewohnenden Triebe zu folgen
vermögen."

S. 73. „Oscar Peschel meint: wenn wir bei den Fjorden zunächst an Gletscher und Eiszeiten dächten, so sei daran die Mode
nicht Schuld." Sehr passend für Schüler! — Was wissen diese von
den modernen geologischen Tagesfragen! —

S. 85. „Die Declination zerfällt in eine östliche und westliche."

S. 93. „In den höhern Breiten schrumpfen die Thiere zusammen!" — Man denke doch nur an Walfische, Walrosse und Eisbären.

S. 110. „Die mathematische Geographie betrachtet die Erde als eine mathematische Grösse und belehrt uns über ihre Gestalt und Grösse." Zum mindesten stylistisch wenig geschickt ausgedrückt!

S. 128. „Foucault (s.*) Foucou)!"

S. 141 Z. 3 „Eine weitere Folge der Bewegung um die Sonne ist die ungleiche Dauer des Sonnentags". Würde doch, präciser ausgedrückt, heissen müssen: „Eine weitere Folge der ungleichförmigen Bewegung der Erde um die Sonne u. s. w."

S. 147 Z. 16. „Nach etwa 19 Jahren sind die Knoten um die Knotenlinie herumgekommen." Was heisst Das? —

S. 173 ist Magnesium als eines der am häufigsten vorkommenden Bestandtheile der Meteoriten angegeben. Dies könnte den Anfänger zu der irrigen Meinung verleiten, dass gediegen Magnesium in den Meteoriten zu finden sei, während doch nur olivin- und solche feldspathartige Mineralien, die Magnesium als chemischen Bestandtheil enthalten, als Gemengtheile von Meteorsteinen vorkommen.

Von nicht berichtigten wesentlicheren Druckfehlern seien noch erwähnt:

S. 33 Z. 1 v. u. Gase st. Salze.

S. 63 Z. 1 v. u. Westküste st. Ostküste.

S. 75 Z. 15 v. u. Südwind st. Nordwind.

Der an einigen Stellen vorkommende Gebrauch des Wörtchens „vielleicht" statt „ungefähr" oder „wohl" beruht wahrscheinlich auf einem Provincialismus.

Ob es endlich nicht besser gewesen wäre, die mit so grosser Sicherheit als unzweifelhaft richtig aufgeführte, in neuester Zeit nach Lyells Vorgang aber doch auch von gewichtigen Autoritäten vielfach — wenigstens in ihrem frühern Umfang — mit Gründen angezweifelte vulcanistische Theorie (nach Cuvier, v. Buch und Humboldt) als Hypothese zu bezeichnen, nicht minder wie das auf S. 152 über den Verbrennungsprocess auf der Sonne Angegebene — und die Aeusserung auf S. 97, dass gerade die ausgezeichnetsten Forscher an dem einheitlichen Ursprung des Menschengeschlechts festhielten, lieber ganz wegzulassen, mag dahingestellt bleiben.

Ein Sachregister hätte am Schlusse nicht fehlen dürfen.

---

*) soll wohl „spr." sein.

BERMANN.

PRESSLER, M. R., Prof. an der Akademie zu Tharand.' Das mathematische Aschenbrödel oder der Ingenieur-Messknecht. Leipzig. Baumgärtner's Buchhandlung 1870.

Bei dem Unterricht in der Trigonometrie wird es unstreitig zur Anregung und Belebung wesentlich beitragen, wenn man hier und da unmittelbar in der Umgebung der Schule gemessene Entfernungen, Höhen oder Winkel den zur Uebung und Anwendung dienenden Beispielen zu Grunde legen kann. Der Schüler wird immer mit grösserem Interesse z. B. die Höhe des heimathlichen Kirchthurms, als die in einem fingirten Beispiele berechnen. Auch schon in der Planimetrie, bei den Dreiecks-Constructionen, den Aehnlichkeitssätzen u. s. w., bietet sich manche Gelegenheit, durch eine derartige anschauliche Anwendung eine klarere Auffassung und tiefere Aneignung des Gelernten zu vermitteln. Nicht jede Anstalt aber besitzt Gelegenheit und Mittel zur Anschaffung eines Theodoliten, Sextanten oder sonstigen kostspieligen Winkelinstruments, und wo ein solches vorhanden, erfordert die Kenntniss seiner Einrichtung und Manipulation zum Verständniss der vorzunehmenden Messungen eine mehr oder minder zeitraubende Unterweisung, die Messung selbst, wenigstens wenn man den Werth des Instruments wirklich ausnutzen will (die Correction, bezw. Elimination der Fehler, Horizontalstellung der Libelle, Winkelmessung mit Repetition, Ablesung mit Loupe und Nonius an zwei Stellen, u. dgl. m.) eine längere Zeit. Die so zu erzielende Genauigkeit ist jedoch für derartige, blos zur Uebung und Veranschaulichung der Rechnungs-Methoden dienende Beispiele, wenn auch erwünscht, so doch nicht unentbehrlich, und ein billiges und handliches Instrumentchen, welches ohne erheblichen Zeitverlust eine, wenn auch nur einigermassen annähernde Messung anzustellen erlaubt und womöglich auch dem Gebrauch durch die Schüler selbst leicht zugänglich ist, ist daher als Unterrichtsmittel für manche Anstalt ein Bedürfniss.

Der vor Kurzem in 4. Auflage neu angezeigte Ingenieur-Messknecht von Pressler gehört zu den für derartige Zwecke bestimmten Hülfsmitteln, soll jedoch nicht bloss ein Mess- oder Taxations-Instrument sein, sondern auch die verschiedenen mathematischen Tabellen ersetzen. Derselbe ist aus starkem Pappdeckel verfertigt, hat die Form eines etwa 22 Centimeter langen und halb so breiten Rechtecks, welches sich an der einen längeren Seite durch einen Halbkreis erweitert, und ist auf beiden Flächen eng bedruckt. Als Rechenknecht enthält er in Form neben einander stehender Scalen, deren Theilstriche abzulesen sind, eine Logarithmentafel, welche für vierziffrige Eingänge das Gesuchte ebenfalls bis zu vier Ziffern liefert und nach Angabe des Verfassers bei einiger Uebung durch Schätzung der Abstände der nicht genau coincidirenden Theilstriche selbst fünfstellige Logarithmen und Numeri mit einer Unsicherheit von höchstens zwei Einheiten der letzten Decimale giebt ferner zu einem auf den beiden Hälften der Tafel in zwei Bogen von je etwa 120⁰ angegebenen Gradmasse die Sinus, Cosinus, Tangenten und Secanten auf 3—4 Decimalen, sowie die Bogenlängen und die Segmentflächen. Der noch übrige Raum ist ausgefüllt mit einer Reciproken-Tafel zur Ersparung von Divisionen, einer solchen der Chorden und Bogenhöhen, einem Millimeter-Transversalmassstab, einer Tabelle für Quadrat- und Kubikwurzeln, für Kreisflächen nach dem Decimal- und dem Duodecimalsystem und, bei den Exemplaren feineren Stiches, auch einer Fallhöhen- und Fallgeschwindigkeits-Tafel, einer Zins- und Rententabelle und einer Tafel für Mass-Vergleichung und Reduction. Die Gradtheilung ist am äusseren Rande fortgesetzt, um das Instrumentchen als Transporteur benutzen zu können, und endlich sind noch ein einfacher Centimeter-Massstab und für eine Anzahl wichtigerer Logarithmen die siebenstelligen Werthe beigegeben.

Man sieht aus dieser Aufzählung, dass hier ein bewundernswerth reiches Material durch sinnreiche Ausbeutung des Raumes auf zwei Seiten zusammengedrängt ist, und jedenfalls wird der leicht in der Tasche zu tragende „Knecht" für den praktischen Rechner ein in zahlreichen Fällen höchst brauchbares und schätzenswerthes Hülfsmittel sein. Dass durch die Okularinterpolation in den enggedruckten Scalen das Auge zu sehr angestrengt werde, kann nicht gerade behauptet werden, zumal, wie der Verf. richtig bemerkt, ein grosser Unterschied zwischen dem fortlaufenden Lesen eines enggedruckten Werkes und dem intermittirenden Gebrauch einer solchen Tafel besteht; ausserdem kann man sich ja einer Loupe bedienen, welche, nebenbei bemerkt, wohl von anderer Seite her (z. B. aus dem botanischen Unterricht) im Besitz des Arbeitenden sein und dann mit Vortheil an die Stelle des dem Instrument beigegebenen, zwar billigen, aber auch sehr unvollkommen Leseglases treten wird. — Dagegen dürfte es sehr fraglich sein, ob ein solches gedrängtes Scalen-Werk an unseren Mittelschulen den Gebrauch der gewöhnlichen logarithmischen Tafeln ersetzen könne; sind wir doch noch nicht einmal so weit, dass die Beseitigung der siebenstelligen Logarithmen allgemein als nothwendig anerkannt wird*), mit einer Genauigkeit von (theilweise) nur 3 bis 4 Decimalen, wenn dieselbe auch für die Zwecke der gewöhnlichen Praxis ausreichend ist, werden sich für die Schule nur Wenige befreunden wollen. Ausserdem wird die Genauigkeit der Ablesung von der Sorgfalt des Arbeitenden in einem Grade abhängig gemacht, welcher wenigstens bei unseren an rich-

---

*) Man vergl. die Bemerkung aus Helmes Elementar-Mathematik Bd. IV. Vorr. S. VII., wo sogar bestritten wird, dass ein wesentlicher Gewinn an Zeit durch die 5stelligen Tafeln erzielt werde! Vergl. auch die Rezension dieses Lehrbuches in dieser Zeitschr. II, S. 227.

tiges Sehen und Beobachten sonst wenig gewöhnten Schülern durchschnittlich die Gefahr zahlreicher Irrthümer hervorrufen würde, es
sei denn, dass man einen grösseren Theil der knapp zugemessenen
Unterrichtszeit der Uebung im Gebrauche eines im Ganzen doch nur
méchanischen Hülfsmittels zuwenden wollte. Man kann freilich entgegnen, dass es um so mehr nöthig sei, die mangelnde Kunst des
Sehens auszubilden, dass gerade in der Mithülfe dazu durch den
Messknecht ein wesentlicher pädagogischer Werth desselben liege,
und dass der Zeitverlust reichlich durch die grössere Bequemlichkeit
bei dem Gebrauche des neuen Hülfsmittels (unmittelbare Ocular-
Interpolation, kein Blättern, u. s. w.) aufgewogen werde. Dies Alles
zugegeben, wird man doch schwerlich darauf verzichten dürfen, die
Schüler in erster Reihe mit der Einrichtung und dem Gebrauch einer
wirklichen logarithmischen und trigonometrischen Tafel vertraut zu
machen, es könnte also nur die Benutzung eines solchen Rechen-
knechts neben den sonst vorhandenen Tafeln als eine nützliche Uebung
empfohlen werden, und wir werden nur selten in der Lage sein,
dem Schüler ausser der Anschaffung der letzteren auch die Ausgabe
für ein zweites derartiges Hülfsmittel zumuthen zu dürfen.

In ihrer Anwendung als Messinstrument wird die Tafel der
Länge nach in der Mitte rechtwinkelig aufgebogen; die beiden geraden Randtheile lassen sich dann so übereinander legen und mit
der Hand oder einer Klemme festhalten, dass eine dreifach rechtwinkelige Ecke entsteht, deren zwei grössere Flächenseiten am Rande
die Gradeintheilungen tragen und als horizontale und vertikale Wand
zum Messen oder Abstecken der entsprechenden Winkel dienen. Ein
an der vertikalen Wand befestigtes Loth hilft die richtige Haltung
des Instruments (bei gestrecktem Arm oder auch durch Befestigung
auf einem Stativ) vermitteln, und der Faden desselben dient zugleich
als Zeiger für die Höhenwinkel. Das Visiren geschieht längs der
scharfen Kanten der Ecke, oder auch mittels einzustechender Visirnadeln. Bei den Messungen aus freier Hand können natürlich horizontale Winkel — mit Ausnahme des Absteckens rechter Winkel,
wozu ein Gehülfe nöthig ist — gar nicht bestimmt werden; man
bedarf hierzu, wie überhaupt zu genaueren Arbeiten, einer festen
Aufstellung mittels eines Stativs, sowie eines Diopterlineals. Diese
und andere zur „Armirung" des Knechtes nöthigen Nebenapparate
können von dem Verfertiger besonders bezogen werden.

Die vorstehende ungefähre Beschreibung muss hier genügen;
zur genaueren Kenntniss des Apparats, seiner Prüfung, Justirung
und möglichst ausgedehnten Benutzung verhilft die im Zusammenhang
mit demselben stehende Schrift des Herausgebers „das mathematische
Aschenbrödel" (128 S. in 8.). In Betreff der bei den Messungen
zu erzielenden Genauigkeit wird hier unter Anderem bemerkt, dass
man aus freier Hand und mit Anwendung der arithmetischen Mittel

aus den Resultaten der einige Male wiederholten Messungen Elevationen unschwer bis auf den Viertelgrad genau bestimmen könne. Ref. hat noch keine ausreichende Erfahrung darüber, in wieweit etwa eine Veränderlichkeit des Materials durch äussere Einflüsse auf diese Genauigkeit einwirken könnte, und ob nicht öfters nöthig werdende erneute Prüfungen und Correctionen des Instruments eine bequeme Anwendung desselben beeinträchtigen können; die dünneren Exemplare sind jedenfalls der Gefahr ausgesetzt, dass ihre Flächen durch Verbiegung windschief werden. Abgesehen hiervon — also von den etwaigen constanten oder veränderlichen Fehlern des Exemplars, welche möglichst zu corrigiren oder zu eliminiren sind — wird sich der Apparat innerhalb der angeführten Grenzen und in geübter Hand als praktisch erweisen. Da der als Zeiger dienende Pendelfaden neben der Winkeltheilung gleichzeitig die zugehörigen Tangenten, Cosinus und Secanten abzulesen gestattet, so ergiebt sich eine grosse Bequemlichkeit für eine (ungefähre) rasche Bestimmung der gesuchten Grössen. Als nachtheilig für den Gebrauch ist zu erwähnen, dass der Apparat bei windigem Wetter wegen der Schwankungen des Pendels kaum anwendbar sein wird†), und dass die Dicke des fast $\frac{1}{4}$ Grad bedeckenden Fadens die Genauigkeit oder Schätzung beeinträchtigt; die Anbringung eines Haares†) (etwa eines dünnen Pferdehaares) dürfte hier vorzuziehen sein. Die Visirlinie verschwimmt†) für ein nicht scharfes Auge und die Haltung des Instruments mit ausgestrecktem Arm erfordert eine ruhige Hand, während sie Ungeübte bei längerem Visiren, namentlich feiner Objecte, leicht ermüdet. Zu den mittels Stativs auszuführenden genaueren Messungen hat Ref. kein rechtes Vertrauen finden können; das Stativ*) wird ganz nützlich sein um die Unsicherheit der Haltung in freier Hand zu beseitigen und um horizontale Messungen zu ermöglichen, allein über die im Vorigen angegebene Genauigkeit wird man schwerlich viel hinaus kommen. Dafür ist — nach der Ansicht des Referenten — der ganze Apparat zu wenig standfest†), die Ablesung zu ungenau, kurzum es sind die Fehlerquellen zu gross, und das von dem Verf. zur Erzielung einer Genauigkeit von $\frac{1}{10}$ Grad angegebene Verfahren mittels des arithmetischen Mittels aus wiederholten Messungen dürfte eben desshalb nicht ausreichend sein, da dasselbe, wie alle Folgerungen aus der Methode der kleinsten Quadrate, voraussetzt, dass die unvermeidlichen Fehler als verschwindend klein angesehen werden können. Eine hinreichend erscheinende Uebereinstimmung in den verschiedenen Ablesungen desselben Winkels verbürgt diese Voraussetzung nicht, da bei Wiederholungen derselben Messung auch derselbe Fehler in gleichem Sinne wirken könnte.

---

*) S. über dieses Stativ d. Bem. auf S. 60.
†) Sehr richtig!   D. Red.

Jedenfalls wird der kleine Apparat in der Hand des Lehrers ganz nützlich zu rascher Ausführung annähernder Messungen und auch den Schülern zu eigenem Gebrauche, etwa als Begleiter auf Excursionen zu empfehlen sein; die Einführung desselben als eines obligatorischen Unterrichtsmittels für jeden einzelnen Schüler aber wagen wir, wenigstens für Gymnasien, nicht zu befürworten. Real-schulen, welche viel mehr Zeit für den mathem. Unterricht haben, werden sich desselben schon eher bedienen können, und für forst- und landwirthschaftliche Institute, Gewerbeschulen, Handwerker-Fort-bildungsschulen und andere mehr praktische Anstalten dürfte sich sein Gebrauch in einem Cursus, wie ihn das „Aschenbrödel" im Ein-zelnen ausführt, als recht nützlich bewähren. Es enthält das eben genannte Werk in der Hauptsache eine gründliche Anleitung zum Gebrauche der Messknecht-Tafel in möglichst genauer und ausge-dehnter Weise, erläutert durch zweckmässig gewählte Beispiele. Ein Lehrbuch der betreffenden Gebiete ist es also nicht, wenn es auch hier und da theoretische Ausführungen von Lehren giebt, welche in der Regel in den Lehrbüchern nicht in gleich eingehender Weise behandelt werden, auch findet man darin keine systematisch fort-schreitende Sammlung praktischer Anwendungen zu den einzelnen Abschnitten der Elementar-Mathematik. Indem der Verf. vielmehr den anderweitigen Unterricht in der letzteren voraussetzt, will er in einem sich an denselben anschliessenden besondereren Cursus ange-wandter Mathematik die gewonnenen Kenntnisse praktisch verwerthen lehren. „Heranbildung einer für die Aussenwelt aufgeschlossenen Intelligenz und Wissenschaftlichkeit, einer Intelligenz, welche die reale Welt mit ebenso praktisch-sinnigem als offnem und umsichtigem Wesen zu sehen und zu verfolgen, anstellig und correct zu erfassen und möglichst rationell zu benutzen, die segensreiche Kraft haben soll," ist das Ziel, welches er in pädagogischer Beziehung erstrebt.

Der grosse Werth eines derartigen Unterrichts, ganz besonders auch für die der Gefahr einer einseitig philologisch-historischen Bil-dung — bei dem thatsächlichen gegenwärtigen Stand des naturwissen-schaftlichen Unterrichts — noch nicht entrückten Schüler unserer Gym-nasien, wird schwerlich bestritten werden können. Was wir gegen einen solchen einzuwenden haben, ist (abgesehen von Einzelheiten in der Ausführungsweise) der Mangel an der nöthigen Unterrichtszeit. Wir haben an den Gymnasien mit nur dreistündigem mathem. Unterricht in Quarta und Tertia, namentlich bei ungetheilten oberen Classen vollauf zu thun, um den Anforderungen des Prüfungs-Reglements gerecht zu werden, d. h. um den Schülern dasjenige Wissen und vor Allem dasjenige Können beizubringen, welches der Verf. des Aschenbrödel selbst mehr oder minder voraussetzt; woher wir die Zeit nehmen sollen, den Inhalt seines 128 S. starken Buches durch-zuarbeiten, ist, zumal wenn wir den Bedarf an Zeit bei praktischen

Uebungen auf freiem Felde bedenken, nicht abzusehen. Gemeinschaftliche Spaziergänge in den freien Stunden, ohne die häusliche Arbeitszeit in Anspruch zu nehmen, dürften dazu nicht hinreichen. Da aber, wo besonders günstige Verhältnise es gestatten, die erforderliche Zeit zu erübrigen, würden wir allerdings einen derartigen Cursus für Primaner einem Vortrage über Differentialrechnung (wie er nach Ausweis von Programmen noch in neuerer Zeit vorgekommen ist) entschieden vorziehen.

Selbstverständlich soll mit dem Vorstehenden nicht gesagt sein, dass das Streben nach Ausbildung einer „möglichst lebenspraktischen Intelligenz" im mathem. Unterricht der Gymnasien ganz ausgeschlossen sein müsse, vielmehr ist dasselbe überall nach Kräften zu betonen, und insbesondere ist in einem planmässigen Zusammenwirken des mathematischen, naturwissenschaftlichen und des Zeichen-Unterrichts in dieser Beziehung ein noch nicht hinreichend ausgebildeter Beitrag zur Concentration der sogen. realen Unterrichtsfächer zu suchen.

Der Ingenieur-Messknecht für sich erscheint in verschiedenen Sorten, nämlich in einem kräftigeren, mit blossem Auge leichter ablesbaren und einem feinerem Stich, welcher letztere theilweise schärfer arbeitet als jener und regelmässig dem Aschenbrödel beigegeben wird. Jede dieser beiden Sorten existirt ferner in dreierlei Stärken des Materials und kosten die schwachen und die mittelstarken Exemplare 21 Sgr., die starken, welche wir als die solidesten zum Gebrauche für die Schule den anderen vorziehen würden, 24 Sgr. pr. Stück. Die für genauere Messungen beizugebenden Nebenapparate können in verschiedener Ausdehnung bis zum Preise von etwa $9\frac{1}{2}$ Thlr., das mit einem Exemplare des Messknechts versehene Aschenbrödel direkt vom Verfasser für 1 Thlr. (Ladenpreis $1\frac{1}{2}$ Thlr.) bezogen werden.

REIDT.

MAURITIUS, Dr. Der Transporteur und Massstab. Commissions-Verlag der J. G. Riemann'schen Hofbuchhandlung in Coburg. (Preis 6 Sgr.)

ist ein Rechteck aus starker, gelber Pappe, welchem auf der einen Seite der Transporteur, auf der anderen der Massstab aufgezeichnet ist. Letzterer umfasst zwei Decimeter, deren erster durch die Transversalen, die Centimeter und Millimeter liefert. Die Vertikale von 0^{cm} und eine zweite, vom Endpunkt des ungetheilten Decimeters nur 1^{cm} entfernte Vertikale (letztere für graphische Multiplicationen dienend) sind ausserdem direct in Millimeter getheilt, und der eine Rand trägt noch eine Art geradlinigen Transporteurs, indem die Winkel bis zu 77^0 durch ihre Tangenten für den Radius 3^{cm} verzeichnet sind. Der eigentliche Transporteur auf der anderen Seite hat einen Radius von 1^{dc}, zeigt ganze Grade, und die Verlängerungen seiner Theilstriche sind an dem rechtwinkeligen Rande

.des Cartons ausgezogen. Dem Instrumentchen ist noch ein rechter
Winkel in Gestalt eines an dem inneren und dem äusseren Rande
und auf beiden Seiten in Centimeter und Millimeter getheilten Streifens
beigegeben. Der Verf. zeigt in den Bemerkungen, welche den an
Lehrer versendeten Exemplaren beigelegt sind, wie er seinen Apparat
in einem Vorcursus der Geometrie, sowie im späteren Unterricht
gebraucht, indem er z. B. die Elementar-Constructionen der Planimetrie mit Linien von bestimmter Länge ausführen, einzelne Lehrsätze, wie über die Winkelsumme des Dreiecks, über Inhaltsbestimmungen, später den pythag. Lehrsatz, die Aehnlichkeitssätze
u. dgl. durch vom Schüler zu construirende Figuren erläutern oder
verificiren lässt, ferner die Anwendung auf graphisches Rechnen,
z. B. auf Ausziehen von Qradratwurzeln durch mittlere geom. Pro-
portionalen, sowie endlich zur Erzielung einer klaren Auffassung der
Grundbegriffe der Trigonometrie. Der Umschlag ist zu einer reichhaltigen Angabe von Formeln, Constanten aus verschiedenen physikalischen Gebieten, einer Tangententabelle, Planetentafel u. dgl. benutzt.

Jedenfalls bietet der kleine und billige Apparat ein im Unterricht vielfach recht nützlich zu verwerthendes Hülfsmittel, welches
mit entschiedenem Vortheil an die Stelle der von den Schülern selbst
angefertigten und, wenigstens auf den unteren Stufen, nur selten
für einen nutzbringenden Gebrauch hinreichend genauen Massstäbe
oder der zuweilen höchst mangelhaften Transporteure gewöhnlicher
Reisszeuge treten wird. Es kann nicht die Aufgabe dieses Berichtes
sein, sich in eine Aufzählung und Erörterung der Fälle einzulassen,
in welchen derartige Werkzeuge Anwendung finden können; dass die
Veranschaulichung an concreten Beispielen nicht nur in einem auf
die Anschauung gegründeten Vorcursus, sondern auch weiterhin,
natürlich in gehöriger Einschränkung, nutzbringend sein kann, wird ·
jedenfalls — abgesehen von der sonstigen Verwendung zur Auflösung
bestimmter praktischer Aufgaben — zugegeben werden müssen. Dass
das vorliegende Hülfsmittel auch bereits thatsächliche Anerkennungen
erfahren hat, zeigt sich darin, dass schon jetzt, kurze Zeit nach
seinem Erscheinen, eine zweite Auflage desselben vorliegt. Diese
zweite Auflage beseitigt auch in glücklicher Weise einen Einwand,
welchen Ref. gegen die erste zu erheben hatte; der eine Fläche von
über zwei Quadratdecimeter, also ein Quartblatt der Breite nach
ganz, der Länge nach zur Hälfte bedeckende Transporteur ist nämlich
zum Auftragen und Abmessen von Winkeln nur für Figuren von
verhältnissmässig grossem Massstab anwendbar. Die neue Auflage
hilft diesem Uebelstand ab, indem sie noch einen kleineren, trans-
parenten Transporteur beigiebt, welcher in einem vollen getheilten
Kreise von 3.5^{cm} Radius besteht und aus Gelatine mit einem Ueberzug
von Collodium gefertigt ist. Das Collodium hat — nach einer eigenen
Bemerkung des Herausgebers — die hygroskopische Eigenschaft zwar

nicht ganz vertrieben, schützt aber doch vor der Feuchtigkeit der Haut. Die deutliche Sichtbarkeit der ganzen Zeichnung unter dem aufgelegten Transporteur, die Sicherheit bei dem Anlegen und die möglichste Vermeidung der Parallaxe sind neben dem gefälligen Aeusseren als Vorzüge dieses Transporteurs zu nennen. Da auch Andere, als Schüler, von demselben gern Gebrauch machen dürften und es ausserdem wünschenswerth ist, dass beschädigte oder verloren gegangene Exemplare durch besonderen Nachbezug ersetzt werden können, so würde es sich empfehlen, dass der Verfasser denselben auch einzeln verkäuflich mache. — Ein anderer Einwand gegen den Apparat ist, dass der Transversal-Massstab nur die Einheit des Hauptmasses abzunehmen gestattet, doch wird dieser Mangel durch den beigegebenen rechtwinkeligen Massstab einigermassen ausgeglichen. Derselbe war kaum zu vermeiden, wenn nicht der andere Vortheil verloren gehen sollte, dass nicht willkürlich verjüngte, sondern die wirklichen Masse des metrischen Systems zur Anwendung gekommen sind.

Allen, welche von derartigen Hülfsmitteln im Unterricht Gebrauch machen, kann das vorliegende bestens empfohlen werden.

REIDT.

Schwammkunde. Plastische Nachbildung essbarer und giftiger Pilze. Hildburghausen, bei A. v. Lösecke und F. A. Bösemann. 1871.

Eine neue Bearbeitung der von Prof. Büchner herausgegebenen „Sechs Gruppen von 64 Arten giftiger und essbarer Schwämme in einhundert und einigen nach der Natur modellirten und colorirten Nachbildungen nebst Beschreibungen."

Die — allgemein noch sehr mangelhafte, ihrer Wichtigkeit keineswegs entsprechende — Kenntniss der Pilze in anschaulichster Weise zu vermitteln, ist der Zweck des Unternehmens. Nach dem Prospekt wird die Büchner'sche Schwammkunde an wenigstens 2000 Lehranstalten des In- und Auslandes zu Unterrichtszwecken bereits benutzt.

Die einzelnen (6) Lieferungen enthalten abwechselnd eine Anzahl essbarer und ungefähr eben so viele diesen ähnliche oder verdächtige Pilze, so dass durch die Anschauung die Unterschiede beider recht deutlich hervorgehoben werden. Es ist ja eine Eigenheit der Pilze, dass auch in der Natur einem essbaren gewöhnlich ein ähnlicher giftiger entspricht.

Mit Recht ist im Prospekt hervorgehoben, dass die Pilze eine weit bedeutendere Verwendung zur menschlichen Nahrung verdienen und ohne die Furcht vor Fehlgriffen auch finden würden.

Dass die plastische Darstellung eine weit bessere Anschauung giebt, als die Abbildung, ist ausser Zweifel. In wie weit die Aus-

führung zu rühmen ist, kann Ref. leider nicht beurtheilen, da ihm
die Nachbildungen selbst nicht zu Gebote stehen; nach den beigedruckten Empfehlungen und Prämiirungen jedoch ist anzunehmen,
dass die Ausführung wohlgelungen ist.

Zu bedauern bleibt, dass der trotz der Herabsetzung ziemlich
hohe Preis an manchen Anstalten der Einführung hinderlich sein
mag, wenngleich man sich sagen muss, dass eine solche Arbeit,
wenn sie recht brauchbar sein soll, kaum billiger herzustellen sein
dürfte. Die einfachere Ausgabe für Schulen kostet 14 Thlr., die
eleganter ausgestattete 16 Thlr. Erstere enthält 106, letztere 112
Darstellungen von 64 Arten. Die Lieferungen sind einzeln zu beziehen, jede in besonderem Pappkasten mit halb herausschlagbaren
Wänden.

Gleichzeitig empfehlen die Herausgeber Herbarien von ca. 60
Gräsern, 40 Riedgräsern und Binsen und 25 Farren, Bärlappen und
Schachtelhalmen, an welche sich ähnliche Sammlungen von Moosen,
Flechten etc. anschliessen sollen. Bei der relativen Schwierigkeit,
Gräser zu bestimmen, darf auch dieses Unternehmen als praktisch
empfohlen werden.

DRESDEN.   KOBER.

I. ROSCOE, HENRY E., B. A. F. R. S. Professor of chemistry in Owens college,
    Manchester. Lessons in elementary chemistry: inorganic
    and organic. London. Macmillan and Co. 2 Thlr.

II. ROSCOE, H. E., Kurzes Lehrbuch der Chemie nach den
    neuesten Ansichten der Wissenschaft. Deutsche Aus-
    gabe, unter Mitwirkung des Verfassers bearbeitet
    von C. Schorlemmer. Braunschweig, Fr. Vieweg und Sohn
    1 Thlr. 20 Gr.

Das Werk von Roscoe, welches in England schon mehrere Auflagen erlebt hat, giebt auf 442 Seiten einen Abriss der sogen. modernen Chemie. Nach einer kurzen Einleitung wird der Sauerstoff
und Wasserstoff behandelt, das metrische Mass, Thermometer, die
Abhängigkeit des Volumens der Gase von der Temperatur und dem
Druck besprochen, worauf die übrigen Elemente und Verbindungen,
die Lehre von Atom und Molekül, specif. Wärme, Spektralanalyse
und die wichtigsten Verbindungen aus der Chemie des Kohlenstoffs
folgen. Das Buch zeichnet sich durch seine knappe und klare Darstellung aus und kann zu den besten Werken dieser Art gezählt
werden. Druckfehler, von denen noch einige angegeben werden sollen,
sind verhältnissmässig selten. Einer Angabe des Verf. kann Refer.
jedoch nicht zustimmen. S. 32 Z. 11 v. o., in der deutschen Ausgabe S. 26 Z. 9 v. o. wird gesagt: „in die Schnelligkeit der Diffusion

(durch Graphit oder Gipsplatten) verhält sich umgekehrt wie die Quadratwurzeln der Gasdichten." Dieses Gesetz gilt nach den Versuchen von Bunsen (Gasometrische Methoden Seite 214) nur dann, wenn die Gase durch Oeffnungen in dünner Wand, aber nicht, wenn sie durch Kapillarröhren ausströmen. So verhalten sich die durch einen Gipspfropf diffundirten Volumina Sauerstoff und Wasserstoff nicht wie 1: 4, sondern wie 1: 2,73. Der Durchgang der Gase wird hier demnach durch einen Reibungscoefficienten modificirt.

Die deutsche Ausgabe von Schorlemmer ist mehrfach durch Zusätze, namentlich durch Formeln vermehrt, und würde als vollkommen zweckentsprechend aufs beste zu empfehlen sein, wenn sie nicht durch fast hundert der gröbsten Fehler geradezu entstellt wäre. Zahlen und Buchstaben sind sehr häufig ausgelassen, verwechselt oder falsch. Hier nur einige Proben: Seite 8 Z. 15 v. u. $La = 92$ statt 9,4, S. 17 Z. 5 v. o. $\frac{1}{0,0692} = 14,45$ statt 14,47, S. 51 Z. 14 v. o. 0,08936 statt 0,008936, S. 83 Z. 8 v. o. und S. 103 Z. 11 v. u. $2\,H_2O$ statt H_2O, S. 90 Z. 17 v. o. fehlt auf der linken Seite der Gleichung $+ 2\,H_2O$, S. 184 Z. 4 v. o. $Ba\,H_2O_2$ statt $Ba\,H_2O$ und 14 v. u. 27,4 statt 2,74, S. 252 Z. 20 v. o. $CHCl_3$ statt CH_3Cl_3, S. 258 Z. 3 v. o. $\left.\begin{matrix}C_2H_5\\H\end{matrix}\right\}O$ statt $\left.\begin{matrix}C_2H_5\\H\end{matrix}\right\}$, S. 320 Z. 13 und 14 v. u. $\left.\begin{matrix}CH_3\\CH_3\end{matrix}\right\}Hg$ statt $\left.\begin{matrix}CH_3\\CH_3\end{matrix}\right\}H_9$ und $\left.\begin{matrix}C_2H_5\\C_2H_5\end{matrix}\right\}Hg$ statt $\left.\begin{matrix}C_2H_5\\C_2H_5\end{matrix}\right\}H_9$, S. 410 Z. 1 v. o. $C_9H_9NO_3$ statt $CgHgNO_3$ u. s. w., welche sämmtlich im Original richtig sind. Andere Formeln sind vom Uebersetzer hinzugefügt, leider aber falsch, z. B. fehlt S. 89 Z. 11 v. u. auf der rechten Seite der Gleichung $3\,H_2O$, S. 91 Z. 6 v. o. $3\left.\begin{matrix}K\\H\end{matrix}\right\}SO_4$ statt $3\left.\begin{matrix}H\\H\end{matrix}\right\}SO_4$, S. 95 Z. 4 $\iota\acute{\omega}\delta\eta\varsigma$ statt $\acute{\epsilon}\acute{\omega}\delta\eta\varsigma$, S. 213 Z. 7 v. u. SnH_2O_2 statt $S_4H_2O_2$, S. 219 Z. 13 v. o. $3\,H_2S$ statt $3\,H_2$, S. 220 Z. 12 v. o. H_3BiO_3 statt H_2BiO_3, S. 242 Z. 4 v. o. $Fl = 19$ statt $J = 19$ u. s. w. u. s. w. Seite 280 und 281 finden sich nicht weniger als 5 sinnentstellende Fehler; Schreibfehler wie S. 210 Z. 19 v. o. Kaliumtrichromat statt Chlortrichromat, S. 244 Z. 6 v. o. Kaliumlinien statt Kaliumverbindungen, S. 255 Z. 15 v. o. Propylenbromid statt Propylenchlorid, finden sich nicht minder zahlreich. S. 194 Z. 11 v. o. steht $In = 37,8$, in der Tabelle S. 8 Z. 21 v. o. dagegen die richtige Zahl 75,6 (im Orign. S. 7 Z. 8 v. u. 37,8, S. 216 Z. 7 v. o. dagegen 74), S. 211 Z. 6 v. o. fehlt auf der rechten Seite der Gleichung $3\,H_2O$ (im Origin. S. 231 Z. 10 v. u. in derselben Formel $3\,O + 3\,H_2O$ statt $3\,O_2$). S. 178 Z. 13 v. u. $Ca(OH)_2$ statt $Ca(OH_2)$ (im Origin. steht dagegen in ders. Formel $CaOH_2O$), Seite 183 Z. 2 v. u. $Ba(NO_3)_2$ statt $Ba_2(NO_3)$, (im Origin. $Ba2NO_3$). Noch grössere Flüchtigkeit finden wir in folgenden Stellen: S. 32 Z. 5 v. u. ..."Wird Wasser von 0^0 auf 4^0 erwärmt, so findet eine

Volumverminderung statt, und dasselbe dehnt sich wieder aus bei Abkühlung auf 4⁰. Wasser hat also ein Maximum der Dichte bei 0⁰; d. h. ein bestimmter Raumtheil Wasser wiegt bei 4⁰ mehr als ·bei irgend einer anderen Temperatur." S. 280 Z. 3 v. u. „Die einwerthigen Säureradicale bilden ferner, indem sie an der Stelle von Wasserstoff Ammoniak einnehmen, eine Reihe zusammengesetzter Ammoniake".... (muss heissen: indem sie im Ammoniak die Stelle von Wasserstoff einnehmen). S. 294 Z. 1 v. o. „Die Aethylschwefelsäure wirkt bei 140⁰ auf ein zweites Molekül Alkohol ein, wobei wieder Wasserstoff für Aethyl ausgetauscht wird und Aether und Wasser entstehen:

$$\left.\begin{matrix}C_2H_5\\H\end{matrix}\right\}O + \left.\begin{matrix}C_2H_5\\H\end{matrix}\right\}SO_4 = \left.\begin{matrix}H\\H\end{matrix}\right\}O + \left.\begin{matrix}C_2H_5\\C_2H_5\end{matrix}\right\}O$$

Das gebildete Wasser und der Aether destilliren ab, und Schwefelsäure bleibt zurück." S. 335 Z. 4 v. o.: „Isobernsteinsäure. Behandelt man die gewöhnliche Milchsäure mit Phosphorpentachlorid, so entsteht Butylchlorid, $C_3H_4OC_2$".... doch genug des Unsinns, den Ref. dem Setzer allein wohl nicht zuschreiben darf, umsomehr, als die meisten dieser Unrichtigkeiten schon in der vorigen Auflage stehen! Bevor nicht ein sorgfältig ausgeführtes Fehlerverzeichniss dem Buche beigegeben wird, müssen wir vor der Anschaffung dieses Musters von Sorglosigkeit, das besser in die Papiermühle als auf einen deutschen Studirtisch gehört, dringend warnen.

HANNOVER,   •   Dr. FERD. FISCHER.

Zu Pressler's Ingenieur-Messknecht.

(S. 53.)

Das vom Herrn Verfasser uns gütigst übersandte Exemplar dieses Stativs hat ohngefähr die Form eines dreibeinigen zusammengelegten Messtischstativs von ca. 110^{cm} Höhe, (oberer Umfang ca. 13^{cm}, unterer ca. 7^{cm}). Die drei Beine werden durch zwei Ringe und oben noch durch 3 Klemmschrauben zusammengehalten. — Der abschraubbare hohle Griff, dessen Deckelchen ebenfalls abzuschrauben ist, dient als Büchse für kleinere Apparate (Visirnadeln, Klemmen, Korke). Im Innern enthält das Stativ einen nach unten (aber nach dem Stürzen der Beine nach oben) gerichteten und verjüngten dreikantigen Kopf von ca. 32^{cm} Länge und mit einem in der Vertikalaxe horizontal drehbaren rechtwinkligen Arme zum Festhalten des Würfelecks.

Ueber den Gebrauch dieses S. 6. Fig. 13 des Messknechts abgebildeten Stocks und Stativs s. § 10. S. 7 ebend.

Uns erschien, ganz wie dem Herrn Referenten, der ganze Apparat beim Gebrauch zu wenig standfest und so ausserordentlich empfindlich, als wollte er uns immer ein *noli me tangere* zurufen. Wir schieben aber gern die Schuld auf unsern Mangel an Uebung.   D. Red.

Bibliographie.

August, September, October 1871.

(Von ACKERMANN.)

Unterrichts- und Erziehungswesen.

Aubert, Die Universität Rostock, Rede, geh. am 28. Februar 1871. Rostock. Kuhn. 6 Sgr.

Bibliothek, pädagogische. Eine Sammlung der wichtigsten pädagog. Schriften älterer und neuerer Zeit. Herausgeg. von Richter, 21—23. Heft. Berlin. Knölle. 5 Sgr.
Inhalt: 21. A. H. Franke, Schriften über Erziehung und Unterricht. 22. u. 23. J. A. Comenius, Grosse Unterrichtslehre.

Bock, Prof. Die Pflege der körperlichen und geistigen Gesundheit des Schulkindes. Eine Mahnung an Eltern, Lehrer und Schulbehörden Leipzig. Keil. 3 Sgr.

Bock, Reg.- u. Schul-R. Wegweiser für Volksschullehrer. 2. Theil. Methodische Anleitung zur Einrichtung des Volksschulunterrichts oder Lehrpläne, Stoffverzeichnisse und Stundenpläne. Mit einem Anhang: Materialien für Jugend- und Volksbibliotheken und Lehrer-Lesevereine. 5. Bearb. Breslau. Hirt. 15 Sgr.

Bormann, Prov. Schul-R. Ueber Erziehung und Unterricht. Vorträge. 3. Aufl. Leipzig. Schultze. 1 Thlr.

Deinhardt, Ueber Lehrerbildung und Lehrerbildungs-Anstalten. 2. Aufl. Wien. Pichler. 20 Sgr.

Dittes, Grundriss der Erziehungs- und Unterrichtslehre. 3. Aufl. Leipzig. Klinkhardt. 24 Sgr.

Döllinger, Die Universitäten sonst und jetzt. 2. Ausgabe. München. Manz. $7\frac{1}{2}$ Sgr.

Drescher, Moderne Pädagogik. In Briefen. 4. Heft. Darmstadt. Zernin. $7\frac{1}{2}$ Sgr.

Englmann, Das bayrische Volksschulwesen. Nach den gegenwärtig geltenden Gesetzen, Verordnungen und Vollzugsvorschriften systemat. dargestellt. München. Lindauer. $1\frac{2}{3}$ Thlr.

Jahresbericht, Des k. k. Ministeriums für Cultus und Unterricht f. 1870. IV. 373 S. mit einer chromolith. Karte. Wien. Gerold. $1\frac{1}{3}$ Thlr.

Kellner, Erziehungsgeschichte in Skizzen und Bildern. 2. Aufl. 7. u. 8. Lief. Essen. Bädeker. 10 Sgr.

Katzer, Die Frage über Trennung der Schule von der Kirche nach den Principien beurtheilt. Pirna. $\frac{1}{2}$ Thlr.

Literaturblatt, Pädagogisches für Volks-, Bürger- und höhere Töchterschulen. Herausgeg. von Dietlein. 1. Jahrgang. Oct. 71—Oct. 72. 12 No. Braunschweig. Bruhn. 20 Sgr.

Neubauer, Gymnasium und Realschule. Wider Herrn Dir. Jäger. Langensalza. 5 Sgr.

Pilz, Pädagogische Blüthen. Neue Folge. Leipzig. Winter. 20 Sgr.

Reglement für die Prüfungen der Candidaten des höheren Schul-Amts pro facult. docendi. 2. Aufl. Berlin. Heymann. 10 Sgr.

——, Für die Prüfung der Candidaten des Lehramts an Gewerbeschulen. Vom 10. Aug. 71. Berlin. Decker. 3 Sgr.

Regulativ für die höheren Töchterschulen der Provinz Preussen. Königsberg. Braun. 3 Sgr.

Reiser, Erziehung und Unterricht. Abhandl. und Erörter. über die wichtigsten Fragen aus dem Gebiete der Pädagogik, Methodik, Didaktik etc. 5. Lief. Aarau. Sauerländer. 8 Sgr.

Rudolph, Schule und Elternhaus. Prakt. Winke für Erziehung. 1. Brief.
2. Aufl. Gera. Strebel. 7½ Sgr.
Schott, Handbuch der pädagogischen Literatur der Gegenwart. Leipzig.
Klinkhardt. 16 Sgr.
Schulwart, Deutscher. Pädagog. Monatshefte im Harnisch. 1. Jahrg.
1. Heft. Nürnberg. Hoffmann. pr. cplt. 2 Thlr.
Tiberghien, Schule und Staat. Uebers. von J. H. Hamburg. Jowien.
6 Sgr.

Chemie.

Büchner, Lehrbuch der anorganischen Chemie nach den neuesten An-
sichten der Wissenschaft. 1. Abth. Braunschweig. Vieweg. 2½ Thlr.
Burgemeister, Das Glycerin, seine Geschichte, Darstellung, Zusammen-
setzung, Anwendung und Prüfung. Gekr. Preisschr. Berlin. Nicolai.
12 Sgr.
Erlenmayer, Die Aufgabe des chemischen Unterrichtes gegenüber den
Anforderungen der Wissenschaft und Technik. Rede, gehalten in
der öffentlichen Sitzung der Akademie der W. München. 12 Sgr.
Hofmann, Einleitung in die moderne Chemie. Nach einer Reihe von
Vortr. gehalten in dem royal collége of chemistry zu London. 5. Aufl.
Braunschweig. Vieweg. 1½ Thlr.
Jörgensen, Das Thallium. Eine Zusammenstellung der vorhandenen Be-
obachtungen. Heidelberg. Winter. 20 Sgr.
Knapp, Lehrbuch der chemischen Technologie. 3. Aufl. In 3 Bdn. 2. Bd.
1. Abth. 1. Lieferung. Braunschweig. Vieweg. 1⅓ Thlr. (I. II. 1. 1.
8⅓ Thlr.)
Müller, Leitfaden für den Unterricht in der Chemie. Für höhere Lehr-
anstalten bearbeitet. 2. Theil. Organische Chemie. Liegnitz. Kohn.
12 Sgr.
Osterbind, Beiträge zur Stöchiometrie der physischen Eigenschaften
der Körper. Oldenburg. Stalling. 10 Sgr.
Rose, Handbuch der analyt. Chemie. 6. Aufl. Nach dem Tode des Verf.
vollendet von Finkener. 2. Bd. 2. (Schluss-) Lieferung. Quantitative
Analyse. Leipzig. Barth. 2⅕ Thlr. (cplt. 7 Thlr.)
Schlichting, Chemische Versuche einfachster Art. 1. Cursus in der
Chemie f. höhere Schulen. Kiel. 20 Sgr.
Schorlemmer, Lehrbuch der Kohlenstoff-Verbindungen oder der or-
ganischen Chemie. Zugleich als 2. Band von Roscoe's Lehrbuch der
Chemie. Braunschweig. Vieweg. 1½ Thlr.
Städeler, Leitfaden für die qualitative chemische Analyse anorganischer
Körper. 5. Aufl. durchgesehen und erg. von Prof. H. Kolbe. Zürich.
Orell. 12 Sgr.

Mathematik.

Aller, Kurzer Abriss der Mathematik innerhalb der Grenzen der im
Maturitätsexamen etc. gemachten Anforderungen. 2. Aufl. Braun-
schweig. Meyer. 20 Sgr.
Ballauf, Lehrbuch der Arithmetik und die Elemente der Algebra.
2. Theil. Wissenschaftliche Darstellung der allgemeinen Arithmetik.
Oldenburg. Stalling. ¾ Thlr.
Bardey, Methodisch geordnete Aufgabensammlung, mehr als 7000 Auf-
gaben enthaltend für alle Theile der Elementararithmetik. Leipzig.
Teubner. 27 Sgr.
Battig, Aufgaben zum Kopfrechnen. Für ein- und zweiklassige Elementar-
schulen. Breslau. 1½ Sgr.
———, Aufgaben zum Tafelrechnen. Ebend. 1½ Sgr.
———, Formenlehre und Zeichnen. 5 Sgr.
———, Leitfaden für den Unterricht in der Raumlehre. 12 Sgr.

Bauernfeind, Apparat zur mechanischen Lösung der nach Pothenot, Hansen und A. benannten geodätischen Aufgaben. München. Franz. 10 Sgr.

Baumblatt, Vollständiges Rechenbuch für alle Stände im bürgerlichen Leben Mannheim. Schneider. 1½ Thlr.

Bluemel, Aufgaben und Lehrsätze aus der ebenen Trigonometrie. Königsberg. Hübner. 4 Sgr.

Blumk, Kaufmännisches Rechenbuch. 3. Auflage. Hamburg. Nolte. 20 Sgr.

Bodson, Michaëlis et Martha, Eléments d'algèbre. 4. Ed. Luxemburg. 1½ Thlr.

Bosse's, Rechenbuch für Volksschulen. Neu her. von Langenberg. Gütersloh. 6 Sgr.

——, Dasselbe. Auflösungen. 7½ Sgr.

Brennecke, Einführung in das Studium der analytischen Geometrie. Berlin. Enslin. 20 Sgr.

Bremiker, Logarith.-trig. Tafeln mit 6 Decimalen. 2. Aufl. 1. Lieferung. Berlin. Nicolai. 12½ Sgr.

Brockmann, Lehrbuch der elementaren Geometrie. 1. Theil. Planimetrie. Mit 139 eingedr. Figuren. Leipzig. Teubner. 20 Sgr.

Durège, Die ebenen Curven 3. Ordnung. Eine Zusammenstellung ihrer bekanteren Eigenschaften. Leipzig. Teubner. 2⅗ Thlr.

Feld und Serf, Uebungsbuch für den Unterricht in der Arithmetik. 2. Aufl. Mainz. Kunze. 18 Sgr.

Findeisen, Das Rechnen mit Decimalbrüchen und die neue Mass- und Gewichtsordnung. Gera. 7½ Sgr.

Gandtner und Junghans, Sammlung von Lehrsätzen und Aufgaben aus der Planimetrie. Für den Schulgebrauch sachlich und methodisch geordnet und mit Hülfsm. zur Bearbeitung versehen. 1. Theil. Die Anwendung der Proportionen nicht erfordernd. 3. Aufl. Berlin. Weidmann. 20 Sgr.

Grüninger, Das neue Mass und Gewicht. Leichtfassliche Anweisung mit Decimalen zu rechnen etc. Mit besonderer Rücksicht auf die würt., bad. und bayr. Verh. bearbeitet. 4. Au. Reutlingen. 3 Sgr.

Hattendorf, Einleitung in die analytische Geometrie. Mit 63 Holzschnitten. Hannover. Schmorl. 1⅓ Thlr.

Heger, Katechismus der Decimalbruchrechnung. Leipzig. Klinkhardt. 10 Sgr.

Heinisch, Aufgaben zum Kopf- und Zifferrechnen. 6. Heft. Bamberg. Buchner. 3 Sgr. (1—6: 17½ Sgr.)

Hentschel, Lehrbuch des Rechenunterrichts in Volksschulen. 1. Theil. Die Grundrechnungsarten und die Regeldetri in ganzen Zahlen. 9. Aufl. Leipzig. Merseburger. 16 Sgr.

Herold, Das kaufmännische Rechnen. Eine Sammlung von Uebungsaufgaben mit vorangeschickten Erläuterungen für Handels-, Gewerb-, Realschulen. Hof. Büching. 10 Sgr.

Hofmann, Aufgaben aus der Arithmetik und Algebra. Resultate 1. Thl. 4. Aufl. Bayreuth. Grau. 9 Sgr.

Hufschmidt, Das Rechnen mit Zahlen über 100, sowie mit Zahlen unter 1 und seine Anwendung auf die Decimalen, Masse etc. A. Ausgabe für Lehrer. Arensberg. Gerte. 6 Sgr.

——, Dasselbe. B. Ausgabe für Schüler. Ebend. 4 Sgr.

Jahrbuch über die Fortschritte der Mathematik im Verein mit anderen Mathematikern herausgeg. von Dr. Ohrtmann und Müller. 1. Band. Jahrgang 1868. 3. Heft. Berlin. Reimer. 20 Sgr.

Immel, Handbuch des Rechenunterichts nach dem Decimalsystem und mit den metrischen Massen und Gewichten. Mit einem Anhang: Geschichtliche Notizen über das Rechnen. München. Lindauer. 15 Sgr.

Joachimsthal, Elemente der analytischen Geometrie der Ebene. 2. Aufl.
   Berlin. Reimer. 1¹/₅ Thlr.
Kardel, Aufgaben zum Kopfrechnen, methodisch geordnet und mit be-
   sonderer Berücksichtigung der neuen Masse und Gewichte. Kiel.
   Homann. 12 Sgr.
Karsten, Mass und Gewicht in alten und neuen Systemen. 126. Heft
   der Sammlung gemeinverst. wissenschaftlicher Vorträge. Herausgeg.
   von Virchow und Holtzendorf. Berlin. Lüderitz. 6 Sgr.
Köpp, Neue Aufgabensammlung zum schriftlichen Rechnen nach der
   metrischen Mass- und Gewichts-Ordnung. 5. Heft. 4. Aufl. Bensheim.
   Lehrmittelanstalt. 2 Sgr.
———, Auflösungen. Ebend. 2¹/₂ Sgr.
Kossak, Das Additionstheorem der ultra-elliptischen Funktionen erster
   Ordnung. Berlin. Nicolai. 15 Sgr.
Koutny, Beschreibung der Parabel aus gegebenen Punkten und Tangenten.
   Wien. Gerold. 6 Sgr.
Kuznik, Wandkarte der metrischen Masse und Gewichte, ein Anschauungs-
   mittel für den Unterricht in Schulen. 8. Aufl. Breslau. Maruschke.
   6 Sgr.
Lange, Aufgaben aus der Elementargeometrie nach Hauptlehrsätzen ge-
   ordnet. 1. Heft. Ueber die Gleichheit der Strecken und der Winkel.
   2. Aufl. Berlin. Bornträger. 10 Sgr.
Leitfaden für den Unterricht in der Mathematik an der königlichen
   Marineschule. 2. Theil. Die Elemente der analytischen Geometrie;
   der Differential- und Integralrechnung; der höheren Geometrie und
   Mechanik. Kiel. Universitäts-Buchhandlung. 12 Sgr. (1. 2. 24 Sgr.)
Löbnitz, Rechenbuch f. untere Gymnasialklassen, Realschulen etc. 1. 2. Thl.
   Hildesheim. Gerstenberg. 6. Aufl. à 8 Sgr.
———, Antwortenheft. 5. Aufl. à 5 Sgr.
Lottner, Sammlung der nothwendigsten Formeln der Algebra, Planimetrie,
   Stereometrie, Trigonometrie, analytischen Geometrie und Mechanik zum
   Gebrauch in Gymnasien und Realschulen. Lippstadt. 6 Sgr.
Mehler, Hauptsätze der Elementar-Mathematik zum Gebrauche an Gym-
   nasien und Realschulen. 5. Aufl. Berlin. Reimer. 15 Sgr.
Menzel, Aufgaben für das schriftliche Rechnen. Berlin. Stubenrauch.
   4 Sgr.
Mink, Lehrbuch der Geometrie als Leitfaden beim Unterrichte an höheren
   Lehranstalten. 4. Aufl. Elberfeld. Friederichs. 1 Thlr.
Mocnik, Anfangsgründe der Geometrie in Verbindung mit dem Zeichnen.
   14. Aufl. Prag. Tempsky. 15 Sgr.
Molitor, Aufgaben zu dem Rechenunterrichte für Elementarschulen. Strass-
   burg. Schauenburg. 2—4. Heft. 7 Sgr.
Mrazek, Lehrbuch der Elementar-Arithmetik. Prag. Dominikus. 26 Sgr.
Nerling, Sammlung von Beispielen und Aufgaben aus der Buchstaben-
   rechnung. 3. Aufl. Dorpat. Gläser. 21 Sgr.
Quapp, Trigonometrische Analysis planimetrischer Aufgaben. Minden.
   8 Sgr.
Raabe, Lösung algebraischer Aufgaben von beliebig hohem Grade, auch
   mit complexen Coefficienten, mit Hilfe des Gauss'schen Schemas für
   complexe Grössen. Wien. Gerold. 5 Sgr.
Recknagel, Ebene Geometrie für Schulen. München. Ackermann.
   16 Sgr.
Riess, Grundzüge der darstellenden Geometrie. Stuttgart. Metzler. 24 Sgr.
Sass, Erstes und zweites Uebungsbuch für's schriftliche Rechnen. 3. Aufl.
   Altona. Schlüter. 16 Sgr.
———, Resultate. Ebend. 2 Sgr
Schulenburg, Die Gleichungen der drei ersten Grade. Altona. Verlags-
   büreau. 1 Thlr.

Villieus, Vollständiges Lehr- und Uebungsbuch der Arithmetik für Unterrealschulen. 2. Aufl. Wien. Seidel. 15 Sgr.
Welcker, Uebungsbuch zum mündlichen und schriftlichen Rechnen. 6. Aufl.
2. Heft. Wiesbaden. Limbarth. 4 Sgr.
Wiegand, Dr. Aug. Algebraische Gleichungen des ersten Grades mit
einer unbekannten Grösse nebst Auflösungen. Zum Gebrauche auf
Gymnasien, Realschulen etc. 2. Aufl. Halle. Schmidt. 3 Sgr.
———, Lehrbuch der allgemeinen Arithmetik. Für den Schulgebrauch
bearbeitet. 6. Aufl. Ebend. 12½ Sgr.
———, 3. Cursus der Planimetrie, enth. die Lehren der neueren Geometrie.
2. Aufl. Ebend. 10 Sgr.
———, Analytische Geometrie. 3. Aufl. Ebend. 12½ Sgr.
Wittstein, Geschichte des Malfatti'schen Problems. München. Palm.
20 Sgr.
Zerlang, Hauptsätze der ebenen Trigonometrie. Witten. Krüger. 6 Sgr.
Zorer, Integration der Gleichungen des 1. Grades mit constanten Coefficienten. Tübingen. Fues. 6 Sgr.

Physik und Astronomie.

Bessel, Die Beweise für die Bewegung der Erde. Vortrag gehalten in
dem allgemeinen Lehrerverein zu Hildesheim. 132. Heft der Samm-
lung gemeinverst. Vorträge etc. Berlin. Lüderitz. 6 Sgr.
Boltzmann, Einige allgemeine Sätze über Wärmegleichgewicht. Wien.
Gerold. 6 Sgr.
———, Analytischer Beweis des 2. Hauptsatzes der mechanischen Wärme-
theorie aus den Sätzen über das Gleichgewicht der lebendigen Kraft.
Ebend. 4 Sgr.
Bothe, Physikalisches Repertorium oder die wichtigsten Sätze der elemen-
taren Physik. Zum Zwecke erleichterter Wiederholung übersichtlich
zusammengestellt. 2. Aufl. Braunschweig. Vieweg. 20 Sgr.
Burchardt, Internationale Sehproben zur Bestimmung der Sehschärfe
und Sehweite. 2. Aufl. Mit 6 phot. Tafeln. Cassel. Freyschmidt.
1⅓ Thlr.
Brettner, Leitfaden für den Unterricht in der Physik auf Gymnasien,
Real- etc. Schulen. 18. Aufl. Breslau. Max. 25 Sgr.
Engelmann, Die Helligkeitsverhältnisse der Jupiterstrabanten. Leipzig.
Engelmann. 1⅓ Thlr.
Hagenbach, Die Zielpunkte der physikalischen Wissenschaft. Rectorats-
rede. Leipzig. Vogel. 8 Sgr.
Jelinek, Psychrometer. Tafeln für das 100 theilige Thermometer nach
den von Dr. Heinr. Wild berechneten Tafeln bearbeitet. Leipzig.
Engelmann. 1 A/B Thlr.
Koppe, Anfangsgründe der Physik für den Unterricht in den oberen
Klassen der Gymnasien und Realschulen. 11. Aufl. Essen. Bädeker.
1 A/B Thlr.
Lang, Zur Dioptrik eines Systems centrirter Kugelflächen. Wien. Gerold.
3 Sgr.
Mousson, Die Physik auf Grundlage der Erfahrung. 2. Band. 1. Lief.
Die Wärme. 2. Aufl. Zürich. Schulthess. 1⅓ Thlr. (I. u. II. 1.:
3 Thaler.)
Peters, Astronomische Tafeln und Formeln. Hamburg. Mauke. 3 Thlr.
Petersen, Populäre Astronomie. Gespräch zwischen einem plattdeutsch
sprechenden Bauer und seinem ihn hochdeutsch belehrenden Pastor.
Dresden. Heinsius. 10 Sgr.
Subic, Lehrbuch der Physik für Unterrealschulen. Pest. Heckenast. 1 Thlr.
Winter, Chronometrie. Das Wichtigste aus der Zeit- und Festrechnung
vom Kalender und den Uhren nach den Schriften von Gatterer, Idcler,
Littrow etc. bearbeitet. Langensalza. 9 Sgr.

Wolf, Handbuch der Mathematik, Physik, Astronomie und Geodäsie. 2. Band. 1. Lieferung 1½ Thlr. (I u. II, 1.: 5²/₅ Thlr.) Zürich. Schulthess.

Zehfuss, Ueber Masse und Abplattung der Himmelskörper. Frankfurt. Auffarth. 5 Sgr.

Naturgeschichte.

Arnoldi, Sammlung plastisch nachgebildeter Pilze. Mit Beschreibung. 1. Lieferung. (12 Stück) Gotha. Thienemann. 2½ Thlr.

Bach, Studien und Lesefrüchte aus dem Buche der Natur. 3. Bd. Soest. Nasse. 24 Sgr.

Baumann, Naturgeschichte für das Volk. Ein Buch für Schule und Haus. 3. Aufl. Frankfurt. Sauerländer. 2²/₅ Thlr.

Bericht über die wissenschaftlichen Leistungen im Gebiete der Naturgeschichte der Insekten, während des Jahres 1869 von F. Brauer. Berlin. Nicolai. 1³/₆ Thlr.

Dorner, Die wichtigsten Familien des Pflanzenreichs in ihren einfachsten unterscheidenden Merkmalen. Für den Gebrauch in Lehranstalten bearbeitet. 3. Aufl. Hamburg. Meissner. 6 Sgr.

Flora v. Deutschland, herausgegeben von Schlechtendal, Langethal und Schenk. 23. Band. 7. u. 8. Lieferung. Mit 20 col. Kupfert. Jena. Mauke. 10 Sgr.

——, Dasselbe. 3. Aufl. 21. Band. 15. u. 16. Lieferung. Mit 16 K. Ebend. 10 Sgr.

——, Dasselbe. 4. Aufl. 17. Band. 7. u. 8. Lieferung. Mit 16 K. Ebend.

Fritsch, Ueber die absolute Veränderlichkeit der Blüthezeit der Pflanzen. Wien. Gerold. 2 Sgr.

Fromm, Pflanzenbau und Pflanzenleben. Ein Handbuch der Botanik zum Selbstunterrichte. Berlin. Langmann. 10 Sgr.

Heer, Flora fossilis arctica. Die fossile Flora der Polarländer. 2. Band. Mit 59 Tafeln. Winterthur. Wurster. 10²/₃ Thlr. (I. u. II. 24 Thlr.)

Hess, Bilder aus dem Leben schädlicher und nützlicher Insekten. Die Käfer. Mit 37 Illustr. Leipzig. Willferodt. 20 Sgr.

Koch, Die Arachniden Australiens. Nach der Natur beschrieben und abgebildet. 1. Lieferung. Nürnberg. Bauer. 2²/₃ Thlr.

Kummer, Der Führer in die Pilzkunde. Anleitung zum methodischen, leichten und sicheren Bestimmen der in Deutschland vorkommenden Pilze, mit Ausnahme der Schimmel- und allzuwinzigen Schleim-Pilzchen. Mit 80 Abbildungen. Zerbst. Luppe. 1 Thlr.

Kuttner, Illustr. Naturgeschichte der 3 Reiche für den Schulgebrauch. Mit 98 Abbildungen. Pest. Lampel. 16 Sgr.

Laube, Hülfstafeln zur Bestimmung der Mineralien. Prag. Calve. 8 Sgr.

Lüben, Leitfaden zu einem method. Unterricht in der Naturgeschichte. In 4 Kursen. 1. u. 2. Kurs. Leipzig. Schultze. 11 Sgr. 1. 14. Aufl. 5 Sgr. — 2. 13. Aufl. 6 Sgr.

Magnus, Ueber die Gestalt des Gehörorgans bei Thieren und Menschen. Populärer Vortrag. 130. Heft der Sammlung gem. wiss. Vorträge. Berlin. Lüderitz. 6 Sgr.

Mittheilungen aus dem Gesammtgebiete der Botanik. Herausgegeben von Schenk und Luerssen. 1. Heft. Leipzig. Fleischer. 2 Thlr.

Nöldeke, Flora Cellensis. Verzeichniss der in der Umgegend von Celle wildwachsenden Gefässpflanzen, Moose und Flechten. Celle. Schulze. 15 Sgr.

Pfeiffer, Vollständige Synonymik der bis Ende 1858 publicirten botan. Gattungen, Untergattungen und Abtheilungen. 2. Hälfte. Cassel. Fischer. 1½ Thlr.

Pokorny, Illustr. Naturgeschichte der drei Reiche. 3. Theil. Mineralreich. 7. Aufl. Prag. Tempsky. 10 Sgr.

Quenstedt, Klar und wahr. Neue Reihe populärer Vorträge über Geologie. Mit zahlreichen Holzschnitten. Tübingen. Laupp. 1⅚ Thlr.

Redslob, Die Moose und Flechten Deutschlands. Mit besonderer Berücksichtigung auf Nutzen und Nachtheile dieser Gewächse. Mit 32 col. Tafeln. 2. Aufl. 1. Lieferung. Leipzig. Bänsch. 15 Sgr.

Redtenbacher, Fauna austriaca. Die Käfer. 3. gänzlich umgearb. und bed. verm. Aufl. 2. Heft. Wien. Gerold. à 1 Thlr.

Schmarda, Zoologie. 2 Bände. 1. Band mit 269 Holzschnitten. Wien. Braumüller. 4 Thlr.

Schmidt, Anleitung zur Kenntniss der natürlichen Familien der Phanerogamen. Ein Leitfaden zum Studium der speciellen Botanik und zum Gebrauch bei Vorlesungen. 2. Ausgabe. Stuttgart. Schweizerbart. ½ Thlr.

Schrötter, Beiträge zur Kenntniss des Diamantes. Wien. Gerold. 2 Sgr.

Ule, Aus der Natur. Essays. 2. Reihe. Leipzig. Frohberg. 1½ Thlr. Inhalt: Die Erfindung des Porzellans. Sterblichkeit und Lebensdauer. Die Formen des thier. Sehorgans. Die Thräne. Messung der Lichtwellen. Ein Ausflug in den Himmelsraum. Veränderliche und neue Sterne. Meeresleuchten. Unsere Vögel in der Fremde. Die Pole der Erde. Marmor-Wälder am Nordpol. Unsere Ahnen. Die kleinsten Wirkungen.

Verzeichniss der wichtigsten geologischen Karten von Central-Europa. Berlin. Schropp. 3 Sgr.

Woldrich, Ueberblick der Urgeschichte des Menschen. Wien. Beck. 12 Sgr.

Wünsche, Schulflora von Deutschland. Nach der analytischen Methode bearbeitet. Die Phanerogamen. Leipzig. Teubner. 1 Thlr.

Geographie.

Annegarn's, Handbuch der Geographie für die Jugend. 8. Ausgabe von Overhage. München. Theissing. 1 Thlr.

Arendt's, Hydrograph. Karte von Süd-Deutschland. Für den Unterricht bearbeitet. 1:1,200000. Nördlingen. Beck. 2 Sgr.

Armstroff und Böhme, Heimatskunde des Reg. Bez. Erfurt. Für den praktischen Schulgebrauch. Erfurt. Keyser. 2½ Sgr.

Bormann, Grundzüge der Erdbeschreibung mit besonderer Rücksicht auf Natur und Völkerleben; ein Leitfaden für den geographischen Unterricht in den mittleren Klassen städt. Schulen. 8. verm. Aufl. Leipzig. Schultze. 10 Sgr.

Cuno, Die Elemente der allg. Geographie. Für die oberen Klassen der Gelehrtenschulen. 1. Theil. Die Elemente der mathematischen Geographie. Berlin. Weidmann. 15 Sgr.

Daniel, Handbuch der Geographie. 3. Aufl. 24. u. 25. Lieferung. Leipzig. Fues. à 12 Sgr.

Egli, Kleine Erdkunde, ein Leitfaden in genauem Anschluss an des Verf. „prakt. Erdk." 5. Auflage. St. Gallen. Huber. 9 Sgr.

Hammer, Schulatlas der neuesten Erdkunde. Neun color. Karten. 4. Aufl. Nürnberg. 16 Sgr.

Haas, Geographie von Amerika. 5. Aufl. Philadelphia. Schäfer. 8 Sgr.

Henzler, Schulkarte von Württemberg und Baden. 5. Aufl. Heilbronn. 5 Sgr.

Hess, Leitfaden für den geographischen Unterricht. 4. Aufl. Basel. Georg. 6 Sgr.

Hirschmann und Zahn, Grundzüge der Erdbeschreibung. 1. Abth. Regensburg. 3 Sgr.

Jung, Handbüchlein beim Unterrichte iu der Geographie. 4. Aufl. Wiesbaden. Limbarth. 4 Sgr.

Kalckstein, Leitfaden für den Unterricht in der Geographie. 2. Aufl. Berlin. Imme. 1¹/₃ Thlr.

Kaufmann, Kurzgefasste Erdbeschreibung von den 5 Welttheilen etc. Straubing. 4 Sgr.

Kiepert, Kleiner Schulatlas für die unteren und mittleren Klassen. Im Auftrage der städtischen Schul-Deputation zu Berlin entworfen und bearbeitet. 22 chromolithograph. Karten. Berlin. Reimer. 10 Sgr.

Klun, Leitfaden für den geographischen Unterricht an Mittelschulen. 11. Aufl. Wien. Gerold. 27 Sgr.

Knappe, Leitfaden zum Unterrichte in der Erdbeschreibung. Mit bes. Rücksicht auf Oesterreich. 3. Aufl. Prag. Calve. 14 Sgr.

Lang, Deutschland für Schulen in 6 Blättern 8. Aufl. Nürnberg. Serz. 1¹/₂ Thlr.

Leitfaden zum Unterricht in der Geographie für die württemb. Volksschulen. Blaubeuren. 2 Sgr.

Leeder, Wandkarte von Deutschland im Jahre 1871. Für den Schulgebrauch. 3. Aufl. Essen. Bädeker. 1²/₃ Thlr. Auf Leinwand in Mappe 3¹/₃ Thlr.

——, Wandkarte von Europa. Für den Schulgebrauch. Ebda. 1²/₃ resp. 3¹/₃ Thlr.

Meyer, Kleine Geographie für die Unterklassen höherer Lehranstalten. 2. Aufl. Celle. Schulze. 5 Sgr.

Netoliczka, Leitfaden beim Unterrichte in der Geographie. 3. Aufl. Wien. Pichler. 6 Sgr.

Netze, geographische, zu Stielers Schulatlas. 26 Blätter. Nürnberg. Serz. 12 Sgr.

Pfeiffer, Europa in 4 Blättern. 3. Aufl. Ebda. 2 Thlr.

Putz, Lehrbuch der vergleichenden Erdbeschreibung für die oberen Klassen höherer Lehranstalten. 7. Aufl. Freiburg. Herder. 22¹/₂ Sgr.

Raaz, Asien, Photolithogr. nach einem Relief. Weimar. Kellner. 3 Thlr. Auf Leinwand in Mappe oder mit Stäben 5 Thlr.

——, Deutschland 1 : 1,034500. Ebenso.

——, Palästina 1 : 313382. 2²/₃ resp. 3²/₃ Thlr.

——, Dasselbe 1 : 857140. ¹/₃ Thlr.

——, Schulatlas über alle Theile der Erde nach Reliefs. 22 photol. Karten. Ebda. 1¹/₂ Thlr.

——, Südamerika 1 : 8060000. Photol. nach Relief. 2 resp. 2³/₆ Thlr.

Röhm, Geographie für die Oberklassen der Volksschule, sowie für die unteren Klassen höherer Lehranstalten nebst einem Abriss der deutschen Geschichte. 2. Aufl. Kaiserslautern. 6 Sgr.

Scherer, Fasslicher Unterricht in der Geographie für Schulen. 13. Aufl. Innsbruck. 10 Sgr.

Schul-Geographie von Deutschland. Bearb. auf Grund der v. Seidlitz'-schen Geographie. Unter Hinweis auf „das deutsche Land" von Kutzen. Illustrirt durch in den Text gedruckte geographische Skizzen. 2. Aufl. Breslau. Hirt. 7¹/₂ Sgr.

Serz, Wandkarte von Bayern, Württemberg und Baden. Zum Gebrauch für Schulen. 1 : 400000. 6 Blätter. Nürnberg. Serz. 2 Thlr.

Staaten Europa's um Ostern 1871. Beigabe zu allen geographischen Lehrmitteln. Nürnberg Schmid. 1 Sgr.

Stössner, Die Methode des geographischen Unterrichts in Realschulen. Döbeln. Schmidt. (42 S.) 10 Sgr.

Viehoff, Leitfaden für den geographischen Unterricht höherer Lehranstalten in drei Lehrstufen. 1. 2. Berlin. Lüderitz. à 9 Sgr. 1. Umrisse der topischen Geographie. 6. Aufl. 2. Die astronomische und physische Geographie nebst einer Vorschule der politischen Geographie. 4. Aufl.

Volkmar, Leitfaden beim geographischen Unterricht. 4. Aufl., bearb. von Simonis. Braunschweig. Meyer. 7½ Sgr

Wagner, Die Veränderungen der Karte von Europa. 127. Hft. der Samm- lung gem. wiss. Vorträge. Berlin. Lüderitz. 6 Sgr.

Zwitzers Leitfaden für den geographischen Unterricht nach dem Lehrb. der Geographie von Guthe bearbeitet. 3. Lehrstufe: Politische Geo- graphie. 1. u. 2. Abth. Hannover. Hahn. à 4 Sgr.

Programmenschau von 1870.*)

Von Dr. Ackermann.

Mathematische Abhandlungen.

Preussen.

Prov. Preussen.

Hohenstein. Aufgaben und Lehrsätze aus der ebenen Trigonometrie. Von Oberl. Blümel. G. 18 S. und eine Tafel.

Lyck. Die Lemniskaten. Von Oberlehrer Kuhse. G. 16 S. und eine Tafel.

Tilsit. Kegelschnitte in doppelter Berührung. Von Milanowski. G.

Elbing. Ueber eine mit den Kugel- und Cylinderfunktionen verwandte Funktion und ihre Anwendung in der Theorie der Elektricitätsverthei- lung. Von Prof. Dr. Mehler. G. 30 S.

Danzig. Ueber Summirung unendlicher Reihen. Von Prof. Tröger. 20 S.

Prov. Brandenburg.

Berlin. Sur quelques problèmes à la surface des ondes. Von Oberlehrer Dr. Lampe. Luisenstr. R. 10 S.

Königsberg i/N. Einige Probleme aus der Dynamik des Punktes. Von Dr. Zeidler. G. 16. S.

Prov. Posen.

Kempen. Ueber mathematischen Unterricht. Von Korneck. Prog. 16 S.

Schneidemühl. Die singulären Punkte und Tangentialebenen der Wellen- oberfläche. Von Dr. Frosch. G. 8 S.

Prov. Schlesien.

Beuthen. Das Apollonische Tactions-Problem. Von Dr. Bröckerhoff. G. 24 S.

Neisse. Ueber die Ableitung der Nepper'schen Analogien und der Gauss- schen Gleichungen. Dir. Dr. Sondhauss. R. 8. S.

Prov. Sachsen.

Aschersleben. Eine Gerade, auf welcher ein materieller, schwerer Punkt gleiten kann, dreht sich um eine horizontale Axe, mit der sie unver- änderlich verbunden ist, ohne sie zu schneiden; es soll die Bewegung des Punktes im Raume, auf den Geraden und der Druck des Punktes auf die Gerade bestimmt werden. Von Oberlehrer Dr. Preusse R. 18 S.

Salzwedel. Ueber die Zerlegung ganzer Zahlen in Summanden. Von Dr. Silldorf. G. 17 S.

---

*) Vergl. die Programmenschau von 1869. Bd. II. S. 163—168.   D. Red.

Prov. Schleswig-Holstein.

Itzehoe. Das kleinste n-Eck um eine Ellipse zu beschreiben. Von Rühl. R. 3 S.

Prov. Westfalen.

Coesfeld. Construktion und Berechnung von Ovalen. Von Prof. Rump. G. 9 S.

Bielefeld. Quadratur und Rectification der Curven, sowie Berechnung des körperlichen Inhalts und der Oberfläche der Revolutionskörper. ohne Integralrechnung. Von Oberl. Dr. Rosendahl. G. 82 S.

Dortmund. Von den kubischen Resten und Nichtresten. Von Oberl. Dr. Ladrasch. G. 23 S.

Iserlohn. Notiz über die Anzahl aller Zerlegungen sehr grosser ganzer positiver Zahlen in Summen ganzer positiver Zahlen. Von Dir. Dr. Meissel. Gewerbesch. 4 S.

Prov. Hessen-Nassau.

Hanau. Die elementare Geometrie in neuer Anordnung. Von Oberlehrer Becker. R. 39 S. m. 2 Tafeln.

Cassel. Ueber geometrische Entfernungsörter geradliniger Dreiecke. Von Wiegand. HB. 24 S.

Rheinprovinz.

Köln. Ueber harmonische Punkte und Strahlen, Pol und Polare, Aehnlichkeitspunkte,. Potenzlinie und Potenzkreiss. Von Oberlehrer Zoes. G. 18 S.

Cleve. Die goniometrischen Functionen in ihrer allgemeinen analytischen Bedeutung. Von Brockmann. G. 18 S.

Moers. Von den Kegelschnitten. Von Rhein. Prog. 16 S. und eine Tafel.

Sachsen.

Plauen. Punktverwandtschaft und Linearverwandtschaft ebener Figuren. Von Oberl. Dr. Bretschneider. G. 24 S.

Mecklenburg.

Friedland. Ueber einige regelmässige Polygone. Von Sauer. G.

Weimar.

Eisenach. Beiträge zu der Lehre von der Transformation der Gleichungen. Von Dr. Weissenborn. R. 34 S.

Altenburg.

Altenburg. Das neue Mass und Gewicht in der Schule. Oberlehrer Dr. Loebe. HB.

Reuss.

Gera. Die 5 regelm. Körper. Von Dir. Lorey. R. 17 S.

Bayern.

Freising. Ebene und sphärische Trigonometrie in analoger Durchführung zum heuristischen Unterrichte. Von Prof. Ziegler. G. 44 S.

Regensburg. Elementare Bestimmung des Punktes in der Ebene eines Polygons, für welchen die Summe der Quadrate seiner Entfernungen von den Ecken ein Minimum wird. Von Prof. Huther. G. 12 S.

Württemberg.

Ehingen. Aufgaben aus der mathematischen Geographie. Von Prof. Dr. Bammert. G. 16 S. eine Tafel.

Ellwangen. Malfattisches Problem. Trig. Aufl. Prof. Zorer. G. 6 S.

Baden.

Lahr. Ueber eine Constr. der allgemeinen Curve 4. Ordnung, welche durch 14 ihrer Punkte bestimmt ist. G.

Oesterreich.

Leoben. Einleitung in die Theorie der Determinanten. Von Prof. Dr. **Unterhuber.** RG. 20 S.

Laibach. Note über die mehrfachen und willkührlichen Werthe einiger bestimmten Integrale. Von Prof. Dr. **Nejedli.** G. 11 S.

Wien. Die centrale Projectionsmethode und ihre Anwendung in der Perspective. Prof. **Hoschek.** R. 36 S.

Prag. Die Grundzüge des graphischen Rechnens und der graphischen Statik. Prof. v. **Ott.** R.

Naturwissenschaftliche Abhandlungen.

Preussen.

Prov. Preussen.

Gumbinnen. Die um G. wildwachsenden Phanerogamen. Von **Zornow.** HB. 20 S.

Prov. Brandenburg.

Berlin. Die oberen Schichten des Mittel-Oligocäns bei Buckow. Von Dr. **Küsel.** Andreasschule. HB. 16 S. 1 T.

Brandenburg a/H. Die Anpassung der Wasserpflanzen an's Medium Von **Paul.** R. 17 S.

Fürstenwalde. Unsere Zeitrechnung im Vergleich mit der der wichtigsten Kulturvölker 1. Thl. (Tag, Woche, Monat, Jahr). Rector **Jensch.** HB.

Prenzlau. Leitfaden für den Unterricht in der Chemie auf hiesiger Realschule, nach Dr. Rudolph Arendt's Methode und unter Zugrundelegung des Lehrbuchs der unorg. Chemie desselben bearbeitet. Von Oberl. Dr. **Weiss.** G.

Prov. Pommern.

Stettin. Ueber Methode und Genauigkeit astronomischer Beobachtungen bei den Alten. Von Oberl. Dr. **Junghans.** G. 27 S.

Stettin. Geschichte der Chladni'schen Klangfiguren und Angabe einer Methode, die Klangfig. von Luftscheiben darzustellen. Von Dr. **Vierth.** R. 22 S.

Prov. Posen.

Posen. Das hydrostatische Paradoxon. Von Dir. Dr. **Brennecke.** R. 2 S.

Prov. Schlesien.

Ohlau. Zur Bewegung des Systems zweier Punkte, deren einer sich auf vorgeschriebener Bahn bewegt. Von Dr. C. **Lampe.** Prog.

Landeshut. Uebersichtliche Darstellung der Resultate, welche sich aus den Forschungen über die physische Beschaffenheit der Sonne ergeben haben. Von Prof. **Schwartzkopf.** R. 32 S.

Creuzburg. Der chemische Elementar-Unterricht verglichen mit dem physikalischen. Von Dr. **Pöhlitz.** R.

Prov Sachsen.

Magdeburg. Ueber Otto von Guericke als Physiker. Von Dr. **Hochheim.** R. 17 S.

Erfurt. Formeln für die Berechnung einer Kometenbahn. Von Prof. Dr. **Kayser.** G. 8 S.

Prov. Westfalen.

Arnsberg. Die klimatischen Verhältnisse der Provinz Westfalen. Von Prof. Dr. Féaux. G. 16 S.

Bielefeld. Das neue chemische Laboratorium. Von Dir. Köhler. Gewerbsch.

Bochum. Das combinirte Aräometer. Von Dir. Dr. Bardeleben. Gewerbsch. 10 S. u. 1 T.

Prov. Hessen-Nassau.

Hersfeld. Die Käfer Deutschlands I. Von Dr. Ackermann. HB. 66 S.

Schmalkalden. Die Mineralien des Kreises Schmalkalden. Von Ruetz. HB. 20 S.

Weilburg. Die Goldwespen mit Bestimmungstabellen der nassauischen und kurzer Beschreibung der übr. deutschen Arten. Von Prof. Schenck. G. 18 S.

Rheinprovinz.

Aachen. Ziel und Methode des geographischen Unterrichts auf unseren Gymnasien. Von Müller. G.

Mayen. Dir Flora der Umgegend Mayens. Von Dr. Grautegein und Ritgen. HB.

Sachsen.

Döbeln. Die Methode des geographischen Unterrichts in Realschulen. Von Dir. Dr. Stössner. R.

Dresden. I. Ueber die thermischen Molecularbewegungen. II. Historische Notiz betreffs der wahren Bahnform der Kometen. Von Oberl. Dr. Hoffmann. R. 49 S.

Chemnitz. Beobachtungen über die Bildung von Krystallen in Glasflüssen bei Behandlung derselben vor dem Löthrohr. Von Prof. Dr. Wunder. Gewerbsch. 26 S. u. 6 T.

Mecklenburg.

Rostock. Betrachtung der Niveauflächen und des hydrost. Druckes einer um zwei vertikale Axen rotirenden Flüssigkeit. Von Eberhardt. G. 20 S.

Bützow. Verzeichniss der in der Umgegend wild wachsenden Pflanzen. Von Arndt. R. 63 S.

Weimar.

Eisenach. Zur Geschichte der Theorie des Regenbogens. Von Prof. Dr. Kunze. G. 8 S.

Coburg.

Coburg. Bemerkungen zur Psychologie der Raumvorstellungen und zum Fechner'schen Gesetze der logarithmischen Perception. Von Prof. Dr. Mauritius. G. 37 S.

Bremen.

Bremen. Die Influenz-Elektrisirmaschine von Holtz. Von Dir. Debbe. R. 7 S.

Bayern.

Eichstätt. Der japanesische Eigenspinner *Bombyx Yamamayon* vom ersten Auftreten als Ei bis zur Entwickelung zum vollkommenen Insekt. Von Ullerich. ·G. 32 S. u. 1 T.

Württemberg.

Heilbronn. Flora der ·heilbronner Stadtmarkung. Dritter Beitrag. Prof. Kehrer. G. 48 S.

Baden.

Mannheim: Die Biene und ihr Leben. Prof. **Arnold.** G. 39 S.

Oesterreich.

Baden. Betrachtungen über die Urzeit des Menschen. Von Prof. **Schnell.** RG.

Krems. Die Geradflügler von Niederösterreich. Von Prof. **Kobanyi.** 39 S.

Graz. Fortgesetzte Untersuchungen über die nachembryonale Entwickelung und die *cuticula* der Geradflügler. Von Dr. **Graber.** G. 48 S.

Leoben. Ueber die Frucht von *Ceratozamia mexicana.* Ein Beitrag zur Blattstellung Von Prof. Dr. **Unterhuber.** RG. 7 S.

Prag. Der Winter und seine Bedeutung für das Leben der Pflanzen. Prof. **Walther.** G. 9 S.

Teschen. Der geographische Unterricht. Prof. Dr. **Schober.** G.

Wien. Die mitteleuropäischen Eichengallen in Wort und Bild. Von Prof. Dr. **Mayr.** R. 32 S. u. 4 T.

Wien. Ueber Intensitätslinien. Prof. **Meixner.** R. 16 S. u. 1 T.

Pädagogische Abhandlungen.

Preusen.

Pillau. Pflege und Erziehung des Körpers. **Klaudtky.** HB. 3 S.

Elbing. Ueber das Wesen und die Bedeutung der Realschule. Von Dir. Dr. **Brunnemann.**

Stettin. Ueber die an den höheren Schulen in Anwendung kommenden Strafen. Von Dir. **Heydemann.** G.

Eilenburg. Aufgabe und Lehrplan der höheren Bürgerschule. Von Dir. **Stützer.** HB.

Erfurt. Wie müssen die Naturwissenschaften verwendet werden, wenn sie dem Erziehungszwecke als Mittel dienen sollen? Von **Koch.** 24 S. R.

Harburg. Die Umwandlung der höheren Bürgerschule in Harburg in eine Realschule I. Ordnung. Von Dr. **Schultze.** R.

Cassel. Ein Wort zur Realschulfrage. Von Dir. Dr. **Kreyssig.** R.

Biedenkopf. Ueber Gesundheitspflege in den Schulen. Von **Blecker.** HB. 8 S.

Frankfurt. Ideal und Wirklichkeit. Die Baulichkeiten und inneren Einrichtungen der Musterschule verglichen mit den Ansprüchen der Gesundheitspflege und der Pädagogik. Von Dir. Dr. **Eiselen.** R. 8 S.

Köln. Die Gesundheitspflege in den Schulen. Von Dr. **Thomé.** R. 30 S.

Ruhrort. Zur Hebung des Stotterns. Pädagogische Winke für Eltern und Lehrer. Von **Herrmann.** R. 8 S.

Sachsen.

Zittau. Die confessionslose Schule. Von Oberlehrer **Lehmann.** G. 36 S.

Leipzig. Ueber den Umgang. Ein Beitrag zur Schulpädagogik. Von Dir. **Barth.** Barth'sche Schule. 74 S.

Hessen.

Worms. Rede über die Bedingungen des Gedeihens und der Verträglichkeit eines Gymnasiums und einer Realschule in einem Lokale. Dir. Prof. Dr. **Wiegand.** G.

Alsfeld. Zur Geschichte der Realschule. Von Dir. Schäfer. R.
Mainz. Die Schulfreundschaft. Von Dir. Dr. Schödler. R. 6 S.

Braunschweig.

Wolfenbüttel. Der norddeutsche Bund und die Gymnasien. Dir. Dr.
Heinemann. G. 14 S.

Oesterreich.

Wien. Die Neugestaltung unserer Realschulen. Dir. Prof. Dr. Teirich.
R. 4 S.

Pädagogische Zeitung.

(Berichte über Versammlungen, Auszüge aus Zeitschriften u. dergl.)

Zum Repertorium der neuesten Erfindungen und Entdeckungen aus dem Gebiete der Naturwissenschaften.

Physik, Astronomie und Botanik zusammengestellt von Dr. Ackermann, Chemie und Mineralogie von Dr. F. Fischer.

Physik.

Neue galvanische Elemente. Eine verbesserte Form der Mei-dinger'schen Kette ist von Dr. Pincus in Insterburg beschrieben worden. Eine kreisrunde Kupferscheibe, welche in der Mitte ein Loch von etwa $\frac{1}{2}''$ Durchmesser hat, ruht mit 3 aus umgebogenen Kupferstreifen gebildeten Füssen auf dem Boden eines Glasgefässes, ungefähr $\frac{1}{2}''$ über dem Boden. Parallel zu ihr, aber etwa $4''$ höher, ist eine gleich grosse, $\frac{1}{4}''$ dicke Zinkscheibe mittelst 3 angegossenen Zinkzapfen an die Ränder des Gefässes aufgehängt. An einem dieser Zapfen ist ein einfacher Leitungsdraht angebracht; der von der Kupferplatte ausgehende Draht ist mit Guttapercha überzogen und tritt durch einen Ausschnitt am Rande der Zinkplatte zu Tage. Auf der letzteren ruht ein Glascylinder, der unten in eine enge Röhre und eine Spitze mit feiner Oeffnung ausläuft. Die unten angesetzte Röhre geht durch eine in der Mitte der Zinkplatte angebrachte Oeffnung und durch das Loch in der Kupferplatte hindurch; die Spitze ist nur wenig vom Boden entfernt. Das grosse Gefäss wird mit Bittersalzlösung gefüllt, welche $1-2''$ über die Zinkplatte stehen muss; in das kleine Gefäss wirft man Kupfervitriolstückchen. Bei ruhigem Stand und nicht zu grossen Temperaturdifferenzen ist eine Berührung des Zinks mit der Kupferlösung nicht zu fürchten. (Jahrb. der Erf. V, 158.)

Die Pincus'sche Zink-Chlorsilber-Kette. In ein Reagenzgläschen von $7-8''$ Höhe und $\frac{3}{4}''$ Weite, welches bis $\frac{4}{5}$ seiner Höhe mit verdünnter Schwefelsäure und Chlorcalciumlösung gefüllt ist, taucht bis zum Boden ein fingerhutförmiges Gefäss von reinem dünnen Silber, etwa $1''$ □ Oberfläche bietend und eine Partie Chlorsilber enthaltend. An dasselbe ist ein durch Guttapercha gehörig isolirter Draht gelöthet, der durch den Kork, welcher das Glasgefäss schliesst, nach aussen geht. Durch denselben Kork geht verschiebbar ein zweiter Leitungsdraht, an welchem ein Stückchen reines amalgamirtes Zink befestigt ist, welches in die Flüssigkeit taucht und dem Silber beliebig genähert werden kann. Eine Anzahl solcher Elemente in passendem Holzgestell bildet die Batterie. Die Wirkung ist eine ziemlich bedeutende. Schon ein Element lenkt die Nadel eines wenig empfindlichen Galvanometers ab; drei bis vier Elemente zersetzen Wasser; zehn Elemente bringen schon physiologische Wirkungen hervor. Der Strom ist sehr constant. Bezugsquellen: C. Carogotti in Königsberg (Französ. Strasse 20) und Rohrbeck (Firma: Luhme) in Berlin. (Ebd. 163.)

Modificationen der Daniell'schen Kette. Der die Kupferplatte umgebende Kupfervitriol erhält einen Zusatz von einem gleichen Gewicht Kalisalpeter. Es soll dadurch der Ansatz vermieden werden, welcher sich gewöhnlich auf dem Kupfer bildet. Als Erregungsflüssigkeit für das Zink dient eine Lösung von Seesalz mit 30 Procent Schwefelblumen. (Ebend. V. 160.)

Ferner wird vorgeschlagen, das Kupfer durch gewöhnliche Zinnfolie zu ersetzen. Diese wird, gehörig polirt, in sehr verdünnter Kupferlösung mit einer schwachen galvanischen Kette verbunden. In 15—18 Stunden hat sich das Zinn mit einem fest anhaftenden Kupferüberzug bedeckt und man kann nun die Platte nach Belieben biegen und sie statt einer Kupferplatte in der Batterie verwenden. (Ebd. VI. 143.)

Eine weitere Anordnung der Daniell'schen Kette ist die Carré'sche. In einem 12 Centimeter weiten und 60 Centimeter hohen Gefässe steht auf einem Kreuzholze ein 55 Centimeter hoher Zinkcylinder. Im Innern desselben befindet sich das Diaphragma, welches aus Pergamentpapier oder auch aus Papier besteht, welches mit Eiweiss — coagulirt bei 230^0 — imprägnirt ist. Das Papier ist cylindrisch geformt, mit Gummilack zusammengeklebt und unten an einen cylindrischen Napf aus nicht leitender Masse aufgeklebt. Dieser steht auf dem oben erwähnten Kreuzholze. Im Innern des Diaphragma's ist ein cylindrisches Skelet von gleicher Höhe aufgestellt, das aus Holzstäbchen besteht, die 3—4 Millim. von einander abstehen, unten durch ein passendes Holzstück und oben durch einen kupfernen Ring zusammengehalten werden. Dazwischen ist ein 0,7—0,8 Millim. starker Kupferdraht in zahlreichen Auf- und Niedergängen ausgespannt, der das Holzskelet mit einem förmlichen Drahtnetz umgiebt. Das Innere wird nun mit Kupfervitriolkrystallen angefüllt. Als Erregungsflüssigkeit für das Zink dient eine wässrige Lösung von Zinkvitriol, welche mit etwa $\frac{1}{500}$ Schwefelsäure angesäuert ist. Der Gehalt der Lösung ist 20 Procent. Ein Zusatz von dem 10. Volumtheil concentrirter Salmiaklösung erhöht noch die Intensität des Stromes. (Ebd. V. 159.)

Endlich schlägt Savary vor, das Zink in eine wässrige Lösung von Seesalz eintauchen zu lassen und statt Kupfer ein Stück Koaks zu benutzen, welches mit Kupferdraht umwickelt ist und in ein poröses Gefäss taucht, welches Salzwasser mit fein vertheiltem Schwefel enthält. (Ebd. V. 160.)

Das Ney'sche Element besteht aus einem mit Salmiaklösung gefüllten Gefässe, in welches ein amalgamirter Zinkstreifen eingesetzt wird; einer porösen Zelle, welche mit kohlensaurem Kupferoxyd gefüllt ist, in welches eine Kupferplatte eingesetzt ist. (Ebd.)

Böttgers neues Amalgam für Reibungselektrisirmaschinen. Statt des gewöhnlichen Kienmaier'schen Amalgams (2 Th. Hg, 1 Th. Sn und 1 Th. Zn) oder der anderen mehrfach empfohlenen Verbindung von 4 Hg, 2 Sn und 3 Zn schlägt B. die einfache Verbindung von 1 Th. Hg mit 2 Th. Zn vor. Das abgewogene chemisch reine Zn bringt man erst in einem eisernen Schmelzlöffel in Fluss und setzt dann vorsichtig und unter Umrühren mit einem irdenen Pfeifenstiel das Hg zu. Beim Erkalten erhält man eine sehr spröde, leicht zu pulvernde Legirung von silberweisser Farbe, die in compactem Zustand in verschlossenen Büchsen aufbewahrt wird. Vor dem Gebrauch pulverisirt man jedesmal die nöthige Menge und reibt sie mit etwas Talg an. (Ebd. VI. 140.)

Die Empfindlichkeit des Auges für verschiedene Farben zu prüfen, schlägt Helmholtz folgende Methode vor. Aus dem Sonnenspektrum wird mittelst eines Spaltes ein schmaler, homogener Streifen isolirt und durch eine doppeltbrechende Krystallplatte beobachtet. Von den 2 farbigen Bildern wird aber das eine verdunkelt, wenn das homogene Licht vorher durch Reflexion unter bestimmtem Winkel polarisirt war. Lässt man nun den Einfallswinkel allmählich abnehmen, bis die Verdunkelung eben verschwindet, so hat man den Grenzwerth der Empfindlichkeit des Auges für die betreffende Farbe. Es entspricht nämlich dieser Winkel der bestimmten Menge des polarisirten Lichtes, durch welche dieser eben merkliche Helligkeitsunterschied in 2 farbigen Bildern hervorgerufen wurde. Von Lamansky nach dieser Methode angestellte Versuche ergeben, dass die Empfindlichkeit für Roth am schwächsten, für Blau und Violet am stärksten ist. Es stimmt dies Resultat mit schon früher von Purkinje, Dove, Helmholtz gemachten Beobachtungen überein, dass nämlich Blau schon bei schwächerem Lichte gesehen wird, als Roth; ferner mit der Beobachtung, dass in Bildergallerien in der Dämmerung zuerst die rothen Farben verschwinden und dann erst die blauen. Auch die Thatsache, dass die Seitentheile der Netzhaut ganz rothblind sind, ferner dass unter Farbenblinden die Rothblinden die häufigsten sind, spricht dafür, dass die Empfindlichkeit unseres Auges für Roth schwächer ist, wie für die übrigen Farben. (Natf. IV. 84.)

Nachweis, dass ein Körper während seiner Verbrennung an Gewicht zunimmt, von Prof. A. W. Hofman. Man befestige an den Schalenbügel einer Wage, die wenigstens noch für Centigramme empfindlich ist, einen in Eisenfeilspäne getauchten Hufeisenmagnet und zwar so, dass sich die beiden Pole noch über der Wagschale befinden. Zündet man dann, nachdem man tarirt hat, den fein vertheilten Eisenstaub mit einer Spiritusflamme an, so wird die Schale mit dem Magneten sofort sinken. (Gäa VII, 5.)

Verhindern des Gefrierens von Wasser durch hohen Druck. Mit welcher grossen Kraft sich das Wasser beim Gefrieren auszudehnen strebt, beweisen zu verschiedenen Zeiten angestellte Versuche. Die Akademiker in Florenz füllten eine 0,67 Zoll dicke kupferne Kugel mit Wasser und setzten sie einer grossen Kälte aus. Die Kugel wurde gesprengt. Hughens sprengte 1667. durch dieselbe Kraft eine fingerdicke eiserne Kanone. Ueber neuere Versuche berichtet das Januarheft dieser Zeitschrift S. 82. Boussingault hat nun im Winter d. J. durch Experimente nachgewiesen, dass bei genügender Widerstandsfähigkeit des das Wasser einschliessenden Behälters, also bei Verhinderung seiner Ausdehnung, das Gefrieren unterbleibt. Eine Stahlkanone von grosser Festigkeit wurde mit destillirtem Wasser von $+ 4^0$ gefüllt und längere Zeit einer Temperatur von $- 9^0, - 12^0, - 13^0, - 18^0$ ausgesetzt. Das Wasser behielt jedesmal seinen flüssigen Zustand. Eine im Innern der Kanone befindliche Stahlkugel, die beim Umkehren deutlich hörbar gegen die Wände anschlug, zeigte durch ihre Beweglichkeit, dass das Wasser nicht gefroren war. Bei jedem Experiment erfolgte aber das Erfrieren sofort, wenn man durch Oeffnen des abschraubbaren Deckels das Hinderniss aufhob, welches sich der Ausdehnung des abgekühlten Wassers widersetzte. (Natf. IV. 35.)

Objective Darstellung der Ausdehnung fester Körper. Mit dem Metallstab, dessen Ausdehnung sichtbar gemacht werden soll, verbindet Tyndall (cf. Wärme, betrachtet als eine Art der Bewegung, deutsch von Helmholtz und Wiedemann) einen Spiegel derartig, dass sich derselbe bei der geringsten Ausdehnung des Stabes ein wenig um seine Axe dreht. Fällt nun ein Lichtstrahl auf den Spiegel, so wird er reflectirt und trifft eine bestimmte Stelle einer in grösserer Entfernung vom Spiegel angebrachten Skala. Der reflectirte Strahl spielt dann die Rolle eines grossen Zeigers, welcher die geringste Veränderung in der Länge des Stabes in vergrössertem Massstab auf der Skala sichtbar macht. Solche Reflexapparate liefert Elliot Brothers, London, 449, Strand zu 4 Pf. St.

(Jahrb. d. Erf. VI. 119).

Astronomie.

Zwei neue kleine Planeten. Bis zum Schluss des Jahres 1869 waren 109 kleine Planeten bekannt. Davon waren entdeckt worden in Frankreich 30, in Deutschland und Nordamerika je 24, in England und

Indien 19, in Italien 11, in Dänemark 1. In den letzten Jahren sind 6 hinzugekommen; davon ist neuerdings einer von Dr. Peters in Clinton (New-York) und der neueste, ein Stern 10. Grösse, von Prof. Watson in Michigan entdeckt worden. Nähere Angaben fehlen noch.

Venusdurchgang im J. 1874. Die deutsche Commission für die Vorberathung der Beobachtungen des Venusdurchgangs von 1874 hat beschlossen, deutscherseits 3 Heliometerstationen auf der südlichen Halbkugel zu besetzen, und zwar auf den Kerguelen- und Aucklandinseln, sowie auf Mauritius. In China oder Japan soll nur eine Station beibehalten werden. Die Russen werden 3 Stationen im nordöstlichen Asien besetzen. Mit der heliometrischen Methode soll die photographische und spektroskopische gleichfalls in Anwendung kommen. Ein genauer Kostenanschlag ist jetzt dem Bundesrath vorgelegt worden und beträgt ohne Rücksicht auf die sehr wünschenswerthe Unterstützung der Marine zunächst für 1872 15972 Thaler.

Botanik.

Einbürgerung der *Euphorbia prostrata* auf Madeira. Diese kleine einjährige, auf *Jamaica* und *Trinidad* einheimische Pflanze wurde vor etwa 10 Jahren durch Zufall in einen 400′ über dem Meere gelegenen Garten in Madeira eingeführt und verbreitete sich von hier schnell abwärts nach der Stadt Funchal, während auf den anderen Bergen, die vom ursprünglichen Standort durch tiefe Schluchten getrennt waren, das Unkraut gar nicht zu sehen war. Im Thale angekommen begann die Pflanze ihren Rücklauf aufwärts auch nach den anderen Bergen und zwar durchschnittlich 10′ jährlich fortschreitend. Jetzt ist sie überall auf Madeira bis zu 500′ über dem Meere zu finden. (Glob. XIX, 13.)

Milchzucker in Pflanzen. Milchzucker ist bisher nur in thierischen Säften nachgewiesen worden. Nach Bouchardat enthält der Saft einer tropischen Pflanze, der *Achras sapota*, Milchzucker, der mit dem gewöhnlichen physikalisch, wie chemisch identisch ist. Die quantitative Analyse hat ergeben, dass in dem Safte jener Pflanze 45 Prozent Milchzucker und 55 Prozent Rohrzucker enthalten ist. (Natf. IV, 41.)

Chemie.*)

Physikalisch. Knapp hat durch Einleiten von Kohlensäure, Stickstoff oder Chlorwasserstoff in einen Bunsen'schen Brenner dieselbe Flamme erhalten, als wenn atmosphärische Luft eingeführt wurde. Er glaubt daher, dass die leuchtende Flamme durch Verdünnung und Abkühlung des Leuchtgases und nicht durch vollständigere Verbrennung verschwindet (J. pr. Ch. I. 428). Ditte hat die Verbrennungswärme des Magnesiums zu 72890, des Zinks zu 44258, des Indiums zu 37502 und des Cadmiums zu 15231 bestimmt (Ch. C. B. II. 529). Bei der Umwandlung von 1 aeq. flüssiger Untersalpetersäure in 100fach verdünnte Salpetersäure durch Sauerstoff werden 23500 Cal. frei (das. 531). Naumann über Dissociation des carbaminsauren Ammoniums (Ber. ch. G. IV. 779. 815). Mees, Molekularbewegung in Gasgemischen (das. 842). Naumann, über die Berechnung der Zersetzungswärme nach der Formel $v = u A T \dfrac{dr}{dt}$ (daselbst 760). Horstmann, über die Anwendung des zweiten Hauptsatzes der mechanischen Wärmetheorie auf chemische Erscheinungen (das. 847). Vogel, über das unsichtbare photographische Bild (das. 825). Dichroismus des Joddampfes: Joddampf lässt die rothen und blauen Strahlen vollständig hindurch, hält aber die grünen zurück. Sind die Dämpfe dick, so werden nur die rein blauen Strahlen durchgelassen. Aehnlich verhält sich Jod in Schwefelkohlenstoff; die rothe alkoholische Lösung zeigt dagegen keinen Dichroismus (das. 857). Das At. Gew. des Kobaltes ist zu 59,10,

*) Von Dr. F. Fischer in Hannover.   D. Red.

das des Nickel's zu 58,01 bestimmt (Ch. C. Bl. II. 533). Naumann hat die Zeitdauer der Verdampfung und Verdichtung fester Körper untersucht. Dabei wurde die Dampfspannung des Anderthalbchlorkohlenstoffs $C_2 Cl_6$ ($C_4 Cl_3$) gefunden: bei $15^0 = 1^{mm}$, $78^0 = 13,5^{mm}$, $100^0 = 31^{mm}$, Siedp. 182^0, Schmelzp. 160^0. Naphtalin $C_{10} H_8$ bei $19^0 = 2^{mm}$, $78^0 = 9^{mm}$, $100^0 = 20$, 5^{mm}, Siedp. 218^0, Schmelzp. 79, 2^0 (Ber. ch. G. IV. 646. Annal. Ch. Ph. 83. 334).

Unorganisch. Bender, über die Hydrate des Magnesiumoxychlorids (Ann. Ch. Ph. 83. 341). Friswell, Thalliumdoppelsalze (das. 383). Mijers hat gefunden, dass aus siedendem Schwefel und Wasser, ausser Schwefelwasserstoff, unterschweflige Säure gebildet wird: $3 H_2 O + 2 S_2 = H_2 S_2 O_3$ $+ 2 H_2 S = (3 HO + S_4 = S_2 O_2 \cdot HO + 2 HS)$. Diese Säure kann demnach auch im freien Zustande bestehen, was bisher bestritten wurde (Annal. Ch. Ph. 83. 125). Kraut und Popp haben $3^0/_0$ Natriumamalgam in wässrigen Kaliumcarbonat oder Hydrat eingetragen und so harte, glänzende, $- 5^{mm}$ grosse Krystalle $\infty O \infty \cdot \infty O \cdot O$ von Kaliumamalgam erhalten. In den entsprechenden Natriumverbindungen bilden sich so lange Nadeln von Natriumamalgam. Die Zusammensetzung entspricht den Formeln $K_2 Hg_{24}$ und $Na_2 Hg_{12}$, während die Hyperoxyde bekanntlich $K_2 O_4$ und $Na_2 O_2$ (das. 188). Carius, über die Zerstörung der Salpetersäure in der Wärme (B. ch. G. IV. 828). Ueber Phosphoroxychlorid (das. 766. 769. 853).

Organisch. Hübner, über Glycerin und Allylverbindungen (Ann. Ch. Ph. 83. 168). Linnemann, Umwandlung des Acetons in Milchsäure (das. 247). Silicopropionsäure und ihre Aether (das. 259). Mulder theilt die Bildung von Methylaldehyd aus ameisensaurem Calcium mit. Er hat die Verbindungen $CH_2 S \cdot H_2 S$ und $CH_2 S$ dargestellt und sie mit den entsprechenden Verbindungen von Hofmann identisch gefunden (das. 366). Hoffmeister, Phenyläther (daselbst 191). Zinntriäthylphenyl (das. 251). Barth, Disulfobenzoesäure und eine neue Dioxybenzoesäure (das. 217). Zur Kenntniss der Benzoinreihe (Ber. ch. G. IV. 836). Ueber die Umwandlung der Oxybenzoesäure in Protocatechusäure (Ann. Ch. Ph. 83. 230). Kölle, Bimethyl und Biäthylprotocatechusäure (das. 240). Zinke, eine neue Reihe aromatischer Kohlenwasserstoffe (das 367). Rother, über Acetnaphtalid und einige Derivate desselben (Ber. ch. G. IV. 850). Kachler, über Kampherverbindungen (Ann. Ch. Ph. 83. 281). Strecker, über das Verhalten einiger Diazoverbindungen gegen schwefligsaure Alkalien (Ber. ch. G. 784). Da bei der Oxydation des salzsauren Glykols Chloressigsäure gebildet wird, so ist die Struktur des Aethylens $CH_2 - CH_2$ und nicht wie Kolbe annimmt $CH_3 - CH$ (Zeitschr. f. Ch. VII. 264). Ueber Hexylalkohol aus Heracleumöl (B. Ch. G. IV. 822). Krämer, über den Vorlauf (das. 787). Sachse hat durch Einwirkung von Anilin auf Milchzucker stickstoffhaltige Verbindungen dargestellt (daselbst 834). Hesse, über Chinarinden (daselbst 818). Strecker, eine neue Base aus Strychnin (daselbst 821). Fittig, über die Constitution des Piperins und seiner Spaltungsprodukte (Ann. Ch. Ph. 83. 129). Maly, Darstellung von salzsaurem Kreatinin aus Harn (das. 279). Hlasiwetz, über die Proteinstoffe (das. 304). Mulder, über Allantoin und davon abgeleitete Körper (das. 349). Armstrong, über die Einwirkung der Schwefelsäure auf natürliche Alkaloide (das. 387).

Physiologisch. Nach Hoppe-Seyler findet sich das Bienenwachs fertig gebildet in den Pflanzen. Da die Bienen kein wachssecernirendes Organ haben, so werden sie dasselbe fertig aus den Pflanzen nehmen (Ber. ch. G. IV. 810). Schreiner hat in *Melolontha vulgaris* ausser Leucin, Sarkin, harnsauren Salzen und oxalsaurem Kalk nadelförmige Krystalle von *Melolonthin* $C_5 H_{12} N_2 S O_3$, aus 30 Pf. Maikäfer 1,56 gr. erhalten (das. 763). Nach Müller löst sich Quecksilber in Chlornatrium auf, es wird sich, äusserlich angewandt, in dem Chlornatrium des Schweisses lösen und so zur Wirkung kommen (Ch. C. Bl. II. 658). Christel, über den schädlichen Einfluss des, aus einer Sodafabrik entweichenden, Chlorwasserstoffs auf die Vegetation (Arch. Pharm. 197. 252). Zöller, über Ernährung und Stoffbildung der Pilze (Ch. C. B. II. 663). Calvert hat gefunden, dass die Lebensfähigkeit niederer Organismen erst zwischen 150 u. 200° C zerstört wird (Chem. N. 24. 138).

Mineralogie.

Krystallographie. Kenngott hat an einem Magneteisenkrystall von Zermatt die Comb. $2O2 \cdot \infty O$ beobachtet. Dieselbe Comb. hat er an 3^{mm} grossen Salmiakkrystallen vom Vesuv aufgefunden (N. J. M. 71. 405. Neues Jahrbuch f. Min. Geol. u. Paläont. 1871. 405). Kokscharow, über einen flächenreichen Bergkrystall (N. J. M. 71. 76). Stelzner, Quarz und Trapezoederflächen. Eine paragenetische Skizze (N. J. M. 83). Websky, über stumpfe Rhomboëder und Hemiskalenoëder an den Krystallen des Quarzes von Strigau in Schlesien (N. J. M. 71. 732). Krystallographische Beschreibung einiger Ferrocyanüre (Ann. Chem. Phys. 21. 264). Groth, über den Zusammenhang zwischen der Krystallform und der chemischen Constitution (N. J. M. 71. 225). Zepharowich beschreibt zwei neue Augitzwillinge aus dem Schönhofer Basalt (das. 59). Klein hat an einem Chrysoberyll aus den Smaragdgruben an der Tokowaja die Combinat. beobachtet:

$$\infty P\bar{\infty}, \infty P\bar{1}, \infty P\check{\infty}, P\bar{\infty}, P, 2P\bar{1}, P\bar{1}, P\check{\infty}, 2P\check{\infty}$$

Derselbe beschreibt Apatitkrystalle vom St. Gotthardt, Sapphire von Ceylon, Blende von Kapnik, Fahlerz von Horhausen, Atakamit aus Süd-Australien (das. 479). Zepharovich beschreibt neue Formen des Atakamits aus Südaustralien, deren Axenverhältniss Makrodiagonale: Brachydiagonale: Hauptachse $= 1.4963 : 1 : 1,1231$ (das. 514). Klocke, Beobachtungen und Bemerkungen über das Wachsthum der Krystalle (das. 309. 511). Schrauf, über Apophyllit und Sphen-Zwillinge (das. 404). L. Meyer hat eine Lösung von Natronsalpeter langsam verdunsten lassen, wobei dieses Salz einen hineingehängten Kalkspathkrystall ganz regelmässig vergrösserte wie ein Krystall von Chromalaun in einer Lösung von gewöhnlichem Alaun wächst und umgekehrt. Schon früher hatte Mitscherlich denselben Versuch mit Dolomit von Traversella, G. Rose mit Aragonit in einer Lösung von Kalisalpeter mit gleichem Erfolge angestellt. Natronsalpeter ist demnach isomorph mit Kalkspath, Kalisalpeter mit Aragonit. Da Kalisalpeter aber auch isomorph mit Kalkspath ist (Pogg. Annal. 40. 455) so würde zu den isomorphen $Ca\,CO_3$, $Mg\,CO_3$ u. s. w. KNO_3 und $Na\,NO_3$ zu zählen sein, wie auch ihre Formel eine gleiche Anzahl Atome im Mol. enthält. Bei Anwendung der alten Aequivalentformeln findet Letzteres allerdings nicht statt, ($CaO \cdot CO_2$, $MgO \cdot CO_2$ und $KO \cdot NO_5$, $NaO \cdot NO_5$) (Ber. ch. G. IV. 53. 104). Wunder hat gefunden, dass SnO_2 und TiO_2 isomorph sind. Die Krystalle des Zinnoxydes aus schmelzendem Borax entsprechen dem Rutil, aus Phosphorsalz dem Anatas, und die, welche entstehen, wenn die Dämpfe von Zinnchlorid und Wasser durch eine glühende Röhre geleitet werden, dem Brookit (J. pr. Ch. 2. 206).

Mineralogie. Jeremejew hat im Xantophyllit der Schischimskischen Berge des Urals Diamanten von 0,05—0,5^{mm} Grösse aufgefunden. Die Krystalle bilden Hexakistetraeder $\dfrac{3O\frac{3}{4}}{2}$, die stumpfen ditetragonalen Winkel einiger Krystalle sind durch Flächen eines regelmässigen Tetraeders abgestumpft. Demnach kann der Diamant nur auf nassem Wege entstanden sein, wie der freie Kohlenstoff aber in krystallisirten Diamant verwandelt werden konnte, ist aus den bisherigen Untersuchungen noch nicht zu ersehen (N. J. M. 71. 895). Nach Burkart ist die Nachricht des Vorkommens von Diamanten in Arizona N. A. noch mit Vorsicht aufzunehmen (das. 756). Ueber südafrikanische Diamanten vergl. dies. Z. 84 (das. 767). Höfer beschreibt ein fossiles Harz, Rosthornit und natürlich vorkommendes molybdänsaures Molybdänoxyd, das er Ilsemannit nennt. Diese dem Chemiker schon länger bekannte Molybdänverbindung bildet blaue bis blauschwarze, erdige oder kryptokrystallinische Massen, welche in Bleiberg, Kärnten gefunden werden (das. 561). Derselbe theilt mit, dass der Wulfenit in Kärnten mit Kalkspath, Cerussit und Bleiglanz zusammen bei Bleiberg, auf der Petzen, bei Kappel, aber nicht bei Windisch Kappel in Steyermark (vergl. Naumann Min. Seite 265) vorkommt. Völlig ausgebildete Krystalle der Comb. $OP. \frac{1}{2}P\infty$ finden sich in Thon, der eine Kluft in Kalkstein ausfüllt bei Schwarzeubach (das 80). Während das Arseneisen von Sachsen, Harz und Norwegen $Fe\,As_2$ ($Fe\,As$) ist, entsprechen Krystalle von Reichenstein in Schlesien der Formel $Fe_2\,As_3$ ($Fe_4\,As_3$) mit einem Goldgehalt bis $0,3\%$ (das. 81). Petersen, zur Kenntniss der Thonerdehydrophosphate (das. 353). Igelström, für Schweden neue und seltene Mineralien (das. 360). Kenngott bespricht die Analysen verschiedener Epidote und stellt für dieselben die allgemeine Formel auf: $CaO \cdot H_2O + 3\,(CaO \cdot SiO_2 + Al_2O_3SiO_2)$ worin Al zum Theil durch Fe ersetzt ist (das. 449). G. Rose beschreibt aus dem Hypersthenit des Radauthales bei Harzburg schmale, weisse, stark glänzende Zirkonkrystalle der Comb. $\infty P.\,P.\,3P3$, (das. 77). Kossmann hat gefunden, dass die schillernden Blättchen des Hypersthens Krystalle von Brookit sind, die in der Lösung, aus welcher sich der Hypersthenfels abgesetzt, suspendirt gewesen und sich in ihrer Anordnung derjenigen der Lamellen des Hypersthens gefügt haben (das. 501). Grewink hat in einem alten Grabe Rothkupfererz der Comb. $\infty O \infty \cdot O \cdot \infty O$ gefunden. Durch Einwirkung verwesender Menschenreste auf einen Bronceschmuck scheint Kupferoxydammoniak gebildet zu sein, welches durch $FeCO_3$ zu Cu_2O reducirt ist (a. a. O. 76).

Virchows Rede[*])

„Ueber die Aufgabe der Naturwissenschaft in dem neuen nationalen Leben Deutschlands"

gehalten in der zweiten allgemeinen Sitzung der Naturforscherversammlung zu Rostock den 20. September 1871. (S. Tagebl. d. 44. Vers. d. Naturf. u. Aerzte z. Rostock 1871 S. 73.)

Hochverehrte Anwesende!

Der Gedanke, dass die deutsche Naturforscherversammlung im nächsten Jahre zurückkehren wird an den Ort, an dem sie vor 50 Jahren ihre Entstehung genommen hat, mahnt uns an die Pflicht, uns klar zu machen, welche Bedeutung dieselbe im Leben unserer Nation, in der Gestaltung unserer deutschen Wissenschaft eingenommen hat; er mahnt uns zugleich, an der Geschichte der Vergangenheit zu prüfen, welche Stellung die Versammlung und mit ihr die Naturwissenschaften in dem neu sich aufbauenden Reiche einnehmen soll.

Als vor 50 Jahren auf den Ruf des alten Oken eine kleine Zahl von Naturforschern sich in Leipzig versammelte, da geschah es, nicht gerade in der Stille der Nacht, aber doch in der Stille des Geheimnisses. Es war im Jahre 1822 noch nicht möglich, dass in öffentlicher Weise, nach geschehener Ankündigung, nach richtiger Anmeldung bei der Polizeibehörde eine grössere Zahl deutscher Männer zusammenkommen konnte, um über

---

*) Da diese treffliche Rede so ausserordentlich viel Beherzigenswerthes und Belehrendes (besonders v. S. 87 unten an) enthält, so glauben wir, unsern Lesern, denen doch nicht allen die Tageblätter der Versammlung zu Gebote stehen, durch vollständige Mittheilung derselben einen Dienst zu erweisen. D. Red.

Angelegenheiten zu berathen, welche scheinbar ganz ausserhalb des Gebietes politischer oder nationaler Bewegung lagen, und welche durch den objectiven Charakter, den sie an sich tragen, eigentlich über jeden Verdacht erhaben sein mussten.

Es genügt diese einfache Thatsache, sowie die andere, dass erst, wenn ich mich nicht irre, im Jahre 1861 auf der Naturforscherversammlung zu Speyer die Namen der Mitglieder aus Oesterreich, welche an dieser constituirenden Versammlung Theil genommen hatten, publicirt werden durften, — es genügt die Erinnerung an diese Thatsache, um uns einigermassen klar zu machen, welche grosse Veränderung in unserm Lande stattgefunden hat; und, meine Herren, es erzeugt gewiss ein freudiges Gefühl in jedem Mitgliede dieser Versammlung, wenn es sich sagen kann, dass an dieser Veränderung, welche das ganze nationale Leben, nicht nur die Naturforscher, sondern alle Kreise des grossen Volkslebens in sich begreift, die Naturforscher und Aerzte einen entscheidenden, einen, man kann sagen, bestimmenden Antheil gehabt haben. Die Naturforscher und Aerzte waren die Ersten, welche überhaupt zusammentraten, um in gemeinsamer Arbeit die Pflichten zu üben, welche von ihnen übernommen waren nicht blos im Namen der Wissenschaft, sondern auch im Namen des Vaterlandes.

Der alte Oken, — Sie wissen es ja, — galt als ein grosser Revolutionär seiner Zeit, weil er damals zu träumen wagte von der Grösse eines kommenden deutschen Reiches. Man hat ihn später hinausgetrieben über die Grenzen des Vaterlandes; er war genöthigt, den Schutz der Schweiz zu suchen, um mit diesem Gedanken, wie einst Ullrich von Hutten, in der Fremde begraben zu werden. Damals aber, als er seine Freunde aus den verschiedenen deutschen Ländern zusammenrief, um sie zu der ersten Naturforscherversammlung zu vereinigen, da geschah es nicht blos, um mit ihnen zu verhandeln über die Angelegenheiten der Wissenschaft als Wissenschaft, sondern es geschah auch mit der Absicht, in den zerstreuten Söhnen des grossen Vaterlandes den Gedanken des innern Zusammenhangs zu wecken, und so thatsächlich mitzubauen an dem künftigen einheitlichen Reiche.

Die Naturforscherversammlung ist von Jahr zu Jahr gewachsen, und wenn wir endlich hier in Rostock zusammengetreten sind, der letzten der deutschen Universitäten, welche von der Versammlung aufgesucht worden ist, derjenigen, welche am längsten getrennt gewesen ist durch ungünstige äussere Verhältnisse der Lage und der politischen Gestaltung, so müssen wir doch sagen, es ist ein erhebendes Gefühl, die Männer aus dem ganzen Vaterlande hier frei tagen zu sehen inmitten des so viel gefürchteten Mecklenburgs. Wir vollenden, meine Herren, in diesem Angenblick die Reihe der geistigen Eroberungen, welche die Naturforscherversammlung inaugurirt hat. Aber wir können uns zugleich freuen, dass von dem Gesichtspunkte der Einigung der getrennten Stämme eines Volkes aus frühzeitig auch nach aussen getragen worden ist die Ueberzeugung, dass in Versammlungen, wie diese, auch die grösseren Geschicke der Menschheit sich leichter und bequemer ordnen lassen, als auf Schlachtfeldern und dass es einstmals möglich werde, das grosse Band der Humanität um die getrennten Glieder des Menschengeschlechts zu schlingen.

Es war für mich eine erhebende Erfahrung, als ich in den Verhandlungen der letzten British Association, in der Eröffnungsrede des berühmten Präsidenten Sir William Thomson las, dass der Brief des verstorbenen David Brewster, durch welchen er die englische Naturforscherversammlung in's Leben rief, ausdrücklich erklärt, es geschehe dies im Hinblick auf die grossen und segensreichen Erfolge, welche die deutsche Naturforscherversammlung während ihrer damals neunjährigen Thätigkeit erzielt habe. Wir sind zuerst vorgegangen unter allen Nationen; die englische ist nachgefolgt, und allmälig hat sich die Zahl dieser Versammlungen vermehrt; sie sind allmählig ausgedehnt worden auf alle möglichen Gebiete menschlicher Thätigkeit, und man hat sich daran gewöhnt, im Zusammenarbeiten Vieler die gemeinsamen Ziele klarer festzustellen, nach welchen die Gesammtheit zu streben hat.

Fragen wir uns nun, verehrte Anwesende, wie gestaltet sich das Bedürfniss in dem neuen Reiche, welches hauptsächlich von Seiten der Naturwissenschaft befriedigt werden soll? Zur Zeit, als die erste Naturforscherversammlung zusammentrat, befand sich die deutsche Wissenschaft noch unter dem Hochdrucke der französischen Glanzmänner, (so kann ich sie wohl nennen), jener erhabenen Geister, welche, hervorgegangen aus der grossen Revolution, auf allen Gebieten der Naturforschung neue Wege und Bahnen eröffnet haben.

Es geziemt uns wohl, gerade in einem Augenblicke, wo vielfach durch eine schlecht unterrichtete Presse Hohn und Schmach auf unser unglückliches Nachbarvolk gehäuft wird, dankbar jener Zeit uns zu erinnern, wo die grossen Güter der geistigen Errungenschaft, welche Frankreich hervorgebracht hat, allen Nationen zugeführt wurden, und wo keine andere Nation begieriger und eifriger an diesen Genüssen Theil genommen hat, als die deutsche. Jene grossen Männer, die Lavoisier und Laplace, die Gay-Lussac, die Jussieu, die Cuvier, die Dupuytren, die Laennec, sie werden unvergessen sein in der Geschichte der Menschheit. Als die deutschen Naturforscher zuerst zusammentraten, da war, wenn wir ehrlich sein wollen, Alles, was deutsche Wissenschaft genannt werden konnte, noch so sehr in den Windeln, dass die landläufige Wissenschaft, die Wissenschaft der Handbücher und die Handbücher selbst durchweg französisch waren. Gehen Sie die Literatur jener Periode durch, so werden Sie ausser vereinzelten, sehr wenigen, glänzenden Ausnahmen ganz überwiegend finden, dass die eigentliche Lehrbuchsweisheit, welche die Gesammtheit schöpfte, das, was die Quelle war für das gemeinsame Denken, französich war. Und so ist es mehr oder weniger geblieben bis zu den dreissiger Jahren. Aber in dem kleinen Kreise, den Oken um sich versammelte, und in den Freunden, welche er besass, da steckte allerdings ein neuer Gedanke, der eigentlich deutsche Gedanke, der Gedanke, welchen gross gezogen zu haben, in der That unsere Nation sich rühmen kann, der Gedanke, welcher die Grundlage geworden ist für die moderne Entwickelung der meisten Naturwissenschaften, und welcher, wie ich hoffe, die Grundlage noch grösserer Werke werden wird; — ich meine, der genetische Gedanke.

Es war in den letzten Jahren des vorigen Jahrhunderts, als Anfangs sehr schüchtern, aus kleinen Anfängen heraus sich die Gewohnheit gestaltete, die Dinge nicht mehr in der alten phrasenhaften Weise zu behandeln, sondern ihnen unmittelbar auf den Leib zu gehen, und sie nicht blos als gegebene anzusehen, sondern sie in ihrer Geschichte, in ihrem Werden kennen zu lernen. Eine solche Betrachtung hat freilich ihre grossen Schwierigkeiten.

Es ist ja sehr viel bequemer, wenn man sich ein gewisses Ding als unveränderlich vorstellt, mit bestimmten gegebenen Eigenschaften, die ein-für allemal da sind, und die, wenn man sie einmal kennen gelernt hat, nur durch das Gedächtniss festgehalten zu werden brauchen. Daher stammt jene so viel gerühmte Methode des Gedächtnisswesens, welche trotz aller gegentheiligen Versicherungen der regulativischen Schulmänner die Grundlage unseres gesammten Volksschulunterrichtes geblieben ist.

Der Gedanke von der Veränderlichkeit der Dinge in der Zeit, von ihrer Entwickelung, der Gedanke, dass es eigentlich nichts Unveränderliches giebt, dass Alles einem stetigen Wechsel unterworfen sei, — dieser Gedanke war freilich schon zu wiederholten Malen im Laufe der Culturgeschichte aufgetaucht, aber es war nicht gelungen, zu pactiren zwischen den scheinbar unversöhnlichen Gedanken der Allveränderlichkeit und der Allunveränderlichkeit. Aus diesem Widerstreit hat sich meines Wissens zunächst im Gebiete der organischen Naturwissenschaften, ausgehend von den Erfahrungen, welche namentlich die Geschichte der Pflanze, die Entwickelung der Insekten und endlich die eigentlichen Entwickelungsgeschichten brachten, der Gedanke ausgebildet, dass die natürlichen Dinge überhaupt zu betrachten sind in ihrer geschichtlichen Veränderung, und dass man sie trotz ihres individuellen Fortbestandes in den verschiedenen Zeiten ihrer Existenz auf ihre variabelen Eigenschaften untersuchen müsse. Ich darf wohl daran erinnern, mit welcher Schnelligkeit in der Zeit vom Ende des vorigen Jarhunderts bis zur Zeit Oken's dieser Gedanke sich entwickelt hat zu dem nämlichen Ahnen, welches in der neueren Zeit anfangs schüchtern, dann immer bestimmter ans Licht getreten ist in den bekannten Darwin'schen Sätzen. Denn von der Unveränderlichkeit der Species bis zur Veränderlichkeit der Species ist ja eben kein grösserer Schritt, als der eben angedeutete, dass man die Dinge nicht als gegebene, sondern als werdende ansieht. Wenn in der Betrachtung der organischen Natur zuerst dieser Gedanke sich geltend gemacht hat, so darf ich jetzt wohl daran erinnern, dass er sich in immer grösserer Breite geltend macht in der Betrachtung des Universums, und dass die moderne Astronomie, wie neulich mit Recht auf der englischen Naturforscherversammlung gesagt worden ist, anfängt aufzuhören, eine blosse Physik der Sterne zu sein und sich anfängt zu verwandeln in eine Physiologie der Sterne.

Meine Herren! der Gedanke, dass das Gesammte sich in der Entwickelung befindet, ist ein deutscher; ihn gesichert, ihn allmählig über immer grössere Gebiete des Wissens ausgebreitet zu haben, das ist nicht eins der kleinsten Verdienste, welche der Naturforscherversammlung gebühren. Denn mit Recht ist in den ersten Grundlagen unserer Statuten hervorgehoben, wie gross die Bedeutung des persönlichen Verkehrs der Naturforscher unter einander ist. Nicht blos jene Freuden der Geselligkeit, welche eine grosse Mehrzahl von Individuen als die Vorbedingung ihres Zustandekommens voraussetzen und von denen wir in den letzten Tagen so glänzende Proben erfahren haben; — nicht blos die Annehmlichkeit der persönlichen Bekanntschaft, die nicht hoch genug angeschlagen werden kann, das Anknüpfen freundschaftlicher Beziehungen, wo vielleicht unter andern Umständen schroffe und selbst feindliche Gegensätze hervorgetreten sein würden, das Ausgleichen mancher Widersprüche durch den persönlichen Verkehr: — das ist das Geringere. Das grössere bleibt die Mittheilung im Wissen, jene Verständigung über die Methoden, jene Klarlegung der Richtungen der Forschung, welche unzweifelhaft nirgends besser geschehen kann, als in dem mündlichen Verkehr.

Wenn nun so bedeutende Fortschritte im Laufe der fünfzig Jahre sich vollzogen haben, die wir hinter uns haben, wenn wir sagen können, dass während derselben kein Gebiet der Naturwissenschaften ohne die grössten Umwälzungen geblieben ist, so könnte man vielleicht sagen: es sei nunmehr so ziemlich Alles erreicht, was die Naturwissenschaften leisten könnten. Sie haben nun eine gewisse Sicherheit der Grundlagen gewonnen; in der Schule lehrt man im Grossen und Ganzen, was das Facit dieser Erfahrungen ist. Die Nation nehme daran Antheil, und damit sei es genügend. Nicht Wenige giebt es auch, welche meinen, die Bedeutung der Naturwissenschaften liege wesentlich in der materiellen Leistung, welche sie hervorbringen, in dem Nutzen, welchen sie schaffen. Es wird anerkannt, dass die Medicin kranke Glieder repariren und sogar positive Grundlagen für die physische Erziehung liefern kann. — Es wird hervorgehoben, dass Handel und Gewerbe, Berg- und Ackerbau, Schiffahrt und Verkehr, Küche und Keller die wichtigsten Einflüsse durch den Fortschritt der Naturwissenschaften erfahren und in vielen Beziehungen gänzlich dadurch verändert werden.

Ich unterschätze gewiss nicht alle diese materiellen Leistungen. Es wird, denke ich, immer ein Stolz der Naturforscher bleiben, dass sie soviel beitragen konnten zu dem materiellen Gedeihen der Nation. Gegen_ wärtig ist selbst in Frankreich nicht blos die Redensart von dem Schul_ meister von Königgrätz cursiv geworden, sondern man hat sich auch daran gewöhnt zu denken, dass die deutschen Schulen und Universitäten einen Einfluss auf den Gang des letzten Krieges gehabt haben, und dass die deutsche Wissenschaft, indem sie eine so grosse Zahl von Ingenieuren, Fabrikanten, Producenten der verschiedensten Dinge heranbildete, eine entscheidende Einwirkung auf die Kriegführung ausgeübt habe. Man mag hierin vielleicht im Augenblick etwas übertreiben; immerhin wird Niemand darüber im Zweifel sein, dass die Artillerie, und alles was mit ihr zu_ sammenhängt, so sehr eine in das Gebiet der angewandten Naturwissen_ schaften hineinfallende Wissenschaft geworden ist, dass mit jedem Jahre weiter wir uns nur darüber wundern können, dass noch kein Geschäfts_ führer auf den Gedanken gekommen ist, eine besondere Sektion für Ar_ tillerie in unserer Versammlung einzurichten. Da bei uns sonst, wie gestern in Erinnerung gebracht worden ist, alle möglichen Specialitäten anerkannt werden, so muss ich sagen, dass die Artillerie eine der Lücken unserer Naturforscherversammlungen darstellt.

Ich möchte aber darauf aufmerksam machen, dass, so schätzenswerth alle solche materiellen Leistungen an sich sind, man sich doch vielleicht dem Gedanken hingeben darf, dass gerade von diesem Gebiete der materiellen Leistungen und der Menschheit ungleich grössere und vielleicht unschätzbare Wohlthaten zugeführt werden dürften. Niemand, der die Geschichte des Maschinenwesens während der hundert Jahre, die seit der Einführung besserer Maschinen vergangen sind, studirt hat, kann sich dem Gedanken entziehen, dass die Maschine Menschenarbeit ersetzt; Nie_ mand, der diesen Ersatz der Menschenarbeit durch Maschinenarbeit ver_ folgt, kann sich der Hoffnung entschlagen, dass endlich auch einmal diese auf dem Gebiete der mechanischen Arbeitsleistung ersparte Menschenarbeit nutzbar gemacht werden möchte auf dem Gebiete der geistigen Arbeit, der höheren und besseren Arbeit. Meine Herren! Wenn die Arbeiter selbst in einer zum Theil rohen, ungeschlachten Form anfangen, ihre Forderungen nach dieser Richtung hin zu formuliren; wenn der Normal_ arbeitstag in ähnlicher Weise zur Sprache kommt, wie vor Jahrtausenden der siebente Tag als Feiertag, als Tag der geistigen Erholung und Er_ hebung, so ist es nicht selten, dass ein intelligenter Arbeiter schon gegen_ wärtig sagt: die Ersparung an Zeit, welche der Normalarbeitstag mit sich führt, soll gewidmet werden der geistigen Erziehung, dem Fortschritte in der Wissenschaft, nicht blos der „Erhebung," sondern dem Fortschritte im Wissen, welches Wissen wiederum verwandt werden soll zu neuer Arbeit, welches Wissen wiederum dienen soll als Ausgang für neue technische und geistige Fortschritte.

Meine Herren! Man mag in diesem Augenblick solchen Forderungen noch kühl gegenüberstehen; aber ich denke, Niemand, der sich die ge_ sammte Geschichte der Menschheit vergegenwärtigt, wird sich verhehlen können, dass nach dieser Richtung hin berechtigte Forderungen liegen, und dass, wenn es einmal gelingen wird, nicht blos die Formel zu finden, sondern auch die Bahn zu ebnen, in deren Versetzung ein solcher Normal_ arbeitstag mit Ersparung und zweckmässiger Verwendung der ersparten Zeit vereinbart werden wird, damit so grosse Kräfte der Nation und der Menschheit zu neuen Zwecken zur Verfügung gestellt werden würden, dass damit Ungeahntes geleistet werden kann. Die Möglichkeit des Fort_ schreitens einer Nation, das sehen wir unmittelbar vor uns, beruht nicht darauf, dass sie einzelne eminente Geister hervorbringt. Die Leistungen gewisser Perioden concentriren sich allerdings zuletzt in gewissen Namen, und man gewöhnt sich, die Vergangenheit mit diesen Namen zu be_ zeichnen. Aber wenn wir uns in der Geschichte der Naturwissenschaft, um auf unserem Gebiete stehen zu bleiben, umsehen, so müssen wir doch sagen, die meiste Arbeit, welche in der Erinnerung der Massen an einen einzelnen Namen sich anschliesst, erwächst zunächst aus der Theilnahme Vieler. Viele sind dabei beschäftigt, die Idee aus ihren vielen Umhüllungen herauszuschälen.

Der eine reisst diese Hülle ab, der Andere jene. Der schöne Kern wird allmälig immer fassbarer bis zu dem Augenblick, wo endlich der letzte Forscher ihn ergreift, und ihn der entzückten Welt darbietet. Aber fast ausnahmsweise ist die Erscheinung, dass ein einzelner Forscher von vornherein alle Schwierigkeiten selbst besiegt, dass er eine Frage gewissermassen aus dem Urdunkel hervorzieht, und sie endlich auch beantwortet, er ganz allein, in der Stille seines Arbeitskabinets. In der Regel bereiten sich die Lösungen in der Masse der Denker vor. Es sind viele Arbeiter, welche mitarbeiten. Daher sehen wir, wie in dem Masse, als die Zahl der Arbeiter grösser wird, immer mehr internationale Prioritätsstreitigkeiten auftreten, weil ziemlich gleichzeitig, oder kurz hintereinander an den verschiedensten Orten dieselben Wege betreten, dieselben Fragen angegriffen, dieselben Gegenstände debattirt werden, und weil auf diese Weise die Wahrheit an vielen Punkten sich der Oberfläche so sehr nähert, dass, wenn dann der berufene Forscher kommt, er sie sofort hervorbringen kann. Es giebt sehr wenige der grossen Entdeckungen der Neuzeit, wobei nicht jede einzelne Cultur-Nation geneigt ist, ihre besonderen Namen in den Vordergrund zu schieben. Liest man die Geschichte einer wunderbaren Entdeckung in Deutschland, so klingt sie ganz anders, als wenn man sie in England liest, und zwar nicht etwa blos deshalb, weil eine nur bis zu einem gewissen Maasse berechtigte Eifersüchtelei der Nationen dazu kommt, sondern meines Erachtens viel mehr deshalb, weil die verschiedenen Nationen neben einander mitarbeiten an der Lösung der Fragen. Diese Betheiligung der Vielen, sagte ich, mag sich gelegentlich auch in etwas ungeschlachten Forderungen geltend machen, die man durch Strikes ganzer Arbeiter-Abtheilungen durchzusetzen sucht, auf dem Wege der materiellen Gewalt, — immerhin wird man anerkennen müssen, dass in dem Maasse, als jeder Einzelne in den Nationen Theil hat an den neuen Erkenntnissen, auch das Ganze in Reichthum und Wohlsein fortschreitet.

Ich, meine Herren, lege nun freilich einen höheren Werth, als auf diese mehr materielle Seite, auf die ideelle Seite des Fortschritts, welche die Naturwissenschaften anbahnen, und ich frage mich immer wieder, sowohl als Naturforscher, als auch als Politiker: welchen Einfluss wird und muss in Zukunft die Naturwissenschaft auf das ideelle Leben der Nation ausüben? In der Beantwortung dieser Frage stossen wir allerdings auf die allergrössten Schwierigkeiten.

Es ist allmälig populär geworden, die Bedeutung der Schule in allen ihren Abtheilungen anzuerkennen; aber ich muss behaupten, dass nur noch Wenige sich klar gemacht haben, in wie weit die Schule der Zukunft, die Schule, aus der die künftigen Generationen hervorgehen sollen, beeinflusst werden soll von dem neuen Wissen, und in wie weit wir hoffen können, dass aus diesem neuen Wissen auch wirklich ein neues Leben der Nation im Innern hervorgehen werde. Jedermann sagt sich: nach aussen hat die Nation so Grosses geleistet, dass sie noch für einige Zeit daran genug hat. Es giebt sicherlich nicht Viele, welche wünschen, dass unsere äussere Entwickelung in gleicher Weise fortschreiten möge. Es handelt sich dann also um die innere Entwickelung, und soll diese innere Entwickelung nicht etwa bloss in der besseren Gestaltung des materiellen Lebens bestehen, fordern gerade die conservativen und orthodoxen Kreise, dass das innere Leben kein blos materielles sei, sondern einen ideelleren Inhalt habe, so werden wir uns allerdings fragen müssen: auf welche Grundlage soll denn dieses neue Leben und Denken der Nation gestellt werden? Und wir werden sagen müssen, dass es die Aufgabe der Zukunft ist, wie gegenwärtig die äussere Einheit des Reiches hergestellt worden ist, so auch die innere Einheit herzustellen, und zwar nicht etwa blos eine innere Einheit mit Niederwerfung der politischen Stammes-Grenzen und mit Unificirung der Gewalten, sondern die wirkliche Einigung der Geister, das Stellen der vielen Mitglieder der Nation auf einen gemeinsamen geistigen Boden, wo man sich dann wirklich als Eins fühlt, wo man nicht blos weiss, dass man eine gemeinsame Abstammung hat, oder vielleicht auch nicht einmal hat, wo man nur zusammen lebt, und gewisse herkömmliche Sitten bewahrt, wo man nichts anderes ist, als ein Stück banaler und hergebrachter Gesellschaft, sondern wo man vielmehr im Geiste zusammenlebt, und auf ein gemeinschaftliches inneres Wesen kommt, so dass man sich sagen kann: wenn ich einen Deutschen finde, so kann ich mit ihm unter Voraussetzung vollen Einverständnisses nicht blos sprechen über die gemeinsamen Grenzen, sondern ich darf auch voraussetzen, er stehe mit mir auf einem gemeinsamen Boden geistigen Lebens.

Meine Herren! Das muss gerade dem Naturforscher in diesem Augenblicke gegenwärtig sein, dass die jetzige Glorie des deutschen Reiches unmöglich gewesen wäre, wenn nicht in treuer, unermüdlicher Arbeit die deutschen Universitäten seit dem Ende der Befreiungskriege auf dem Posten gewesen wären, wenn nicht der nationale Gedanke in dem Kreise der Universitäten fort und fort gepflegt worden wäre, bis er hinausgegangen ist in alle Welt und den Völkern gezeigt hat, was der Geist leisten kann. Wir haben das Recht, zu sagen, dass die äussere That des Wiederaufbaues des deutschen Reiches nichts Anderes war, als die Darstellung eines vollständig durchgearbeiteten Volksgedankens.

Allein die Zeit, wo die Arbeit der Universitäten auf die äussere Einigung gerichtet war, wo es galt, die Gedanken des Vaterlandes gross zu ziehen, die Zeit, wo es z. B. in englischen Zeitungen Sitte war, das Wort „Fatherland" mit einem gewissen ironischen Anstrich zu nennen: diese Zeit ist vorüber. Wenn unsere weitere Arbeit noch eine nationale Beziehung behalten soll, wenn die Wissenschaft noch Etwas leisten soll speciell für das Leben unserer Nation, so ist das Erste, dass sie versucht, das Volk mit gemeinsamem Wissen zu durchdringen, ihm in demselben die allgemein anerkannte Grundlage des Denkens zu geben, damit wir in der That einmüthig werden auch innerlich, und damit nicht bei vielen unserer Mitbürger schon bei dem ersten Anfange des Denkens, bei den ersten Voraussetzungen, ja in den Methoden des Denkens die grössten Widersprüche mit uns und unserem Denken bestehen bleiben. Wenn der obligatorische Unterricht in einem Volke besteht, wenn jeder gezwungen wird, sich der Erziehung zu unterwerfen, welche der Staat vorschreibt, wenn man auf dem Wege der Gesetzgebung sagt, was Jedermann zum mindesten lernen muss: dann, meine ich, ist die erste Consequenz, dass man verlangt, es müsse eine gewisse Reihe gleichmässiger Grundlagen des Wissens gegeben werden und welche es unmöglich machen, dass absurde Differenzen bestehen, wie sie gegenwärtig in den meisten Cultur-Nationen vorhanden sind.

Meine Herren! Die Naturforscherversammlung hat seit 16 Jahren ungefähr die Erfahrung zu machen gehabt, dass ihr um 8 oder 14 Tage die Versammlung der katholischen Vereine vorhergeht, und ich habe schon einige Male, namentlich als die Differenzen von jener Seite am offensten hervortraten, in Speyer auf die sonderbare Erscheinung hinweisen müssen, dass in zwei grossen Versammlungen, die nur um 8 Tage auseinander liegen, die beide die Prätension erheben, einen grossen Theil des Volkes zu repräsentiren, die vollständigste Differenz der Grund-Anschauung herrsche. Man hat gut reden von den Fortschritten der Naturwissenschaften, man hat gut sich rühmen wegen der Spektralanalyse, aber es klingt das sonderbar, wenn gleichzeitig die alten Vorstellungen über den Himmel noch ebenso festgehalten werden, wie sie im ersten Buch Moses niedergeschrieben stehen. Es ist eben keine Möglichkeit, eine Verständigung herbeizuführen unter Leuten, von denen der eine von den Thatsachen der Spektralanalyse erfüllt ist und die Weltkörper als werdende und fortwährend in der Veränderung begriffene, aber aus analogen Stoffen, wie unsere Erde, zusammengesetzte Körper ansieht, während der Andere sich eine Art grosser Bühne vorstellt, in der Gegend, wo es blau wird, (Heiterkeit!) und diese Bühne mit Gegenständen seiner oder fremder Phantasie bevölkert. Ja, meine Herren, das hat etwas Komisches an sich, aber auf der andern Seite ist es doch die ernsthafteste Sache von der Welt; ja, es giebt meiner Meinung nach gar nichts Ernsthafteres als diese Differenz in der Auffassung der Welt. Wie sollen wir es aber anfangen, um eine Verständigung herbeizuführen? wie sollen wir es anfangen, wenn die Naturforscher sich immer auf den Standpunkt stellen, zu sagen: wir forschen ruhig weiter, mögen die Anderen thun und denken was sie wollen? Meine Herren! eine solche negative oder passive Haltung der Naturforscher hat ihre grossen Uebelstände. Vor allen Dingen müssen wir uns sagen, sie hat das grosse Bedenken, dass sich im Laufe der Zeit in immer schärferer Weise inmitten der Nation zwei Kreise von Vorstellungen neben einander her entwickeln, die natürlich zu immer grösseren Differenzen führen. Der Zwiespalt wird immer grösser, und je grösser er wird, um so mehr wächst die Besorgniss, dass es endlich einmal zu einem gewaltsamen Zusammenstosse kommen wird, sobald der Eine verlangt, sich auch nach der andern Seite hin Geltung zu verschaffen. Eine Nation, wie die deutsche, hat, denke ich, an einem Religionskriege genug; wir haben im 30jährigen Kriege nach dieser Seite hin geleistet, was überhaupt eine grosse Nation leisten kann, und, meine Herren, jeder von uns sollte sich sagen: es darf nicht wieder dahin kommen, dass der Gegensatz der Anschauungen ein so grober wird, dass sich beliebige politische Gewalten seiner bemächtigen können, um ihn zu ihren Experimenten zu verwenden. Meine Herren! die Nation muss nothwendigerweise dahin geführt werden, dass eine Verständigung ermöglicht wird, dass die innere Entwickelung, die geistige Arbeit des Volkes fortan auf gemeinschaftlichen Grundlagen weiter geführt werde. Es ist ganz unmöglich, dass eine heilvolle Entwicklung zu Stande kommt, wenn die verschiedenen Theile des Volks mit ganz anderen Ideen erfüllt sind. Daher, meine ich, müssen wir mit allen Kräften darnach streben, dass die Wissenschaft Gemeingut wird, und zwar nicht blos auf dem nun allerdings schon weit verfolgten, und zwar segensreich verfolgten Wege der sogenannten Popularisirung, sondern vielmehr auf dem Wege der rationellen Erziehung. Alle blos populäre Bildung hat den Grundmangel, Stückwerk zu sein. Es fügen sich incongruente Stücke in das Ganze eines schon geschlossenen Bewusstseins ein. Sie können einem Orthodoxen vom reinsten Wasser die Ueberzeugung beibringen, dass in der Sonne Wasserstoff brennt, und dass dieser Brand die Voraussetzung unserer eigenen Existenz auf dieser Erde ist; aber diese Vorstellung hat gar keine Vermittlung mit seinem übrigen Denken; er nimmt sie auf, wie wenn inmitten einer organischen Bildung sich irgend ein Fremdes, wenn ich einen medicinischen Vergleich gebrauchen darf, etwa in einem Thier ein Eingeweidewurm befindet. Dies sind zwei verschiedene Dinge, sie schieben sich in und mit einander entwickeln, aber sie bleiben zwei gesonderte Existenzen, jeder ist etwas für sich. Ein solcher Mensch geräth, wenn er sich geistig weiter zu entwickeln sucht, in eine Entzweiung; über dem unvermittelten Gegensatze seiner Vorstellungen verliert er seinen Glauben und er wird vielleicht auch zweifelhaft an der Richtigkeit der Thatsachen. So entsteht zuletzt ein unglücklicher Skeptiker. Dieses Ergebniss der Popularisirung ist meiner Erfahrung nach ein sehr gewöhnliches. Das Wissen der meisten Gebildeten besteht aus einem Gemenge, es hat etwas Porphyrartiges.

Unsere Aufgabe muss es sein, dafür zu sorgen, dass das Wissen wieder ein gleichmässiges, ein homogenes, ein aus gleichmässiger Quelle fliessendes werde. Dazu gehört eben eine allgemein geübte Methode des Denkens und gewisse gleichmässige Formen der Auffassung und Deutung der Naturerscheinungen. Leider muss ich sagen, es kommt mir noch gegenwärtig nicht selten vor, dass sich Naturforscher finden, die auf ihrem besonderen Gebiete nach der naturwissenschaftlichen Methode ganz streng und gewissenhaft arbeiten, aber in dem Augenblicke, wo sie aus ihrem Gebiete heraus und auf ein anderes Gebiet übergehen, eine ganz andere Methode annehmen, die den porphyrartigen Bau ihres psychologischen Wesens deutlich erkennen lässt. Freilich hat das naturwissenschaftliche Denken seine Grenzen und es genügt nicht, das Welt-Ganze zu erklären. Die heutigen physikalischen Arbeiten rücken allmälig bis zu einer solchen Feinheit der Untersuchung vor, dass die Frage über die eigentliche Constitution der Atome Gegenstand regelrechter Untersuchung wird. Nun ist es doch unmöglich zuzugestehen, wenn Jemand von dem sogenannten philosophischen Standpunkte aus sagt: „Atom, das ist ja eine Absurdität; wie kann man von Atomen reden! es ist ja gar keine Möglichkeit, dass Atome existiren", und wenn er auf philophischem Wege zu beweisen sucht, dass alle solche Annahmen „dummes Zeug" seien. Meiner Meinung nach müsste jeder Mensch so weit erzogen werden, dass er einzusehen vermag, dass die Probleme, welche die Physik verfolgt, regelrecht gestellt sind. Mag er die Meinung festhalten, dass die Atome nicht die letzte Lösung der Frage über das Wesen der Materie darstellen, aber das muss er zugestehen, dass bis zu einer gewissen Grenze hin das Vorgehen der Physik ein vollkommen berechtigtes ist, und dass man nicht um „letzter" Probleme willen an der Wahrheit und Realität derjenigen Dinge zweifeln darf, welche wir mit unserer Methode regelmässig verfolgen können.

Jedermann hängt an allerlei traditionellen Vorstellungen, an lieb gewordenen Ideen. Man kann nun sagen: weil nun einmal diese Ideen da sind, weil sie mir lieb geworden sind, so will ich sie nicht lassen; ich glaube daran. Mit solchen Menschen ist über diesen Punkt nicht weiter zu verkehren; es bleibt nichts Anderes übrig, als die Unterhaltung abzubrechen, denn man kommt mit ihnen niemals zu einem befriedigenden Resultat. Aber ich denke, man müsste bei methodischer Erziehung dahin kommen, dass diese Liebhaberei, sich zu sträuben gegen bessere und vollkommenere Einsicht, als unmenschlich anerkannt und empfunden werde. Es ist in der That vollkommen inhuman, vollkommen wider die Natur, solche traditionelle Liebhaberei zu pflegen. Wir, die wir die schwierigere Aufgabe haben, in den biologischen Wissenschaften, dem Vorgange des Lebens in seinen einzelnen Erscheinungen nachzugehen, — wir stossen sehr bald auf das alte Problem der Seele oder des Geistes. Sie werden ja nächstens in der Lage sein, nähere Explicationen nach dieser Richtung hin aus berufenem Munde zu hören. Ich beschränke mich daher darauf, aufmerksam zu machen, dass man die Untersuchung über die Seele und den Geist nicht abschneiden kann mit dem einfachen Einwurf, dass man sagt: „ich habe die Meinung, dass eine persönliche Seele existirt, welche vom Körper trennbar ist, welche aus demselben sich entfernen und eine selbständige Existenz führen kann, welche mit dem Körper blos wie mit einer Maschine agirt," oder dass man noch weiter geht und sagt: „der ganze Körper ist blos ein Exterieur, die Seele benutzt ihn nur während einer gewissen Zeit, hat aber eigentlich gar kein rationelles Bedürfniss ihn zu besitzen." M. H., mit Menschen, welche das sagen und dabei bleiben, hört jede Möglichkeit der Verständigung auf. Wenn ich untersuche, was unter dem Begriff der Seele zusammengefasst wird, so komme ich zu einer Reihe von organischen Thätigkeiten, die sich überall an bestimmte Regionen knüpfen, die ganz bestimmt localisirt sind, wo es durchaus unmöglich ist, dass die Kraft wegläuft und das Organ verlässt, sondern wo sie absolut geknüpft und gebunden ist an das Organ, und wo von ihrer Thätigkeit gar nichts zu finden, gar nichts nachzuweisen ist, sobald dies Organ nicht da ist. Ja, die ganze Welt ist mit dieser Beurtheilung vollkommen einverstanden, wenn es sich handelt um die Beurtheilung eines Geisteskranken. Man gesteht allgemein zu, dass ein Geisteskranker Geist oder Seele hat — man giebt auch zu, dass der Körper in einem schlechten Zustande sich befinde, vermöge dessen die geistigen Thätigkeiten nicht regelmässig geübt werden können, — und wenn man hinterher fragt: „wo sitzt dieser schlechte Zustand?" so verständigt man sich mit Leichtigkeit darüber: in diesem Falle ist das Gehirn krank, in jenem das Rückenmark u. s. w. Das ist eine so allgemeine Prämisse, dass selbst unser Gerichtsverfahren damit übereinstimmt; ausgenommen sind nur jene wenigen Leute, welche noch heutzutage glauben, dass der Teufel in leibhaftiger Gestalt in den menschlichen Körper hinein geht und in ihm Zustände der Besessenheit hervorbringt. Es ist dies ihrer Vorstellung nach dasselbe Verhältniss, wie ich es vorher hervorgehoben habe von dem Eingeweidewurm. Sonst ist in der Beurtheilung und Auffassung der Geisteskranken Jedermann wesentlich damit einverstanden, dass die Organe afficirt sind, und kein Mensch wird glauben, dass die unsterbliche Seele es sei, welche unmittelbar an der Geisteskrankheit betheiligt ist. Sobald man nun aber von dem Gebiete der Geisteskrankheiten einen Schritt in das gewöhnliche Leben thut, dann ist mit einem Male die Erfahrung vollständig verloren, dann findet man die grössten Widerstände, dann sagt fast Jedermann: „Weiter kann ich mir die physiologische Betrachtung nicht gefallen lassen." Wenn es sich um das gewöhnliche geistige Leben handelt, dann ist der Geist etwas ganz Besonderes, und wenn der Naturforscher fortfährt, das Gehirn zu analysiren, in den verschiedenen Theilen desselben die einzelnen geistigen Thätigkeiten zu lokalisiren und die vorausgesetzte Einheit der Seele aufzulösen, nach der Topographie des Organs, dann ist der Naturforscher ein „Materialist."

Ich habe dieses Beispiel nur kurz angeführt, da es ja nicht die Aufgabe sein kann, im Laufe eines solchen Vortrages die Einzelheiten einer so schwierigen Frage zu erörtern; ich habe es hervorgehoben, um daran das Verlangen zu knüpfen, dass, was auf dem einen Gebiete Rechtens ist, auch auf dem andern als recht anerkannt werde. Es ist unzulässig, mit verschiedenem Maasse geistigen Urtheils an die verschiedenen Vorgänge der, Natur zu gehen. Wir müssen uns daran gewöhnen, überall methodisch zu denken, und methodisches Denken ist nun einmal nicht anders möglich, als indem wir jeden einzelnen Vorgang auch an demjenigen Material studiren, an dem er sich vollzieht. Wir können dann finden, dass die Bewegung, welche wir als Vorgang wahrnehmen, eine mitgetheilte ist, dass sie von aussen her übertragen worden ist, oder dass sie beruht in der eigenthümlichen Wirksamkeit des Theiles selber, welcher Gegenstand unserer Betrachtung ist. Ein Drittes haben wir eben nicht; innerhalb jener beiden Möglichkeiten müssen wir unsere Gedanken ordnen. Es ist meiner Meinung nach unmöglich, dass sich die Menschheit auf die Dauer der Ueberzeugung entzieht, dass die Gesetze, welche an allem dem zu erkennen sind, was uns umgiebt, und deren Gültigkeit sich bewahrheitet ist in die weiteste Ferne hinaus, eben auch geltend sein muss für alles Urtheil, und für jedes erreichbare Ding. Ob es jenseits dieser erreichbaren Dinge, die wir mit unseren Sinnen und Methoden fassen können, noch weitere Dinge giebt, das lässt sich erst entscheiden, wenn durch neue Methoden der Forschung unsern Sinnen neue Hülfsmittel geboten werden. So, um einen nahe liegenden Fall zu berühren, ist es ein Problem der neuesten Forschung geworden, ob neben denjenigen chemischen Körpern, welche unsere Erde besitzt, in der Sonne noch ein besonderer neuer Stoff existirt, das in letzter Zeit viel genannte Helium. Kein Chemiker wird von vorn herein die Möglichkeit leugnen können, dass noch unbekannte chemische Körper existiren, dass namentlich auf andern Weltkörpern neue Stoffe entdeckt werden mögen, aber mag man noch so viele neue Stoffe entdecken, es werden immer Stoffe sein, welche sich dem schon bestehenden Gedanken- und Erfahrungskreise einreihen lassen, im Wesentlichen Stoffe, wie die Stoffe, die wir schon kennen. Sie mögen sehr eigenthümliche Eigenschaften an sich haben, aber sie müssen sich nach den positiven Erfahrungen beurtheilen lassen, die wir an den irdischen Stoffen gewonnen haben. Sollte es also einmal dahin kommen, dass an irgend einem anderen Weltkörper belebte Wesen gefunden werden, so können diese belebten Wesen unzweifelhaft andere sein als diejenigen, welche auf dieser Erde leben. Kein Naturforscher wird behaupten, dass mit dem Kreise von Organismen, welche wir kennen, alle Möglichkeiten der Organisation abgeschlossen sein müssen. Wie wir in den Schichten des Erdkörpers eine grosse Menge von organischen Formen finden, die gegenwärtig nicht mehr existiren, so ist es denkbar, dass es andere organische Formen gebe, zu deren Entwickelung es auf dieser Erde nicht gekommen ist, und es besteht meiner Meinung nach keine Nothwendigkeit anzunehmen, dass sich dieselben Entwickelungen, die wir auf unserer Erde kennen, auf anderen Weltkörpern vollzogen haben. Niemand darf behaupten, dass die Grenzen unserer Erkenntniss sich nicht mehr erweitern, dass nicht neue Probleme der Forschung sich aufwerfen werden. Niemand wird behaupten können, dass mit dem Atom jede weitergehende Forschung über die Beschaffenheit der Materie aufhört. Probleme lösen zu wollen, bevor man an ihre correcte Aufstellung gehen kann, das halte ich in der That für eine absolute Unmöglichkeit, und doch ist es die Art, wie viele Menschen das Weltganze construiren. Man möge sich doch nicht täuschen. Jede Aufstellung eines Weltplanes ist eine voreilige Travestie unserer Erde, unseres Seins, oder unseres Denkens.

Ich hege die Vorstellung, geehrte Anwesende, dass, wenn es möglich sein sollte, die Mehrzahl der Gebildeten einmal zu einer wirklich objectiven Analyse des menschlichen Geistes zu veranlassen, wenn sich ferner Jedermann daran gewöhnen könnte, keine Probleme zu verfolgen, die überhaupt noch gar nicht der Untersuchung zugänglich sind, sich nicht mit Dingen zu beschäftigen, von denen in der That kein Mensch etwas wissen kann, wir ohne Weiteres über eine Menge von Schwierigkeiten hinwegkommen würden. Allein der Gegensatz, den die genannten positiven Religionen schaffen, ist in der That ein so schroffer, dass, so nachsichtig man auch sein mag jedem persönlichen Glauben und jeder individuellen Gefühlsrichtung gegenüber, meiner Meinung nach doch die Gesetzgebung des Landes und die Arbeit der Naturforschung sich nicht mehr darauf beschränken kann, diese Gebiete als unantastbar anzuerkennen. Es wird hier allerdings sehr schwer sein, die Grenzen zu finden, aber wir sehen, dass von der andern Seite die conventionellen Grenzen ebenso wenig respectirt werden. Wenn der Syllabus die bestehende Staatsorganisation angreift, so kann meiner Meinung nach auch die bestehende Staatsorganisation den Syllabus angreifen. Das ist die Forderung der Gleichberechtigung, welche man überall festhalten muss, und so sehr man sich auch zurückhalten könnte, wenn dies von allen Seiten her geschähe, so wird man doch, wo die Vereinbarung gegenseitiger Zurückhaltung gestört wird, sich fragen müssen: kann eine dauernd glückliche Gestaltung des nationalen Lebens gewonnen werden, wenn es nicht möglich wird, neben den theologischen Streitigkeiten ein Allen gemeinsames Gebiet auszuscheiden, auf welchem die Nation ihr neues Wissen aufbaut, und auf dem sie dann auch zu einer gleichartigen Gestaltung ihrer universellen Anschauungen gelangt?

Die katholische Kirche hat in der neueren Zeit eine Art von Bedürfniss gefühlt, sich dem genetischen Process, den ich als den der modernen Wissenschaft schilderte, anzuschliessen; sie macht neue Religionssätze, sie ist im Fluss wie die Sonne. Aber, m. H., der grosse Gegensatz, in welchem diese Entwickelung gegenüber der Naturwissenschaft sich scheidet, ist nicht scharf genug auszudrücken. Jeder Fortschritt, den eine Kirche in dem Aufbau ihrer Dogmen macht, führt zu einer weiter gehenden Bändigung des freien Geistes; jedes neue Dogma, welches sie zu den bestehenden Kirchengesetzen hinzufügt, verengt den Kreis des freien Denkens. Es liegt auf der Hand, dass man in dieser Entwickelung zuletzt dahin kommt, jede Regung des freien Geistes zu unterdrücken, und man kann sich vorstellen, dass man in der Dogmatisirung der Welt und des Geistes allmälig dahin gelangen könnte, dass in der That gar kein freier Gedanke mehr zulässig erscheint. Die Naturwissenschaft umgekehrt befreit mit jedem Schritte ihrer Entwickelung, sie eröffnet dem Gedanken neue Bahnen, und sie giebt damit nicht blos jene Freude des Gewinnens, jenes Wohlsein in der Arbeit, jenen edlen Eifer in dem wirklichen Vorschreiten, sondern sie schafft damit auch dem Einzelnen die Möglichkeit, in immer grösserer Ausdehnung sich dem Irrthum, dem Truge der Sinne, den Illusionen, der daraus hervorgehenden unsittlichen Haltung gegenüber vielerlei zweifelhaften Erscheinungen des Lebens zu entziehen. Sie gestattet, mit andern Worten, dem Einzelnen in vollem Maasse wahr zu sein. Denn in dem Maasse, als er richtiger denken lernt, als grössere Kreise des Wissens sich seinem Denken erschlössen, als eine grössere Fülle von Gegenständen innerhalb der für ihn erreichbaren Sphäre sich befindet, in dem Maasse wird er selbst auch mehr verpflichtet, sittliche Anforderungen an sich selbst zu stellen, und man kann wohl hoffen, dass es gelingen werde, in dem Fortschreiten des Wissens auch zugleich ein Motiv höherer sittlichen Eifers, eine Quelle immer grösseren Strebens nach Wahrheit, Ehrlichkeit und Treue im Handeln zu finden. Das, verehrte Anwesende, ist meiner Meinung nach das Ziel, welchem sich zu nähern unsere Nation die grösste Aussicht hat, das die Hoffnung, mit der die Naturforscherversammlung berechtigt ist, der neuen Zeit entgegenzugehen. Wenn es gelingt, unsere Methode zu der Methode der ganzen Nation zu machen, sie nicht blos in immer grösserer Ausdehnung den materiellen Arbeitsleistungen zu Grunde zu legen, sondern sie auch allmälig zu erheben zu der eigentlichen Maxime des Denkens, des sittlichen Handelns, so wird die wahre Einheit der Nation gewonnen sein. (Grosser allgemeiner Beifall der Versammlung.)

Jahresbericht des Rathes der öffentlichen Schulen von St. Louis (Nord-Am.) 1869 — 70.

Dieser deutsch geschriebene (übersetzte) Bericht ist uns durch die Güte der Verlagshandlung zugegangen. Er enthält (S. 1—213) den Bericht des Präsidenten und des Superintendenten. Sodann allgemeine statist. Uebersichten, ferner Berichte über die Normal-, Hoch-, District- und Negerschulen, das polytische Institut O'Fallon, die polytechnischen Abendschulen, den deutschen Unterricht, die öffentliche Schulbibliothek, den Lehrplan, die Schulorganisation. Beigegeben sind drei Ansichten von Schulgebäuden und Schulplänen. Angefügt ist ein Anhang (S. I – CXX) mit Gesetzen, Listen und statist. Tabellen.

Für unsere Leser hat dieser Bericht insofern Interesse, als darin mehrere Abschnitte von Aufgaben (Fragen) einer Art von Prüfungsarbeiten mitgetheilt sind, sowohl für die Aspiranten von Lehrern (Oberlehrern = Directoren und Unter-Lehrern, als auch von Schülern (angehenden und abgehenden). Die Redaktion gedenkt eine Auslese dieser Prüfungsarbeiten in den nächsten Nummern dieser Zeitschrift mitzutheilen.

Nekrolog.

Gustav Bischof, geboren den 18. Januar 1792 zu Wörd bei Nürnberg, gestorben den 29. September 1870 in Bonn. „Ausland," Jahrgang 1870. S. 1216 und „Verhandlung des nat. Ver. der Rheinlande" XXVII. 2. S. 84.

Copernicus - Feier.

Am 19. Februar 1873 soll der 400jährige Geburtstag des grossen Astronomen Nicolaus Copernicus gefeiert werden. Die Gesellschaft der Freunde der Wissenschaft zu Posen beabsichtigt die Herausgabe einer mit 500 Thalern zu prämiirenden Biographie (Einlieferungszeit 1. Januar 1872), die wissenschaftlich geschrieben, nur auf authentische Dokumente sich gründen und die vielfach bestrittene Zugehörigkeit von Copernicus zur polnischen Nation urkundlich darlegen und erweisen soll. Ausserdem ist die Veröffentlichung eines monumentalen Albums, die Prägung einer Erinnerungsmedaille und eine kirchliche Feier in der Geburtsstadt Thorn in's Auge gefasst.

Briefkasten.

An unsere Leser: Mit diesem Hefte beginnt der 3. Band unserer Zeitschrift. Wir werden auch ferner bemüht sein, die mancherlei Wünsche, die uns von befreundeter oder auch neutraler Seite ausgesprochen wurden, so weit sie berechtigt sind, zu erfüllen. Dies gilt namentlich von der Vervollkommnung des Repertoriums (wie wir der Kürze halber die Berichte über neue Entdeckungen, Erfindungen und Beobachtungen nennen). Die Redaction ist ernstlich bestrebt, für dieses Repertorium eine grössere Arbeitstheilung eintreten zu lassen und es insofern zweckmässiger einzurichten, als durch dasselbe ein Zeitschriftenindex überflüssig werden soll. — Hinsichtlich des noch immer fortgesetzten Streits über die Berechtigung der Anschauungen der alten und der neuern Geometrie und der Verwerthung letzterer für die Schule stehen wir in der Mitte der Parteien. Anhänger einer gesunden Genetik und Heuristik sind wir einerseits Gegner der starren Enklid'schen (dogmatischen) Methode, (ohne jedoch ihre Vortheile zu verkennen) andrerseits Feind der überschwenglichen und übertriebenen Werthschätzung der neuern Geometrie. Wir glauben auf dieser goldenen Mittelstrasse die einer Redaction gebührende richtige Stellung einzunehmen. Berechtigten (öffentlich oder privatim ausgesprochenen) Tadel werden wir gern berücksichtigen, unberechtigten, wie bisher, ignoriren oder uns, wenn es nicht länger zu umgehen ist, gegen denselben vertheidigen. — Schliesslich bitten wir die geehrten Einsender von Beiträgen, bei ihrem Verlangen um sofortige Aufnahme, freundlichst zu bedenken, dass die Zeitschrift nur zweimonatlich erscheint, und dass bei der Aufnahme auch die Anciennetät der Beiträge zu berücksichtigen ist. Den Lesern einen aufrichtigen Neujahrsgruss!

Eingegangene Beiträge: W. in P. Kann d. Verbrennung etc. — B. in S. Symmetrie, Axen, Durchm., unendl. entf. Geb. und Eintheilungsgr. — S. in W. Zum bekannten Streit. — R. in H. Die „sep. Tang.-Formel" in Hft. 2. Algebr. Unterr.-Meth. — Z. in F. Stereograph. Proj. und Thesen. Der „separirten" ist schon der Krieg erklärt. Warum sie nicht aufnehmen?

Veranlassen nicht solche Vorschläge viele Collegen zu einer genaueren Prüfung? — *B.* in *L.* „Centrifugalkraft" und „Bedeutung des m-n $U.$" — *J.* in *F.* Haubers Satz. Gehört eher in eine philos. Zeitschrift! — *F.* in *H.* Hofmann und Phlogiston. Besten Dank für Ihre so rege Theilnahme! — *K.* in *R.* Phys. Not., Beweisanalyse, österr. Verordn. — *Sch.* in *E.* Rez. von *F.* u. *K.* Meinen Glückwunsch! — *B.* in *SPf.* Rez. von *T.*, *Sp.*, *W.*-*F.* u. *S.* — *K.* in *D.* Rez. von *W.* u. *S.* — Prof. *C.* in *G.* Aufgabensammlung von *B.* Danke für die Ehre Ihrer Theilnahme. — Red. *D.* in *W.* u. *S.* in *H.* Bitte um Fortsetzung des Journaltausches. — *B.* in *St.* Bitte um die verspr. Rez. von *K.* u. *F.* —

Anerbieten.

LEUNIS, Synopsis, Botanik, soweit bis jetzt erschienen, vollständig neues und unaufgeschnittnes Exemplar lasse ich statt für 4 Thlr. 21 Ngr. für — 3 Thlr. 20 Ngr. portofrei ab.   Dr. BEYER in Rawicz
(Posen).

Ueber die wichtigste Ursache der geringen Erfolge des geographischen Unterrichts auf unsern höhern Schulen.

Von Dr. Hermann Wagner in Gotha.

Bekanntlich gilt unsere Nation im Ausland nicht nur für diejenige, in welcher der Schulunterricht im Allgemeinen der verbreitetste, gediegenste und von den besten Erfolgen begleitete ist, sondern speciell hat man dort einen sehr hohen Begriff von unsern geographischen Kenntnissen, welche wir einem vorzüglichen geographischen Unterricht verdanken sollen. Der letzte Krieg hat nach der Ansicht der auswärtigen Presse diese Thatsache wieder glänzend ans Licht gestellt; kein Unterrichtszweig erfreut sich daher neuerdings im Wettkampf der benachbarten Nationen, eine deutsche Schulbildung einzuführen, einer solchen Bevorzugung als der geographische. Es ist vielleicht kaum ein Ort in Deutschland, unsre Hauptstadt nicht ausgenommen, in welchem Erfahrungen jüngsten Datums uns von der Richtigkeit obiger Behauptung mehr überzeugen könnten, als Gotha. Obgleich der Boden zu einer geographischen Gesellschaft, welche so sehr zur Belebung des geographischen Interesses beiträgt, hier bei der Kleinheit der Verhältnisse fehlt, so bildet das Perthes'sche geographische Institut doch einen Centralpunkt geographischer Bestrebungen, und geniessen seine Publicationen im Ausland eines solchen Rufes, dass dasselbe seit der Rückkehr des Friedens wiederholt von ausländischen Privatgelehrten, ja selbst wissenschaftlichen Deputationen zum Ausgang genommen worden ist, um sich über die Hilfsmittel und die Methoden des geographischen Unterrichts in Deutschland zu informiren, obgleich das Institut letzterem natürlich ganz fern steht. Der Verfasser vorliegenden Aufsatzes hat durch persönliche Berührung Gelegenheit genug gehabt, die hohe Achtung zu bewundern, mit welcher die betreffenden Herren, die

zum Theil den geographischen Standpunkt ihrer Länder repräsen-
tirten, zu den Deutschen hinauf sahen.

Eine solche aufrichtige Bewunderung unserer Leistungen
könnte uns allerdings recht von Herzen freuen — wenn sie
wirklich berechtigt wäre. Verdienen wir wirklich hinsichtlich
unseres geographischen Unterrichts ein solches Lob? Sind geographische Kenntnisse wirklich recht weit im Volke verbreitet?
Das sind Fragen, die wir uns ernstlich vorlegen müssen, wenn
wir nicht in den gleichen Fehler der Franzosen fallen wollen,
welche sich doch bekanntlich mit aller Macht gegen die Erkenntniss ihrer Inferiorität in so vielen Dingen stemmen.

Zum Glück stehen mir Autoritäten ersten Ranges zur Seite,
wenn ich zunächst die Behauptung aufzustellen wage, dass es
bei uns noch sehr mangelhaft mit dem geographischen Unterricht
aussieht, dass kaum ein Unterrichtszweig noch so danieder liegt
und so geringe Erfolge hat, als der geographische, und dass
es uns durchaus nicht beruhigen darf, wenn es in andern Ländern
noch schlechter steht. Es ist bei uns Sitte geworden, die oft
colossalen Verstösse, welche in der fremden Presse, vor allem
der französischen, häufig gegen die einfachsten geographischen
Thatsachen gemacht werden, auszuposaunen, und es steht fest,
Aehnliches würden wir bei uns fast vergeblich suchen; vergleichen
wir unsere geographischen Hilfsmittel mit denen anderer Nationen, so müssen wir uns überzeugen, dass wir denselben zum
Theil weit, sehr weit voraus sind; wir besitzen in Deutschland
fünf periodisch erscheinende geographische Zeitschriften, un-
gerechnet die Jahres- und Sitzungsberichte der einzelnen geographischen Gesellschaften; die Zahl der Lehrbücher ist Legion;
wie weit sie verbreitet sind, deutet uns die Ziffer der Auflagen
an — und doch wagt es der Verfasser, einen solchen Vorwurf
zu erheben?

In der That halten wir daran fest, obgleich wir uns bewusst sind, nicht so viele statistische Thatsachen für unsere
Behauptung vorbringen zu können, als wir wünschten, um etwaige
Gegner zu überzeugen, und als scheinbar für die entgegengesetzte
Ansicht sprechen. Aber ich rufe alle die, welchen es ernst ist
um die Verbreitung gediegener Kenntnisse, auf und frage sie,
ob sie wirklich anderer Ueberzeugung sind. Eine Collection
von Antworten aus dem Examen Einjährig-Freiwilliger würde uns

jetzt nicht unwillkommen sein, und als Thatsache, welche ein jeder beurtheilen kann, und die entschieden für die Mangelhaftigkeit des heutigen Unterrichts spricht, führe ich gerade die oben erwähnte grosse Anzahl von Schulkarten und Lehrbüchern an. Der Verfasser hofft bei andern Gelegenheiten näher nachweisen zu können, dass, wenn der Kritiker mehr wären, eine grosse Reihe derselben sofort vom Markte verschwinden müsste, als völlig nutz- und geschmacklos, als dürftige Machwerke oder wenigstens als relativ weit schlechter als andere, deren Verbreitung man nicht genug befördern kann. Lassen wir uns also nicht täuschen und gehen wir einmal an eine ernsthafte Prüfung, indem ein Jeder in seinem Kreise die „Gebildeten" nach dem geographischen Unterricht, den sie genossen haben, fragt, so bin ich überzeugt, man würde wenig Erfreuliches, wenig dankbare Erinnerungen zu hören bekommen.

Wir dürfen bei unserer Behauptung nicht stehen bleiben. Die Frage liegt nahe: was ist denn die Ursache der ungünstigen Erfolge des geographischen Unterrichts, welchem in Gymnasien und Realschulen doch meist 9—10 Stunden gewidmet zu sein pflegen? Wir erblicken ihn nicht in dem Mangel methodischer Ausbildung dieser Disciplin. Fast möchte ich behaupten, kaum ein Fach hat so viele methodische Schriften, Aufsätze, Abhandlungen hervorgerufen, als die Geographie. Sehr viel Neues ist in dieser Beziehung in der letzten Zeit nicht zu Tage gefördert, und man sollte wirklich einmal dazu übergehen, *in concreto* etwas mehr zu leisten, als fortwährend allgemeine Principien zu entwickeln. Jedenfalls müsste sich ein Ausländer durch die Lectüre einzelner jener methodischen Schriften ein sehr günstiges Bild von den hohen Anforderungen, welche man zum Theil an den geographischen Unterricht stellt, machen. Aber auch an guten Hand- und Lehrbüchern sind wir nicht arm und mit Recht sagt Dr. Langensiepen im ersten Bande dieser Zeitschrift, dass ein jedes Lehrbuch wenigstens einen besondern Vorzug besitze. Was uns aber noch fehlt, das sind die rechten Persönlichkeiten, welche alle diese Hilfsmittel zweckmässig benutzen können. Der Verfasser rechnet auf die Zustimmung einer nicht unbedeutenden Zahl von Fachgenossen, wenn er den grössten Uebelstand in der traurigen, aber wahren Thatsache sucht, dass die Mehrzahl derjenigen Lehrer (an Gymnasien und Realschulen, mit denen

allein wir es zu thun haben), welche geographischen Unterricht
ertheilen, nicht auf der Höhe ihrer Aufgabe steht. Niemand
wird es bestreiten, dass sich die Geographie wie auf den Universitäten so auch in den höhern Schulen noch nicht zum Range
einer Fachwissenschaft erhoben hat. Ein Blick in die tabellari-
schen Lectionsverzeichnisse der Schul-Programme überzeugt uns,
dass fast auf allen Schulen Philologen, Theologen, Mathematiker,
die Lehrer der Naturwissenschaften, vor allem die der Geschichte
und endlich Elementarlehrer, kurz jede Kategorie von Lehrern
ihr Contingent zu denen der Geographie stellt. Skizziren wir
flüchtig die Weise, in welcher die einzelnen Lehrer diesen Unterricht auffassen, so glauben wir nicht fehl zu greifen, wenn
wir dieselben in drei Klassen eintheilen, die unter einander
ziemlich streng geschieden zu sein pflegen.

Die unterste Kategorie umfasst diejenigen Lehrer — und
sie ist, fürchten wir, noch heute die grösste — welche den
geographischen Unterricht lediglich als eine Last betrachten,
die ihnen zur Ausfüllung der von ihnen zu ertheilenden Stundenzahl auferlegt ist. Es sind dies meist jüngere Lehrer, welche
eben von der Universität kommen. Die Sache liegt ihnen fern,
sie denken aber nicht entfernt daran, sich, wie es einmal im ersten
Bande dieser Zeitschrift heisst, an diesem Unterrichtszweig die
Sporen zu verdienen, sondern sind bestrebt, sich auf die verhältnissmässig leichteste Weise eine gewisse Summe von geographischen Kenntnissen oder, besser gesagt, von Namen und Zahlen
anzueignen, um sie, ohne sie selbst richtig verdaut zu haben,
sofort dem Schüler wieder „einzupauken." Ihre Vorbereitung
entnehmen sie meist denselben Büchern, welche in den Händen
der Schüler sind, so dass sich ihre geographische Privatbibliothek
aus einem Schulatlas und einem Leitfaden zusammensetzt. Die
Farben sind wahrhaftig nicht zu stark aufgetragen. Vom Standpunkt der Wissenschaft der Geographie wie vom pädagogischen
kann man diesen Zustand nicht lebhaft genug bedauern. Kann
irgend etwas Erspriessliches resultiren, wenn der Schüler dem
Lehrer das geringe Interesse, welches er an dem Unterrichte
nimmt, anmerkt, wenn letzterer diesen derart tractirt, dass er,
nur auf eine Stunde vorbereitet, dem Schüler ohne jeden Zusammenhang Berg-, Fluss- oder Städtenamen nennt, wenn er
die Wandkarte mit Absicht vermeidet, weil es sich ereignen

könnte, dass er das mühsam im Leitfaden Erlernte auf der erstern nicht auffinden könnte, wenn er ängtslich den Schluss der Stunde erwartet, da er den dürftigen Stoff zu kurz bemessen hat. Ich glaube es ist kein schlechtes Kriterium für die Art, in welcher ein Lehrer den geographischen Unterricht auffasst, wenn er die grösste Schwierigkeit, mit welcher man bei demselben zu kämpfen hat, die Bewältigung des Stoffes, gar nicht wahrnimmt, ja sogar noch darüber klagt, dass er, mit dem vorgeschriebenen Pensum bereits fertig, nicht wisse, wie die übrigen Stunden hinbringen. Nicht mehr Relief vermag es solchen Lehrern zu geben, wenn sie den Rest der Stunden dazu benutzen, aus den zum Theil ja recht guten Büchern sogenannte „geographische Charakterbilder" vorzulesen. —

Die zweite Kategorie von Lehrern der Geographie nimmt es mit dem Unterricht wesentlich strenger, sie erkennt vor allem die Grundbedingung alles Unterrichts auch hier für berechtigt an, dass der Lehrer von dem Gegenstande mehr wissen müsse als der Schüler. Wenn sie im Anfange der Sache auch fern stehen, so wenden sie einige Jahre daran, sich gewissenhaft in den neuen Unterrichtszweig hineinzuarbeiten. Für diese Klasse sind die geographischen Hand- und Lehrbücher geschrieben, welche von ihnen oft mit grösster Sorgfalt durchstudirt werden. Und wer wollte leugnen, dass man sich schon recht hübsche geographische Kenntnisse aneignen kann, wenn man eines unserer grössern Handbücher wirklich durcharbeitet, vielleicht excerpirt etc.? Sind diese Lehrer nun ganz besonders berufen, tüchtige geographische Kenntnisse zu verbreiten? „Man verlangt auch gar zu viel von einem Nebenfach," wird uns der eine oder der andere vielleicht im Bewusstsein, schon eine bedeutende Mühe auf die Ausarbeitung eines Heftes verwendet zu haben, erwiedern. Ein Nebenfach ist die Geographie auf unsern Schulen allerdings; niemals wird es mir einfallen, dieser Disciplin für jetzt in der Bedeutung eine Stelle n e b e n dem Lateinischen, Griechischen, den modernen Sprachen oder der Mathematik vindiciren zu wollen. Aber folgt daraus, dass der Lehrer einer solchen Disciplin keiner weitern Vorbildung bedarf, als der eben angedeuteten? Von fast allen andern Unterrichtszweigen gilt es als Norm, dass der Lehrer durch ein längeres wissenschaftliches Studium sich eine völlige Herrschaft über die-

selben gewinne, dass er auf einem höhern Standpunkt stehe,
während von ihm andererseits verlangt wird, dass er die
elementarsten Anfänge tractirt. Wie gross ist doch der Gegensatz zwischen der Thätigkeit auf den Universitäten und der oft
wenige Wochen nach dem wissenschaftlichen Staatsexamen auf-
genommenen Arbeit beim Unterricht in einer Sexta. Diese
Gegensätze stehen sich heute noch unvermittelt gegenüber.

Wie aber steht es mit der Geographie? Ist Compendien-
weisheit Wissenschaft? Steht der, welcher mit Fleiss ein Handbuch durchgearbeitet hat, auf einem solchen wissenschaftlichen
Standpunkt? Ich glaube, man kann kaum die niedrige Stellung,
welche diese Disciplin bei uns noch einnimmt, besser charakterisiren, als durch die naive Anforderung, dass ein Conversations-
lexikon und eine Technologie zu den Vorbereitungsmitteln für den
Lehrer der Geographie gehören müssten(!).*) Alle die, welche
wir zu der zweiten Kategorie rechneten, sind in dem verderb-
lichen Irrthum befangen, dass im Compendium die Summe aller
geographischen Weisheit enthalten sei. Es fehlt ihnen daher
doch noch völlig am Ueberblick, sie halten sich noch viel zu
ängstlich an's Lehrbuch, können daher das Wesentliche doch
noch nicht von dem Unwesentlichen unterscheiden, pflegen immer
noch das Gedächtniss der Schüler mit einem unsinnigen Ballast
von Namen und Zahlen zu beschweren, während die Karte in
ihrer ausserordentlichen Bedeutung für den Unterricht bei weitem
nicht genug zur Geltung kommt. Ihr Heft ist ausgearbeitet,
es gilt ihnen als ein mühsam erworbenes, aber in spätern Jahren
gut rentirendes Kapital, da es ihnen dann die Vorbereitung
gänzlich erspart oder wesentlich abkürzt. Nur selten wird von
ihnen ein anderes geographisches Werk zur Hand genommen,
und der Gedanke, dass etwa veraltete Ansichten in der doch
so rach fortschreitenden Wissenschaft von Zeit zu Zeit erneuert
werden müssten, liegt ihnen oft solange fern, bis sie zufällig von
einem lebhaften Schüler, welcher den „Globus" oder „Aus allen
Welttheilen" studirt, auf unliebsame Weise interpellirt werden.

Dem gegenüber müssen wir auf das aller Angelegentlichste
betonen, dass es kaum einen schwierigern Unterrichtszweig giebt,
als einen guten geographischen, dass vor allem dazu ein

---

*) Vergl. unsere Bem. in dieser Zeitschr. I. S. 310.   D. Red.

sehr umfassendes Studium, eine Bekanntschaft mit einer grossen Anzahl von Hilfsfächern gehört. Wir müssen es constatiren, die Zahl derjenigen Lehrer, welche aus der Geographie ein wirkliches Studium machen, sich in das Wesen der vielgestaltigen Wissenschaft so einarbeiten, dass sie die ungeheure Masse des interessantesten Stoffes beherrschen, dass ihnen zu jeder Zeit viele geographische Thatsachen zur Disposition stehen, um die vergleichende Methode in jedem Augenblick und an jedem Orte zur Geltung zu bringen, die im Stande sind, dem Schüler klare, concise, jeder einzelnen Stufe angepasste, organisch ineinander greifende geographische Bilder vorzuführen, — die Anzahl solcher Lehrer ist noch gering.

Der Grund, warum dies ungünstige numerische Verhältniss thatsächlich stattfindet, ist im Vorhergehenden theilweise schon angedeutet. Er liegt in Wahrheit in einer Unterschätzung der Bedeutung und der Schwierigkeit des geographischen Unterrichts. Diesen sieht der Verfasser zunächst darin, dass derselbe von jedem wie irgend gebildeten Lehrer gefordert wird. Haben wir in Obigem die Art, wie einzelne Lehrer ihren Unterricht ertheilen, angegriffen, so müssen wir hier Einiges zu ihrer Entschuldigung anführen. Denn ich bin weit entfernt, solchen Lehrern in ihren übrigen Leistungen irgendwie zu nahe treten zu wollen. Wir haben es doch hier oft mit sehr strebsamen Männern zu thun. Fast jeder dieser letztern empfindet es, glaube ich, schmerzlich, wenn er von der Universität ins Amt tretend, der Wissenschaft eine Zeit lang Valet sagen muss, um erst nach Jahren aufrichtigen Strebens und Abmühens mit den Anfangsgründen der einzelnen Disciplinen zu seinen Lieblingsstudien wieder zurückkehren zu können. Ist es nun auch für Manche nicht uninteressant, während dieser ihrer praktischen Lehrzeit einmal in ein anderes Fach, wie das der Geographie, hineinzusehen — es ist ja eine gewisse Vielseitigkeit ein unbedingtes Erforderniss des Lehrers — so lässt sie doch die völlige Rathlosigkeit, in der sie sich der Methode gegenüber befinden, auf das Lebhafteste wünschen, den Unterricht so bald als möglich abzuschütteln. Sie sehnen sich nach Concentration ihres Unterrichtes, und wer wollte diesen Wunsch nicht gerechtfertigt finden?

Eine äussere Veranlassung, sich näher mit dieser Disciplin zu beschäftigen, giebt es gewiss nur an höchst wenigen Schulen.

Denn wohin man blickt, wird der geographische Unterricht nur
für ein Nebenfach angesehen, das dem Lehrer keine ebenbürtige
Stellung, keine entscheidende Stimme zusichert, auf welches
der Schüler wenig Werth legt, da seine Leistungen in diesem
Fache für die Locationen ohne Bedeutung sind. Es gehört deshalb schon eine gewisse moralische Stärke dazu, diesem Stief-
kinde — um auch die Geographie zu dieser Kategorie der Unterrichtsfächer zu rechnen — eine grössere Sorgfalt zu widmen.
Dazu kommt, dass der Lehrer durch die Verkehrtheit seines
Unterrichts den Schülern kein Interesse abzugewinnen weiss,
seinerseits also auch auf diese schönste Belohnung unserer Bemühungen verzichten muss.

Berücksichtigen wir, dass ein Director in einzelnen Fällen
aus Mangel an geeigneten Persönlichkeiten gezwungen sein wird,
einen Theil der geographischen Stunden auch solchen Lehrern
zu übertragen, denen die Geographie fern liegt, so entspringen
doch diese Maassregeln meistens aus einer Unterschätzung der
Schwierigkeiten eines guten geographischen Unterrichts. Es ist
überflüssig, über eine so bekannte Thatsache noch Worte zu verlieren wie die, dass zum Verständniss geographischer Verhältnisse die mannigfaltigsten und zum Theil heterogensten Vorkenntnisse gehören, dass daher nur ein sehr grosser Zeitaufwand
und ein ausgebreitetes Studium in den Stand setzt, den Unterricht
richtig zu gestalten. Diesem Umstande ist es zuzuschreiben,
dass trotz der vielen Versuche, die Methodik auszubilden, in
der Praxis so wenig geleistet wird, und dass noch immer eine
Reihe von Lehrbüchern auftauchen, deren Verfasser nur eine
sehr oberflächliche Kenntniss der Hilfswissenschaften zur Schau
tragen.

Fassen wir das Resultat unserer bisherigen Betrachtungen
kurz zusammen, so behaupten wir

1) Geographische Kenntnisse sind bei uns noch sehr wenig
verbreitet, — wenn auch vielleicht mehr als bei andern Nationen.

2) Die Schuld trifft den mangelhaften geographischen Unterricht vor allem auf unsern Gymnasien und Realschulen.

3) Die Ursache dieses ungünstigen Verhältnisses ist in dem
Umstand zu suchen, dass dieser Unterricht noch immer grösstentheils solchen Lehrern übertragen wird, welchen die Einsicht
in die Bedeutung desselben wie überhaupt in die Wissenschaft

selbst ganz abgeht, denen ferner vielfach die Vorkenntnisse zu einem richtigen Verständniss geographischer Verhältnisse fehlen.

Der Wege, wie diesen Uebelständen abgeholfen werden könnte, bieten sich zwar in der Theorie mehrere, während fast alle in der Praxis schwieriger zu verfolgen sind. **Alles muss darauf hinausgehen, Lehrer zu bilden, welche für den geographischen Unterricht sich besonders eignen.** Bis dahin thäte man fast besser, den geographischen Unterricht an den Anstalten ganz eingehen zu lassen, an welchen solche Männer sich nicht finden. Es geschähe damit nur das, was eine sehr weise preussische Ministerialverfügung vom Jahre 1856 über den naturgeschichtlichen Unterricht bestimmte, wonach derselbe nur an den Lehranstalten beibehalten werden sollte, welche dafür eine völlig geeignete Lehrkraft besässen. Der naturgeschichtliche Unterricht, welcher bis in die jüngste Zeit noch von Kandidaten der Theologie oder Hilfslehrern jeder Art ertheilt wurde, hat sich also schon eine gewisse Selbstständigkeit erworben, und die maassgebenden Kreise erkennen ihn als einen solchen an, welcher besondere Fachstudien erfordert. Der geographische Unterricht hat diesen Vorzug noch nicht. Alles, was wir zunächst wünschen und erstreben müssen, ist, dass dieselben Kreise zu der Ueberzeugung gelangen, dass auch der geographische Unterricht auf eine solche Selbstständigkeit Anspruch machen muss, wenn er nicht gänzlich überflüssig sein soll. Dafür wird er aber nicht gehalten, denn sonst würden nicht in allen Gymnasien und Realschulen besondere Lehrstunden dafür angesetzt sein. Wir dringen also nur darauf, dass man endlich auch hier von der Form zu dem Wesen übergehe, dass man die Consequenz einer Einrichtung ziehe und das, was man will, auch durchführt.

Die Frage, wie man geeignete Lehrer der Geographie heranzieht, lässt sich zunächst als einen Specialfall in der grossen Streitfrage ansehen, ob Fachlehrer- oder Klassenlehrersystem vorzuziehen sei, eine Frage, die vom idealen Standpunkt aus betrachtet, sich unbedingt zu Gunsten des erstern entscheiden würde. In der Praxis löst sie sich zwar auch immer mehr in gleicher Weise, ruft aber doch wieder eine Menge von Bedenken wach. Auch der Verfasser zögert nicht, sich auf die Seite des erstern

zu stellen — vorausgesetzt, dass eine wohlwollende Direction
ein stetes Auge darauf hat, dass die verschiedenen Unterrichtszweige von einer wirklichen Centripetalkraft zusammengehalten
werden. Dies würde freilich kaum nöthig sein, wenn in jedem
einzelnen Lehrer stets das lebhafte Bewusstsein wach wäre, dass
er nur ein Glied eines lebendigen Organismus ist, dem zwar von
Rechtswegen eine willkührliche Bewegung gestattet ist, aber
doch nur, insoweit dadurch nicht die Gesetze der Entwickelung
des Gesammtorganismus gestört werden. Von diesem, wie man
ihn doch gewiss nennen darf, idealen Standpunkte, der für die
geistige Entwickelung der Schüler von den heilsamsten Folgen
sein würde, sind wir aber, glaube ich, in unserer Schulpraxis
noch weit entfernt, obgleich von Seiten der Ministerien und
Schulcollegien durch Reglements und Specialvorschriften so vieles versucht worden ist, um einer Decentralisation des Unterrichts vorzubeugen. Der Verfasser glaubt seinen Standpunkt
dieser Principienfrage gegenüber besonders betonen zu müssen,
da seine Vorschläge scheinbar auf eine neue Zersplitterung
hinauslaufen. Meine Argumentation lautet wie folgt: Ein un-
verständiger geographischer Unterricht erfüllt nicht nur nicht
seinen eigentlichen Zweck, geographische Kenntnisse zu verbreiten, sondern er trägt insbesondere dazu bei, dem Gedächtniss des Schülers eine Menge unzusammenhängender
Einzelheiten einzuprägen, die für ihn zunächst keine Bedeutung haben. Man nehme daher den Unterricht den Lehrern,
welche sich nicht dafür interessiren, trenne ihn von der
durchaus nicht absolut nothwendigen Verbindung mit dem geschichtlichen Unterricht und gebe ihn einem Manne, der der
Geographie ein eingehendes Studium gewidmet hat. Es ist nicht
zu fürchten, dass ein solcher versuchen wird, seine schon so
sehr überbürdeten Schüler zu Geographen zu machen, er wird
im Gegentheil ganz besonders zu einer einheitlichen Ausbildung
derselben das Seinige beitragen. Denn in ihm wird mit dem
tiefern Eindringen in geographische Studien immer mehr die
Ueberzeugung lebendig sein, dass kaum ein Unterrichtszweig mehr als der geographische geeignet ist, die
mannigfaltigsten Kenntnisse, welche sich ein Schüler
im Laufe der Schulzeit erwirbt, zu einem harmonischen
Ganzen zu vereinigen.

Um eine junge Generation geographischer Fachlehrer heranzuziehen, könnte zunächst von Seiten der obersten Behörden das Reglement über die Staatsexamina einer Revision unterzogen werden.

Wir haben uns unsere Bemerkung über diesen Punkt bis jetzt verspart, obgleich vielleicht einige Leser verwundert gewesen sind, dass wir die im Amte befindlichen Lehrer in ihrer Thätigkeit anzugreifen wagten, trotzdem sie zum Theil durch Ablegung eines Staatsexamens ihre Befähigung, den geographischen Unterricht zu ertheilen, erwiesen haben. Allerdings nominell figurirt die Geographie schon lange unter den Prüfungsfächern*), jedoch nur in unzertrennlicher Verbindung mit Geschichte. Gegen diese Combination haben wir das einzige einzuwenden, dass dabei die Geographie in Wahrheit nicht zur Geltung kommt. Halten wir uns an die thatsächlichen Verhältnisse, so hat der Verfasser — von wahrhaft exorbitanten Fällen der grössten Unwissenheit in der Geographie bei völlig genügenden Zeugnissen ganz abgesehen —, doch von einer grossen Anzahl jüngerer Lehrer, welche auf den verschiedensten Universitäten ihre Staatsexamina absolvirt hatten, stets bestätigen hören, dass durch die mündliche Prüfung in dem besagten Fache nur die oberflächlichste Kenntniss weniger geographischer Thatsachen eruirt und, wenn auch das Examen die Qualification für die obern Classen zur Folge hatte, dennoch selten auf geographische Begriffe eingegangen wurde. Die Vernünftigern unter meinen Zeugen stimmten darin überein, dass ihre Examinatoren die Sache auch gar nicht anders aufgefasst hätten, als dass der Kandidat die Bekanntschaft mit der Geographie (besser Topographie) der Länder zeigen müsse, welche den Schauplatz der Geschichte bilden. Dagegen lässt sich auch gewiss nichts erinnern, und insofern ist eine Combination von Geschichte und Geographie auch völlig berechtigt. Aber nach meiner Meinung müsste man das Kind dann auch beim rechten Namen nennen. Denn nach dem jetzigen Wortlaut, z. B. des preussischen Prüfungsreglements müssten die Anforderungen im geographischen Fache viel höher gesteigert werden, als es in Wirklichkeit ge-

---

*) Wir halten uns hier zunächst an die preussischen Reglements, da ein Eingehen auf Einzelnheiten ja doch ausgeschlossen bleiben muss.

schieht, oder — die jetzige Praxis hat den nicht genug zu bedauernden Nachtheil zur Folge, dass die Kandidaten den Inhalt der wenigen Fragen, welche sie erhielten, mit dem Wesen der Geographie verwechseln. Sie werden also entweder einen falschen oder einen sehr niedrigen Begriff von unserer Wissenschaft bekommen. Wenn sie nun die Erfahrung gemacht haben, mit wie geringen Mitteln und wie dürftiger Vorbereitung sie sich die Facultät Geographie selbst in den obern Klassen zu lehren erworben haben, was soll sie dann in der Praxis vermögen, sich ernstlicher mit der Sache zu beschäftigen?

Sollen wir nun wünschen, dass man fortan eine grössere Strenge übt und von denen, die sich zu einem Examen in der Geschichte melden, wirklich fordert, dass sie „darthun in allen Theilen der geographischen Wissenschaft planmässige Studien gemacht und sich eine derartige Detailkenntniss darin angeeignet zu haben, dass sie die Länder der Erde sowohl nach ihrer natürlichen Beschaffenheit und deren Einfluss auf die Eigenthümlichkeit und Entwickelung der Völker als auch nach ihren politischen Zuständen kennen und dadurch in den Stand gesetzt sind, den geschichtlichen und geographischen Unterricht auf fruchtbare Weise zu verbinden?" Eine solche Massregel hielten wir nicht im Geiste aller neuen Reglements, welche die Theilung der Arbeit zur Tendenz haben und die Last auf mehrere Schultern zu wälzen bestrebt sind. Eingehende geographische Studien zu machen neben historischen Quellenstudien und dem tiefern Eindringen in die alten Sprachen ist gewiss nur Wenigen vergönnt, deshalb nicht als allgemeine Anforderung zu stellen.

Aber gewiss wäre es nicht schwer hier den Ausweg zu finden, wenn man die Geographie in Wirklichkeit, nicht nur nominell, zu einem selbstständigen Prüfungsfache erhöbe, das auch in anderer Combination als mit der Geschichte zu einem Zeugniss erster Classe berechtigte. Man fordere von jedem, der die *Facultas docendi* für die Geschichte erwerben will, eine gewisse Summe geographischer Kenntnisse, vielleicht eben so viel als man heute wirklich verlangt, gestatte aber auch einem Mathematiker oder einem Kandidaten für die Naturwissenschaften eine Prüfung im Fache der Geographie abzulegen, ohne von ihm den Grad historischer Kenntnisse zu fordern, welche er bekunden muss, um die Berechtigung für die obersten Klassen zu erhalten. Ich bin weit entfernt, für diesen Fall die Geschichte über Bord werfen zu wollen, sondern glaube, dass ein solches Examen mit einer Prüfung in dem letztgenannten Fache verbunden sein müsste, aber nur in einem Masse, dass dasselbe eben als Hülfsfach erscheint, wie sich oben die Geographie als Hülfsdisciplin für die Geschichte in Wirklichkeit bekundete.

Damit ist ein erstes Erforderniss klar hingestellt. Ehe es dahin kommt, muss freilich das Vorurtheil aufgegeben werden, dass mathematisch oder naturwissenschaftlich gebildete Lehrer unfähig seien, geographischen Unterricht zu ertheilen. Gegen diese noch weit verbreitete Ansicht müssen wir mit aller Macht kämpfen. Allerdings, wenn ein solcher sich ausschliesslich der Mathematik oder einer Disciplin der Naturkunde gewidmet hat, sodass er in eine einseitige, für einen Lehrer immer schädliche Richtung gerathen ist, taugt er für den geographischen Unterricht so wenig wie der eingefleischte Philologe. Die Ansicht muss durchdringen, dass, wenn auch die Geographie der verschiedenartigsten Behandlung fähig ist, doch jeder Geograph über eine Summe von Vorkenntnissen gebieten, eine ganze Reihe von Hülfswissenschaften beherrschen muss, die zum Theil in gar keinem direkten Zusammenhang mit der Geschichte stehen. Man hat in neuerer Zeit sich der Aufgabe, die Proteusgestalt der Geographie in bestimmte Formen und bezeichnende Namen zu zwängen, wieder mehr zugewendet, und wenn auch eine Einigung zunächst noch nicht erzielt ist, so steht doch soviel fest, dass diese Wissenschaft von zwei Hauptgesichtspunkten aus behandelt werden kann, und im Allgemeinen die Namen der physikalischen und der historischen Erdkunde, wie sie J. Spörer durchgeführt wissen will, ganz gut den Gegensatz dieser Hauptrichtungen bezeichnen. Immer aber müssen wir festhalten, dass der Geograph beide Seiten beherrschen muss, dass sich beide völlig durchdringen müssen, nicht nur äusserlich an einandergereiht werden dürfen. Umsomehr muss von dem Lehrer der Geographie gefordert werden, dass er auch die physikalische Erdkunde beherrscht und dies eben ist es, was den meisten historisch gebildeten Fachlehrern gänzlich abgeht. Der Vorschlag einer Trennung beider Disciplinen in der Schule und eine Verbindung der physikalischen Geographie mit dem Unterricht in der Physik, der historischen mit der Geschichte kann

nur aus der völligen Verkennung des Wesens eines fruchtbar
wirkenden geographischen Unterrichts hervorgehen.   Will man
eine Vereinigung in einer Person, so sage ich mit A. Kirchhoff*),
dass, weil im Allgemeinen die naturwissenschaftlichen Vorkenntnisse schwieriger zu erwerben sind als die historischen, und eine
tüchtige Gymnasialbildung den Lehrer in der Erwerbung der
letztern ungleich mehr unterstützt als in der der ersteren, im
Princip ein Studirender der Naturwissenschaften die Bedingungen
zu einem erfolgreichen geographischen Fachstudium mehr erfüllt
als ein Historiker.**)   Dies sind in Kürze die Gründe für die Erhebung des Anspruchs, dass — bei aller Würdigung historischer
Kenntnisse für den Geographen — es dem Kandidaten der Mathematik oder der Naturwissenschaften gestattet werde, sich die
höhere Facultas im geographischen Fache zu erwerben, ohne
dass gleichzeitig zu grosse Anforderungen an seine historische
Ausbildung gestellt werden.

Wenn diese Wünsche bei den maassgebenden Persönlichkeiten auch allmählich Eingang finden sollten, so tritt der Verwirklichung unserer Ideen ein Hinderniss entgegen, dass wohl
auch nicht wenig zu der Mangelhaftigkeit der heutigen Verhältnisse beigetragen hat.   Das angeführte Reglement fordert
auf dem Papiere bereits heute „planmässige Studien in allen
Theilen der geographischen Wissenschaft," ohne dem Studirenden zu zeigen, wo er zu solchen eine richtige Anleitung erhält.   In dem Factum, dass an den wenigsten deutschen Universitäten geographische Lehrstühle bestehen, an einigen erst
in allerneuester Zeit deren errichtet sind, findet sowohl die oben
angeführte Thatsache der höchst geringen Anforderungen, welche
man im geographischen Staatsexamen stellt, ihre Erklärung,
wie die Unmöglichkeit von Seiten der Kandidaten, höheren Ansprüchen zu genügen.   Denn bei allen anderen Fächern ist es
doch Usus, die Prüfung nur soweit auszudehnen, als es den
Studirenden möglich ist, durch Universitätsvorträge und Uebun-

---

*) Vergl. den Artikel „Zur Verständigung über die Ritter'sche Methode
in unserer Schulgeographie." Zeitschrift für Gymnasialwesen 1871. S. 17 u. 18.

**) Es gereicht dem Verfasser zur besondern Freude seine Ansicht in
den Worten H. Guthe's bestätigt zu sehen. Siehe die Vorrede der soeben
erschienenen 2. Aufl. seines Lehrbuchs.

gen sich die nöthige wissenschaftliche Ausbildung zu verschaffen. Geographische Vorlesungen werden, von obigen Ausnahmen abgesehen, an den deutschen Universitäten fast gar nicht gehalten, wenn wir nicht dazu die dankenswerthen Bemühungen einiger Physiker rechnen wollen, die hier und da — zunächst aber nicht für Historiker, sondern Studirende der Naturwissenschaften, Vorlesungen über physikalische Erdkunde ankündigen.

So sehen wir die Verwirklichung unserer Wünsche noch in ein weites Feld gerückt. Sind aber einmal auf allen deutschen Universitäten Männer angestellt, welche das geographische Fach als ihr Specialfach vertreten, dann haben wir halb gewonnen, dann werden diese sich schon die richtige Stellung in den Prüfungscommissionen verschaffen und es wird der bittenden Stimmen aus den Lehrerkreisen nicht mehr bedürfen, um dem geographischen Unterricht eine grössere Würdigung zu erkämpfen.

Der Verf. kann aber diese Andeutungen nicht schliessen, ohne noch einige Punkte zu berühren, die sich schon jetzt mit verhältnissmässig leichter Mühe einführen liessen und gewiss wesentlich zur Verbesserung des jetzigen Zustandes beitragen könnten. Es klingt vielleicht paradox, wenn wir vorschlagen, für jetzt den Schwerpunkt für die Gewinnung tüchtiger geographischer Lehrkräfte noch in die Schule zu legen, während wir den dort ertheilten Unterricht angreifen. Niemals aber haben wir geleugnet, dass an manchen Schulen tüchtige Männer arbeiten mögen, über deren segensreiche Wirksamkeit nur wenig in die Oeffentlichkeit dringt. Könnte man denn nicht, den Verhältnissen Rechnung tragend, solchen Männern einen grösseren Wirkungskreis geben, auch wenn man den Schulplan deswegen ein wenig umgestalten müsste? Heisst es nicht in einer preuss. Ministerialverfügung über das Colloquium pro ·rectoratu, dass man von den Directoren erwarte, sie werden denjenigen unter ihren Schülern, welche sich dem Dienste der Schule widmen wollen, zu Hülfe kommen? Warum nicht auch ein Gleiches für einen heute so vernachlässigten Unterrichtszweig? Alles muss darauf ankommen, in jungen Leuten ein tieferes Interesse für Geographie zu erwecken. Das wird einem tüchtigen Lehrer zwar stets gelingen — aber es wird ihm die nöthige Zeit nicht gegeben, das Samenkorn weiter zu pflegen. Es wechselt der

Schüler in der Regel mit jeder Klasse zugleich seinen geographischen Leiter, und die andern Unterrichtszweige absorbiren sein
Interesse völlig. Uebergiebt man an solchen Anstalten aber den
Männern, welche sich mehr mit der Erdkunde beschäftigt haben,
den gesammten geographischen Unterricht, so kann er denselben
ja viel fruchtbringender gestalten; er wird jedenfalls viel länger
bei den Grundlagen sich aufhalten, nicht eher vorwärts gehen,
als bis er sich überzeugt, dass dieselben verstanden sind. (Die
meisten Lehrer setzen alle geographischen Begriffe bereits als
bekannt voraus). Auf der andern Seite gewinnt er dadurch für
später ungleich mehr Zeit; die eigentlichen Repetitionen werden
zur Freude und können in der halben Zeit absolvirt werden.
Das sind nun zwar Vorzüge, die sich fast für jeden Unterrichtszweig anführen liessen, falls derselbe in eine Hand gelegt wird.
Aber, sagen wir dagegen, in keinem Falle gehen die Auffas-
sungsweisen so weit auseinander und — als eigentlichen Zweck
dieser Anordnung betrachten wir die grosse Zahl unfähiger Geo-
graphielehrer entbehrlich zu machen. Die praktische Schwierigkeit, die sich der vorgeschlagenen Maassregel entgegenstellt, liegt
wohl hauptsächlich in der Möglichkeit, dass dadurch die Chancen
für eine gleichmässige Vertheilung der Correcturen eingeschränkt
werden. Aber man bedenke, dass der geographische Unterricht
selbst für die Einzelstunden bedeutende Vorbereitung erfordert.
Ich zweifle nicht, dass manche Anfänger gern eine Correctur
mehr übernehmen würden, wenn sie sich dadurch Befreiung von
dem ihnen so lästigen geographischen Unterricht erkaufen
könnten. Auch ist es nicht gering anzuschlagen, dass die
betreffenden Persönlichkeiten doch immer einem Nebenfach
ihre Kräfte widmen werden, und ihre Stimme bei der Feststellung
über das Gesammturtheil der Leistungen eines Schülers naturgemäss nicht so schwer ins Gewicht fallen kann. Denn es
würde thöricht sein, jemals der Geographie die Stellung eines
Hauptfaches im Schulunterricht vindiciren zu wollen. Vortheil
und Nachtheil werden sich daher in der Stellung eines geographischen Fachlehrers wohl ausgleichen.

Mit der vorgeschlagenen Massregel ist im Princip die
Trennung des geographischen Unterrichts vom historischen ausgesprochen. Auf das ursprüngliche Fachstudium des Lehrers,
dessen Kräfte im einzelnen Falle ausgenutzt werden sollen,

kommt es gar nicht an. Er muss, sei er Historiker oder Philologe, Mathematiker oder Naturwissenschaftler, nur die Garantie geben, dass er eben wirklich geographischen Unterricht ertheilen will, und mit den nöthigen Vorkenntnissen versehen bereits planmässige Studien gemacht hat.

Darüber herrscht kein Zweifel, dass durch Beseitigung der „geographischen Flickstunden" und durch Vereinigung des Unterrichts in wenigen Händen die Erfolge für die betreffende Schule bedeutend sein würden. Sollen die Veränderungen aber noch für weitere Kreise, in specie für die zukünftige Generation von Lehrern segensreich wirken, so muss man noch einen Schritt weiter gehen und an den nämlichen Schulen dem geographischen Unterricht auch in den obern Klassen eine Stätte gewähren. Das Wenigste, was man verlangen kann, ist eine wöchentliche Lehrstunde, welche folgerichtig dem geschichtlichen Unterricht entzogen werden müsste, falls derselbe mit 3 Stunden bedacht ist. Unabhängig darf dieser einstündige Unterricht nicht dastehen, schon die Kürze der Zeit gebietet, ihn nur als Erweiterung des frühern zu betrachten. Ganz unpassend wären zusammenhängende Vorträge ohne stetige Repetitionen. Aber diese letztern dürfen auch nicht so völlig überwiegen, wie es heute dem Reglement nach sein müsste. Durch dieselben wird das geographische Interesse nicht geweckt oder erhalten, sondern in den meisten Fällen ertödtet. Viel eher lasse ich mir das Programm*) für den geographischen Unterricht an den Realschulen erster Ordnung gefallen. Doch handelt es sich für uns jetzt nicht, wie derselbe zu gestalten wäre, wenn er nur den Zweck gleichzeitig erfüllt, dem Schüler ein tieferes Interesse am vorliegenden Fache zu erhalten und ein grösseres Verständniss für die Aufgabe desselben zu eröffnen. Diese Punkte können allein einen jungen Mann zu seinen Schuldisciplinen zurückführen. Wie viele unserer mühsam erworbenen Schulkenntnisse gehen uns in kurzer Zeit verloren! Aber wer sollte nicht in ebenso

---

*) „Comparative Wiederholungen mit Erweiterung und näherm Anschluss an den gleichzeitigen historischen Unterricht. Benutzung historischer Karten. Mittheilungen aus der Geschichte der Geographie mit Berücksichtigung der geographischen Entdeckungen und den Erweiterungen des Völkerverkehrs."

kurzer Zeit die Herrschaft über eine Disciplin wieder erlangen,
wenn er auf eine feste, während der Schulzeit gelegte Grundlage
zurückgreifen kann? Ein jeder Lehrer sieht sich beim Eintritt
ins Amt genöthigt, hie und da wieder Anknüpfungspunkte mit
der Schule zu suchen, über die er sich längst erhaben dachte.
Wie aber soll es einem jungen Lehrer, dem eine geographische
Lehrstunde auferlegt wird, möglich sein, bis zum Tertianerstand-
punkt zurückzugreifen, wo er zuletzt zusammenhängenden
geographischen Unterricht hatte. Dieser liegt ihm zu fern und
er kann ihn nicht zum Ausgangspunkt seines Selbststudiums,
auf das er fortan angewiesen ist, machen.

Vielleicht wird uns auf diesen Vorschlag erwiedert, dass die
Realschulen solche Einrichtungen schon besitzen, und dass man
daher einfacher zum Ziele kommt, aus denen, welche diese
letztern absolvirt haben, die Lehrer der Geographie auszuwählen.
Dagegen wiederhole ich erstens, dass ich für jene Neuerungen
nicht allgemein, sondern ausschliesslich bei solchen Gymnasien
spreche, welche bereits geeignete Kräfte besitzen. Den letzten
Vorschlag halte ich für durchaus unannehmbar. Ohne hier in
eine so wichtige Frage einzugehen, welche den Werth der
Gymnasialbildung gegen die auf Realschulen erworbene abwägt,
entscheide ich mich hinsichtlich der sämmtlichen Lehrer an
beiden Kategorien höherer Schulen entschieden für die
erstere. Unbedingt würde sowohl der Geograph von Fach, wie
der Lehrer der Erdkunde durch eine mangelhafte Kenntniss der
alten Sprachen wie überhaupt des gesammten Alterthums sich
ganz gewaltig „in seinen Combinationen beengt fühlen", wie
Peschel sagt.

Eine weitere praktische Einwirkung auf die Heranbildung
besserer Lehrkräfte ist dem Lehrer in den meisten Fällen versagt. Nur für den Fall, dass derselbe zugleich Director ist,
wird es ihm möglich sein, dem tastenden Anfänger ein wirk-
licher Führer zu werden, ihn vor allem auf die Schwächen in
seinen Vorkenntnissen aufmerksam machen dürfen. Ein College
wird einem andern auf etwaige Fragen zwar einige Anhaltspunkte
geben können, weitere Belehrung wird man ihm als Arroganz
auslegen. Im Allgemeinen ist es also heute so und wird bis
zur Errichtung geographischer Lehrstühle auf den Universitäten
so bleiben: sobald ein junger Mann die Schule verlässt, ist er im

Studium der Geographie ausschliesslich auf den Selbstunterricht angewiesen.

———

Dass diese Worte in einer Zeitschrift „für mathematischen und naturwissenschaftlichen Unterricht" eine Stelle gefunden haben, betrachtet der Verf. als ein günstiges Zeichen für eine beginnende bessere Würdigung des geographischen Unterrichts. Die Erkenntniss der tiefen Mängel des heutigen Zustands muss aber noch viel weiter um sich greifen, als es bis jetzt der Fall ist. Möchten meine Worte dazu beitragen.

Die Principien des 1. Buches von Euklids Elementen.

Vom Herausgeber.

Wenn der Verfasser im Folgenden es unternimmt, die Principien des berühmtesten der alten Geometer aufs Neue einer Prüfung zu unterwerfen, so bestimmen ihn dazu zwei Gründe: erstens das Interesse an den Grundlehren der Geometrie überhaupt, das in neuerer Zeit (u. A. auch in diesen Blättern) lebhaft hervorgetreten ist; zweitens aber die immer noch oft genug anzutreffende Ueberschätzung des Euklidischen Systems, das als ein in jeder Beziehung unübertroffenes Meisterwerk gepriesen wird, ein Lob, das höchstens in einer Beziehung verdient ist. Treffend drückt dies Drobisch aus (Logik 3. Aufl. § 129. S. 150):

„Man hat dem Euklides häufig Mangel an systematischer Ordnung zum Vorwurf gemacht. Dies ist insofern begründet, als bei ihm selbst eine Zusammenstellung der gleichartigen Objecte der geometrischen Betrachtung, vielmehr noch eine nach logischen Eintheilungen geordnete Folge derselben vermisst wird, und in dieser Hinsicht seine Elemente kein Muster von logischer Anordnung der Begriffe sind, sondern diese oft sehr durcheinandergeworfen erscheinen. Dagegen sind sie hinsichtlich der Anordnung der Lehrsätze in Beziehung auf ihre Begründung durch Beweise im Ganzen genommen immer noch ein unübertroffenes Meisterwerk, denn jeder Satz steht da, wo die Prämissen zu seinem strengen Beweise vollständig gegeben sind." Und (§ 135. S. 161.):

„Hinsichtlich der Strenge der Begründung ist die Euklidische Geometrie ein Muster von systematischer Anordnung. Dagegen vernachlässigt sie in auffallender Weise die übersichtliche Aneinanderreihung der Materien, die sie, um der ersteren Forderung zu genügen, oft zerstückelt, so dass, aus diesem Gesichtspunkte betrachtet, das Ganze einen ziemlich buntscheckigen Anblick gewährt, ja von einer Zusammenschliessung der Theile zu einem auch äusserlich geordneten Ganzen kaum die Rede sein kann."

Der Verfasser ist überzeugt, dass der hierin gerühmte Vorzug systematischer Anordnung hinsichtlich der Beweisbarkeit der Sätze auch mit „logischer Anordnung der Begriffe" und mit naturgemässer „übersichtlicher Aneinanderreihung der Materien" verbunden werden kann und dass erst dann solch ein System ein in jeder Beziehung „unübertroffenes Meisterwerk" sein würde. — Die gerügten Mängel des Systems aber zeigen sich schon im Keime bei den Principien (Erklärungen, Forderungssätzen, Grundsätzen) Euklids.

A. Die Erklärungen Euklids[*])

(ὅροι, *definitiones*).

I. **Ein Punkt ist, was keine Theile hat.** *Σημεῖόν ἐστιν, οὗ μέρος οὐδίν.* (*Punctum est, cuius pars nulla.*)

Dies ist eine Definition mit verneinender Bestimmung, sie ist also fehlerhaft; sie sagt nur was der Punkt nicht ist, aber nicht was er ist. Aehnlich könnte man definiren: Kugel ist, was keine Ecken und Kanten hat, oder: Ein Säugethier ist ein Thier, welches keine Eier legt. Ueberdies ist die Definition in Ermangelung des Gattungsbegriffs (das, was, während doch eine Raumgrösse gemeint ist) zu weit. Vergl. Drobisch Logik § 119,4. Sie passt z. B. ebenso gut auf Null, wie (bei ganzzahligen Theilen) auf Eins, auf Atom, auf den Ton, überhaupt auf alles Untheilbare, auch auf Begriffe, welche seelische Zustände bezeichnen (Schmerz, Zorn). Die Definition ist deshalb auch nicht umkehrbar (*convertibilis* s. C. u. H. p. 4.) Vergl. Drob. Logik § 119, 3.: „Die richtige Definition heisst dem Begriff angemessen (*adaequata* d.). Ihr Kennzeichen ist die reine Umkehrbarkeit des Urtheils, in das sie gefasst ist." Umgekehrt nämlich würde obige Definition zu dem Urtheil führen: Alles was nicht Theile hat, ist ein Punkt, also auch Atom, Eins, Null, Ton.[**])

---

[*]) Die bei dieser Arbeit benutzte Ausgabe des Euklid ist: *Euclidis elementa graece et latine commentariis instructa ed. Camerer et Hauber.* Berol. 1824. (i. Text abgek. C H.)

[**]) Wenn es nach dieser Erklärung scheinen muss, als habe dem Euklid (freilich nur dunkel) vorgeschwebt, dass das Wesen des Punktes

II. Linie ist (eine) Länge ohne Breite. Γραμμὴ δὲ μῆκος ἀπλατές. (Linea autem longitudo non lata.)

Hier ist weder Länge noch Breite erklärt. Euklid setzt also diese Begriffe als nicht erklärungsbedürftige (als Grundbegriffe) voraus. Mit grösserem Rechte aber könnte man den erklärten Begriff Linie voraussetzen; denn er ist einfacher als der Begriff Länge.*) Diese setzt vielmehr den Begriff Linie voraus.

----

in der Untheilbarkeit zu suchen sei, so glaubt Verfasser, dass der griechische Mathematiker auf dem Wege zur richtigen Definition war. Die gangbare Ansicht sieht freilich im Punkte nur eine Stelle im Raume, ohne Ausdehnung und Gestalt. (S. Becker Abh. aus d. Grenzgebiete d. Philos. u. Math. S. 30. Aehnlich bei C H. S. 4. *punctum esse, quidquid positionem habeat, at non magnitudinem.*) Verf. hat sich bei der grössten Mühe noch nie eine Stelle ohne Ausdehnung vorstellen können. Ebenso wenig kann er der Definition von Fresenius (Grundlagen etc. S. 23) beistimmen: „Der mathematische Punkt ist im Raume das objektive Abbild der im Subjekt empfundenen Untheilbarkeit des Bewusstseins." Dies ist doch gar zu idealistisch! Der math. Punkt scheint vielmehr ein noch sehr „dunkler Punkt" zu sein; aber es dürfte gegenüber der von der grossen Masse der Mathematiker getheilten Ansicht über denselben sehr gewagt sein, eine andere geltend zu machen. Trotzdem möchte Verf. für die Selbständigkeit des Punktes in die Schranken treten. Der mathematische Punkt ist ihm nämlich das im vorgestellten (idealen) Raume bewegbare Abbild eines realen Punktes. Ein realer Punkt aber ist ihm nichts Anderes, als ein Untheilbares, ein Atom, im wirklichen Raume, bewegbar durch die kleinsten untheilbaren **) und unbeweglichen Raumtheilchen (Raumatome). Wenn der reale Punkt nur eine Stelle im (realen) Raume wäre, so wäre dies ein Raumatom. Dies ist aber unbeweglich, weil der (allgemeine) Raum selbst absolut unbewegbar ist. Da aber der mathematische Punkt bewegbar sein soll (er erzeugt ja die Linie!), so kann er nicht Abbild eines absolut Unbeweglichen sein und wer eine Stelle im Raume (ein Raumatom) bewegt denken (sich vorstellen) wollte, würde etwas Unmögliches versuchen. Das, was er sich bewegt denkt, ist nichts anderes, als das ideale Abbild eines realen Punktes (Atoms oder Lichtpunktes). — Zur Begründung dieser Ansicht ist hier nicht der Ort.

*) Man wird mir vielleicht einwenden, Länge sei das wesentlichste Merkmal der Linie, denn eine Linie ohne Länge sei undenkbar. Eine Begriffsbestimmung habe aber die wesentlichsten Merkmale des Begriffs darzulegen und sonach wäre die Definition „Linie ist (eine) Länge" angemessen. Dem muss ich entgegnen: der Begriff Linie bedarf zu seiner Erfassung einen Akt psychischer Bewegung (s. u. IV.) und kann nicht durch einen Begriff, der selbst erst den Begriff Linie voraussetzt, erklärt werden.

**) Dies setzt freilich die Grenze der Theilbarkeit des Raumes voraus.

Mit dem Begriff Länge nämlich ist schon verschmolzen der Begriff des Masses. Länge ist messbare oder gemessene (gerade) Linie oder auch selbst Mass, das Instrument zum Messen. Euklid erklärt also den einfachen Begriff durch den weniger einfachen.

Ueberdies deutet die Erklärung Länge ohne Breite auf eine Länge mit Breite, eine Fläche. M. a. W., die Erklärung klingt so, als gäbe es auch eine Linie mit Breite, was der gewönlichen Annahme widerspricht. Wenn dem Begriff Linie das Merkmal Breite überhaupt und schlechterdings nicht zukommt, dann hat es keinen Sinn, dieses Merkmal im Denken wegzunehmen, es zu negiren.

Diese Negation hat nur Sinn, wenn man sich die Linie aus der Fläche durch allmähliges Abnehmen der Breite erzeugt vorstellt. Dann aber führt obige Definition auf den Widerspruch, dass mit Negirung der Breite (denn das bedeutet doch ἀπλατές = ohne Breite) auch zugleich die Länge, folglich die Linie selbst verschwindet, so dass also der Begriff, der erklärt werden soll, gerade negirt wird.

In Definition V: „Eine Fläche ist, was nur Länge und Breite hat" (Ἐπιφάνεια δέ ἐστιν, ὅ μῆκος καὶ πλάτος μόνον ἔχει) vermeidet Euklid diesen Fehler, obwohl auch das nur (allein, μόνον) leise auf etwas anderes als Länge und Breite (nämlich Dicke) deutet. Uebrigens ist hier derselbe Fehler wie in I. „das, was" (ὅ).

III (VI, XIII). Die Gränzen der Linien sind Punkte.
Γραμμῆς πέρατα σημεῖα. (Lineae extrema sunt puncta.)

Man hat gesagt, diese Definition ergänze die Definition I. (complementum esse primae def. cf. CH. p. 4.). Kehrt man nämlich diese Definition um, so erhält man: „ein Punkt ist, was eine Linie begrenzt" oder „Punkt ist Gränze der Linie"; hier ist also eine positive Bestimmung. Aber dadurch ist der Punkt ebensowenig erklärt, als in I. Denn, wenn man angiebt, was ein Ding (Punkt) an einem andern (Linie) oder in Beziehung auf ein anderes ist, so hat man noch nicht erklärt, was es an sich ist. (Den Punkt an sich aber erklärt Euklid falsch.) Es müsste denn sein, dass dieses Ding „an sich" oder „für sich allein" gar nicht existirte, wie denn die gang-

bare Ansicht der meisten Mathematiker und Philosophen*) hin-
sichtlich des Punktes dabin geht, dass er keine selbständige
Bedeutung habe, sondern nur Grenze oder Theilstelle der
Linie sei.**)

   Aehnliches gilt von der Definition VI: „Die Grenzen
einer Fläche sind Linien." Ἐπιφανείας δὲ πέρατα γραμμαί,
welche man die Ergänzung der Def. II genannt hat. (Vergl CH.
S. 5.) — Uebrigens müsste doch nothwendiger Weise dieser Definition die Definition XIII von Grenze als dem Aeussersten eines
Dinges (Ὅρος ἐστὶν, ὃ τινός ἐστι πέρας) vorangehen.

---

   *) Vergl. Beckers Abhandlungen aus dem Grenzgebiete der Mathe-
matik und Philosophie. S. 28. Dagegen Trendelenburg log. Untersuchungen 3. Aufl. S. 267. „Aristoteles nennt die Gegenstände der Mathematik Gegenstände der Abstraction (τὰ ἐξ ἀφαιρέσεως — aus der Wegnahme
entsprungen). Darnach muss der handgreifliche Körper als das Erste gesetzt und die Fläche als die Grenze desselben, die Linie als die Grenze
der Fläche und der Punkt als die Grenze der Linie bestimmt werden, so
dass Fläche, Linie, Punkt eigentlich kein Wesen für sich haben,
sondern nur darin bestehen, dass ein Anderes, das sie nicht selbst
sind, aufhört. Diese Definitionen haben sich in der Geometrie fort-
geschleppt — und doch hat schon derselbe Aristoteles die entgegengesetzte
Ansicht als die richtige ausgesprochen: aus dem Punkte werde die Linie,
aus der Linie die Fläche etc."
   **) Die Definitionen des Punktes, der Linie, der Fläche als bloser
Grenzen sind übrigens unvereinbar mit der gangbaren Vorstellung von der
Erzeugung der Elementargebilde mittelst Bewegung. Man sagt: die Linie
entsteht (wird erzeugt) durch Bewegung eines Punktes, die Fläche durch
Bewegung einer Linie, der Körper durch Bewegung einer Fläche. Man
setzt also die Grenze eher als das Begrenzte. Hat das Sinn? So
lange das zu Begrenzende selbst noch nicht da ist, hat die Setzung einer
Grenze keinen Sinn. Wenn also diese Erzeugung als psychologischer Akt
Berechtigung haben soll, so ist jenen Elementargebilden, als einer Art
von Keimen, Selbständigkeit zuzugestehen. — Umgekehrt, will
man aus Körper, Fläche, Linie resp. die Fläche, Linie, den Punkt immer
mittelst Verringern der einen Dimension erzeugen, so verschwindet
gerade durch diesen Prozess das zu erzeugende Gebilde, z. B. die Linie,
wenn man sie nicht auf- und erfasst als Fläche im Moment des Verschwindens, gewissermassen als Keim der Fläche, den Punkt als Linie
im Momento des Verschwindens, als etwas, was nicht mehr abnehmen
kann, ohne zu verschwinden, d. h. als etwas Untheilbares, ein
Atombild, gewissermassen den Keim der Linie.
   Ferner: Wenn der Punkt nur Grenze der Linie ist, so kann ein Punkt
auch nicht, wie man gewöhnlich erklärt, die Linie erzeugen, sondern

IV. „Eine gerade Linie ist diejenige, welche zwischen den in ihr befindlichen (oder ihren) Punkten auf einerlei Art (gleichmässig) liegt.“ *Εὐθεῖα γραμμή ἐστιν, ἥτις ἐξ ἴσου τοῖς ἐφ᾽ ἑαυτῆς σημείοις κεῖται (Recta linea est, quae ex aequo punctis in ea sitis ponitur).*

Eine höchst unklare Definition, welche daher auch den Commentatoren Euklids viel Kopfzerbrechens gemacht hat. Einer derselben, Savilius, sagt (p.77): *„hanc definitionem mihi liceat bona cum venia omnium interpretum tam veterum, quam recentiorum non intelligere“* und Pfleiderer: *„definitio lineae rectae nullius est usus, ac re explicanda obscurior.“* Was soll erstens heissen: „eine Linie liegt zwischen ihren Punkten?“ Das wäre ebenso, wie etwa: „Eine Häuserreihe liegt zwischen ihren Häusern“ oder „eine Kette liegt zwischen ihren Gliedern.“ Richtiger wäre: die Linie liegt zwischen ihren Endpunkten. Aber auch das ist nicht einmal streng richtig. Denn die Endpunkte gehören ja selbst zur Linie. Nicht die ganze Linie, sondern Theile derselben liegen zwischen den Punkten der Linie. Ausserdem ist das *ἐξ ἴσου* unverständlich. Uebersetzt man es, wie oben, durch „auf einerlei Art“ *(una ratione)*, was soll das heissen? Verständlicher ist die Uebersetzung „gleichmässig.“ Mit gleichem Rechte könnte man Kreis erklären als eine krumme (geschlossene) Linie, welche zwischen drei Punkten, und ebenso Kreisbogen als eine krumme (offene) Linie, welche zwischen zwei Punkten auf einerlei (dieselbe) Art, d. i. gleichmässig liegt. Diese Definition liesse sich überhaupt auf alle symmetrischen Gebilde anwenden.

Der Begriff der „geraden Linie“ wird durch eine Definition im gewöhnlichen Sinne des Worts nicht klar, da diese nur eine Zusammenfassung von Merkmalen erfordert. Vielmehr verlangt die Definition der Geraden einen Akt psychischer Bewegung, nämlich die Bewegung eines Punkts oder Atombildes zwischen zwei idealen Raumpunkten in unsrer Vorstellung. Da diese

---

die bewegte Linie erzeugt die Linie mittelst ihrer Grenze, die Punkt heisst; da aber die Linie ebenfalls nur Grenze der Fläche und diese nur Grenze des Körpers ist, so stellt sich der Punkt als Ecke (Spitze) eines Körpers dar und kann also eine Linie nur durch Bewegung einer Köperecke erzeugt und erzeugt gedacht werden.

Bewegung aber mit unmessbarer Geschwindigkeit geschieht, so wird der Geist dieser Thätigkeit sich nicht mehr bewusst.*)

Anm. Baltzer (Elem. 3. Aufl. § 1. No. 3 Anm.) sagt: „Der Begriff der Geraden ist vermöge seiner Einfachheit nicht definirbar, Richtung ohne die Gerade unverständlich. Die alte Defin. (Eukl. I.) „eine Gerade ist diejenige Linie, welche zwischen ihren Punkten gleichmässig (ἐξ ἴσου) liegt,“ ist an sich dunkel und gewinnt erst Klarheit durch das Axiom „zwei Gerade schliessen keinen Raum ein,“ nach welchem behauptet wird, dass zwei Gerade sich decken, wenn sie zwei Punkte gemein haben und dass eine Gerade ihre Lage nicht ändern kann, wenn sie in zwei Punkten festgehalten wird. — Der alte Satz: „eine Gerade ist die kürzeste Linie zwischen zwei Punkten,“ ist auch als Definition vorangestellt worden.“ (In d. 1. Aufl. sagt B.: „ist keine Definition, sondern ein Lehrsatz.“)

Welche Mühe man sich gegeben hat, Definitionen für die gerade L. zu geben, ist aus folgenden (der Ausgabe v. C. u. H. S. 8 entnommenen) Definitionen zu ersehen:

Illud tamen certum est, id ipsum, quod rectum sit, adeo simplex esse, ut difficile certe sit, notionibus simplicioribus id efferre. Unde etiam tam variae lineae rectae definitiones ortae esse videntur.

Alii enim dixere, lineam rectam eam esse, quae minima sit inter eosdem terminos ... alii, v. c. Plato: cuius puncta extrema obumbrent media; alii, cuius omnes partes omnibus congruant; alii, quae una ratione inter duo puncta duci possit; alii aliter eius naturam explicare studuerunt.

Dann fügt Camerer noch hinzu: *„Maxime nobis arridet ea, quam Kraftius Geom. Sublim. p. 2. a F. C. Maiero sibi traditam exhibet, lineae rectae definitio, quae ea esse dicitur, quae circum utrumque extremum (vel etiam circa duo puncta quaecumque in ipsa sumpta) tanquam polos circumvoluta situm suum non mutet, quo sensu etiam interpretari possis eam, quam Proclo referente veterum nonnulli dedere, definitionem:* ἥτις τῶν περάτων μενόντων καὶ αὐτὴ μένει. *... Et Saccherius rectam lineam, quae ex aequo sua interiaceat puncta, ait necessario talem esse, ut circa duo illa immota extrema sua puncta non possit ipsa in alteram partem converti v. c. a laeva parte in dextram.*

VIII. Ebener Winkel ist die Neigung zweier Linien gegeneinander, die in einer Ebene zusammentreffen, ohne in gerader Linie zu liegen.

Ἐπίπεδος δὲ γωνία ἐστὶν ἡ ἐν ἐπιπέδῳ δύο γραμμῶν ἁπτο-

---

*) Bemerkenswerth ist, dass man schon früher gefühlt hat, dass die Vorstellung der Linie Bewegung involvirt. Vergl. C H. S. 5. *„Caeterum alii, Proclo referente, lineam dixere esse* φύσιν σημείον, *fluxum puncti.“* Und S. 6. *„Linea, quamvis fluxus puncti dicatur, haud tamen consistit e punctis juxta se positis.*

*μένων ἀλλήλων, καὶ μὴ ἐπ' εὐθείαις κειμένων, πρὸς ἀλλή-
λας τῶν γραμμῶν κλίσις. (Planus autem angulus est in plano
duarum linearum sese tangentium et non in directum-positarum
alterius ad alteram inclinatio.)*

Euklid erklärt den Winkel als „Neigung" zweier Linien
„zu einander" (*πρὸς ἀλλήλας*) und scheint sonach die Richtung
der Schenkel nicht vom Treffpunkt (Scheitel, gemeins. Drehpunkt)
aus, sondern nach dem Treffpunkt hin zu rechnen, indem er
vorher die Geraden als parallel annimmt, und jede sich um
einen ihrer Punkte drehen lässt. Das Zusammentreffen ist
dann Resultat (Folge) der „Neigung," wobei das „zu einander"
auf eine beiderseitige wenn auch nicht nothwendig gleichzeitige Neigungsbewegung deutet. Es versteht sich von selbst,
dass dann auf der entgegengesetzten Seite ein Voneinander-
weichen stattfindet.

Diese Definition leidet an der bekannten Euklidschen Starrheit. Sie erfasst das Winkelgebilde in einem bestimmten Momente der Erzeugung gewissermassen als erstarrt, nicht im
Flusse der Bewegung. Daher bleibt nun auch der Umfang des
Begriffs unvollständig, denn es fehlen der Null- und Vollwinkel
und den „gestreckten" schliesst Euklid gänzlich aus durch
sein „ohne in gerader Linie zu liegen" (*μὴ ἐπ' εὐθείαις
κειμένων*). Genetisch ist dies Verfahren nicht. Denn das Kennzeichen der genetischen Methode ist, dass sie die räumlichen
Gebilde nicht wie ein Gemälde in einem Momente des Ge-
wordenseins, sondern im Flusse der Bewegung betrachtet
und sehr richtig sagt B. Becker,[*] dass die Definition einer
Raumgrösse „durch Angabe der eigenthümlichen Erzeugungs-
weise das Wesen der Grösse enthüllen muss."

Dazu ist es freilich zweckmässiger, die Richtung der beiden
Geraden (Schenkel) vom Treff- oder Drehpunkt aus zu rechnen,
wie ja wohl in den meisten Darstellungen der Geometrie geschieht.

Indem man nämlich den Treffpunkt der beiden Geraden als
Drehscheitel, die eine derselben als festen, d. h. seine Lage und
Richtung behaltenden, die andere als beweglichen Schenkel
annimmt und nun letztern drehend dem festen bis zur Coincidenz
nähert, gewinnt man den Begriff Neigung, indem man ihn

---

[*] Ueber die Methode des geom. Unterrichts. Frankf. a/M. 1845. S. 31.

aber vom festen (drehend) entfernt, ergiebt sich der Begriff
Abweichung. Die Abweichung erreicht ihr Maximum beim
gestreckten Winkel, weil hier die Richtung der Schenkel
gerade entgegengesetzt ist, die Neigung dagegen ist hier = 0.
Umgekehrt ist die Abweichung am kleinsten und die Neigung
am grössten beim Nullwinkel, während man beide als gleich-
gross bezeichnen könnte beim rechten Winkel. Daraus folgt,
dass die Begriffe Neigung und Abweichung einander ergänzen
und einzeln genommen keiner für sich allein genügt den Winkel-
begriff zu definiren. Vielmehr kommen beide Begriffe zusammen
(verschmelzen) in dem Begriffe Richtungsunterschied.

Dieser Begriff trifft freilich scheinbar nicht den Null- und
Vollwinkel, die beide eher als Richtungseinerleiheit (oder
Richtungseinheit) zu bezeichnen wären. Aber nach den Prin-
cipien der neuern Geometrie und nach Analogie anderer An-
schauungsweisen (Tangente, Kreis, Parallelen etc.) ist hier der
Richtungsunterschied als unendlich klein (= 0) aufzufassen.

Allerdings ist Richtung kein Grössenbegriff und also auch
nicht der Vermehrung und der Verminderung fähig. Richtung ist Hinweis aufs Ziel und als solcher gegen Grösse
indifferent, man kann nicht sagen: „grössere oder kleinere
Richtung." Folglich kann auch Richtungsunterschied nur
ein qualitativer Unterschied sein,*) der die Verschiedenheit
in der Auswahl des Zieles bezeichnet. Gleichwohl zieht
man vergeblich gegen diesen Begriff zu Felde. Denn er involvirt eine Bewegung**) und der qualitative Unterschied wird
sofort zum quantitativen, insofern jede Richtung einer Ge-

---

*) Deshalb sagt Baltzer (Elem. § 1. No. 5. Anm.): Die Definitionen
„Winkel ist die Neigung von zwei Linien gegen einander" (Eukl. I.) oder
„der Unterschied ihrer Richtungen" [oder „die Grösse der Drehung, wodurch die eine in die Richtung der andern gebracht wird,"] machen den
Winkel zu einer intensiven Grösse [und stimmen nicht zu den üblichen Redeweisen, z. B. „ein Punkt liegt in oder ausser dem Winkel,"
„eine Gerade schneidet von dem Winkel ein Dreieck ab" und dergl.]

**) Fresenius (Grundlagen etc. S. 34—35) sagt: „Desto einfacher ist
die (dritte) Definitionsweise: Winkel ist der „Richtungsunterschied zweier
Linien oder, was auf dasselbe hinauslaufend nur deutlicher die
Bewegung involvirt, zurückgelegter Drehungsweg" etc. und
B. Becker (a. a. O. S. 18.): „Wenn man durch drehende Bewegung die
Richtung einer Linie ändert, so nennt man die Grösse dieser Aenderung,

raden durch Drehung in eine andere gebracht werden und dieser
Drehungsweg durch einen Kreisbogen dargestellt werden kann,
welcher das Mass (die Grösse) der Drehung angiebt.

Diejenigen, welche Winkel als „Ebenenausschnitt" definiren,[*]) behaupten der Winkel sei ein „Theil der Ebene."
Dem ist zu entgegnen: Insofern Winkel (ähnlich, wie Dreieck)
Form an einem Ebenentheil (dem Geformten) ist·und insofern jeder Raumtheil, also auch ein Flächenraum geformt ist,
die Form überhaupt nur an einem Raumgebilde zur Erscheinung
kommen kann, insofern kann beim Winkel auch nicht ganz von
der Ebene abstrahirt werden. Doch tritt diese Ebene (das Geformte) vor der Begrenzungsform in den Hintergrund (vergl. Holz-
und Drahtdreieck). Nur die Grösse des begrenzten Ebenen-
stücks oder der Flächeninhalt ist dabei gleichgiltig. Winkel
und Dreieck sind sonach nicht Flächen, sondern nur die einem
Flächenstück die Form gebenden (dasselbe gestaltenden)
Liniengebilde, der Winkel ein offenes, das Dreieck ein ge-
schlossenes. Die Form beginnt übrigens erst mit dem Winkel,
er ist das Urelement der Form. Eine Gerade hat noch
keine Form. Vergl. die Bem. unter XIV.

Der Definition von „ebenen Winkeln" (VIII) schliessen
sich naturgemäss die Definitionen IX, X, XI, XII an. Denn
es werden in ihnen der Reihe nach die Begriffe geradliniger,
rechter, stumpfer, spitzer Winkel erklärt. Diese Definitionen lauten:

IX. Wenn die den Winkel bildenden Linien gerade sind, so heisst der Winkel geradlinig. Ὅταν δὲ
αἱ περιέχουσαι τὴν (εἰρημένην) γωνίαν γραμμαὶ εὐθεῖαι ὦσιν,
εὐθύγραμμος καλεῖται ἡ γωνία. (Quando vero lineae [dictum]
angulum continentes rectae sunt, rectilineus appellatur angulus.)

X. s. S. 124 unten.

---

den Richtungsunterschied, einen Winkel. Nur durch die drehende Bewegung, die erforderlich ist, um einen Schenkel in die Richtung des andern
zu bringen, lässt sich der Winkel begreifen. An dieser Entstehung des
Winkels muss man festhalten, darauf alle Sätze über Winkel zurückführen;
und wo man einen Winkel findet, muss die Phantasie zu dem starrgewor-
denen Resultat die erzeugende Drehung hinzudenken."

[*]) *Bertrand, développement nouveau de la partie élément. des math.
Genève*, 1778 II., p. 6. Vergl. Baltzer § 1. No. 5. Anm. (s. vorige S.)

XI. Ein stumpfer Winkel ist, der grösser (ist) als ein rechter. Ἀμβλεῖα γωνία ἐστὶν, ἡ μείζων ὀρθῆς. (*Obtusus angulus est, qui major recto.*)

XII. Ein spitzer aber, der kleiner ist als ein Rechter. — Ὀξεῖα δὲ, ἡ ἐλάσσων ὀρθῆς. (*Acutus autem, qui minor recto.*)

Euklid erklärt in IX den geradlinigen Winkel, ohne diesen Begriff durch den Gegensatz „krummliniger Winkel" zu klären, und wenn etwa die Existenz dieses Gegensatzes zu bestreiten wäre, wozu dann die Benennung geradlinig? Denn ebenso, wie die Linie ohne Breite auf eine Linie mit Breite deutet, so weist hier der geradlinige Winkel auf den krummlinigen. Was ist aber krummliniger Winkel? Etwa ein von zwei Kurvenbogen gebildeter Spitzbogen? Es ist bei der Methode Euklids wohl nicht zu verwundern, dass er nun auch bei den Definitionen der Begriffe stumpfer, rechter (κάθετος) und spitzer Winkel keinen organisch entwickelnden (genetischen) Gang nimmt. Denn er erklärt zuerst (in X) den rechten Winkel und gewinnt dann die Begriffe „spitzer und stumpfer Winkel durch Vergleichung mit jenem (kleiner oder grösser als R), was übrigens nicht streng ist, da die Genauigkeit die Angabe der untern und obern Grenze fordert, also spitzer Winkel ${> 0 \atop < 90}\Big\}$ und stumpfer Winkel ${> 90 \atop < 180}\Big\}$. Denn ein Winkel, der grösser ist als ein Rechter, kann auch $\gtreqless 180^0$ sei. Ein gemeinsamer Name (ein *terminus*) für spitze und stumpfe, das *genus* „schiefer Winkel" fehlt ihm ebenso, wie für „gestreckter Winkel," „Nullwinkel" und „Vollwinkel." Den Begriff „rechter Winkel" . aber gewinnt er, wie das Folgende zeigt, auf eine nicht eben einfache Weise.

X. Wenn eine Gerade auf einer Geraden stehend (εὐθεῖα ἐπ' εὐθεῖαν σταθεῖσα*)) der Reihe nach (ἐφεξῆς, *deinceps*) gleiche Winkel macht, so ist (†) jeder der gleichen Winkel ein Rechter und die darauf stehende Gerade wird perpendikulär**) genannt, zu

---

*) Eigentlich „auf eine Gerade gestellt." (†) ἐστι — nicht καλεῖται.
**) Der Ausdruck „perpendikulär" ist, wie die Ausdrücke „senkrecht, lothrecht, scheitelrecht (vertikal)," der praktischen Geometrie (oder

der, auf welcher sie steht. — Ὅταν δὲ εὐθεῖα ἐπ' εὐθεῖαν
σταθεῖσα τὰς ἐφεξῆς γωνίας ἴσας ἀλλήλαις ποιῇ, ὀρθὴ ἑκα-
τέρα τῶν ἴσων γωνιῶν ἐστι· καὶ ἡ ἐφεστηκυῖα εὐθεῖα κάθετος καλεῖται ἐφ' ἣν ἐφέστηκεν. (Quando autem recta super
rectam insistens angulos deinceps aequales inter se facit, rectus
est uterque aequalium angulorum: et insistens recta, perpendicu-
laris vocatur ad eam, super quam insistit.)

Der erste Theil dieser angeblichen Definition hat die Form
eines hypothetischen*) Urtheils, ist also ein Lehrsatz. Als Definition müsste der Satz lauten: ein Rechter ist ein solcher
Winkel, welcher seinem Nebenwinkel gleich ist." Diese
Definition setzt aber den erst noch zu erklärenden Begriff „Nebenwinkel" als Gattungsbegriff voraus, den Euklid in Ermangelung
eines Namens höchst umständlich umschreibt: ὅταν εὐθεῖα ἐπ'
εὐθεῖαν σταθεῖσα τὰς ἐφεξῆς γωνίας ποιῇ. Der Begriff „Nebenwinkel" setzt aber wieder voraus den Begriff „gestreckter
Winkel" und den Satz: „die Summe der Nebenwinkel ist
gleich dem gestreckten Winkel." Von diesem Satze ist dann
der Euklidische nur Folgerung für einen speziellen Fall („wenn
Nebenwinkel gleich sind, so ist jeder ein Rechter" oder [zwei]
gleiche Nebenwinkel sind Rechte").

Abgesehen also davon, dass Euklid den nothwendigen
Gattungsbegriff Nebenwinkel**) (zu dessen Definition aber

---

messenden Geographie) entnommen. Sie bedeuten streng genommen nur
einen speziellen Fall des rechtwinklig, nämlich rechtwinklig auf der
horizontalen Richtung (die freilich sehr mannichfaltig sein kann); was
z. B. für einen Aequatorbewohner horizontal ist, wäre für den Polbewohner vertikal! Um ein einziges kürzeres Wort zu haben, schlägt
Baltzer vor „normal," ob mit Recht und mit Glück, ist freilich noch
zweifelhaft. (S. hierüber d. Zeitschr. Bd. II., S. 96.)

*) Obgleich ὅταν (quando), eine Zeitbestimmung, durch „wann" oder
„so oft" zu übersetzen sein dürfte, so scheint mir doch der Sinn des Satzes
sich nicht wesentlich zu ändern, wenn εἰ (si) für ὅταν gesetzt wird. In
Propos. XIII steht ἐάν.

**) Der Begriff „Nebenwinkel" gehört unter die Wechselbegriffe
(correlata) vergl. Drob. Log. § 32., wie links — rechts, oben — unten etc.,
mit der Beziehung auf einen Hauptwinkel. Jeder hohle Winkel hat als
Hauptwinkel betrachtet seinen Nebenwinkel, den man aber umgekehrt
zum Hauptwinkel machen kann, wie durch eine halbe Körperwendung
rechts zu links wird und umgekehrt. So ist also der Nullwinkel der

mehr gehört*), gar nicht definirt, giebt er uns eine Folgerung im Gewande eines Lehrsatzes als Definition.

Was soll aber ἐφεξῆς (*deinceps*) bedeuten? Nach der Reihe? Wenn man nur zwei Dinge (hier Winkel) betrachtet, so giebt es kein „ausser der Reihe." Man kann das eine nur entweder vor oder nach dem andern betrachten, d. h. es giebt eine umgekehrte Reihenfolge (*a b* und *b a*). Deshalb ist hier dieser Ausdruck ἐφεξῆς sinn- und zwecklos. Der richtige Ausdruck würde sein „auf beiden Seiten" (nämlich der ersten Geraden**). Uebrigens kann eine Gerade auf einer andern auch im Endpunkte derselben senkrecht stehen, so dass nur ein (hohler) Winkel gebildet wird; zur Vollständigkeit wäre auch dieser Fall aufzuzählen gewesen.

Der mit dieser vermeintlichen Erklärung sachlich ziemlich identische Lehrsatz XIII (s. CH. S. 69.) enthält eine fehlerhafte Eintheilung.

„Wenn eine Gerade auf einer Geraden stehend Winkel bildet, so wird sie entweder zwei Rechte oder zweien Rechten gleiche Winkel bilden." Ἐὰν εὐθεῖα ἐπ’ εὐθεῖαν σταθεῖσα γωνίας ποιῇ· ἤτοι δύο ὀρθὰς, ἢ δυσὶν ὀρθαῖς ἴσας ποιήσει. (*Si recta in rectum insistens angulos faciat, vel duos rectos, vel duobus rectis aequales faciet.*)

Dieser Satz bedeutet doch nichts anderes, als: die hierdurch gebildeten (möglichen) Winkel können theils Rechte, theils Schiefe sein. Der Satz nämlich „wenn eine Gerade auf einer Geraden stehend Winkel bildet" ist nur eine mangelhafte (unbeholfene) Umschreibung des Begriffs „Nebenwinkel," für den eben Euklid keinen Namen hat. Dieser Satz kürzer gefasst lautet: „Nebenwinkel sind entweder einzeln zwei Rechte oder zweien Rechten gleich." Nun aber ist der hierin liegende erste Fall dieser Dichotomie („gleich zweien einzelnen Rechten") nur ein spezieller Fall des zweiten, nämlich „zweien Rechten

---

Nebenwinkel des gestreckten, der gestreckte wiederum Nebenwinkel des Nullwinkels. Im Plural sind diese Beziehungen des einen Begriffs zum andern verschmolzen.

*) Nebenwinkel haben gemeinsam: den Scheitel und den mittleren Schenkel, die beiden andern (äussern) Schenkel bilden einen gestreckten Winkel und haben deshalb entgegengesetzte Richtung.

**) *Ex utraque parte lineae incidentis.* S. CH. S. 12.

zusammen" oder „der Summe zweier Rechten gleich" (und der
Ausdruck ist noch insofern ungenau, als das Wörtchen „zusammen" oder „Summe" fehlt). Denn wenn sie einzeln Rechte
sind, also jeder ein Rechter ist, so ist auch ihre Summe gleich
2 Rechten. — Es findet sich also hier der gemeine logische Fehler
versteckt, dass von den Gliedern einer Dichotomie das eine
(allgemeinere) das andere (besondere) enthält, so dass diese Glieder
nicht coordinirt, sondern subordinirt sind, also ohngefähr, wie
in dem Satze: Die Vierecke sind entweder Parallelogramme oder
Quadrate. Es muss heissen: die Winkel sind entweder ungleich und dann schiefe oder gleich und dann rechte.*)

XIV. **Figur ist, was von einer oder mehreren
Grenzen eingeschlossen wird.** *Σχῆμά ἐστι τὸ ὑπό τινὸς
ἤ τινων ὁρων περιεχόμενον. (Figura est, quod ab aliquo vel
ab aliquibus terminis contineatur.)*

Diese Definition hat denselben Fehler, wie die unter I
(Definition des Punktes); sie ist, in Ermangelung des Gattungs-
griffs („das, was"), zu weit. Da man sich unter dem „das"
jedes beliebige begrenzte Ding vorstellen darf, so kann dies
sowohl Raum (Flächen- oder Körperraum) als auch Materie
sein. Berücksichtigt man nun die Definition XIII. *ὅρος ἐστὶν
ὅτινός ἐστι πέρας,* nach welcher „Grenze" das „Aeusserste eines
Dinges" (eines Etwas *τίνος*) ist, so lautet nach Substituirung
dieses Begriffs die Definition: „Figur ist, was von dem Aeussersten eines Dinges eingeschlossen wird." Nun ist aber das Ding
(das Etwas) nichts anderes, als die Figur selbst und sonach ist
„**Figur das, was von dem Aeussersten der Figur eingeschlossen wird.**" Die Definition benutzt also zur Erklärung ein noch unbekanntes Merkmal des eben erst zu erklärenden Begriffs; denn, wenn nicht bekannt ist, was Figur
ist, so ist auch das Aeusserste der Figur nicht bekannt. Hier
ist also ein *circulus in definiendo* (Drob. Log. §. 119. 1). Die
so umgeformte Erklärung klingt ohngefähr wie „ein Wagen
ist, was Wagenräder hat."

---

*) Es ist dies ja nur ein besonderer Fall der Zweitheilung einer Grösse
als eines Ganzen, hier einer Raumgrösse, des gestreckten Winkels, wobei
immer nur die zwei Fälle möglich sind: die Theile sind entweder ungleich oder gleich (Hälften); so auch bei Zahlengrössen, z. B. 6 = 3
+ 3 = 4 + 2 etc.

Wenn nun aber Euklid einmal die Arten des Gattungsbegriffs „Figur" aufzählen wollte, so wäre es logisch und naturgemäss gewesen, eine vollständige Aufzählung zu geben.
Er begnügt sich jedoch mit dem Begriff „geradlinige Figur"
(in XX), ohne den hierin angedeuteten Gegensatz „krummlinige
Figur" auch nur zu erwähnen.   Nicht minder fehlt ihm die
Eintheilung in ebene und körperliche (obwohl er in Lib. XI, 2
die Fläche auch als Grenze bezeichnet), regelmässige und un-
regelmässige Figuren etc.   Die Eintheilung Euklids ist also, wie
auch anderwärts, nicht erschöpfend, er analysirt den Umfang
der Begriffe nicht, zerlegt das einzutheilende Ganze (*totum di-
visum*) nicht vollständig in seine Glieder (*membra dividentia*).
Drob. Log. § 122.*)

----

*) Zur Vergleichung dürfte es nicht uninteressant sein, einige Defini-
tionen der Neuern hierher zu setzen:
Baltzer (I, 7): „Figuren sind Systeme von Punkten, Linien, Flächen
   . (Linien-, Flächen-, Raumfiguren)."
Drobisch (Log. §. 116. p. 133): „Figur ist begrenzte räumliche Aus-
   dehnung."
Legendre (I, Erkl. XIII. Uebers. v. Crelle S. 2): „Ebene Figur heisst
   eine an allen Seiten von Linien begrenzte Ebene."
Soll die Eintheilung vollständig sein, so ist zu berücksichtigen,
dass die Grenzen nur sein können: Punkt, Linie, Fläche und jenach-
dem ist die Figur:
Linearfigur, d. h. begrenzt von Punkten, z. B. ein Winkel, ein Kurven-
   (Kreis)bogen, Kurvenast; dies giebt zugleich eine offene Figur, die
   keinen Flächenraum einschliesst.
Flächenfigur, d. h. begrenzt von Linien, geraden oder krummen, z. B.
   Viereck, Ellipse, Kreis.   Diese ist allemal geschlossen und schliesst
   einen Flächenraum ein.
Körper- oder Raumfigur, d. h. begrenzt von Flächen, ebenen oder
   gekrümmten, z. B. Würfel, Kugel.   Sie schliesst ein Raumstück ein.
   Ein Viertes giebts nicht; denn dann müsste das Einschliessende oder
Begrenzende der Raum selbst sein, das Eingeschlossene aber müsste
vom Raume verschieden sein. Uebrigens beruht das eigentliche Wesen
der Figur in der durch Begrenzung erzeugten Gestaltung (Form) des
Begrenzten; die Figur ist ein Gebilde. Das Urelement oder der Keim
der Form aber liegt im Wechsel der Richtung und beginnt bereits
mit dem Winkel, aber auch nicht früher; denn eine Gerade hat noch
nicht Form, sie ist formlos. (Vergl. dagegen J. H. T. Müller's Geom.
1. Aufl. S. 62: „Die einfachste lineare Figur ist die begrenzte Gerade
oder Strecke.")

XVIII. Ein Halbkreis ist die Figur, welche vom Durchmesser und dem von ihm abgeschnittenen Umkreise (Kreisumfang) eingeschlossen wird. Ἡμικύκλιον δέ ἐστι τὸ περιεχόμενον σχῆμα, ὑπό τε τῆς διαμέτρου, καὶ τῆς ἀπολαμβανομένης ὑπ' αὐτῆς τοῦ κύκλου περιφερείας. (Semicirculus vero est figura contenta a diametro, et ea circuli circumferentia, quae a diametro intercipitur.)

XIX. Ein Kreisabschnitt ist die Figur, welche von einer geraden Linie und dem Umkreise (Kreisumfang) eingeschlossen wird. Τμῆμα κύκλου ἐστὶ τὸ περιεχόμενον σχῆμα ὑπό τε εὐθείας καὶ κύκλου περιφερείας (ἢ μείζονος ἢ ἐλάσσονος ἡμικυκλίου). (Segmentum circuli est figura contenta recta et circuli circumferentia [vel majore vel minore semicirculo] cf. lib. III. def. 6.)

In diesen Erklärungen von Halbkreis und Kreisabschnitt ist der erste Begriff „Halbkreis" ein spezieller Fall des zweiten „Kreisabschnitt," mag man nun, wie hier, wo der Gattungsbegriff „Figur" ist, von der Fläche abstrahiren, oder nicht. Einen Terminus für Sehne hat Euklid ebensowenig wie für Halbmesser.[*]) Uebrigens ist nicht unbedingt erforderlich, ja es scheint mir sogar falsch zu sein, den Halbkreis als geschlossene Figur zu betrachten; denn da ein ganzer (voller) Kreis eine völlig krumme Linie ist, so kann doch ein Halbkreis (halber Kreis) nicht eine gemischte Figur (von Kurve und Gerade begrenzt) sein. Der Begriff Figur fordert nicht nothwendig das Merkmal des Geschlossenseins. Das Urelement der Figur als des Formgebenden ist der Winkel, mit ihm bereits, aber auch nicht früher, beginnt die Figur. ·(Vergl. VIII u. XIV.)

XXIV—XXIX. Diese Definitionen von gleichseitigem (ἰσόπλευρον), gleichschenkligem (ἰσόσκελες), ungleichseitigem (σκαληνόν), rechtwinkligem (ὀρθωγώνιον), stumpfwinkligem (ἀμβλυγώνιον), spitzwinkligem (ὀξυγώνιον sc. τρίγωνον) Dreieck hätten ihre Stelle naturgemässer unmittelbar hinter der Definition des Begriffs Dreieck (XXI) gefunden. Ueberdies ist es genetischer,

---

[*]) Vergl. Lib. III. def. 4., wo er die Sehnen (chordae) nur εὐθεῖαι (sc. ἐν τῷ κύκλῳ) nennt i. e. rectae in circulo, besser rectae circulo inscriptae. Der Halbmesser heisst ἡ ἐκ τοῦ κέντρου εὐθεῖα. Vergl. Müller Beiträge zur Terminologie der griech. Mathematiker. Lpz. 1860. S. 9.

die Eintheilung*) der Dreiecke nach den Winkeln an den Satz von der Winkelsumme des Dreiecks anzuschliessen. (Vergl. Snell, Lehrb. d. Geom. S. 32. Schlömilch, Geom. d. M. S. 19.)

XXX—XXXI. Unter den vierseitigen Figuren heisst diejenige Quadrat, welche gleichseitig und rechtwinklig ist. *Τῶν δὲ τετραπλεύρων σχημάτων τετράγωνον μέν ἐστιν, ὃ ἰσόπλευρόν τέ ἐστι καὶ ὀρθογώνιον.* (*Quardrilaterarum autem figurarum quadratum quidem est, quod et aequilaterum est et rectangulum.*)

Ein Oblongum (Rechteck) ist eine Figur, welche zwar rechtwinklig, aber nicht gleichseitig ist. *Ἑτερόμηκες δὲ, ὃ ὀρθογώνιον μέν, οὐκ ἰσόπλευρον δέ.* (*Oblongum autem, quod rectangulum quidem, non vero aequilaterum.*)

In diesen Erklärungen ist nicht gesagt, was „rechtwinklige" Figur ist, ob (nach Analogie des Dreiecks) eine solche, welche nur einen, oder eine solche, die mehrere Rechte hat. Freilich folgt bei einem Parallelogramm die Rechtwinkligkeit aus der Existenz eines Rechten, aber mit diesem Satze ist ja die Erklärung (wie es allerdings sein sollte**) gar nicht genetisch verbunden. Das allgemeine Viereck (Trapezoid) kann z. B. nur einen oder zwei Rechte haben und erst aus der Existenz von drei Rechten folgt, dass alle Winkel Rechte sind. Was ist nun ein rechtwinkliges Viereck? Weiter aber giebt das Merkmal „nicht gleichseitig" (XXXI) immer noch keinen klaren Begriff davon, dass gerade die gegenüberliegenden Seiten gleich sind. Denn „nichtgleichseitig" kann auch heissen „ganz ungleichseitig;" es ist hier gewissermassen „halb ungleichseitig.".

Ueberdies ist hier wie in XXXII eine negative Begriffsbestimmung. Aber — was die Hauptsache ist, warum nun diese vier Figuren einzeln definiren und nicht vielmehr den Gattungsbegriff (*genus*) Parallelogramm entwickeln und dann die vier Parallelogramme als vier nothwendige besondere Arten (*species*) des Gattungsbegriffs darstellen? Oder — wenn das als

---

*) Den Einwurf, dass Euklid nur benenne aber nicht eintheile, weise ich zurück. Jedes Herausheben durch unterscheidende Benennung ist stillschweigende) Eintheilung.

**) Vergl. Dr. Reidt's Bem. II, S. 209.

methodischer erscheinen sollte, warum nicht vom Besondern zum Allgemeinen aufsteigend aus den vier Spezies den Gattungsbegriff Parallelogramm ableiten?

Hier zeigt sich dieselbe Starrheit, die sich an den einzelnen Fall anklammert, ohne doch, was allerdings methodisch und didaktisch zugleich wäre, von dem einzelnen Fall zu dem allgemeinern aufzusteigen, um wieder aus dem Allgemeinen das Besondere auszuscheiden.

XXXIV. Trapez heisst jede andere vierseitige Figur. *Τὰ δὲ παρὰ ταῦτα τετράπλευρα τραπέζια καλείσθω.* *(Reliqua autem quadrilatera trapezia vocentur.)*

Ist das eine Definition? Ist nicht hier der Umfang dieses Begriffs ganz unbestimmt? Alles also, was nun noch übrig bleibt, das werfen wir in einen Topf und nennen es Trapez! Weiss man nun, was Trapez ist? Ist hier nicht ebenfalls die Negation eines oder mehrerer Merkmale (,,jede andere Figur, die nicht so ist"), also eine negative Begriffsbestimmung? Mehrere wichtige Arten des Trapezes bleiben natürlich dabei unerwähnt, z. B. das symmetrische (gleichschenklige) Trapez auch ,,Antiparallelogramm" genannt und unter den Trapezoiden das Deltoid.

Wie sehr auseinandergerissen und ungeordnet diese Definitionen sind, ersieht man daraus, dass in XIV ,,Figur," in XXII ,,vierseitige Figur," in XXX—XXXIII die ,, vier Parallelogramme" und doch in XXXV erst der Begriff parallel erklärt wird. Den Begriff Parallelogramm erklärt Euklid gar nicht, sondern nur den paralleler Geraden (XXXV). Jener Begriff findet sich zuerst in Lehrsatz XXXIV als *παραλληλόγραμμον χωρίον* und zwar gleich im Genetiv (s. CH. p. 126, welcher dort nicht mehr als 25 Stück Zusätze giebt).

XXXV. Parallel sind gerade Linien, die in derselben Ebene liegen und, nach beiden Seiten ins Unendliche verlängert, nach keiner Seite hin miteinander zusammentreffen. *Παράλληλοι*) εἰσιν*

---

*) Der Ausdruck *παράλληλος*, dem spätern Griechisch angehörend, ist ähnlich entstanden wie *proportio* aus *pro portione*. *Παράλληλοι* sind nämlich *εὐθεῖαι παρ' ἀλλήλας οὖσαι* oder *κείμεναι* [oder auch *ἠγμέναι*], d. h. Gerade, welche nebeneinander oder einander entlang sich befinden oder liegen oder gezogen sind.

εὐθεῖαι, αἵτινες ἐν τῷ αὐτῷ ἐπιπέδῳ οὖσαι καὶ ἐκβαλλόμεναι εἰς ἄπειρον ἐφ᾽ ἑκάτερα τὰ μέρη, ἐπὶ μηδέτερα συμπίπτουσιν ἀλλήλαις. *(Parallelae rectae sunt, quae in eodem plano positae, et productae in infinitum ad utramque partem in neutram sibi coincidunt.)*

Diese auch bei uns noch gangbare Erklärung von „Parallelen" verlangt in dem ἐκβαλλόμεναι εἰς ἄπειρον eine nicht blos *in praxi* (*realiter*) wegen Mangels der dazu nöthigen Vehikel, sondern auch in der Vorstellung *in intellectu (idealiter)* wegen der dazu nöthigen endlosen Zeit unausführbare Construction*): die Verlängerung zweier Geraden ins Unendliche (εἰς ἄπειρον, *in infinitum*). Dieser Hinweis auf eine Bedingung, die nicht erfüllt, oder auf eine Untersuchung, die nicht beendet werden kann, gleicht der Behauptung, es liege ganz gewiss im Erdmittelpunkte ein Schatz, man möge ihn nur heben. Wenn man nach dieser Erklärung den Parallelismus zweier Linien prüfen wollte, so wäre es unmöglich, Evidenz darüber zu gewinnen, dass die Geraden sich wirklich nicht treffen. Weiter hat man an dieser Erklärung ganz besonders die Euklidische Starrheit getadelt (vergl. die Bem. v. Drobisch am Schluss), weil er den Parallelismus der Linien nicht durch Bewegung aus der Convergenz derselben hervorgehen, diese nicht als momentanen Zwischenzustand zwischen Convergenz und Divergenz betrachtet. Indem nämlich der Treffpunkt zweier Geraden, z. B. der Gipfelpunkt (die sogenannte Spitze) eines gleichschenkligen Dreiecks, bei festbleibender Stellung der Anfangspunkte der Geraden (hier der Endpunkte der Basis) mit zunehmender Geschwindigkeit in die Ferne flieht, muss (auch in der Vorstellung) der Winkel an der Spitze stetig bis 0 abnehmen, während die Schenkel ohne Ende wachsend parallel werden und mit der Basis Winkel bilden, deren Summe $= 2R$ wird.

---

*) Fresenius (Grundlagen etc. S. 46) sagt: „Hier wird unserer Vorstellung eine unerschöpfliche Aufgabe zugemuthet, welche noch dazu, wenn ihr genügt wäre, zu einem negativen Resultate führte."

Aehnlich Becker (üb. d. Methode des geom. Unterrichts, Frankfurt 1845. S. 32): „Diese Definition hat fast nur einen negativen Inhalt und giebt also keine lebendige Anschauung; überdies setzt sie eine unendliche Verlängerung voraus und führt somit gleich auf ein sehr gefährliches Gebiet."

Ob der in die Ferne fliehende „unerreichbare" oder „unendlich ferne" Punkt, wie die neuere Geometrie annimmt, auch beim Parallelismus, d. i. in dem momentanen Uebergange aus der Convergenz in die Divergenz noch existirt, oder ob er bereits verschwunden und nur noch als Hilfsvorstellung, als Fiction (als imaginär) Berechtigung hat, möge dahingestellt bleiben.*) Die neuere Geometrie wenigstens hält sich für berechtigt Parallelen zu erklären als Gerade, die einen unendlich fernen (unerreichbaren) Punkt gemein haben, so dass der Parallelismus als Grenzfall der Convergenz und zugleich der Divergenz gilt.**)

Die Ansicht aber, dass dieser unerreichbare Punkt beim Parallelismus als bereits verschwunden zu denken sei und momentan nicht existire (wie bei zwei Parallelkreisen der Kugel), bis die Geraden wieder convergiren (und auf der andern Seite divergiren) scheint mir nicht minder berechtigt und wenigstens der Prüfung werth zu sein.

B. Die Forderungssätze Euklids

(αἰτήματα, postulata).

Die drei Forderungssätze des Euklid sind:

1) Von jedem Punkte nach jedem andern eine Gerade zu ziehen. Ἠτήσθω, ἀπὸ παντὸς σημείου ἐπὶ πᾶν σημεῖον εὐθεῖαν γραμμὴν ἀγαγεῖν. (Postuletur, ab omni puncto ad omne punctum rectam lineam ducere.)

2) Eine begrenzte Gerade stetig gerade fort zu verlängern. Καὶ πεπερασμένην εὐθεῖαν ἐπ᾿ εὐθείας κατὰ τὸ συνεχὲς ἐκβάλλειν. (Et finitam rectam in directum continuo producere.)

---

*) Vergl. die Aufsätze von Becker und Schlegel in den kleinern Mittheilungen.

**) Wenn der in die Ferne fliehende Punkt, als „unerreichbarer" oder „unendlichferner" Punkt, wie die neuere Geometrie anzunehmen scheint, beim Uebergange aus der Convergenz in die Divergenz auf der entgegengesetzten Seite wieder erscheinend aus der Unendlichkeit in das Endliche hereinrückt, so setzt diese Annahme stillschweigend die Ebene als unendlich grosse Kugel- oder Cylinderfläche voraus. Die Vorstellung einer Oberfläche (als Grenze) lässt aber stets ein „darüber hinaus" zu und folglich ist eine solche Kugelfläche gar nicht anschaulich zu fixiren. Vergl. den Aufs. von Fresenius Bd. II, S. 500 u. 501.

3) Aus jedem Mittelpunkte und in jedem Abstande einen
Kreis zu beschreiben. *Καὶ παντὶ κέντρῳ καὶ διαστήματι
κύκλον γράφεσθαι. (Et omni centro et intervallo circulum de-
scribere.)*

Euklid erklärt nicht, was er unter Forderungssätzen verstanden wissen will. Wahrscheinlich sollen sie zu den Aufgaben
in demselben Verhältnisse stehen, wie die Axiome zu den Lehrsätzen, d. h. sie sollen ohne alle Anleitung, ja sie sollen wohl
sogar, wie manche Mathematiker meinen,*) nur in der Vorstellung (Phantasie) ausgeführt werden. Wie jene keinen
Beweis, so brauchen diese keine Lösung.**) Da aber selbst
die Axiome einer Klärung bedürfen (die Ansichten über Axiome
sind ja überhaupt sehr verschieden und wandelbar), so fordern
auch diese elementaren Constructionen, für den Anfänger wenigstens, eine Anleitung, welche in den propädeutischen Unterricht
gehört. Für den heutigen Stand der Didaktik ist eine solche
Propädeutik gar nicht mehr offene Frage, sondern längst als
berechtigt anerkannt und für sie wäre diese magere Zusammenstellung Euklids höchst unzureichend. Es müssten wenigstens
einige ebenso nothwendige Constructionen angegeben sein,
z. B. vor Allem das Ziehen von Parallelen.

Wenn aber in diesen Postulaten nur die Möglichkeit der
geforderten Constructionen behauptet, nicht eine wirkliche pro-
ductive Leistung verlangt werden soll,***) so sei bemerkt, dass

---

*) Vergl. CH. p. 23. *Ad postulatum primum monet Scarburgh., mente
tantum ductam concipi rectam ab uno puncto ad alterum et generatim ea
omnia, quae sive in postulatis, sive in problematibus fieri jubeant mathe-
matici, imaginatione saltem ita effecta concipienda esse, neque manua-
lem litterarum ductum, qui semper imperfectus sit, ad veritatem mathe-
maticam intelligendam requiri, figuras tamen manu factas imagina-
tioni succurrere, unde semper regulae et circini usum hactenus
permissum sibi putarint geometrae.*

**) Vergl. CH. p. 22. *Postulata aliquid efficere jubent, quod habet
facilem et cuivis obviam constructionem, axiomata contra aliquid verum esse
asserant, de quo nemo, qui verborum sensum probe intellexit, dubitare potest.*

***) Vergl. Drob. Log. § 134: Die drei Postulate Euklids „sind aller-
dings Leistungen, die von dem Anfänger in der Geometrie verlangt werden;
aber sie haben nicht blos einen technisch-praktischen, sondern zugleich
den idealen Sinn, dass die Begriffe der begrenzten und unbegrenzten
Geraden und des Kreises als unmittelbar giltige vorausgesetzt werden
sollen.

der Anfänger in der Geometrie doch immer erst durch die Erfahrung, d. h. durch die vorausgegangene wirkliche Construktion
von jener Möglichkeit überzeugt worden ist.

C. Die Grundsätze Euklids

(κοιναὶ ἔννοιαι, axiomata, notiones communes s. fundamentales).

I—VIII. Auch hier fehlt, wie bei den Definitionen und
Forderungssätzen, die Erklärung von „Grundsatz". Sodann
dürften diese Sätze logischer zu ordnen sein. Denn es ist naturgemässer II und IV, III und V zusammzustellen, da in ihnen
jedesmal dieselbe Operation, dort Addition, hier Subtraction
angezeigt ist, so dass man schliesslich beide in einen verschmelzen könnte:

„*ἐὰν ἴσοις (ἀνίσοις) ἴσα προστεϑῇ, τὰ ὅλα ἐστὶν ἴσα (ἄνισα)*."

„Gleiches zu Gleichem (Ungleichem) addirt, giebt Gleiches
(Ungleiches)" und ähnlich bei III und V.

Der Satz VI aber „*τὰ τοῦ αὐτοῦ διπλάσια ἴσα ἀλλήλοις
ἐστὶν*." „Die Doppelten derselben Grösse sind einander gleich,"
ist ebenso ein Spezialfall von II, wie VII „die Hälften derselben Grösse (*τὰ τοῦ αὐτοῦ ἡμίση*) sind einander gleich" ein
Spezialfall von III ist. Denn jede Multiplication, also auch die
einfachste, die Verdoppelung, ist eine (wiederholte) Addition
und jede Division, also auch die einfachste, die Halbirung, eine
Subtraction. Eine noch grössere Verallgemeinerung darf man
freilich von der Methode Euklids nicht erwarten. Strenggenommen nämlich sind Satz VI und VII nur Spezialfälle des
allgemeineren Satzes: „Gleiches, d. h. gleiche Grössen gleich
vielmal (*n* mal) genommen geben wieder Gleiches." Ja, die
sämmtlichen Grundsätze von II—VII, auf denen zum Theil die
Auflösung der Gleichungen beruht, sind Spezialisirungen des
allgemeinsten Grundsatzes: „Gleiche Grössen auf gleiche Weise
(quantitativ) verändert geben wieder gleiche Grössen." Der Ausdruck Gleiches (*ἴσα*), eine Abkürzung, in der die Abstraction
auf die Spitze getrieben ist, müsste freilich vor dem Gebrauche
als „gleiche Grösse" definirt werden, da man sonst auch Quali-
tatives (intensive Grösse) verstehen könnte. Endlich, wenn man
in Ax. VIII „das einander deckende" *τὰ ἐφαρμόζοντα ἐπ᾽ ἄλληλα*
auf Körper anwendet, so ist der Satz nicht einmal richtig,

denn das „Decken" genügt bei Körpern als Kennzeichen ihrer
Congruenz nicht.   Ja, selbst die Gleichheit und Aehnlichkeit
vereint reichen zur Congruenz der Raumfiguren noch nicht aus.
Vergl. Baltzer Elem. II. Stereom. § 4., 4. Anm.

X. Alle rechten Winkel sind einander gleich.
*Καὶ πάσας τὰς ὀρθὰς γωνίας ἴσας ἀλλήλαις εἶναι. (Et omnes
angulos rectos aequales inter se esse.)*)

Dieser Grundsatz ist nur eine besondere Anwendung des
allgemeinern: „jede Grösse ist sich selbst gleich" auf
den rechten Winkel.   Man könnte ihn ebenso gut auf jeden
andern Winkel anwenden, z. B. „alle Winkel von 30⁰ sind einander gleich" etc. und erhielte so unzählige, aber selbstverständliche und darum höchst unnöthige Spezialsätze.   Legendre (I,
p. 5 der Ausg. von Crelle) und Kunze (§ 16) u. v. A. beweisen
diesen Satz, behandeln ihn also wie einen Lehrsatz.   Mit Recht
sagt Kober (in dieser Zeitschr. Bd. I, S. 241) „man möchte sich
wundern, dass noch kein Mathematiker bewiesen hat, dass alle
Viertelstunden einander gleich sind."   In solchen Bemühungen
gipfelt in der That die Beweismanie vieler Mathematiker.
Welcher Contrast! Dieses Axiom von der Gleichheit der rechten
Winkel beweist der grosse Legendre und um den folgenden (den
berühmten XI.) Satz, den seinerseits der grosse Euklid für ein
Axiom ausgibt, zu beweisen, wendet man den grössten Scharfsinn auf.   Wahrlich, ein besseres Zeugniss für die grosse Verschiedenheit der Ansichten über die beweisbedürftige
und die durch blosse Anschauung zu erkennende geometrische Wahrheit kann es kaum geben.   Man möchte sagen:
de gustu et de axiomate non est disputandum.

XI. Zwei gerade Linien, die von einer dritten
so geschnitten werden, dass die beiden innern und
an einerlei Seite liegenden Winkel zusammen kleiner
als 2 *R* sind, treffen genugsam verlängert an eben
der Seite zusammen. — *(Καὶ) ἐὰν εἰς δύο εὐθείας εὐθεῖά
τις ἐμπίπτουσα τὰς ἐντὸς καὶ ἐπὶ τὰ αὐτὰ μέρη*) *γωνίας*

---

*) Die drei Axiome X, XI, XII sind in der Ausgabe von Cam. u. H.,
S. 25 unter die Postulate aufgenommen, was offenbar sinnlos ist. Denn
diese Sätze enthalten „Urtheile" nicht aber Forderungen!

**) Hier fehlt zu den Worten „an einerlei Seite" (*ἐπὶ τὰ αὐτὰ
μέρη*) der Genetiv „der Schneidenden."

δύο ὀρθῶν ἐλάσσονας ποιῇ, ἐκβαλλομένας τὰς δύο εὐθείας
ἐπ' ἄπειρον συμπίπτειν ἀλλήλαις, ἐφ' ἃ μέρη εἰσὶν αἱ τῶν
δύο ὀρθῶν ἐλάσσονες γωνίαι. (*[Et] si in duas rectas recta
quaedam incidens, interiores et ad easdem partes angulos duobus rectis minores faciat, productas illas duas rectas in infinitum sibi coincidere, ad quas partes sunt anguli duobus rectis
minores.*)

Dieses angebliche Axiom ist berühmt oder vielmehr berüch-
tigt geworden, dadurch, dass so viele gelehrte und weise Männer
sich an ihm unnöthiger Weise den Kopf zerbrochen haben, dass
sie diesen Gordischen Knoten lösen wollten, statt ihn zu durch-
hauen. Da es nämlich als Axiom nicht klar genug an sich ist,
so stellte man es unter die Lehrsätze, suchte nach Beweisen
desselben und nahm irgend einen andern Grundsatz als Aus-
gangs- und Stützpunkt. Daher die vielen Beweisversuche, welche
eine ganze Literatur*) erzeugt haben und von denen schon vor
länger als 100 Jahren Klügel in seiner Abhandlung *Conatuum
praecipuorum theoriam parallelarum demonstrandi recensio (Got-
tingae 1763)* nicht weniger als 28 zusammengestellt und beurtheilt hat. Doch erlangte keiner dieser Versuche die einmüthige
Zustimmung der Geometer und Klügel selbst sagt in obiger Abh.
§. *1 Alii alia axiomata, sed Euclideo nec clariora, nec certiora
substituerunt.*

Dieses angebliche Axiom ist offenbar ein beweisbedürf-
tiger Lehrsatz, und warum? — Es ist wahr, jeder Knabe
wird, wenn er zwei convergirende Linien zieht, durch Nachdenken und Versuch finden, dass diese in einem nähern oder
entferntern Punkte nach Seite der Convergenz hin sich treffen
müssen und insofern könnte man, der unmittelbaren
Anschauung ihr Recht zugestehend, den Satz als Axiom
gelten lassen. Aber wenn dies auch in der Propädeutik zulässig
wäre, für die wissenschaftliche Geometrie genügt es
nicht. Denn der Grund, welcher hier angegeben ist, wird vom
Lernenden nicht unmittelbar eingesehen, die Bedingung nicht

*) Vergl. Encyklop. von Ersch-Gruber, Artikel „Parallel" v. Sohnke,
worin ein Verzeichniss von Werken, Abhandlungen und Excursen über
die Parallelentheorie. — Euklid, von Camerer und Hauber, I, 402—442. —
Grunerts Archiv, Bd. 47, 3. „über den neuesten Standpunkt der Parallelentheorie."

ohne Weiteres begriffen werden, dass die Summe der Innenwinkel $(\alpha + \beta)$ nach Seite der Convergenz kleiner als $2R$ sein
muss. Der Zusammenhang dieses Grundes mit jener Folge
erfordert daher einen Nachweis. Ein Grundsatz aber soll in
sich selbst klar sein und eines Beweises nicht bedürfen.

· In der That ist das angebliche Euklidische Axiom nichts
weiter, als die Umkehrung des folgenden Satzes: „wenn zwei
Ungleichlaufende von einer (dritten) Geraden geschnitten werden,
so ist die Innenwinkelsumme nach Seite der Convergenz kleiner
als $2R$.“ Dieser Satz ist aber sachlich identisch mit folgendem:
„im Dreieck ist die Sa. zweier Winkel kleiner als $2R$,“
bei Euklid Lehrsatz 17, welchen er leicht mit Hilfe des Satzes
vom Aussenwinkel des Dreiecks beweist. Euklid giebt also die
Umkehrung eines (spätern) Lehrsatzes als ein Axiom! Die
Umkehrung eines beweisbedürftigen und wirklich
bewiesenen Satzes kann aber in einem System nicht
als Axiom gelten, zumal in einem System, wo der Beweis
das durchgreifende Princip der Anordnung ausmacht, und es ist
zu verwundern, dass dieser Fehler einem so scharfsinnigen
Mathematiker entgangen ist.

Man hat diesen Fehler auch längst erkannt und schon
Legendre (I, 23) beweist den Satz und zwar mit Hilfe des
Satzes von der Winkelsumme des Dreiecks. Andere sind ihm
hierin gefolgt*). Ueberhaupt wird die ganze Parallelentheorie
äusserst einfach und klar und die Sätze folgen so ungezwungen
auseinander, wie man nur immer wünschen kann, wenn man
mit Snell u. A. den Satz von der Gleichheit der correspondirenden Winkel als Axiom nimmt**).

Dass man aber auch behauptet hat, der Satz liesse sich
nicht beweisen, zeugt von der grossen Verschrobenheit der
Ansichten mancher Geometer. So sagt z. B. Rosanes in seinem

---

*) Z. B. J. H. T. Müller Lehrb. der Geom. I. Absch. 52 β, S. 22.;
Kunze (Geom. Jena 1844. § 65), welcher dort den Fehler Euklids aufdeckt,
aber einen eigenen Grundsatz zu Hilfe nimmt, „die Parallele zu einer
Geraden ist selbst wieder eine Gerade,“ einen Satz, der doch
nichts als eine hohle Tautologie ist. Denn was soll diese Parallele anders
sein, als eine Gerade?

**) Vergl. Geom. I, S. 25., bes. die Anm. und Schlömilch, Geom. des
M. I, S. 17.

Vortrag „über die neuesten Untersuchungen in Betreff unsrer
Anschauung vom Raume" (Breslau 1871, S. 8): „War man
auch von der Richtigkeit desselben (näml. des Eukl. Axioms)
überzeugt, so blieb doch die Unmöglichkeit, es zu beweisen, eine störende, ich möchte sagen, beschämende Thatsache. Seit zweitausend Jahren war die Mathematik in einem
Masse fortgeschritten, das alle Erwartungen übertraf; immer neue
Zweige waren entstanden und hatten früher nicht geahnte Anwendung gefunden und dieses ganz elementare Postulat stand
noch immer da unbewiesen, und dennoch nicht unbeweisbar,
wie es schien." Nachdem er weiter auf die von Bolyai und
und Lobatschewsky neubegründete imaginäre oder Nichteuklidische
Geometrie hingewiesen hat, nach welcher die Winkelsumme
eines Dreiecks einen constanten Werth unter 180° hat, und
(S. 11) der grossen Sicherheit Bewunderung gezollt, mit der
Riemann „sich von den Schranken der Anschauung
frei zu machen weiss" endlich einen Seitenhieb auf Bertrand
geführt, der in den Versuchen Lobatschewskys nur „die Sucht
zu disputiren" gesehen habe, schliesst er (S. 12):

„So wurden die Forschungen ignorirt, die einen neuen
Standpunkt einnehmen gelehrt hatten und man beharrte dabei,
als sichere Ergebnisse aus der Anschauung Behauptungen hinzustellen, über welche eine strengere
Kritik andere Urtheile geliefert hatte.

Aehnlich sagt Baltzer (Geom. 3. Aufl. §. 1. Nr. 9 Anm.
S. 16):

„Euklides nannte zwei sich nicht schneidende Geräde einer
Ebene parallel und nahm ohne Beweis an, dass unter der Bedingung $(BAC + ACD) < 180°$ die Schenkel AB und CD
sich schneiden (11. Ax.) ..... Dass die Versuche, jenes
Axiom (oder ein Aequivalent desselben) zu beweisen, aus-
sichtlos sind, diese von Gauss (seit 1792) gehegte Ueberzeugung findet ihre Bestätigung durch die Existenz einer widerspruchsfreien abstracten Geometrie, welche Gauss, J. Bolyai, Lobatschewsky erbaut haben, indem sie auf die Benutzung
einer derartigen Hypothese verzichtend die Möglichkeit
geradliniger Dreiecke mit verschiedenen Winkel-
summen (unter 180°) zuliessen. Die unserer Erfahrung
entsprechende Geometrie (welche im folgenden entwickelt wird)

heisst die gemeine Euklidische Geometrie; die abstracte Geometrie, welche in gewissen Lehren mit der gemeinen Geometrie unbedingt übereinstimmt, übrigens aber eine durch Erfahrung zu bestimmende Constante enthält, ist imaginäre, Nicht-Euklidische Geometrie, Astralgeometrie, Pangeometrie (!) genannt worden."

In Bezug auf diese imaginäre Geometrie finde hier eine Stelle aus Drobisch Logik (3. Aufl. S. 15) Platz: „Die Objekte der Logik sind an sich nichts mehr, als Gedankendinge, denen zwar reale Objekte entsprechen können, aber nicht müssen. . . . . . Der Mathematiker kann durch Schlüsse die Gestalt der Bahnen bestimmen, welche die Planeten beschreiben müssten, wenn die Sonne sie im umgekehrten kubischen Verhältnisse der Entfernungen anzöge, obgleich es eine solche Anziehung nicht giebt, ja er kann sogar (wie Lobatschewsky in Crelle's Journal XVII, 295) die Consequenzen der Voraussetzung eines ebenen Dreiecks, in dem die Winkelsumme weniger als 2 R beträgt, untersuchen, obgleich ein solches Dreieck nur imaginär ist."

Anm. Gegen solche Untersuchungen, deren Fruchtbarkeit für die Praxis der Wissenschaft dahingestellt bleibe, wird Niemand etwas einwenden. Wer Geschmack daran findet, möge sie führen, es muss auch solche Leute geben. Nur möge man den andern nüchternen Jüngern der Wissenschaft nicht zumuthen, den Boden der Anschauung zu verlassen, die in unsrer geistigen Natur und in den ewig wahren und bleibenden Eigenschaften des Raumes wurzelt.

XII. Zwei Gerade schliessen keinen Flächenraum*) ein. (Καὶ δύο εὐθείας χωρίον μὴ περιέχειν. (Et duas rectas spatium non continere.)

Dieses Axiom erhält erst vollständige Klarheit, wenn die verschiedenen Fälle der Lage der beiden Geraden discutirt werden. Die Geraden können nämlich entweder einen Winkel bilden, oder parallel sein, oder zusammenfallen. Quartum non datur. Im ersten Falle begrenzen sie mit Ausnahme des Null-, Voll- und gestreckten Winkels einen Ausschnitt (Sector) der Ebene, im zweiten einen Streifen (ein Band), im dritten bilden sie einen Doppelstrahl, wie beim Null- und Vollwinkel, oder, wie beim gestreckten Winkel eine Gerade, die beiderseits ins

———————
*) So dürfte hier wohl χωρίον zu übersetzen sein.

Unendliche verlängert, die Ebene halbirt. Der dritte Fall ist streng genommen ein Spezialfall des ersten, den man auch erhält, wenn man den Winkel und zugleich die Sektorfläche bis 0⁰ ab- oder bis 180⁰ zunehmen lässt. In keinem Falle wird ein Flächenraumtheil eingeschlossen. Denn dazu würden im ersten Falle noch eine, im zweiten sogar noch zwei Gerade nöthig sein. Im dritten müsste wenigstens eine der Geraden entweder eine gebrochene oder eine krumme Linie werden, was der Annahme widerspricht. Aus diesem dritten Falle ergiebt sich übrigens leicht, dass zwei Gerade sich decken müssen, wenn sie zwei Punkte gemein haben. Denn wenn sich zwei Punkte einer Geraden decken, müssen sich auch die übrigen decken*).

Ein Rückblick auf die vorausgegangene Durchmusterung der Euklidischen Principien des 1. Buches ergibt als unzweifelhaftes Resultat, dass dieselben für den heutigen Standpunkt der Wissenschaft und Didaktik nicht mehr genügen können. Zuvörderst fehlt Euklid die metaphysische Grundlage, die Entwickelung der Eigenschaften des Raums, ohne welche in unsrer Zeit eine Grundlegung der Geometrie gar nicht mehr möglich ist. Sodann aber giebt er weder den Begriff, noch die Aufgabe, noch die Methode der Geometrie, noch auch das Fortschrittsprincip dieser Methode an. Er fällt so zu sagen, mit der Thüre ins Haus, fängt gerade mit dem Schwierigsten, mit dem Punkte an, während uns doch die gesammte Natur darauf hinweist, die Raumwissenschaft mit dem Körper zu beginnen.

---

*) Zu diesem Axiom macht Baltzer (Elem. § I, 3. S. 4. Anm.) die Bemerkung, nach demselben werde behauptet, dass zwei Gerade sich decken, wenn sie zwei Punkte gemein haben, und dass eine Gerade ihre Lage nicht ändern kann, wenn sie in zwei Punkten festgehalten ist." Der im zweiten Satz liegende Gedanke scheint mir dem im ersten fremd zu sein, da doch von zwei aber nicht von einer Geraden die Rede ist. Eher scheint mir daraus der Satz zu folgen: „zwischen zwei Punkten ist nur eine Gerade möglich." — Vergl. übrigens C H. p. 24, wo es heisst: *Recte Playfair observat hoc axioma supplere apud Euclidem defectum definitionis rectae, quae certe haud perspicua sit, nec usquam adhibeatur, quum hoc potius axiomate demonstrationes, quae huc pertineant, nitantur.*

Hinsichtlich der Dreitheilung seiner Principien erklärt er
nicht einmal, was er unter Definitionen, Grund- und Forderungssätzen verstehe. Seine Definitionen sind theils logisch fehlerhaft,
theils unklar, theils ungeordnet; seine Eintheilungen meist nicht
erschöpfend, seine Terminologie lückenhaft. Seine Forderungssätze sind zu dürftig, von den Axiomen ist das 10. müssig, und
das 11. verdient diesen Namen gar nicht. Die genannten
Mängel entspringen aber z. Theil aus dem Hauptfehler des
ganzen Systems. Dieser ist jene Starrheit, die sich an den
einzelnen Fall anklammert. Es fehlt Euklid das Mittel der
(stetigen) Bewegung der Raumelemente, welche die Uebergänge der räumlichen Formen ineinander und somit die Mannichfaltigkeit in der Einheit der räumlichen Gestalten
aufweist. Es fehlt ihm jene lebendige Auffassung, die in den
räumlichen Gestalten, wie in der Natur, ein ewiges Werden
und nicht blos ein starres Sein erkennt. Auch hierüber äussert
sich der schon Eingangs erwähnte vorzügliche Philosoph und
Mathematiker, zugleich mit Rücksicht auf die neuere Geometrie,
in einer Abhandlung „über das Stetige und seine Beziehungen zum Calcül"*) trefflich wie folgt:

„Euklides giebt weder von der Geraden noch von dem Kreis,
dem Winkel oder der Ebene genetische, die Bewegung (also die
stetige Veränderung der Lage) zu Hilfe nehmende Erklärungen;
nur Kugel, Kegel und Cylinder erzeugt er durch Drehung von
ebenen Flächen. Parallelen sind ihm solche in derselben Ebene
liegende gerade Linien, die beliebig verlängert nicht zusammentreffen; er sieht sie nicht als den Grenzfall von convergirenden
Geraden, als im Unendlichen zusammentreffende gerade Linien
an. Ebensowenig betrachtet er die Berührende am Kreise als
eine Schneidende, deren Durchschnittspunkte in Folge der
Drehung derselben um einen dieser Punkte, der als fest betrachtet
wird, zusammengefallen sind, sondern als eine Gerade, die der
Kreis trifft, ohne ihn zu schneiden. Nirgends wird bei den
Alten der Kreis als ein Polygon mit unendlich vielen verschwindend kleinen Seiten, nirgends überhaupt das Krumme als direct
vergleichbar mit dem Graden angesehen, sondern immer nur

---

*) S. Abhandl. der K. S. Gesellsch. der Wissensch. Sitzung v. 4. Nov.
1853. S. 160 ff.

zwischen geradlinige oder ebene Grenzfiguren eingeschlossen. Die ganze Exhaustionsmethode der Alten trägt diesen Charakter: ebenso wenig, wie das Polygon in den Kreis, geht bei ihnen das Polyeder in die Kugel, das vielseitige Prisma in den Cylinder oder die vielseitige Pyramide in den Kegel stetig über. Es scheint fast, als ob sie alle solche stetige Uebergänge und das daran sich so leicht anknüpfende Unendlichkleine absichtlich vermieden, weil sie Verschiedenartiges zu vermischen fürchteten; sie scheuen nicht die Mühe, verschiedene Fälle, die wir jetzt unter einem allgemeinen Gesichtspunkte zusammenzufassen gewohnt sind, jeden besonders zu beweisen; sie ziehen oft ziemlich künstliche und weitschweifige indirekte Beweise einer kurzen und direkten Ableitung vor, die sich nur mittelst der Vorstellungsweise eines stetigen Ueberganges geben lässt. Man kann sagen: die Geometrie der Alten zeigt, wie weit man ohne das Unendlichkleine und Unendlichgrosse mit dem blossen Princip der Congruenz und der Verhältnisse endlicher Grössen kommen, wie weit man selbst die Benutzung des stetigen Uebergangs entbehren kann. Gerade diese Hilfsbegriffe sind dagegen in der neuern Geometrie zu herrschenden geworden. Die Wissenschaft hat dabei — und darin liegt der Grund dieser Umwandlung der Methode — an Allgemeinheit der Resultate unendlich gewonnen, an Strenge ihrer Begründung aber nicht selten Verlust erlitten." —

Nachträgliche Bemerkungen.

Zu S. 116. Anm. — Auf die Grenze der Theilbarkeit des Raumes scheint mir auch Riemanns Bem. (Hypothesen etc. S. 17) zu deuten, welcher es für möglich hält, dass das dem Raum zu Grunde liegende eine „diskrete Mannichfaltigkeit" bildet. —

Zu S. 118. Anm. — Um Missverständnissen vorzubeugen, sei bemerkt, dass ich Trendelenburgs Ansicht durchaus nicht beistimme, nach welcher aus dem Punkte (d. Linie, Fläche) die Linie (Fläche, Körper) organisch hervorwachse, so aber, dass dadurch der Raum erst entstehe. (Log. Unt. 2. A. I, 271—272. „Der Raum wird selbst erst durch die Bewegung real u. ideal.") —

Zu S. 122. Anm. — Die Behauptung Baltzers, die Auffassung des Winkels als Drehungsgrösse mache den Winkel zur „intensiven" Grösse, scheint mir irrig zu sein. Denn jede Grösse, welche durch Bewegung entsteht, ist „extensiv". — Die dort angeführten „Redeweisen" nehmen den Winkel nicht als das, was er ist, als begrenzendes u. formgebendes Liniengebilde, sondern als (Sektor-) Fläche. —

Ueber einige Auflösungs-Methoden der ebenen Trigonometrie.

(Mit Rücksicht auf Brockmanns Aufsatz II, Heft 5. S. 421.)

Von Dr. Reidt in Hamm.

Im 5. Heft des 2. Jahrgangs dieser Zeitschrift empfiehlt Herr Brockmann unter Einführung des Namens „separirte Tangentenformel" die Gleichung

$$\text{tg } B = \frac{b \cdot \sin A}{c - b \cdot \cos A}$$

zur Berechnung der unbekannten Winkel aus zwei Seiten b, c und dem eingeschlossenen Winkel A eines Dreiecks, weil diese Methode eine Probe durch die Winkelsumme liefere, welche bekanntlich bei Anwendung der gewöhnlich sogenannten Tangentenformel fehle.

Die in der erwähnten Notiz entwickelten Ansichten dürften nach meiner Meinung zum Theil Widerspruch finden, und da der Gegenstand nicht ohne allgemeineres Interesse und praktisch wissenschaftliche Bedeutung ist, so möge der geehrte Verfasser mir gestatten, meine den seinigen entgegengesetzten Anschauungen von demselben hier etwas eingehender zum Zweck freundlicher gegenseitiger Verständigung darzulegen.

Ich beschränke mich zunächst auf die Voraussetzung, dass nur die Bestimmung der beiden Winkel in Frage steht, und die dritte Seite ausser Acht gelassen wird.

Bei der Beurtheilung der Zweckmässigkeit einer Auflösungs-Methode wird gewöhnlich die Forderung in den Vordergrund gestellt, dass die angewendeten Formeln eine logarithmisch-ununterbrochene Rechnung zulassen. Dies ist in der That nicht ganz richtig, eine solche kann unter Umständen weitläufiger sein, als eine andere, welche jener Forderung nicht genügt, wie dies später an einem wirklichen Beispiel gezeigt werden soll.

Die zweite Forderung, dass die angewendete Methode eine Probe zum Schutz gegen Rechenfehler enthalte, ist an sich gewiss sehr zu betonen; sie kann aber in gewissem Sinne bei jeder Methode erfüllt werden, und fehlt auch bei Anwendung der gewöhnlichen Tangentenformel eben so wenig, als bei derjenigen der separirten. Denn eine solche Probe besteht im Wesentlichen in der doppelten Berechnung eines und desselben Stücks; werden z. B. mit der separirten Tangentenformel beide Winkel berechnet und wird dann die Winkelsumme als Probe angewendet, so kann man ebenso gut sagen, der letzte Winkel solle durch die Winkelsumme gefunden und dann der auf dem anderen Wege berechnete Werth desselben Winkels zur Probe benutzt werden. Beides kommt mit der doppelten Berechnung eines und desselben Stücks und der Forderung, dass die Resultate übereinstimmen müssen, in der Sache auf dasselbe hinaus. Nun ist aber stets eine solche Probe möglich; man kann z. B., nachdem eins der gesuchten Stücke berechnet ist, jedes der anderen ausser aus den gegebenen, auch aus dem bereits gefundenen und zwei der gegebenen bestimmen, und es handelt sich nur darum, auf welche Weise dies am zweckmässigsten geschieht. — Wenden wir nun statt der separirten Tangentenformel die gewöhnliche an, so berechnen wir die beiden Winkel eben mit Anwendung des Satzes von der Winkelsumme als zweiter Gleichung und müssen dann die Probe durch eine anderweite Rechnung, z. B. mittelst $\sin C = \dfrac{c \cdot \sin B}{b}$ suchen. Ich sehe nicht ein, warum dies weniger gelten soll, als wenn man B mittelst der separirten Tangentenformel, dann C mittelst der Winkelsumme und schliesslich zur Probe C noch einmal mit der separirten Tangentenformel berechnet, welches letztere Verfahren, wie gezeigt, mit dem von Brockmann empfohlenen im Wesentlichen identisch ist. Letzterer führt selbst noch an, dass man den 3. Winkel auch mittelst des Sinussatzes berechnen, d. h. also nach unserer modificirten Auffassung dieselbe Probe anwenden könne, wie bei der anderen Methode, und es ist dies, wie ich zeigen werde, unter allen Umständen sogar bequemer als die Wiederholung desselben Verfahrens. Es ist also nicht das Vorhandensein einer Probe bei dem einen und das Fehlen einer solchen bei dem anderen Verfahren, was beide von ein-

ander unterscheidet; wir wenden in jedem Fall 3 Gleichungen
für 2 Unbekannte an und erhalten durch die überschüssige
Gleichung die Controle. Welcher derselben äusserlich der Rang
der Controlgleichung gegeben wird, macht in der Sache gar
keinen Unterschied, es fragt sich nur, welches Verfahren das
kürzeste ist, wenn man einmal eins derselben und nicht überhaupt ein anderes anwenden will.

Als Kriterium der Kürze und Bequemlichkeit einer Methode
(incl. der unerlässlichen Probe) kann aber wohl nur der Satz
aufgestellt werden, dass eine solche für den praktischen Gebrauch
um so besser sei, je weniger Zahlen und auf je weniger Seiten
der Tafel dieselben aufzuschlagen sind, immer natürlich als
selbstverständlich vorausgesetzt, dass der Gewinn bei dem
lästigen und zeitraubenden Aufschlagen nicht durch eine denselben auf- oder überwiegende Weitläufigkeit der sonstigen
Rechnung erzielt werde. Vergleichen wir hiernach die verschiedenen angeführten Methoden im vorliegenden Fall, so ergiebt
sich, indem ich der Gleichmässigkeit in der äusseren Bezeichnungsweise wegen, die Gleichung für eine Function des dritten
Winkels die Probegleichung nenne, Folgendes:

A. Anwendung der separirten Tangentenformel.

a) ohne Hülfswinkel.
  1. Probe durch die separirte Tangentenformel: Aufschlagen
     von 10 Zahlen auf 9 Seiten der Tafel.
  2. Probe durch den Sinussatz: 9 Zahlen auf 7 Seiten.

b) mit Hülfswinkel nach erster Methode bei Brockmann*).
  1. Probe entsprechend durch Hülfswinkel: 10 Zahlen auf
     9 Seiten.
  2. Probe durch den Sinussatz: 9 Zahlen auf 7 Seiten.

c) mit Hülfswinkel nach zweiter Methode bei Brockmann.
  1. Probe entsprechend durch Hülfswinkel: 11 Zahlen auf
     9 Seiten.
  2. Probe durch den Sinussatz: 9 Zahlen auf 7 Seiten.

Man kann übrigens d) statt der von Brockmann angewendeten Hülfswinkel bequemere benutzen, indem man

----

*) Wo der Druckfehler $\sin \varphi^2$ und $\sin \psi^2$ in $\sin \frac{1}{2} \varphi^2$ und $\sin \frac{1}{2} \psi^2$ zu ver-
bessern ist.

für $A < 90^0$, $\dfrac{b \cdot \cos A}{c} = \cos \varphi^2$ (für spitzes B), $\tang B = \dfrac{b \cdot \sin A}{c \cdot \sin \varphi^2}$

für $A > 90^0$, $-\dfrac{b \cdot \cos A}{c} = \tang \varphi^2$, $\tang B = \dfrac{b}{c} \sin A \cdot \cos \varphi^2$

setzt und hat dann:

1. bei Probe entsprechend durch Hülfswinkel: 8 Zahlen auf 7 Seiten,
2. bei Probe durch den Sinussatz: 8 Zahlen auf 6 Seiten.

B. Anwendung der gewöhnlichen Tangentenformel.

Probe durch den Sinussatz: 8 Zahlen auf 8 Seiten.

Es ergiebt sich hieraus, dass bei Anwendung der separirten Tangentenformel unter allen Umständen die Berechnung des 3. Winkels durch den Sinussatz (die Probe durch denselben) das kürzere Verfahren ist und dass sie bei allen 3 von Brockmann angegebenen Methoden dieselbe Arbeit mit den Tafeln erfordert, während bei zweimaliger Anwendung der separirten Formel die erste Art der Hülfswinkel die gleiche, die zweite sogar eine etwas grössere Arbeit erfordert, als die unmittelbare Anwendung der logarithmisch unterbrochenen Formel. Man sieht ferner, dass keine der von Brockmann empfohlenen Methoden einen wesentlichen Vorzug vor der Anwendung der gewöhnlichen Tangentenformel enthält. Nur die von mir hinzugefügte, übrigens ältere Methode d) durch Hülfswinkel ist in der That etwas einfacher. Dafür hat man freilich den Ballast der Hülfswinkel im Unterricht und im Gedächtniss mitzuschleppen, während man die alte Tangentenformel wegen ihrer sonstigen Anwendbarkeit auch so nicht gerne entbehren wird.

Noch viel entschiedener zum Nachtheil der separirten Tangentenformel gestaltet sich die Sache, wenn nicht blos die beiden Winkel, sondern auch die dritte Seite verlangt wird, ein Fall, den die Lehrbücher wohl vorzugsweise im Auge haben, und in welchem in allen angeführten Methoden die Berechnung dieser Seite zu der bisherigen Arbeit hinzutritt. In diesem Falle ist wohl überhaupt keiner der beiden Wege einzuschlagen welche der Verf. der Notiz am Eingange derselben als möglich anführt, also weder zuerst die dritte Seite und dann mit ihr die Winkel, noch zuerst die Winke und dann noch die Seite,

durch den Sinussatz zu suchen, vielmehr sind alle drei Stücke
in einer Rechnung mittelst des bekannten Doppelsatzes

$$(b - c) \cdot \cos \tfrac{1}{2} A = a \cdot \sin \tfrac{1}{2} (B - C),$$

$$(b + c) \cdot \sin \tfrac{1}{2} A = a \cdot \cos \tfrac{1}{2} (B - C)$$

zu berechnen. Die Thatsache, dass diese Formeln, beziehungsweise ihre Anwendung im vorliegenden Fall in neueren Lehrbüchern oder neuen Auflagen von solchen vermisst werden,
erregt den Anschein, als ob dieselben noch immer nicht die
verdiente allgemeine Beachtung gefunden hätten, und dieser
Umstand wird es rechtfertigen, wenn ich bei dieser Gelegenheit
noch einmal auf den schon früher (1. Jahrg. S. 513) erwähnten
Gegenstand zurückkomme.

Die Logarithmen der linken Seiten jener beiden Gleichungen
werden aus den gegebenen Stücken unmittelbar berechnet; ihre
Subtraction liefert log tg $\tfrac{1}{2}$ $(B - C)$ und so B und C, wie bei
Anwendung der (eigentlich hier ebenfalls versteckt gebrauchten)
Tangentenformel. Man sucht dann auf derselben Seite der
Tafel log sin $\tfrac{1}{2}$ $(B - C)$ und log cos $\tfrac{1}{2}$ $(B - C)$ und erhält
durch die betreffenden Substractionen zwei Werthe von log a,
deren Uebereinstimmung die Probe liefert.

Diese letztere gilt wegen der Anwendung des sin $\tfrac{1}{2}$ $(B-C)$
und des cos $\tfrac{1}{2}$ $(B - C)$ offenbar auch für die richtige Bestimmung
der Winkel-Differenz, und mit dieser wird man sich wohl
eben so gut, wie mit der durch die Winkelsumme begnügen
können, welche letztere die noch zu berechnende 3. Seite völlig
unverbürgt lässt. Das Schema der vorstehenden Rechnung steht
hiernach folgendermassen:

b	log $(b - c)$ $\Big\}$	log $(b + c)$ $\Big\}$	log tg $\tfrac{1}{2}$ $(B - C)$
c			
A	log cos $\tfrac{1}{2}$ A $+$	log sin $\tfrac{1}{2}$ A $+$	$= P - Q.$
$b - c$	P	Q	$\tfrac{1}{2}$ $(B - C)$
$b + c$	lg sin $\tfrac{1}{2}$ $(B-C)$ $\Big\}$	lg cos $\tfrac{1}{2}$ $(B-C)$ $\Big\}$	
$\tfrac{1}{2} A$		$-$	$\tfrac{1}{2}$ $(B + C)$
	log a $\quad=\quad$	log a	B
	a		C

Man sieht, dass die vorliegende Methode zur Bestimmung sämmtlicher drei Stücke das Aufschlagen von nur 8 Zahlen auf 5 Seiten der Tafel erfordert, und dass somit ihre Anwendung selbst in dem Falle, dass überhaupt nur die beiden Winkel verlangt sind, bequemer ist, als jede der anderen Methoden. Man hat dann sogar nur 7 Zahlen auf 4 Seiten aufzuschlagen. Etwas anders gestaltet sich die Sache, wenn zugleich mit den drei gesuchten Stücken auch der Flächeninhalt berechnet werden soll; doch ist auch hier immer noch die Anwendung der Doppelformel allen anderen Methoden vorzuziehen, wie sich leicht ergiebt, wenn man zu letzteren die Arbeit für die 3. Seite hinzufügt. Nur die Anwendung der mit d) bezeichneten Hülfswinkel, für den Fall, dass sich der 3. Winkel durch den Sinussatz scharf bestimmt, kann dann mit ihr concurriren.

Es mag noch erwähnt werden, dass die genannte Doppelformel auch sonst für verschiedene Fälle nützliche Verwerthung findet, wie bei zusammengesetzteren Aufgaben über Dreiecksberechnung, z. B. von der Art der folgenden: Ein Dreieck aus der Differenz zweier Seiten, der Differenz der gegenüberliegenden Winkel und der dritten Seite zu berechnen, u. dgl. m. Derartige Aufgaben sind wegen der gleichzeitigen Bezugnahme auf geometrische Construction an sich, wie durch die damit verbundenen Wiederholungen aus den Pensen früherer Classen sehr lohnend, und man sollte dabei stets darauf hinweisen, wie sich hier der doppelte Weg darbietet, einmal zunächst die Construction unmittelbar zu suchen, und dann an ihrer Hand die Rechnung zu entwickeln, sodann umgekehrt die letztere auf unmittelbare Bildung von Beziehungsgleichungen, wie die der Doppelformel, für die gesuchten Grössen zu stützen, und aus ihren Resultaten nachher eine geometrische Construction aufzufinden.

Es mag ferner auf die nahe Beziehung und die Aehnlichkeit zwischen unserer Doppelformel und den sog. Gaussischen Gleichungen der sphär. Trigonometrie hingewiesen werden, die, wie Ziegler gezeigt hat, sogar bis zu der Möglichkeit einer ganz gleichartigen Ableitung mittelst einander bis in's Einzelste entsprechender Figuren geht.

Der Vollständigkeit wegen will ich nicht unterlassen zu bemerken, dass ich eines der wichtigsten Kriterien für die Güte

einer Methode im Vorigen blos desshalb nur nebenbei erwähnt
habe, weil es im vorliegenden Fall kaum in Betracht kommt;
dasselbe betrifft die Forderung, dass die gesuchten Stücke sich
durch die Tafeln scharf bestimmen lassen, dass also beispielsweise ein Winkel, dessen Werth nahe an 90⁰ ist, nicht durch
seinen Sinus bestimmt werde. ·Die in Frage stehenden Methoden
geben sämmtlich die Winkel durch Tangenten; nur die Anwendung des Sinussatzes bei dem dritten Winkel kann allenfalls
unzuträglich werden, und dieser Umstand würde einzig wieder
zu Gunsten der Doppelformel sprechen.

Die „separirte" Tangentenformel aber dürfte nach dem
Gesagten für numerische Rechnungen wohl auch fernerhin
von den Lehrbüchern zu vernachlässigen sein. Etwas anderes
ist es, wenn es sich um allgemeine analytische Entwickelungen
handelt, bei denen von einem Gebrauch der logarithmischen
Tafel, aber auch von einer Probe im vorliegenden Sinn keine
Rede ist. Hier ist im Allgemeinen der Werth einer Formel
ihrer Einfachheit proportional und daher auch die separirte
Tangentenformel von nicht zu leugnendem Werthe. In einem
vollständigen wissenschaftlichen System der Trigonometrie darf
dieselbe also gewiss nicht vernachlässigt werden.

Ich weiss selbstverständlich nicht, ob ich in dem Vorstehenden nicht irgend einen Punkt, auf welchen es bei Entscheidung
der vorliegenden Frage ankommt, übersehen habe, und bescheide
mich eventuell gern gegenüber besserer Belehrung. Der Zweck
dieses Aufsatzes wird auch dann durch die Anregung zu weiterer
Klarstellung der Sache erreicht sein.

· Einfache Theorie der stereographischen Projection.

Von Prof. Ziegler in Freising.

Diese neue Theorie dürfte manchem Lehrer erwünscht sein, da alle älteren, welche ich habe auffinden können, ohne Vergleich complicirter und weniger geeignet sind für den Gymnasialunterricht.

Unter allen Methoden der Landkartenprojection hat die stereographische das meiste geometrische Interesse.

Diese Projectionsart ist eine perspectivische. Der Augenpunkt ist auf der Sphäre, als Bildebene dient die Ebene des Hauptkreises, welcher Polare zum Auge und zu dessen Gegenpunkte ist, für diese Punkte ist die Ebene des Hauptkreises der astronomische Horizont.

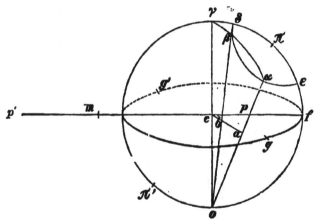

In der Figur sind die Punkte der dem Auge O gegenüberliegenden Hemisphäre mit griechischen und ihre stereographischen Projectionen mit lateinischen Buchstaben bezeichnet. Die Gegenpunkte sind accentuirt.

I. Die stereographischen Projectionen der Parallelkreise sind Kreise. Sei π ein Erdpol, so ist $\pi\gamma$ die gegebene *colatitudo* der Orte o, γ und $\pi \delta$ die *colatitudo* des Parallels. Wenn $\gamma \alpha \beta$ ein beliebiger durch γ gezogener Hauptbogen ist und der Radius $c\,o = 1$ gesetzt wird, so ist tañ $\frac{1}{2} \gamma \alpha = c\,a$ und tan $\frac{1}{2} \gamma \beta = c\,b$. Das Product tan $\frac{1}{2} \gamma \alpha$. tan $\frac{1}{2} \gamma \beta$ ist constant, also ist auch $c\,a$. $c\,b$ constant und daher gehören die stereographischen Projectionen aller Punkte des Parallels einem Kreise an. Zum Beweise ist die Umkehrung des planimetrischen Satzes angewendet: Wird eine Sehne $a\,b$ um einen Punkt c gedreht, so bleibt das Product $c\,a$. $c\,b$ constant. Zuvor ist der analoge Satz für die Sphärik angewendet, wobei die tan der halben Bögen zu setzen sind (in meiner Trigonometrie die 55. Uebung).

II. Die Mittelpunkte der Projectionen aller Parallelkreise liegen auf $c\,f$ und die Mittelpunktsentfernung von c beträgt:
$$\tfrac{1}{2}\,(\tan \tfrac{1}{2}\,(\pi \gamma + \pi \delta) + \tan \tfrac{1}{2}\,(\pi \gamma - \pi \delta))$$
Die Radien der Projectionen sind:
$$\tfrac{1}{2}\,(\tan \tfrac{1}{2}\,(\pi \gamma + \pi \delta) - \tan \tfrac{1}{2}\,(\pi \gamma - \pi \delta)).$$
Diese Strecken lassen sich mit trigonometrischen Tafeln bestimmen oder geometrisch construiren, indem für jeden Parallelkreis die Projectionen d, e der Punkt δ, ε bestimmt werden; die Strecke $d\,e$ ist dann der Durchmesser der Projection.

III. Die stereographischen Projectionen der Meridiane sind Kreise. Zum Beweise nach einer leicht zu entwerfenden aber entbehrlichen Zeichnung denke man sich durch γ einen beliebigen Hauptbogen gelegt, welcher einen beliebigen Meridian in 'Gegenpunkten α, β schneidet. Winkel $\alpha\,o\,\beta$ ist ein Rechter und wenn a, b die stereographischen Projectionen von α, β sind, so ist $c\,o^2 = c\,a$. $c\,b$; weil dieses Product constant ist, so liegen die Projectionen a, b aller Punkte eines Meridians auf einem Kreise.

IV. Bestimmung der Mittelpunkte und Radien der Meridianprojectionen.

Die Strecke $p\,p'$, welche von den Projectionen der Pole π, π' begrenzt wird, ist Sehne aller Meridianprojectionen, auf der Mittelsenkrechten dieser Sehne liegen die Mittelpunkte aller Meridianprojectionen.

Jeder Meridian schneidet die Projectionsebene in zwei Gegenpunkten g, g', welche mit ihren Projectionen zusammenfallen. Sind diese bestimmt, so kennt man für jede Meridianprojection vier Punkte p, p', g, g'. Das sphärische Dreieck $\pi\,f\,g$ ist ein rechtwinkliges und der Winkel $f \pi g$ ist der gegebene Längenunterschied λ zwischen dem durch das Auge gehenden Meridian, welcher sich auf den Durchmesser ff' projicirt, und dem darzustellenden Meridian. Ein bekannter Satz für das rechtwinklige sphärische Dreieck (in meiner Trigonometrie 20α) giebt:

$$\tan fg = \tan \lambda \cos \pi \gamma$$

eine Gleichung, durch welche die Punkte g, g' bestimmt sind.

Die Mittelsenkrechte zu $p\,p'$ im Halbirungspunkte m und die Mittelsenkrechte zu $g\,g'$ im Halbirungspunkte c schneiden sich in dem gesuchten Mittelpunkte n der Projection. Leicht überzeugt man sich von den nachfolgenden Gleichungen, wobei wieder $co = 1$ gesetzt ist.

$$cp = \tan \tfrac{1}{2}\,\pi\gamma, \quad cp' = \cot \tfrac{1}{2}\,\pi\gamma \text{ also } cm = \cot \pi\gamma.$$

$$\text{Winkel } cnm = \text{Bogen } fg, \text{ also } mn = \frac{\cot \lambda}{\sin \pi\gamma}.$$

Wird zuerst mp bestimmt, so findet man nach dem Pythagoräer den gesuchten Radius np:

$$mp = \frac{1}{\sin \pi\gamma}, \quad np = \frac{1}{\sin \pi\gamma \sin \lambda}$$

$$\tan mpn = \cot \lambda, \text{ also } mpn = 90 - \lambda.$$

Diese letzte Gleichung giebt die einfachste Construction von allen.

V. Zeichnung des stereographischen Kartennetzes.

Man zeichne einen Kreis, welcher die darzustellende Hemisphäre begrenzt und einen Durchmesser, welcher die Projection des Augenmeridians ist, auf diesem bestimme man die Punkte p, p' mit Tangententafeln oder geometrisch. Dann zeichne man zu $p\,p'$ im Halbirungspunkte m die Mittelsenkrechte, lege einen Transporteur mit dem Mittelpunkte an p, mit dem Durchmesser an cf, mache $mpn = 90 - \lambda$, so hat man den Mittelpunkt n der Projection für den Meridian, welcher mit dem Augenmeridian den Winkel λ bildet. Die mit dem Radius np beschriebenen Bögen werden nur ausnahmsweise über den Kreis hinaus verlängert, welcher die Hemisphäre begrenzt. Man kann die Werthe von λ um zehn oder zwanzig Grade wachsen lassen, ebenso die Werthe von $\pi\delta$ bei der leicht nach II auszuführenden Construction der Parallelkreise.

Leichter wird die Construction des Netzes, wenn $\pi\gamma$ Null wird oder 90^0, je nachdem die Bildebene mit dem Aequator

zusammenfällt oder mit einem Meridiane, also das Auge am
Pole oder Aequator ist.

Mit den aufgestellten Gleichungen lassen sich leicht folgende
Sätze beweisen:

Die stereographische Projection eines Kugelkreises ist ein
Kreis, dessen Mittelpunkt die Projection der Spitze eines Kegels
ist, welcher die Sphäre in dem abzubildenden Kreise berührt.

Die stereographischen Projectionen zweier sphärischen Linien
schneiden sich unter dem nämlichen Winkel wie die Linien selbst.
Diese Eigenschaft ist für Kartennetze besonders werthvoll, sie
ist für Meridiane durch die letzte Gleichung bewiesen.

Kleinere Mittheilungen.

Zum Streit über die unendlich entfernten Gebilde.

Vom

Gymnasiallehrer Schlegel in Waren (Mecklenburg).

Die neuerdings in dieser Zeitschrift aufgeworfene Frage, ob die Annahme unendlich entfernter Gebilde zulässig sei, ist von den Standpunkten der „hohen" und der „niederen" synthetischen Geometrie mit solcher Lebhaftigkeit erörtert worden, dass ich auf genügendes Interesse glaube rechnen zu können, wenn ich diese Frage auch einmal vom Standpunkte der Ausdehnungslehre behandle.

In dieser Wissenschaft wird jedem Punkte das wesentliche Merkmal einer bestimmten Lage, jeder Geraden das unwesentliche Merkmal einer bestimmten Lage, und das wesentliche Merkmal einer bestimmten Richtung zugeschrieben. Geometrische Grössen, welche in wesentlichen Merkmalen übereinstimmen, heissen abhängig von einander. So sind zwei mit beliebigen Zahlcoefficienten behaftete, aber in denselben Punkt fallende Punktgrössen von einander abhängig, desgl. zwei beliebig lange, aber in derselben oder in parallelen Geraden liegende Strecken. Das Product zweier unabhängigen Punktgrössen ist der zwischen ihnen liegende Theil der durch sie bestimmten Geraden; das Product zweier unabhängigen Linientheile ist die Punktgrösse, welche mit ihrem Schnittpunkte zusammenfällt. Das Product zweier abhängigen Punktgrössen oder Linientheile ist Null. Ist in der Ebene ein bestimmter Flächenraum als Einheit gesetzt, so ist das Product dreier Punkte, oder eines Punktes und eines Linientheils eine Zahl; und derjenige Linientheil, welcher mit einem Punkte zusammen das Product 1 giebt, heisst die Ergänzung dieses Punktes. Alle Gleichungen, welche zwischen Punktgrössen bestehen, gelten auch von ihren Ergänzungen. (In diesem Satze liegt das Reciprocitätsgesetz.)

Nach diesen nothwendigsten Definitionen und Sätzen, für deren Zusammenhang und Begründung ich auf Grassmann's Ausdehnungslehre verweisen muss, gehe ich zum eigentlichen Thema über. Aus den obigen Sätzen folgt, dass zwei Punkte die Richtung einer Geraden nur dann bestimmen, wenn sie nicht zusammenfallen; zwei Geraden die Lage eines Punktes nur dann, wenn sie nicht zusammenfallen

(d. h. dieselbe Richtung haben) und nicht parallel sind (d. h. gleiche Richtung haben). Von unendlich entfernten Punkten, d. h. Punkten, die man in unendlicher Ferne sucht, und die bald Punkte, bald ausgedehnte Gebilde sein sollen, kann also keine Rede sein, und es ist ein ganz vergebliches Unternehmen, mit einem so unklaren Begriffe bewaffnet, irgend Jemandem Dinge klar zu machen, welche aus diesem Begriffe sich ergeben.

Sind nun a und b zwei Linientheile, und A und B ihre resp. Ergänzungen (also Punktgrössen), so wird die Parallelität der Linien ausgedrückt durch die Gleichung

$$(a.b) = 0;$$

und es folgt daraus nach obigen Sätzen, dass auch

$$(A.B) = 0$$

ist. D. h.: Zweien parallelen Geraden (Geraden mit gleicher Richtung) entsprechen als reciproke Gebilde zwei zusammenfallende Punkte (Punkte mit derselben Lage). Oder: wie zwei zusammenfallende Punkte nicht eine Gerade bestimmen, sondern nur die Lage eines Punktes, so auch zwei parallele Geraden nicht einen Punkt, sondern die Richtung einer Geraden. — Das Reciprocitätsgesetz also hat mit der Annahme unendlich entfernter Gebilde gar nichts zu schaffen.

Will man nun die Permanenz der geometrischen Sätze gewahrt wissen, so kann man höchstens die Definitionen aufstellen:

„Die Richtung, welche durch eine von zwei parallelen Geraden bestimmt wird, heisst unendlich entfernter Punkt."

„Die Lage, welche durch einen von zwei zusammenfallenden Punkten bestimmt wird, heisst unendlich kleine Strecke."

Die erste dieser verbesserten Definitionen findet sich (mit etwas anderem Ausdruck) schon in Grassmann's Ausdehnungslehre (1862) S. 152; beide zusammen lösen alle Widersprüche. Man sieht aber auch, wie unglücklich in der ersten der Ausdruck „unendlich entfernt" gewählt ist.

Was ferner das Bedürfniss der synthetischen Geometrie nach Permanenz ihrer Sätze betrifft, so handelt es sich dabei um weiter nichts als um den Gewinn einer gewissen Bequemlichkeit im Ausdruck der Sätze, und es ist damit das Bedürfniss, welches die Erweiterung des Zahlbegriffs in der Arithmetik herbeigeführt, gar nicht zu vergleichen. — In der Geometrie handelt es sich schliesslich nur darum, den Dualismus, welcher durch die ursprünglichen Begriffe der „Schiebung" und „Drehung" in ihr herrscht, zu umgehen (beseitigen lässt er sich nicht). Wenn diese Bequemlichkeit aber auf Kosten der Klarheit des Begriffs erreicht werden soll, so scheint mir der Gewinn mehr als zweifelhaft. Eine Bereicherung der Geometrie durch den Begriff des unendlich Entfernten kann ich nicht erkennen, wenn derselbe darauf hinausläuft, dass man dasselbe, was man erst

Gerade nannte, jetzt Punkt nennt, und umgekehrt. — In der Arithmetik dagegen wird durch jede Erweiterung des Zahlbegriffs ein neues Gebiet von Grössen aufgeschlossen, deren Begriffe so klar wie nur möglich definirt sind, und die nicht der Bequemlichkeit wegen, sondern zur Ausfüllung von Lücken eingeführt werden.

Wenn die synthetische Geometrie es schliesslich mit unklaren Begriffen und sich widersprechenden Definitionen versuchen muss, um aus den Schwierigkeiten, die sich ihr entgegenstellen, herauszukommen, so ist damit nur gezeigt, was ich bereits an anderer Stelle (Programm Waren 1871) äusserte, dass sie nämlich an der Grenze des für sie Erreichbaren angelangt ist. Dies ist aber nicht zu verwundern, wenn man sich auf dem Standpunkte der Ausdehnungslehre überzeugt hat, dass Geometrie und Stereometrie überhaupt keine reinen mathematischen Wissenschaften, sondern nur specielle Anwendungen der Ausdehnungslehre (die es mit n Dimensionen zu thun hat) auf die Gebiete des Weltraumes sind.

Es bleibt mir noch übrig, die analytische Geometrie von dem Verdachte zu reinigen, als begünstige sie die Anschauung von unendlich entfernten Gebilden.

Denselben Schaden, wie in der Geometrie der Begriff des Unendlichentfernten, richtet in der Arithmetik der des Unendlichgrossen an. Er beruht wesentlich auf einer falschen Interpretation des Zeichens ∞. — Eine Untersuchung der sogenannten Operationsmoduln $(0, 1, \infty)$, deren nähere Darlegung hier zu weit führen würde, zeigt nämlich, dass der Modul ∞ zunächst durch Lösung der Gleichung $x + a = x$ gewonnen wird. Genauer gesagt: da keine reelle oder imaginäre Zahl diese Gleichung befriedigt, so führen wir als Lösung eine neue Grösse ein, die wir mit ∞ bezeichnen, und deren Begriff wir wie folgt feststellen: Im Gegensatze zu jeder Buchstabengrösse, welche in jeder Formel einen zwar beliebigen, aber bestimmten Zahlenwerth repräsentirt, ist mit ∞ eine unbestimmte, ja sich selbst widersprechende Grösse bezeichnet. Denn das Wesen dieser Grösse besteht eben darin, dass man ihr, wenn sie in einer Formel zweimal erscheint, jedesmal einen andern Werth beilegen muss, um ein richtiges Resultat zu erhalten. — Wo sie also auftritt, zeigt sie nie etwas anderes an, als dass jede andere Grösse, an ihre Stelle gesetzt, einen Widerspruch herbeiführen würde.

Ganz dasselbe sagt auch die Formel aus:

$$\frac{1}{1-x} = 1 + x + x^2 + \cdots,$$

wenn man darin $x = 1$ setzt. Dann ist nämlich:

$$\frac{1}{0} = 1 + 1 + \cdots = \infty;$$

d. h. zunächst: Keine ganze Zahl ist gleich $\frac{1}{0}$; auch wäre es, wie leicht ersichtlich, ein Widerspruch, in der Gleichung $\frac{1}{0} = \infty$ für ∞ überhaupt irgend eine bestimmte Zahl zu setzen.

Dieser Begriff für das Zeichen ∞ genügt stets und hat den Vorzug, den Rechner in keine Widersprüche zu verwickeln.

Wenn nun die Coordinaten eines Punktes P die Form $x = \frac{a}{0}$, $y = \frac{b}{0}$, oder $r = \frac{c}{0}$ annehmen, so heisst das nichts weiter 'als: Es giebt kein für x und y anzunehmendes Streckenpaar, dessen Durchschnittspunkt P wäre; es giebt keine Strecke r, deren Endpunkt P wäre; d. h. der Punkt existirt überhaupt nicht.

Die Ausdehnung dieser Betrachtungen auf Gebilde im Raume kann ich dem Leser überlassen.

Noch einige Bemerkungen über die unendlich fernen Gebilde.

Von J. C. Becker in Schaffhausen.

Für was eigentlich Herr Dr. Sturm in seinem Aufsatz über unendlich ferne Gebilde so lebhaft plaidirt, ist nicht recht klar. In seinem Aufsatze über die Incorrectheiten in der Sprache der Mathematik hatte er uns versichert, dass zwei parallele Geraden einander wirklich treffen, wenn auch nur in einem unerreichbaren Punkte, und gegen diese Auffassung wurden einige Stimmen laut von Seiten solcher Mathematiker, die sich noch nicht eingeredet haben, sie müssten ihr Denken „von den Fesseln der Anschauung befreien."

Nun versichert uns Herr Dr. Sturm aber, nachdem er die Sache nochmals durchdacht, es sei über allen Zweifel erhaben, dass eine gerade Linie unendlich ferne Punkte habe, die wir nur gewissermassen in einen einzigen Punkt zusammenschieben, und deshalb (?!) habe auch Reye in seiner Geometrie der Lage den unendlich fernen Punkt, den wir an die Stelle alles dessen setzen, was von ihr im Unendlichen liegt, einen uneigentlichen Punkt genannt.

Gegen was streitet nun aber noch Herr Dr. Sturm? Hätte er gleich von vorn herein weiter nichts gesagt, als dass es zweckmässig sei, schon beim Vortrage der Elemente die Schüler mit der perspectivischen Auffassung des Parallelismus vertraut zu machen, und deren Nutzen zu zeigen, so würde wohl schwerlich jemand etwas dagegen eingewendet haben.

Ich wenigstens führe meine Schüler seit Jahren in diese Auffassung, so wie sie Reye dargestellt, ein, ohne dabei auf Schwierigkeiten zu stossen; denn ich muthe ihnen dabei nicht zu, eine blosse Fiktion für etwas wirkliches zu halten. Es wird dadurch ebensowenig ein „Umbau des Gebäudes" vorgenommen, wie dies der Fall ist, wenn der Begriff der Potenz, wie er zuerst auftritt, später mehr und mehr erweitert wird. So wenig man aber gleich anfangs mit dem Worte Potenz den Begriff verbinden kann, zu dem ihn schliesslich die Riemannsche Funktionenlehre hinaufgeschraubt hat, eben so wenig kann man gleich anfangs von unendlich fernen und imaginären Schnittpunkten sprechen.

Dass die Einführung der Fiktion des unendlich fernen Punktes der Geraden und der imaginären Schnittpunkte in die höhere Geometrie durchaus gerechtfertigt und zur Erreichung grösserer Allgemeinheit und Uebersichtlichkeit der Lehrsätze durchaus nothwendig ist; das kann Niemand bestreiten, der auch nur eine ganz oberflächliche Kenntniss der neueren Geometrie hat. So wenig aber daraus gefolgert werden kann, dass die imaginären Schnittpunkte zweier Curven wirklich existiren, und bloss für uns „unerreichbar" seien, gerade so wenig kann dies für die unendlich fernen Punkte gefolgert werden. Ja ich möchte, so paradox es auch klingen mag, geradezu behaupten, dass das Unendlichferne eben so wenig wie das Imaginäre existire, wiewohl ich diese Behauptung nicht beweisen kann. Das Unendlichferne jeder Art ist nur eine Fiction, die wir annehmen, weil wir jedes Ende im Raume denken müssen, ein Ende des Raumes selbst, oder das Ende der Möglichkeit, eine Bewegung in irgend einer Richtung fortzusetzen, aber absolut gar nicht denkbar ist, so wenig wie ein Nichtvorhandensein des Raumes.

Wenn ich darum sage: „haben zwei Gerade gleiche Stellung, so ist ihr Schnittpunkt unendlich fern," so sage ich ganz und gar nichts andres, als: „sie schneiden sich nicht."

Noch möchte ich bemerken, dass das Wort Anschauung (Intuition) eine sehr wichtige Quelle unsres Wissens bezeichnet, und nicht identisch ist mit Auffassung, wofür Herr Dr. Sturm es consequent setzt oder mit Ansicht (Meinung), wofür Herr Dr. Rosanes es gebraucht in dem Schriftchen über die neuesten Untersuchungen in Betreff unserer „Anschauung vom Raume."

Der unendlich ferne Punkt

in Steiners systematischer Entwickelung der Abhängigkeit geometrischer Gestalten (Berlin 1832. I. Th.).

(Notiz vom Herausgeber.)

In vorstehend genanntem bahnbrechenden Werke Steiners ist
am Anfang des 1. Abschnitts im 1. Kap., § 2 der unendlich entfernte Punkt*) erwähnt. Wir können nicht umhin, da wir nicht
erwarten dürfen, dass das genannte selten gewordene Werk in den
Händen aller unsrer Leser ist, den betreffenden Paragraph theilweise hier wörtlich anzuführen. Steiner sagt:

„Befinden sich ein ebener Strahlenbüschel *B* (s. Fig.) und irgend
eine Gerade *A*, die nicht durch dessen Mittelpunkt geht, in einer
Ebene, so haben sie folgende Beziehung zu einander.

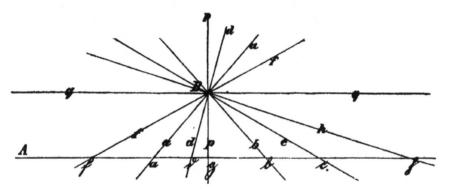

Durch jeden Punkt a, b, c, b ... der Geraden *A* geht ein Strahl
a, b, c, d des Strahlbüschels und umgekehrt, jeder Strahl des letztern
begegnet der Geraden in irgend einem Punkte.**) Um die aufein-
anderfolgenden Strahlen sowohl, als den Punkt richtig aufzufassen,
lasse man in der Vorstellung einen Strahl sich bewegen, so dass er
nach und nach in die Lage eines jeden der übrigen gelangt, so
wird der ihm zugehörige Punkt gleichzeitig die Gerade durchlaufen
und nach und nach die Stelle eines jeden der übrigen Punkte einnehmen. Man lasse z. B. den Strahl *p*, vom Mittelpunkt *B* aus
betrachtet, sich rechts herum bewegen, so dass er nacheinander in

---

*) Ueber den „unendlich fernen Punkt" s. Baltzer 3. Aufl. II.,
S. 15 und Bem. S. 16. „Den „„unendlich fernen gemeinschaftlichen
Punkt"" von Parallelen haben Desargues 1630 und Newton 1687 erwähnt."
(Wo? und mit welchen Worten wäre interessant zu erfahren.)

**) Streng genommen dürften die Begriffe „hindurchgehen" und
„begegnen" nicht identisch sein.

die Lage von *d*, *a*, *f*, *q*, *h*, *c*, *b* kommt, so wird der Punkt *p* die Gerade so durchlaufen, dass er nach einander in die Stellen *b*, *a*, *f*, *q*, *h*, *c*, *b* gelangt, und folglich sich stets nach einer und derselben Richtung[*]) hin bewegt. Nur in der einzigen besondern Lage des Strahls, wo er nämlich mit der Geraden *AA* parallel ist, welches etwa bei *q* der Fall sein mag, findet kein wirkliches Schneiden desselben mit der Geraden statt. Da aber sowohl vor als nach dieser Lage stets ein wirkliches Schneiden stattfindet, und zwar, da der unmittelbar vorhergehende Durchschnitt in der grösstmöglichen Ferne auf der Seite über *h* hinaus, und der unmittelbar nachfolgende Durchschnitt in der grösstmöglichen Ferne auf der andern Seite über *f* hinaus liegt, so soll in der Folge der Uebereinstimmung wegen[**]) gesagt werden, der Strahl *q* sei nach dem **unendlich entfernten Punkte** der Geraden *A* gerichtet, und es soll dieser unendlich entfernte Punkt, wenn gleich derselbe in der Figur nicht wirklich anzutreffen ist, durch q bezeichnet werden. Demnach hätte die Gerade *A* nur **einen** unendlich entfernten Punkt q und man kann sich denselben sowohl nach der einen Seite (über *h* hinaus), als nach der andern Seite (über *f* hinaus) hin liegend vorstellen.[***]) Auch folgt hienach, dass umgekehrt ein Strahl, der nach dem unendlich entfernten Punkte der Geraden *A* gerichtet ist, nothwendiger Weise mit ihr parallel sein muss.

Von den Punkten in der Geraden *A* zeichnet sich demnach einer vor allen übrigen auf eine eigenthümliche und bestimmte Weise aus, nämlich der **unendlich entfernte Punkt** q. Die besondere Eigenschaft[†]) dieses Punktes gewährt in der Folge öfter grosse Vortheile,

---

[*]) Dies ist mir nicht klar, z. B. die Richtung *B c* ist doch ganz verschieden von der Richtung *B a*!

[**]) Also: nur „der Uebereinstimmung wegen," nicht etwa weil dieser Punkt wirklich existirt!

[***]) Anm. Steiners: Dass in einer Geraden nur ein einziger unendlich entfernter Punkt gedacht werden darf, wird in der Folge durch viele unbestreitbare Thatsachen bestätigt werden. Dahin gehören z. B. die Asymptoten der Hyperbel. Eine Gerade kann bekanntlich die Hyperbel nur in einem Punkte berühren. Nun wird aber im Allgemeinen die Asymptote als Tangente angesehen, deren Berührungspunkt unendlich fern ist; da aber zwei Arme der Hyperbel nach entgegesetzten Seiten hin sich der Asymptote ins Unendliche fort gleichmässig nähern, so muss folglich ihr Berührungspunkt sowohl nach der einen, als nach der andern Seite hin unendlich entfernt liegen, und folglich ist in der Asymptote nur ein einziger unendlich entfernter Punkt anzunehmen.[*])

[†]) Diese besondere Eigenschaft giebt Steiner nicht näher an, es kann also wohl nur die sein, dass er als einer im Unendlichen liegt, nicht aber wie z B. H. Sturm meint, das er räumliche Ausdehnung gewinne (oder dass er körperlich werde). Vergl. Sturms Aufsatz in d. Zeitschr. Bd. II., S. 396. **Anm. des Herausg.**

[*]) Dies setzt unzweifelhaft voraus eine Kugelgeloberfläche von unendlich grossem Radius, also ein Zurücklaufen der Fläche, auf welcher die Hyperbel liegt, in sich selbst, oder wie es Fresenius nennt, ein „in den Schwanz beissen." Vergl. Steiners Vorlesungen II, S. 3. **Anm d. Red.**

wenn man ihn anstatt irgend eines der übrigen Punkte zu Hilfe
nimmt. Der ihm zugehörige Strahl q, der nämlich mit der Geraden
A parallel ist, soll von nun an „Parallelstrahl" heissen. Dieser
Strahl gewährt ähnliche Vortheile, wie jener Punkt, nach welchem
er gerichtet ist.

Kann die Verbrennung durch Zuführung von Wasser befördert werden?

Von WITTE in Pless (Oberschlesien).

Im vierten Hefte des zweiten Jahrganges dieser Zeitschrift
wendet sich Herr Dr. Fischer aus Hannover gegen einen der Irrthümer, die in den Lehrbüchern und der populären naturwissenschaftlichen Literatur eine weite Verbreitung gefunden haben. Derselbe betrifft die Beförderung eines grossen Feuers durch Zuführung
von verhältnissmässig wenigem Wasser. Aber nicht gegen die Thatsache
selbst scheint mir eine Einwendung am Platze zu sein, sondern
vielmehr gegen die gewöhnliche Erklärung derselben. Indem nun
Hr. Fischer die Unhaltbarkeit dieser Erklärung nachweist, glaubt
er die Thatsache selbst bestreiten zu müssen, während eine richtige
Erklärung derselben doch, wie ich meine, nicht so fern liegt.

Denken wir uns, ein grosser Holztoss stände in Flammen, so
wird der Sauerstoff der von allen Seiten zuströmenden Luft nicht
ausreichen, um alle Theile desselben gleichzeitig in demselben Grade
zu verbrennen. Dieser Sauerstoff wird vielmehr zunächst nur genügen, um die Verbrennung der äusseren Schichten zu unterhalten.
Die inneren Theile sind zwar bis zu einem solchen Grade erhitzt,
dass sie, wenn hinreichend Sauerstoff vorhanden wäre, brennen
könnten: aber eben des mangelnden Sauerstoffs wegen wird die
Verbrennung nach innen zu in der Weise abnehmen, dass eine
äussere Schicht lebhaft brennt, eine zweite, zu der wenig Sauerstoff
gelangt, weniger lebhaft, eine dritte wegen mangelnden Sauerstoffs
gar nicht.

Die Erfahrung bestätigt diese Theorie in jeder Hinsicht; ich
will nur an die Wirkung der Gebläse so wie an die Verwunderung
erinnern, die man nicht selten aussprechen hört, dass mitten in
einem brennenden Gebäude brennbare Gegenstände verhältnissmässig
unverletzt geblieben sind.

Wird nun insbesondere der zweiten der oben erwähnten Schichten
eine so geringe Wassermenge zugeführt, dass die Hitze der glühenden
Kohlen zur Zersetzung derselben ausreicht, so wird dadurch allerdings
das Feuer verstärkt. Denn während diese Schicht vorher nur schwach

brennen konnte, wird sie jetzt lebhaft brennen können, und der in Gestalt des Wassers zugeführte Sauerstoff wird unter Umständen sogar ausreichen, um die benachbarten Theile der dritten Schicht in Flammen zu setzen. Freilich ist die durch diese Art der Verbrennung erzeugte Wärmemenge keineswegs grösser, als wenn die Verbrennung direct vermittelst Sauerstoff vor sich gegangen wäre, da die schliesslichen Verbrennungsproducte wieder Kohlensäure und Wasser sind. Aber es wird in kürzerer Zeit eine grössere Menge Brennmaterial verbrennen können.

Die Wirkung ist also ganz analog der beim Gebläse. Auch dieses kann bei einer gegebenen Quantität Brennmaterial keine grössere Wärmemenge erzeugen, trotzdem aber das Verbrennen befördern und die Hitze bedeutend verstärken, weil die Verbrennung in kürzerer Zeit vor sich geht. Bei der Zuführung von Luft im Gebläse geht ein Theil der Hitze (nicht der Wärmemenge) dadurch verloren, dass der Stickstoff mit auf die Temperatur der andern Gase erwärmt werden muss; bei der Zuführung von Wasser wird ein Theil der erzeugten Wärmemenge dadurch verbraucht, dass das Wasser während des Verbrennungsprocesses schliesslich in Wasserdampf übergeht.

Was den Gebrauch des Wassers bei der Heizung mit Steinkohlen betrifft, so könnte das Angeführte vielleicht auch diesen bis zu einem gewissen Grade rechtfertigen. Natürlich sind exacte Beobachtungen schwierig, und die Grenze, bis zu der die Befeuchtung der Kohlen vortheilhaft ist, hängt von vielen Nebenumständen ab. Was mir aber aus langer Erfahrung unzweifelhaft festzustehen scheint, und wovon man sich leicht überzeugen kann, wenn man einmal eine Zeit lang seinen Ofen selbst heizt, ist dieses. Wenn man zuerst mit guten, trockenen Steinkohlen geheizt hat, und man schüttet auf diese, wenn sie in voller Gluth sind trockenen Kohlenabfall (Kohlenstaub, Gruss), so wird der Verbrennungsprocess erheblich beeinträchtigt, weit mehr, als wenn man denselben so weit befeuchtet hat, dass er eine einigermassen compacte Masse bildet. Dass er in letzterem Zustande den Zutritt der Luft zu den glühenden Kohlen weniger verhindert, spielt jedenfalls bei der Erklärung der Erscheinung auch eine nicht unerhebliche Rolle.

Zur Geschichte des Phlogistons.

(Von Dr. F. Fischer in Hannover.)

Bekanntlich haben schon Fittig (*Bulletin de la Société Chim. 69*) und Kolbe (*Journ. pr. Ch. 1870*) die berüchtigte Phrase von Würtz: „Die Chemie ist eine französische Wissenschaft, sie wurde von Lavoisier unsterblichen Andenkens gegründet" (vergl. auch diese

Zeitschr. II. 135) gebührend zurückgewiesen. Es möge gestattet sein auch hier einen Beitrag zur Würdigung dieser französischen Anmassung zu liefern.

Dass Lavoisier die Phlogiston-Theorie Stahls (Leibarzt des Königs v. Preussen) gestürzt, wird ihm zum grössten Verdienste gerechnet. In der deutschen Uebersetzung des Chymischen Wörterbuchs v. Macquer wird im ersten Theile Seite 642 wörtlich gesagt:

„Die Arbeit, bei welcher der feurige Grundstoff sich auf die merklichste und geschwindeste Art scheidet, ist die Verbrennung; nun ist aber aus Thatsachen erwiesen: einmal, dass keine Art der Verbrennung vor sich gehen kann, ohne dass die freie Luft dazu kömmt und mitwirket; zweitens, dass, sowie sich die Verbrennung ergiebt, eine Verminderung und Verschluckung der Luft erfolgt, welche zu dieser Verbrennung gekommen war; und drittens, dass dasjenige, was nach der Verbrennung von einem verbrennlichen Körper übrig bleibt, ebensoviel gebundene und verbundene Luft enthält, als man bei der Verbrennung dieses Körpers dazu gebraucht hat. Ist es nicht aus diesen der Verbrennung wesentlichen Umständen offenbar, dass das Brennbare, oder das in dem verbrennlichen Körper festwohnende Feuer nur durch die Wirkung der Luft, welche seinen Platz in dem Verhältniss einnimmt, nach welchem sich gedachtes Brennbare entbindet und freies Feuer wird, abgeschieden werde, und dass hier folglich die Luft das zersetzende Zwischenmittel, das wahre Niederschlagungsmittel der Feuermaterie sei?

Die Arbeit, bei welcher sich der feurige Grundstoff auf die geschwindeste und merklichste Art verbindet, ist die Wiederherstellung der Metallerden oder Metallaschen zu Metall; nun ist aber durch die entscheidendsten Versuche vorjetzt erwiesen, dass gedachte metallische Erden und Asche, welche der Rückstand einer wahren Verbrennung des Metalles sind, ebenso, wie die Asche aller anderen verbrennlichen Körper, mit aller der Luft angefüllt sind, welche zur Entbindung ihres Brennbaren gedient hat; dass man eben dieser Luft, welche sich damit verbunden hat, indem sie den Platz der Materie des Feuers annahm, die Vermehrung ihres Gewichtes schuldig sei; und dass man endlich sie niemals in ihren metallischen Zustand dadurch wieder versetzen kann, dass man ihnen die Materie des Feuers wiedergiebt, welche sich davon geschieden hatte, ohne dass sich auch zugleich die Luft, welche sich während und vermittelst der Verbrennung darinnen festgesetzt hatte, in dem Verhältniss daraus entwickelte, in welchem die Materie des Feuers sich wieder damit verbindet, und bei der Wiederherstellung, die in der That der Operation des Verbrennens gerade entgegengesetzt ist, ihren Platz wieder einnimmt. Da aber ohne den Zutritt und die unmittelbare Berührung der Materie des Feuers keine metallische Wiederherstellung erfolgen kann, und da eine wirkliche Luftentwicklung und verhältnissmässige Verminderung am Gewichte des metallischen Kalches bei allen metallischen Wiederherstellungen geschieht, so ist es ja offenbar, das es die Materie des Feuers ist, welche die mit der Asche des Metalles verbundene Luft scheidet, welche, so wie sie sich mit jener wieder verbindet, diesen ihren Platz wieder einnimmt, und welche folglich das Zersetzungsmittel des luftigerdichten Gemisches wird, das sie durch ihre Vereinigung in ein anderes feurigerdichtes Gemische, das heisst, in Metall verwandelt? Muss man nicht endlich aus allen diesen jetzt unläugbaren Thatsachen den Schluss machen, dass die Materie des Feuers, das Phlogiston, und die Luft eine Art von Unverträglichkeit äussern, weil sie sich wechselweise verjagen, und keines ohne Vertreibung des anderen sich in einem Körper festsetzen kann?"

Lavoisier wies fast zu derselben Zeit (1783), in der dieses Buch erschien, nach, dass die Körper beim Verbrennen an der Luft sich mit Sauerstoff verbinden. Dass sie gleichzeitig etwas verlieren, was sie bei der Reduction wieder aufnehmen, stellte er entschieden in Abrede. Während die Anhänger Stahl's annahmen, dass· z. B.

Wasserstoff $=$ Wasser $+$ Phlogiston $(-$ Luft$)$
Wasser $=$ Wasserstoff $-$ Phlogiston $(+$ Luft$)$

erklärte Lavoisier dasselbe durch die Gleichungen

$$H = HO - O. \quad HO = H + O.$$

Schon Mayer bewies das Unvollständige dieser Ansicht. Er sagt in seinem berühmt gewordenen Aufsatze: „Bemerkungen über die Kräfte der unbelebten Natur" (*Annal. Chem. Ph. 42*) ... „Knallgas, $H + O$, und Wasser HO verhalten sich wie Ursache und Wirkung, also $H + O = HO$. Wird aus $H + O$, HO, so kommt ausser Wasser noch Wärme, *cal.* zum Vorschein; diese Wärme muss ebenfalls eine Ursache, x, haben; es ist also: $H + O + x = HO + cal.$; es könnte sich nun fragen, ist wirklich $H + O = HO$, und $x = cal.$, und nicht etwa $H + O = cal.$, und $x = HO$, worauf sich aus obiger Gleichung ebenfalls schliessen liesse u. dgl. m. Die Phlogistiker erkannten die Gleichung von *cal.* und x, das sie Phlogiston nannten, und thaten damit einen grossen Schritt vorwärts, verwickelten sich aber wieder dadurch in ein System von Irrthümern, dass sie statt O, $- x$ setzten, also beispielsweise $H = HO + x$ erhielten." Dieser Fehler ist in dem vorhin citirten Werke vermieden. Die Verbrennungstheorie desselben bedarf nur geringer Veränderungen um den heutigen Ansichten zu entsprechen. In neuester Zeit hat auch Odling in einem Vortrage, den er in der Royal Institution gehalten, ausgesprochen, dass die phlogistische und antiphlogistische Theorie unvollkommen waren. Die jetzigen Chemiker sind Anhänger von Stahl und von Lavoisier, sie wissen, dass durch Vereinigung eines Körpers mit Sauerstoff das Phlogiston sich in der Gestalt von Wärme entwickelt, und dass bei der Reduction den Körpern nicht nur Sauerstoff entzogen, sondern auch chemische Energie als Wärme, Licht, Electricität zugeführt werden muss. Dass Stahl die Rolle des Sauerstoffs bei der Verbrennung nicht kannte, kann ihm nicht zum Vorwurf gemacht werden, da bei der Aufstellung seiner geistreichen Theorie der Sauerstoff noch nicht entdeckt, ja nicht einmal die Körperlichkeit der Luft allgemein anerkannt war. Das grosse Verdienst Lavoisier's besteht darin, dass er der Verbrennungstheorie etwas hinzugefügt, sein Fehler, dass er den andern, mindestens ebenso berechtigten Theil derselben hat stürzen wollen. Wir glauben an die Lehre der Erhaltung der Kraft, und nennen sie mit Stolz einen Geistesprössling unserer Zeiten. Gewaltiger Irrthum. Alles, was uns zugehört, ist andere Namen eingeführt zu haben. Das unsterbliche Verdienst, die höchste Generalisation, welche die moderne Wissenschaft kennt, ausgesprochen zu haben, gebührt dem Urheber der Lehre vom Phlogiston. (*Ber. ch. G. IV. 421.*)

Bemerkungen zu Aufsätzen dieser Zeitschrift.

1) Von Prof. Schröder in Ansbach.

Hochverehrter Herr! Erlauben Sie mir, dass ich einen von Hrrn. Rector Dr. Zerlang auf S. 26 des 3. Jahrgangs Ihrer vorzüglichen Zeitschrift ausgesprochenen Zweifel an der wissenschaftlichen Schärfe eines algebraischen Beweises zu beseitigen suche. Herr Dr. Zerlang sagt, dass aus dem Beweis $\left(\frac{a}{c} + \frac{b}{c}\right) c = a + b$ nur die Richtigkeit des Quotienten, nicht aber die Richtigkeit des Lehrsatzes d. h. doch der Gleichung $\frac{a + b}{c} = \frac{a}{c} + \frac{b}{c}$ folge und dies schon scheint mir ein Widerspruch. Denn $\frac{a}{c} + \frac{b}{c}$ ist nur dann der Werth von $\frac{a + b}{c}$, wenn beide Ausdrücke einander gleich sind. Man kann überhaupt gegen den angedeuteten Beweis wohl kaum Wesentliches einwenden, wenn man der Gleichung $\frac{a + b}{c} = \frac{a}{c} + \frac{b}{c}$, wie das auch nothwendig ist, die Erklärungen vorausgeschickt hat: 1) Zwei Ausdrücke sind einander gleich, wenn sie ein und dieselbe Zahl bedeuten und 2) ein Quotient bedeutet dem Wesen nach diejenige 3. Zahl, etc. wie in dem nun folgenden vollständigen Beweis: Der Ausdruck $\frac{a + b}{c}$ bedeutet als Quotient diejenige neue Zahl, welche mit dem Divisor c multiplicirt werden muss, um den Dividenden $a + b$ zu liefern; es ist also $\frac{a + b}{c} \cdot c = a + b$. Wenn nun auch der andere Ausdruck $\frac{a}{c} + \frac{b}{c}$ dieselbe Zahl bedeutet, so sind beide Ausdrücke einander gleich. Durch Rechnung findet man aber $\left(\frac{a}{c} + \frac{b}{c}\right) c = \frac{a}{c} \cdot c + \frac{b}{c} \cdot c = a + b$; also ist obige Gleichung richtig. Noch möchte ich bemerken, dass der von Herrn Rector Dr. Zerlang angegebene Beweis sich kaum wesentlich vom bisherigen unterscheidet; man könnte sagen, es ist in jenem auf die Gleichung $\left(\frac{a}{c} + \frac{b}{c}\right) c = a + b$ der Divisionsgrundsatz angewendet und beiderseits mit c dividirt, während bei dem oben angegebenen Beweis der Gedanke leitet: Wenn man Gleiches mit Gleichem multiplicirt, erhält man Gleiches.

Auch möchte ich bezweifeln, ob sich einfacher beweisen lässt, dass in der Fig. auf S. 25 $e_1 > a$ ist, als nachgewiesen werden kann, dass $e_1 > e$ ist.

Auch in dem ausgezeichneten Aufsatz des Herrn Professor Dr. Hoppe über den Begriff des Unendlichen finde ich noch einen nicht vollständig erklärten Punkt. Der Lehrsatz 3 auf S. 12 heisst richtig ausgesprochen: 2 constante Grössen, welche von einer veränderlichen unendlich wenig differiren, können unter sich nur um ein Unendlichkleines derselben Ordnung noch verschieden sein. Auch in diesem Fall kommt man in der S. 12 angegebenen Begründung des Satzes auf keinen Widerspruch mit der Voraussetzung. Auch in den sehr schönen Beispielen, welche diesen Lehrsatz veranschaulichen und erläutern sollen, kann man immer noch auf derselben Behauptung beharren; in Fragen der Anwendung freilich, in welchen es sich um endliche Grössen handelt, wird man sagen, jene Grössen a und b sind einander gleich.

Vielleicht dürfte ich auch noch beifügen, dass in dem von Hrrn. Dr. Sturm angeführten Satz: „Die Flächen(zahlen) zweier ähnlichen Vielecke verhalten sich, wie die Quadrate (der Längenzahlen) zweier homologen Seiten" die eingeklammerten Worte ganz überflüssig sind d. h. dass man den Beweis des Satzes ohne Beiziehung von Zahlengrössen durchführen kann.

2) Vom Gymnasiallehrer Meyer in Landsberg a/W.

Im ersten Hefte dieses Jahrgangs findet sich, Seite 26, ein Aufsatz von Hern. Dr. Zerlang „über mathematische Beweisführung in der Arithmetik." In demselben wird behauptet, dass der Beweis des 1. Lehrsatzes des § 19 der 12. Auflage von Kambly's Arithmethik:

$$\frac{a+b}{c} = \frac{a}{c} + \frac{b}{c}, \text{ denn } \left(\frac{a}{c} + \frac{a}{b}\right) c = a + b$$

in keiner Weise der wissenschaftlichen Schärfe genüge, es folge aus diesem Beweise nur die Richtigkeit des Quotienten, nicht die des Lehrsatzes, der Beweis sei nur eine Rechnungsprobe.

Darauf ist zu erwidern:

1) Durch das Wort Probe soll angedeutet werden, dass hier nur ein unwissenschaftliches Verfahren vorliege, und doch giebt es keinen wissenschaftlicheren, schärferen und einfacheren Beweis als diesen, da er unmittelbar aus der Definition des Begriffes Quotient hergeleitet ist. $\frac{a+b}{c}$ ist nach der Definition die Zahl, welche mit c multiplicirt $a+b$ ergiebt. Nun ergiebt $\frac{a}{c} + \frac{b}{c}$ mit c multiplicirt $a+b$, also ist es $\frac{a+b}{c}$.

2) Ein algebraischer Beweis hat nur die Aufgabe, die Richtigkeit der Formel zu beweisen; eine solche Formel in Worte zu fassen, ist eine Aufgabe für sich; und wenn Jemand aus einer richtigen Formel einen falschen Satz ableitet, so ist weder die Formel noch am allerwenigsten der Beweis derselben daran Schuld[*]). Wenn Jemand aus der Formel $\frac{x^2 - a^2}{x - a} = x + a$ die Regel bilden würde: „Man dividirt das erste Glied durchs erste u. s. w.", so würde er übersehen, dass er hier weder eine beliebige Differenz als Dividend, noch eine beliebige Differenz als Divisor hat. Aus dieser Formel kann nur der Satz abgeleitet werden: Mit der Differenz zweier Zahlen dividirt man die Differenz ihrer Quadrate, indem man mit dem ersten Gliede das erste u. s. w. dividirt.

---

[*]) Sehr richtig! Hierin liegt der Kern des Zerlang'schen Irrthums. Wenn der Schüler bei Bildung des Quotienten $\frac{x^2 - a^2}{x - a}$ rechnet $\frac{x^2}{x} = x$ und $\frac{-a^2}{-a} = +a$, folglich $\frac{x^2 - a^2}{x - a} = x + a$, so findet er durch Anwendung (oder Bildung) einer falschen Regel das richtige Resultat. Dies ist aber zufällig. Hätte er $\frac{x^2 + a^2}{x + a}$ zu berechnen und fände nach derselben Regel $x + a$, so würde er seinen Irrthum bald einsehen oder wenigstens über die Richtigkeit seiner Regel in Zweifel gerathen, da $(x + a)(x + a\backslash > (x^2 + a^2)$.) Das ist ebenso, als wollte Jemand in der Physik aus einer Thatsache ein Gesetz ableiten (z. B. aus der Ausdehnung des Wassers von 4⁰ ab bis 0⁰, dass die Flüssigkeiten durch Kälte sich ausdehnen!). — Die Anwendung einer solchen Regel, die zufällig (d. h. im einzelnen Falle) ein richtiges Resultat giebt, kann doch nimmer eine auf einem anerkannt richtigen Satze beruhende Beweisart umstossen! Der Satz aber: „Divisor multiplizirt mit dem Quotienten giebt den Dividenden" bleibt doch ewig wahr. Die Zerlang'sche Auseinandersetzung lehrt nur, dass man die Schüler bei Bildung von Regeln zur Vorsicht ermahnen, vor Irrthum warnen und sie gewissermassen an ein induktorisches Verfahren gewöhnen solle.　　　　　　D. Herausgeber.

3) Der von Hrn. Dr. Zerlang vorgeschlagene Beweis

$$\frac{a+b}{c} = \frac{\frac{a}{c}\cdot c + \frac{b}{c}\cdot c}{c} = \frac{\left(\frac{a}{c}+\frac{b}{c}\right)c}{c} = \frac{a}{c}+\frac{b}{c}$$

hat etwas Willkürliches und ist deshalb zu verwerfen.

Ich hoffe, der von Kambly gegebene Beweis, der sehr verbreitet ist und die Definition des Quotienten erst in das rechte Licht setzt, wird, wie alle ähnlichen (bei der Lehre von den Wurzeln, Logarithmen) auch ferner seinen Platz behaupten.

3) Von Dr. Behmann, Corrector am Gymnasium zu Liegnitz.

Dass nicht *pars pro toto* gesetzt, ein besonderer Fall bewiesen werde, wenn es sich um einen allgemeinen Satz handelt, ist eine evident selbstverständliche Forderung. Dennoch finden sich — und gar nicht so selten — in mathematischen Büchern, die dem Schulgebrauch dienen sollen, Verstösse gegen diese einfache logische Grundregel. Um nur recht Auffallendes zu nennen, wähle ich dieselben Sätze, welche Herr Dr. Zerlang im ersten Hefte dieses Jahrganges vorliegender Zeitschrift auf S. 24 citirt:

1) Gleiche Sehnen eines Kreises sind vom Mittelpunkt gleichweit entfernt.
2) Gleichweit vom Mittelpunkte entfernte Sehnen eines Kreises sind einander gleich.
3) Die grössere von zwei Sehnen eines Kreises liegt dem Mittelpunkte näher.
4) Die dem Mittelpunkte nähere von zwei Sehnen eines Kreises ist die grössere.

Hier begnügt sich u. a. Kambly in seinem weitverbreiteten Leitfaden (und selbst Herr Dr. Zerlang auf S. 25 a. a. O.) damit, die Sätze 3 und 4 für aneinanderstossende Sehnen darzuthun, ohne der dann noch nöthigen Erweiterung des Satzes auf eine beliebige Lage der Sehnen mit einem Worte zu gedenken. Kann man das wohl eine strenge Beweisführung nennen? — Man wird mir allerdings erwiedern, es sei vom Lehrer zu erwarten, dass er die Verallgemeinerung noch hinzufüge; das beweist aber noch keineswegs die Unnöthigkeit der ausdrücklichen Erwähnung derselben in einem Buche, welches auch dem Schüler in die Hand gegeben wird, und überdies dürfte es zumal bei angehenden Lehrern doch oft genug vorkommen, dass sie die Verallgemeinerung aus dem Grunde nicht hinzufügen, weil sie eben durch nichts an die Nothwendigkeit derselben erinnert werden.

Anm. Im allgemeinen Fall zweier nicht aneinanderstossender Sehnen a, b wird für Satz 3 eine der b gleiche Hilfssehne b' an a angetragen und dann — etwa nach dem Beweise im Kambly'schen Leitfaden — das Bezügliche für a und b' dargethan, hierauf erst, unter Zuziehung von Satz 1, für a und b; Satz 4 wird am besten indirect bewiesen.

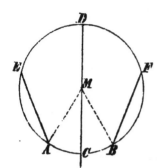

Denselben Verstoss begeht Kambly wieder gleich nachher bei dem Satze: Zu gleichen Sehnen gehören gleiche Bogen etc., einem Lehrsatze, dessen allgemeiner Beweis doch so leicht erhalten wird, wenn man in nebenstehender Figur nur den Durchmesser CD zieht, welcher den Winkel AMB halbirt und dann den einen Halbkreis umlegt.

Mögen diese Beispiele genügen, zu denen sich gewiss noch manches andere (wenn auch eben nicht aus Kambly) hinzufügen lassen wird.

Meine Absicht ist es ja nur, die Aufmerksamkeit der Fachgenossen auch auf diesen Gegenstand zu lenken.

Literarische Berichte.

BARDEY, Dr. E. Methodisch geordnete Aufgabensammlung, mehr als 7000 Aufgaben enthaltend, über alle Theile der Elementar-Arithmetik, für Gymnasien, Realschulen und polytechnische Schulen. Leipzig, Teubner. Pr. 27 Ngr.*)

Wir besitzen seit langer Zeit gute arithmetische Aufgabensammlungen, und insbesondere erfreut sich seit Generationen das bekannte Buch Meyer Hirsch's des wohlverdienten Rufes einer Art von Classicität. In neuerer Zeit hat die Sammlung von Heis vielfach Eingang gefunden, da sie noch reichhaltiger ist, und den Bedürfnissen der Schule noch mehr als die von M. Hirsch zu entsprechen scheint. Insofern mag das Unternehmen des schon durch seine „Algebraischen Gleichungen" vortheilhaft bekannten Verfassers vielleicht kühn genannt werden; jedenfalls darf es als kein geringes Lob bezeichnet werden, wenn man sagen muss, dass er seine Vorgänger in wesentlichen Stücken übertroffen hat. Es wird nicht nur durch die Reichhaltigkeit des Stoffes dem Lehrer überall eine willkommene Gabe sein, sowie durch die Sorgfalt, mit der das gegenüber der Heis'schen Sammlung fast verdoppelte Material durchweg in stufenweiser Folge angeordnet ist; es wird in der That für den Lehrer selten nöthig werden, darüber hinauszugehen. Noch mehr fast möchte aber Gewicht zu legen sein auf die Einleitungen der einzelnen Capitel, welche in den Stoff einzuführen oder doch durch Fragen an ihn zu erinnern bestimmt sind. Diese einleitenden Bemerkungen machen ein Lehrbuch ganz unnöthig, sobald nur der Lehrer es versteht, den Schüler wirklich anregend zu erfassen. Ist doch gerade für diese Zweige der Schulmathematik, wo die Uebung

---

*) Anm d. Red. Obgleich dieses beachtenswerthe neue Schulbuch in dieser Zeitschrift Bd. II, Hft. 6, S. 525 von einem bewährten Schulmanne bereits sehr vortheilhaft rezensirt worden ist, so wird doch nachstehende Beurtheilung, aus der Feder eines geachteten Gelehrten, unsern Lesern nicht nur jenes Urtheil bestätigen und ergänzen, sondern auch überdies, wie uns selbst, deshalb Interesse bieten, weil daraus zu ersehen ist, dass unser Unternehmen auch bei Gelehrten Beachtung gefunden hat.

so ausschliesslich in den Vordergrund tritt, ein eigentliches Lehrbuch
dem Unterricht fast im Wege. In der vorliegenden Form (die ja
übrigens nur eine Erweiterung der von Meyer Hirsch gewählten ist)
wird, nachdem während des Unterrichts der Gegenstand gehörig besprochen ist, alles hinlänglich dem Gedächtniss zurückgerufen, und der
Schüler findet zugleich an der Spitze des Abschnittes, dem er viel Aufgaben zu entnehmen hat, einen Rathgeber für etwaige Verlegenheiten,
der gerade so viel oder so wenig sagt, als wünschenswerth ist.
Es würde zu weit führen, hier im Einzelnen Wohlgelungenes zu erwähnen; ich gedenke nur der Entwicklungen über positive und negative
Grössen, der Vergleichung, welche über den Nutzen verschiedener
Auflösungen quadratischer Gleichungen angestellt sind etc. Das
Imaginäre ist etwas kurz fortgekommen; was für dieses pädagogisch
immerhin heikle Capitel vielleicht nicht unzweckmässig ist. Sehr
hübsch sind die zahlentheoretischen Aufgaben auf S. 240, eine Classe
von Fragen, für welche die Schüler sich immer lebhaft zu interessiren
pflegen. Zweckmässig und förderlich wird die versuchsweise Behandlung höherer Gleichungen mit rationalen Wurzeln sein, wie sie
auf p. 282 gegeben sind; ebenso nach anderer Seite die verkürzte
Rechnung, welche noch vielfach zu wenig berücksichtigt wird, und
welche den Anhang bildet. Auch unter den aus dem gewöhnlichen
Leben genommenen Aufgaben wird man mancherlei Neues finden;
so wird die Aufgabe über die sieben verschiedenen mecklenburgischen
Scheffel sicher mit Heiterkeit gelesen und gelöst werden.

Die Theorie der Gleichungen dritten und vierten Grades pflegt
eine der Grenzen zu bezeichnen, wo elementare und höhere Mathematik sich berühren. Sie ist hier sehr hübsch und elegant vorgetragen, und die auf p. 284 dargestellte Methode zur Lösung der
biquadratischen Gleichungen wird auch dem Lehrer zum Theil neu
und immer erfreulich sein; die Bekanntschaft mit höhern Disciplinen
ist hier gerade so verwerthet, wie es für ein Schulbuch wünschenswerth ist.

So mag das Buch es durchaus nicht scheuen, den Namen des
allverehrten Mannes an der Spitze zu tragen, welcher die Widmung
desselben angenommen hat*). Möchte auch dieser Name dazu beitragen, das Buch dem Publikum zu empfehlen und ihm eine wohl-
verdiente Verbreitung zu sichern.

GÖTTINGEN.   PROF. DR. CLEBSCH.

---

*) Prof. Neumann in Königsberg.

Spieker, Dr. Th., (Oberlehrer an der Realschule zu Potsdam), Lehrbuch der ebenen Geometrie mit Uebungsaufgaben für höhere Lehranstalten. 4. verbesserte Auflage. Potsdam 1870. Verlag von August Stein. 8. Preis ?.

Dieses Lehrbuch soll zunächst den Bedürfnissen der preussischen Realschulen entsprechen, deren Anforderungen nach dem Reglement vom 6. October 1859 ein synthetischer Vortrag der Euklidischen Geometrie weder der Methode, noch dem Umfange nach genügt. Der geometrische Unterricht soll sich intensiv zu einer Gymnastik des Geistes gestalten, welche die Denkkraft weckt und übt und vorzüglich das Productionsvermögen stärkt, indem er die Fruchtbarkeit eines streng methodischen Verfahrens zum Bewusstsein bringt; er soll aber auch, um als Vorbereitung und Grundlage der mathematischen und physikalischen Disciplinen für die oberen Klassen zu dienen, extensiv innerhalb und ausserhalb der Euklidischen Elemente die Anschauungen und Kenntnisse erweitern und für analytische Untersuchungen die Bahnen öffnen. Hinsichtlich der Methode sei daher nothwendig, dass Reception und Reproduction des Vorgetragenen mit der eigenen Production des Schülers sich eng verbinden und dass die anzustellenden Uebungen in streng methodischer Weise stattfinden. Die Erweiterung des Stoffs ferner solle nach 2 Richtungen erfolgen, einerseits öffne sich innerhalb der Euklidischen Anschauungen durch Anwendung der Algebra das Gebiet der metrischen Relationen und stelle sich neben die eine geometrische Analysis die algebraische Behandlung geometrischer Aufgaben, andrerseits führen die Theorien der Transversalen, Harmonikalen, Chordalen und Polaren über diese Anschauungen hinaus, bleiben aber in vielfacher Wechselbeziehung mit ihnen.

Diese Gesichtspunkte haben den Verfasser bei Anordnung und mathematischer Behandlung des Stoffs geleitet. Er hat daher das Ganze in 4 Curse getheilt, von denen der 1. für Quarta bestimmt ist und die Elemente bis zu den Parallelogrammen enthält, der 2., für Tertia bestimmt, beendet die Euklidische Planimetrie mit der Kreisrechnung, jedoch sind die Sätze ausgeschlossen, welche nur in der algebraischen Analysis Anwendung finden; der 3., für Secunda, enthält einige Capitel aus der neueren Geometrie und der 4., ebenfalls für Secunda giebt die algebraische Analysis in Anwendung auf geometrische Probleme und eine Erweiterung der metrischen Relationen der ebenen Figuren und des Kreises.

Sehen wir etwas genauer zu, wie die Vertheilung des Stoffs gehandhabt ist.

1. Cursus. Einleitung, die Grundbegriffe und allgemeinen mathematischen Grundsätze enthaltend. 1. Abschnitt, von der Lage gerader Linien, die sich schneiden, oder parallel sind; 2. Abschnitt,

von den ebenen Figuren im allgemeinen, 3. Abschnitt von der Congruenz der Dreiecke, 4. Abschnitt von den Parallelogrammen.

II. Cursus. 5. Abschnitt von der geometrischen Aufgabe und zwar von der Zahl der Bestimmungsstücke, vom geometrischen Ort, vom Datum, den Hilfslinien, der Analysis, dem Beweis und der Determination, und den Bezeichnungen handelnd, welche letztere Verf. nach v. Holleben und Gerwien durchführt, 6. Abschnitt vom Kreise, so weit sich die Sätze ohne Proportionen behandeln lassen, 7. Abschnitt von den regulären Polygonen, 8. Abschnitt von der Gleichheit der Figuren und den Hauptaufgaben der Verwandlung, Theilung und Vervielfältigung, 9. Abschnitt von der Proportionalität der Linien, Abschnitt 10 von der Aehnlichkeit der Figuren, Abschnitt 11 von der Proportionalität der geraden Linien am Kreise, Abschnitt 12 von der Ausmessung geradliniger Figuren, Abschnitt 13 von der Ausmessung des Kreises.

III. Cursus. Abschnitt 14 von den Transversalen, enthält die Sätze des Ceva, die Beziehungen der Mitteltransversalen, der Höhen eines Dreiecks, Eulers Satz über den Durchschnittspunkt der Höhen, der Mittelsenkrechten und den Schwerpunkt, den Satz vom Kreise der 9 Punkte (Feuerbachscher Kreis), den Satz vom 5. merkwürdigen Punkte des Dreiecks, den Satz des Menelaos über die Transversalen, welche die Seiten eines Dreiecks schneidet, Satz des Paskal vom Sehnensechseck, alsdann Sätze von den Transversalen des Vierecks. Abschnitt 15 handelt von der harmonischen Theilung, Abschnitt 16 von den Aehnlichkeitspunkten, Chordalen und dem Berührungsproblem des Apollonius, Abschnitt 17 von den Kreispolaren.

IV. Cursus. Abschnitt 18 von der Anwendung der Algebra auf geometrische Probleme, und zwar wieder zunächst die einzelnen Theile der Lösung im allgemeinen besprochen, nämlich die Aufstellung der Gleichung, deren Lösung, die Discussion der erhaltenen Formel und die Construction derselben, dann die Fundamental-Constructionen algebraischer Ausdrücke durchgeführt, sowie die zusammengesetzten Ausdrücke, hierauf ist von der Dimension der Formeln und deren Discussion eingehender die Rede, woran sich die specielle Lösung von einer Anzahl Aufgaben anschliesst. Abschnitt 19 enthält metrische Relationen am Dreieck zwischen den Seiten, ihren Projectionen, den Höhen, den Mitteltransversalen, dem Inhalt, dem Radius des unscheinbaren, sowie des eingeschriebenen und den Radien der äusseren Berührungskreise; Abschnitt 20 behandelt die metrischen Relationen der Figuren im Kreise, nämlich den Ptolemäischen Lehrsatz, die Berechnung der regulären Polygone, der Sehne der Differenz zweier Bogen. Die Figuren sind zwischen den Text gedruckt.

Diesem reichen Stoffe dienen zur Vervollständigung eine Menge von Sätzen und Aufgaben zur Uebung, welche den einzelnen Abschnitten angefügt sind, nämlich zum 1. Abschnitt 16, zum 2. 15, zum 3. 41, zum 4. 39, zum 5. 101, zum 6. 128, zum 7. 20, zum 8. 62, zum 9. 36, zum 10. 68, zum 11. 32, zum 12. 37, zum 13. 31, zum 14. 40, zum 15. 30, zum 16. 29, zum 17. 25, zum 18. 61, zum 19. 30.

Das Ganze ist mit grosser Sorgfalt bearbeitet, und sind es nur geringe Ausstellungen, welche Referent machen möchte.

§ 1. Bemerkung. Die Mathematik betrachtet nur die räumliche Grösse der Körper. Doch wohl auch die Gestalt?

Jede Fläche im Raume, jede Linie in der Fläche, jeder Punkt in der Linie hat zwei Seiten?

§ 3. Die Planimetrie handelt von solchen räumlichen Grössen, welche in einer Ebene liegen können?

§ 5, 3 sind nur dem Lehrsatz, nicht auch dem Grundsatz (?) Voraussetzung und Behauptung zugewiesen. Beim indirecten Beweise wird auf frühere Sätze oder Grundsätze zurückgegangen, wozu „oder Grundsätze"? Der Begriff der Umkehrung ist nicht scharf.

6. Der Forderungssatz, Postulatum, verlangt etwas herzustellen, von dem nicht gezeigt zu werden braucht, wie es geschieht, soll wohl heissen, bewiesen. § 8, 3 und § 9, 1 waren nicht zu trennen. § 11. In der Definition des gestreckten Winkels wird die Richtung der beiden Schenkel als gleich angenommen. § 13, 1 und 2 muss es anstatt „ein Winkel, der etc." heissen „ein concaver Winkel der etc."

§ 15. Zusatz 1. Alle Winkel um einen Punkt herum betragen 4 R?

§ 22, 4 werden gemischte Wechselwinkel unterschieden, wozu?

§ 23, 3 je 2 innere Winkel betragen 2 R, besser innere oder äussere.

§ 30. Zwischen Vieleck und Vielseit unterscheidet man doch wohl?

§ 39. Ist der 1. Beweis nur für ein Vieleck mit ausspringenden Ecken geführt, warum?

§ 41, 5 grösser, kleiner, gleich dem Radius ist sprachlich unzulässig.

§ 51 ist Fall 3 überflüssig, weil nur bei rechtwinkligen Dreiecken zutreffend.

§ 57. Wenn der 4. Congruenzsatz in allgemeiner Fassung ausgesprochen wäre, liessen sich § 57 und 58 zusammenziehn; entsprechend würde es in § 168 bei ähnlichen Dreiecken sein.

§ 56 Zusatz 1 und § 59 gehören zusammen, überhaupt konnten auch die übrigen Umkehrungen angedeutet werden.

§ 66. Eine Figur aus gegebenen Stücken construiren heisst, eine Figur zeichnen, welche einer anderen, die die gegebenen Stücke enthält, congruent ist. Diese Definition ist zu beschränkt, und wohl im Zusammenhange damit wird hernach § 71 und § 87 und sonst zwischen bestimmten, beschränkt unbestimmten und unbeschränkt unbestimmten Aufgaben unterschieden. Dies scheint nicht passend, da doch wohl die beschränkt unbestimmten Aufgaben, als lösbar durch bestimmte Gleichungen, zu den bestimmten zu rechnen sind.

Abschnitt VII von den regulären Polygonen konnte später folgen, indem die hierhergehörigen Sätze besser im Zusammenhange behandelt werden, während an dieser Stelle nur von Viereck und Sechseck und den zugehörigen Polygonen geredet werden kann. § 191 und später wird der Inhalt ausgedrückt durch das Product von Grundlinie und Höhe. § 223 und 224 stehen wohl bequemer vor 214 und 215.

§ 279. Zur vollständigen Lösung einer geometrischen Aufgabe mit Hülfe der Algebra dürfte doch wohl auch der geometrische Beweis zu rechnen sein; wenigstens wird durch ihn der rein geometrische Zusammenhang zwischen den gegebenen und gesuchten Grössen in den meisten Fällen für den Schüler erst klar gestellt. An sinnstörenden Druckfehlern sind zu bemerken:
Seite 14 Zeile 10 von unten lies Parallelen statt Parellelen,
·   70 - 5 - - - einen Kreis - ein Kreis,
-   120 - 5 - oben - Seite - Sehne.

Das Buch ist hiernach jedenfalls als Lehrbuch zu empfehlen und zwar nicht blos an Realschulen, sondern, wie der Verfasser nach dem Schluss der Vorrede es hofft, auch an Gymnasien und ähnlichen Lehranstalten, wenn auch nur mit passender Auswahl des für die Zwecke solcher Schulen zu reichhaltigen Materials.*)

PFORTA.   _____   BUCHBINDER.

FOCKE, Dr. M. und KRASS Dr. M. (ordentl. Lehrern am Königl. Gymnasium zu Münster.) Lehrbuch der ebenen Trigonometrie zum Gebrauche an Gymnasien und anderen höheren Lehranstalten. 1871. Foggenrath'sche Buch- und Kunsthandlung in Münster. Preis 10 Sgr.

Vorliegendes Werk stellt sich als eine Fortsetzung des Lehrbuches der Geometrie von denselben beiden Herren Verfassern dar und Referent nimmt gern die Gelegenheit wahr, das günstige Urtheil welches er im 2. Jahrgange dieser Zeitschrift — literarische Bericht. S. 348—351 — über das letztere Werk ausgesprochen hat, auch auf diese Bearbeitung der Trigonometrie auszudehnen. Hier wie dort findet er dieselbe knappe und angemessene Auswahl des Lehrstoffs, dieselbe Leichtigkeit und Durchsichtigkeit der Darstellung, dieselbe stete Rücksichtnahme auf Uebung und Befestigung des erworbenen Wissens. Unter Hinweis auf die frühere Recension wird es demgemäss genügen den Gang der Entwickelung im Allgemeinen zu kennzeichnen.

_____

*) S. Briefkasten.

Die Erklärungen der Winkelfunctionen, welche mit Recht nicht als Längen, sondern als Verhältnissexponenten aufgefasst werden, gehen von der Annahme spitzer Winkelargumente aus: weiterhin werden dieselben auf Winkel von beliebiger Beschaffenheit übertragen und die Unterscheidung der hierbei sich ergebenden Zeichenverhältnisse, sowie der Verlauf der einzelnen Functionen werden ebenso einfach als klar dargelegt (S. 2—10). Es folgt die Zurückführung der Functionen der Winkel $R + \alpha$, $2R + \alpha$, $-\alpha$ auf Functionen des Winkels α und die Herleitung der Beziehungen, welche die Functionen eines und desselben Winkelargumentes unter sich haben (S. 11 und 12). Nach diesen Vorbereitungen wird das Problem der Addition und Subtraction unter umfassender Berücksichtigung der verschiedenen möglichen Fälle behandelt und die hieraus hervorgehende Formelreihe mit verständiger Bemessung des für den Unterrichtszweck Erforderlichen gegeben (S. 13—22). Die Goniometrie wird nun mehr mit der Darlegung der Möglichkeit die Functionen eines beliebigen Winkelargumentes zu berechnen, und mit der Aufzählung von einigen zusammengesetzten Formeln geschlossen (S. 23—25).

Die Trigonometrie im engeren Sinne (S. 26—43) enthält die Berechnung der recht- und schief-winkligen Dreiecke mit einem reichlichen Material von Beispielen. Die Berechnung der schiefwinkligen Dreiecke wird zunächst auf den Sinussatz und Cosinussatz (erweiterter Pythagoräer) gegründet und darauf durch Hinzunahme der Wollweideschen Gleichungen und des Tangentialsatzes (§ 43 und 44) für die Anwendung von Logarithmen bequem gemacht. Endlich wird der Inhalt eines Dreiecks auf mannigfaltige Art trigonometrisch bestimmt (S. 40—43) und werden hierbei auch die Radien des ein- und umschriebenen Kreises in die Betrachtung hineingezogen.

In einem besonderen Anhange wird endlich die Einführung von Hülfswinkeln gelehrt, durch welche Additions- und Subtractionsformeln auf Multiplications- und Divisionsformeln zurückgebracht werden, und die Anwendung dieser Methode auf die Auflösung quadratischer Gleichungen auseinändergesetzt (S. 44—48).

Die beigegebene Beispielsammlung schliesst sich vielfältig an die frühere planimetrische an und bringt so das Princip zur Geltung, dass die verschiedenen Theile der Mathematik möglichst für die Lösung derselben Aufgaben zu verwenden sind — hierdurch vornehmlich tritt das einheitliche die verschiedenen Theile der Mathematik verknüpfende Band in das Bewusstsein der Schüler; auch werden die einzelnen Disciplinen durch diese vielfältige Anwendung am sichersten repetirt. Unter den vermischten Aufgaben (167—200) finden sich einige, welche der angewandten Mathematik angehören, jedoch nicht so viel, als Referent wünschen möchte. Zuletzt (S. 56—61) werden noch die Resultate zu den Aufgaben zusammengestellt, eine dankenswerthe Arbeit, welche den Schülern die Möglichkeit einer Selbstcontrole der von ihnen gefundenen Lösungen gewährt.

Referent empfiehlt das ganze Werk allen Fachgenossen aufs angelegentlichste zur Einführung: es enthält das den Schülern Nothwendige in bündigster Form und lässt der freien Thätigkeit des Lehrers vollsten Spielraum. Der Preis ist billig gestellt, die Ausstattung an Druck und Papier sehr gut.

Dr. SCHWARZ.

O. WÜNSCHE, (Oberlehrer am Gymnasium zu Zwickau.) Schulflora von Deutschland. Die Phanerogamen. Leipzig, Teubner. 1871.

Wir haben früher (Bd. I, S. 158) des Verfassers Excursionsflora für das Königreich Sachsen angelegentlichst empfohlen, zugleich auch den Wunsch ausgesprochen, dass der Verfasser in ähnlicher Weise die Flora von Deutschland bearbeiten möge. Dieser Wunsch ist durch vorliegendes Werk erfüllt.

Das Buch behandelt die Flora Deutschlands nördlich von den Alpen (einschliesslich Böhmen und Mähren), jedoch mit Weglassung einzelner seltener Pflanzen. So fehlen z. B. die Gattungen Hypecoum Limodorum, Wahlenbergia, Phytolacca, ferner Lactuca perennis, Statice Limonium, Anagallis tenella, Fumaria capreolata, Cochlearia anglica und danica. Da die Zahl der fehlenden Gattungen sehr gering ist, so fragt sich doch, ob die durch ihre Weglassung ermöglichte Vereinfachung der Tabellen bedeutend genug ist, um den Mangel der Vollständigkeit auszugleichen. Es wirkt auf den selbstthätigen Schüler sehr niederschlagend, wenn er zumal so auffallende und an ihrem Standorte gewöhnlich zahlreich auftretende Pflanzen wie Lactuca perennis und Statice Limonium in seinem Buche nicht findet, wenn von dem strengen Entweder — Oder der analytischen Tabelle weder das Eine noch das Andere passt.

Uebrigens ist die „Schulflora" der „Excursionsflora" so ähnlich, dass wir nur über die allerdings zahlreichen Aenderungen zu berichten haben, im Uebrigen aber auf die frühere Recension verweisen. Zunächst ist die Reihung entgegengesetzt, indem hier mit den Papilionaceen (in der Excursionsflora mit den Kryptogamen) begonnen wird. Sodann ist im Umfange und in der Benennung der Familien Manches geändert. So sind die Fumariaceen von den Papaveraceen getrennt (früher in eine Familie zusammengezogen), Aesculus und Acer sind in eine Familie vereinigt, ebenso Staphylea uud Evonymus, Buxus ist zu den Euphorbiaceen gezogen. Die Euphorbiaceen sind wieder unter die Apetalen gestellt, Adoxa zu den Viburneen (früher zu den Araliaceen), Trapa zu den Onagrarieen; Hippuris bildet eine Familie für sich. Statt Tithymalus ist der alte Name Euphorbia, statt verschiedener Endlicher'schen Familiennamen sind die Decandolleschen wieder hergestellt. Im Ganzen sind diese Aenderungen in der That Verbesserungen.

Bemerkenswerth ist noch die Zerspaltung der Gattung Lychnis in 3 Gattungen, sowie der Zusammenziehung der Sileneen, Alsineen, Paronychiren und Sclerantheen in eine Familie.

Eine bedeutende Neuerung betrifft die deutschen Pflanzennamen, die der Verfasser (nach Grassmann) völlig umgearbeitet hat. Es wäre allerdings sehr am Platze, wenn in den so äusserst verschiedenen deutschen Namen eine Einigung geschaffen würde, und diese Einigung kann mit Erfolg nur durch die Schule angestrebt werden. Um so gründlicher muss aber der Gegenstand vorher von vielen Seiten durchgearbeitet werden, um unter den mancherlei provinciellen Benennungen die passendsten herauszufinden. Das Streben des Verfassers geht dahin, möglichst auch für die Gattungen (nicht bloss für die Arten) deutsche Namen einzuführen — eine schwierige und gewagte Aufgabe. Ref. gesteht zu, dass diese Namen oft recht glücklich gewählt sind, häufig aber dürften doch Bedenken am Platze sein. So z. B. wird Polemonium coeruleum Himmelsleiter genannt, daher die Gattung Polemonium „Leiter". Ebenso Agrimonia Mennig, weil A. Eupatoria Odermennig. Hydrocotyle Nabel, weil H. vulgaris Wassernabel. Vaccinium, Preissel, V. Myrtillus Heidelpreissel. Asperula, Meister, weil A. odorata Waldmeister. Achillea Garbe, A. Millefolium Schafgarbe. Heliotropium, Wende, H. europaeum Sonnenwende.

Auch sonst scheinen einige Namen bedenklich z. B. Cucubalus Becher, während Silene inflata Taubenkropf heisst; Viburnum Schwelch, nicht Schneeball; Anthemis Hermel, nicht Kamille; Lonicera, Zäunling, L. Caprifolium Geisblatt, nicht Jelängerjelieber; Ranunculus, Glinze, nicht Butterblume; Anchusa, Zier, nicht Ochsenzunge; Malva, Malve oder Pappel (letzterer Name ist unbedingt zu verwerfen). Um die wünschenswerthe Ordnung zu schaffen zwischen Flieder und Hollunder nennt der Verf. Syringa Flieder und Sambucus Holunder; man kann damit wohl einverstanden sein, doch wird es Mühe machen, über die gebräuchliche Confusion den Sieg zu erringen.

Einige Druckfehler: S. XIII, Z. 12 steht 24 statt 124. S. XX, Z. 13 steht ungestielt statt ungetheilt, S. 51 Kälberknopf statt Kälberkropf, S. 139 Ebereis statt Eberreis, S. 201 bei Euphorbia steht XX (Linnesche Klasse) statt XXI. Im Register fehlt Anthoxanthum, auch finden sich einige Abweichungen von der alphabetischen Ordnung.

Im Uebrigen verdient das Buch wegen seiner leicht verständlichen Tabellen zur Bestimmung der Familie und Gattung, wegen der klaren Beschreibungen und der bekannten vortrefflichen Ausstattung die beste Empfehlung.

DRESDEN. ——————— KOBER.

Dr. MORITZ SEUBERT (Prof. an der polytechnischen Schule in Karlsruhe). **Ex-cursionsflora für Mittel- und Norddeutschland.** Ra-vensburg. (60 und 322 S.)

Diese Flora umfasst das Gebiet des deutschen Reiches nebst Böhmen aber mit Ausschluss der süddeutschen Staaten und des südlichen Theiles von Rheinpreussen, aber sie enthält grundsätzlich alle Pflanzen, so dass nur durch Versehen einzelne Arten (Daphne Cneorum) fehlen können.

Hauptprincip des Buches ist Kürze, um es für Excursionen recht brauchbar zu machen. Es ist ein wirkliches, kleines und sehr leichtes, zweckmässig gebundenes, Taschenbuch. Dennoch ist der Druck, zumal im Verhältniss zu dem kleinen Format, recht gross, geht sogar in der Tabelle zur Gattungsbestimmung (selbst ohne sonderliche Rücksicht auf den guten Geschmack) ziemlich verschwen-derisch mit dem Raume um.

Die Bestimmung der Gattung ist zwar nur nach dem Linneschen Systeme geboten, aber mit der Vorsicht, dass alle Gattungen von unsichrer Klassenstellung mehrmals aufgeführt werden, z. B. Elatine in der dritten, sechsten und achten Klasse.

Jede Gattung ist (vor Aufzählung der Arten) noch einmal voll-ständig und zwar recht gut beschrieben, „wodurch einerseits die auch bei dem besten Schlüssel zur Aufsuchung der Gattung in vielen Fällen unvermeidliche Unsicherheit möglichst wieder ausgeglichen, andrerseits die für den Anfänger höchst wesentliche Einprägung des Gattungsbildes bezweckt wird." Die Gattungen sind nach dem natürlichen Systeme aufgezählt, doch sind weder die Familie charak-terisirt, noch die Merkmale der höheren Abtheilungen (Monokotylen, Apetalen etc.) angegeben.

Die Characteristik der Arten ist sehr kurz, aber genügend: in dieser Kürze liegt eine Haupteigenthümlichkeit des Buches. Die Blüthezeit ist nicht angegeben, Synonymen nur hin und wieder. Die Bastarde sind zum Schlusse der betreffenden Gattung ohne nähere Beschreibung, nur mit Angabe der Stammarten, aufgezählt.

Eine kurzgefasste Anleitung zum Gebrauche des Buches geht den Bestimmungstabellen voraus.

Für die Correctheit bürgt der rühmlichst bekannte Name des Verfassers.   DERSELBE.

──────────

HOFMANN, A. W., **Einleitung in die moderne Chemie.** Nach einer Reihe von Vorträgen gehalten in dem Royal College of Chemistry zu London. V. Auflage. Braun-schweig, Vieweg und Sohn. 1⅓ Thlr.

Verfasser, der durch seine meisterhaften Untersuchungen der substituirten organischen Basen, der Cyanverbindungen, des Anilins

u. s. w. sowie durch die geistreiche Auslegung derselben einen bedeutenden Antheil an der Ausbildung der sog. modernen Chemie hat, versteht es, auch in seinen Vorträgen durch eine gewählte und klare Darstellung die Zuhörer zu fesseln. Vorliegende Einleitung ist eine freie Bearbeitung von 12 Vorlesungen, wie sie der gefeierte Lehrer schon zu einer Zeit gehalten hat, als in seinem Vaterlande die Richtigkeit dieser Ansichten erst von Wenigen anerkannt wurde.

Aus den drei verschiedenen Körpern Chlorwasserstoff, Wasser und Ammoniak wird durch Kalium Wasserstoff, durch Elektrolyse Chlor, Sauerstoff und Stickstoff abgeschieden. Nach Darlegung des Unterschiedes zwischen Element und Verbindung werden die vorhin zerlegten Körper aus den Elementen wieder aufgebaut unter Berücksichtigung der Volum- und Gewichtsverhältnisse. Um einen so leichten Uebergang von Gewicht zu Volumen, wie beim Wasser, auch für die Gase zu erhalten, wird als neue Gewichtseinheit das Krith (von $\varkappa\rho\iota\vartheta\eta$, Gerstenkorn) als das Gewicht eines Litr. Wasserstoffs, unter Normaldruck und bei 0^0, eingeführt, so dass die Volumgewichte der Gase, bezogen auf Wasserstoff als Einheit, zugleich das absolute Gewicht derselben in Krithen angeben. Die Untersuchung der Wasserstoffverbindung des nichtflüchtigen Kohlenstoffs giebt Anlass zur Aufstellung des Verbindungsgewichtes und wird als solches die in Krithen ausgedrückte kleinste Gewichtsmenge eines Elementes bezeichnet, welche in dem normalen Zweilitervolumen irgend einer seiner Verbindungen enthalten ist, die kleinste Gewichtsmenge, von der alle in dem Zweilitervolum anderer Verbindungen enthaltenen Gewichtsmengen desselben Elementes Multipla sind." Dem Chlor verhält sich nun völlig analog Jod, Brom und Fluor, dem Sauerstoff Schwefel und Selen, dem Stickstoff Phosphor, Arsen, Antimon und dem Kohlenstoff Silicium und Zinn. Ebenso entsprechen der HCl die Verbindungen HBr, HJ, HFl, dem H_2O der H_2S und H_2Se, dem NH_3 d. PH_3, AsH_3, SbH_3, dem CH_4 und CCl_4 d. SiH_4, $SiCl_4$, $SnCl_4$. Chlor, Sauerstoff, Stickstoff und Kohlenstoff werden deshalb als Prototypen ganzer Reihen von Elementen angesehen, wie Chlorwasserstoff, Wasser, Ammoniak und Kohlenwasserstoff als solche von Verbindungen. Die Bestimmung der Verbindungsgewichte setzt aber immer eine flüchtige Verbindung des betreffenden Elementes voraus. Für die Elemente, welche in keiner Weise flüchtig sind, kommen die Ersatzgewichte als diejenigen hinzu, in denen sich die Elemente in den Verbindungen gegenseitig vertreten. Das gleiche Verhalten der einfachen und zusammengesetzten Gase und Dämpfe gegen Druck und Wärme führt zu der Annahme, dass in gleichen Volumina verschiedener Gase die gleiche Anzahl von Molekülen enthalten sein muss, diese daher von gleicher Grösse sind. Die Ausnahmen der Regel, dass das Mol. Gew. der einfachen Körper doppelt so gross ist als das Atom. Gew.: Phosphor und Arsen, deren Mol. Gew. viermal so gross, Quecksilber, Cadmium und Zink, deren Mol. G. gleich dem Atom. Gew. werden eingehend besprochen, die Werthigkeit der Elemente, die Beziehungen der Atom- und Aequivalentgewichte erläutert. Die sehr zahlreichen Versuche sind mit der, dem Verf. eigenen Klarheit, beschrieben, so dass sie auch von weniger Geübten leicht ausgeführt werden können, vielleicht mit Ausnahme der Zersetzung des Ammoniaks durch Chlor und der Synthese des Chlorwasserstoffs durch Sonnenlicht, welche einige Vorsicht erfordern. Wir glauben den Lesern dieser Blätter einen Dienst zu erweisen, wenn wir diese „Einleitung" bestens empfehlen.

HANNOVER.   Dr. FERD. FISCHER.

ELSSNER, G. Naturw. Anschauungsvorlagen. Analysen der Getreide-Pflanzen. Löbau i/S. 1871. 5 Sgr. Partiepreis, nach Uebereinkommen billiger. (Wie wir hören 3 Sgr.)

Die Bd. II S. 249 besprochenen Anschauungsvorlagen (die Gräser) hat Elssner in ganz derselben Weise, nur in geringerer Vergrösserung (gr. 8⁰) für die Hand der Schüler bearbeitet. Die Ausstattung ist gut, der Preis gering. Die Regierungen von Baiern, Hessen-Darmstadt und Anhalt haben das Schriftchen theils den Seminarien, theils den Volksschulen bereits anempfohlen, von Seiten der österreichischen Regierung steht ein gleiches bevor; die sächsische hat es nur deshalb unterlassen, weil es die grösseren Tafeln bereits empfohlen hat. Möge das Heftchen beitragen, eine gründlichere Kenntniss der Getreidearten im Volke zu bewirken! Möge durch dasselbe auch mancher Volksschullehrer veranlasst sein, sich mehr um die ihn umgebende Natur zu kümmern.

DRESDEN.   H. ENGELHARDT.

BOCK, Prof. Dr. Ueber die Pflege der körperlichen und geistigen Gesundheit des Schulkindes. Eine Mahnung an Eltern, Lehrer und Schulbehörden. Leipzig 1871. 48 S. 8. (Pr. 3 Sgr.)

Prof. Dr. Bock in Leipzig hat ein Herz für Lehrer und Schulen, was er durch Wort und That genügend kund gethan hat. Ein neuer Beweis dafür ist dieses Schriftchen, dass er bis jetzt in 55,000 Exemplaren in uneigennützigster Weise an Lehrer, Lehrerinnen und Behörden verschenkt hat. Dasselbe ist nicht dazu bestimmt, etwas Neues zu bieten, sondern nur gegen fast allgemein herrschende Uebelstände aufzutreten. Wir sind der Meinung, dass man mit Dank jede Schrift, die diesen Zweck verfolgt, begrüssen muss, besonders wenn sie von Aerzten ausgeht, da Schulbehörden, von denen ja zunächst Durchführung von Besserungen ausgehen kann, leider immer noch zu wenig auf die Stimmen der Schulmänner hören.

Das Schriftchen behandelt: *A.* Schule und Haus, Lehrer und Schüler. *B.* Die Behandlung des Schulkindes. *C.* Belehrung des Schülers über Gesundheit. Als Anhang: Zur Kindergärtnerei. Der Volksschulgarten.

Der Referent findet den Inhalt gut und richtig, glaubt aber, dass der Verf. wohl hier und da anstossen wird, besonders bei Regulativpädagogen, da er besonders die Erziehung zum Denken betont, bei Philologen, welche so oft nichts von körperlicher Erziehung verstehen und einseitig nur die Bildung des Geistes als Aufgabe der Schule ansehen, und bei Unwissenden, die mit Recht manch' hartes Wort hinnehmen müssen. Es wäre hier Gelegenheit, den Stand vieler Lehrer an Elementar- und anderen Schulen zur Kenntniss der Anthropologie, speciell zur pädagogischen Hygieine und Pathologie an den Pranger zu stellen; doch bedecken wir dies mit dem Schleier der Collegialität.

Der Verf. verfällt nicht in den Fehler mancher Schriftsteller, die Schule als alleinige Ursache der „Schulkinderkrankheiten" anzusehen, ja er meint geradezu, dass da weit mehr das elterliche Haus anzuklagen sei. Als Verpflichtung der Schule gegen die Gesundheit des Menschen bezeichnet er 1) dass die Gesundheit des Kindes in der Schule nicht durch falsche Behandlung der kindlichen Organe geschädigt und 2) dass dem Schüler Kenntniss von der Einrichtung und Behandlung des menschlichen Körpers beigebracht werde. Unter *B.* bespricht er zunächst die Behandlung des Gehirns, nennt dabei den Lehrer den „Turnlehrer für's Gehirn", und fordert von ihm nicht blos Kenntniss der besten Lehrmethoden und der passendsten Unterrichtsmittel, sondern auch der physikalisch-chemischen Processe, welche innerhalb der Organe vor sich gehen. Dann verbreitet er sich über Behandlung der Sinneswerkzeuge des Schulkindes, besonders des Auges, des Bewegungsapparats, des Blutes, seines Laufs und seiner Bildung, und widmet einige Worte den „eingeschleppten Kinderkrankheiten."

Unter *A.* und *B.* findet der, der sich um pädagogische Diätetik und Pathologie gekümmert hat, nichts Neues; hier hört er, wie der Professor einer Hochschule denkt, dass in Volksschulen in der Anthropologie zu unterrichten sei. Seine Ansicht ist, dass im Elementarunterricht bereits Gesundheitsregeln gegeben werden sollen, dass die Anthropologie nicht als blosse Gedächtnisssache behandelt werden dürfe, dass die Diätetik vorzugsweise zu betonen sei und dass die Schüler darüber belehrt werden müssen, wie man Verunglückten und Bewusstlosen zu Hilfe zu kommen hat. Wenn doch so mancher Lehrer in so elementarer Weise zu unterrichten verstände, wie Prof. Bock! Wenn doch so mancher wie er, den Kern von der Schale zu unterscheiden vermöchte!

Was Prof. Bock über Kindergärtnerei schreibt, ist mir von Kennern der Fröbel'schen Schriften und der Kindergärten als ganz vorzüglich gerühmt worden. Wir können jedem dies Schriftchen als höchst lesenswerth empfehlen.

DRESDEN.   H. ENGELHARDT.

Thesen zu dem Streite über geometrischen Unterricht. †)

Von A. ZIEGLER.[1])

Soll die Verwirrung in diesem Streite, welcher vielfach *de lana caprina* geführt wird, nicht noch grösser werden, so ist es nothwendig, jene Fragen, welche von einander unabhängig sind, zu trennen und statt allgemeiner Redensarten bestimmt formulirte Principien aufzustellen. Eine im ersten Bande dieser Zeitschrift Seite 239 enthaltene Recension meines „Grundrisses der ebenen Geometrie" hat die darin ausgesprochenen Principien in so auffallender[2]) Weise ignorirt, dass ich dieselben mit noch anderen hier zur Sprache bringen will.

Am meisten divergiren die Ansichten, wie es scheint, in folgenden Punkten: 1) Anordnung, 2) Heuristik, 3) Parallelentheorie, 4) Definitionen. Diese Besprechung will besonders vor Uebertreibung[3]) und Einseitigkeit warnen und weniger eine Entscheidung als eine schärfere Trennung der Fragen versuchen, nur nach der didaktischen, nicht nach der wissenschaftlichen Seite, nur mit Bezug auf Bücher, welche für Schüler bestimmt sind.

Die für die Anordnung in der Planimetrie zur Sprache kommenden Principien lassen sich leicht auf die übrigen geometrischen Disciplinen ausdehnen.

Die französischen im Geiste Legendre's verfassten Schulbücher gefallen mir in Betreff der Anordnung besser als alle deutschen. Doch fehlt es auch dieser Anordnung an consequenter Durchführung, an coordinirten Gesichtspunkten und an der, wie mir scheint, sehr wichtigen Unterscheidung einer Geometrie der Gleichheit und der Proportionalität[**]), je nachdem der Verhältnissbegriff ausgeschlossen ist oder nicht. Die Rolle, welche der Zahlbegriff spielt, ist für jede geometrische Disciplin charakteristisch.

Die Planimetrie zerfällt also in zwei Abtheilungen, deren eine aus Zweckmässigkeitsrücksichten auf Winkel und Strecken zu beschränken ist, die andere auf Strecken und Flächen. Jede Abtheilung erhält ein Buch für die Gerade und eines für den Kreis. Die weitere Eintheilung muss zur Verständigung hier in kurzer Uebersicht mitgetheilt werden:

I. Gleichheit der durch Gerade begränzten Winkel und Strecken.
    A. Congruenz.   B. Parallelentheorie.   C. Vierecke[4]).
II. Gleichheit der durch Bogen begrenzten Winkel und Strecken.
    A. Der Kreis und die Gerade. B. Der Kreis und der Winkel[5]). C. Constructionen und geometrische Analyse.
III. Proportionalität der durch Gerade begränzten Strecken und Flächen.
    A. Proportionalität der Strecken. B. Aehnlichkeit. C. Flächenmessung. D. Pythagoräer[7]).
IV. Proportionalität der durch Kreisbogen begränzten Strecken und Flächen[8]).

---

†) **Anm. der Redaktion.** Dieser Aufsatz war, weil derartige (für eine Redaktion nicht eben angenehme) Repliken meist nur unfruchtbare Streitigkeiten verursachen — zurückgelegt worden. Da aber neuerdings der Herr Verfasser den Abdruck derselben **dringend wünscht**, so müssen wir dem Hrn. Recensenten das Wort zur Vertheidigung gönnen, was in fortlaufenden Anmerkungen **hinter** diesem Aufsatze geschehen ist. Uebrigens ist auch der Widerstreit der Ansichten lehrreich und zu eignem Studium anregend.

A. Proportionalität der Strecken. B. Constructionen[9]) und algebraische Analyse. C. Kreistheilung. D. Kreismessung.

Jede Eintheilung ist, wie ich glaube, nach den zwei Principien der Ordnung und Freiheit[10]) zu beurtheilen. Es dürfen weder zu wenig noch zu viele Abtheilungen[11]) gemacht sein, dieselben sollen nahezu gleiche Ausdehnung haben und auch von vielen Schülern leicht gemerkt werden können. Eine weitere Probe, die Jeder mit einer beliebigen Eintheilung machen kann, giebt der Versuch, Theoreme und Probleme in eine Abtheilung zu verweisen; dabei darf die Wahl nicht schwierig sein, und kein Zweifel übrig bleiben. Mehr objectiv scheint folgendes Kriterium zu sein: Eine gute Anordnung soll die Freiheit gewähren, ganze Abtheilungen zu vertauschen[11]); in allen streitigen Fällen soll dem Lehrer die Wahl der Aufeinanderfolge offen gelassen werden. Auf dieses Kriterium, dass die Abtheilungen möglichst unabhängig von einander sein sollen, wurde ich erst bei der Vertheidigung meiner Eintheilung aufmerksam, um so bemerkenswerther ist das Ergebniss der Probe.

Im ersten Buche kann das Capitel A. von der eigentlichen Congruenz an mit dem Capitel B. d. h. mit der Parallelentheorie vertauscht werden, das ist aber gerade ein streitiger Punkt, weil Viele die Congruenz später lehren wollen, was also bei meiner Eintheilung, wie sie im Grundrisse durchgeführt ist, gleichgültig bleibt.

Am meisten hat mich selbst die Bemerkung überrascht, dass im ganzen III. Buche die Sätze des II. nur bei drei Uebungen citirt sind, wo sie leicht entbehrlich werden: es können also diese ganzen Bücher ohne den mindesten Anstand vertauscht werden.

Mit diesen beiden Vertauschungen würde die Anordnung im Grossen nahezu mit der von Snell gegebenen übereinstimmen, jene kann also unmöglich schlechter sein, weil sie die Vortheile der andern einschliesst, abgesehen davon, dass sich diese nie[12]) ein Schüler merken wird.

Im II. Buche können ebenfalls die Capitel A. und B. vertauscht werden. Sehr zweckmässig scheint es mir auch, dass im III. Buche dem Pythagoräer und seinen Vettern ein besonderes Capitel eingeräumt ist und damit ein stabileres Domizil. Im IV. Buche sind die zwei letzten Capitel von den zwei ersten ganz unabhängig, jene sind nachgesetzt, weil sie der Goniometrie näher stehen; ich halte es nämlich für selbstverständlich, dass nach der Planimetrie die ebene Trigonometrie gelehrt wird.

Dass diesen Vertauschungen die Nummern nicht hinderlich sind, ist leicht ersichtlich, ebenso dass die geometrische und algebraische Analyse ganz ans Ende verlegt werden könnten. Aber es ist gerade ein Vorzug dieser Eintheilung, dass die geometrische Analyse schon frühzeitig gelehrt wird, damit wenigstens die besseren Schüler nebenbei mit Aufgaben beschäftigt werden können. Es wurde ja auch geometrische Analyse zwei Jahrtausende vor der algebraischen angewendet. Die Entwicklungsgeschichte einer Wissenschaft giebt auch beachtenswerthe Winke für den Unterricht. Beim heuristischen Unterrichte werden die Theoreme nach den Regeln der Analyse als Probleme behandelt, daher sind diese Regeln möglichst früh zu lehren.

Von dieser Anordnung behauptet die Recension, dass die Sätze nicht nach ihrem Inhalte, sondern nur[13]) nach ähnlichen Beweismitteln geordnet seien. Was ist Inhalt, wenn die Beweismittel nicht dazu gehören?[14]) Gewährt die Anordnung der Sätze eines Capitels nach der Aehnlichkeit der Beweismittel nicht grosse Erleichterung? Die Verwandlung zweier Quadrate in eines will der Rec. nicht bei der algebraischen Analyse sehen[15]), wo sie allein Bedeutung und Anwendung hat, sondern beim Pythagoräer[16]). Der Rec. findet es „sonderbar, dass die Constructionen, welche mit dem Zirkel ausgeführt werden, in die Kreislehre kommen," wahrscheinlich weil Snell und Schlömilch[17]) sie vorher behandeln. Diese wissen sich nicht anders zu helfen, weil sie, wie alle (?) deutschen Autoren, den Winkel-

haken nicht als geometrisches Instrument [16]) beachten. Diese Vernachlässigung rächt sich auch in der Stereometrie. Für die Constructionen
des I. Buches ist der Winkelhaken mehr als genügend. Dieselben Constructionen und noch weitere werden in der Kreislehre (im II. Buche) mit
dem Zirkel ausgeführt, und die Verschrobenheit [19]) ist auf Seite Jener,
welche sich darüber wundern.

Alle Figuren des I. und III. Buches lassen sich ohne Zirkel durch
Falten des Papiers herstellen. Dieses Falten greift dem Rec. zu sehr [20])
in die Stereometrie über, während es doch nur auf dem Satze beruht, dass
die Ebene durch eine Gerade in congruente Theile getheilt wird [20*]). Eine
chinesische Mauer soll überhaupt nicht die Planimetrie von der Stereometrie
trennen. Diese Faltmethode wird fast nur bei Uebungen gebraucht [21]).
Durch Falten eines Parallelstreifens von Papier, wobei man verfährt wie
wie bei Herstellung eines Knotens, kann auch ein reguläres Fünfeck gebildet werden. Der Beweis ist nicht uninteressant.

Die übrigen Sonderbarkeiten, welche der Rec. hinein- [22]), nicht heraus-
gelesen hat, rühren von einer noch weniger tadelnswerthen Neuerung her.
Bei der Anordnung war nämlich beabsichtigt, jene Sätze, welche mit ihren
Beweisen auch für das sphärische Dreieck gelten, möglichst scharf von
den nicht gültigen zu trennen [23]). Dieses ist in der Vorrede und im Texte
ausgesprochen, und doch wird es in der Rec. ignorirt. Der Versuch
ist beachtenswerth, auch wenn er nicht gelungen wäre, er bewährt sich
erst in der Sphärik, welche mir noch mancher Verbesserung bedürftig zu
sein scheint. Prüft man die Gültigkeit der planimetrischen Sätze und
Beweise für die Sphärik, so zeigt sich manches Auffallende.

Zu einer guten Anordnung gehört auch die Trennung der Propositionen,
welche das geometrische System bilden, von den Uebungen. Auch wo
diese Trennung besteht, ist sie wenigstens ohne ausgesprochenes Princip
durchgeführt. Alle Sätze, welche nicht im Buche angewendet werden [24]),
sollen unter die Uebungen verwiesen werden. Der Rec. giebt nicht etwa
ein besseres Princip an [25]), er sagt auch nicht, dass in dem Knochengerüste
ein Knochen zu viel oder zu wenig ist, er stellt die Frage: [26]) wozu dienen
dann die letzten Sätze und die vorletzten, und die ganze Geometrie? Sehr
nahe läge die Antwort: sie dienen anderen Disciplinen oder zur Lösung
von Aufgaben etc., eine bessere giebt die Vorrede zum Grundrisse. Dort ist
die Ansicht ausgesprochen, dass die letzten Sätze als die auf kürzestem
Wege [27]) zu erreichenden Zielpunkte dienen sollen. Im Grundrisse dienen
als Gränzmarken die Sätze, welche das Problem des Apollonius auflösen,
für die Uebungen ist der noch weiter hinausgerückte Zielpunkt die Construction der Polare und Tangente mit dem Lineale. Gewöhnlich hat das
geometrische System keine deutlichen Grenzen und willkürliche Anhängsel
besonders aus der neueren Geometrie.

Die Unterscheidung von Corollaren, Zusätzen etc. nach ihrer näheren
oder entfernteren Verwandtschaft mit den Hauptsätzen des geometrischen
Systems ist sehr zweckmässig, schon um die Zahl der Hauptsätze zu
verringern. Die Uebersicht wird sehr erleichtert dadurch, dass man alle
Sätze passend benennt und numerirt. Die Anordnung der Uebungen wird
erleichtert durch die dreifache Unterscheidung solcher, welche sich an einen
Hauptsatz, solcher, welche sich an ein Capitel anschliessen und solcher,
welche zur Einübung der Analysen dienen.

Die Forderung, dass der Unterricht heuristisch sei, wird kaum prin-
cipielle Gegner haben, auch nicht unter jenen, welche auf den von Euklid
und Legendre geebneten Bahnen fortschreiten wollen. Jene, welche neue
Bahnen für nothwendig halten, gehen in ihren Forderungen weiter. Wenn
nun gegen diese Forderung so viel durch Unterlassung, aber auch durch
Uebertreibung gefehlt wird, so scheint dieses in ungenügender Vorbildung
der Lehrer, welche als solche gewöhnlich Autodidakten sind, seinen Grund zu
haben und in dem Mangel an klaren positiven Normen für den heuristischen

Unterricht. Dieser soll mehr das Können als das Wissen fördern und die Schüler zum Studiren anstatt zum Lernen und blossen Memoriren anregen.

Um meine vom R. ganz missverstandene[23]) Ansicht bestimmter zu formuliren, erinnere ich an die in den Lehrbüchern vernachlässigten Grundsätze der geometrischen Analyse. Diese verlangt zur vollständigen Lösung eines Problemes die wichtige Unterscheidung der vier Hauptbestandtheile: Analyse, Construction, Demonstration (d. h. Synthese) und Determination. Während ein schlechter Unterricht die Probleme zu Theoremen macht, soll der heuristische die Theoreme wie Probleme nach den Grundsätzen der analytischen Methode behandeln. Die Beweisheuristik soll dem Schüler zur Construction und Demonstration nur Andeutungen geben und die Satzheuristik soll den Schüler anleiten, dass er mündlich die Analyse und Determination ergänzt. Für jene soll das Schulbuch, für diese hauptsächlich der Lehrer sorgen. Die älteren Schulbücher geben nur Construction und Beweis, aber beide zu ausführlich und ohne die nützliche Trennung des Textes von den Gleichungen, die genetischen Lehrbücher mengen Alles durcheinander. Der Beweisheuristik ist jedes ausführliche Schulbuch hinderlich. Das Buch soll nur solche Beweise ausführlich geben, welche der Schüler nicht selbst finden kann[29]). Zu den meisten Beweisen scheint es am besten, wenn dem Schüler nur die Thesis und die Nummern der anzuwendenden Lehrsätze gegeben werden, so dass er die Figur selbst zu entwerfen und den Beweis durch Gleichungen auszuarbeiten hat. Dieses Princip habe ich durch Erfahrung ausgezeichnet bewährt gefunden. Die besseren Schüler erhalten bald eine solche Fertigkeit, dass man von ihnen eine schriftliche Ausarbeitung gar nicht zu verlangen braucht. Das Anschreiben der Gleichungen an die Schultafel wird meist unnöthig, wodurch viel Zeit erspart wird. Man verlangt zuerst von besseren, dann von schwächeren Schülern, dass sie entweder nur die Gleichungen aussprechen oder nur den Text d. h. die anzuwendenden Beweismittel oder beides. Dann kann der Lehrer auch fragen, warum die Beweismittel angewendet werden und den Schülern zeigen, wie sie selbst den *nervus probandi* hätten finden können[30]). Der Unterricht wird dadurch geregelter und weniger anstrengend.

Wer von Schülern verlangt, dass sie die ganzen Beweise und auch die Sätze selbst finden[31]), soll eigentlich kein Buch benützen, aus eigener Erfahrung[32]) halte ich dieses für ein grösseres Uebel, als den Schülern ein ausführliches in die Hand zu geben.

Dass es Uebertreibungen giebt, beweist das Verlangen des Rec. „die Schüler müssen alle Eigenschaften des Parallelogramms aus der Definition wenigstens vermeintlich (!) selbst finden[31]). Illusionen[33]) sind noch schädlicher als Mangel an Selbstvertrauen des Schülers.

Sind schon nicht alle Beweise geeignet von Schülern gefunden zu werden, so noch weniger alle Sätze[34]), die Auswahl derselben muss dem Lehrer überlassen bleiben; desshalb und um die Selbständigkeit des Schülers nicht zu beeinträchtigen, soll die Satzheuristik[35]) ohne zu grossen Zeitaufwand nur mündlich geübt werden, sie eignet sich gewiss nicht für einen Grundriss.

Die genetische Methode fällt zum Theile mit der heuristischen zusammen. Die genetische Entwicklung einzelner Sätze[36]) ist nichts Anderes als die Satzheuristik oder die Analyse und Determination zu dem als Problem behandelten Theorem. Die genetische Methode mancher[37]) Bücher besteht darin, dass sie die gewöhnliche synthetische Form der Beweise, welche der Schüler doch auch kennen lernen soll, mit einer analytischen vertauschen oder eigentlich vermischen und den zu beweisenden Satz an's Ende stellen. Das ist nun zwar nicht wissenschaftlicher, aber schwerfälliger und lästiger für den Leser, der sich nur mit Mühe einen Einblick in das Gefüge der Sätze verschaffen kann[38]). Man wird beim Lesen mathematischer Werke oft und lebhaft genug an die Wahrheit des Ausspruches erinnert:

Die Deutschen haben die Gabe die Wissenschaften unzugänglich zu machen.

Eine nach meiner Ansicht zu weit gehende Forderung verlangt eine genetische Entwicklung des ganzen geometrischen Systems. Die Anordnung soll bis ins kleinste Detail *a priori* durch Reflexionen[39]) geregelt werden, es soll, wie der Rec. verlangt, von einem Satze zum folgenden eine einfache Gedankencombination führen[40]). Bei Snell sind diese Gedankencombinationen zu sehr Hauptsache, er wendet zur Aneinanderreihung der Sätze wirklich ein combinatorisches Verfahren an, welches zu primitiv ist und nur so lange befriedigt, als man kein besseres Princip hat. Ich habe Snells Planimetrie vor zwanzig Jahren mit grossem Interesse gelesen, das mir seitdem abhanden gekommen ist; ich wundere mich, dass sie noch so viele Anhänger hat. Die in demselben Geiste von Schäffer bearbeitete Stereometrie mit einer fast romanhaften Darstellung scheint mir das Abschreckendste in dieser Richtung zu sein. Die Stereometrie, welche den Prüfstein abgeben sollte, ist sehr spröde gegen genetische Behandlung[41]). Wichtiger als die Gedankencombinationen sind in der Stereometrie Analogie und Dualismus[42]).

Mit oberflächlichen Reflexionen zur Anordnung der Sätze belügt man sich und die Schüler, und die gründlichen sind nicht Combinationen, sondern beruhen hauptsächlich auf dialektischen Erwägungen. Es fragt sich z. B., welches ist der Weg des kleinsten Widerstandes[43]), welches geometrische System giebt für die Theoreme die leichtesten Beweise und für die Probleme die einfachsten Lösungen? Wie oft habe ich in einzelnen Capiteln die Ordnung der Sätze verändert, bis nicht der leiseste Zweifel an der Zweckmässigkeit übrig blieb! Diese Reflexionen zeigen sich erst bei einer gründlichen Durcharbeitung des Systems. Die genetischen Bücher wollen den Schein einer künstlichen Anordnung vermeiden, bekommen aber dadurch den einer gekünstelten, sie versprechen mehr als sie halten.

Welcher Art die Gedankencombinationen auch seien, sie von Schülern verlangen heisst Einem, der kaum lesen kann, zumuthen, dass er eine Ode dichte[44]). Das Fehlen dieser Gedankencombinationen[45]) ist der „Angelpunkt" der Einwendungen des Rec. gegen meinen Grundriss, welcher auf 60 Seiten mehr Stoff liefert als ausführliche Lehrbücher, er soll um 10 Groschen auch noch genetische Entwicklungen vorkauen[46]), damit sie der Schüler gedankenlos nachplaudert[47]). Ein Buch mit vielen solchen subjectiven Gedankencombinationen ist eine genetische Zwangsjacke, der ich eine alte dogmatische vorziehe.

Die kostbare Zeit wird besser zu der geometrischen und algebraischen Analyse, zur Uebung einer logisch und rhetorisch richtigen Ausdrucksweise und zu den Anwendungen der Geometrie benützt; damit wird die Lust und Kraft der Schüler am meisten gefördert. Der mathematische Unterricht ist vielleicht der anstrengendste[48]) für den Lehrer, durch die heuristische Methode wird seine Aufgabe erleichtert, durch die weiter gehenden Forderungen der genetischen Behandlung aber erschwert, und der Lehrer zu nutzloser Schwätzerei verleitet.

Um gegen Euklid und *Legendre* mit einer neuen Methode auftreten zu können, muss man nicht bloss einige Jahre docirt haben, wie die Urheber der genetischen Methode, sondern muss einige Decennien in der Schule experimentirt haben.

Methode ist Erfahrungssache[49]), den Massstab für die Güte bildet der Erfolg und die unbedingte Anerkennung, welche der Lehrer dem mathematischen Unterrichte unter allen Umständen zu verschaffen wissen muss.

In Allem, was ich von neueren Philosophen über Mathematik gelesen habe, finde ich nur den Beweis, dass sie nicht competent sind. In den kürzlich erschienenen „Abhandlungen aus dem Grenzgebiete der Mathematik und Philosophie"†) dürfte die Bemerkung richtig sein, dass es der

---

†) von unserm geehrten Mitarbeiter J. C. Becker, Zürich 1870.   D. Red.

genetischen Methode an einer bestimmten Charakteristik, an guten Mustern und ihren Vertretern an Uebereinstimmung fehlt.

Die Philosophen nennen die starrste Einseitigkeit und die gröbsten Missbräuche Euklidische Methode und ereifern sich dagegen. Sie setzen Lehrer voraus, welche nur beweisen und nicht wissen, dass es ausser der Synthese, welche in den Elementen allerdings das angemessenste und weitreichendste Erkenntnissmittel ist, noch zwei andere giebt: die Anschauung und die Analyse, welche schon Euklid kannte und gewiss auch anwendete. Dieser ist nicht Ursache, dass es viele schlechte Lehrer, wohl aber, dass es nicht noch viel mehr giebt; seine Tadler sind in der Vorrede zu van Swinden richtig gezeichnet. Es ist richtig, dass die Synthese manchmal — nicht immer — nur *convictio* bewirkt, dann muss eben durch Analyse und Anschauung eine tiefere Einsicht gewonnen werden. Irrig ist, dass die Mathematik nur Gewissheit, keine Einsicht anstrebt. Der Unterricht darf keines der drei Mittel verschmähen oder durch die Phrase ersetzen und muss dieselben unvermischt gebrauchen. Ein interessantes bekanntes Beispiel, wo alle drei Mittel nicht angreifen wollen, ist der einfache Satz: wenn zwei Winkelhalbirende gleich sind, ist das Dreieck gleichschenklig.

Es lassen sich z. B. die Beziehungen für die möglichen Lagen zweier Kreise leicht durch Anschauung ermitteln, sehr instructiv ist es aber, die Resultate auch durch Abstraction aus dem Begriffe des Kreises abzuleiten. Der Lehrer muss allerdings den Schülern sagen, dass dabei nicht der Zweck ist, Ueberzeugung zu bewirken, sondern die Abstraction in der consequenten Durchführung einer Methode zu üben und die anschauliche Erkenntniss von der systematischen unterscheiden zu lernen. Es ist durchaus nicht lächerlich, solche Sätze, z B. in der Parallelentheorie, welche leicht anschaulich erkannt werden können, noch synthetisch zu beweisen, gerade die Schwierigkeit, welche hier auftritt, erhöht das Interesse, es handelt sich ja nicht um die gefundene Wahrheit, sondern um die Methode, welche allerdings nicht zur Quälerei der Schüler missbraucht werden darf.

Die Aeusserung Schopenhauers: „Die Euklidische Demonstrirmethode hat aus eigenem Schosse ihre treffendste Parodie und Karikatur geboren in dem Streite über Parallelentheorie" beruht auf groben Missverständnissen. Der sogenannte Beweis, welchen er z. B. für den Pythagoräer giebt, berechtigt zu der Entgegnung: *si tacuisses*.

Die Mathematik soll auch den Schein der Phrase meiden, desshalb halte ich es jetzt für ganz verwerflich, die Parallelentheorie mit dem Richtungsunterschiede abzumachen, was ich, durch Snell verleitet, selbst viele Jahre gethan habe. Durch dieses Verfahren geht die Einheit der Methode verloren und es wird weder die Anschauung, noch die Abstraction befriedigt, das Beweisen wird ein Ueberreden.[50]) Die Geometrie des Masses macht Seite 17 folgenden Schluss:

$$\frac{\text{Richtung } a = \text{Richtung } b}{\text{Richtung } c = \text{Richtung } c}$$
$$\overline{\text{Winkel } ac = \text{Winkel } bc}$$

„weil Gleiches mit Gleichem verglichen Gleiches liefert[51]). Dieser verzwickte Ausdruck beweist die Unsicherheit des Schlusses und berechtigt zu folgendem Dilemma: Ist diese Vergleichung eine Subtraction oder nicht? ist Unterschied im gewöhnlichen Sinne gleich Differenz, dann kann die Differenz zweier Richtungen nur wieder eine Richtung (kein Winkel) sein, oder ist es ein neuer Begriff, dann ist Richtungsunterschied ebenso tautologisch als Neigung. Schon die Möglichkeit eines solchen Zweifels macht die Argumentation als Schleichweg verdächtig, diese hat in dem Missbrauche des Gleichheitszeichens eine fatale Aehnlichkeit mit dem bekannten Beweise, dass eine Katze drei Schwänze hat. An dem reellen Charakter der Euklidischen Beweise haftet nicht der Schatten eines Zweifels.

Grunert giebt in einem interessanten Artikel des Archivs (Bd. 37) „über den neuesten Stand der Frage von der Parallelentheorie" dem Versuche einer strengen Begründung von Legendre noch den Vorzug vor dem des Lobatschewsky. Für den Unterricht eignen sich dies strengern Theorien nicht, sondern nur solche, welche ein Axiom zu Hülfe nehmen. Legendre, welcher in dieser Frage unbestreitbar eine Autorität ist, entschliesst sich in der 11. Ausgabe seiner Elemente „in Uebereinstimmung mit der Ansicht hervorragender Lehrer" die Theorie nahezu auf der nämlichen Basis, wie die schon wegen ihrer historischen Bedeutung beachtenswerthe Theorie des Euklid, wiederherzustellen.[52]) Diese Theorie, welche in den besten französischen Lehrbüchern adoptirt wurde und wohl die grösste Verbreitung hat, braucht gegen solche Angriffe, wie die mir ganz unverständlich gebliebenen des Recensenten, welcher von Euklid und Legendre nichts wissen[53]) will, keine Vertheidigung. Zum Troste scheint der Recensent mit allen Theorien unzufrieden, weil er eine neue geben will[54]). Legendre nimmt als Axiom den Satz, dass es durch einen Punkt nur eine Parallele giebt. Dieses Axiom, sagt der Recensent, sei am wenigsten[55]) zulässig, ein anderer Rec. (Prof. Frischauf) nennt es das unstreitig zweckmässigte, da auch die strenge Parallelentheorie des Lobatschewsky auf dieses Axiom als Ausgangspunkt hinführt. Eine nicht zu weit von der Euklidischen Theorie abweichende soll gelehrt werden, aber nur keine mit verstecktem Axiom, ausserdem soll aber auch noch eine anschauliche Begründung gegeben werden, und dazu scheint sich mir die sehr beachtenswerthe Parallelentheorie von Bertrand, welche Baltzer adoptirt hat, zu eignen. Ich würde diese vorziehen, wenn das Axiom, dass der Parallelstreifen zur Ebene ein verschwindendes Verhältniss hat, einfach genug wäre[56]) und zu der aufgestellten Eintheilung, welche in der Geometrie der Gleichheit den Verhältnissbegriff ausschliesst, passen würde. Zur Veranschaulichung muss man sich die Geraden unbegrenzt verlängert denken und die Figur in allen Punkten in sehr grosse Entfernung gerückt vorstellen, bis die Parallelen zusammenfallen und die Winkelpaare als congruente Winkel, Scheitel- und Nebenwinkel erscheinen.

Ueber die passendste Benennung der Winkelpaare an Parallelen sehe ich mich durch eine Notiz (I. S. 278 dieser Zeitschr.) veranlasst hier meine Ansicht auszusprechen.

Die Lage der vier Winkel, welche einen gemeinsamen Scheitel haben, lässt sich durch die Gegensätze oben — unten, rechts — links unterscheiden. Nimmt man je zwei Winkel, welche verschiedene Scheitel haben, so erhält man vier Paare mit zweifach übereinstimmender Lage, vier Paare mit zweifach entgegengesetzter Lage und zweimal vier Paare mit halb übereinstimmender Lage. Diese Winkelpaare heissen am besten gleichliegende, ungleichliegende und halbgleichliegende Winkel, sie verhalten sich beziehungsweise wie congruente Winkel, Scheitel- und Nebenwinkel. Die Unterscheidung von zweierlei Paaren halbgleichliegender Winkel ist unnöthig, sowie der Gebrauch besonderer Kunstwörter. Auf den Gegensatz Innen — Aussen, welchen Snell zur Unterscheidung benutzt, kommt es gar nicht an, er gebraucht gerade für die gleichliegenden Winkel den schon anderswo nöthigen Ausdruck Gegenwinkel. Jeder Lehrer kann die Probe machen, ob die Schüler zu den angegebenen Benennungen die Winkelpaare auffinden. Die Zweckmässigkeit dieser Benennungen zeigt sich auch dadurch, dass sie sich auf die Winkel ausdehnen lassen, welche entstehen, wenn Parallele von Parallelen geschnitten werden.

Wo verschiedene Definitionen existiren, soll der Lehrer dieselben besprechen und den Schülern eine bezeichnen, an welche sie sich zu halten haben. Hier sollen nur einige streitige Definitionen besprochen werden. Der Schüler soll die Gerade nicht definiren, sondern ihre Haupteigenschaften anzugeben wissen, und der Lehrer soll erklären, warum sich keine derselben zu einer befriedigenden Definition eignet. Für die Ebene sind in dem Grundrisse, wie bei Baltzer und Schlömilch, zwei Sätze vorangestellt: die Ebene entsteht, wenn eine Gerade um einen Punkt sich dreht und zugleich auf einer Geraden gleitet und: Jede Gerade, welche zwei Punkte mit einer Ebene gemeinsam hat, liegt ganz in der Ebene. Sollen das Definitionen sein? ruft der Recensent. Das kommt auf den Lehrer an, wie er die Sätze betiteln will. Ich nenne den ersten eine genetische Definition und den zweiten einen Lehrsatz, von dem es bekanntlich fraglich ist, ob ein gelungener Beweis existirt. Diesem Recensenten auszuweichen, ist unmöglich, er will nämlich die Ebene gar nicht definirt haben und wundert sich, dass er die Definition der Ebene in dem Grundrisse der Planimetrie (!) nirgends angewendet findet[57]).

Die Definition des Winkels, als Richtungsunterschieds und die Euklidische müssen als verfehlt bezeichnet werden. Diese Definition des Winkels als Drehungsquantität gehört erst in das Kapitel vom Messen der Winkel durch Kreisbögen[58]), und dahin gehört bei der aufgestellten Eintheilung auch die Gradeintheilung. Im Anfange (I. Buche) werden die Winkel noch nicht gemessen, sondern nur als gleich oder ungleich betrachtet, hier ist am geeignetsten die einfache Definition des Winkels nach Bertrand (Baltzer): Eine Ebene wird durch zwei auf ihr sich schneidende Gerade in vier Felder getheilt, welche Winkel heissen. Der allerdings unnöthige Ausdruck „Feld" bezeichnet selbstverständlich einen Theil der Ebene.[59]) Gerade bei dieser Auffassung wird z. B. der Satz von der Winkelsumme eines Dreiecks verständlicher, man sieht, dass die Winkelsumme des Dreiecks gleich ist der halben Ebene *plus* dem Dreiecke, dass also die Winkelsumme (wie beim sphärischen Dreiecke) in aller Strenge grösser ist als zwei Rechte, aber um eine endliche Grösse, welche gleich dem Dreiecke ist und in Vergleich zur unendlichen[60]) halben Ebene verschwindet. Die Vorstellung von Drehungen giebt keinen solchen Einblick in die eigenthümliche Schwierigkeit[61]) der Paralleltheorie. Consequent soll in der Sphärik der sphärische Winkel als Zweieck definirt werden. Dadurch wird aber auch dort Alles einfacher, z. B. die Fläche eines sphärischen Dreiecks ist gleich der halben Differenz der Winkelsumme *minus* Hemisphäre. Dabei müssen natürlich alle Grössen mit der nämlichen Flächeneinheit gemessen werden oder mit der nämlichen Winkeleinheit, in diesem Falle ist die Dreiecksfläche als Zweieck zu denken und die Hemisphäre hat 180 Grade. Kürzer heist der Satz: Die Fläche eines sphärischen Dreiecks ist gleich dem Halbexcesse. Consequent ist die Kugelecke gleich dem halben Keilexcesse. In den trigonometrischen Formeln sollte der Halbexcess anstatt des ganzen gebraucht werden. Haarsträubend sind die Fragen (Seite 242), mit welchen der Referent gegen diese Definition des Winkels als Theil der Ebene eifert, einen solchen Winkel soll keine geschlossene Figur enthalten können![62])

Im Grundrisse ist der Satz, dass alle Rechten gleich sind, als Corollar angeführt, und der Rechte als seinem Nebenwinkel gleich definirt. Dabei wundert sich der Recensent, dass noch kein Mathematiker die Gleichheit der Viertelstunden bewiesen hat. Er definirt nämlich den Rechten als Viertelsdrehung — sollte übrigens heissen Umdrehung.[63]) Die schiefen[64]) Winkel sind im Grundrisse nicht „definirt", weil der Ausdruck nicht gebraucht ist.

Bei keiner Frage soll die Rücksicht auf Stereometrie aus dem Auge gelassen werden. So bewährt sich z. B. die Euklidische Definition des Parallelismus in der Stereometrie, wo man mit der Richtung nicht weiter[65]) kommt. Da man von der negativen Eigenschaft des Parallelismus am häufigsten Gebrauch macht, ist diese für Schüler am wichtigsten, wenn man denselben auch sagen muss, warum sie als Definition nicht ganz befriedigt.[66])

Der Recensent vermuthet, dass ich mit den „Vorbegriffen," welche im Grundrisse auf einer Seite abgemacht sind, selbst nicht einverstanden sei,[67]) mit demselben Rechte kann ich vermuthen, dass er mit seiner Rezension nicht einverstanden ist. Die ganze Rezension bezieht sich nur[68]) auf die ersten Seiten des Grundrisses, nur am Schlusse giebt sie Druckfehler an, von deren Abwesenheit sich Jedermann überzeugen kann.[69]) Das Lob einer solchen Rezension muss ich zurückweisen,[70]) den Tadel mögen die Leser würdigen und mir die Einflechtung dieser *oratio pro domo* nicht verargen. Es würde mich freuen, wenn den aufgestellten Thesen bessere entgegengestellt würden, auf eine Polemik darüber oder über die Rezension werde ich mich nicht einlassen.

Bemerkungen hierzu von J. Kober.

1) Da dieser Aufsatz grösstentheils und zwar mit unverhüllter Gereiztheit gegen meine Recension des Ziegler'schen Grundrisses der ebenen Geometrie (S. diese Zeitschrift, Bd. I., S. 239) gerichtet ist, so muss ich dieselbe hier vertheidigen, was durch die mit fortlaufenden Nummern versehenen Bemerkungen geschehen soll.

2) Der weiter unten mitgetheilten Eintheilung (Anordnung) habe ich allerdings nicht so hohe Bedeutung beigelegt, wie der Verfasser.

3) Weiter unten ergiebt sich, wie rathsam es ist, sich der Uebertreibung und Einseitigkeit zu enthalten.

3*) Gehört dann die Flächenmessung mit dem pythagoräischen Lehrsatze unter die „Gleichheit" oder unter die „Proportionalität"?

4) Im Grundrisse steht: „Vierecke mit parallelen Seiten". „Wohin gehört das *n*Eck mit seinen Diagonalen etc."? Nach dem Grundriss in die Parallelentheorie. Das „überschlagene Viereck" kommt schon in der „Congruenz" vor.

5) Im Grundrisse steht: „Winkelmessung durch Kreisbögen."

6) Im Grundrisse steht: „III. Buch. Messung geradlinig begrenzter Strecken und Flächen."

7) Was hat der Pythagoräer mit der Proportionalität zu thun?

8) Im Grundrisse steht: „IV. Buch. Messung der durch Kreisbögen begrenzten Strecken und Flächen."

9) Die erste dieser Constructionen ist die (gewöhnliche) der vierten Proportionale. Was hat diese mit dem Kreise zu thun?

10) Wir denken, hauptsächlich nach der natürlichen Verwandtschaft.

11) Das sind eben künstliche Abtheilungen; die von der Natur der Sache gebotenen lassen sich nicht nach Belieben grösser oder kleiner machen.

12) Oben will der Verfasser besonders vor „Uebertreibung" warnen. Siehe Note 3.

13) Gerade dieses unterstrichene Wörtchen „nur" steht in meiner Recension nicht. Ich hätte sehr gewünscht, dass Herr Ziegler es für Unrecht hielt, an den Aeusserungen des Gegners sich Aenderungen zu erlauben.

14) Wenn sich nun ein Satz auf mehrere Arten beweisen lässt? So ist z. B. die Lehre vom gleichschenkligen Dreiecke theils im ersten theils im zweiten Buche zu finden.

15) Das habe ich nicht gesagt, sondern als Beispiel, „wie sonderbar ... die Sätze gereiht sind," führe ich an, dass diese Verwandlung sich im vierten Buche (Messung der von Kreisbögen begrenzten Strecken und Flächen) findet. Der Verfasser konnte daraus folgern, dass die abgebräische Analyse nicht in sein viertes Buch gehört. Die Auflösung der erwähnten Aufgabe steht dabei („Man zeichne ein rechtwinkliges Dreieck, dessen Katheten gleich den Strecken *a* und *b* sind, die Hypotenuse ist *x*"); wo bleibt da der Kreisbogen, da zur Errichtung des Perpendikels der Winkelhaken, wenn er überhaupt als geometrisches Instrument (S. Note 18) zulässig ist, offenbar genügt? So gut wie der Winkelhaken zur Fällung

eines Perpendikels benutzt werden kann, wie in § 16 des Grundrisses, kann er auch zur Errichtung desselben Anwendung finden.

16) Mit dem sie natürliche Verwandtschaft besitzt.

17) Wohl auch Euklid!

18) In § 49 sagt der Verf.: „Die Constructionen mit dem Zirkel sind genauer, als jene mit dem Winkelhaken." Damit spricht er selbst das Urtheil über sein „geometrisches Instrument." Statt „beachten" sollte er lieber sagen „anerkennen"; man pflegt allerdings solche Constructionen in die geometrische Vorschule zu verweisen. Es ist gewiss eine Sonderbarkeit, die Bücher oder Kapitel eines geometrischen Lehrbuchs zu gruppiren je nach der Art des mechanischen Werkzeugs, das man zur praktischen Ausführung der Construction benutzt.

19) In solchen Ausdrücken will ich nicht mit Herrn Professor Ziegler wetteifern. Ich bitte nur den Leser, nicht zu argwöhnen, dass ich ein ähnliches Wort gebraucht habe.

20) Vergl. Note 13. „Zu sehr" habe ich nicht gesagt, sondern „Uebrigens greift dieses Falten ein wenig in die Stereometrie über", nachdem ich vorher dasselbe als pädagogisches Anschauungsmittel anerkannt hatte.

20*) Dieser Satz ist im Grundrisse weder erwähnt, noch bewiesen.

21) Leider aber auch als einzige Grundlage der Parallelentheorie, weswegen ich es eben getadelt hatte.

22) Es hätte sich wohl geziemt, einen solchen Vorwurf zu begründen.

23) Das Wort „sonderbar" habe ich z. B. dadurch begründet: „Der rechte Winkel ist seinem Nebenwinkel gleich" steht als Definition in den Vorbegriffen, dagegen in der Congruenzlehre als Lehrsatz mit Beweis „die Nebenwinkelsumme ist gleich zwei Rechten."

24) Müsste heissen: „Alle Sätze von untergeordneter Wichtigkeit." Es kann ein Satz sehr wichtig sein, ohne gerade im „System des Buches" bei einer Beweisführung Verwendung zu finden. Der Art ist z. B. der Satz, dass im Parallelogramme die gegenüberliegenden Winkel gleich sind; diesen hat der Verfasser auch „unter die Uebungen verwiesen."

25) Das Princip, das ich für besser halte, ist aus meinem kleinen Aufsatze über das Parallelogramm zu ersehen. (Bd. I dieser Zeitschrift, S. 469.)

26) Vergl. Note 13. Ich habe gesagt: „Wenn nun der Zweck der Sätze bloss der ist, dass sie zu ... Beweisen späterer Theoreme benutzt werden, wozu dienen dann die letzten Sätze des Buches? und so rückwärts die vorletzten? und wozu endlich die Geometrie?" Herr Ziegler lässt aber sehr zweckdienlich den Bedingungssatz weg.

27) Das bestätigt meinen Einwand.

28) Ich verstehe in der That nicht, was ich missverstanden haben soll.

29) Es scheint fast, als glaube der Verfasser damit etwas Neues zu sagen. In der angefochtenen Recension habe ich ausdrücklich (beispielsweise) Wöckel und J. H. T. Müller erwähnt. Zum Ueberflusse habe ich ja selbst (über das Parall.) dasselbe Princip befolgt.

30) Also doch „hätten finden können." Vergl. Note 33.

31) Der Verfasser scheint das Wort „Katechisation," das ich zum schnelleren Verständniss meiner Meinung gesetzt habe, gar nicht beachtet zu haben.

32) Solche Erfahrungen haben mehr subjective als objective Beweiskraft. Glaubt der Verfasser nicht, dass es Lehrer giebt, die ohne Buch Tüchtiges leisten?

33) Heisst das eine Illusion, wenn der Schüler hinterher die Ueberzeugung erlangt, dass er etwas hätte selbst finden können? Vergl. Note 30.

34) Wer verlangt das? — Die eben vom Verfasser citirten aus dem Zusammenhange gerissenen Worte meiner Recension sollen den Begriff der heuristischen (genetischen) Methode erläutern. Die Stelle lautet: „die heuristische (genetische) Methode soll dem Schüler die geometrische

13*

Wissenschaft selbst finden lehren. So wird also der Schüler z. B. aus der Definition von Parall. sämmtliche Eigenschaften desselben (wenigstens vermeintlich) selbst finden müssen."

35) Es freut mich, dass Herr Ziegler eine Satzheuristik anerkennt; in seinem Grundrisse ist davon keine Rede. Der „Angelpunkt" meiner Einwendungen bezieht sich ja darauf, dass die Sätze nicht so geordnet sind, dass diese „Satzheuristik" begünstigt wird.

36) Ganz richtig. Oben nennt das der Verfasser einen schlechten Unterricht.

37) Ob ein Buch schwülstig und breit oder kurz und übersichtlich geschrieben ist, hängt mit der Methode nicht nothwendig zusammen.

38) Der Verfasser versteht die genetischen Bücher nicht zu schätzen, weil er keinen sachlichen Zusammenhang der „Sätze" anerkennt. Gerade aus den genannten Büchern haben sich Viele einen Einblick in die geometrische Wissenschaft erworben, die ihn anderwärts vergeblich gesucht hatten. Ob die „ausführliche" Darstellung für die Schule gerade empfehlenswerth ist, ist eine ganz andere Frage.

39) Uebertreibung. S Note 8.

40) Meine Worte lauten: „ob die nebeneinanderstehenden Sätze sachlich verwandt sind, so dass von einem Satze nur eine einfache Gedanken-Combination zum folgenden führt, ist ihm (dem Verf.) völlig gleichgültig."

41) Das käme auf den Versuch an.

42) Einseitigkeit. S. Note 8.

43) Der Verfasser neigt sich immer wieder dahin, die planimetrischen Erkenntnisse nur als Mittel zum Zweck zu betrachten, als Beweismittel der „Zielpunkte", wie z. B. des Tactionsproblems. Er erkennt nicht an, dass die einzelnen Sätze oder Kapitel schon an sich die Mühe des Studiums lohnen, dass wir eine wissenschaftlich interessante und praktisch nützliche Geometrie besässen, auch wenn uns diese Zielpunkte unbekannt geblieben wären.

Dabei ist zu verwundern, dass er, wie es scheint, sein System nicht für ein künstliches hält.

44) Ohne Uebertreibung! Vergl. Note 3. — Ein solches Verlangen ist z. B., dass der Schüler, der den pythagoräischen Lehrsatz gelernt und verstanden hat, selbst finden soll, dass man nach genanntem Satze die Summe zweier Quadrate in eins verwandeln kann!

45) Vergl. Note 13. Ich habe blos von der Reihung oder Anordnung gesprochen. Meine Worte sind in Note 40 wiederholt.

46) Dies hat der Verfasser in der That in meine Recension „hineingelesen." Herr Ziegler hätte im Interesse der Sache wohlgethan, diese und andere Stellen seiner Polemik erst noch einmal bei ruhigem Blute zu prüfen.

47) Dieser Angriff kann blos die ausführlich entwickelnden Bücher treffen, nicht eine Anordnung, die die genetische Entwicklung der Sätze möglich macht.

48) Wie aber, wenn Anhänger der genetischen Methode gerade diesen Unterricht leicht finden?

49) Wenn nun aber die Erfahrung beweist, dass jede Methode unter ihren Anhängern Lehrer zählt, die Tüchtiges leisten? Ein tüchtiger Lehrer mit schlechter Methode pflegt mehr zu leisten, als ein schlechter Lehrer mit guter Methode.

50) Dies dürfte sich mit grösserem Rechte von des Verfassers Parallelentheorie sagen lassen. Wir fassen die Parallelentheorie nach der genetischen Methode, wie folgt:

Linien von gleicher Richtung heissen parallel. Die Grösse der Drehung, die eine Linie durchmachen muss, um eine bestimmte andre Richtung zu erlangen, ist der Richtungsunterschied (Winkel). Es liegt nun auf der

Hand, dass die schneidende Linie, um die Richtung der Parallelen zu erhalten, um also aus einer bestimmten Richtung in eine bestimmte andre Richtung zu gelangen, an beiden Durchschnittspunkten dieselbe Drehung zu machen hat, d. h., dass die correspondirenden Winkel einander gleich sind.

Da es sich hier, wie Herr Ziegler im Eingange erklärt, nur um Didaktik handelt, so kann man sich, um Anschauung zu bieten, auf die Turnstunden berufen, in denen den Schülern die Gleichheit der correspondirenden Winkel längst anschaulich geworden ist, indem die Turner, die anfangs in Front aufgestellt gleiche Richtung hatten, nach einer Achtel- oder Vierteldrehung (man sagt nicht Umdrehung) wieder gleiche Richtung haben, und umgekehrt, wenn sie wieder gleiche Richtung erlangten, eine gleiche Drehung gemacht haben müssen.

Hierin dürfte sich schwerlich auch nur „der Schein der Phrase" nachweisen lassen.

Jeder Lehrer übrigens, der nicht in ein Princip gebannt ist, wird alle bedeutenden Sätze von verschiedenen Seiten beleuchten und auf verschiedene Weisen entwickeln.

51) Der Verfasser durfte wohl annehmen, dass diese Deduction von Schlömilch (nicht von Snell) allgemein auch bei Solchen keinen Beifall findet, die der genetischen Methode huldigen.

52) Diess ist nicht eben ein günstiges Zeugniss für die „Bewährtheit" der Legendre'schen Parallelentheorie.

53) Heisst das von Jemand nichts wissen wollen, wenn man die oder jene Definition verwirft?

54) Von dieser meiner Absicht erfahre ich hier das erste Wort. Hat das der Verfasser „hineingelesen" oder beruht es auf einem Scherze?

55) Vergl. Note 13. Ich habe gesagt: „Dass man durch einen Punkt nur eine Parallele ziehen kann, betrachtet der Verfasser als Axiom, was am wenigsten nach der genannten Definition zulässig ist, während er andererseits den selbstverständlichen Satz, dass alle rechten Winkel einander gleich sind, als Corollar aufführt." — Offenbar ist das fragliche Axiom weit eher zulässig, als das berühmte Euklidische, von dem wohl der Verfasser auch „nichts wissen will."

56) Darauf gründet sich ja meine „haarsträubende" Frage: „Wie soll dem Schüler einleuchten, dass ein Winkel von einem gleich grossen (mit parallelen Schenkeln) eingeschlossen werden kann?" — Der eine correspondirende Winkel ist offenbar um den (unendlichen) Parallelstreifen grösser als der andere.

57) Wenn sie keine Anwendung findet, gehört sie sicherlich nicht in ein Buch, das principiell „alle Sätze, die im Folgenden keine Anwendung finden, unter die Uebungen verweist." Der vom Verfasser erwähnte Lehrsatz gehört in die Stereometrie, wie er auch (ähnlich) bei Euklid im elften Buche steht. — Die „Vorbegriffe" des Grundrisses sind allerdings ein so buntes Gemisch von Definitionen, Grund- und Lehrsätzen, Anschauungsmitteln etc., dass wohl jedem Leser sich die Frage aufdrängt, welches nun eigentlich Definitionen sein sollen. Man kann aus denselben nicht einmal entnehmen, ob der Verfasser die Ebene zu den Flächen rechnet: der Anfang der Vorbegriffe (ob Definitionen oder Lehrsätze steht nicht dabei) lautet nämlich folgendermassen:

„Die Geometrie lehrt die Abhängigkeit räumlicher Eigenschaften."

„Ein allseitig begrenzter Theil des Raumes heisst geometrischer Körper. Dessen Grenze (Oberfläche), vom Körper abgesondert gedacht, heisst Fläche."

Die Grenze eines Körpers (also eine Fläche) kann hiernach niemals unendlich sein; gleichwohl spricht der Verfasser von der unendlichen Ebene.

58) Zum Drehen braucht man keinen Zirkel.

59) Also: Die Felder heissen Winkel und sind „selbstverständlich" Theile der Ebene. Der Theil wird offenbar mit demselben Masse gemessen wie das Ganze, also misst man den Winkel mit Flächenmass! Daher meine „haarsträubende" Frage: „Wird nicht der Schüler wie geflissentlich verleitet, sich den Winkel als Theil der Ebene zu denken, ihn also mit Flächenmass messen zu wollen, zu glauben, dass die Grösse des Winkels von der Länge der Schenkel abhänge?"

Die Sache möchte noch angehen, wenn man mit den Schülern erst Sphärik, dann Planimetrie treiben könnte, wenn also der Schüler, der die Planimetrie beginnt, durch Vergleich mit der Sphärik sich gewöhnt hätte, die Ebene als unendliche Kugelfläche zu betrachten. Die Erfinder dieser Auffassungsweise scheinen nicht „mehrere Decennien" die Elemente der Planimetrie gelehrt zu haben.

60) Der gestreckte Winkel ist also die halbe unendliche Ebene.

61) Sehr richtig, weil die „Schwierigkeit" aufhört zu existiren.

62) Ich begreife in der That nicht, wie eine geschlossene Figur die Hälfte der unendlichen Ebene soll enthalten können. Vergl. Note 60.

63) Das kürzere Wort sagt dasselbe, ist auch in diesem Sinne schon gebräuchlich, wie z. B. im Turnen.

64) Der Leser meiner Recension konnte leicht erkennen, dass ich der Kürze wegen das Wort „schief" gesetzt habe, um die „spitzen" und „stumpfen" Winkel des Buchs mit einem Worte zu bezeichnen, und dass ich damit nur sagen wollte, das die spitzen und stumpfen Winkel nicht definirt sind; daraus habe ich übrigens dem Verfasser gar keinen eigentlichen Vorwurf machen wollen.

65) Wirklich? Man kann allerdings Euklid IX, 9 nicht beweisen, weil es sich von selbst versteht, dass zwei Linien, die mit einer dritten gleiche Richtung haben, auch unter einander gleiche Richtung haben müssen. Uebrigens hindert ja die Definition gar nicht an der Benutzung der unmittelbaren Folgerung, dass nämlich Parallelen keinen Punkt gemeinsam haben können.

66) Darum nennt man sie lieber einen Lehrsatz, als eine Definition. Oben (Note 57) sagt ja Herr Ziegler selbst, „es kommt auf den Lehrer an, wie er die Sätze betiteln will."

67) Ich wünschte in der That, dass der Leser von diesen „Vorbegriffen" nähere Einsicht nehmen könnte, um sich selbst ein Urtheil zu bilden. Vergl. Note 57.

68) Man braucht nur die Recension zu lesen, um sich von der Unrichtigkeit dieser Behauptung zu überzeugen. Dass gerade die ersten Seiten am meisten Stoff zu Bemerkungen boten, liegt in der Natur der Sache.

69) Die übermässig grossen Ziffern in dem Ausdrucke $\sqrt{4 - 1{,}6 \sqrt{5}}$, sowie in $ad : de = 1, 17 \ldots$ etc. habe ich allerdings für Druckfehler gehalten, weil ich mich vergebens bemüht habe, für diese verschiedenen Grössen ein Princip zu entdecken.

70) Mit solcher persönlichen Gereiztheit lässt sich keine wissenschaftliche oder pädagogische Frage objectiv besprechen. Herr Ziegler, der in der Vorrede selbst sagt, dass „bei einem Schulbuche die Kritik nicht streng genug sein kann," fasst die theilweise Missbilligung seiner Ansichten als persönliche Beleidigung auf.

Bibliographie.

Vom November und December v. J.

Erziehungs- und Unterrichtswesen.

Bachmann, Die Organisation der gewerblichen Fortbildungsschulen in Bayern. Nördlingen. Beck. 8 Gr.

Bibliothek pädagogischer Classiker. 13. u. 14. Lfg. Pestalozzi's ausgew. Werke. Langensalza. 5 Gr.

Böhm, Kurzgefasste Geschichte der Pädagogik. 2. Aufl. Nürnberg. Korn. 16 Gr.

Breiting, Untersuchungen betr. den Kohlensäuregehalt der Luft in Schulzimmern. Basel. Schweighauser. 20 Gr.

Cramer, In Sachen der Realschule I. Ordnung. Vortrag gehalten auf der Versammlung von Realschulmännern in Elberfeld. Leipzig. Seemann. 7½ Gr.

Gruber, Ueber das Ziel der Volksschulbildung und die Mittel zur Erreichung dieses Zieles. Karlsruhe. Braun. 4 Gr.

Holscher, Ueber Stellung und Aufgabe der höheren Töchterschule. Chemnitz. Focke. 10 Gr.

Koch, Ueber das Verhältniss der Kirche zur Schule mit besonderer Rücksicht auf die im Königreiche Sachsen bevorstehenden neuen Schulgesetze. Dresden. Ende. 7½ Gr.

Mittheilungen aus dem Gebiete der Statistik. Herausgeg. v. d. stat. Centralcommission zu Wien. Inhalt: Die Hoch- und Mittelschulen der im Reichsrathe vertretenen Königreiche und Länder von 1851 bis 1870. Wien. Gerold. 20 Gr.

Oppler, Die neuen englischen Schulgesetze. Ein Vortrag gehalten im Londoner Deutschen Vereine für Wissenschaft und Kunst. Leipzig. Brockhaus. 5 Gr.

Passavant, Ueber Schulunterricht vom ärztlichen Standpunkt. Prag. Tempsky. 4 Gr.

Universität Kiel. Gegenwart und Zukunft. Kiel. Homann. 3 Gr.

Mathematik.

Depène, Ueber einschaalige Hyperboloide, welche bei der Zusammenstellung eines Tetraeders mit einer Oberfläche 2. Ordnung auftreten. Breslau. Maruschke. 12 Gr.

Girbert, Lehrbuch der Messung und Berechnung der Flächen und Körper. 2. Aufl. Mit 550 Uebungsaufgaben. Leipzig. Wöller. 10 Gr.

Heilermann, Eine elementare Methode zur Bestimmung von grössten und kleinsten Werthen nebst sieben Aufgaben. Leipzig. Teubner. 24 Gr.

Heis, Sammlung von Aufgaben etc. 27. Aufl. Köln. Du Mont-Schauberg. 1 Thlr.

Hofmann, Sammlung von Aufgaben aus der Arithmetik und Algebra. Für Gymnasien etc. 4. Aufl. Bayreuth. Grau. 28 Gr.

——, Resultate. Ebend. 15 Gr.

Klingenfeld, Lehrbuch der darstellenden Geometrie. 1. Bd. Nürnberg. Bauer. 28 Gr.

Kommerell, Schulbuch der ebenen Geometrie. 2. Aufl. Tübingen. Laupp. 18 Gr.

Krancke, Rechenbuch für Landschulen. Hannover. Hahn. 3¾ Gr.

Mehrtens und Seebo, Rechenschule. Ein Rechenbuch für Volksschulen. Hannover. Meyer. 4 Gr.

Meyersieck, Aufgaben zum elementaren Rechnen. 2. Aufl. Chemnitz. Focke. 8 Gr.

Mocnik, Geometrische Anschauungslehre. Wien. Gerold. 12 Gr.
——, Lehrbuch der Arithmetik. 12. Aufl. Ebend. 24 Gr.
Niemtschik, Ueber die Construction des Durchschnittes zweier krummen Flächen unter Anwendung von Kugeln und Rotationsflächen. Wien. Gerold. 5 Gr.
Nissen, Lehrbuch der Elementar-Mathematik. 4 Thle. Schleswig. 1 Thlr. 26 Gr. 1. Arithmetik. 20 Gr. 2. Geometrie. 15 Gr. 3. Trigonometrie. 9 Gr. 4. Stereometrie. 12 Gr.
Ott, Die Grundzüge des graphischen Rechnens und der graphischen Statik. 2. Aufl. Prag. Calve. 24 Gr.
Pollak, Lehr- und Uebungsbuch der Elementar-Arithmetik. 4. Aufl. Augsburg. Rieger. 20 Gr.
Rosenhain, Anfänge (Vorbegriffe) der Geometrie. Berlin. Adolf. 1 Thlr.
Schindler, Lehrbuch der allgemeinen Arithmetik. Wien. Braumüller. 2 Thlr.
Schlömilch, fünfstellige log. und trig. Tafeln. 3. Aufl. Braunschweig. View. 20 Gr.
Schrön, siebenstellige gemeine Logarithmen der Zahlen von 1 bis 108000 und der Sin. Cos. Tang. und Cot. aller Winkel von 10 zu 10 Secunden. 11. Ausgabe. Braunschweig. Vieweg. $1\frac{1}{4}$ Thlr.
Schrader, Die Elemente der Mechanik und Maschinenlehre. 3. Aufl. Halle. Schrödel. $1\frac{3}{4}$ Thlr.
Singer, Erste Abtheilung zur Buchstabenrechnung. 2. Aufl. Wien. Beck. 8 Gr.
Villicus, Rechenbuch für die österreichischen Bürgerschulen. Wien. Seydel. 12 Gr.
Vogeler, Bemerkungen über den ersten Unterricht im Körperzeichnen zur Vorbereitung auf die Perspective. Halberstadt. Fischer. 2 Thlr.
Winckler, Die Integration der Differentialgleichung erster Ordnung mit rationalen Coefficienten 2. Grades. Wien. Gerold. 6 Gr.
Wittstein, Lehrbuch der Elementar-Mathematik. 1. Bd. Planimetrie. 5. Aufl. Hannover. Hahn. 20 Gr.
Wöckel, Beispiele und Aufgaben zur Algebra. 6. Aufl. v. Schröder. Nürnberg. Bauer. 6 Gr.

Physik und Astronomie.

Brettner, Mathematische Geographie. 6. Aufl. Von Bredow. Breslau. Morgenstern. 15 Gr.
Hammerschmied, Die Physik auf Grundlage einer rationellen Molecular- und Aethertheorie zur Erklärung sämmtlicher Naturerscheinungen. Wien. Gerold. 20 Gr.
Hann, Untersuchungen über die Winde der nördlichen Hemisphäre und ihre klimatologische Bedeutung. 2. Thl. Der Sommer. Wien. 10 Gr.
Hansen, Untersuchung des Weges eines Lichtstrahls durch eine beliebige Anzahl von brechenden sphär. Oberflächen. Leipzig. Hirzel. $1\frac{1}{3}$ Thlr.
Jahrbuch der Erfindungen und Fortschritte auf den Gebieten der Physik, Chemie, Technologie, Astronomie und Meteorologie. Hersg. v. Hirzel und Gretschel. 7. Jahrgang. Leipzig. Quandt & Händel. $1\frac{3}{4}$ Thlr.
Kauer, Lehrbuch der Physik und Chemie für Bürgerschulen. 1. Theil. Molekularerscheinungen. Wärmelehre. Magnetismus. Elektricität. Wien. Beck. 14 Gr.
Moldenhauer, Die Axendrehung der Weltkörper. Berlin. Weber. 12 Gr.
Reis, Lehrbuch der Physik. 2. Hälfte. 2. Abtheilung. Wärme. Magnetismus. Elektricität und Galvanismus. Leipzig. Quandt & Händel. 25 Gr.
Secchi, Die Sonne. Die wichtigeren neuen Entdeckungen über ihren Bau, ihre Strahlungen etc. Autor. deutsche Ausgabe. Herausg. von Schellen. Braunschweig. Westermann. $5\frac{2}{3}$ Thlr.

Seiffart, Astronomische Jugendabende. Neue Ausgabe. Berlin. Imme. 1¹/₃ Thlr.

Seydler, Ueber die Bahn des 1. Kometen vom Jahre 1870. Wien. Gerold. 2 Gr.

Stefan, Ueber die Gesetze der elektrodynamischen Induction. Wien. Gerold. 5 Gr.

Wüllner, Lehrbuch der Elementarphysik. 3. Bd. Die Lehre von der Wärme vom Standpunkte der mechanischen Wärmetheorie bearbeitet. 2. Aufl. Leipzig. Teubner. 2²/₃ Thlr.

Naturgeschichte.

Bischof, Lehrbuch der chemischen und physikalischen Geologie. Bonn. Marcus. Suppl.-Bd. 1¹/₃ Thlr. (cplt. 16¹/₃ Thr.).

Brehm, Gefangene Vögel. 1. Theil. Die Stubenvögel. Leipzig. Winter.

Brischke, Verzeichniss der Wanzen und Zirpen der Provinz Preussen. Danzig. Anhuth.

Bronn's, Klassen und Ordnungen des Thierreichs, wissenschaftlich dargestellt in Wort und Bild. Fortgesetzt von Gerstäcker. 5. Bd. Arthropoda. 16. Lfg. 15 Gr.

Deutschlands Flora oder Abbildung und Beschreibung der daselbst wildwachsenden Pflanzen. In naturgetreu color. Abbild. Vollst. in 100 Lfgn. 8. Aufl. 1. Lfg. Leipzig. Bänsch. 10 Gr.

Hartwig, Das Leben des Luftmeeres. Populäre Streifzüge in das atmosphärische Reich. 1. Lfg. Wiesbaden. 10 Gr.

Laing, Widerlegter Darwinismus. Aus dem Englischen. Leipzig. Schlicke. 20 Gr.

Meigen, Systematische Beschreibung der bekannten europäischen Zweiflügler. 3. Suppl.-Bd. Halle. Schmidt. 3 Thlr.

Ramann, Das Herbarium. Kurze Anleitung zum Trocknen der Pflanzen. Berlin. Schotte. 5 Gr.

——, Leitfaden der Mineralogie. Ebend. 10 Gr.

Reitter, Uebersicht der Käferfauna von Mähren und Schlesien. Brünn. 18 Gr.

Riedel, Naturgeschichte für Volksschulen. I. u. II. Heidelberg. Weiss. à 4 Gr.

Sandberger, Die Land- und Süsswasserconchylien der Vorwelt. 4. und 5. Lfg. Wiesbaden. Kreidel. 5¹/₃ Thlr.

Sauter, Flora des Herzogthum Salzburg. Salzburg. Mayr. 1¹/₃ Thlr.

Schrauf, Atlas der Krystallformen des Mineralreiches. 2. Lfg. à 3 Thlr. Wien. Braumüller.

Seidlitz, Die Darwin'sche Theorie. Vorlesungen über die Entstehung der Thiere und Pflanzen durch Naturzüchtung. Dorpat. 1¹/₃ Thlr.

Schmidt, War Göthe ein Darwinianer. Graz. Leuschner. 4 Gr.

Siebold, Beiträge zur Parthenogenesis der Arthropoden. Leipzig. Engelmann. 1³/₅ Thlr.

Ulrich, Internationales Wörterbuch der Pflanzennamen in latein., deutscher, engl. und franz. Sprache. Leipzig. Weissbach. 10 Gr.

Weber, Die Alpen-Pflanzen Deutschlands und der Schweiz in colorirten Abbildungen in natürlicher Grösse. 3. Aufl. 2 Bde. München. Kaiser. 5¹/₃ Thlr.

Chemie.

Bender, Die Bedeutung und Verwerthung der Atomenlehre in die Chemie. Vortrag. Nördlingen. Beck. 10 Gr.

Claus, Die Grundzüge der modernen Theorie in der organischen Chemie. Freiburg. Schmidt. 20 Gr.

Heppe, Vademecum des praktischen Chemikers. Sammlung von Tabellen, Formeln und Zahlen aus dem Gebiete der Chemie, Physik und Technologie. Leipzig. Kollmann. 15 Gr.

Jacobsen, Chemisch-technisches Repertorium. Uebersichtlich geordnete Mittheilungen der neuesten Erfindungen, Fortschritte und Verbesserungen auf dem Gebiete der technischen Chemie. Berlin. Gärtner. 1 Thlr.

Jahresbericht über die Fortschritte der Chemie und verwandter Theile anderer Wissenschaften. Herag. v. Strecker. Giessen. Ricker. 2²/₃ Thlr.

Kolbe, Moden der modernen Chemie. Leipzig. Barth. 5 Gr.

Payen, Handbuch der technischen Chemie. 2. Bd. 2 Lfgn. von Stohmann. Stuttgart. à 1¹/₂ Thlr.

Reibenschuh, Die neueren chemischen Theorien. Einleitung in das Studium der modernen Chemie. Graz. Ludewig. 18 Gr.

Geographie.

Burgarz, Geographie für Elementarschulen. 7. Aufl. Köln. Schwamm. 2 Gr.

Daniel, Handbuch der Geographie. 3. Aufl. 26. 27. 28. 29. Lfg. Leipzig. Fues. à 12 Gr.

Diefenbach, Elemente einer Heimatskunde für den Regierungsbezirk Wiesbaden. Frankfurt. Jäger. 4 Gr.

Diehl, Schulatlas für den Unterricht in der neuesten Erdkunde. Mit Benutzung der besten Lehrbücher bearbeitet. 3. Aufl. Darmstadt. 1¹/₃ Thlr.

Frommann, Karte vom Grossherzogthum Hessen. 14. Aufl. Giessen. Roth. 27 Gr.

Hannak, Geographie der östr.-ungar. Monarchie als Erläuterung der Dolezal'schen Schulwandkarte. Gotha. Perthes. 10 Gr.

Lange, Neuester Volksschulatlas über alle Theile der Erde. 32 Karten. 7. Aufl. Braunschweig. Westermann. 7¹/₂ Gr.

Schmidt, Ueber Methode des geographischen Unterrichtes an Gymnasien. 1. Hälfte. Graz. Leuschner. 16 Gr.

Pädagogische Zeitung.

(Berichte über Versammlungen, Auszüge aus Zeitschriften u. dergl.)

Zum Repertorium der neuesten Entdeckungen, Erfindungen und Beobachtungen.

Zoologie.

(Zusammengestellt von Dr. ACKERMANN.)

Geruchsorgan der Spinnen. An den Oberkiefern, nahe dem Falz, in welchen sich die bewegliche Kralle einschlägt, findet sich ein Haufen von Wimperhaaren, welche lang und biegsam, cylindrisch und bogig gekrümmt und in den oberen zwei Dritteln mit feinen Börstchen besetzt sind; ihre Spitze ist stumpf abgeschnitten und von den Börstchen überragt. Innen sind sie hohl und von einer Flüssigkeit erfüllt. Den Familien der Epeiriden, Therididen und Attiden fehlen sie. Die Gründe, diese Gebilde als dem Geruchssinne dienend zu deuten, sind: die ganglienartige Anschwellung der zu ihnen tretenden Nerven, der für diesen Zweck geeignete Ort und die Analogie mit den von Leidig bei Insecten und Crustaceen als Geruchsorgane gedeuteten ähnlichen Haargebilden. (Verh. des naturh. V. der Rheinlande XXVII. 2.)

Ueber die Musik der Insecten. Nach Landois lassen sich bei den Insecten dreierlei Lautäusserungen unterscheiden: Geräusch, Ton und Stimme. Stimme nennt Landois die Lautäusserung, welche durch die Respirationsorgane erzeugt wird, Ton und Geräusch dagegen diejenige, welche durch Aneinanderreiben fester Theile hervorgebracht wird und eine bestimmte Höhe erkennen lässt oder nicht.

In der Ordnung der **Käfer** zeigen sich die drei Arten der Lautäusserung. Bei dem **Maikäfer** ist eine wirkliche Stimmbildung vorhanden: im Tracheenverschluss findet sich eine Zunge, welche durch die Luft beim Athmen in Schwingungen versetzt werden kann. Die **Bockkäfer** reiben die an der Vorderbrust befindliche scharfe Randkante über die Reibleiste des darunter liegenden Fortsatzes der Mittelbrust. Viele kleine Bockkäfer bewegen, wenn sie ergriffen werden, den Kopf auf und ab, gerade wie die grossen Böcke, zeigen auch bei mikroskopischer Untersuchung denselben Tonapparat, wie die grossen Arten. Es lässt sich also vermuthen, dass unser Ohr für die hohen Töne dieser kleinen Arten nicht mehr empfänglich ist. Der **Todtengräber** erzeugt einen abgesetzten schnarrenden Laut durch Reibung des fünften Hinterleibsringes gegen die Hinterränder der Flügeldecken. Die **Mistkäfer** erzeugen einen schnarrenden Ton, indem sie den scharfen Hinterrand des dritten Hinterleibsringes über eine Leiste des hinteren Hüftbeines reiben. Die **Elateren** und **Anobien** erzeugen blos Geräusche.

Die Ordnung der Schmetterlinge ist arm an Arten, die eine Lautäusserung von sich geben. Beispiel: der Todtenkopf.

In der Ordnung der Geradflügler finden sich nur durch Reibung erzeugte Töne. Die Acridien, Wanderheuschrecken, bringen ihren sirrenden, sonoren Ton dadurch hervor — blos die Männchen —, dass sie die Innenseite der mit 90 bis 100 feinen Zähnen besetzten Hinterschenkel wie einen Fidelbogen über eine hervorragende Ader der Flügeldecken reiben. Bei den Grabheuschrecken werden die Flügeldecken über einander gerieben. Die Männchen der Feldgrille, des Heimchens und der Maulwurfsgrille haben an den Flügeln eine mit kleinen Stegen besetzte Ader, welche ebenfalls wie ein Fidelbogen über eine vorstehende Ader des darunter liegenden Flügels gerieben wird. Bei den Locustiden, den Laubheuschrecken, hat das ♂ am Grunde des einen Flügels eine Art Tambourin, das mit der gerieften Ader des anderen Flügels bearbeitet wird.

Die Zweiflügler zeigen einen wirklichen Stimmapparat. In den Bruststigmen ist ein Häutchen ausgespannt, welches bei lebhafter Respiration zum Tönen kommt. Aber auch durch den Flügelschlag wird ein Ton erzeugt, der in der Regel von der Stimme unterschieden werden kann. Bei den grossen Brummfliegen bewegt sich die Stimme durch e, d, dis, cis und h, der Flügelton ist e und f. Bei der Stubenfliege ist die Stimme h, e, b, der Flügelton g. Die gemeinen Mücken, wenn sie an heitern Abenden zu Tausenden in der Luft schweben, geben den Ton d^1 und e^1. Dieser Ton dient als Lockton und Landois erzählt, dass, als er einst seinem Diener mit in e^1 erhobener Stimme zurief: „Wenn du mir wieder die Stiefel nicht putzest, sollen dich die Mücken todt stechen!" eine solche Masse über den unglücklichen Diener hergefallen sei, dass dieser an Hexerei glaubte. Bei den kleinen Arten ist's wie bei den kleinen Bockkäfern.

Auch die Cicaden haben einen wirklichen am Grunde des Hinterleibs befindlichen Stimmapparat.

Ebenso die Immen. Die Stimme der Honigbiene ist a^2, h^2 und c^3, ihr Flügelton gis^2 und a^2. Bei der Mooshummel ist der Stimmton h, der Flugton a. Die Blüthenbiene hat die Stimme f^3, den Flugton a^1 und g^1.   (Jahrb. der Erf. VII)

Phosphorescenz der Eier vom Leuchtkäfer. An den Eiern, die ein gefangenes Weibchen vom Johanniskäfer gelegt hatte, hat man eine lebhafte Phosphorescenz beobachtet und zwar zeigte sich dieselbe nicht nur, nachdem die Eier gelegt waren, sondern ohne Verringerung sieben Tage lang. Die Eier waren gelblich und von der Grösse eines Stecknadelkopfes; ihre Schale war so dünn, dass man sie nicht berühren konnte, ohne sie zu zerbrechen. Beim Zerbrechen im Dunkeln bemerkte man, dass die auseinanderlaufende Flüssigkeit phosphorescirte, bis sie vollständig vertrocknet war.   (Natf. IV. 47.)

Einfluss der Luftverdünnung auf verschiedene Thiere. Wird der Luftdruck sehr plötzlich auf 18—15 Centimeter Quecksilber erniedrigt, dann sterben alle Thiere rasch, gleichviel ob die Luft erneuert wird oder nicht. Dagegen kann man es bei allmähliger Verminderung des Druckes und fleissiger Erneuerung der Luft dahin bringen, dass einzelne Thiere beträchtliche Zeit unter sehr niedrigem Drucke leben. Vögel sterben, sobald der Druck unter 18 cm. ist, Säugethiere leben noch bei 12 cm.; ihre Temperatur fällt aber dann um mehrere Grade. Die Zusammensetzung der Luft zeigt sich verschieden, je nach dem Drucke, bei welchem der Tod erfolgt. Die Menge Sauerstoff ist um so grösser, je geringer der Luftdruck war, die Menge Kohlensäure um so geringer. (Ebd. 40.)

Ueber die Beziehung des Regenwurmes zur Urbarmachung des Bodens macht Prof. Hensen in der zool.-anatomischen Sektion der letzten Naturforscherversammlung folgende Mittheilung. Die Regenwürmer machen in den Untergrund, welcher ausser Wasser keine für Pflanzen dienlichen Theile enthält, Röhren bis zur Tiefe von 4'. Diese werden von

den Wurzeln der Pflanzen aufgesucht und durchwachsen und merkwürdiger
Weise fanden sich fast gar keine Wurzeln ausserhalb dieser Röhren. Dieselben werden allmählich durch die Excremente der Würmer austapezirt
und da dieselben fast dieselbe Beschaffenheit wie Lauberde haben, so
wird durch die Thätigkeit der Würmer in todtes Erdreich ein Röhrensystem
guter Erde geschafft, welches sich alljährlich erneuert und den tief gehenden Wurzeln sehr guten Boden bereitet.   (Ebend. 43.)

Rundwürmer als Ursache der Erkrankung von Kartoffel-
knollen. Von diesen Würmern (*Rhabditis Dej. Pelodera Schneid.*) an-
gegriffene Knollen zeigen unter der Oberfläche graue bis schwärzliche
Flecken, von denen aus häufig noch nach aussen Wege münden. Diese
Flecken sind die Brutnester und die Würmer finden sich darin in allen
Entwickelungsstadien.   (Ebend.)

Die Fauna der Ostsee. In der letzten Versammlung deutscher
Naturforscher und Aerzte zu Rostock gab Professor Möbius aus Kiel einen
vorläufigen Bericht über die Ergebnisse der Expedition, die am 6. Juli v. J.
zur Erforschung der Ostsee ausgesandt worden war und an der er mit
andern Gelehrten Theil genommen hatte. Nach einer Beschreibung der
Apparate, die sich am Bord des Schiffes befanden und der Angabe des
Weges, den man eingeschlagen, sowie der Resultate der an verschiedenen
Stellen vorgenommenen Tiefenmessungen — im westl. Becken durchschnitt-
lich 10—12, im östl. 40—100 Faden — berichtet M. über die vorgefundene
Fauna wie folgt:

„Die meisten Thiere, die wir fingen, sind sesshafte Bewohner des
Grundes, die im Schlamme sitzen, an Steinen oder Pflanzen hängen, und
daher den Schleppnetzen nicht entgehen können, indem sie mit den Massen, welche sie bewohnen, in dieselben gerathen, während die Fische
leichter entfliehen können. Fische haben wir daher nicht viel gefangen,
was sich auch daraus erklärt, dass wir nicht gerade zu solchen Zeiten und
an solchen Orten fischten, wo Fische in grössern Massen, der Nahrung
und des Laichgeschäftes wegen, zusammenkommen.

In 50—120 Faden ist die Zahl der Thiere sehr gering. Wir haben
in den grossen Tiefen ostwärts von Gotland nur einige Würmer gefunden.
Aber kommt man über 50 Faden höher hinauf, so findet man immer mehr
Thiere. Die sandigen, einem starken Wellenschlage ausgesetzten Küsten
Preussens und Pommerns sind sehr arm an Pflanzen und Thieren, weil
die Pflanzen daselbst keinen festen Stand gewinnen können. Auch sind
nur wenige Thiere dort, solche nämlich, welche die Fähigkeit haben, sich
in den Sand einzugraben, um sich gegen die Brandung zu schützen; wie
die wenigen Muscheln: die Sandmuschel (*Mya arenaria*), die Herzmuschel
(*cardium edule*) und *Tellina baltica*, eine kleine röthlich-weisse Muschel.
Mytilus edulis, die im westlichen Becken so gross wird, dass man sie
isst, kommt im östlichen Becken in derjenigen Region, welche zwischen
der Strandtiefenregion liegt, an vielen Stellen in einer Unzahl kleiner Individuen vor, zwischen denen sich auch eine grosse Zahl kleiner Krustenthiere befinden, die ausser den Muscheln wichtige Fischnahrung ausmachen. In dem Magen der Fische des östlichen Beckens fanden wir am
meisten *Tellina baltica* und einen kleinen Krebs, *Cuma Rathkii.*

Am allerreichsten bewohnt fanden wir diejenigen Stellen in der Nähe
der Küste, die einen reichen Pflanzenwuchs trugen, und in dieser Beziehung zeichnen sich besonders die Gegenden vor der mecklenburgischen
Küste, die lübsche Bucht und die ostholstein'schen Buchten aus. Wo in
diesen Ostseegebieten keine lebenden Pflanzen mehr wachsen, finden sich
eine Menge vermoderter Pflanzentheile, die den Muscheln und Würmern
und andern wirbellosen Thieren reichliche Nahrung liefern. Meeresstrecken,
die viele Pflanzen und kleine Thiere enthalten, sind daher auch die besten
Fischergründe, worin unsere Beobachtungen mit den uralten Erfahrungen
der Fischer zusammentreffen.

Vergleicht man die Fauna und Flora des östlichen Beckens mit denen des westlichen, das sich durch eine von der Südspitze Schwedens nach Rügen gezogene Linie abgrenzen lässt, so zeigt sich ein grosser Unterschied zwischen beiden darin, dass das östliche weit ärmer an Arten als das westliche ist. — In der Ostsee leben gegen 200 Arten wirbellose Thiere, von welchen aber nur der 5. Theil ins östliche Becken geht. Ausser diesen kommen gegen 30 Arten marine Fische vor, zu welchen sich gegen 20 Arten Süsswasserfische, besonders in dem östlichen Becken, gesellen. Die Hauptursachen der Verarmung des thierischen Lebens im östlichen Becken mögen die grösseren Tiefen, die niedrigeren Temperaturen und der geringere Salzgehalt sein. Die Ostseefauna ist nur als ein verarmter Zweig der reichen Fauna des nordatlantischen Meeres anzusehen; denn an den Westküsten Skandinaviens und Dänemarks leben nach Forschungen skandinavischer und dänischer Zoologen bis 300 Faden Tiefe über 1200 Arten wirbellose Thiere und 140 Arten Fische.   (Gäa VII.)

Ueber die Geschlechtsverhältnisse der Schleswig'schen Austern hat derselbe Forscher im Verein mit Professor Hensen Untersuchungen angestellt, deren Resultate folgende sind: Die Schleswig'schen Austern sind während des Winters geschlechtlich nicht entschieden ausgebildet. Vom Frühling an entwickeln sich in den Zellen ihrer Geschlechtsdrüsen zunächst nur Spermaballen oder nur Eier. Zu gleichen Zeiten treten durchschnittlich ebenso viele spermaträchtige wie eierträchtige Eier auf. Auf tieferen Bänken tritt die Geschlechtsreife später ein, als auf flacher liegenden, weil die zur Ausbildung der Geschlechtsprodukte erforderliche Wärme später in die Tiefen hinabgelangt. Nachdem die eierträchtigen Geschlechtsdrüsen ihre Eier entleert haben, bildet sich in ihnen Sperma aus. — An 4 Austern wurde eine Zählung angestellt und gefunden, dass im Durchschnitt eine erwachsene Auster eine Million Junge erzeuge.   (Ntf. IV. 43.)

Wasserthiere in fremder Umgebung. Ueber die Ursache, warum Süsswasser-Artikulaten im Meereswasser und Krustenthiere des Meeres im süssen Wasser sterben, macht Plateau folgende Mittheilungen: „Die Artikulaten des Süsswassers mit dicker Haut und ohne Kiemen, wie die Wasserkäfer, leben ohne Nachtheil im Seewasser; die mit dünner Haut oder mit Kiemenathmung gehen hingegen hier sehr schnell zu Grunde. Diese Thiere absorbiren durch die Oberfläche des Körpers die in der Flüssigkeit gelösten Salze. Das Chlornatrium und Chlormagnesium wirken als Gifte, die Wirkung der Sulfate ist fast Null, die Sulfate sind auch die Salze, von denen die Thiere bei gleichem Gehalt der Flüssigkeit am wenigsten absorbiren. Die Meereskrustenthiere, welche im Süsswasser sterben, geben an dieses die Salze ab, mit denen ihre Gewebe getränkt sind. Die Gegenwart des Chlornatriums scheint eine unerlässliche Bedingung ihrer Existenz; das Chlornatrium scheint auch das einzig nothwendige Salz zu sein. In keinem Falle kann die Verschiedenheit zwischen den Dichtigkeiten des See- und des Süsswassers als die Ursache angesehen werden, warum die Thiere sterben, wenn sie von einem Medium in's andere gebracht werden.   (Natf IV.-39.)

Wiedererscheinen der grossen Trappe in England. Seit langer Zeit glaubte man die grosse Trappe (*Otis Tarda*) in England ausgerottet. Da trat sie auf einmal Ende Januar v. J. im nördlichen Devonshire bei Braunton in der Nähe von Barnstaple in grösserer Menge wieder auf. Der Vogel war aber so unbekannt geworden, dass eine englische Zeitung die Thiere als wilde Truthähne bezeichnet. Im Februar zeigten sich dann noch Trappen in Middlesex, Nordhumberland, Wilts und Somerset.   (Globus XIX, 13.) .

Zusammensetzung des Delphinfleisches. Kreatin im Fleische von Fischsäugethieren ist zuerst 1850 und zwar bei *Balaenoptera musculus* nachgewiesen worden. Jacobsen in Kiel hat neuerdings Delphinfleisch chemisch untersucht und folgende Resultate gewonnen: Kreatin 6,10; Sarkin 1,05; Xanthin Spuren; Inosit 0,08; Milchsäure 7,45. Pferdefleisch von gleichem Gewicht ergab in gleicher Behandlung: Kreatin 7,60; Sarkin 1,28; Xanthin 0,11; Inosit 0, 30; Milchsäure 4,47.   (Naturf. IV. 14.)

Zur Naturgeschichte der Bettwanzen. Nach Gredler wurden im Mai v. J. eine Menge dieser Thiere in Hasslach bei Botzen im Freien mit dem Streifnetze gefangen. Nach den Mittheilungen desselben Forschers berichtet eine alte Chronik eines Klosters aus dem Jahre 1632, dass das Getäfel aus vielen Zellen entfernt werden musste, weil es „nidus cimicum" gewesen sei. Es wäre demnach die Ansicht, dass die Bettwanze erst 1670 aus Ostindien oder Amerika zunächst in England eingeschleppt worden sei, irrig.   (Zeitschr. ges. Nat. III, 245.)

Conservirungsmittel für Cölenteraten. Nach Schulze übergiesse man die in wenig Wasser zu völliger Entfaltung und Ausdehnung aller Fortsätze gelangten Thiere mit Osmiumsäure (Lösung 1: 800 — 1: 1000). Die Thiere erstarren so schnell, dass sie nicht Zeit haben, ihre Arme einzuziehen Die Lösung darf nur wenige Minuten einwirken. Das erhärtete Thier wird mit destillirtem Wasser abgespült, mit Carmin leicht rosa gefärbt und dann in Spiritus von 52° gebracht. (Ebend. IV, 282.)

Männchen von *Cobitis taenia* sind von Prof. Canestrini zuerst gefunden worden; er erkannte auch äussere Geschlechtsunterschiede. Es zeigte sich nämlich der 2. Brustflossenstrahl des Männchens an der Basis fast viermal stärker als die übrigen Strahlen, seine beiden Aeste divergirten auch, vereinigen sich aber wieder zur Spitze. Beim Weibchen war derselbe Strahl nicht stärker als die anderen, seine beiden Aeste divergirten, der Zwischenraum war aber durch die *membrana propria radiorum* ausgekleidet. Dieser Unterschied ist noch insofern von Interesse, als die Brustflossen fast stets bei beiden Geschlechtern gleich gebildet sind.
(Ebend. IV. 363.)

Geognosie.

(Zusammengestellt von H. ENGELHARDT in Dresden.)

Eozoon. Grosses Aufsehen erregte vor einigen Jahren der Fund von *Eozoon canadense* in den Laurentianschichten Canadas. (Unterste Grauwackenformation.) Europäische Gelehrte, wie Gümbel u. a. untersuchten darauf hin mit Serpentin in Contact stehende Urkalke und fanden dasselbe ebenfalls (der Verf. im Urkalke von Maxen bei Dresden). Vielfach wird es für eine organische Form gehalten, von den meisten für eine Foraminifere, von einigen für eine Spongie. Die Anhänger Darwin's glaubten bereits das Urthier, aus dem alle Thierformen sich entwickelt haben sollten, gefunden zu haben, als Baily, Harkness u. a. darauf hinwiesen, dass sich ähnliche Formen auch in der unorganischen Welt finden, weshalb der organische Ursprung dieser Gebilde angezweifelt werden könnte. Ihnen gesellten sich King und Rowney (*Quart. Journ. of the Geol. Soc. V.* 22.) zu, die Kalke, die in ihrem relativen Alter sehr weit von einander entfernt waren, und andere Gebirgsarten mikroskopisch untersucht und ganz dieselben Gebilde gefunden hatten. (Liaskalke, Zechsteinkalke, Chalcedone u. s. w.) Da nun bis jetzt noch nicht eine Spezies oder Form durch eine grössere Anzahl von Formationen gehend beobachtet worden ist, so sind gerechte Zweifel gegen die organische Natur dieser Gebilde gewiss erlaubt. Trotzdem hat man von *Eozoon canadense* ein *E. bohemicum* abgetrennt. (Präparate sind zu beziehen bei Fritsch in Prag.) Neuerdings haben King und Rowney (*R. Irish. Ac. Proc. Ser. II. Vol. I*) das Eozoon in dem liasischen Ophit von Skye nachgewiesen und betrachten es nur als eozonale Struktur. — Ebenso vorsichtig wie hier muss man mit den Ergebnissen der mikroskopisch-lithologischen Arbeiten des Dr. Jentzsch, nach welchen in Eruptivgesteinen eine mikroskopische Flora und Fauna existiren soll, sein. (Sitzungsb. d. Isis zu Dresden 1868. S. 180. 1869. S. 141. S. 248.)

Barrande und Darwin. Nicht zuviel gesagt ist, dass die gesammte wissenschaftliche Welt der Jetztzeit sich mit dem Darwinismus beschäftigt, sei es ihn zu unterstützen und auszubauen oder ihn zu widerlegen. Bekannt ist jedem, der des bescheidenen Darwins Schriften selbst gelesen, wieviel Skrupel ihm die Ergebnisse der Geologie, speciell der Petrefaktenkunde, machen. Zwar haben Einzelne mit Leichtigkeit dieselben wegräumen zu können geglaubt, aber es hat mir immer dünken wollen, als wenn sie viel zu wenig Sachkenner gewesen seien und sich zu sehr in Träumereien verloren hätten. Die neueste Arbeit J. Barrande's, des besten Kenners der Grauwackenformation, *Trilobites. Prague et Paris* 1871. enthält in dem Abschnitt IV. *Epreuve des théories paléontologiques par la réalité* so gewichtige Thatsachen, dass wir hier unbedingt Notiz von denselben nehmen müssen. Barrande macht darauf aufmerksam, welch' ungeheure Lücke sich zwischen dem Eozoon der laurentinischen Etage und zwischen der altsilurischen Primordialfauna zeigt, von welcher er 366 Species nebst ihren Fundorten in Europa und Amerika angiebt. Sollten nun wirklich vom Eozoon diese altsilurischen Formen abstammen, so hätte es natürlich so geschehen müssen, dass es möglich wäre, einen wenn auch nicht vollständigen Stammbaum herzustellen, was aber nicht gelingen wird, so lange die von Barrande in Folge einer mehr als 30jährigen Arbeit gewonnenen Resultate nicht weggewischt werden können. In einem Diagramme comparatif stehen an der untern Grenze die Foraminiferen, an der obern die Triloboten, zwischen beiden die übrigen Klassen, Ordnungen und Familien nach ihrer Vollkommenheit. Nach der Darwin'schen Theorie hätten sich aus dem Eozoon eine reiche Fülle der niedersten Wesen und nur eine geringe der vollkommensten entwickeln müssen. Nach diesem Diagramme zeigt sich aber die wirkliche Entwicklung diametral entgegengesetzt der Theorie. Die Triloboten nehmen $\frac{3}{4}$ der Menge ein und treten plötzlich ohne jegliche Vorgänger in ältern Schichten auf, Echinodermen kennt man nur 2 Arten, Bryozoen 5 Arten, Gasteropoden 2 Arten. Acephalen sind nicht vorhanden, seltsamer Weise aber Brachiopoden 28 Species und Pteropoden 14 Species; einzelne Familien sind gar nicht vertreten. Barrande macht noch darauf aufmerksam, dass bei den Triloboten ein stufenweiser Fortschritt in der Entwicklung während der ganzen paläozoischen Periode nicht wahrgenommen werden kann, dass, trotzdem man in einer Primordialfauna Wesen von unbestimmten Charakteren vermuthen sollte, doch alle Glieder ganz scharf von einander unterschieden sind, dass in der cambrischen Zone keine Vorläufer für die silurische existiren u. s. w.

Bernstein. Um die Lösung der Frage, welchen Pflanzen der Bernstein sein Dasein verdanke, hat sich Göppert das grösste Verdienst erworben. Schon 1845 behandelte er dies Kapitel in: „Der Bernstein und die in ihm befindlichen Pflanzenreste der Vorwelt," späterhin (1850) in seiner klassischen „Monographie der fossilen Coniferen." Indem ich die Art und Weise seiner Untersuchungen, der fast alle Forscher gefolgt sind, als hier zu weit führend übergehe, referire ich nur, dass grössere, das Zollmass übersteigende Bruchstücke von Hölzern im Bernstein im ganzen selten sind, desto häufiger aber Splitter, die stets von Coniferen herrühren und den Schluss ziehen lassen, dass im Bernsteinwalde, ganz so wie in einem jetzigen Coniferenwalde z. B. im Böhmerwalde), der ganze Boden mit Nadelholzsplittern in allen möglichen Graden der Erhaltung erfüllt war. Nach oft sorgfältig wiederholter Prüfung nimmt Göppert jetzt 6 Arten an, welche den Bernstein hervorgebracht haben. *Pinites succinifer, P. eximius, P. Mengeanus, P. radiosus, P. stroboides* und *P. anomalus.* Sie gehören alle zu den Abietineen. Leider hat es bis jetzt noch nicht gelingen wollen, die vorkommenden Blüthen, Zapfen und Nadeln mit dem einen oder andern Holze in Verbindung zu bringen, so dass sie alle noch unter besonderen Namen aufgeführt werden müssen. Von ihnen sind verschiedene solchen der Jetztwelt verwandt, ja *Taxodium distichum* (Sumpfcypresse) lebt jetzt noch in Nordamerika wild und ist bei uns hier und da (z. B. im Dresdner Palaisgarten 2 Ex.) in Parken angepflanzt. — Ich schliesse hieran eine Notiz über den sicilianischen Bernstein, von dem seltsamer Weise die Römer nichts gewusst zu haben scheinen, während sie doch den von der Ostsee ganz gut kannten. Die erste Nachricht über ihn findet sich in: *Brand, traité de pierres précieuses.* Paris 1808; in späterer Zeit wird er mehrfach erwähnt. Er gehört auch in die Tertiärformation und enthält Einschlüsse von Pflanzentheilen und Thieren. Hagen fand in den im Museum zu Oxford aufbewahrten Stücken einige Termiten und Göppert ein Blatt, das er *Laurus Gmellariana* taufte. Es ist dem von *Laurus tristaniaefolia* Web., welche Art in der rheinischen Braunkohlenformation und in Ostpreussen vorkommt, sehr ähnlich. Hagen meint, dass man wohl annehmen könne, dass der sicilianische Bernstein von andern Baumarten, als der preussische stammen möge. (Nach Jahresb. d. schles. Gesellsch. f. vaterl. Cultur 1871. S. 51—55.) — Im vorigen Jahre ist auch in Australien ein reiches Bernsteinlager zu Grassy Gully in der Nähe von *Bokeward* entdeckt worden. Die Farbe des dortigen Bernsteins ist mehr bräunlich, als honiggelb, die Reinheit bedeutend, die chemische Zusammensetzung wie die des Ostseebernsteins. Nähere Nachrichten fehlen noch.   (Naturf.)

Versteinerter Wald. Marsh berichtet im Am. Journ. Vol. I 1871 über einen fossilen Wald in Californien, dessen verkieselte Stämme sehr gross sind. In ihrer mikroskopischen Structur scheinen sie nicht von *Sequoia gigantea* (Mammuthsbaum) abzuweichen. Sie sind von vulkanischen Tuffen eingeschlossen, die dem jüngern Tertiär anzugehören scheinen.

Löss. Am Flüsschen Gokwe in Südafrika (20° Br. 28° O. L.) hat man Löss gefunden, von dem O. Böttcher in Offenbach ein Stück zugesandt bekam und darin einen *Limnaeus*, *Pupa tetrodeus* und *Cionella Gokweana* fand. Die *Pupa* nähert sich der Gruppe von *P. angustior*, die *Cionella* schliesst sich *Acicula* zunächst an, welche beide verwandte Formen im mitteleuropäischen Löss die gemeinsten sind. Diese Beobachtung unterstützt die Ansicht, dass der Löss ein kosmopolitisches Gebilde sei. Auch am Gokwe zeigt er sich wie bei uns unabhängig von der geologischen Beschaffenheit seiner Umgebung.

Programmschau :

Kurze geognostische Beschreibung der Südlausitz und der angrenzenden Theile Böhmens und Schlesiens, mit einer geognostischen Karte dieser Gegenden von O. O. Friedrich, Dr. ph. und Oberlehrer am Johanneum zu Zittau 1871.

Nekrologe :

Wilhelm Haidinger * ⁵/₂ 1795 in Wien. † ¹⁹/₃ 1871 daselbst. Biogr. von Franz Ritter von Hauer. Jahrb. d. k. k. geol. Reichsanstalt 1871. Heft 1.

Urban Schloenbach * ¹⁰/₃ 1841 auf Saline Liebenhall bei Salzgitter. † ¹³/₈ 1870 zu Biersaska in der serbisch-banater Militärgrenze. Biogr. von E. Tietze. Jahrb. d. k. k. geol. Reichsanstalt 1871. Heft 1.

Sir Roderich Impey Murchison * ¹⁹/₂ 1792 zu Tarradale in Rossshire. † ²²/₁₀ 1871. Biogr. Skizze. Jahrb. f. Min. u. Geol. 1871. Heft 9.

Dr. Ratzeburg, Professor der Naturwissenschaften an der Forstakademie zu Neustadt-Eberswalde. † den 24. Oktober in Berlin.

Dr. Ad. Strecker, Professor der Chemie und Direktor des chem. Laboratoriums in Würzburg. † 7. Nov.

H. v. Heinemann, Finanzrath in Braunschweig, bekannter Forscher im Gebiet der Schmetterlingskunde. † den 18. December. 60 Jahre alt.

Dr. Fr. W. Fr. Carl Köhler, früher Lehrer am Kölnischen Realgymnasium zu Berlin, später Professor der Chemie, Mineralogie und Technologie an der städtischen Gewerbeschule daselbst, seit 1856 Direktor derselben und seit 1861 in Folge eines Augenleidens als solcher pensionirt. † 6. December zu Marburg, 66 Jahre alt. Von seinen Schriften seien erwähnt „Grundriss der Mineralogie" und „die Chemie in technischer Beziehung etc. Berlin 1834, 7. Aufl. 1854.

Verordnungen:

Verordnung des österreich. Ministers für Kultus und Unterricht vom 11. Juli 1869.

womit eine Verordnung für die k. k. Landesschul-Inspektoren erlassen wird.*)

§ 14. Den Inspektoren für die humanistischen Fächer unterstehen zunächst die Gymnasien (mit Einschluss der Realgymnasien), jenen für die realistischen Fächer die Realschulen.

Nach dieser Theilung haben auch die Inspektoren, wenn der Vorsitzende der Landesschul-Behörde nicht etwas Anderes verfügt, das Referat über die einschlägigen Geschäftsstücke zu führen.

§ 15. Sowohl der Gymnasial- als der Realschulinspektor hat die Gymnasien und Realschulen seines Inspektionsbezirks wenigstens in zwei Jahren einmal, auch wenn kein dringender Anlass dazu vorhanden ist, einer gründlichen Inspicirung zu unterziehen.

Die Visitation einzelner Schulen kann aber auch, wenn sie für nöthig erkannt wird, in kürzeren Zeiträumen, selbst mehrmal in einem Jahre, stattfinden.

§ 16. Die Gymnasialinspektoren haben bei der Visitation der Gymnasien, und die Realschul-Inspektoren haben bei der Visitation der Realschulen ihr Augenmerk auf den Gesammtzustand der Anstalt zu richten,

------

*) Wir erhalten von einem unserer geehrten Mitarbeiter mit dieser Verordnung zugleich folgendes Schreiben:

Geehrter Herr Collegel

Die nachstehende Instruktion der österreich. Landesschulinspektoren für Mittelschulen (Hoch-Schulen nach deutscher Terminologie) ist ein Versuch, sowohl den Vertretern der sprachlich-historischen als auch denen der mathematisch-naturwissenschaftlichen Fächer gerecht zu werden und dürfte für manchen Leser Ihrer Zeitschr. von Interesse sein. Die Einrichtung, welche sich nach der Mittheilung eines mir befreundeten österreich. Landesschulinspektors bewährt haben soll, würde, auf deutschen Boden verpflanzt, gewiss auch die Wünsche der Freunde des Realschulwesens befriedigen, von denen gewichtige Stimmen für die Realschulen eine für sich bestehende Aufsichtsbehörde verlangen. Eine Einrichtung, wie die in dem Nachstehenden charakterisirte, würde, wie mir scheint, den Schulmännern der verschiedensten Richtung genügen können, ohne den von der Behörde so sehr gefürchteten Dualismus im Schulwesen herbeizuführen.

Mit Uebergehung der §§, welche von dem Verhältniss der Landesschul-Inspektoren zur Landesschul-Behörde und von den Funktionen des Inspektors für Volksschulen handeln, gebe ich hier nur die §§, worin von den Inspektoren für Mittelschulen die Rede ist.

sich von Inhalt, Methode und Erfolg des Unterrichts durch Besuch der Vorträge der einzelnen Lehrer zu überzeugen und nach eigenem Ermessen die Schüler selbst zu prüfen, wobei jedoch dem Ansehen des Lehrers nicht zu nahe zu treten ist.

Sie haben die disciplinäre Haltung der Schule zu beobachten, sich von den gebrauchten Lehrbüchern und den vorhandenen Lehrmitteln, so wie von den ökonomischen Verhältnissen der Mittelschule, Kenntniss zu verschaffen, die Konferenzprotokolle, insofern diess nicht ohnehin bereits geschehen ist, einzusehen und näher zu würdigen.

§ 17. Der Gymnasial-Inspektor hat bei dem Besuche der Realschulen seine Aufmerksamkeit ausschliesslich auf die Behandlung der humanistischen Lehrgegenstände (Sprachen, philosophische Fächer, Geschichte, Geographie in ihrer Verbindung mit der Geschichte) und deren Erfolge zu richten.

Dasselbe gilt für den Realschul-Inspektor bezüglich des Unterrichts in den Real-Lehrgegenständen an Gymnasien (Mathematik, beschreibende Naturwissenschaften, Physik, Geographie, in sofern sie als selbstständiger Gegenstand erscheint, Zeichnen).

§ 18. Die Inspektoren haben unter ihrem Vorsitze Konferenzen mit den Lehrkörpern zu halten, und hierbei den wissenschaftlichen und disciplinären Zustand der Schule zur Sprache zu bringen. Es steht ihnen zu, bei dieser Gelegenheit Anzeigen von Uebelständen entgegenzunehmen, und denselben nach Thunlichkeit an Ort und Stelle durch mündliche Bemerkungen und Rathschläge abzuhelfen. Bestimmte Weisungen kann jedoch der Gymnasial-Inspektor nur hinsichtlich des Gesammtzustandes des Gymnasiums und des humanistischen Unterrichts an demselben, und ebenso der Realschul-Inspektor nur hinsichtlich des Gesammtzustandes der Realschule und des realistischen Unterrichts an derselben ertheilen.

In den übrigen Fällen haben die Inspektoren vor Ertheilung von Weisungen sich gegenseitig zu besprechen und im Falle eine Vereinbarung nicht erzielt werden sollte, die Entscheidung der Landesschul-Behörde einzuholen.

Schriftliche Weisungen werden auf und über Antrag der Inspektoren von der Landesschul-Behörde ertheilt.

§ 19. Die Maturitätsprüfungen an Gymnasien hat der Gymnasial-Inspektor, die an Realschulen der Realschul-Inspektor zu leiten und zu überwachen, und diesen Anlass zur Erforschung der Erfolge zu benutzen, welche die einzelnen Anstalten erreichen.

Jedoch haben sich die Inspektoren in der Weise zu unterstützen, dass der Gymnasial-Inspektor die Wahl der von den Realschul-Abiturienten schriftlich zu bearbeitenden Aufgaben aus den humanistischen Fächern und die Prüfung der über die Elaborate von den Lehrern ausgesprochenen Censur vorzunehmen, der Realschul-Inspektor dagegen die gleiche Pflicht rücksichtlich der realistischen Fächer, in soweit diese einen Gegenstand der schriftlichen Maturitätsprüfung bilden, zu erfüllen hat.

Wenn die grosse Zahl der Mittelschulen oder ein anderer Verhinderungsfall es einem Inspektor unmöglich macht, die Maturitätsprüfung an allen persönlich abzuhalten, so ist für die diesfalls zu bezeichnenden Lehranstalten der Antrag auf Vertretung von dem Inspektor bei der Landesschulbehörde einzureichen.

§ 20. Ueber die am Schlusse jedes Schuljahres von den Direktoren der Mittelschulen einlaufenden Schlussberichte haben die betreffenden Landesschulinspektoren einen Hauptbericht und zwar abgesondert für Gymnasien und für Realschulen, gemeinschaftlich zu verfassen und an die Landesschul-Behörde zu erstatten.

Dieser Hauptbericht hat ausser den erforderlichen statistischen Daten das aus eigener Beobachtung geschöpfte Urtheil der Inspektoren über den Zustand des Unterrichts und der Disciplin an den einzelnen Anstalten,

sowie Vorschläge über Beseitigung allfälliger Mängel und Uebelstände
zu enthalten.

Insbesondere haben die Inspektoren sich darüber auszusprechen, ob
die mit dem Oeffentlichkeitsrecht versehenen oder aus Staatsmitteln
subventionirten Privatanstalten der Fortdauer dieser Begünstigungen
würdig seien.   Kr.

Verordnungen aus Preussen.

Die Berliner Wissenschaftliche Prüfungs-Commission hatte Aenderungen
des Prüfungs-Reglements vom 12. December 1866 (Stiehl, Centralbl. pr.
1867 S. 13) beantragt. Nach den Gutachten der übrigen Königlichen
Wissenschaftlichen Prüfungs-Commissionen, welche sich im Allgemeinen
gegen wesentliche Abänderungen ausgesprochen haben, erklärt der
Minister, dass er zu Abänderungen des gen. Reglements keine genügende
Veranlassung finde, über die Wirkung der Prüfungsordnung vielmehr
einstweilen noch weitere Erfahrungen zu sammeln seien.

Wir geben aus dem betreffenden Ministerial-Erlass — mitgetheilt in
Stiehl, Centralblatt pro 1871 S. 703 — folgende Stelle:

„Es ist dem Examinator selbstverständlich unbenommen, seinen
Anforderungen diejenige Ausdehnung und Richtung zu geben, welche
dem Wesen und dem Fortschritt seiner Wissenschaft entspricht, sodass
z. B. für die Qualifikation in der Geographie unzweifelhaft auch mathematische und naturwissenschaftliche Kenntnisse gefordert werden können.
Einer besonderen neuern Bestimmung darüber bedarf es nicht.

Gegen eine Beschränkung der mittleren Facultas in der Mathematik
auf den Umfang, in welchem diese Wissenschaft in den Gymnasien gelehrt wird, haben sich sämmtliche Gutachten mit nur Einer Ausnahme
erklärt. Es wird mit Recht geltend gemacht, dass der Lehrer auch in
den mittleren Klassen, die für das Prüfungs-Reglement bis Unter-Se-
cunda reichen, die verschiedenen Theile der Wissenschaft in einer für
den Unterricht fruchtbaren Weise zu combiniren und diejenigen Methoden ausfindig zu machen wissen muss, welche den Schüler am leichtesten und anregendsten zum Ziele führen. Diese Sicherheit und Freiheit in methodischer Verwendung des Lehrstoffes kann aber demjenigen
nicht beiwohnen, dessen Wissen über das Ziel der Schulkenntnisse nicht
hinausgeht, und der deshalb der didaktischen Hülfe entbehrt, die er aus
den nächst höheren Theilen seiner Wissenschaft schöpfen könnte. Auf
dies wichtige Erforderniss wird der Examinator sein Absehen richten
können, ohne darum auf manches Einzelne, z. B. die Kenntniss der
Gleichungen des 3. und 4. Grades, besondern Werth zu legen."

Mittheilungen aus dem Schul- und Lehrerleben.

1) Lehrer-Fortbildungs-Anstalt in Stettin.

Ueber die genannte Einrichtung hat das Königliche Provinzial-Schul-
Collegium in Stettin unter dem 21. October v. J. dem Cultus-Ministerium
das Folgende berichtet:

Während des Winters 1870/71 fanden in der hiesigen Lehrer-Fort-
bildungs-Anstalt Vorträge im Französischen, in der Mathematik, in der
Naturkunde und im Deutschen statt, und zwar für die beiden erstge-

nannten Fächer der erste Jahrescursus, für die beiden letztgenannten Fächer der zweite Jahrescursus oder der Abschluss. Seit Ostern 1871 werden die Vorträge in den beiden erstgenannten Fächern fortgesetzt, und sind neu begonnen die Cursen in der Geschichte und in der Chemie.

Ueber die Resultate im Deutschen und in der Naturkunde fand am 22. April cr. eine Prüfung statt, an welcher sich drei resp. ein Lehrer betheiligten, denen sämmtlich günstige Zeugnisse ausgestellt werden konnten. Die Redaktion wählt für die Leser dieser Zeitschrift die Berichte der Vortragenden über die Unterrichtspensa in Chemie und Mathematik aus.

Chemie. Für den Cursus in der Chemie waren zu Ostern 1871 36 Anmeldungen eingegangen; anfänglich stieg die Zahl der Zuhörer auf 40 und darüber, sank dann aber allmählig auf 23. Die Abnahme möchte sich einerseits aus dem Mangel an ausdauerndem Interesse erklären, andererseits dadurch, dass der Vortragende, um sich einer selbstständigen Theilnahme der Theilnehmer zu versichern, über einzelne Metalloide freiwillige Vorträge, unterstützt von gehörig vorbereiteten Experimenten, halten liess. Obgleich diese Vorträge meist befriedigend und einzelne vorzüglich ausfielen, so kann doch nicht geleugnet werden, dass sie für ein oberflächliches Interesse nicht immer die genügende Anziehungskraft besassen. Bei diesen Vorträgen und bei den dazu nöthigen Vorbereitungen im Laboratorium haben sich 8 Theilnehmer betheiligt; dieselben sind auch gesonnen, an den Uebungen im Laboratorium, welche der Vortragende neben den Vorlesungen im Winter regelmässig einrichten wird, Theil zu nehmen. Hiernach können von 8 Theilnehmern günstige Leistungen zu Ostern 1872 erwartet werden; von 15 andern kann wenigstens eine rege Theilnahme constatirt werden.

Mathematik. In der Mathematik wurde der zweite Jahrescursus Ostern 1871 mit Planimetrie begonnen, nachdem im ersten Jahr von Ostern 1870—71 die Arithmetik ungefähr in dem Umfange, als es durch das Abiturienten-Reglement der Gymnasien vorgeschrieben ist, betrieben worden war. Die Zahl der Theilnehmer, welche beim Beginn des ersten Jahrescursus über 20 betragen hatte, war im Laufe der Zeit auf 10 gesunken, die regelmässig und mit Erfolg die Vorlesungen besuchten, und sowohl während derselben an den mathematischen Entwickelungen sich selbstthätig betheiligten, als auch die von Woche zu Woche zur Behandlung vorgeschlagenen Aufgaben lösten und über die geforderten Lösungen beim Beginn jedes Vortrages Bericht gaben.

(Centr.-Blatt.)

---

2) Die Prüfung der Kandidaten des Lehramts an Gewerbeschulen in Preussen.

— Für die Prüfung der Kandidaten des Lehramts an Gewerbeschulen hat der Handelsminister ein neues Reglement erlassen, nach welchem die Prüfungs-Kommission, deren Mitglieder alle drei Jahre ernannt werden müssen, aus folgenden 5 Abtheilungen gebildet werden soll: a) für Mathematik und Mechanik, b) für Physik, Chemie, Mineralogie und chemische Technologie, c) für Maschinenlehre, mechanische Technologie und Linearzeichnen, d) für Baukonstruktions- und Formenlehre, Feldmessen und Nivelliren, e) für Freihandzeichnen und Modelliren. Die Gesuche um Zulassung zur Prüfung sind an die genannte Kommission zu richten, unter Bezeichnung derjenigen Abtheilung, für welche der Kandidat hauptsächlich, sowie derjenigen Fächer aus anderen Abtheilungen, für welche er ausserdem seine Lehrbefähigung darzuthun gedenkt. Dem

Gesuche müssen beigefügt sein: 1) ein von dem Kandidaten selbst ge-
schriebenes Curriculum vitae; 2) das Abiturientenzeugniss eines Gymnasii
oder einer Realschule erster Ordnung oder einer nach dem Organisations-
plan vom 21. März 1870 eingerichteten Gewerbeschule; 3) der Nachweis
einer mindestens dreijährigen Studienzeit bei der königlichen Gewerbe-
Akademie oder Bau-Akademie oder bei einer anderen, diesen gleich zu
erachtenden polytechnischen Schule oder bei einer Universität; 4) ein
Führungs-Attest der Ortsbehörde, sofern seit dem Abgange des Kandidaten von den unter 3 genannten Lehranstalten bis zu seiner Meldung
zur Prüfung mehr als ein Jahr verstrichen ist; 5) sonstige über die besondere Ausbildung und Beschäftigung des Kandidaten sprechende Zeugnisse. — Kandidaten, welche die unter 2 und 3 angegebenen Zeugnisse
nicht beibringen können, dürfen nur auf die von ihnen nachzusuchende
Genehmigung des Handelministers zur Prüfung zugelassen werden. Mel-
dungen von nichtpreussischen Schulamts-Kandidaten hat die Prüfungs-Kommission, sofern dabei die vorhandenen Bestimmungen beachtet
worden sind, mittelst gutachtlichen Berichts dem Handelsminister zur
Entscheidung einzureichen.   (Nat.-Ztg.)

Briefkasten:

Notiz: Herr Dr. Spieker in Potsdam theilt uns mit, dass von seinem hier (S. 173—176) besprochenen Lehrbuche der ebenen Geometrie nach Ostern die sechste verbesserte und vermehrte Auflage erscheinen werde — leider zu spät um die Besprechung zu verschieben. — Die Herren Rezensenten werden ersucht, in den Ueberschriften der Rezensionen immer den Namen des Verfassers voran zu setzen. — Für die Herren Collegen, welche statistische Mittheilungen über das mittlere Alter der Classen machen wollen, wird im nächsten Hefte ein einheitliches Schema vorgeschlagen werden. —

M. in *Helsingfors* (Finnland). Brief an Sie abgesandt. Die Aufsätze für die Zeitschr. müssen deutsch geschrieben sein. — D_t in *Br.* und *Kr.* in *R.* Programme empfangen. — *Kr.* in *W.* Repert. empfangen. — *F.* in *H.* Besten Dank für Kiste mit App. — Alles Andere brieflich.

Lösung des Problems der Trisection mittelst der Conchoide auf circularer Basis.*)

Von Dr. H. Hippauf, Rector der Mittleren Bürgerschule zu Halberstadt.

(Mit einer lithogr. Tafel.)

Geschichtliche Einleitung.

Alle Versuche, einen beliebigen Winkel oder Kreisbogen durch geometrische Construction in drei gleiche Theile zu zerlegen, haben dargethan, dass die Lösung dieses Problems die Kräfte der Geometrie der geraden Linie und des Kreises übersteige.

Die von Nikomedes zunächst zur Lösung des delischen Problems erdachte Conchoide diente demselben auch zur Trisection.

Wiewohl seine Schrift darüber verloren gegangen und sein Verfahren uns unbekannt geblieben, hat Clavius (*Geometria practica*. Lugd. 1607. 4. p. 356) gelehrt, wie die Lösung mittelst der Conchoide auf gerader Basis geschehen könne. Ob sein Verfahren dasjenige des Nikomedes sei, ist dadurch natürlich nicht erwiesen. Nach ihm ist für jeden Winkel eine besondere Conchoide zu construiren; diese Lösung ist so umständlich als unzureichend: sie ist keine allgemeine und vollkommene.

Pappus hat zuerst die Hyperbel für die in Rede stehende Aufgabe anzuwenden gelehrt; doch ist auch diese Curve für jeden gegebenen Fall besonders zu berechnen und zu construiren. Eine derartige Lösung bringt: Chasles in einer Abhandlung der *comptes rendus* (24. Dec. 1855).

---

*) Obgleich dieser Aufsatz den bekannten Zwecken dieser Zeitschrift ferner liegt, vielmehr rein wissenschaftlicher Natur ist, so bewog doch die Berühmtheit des behandelten Gegenstandes die Redaktion, diese Arbeit den geehrten Lesern d. Z. nicht vorzuenthalten   D. Redt.

Andere haben sich der Parabel bedient, doch ohne irgend wesentlichen Erfolg. Zur Theilung eines Winkels nach einem gegebenen Verhältniss soll Dinostratus, nach Montucla's Vermuthung aber Hippias von Elis die Quadratrix erfunden haben.

Montucla zeigt, wie man sich zum Zweck rein mechanischer Lösung eines blossen Lineals bedienen könne. Das Instrument des Jesuiten Thomas Ceva, bestehend aus 4 Linealen, die einen beweglichen Rhombus bilden, löst die Aufgabe durch mechanische Verschiebung der Lineale bis zu bestimmten Punkten und basirt hinsichtlich der Construction und Beweisführung auf derjenigen, der praktischen Ausführbarkeit entbehrenden, darum nur angedeuteten Lösung der Platonischen Schule, (Montucla. Th. I. p. 177) auf welche auch Vieta (*Supplementum Geometriae.* Prop. IX) und Newton *(Arithm. univers.)* die Trisection des Winkels gegründet haben.*)

Sind dergleichen Instrumente überhaupt von keinem praktischen Nutzen, so sei auch hier von vornherein bemerkt, dass ein zur leichteren Zeichnung der unten erwähnten Trisections-Curve besonders construirtes, einfaches Instrument nur als Hilfs-, nicht aber als Beweismittel in Betracht kommen soll, da die Natur und das Wesen der betreffenden Curve aus deren höchst einfacher Polargleichung vollständig erkannt und durch dieselbe bestimmt wird.

---

*) Vergl. Klügel. Mathematisches Wörterbuch. Th. V. S. 343 ff.

Lösung des Problems der Trisection.

Die Hauptschwierigkeit der Lösung des Problems der Trisection liegt offenbar darin, dass der natürlichste Anhalt, d. i. die Sehne des zu theilenden Bogens durch die Radien, welche den Winkel in drei gleiche Theile zerlegen, in solchen Punkten geschnitten wird, die sich ver ausgeführter Trisection bisher nicht ermitteln und für dieselbe verwerthen liessen.

In der That fusst auch keine der bisher versuchten Lösungsmethoden auf der Sehne des zu trisecirenden Bogens.

Fassen wir die Schwierigkeiten, welche sich gerade ihrer Verwendung bei Lösung unsrer Aufgabe entgegenstellen, näher in's Auge.

Schneidet man auf einer Kreislinie drei gleich grosse Bogenstücke ab, zieht dazu die Radien, die Sehne jedes einzelnen Bogenstückes und des ganzen Bogens, so entstehen drei congruente Dreiecke, und die Sehne des ganzen Bogens wird, falls derselbe kleiner als der Halbkreis ist, also einem Winkel unter 180⁰ zugehört, durch die beiden inneren Radien, welche den ganzen Bogenwinkel in drei gleiche Winkel zerlegen, zwar auch in drei Stücke geschnitten, deren beide äussere jedoch, wiewohl einander und der Drittelbogen-Sehne gleich, grösser sind als das innere oder Mittelstück. (Vergl. Figur 1.)

Der Beweis ist aus der Figur ersichtlich.

Für einen grösseren Bogen als den hier gewählten: *AB* nähert sich die Sehne mit ihrem Mittelpunkt dem Centrum, bis sie für den gestreckten Winkel oder für den Halbkreis mit dem Kreisdurchmesser zusammenfällt; für einen kleiner werdenden Bogen entfernt sich die Sehne in ihrem Mittelpunkt immer mehr vom Centrum, bis sie selbst, stets kleiner werdend, für den Nullwinkel mit der Peripherie im Endpunkt des Schenkels resp. Radius zusammenfallend, nur ein Punkt ist.

Je grösser der Bogen odèr Winkel, welcher trisecirt ist, desto kleiner ist im Verhältniss zu deu äusseren beiden Sehnenstücken das innere; für den Halbkreis ist es = 0, weil jedes äussere Sehnenstück = Radius, beide also = Durchmesser, d. i. gleich der ganzen Sehne.

Je kleiner der Bogen oder Winkel, desto geringer ist der Unterschied zwischen den äusseren Sehnenstücken und dem inneren; für den Winkel von 0^0 ist die ganze Sehne nur ein Punkt, jeder Theil also = 0.

Hieraus folgt, dass das Mittelstück der ganzen Bogensehne von einem Winkel von 0^0 bis 180^0 eine von einem Punkt*) bis zu einem Maximum**) wachsende und dann wieder bis zu einem Punkt***) herab fallende Dimension hat, sonach eine variable Grösse ist, welche in keinem analogen Verhältnisse zum ganzen Bogen oder zur ganzen Sehne und deren äusseren Stücken steht, welche letztere mit dem Bogen oder Winkel gleichmässig wachsen und abnehmen und immer gleich der Drittelbogen-Sehne sind.

Und doch ist die Sehne eines zu theilenden Bogens ein so wesentlicher Anhalt, dass man ihrer zumal für die Dreitheilung nicht entrathen kann, wenn anders man nicht auf ein aus-schliesslich richtiges Resultat verzichten will.

Nur darum, weil das Verhältniss zwischen dem variablen Mittelstück und den äusseren Sehnenstücken sich bisher nicht fixiren oder ein Gesetz für das Zu- und Abnehmen dieser Dimension mittelst geometrischer Construction sich nicht nachweisen liess, galt die Aufgabe für ein so schwer zu lösendes Problem.

In Folgendem soll nachgewiesen werden, wie die Gesetzmässigkeit dieser fraglichen, variablen Dimension sich geometrisch darstellen und das Problem der Trisection durch geometrische Construction sich lösen lässt.

Zu dem Zwecke schlage ich einen Halbkreis und ziehe dessen Sehne, d. i. den Durchmesser. (Figur 2.)

Von dem einen Endpunkt A aus schneide ich auf der Peripherie drei gleiche Bogenstücke: $AD = DE = EB$ ab, welche zusammen den ganzen Bogen AB ausmachen, ziehe die Radien CD, CE und CB und die Sehne AB. Nun verbinde ich den andern Endpunkt des Kreisdurchmessers F mit E, welches

---

*) Peripheriepunkt.   **) Bei 105 Grad.   ***) Centrum.

das Bogendrittel EB von dem Zweidrittelbogen EA trennt. Der so entstandene Peripheriewinkel EFA ist als solcher gleich der Hälfte des Centrumwinkels ECA, mit welchem er auf demselben Bogen AE steht, also gleich $\not< ACD$ oder gleich $\frac{1}{3} \not< ACB$. Aus der Gleichheit und Lage der Winkel ACD und AFE folgt, dass FE und CD parallel sind.

Ziehe ich nun die Sehne des mittleren Bogendrittels ED, so ist dieselbe parallel mit der grossen Sehne AB, weil ihre Mittelpunkte mit dem Centrum in einer geraden Linie, im Radius CG liegen, welcher auf beiden Sehnen senkrecht steht. Den Halbirungspunkt der ganzen Sehne benennen wir mit M.

Noch verbinde ich F mit dem Endpunkt des ganzen Bogens B und ziehe durch den Halbirungspunkt H der so entstandenen Sehne FB den Radius CL, welcher natürlich, weil auf FB senkrecht stehend, parallel mit der Sehne AB sein muss, weil auch diese auf FB senkrecht steht. (Dreieck ABF rechtwinklig.)

Der Radius CL durchschneidet EF in dem Punkte K.

Aus der Parallelität der genannten Linien folgt, dass das Viereck $CDEK$ ein Parallelogramm ist, desgleichen auch das Viereck $CMBH$. Das erstere ist durch den Radius CE als Diagonale in zwei congruente Dreiecke getheilt, welche zugleich auch gleichschenklig sind, weil CD, die Seite des Parallelogramms, ebenfalls Radius ist. Folglich ist auch die CD gegenüberliegende Seite EK gleich dem Radius und K also um Radiuslänge von dem Bogendrittelpunkt E entfernt.

Diese Dimension ist für alle Bogen- oder Winkel-Dreitheilungen eines und desselben Kreises constant, kann also nur mit der Grösse des Kreises, welchen man der Construction zu Grunde legt, ab- oder zunehmen; denn sie ist stets = Radius.

KC ist gleich ED (als gegenüberliegende Seite des Parallelogramms), ED als Drittelbogensehne gleich $BE = BN = AD = AO$. KC stellt also die Drittelbogensehne dar.

Das andere Parallelogramm $CMBH$ steht mit dem erstgenannten auf demselben Radius CL und hat mit jenem das Centrum C als gemeinschaftlichen Eckpunkt, um welchen beide Vierecke sich beim Wachsen oder Abnehmen des zu theilenden Bogens drehen. Die Punkte $C - K - H$ liegen, wie ersichtlich, für jede Construction dieser Art in einer geraden Linie.

Da CH gleich BM d. i. gleich der Hälfte der ganzen Bogensehne, als gegenüberliegende Seiten des Parallelogramms, CK aber, wie oben bewiesen, gleich der Drittelbogensehne, darum auch gleich BN, gleich AO, so muss HK offenbar gleich NM, d. i. gleich der Hälfte des variablen Sehnen-Mittelstückes NO sein.

Das Verhältniss der beiden Stücke CK und KH ist also identisch demjenigen der Theile von der Hälfte der ganzen Bogensehne. Sonach stellt CH durch seine Theilung in K das Verhältniss eines äusseren Sehnenstückes zur Hälfte des variablen inneren dar.

Dies gilt aber nur für Winkel von 0^0 bis 180^0, weil die Sehne für Winkel über 180^0 nicht mehr innerhalb des zugehörigen Winkels liegt, von den theilenden Radien also auch selbst nicht getheilt wird, darum von einem variablen Sehnen-Mittelstück nicht mehr die Rede sein kann.

Da man zu jedem beliebigen Bogen oder Winkel (zunächst unter 180^0; grössere kann man zuvor halbiren und die betreffende Construction an der Hälfte vornehmen) die Sehne und zu dieser eine Parallele durch das Centrum (den Radius CL in Figur 2) ohne Schwierigkeit ziehen kann, auch der Punkt H in dem Radius sich durch die Hülfs-Sehne BF sofort ergiebt, so kommt es für die Lösung des Problems nur darauf an, den Punkt K zu finden.

Für einen Winkel von 0^0 (ACA) steht der Radius, welcher zur Sehne parallel gezogen werden soll, senkrecht auf CA, weil die Parallele zugleich senkrecht auf der Halbirungslinie des zu theilenden Winkels steht, welche beim Nullwinkel mit den Schenkeln in eine Linie CA zusammenfällt. (Das Parallelogramm $CMBH$ in Figur 2 ist ein Rechteck.) Auch beide oben erwähnte Parallelogramme können aus demselben Grunde bei einem Winkel von 0^0 nicht entstehen. CK und KH sind hierbei in ihrer Summe, darum auch einzeln $= 0$, denn K und H fallen mit C zusammen.

Für einen Winkel von 180^0 fällt die Parallele (Radius CL) mit der Sehne und den Schenkeln zusammen; das variable Mittelstück ist, wie oben erwähnt, $= 0$, denn die äusseren Sehnenstücke sind je gleich dem Radius.

Für einen von 0⁰ bis 180⁰ wachsenden Winkel, oder für einen von einem Punkt bis zum Halbkreis sich erweiternden Bogen macht der mit der Sehne parallel liegende Radius*) seinen Weg innerhalb eines Quadranten, und dabei ändert sich die Lage der Punkte K und H derartig, dass beide von C gleichzeitig ausgehend, sich bis zu einem Maximum**) von einander entfernen, dann wieder näher zusammenrücken, bis sie in ihrer weitesten Entfernung von C, d. i. in F gleichzeitig eintreffen. Der geometrische Ort des Punktes H ist hierbei ein Halbkreis, weil CH in allen Fällen senkrecht auf FB steht, und das Dreieck CHF stets CF zur Basis hat. Nun fragt es sich, welche Linie der Punkt K auf seinem Wege von C bis F bei seiner variablen Entfernung von H beschreibt.

Zur Lösung dieser Frage benutzen wir das oben ermittelte Ergebniss: dass K stets um eine Radiuslänge von demjenigen Peripheriepunkte entfernt ist, welcher mit F und K in einer geraden Linie liegt; das ist der Drittelbogenpunkt E (Figur 2) und das andere Ergebniss: dass K vom Centrum stets um Drittelbogen-Sehnen-Dimension entfernt, dass KC also immer gleich der Drittelbogensehne des zu trisecirenden Bogens ist.

Ziehen wir in einem Halbkreise von einem Endpunkt F des Durchmessers nach der Peripherie eine Anzahl Strahlen und schneiden auf jedem Strahl von seinem in der Peripherie liegenden, dem Punkte F entgegengesetzten Endpunkte aus ein Stück ab, welches gleich dem Radius des Halbkreises ist, so bilden die so gefundenen Durchschnittspunkte: $K — K — K$ etc. (Figur 3) eine Curve, deren Natur schon durch die Lage der Punkte K gekennzeichnet ist. Der geometrische Ort des Punktes K, von C bis F durch die einzelnen Constructionen angedeutet, ist offenbar, soweit er bis jetzt, d. h. für Winkel von 0⁰ bis 180⁰ in Betracht kommt, eine Hälfte der inneren Conchoide auf circularer Basis mit deren Radius als Intervall.

Der Pol der Conchoide ist der Peripheriepunkt F, die Basis der Kreis, an welchem die Bogendreitheilung vorgenommen wird; als Intervall dient der Radius der Kreis-Basis.

---

*) CL in Figur 2.   **) Vergl. Anmerk. **) auf p. 218.

Durch das bestimmte Intervall ist die Conchoide, deren volle Verwendung für die Trisection aller möglichen Fälle unten dargelegt wird, als eine besondere Art der von Roberval:

Limaçon de Pascal

genannten Conchoiden-Gattung gekennzeichnet.

Die Polargleichung derselben ist leicht zu entwickeln und die mechanische Construction mittelst eines am Schlusse beschriebenen einfachen, vom Verfasser ersonnenen Instrumentes leicht ausführbar.

Gleichung der Conchoide auf circularer Basis mit dem Radius als Intervall. (Figur 4).

Ziehen wir vom Pol F der Conchoide, welche wir als schon fertig construirt betrachten und zur weiteren Construction in Brauch nehmen, eine beliebige Gerade, welche die innere Conchoide, die Kreisbasis und die äussere Conchoide beispielsweise in $D - B - E$ schneidet, so ist nach der Natur der Conchoide $DB = BE$ und, da das Intervall gleich dem Radius, $= r$. Die Entfernung des inneren Conchoidenpunktes D vom Pol F, also DF, bezeichnen wir mit x, die Entfernung des äusseren Conchoidenpunktes E vom Pol, also EF, mit y. Letzteres ist offenbar $= x + 2r$.

Benennen wir noch den Winkel, welchen der betreffende Strahl EF mit der Abscissenaxe der Conchoide, d. i. mit dem Durchmesser der Kreisbasis resp. deren Verlängerung bildet, $\measuredangle EFG$ oder BFA mit φ, so ist:

$$\cos \varphi = \frac{FB}{FA} = \frac{x+r}{2r}.$$

Also: $x + r = 2r \cos \varphi$ und $x = 2r \cos \varphi - r = r (2 \cos \varphi - 1)$

Nehmen wir den Radius als Einheit an: $r = 1$, so ist: $x = 2 \cos \varphi - 1$ und $y = 2 \cos \varphi + 1$.

Aus jeder dieser beiden Gleichungen lässt sich der ganze Zug der innern und äusseren Conchoide herleiten.

Wir stellen nunmehr folgende allgemeine Behauptung auf:

Diejenige Conchoide auf circularer Basis, deren sie beschreibende Linie als constante Ordinate gleich dem Radius des als Basis dienenden Kreises ist, stellt in der geraden Entfernung jedes ihrer Punkte, sowohl der innern als der äussern Conchoide, von dem Centrum des Kreises die Drittelbogen-Sehne desjenigen Winkels dar, welcher seinen Scheitel im Centrum des Kreises hat, dessen ein Schenkel in dem vom Pol der Conchoide aus gezogenen Durch-

messer des Kreises, in der Hälfte CA gelegen,[*]) und dessen
ganze Bogensehne parallel jener Geraden ist, welche
das Centrum mit dem betreffenden Conchoidenpunkte verbindet.

Ziehe ich also zu einem beliebigen Winkel, welcher die
oben bezeichnete Lage innerhalb der Conchoide hat, die Sehne
seines Bogens und zu dieser vom Centrum aus eine Parallele,
so ist dieselbe in ihrer Länge vom Centrum bis zum Durchschnittspunkt der inneren bezügl. äusseren Conchoide genau
gleich der Drittelbogen-Sehne des Winkels.

Verbindet man den Pol der Conchoide mit dem durch den
gegebenen Winkel bedingten, durch die zur Sehne parallel gezogene Linie ermittelten Conchoidenpunkt und verlängert diese
Gerade· bis zum gegebenen Winkelbogen, so wird dieser im
Verhältniss von 1 : 2 getheilt, d. h. trisecirt, denn der Strahl,
welcher von F durch K geht, trifft nach der oben in Figur 2
ausgeführten Construction in seiner Verlängerung denjenigen
Punkt des ganzen Bogens, welcher das zweite Drittel von dem
dritten scheidet. [**])

Es handelt sich nunmehr darum, die Richtigkeit der Behauptung:

„dass die Conchoide auf circularer Basis mit Radius-Intervall
die Trisection in allgemeinster und vollkommener Weise löse,
so dass sie vor allen andern Curven die ausschliesslich richtige
und einzig wahre Trisections-Curve κατ' ἐξοχὴν sei,“

in ihrem ganzen Umfange und ihrer Bedeutung nachzuweisen.

Der Beweis für die Trisection der Winkel von 0^0 bis 180^0
mittelst der einen Hälfte der inneren Conchoide ist zwar bereits
indirect[***]) gegeben; wenn er hier nochmals, jedoch direct geführt wird, so geschieht dies, um darzuthun, dass jede Trisection
irgend eines Winkels oder Bogens gleichzeitig auch diejenige
seines Implementes vollziehe, sofern nämlich die zur Sehne
Parallele in ihrer Dimension vom Centrum bis zur inneren
Conchoide die Drittelbogen-Sehne eines Winkels unter resp.
bis 180^0, in ihrer Verlängerung bis zur äussern Conchoide
die Drittelbogensehne des zugehörigen erhabenen Winkels darstellt.

---

[*]) mit CA sich deckend.   [**]) Vergl oben S. 219.   [***]) oben S. 221.

Construction und Beweis. (Figur 5.)

Wir bestimmen einen Bogen, welcher trisecirt werden soll, von dem Endpunkt *A* des Kreisdurchmessers aus: *AB*, ziehen dazu die Sehne und den Schenkel *CB* des zugehörigen Winkels *ACB*, halbiren den letztern durch *CG*, welches die Sehne in *I* halbirt, ziehen zur Sehne die Parallele *CH* vom Centrum aus, wodurch die innere Conchoide in *K* geschnitten wird, legen durch den Pol *F* und durch *K* eine Gerade, welche den Bogen *AB* in *D* trifft, ziehen den Radius *CD* und zu *FD* parallel den Radius *CE*, schliesslich noch die Linie *ED* als Sehne des Bogentheiles *ED*.

Beweis: Das Viereck *CEDK* ist ein Parallelogramm, denn *KD*, welches nach der Natur der Conchoide auf circularer Basis den Abstand der inneren Conchoide von der Basis auf der aus dem Pol *F* gezogenen Geraden (*F — K — D — Q*) angiebt, ist nach der Voraussetzung und Bedingung gleich dem Radius und daher = *CE*, welches letztere zu jenem laut Construction parallel gezogen ist; folglich ist *KC* auch gleich und parallel *DE*. Da *KC* aber zur Sehne *AB* parallel gezogen, so sind auch *AB* und *DE* parallel.

Daraus folgt, dass der Radius *CG*, welcher den ganzen Winkel *ACB* und dessen Sehne *AB* halbirt, darum auf ihr senkrecht steht, auch auf *DE* senkrecht steht und dieses sowohl als den zugehörigen Bogen *DE* und den Winkel *DCE* ebenfalls halbirt.

Aus der Parallelität von *FD* und *CE*, sofern sie von dem Radius *CD* durchschnitten sind, folgt, dass der Winkel *CDF* = *DCE* als Wechselwinkel.

Im gleichschenkligen*) Dreiecke *CFD* ist Winkel *CFD* = *CDF*, folglich Winkel *CFD* auch gleich Winkel *DCE*.

---

*) Dies gleichschenklige Dreieck, welches durch den Scheitelpunkt *C* oder das Centrum, durch den Pol der Conchoide und den jedesmaligen Zweidrittel-Bogenpunkt gebildet wird, ist für alle Trisections-Constructionen in Betracht zu ziehen.

Aus der Parallelität von FD und CE, durchschnitten von FA, folgt, dass Winkel $CFD = ACE$ als Gegenwinkel.

Hieraus ergiebt sich, dass auch Winkel $DCE = ACE$ ist.

Da oben bewiesen, dass Winkel DCE durch CG halbirt, so ist Winkel ACE natürlich doppelt so gross als Winkel GCE; als ist Winkel ACG durch CE im Verhältniss von $1:2$ getheilt, d. h. trisecirt.

Da nun Winkel ACG die Hälfte des ganzen Winkels ACB, so ist die andere Hälfte: Winkel BCG selbstverständlich durch CD in demselben Verhältniss getheilt, darum die Trisection des ganzen Winkels ACB vollzogen.

Die Seite DE des Parallelogramms $CEDK$ ist somit eine Drittelbogen-Sehne und weil $DE = CK$, so stellt dieses ebenfalls eine solche dar; sobald also K durch Schnitt der Conchoide und der zur Sehne Parallelen gefunden, ist CK unmittelbar zur Dreitheilung des ganzen Bogens zu verwenden.

Dieser Beweis gilt zunächst für die Trisection aller Winkel von 0^0 bis 180^0.

Der Bogen des gestreckten Winkels, also der Halbkreis wird durch den Abstand des Poles, welcher zugleich Durchschnittspunkt der inneren und äusseren Conchoide ist, vom Centrum, d. i. durch die Radiusdimension trisecirt*).

Die Sehne des Halbkreises fällt mit der aus dem Centrum zu ihr parallel zu ziehenden CK zusammen, denn K liegt in diesem Falle in F.

Winkel über 180^0 und bis zu 360^0 lassen sich nach erfolgter Halbirung ebenfalls mittelst der inneren Conchoide triseciren; es ist selbstverständlich, dass man die Construction von A aus nach der einen wie nach der andern Seite der Abscissenaxe vornehmen kann, weil die Conchoide zu letzterer symmetrisch liegt.

Legt man einen Winkel, welcher grösser als $2R$, so an C, dass er durch CA halbirt wird, so lässt sich die Trisection des ganzen Winkels durch eine obere und untere, also durch eine Doppel-Construction vollziehen (zu beiden Seiten der Abscissenaxe).

Gleichwohl ist jeder erhabene Winkel, jeder Bogen, welcher grösser ist als der Halbkreis, auch direct und zwar mittelst der

---

*) Eine altbekannte Thatsache wird durch die Conchoide neu bestätigt.

äusseren Conchoide durch eine der obigen analoge Construction zu triseciren.

Um den Beweis dafür zu führen, nehmen wir z. B. den erhabenen Winkel ACB, welcher den hohlen Winkel ACB zu 4R ergänzt, als Grundlage der Construction an (Figur 5, punktirte Zeichnung).

Die Sehne des erhabenen Winkels ACB ist dieselbe wie die des hohlen Winkels ACB; darum ist die zur Sehne aus dem gemeinschaftlichen Scheitelpunkt (Centrum) gezogene Parallele auch für beide Winkel dieselbe und darf für den erhabenen Winkel nur gehörig, d. h. bis zum Durchschnitt der äusseren Conchoide verlängert werden.

Behauptung: CL (in Figur 5) ist gleich der Drittelbogen-Sehne des erhabenen Winkels ACB, also $= AM = MN = NB$.

Beweis: Ich ziehe durch den Conchoidenpunkt L und den Pol F eine Gerade, welche in ihrer Verlängerung den Bogen des erhabenen Winkels ACB in N schneïdet.

$L - F - N$ ist analog dem Strahl $F - K - D$ in der Construction für die Dreitheilung des hohlen Winkels ACB; nur liegen die drei Punkte: Pol der Conchoide, Durchschnittspunkt derselben und der zur Sehne Parallelen, Zweidrittelbogen-Durchschnittspunkt, dort: $F - K - D$, hier: $L - F - N$ in anderer Reihenfolge, weil der Conchoiden-Durchschnittspunkt L der äussern Conchoide angehört, also für den erhabenen Winkel ausserhalb der Kreisbasis liegt.

LN ist nach der Natur der Conchoide auf circularer Basis mit dem bedingten Intervall gleich dem Radius (wie oben $KD =$ Radius). Zu LN ziehe ich vom Centrum resp. Scheitel aus den parallelen Radius $CM = LN$ und verbinde noch M mit N. Dadurch ist das Parallelogramm $CMNL$ entstanden. In demselben ist NM gleich und parallel CL, welches zufolge Construction parallel der Sehne AB; daher ist auch NM parallel zu AB.

Wird der ganze erhabene Winkel ACB durch CO halbirt, welches natürlich senkrecht auf der Sehne AB steht, darum eine Verlängerung von CG, der Halbirungslinie des hohlen Winkels ist, so muss CO auch senkrecht auf der zur ganzen Sehne AB Parallelen NM stehen und diese sowohl, als den zugehörigen Bogen NM halbiren. Verbinde ich nun noch N

mit C, so sind die Winkel LNC und NCM als Wechselwinkel, und im gleichschenkligen*) Dreieck CFN die Winkel CFN und CNF einander gleich.

Da aber der Winkel CNF derselbe ist wie der Winkel CNL, so sind die genannten Winkel alle einander gleich, darum auch Winkel $CFN =$ Winkel NCM.

Aus der Parallelität der Linien LN und CM, durchschnitten von FA folgt, dass Winkel $CFN =$ Winkel ACM als Gegenwinkel.

Hieraus ergiebt sich, dass auch Winkel $NCM =$ Winkel ACM.

Da oben bewiesen, dass der Bogen NM, also auch der Winkel NCM durch CO halbirt, so ist Winkel OCM halb so gross als Winkel ACM, also Winkel ACO, welcher die Hälfte des erhabenen Winkels ACB ist, durch CM im Verhältniss von $1 : 2$ getheilt, d. i. trisecirt.

Daraus folgt auch die Trisection der andern Hälfte des erhabenen Winkels durch CN, somit die Trisection des ganzen Winkels.

Da nun sowohl der hohle als auch der erhabene Winkel trisecirt worden, so stellt diese Doppellösung zugleich die Trisection des ganzen Winkelraumes von $4R$ und damit auch die der ganzen Peripherie dar. Die Summe eines so gefundenen Drittelbogens des hohlen und eines solchen des zugehörigen Implement-Winkels muss natürlich gleich dem dritten Theile der ganzen Peripherie sein, also:

Bogen $EA + AM = EM = \frac{1}{3} p$ (Peripherie).

Die Trisection der ganzen Kreislinie oder eines Winkels von $4R$, welcher angemessen Vollwinkel zu nennen, lässt sich indessen direct durch diejenige Gerade vollziehen, welche vom Centrum als dem Scheitelpunkt parallel zu derjenigen Tangente des Kreises gezogen wird, welche durch den Peripheriepunkt A bedingt ist (dieser Punkt A stellt nämlich die Sehne des Null- wie des Vollwinkels dar) und die äussere Conchoïde in T (Figur 5, gestrichelte Zeichnung) schneidet.

$CT = VW = AW = AV =$ Sehne zu $\frac{1}{3} p$.

$CTVW$ ist das hier in Betracht kommende Parallelogramm und CFV das betreffende gleichschenklige**) Dreieck.

---

*) Vergl. die Anmerkung auf Seite 225.

**) Vergl. die Anmerkung auf Seite 225.

Der Beweis ist analog dem vorigen.

Sonach ist durch Construction und Beweis dargethan, dass die Trisectionen aller Winkel von 0⁰ bis 360⁰ mittelst der „Conchoide auf circularer Basis mit Radius-Intervall" durch die der jedesmaligen Sehne Parallele in ihrem Conchoiden-Durchschnittspunkt aufs einfachste und vollkommenste sich vollziehen lassen.

Wiewohl damit das Problem in abschliessender Weise gelöst erscheint, bleibt doch übrig, das Wesen unsrer Curve als einer Trisections-Curve $\varkappa\alpha\tau'$ $\dot{\epsilon}\xi o\chi\dot{\eta}\nu$ auch in allen denjenigen Theilen derselben nachzuweisen, welche für die Dreitheilung aller Winkel von 0⁰ bis 360⁰ nicht in Betracht gekommen.

Zu dem Zwecke denken wir uns Bogen oder Winkelräume derartig wachsend, dass sie in den Anfang auf ihrem Kreislauf zurückkehrend mit Wiederholung ihre Bahn fortsetzen.

Solche Bogen, welche grösser als die einfache Peripherie sind, also zu Winkelräumen über 4R gehören, werden gleichwohl auf dieselbe Weise trisecirt, wie die oben behandelten Fälle. Darin zeigt unsere Conchoide eben die Vollkommenheit, von welcher wir oben gesprochen.

Wir bemerken bei solch fortgesetzten Constructionen, dass der betreffende Conchoidenpunkt (Durchschnittspunkt K der Conchoide und der zur Sehne Parallelen) (Figur 5)

1) für einen Winkel von 2R im Pol der Conchoide, d. i.
F. im Durchgangspunkt F der inneren resp. äusseren Conchoide durch die Kreis-Basis,

2) für einen Winkel von 3R genau um Radiuslänge unterhalb des Poles in der die Abscissenaxe rechtwinklig
K'. schneidenden Ordinatenaxe $(m - n)$ der Conchoide,

3) für einen Vollwinkel (4R) senkrecht unter dem Centrum (bez. des Durchmessers) und 2 Radiuslängen vom Pol
T. entfernt, $(FV = VT = r)$

4) für einen Winkelraum von 6R oder für $1^1/_2$ Peripherien im verlängerten Durchmesser, also in der Abscissenaxe
K''. und zwar drei Radiuslängen vom Pol entfernt,

5) für einen Winkelraum von 8R oder für 2 Peripherien senkrecht über dem Centrum (bez. des Durchmessers) und
K. 2 Radiuslängen vom Pol entfernt, $(T$ entsprechend)

6) für einen Winkelraum von 9R oder für $2\frac{1}{4}$ Peripherien

$K_{,,}$.   senkrecht über dem Pol in der Ordinatenaxe und um
Radiuslänge von ihm entfernt, (K' entsprechend)

F.   7) für einen Winkelraum von 10R oder für $2\frac{1}{2}$ Peripherien
wiederum im Pol der Conchoide selbst, und

8) für einen Winkelraum von 12R oder für 3 Peripherien

C.   wieder im Anfangspunkte der Conchoide, d. i. im Centrum
der Kreisbasis liegt,

so dass die Conchoide in sich selbst zurückkehrt.

Für noch weiter fortzusetzende Trisectionen wiederholt sich
die Conchoide in's Unendliche und ist um ihrer wunderbaren
Eigenschaft willen eine der merkwürdigsten mathematischen
Linien, die das Epitheton „mirabilis" mit gleichem Rechte führen
dürfte, wie die von Bernoulli ihrer eigenthümlichen Natur
wegen: „spira mirabilis" genannte logarithmische Spirale.

Dass die vorstehende Lösung des Problems der Trisection
mittelst der Conchoide auf circularer Basis eine ganz allgemeine
und erschöpfende sei, indem sie sich bei jedem Bogen oder
Winkel auch auf deren Ergänzungen zu 4R resp. zur ganzen
Peripherie bezieht, erhellt aus obigen Beispielen und Beweisen,
denn dieselbe Parallele (zur Sehne) giebt in ihrer Länge vom
Centrum bis zur inneren resp. äusseren Conchoide die Drittelbogensehne des betreffenden hohlen resp. erhabenen Winkels an.

Es bleibt noch die Frage zu beantworten, ob nicht dennoch
eine andere Curve oder Lösungsmethode für die Trisection durch
geometrische Construction gefunden werden könne oder schon
existire, welche mit gleichem oder grösserem Rechte als die
Conchoide auf circularer Basis ausschliesslich wahr und vollkommen genannt zu werden verdiene.

Darauf antworten wir, dass die Richtigkeit unserer obigen
Behauptung sich noch durch folgende kurze Darstellung beweisen
lasse:

Wie oben schon dargethan[*]), ist (Figur 5): $CK = AY$ und
$KX = YI$. Daraus folgt unmittelbar, dass die beiden Sehnen-
punkte Y und I genau dieselben geometrischen Oerter beschreiben wie K und X: I nämlich einen Kreis und Y die
Conchoide; beide umschliesen eine eigenthümliche Area ($CKFX$),

---

[*]) Vergl. Seite 220 (Figur 2).

welche durch ihre Querschnitte (KX)*) die Hälfte des variablen Sehnen-Mittelstückes nach Lage und Länge, im Zu- und Abnehmen veranschaulicht.

Versetzt man demgemäss den Scheitel des zu trisecirenden Winkels von dem Centrum der Kreisbasis in den Pol der Conchoide, so, dass sich die Sehne des betreffenden Bogens mit der oben erwähnten Parallelen deckt,

oder construirt man, wie in Figur 6 geschehen, die Conchoide so, dass ihr Pol im Scheitel des Winkels liegt, so ist in dem Durchschnittspunkte der Sehne und der Conchoide (hier also in Y) derjenige Punkt direct gegeben, welcher mit C und dem Bogendrittelpunkt E in gerader Linie liegt.**)

Diese Abkürzung der Construction beruht natürlich auf dem oben ausführlich angegebenen Lösungswege, weist aber überzeugend nach, dass der fragliche Sehnenpunkt Y, d. i. der eigentliche Trisectionspunkt, bei seinem durch das Wachsen eines Winkels bedingten Fortschreiten unsere Conchoide selbst beschreibt.

Man kann also auf Grund der oben ausgeführten Constructionen und Beweise die praktische Lösung in der eben angedeuteten Weise auf kürzestem und einfachstem Wege erreichen.

Damit ist aber nachgewiesen, dass die Lösung durch die Conchoide auf circularer Basis die natürlich gebotene und ausschliesslich wahre sei, darum auch unsre Curve den Namen der Trisections-Curve $\varkappa\alpha\tau'$ $\dot\epsilon\xi o\chi\dot\eta\nu$ mit Recht verdiene.

Es folgt nunmehr die Beschreibung eines vom Verfasser ersonnenen Instrumentes, welches die mechanische Darstellung der Conchoide auf circularer Basis zum Zweck der Trisection leicht und correct zu Stande bringt.

---

*) Bei 105° am längsten; vergl. Seite 218 Anmerk. **) u. Figur 6 u. 8.

**) In Figur 6 ist noch eine Trisection auf diesem abgekürzten Wege ausgeführt, und zwar die des erhabenen Winkels ACS, dessen Sehne: AS verlängert bis zum Durchschnitt der äusseren Conchoide R. Es muss AR gleich der Drittelbogensehne, $= AM = MN = NS$ sein.

Beschreibung des Trisections-Curven-Zirkels.

Aus der Construction und dem Beweise der Trisection mittelst der Conchoide auf circularer Basis ging hervor, dass derjenige Punkt K in der zur jedesmaligen Sehne des zu trisecirenden Winkels Parallelen, welcher vom Centrum der Kreisbasis genau um eine Drittelbogensehne entfernt ist, bei stetem Wachsen des Winkels oder Bogens die innere und äussere Conchoide nach einander beschreibt und schliesslich in den Anfang wieder zurückkehrt. Auf diesem Wege, seinem geometrischen Orte, befindet sich K stets mit dem Pol F und demjenigen Peripheriepunkte der Kreisbasis, welcher das zweite Drittel des bezüglichen Bogens von dem dritten scheidet, in einer geraden Linie. (Vgl. oben S. 227: $F — K — D$, $L — F — N$).

Den genannten geometrischen Ort mechanisch correct zu beschreiben, dazu dient folgende einfache Vorrichtung (Figur 7):

Zwei schmale Lineale*) von gleicher Länge (32 Centimeter) liegen parallel neben einander, so dass sie einen gleichmässig engen Schlitz bilden, welcher an beiden Enden durch Querverbindungen geschlossen ist.

Dieses Doppellineal ist dadurch in vier gleiche Abschnitte getheilt, dass der erste vom zweiten und der dritte vom vierten durch eingesetzte Zeichenstifte B und D (in eingelötheten**) Metallhülsen), die mittleren beiden aber durch einen Metallniet A getrennt sind, an welchem das Ende eines einfachen Lineals von der Länge eines Viertheiles des grösseren (also 8 Centimeter) drehbar angebracht und dessen anderes Ende C mittelst eines drehbaren Seitenstückes G schwebend über dem Centrum der Kreisbasis gehalten wird. Der Radius des Kreises muss natürlich mit dem kürzeren Lineal gleiche Dimensionen haben, so dass

---

*) aus Messing.

**) Können auch nur eingeschraubt und verstellbar sein; in letzterem Falle lässt sich das Instrument zur Herstellung von Conchoiden mit beliebigem Intervall verwenden.

sich der Niet *A* stets genau über der Peripherie befindet. Der lange Arm stellt die Gerade vom Pol der Conchoide zum jedesmaligen Zweidrittelbogenpunkt, der kurze den Radius dar, welcher eine Seite des betreffenden gleichschenkligen Dreiecks (vgl. Anmerk. auf S. 225) bildet.

Im Endpunkt des Kreisdurchmessers, in *F*, das den Pol der Conchoide bilden soll, wird ein Metallstift, welcher genau die Stärke der Schlitzweite hat, in das Blatt, worauf die Zeichnung entstehen soll, und in die Unterlage (Zeichenbrett) senkrecht eingesetzt. Er dient dazu, dem Doppellineal, innerhalb dessen Schlitz er stehen muss, und dem ganzen Instrumente bei erfolgender Drehung desselben um das Centrum diejenige Verschiebung und Leitung zu geben, welche zur Herstellung der Conchoide nöthig ist.

———

Handhabung des Instrumentes.

Um nun mittelst dieses Apparates die Trisections-Conchoide zu zeichnen, legt man zunächst den kürzeren Arm AC auf den längeren, so dass das schwebende Centrum C sich genau über dem Stifte D befindet.

Der Hauptarm oder das Doppellineal erhält die Richtung des Kreisdurchmessers, welchen man vorher gezogen (die Kreisbasis ist durch den Zirkel vor Beginn der Construction der Conchoide herzustellen), so dass der Endpunkt desselben*) mit dem eingesetzten Stift F innerhalb des Schlitzes und zwar an dessen Ende sich befindet, während der Zeichenstift D im Centrum des Kreises, und der Zeichenstift B auf verlängertem Durchmesser, genau um Radiusdimension von der Peripherie entfernt steht.

Das obenerwähnte Seitenstück G befindet sich bei dieser Stellung des Instrumentes auf derjenigen Seite, welche der beabsichtigten Leitung entgegengesetzt ist. Bewegt man nun durch Fortleitung des Hauptarmes, welchen man bei E mit der rechten Hand erfasst, während die Linke durch Druck das Seitenstück unverschiebbar erhält, das Instrument über die Zeichenfläche hin, so rückt der Punkt A auf der Kreislinie vorwärts, während der Zeichenstift D sich unter dem schwebenden Centrum (das dann mittelst einer hindurchzusteckenden Nadel sich so fixiren lässt, dass man das Seitenstück G bei fortgesetzter Thätigkeit des Instrumentes nicht mehr festzuhalten hat, vielmehr beliebig stellen kann, damit es der Drehung des Instrumentes nicht hinderlich werden kann) hervorbegiebt und die innere Conchoide, der Stift B aber die äussere zeichnet. Sobald der Stift an den Pol F herangerückt ist, wird er durch Hebung des Hauptarmes über denselben hinweggesetzt, so dass bei weiterer Drehung der Schlitztheil DA, sodann nach abermaligem Uebersetzen der Schlitztheil AB und endlich, nachdem auch B

---

*) des Kreisdurchmessers.

über F gehoben, der Schlitztheil BE an dem Stift F entlang gleitet, bis schliesslich das Ende der so entstandenen Doppelzeichnung je in den Anfang zurückkehrt. Dabei ist leicht ersichtlich, dass der Zeichenstift D die innere Conchoide nur bis F, also nur zur Hälfte, dann aber die äussere Conchoide u. zw. ebenfalls zur Hälfte zeichnet, während der Zeichenstift B die äussere Conchoide nur bis F, also auch zur Hälfte, dann die Hälfte der inneren zur Darstellung bringt.

Nimmt man den einen oder andern Stift B oder D aus seiner Hülse, so beschreibt der einzeln übrig bleibende die innere und äussere Conchoide nach einander und zwar dann bei zweimaliger Umdrehung des Instrumentes. Sichere, ruhige Führung, welche durch einige Uebung bald gewonnen wird, ist hier wie bei jedem Apparat, dessen Leistung eine gelungene werden soll, einzige Bedingung.

- Das gewählte Grössenverhältniss ist ein derartiges, dass die ganze Zeichnung der Conchoide auf einem gewöhnlichen Bogen Papier recht gut Platz findet.

Ersatzmittel für den Trisections-Curven-Zirkel.

Da die Anwendung des beschriebenen Conchoiden-Zirkels das Vorhandensein dieses Instrumentes voraussetzt, und gleichwohl nicht erwartet werden darf, dass Fachgelehrte oder Lehranstälten für obige Beweisführung ein solches anschaffen werden, da aber andrerseits die Herstellung der Conchoide auf Grund ihrer Gleichung oder durch Massen-Construction eine sehr mühsame und dabei vielfach ungenaue sein wird, so habe ich nach einem bequemen Ausweg gesucht, welcher gleich sicher und leicht zum Ziele führt.

Ueber denselben sei noch Folgendes gesagt:

Wir haben oben gesehen, dass zur Ausführung aller nur denkbaren Trisectionen eigentlich nur die eine (erste) Hälfte der inneren Conchoide erforderlich ist, da man erhabene Winkel nur zu halbiren braucht, um deren Hälfte mittelst der inneren Conchoide zu triseciren.

Wenn man nun eine Hälfte der inneren Conchoide durch einen allerdings aufs genaueste herzustellenden Metallausschnitt in der Weise mit dem Transporteur in Verbindung bringt, dass der äussere Rand des letztern den Halbkreis mit seiner Gradeintheilung, der innere Rand dagegen den erwähnten Conchoiden-Ausschnitt bildet, so bedarf man zum Beweise des Lehrsatzes von der Trisection nur dieses einfachen Hilfsmittels für correcte Herstellung des betreffenden Curventheiles. (Figur 8.)

Damit man aber auch die vollständige innere und äussere Conchoide, und zwar viel leichter und schneller als mit dem Instrumente herstellen könne, habe ich auf einer Messingplatte eine halbe äussere und die von ihr umschlossene halbe innere Conchoide eingezeichnet und darnach ausschneiden lassen, so dass ich mit einem fein gespitzten Bleistift um die so geformte Platte herumfahrend die genaueste Zeichnung erhalte; kehre ich die Platte um und lege sie sorgfältig an die andere Seite der

Abscissenaxe an, so wird durch ein nochmaliges Umfahren mit dem Bleistift die ganze Conchoide vervollständigt.

Derartige Zeichnungen lassen sich natürlich auch mittelst der Platte direct*) auf den Lithographir-Stein bringen, so dass die Abdrücke dieselbe Genauigkeit haben wie das Original**) und für Zwecke des Unterrichts oder Selbststudiums vollkommen geeignet sind.

---

*) ohne nachbildende Uebertragung, die immer, zumal bei mathematischen Zeichnungen, ihre Mängel hat.

**) d. i. die Platte.

Anhang.

Folgende Aufgaben, so leicht sie erscheinen mögen, sind geometrisch nur mittelst des Problems der Trisection zu lösen:

1) Die beiden Schenkel eines spitzen Winkels durch eine Gerade so zu schneiden, dass der eine der beiden Aussenwinkel des dadurch entstandenen Dreiecks noch einmal so gross ist als der andere.

2) In einem beliebigen rechtwinkligen Dreieck ein gleichschenkliges zu errichten, dessen Scheitel ein Endpunkt der Hypotenuse ist, der eine der gleichen Schenkel in der Hypotenuse, der Endpunkt des andern aber in der dem Scheitel gegenüberliegenden Kathete gelegen, und dessen Höhe gleich der anliegenden Kathete ist.

3) In einem beliebigen rechtwinkligen Dreieck ein gleichschenkliges zu errichten, dessen Scheitel ein Endpunkt der Hypotenuse ist, der eine der gleichen Schenkel in der Hypotenuse, der Endpunkt des andern aber in der dem Scheitel gegenüberliegenden Kathete gelegen, so dass das Product der ganzen Hypotenuse und der Differenz zwischen ihr und der in ihr liegenden Seite des gleichschenkligen Dreiecks gleich ist dem Quadrat des anliegenden Stückes der getheilten Kathete.

Diese Aufgabe kann auch, wie folgt, abgefasst werden:

In der Hypotenuse und in einer Kathete eines beliebigen rechtwinkligen Dreiecks soll je ein Punkt gesucht werden, dass durch deren beider Lage folgendes Verhältniss sich ergiebt: das Product der Hypotenuse und desjenigen ihrer beiden Stücke, welches der getheilten Kathete anliegt, soll gleich dem Quadrat desjenigen Stückes der getheilten Kathete sein, welches der Hypotenuse anliegt.

4) Auf der Sehne AB eines Bogens von einem Endpunkt derselben aus ein gleichschenkliges Dreieck zu construiren, dessen Basis in der Sehne, dessen Spitze im Bogen liegt, dessen gleiche Schenkel je dem Sehnenstück gleich sind, welches die Basis des Dreiecks übrig lässt.

5) Schlägt man zu einem beliebigen Winkel unter 2R den Bogen (mit beliebigem Radius), zieht dazu die Sehne und schlägt über einem Schenkel des Winkels einen Halbkreis (dessen Durchmesser also gleich jenem Radius), so muss derselbe offenbar durch den Halbirungspunkt der Sehne gehen. (Warum?) Man suche in demjenigen Theile des Halbkreises, welcher zwischen Bogen und Sehne liegt, einen Punkt, welcher auf einer vom Scheitel des Winkels gezogenen Geraden von der Sehne und dem Bogen gleichweit entfernt ist.

6) Ein beliebiger Tangentialwinkel werde halbirt; es ist an den Kreis eine dritte Tangente zu ziehen, welche den einen Schenkel des Tangentialwinkels und die Halbirungslinie so schneidet, dass die beiden Schnittpunkte gleichweit vom Centrum entfernt sind.

Zum Schluss finde die Lösung einer der vorstehenden Aufgaben Platz und zwar derjenigen unter Nr. 5: (Figur 9.)

Der beliebige hohle Winkel sei ACB, dessen Bogen und Sehne AB; über dem Schenkel CA wird ein Halbkreis geschlagen.

Halbirt man den Winkel durch CD, so wird dadurch die Sehne in E senkrecht geschnitten. Die Hypotenuse des rechtwinkligen Dreiecks CEA ist der Durchmesser CA des Halbkreises, folglich liegt der Scheitel des rechten Winkels, d. i. der Halbirungspunkt der Sehne im Halbkreise.

Um nachzuweisen, dass die in der Aufgabe gestellte Forderung gleichbedeutend ist mit der Lösung des Problems der Trisection und wiederum ohne diese geometrisch nicht zu lösen ist, nehmen wir an, dass der Winkel ACB in F und G bereits trisecirt sei. Wir ziehen die Radien CF und CG, ferner die Drittelbogensehnen $AF = FG = GB$, benennen die Durchschnittspunkte der Sehne K und I. Wir wissen, dass das äussere Sehnenstück gleich der Drittelbogensehne ist, also $AK = AF$; folglich ist das Dreieck AKF ein gleichschenkliges. Seine Basis KF ist von dem Halbkreise in H durchschnitten. Verbinden wir H mit der Dreiecksspitze A, so steht AH senkrecht auf FK, denn FK liegt mit C in einer geraden Linie, weil der Radius CF die Sehne AB in K schneidet, und das Dreieck CHA ist ein rechtwinkliges, weil es zur Basis den Durchmesser des Halbkreises und seine Spitze in der Peripherie hat.

Steht aber AH senkrecht auf CH, also auch auf KF als auf der Basis des gleichschenkligen Dreiecks, so ist dies nur im Halbirungspunkt der Basis möglich, darum $KH = HF$.

H ist also nach Bedingung der Aufgabe derjenige Punkt des zwischen der Sehne und dem Bogen AB liegenden Theiles des Halbkreises, welcher auf der vom Scheitel des Winkels C gezogenen Geraden CF von der Sehne und dem Bogen gleichweit entfernt ist.

Wir haben bei Lösung dieser Aufgabe die Trisection des Winkels ACB also zur Voraussetzung gemacht.

Chemische Vorlesungsversuche.

Von Dr. F. Fischer in Hannover.

(Mit einer lithogr. Tafel.)

Bekanntlich gleicht der Experimentirtisch der chemischen Hörsäle noch sehr oft einem Glas- und Metallwaarenlager. Die Aufmerksamkeit der Schüler wird von den zusammengesetzten Apparaten in Anspruch genommen und so von dem Wesen des Versuchs abgelenkt. Es muss daher das Bestreben eines Jeden, der die Aufgabe hat, die chemischen Fundamentalbegriffe einem grösseren Kreise zugänglich zu machen, darauf gerichtet sein, die Erscheinungen durch möglichst einfache und schlagende Versuche bei seinen Zuhörern zur Anschauung zu bringen. Da ich hier in 5 Klassen der höheren Bürgerschule chemischen Unterricht zu ertheilen habe, regelmässig populäre Vorträge im hiesigen Arbeiterbildungsvereine halte und meine freie Zeit zu praktischen Arbeiten im chemischen Laboratorium der polytechnischen Schule verwende, so bin ich in der glücklichen Lage neue Versuche unter den verschiedensten Umständen anstellen und so auch ihre leichte Ausführbarkeit prüfen zu können. Von der geehrten Redaction dieser Zeitschrift dazu aufgefordert, erlaube ich mir hier eine Anzahl neuer Versuche mitzutheilen, welche mit den Mitteln eines Schullaboratoriums ohne Gefahr ausführbar sind. Zugleich möchte ich die Herren Fachkollegen bitten, ihre Erfahrungen in dieser Richtung ebenfalls mittheilen zu wollen.

1) **Gewichtszunahme während der Verbrennung des Eisens.** Die Beobachtung von G. Magnus, dass sich der Eisenbart an den Polen eines Magneten entzünden lässt und in der Luft fortglimmt, hat A. W. Hofmann zu einem sehr schönen Versuche verwerthet. Ein kleiner Hufeisenmagnet, dessen Pole etwa 30^{mm} von einander entfernt sind, wird in Eisenpulver getaucht und mit dem anhängenden Barte (Fig. 7) an einer Wage

ins Gleichgewicht gebracht. Wird nun einen Augenblick eine
Spiritusflamme darunter gehalten, so entzündet sich das fein-
vertheilte Eisen und glimmt auch nach Entfernung der Lampe
kurze Zeit fort. Anfangs scheint dieser Vorgang einen Gewichtsverlust zur Folge haben, wenn sich aber die zusammengesinterte
Masse, welche nun selbst magnetisch geworden ist, abkühlt,
senkt sich die Wagschale, welche den Magneten trägt. Bei
15 gr. Eisenpulver beträgt diese Gewichtszunahme etwa 1 gr.,
während der Gleichung

$$3\,Fe + 2\,O_2 = Fe_3\,O_4\ (= Fe\,O.\ Fe_2\,O_3)$$
$$3.\ 56 + 2.\ 32 = 232$$

(168 : 15 = 64 : x) 5,7 gr. entsprechen würde. Der grösste Theil
entzieht sich also auch unter diesen günstigen Bedingungen der
Oxydation. (B. B. II, 237.)

2. Alternirende Reduction und Oxydation. Eine
aussen gut polirte kupferne Halbkugel von 50 bis 60^{mm} im Durchmesser wird von innen durch eine Flamme stark erhitzt. Es
zeigen sich in rascher Aufeinanderfolge alle Farben des Regenbogens, nach wenigen Augenblicken ist die Glocke schwarz.
Nun lässt man in einen Glastrichter, der durch einen Kautschuk-
schlauch mit einem Gasometer verbunden ist, einen starken
Wasserstoffstrom eintreten und bedeckt damit die Kupferschale.
Fast augenblicklich erhält dieselbe ihren ursprünglichen Glanz
wieder, der Trichter beschlägt dabei mit Wasser. Nimmt man
den Trichter ab, so wird das Kupfer wieder oxydirt, durch den
aufgesetzten Trichter reducirt und sofort. Enthält das Wasserstoffgas Arsenwasserstoff oder Schwefelwasserstoff, so bildet sich
Arsenkupfer oder Schwefelkupfer, welches durch Wasserstoff nicht
reducirt wird. Die Halbkugel muss dann geputzt werden, wenn
sie wieder gebraucht werden soll. (A. W. Hofmann, B. B.
III, 665.)

Dr. Ackermann theilt dies. Zeitschr. II, Seite 160 einen
Vorlesungsversuch mit, angeblich von Prof. Böttcher in Frankfurt, während Thomsen denselben schon B. B. III, 932 beschreibt.
Wartha (B. B. IV, 94) zeigt mit demselben die Gewichts-Ab-
und Zunahme bei der Reduction und Oxydation. Der aus Kupferoxyd und Gummiwasser hergestellte Cylinder wird geglüht und
reducirt. Durch das eine Ende wird dann ein Platindraht gezogen, dieser in einen Glasstab eingeschmolzen, der mit einer

Oese an einer Wage ins Gleichgewicht gebracht wird (Fig. 1). Wird der Cylinder nun durch eine Flamme erhitzt, so beobachtet man die oben erwähnten Farbenerscheinungen, die entsprechende Wagschale senkt sich. In ein weites Glasrohr getaucht, durch das ein starker Wasserstoffstrom geht, wird das Kupferoxyd reducirt, die Wage kommt wieder ins Gleichgewicht.

3. Die gasförmigen Verbrennungsprodukte lassen sich sehr schön mit dem Apparate (Fig. 2) nach F. Wöhler zur Anschauung bringen. Ein gewöhnlicher Glastrichter A, dessen Mündung 50—60^{mm}, wird mit einer zweimal gebogenen, nicht zu engen Glasröhre durch ein Stück Gummischlauch, einen durchbohrten Kork oder durch Anschmelzen verbunden. B und C sind mit doppelt durchbohrten Stopfen verschlossene Reagircylinder, B ist leer, C enthält Kalkwasser. Das Rohr x wird mit einem Aspirator verbunden, so dass von A aus ein mässig starker Luftstrom durch den Apparat gesogen werden kann. Hält man nun unter A eine glühende Holzkohle, so bildet sich in C sehr bald ein starker Niederschlag von Calciumcarbonat $Ca\,CO_3\ (Ca\,O.\,CO_2)$. Eine Wasserstoffflamme giebt im Rohre und in AB Wassertropfen, das Kalkwasser in C bleibt klar. Leuchtgas, Wachs, Alkohol geben Wasser und Kohlensäure. (Ann. Ch. Ph. 157. 111.)

4. Gewichtszunahme bei der Verbrennung einer Kerze. Die obere Oeffnung des Glascylinders A, (Fig. 3) ist mittelst eines gut passenden Korkes verschlossen, dem eine zweifach gebogene Glasröhre eingefügt ist, welche mit dem andern Schenkel in der mit Natronkalk (Gemisch von Natron und Kalk) oder Kalistücken gefüllten U Röhre B mündet. Bei n ist zwischen dem Gummischlauche, der diese Vorrichtung mit einem Aspirator verbindet, ein Stück Glasrohr eingeschoben, damit derselbe durch die Klammer nicht zusammengedrückt werde, welche ihn hier festhält, so dass nur der zwischen n und B liegende Theil des Schlauches die Waage mit belastet. Unten in den Cylinder A wird ein mehrfach durchbohrter Kork, der ein Stück Kerze trägt, eingepasst. Nachdem nun AB an einer Waage ins Gleichgewicht gebracht, wird die Kerze entzündet und Luft durch den Apparat gesogen, so dass die Verbrennungsprodukte, Kohlensäure und Wasser, B zugeführt und von dem Alkali zurück gehalten werden. In kurzer Zeit senkt sich der die Kerze tragende Wage-

balken. Lässt man die Verbrennungsgase durch ein leeres Rohr,
durch Kalkwasser und dann durch B gehen, so kann durch diesen Versuch auch die Bildung von Wasser und Kohlensäure gezeigt
werden, wie im vorigen Versuche (vergl. Kolbe B. B. II, 630).

Da wohl wenige der Herren Kollegen in der glücklichen Lage
sind in ihrem Laboratorium eine Wasserluftpumpe nach Bunsen
zu besitzen, so sei es gestattet hier auf einen sehr bequemen
Saugapparat aufmerksam zu machen. C und D sind zwei
Wasserflaschen, in deren Tubus bei v zwei kurze Glasröhren
befestigt sind, die durch einen langen Gummischlauch miteinander in Verbindung stehen. Wird nun die Flasche D tiefer gestellt, so füllt sie sich mit Wasser und C wirkt als Aspirator.
Ist C leer, so wird der Stopfen x auf D gesteckt und C gesenkt,
welche sich nun wieder mit dem Wasser aus D füllt u. s. f.
Diese einfache Vorrichtung macht es somit möglich, dass durch
eine Flasche voll Wasser beliebige Mengen Luft angesaugt werden
können, sie gestattet sogar eine Messung derselben. Da die
Stärke des Luftstroms offenbar der Niveaudifferenz entspricht,
so lässt sich dieselbe durch Heben und Senken der Flaschen
leicht reguliren.

5. Die Oxydation des Ammoniaks zeigt A. W. Hofmann
(B. B. II, 252) in folgender Weise. In die Mitte einer 50—60
Centimeter langen Verbrennungsröhre wird eine etwa 40^{mm} lange
Schicht von platinirtem Asbest, dann auf die eine Seite derselben
ein Stück blaues, auf die entgegengesetzte Seite rothes Reagenz-
papier geschoben. Wird nun der Asbest durch eine starke Flamme
zum Glühen gebracht und durch das Rohr von der Seite, welche
das rothe Lackmuspapier enthält, ein schwacher Strom von
Ammoniakgas mit Luft getrieben, so färbt sich das rothe Papier
blau, das blaue roth. Am einfachsten geschieht dieses, wenn
das Verbrennungsrohr durch einen doppelt durchbohrten Kork
mit einer Kochflasche in Verbindung steht, die concentrirte
Ammoniakflüssigkeit enthält, dass in die zweite Durchbohrung
Luft eingeblasen wird. Bald bildet sich in dem kälteren Theile
der Röhre ein weisser Ring von Ammoniumnitrit $NH_4\ NO_2\ (NH_4$
$O.\ NO_3)$ und Ammoniumnitrat, $NH_4\ NO_3\ (NH_4\ O.\ NO_5)$, eine
vorgelegte Kochflasche füllt sich mit rothen Dämpfen, Indigo-
schwefelsäure wird entfärbt, Jodkaliumstärkepapier gebläut, Eisen-
vitriollösung schwarz gefärbt.

Nachdem schon Hofmann (Ann. Ch. Ph. 115. 285) und Heintz (das. 130. 102) die Brennbarkeit des Sauerstoffs im Ammoniak nachgewiesen, hat K. Kraut (Ann. Ch. Ph. 136. 69) diese Erscheinung zu einem sehr schönen Versuche verwandt. Dass eine erhitzte Platinspirale fortglüht, wenn sie in eine, mit Ammoniakflüssigkeit zum Theil gefüllte, Kochflasche gebracht wird, ist ja bekannt. Es lässt sich dann leicht die gebildete salpetrige Säure mit Jodkaliumstärke nachweisen. Man wickelt einen Platindraht 15 bis 20 Mal um einen Glasstab, so dass eine Spirale entsteht, welche man an einen langen Flaschenkork der Quere nach befestigt. Diese Spirale wird in eine weithalsige Kochflasche, welche concentrirte Ammoniakflüssigkeit enthält, so hinein gehängt, dass ihre Spitze die Flüssigkeit nicht berührt (Fig. 4). Bringt man nun die Platinspirale zum Glühen und lässt Sauerstoff eintreten, so geräth das Platin in weit lebhafteres Glühen, die Flasche füllt sich mit weissen Dämpfen von Ammoniumnitrit, dann mit rothen von salpetriger Säure. Wird jetzt erwärmt, so entzündet sich das Gemenge mit völlig gefahrloser Explosion, die Platinspirale wird abgekühlt, erhitzt sich aber bald aufs Neue zum Hellrothglühen, so dass wieder eine Explosion erfolgt und so fort. Endet das Zuleitungsrohr in der Nähe der Spirale, so entzündet sich das Sauerstoffgas und brennt mit einer grüngelben Flamme. Der Kork, welcher quer auf der Oeffnung der Kochflasche liegt, wird durch die Explosion gewöhnlich sammt der Spirale fortgeschleudert, Gefahr ist jedoch nicht vorhanden. Bei vorsichtiger Regulirung des Sauerstoffstromes gelingt es leicht den langgezogenen Ton der chemischen Harmonika zu bekommen. Denselben Ton hat Ballo durch Verbrennen von Sauerstoff im Leuchtgas erhalten. (B. B. IV, 906.)

6. Flammenversuche. Legt man ein Stück Straminpapier auf die Mündung eines Glascylinders, der unten mit einem Kork verschlossen ist, durch dessen Durchbohrung Leuchtgas geleitet wird, so lässt sich das Gas nach einigen Augenblicken über dem Papier anzünden. Zugleich verbrennt aber auch das Papier bis auf eine runde Scheibe im Innern der Flamme. Wird vorher auf dieses Papier eine andere Scheibe, rechtwinklig zur Ebene desselben, befestigt, so giebt diese einen vertikalen, die andere einen horizontalen Durchschnitt der Flamme.

Noch auffallender gestaltet sich der Versuch, wenn auf die Mitte des Straminpapieres etwas Pulver und einige Streichzünd- hölzchen so gelegt werden, dass die Köpfe derselben auf dem Pulver, die Stiele nach aussen liegen. Die Hölzchen brennen mit dem Papiere ab, die Köpfchen aber bleiben mit dem Pulver unversehrt auf der Scheibe liegen, entzünden sich aber, wenn das Gas zurückgedreht wird und so die Flamme auf das Pulver niedersteigt.

Bedeckt man die Mündung eines Bunsen'schen Brenners mit einem Drahtnetz und steckt in die Mitte desselben den Kopf eines Zündhölzchens, so dass er etwa 10^{mm} hervorragt, so ent- zündet sich derselbe nicht, obgleich er mitten in der Flamme steht. (Hofmann, B. B. II, 254.)

Dieser Versuch zeigt zugleich, dass das Nichtleuchten der Flamme eines Bunsen'schen Brenners nicht die Folge einer voll- ständigeren Verbrennung ist, da die Flamme sonst keinen kalten Kern haben könnte. Uebrigens verliert eine Gasflamme ihre Leuchtkraft auch, wenn Stickstoff, Kohlensäure, Chlor oder ein anderes, für die Verbrennung völlig indifferentes Gas eingeleitet wird. Die Leuchtkraft kann hier offenbar nur durch die Ver- dünnung des Gases vernichtet werden. Doch darüber später mehr.

7. Reciproke Verbrennung. Nachdem schon Hofmann (B. B. II, 437) einen Apparat beschrieben, mit dem die Ver- brennung des Sauerstoffs in Wasserstoff gezeigt werden kann, beschreibt jetzt Wartha (B. B. IV, 91) folgenden Versuch:

In einen ausgebauchten Lampencylinder D (Fig. 5) wird unten ein zweifach durchbohrter Kork eingepasst. Das 2—3^{mm} weite Glasrohr A steht mit der Gasleitung in Verbindung, 5^{mm} davon befindet sich ein Korkbohrer oder Glasrohr C von 10—12^{mm} innerer Oeffnung. A ist zu einer nicht zu engen Spitze aus- gezogen, welche etwas gebogen wird. Das aus dieser Spitze entweichende Gas wird angezündet, die Flamme auf 50—60^{mm} Höhe regulirt, der gut schliessende Cylinder aufgestülpt und der Gashahn völlig aufgedreht. Die Flamme verlöscht bald am Rohre A und geht zu C über, so dass nun die Luft mit wenig leuchtender Flamme in dem überschüssigen Gase brennt. Durch theilweises Zuhalten des Luftrohres lässt sich diese umgekehrte Flamme ver- kleinern. Jetzt kann man auch das aus der obern Oeffnung entweichende Gas anzünden, welches mit einer schwach blauen Flamme brennt. Dreht man nun langsam den Gashahn zurück, so verlöscht die Flamme an der Cylinderöffnung, die Luftflamme geht zum Gasrohr *A*, es brennt wieder Gas in überschüssiger Luft. Durch Aufdrehen des Gashahnes erhält man wieder die Luftflamme u. s. f. Dass man durch Verstäuben kleiner Mengen von Natron, Kali und Strontianverbindungen unter der Luftröhre *C* die charakteristischen Flammenfärbungen erhält, bedarf wohl kaum der Erwähnung. Bringt man durch das Rohr *C* in die Luftflamme eine kleine Gasflamme, welche an der Spitze von *B* brennt, so hat man die überraschende Erscheinung, dass diese Flamme verlöscht, sobald *B* gehoben, die Spitze also aus dem Luftmantel in das Leuchtgas kommt, sich aber beim Zurückziehen wieder entzündet.

Dieses leicht auszuführende Experiment ist ganz besonders dazu geeignet, das Wesen der Verbrennung zu erläutern.

8. Durch Verbrennung des Magnesiums in Kohlensäure lässt sich die Gegenwart von Kohle in diesem farblosen Gase zeigen. In einen aufrechtstehenden Glascylinder leitet man durch Schwefelsäure getrocknetes Kohlendioxyd und senkt dann einen brennenden Magnesiumdraht hinein. Das Metall entzieht dem Kohlendioxyd den Sauerstoff unter reichlicher Bildung von Magnesia und Kohle (vergl. B. B. IV, 94). In Kohlenoxyd verlöscht die Magnesiumflamme.

9. Diffusionsapparat. Der ursprüngliche Diffusionsapparat von Graham bestand in einer einfachen Glasröhre, dessen obere Mündung mittels eines Gipspfropfens verschlossen war. F. Wöhler hat auf die Diffusionsröhre, welche mit dem unteren Ende in Wasser taucht, eine poröse Thonzelle gekittet. (B. B. IV, 10.)

Die Kraft, mit welcher die Gase durch poröse Scheidewände diffundiren, zeige ich auf folgende Weise. Auf einen Trichter von beiläufig 80^{mm} Weite wird ein poröser Thoncylinder *A* Fig. 6, wie er zu galvanischen Säulen gebraucht wird, mit Siegellack fest aufgekittet, die Fuge mit in Alkohol gelöstem Siegellack noch mehrere Male überstrichen um die Verbindung möglichst luftdicht zu machen. Darüber steht die tubulirte Glasglocke *B*, welche mit einem doppelt durchbohrten Korke verschlossen ist, der 2 gebogene Glasröhren trägt. *x* ist ein scheibenförmiger

Halter, in dessen mittlerer Durchbohrung a der Trichter hängt;
der aussen etwas umgebogene Rand hindert das Herabfallen der
Glocke. Unten an dem Trichter ist durch ein Stück Kautschuk-
schlauch eine etwa einen Meter lange Glasröhre n luftdicht angefügt, deren unteres, etwas umgebogenes Ende in einer Flasche
C mit doppelt durchbohrtem Korke K mündet. In der zweiten
Durchbohrung steckt ein oben zu einer Spitze ausgezogenes Glasrohr, die Flasche selbst ist mit einer verdünnten Indigolösung,
oder einer andern gefärbten Flüssigkeit, gefüllt. Wird nun in
die Glocke B ein Gas geleitet, welches schwerer ist als atmosphärische Luft, so steigt die Lösung in dem Glasrohre n um
mehrere Decimeter. Wird aber Wasserstoffgas eingeführt, so übt
dieses, wegen des Reibungscoefficienten, fast 3 mal so rasch als
atmosphärische Luft diffundirende Gas einen solchen Druck auf
die Flüssigkeit in C aus, dass fast augenblicklich ein 1—2 Meter
hoher blauer Strahl emporspritzt. Bringt man in die zweite
Durchbohrung statt dieser Spitze eine lange Glasröhre, so steigt
die Lösung in derselben sehr rasch bis auf 2 Meter Höhe. Sobald aber die Glocke abgehoben wird, zeigt sich die umgekehrte
Erscheinung, die Flüssigkeit steigt sofort zurück und füllt den
Apparat fast völlig an. (B. B. V. 264.)

Ueber das Unendliche und die neuere Geometrie.

Von J. KOBER.

I. Ueber Prof. Hoppes Aufsatz. (Bd. III, 11.)

Meine Anfechtung der Sturm'schen Aeusserung: „Fort mit dem schroffen Gegensatze, den die niedere Geometrie zwischen parallelen und sich schneidenden Geraden bildet und den die höhere wieder aufhebt" — hat mir zwei ganz verschiedene Entgegnungen zugezogen, die eine, die ich erwartet hatte, von Sturm selbst, die andere, ohne Zweifel auf einem (wohl von mir verschuldeten) Missverständniss beruhende, von Hoppe. Ich konnte bloss diejenige höhere Geometrie im Sinne haben, welche, wie Sturm sagt, den Gegensatz zwischen Parallelen und Schneidenden aufhebt; thut sie letzteres nicht, so wird mein Einwand gegenstandlos.

Was Hoppe über den Begriff des Unendlichen sagt, stimmt vollkommen mit meiner Auffassung überein; für die unendlich kleinen Grössen in der Differentialrechnung bin ich gar keine andere gewohnt. Auch die Fassung der Definition des Unendlichkleinen („Unendlichklein ist eine veränderliche Grösse, deren absoluten Werth man so klein machen kann, als man will") befriedigt mich vollständig.

Ganz besonders freut mich aber die Verwerfung der Sätze, dass Parallelen sich in unendlicher Entfernung treffen, und dass 1 dividirt durch Null unendlich gross sei. Die Form, welche Hoppe den jenen falschen Sätzen entsprechenden richtigen Gedanken gibt, nämlich „Eine Gerade, welche mit der einen von zwei Parallelen einen unendlich kleinen Winkel bildet, schneidet die andere in unendlicher Entfernung, und umgekehrt" und „der Quotient von 1 dividirt durch eine Unendlichkleine ist unendlich gross, und umgekehrt"*) — ist mir aus der Seele gesprochen, nur würde ich den ersteren noch lieber so fassen:

---

*) Der dritte von Hoppe aufgestellte Satz findet erst am Schlusse des Aufsatzes Verwendung.

Zwei Gerade, deren Richtungen um eine unendlich kleine (Winkel-) Grösse verschieden sind, schneiden einander in unendlicher Entfernung.

Sturm spricht aber von dem, was ich (Bd. I, S. 493) das absolut Unendliche genannt habe. In diesem Sinne liegt z. B. der Pol einer durch den Mittelpunkt gehenden Polare oder die Polare des Mittelpunkts (Bd. II, S. 400) im Unendlichen: ihre Entfernung vom Kreise kann nicht mehr wachsen, weil des Pols Polare oder der Polare Pol dem Mittelpunkte nicht noch näher kommen kann, sie ist absolut unendlich. Da also diese Gebilde, wenn man sie nicht als blosse Redefiguren, sondern als wirkliche Linien, Punkte etc. betrachtet, an den Grenzen des unendlichen Raumes liegen müssten, aber der unendliche Raum nicht begrenzt sein kann, nirgends aufhören kann, so ergibt sich ein Widerspruch, den, wie mir scheint, die neuesten Arbeiten zu lösen versuchen.

II. Ueber Dr. Sturms Aufsatz über die unendlich entfernten Gebilde.
(Bd. II, S. 391.)

Es ist ein von jeher anerkannter Vorzug der Mathematik, dass die Wahrheit ihrer Lehren über jeden Zweifel erhaben ist; die mathematische Gewissheit ist sprichwörtlich. Wenn ich, zumal in Rücksicht auf den Unterricht (dem doch unsre Zeitschrift dient), die Wahrheit betone, so meine ich damit, dass die vorgetragenen Lehren der Art sein müssen, dass sie dem Schüler als selbsterkannte, nicht von aussen dargebrachte, sondern in seinem Geiste nur durch den Unterricht geweckte Wahrheiten, an denen zu zweifeln widersinnig sein würde, unbedingt einleuchten. Darin liegt die eigenthümliche Bedeutung der Mathematik für die allgemeine Bildung. Daher ist auch die heuristische Methode beim mathematischen Unterrichte so wohl am Platze.

Aus diesem Gesichtspunkte bin ich nicht recht mit Sturm einverstanden. Die „Gesetze" der Continuität und Reciprocität in Sturms Sinne, also mit unbeschränkter Geltung, können nicht mit mathematischer Wahrheit zu Grundlagen eines Systems gemacht werden: sie sind keine Axiome. Man darf nur sagen: Wenn man parallele Linien als im Unendlichen schneidend betrachtet etc., was ohne endlichen Fehler geschehen darf, so gelten diese Gesetze allgemein. Bei Sturm bekommen sie

eine verdächtige Aehnlichkeit mit Dogmen. Sturm selbst sagt*):
„Ich kann nicht zwei Glaubensbekenntnisse, möchte ich sagen,
haben: als Gelehrter der Ansicht sein, dass zwei Parallelen einen
Punkt gemein haben, und als Lehrer, dass sie keinen Punkt
gemein haben. . . . Ich weiss aus Erfahrung, dass ich die neue
Anschauungsweise gerade aus dem Grunde schwer aufnahm, weil
ich die alte erst los werden musste . . . Das Verständniss kommt
mit der Zeit."**)

Aehnlich sagt er (Bd. II, S. 400): „Wem dieses buntscheckige Gewirr von Sätzen und Ausnahmen***) gefällt, mit
dem ist nicht zu rechten; ich kann keinen Geschmack daran
finden." Als ob es auf unsern Geschmack ankäme! Als ob wir
eine Wahl hätten, das Eine oder das Andere für richtig zu halten!
Will man aus jenen Gesetzen etwas über das Unendliche†) beweisen, so muss man zuvor darthun, dass sie für dieses Gebiet
noch gelten. Sturm selbst sagt: „Das Unendliche†) muss mit
anderem Massstabe von uns angesehen werden, als das Endliche."
Er beruft sich auf den Ausspruch von Gauss, dass sich „der
endliche Mensch nicht vermessen darf, etwas Unendliches als
etwas von ihm mit seiner gewohnten Anschauung zu Um-
spannendes betrachten zu wollen"; — und dennoch betrachtet
er die Gültigkeit jener Gesetze auch für das Unendliche als
selbstverständlich.

Ganz bekannte Dinge müssten schon zur Vorsicht mahnen.
Z. B., wenn in einem Bruche Zähler und Nenner einander gleich
sind, so ist der Werth des Bruches jederzeit Eins. Wollten wir
dieses Gesetz ohne Umstände (der Continuität zufolge, der auch
die Null unterworfen sein müsste) allgemein gelten lassen, so
würde sich ergeben $\frac{0}{0} = 1$ und $\frac{\infty}{\infty} = 1$ ††). Ein analoges Beispiel

---

*) Bd. I, S. 479.

**) Diese letzten Worte muss ich als unpädagogisch entschieden verwerfen.

***) Dass einer der Congruenzsätze (2 Seiten und 1 Winkel) eine Aus-
nahme erleidet, ist auch nicht nach meinem Geschmacke: kann ich desshalb
die Wahrheit umstossen?

†) Ich erinnere daran, dass das Unendliche hier eine andere Bedeutung hat, als nach Hoppes Definition; hier kann nur das absolut Unendliche gemeint sein.

††) Sturm selbst erklärt diese Gleichung für unrichtig, indem er sagt:
„mit einander verglichen sind sie (die unendlichen Grössen) verschieden."

aus der Geometrie ist folgendes: A, B und E seien Punkte auf einer geraden Linie; man lege durch A und B unendlich viele Kreise und von E aus Tangenten an dieselben, so liegen die Berührungspunkte F sämmtlich auf einer Kreislinie oder, vorsichtiger ausgedrückt, auf zwei durch die gerade Linie getrennten Halbkreisen; denken wir uns jene Kreise unendlich wachsend, so nähern sich die Peripherien von beiden Seiten dem Punkte E und müssten zuletzt, unendlich gross geworden, mit einander und mit der Linie AE zusammenfallen*). Die Continuität fordert, dass auch dann noch die Tangenten vom Punkte E, obgleich derselbe auf beiden Peripherien liegt, als wirklich vorhanden und zwar $= EF$ (dem Radius des Ortskreises) betrachtet werden; es liegt aber auf der Hand, dass, wenn man überhaupt Tangenten von einem auf der unendlichen Peripherie gelegenen Punkte für möglich erklärt, diese eine völlig unbestimmte Länge haben, ihre Grösse also dem Symbol $\frac{0}{0}$ genau entspricht.

So wird man wohl, um nicht die Wahrheit, die in der Schule heilige Pflicht ist, zu verletzen, das „buntscheckige Gewirr von Sätzen und Ausnahmen" nicht ganz entfernen können.

Man kann es recht wohl gelten lassen, wenn Jemand, wie es üblich ist, sich den Durchgang durch das Unendliche anschaulich zu machen sucht durch einen unendlichen Kreis — dem homerischen Ὠκεανὸς ἀψόρροος vergleichbar — oder wenn man dergleichen Vorstellungen als Gedächtnisshülfe verwendet**); wollen aber solche Speculationen auf mathematische Wahrheit Anspruch machen, so erfordern sie sehr scharfe kritische Sichtung, wenn anders nicht Fehler unterlaufen sollen. So wird, womit ich vollkommen einverstanden bin***), die selbst in der Schule als richtig gelehrte Formel $\frac{1}{0} = \infty$, nebst einigen ähnlichen Sätzen, von Hoppe für falsch erklärt†). Und diess sind nicht die einzigen falschen Sätze, die man gelehrt hat.

---

*) Nach Hoppes Definition des Unendlichen würden sie sich dem Punkte E nur ohne Ende nähern, nach Sturms Ansicht fallen sie aber wirklich mit der geraden Linie zusammen. (Vgl. Bd. II, S. 400.)

**) Wie recht nett Plagge in Bd. II, S. 488.

***) Vgl. Bd. I, S. 493.

†) Bd. III, S. 16.

In Sturms Aufsatz finden sich gleichfalls Unklarheiten. Er ist unklar über den Begriff „unerreichbar." Auf S. 392 meint er „dem physischen Menschen unerreichbar, weil zur Erreichung eine endlose Zeit nöthig wäre." Er vergisst dabei, dass der Geist es ist, der Geometrie treibt, und dass der Geist weder eine endliche noch eine endlose Zeit braucht, um irgend einen Punkt zu erreichen. Klarer ist die Erörterung auf S. 394—95, wo die „Relativität" betont und gesagt wird, dass die „endliche Distanz paralleler Linien" gegenüber der unendlichen Entfernung ignorirt werden muss*). Unklarheit bezeugen aber noch die Worte: „Für uns Menschen, die wir uns von ihren unendlich entfernten Partien in unendlicher Entfernung befinden, sind diese Partien nicht verschieden." Es kommt nicht darauf an, wo sich der reflectirende Mensch befindet, sondern die fraglichen Gebilde sind unendlich entfernt von einem willkürlich angenommenen festen Ausgangspunkt (etwa dem Coordinaten-Anfangspunkte). Was hindert uns, diesen Ausgangspunkt in unendliche Entfernung von unserm physischen Körper zu verlegen? Wir brauchen ihn z. B. nur ins Centrum der Sonne zu verlegen, so ist unser menschlicher Körper ein „uneigentlicher Punkt," ja Bromberg und Dresden fliessen in einen uneigentlichen Punkt zusammen. — Nur vom Gesichtspunkte der Relativität gibt es — wie sich's ja von selbst versteht — unendlich entfernte Gebilde.

Ferner ist nicht klar der Begriff des Punktes. Wohin soll es führen, wenn man ein nicht ausdehnungsloses Gebilde Punkt nennt und gar diesen Begriff in den Elementarunterricht einführen will? Dieser nicht ausdehnungslose Punkt ist eben kein Punkt. Er entsteht angeblich (S. 395), indem wir alle die „unendlich vielen unendlich entfernten Punkte einer Linie gewissermassen in einen einzigen Punkt zusammenschieben": er besteht sonach aus vielen Punkten, ist so zu sagen ein zusammengesetzter Punkt. — Man sagt (S. 397), die Continuität verlange, dass das Endliche stetig ins Unendliche übergehe; wie kann

---

*) Auf dieses Unendliche passt freilich die Hoppe'sche Definition, aber diese kennt keine „dimensionslosen Punkte."
Hätte Sturm von Anfange an gesagt, dass die Parallelen keinen wirklichen Punkt gemein haben, sondern dass wir sie ohne endlichen Fehler als im Unendlichen zusammentreffend betrachten können, so würde ich gar nicht widersprochen haben.

nun ein einfacher Punkt (etwa der Durchschnittspunkt zweier
Geraden bei Drehung der einen) stetig in einen zusammenge-
setzten übergehen? Wie können aus einem Punkte durch stetige
Aenderung mehrere Punkte werden?

„Wenn es unbedingt stets richtig ist, dass zwei Punkte
immer eine Gerade gemein haben, dann muss nach der planimetrischen Reciprocität zweien Geraden stets ein Punkt gemein
sein" (S. 400). Daraus folgert man, dass Parallelen einen unendlich fernen Punkt gemein haben und zwar, weil zwei Gerade
nur einen Punkt gemein haben können, dass der positiv unendliche mit dem negativ unendlichen zusammenfalle, was auf
S. 397 noch näher auseinandergesetzt ist. Aus S. 395 und 396
ergibt sich aber, dass dieser Punkt ein „uneigentlicher," an
sich nicht dimensionsloser Punkt ist, also entstanden daraus,
dass „wir die unendlich vielen unendlich entfernten Punkte gewissermassen in einen einzigen zusammenschieben," dass also
die Parallelen eigentlich doch nicht bloss einen Punkt gemein
haben, also das Reciprocitätsgesetz doch nicht gilt.

So lange die „Forschungen" in diesem Gebiete nicht auf
festerem Grunde stehen, dürften sie schwerlich berechtigt sein,
sich als mathematische Wahrheit geltend zu machen.

―― ――――

In der von den Alten ererbten Geometrie, die Sturm völlig
ignorirt, ist von relativer Lage, von unendlich fernen Gebilden
etc. keine Rede aus dem sehr einfachen Grunde, weil die im
Geist gedachten Gestalten an keine Stelle im Raume gefesselt
sind, weil es für unsre Untersuchungen an einer Figur völlig
gleichgültig ist, ob dieselbe in unendlicher Ferne oder auf unserm
Schreibtisch befindlich gedacht wird; der Gedanke begleitet die
Linien in alle Fernen*), daher kann von einem, wenn auch
nur scheinbaren, Zusammentreffen paralleler Linien keine Rede sein.

Im Gegensatz hierzu geht die analytische Geometrie von
einem festen Punkte aus, auf den alle Gestalten der Lage nach
bezogen werden. Erst hier kann man von unendlich entfernten
Gebilden sprechen. Die Coordinaten des Durchschnittspunktes
zweier Parallelen erscheinen bekanntlich in Bruchform mit dem

―――― ・ ――――

*) Mit unserm Auge, wie überhaupt mit dem sinnlichen Menschen,
hat diess gar nichts zu thun.

Nenner Null und man pflegt zu sagen, dass sie unendlich sind, dass also die Parallelen sich im Unendlichen schneiden; wenn man nun aber solche Brüche nicht gleich ∞ setzen darf, so darf man auch nicht von einem im Unendlichen liegenden Durchschnittspunkte sprechen.*)

Letzterer Auffassung einigermassen verwandt ist die Steinersche, die das Princip der stetigen Veränderung — Verschiebung und Drehung — in die elementare Geometrie eingeführt hat. Die (nicht schneidenden) Parallelen können nicht durch stetige Aenderung zum Vorschein kommen, weil der Uebergang vom Schneiden zum Nichtschneiden nicht stetig gedacht werden kann; darum lässt man, gleichfalls von einer fixirten Stelle im Raume ausgehend, den immer weiter hinausfliehenden Durchschnittspunkt im Dunkel des Unendlichen verschwinden. Die Stetigkeit wird, wie oben bemerkt, auch nicht hergestellt durch das Verfliessen des Durchschnittspunktes in dem unendlich entfernten „uneigentlichen Punkt": eine wirkliche wahre Continuität ist also doch nicht vorhanden.

Wenn also, wie Sturm sagt, die höhere Geometrie den Unterschied zwischen schneidenden und parallelen Linien aufhebt und statt „parallel" sagt „im Unendlichen schneidend," so begeht sie dieselbe, wenn auch praktisch noch so unwichtige, Incorrectheit, wie wenn man allgemein sagen wollte: Eins dividirt durch Null ist Unendlich. Und es muss ja doch erlaubt sein, diese Incorrectheit eine Schwäche der Methode zu nennen.

Die Einführung der stetigen Veränderung in die Geometrie gibt derselben ein wunderbares Leben, eine Beweglichkeit und Allgemeinheit, die gegenüber der Starrheit der alten Geometrie in höchst vortheilhaftem Lichte erscheint. Sie verwischt die schroffen Unterschiede der alten Geometrie: Secanten gehen über in Tangenten, der Kreis in die gerade Linie, schneidende Linien (mit Hülfe des Unendlichen) in Parallelen u. s. f. Aber bei den Uebergängen durch Null und Unendlich ist Vorsicht**) nöthig, um den schon erwähnten Incorrectheiten zu entgehen: und diess nannte ich die Schwäche der Methode.

---

*) Es freut mich, bei Hoppe (Bd. III, S. 16) dieselbe Ansicht zu finden.

**) Wie Sturm selbst sagt (Bd. I, S. 479).

Wenn nun Sturm (Bd. 1, S. 277) sagt: „Parallele und sich schneidende Gerade haben viel mehr Gemeinsames als Unterscheidendes," so hat er natürlich Recht, schon weil beide gerade Linien sind. Zieht er aber hieraus die Folgerung: „Daher fort mit dem schroffen Gegensatze, den die niedere Geometrie zwischen parallelen und sich schneidenden Geraden bildet und den die höhere wieder aufhebt," so müsste er consequenter Weise auch die schroffen Unterschiede zwischen Kreis und Gerade, Tangente und Secante, Ellipse und Parabel u. s. w. aufheben.

Ich glaube, es geht ihm, wie es mir*) und vielen Anderen gegangen ist: in jugendlicher Begeisterung für die geistreiche Auffassung fühlt man sich versucht, das Alte völlig über Bord zu werfen und den geometrischen Unterricht in der Schule ganz nach Steiners Art zu betreiben. Aber soweit ich Kunde erlangt habe, hat sich nirgends die neue Methode erhalten**): ein wenig pädagogisches Studium oder Erfahrung genügte, die schwache Seite zu erkennen. Man muss, ganz abgesehen davon, dass die alte Auffassung wegen ihrer innern, den Geist des Schülers völlig befriedigenden Wahrheit nicht übergangen werden kann, aus pädagogischen Gründen mit dem Concreten beginnen und darf erst, wenn die concreten Erkenntnisse die nöthige Sicherheit erlangt haben, nach und nach einzelne Partien von allgemeinerem Gesichtspunkte, im Sinne Steiners, zusammenfassen, um die natürliche Verwandtschaft der geometrischen Gebilde erkennen zu lassen.

Dass ich trotzdem der neueren Geometrie einen immerhin grossen Einfluss auf den geometrischen Unterricht zuerkenne und in vielen Punkten mit Sturm einverstanden bin, wird sich aus den folgenden Mittheilungen ergeben.

III. Das Unendliche und die neuere Geometrie in der Schule.

Es ist eine nothwendige pädagogische Forderung, einen Begriff erst zur vollen Klarheit kommen zu lassen, ehe man zu einem höheren übergeht. Diesem Grundsatze zufolge pflegt man

---

*) Als ich zuerst die neuere Geometrie kennen lernte, glaubte ich auch, sie in der Schule einführen zu müssen; später, als ich bei Steiner selbst hörte und an seinen Uebungen theil nahm, war die Illusion schon vorüber.

**) Auch die bezüglichen Schulbücher haben wenig Glück gemacht, selbst das in mancher Hinsicht vortreffliche von J. H. T. Müller, Halle 1844.

in den ersten Stadien des Rechenunterrichts den Schüler anfangs nur mit ganzen Zahlen zu beschäftigen und ihn erst zu voller Klarheit und Fertigkeit in der Behandlung derselben gelangen zu lassen, ehe man zu den Brüchen fortschreitet. Geht doch die neuere Pädagogik noch weiter, indem sie zuerst nur einen sehr beschränkten Zahlenkreis (1 — 10, 10 — 20 oder 10 — 100 u. s. f.) behandelt.

Hierbei ist es durchaus nicht schädlich, auf der höheren Stufe die Auffassungen der niederen zu modificiren und ihnen so gewissermassen zu widersprechen. Man kann getrost im ersten Unterrichte sagen: „8 in 5 (d. h. 5:8) oder 8 von 5 (d. h. 5—8) geht nicht," während man später lehrt, dass jede Division oder Subtraction gehen muss.

Ebenso ist es kein Widerspruch, dem Schüler erst zu sagen, dass Parallelen*) einander nicht schneiden, und später, dass man sie als im Unendlichen schneidend betrachten kann; erst Tangenten und Secanten scharf zu unterscheiden und später zu zeigen, dass die Tangente auch als Secante gelten kann, u. s. w.

Handelt es sich nun um die Verwendung des Unendlichgrossen und Unendlichkleinen in der Schule, so ist zunächst unbestreitbar, dass, mag der Begriff des Unendlichen noch so einfach gefasst werden, der des Endlichen einfacher ist und also in der geistigen Entwicklung, daher auch im Unterrichte, jenem vorausgehen muss. Ich muss es daher als einen pädagogischen Fehler betrachten, gleich in der Parallelentheorie von dem unendlich entfernten Punkte zu sprechen.

Ob überhaupt das Unendliche in der Schule besprochen werden soll, ist eine Frage, die seit Steiners Auftreten wohl allgemein dahin beantwortet wird, dass man mindestens den Uebergang zum Unendlichen dem Schüler vielseitig zum Verständniss bringen muss. Das Steinersche Princip der stetigen Uebergänge in der Geometrie darf sicherlich dem Schüler nicht vorenthalten bleiben.

---

*) Ich bemerke nochmals, dass ich Null und Unendlichklein, sowie parallel (d. h. gar nicht schneidend) und mit unendlicher Annäherung parallel (d. h. in unendlicher Entfernung schneidend) ni cht als identisch auffasse, sondern die Null und den Parallelismus als in das Gebiet de: Endlichen gehörig betrachte.

Es ist dann eine rein pädagogische Frage, auf welche Weise die Besprechung des Unendlichen oder auch der neueren Geometrie dem Unterrichtsplane eingefügt werden soll. Die neuere Geometrie ohne Umstände an die Stelle der alten zu setzen, hat sich nicht bewährt, aus Gründen, die bereits oben erwähnt sind. Zudem tritt ja das Unendliche nicht bloss in der Geometrie auf, und es wäre eine Einseitigkeit, wenn man die Veranlassung zur Besprechung desselben, wenn sie sich in der Arithmetik bietet, abweisen wollte, zumal da solche Besprechung ihrerseits wieder der Geometrie in die Hände arbeitet.

Wollte man der alten Geometrie einen Cursus der neueren (etwa in Secunda) folgen lassen, so würde man, wenn nicht vorher schon die Wege gebahnt sind, weder das gewünschte Verständniss, noch dass gehoffte Interesse finden: das dargebotene Neue schliesst sich zu wenig an den bisher gewohnten Gedankengang an, seine Fremdartigkeit erschwert dem Schüler das Verständniss, es entbehrt ausserdem eines hervorragenden praktischen Interesses und erscheint dem Schüler gar leicht als müssige Speculation.

Es möchte sich also empfehlen, ohne gerade das System der neueren Geometrie als solches aufzunehmen, doch im Geiste derselben zu unterrichten, zumal da dieser Geist nicht bloss in der Geometrie, sondern häufig genug auch in der Arithmetik seinen bildenden Einfluss zu üben Gelegenheit hat.

Zum ersten Male tritt der Begriff des Unendlichen an den Schüler heran, wenn er bis zum Numeriren im unbeschränkten Zahlenkreise vorgeschritten ist. Man braucht nur zu fragen, welches die grösste Zahl sei, so wird ihm klar, dass allemal eine noch grössere genannt werden kann, die doch immer eine Zahl bleibt (während er zu derselben Zeit das Bewusstsein erlangt, dass Null eigentlich keine Zahl ist). Hier wendet man zuerst das Wort „unendlich" an, ohne sich auf weitere Erörterungen, die dem Schüler gar nicht nahe liegen, einzulassen.

Die zweite Begegnung erfolgt bei den Perioden der Decimalbrüche. Es ist für den Schüler eine wichtige und interessante, seinen Gesichtskreis beträchtlich erweiternde Entdeckung, dass der geschlossene gemeine Bruch als unendliche Reihe erscheint; schon desswegen ist es nöthig, die Perioden zu besprechen, sie auch rückwärts in gemeine Brüche zu verwandeln, und nicht die genauere Betrachtung der Perioden als „unpraktisch" aus den unteren Klassen zu verbannen. Natürlich wäre es übel am Platze, hier eine lange Betrachtung über das Unendliche vorzutragen.

In der Division der Decimalbrüche wird der Schüler zum ersten Male durch die Null in Verlegenheit gesetzt (wenn nämlich der Divisor keine Ganzen enthält[*]), und hierdurch abermals überzeugt, dass er den Begriff der Division scharf festhalten muss; wir würden (z. B. 2,73:0,039), wenn wir mit den Ganzen in die Ganzen dividiren wollen, fragen, womit ich Null multipliciren muss, um eine wirkliche Zahl (hier 2) zu erhalten. Die Antwort ist, dass es keine Zahl gibt, denn $0 \times x$ ist stets Null; ich muss daher die Aufgabe anders angreifen, das Komma verschieben (3 Ganze in 273 Ganze) oder mit 3 Hunderttel direct dividiren (3 Hunderttel in 273 Hunderttel oder 3 Hunderttel in 27 Zehntel). Die Einsicht, dass mit Null weder in Null noch in eine wirkliche Zahl dividirt werden kann, muss schon auf dieser Stufe erlangt und später möglichst aufgefrischt werden.

Eine neue Gelegenheit gibt die Formel $\frac{1}{1-x} = 1 + x + x^2 + x^3 + \ldots + \frac{x^n}{1-x}$, die in der Division der Polynome eine Rolle spielt. Denken wir uns x als positiven echten Bruch und berechnen den Werth der rechten Seite für $x = \frac{1}{2}$, $x = \frac{2}{3}$ u. s. f. (wobei sich zeigt, dass die Summe der Reihe sich einer endlichen Zahl unendlich nähert), so liegt es nahe, seinen Werth mehr und mehr der Eins sich nähern und den Schüler vermuthen zu lassen, dass der Werth des Quotienten ohne Ende wachse, also bei unendlicher Annäherung an Eins unendlich gross werde. Man hüte sich aber, zu folgern, dass für $x = 1$ (und $n = \infty$) der Werth des Bruches unendlich werde: in einer munteren Klasse wird

---

[*] Ich setze hier voraus, dass nicht das Komma ans Ende gerückt und so der Divisor in eine ganze Zahl verwandelt wird, sondern dass man (wie z. B. Pick[†]) zur Bestimmung des Kommas mit den Ganzen dividirt. Wer, wie Mauritius[††], mit der höchsten wirklichen Ziffer des Divisors in die höchste des Dividends dividirt (was im Grunde noch rationeller ist), dürfte wohlthun, nicht stillschweigend vorauszusetzen, sondern klar zu entwickeln, dass mit Null nicht dividirt werden kann.

[†] Rechenbuch, s. S. 40.
[††] Decimales Rechnen s. Bd. I, S. 244.

man dem Einwande begegnen, dass, weil alsdann $\frac{x^n}{1-x} = \frac{1}{1-x}$
ist, man beiderseits die Brüche subtrahiren könne und $0 = 1$
$+ x + x^2 + \ldots + x^{n-1} = n$ erhalte. Eine zu Gunsten des
Unendlichen zu machende Beschränkung des Satzes, dass Gleiches
von Gleichem subtrahirt Gleiches übrig lässt, wäre auf dieser
Stufe ein pädagogischer Fehler, da man einen Satz, der kaum
zur klaren Einsicht gebracht ist, nicht sofort umstossen oder
beschränken darf. Man bleibe vielmehr bei dem schon erkannten
Satze, dass mit Null in keinem Falle dividirt werden kann, und
schärfe diesen Satz noch deutlicher ein durch das bekannte
Sophisma: $3 - 3 = 5 - 5$, folglich $3(1-1) = 5(1-1)$, folglich
wohl auch $3 = 5$, da Gleiches durch Gleiches dividirt Gleiches
gibt!

Sehr aufklärend sind gewisse angewandte Gleichungen, zumal Bewegungsaufgaben z. B. Zwei Körper, deren Entfernung d,
bewegen sich auf einer Geraden hinter einander mit den Geschwindigkeiten c und c', wann werden sie zusammentreffen?
Die Zeit bis zum Zusammentreffen ist $\frac{d}{c-c'}$. Wenn $c' = c$, also
der Nenner Null, werden sie offenbar nie zusammentreffen, auch
nicht im Unendlichen[*]), lassen wir aber $c' - c$ immer kleiner
werden und zuletzt unendlich klein, so werden Entfernung und
Zeit bis zum Zusammentreffen immer grösser und zuletzt unendlich
gross. Hier zeigt sich auch klar die Bedeutung von $\frac{0}{0}$; ist
nämlich $d = 0$ d. h. befinden sich beide Körper anfangs an demselben Punkte, und $c' = c$, so nimmt die Formel den Werth $\frac{0}{0}$
an; aber zwei Körper, die sich an demselben Punkte befanden
und in gleicher Richtung mit gleicher Geschwindigkeit sich bewegen, werden immer beisammen bleiben. Ist $c' < c$, so wird
die Zeit negativ d. h. man muss die Annahme machen, dass die
Körper schon vor Erreichung der gegebenen Punkte in Bewegung
waren und also vor $\frac{d}{c-c'}$ Zeiteinheiten sich an demselben Punkte
befanden.

In der Geometrie beginne man, wie ich Bd. I, S. 235
kurz angegeben habe; man mache gleich anfangs auf die Un-

---

[*]) Diess bestätigt, dass $\frac{1}{0}$ nicht gleich Unendlich ist.

endlichkeit des Raumes aufmerksam (sowie früher beim Numeriren auf die Unendlichkeit der Zahlenreihe), man gewöhne den Schüler, sich die gerade Linie nach beiden Richtungen hin unbegrenzt fortgesetzt zu denken, man lasse den Winkel durch Drehung entstehen und wachsen, wobei sich ergibt, dass die ganze Umdrehung die natürliche Einheit für die Winkelmessung ist.

Parallelen heissen Linien gleicher Richtung. Dabei ist es vor der Hand nicht nöthig, gleiche und entgegengesetzte Richtung zu unterscheiden. Die Gleichheit der correspondirenden Winkel ergibt sich aus der Gleichheit der Richtungsunterschiede; wer an dem Worte Richtungsunterschied Anstoss nimmt, weil darin die Vorstellung einer (hier unmöglichen) Subtraction liege, setze dafür „Abweichung," dasselbe Wort, das für die Magnetnadel allgemein üblich ist.

Bei dem Worte Richtung, das neuerdings mit Unrecht angefochten worden ist, lasse man nicht an einen entfernten Punkt denken, sondern an die sogenannten Himmelsgegenden; die Lufttheilchen eines Luftstromes, die zwei verschiedene Wetterfahnen richten, gehen nicht nach einem Punkte und werden nie zusammentreffen*).

Auch im Raume gilt dieselbe Definition und erspart einige gekünstelte Sätze der Stereometrie. Die in gleicher Richtung fallenden Regentropfen liefern eine gute Anschauung.

Wer die Parallelentheorie mit dem unendlich fernen Punkte einleitet, begeht den Fehler, den Schüler von seiner gewohnten Anschauung und seinem natürlichen Denken zu entfernen. In Folge solcher Fehler glaubt der Schüler endlich, dass die Wissenschaft zu seiner bisherigen Erkenntniss im Gegensatz stehe und wird irre an sich selbst**).

---

*) wenigstens nicht, wenn die Erdoberfläche eine Ebene wäre.

**) Wer oft Gelegenheit hat, die Schüler sich ohne Scheu aussprechen zu hören, überzeugt sich, dass die Misserfolge häufig ihren Grund darin haben, dass der Schüler durch die Fremdartigkeit der Elemente der Geometrie oder Algebra die Ansicht bekommt, es müsse in der Mathematik anders sein, als im gewöhnlichen Leben. Nur ein Beispiel anzuführen, sei mir gestattet: Ein Schüler, der, für Tertia reif, von einem preussischen Gymnasium kam, übrigens sich späterhin in der Mathematik besonders auszeichnete, behauptete, $a \times 0$ sei a, und nach den naheliegenden Einwendungen: Ja, im gewöhnlichen Leben ist 7×0 Null, in der Mathematik aber 7!

Dasselbe geschieht in noch höherem Grade, wenn man den Winkel als Bruchtheil der unendlichen Ebene definirt. Nicht genug, dass man hier dem Schüler zumuthet, das Unendliche in irgend welche Theile zu theilen, verlangt man sogar von seiner Einsicht (beim Beweise der Gleichheit der correspondirenden Winkel), dass $\frac{\infty}{\infty} = \infty$ sein kann oder (bei der Winkelsumme des Dreiecks) dass $\infty + d = \infty - d$. Derselbe Schüler, dem man hier zumuthet, mit unendlichen Flächen förmlich zu rechnen, wird dann viel später mit grosser Umständlichkeit vorbereitet, den Flächeninhalt des Rechtecks auszumitteln!

Wer da beobachtet hat, welche Umwälzung im Geiste des Schülers der Anfang der Geometrie hervorbringt, wird ihn nicht gleichzeitig mit der Auffassung des Unendlichen belasten wollen.

Im ferneren Verlaufe gelte als Princip, die Lehrsätze möglichst auf mehrere Arten zu beweisen, nebenbei auch die Methode der Drehung anzuwenden z. B. die Richtigkeit des Satzes, dass die Summe der Aussenwinkel 4 R. beträgt, neben anderen Beweisen auch durch Drehung der Seiten darzuthun. Es ist in hohem Grade bildend, eine und dieselbe Aufgabe von verschiedenen Seiten anzugreifen und auf verschiedene Arten zu lösen.

Im Uebrigen verweise ich hinsichtlich der geradlinigen Planimetrie auf die Note des Herausgebers Bd. 1, S. 490.

Die Kreislehre eignet sich ganz besonders, den Geist der Steinerschen Geometrie klar zu machen.

Wird der Kreis von einer Geraden geschnitten, so hat das im Kreise gelegene Stück, die Sehne, als Grenzen den Durchmesser und die Tangente (Nullsehne); man kann nun zwar erwarten, dass die Sätze über die Sehne auch für diese Grenzfälle gelten, dass z. B. der Radius mit der Tangente, wie die nach den Durchschnittspunkten gezogenen zwei Radien mit der Sehne, gleiche Winkel macht, aber es wäre unvorsichtig, diess ohne besonderen Beweis als bewiesen zu betrachten, weil in beiden Grenzfällen das zum Beweise benutzte gleichschenklige Dreieck verschwindet.

Lässt man den Kreis von zwei Geraden durchschnitten werden, so untersucht man zuerst, wie es überhaupt in der

Geometrie nicht nur gewöhnlich, sondern oft nothwendig ist, specielle Fälle *), nämlich wenn der Durchschnitt im Centrum oder auf der Peripherie liegt. Dann erst lässt sich der Satz allgemein entwickeln, dass der Winkel der Geraden gleich **) der Summe oder Differenz der zwischenliegenden Kreisbogen ist.

Handelt es sich aber um die Länge der Sehnen- oder Secantenabschnitte, so untersucht man umgekehrt zuerst die Fälle, dass der Durchschnitt innerhalb oder ausserhalb liegt. Dann erst fragt man, ob der Satz auch gelte, wenn der Durchschnitt auf der Peripherie liegt oder wenn die Linien parallel sind. Es zeigt sich, dass er allgemein gilt, wenn wir die nichtschneidenden Linien als im Unendlichen schneidend betrachten.

Ich will den Leser nicht durch weitere Ausführungen ermüden. Verschiebung und Drehung von geraden Linien, Vergrösserung und Verkleinerung oder Fortrollung von Kreisen u. s. w. führen den Schüler in den Geist der neueren Geometrie ein, aber die Rücksicht auf die Wahrheit fordert, wie oben am Potenzkreise nachgewiesen worden ist, dass man die gefundenen Sätze nicht ohne specielle Untersuchung als für die Grenzfälle gültig betrachte.

Die Rectification und Quadratur des Kreises gibt Gelegenheit, den Schüler recht anschaulich einzuführen in die Auffassung des Unendlichkleinen, wie sie Hoppe gibt und wie sie in der Differentialrechnung Anwendung findet. „Ein Kreis differirt an Umfang und Inhalt unendlich wenig von einem Sehnen- oder Tangentenvieleck mit unendlich kleinen Seiten." Aehnlich

---

*) So beweist man den pythagoräischen Lehrsatz zuerst für den speciellen Fall, nämlich für das rechtwinklige Dreieck, und benutzt diesen Fall zum allgemeinen Beweise, für das allgemeine Dreieck. So entwickelt man den Flächeninhalt zuerst für das Rechteck und leitet hieraus die allgemeine Regel ab. So behandelt man unter den Vierecken zuerst das Parallelogramm und benutzt die gefundenen Sätze bei der Untersuchung des Trapezes. So bespricht man unter den Curven zweiten Grades zuerst den Kreis.

**) Diese Ausdrucksweise lässt sich anfechten, doch empfiehlt sie sich durch ihre Kürze, während die kleine Gewaltsamkeit, einen Winkel von α Grad einem Bogen von α Grad gleich zu nennen, völlig unschädlich ist.

würden die entsprechenden Sätze über Cylinder, Kegel und
Kugel zu fassen sein.

Der Schüler, der auf diese Art die Planimetrie durchgearbeitet hat, wird an dem Unendlichen in der Trigonometrie
und Stereometrie keinen Anstoss finden; man verschone ihn aber
mit der Zumuthung, das Zusammenfallen des positiv und des
negativ unendlich entfernten Punktes und dergl. als mathematische
Wahrheit anzuerkennen.

Kleinere Mittheilungen.

Einige Bemerkungen über die Begriffe eben, gerade, parallel als Grenzbegriffe.

Vom Rector Dr. Zeelang in Witten.

In den letzten Heften dieser Zeitschrift ist der alte Streit um die Parallelentheorie von neuem ausgebrochen. Es handelt sich zunächst um die Erklärung des Begriffes parallel und um die Vorzüge des hierbei von der alten oder neueren Geometrie eingeschlagenen Weges. Beim ersten Anblicke hat die Erklärung der neueren Geometrie etwas bestechendes, indem sie den negativen Bestandtheil der älteren Erklärung vermeidet. Bei genauerem Hinsehen ist jedoch diese Vermeidung nur eine scheinbare, und die Streitfrage ist im Grunde weder eine mathematische, noch logische, sondern eine rein grammatische. Fügt man die in dem Begriffe unendlich liegende Negation zu dem Verbum, so erhält man die Uebereinstimmung mit der anderen Definition: Gerade Linien sind parallel, wenn sie sich im Endlichen nicht schneiden. Eine Erklärung ist also so negativ wie die andere; nur ist die eine durch den Zusatz „im Endlichen" vorsichtiger, und, wie ich meine, für das bis dahin mathematisch ungetrübte Gewissen eines Schülers zu vorsichtig. Und dass man die Erklärung nicht als eine positive auffassen darf, weist Bolze Jahrg. 2, Seite 334 dieser Zeitschrift schlagend durch den aus ihr folgenden Fehlschluss nach, welcher sich würdig an die Conclusio reiht, die man aus der scheinbar positiven Prämisse: „Keine Katze hat vier Schwänze" ziehen kann. Dazu kommt noch, dass man nicht einmal befugt ist, die Negation vom Verbum wegzunehmen und mit dem Begriffe endlich zu verschmelzen. Müssen denn zwei Linien, welche sich im Endlichen nicht schneiden, sich im Unendlichen schneiden? Kann im Unendlichen nicht dasselbe stattfinden, wie im Endlichen? Könnten die beiden Geraden im Unendlichen nicht zusammenfallen? Wäre auf alle Fälle nicht mit dem Schnitt- oder Treffpunkte im Unendlichen das Unendliche fixirt?

Darum, glaube ich, dürfte es geboten sein, die alte Erklärung in den Elementen der Mathematik beizubehalten trotz oder vielmehr

18*

wegen der unverhüllten Negation. Und auch in wissenschaftlicher
Beziehung ist diese negative Erklärung so bedenklich nicht, wie es
nach den strengen Gesetzen der Logik scheint. Der Begriff parallel
ergiebt sich aus der trichotomischen Eintheilung des Verhältnisses
der Richtungen zweier Geraden zu einander und verhält sich zu den
ihn ein- und ausschliesenden convergent und divergent gerade so
wie der Begriff *neutrum* zu *masculinum* und *femininum*. Die Versuche,
dem negativen Worte *neutrum* eine positive Bedeutung unterzulegen,
z. B. sächlich, sind als misslungen zu bezeichnen. Man erklärt die
krumme Linie als eine solche, welche ihre Richtung in jedem Punkte
ändert. Nun aber hat ändern keine positive Bedeutung; es besagt
nur „nicht mehr dasselbe sein."

Parallel sein heisst also zunächst nur weder convergent noch
divergent sein. Kann die Möglichkeit des Begriffes oder seine Wider-
spruchslosigkeit in sich nachgewiesen werden, so hat die Mathematik
ihre nächste Aufgabe in Betreff desselben erfüllt. Nimmt man zu
dem Zwecke in einer von zwei convergenten Geraden einen festen
Punkt an und dreht um ihn die Gerade, bis der früher convergente
Strahl divergent ist, so muss eine Uebergangsrichtung als gemeinschaftliche Grenze vorhanden sein, welche weder convergent noch
divergent, d. h. parallel ist, eben so sicher, wie ein schwingendes
Pendel einmal sich in der senkrechten Richtung befinden muss. Mit
positivem Inhalte wird der Begriff, wenn seine Möglichkeit zuvörderst
gesichert ist, durch die Beziehungen der Winkel an einer Transversale, durch Aequidistanz angefüllt und schliesslich seine Realität
durch wirkliches Ziehen von Parallelen nachgewiesen.

Aehnliche Beziehungen wie parallel zu convergent und divergent
haben die Begriffe gerade, eben zu concav und convex. Alle haben
das Eigene, dass sie die neutralen, die Grenzbegriffe zu zwei sie
einschliessenden entgegengesetzten oder relativen Begriffen sind, und
dass ihre Erklärungen mehr oder minder den strengen Anforderungen
einer logischen Definition sich nicht recht fügen wollen.

Dazu hat es nun der Sprache gefallen, alle diese neutralen
Begriffe mit positiven Namen zu versehen, die beständig das Bedürfniss nach positiven Erklärungen wach erhalten. Am annehm-
barsten dürften unter diesen folgende sein:

Eine Ebene ist eine congruentseitige Fläche, — eine Gerade
ist eine congruentseitige Linie. Sie basiren auf der dem „weder,
noch" entsprechenden, den Uebergang des Concaven in das Convexe,
ihre trennende und verbindende Grenze bildenden Unterschiedslosigkeit
beider Seiten; sie haben eine knappe, übereinstimmende Fassung und
für den Schüler eine leichte Fasslichkeit, wenn man ihn an die Herstellung einer Ebene durch Reiben zweier unebener Gegenstände,
z. B. zweier Ziegelsteine, oder einer Geraden durch Zusammenfalten
eines Stückes Papier erinnert.

Ganz strenge genommen zeigen auch sie freilich ihren negativen Ursprung dadurch, dass über die Gestalt einer der beiden Seiten nichts gesagt, sondern nur das Verhältniss beider bestimmt wird.

Wer sich mit diesen Definitionen der Geraden und der Ebene zu befreunden vermag, wird auch eine entsprechende Erklärung des Parallelismus einiger Aufmerksamkeit werth erachten. In ausführlicherer Fassung lautet sie: Zwei Gerade in einer Ebene sind einander parallel, wenn sie gegen eine gemeinschaftliche Transversale so liegen, dass die beiden Strahlen auf der einen Seite dieser Transversale durch Drehung dieser Seite um einen gestreckten Winkel mit denen auf der ändern Seite zur Deckung gebracht werden können. In kürzerer Form: Congruentstrahlige Gerade sind parallel.

Die Herleitung der Hauptsätze der Parallelentheorie ergiebt sich aus der obigen Erklärung auf die einfachste und ungezwungenste Weise.

Es sei mir zum Schluss gestattet, ein Analogon aus anderen Wissensgebieten anzuführen. So lange man Begriffe, wie schön, gut, recht, gesund und ähnliche als positive auffasst und als solche zu erklären sucht, wird man sich stets in Verlegenheit befinden. Verlegt man die Positivität in die entgegengesetzten Begriffe hässlich, übel, unrecht, krank u. s. w., welche mit durchaus positiven Merkmalen in unser Bewusstsein fallen, so gestalten sich die Begriffe in einer die nothwendigen Anforderungen an eine Erklärung mehr befriedigenden Weise. Das Unrecht drängt sich unserem Denken und Fühlen als positiver Einbruch in unsere Interessen, als Verletzung derselben sofort auf. Die Krankheit eines Körpertheils hat ihre positiven Merkmale u. s. w.

Dem Obigen entsprechend ordnen sich manche Begriffe als die gemeinsame neutrale, indifferente Grenze zweier positiven unter sich conträren Begriffe ein, z. B. die Gerechtigkeit zwischen Bosheit und Menschenliebe, Sparsamkeit zwischen Geiz und Verschwendung.

Die Abkürzungen der Benennungen im neuen Münz-, Mass- und Gewichtssystem.

Von Dr. A. Kuckuck in Berlin.

Vor einigen Tagen befand sich in den Berliner Zeitungen ein Vorschlag für die Abkürzungen der Benennungen im neuen Maas- und Gewichtssystem, der, wenn ich mich recht errinnere, von dem Architekten-Vereine ausging. In der neuesten Zeit beabsichtigte man auch im Bundeskanzler-Amte Schritte zur Durchführung eines allgemein anzuwendenden Abkürzungssystems zu thun, von denen man jedoch bald wieder Abstand nahm, weil man erst abwarten wollte,

welchen Erfolg die von dem Architektenvereine gemachten Vorschläge
haben würden. Es ist wohl nicht unpassend, wenn auch die Schule
mit Vorschlägen dieser Art vorgeht, denn unzweckmässige Bezeichnungen können derselben bei dem Unterrichte recht unbequem sein.
Zu constatiren ist zunächst, dass bis jetzt die in den neu erschienenen
oder neu bearbeiteten Rechenbüchern benutzten Abkürzungen ausserordentlich verschieden sind, sind ja doch nicht einmal die Herren
Verfasser darüber einig, ob sie bei den decimal oder centesimal getheilten Einheiten eine oder mehrere Benennungen schreiben sollen.
Ich bin der Ansicht, dass die Vortheile, welche das decimalgetheilte
System für die Rechnung bietet, mindestens verdeckt werden, wenn
die Zahl durch verschiedene Einheitsbenennungen zerrissen wird; soll
der Werth des neuen Systems zur vollen Anschauung kommen, so
muss durchaus z. B. 1,563 m. und nicht etwa 1 m. 56 cm. 3 mm.
geschrieben werden. Darüber dürfte meiner Meinung nach überhaupt
kein Streit stattfinden, welche von beiden Schreibweisen vorzuziehen
sei. Eine andere Frage ist es, durch welches Zeichen die gewählte
Hauptbenennung von den niederen Einheiten getrennt werden soll.
Von dem Architekten-Vereine wurde der Vorschlag gemacht, dazu
den Punkt ganz allgemein anzuwenden. Damit kann sich die Schule
schwerlich einverstanden erklären, denn es liegt für sie kein Grund
vor, weshalb sie das schon längst in Anwendung gebrachte Decimal-
Komma verwerfen und dafür den Punkt einführen sollte, der, wie
wohl auch den Mitgliedern des Architekten-Vereines bekannt sein
dürfte, in der Mathematik als Multiplicationszeichen verwendet wird.
Andererseits kann aber angeführt werden, dass man gewöhnt ist,
das Komma zum Abtheilen grösserer Zahlen zu gebrauchen. Warum
theilt man die Zahlen aber nicht oben ab, wie z. B. $9^2375'006^1937'880$?
Da aber in den Elementarschulen leider recht allgemein die Abtheilung unten Mode ist und sich, wie bekannt, dergleichen Ge-
wohnheiten schwer oder gar nicht verdrängen lassen, so ist es allerdings in den untern Klassen der höheren Schulen mit grossen Schwierigkeiten verbunden, dem Komma plötzlich eine andere Bedeutung zu
geben. Anderntheils ist aber in diesen Klassen der Punkt als Multiplicationszeichen noch nicht gebräuchlich und vielleicht auch nicht empfehlenswerth, so dass man dort den Punkt als Ersatz des Decimalkom-
mas verwenden kann. Dies darf dann natürlich nicht mehr geschehen,
wenn man anfängt, den Punkt als Multiplicationszeichen zu definiren.
Auf dieser Altersstufe ist, meiner Ansicht und meiner Erfahrung gemäss, eine Verwirrung des Schülers nicht so zu fürchten, wie in den
untersten Klassen; es macht sich bei der Verwendung der Maas-,
Münz- und Gewichts-Einheiten in der Lehre von den Decimalbrüchen
der Uebergang vom Punkte zum Komma ganz von selbst.

Was die Stellung der abgekürzten Benennungen betrifft, so ist
es schliesslich wohl gleichgültig, ob man sie vor oder hinter die Zahl

setzt. Warum will man sie aber durchaus über die Linie in die Stelle, welche man dem Exponenten der Potenz giebt, setzen? Eine derartige Stellung dürfte meines Erachtens dem Schüler, dem das Schreiben und die richtige Stellung der Buchstaben und der Ziffern überhaupt noch Schwierigkeiten macht, recht schwer werden und es ist kein Grund vorhanden, weshalb man nicht durch Stellung auf die Linie diese Schwierigkeiten vermeiden sollte.

Ziemlich allgemein scheint man sich entschlossen zu haben, zu den Abkürzungen nicht die deutschen, sondern die lateinischen Buchstaben zu verwenden. Ebenso allgemein hat man Gewicht darauf gelegt, die Abkürzungen so kurz zu machen, wie es bei Vermeidung von Verwechselungen möglich ist. Die Schule muss aber durchaus darauf Gewicht legen, dass die abgekürzten Benennungen nicht so kurz sind, dass sie dem Auge des kleinen Schülers entgehen können. Dazu zähle ich aber alle diejenigen, welche nur aus einem einzigen Striche bestehen, wie z. B. *l*; ich würde auch *a* und *g* noch für zu wenig in die Augen fallend halten. Empfehlenswerth scheint es, die Theile der Einheit durch Vorsetzung der kleinen, die Vielfachen der Einheit durch Vorsetzung der grossen lateinischen Buchstaben zu bezeichnen. Diesen Grundsätzen gemäss würde ich das Längenmass folgendermassen bezeichnen:

$$Km. \quad m. \quad (dm.) \quad cm. \quad mm.$$

das Flächenmass:

$$Har. \quad ar. \quad \square m. \quad (\square dm.) \quad \square cm. \quad \square mm.$$

das Raummass:

$$Kbk.m. \quad Kbk.cm. \quad Kbk.mm.*)$$
$$Hltr. \quad ltr.$$

das Gewicht:

$$Kgr. \quad Dgr. \quad gr. \quad dgr. \quad cgr. \quad mgr.$$

Da das *m* für Meter bereits verwendet ist, genügt für die Abkürzungen der Mark der Anfangsbuchstabe nicht: demnach empfiehlt es sich wohl dem *m* noch ein *k* hinzuzufügen, also *mk.* zu bezeichnen. Die neuen Pfennige kürzt man zum Unterschiede gegen die alten (₰) vielleicht am besten in *pf.* ab: auf den neuen Goldmünzen steht *M*. Selbstverständlich habe ich keine Abkürzungen für Centner, Pfund, Scheffel, Schoppen, Tonne etc. gegeben, denn damit wird man bei einer rechten Würdigung des neuen Systems nicht rechnen, ausserdem sind hierfür schon längst Abkürzungen im Gebrauch.

Höchst wünschenswerth wäre es, wenn es sowohl in der Schule wie im Leben zu einer Einigung hinsichtlich der Abkürzungen käme. Gefahr ist im Verzuge, denn schwer ist es, bereits Eingeführtes wieder aus dem Gebrauche zu entfernen. Vielleicht tragen diese Zeilen dazu bei, die Aufmerksamkeit der Herren Lehrer auf diesen Punkt zu lenken.

---

*) Sollte hierzu *Km*, *Kcm*, *Km̅* nicht kürzer sein, während für Kilometer *Km̊* und für *mm* kürzer *m̅* zu wählen wäre? D. Red.

Die Influenz-Elektrisirmaschine.*)

Von J. Frank in Linz.

Durch die in Heft 5. Jahrg. II. und Heft 1. Jahrg. III. d. Ztschr. enthaltenen Mittheilungen über den Gebrauch der Influenzmaschine auf Schulen finde ich mich zu folgender Notiz veranlasst:

Das physikalische Kabinet der hies. k. k. Staats-Oberrealschule besitzt seit drei Jahren eine Influenzmaschine mit 25 zölliger rotierend. Scheibe aus der physikal. Anstalt von Prof. Dr. Philipp Carl in München. Diese Maschine ist in einem Zimmer des Kabinets auf einem eigenen Tische aufgestellt; dahin werden die Schüler aus dem Lehrzimmer zu den betreffenden Versuchen geführt. Dies geschieht zu verschiedenen Jahreszeiten bald vor- bald nachmittags, mag die Witterung trocken oder feucht sein; das Zimmer wird geheizt oder auch nicht. Seit 3 Jahren werden alle Versuche, welche sonst mit der Reibungs-Elektrisirmaschine gemacht wurden, mit obiger Influenzmaschine angestellt. Die Maschine wird mittels eines Elektrophors angeregt, was auch unter den ungünstigsten Umständen immer gelingt, wenn die Konduktoren geschlossen sind und die bewegl. Scheibe vorher in Drehung versetzt wird; nur muss manchmal die Anregung wiederholt vorgenommen werden. Die Wirkungsfähigkeit der Influenzmaschine hängt selbstverständlich auch von den Umständen ab; dieselbe ist aber verlässlicher, ergiebiger und anhaltender als die der Reibelektrisiermaschine. Unter Umständen, bei welcher die letztere schon fast ganz versagt, giebt die Influenzmaschine immerhin eine genügende Wirkung. Zudem ist die Manipulation mit der Reibelektrisiermaschine, abgesehen von der Umständlichkeit des Amalgamierens, anstrengender als die mit der Influenzmaschine.

Nach meiner Erfahrung ist die Influenzmaschine gerade für Schulversuche der Reibelektrisiermaschine unbedingt vorzuziehen.

Ueber das Abtheilen grosser Zahlen.

Von Dr. Pick.

Zu der im 6. Hefte S. 513 des zweiten Jahrgangs dieser Blätter vom Herrn Prof. Kober gemachten Mittheilung erlaube ich mir Folgendes zu bemerken.

Herr Pr. Kober stellt an die Spitze den Satz: „Man kann füglich verlangen, dass ein gedrucktes Buch ohne besondere Nachhülfe (Griffel in der Hand des Lehrers) lesbar sei." In dieser Allgemein-

---

*) Vgl. II, S. 423 und III, S. 27—29.   D. Red.

heit dürfte man sich mit diesem Ausspruch nicht einverstanden er-klären. Man denke nur etwa an ein Lehrbuch der Astronomie. Wird man verlangen, dass die mathematischen Deductionen in solcher Ausführlichkeit gegeben werden, dass man des Griffels beim Studium entbehren könne? Ich würde dies eher als einen Fehler, denn als einen Vorzug eines solchen Lehrbuches ansehn. Ich denke, Werke mathematischen Inhalts soll man ohne Griffel in der Hand gar nicht lesen. Was jedoch grosse Zahlen anbelangt, so stimme ich darin mit Herrn Pr. K. überein; diese sollen überall möglichst übersichtlich abgetheilt werden, um sie augenblicklich lesen zu können, — nur nicht in einem Rechenbuche, aus dem der Schüler die Numeration lernen und durch das er sich mit grossen Zahlen vertraut machen soll. Wenn demnach in der angeführten Mittheilung mein Rechen-buch angeführt wird, so bemerke ich, dass das Abtheilen grösserer Zahlen absichtlich unterblieb. Diess hat der Schüler zu thun; höch-stens dürften in einem Rechenbuche oder einer Beispielsammlung die gegebenen Zahlen bald abgetheilt werden, bald nicht.

Was nun das Abtheilen selber betrifft, so dürfte sich zur Son-derung der Ganzen und Dezimalstellen der Punkt oben gesetzt am besten empfehlen, ein Usus, der in einigen österreichischen Schulen Eingang gefunden und den ich in meinem Rechenbuche beibehalten habe. Der Punkt als Multiplicationszeichen steht passend in der Mitte (oder auch unten). Demnach wäre $5 \cdot 7 = 5$ Ganze 7 Zehntel, $5 \cdot 7$ (oder 5 . 7) $= 5 \times 7 = 35$.

Der Vorschlag die Ganzen in Gruppen von 3 zu 3 Ziffern durch kleine Lücken zu theilen, ist empfehlenswerth; doch dürfte es ge-nügen in sechsstellige Klassen zu theilen, da sich sechs Ziffern noch leicht übersehen lassen.*) Die Klassenzeichen (, „ ,,, ,,,, oder vielleicht besser ı ıı ııı ıv u. s. w.) würden wir nicht oberhalb, sondern unter-halb der Lücke setzen**), also:

$$30132_{,,,}300000_{,,}000000_{,}000000 \text{ oder}$$
$$30132_{III}300000_{II}000000_{I}000000$$

Für das gewöhnliche Rechnen bleiben die Dezimalstellen, da ihrer ohnehin nur wenige sind, am besten ungetheilt. Da wo der Dezimal-stellen viele vorkommen, ist die Sonderung in 3 oder 6 zifferige Gruppen vom Dezimalpunkte nach rechts, jener vom Ende der Zahl nach links vorzuziehn. Zwar lässt sich der Zähler des Dezimalbruches im letzteren Falle leichter aussprechen, aber die Stellenwerthe sind nicht so ersichtlich. Ich würde also nicht schreiben

$$0{\cdot}0\,000''000\,000'018\,849 \text{ sondern};$$
$$0{\cdot}000000_{,}000001_{,,}8849$$

Dass in Logarithmen- und andern Zahlentafeln die Gruppen eine andere Anzahl von Stellen als drei oder sechs haben können, ist selbstverständlich.

---

*) Sehr einverstanden. **) Hierin für Kober.   D. Red.

Bemerkungen zu der von Prof. Dr. Fresenius Jahrg. II, S. 215 d. Z. mitgetheilten Lösung einer Aufgabe vom schiefen Wurf.

Vom Real-Oberlehrer Dr. von der Heyden in Essen.

Herr Prof. Fresenius zeigt, mit Benutzung des Satzes von der Constanz der Subnormale der Parabel, dass ein nicht in der Horizontalebene gelegener Punkt im Allgemeinen bei 2 Elevationswinkeln getroffen werden kann. Ist die horizontale Entfernung des Zieles d von dem Anfangspunkt der Bewegung a aus gerechnet L, die Höhe desselben q, die Anfangsgeschwindigkeit des über dem Winkel ε gegen den Horizont emporgeworfenen Körpers c, ferner der Winkel, unter welchem die Länge q von a aus erscheint α, so findet Herr F. durch ein etwas umständliches Verfahren die Gleichung

$$\sin(2\varepsilon - \alpha) = \left(\frac{Lg}{c^2} + \frac{q}{L}\right)\cos\alpha.^{*})$$

Referent verkennt das Originelle der Herleitung vorstehender Formel mit Hülfe des Subnormalensatzes nicht, glaubt jedoch, dass die grössere Anzahl der Fachgenossen im Unterrichte auf diesen Weg der Herleitung wegen seiner nicht nothwendigen Weitläufigkeit verzichten muss. Denselben Zweck, den Herr F. anstrebt, erreiche ich schneller auf folgende Weise:

Zunächst gebe ich dem Ziele d statt der Parallelkoordinaten L und q die Polarkoordinaten $m = ad$ und $\alpha = \measuredangle\; bad$. Der Körper werde mit der Geschwindigkeit c unter dem Winkel ε emporgeworfen, so ist nach t Sekunden die horizontale Entfernung des geworfenen Körpers

$$x = c \cdot \cos\varepsilon \cdot t,$$

die Höhe desselben

$$y = c \cdot \sin\varepsilon \cdot t - t^2\frac{g}{2}.$$

Soll der Körper nach t Sekunden das Ziel d erreichen, so wird $x = m\cos\alpha$ und $y = m\sin\alpha$ und wir erhalten die beiden Gleichungen

$$m\cos\alpha = c \cdot \cos\varepsilon \cdot t, \text{ und } m\sin\alpha = c\sin\varepsilon \cdot t - t^2\frac{g}{2}$$

---

*) Ich mache hier aufmerksam auf die Jahrg. II. S. 559 verzeichnete Verbesserung der vielen Druckfehler, die sich in die F.'schen Mittheilungen eingeschlichen haben. Vergessen ist S. 559 die Angabe, dass es S. 217, Z. 13 v. u. $Lg = c^2\left(\frac{\sin(2\varepsilon - \alpha)}{\cos\alpha} - \tan\alpha\right)$ heissen muss.

Aus diesen Gleichungen folgt durch Elimination von t

$$m \cos^2 \alpha \cdot g = c^2 \cos \alpha \cdot 2 \sin \varepsilon \cos \varepsilon - c^2 \sin \alpha \cdot 2 \cos^2 \varepsilon$$

und hieraus

$$m \cos^2 \alpha \cdot g = c^2 \cos \alpha \sin 2\varepsilon - c^2 \sin \alpha \left(1 + \cos 2\varepsilon\right).$$

Daraus folgt

$$m = \frac{c^2}{g \cos^2 \alpha} \left(\sin \left(2\varepsilon - \alpha\right) - \sin \alpha \right).$$

Sind die Lage des Zieles und die Anfangsgeschwindigkeit gegeben, so lässt diese Gleichung den Werth für ε finden. Die Gleichung zeigt, dass die Flugweite m ein Maximum wird für $2\varepsilon - \alpha = 90^0$ oder $\varepsilon = 45^0 + \frac{1}{2} \alpha$.

Ergiebt die Auflösung der Gleichung bei gegebenem m für ε einen andern Werth, als $45^0 + \frac{1}{2} \alpha$, etwa $45^0 + \frac{1}{2} \alpha + \varphi$, so ist auch $45^0 + \frac{1}{2} \alpha - \varphi$ ein die Gleichung befriedigender Werth.

Literarische Berichte.

BECKER, J. C., Abhandlungen aus dem Grenzgebiete der Mathematik und Philosophie. Zürich 1870 (62 S.).*)

Referent glaubt, diese Schrift nicht besser einführen zu können, als mit den Worten des Prof. Mauritius in Coburg**): „Wenn sich die Gelehrten von Fach auch hier und da um die erkenntniss-theoretischen Partien bekümmern, so stehen sie ihnen doch meist fern und ein tüchtiger Mathematiker pflegte sogar seine Zuhörer ausdrücklich vor der Parallelentheorie zu warnen, wohl nicht, weil er an die Stelle aus Faust dachte:

> Ich sag' es dir: ein Kerl, der speculirt,
> Ist wie ein Thier auf grüner Haide
> Von einem bösen Geist im Kreis herumgeführt,
> Und ringsumher liegt schöne grüne Weide —

sondern, weil er der Ansicht war, dass der Baumeister nicht viel bauen möchte, welcher sich mit der chemischen Analyse seiner Backsteine abgiebt. Der Lehrer aber, welcher immer mit der Bildung der ersten Begriffe zu thun hat, wird stets auf diese Punkte hingeführt und muss sich über dieselben Rechenschaft geben, nicht um dergleichen mit den Schülern zu treiben, sondern um sich zu befähigen, auf dem naturgemässesten, sichersten und kürzesten Wege die Bildung der Begriffe zu befördern."

In diesem Sinn ist die Arbeit des Herrn Verfassers, die anderwärts (Schlöm. Zeitschr. XV, 5) bereits anerkannt, aber auch (Lit. Centralbl. 1871. Nr. 31) recht verkannt worden ist, sehr dankbar hinzunehmen. Dass unsere Besprechung derselben so spät kommt, kann der verdienstlichen Arbeit keinen Abbruch thun, wird vielmehr aufs Neue die Aufmerksamkeit der Fachgenossen auf dieselbe hinlenken. Wenn Ref. nicht mit allen in derselben vertretenen Ansichten einverstanden ist, so richten sich seine Bedenken mehr

---

*) Vgl. Lit. CBl. 1871. Nr. 25. S. 628. und Nr. 31. S. 789. Schlöm. Zeitschr. XV, 5.

**) S. Osterprogramm des Gymnasiums z. Coburg: „Bemerkungen zur Psychologie der Raumvorstellungen etc. S. 7.

gegen gangbare Ansichten überhaupt, als gegen die besondern des Hrn. Verfassers. — Die Arbeit zerfällt in vier Abhandlungen: 1) Kants und Gaussens Ansichten über die Natur des Raumes. — 2) Die Axiome der Geometrie. — 3) Ueber die Grundbegriffe der Geometrie und die Bewegung als Hülfsmittel bei geometrischen Untersuchungen. — 4) Zur Methode der Geometrie.

Die 1. Abhandlung „Kants und Gaussens Ansichten über die Natur des Raumes (S. 5—16)" geht aus von einem angeblichen Missverständniss Gaussens bei der Darstellung von Kant's Ansicht über den Raum. Gauss nämlich sagt (Werke Bd, II, S. 177., Gött. gel. Anz. v. 15. Apr. 1831):

„Dieser Unterschied zwischen rechts und links ist, sobald man vorwärts oder rückwärts in der Ebene und oben und unten in Beziehung auf die beiden Seiten der Ebene einmal (nach Gefallen) festgesetzt hat, in sich völlig bestimmt, wenn wir gleich unsere Anschauung dieses Unterschiedes Andern nur durch Nachweisung an wirklich vorhandenen materiellen Dingen nachweisen können." In einer Anmerkung hierzu zieht der berühmte Mathematiker den grossen Philosophen Kant eines unbegreiflichen Irrthums, indem er sagt:

„Beide Bemerkungen hat schon Kant gemacht, aber man begreift nicht, wie dieser scharfsinnige Philosoph in der erstern einen Beweis für seine Meinung, dass der Raum nur Form unserer äusseren Anschauung sei, zu finden glauben konnte, da die zweite so klar das Gegentheil, und dass der Raum unabhängig von unserer Anschauungsart eine volle Bedeutung haben muss, beweiset."

Nun findet sich aber nach des Verfassers genauer Untersuchung keine Stelle in der Kritik der reinen Vernunft, welche auch nur annähernd dasselbe, was in obigen beiden Bemerkungen ausgesprochen ist, aussagte, während die von Gauss angegriffene Meinung „selbst durch Gründe nachgewiesen sei, die durch die Bemerkung, dass wir den Unterschied zwischen rechts und links Andern nur an wirklich vorhandenen materiellen Dingen nachweisen können" nicht im mindesten alterirt würde. Ebensowenig (behauptet Verf.) könne Gauss die kleine Schrift „von dem ersten Grunde des Unterschieds der Gegenden im Raume 1768" gemeint haben, weil darin Kant beweise, dass (in Uebereinstimmung mit Gaussens Ansicht) „der Raum unabhängig von dem Dasein aller Materie eine eigene Realität habe," was schon Euler (Gesch. d. Berl. Akad. d. Wissensch. 1748) zu zeigen versucht habe. Den Beweis illustrirt Kant durch das Beispiel der linken und rechten Hand (Handschuh), zweier Dinge, die an Grösse und Zahl einander zwar völlig gleich sind, aber sich doch nicht decken, weil die Anordnung der Theile nach entgegengesetzten Richtungen verläuft. Dieser Unterschied lasse sich nicht definiren oder aus Begriffen ableiten, werde vielmehr nur durch

unmittelbare Anschauung begriffen und lasse sich nur an wirklichen
Dingen begreiflich machen. Kant kommt am Ende zu dem Schlusse,
dass der Raum nicht ein blosses Gedankending sei und seine hier
ausgesprochene Ansicht sei sonach von Gaussens Ansicht sehr wenig
verschieden, obgleich auch hier schon „die Lehre von der Idea-
lität des Raumes hindurch schimmere." Aber daraus zu folgern,
dass der Raum auch „unabhängig von unserer Anschauungsweise"
existire, wie Gauss meine, sei Kant nicht eingefallen. Die Stelle,
die Gauss im Sinne gehabt, sei zweifellos jene in §. 13 der „Pro-
legomena zu jeder künftigen Metaphysik" (s. §. 57 d. Ausg. v. 1783
oder S. 36 der Kirchmann'schen Ausg. Berlin 1869):

„Diejenigen, welche noch nicht von dem Begriffe loskommen
können, als ob Raum und Zeit wirkliche Beschaffenheiten wären, die
den Dingen an sich selbst anhingen, können ihre Scharfsinnigkeit
an folgendem Paradoxon üben und, wenn sie dessen Auflösung vergebens versucht haben, wenigstens auf einige Augenblicke von Vorurtheilen frei, vermuthen, dass doch vielleicht die Abwürdigung des
Raumes und der Zeit zu blosen Formen unserer sinnlichen Anschauung
Grund haben möge."

Kant zeigt nun an dem Beispiele zweier sphärischer Triangel,
an dem vom rechten und linken Handschuh und am Spiegelbild der
Hand den durchgreifenden Unterschied in der Anordnung der Theile
nach verschiedenen Richtungen (ohne jedoch diesen Begriff
„Richtung" zu gebrauchen *) und schliesst:

„Wir können daher auch den Unterschied ähnlicher und gleicher
aber doch incongruenter Dinge (z. B. widersinnig gewundener Schnecken)
durch keinen einzigen Begriff verständlich machen, sondern nur durch
das Verhältniss zur rechten und linken Hand, welches unmittelbar
auf Anschauung geht."

Wenn man dies zusammenhangslos (so nackt hingestellt) auffasse, liesse sich freilich nicht begreifen, wie Kant hieraus den Raum
als blosse Form der sinnlichen Anschauung **) habe hinstellen
können. Denn es sei nur bewiesen, dass der Raum unabhängig von
den Körpern (für sich) bestehe, und dass er nicht (bloss) eine Beschaffenheit derselben sei. Aber Kant habe sich ja mit diesem

---

*) Kant drückt sich hier sehr dunkel aus. Vgl. z. B. die Stelle S. 37
d. Kirchm. Ausgabe: „sinnliche Anschauungen d. i. Erscheinungen, deren
Möglichkeit auf dem Verhältniss gewisser an sich unbekannten Dinge
zu etwas Anderm, nämlich unserer Sinnlichkeit beruht."
**) „Form der Anschauung" ein unklarer Begriff. Verf. erklärt
ihn als „Apparat unsers Intellekts" durch den wir Vorstellungen von
den Dingen erhalten. Man hat diesen Ausdruck auch — und vielleicht noch
zweckmässiger — übersetzt durch „Brille, durch welche wir die Dinge
anschauen," oder „die (räumliche) Form, in welche wir die Dinge giessen."
Durch eine andere Brille würden sie uns anders erscheinen, in eine andere
Form gegossen, würden sie andere Gestalt gewinnen.

Resultate nicht begnügt, er habe vielmehr durch eine Reihe (nach Verf. Ansicht unwiderlegbarer) Schlüsse gezeigt, dass der Raum nichts weiter sei als die Form unsers äussern Sinnes d. h. derjenige Apparat unsers Intellekts, durch den wir Vorstellungen haben können. Hierauf reproducirt Verf. den Gedankengang Kant's.

Obgleich nun Referent über diesen Gedankengang nur auf die Darstellung des Verfassers zu verweisen brauchte, so kann er doch nicht umhin, wegen der weiter unten dargelegten Verschiedenheit seiner Ansicht diesen Gedankengang hier kurz zu reproduziren:

Kant sagt, zwar fange alle unsere Erkenntniss mit Erfahrung an, aber desswegen entspringe sie noch nicht alle aus Erfahrung, „denn es könnte wohl sein, dass selbst unsere Erfahrungserkenntniss ein Zusammengesetztes aus dem sei, was wir durch Eindrücke empfangen und dem, was unser eigenes Erkenntnissvermögen aus sich selbst hergiebt." Die Erfahrung wäre also gleichsam ein Rohstoff, den der Apparat unsers Erkenntnissvermögens erst bearbeitet (zubereitet). Solche Erkenntnisse (sagt d. Verf.), die ihren Erkenntnissgrund nicht in dem haben, was die Erfahrung lehrt, sondern in dem, vermöge dessen überhaupt erst Erfahrung möglich ist, nämlich in der Natur (Form) unsers Erkenntnissvermögens: heissen Erkenntnisse *a priori*. Giebt es wirklich solche Erkenntnisse *a priori?* Ja, und zwar erstens hinsichtlich der Urtheile.

Da Erfahrung nur lehrt, dass etwas so oder so beschaffen, aber nicht, dass es nicht anders sein könne (oder dass es so sein müsste, wie es eben ist), so giebt Erfahrung den Urtheilen immer nur comparative (relative) Allgemeinheit (durch Induction), so dass man streng genommen sagen müsste: „soviel wir bis jetzt wahrgenommen haben, findet sich von dieser oder jener Regel keine Ausnahme," z. B. bis jetzt ist noch kein Punkt der Erdoberfläche gefunden worden, an welchem die Schwere nicht wirkte. Da aber nun bei vielen Urtheilen etwas als nothwendig erscheint, ohne dass wir es aus Erfahrung wissen, z. B. dass eine Farbe nicht ohne eine Fläche gedacht werden (also eine Linie nicht farbig sein) kann oder dass der Raum unbegrenzt, die Zeit anfangs- und endlos ist — so können diese Urtheile nicht aus Erfahrung stammen, sondern sie kommen aus unsrer Fähigkeit, *a priori*, d. h. vor aller Erfahrung zu urtheilen (zu erkennen). Auf diese Urtheile *a priori* und die obigen Beispiele gedenkt Ref. bei Besprechung der zweiten Abhandlung zurückzukommen. Es giebt aber auch Erkenntnisse *a priori*

Zweitens hinsichtlich der Begriffe. Auch Begriffe haben einen Ursprung *a priori* z. B. der Begriff des Raumes.

„Lasst (sagt Kant) von eurem Erfahrungsbegriffe Alles, was daran empirisch ist, nach und nach weg: die Farbe, die Härte oder Weiche, die Schwere, die Undurchdringlichkeit, so bleibt doch der Raum übrig, den er (welcher nun ganz verschwunden ist) einnahm,

und den könnt ihr nicht weglassen." Daher ist Kant der
Raum „eine nothwendige Vorstellung *a priori*, die allen
äussern Anschauungen zu Grunde liegt. Man kann sich
niemals eine Vorstellung davon machen, dass kein Raum
sei, ob man sich gleichwohl denken kann, dass keine Gegenstände
darin angetroffen werden (dass er leer ist). Also (schliesst Kant)
ist der „Raum kein empirischer Begriff, der von äusseren
Erfahrungen abgezogen worden." Und als Beweis fügt er —
wesentlich für seine Ansicht — hinzu: „Denn, damit gewisse Empfindungen auf etwas ausser mir bezogen werden (d. i. auf etwas
in einem andern Orte des Raumes als darinnen ich mich befinde)
im gleichen damit ich sie als ausser und nebeneinander, mithin nicht
blos verschieden, sondern als in verschiedenen Orten vorstellen könne,
dazu muss die Vorstellung des Raumes schon zu Grunde
liegen." So ist denn auch nur dadurch, dass der Raum ursprüngliche Anschauung ist, Geometrie möglich, denn aus blossen Begriffen lassen sich nicht Sätze ziehen, welche über den Inhalt der
Begriffe hinaus gehen, wie sich z. B. aus den Begriffen „Gerade"
und „Punkt" nicht der Satz ableiten lässt: zwei Gerade schneiden
sich in nur einem Punkte.

Wie ist nun aber diese ursprüngliche Anschauung möglich, oder,
wie Kant fragt, „wie kann nun eine äussere Anschauung dem Gemüthe
beiwohnen, die vor den Objecten selbst vorhergeht und in welcher der
Begriff der letztern *a priori* bestimmt werden kann?" Antwort:
„Offenbar nicht anders, als sofern sie bloss im Subjecte, als
die formale Beschaffenheit desselben, von Objecten affi-
zirt zu werden, und dadurch unmittelbare Vorstellung derselben d. i. Anschauung zu bekommen, ihren Sitz hat, also
nur als Form des äussern Sinnes überhaupt," d. h. doch
wohl nichts anderes, als: wir besitzen in userm Erkenntnissvermögen
einen Apparat, mit dem wir gewissermassen das Rohmaterial der
Erfahrung erst verarbeiten oder zurecht machen oder eine Art Brille,
durch die wir die Objecte der Erfahrung anschauen müssen. Daraus
entsteht nun ein Produkt, welches Kant unter dem obengenannten
„Zusammengesetzten" (nämlich aus Erfahrung und Erkenntnissvermögen) zu meinen scheint.

Der Hr. Verfasser fügt, offenbar als Zustimmung zur Kant'schen
Argumentation, hinzu: „Der Umstand allein, dass wir nicht im Stande
sind, zu denken, dass kein Raum wäre, wohl aber, dass kein Object
darin angetroffen werde, beweist schon, dass der Raum mit der
Natur unseres Vorstellungsvermögens unzertrennlich verwachsen, also subjectiver, nicht objectiver Natur sei, d. h. eine
der Bedingungen, vermöge der alllein wir Vorstellungen der Dinge
ausser uns haben."

Hierzu seien dem Ref. einige Bemerkungen gestattet: Referent gehört zu denen, die von der Existenz des objectiven Raumes (wie der Zeit), einer Existenz, die unabhängig ist von der Natur des menschlichen Geistes, so fest überzeugt sind, dass ihnen diese Wahrheit über allen Zweifel erhaben erscheint. Der Grund dieser Ueberzeugung ist höchst einfach: weil, wie sich schon durch die Astronomie und Geologie beweisen lässt, Raum bereits vor der Existenz der Menschen, also unabhängig vom menschlichen Geiste war und weil kein Grund vorhanden ist, warum er nicht auch (wie die Zeit) nach dem Aussterben des Menschengeschlechts sein sollte. Beide, Raum und Zeit, sind Grundbedingungen alles Seins, Grundexistenzen und als solche nicht blos Gedankendinge, wofür sie manche Philosophen ausgeben.*) Ob es ausser Raum und Zeit noch andere Grundexistenzen, oder ob es für andere Wesen solche giebt, werden wir Menschen nie ergründen, da wir eben gar nicht weder körperlich noch geistig aus Raum und Zeit hinauskönnen, wie der Fisch gewiss kein Gefühl (wir würden bei Menschen sagen „Vorstellung“) hat vom Leben in der atmosphärischen Luft. So weit scheint auch der Hr. Verf. mit dem Ref. auf gleichem Boden naturphilosophischer Anschauung zu stehen, sonst könnte er (S. 24) nicht sagen, es sei unmöglich, dass kein Raum sei, gewesen sei und sein werde, könnte nicht (S. 28) von einem wirklichen und (S. 13) vom objectiven Raume reden. Aber die Uebereinstimmung hört sofort auf, wenn der Hr. Verf., wie es scheint, mit Kant den subjectiven Raum noch für eine Form unserer Anschauung (eine Art dem Geiste angewachsene Brille) hält. Allerdings begleitet alle unsere Vorstellungen und Anschauungen der Dinge, die Vorstellung und Anschauung des Raumes, d. h. das innere Bild des Raumes, das wir mit uns herumtragen. Diese Vorstellung ist mit allen Vorstellungen von den Dingen innig verwachsen, sie ist eine *conditio sine qua non* unsers Vorstellens. Und warum? Nicht etwa weil sie sozusagen eine „angeborenene Idee“ ist, sondern weil

---

*) Unter diese gehört sogar Herbart. Denn er sagt (Werke I, §. 121): „Wie das Unendlich-Kleine, so hat auch das Unendlich-Grosse in Zeit und Raum seine Schwierigkeiten. Zwar in Hinsicht der Zeit und des Raumes selbst sind dergleichen Schwierigkeiten nur eingebildet und sie können höchstens entstehen, wenn man sich selbst die gemeine und richtige Vorstellungsart verdirbt, nach welcher Zeit und Raum als leere Formen bloss die Möglichkeit anzeigen, dass in beliebigen Distanzen ein Dasein und Geschehen könne angetroffen werden. Das Leere kann dieser Möglichkeit keine Grenzen setzen; daher müssen Zeit und Raum als unendliche Grössen, jene von einer, dieser von drei Dimensionen gedacht werden, jedoch mit gutem Bewusstsein, dass es Gedankendinge sind, die nur entstehen, indem wir jene Möglichkeit in ihrer ganzen Weite zu umfassen suchen; und die nichts mehr bedeuten, wenn abstrahirt wird von der Absicht, das Daseiende und das Geschehende in seinen gegebenen und denkbaren Grenzen aufzufassen.“

sie sich bei der Entwicklung des menschlichen Bewusstseins von
Kindheit auf mit erzeugt, immer erzeugt hat und immer erzeugen wird, so lange es Menschen gab und geben wird. Wie
das Element das Wesen, das in ihm lebt, gestaltet und umgestaltet (Wasser, Fischflossen, Kiemen — Luft, Flügel, Lunge),
wie der Fisch nicht leben kann ausserhalb des Wassers und der
Mensch nicht im luftleeren Raume, so kann auch die menschliche
Seele nicht geistig leben, also, da Vorstellungen zum geistigen Leben
gehören, sich nichts vorstellen ohne den subjectiven Raum, weil ja
alle Dinge nur im Raume sind, auch wir selbst („denn in ihm leben,
weben und sind wir"). Aber nicht blos als nothwendiges Gefäss für
die Dinge erfüllt das Raumbild unsere Vorstellung, sondern, da der
Raum alle Dinge durchdringt, so durchdringt er nicht etwa blos
unsern Körper, sondern auch unsern Erkenntnissapparat. Der Sitz
desselben, das Gehirn, ist nicht blos im Raume, sondern der
Raum ist auch in ihm (durchdringt ihn).*) Hier also wäre diese
dem Geiste anhaftende Brille, dieser Apparat des Intellekts. Deshalb ist es uns unmöglich, eine raumlose Welt zu denken und nur
so hat der Satz einen Sinn: die Vorstellungen von Raum (und Zeit)
sind nothwendige, d. h. aber nicht etwa vor aller Erfahrung! Denn
wann beginnt denn die Erfahrung? Doch mit der Entwicklung des
Bewusstseins! Und dieses Bewusstsein geht vor sich ganz und gar
in den Elementen des Raumes und der Zeit und schlechterdings in
nichts anderem. Aber vor dieser Entwicklung hat der Mensch (das
Kind) noch gar kein anschauliches Bild vom Raume und ein Blind-
geborener, dem überdies die Fähigkeit sich zu bewegen abginge,
würde bei sonst normaler geistiger Gesundheit sicherlich vom Raume
keine Vorstellung haben, weil sie sich nicht erzeugen konnte.

Worin liegt also der Kant'sche Irrthum, wenn er den Raum
als nothwendige Vorstellung *a priori* erklärt? Darin, dass er —
noch ganz abgesehen von der Frage, ob er den subjectiven Raum
mit dem objectiven identifizire — diesem subjectiven (idealen)
Raume, der doch nichts Anderes ist, als das erst erzeugte, aber dann
auch bleibende, immer gegenwärtige, dem Erkenntnissapparat anhaftende Abbild des objectiven Raumes, Selbständigkeit und Un-
abhängigkeit vom äusseren (objectiven) Raume zuschreibt, ihn betrachtet, wie eine angeborene Eigenschaft, während dieser subjective Raum (als Abbild des objectiven) mit der Entwicklung
des Bewusstseins sich doch erst erzeugt. Dieser Irrthum
tritt ganz besonders in den schon oben angeführten Worten Kants
(S. 278) hervor: „Denn damit gewisse Empfindungen etc. . . . .
dazu muss die Vorstellung des Raumes schon zu Grunde

---

*) Es ist möglich, ja sogar wahrscheinlich, dass dieser Umstand die
Täuschung verstärkt, die Raumvorstellung oder das ideale Bild des
objectiven Raumes sei angeboren und vor aller Vorstellung da.

liegen. Dieser Irrthum aber ist jedenfalls durch die Wahrnehmung erzeugt, dass wir (allerdings) den Raum nicht wegdenken können; die Ursache dieser Unfähigkeit ist aber keine andere als, dass wir — was die Stärke des Bewusstseins nicht zulässt —, uns selbst wegkenken müssten. Aber daraus, dass wir den Raum nicht wegdenken können, folgt noch nicht, dass die Vorstellung des Raumes angeboren, eine dem Geiste angewachsene Brille sei, denn das heisst doch das „vor aller Erfahrung (a priori)." Vielmehr hat der Raum nicht mehr Berechtigung als jedes andere Ding in ihm, das wir als Bild in unsern Vorstellungsapparat aufnehmen: der ideale Raum ist Abbild des objectiven Raumes, als des Gefässes für alle (materiellen) Dinge. Nur ist der Unterschied dieser: die Bilder der Dinge wechseln im Flusse der Erscheinungen, der Raum aber bleibt ewig derselbe und kehrt in seiner Einerleiheit und Allgemeinheit als Gefäss für alle Dinge immer wieder mit jedem Dinge in die Vorstellung zurück und setzt sich darin so fest, dass es uns scheint, als gehöre dieses Raumbild vor und also unabhängig von aller Erfahrung zum Erkenntnissapparat, als sei er, um mit Kant zu reden, „eine nothwendige Vorstellung a priori." Aber dies ist eine grobe Selbsttäuschung und das vermeintliche a priori Kants (und der Philosophen überhaupt) ist nichts anderes, als ein eingeschmuggeltes a posteriori.

Die Annahme Trendelenburgs aber, dass der subjective Raum etwas toto genere Verschiedenes vom äussern (objectiven) sei, muss auch Referent mit dem Verfasser verwerfen, sofern diese Verschiedenheit eine andere sein soll, als die zwischen Gegenstand und Bild. Am Schlusse sucht Verf. die Frage zu beantworten, wie es denn möglich sei, dass der Raum die blosse Form der Anschauung sein könne, da doch der Sitz aller Erkenntniss, das Gehirn, selbst im Raume sei. Referenten scheint die Beantwortung dieser Frage durch das Obige erledigt zu sein, und er verzichtet auf den Gedankengang des Hrn. Verfassers einzugehen, namentlich da letzterer selbst vor einem unerklärbaren Räthsel stehen bleibt und mit Schopenhauer ausruft: „welche Fackel wir auch anzünden und welchen Raum sie auch erleuchten mag; stets wird unser Horizont von tiefster Nacht umgrenzt bleiben." (Schopenhauer, W. a. W. II. S. 187.)

Bei aller Verschiedenheit seiner Ansichten kann Ref. doch nicht umhin, diese Abhandlung den Herren Fachgenossen als höchst anregend zum Studium eines Gegenstandes zu empfehlen, welche Mathematikern so nahe liegt, über den aber noch grosse Meinungsverschiedenheit zu herrschen scheint. Die Besprechung der 2. Abhandlung in Verbindung mit der Schrift von Rosanes („über die neuesten Untersuchungen in Betreff unserer Anschauung vom Raume") soll im nächten Hefte folgen.

S. E.

19*

Geometrische Lehrbücher.

I. RECKNAGEL, Dr. GEORG (Professor für Physik und Mathematik am k. Realgymnasium zu München). **Ebene Geometrie für Schulen.** München 1871.

„Die mächtigsten Hilfsmittel einer Lehrmethode, durch welche ein zugleich dauerhafter und fruchtbarer Grund gelegt werden soll, sind **natürliche Anordnung des Stoffes und Anregung der Selbstthätigkeit des Schülers.**" „Wir halten es nicht für genügend, dass der Lehrer einen Satz nach dem andern wie einen Orakelspruch .verkünde, ... wir bemühen uns vielmehr, dass der **Zusammenhang der Sätze nach ihrem Inhalte** klar werde, dass ein behandeltes Thema sich abrunde, kurz dass in der Schule die **genetische Entwicklung und freie Untersuchung** an die Stelle starrer Dogmatisirung gesetzt werde." Im Lehrbuche „muss jeder Satz in sich selbst, d. h. in seinem eigenen **Inhalte**, nicht nur im Beweise des folgenden, den Grund und die Berechtigung seiner Stellung tragen."

Mit diesen Worten bezeichnet der Verfasser sehr treffend das Wesen einer Methode, die zwar noch mit dem 2000jährigen Dogmatismus im Kampfe liegt, der aber der Sieg nicht entgehen kann. Und was in der Vorrede versprochen, ist in der Ausführung getreulich gehalten.

Der eigentliche Text enthält nur das unumgänglich Nothwendige in klarer Auffassung und kurzer verständlicher Form. Die Beweise sind nur da vollständig, wo sie zugleich wichtig und schwierig sind oder als Muster dienen sollen; gewöhnlich ist nur der Gedankengang angegeben oder auf Hilfssätze verwiesen. Daher sind auch nur wenige (in den Text gedruckte) Figuren vorhanden.

Uebungssätze und Aufgaben sind in grosser Zahl und in wohlgeordneter Reihenfolge nicht nur den einzelnen Abschnitten, sondern sehr gewöhnlich den einzelnen Paragraphen beigefügt; zu ihnen gehören alle Sätze, deren Inhalt im Systeme entbehrlich schien. Die Beweise derselben, wenn einigermassen schwierig, sind angedeutet, meist nur durch Hinweis auf die zu benutzenden Nummern. Es wird hierdurch und, wie es scheint, durch bedeutende Erfahrung dem Verfasser möglich, den Haupttext schon von früh an mit interessanten und lehrreichen Uebungen zu begleiten.

Der Inhalt ist in vier Theile gruppirt: 1) Congruenz (nebst Kreis), 2) Flächeninhalt, 3) Form, 4) Cyclometrie. Die Constructionen bilden Anhänge zu dem ersten und dritten Theile. Ein für vorgeschrittene Schüler bestimmter Anhang enthält „isoperimetrische Sätze."

An Klarheit und Correctheit der Auffassung und Darstellung steht das Buch den besten vorhandenen gleich, an pädagogischem

Geschick wird es von keinem dem Ref. bekannten (die in dieser Zeitschrift besprochenen nicht ausgeschlossen) erreicht. Es bezeichnet in der That einen Fortschritt des geometrischen Unterrichts.

Um so mehr legt es dem Ref. die Pflicht auf, die Punkte zu bezeichnen, die einer näheren Erwägung bedürftig erscheinen.

Zunächst einige sprachliche Bemerkungen. Der Verfasser will (§ 42), wie es scheint, nicht Kathéten, sondern Káthěten gesprochen haben, weil das griechische Wort κάθετος heisst; es liegt aber im Charakter der deutschen Sprache, dass, wenn ein fremdes Wort einmal verdeutscht, d. h. mit deutscher Endung versehen wird, der Ton (Accent) gern auf die vorletzte Silbe tritt. So sagen wir z. B. Parenthése, Philosóphen u. s. w., warum also nicht auch Kathéten? Ferner schreibt der Verf. „der umschriebene Kreis,“ während es heissen muss „der umgeschriebene Kreis.“*) Statt die Diagonalen halbiren sich“ möchte ich lieber sagen „halbiren einander.“

Grad wird passender definirt als 360. Theil der ganzen Drehung, nicht als 90. Theil des rechten Winkels. Winkel und Winkelraum zu unterscheiden, halten wir für unnöthig; mindestens ist das Wort „Winkelraum“ fehlerhaft (es bedeutet ja doch keinen Raum) und etwa durch „Winkelfläche“ oder wie Brockmann schreibt, „Winkelebene“ zu ersetzen. — Zusatz 2 in § 26 erfordert noch schärfere Fassung, Zusatz 3 passt besser zu § 23. In § 28 vermisst man den Begriff der Richtung.

Pädagogische Rücksichten verlangen, dass die Beweise, durch welche der Schüler in die geometrische Denkweise eingeführt werden soll, kurz und durchsichtig sind, aber die fast eine Seite lange, verwickelte Deduction mit ihren vielen $>$ und $<$ und ihren $n-1$ Parallelstreifen schreckt den Anfänger ab; überhaupt ist die Parallelentheorie (§ 29—36) zu weit ausgesponnen.

Der Verf. spricht ganz richtig vom allgemeinen Parallelogramm und vom besondern, er wird aber inconsequent, indem er (in § 64) das gleichwinklig-ungleichseitige Parallelogramm Rechteck genannt wissen will und so das Quadrat vom Begriffe des Rechtecks ausschliesst, statt es demselben unterzuordnen. Später (z. B. § 149) subsumirt er den Begriff des Quadrats unter den des Rechtecks, sowie (z. B. in Aufgabe 404) unter den des Rhombus.

Ein empfehlenswerthes Beispiel logischer Correctheit ist die Erklärung des Trapezoids: „Will man von einem Viereck aussagen, dass keine seiner Seiten der (einer) andern parallel ist, so nennt man es Trapezoid.“ Entsprechend müssen die Definitionen des Rhomboids, des „spitzwinkligen“ und „ungleichseitigen“ Dreiecks lauten, wenn man dieselben überhaupt für nöthig hält.

---

*) Ein kleiner Aufsatz darüber vom Ref. folgt im nächsten Heft.
D. Red.

Zu umständlich erscheint uns auch (§ 106) der fast zwei Seiten füllende Beweis des Satzes, dass „in Kreisen von gleichen Radien sich die Bogen wie die zugehörigen Centriwinkel verhalten." Es scheint fast, als habe der Verf. diesen Beweis nur desswegen ausgeführt, weil er ihn für besonders geeignet hielt, den Schüler mit dem Begriffe der Incommensurabilität vertraut zu machen.

„Man ist übereingekommen, die Ausdrücke Grad, Minute, Secunde ebensowohl auf Bruchtheile des Quadranten zu beziehen, wie sie für die gleichen Bruchtheile des rechten Winkels gelten" —: es dürfte dies doch nicht ein (willkürliches) Uebereinkommen sein, sondern eine nothwendige Folge der inneren Verwandtschaft von Kreis und Winkel.

Zu rühmen ist die Anwendung eines wirklichen (nicht umgedrehten) liegenden S im Aehnlichkeits- und Congruenzzeichen.

Die Aufgaben für Construction von Dreiecken, Parallelogrammen, Trapezen, Trapezoiden, Sehnenvierecken etc. sind sehr zahlreich, äusserst kurz ausgedrückt und gut geordnet, mit Bezeichnung der schwierigern. Eine gründliche Behandlung finden die geometrischen Oerter und die Berührungsaufgaben (jedoch ohne das apollonische Problem).

Der zweite Theil zerfällt in vier Abschnitte (Bestimmungsstücke der Grösse, Verhältniss der Flächen, Maass der Flächen und Beziehungen zwischen den Dimensionen eines Dreiecks) und wird dadurch etwas weitläufig, auch öfteren Wiederholungen ausgesetzt. Referent ist der Meinung, dass man sich durch die angeblich wissenschaftlichere Gliederung der Lehre vom Flächeninhalt weiter als gut ist von der natürlichen Einfachheit der Sache entfernt hat. Ich sehe nicht ein, warum man nicht gleich mit der Berechnung des Inhalts des Rechtecks beginnt und darauf nur zeigt, dass sich jedes Parallelogramm in ein Rechteck von gleicher Grundlinie und Höhe verwandeln lässt. Sätze wie „Dreiecke verhalten sich, wie die Produkte aus Grundlinie und Höhe" können nur auf den Rang von Zusätzen Anspruch machen. In dem vierten Abschnitt ist der pythagoräische Lehrsatz geschickt eingeflochten, der alte classische Beweis dürfte jedoch im historischen Interesse wenigstens in einer Anmerkung ein Plätzchen verdienen.

Im dritten Theile (Form der Figuren) enthält der erste Abschnitt die Proportionslehre (obwohl schon im zweiten Theile Proportionen angewandt sind), auch die harmonische Theilung und Einiges über Transversalen, der zweite die Aehnlichkeit geradliniger Figuren (auch die Aehnlichkeitspunkte), der dritte Proportionen im Kreise. Die vier Aehnlichkeitsfälle sind den Congruenzfällen $(a, b$ und γ; a, β und γ; a, b, c; a, b und $\beta)$ entsprechend gereiht (nämlich γ und $\frac{a}{b}$, α und β, $\frac{a}{b}$ und $\frac{b}{c}$, α und $\frac{a}{b}$), wodurch in der That eine recht schöne Uebereinstimmung erzielt wird; freilich musste zu diesem Zwecke (dem Principe des Buches ein wenig widersprechend) der erste Abschnitt einige Sätze enthalten, die man wohl einfacher aus den Aehnlichkeitssätzen ableiten würde, und ferner musste unmittelbar vor letzteren ein Satz eingeschaltet werden (die parallele Transversale schneidet ein ähnliches Dreieck ab), welcher im Wesentlichen den zweiten Aehnlichkeitsfall enthält.

An § 201b hätten sich recht bequem einige oder alle Aufgaben des lehrreichen apollonischen Problems anschliessen lassen. Auch der ptolemäische Lehrsatz würde uns als Uebungsaufgabe willkommen sein, sowie verschiedene andere, die die Proportionen im Kreise voraussetzen.

Indem wir nochmals das Buch angelegentlichst empfehlen und die Ueberzeugung aussprechen, dass unsere Empfehlung vollste Billigung finden werde, sei nur noch bemerkt, dass die äussere Einrichtung gut übersichtlich ist und die Ausstattung allen Ansprüchen der Gegenwart vollständig entspricht.

II. BROCKMANN, F. J. (ord. Lehrer der Math. und Physik am Königl. Gymnasium zu Cleve), Lehrbuch der elementaren Geometrie, für Gymnasien und Realschulen bearbeitet. Erster Theil: Die Planimetrie. Leipzig, B. G. Teubner 1871.

Während das Recknagel'sche Buch, aus rein pädagogischen und, wie es scheint, in bedeutender eigener Erfahrung erkannten und geprüften Rücksichten hervorgegangen, einen ganz eigenthümlichen Weg einschlägt, schliesst sich das Brockmann'sche der bisherigen Behandlungsweise an und sucht nur die „ermüdende Breitspurigkeit und den pedantischen Schematismus der Euklidischen Beweise" zu vermeiden, dabei aber den Umfang „genau nach den Vorschriften der Hohen Schulbehörden abzugrenzen" und dem Schüler einem über das gewöhnliche Maass hinausgehenden Uebungsstoff zu bieten.

Auch Brockmann folgt dem Principe, die Beweise nur anzudeuten und die Zahl der Figuren zu beschränken (das Buch enthält 139 Figuren, das Recknagel'sche nur 38), um die „nicht genug anzuregende Selbstthätigkeit des Schülers" möglichst zu fördern.

Das Buch gehört unzweifelhaft zu den brauchbarsten, die wir haben, insbesondere verdienen die Wissenschaftlichkeit, Correctheit und Schärfe der Auffassung alle Anerkennung. Es bietet dem Schüler, der es wirklich durcharbeitet, wozu gar nicht mehr Zeit gehört, als auf den Gymnasien der Planimetrie gewidmet zu werden pflegt, einen reichen, interessanten, stets zugänglich gemachten und von verschiedenen Seiten beleuchteten[*] Stoff; hierin zumal ist gegenüber

---

[*] So ist z. B. die Construction der Tangente von einem Punkte an einen Kreis auf drei Arten ausgeführt.

den gewöhnlichen Büchern ein bedeutender Fortschritt nicht zu verkennen.

Das Streben nach unbedingter Schärfe des Ausdrucks macht
denselben bisweilen (z. B. Lehrsatz 181) schwerfällig, während andrerseits nicht jede Unklarheit (z. B. Uebungssatz· 53) vermieden ist.

Statt des natürlichen genetischen Zusammenhanges finden sich
oft mehr oder weniger willkürliche Verbindungen z. B. „Als leicht
nachweisbar˙ergeben sich noch folgende Zusätze,“ „Hierüber haben
wir vorzugsweise folgende Lehrsätze aufzustellen,“ „Wir wollen“ etc.
(§ 38, 53, 61, 62, 80 etc.). Sätze, deren Anführung willkürlich
ist, gehören nicht in das System, sondern unter den Uebungsstoff.

Durch die besondere Numerirung der Lehrsätze, sowie der Aufgaben und der Uebungssätze wird das Aufsuchen, zumal da über
der Seite der Inhalt gar nicht angegeben ist, wesentlich erschwert
(z. B. folgen direct hintereinander Aufgabe 10, § 43 und Lehrsatz 52).
Derselbe Gebrauch findet sich zwar auch bei Recknagel, doch sucht
dieser die Nachtheile auszugleichen theils durch Ueberschriften und
Randschriften der Seiten, theils durch ein Register der citirten
Sätze und Constructionen am Ende des Buchs.

Der Stoff ist in 10 Kapitel getheilt: 1) Gerade Linie (Winkel und Parallelen), 2) die geradlinigen Flächenfiguren, A., Seiten
und Winkel des Dreiecks, B., Congruenz etc., C., die Elementaraufgaben. 3) Die Seiten und Winkel des Vierecks. 4) Der Kreis.
5) Der Flächeninhalt geradliniger Figuren. 6) Uebungssätze und
Aufgaben. A., zum 1. und 2. Kap., B., zum 3—5 Kap. 7) Proportionen an geraden Linien und Aehnlichkeit. 8) Uebungssätze
und Aufgaben zum 7. Kap. 9) Die regulären Polygone, Cyclometrie.
10) Anhang: Harmonische Theilung, Pol und Polare, Transversalen,
Maxima und Minima.

Auffallen muss es, dass der Verf. das dritte Kapitel nicht mit
dem zweiten vereinigt hat, da doch das Viereck auch unter die
„geradlinigen Flächenfiguren“ gehört. Fast eben so auffallend erscheinen die „merkwürdigen Punkte des Dreiecks“ als Anhang zum
dritten Kapitel. Die Sätze über die Winkelsumme der Polygone
finden sich im neunten Kapitel. Die Sätze über Proportionen im
Kreise sind ohne besondere Ueberschrift der „Aehnlichkeit der Dreiecke“ eingereiht. Uebungsaufgaben dürfen wohl nicht berechtigt
sein, besondere Kapitel zu bilden.

Die Uebungsaufgaben wird ein Lehrer, der seine Schüler möglichst ununterbrochen zu beschäftigen für nützlich erachtet, am lieb-
sten am Schlusse jedes Kapitels und jeder Unterabtheilung, wenn
nicht schon am Schlusse des Paragraphen aufgeführt wünschen, wobei
nicht ausgeschlossen bleibt, dass jedem Abschnitte wieder ein Paragraph mit vermischtem Uebungsstoff folgen kann. Die Auswahl und
Behandlungsweise der Uebungsaufgaben (wie überhaupt die Art der

Entwickelungen und Beweise) macht, vom wissenschaftlichen Standpunkte betrachtet, dem Verf. alle Ehre, aber die Zusammenhäufung
derselben in grosser Zahl ohne alle Gruppirung erschwert die Auswahl und nöthigt den Lehrer diese Gruppirung erst selbst vorzunehmen, z. B. im 6. Kap. die Sätze und Aufgaben auszusuchen, die
nur das dritte oder das dritte und vierte Kap. voraussetzen.

Im Einzelnen möchte noch Folgendes zu bemerken sein.

Die Definitionen in der Einleitung sind scharf und logisch correct. Sehr wohl angebracht finde ich z. B. die der Definition der
Kreislinie folgende Bemerkung: „Aus dieser Erklärung ergiebt sich
zunächst die Nothwendigkeit, dass die Kreislinie eine in sich selbst
zurücklaufende, geschlossene krumme Linie ist. Man verbindet desshalb mit dem Begriffe der Kreislinie zugleich den des von ihr eingeschlossenen Theiles der Ebene: der Kreisfläche; woraus der gemeinschaftliche Gebrauch des Wortes „Kreis" für die Linie und die
Fläche erklärt werden muss."

Die Parallelentheorie ist auf den (Grund-) Satz gegründet, dass
durch einen Punkt sich nur eine Parallele ziehen lässt.

Die Winkel sind Anfangs meist mit griechischen Buchstaben
bezeichnet, bei den Flächenfiguren wird aber die Bezeichnung durch
kleine lateinische oder auch häufiger durch drei Buchstaben durchaus vorherrschend. Ref. kann nicht begreifen, warum man die zumal beim Dreieck so bequeme Bezeichnung der Punkte durch grosse,
der Linien durch kleine lat., der Winkel durch kleine griechische
Buchstaben verschmäht. Die Rücksicht auf die Trigonometrie, besonders auf die Sphärik, sollte allein schon für diese Bezeichnungsweise entscheiden; wer kann im Zweifel sein, ob es / bequemer sei,
zu sprechen $\frac{\sin \alpha}{\sin \beta} = \frac{\sin a}{\sin b}$ oder $\frac{\sin A}{\sin B} = \frac{\sin a}{\sin b}$? ob es bequemer sei,
(Aufgabe 53) zu sagen: Ein Dreieck zu construiren, aus $c, a + b$
und γ oder „Ein Dreieck zu construiren aus der Grundlinie, der
Summe der beiden andern Seiten und dem Winkel an der Spitze"?

. Manches scheint bloss bestimmt, den Schüler zur Beantwortung
der gebräuchlichen Examenfragen*) zu befähigen, z. B. „Die Dreiecke
werden in zweifacher Hinsicht eingetheilt: nach den Seiten und nach
den Winkeln." Auch „die Vierecke werden eingetheilt in drei
Klassen. Sie heissen 1) gewöhnliche, ordinäre Vierecke, 2) Paral-
leltrapeze, 3) Parallelogramme." Von diesen Begriffen ist der folgende stets dem vorhergehenden subordinirt, daher ist die Eintheilung
nicht logisch richtig. Der Fehler zeigt sich sofort im Lehrsatz 35:
„Von dem ordinären Vierecke gilt vorzugsweise: Die Summe der
4 Winkel eines Vierecks beträgt 4 R." Als ob dieser Satz nicht

---

*) Es ist freilich denkbar, dass es Schulräthe giebt, die über die Leh-
rer ein ungünstiges Urtheil fällen, wenn seine Schüler die Frage nach der
„Eintheilung" der Dreiecke oder Vierecke nicht zu beantworten wissen.

auch vom Paralleltrapez und Parallelogramm gälte; und was soll
„vorzugsweise" bedeuten? Der Verf. will offenbar sagen: Von
jedem Viereck oder vom Viereck schlechthin oder im Allgemeinen
gilt der Satz.

Entsprechend heisst es in § 37, „dass es im Ganzen vier verschiedene Arten Parallelogramme giebt." Ref. hat schon an anderer
Stelle*) nachzuweisen gesucht, dass die „verschiedenen Arten Parallelogramme" nicht coordinirt, sondern subordinirt sind; letzteres folgt
schon daraus, dass es für das Rhomboid keinen einzigen positiven Satz
giebt, der nicht zugleich für die übrigen „Arten" gälte. Weiter sagt
der Verf. (§ 38): „Die verschiedenen Arten von Parallelogrammen
haben hervorzuhebende Eigenschaften in Bezug auf die Diagonalen,
die wir in den folgenden Lehrsätzen zusammenstellen. Lehrsatz 41:
In einem Parallelogramm halbiren sich die Diagonalen." Abgesehen
von der Schwerfälligkeit des Ausdrucks sieht man nicht, was dieser
erste Lehrsatz mit den „verschiedenen Arten" zu thun hat, und aus
dem Nachsatze möchte man schliessen, dass diese Sätze willkürlich
seien. In den folgenden Lehrsätzen kommen die Namen Rechteck
und Rhombus gar nicht vor, sondern „rechtwinkliges" und „gleichseitiges Parallelogramm," was dem Verf. als Fingerzeig dienen
konnte, dass die Definitionen von Rechteck (gleichwinkliges, ungleichseitiges) und Rhombus (gleichseitiges schiefwinkliges P.)
nicht passen. Weiterhin wird verlangt, „ein Parallelogramm (oder
Dreieck) in ein Rechteck zu verwandeln;" dies ist aber, wenn des
Verf. Definition des Rechtecks richtig ist, nicht immer möglich,
wenigstens kann nach der Construction in § 63 (Aufg. 16 und 20)
der Fall vorkommen, dass kein Rechteck, sondern ein Quadrat
entsteht. Offenbar ist in § 63 die Definition aus § 37 vergessen!

Die Lehre vom Flächeninhalt ist zu künstlich, insbesondere
konnten die Sätze 89 und 90 einfacher behandelt werden.

Der pythagoräische Lehrsatz ist mit Hülfe der Projectionen entwickelt, was in der Hauptsache mit dem gewöhnlichen Beweise
übereinstimmt.

Aehnlichkeit definirt der Verf. nicht, wie Recknagel, als Gleichheit der Form (woraus dann die Kriterien der Aehnlichkeit hergeleitet werden), sondern er sagt: „Zwei geradlinige Figuren
werden ähnlich genannt, wenn je zwei entsprechende Winkel, sowie
die Verhältnisse je zweier entsprechenden Seiten beider Figuren
gleich sind." Auch hieraus ersieht man, dass der Verf. das Bedürfniss genetischer Entwicklung nicht kennt.

Der Verf. schreibt ebenfalls „der umschriebene Kreis" satt „der
umgeschriebene."

---

*) S. diese Zeitschrift Bd. II, 519.

Das Endurtheil lässt sich dahin zusammenfassen, dass durch das ganze Buch ein wissenschaftlicher Geist herrscht, dass die Uebungssätze und -aufgaben zumal in den höheren (schwierigeren) Theilen der Planimetrie Anerkennung verdienen, dass die Beweise sich durch Kürze und Eleganz auszeichnen, dass aber der natürliche Zusammenhang der Sätze nicht deutlich genug hervortritt, auch durch Willkürlichkeiten ersetzt ist.

Die Ausstattung ist die rühmlichst bekannte des Teubner'schen Verlags.

HofMANN, F. (Prof. d. Math. am k. Gymnas. z. Bayreuth), Sammlung von Aufgaben aus der Arithmetik und Algebra für Gymnasien und Gewerbeschulen in 3 Theilen. II. Th. algebr. Aufgaben. 4. Aufl. 324 S.

Schon die Seitenzahl (324 S. gegen 286 S. der 2. Aufl. 1856) zeigt eine nicht unbedeutende Vermehrung dieser Auflage, welche ihren Grund in der Hinzufügung eines neuen Abschnittes (V) hat. Da wir nicht wissen, ob derselbe schon in der 3. Auflage hinzugefügt gewesen ist, so theilen wir den Inhalt desselben mit:

a) Multiplication und Division mit negativen Exponenten 119 Beisp.
b) Potenzirung und Wurzelextraction . . . . 125 „
c) Potenzen mit gebrochenem Exponent . . . . . 124 „
d) Vermischte Aufgaben . . . . 37 „

während Abschnitt II der Eintheilung und Aufgabenzahl nach unverändert ist.

Für die allgemeine Arithmetik ist diese Sammlung anerkanntermassen brauchbarer, als die von Heis. Sie bietet nicht nur grössere Auswahl, sondern ist auch methodischer im Uebergang vom Leichten zum Schweren. Dabei ist sie sehr übersichtlich geordnet. Man vergleiche z. B. den Abschnitt über Faktorenzerfällung (ein meist vernachlässigtes und doch sehr wichtiges Capitel) und den damit zusammenhängenden Abschnitt vom Aufheben der Brüche mit den gleichen Abschnitten in anderen Sammlungen; so hat man bei Hofmann (S. 70—71) 79 Aufg., bei Heis 19 Aufg. (Nr. 38—61. § 28), bei Bardey (S. 27) 62 Aufg. — Die Quadrirung zusammengesetzter Ausdrücke (Binome, Trinome etc.) ist bei Heis zerstreut in § 16, § 33b und § 40, bei Bardey in Absch. XI eingeflochten; bei Hofmann aber aus einem Gusse S. 65. VI und VII.

Bei den Gleichungen geht der Verfasser in dieser Abtheilung nur bis zu den Gleichungen 1. Gr. mit mehreren Unbekannten, und zwar ohne Anwendungen. Ausserdem giebt er die Kettenbrüche und diophantischen Gleichungen. Der 3. Theil soll nach einer Mittheilung der Verlagshandlung ebenfalls bald in neuer (3.) Auflage erscheinen.

Er enthält: Vermischte Reductionen, Logarithmen, Gleichungen des
2. Gr., Anwendungen der Gl. des 1. Gr. mit mehreren Unbekannten und vom 2. Gr., arithm. und geom. Reihen, Zinseszins- und
Rentenrechnung, endlich noch figurirte Zahlen, binom. und polynom.
Lehrsatz, Permutationen, Variationen, Combinationen, Wahrscheinlichkeitsrechnung.

Einen (wohl längst anerkannten) Vorzug hat auch hier Hofmann vor Heis darin, dass er die Zahlenwerthe der allgemeinen
Grössen in den angewandten Aufgaben zur beliebigen Auswahl
mehrfach giebt, wodurch die Wiederbenutzung derselben Aufgabe
für andere Schuljahrgänge ermöglicht wird. Im Allgemeinen möchte
Ref. jedoch von den Gleichungen ab der Sammlung von Heis aus
mancherlei Gründen den Vorzug geben.

Es dürfte überflüssig sein, zum Lobe dieser bewährten Sammlung, die sich selbst genug empfohlen hat, noch mehr hinzuzufügen.

D. Herausgeber.

Bopp, C. (Prof. d. Math. und Naturw. in Stuttgart). Acht Wandtafeln für
    den physikalischen Anschauungsunterricht. 3. nach
    dem neuesten Standpunkte der Wissenschaft und Technik
    umgearbeitete Auflage. Nebst Text dazu: „Die gemein-
    nützigsten Anwendungen von Naturkräften für Schul- und
    Selbstbelehrung" mit 15 Abb. 4. Aufl. Ravensburg b. Ulmer
    1872 (56 S.) Pr. 2$\frac{2}{3}$ Thlr.

Diese rühmlichst bekannten und vielfach benutzten, in dieser
Zeitschrift aber noch nicht besprochenen Wandtafeln des um den
Realunterricht in Volksschulen hochverdienten Herrn Verfassers enthalten Taf. 1) den Schreibtelegraph (Doppelblatt), 2) Auge
und Linsen, 3) Luftpumpe, 4) (Wasser-) Pumpen, 5) Feuer-
spritze, 6) hydraulische Presse, 7) Locomotive (Doppelbl.),
8) Gasanstalt, und sind ein vorzüglich für Volksschulen aber
auch in Mittelschulen (Gymnasien und Realschulen) und Seminarien
brauchbares physikalisches Anschauungsmittel. In der Zeichnung ist
mit richtigem pädagogischem Takte zur Fixirung der Aufmerksamkeit
alles Nebensächliche und Complizirte fortgelassen oder nur angedeutet,
z. B. bei Nr. 3) die Barometerprobe und bei 1) das Relay. Ueberall
zeigt sich Sparsamkeit und Mässigung, nichts ist überladen. Der
Verf. hat sich bemüht in dieser Auflage Deutlichkeit und Anschaulich-
keit zu erhöhen. Die Grösse der Tafeln genügt. Wollte man, wie
der Vorrede nach gewünscht worden ist, dieselben noch grösser
haben, dann würde man, wenn eine ganze Classe alle Theile genau
erkennen sollte, die Tafeln gleich sehr bedeutend vergrössern,
also auch vertheuern müssen. Die genauere Ansicht wird nicht
ohne Anschauung in der Nähe möglich sein, was sich auch nach

der Lehrstunde thun lässt. Einige der Tafeln (Locomotive und Telegraph) sind ausserdem als Flachmodell eingerichtet und käuflich zu haben. Die Beschreibung der Apparate und Versuche im Text ist einfach und klar. Uns hat besonders gefallen die Art, wie der Verf. bei der hydraul. Presse (Taf. b.) das Pascal'sche Princip experimental erläutert, eine gewöhnlich schwache Partie der Lehrbücher, bei der man nicht selten auf ein „ideales Experiment" verweist. Der Text ist übrigens durch die in Holzschnitten ausgeführten verkleinerten Abbilder der Tafeln an den betr. Stellen bereichert.

Dass durch dieses Lehrmitttel wirklich einem Bedürfniss abgeholfen worden ist, beweisen die vielen Einführungen und Empfehlungen der Unterrichtsministerien, z. B. des preussischen, bayerischen, würtembergischen und hessischen. Sogar eine Ausgabe für die ungarischen Schulen ist erschienen.

Vielleicht gefällt es dem Hrn. Verf. bei einer nächsten Auflage dieselbe durch einige Tafeln aus der Mechanik zu vermehren oder eine erweiterte Section für höhere Schulen auszuarbeiten. Wir wünschen diesem instruktiven Lehrmitttel die grösstmöglichste Verbreitung.

D. Red.

Physikalische Lehrbücher.

I. Anfangsgründe der Physik für den Unterricht in den oberen Klassen der Gymnasien, Realschulen, sowie zur Selbstbelehrung, von KARL KOPPE; mit 338 in den Text eingedruckten Holzschnitten und einer Karte; elfte, vielfach verbesserte Aufl.; Preis 1 Thlr. 8 Sgr. Essen, Bädecker. 1871.

II. Lehrbuch der Physik für Gymnasien, Realschulen und andere höhere Bildungsanstalten, von Dr. J. HEUSSI (Parchim); vierte, gänzlich umgearbeitete Auflage; mit 440 in den Text gedruckten Abbildungen und einer farbigen Spektraltafel. Leipzig, Paul Frohberg. 1871.

III. Lehrbuch der Physik für Gymnasien, Realschulen und andere höhere Lehranstalten; von Dr. J. R. BOYMANN (Coblenz); mit 300 in den Text eingedruckten Holzschnitten; zweite vermehrte und verbesserte Auflage; Köln und Neuss, L. Schwann. 1871.

IV. Grundriss der Experimentalphysik, zum Gebrauche beim Unterricht auf höheren Lehranstalten und zum Selbststudium, von E. JOCHMANN, mit 292 Holzschnitten. Berlin, Springer. 1872.

Die vier genannten Lehrbücher der Physik für höhere Lehranstalten enthalten so ziemlich alle denselben Stoff, in derselben

Ausdehnung und in derselben Anordnung; nur dass Heussi einen Abriss der Chemie nicht giebt, während Jochmann*) dem Abriss der Chemie noch Einiges über die Krystallsysteme hinzufügt. Wenn Heussi gegen die Art, wie die Chemie in den physikalischen Lehrbüchern abgehandelt zu werden pflegt, polemisirt, so können wir ihm darin nur Recht geben; eine solche allgemeine Darstellung der chemischen Gesetze, ohne dass die Schüler vorher auch nur einigermassen mit den Erscheinungen bekannt gemacht worden sind, giebt ein sehr zweifelhaftes Wissen. Man sollte denn doch zunächst eine Reihe von Versuchen vorführen, um dem Schüler einen klaren Begriff von Verbindung und Zersetzung beizubringen, um daran alsdann die allgemeinen Gesetze anzuschliessen; auch scheint es überflüssig, ein Uebermass von solchen Gesetzen, die doch nicht hinreichend begründet und für diesen Standpunkt zu hoch sind, zusammenzustellen.

Was nun den Umfang der Bücher betrifft, so enthalten sie wenigstens für ein Gymnasium offenbar des Guten zuviel; am knappsten ist noch Jochmann, am ausgedehntesten Koppe und Heussi. Der tüchtige Schulmann Koppe gesteht das Uebermaass auch zu; er hat eine Reihe von §§ besternt, die beim Unterrichte weggelassen werden könnten. Freilich sollen die Bücher verschiedenen Zwecken dienen; jedenfalls aber ist es besser, wenn ein Buch einen bestimmten Zweck ins Auge fasst und dann auch ziemlich genau das giebt, was für diesen Zweck nothwendig ist. Namentlich aber sollten in einem Schulbuche nicht zuviel Kleinigkeiten gehäuft sein.

Noch bemerken wir, dass Jochmann (resp. Hermes) meist nur schematische Figuren bringt; wir wollen mit dem Verfasser hierüber nicht rechten; man kann Verschiedenes dafür geltend machen, indessen glauben wir, dass wenn der vollständige Apparat ebenso leicht verständlich ist, wie die blos schematische Figur, es besser sei, den ersteren abzubilden.

Eine kleinliche Kritik wollen wir nicht üben und bemerken deshalb bloss noch, dass alle vier genannten Bücher als gute bezeichnet werden können.

WIESBADEN.   KREBS.

FRICK, Dr. J. (Grossh. bad. Oberschulrath). Anfangsgründe der Naturlehre. Siebente Auflage. Freiburg bei Fr. Wagner.

Wie man von dem durch seine physikalische Technik so weitberühmten Verfasser wohl erwarten durfte, ist diese kleinere Schrift

---

*) Jochmann ist der bekannte Herausgeber der Fortschritte der Physik, welche von verschiedenen Berliner Gelehrten zusammengestellt werden. Er ist am 22. Januar 1871 in Liegnitz gestorben und das vorliegende Lesebuch ist eigentlich von seinem Nachfolger im Amte, O. Hermes, der es als Manuscript im Nachlass vorfand, herausgegeben worden.

eine ganz vortreffliche. Dieselbe ist als Schulbuch für die Hand
des Schülers bestimmt und soll hierzu die nöthigen Grundlagen klar
und bestimmt geben, was auch in vorzüglicher Weise gelungen ist.
Der Lehrer soll durch die Anordnung des Inhaltes keineswegs gebunden sein, seinen Unterricht nach der ihm für die Fassungskraft
und Vorbildung seiner Schüler passendsten Methode zu geben. Das
Buch aber soll das in diesem Unterricht Gewonnene festhalten.
Wegen dieses bestimmten Zweckes des Buches hält es sich eben so
fern von einer technischen Naturlehre, wie von einer für die Zwecke
des Selbstunterrichts nöthigen Breite und Ausführlichkeit, obgleich
es nicht unterlässt, die Anwendungen im Leben hervorzuheben, es
aber dem Lehrer überlässt, je nach Bedürfniss in ein technisches
Detail einzugehen. Dem sehr klar gehaltenen Text sind zahlreiche
meist schematische Figuren beigegeben, welche die Erläuterung der
Gesetze sehr erleichtern.

Diese Vorzüge werden dem Buche, das bisher schon eine bedeutende Verbreitung gefunden, sicher zahlreiche neue Freunde verschaffen.
STUTTGART. · BOPP.

KRIST, Dr. Jos. (Kais. k. Landesschulinspector). Anfangsgründe der Naturlehre für die unteren Klassen der Mittelschulen.
Vierte Auflage. Wien bei Wilh. Braumüller.

Der Unterricht in der Naturlehre an gewerblichen Anstalten
hat offenbar andere Zwecke, als der an Latein- und Realschulen.
Während der erstere mehr die technische Verwendung und Ausbeutung der Naturkräfte in Aussicht zu nehmen hat, muss der
letztere ein Hauptaugenmerk auf die harmonische und formelle
Geistesbildung richten. Deshalb müssen auch die Lehrbücher, welche
für diese beiden Richtungen des Unterrichts dienen sollen, verschiedenen
Inhalt haben. Von diesem Gesichtspunkte ausgehend, hat der Verf.
zwei besondere Behandlungen der Naturlehre bearbeitet, deren eine
vorzugsweise für gewerbliche Fortbildungsschulen und verwandte
Lehranstalten bestimmt ist, während die andere oben angeführte die Bedürfnisse der unteren Klassen der Latein- und Realschulen berücksichtigt.
Entgegen der so oft wiederholten Anordnung der Unterrichts-
bücher für Naturlehre, welche ohne Berücksichtigung der Methodik
des Unterrichts nur ein System der Wissenschaft zu geben bemüht
sind, giebt das vorliegende Buch den Stoff zugleich in methodischer
Anordnung und Behandlung. Es werden zuerst Versuche und Erscheinungen vorgeführt und aus diesen dann die Gesetze gefolgert.
Dieselben sind in prägnanter bestimmter Sprache ausgesprochen und
auch im Druck besonders hervorgehoben, so dass man sie gleichsam
aus dem übrigen Text heraustreten sieht. Diese Behandlungsweise

ist logisch sehr bildend, der Schüler sieht oder erfährt gewisse Erscheinungen, welche die Prämissen bilden zu Schlüssen über die wirkenden Ursachen, welche durch weitere Erfahrungen bestätigt immer fester begründet werden und sich endlich zu allgemein wirkenden Naturgesetzen erheben. Nicht erst aus der mehr oder weniger glücklichen Behandlung dieses Unterrichtsstoffes, sondern so oft er sein Buch öffnet, drängt sich ihm auf, wie der Verfasser am Schluss seiner Einleitung so treffend hervorhebt: „Um die verschiedenen in der Natur vorkommenden Erscheinungen zu erklären, mussten auch verschiedene Kräfte angenommen werden, das eigentliche Wesen dieser Naturkräfte kennen wir nicht; wir erfahren das Dasein und die Wirkungsweise derselben nur dadurch, dass unter ihrem Einfluss Körper in neue Zustände versetzt werden oder Veränderungen erleiden, welche wir mit unseren Sinnen wahrzunehmen vermögen. Die Naturlehre muss sich daher auf Versuche und Beobachtungen, also auf die Erfahrung gründen; die Naturlehre ist demnach eine Erfahrungswissenschaft."

Bei dieser Behandlungsweise des Unterrichtstoffes im Schulbuche ist es schlechterdings unmöglich gemacht, die Naturlehre anders als experimentell zu behandeln.

Ein besonderer Vorzug dieses Buches ist es auch, dass es die Klippe, an welcher die experimentelle Behandlung so oft scheitert und in eine blos rechnende umschlägt, nämlich die Lehre von Gleichgewicht und Bewegung nicht gleich an den Anfang des Buches stellt, sondern zuerst mit den Kräften selbst durch ihre Wirkungen Bekanntschaft schliessen lässt und dann erst, wenn dadurch ein sicherer Untergrund gewonnen und der Schüler unterdessen in den mathematischen Disciplinen mehr vorgerückt ist, die Lehre vom Gleichgewicht und der Bewegung bringt, und diese dann bei den Wirkungen der Molekularkräfte, bei der Lehre vom Schall und Licht verwerthet.

Die vortreffliche Ausstattung in Papier, Druck und Illustrationen, verbunden mit einem verhältnissmässig niederen Preis empfehlen ebenso sehr in äusserlicher Beziehung dieses Buch für die Hand der Schüler, als es sein reicher wohlgeordneter Inhalt werthvoll macht.

B.

———————

WEINHOLD, A. F. (Prof. an d. k. s. Gewerbeschule zu Chemnitz). Vorschule der Experimentalphysik. Zweiter Theil. Leipzig, bei Quandt und Händel. 1872. (Vergl. Bd. II. S. 248.)

Mit diesem zweiten Theile ist die Vorschule zur Experimentalphysik abgeschlossen. Es ist ein verdienstliches Werk des Verfassers, in diesen beiden Theilen eine Summe von seltenen Erfahrungen zum Gemeingut gemacht zu haben. Dieselben sind für jeden Freund des Selbstarbeitens in der Physik von ganz unschätzbarem Werth. Was aber das Ganze noch schätzenswerther macht, ist die Verbindung der Belehrung über Anfertigung von Apparaten mit der Anleitung zu Anstellung von Versuchen und Herleitung der Schlüsse, deren Zusammenfassung zum Naturgesetz führt. Durch diese Verbindung und durch seine Vollständigkeit in allen Zweigen der Physik steht das Buch einzig da in der naturwissenschaftlichen Literatur. Dasselbe ist in der Behandlungsweise ebenso originell und solid, wie in den Illustrationen, keine derselben ist von andern Werken entlehnt, alle sind mit Angabe der Grösse entweder in anisometrischer Projection oder in technischem Riss gezeichnet.

Es unterliegt keinem Zweifel, dass dieses Buch allen denjenigen, welche sich praktisch mit Physik. beschäftigen, ein ganz sicherer Leiter sein wird. B.

Möhl, Dr. H., Oro-Hydrographische und Eisenbahn-Wandkarte von Deutschland. Maassstab 1 : 1,000,000. 12 Blatt in Farbendruck. Cassel 1871, Theodor Fischer. 4⅔ Thlr.; aufgezogen in Mappe 6⅓ Thlr.; mit Rollen 8⅓ Thlr.*)

Man darf es wohl auch als ein Zeichen wiedererwachten Vaterlandsgefühles betrachten, dass man sich in der letzten Zeit — sagen wir seit Mitte der 60er Jahre — wieder mehr der Aufgabe zugewandt hat, möglichst anschauliche Wandkarten Deutchlands zu entwerfen. Es ist dies eine erfreuliche Thatsache. Sind doch gute Karten ganz besonders geeignet dem grösseren Kreise des gebildeten Publikums, wie vor allem den Schülern ein Interesse an geographischen Studien einzuflössen; wie sehr aber ist es zu wünschen, dass eine richtige Erkenntniss aller Theile gerade unseres Vaterlandes in ihrer ganzen Mannichfaltigkeit immer weiter um sich greife und bis in die letzten Volksschichten eindringe.

Die Zahl der vorhandenen Wandkarten ist heute nicht gering; leider finden sich in derselben manche vor, die nichts als erbärmliche Copien bereits vorhandener Karten, als solche aber noch nicht gehörig gebrandmarkt sind. Um so erfreulicher ist es in der Möhl'schen Karte eine wirkliche Originalarbeit begrüssen zu können, der man überall ansieht, dass ihr Verfasser von dem redlichsten Streben beseelt gewesen ist, seine zum Theil neuen Grundideen zu verkörpern und überall die Kunst mit der Wissenschaft zu verbinden. In dieser der Kartographie eigenthümlichen Vereinigung liegt aber

---

*) Anm. d. Redaction: Die Verspätung der Besprechung dieses geogr. Hilfsmittels möge damit entschuldigt werden, dass die Red. erst jetzt einen tüchtigen Mitarbeiter für Geographie gewonnen hat.

auch ihre ganz besondere Schwierigkeit. Die Karte selbst, wie das Begleitwort des Herrn Verfassers geben uns die Gewissheit, dass sich derselbe dieser Schwierigkeit bewusst gewesen, und eben deshalb fordert seine Arbeit die Kritik in ganz anderem Maasse heraus, als jene Machwerke, für welche ein Blick genügt, um die Verfasser der gänzlichen Unkenntniss der Projectionslehre, wie der Elemente der Kartographie zu zeihen. In unserer Kritik haben wir es nur mit der wissenschaftlichen Seite der Karte zu thun. Denn gern sprechen wir das Urtheil aus, dass in technischer Beziehung hier ungewöhnlich viel geleistet ist. Die Kreidemanier verdient vor der Autographie und dem Stich durch ihre Weichheit den Vorzug, sobald es sich um Terrain-Darstellung handelt, welche die Formation in so markigem Bilde geben sollen, wie es eine Wandkarte erheischt. Die angewandte Methode lässt eine viel feinere Nüancirung des Tons zu. In letzterer Beziehung ist die Möhl'sche Karte wohl noch mancher Verbesserungen fähig.[*]

Die Karte kündigt sich als eine orohydrographische und Eisenbahn-Wandkarte an. Wir glauben nicht fehl zu greifen, wenn wir die Hinzufügung des gesammten Eisenbahnnetzes zur Terrain-Karte mehr aus buchhändlerischen Rücksichten motivirt betrachten. Der Verfasser spricht sich selbst in dem Begleitschreiben gegen die Combination verschiedener Zwecke bei Herstellung einer Wandkarte aus — worin wir ihm völlig beistimmen — und stellt als den seinigen den hin: „nur ein Bild der Oberflächengestaltung zu geben." Ferner gedenken wir unten näher nachzuweisen, dass es dem Verfasser bei Ausarbeitung seiner Karte fern lag, oder wenigstens nicht gelungen ist, die Verkehrswege zur anschaulichen Darstellung zu bringen. Richtig aber ist es, dass die Eisenbahnen, trotzdem sie in rothen Linien gezeichnet sind, das Terrainbild kaum stören.[**]

Wir haben es hier also nur mit der orohydrographischen Karte zu thun und heben hervor, dass der Herr Verfasser etwas mehr für die etwa anzuzweifelnden Details verantwortlich ist, da er, wie der Titel besagt, auch die Zeichnung der Karte selbst ausgeführt hat. Eine orohydrographische Karte von Deutschland ist wegen der ausserordentlichen Mannichfaltigkeit der Naturformen mit die schwierigste Aufgabe, welche sich ein Kartograph stellen kann. Die Möhl'sche Karte passt fast ganz genau in den Rahmen der bekannten Petermann'schen Wandkarte von Deutschland, welche die vergriffene von Sydowsche zu ersetzen bestimmt war, nur im Westen geht die erstere um ½ Grad über Paris hinaus. Beide sind, ohne dass der Zweck besonders auf dem Titel ausgesprochen wäre, der Natur der

---

[*] Mit dieser bessern technischen Ausführung hängt der bedeutend höhere — aber gewiss nicht zu hohe Preis zusammen. Die Petermann'sche Karte von gleicher Grösse kostet den dritten Theil, nämlich 1⅔ Thlr.

[**] Beiläufig bemerkt, darf eine Karte, auf welcher Kreuzungs- und viele Endpunkte von Eisenbahnen nicht mit Namen bezeichnet sind, kaum den Anspruch auf den Namen einer „Eisenbahnkarte" machen.

Sache nach gezeichnet, um dem geographischen Unterricht in der physischen Geographie unseres Vaterlandes zur Grundlage zu dienen. Man muss beide daher besonders vom pädagogischen Standpunkt aus beurtheilen. Wie nun die bisherigen Urtheile zeigen, würde eine Vergleichung beider Karten sofort zur Bevorzugung der Möhl'schen führen, denn — darauf laufen so ziemlich alle Besprechungen hinaus — das Bild ist ein frappant reliefartiges. Auch Referent trägt kein Bedenken den letzten Satz zu unterschreiben. Keine Art der Gebirgsdarstellung ist so geeignet den Eindruck des Reliefs hervorzubringen, als die der schrägen Beleuchtung. Indessen glaube ich, dass dieser Vortheil durch so manche evidente Mängel, welche grösstentheils durch die Methode hervorgerufen werden, erkauft ist, dass es wirklich einer eingehenden Prüfung bedarf, ob der Möhl'schen Karte eine so unbedingte Empfehlung für die Einführung in den Schulen gegeben werden darf.

Doch gehen wir schrittweise. Völlig sachgemäss ist es, wenn die Karte nicht mit Ortsnamen überfüllt ist. Die Schriftgattungen und Ortszeichen sind zweckmässig gewählt und die Namen deutlich gestochen. Doch hätte der Herr Verf. auf diese an sich nebensächlichen Punkte oft eine etwas grössere Sorgfalt wenden können. Nicht selten sind die Namen orthographisch unrichtig,[*] hie und da sind die Städte nicht richtig der vom Verfasser ausgewählten Rangordnung eingereiht. [**] Zuweilen, wiewohl selten, kommen falsche Positionen vor.[***] Endlich tritt nicht immer der

---

[*] Es sind dem Ref. u. A. folgende bei der nähern Durchsicht der Karte aufgefallen: Akmaar statt Alkmaar, Amersfoot st. Amersfoort, Leenwarden st. Leeuwarden, Klepe st. Kleve, Breye st. Broye, Dijoin (a. d. Loire) st. Digoin, Monbriçon st. Monbrison, Glarus st. Glurns an der Etsch (!), Allessandria st. Alessandria, Conegliana st. Conegliano, Petrina st. Petrinia, Odenburg st. Oedenburg, Kronneuburg st. Kornneuburg, St. Polten st. St. Pölten, Zombar st. Zombor, Arau st. Aarau, Montbelliard st Montbéliard, Montellimard st. Montélimard, Iwouraclaw st. Inowraclaw, Hellstädt st. Helmstädt. In Frankreich fehlen vielfach die Accente.

[**] Voraussichtlich sind bei der Classifizirung die neuesten Zählungen zu Grunde gelegt, so die von 1867 für die deutschen Staaten, die von 1866 für Belgien und Frankreich etc. Danach hätten aber Lüttich und Lille (1866: 154,000) als Orte mit mehr als 100,000 Einwohnern, Altona, Augsburg, Braunschweig, Düsseldorf, Mühlhausen im Elsass, Montpellier, Nizza etc. als solche mit mehr als 50,000 E. bezeichnet werden müssen, Leobschütz, Gleiwitz, Siegen, Düren, Giessen, Fulda, Freiburg in d. Schweiz, Annecy haben mehr als 10,000 E., andere, die zu dieser Classe gerechnet sind, wie Murat, Brioude, Le Vigan kaum 5000. Dies nur beispielsweise. Wir würden diesen Punkt gar nicht in Betracht ziehen, wenn einerseits die Verstösse nicht ziemlich häufig wären, andererseits man sich nicht heutigen Tages die nöthigen Daten mit der grössten Leichtigkeit verschaffen könnte. Man darf die Classification der Orte nicht veralteten Karten entnehmen, wären diese im Uebrigen die besten von der Welt.

[***] Es liegt z. B. Wittenberge am falschen Flussufer, Radom ca. 2 Mln. zu westlich. Wunsiedel ist an die Eger verlegt, während es im Centrum der vom Fichtelgebirge umschlossenen Hochebene liegt, da, wo auf der Karte Redwitz steht, etc.

bei der Auswahl der Orte zu Grunde gelegte Gedanke deutlich hervor.*)

Diese Punkte treten aber bei dem Hauptzweck der Karte in den Hintergrund.

Eine hydrographische Karte soll die Vertheilung der stehenden und fliessenden Gewässer auf dem Festlande deutlich zur Anschauung bringen. Ganz nothwendig gehört aber auch die Uferbildung noch in ihr Bereich, wenn man auch von der Darstellung der Meeresströmung am Strande vielleicht absehen kann. Dass der Verfasser den letzten Punkt ganz ausser Acht gelassen, scheint mir ein wesentlicher Mangel seiner hydrographischen Karte. Die Deltabildungen des Rheins und besonders der Rhone und des Po sind mit einer Vereinfachung der Verhältnisse gezeichnet, welche in gar keinem Verhältniss steht zu der Detaillirung des Flussnetzes im Innern. Von einer Verbindung der Etsch und des Po im untern Lauf findet sich nichts. Die Rhone mündet nach Möhl in einem riesigen Arm, so dass die Insel Camargue nach der Karte nicht beschrieben werden kann, da der bei Arles sich abzweigende Seitenarm nicht gezeichnet ist. Ebensowenig sind die dort so höchst charakteristischen Kanäle, vor allem der nach dem wichtigen Messplatze Beaucaire (auch dieser fehlt), angedeutet. Dagegen ist das Flüsschen Vidourle mit 6 Nebenflüsschen gezeichnet. — Ein wesentlicher Mangel ist ferner, dass die Dünen und Sandbankbildungen der Nordseeküste gar nicht zur Darstellung gelangen, so dass die Anschauung dem Schüler nicht zu Hülfe kommt, wenn man ihn auf die Unterschiede unserer beiden Seeküsten aufmerksam machen will; — ein Punkt, welcher wohl kaum je im geographischen Unterricht unberührt bleibt.**) (Beiläufig möchten wir fragen, was den Herrn Verf. veranlasste, bei Helgoland einen kleinen Inselarchipel von sechs Inselchen zu zeichnen und dabei der Hauptinsel [die etwa 0,01 geogr. Q.-M. gross ist] eine bedeutendere Grösse als der Insel Neuwerk [ca. 0,07 geogr. Q.-M. gross] zu geben.)

Hinsichtlich des Flussnetzes im Innern des Landes hat sich Dr. Möhl für die möglichste Vollständigkeit entschieden, während er den Charakter der Wandkarte durch die starke Hervorhebung der Hauptflüsse zu wahren suchte. Auch aus dem orographischen Theil der Karte geht hervor, dass der Herr Verf. bemüht gewesen ist, den Charakter einer Uebersichtskarte mit dem einer Specialkarte zu verbinden. In dieser Vereinigung liegt aber auch eine der Hauptschwierigkeiten für denselben. Von einer hydrographischen

---

*) Roubaix (65,000), Offenbach (20,000) etc. sind nicht aufgenommen. Dagegen eine Menge kleiner, unbedeutender Orte, wie die an der Mosel, längs der Weichsel etc. Höxter findet sich vor, dagegen der hessische Weserhafen Karlshaven nicht; warum Greiffenberg und nicht Treptow etc. etc. So könnte man noch oftmals fragen.

**) Dieser letzte Vorwurf trifft ebenso die Petermann'sche Karte.

Specialkarte verlangt man eine genaue Orientirung über ein Flussgebiet, vor allem die Möglichkeit einen Fluss von seiner Mündung bis zur Quelle aufwärts (sic!) verfolgen und ihn also deutlich von seinen Nebenflüssen trennen zu können. Bei Uebersichtskarten wird eine solche Orientirung leicht, weil man dort alle unbedeutenden Seitenbäche fortzulassen pflegt. Bei einer so feinen Detaillirung wie bei Möhl kann der genannte Zweck nur durch eine stärkere — wenn auch unverhältnissmässig stärkere — Markirung des Hauptflusses oder durch Besetzung desselben mit zweifachen Namen — einmal an der Quelle, das andere Mal vor seiner Mündung — geschehen. Gegen diese kartographische Regel hat der Herr Verf. aber gar oft gefehlt, und viele der einfachsten Fragen, deren Beantwortung man gern auf einer Uebersichtskarte sucht, wird man nicht lösen können, ohne andere Karten zu Hülfe zu nehmen. Wenn wir also das uns vorliegende Werk nach dieser Richtung einer Prüfung unterziehen dürfen, so möchten wir u. A. fragen, ob nicht die Ossa in Ostpreussen nach der Möhl'schen Karte unweit Strassburgs entspringt, während sie in Wahrheit der Ausfluss eines kleinen östl. von Deutsch-Eilau gelegenen See's ist. — Wo entspringt die Havel? Nach Möhl lat. 53° 10', in Wahrheit lat. 53° 25' nordwestlich von Neu-Strelitz. — Heisst der Fluss, welcher den Schweriner See nach der Elbe entwässert, Stör oder Elde? — Wie heisst der unterhalb Wittenberge einmündende linke Nebenfluss der Elbe? Nach Möhl: Biese, in Wahrheit mündet die Biese erst in die Aland, letztere in die Elbe. — Wo entspringt die fränkische Saale? Nach Möhl bleibt es zweifelhaft, oder es scheint wenigstens, als wolle er sie auf dem Westabhange der Rhön entspringen lassen, während allerdings der wahre Quellfluss, der südlich vom Gleichberge seinen Ursprung hat, auch gezeichnet ist. — Heisst der von den Karpathen kommende Nebenfluss der Weichsel Ropa oder Wisloka? Nach der Karte schliesst man sicher Ropa, in Wahrheit Wisloka. — Wie heisst der unter ca. 18° 47' w. v. Paris in die Theiss mündende Fluss? Bernath (soll heissen Hernad) oder Bodra (statt Bodva) oder Sajo? Solcher Fragen könnte man noch eine Menge stellen, ohne durch diese hydrographische Karte Aufklärung zu erhalten. Neben den angeregten Mängeln müssen wir auch eine nicht unbedeutende Zahl von Fehlern constatiren. Dahin muss bei einer Karte, welche bestimmt als eine hydrographische bezeichnet wird, die Aufmerksamkeit des Beschauers also gerade auf die Gewässer zieht, selbst die unrichtige Schreibweise von See- und Flussnamen gerechnet werden, wie Eil-See (Jütland) statt Füll-See, Wissent statt Wiesent (fränk. Jura), Wiesse st. Wiese (Schwarzwald), Pezemsa st. Przemza, Piliia und Pitica st. Pilica, Metta st. Mella, Doub st. Doubs, Völl st. Küll, Bernau st. Beraun. Schlimmer sind eine Reihe von Verwechselungen. Die Warthe hat nach der Karte zwei Nebenflüsse Namens Ner. Der südlichere von Beiden ist der Pseudo-Ner und muss Widawka, sein Seitenfluss Grabia statt Grabowka heissen. — Der bei Konin in die Warthe einfliessende

Nebenfluss heisst nicht Kowa, sondern Ostrowa.*) — (Der Nebenfluss
des Narew ist besser mit dem polnischen Namen Wkra, statt mit
Soldau zu bezeichnen, wenn man wenigstens die Praxis der meisten
Karten und Handbücher zu Rathe zieht.) — Nach Möhl münden
oberhalb Bamberg zwei Flüsschen Baunach und Nassach in den
Main. Hier liegen die verschiedensten Verwechselungen vor.
Statt Baunach muss Rodach stehen; die Rodach ist aber nur ein
Nebenflüsschen der bei Coburg vorbeifliessenden Itz, die gar nicht
angeführt ist. Statt Nassach muss Baunach stehen, während der
von der Westseite der Hassberge kommende Bach mit „Nassach"
zu bezeichnen gewesen wäre u. s. f.

Sehen wir aber von diesen Einzelheiten ab, und fassen wir
das gesammte Flussnetz einmal im Zusammenhang ins Auge, so
glauben wir auch die Behauptung erweisen zu können, dass der
Verf. bei der Auswahl der fliessenden Gewässer, wie vorzüglich der
Markirung derselben nach ihrer Bedeutung entweder von keinem
festen Princip ausgegangen ist oder dasselbe sehr ungleichmässig
durchgeführt hat. Ein solches hinsichtlich des ersten Punktes durch-
zuführen, ja nur aufzustellen, hat seine Schwierigkeit. Soll durch
die Aufnahme einer grossen Anzahl von Nebenflüsschen der Wasser-
reichthum einer Gegend angedeutet werden, — wogegen man gewiss
nichts anführen könnte, — so erscheinen manche Landstrecken hier
unverhältnissmässig begünstigt, wie die Lüneburger Heide, andere
ganz wasserarm, wie das Gebiet zwischen Elster, Saale, Elbe und
Mulde, wo auch nicht ein dünnes Flüsschen zu sehen ist und also
Fuhne, Ziethe, Reiden, Taube etc. nicht zu verfolgen sind. Liegt
hier eine bestimmte Absicht vor oder hat sich der Herr Verf. hier
mehr durch geographische Handbücher (Klöden, Roon erwähnen
keinen dieser Bäche; Daniel nur die Fuhne) als durch Originalkarten
leiten lassen? Ein anderer eclatanter Fall lässt uns vermuthen, dass
derselbe im Detail das Flussnetz nicht mit kritischem Blick verfolgt
hat. Er hat dem Vorderrhein bis zu seiner Vereinigung mit dem
Hinterrhein fünf rechte Nebenflüsschen gegeben, den vom Luckmanier
kommenden, bei Dissentis einmündenden „Mittelrhein," den man
als den zweiten Quellfluss des Rheins zu bezeichnen pflegt, aber
nicht aufgenommen (!).

Die Markirung der wichtigern Flüsse geschieht einmal durch
Benennung derselben. Die Namen Saar, Seille, Nahe fehlen, während ein Nebenflüsschen der erstern — freilich fälschlich Erbach
satt Blies — genannt wird. — Die Zorn im Elsass erhält einen
Namen, das bekannte Grenzflüsschen Lauter nicht. Man lernt aus
der Karte fast sämmtliche Nebenflüsse und Bäche des Main kennen,
während der Name Wertach, ohne den das Lechfeld kaum genannt
zu werden pflegt, fehlt. Der Oglio ist mit Mella (nicht Metta)
und Chiese genannt, der weltberühmte Mincio nicht. Aehnlicher

---

*) So steht fälschlich auch in v. Klöden's Handbuch II. p. 944.

Beispiele liessen sich in der That noch eine grosse Menge anführen. Von der Markirung der wichtigen Flüsse durch die Stärke der schwarzen Linie haben wir bereits gesprochen. Hier kommt es auf dieselbe nicht im Gegensatz zu den umliegenden Nebenflüssen, sondern im Vergleich zu den gleichbedeutenden auf allen Partien der Karte an. Es ist zwar bei einer aus zwölf Blättern bestehenden Karte schwer die Uebersicht zu behalten und die Stärken immer richtig abzuwägen, auch wird bei der Gravirung ein Flusslauf leicht stärker, als es ursprünglich beabsichtigt ward. Wir möchten aber hier mehr das Umgekehrte tadeln, dass z. B. die mächtigen Zuflüsse des Po wie dünne Fädchen erscheinen gegenüber der Etsch, der wenigstens Adda und Ticino nicht viel an Wassermenge und Länge des Laufes nachgeben. Werra und Fulda sind zu schwach gezeichnet im Gegensatz zur Aller und besonders der Leine etc. Im Allgemeinen dürfte es gerathen scheinen, bei spätern Auflagen die wichtigeren Flüsse noch immer mehr hervorzuheben, wenn auch dadurch manche der vielen Windungen, die oft in wirklich unnatürlichem und geschmacklosem Maasse auftreten, verschwinden würden.

Die weitere Schwierigkeit, die sich bei Entwerfung des hydrographischen Netzes einer Karte von so viel Detail ergiebt, hat Hr. Dr. Möhl zum Theil umgangen, ich meine die Feststellung der Entwässerungsgebiete. Es ist dies gerade ein Punkt, auf welchen der Herr Verf. ganz besondern Fleiss verwendet zu haben scheint, denn die anschauliche Darstellung der Entwässerungsgebiete war ja eine der Grundideen, welche er zu verkörpern bemüht war. Ich erwiedere, im Gebirgsland ist ihm das im Allgemeinen wohl — oft nur zu sehr — gelungen, im Tiefland, besonders auf den Seenplatten Preussens und Pommerns nicht. Hier hat er auch kaum einen Versuch gemacht, die schwierige Aufgabe zu lösen. Die oben angeführten Beispiele sprechen bereits zum Theil für die Richtigkeit dieser Behauptung. Bifurcationen, wie sie dort so häufig vorkommen, sind gleichsam die schwierigen Lesarten antiker Schriftsteller, deren Erklärung einer genauen Prüfung der Handschriften vorausgehen muss. Unsere Handschriften sind die topographischen Karten, auf deren Zuverlässigkeit sich der Kartograph meist unbedingt verlassen muss. Denn nur in den seltensten Fällen wird er in der Lage sein, eigene Beobachtungen zu Rathe zu ziehen. Obengenannte Verhältnisse erfordern auf jenen genauen Karten sorgfältige Studien. Ein Kartograph kann uns durch richtige Vereinfachung und verständige Markirung die Aufgabe sehr erleichtern. Er muss sich aber selbst genau orientirt haben. Vollends eine Wandkarte, die das Recht zu Uebertreibungen unbedingt hat — sie soll uns ja nur ein rohes Bild geben — müsste uns eine leichte Orientirung gestatten. Fragen wir hier aber, wo beginnt die Bifurcation zwischen Eider und Stör, Alster und Trave (ist überhaupt zweifelhaft), Reckenitz und Peene, Drewenz und Passarge etc., so unterstützt uns die Karte bei ähnlichen Untersuchungen nicht. In manchen Fällen leitet sie uns irre. Denn ein

Ausfluss des Schweriner Sees in die Ostsee, wie er auf der Karte gezeichnet ist, existirt in Wirklichkeit nicht, da der sog. Schiffgraben heute nichts weiter als ein Mühlgraben ist. Auch im coupirten Terrain durfte an einigen charakteristischen Stellen eine Specialisirung nicht fehlen, wenn man der Aufsuchung der Wasserscheiden solche Sorgfalt überhaupt zuwenden wollte. Z. B. ist die Quelle der schwäbischen Rezat nicht richtig angegeben. Sie liegt fast genau u. lat. 49°, kaum ⅓ g. Meile von der Altmühl entfernt, während man sie auf der Möhl'schen Karte fast zwei Meilen davon suchen würde.

Endlich musste nach meiner Meinung den Kanälen eine weit grössere Sorgfalt geschenkt werden. In der Einzeichnung scheint in der That die grösste Willkür geherrscht zu haben. Ref. erwähnt nur das Fehlen der vielen Kanäle im nördlichen Frankreich, wie der Canal des Ardennes, C. de la Sambre à l'Oise, C. de St. Quentin, C. de la Somme. In Belgien sind nur zwei Kanäle gezeichnet (Brügge, die Seestadt des Mittelalters, hat nach Möhl gar keine Verbindung mehr mit der See). Aehnliches gilt von den Niederlanden und der norddeutschen Ebene. Aus all den angeführten Details ist zur Evidenz ersichtlich, dass das hydrographische Netz der Möhlschen Karte noch recht viele Ergänzungen und Verbesserungen bedarf.

Es will uns indessen bedünken, als sei dem Herrn Verfasser die Ausführung der orographischen Zeichnung doch noch weit mehr am Herzen gelegen. Hier ist es auch, wo er in der Methode der Zeichnung von den meisten übrigen Wandkarten abweicht. Um den reliefartigen Eindruck der Gebirgsconfiguration hervorzubringen, wählt er die schiefe Beleuchtung, obgleich er sich das „Bedenkliche" dieser Methode der Darstellung keineswegs verhehlt. Er macht daher sehr richtig sogleich einige Concessionen und variirt die Beleuchtungsrichtung von Nordwest über Norden nach Nordost. Da aber durch diese Anordnung öfters zwei Schatten zusammenfallen, werden mehrfach so unnatürliche Bilder einzelner Terrainstücke — im Verhältniss zur Umgebung — hervorgebracht, dass diese Partien nicht im Stande sind, das Vorstellungsvermögen der Schüler zu unterstützen. Ehe wir zu Beispielen übergehen, machen wir auf einen zweiten Missgriff des Verfassers aufmerksam, auf dem der schwerwiegendste Einwurf, den wir zu machen haben, beruht, ich meine die völlige Ignorirung der relativen Höhenunterschiede. Soll nur ein Bild der absoluten Höhen gegeben werden, so genügen gröbere Zeichnungen. Beachtet man aber, welche Sorgfalt dem Detail der Bergzeichnung gewidmet ist, so erscheint es geradezu unbegreiflich, dass ein so wichtiger Punkt, wie der oben angeführte, ganz ausser Acht gelassen ward. Haben denn die absoluten Höhen einiger Bergspitzen mehr Werth für die Kenntniss des Baues eines Gebirges, der Wegsamkeit desselben etc. als die mittlere Kammhöhe, die Höhe des Gebirgsfusses, der Pässe oder der Tiefe der Thalsohlen? Ueber diese letzteren Punkte werden wir auf der Möhl'schen Karte nicht nur keine Belehrung finden, sondern geradezu zu irrthümlichen Schlüssen verleitet werden.

Man ist gewohnt seit zwei Decennien die grüne Farbe (in immer heller werdenden Tönen) für die Erdstellen von absolut niedriger Höhe angewendet zu sehen. Auch Herr Dr. Möhl thut ein gleiches; gleichzeitig wendet er dieselbe Farbe aber für Thalsohlen überhaupt an! Und für welche? für alle? Nein durchaus nicht! Das sind doch nicht zu lösende Widersprüche, dass z. B. das Pusterthal mit einer Menge von Seitenthälern grün angelegt ist, während die schwäbisch-bayerische Hochebene fast ganz mit Gebirgsland in brauner Farbe bedeckt ist. Wird nicht jeder Unbefangene denken, die Thalsohle des Pusterthales liege unter 330^m, während Bruneck bereits 810^m, Silian ca. 1080^m über dem Meeresspiegel ist (und höher als irgend ein Punkt auf der ganzen bayerischen Hochebene)? Soll also die grüne Farbe gleichsam nur den künstlerischen Effect hervorbringen, und die Thalsohle gegen die Gebirgswände abheben helfen? Vergeblich haben wir uns bemüht, auch für diesen Fall irgend ein System der Anwendung dieses Effects zu ergründen. Sind nur Thäler von gewisser Breite durch die grüne Farbe ausgezeichnet? Dann, muss man sagen, wimmelt die Karte von Fehlern, und wo ich die Hand hinlege, mache ich mich anheischig, ein paar Dutzend Widersprüche aufzudecken. Man betrachte z. B. das sog. bayerische Gebirge: Jemand, der die Oberammergauer Spiele besucht hat, ist erstaunt, südlich des Peissenberges bereits hohe Gebirge zu bemerken. Ueber Murnau ins Loisach Thal gekommen, erinnert er sich des Murnauer Mooses, wo hier ein Gebirgsstock gezeichnet ist, er sucht sich den lieblichen Blick ins weite, bei Glarnisch und Partenkirchen umbiegende Thal zu vergegenwärtigen; — auf der Karte sieht er sich von steil herabfallenden Felsmassen umringt. Das nördliche Ufer des Kochelsees ist bekanntlich ganz flach, ja so sumpfig, dass es schwer ist, ihm überhaupt nach dieser Richtung ein Ufer zu zeichnen — hier trennt ihn ein finsterer Abhang von der Loisach. (!) Warum ist an diesen Punkten die grüne Farbe gespart, warum ist der oft im engen Thal fliessende Lech stets damit geziert?

Man wird mir erwiedern, dass man solche Details doch auf einer Wandkarte unmöglich studiren könne. Ich sage dagegen, nach Herrn Dr. Möhl's Intention dennoch. Man betrachte doch nur einen Fleck von Quadratzoll Grösse und man wird erstaunen über die Menge der Details in der Bergzeichnung. Unmöglich kann es die Absicht des Herrn Verf. gewesen sein, nur deshalb so gewissenhaft die Kleinigkeiten aufzunehmen, um den Effect im Grossen zu erreichen. Auch hier wird durch die grösste Vereinfachung der Verhältnisse die beste Wirkung hervorgebracht. Doch halten wir uns an die Verhältnisse im Grossen. Sie allein werden es allerdings sein, welche einer Wandkarte für Schüler Werth verleihen. Ich fasse dann meinen Haupteinwurf gegen die Darstellungsweise des Verfassers in den einen Satz zusammen: Der Begriff des Plateau's existirt für denselben nicht. Wie kann sich ein Schüler nach der vorliegenden Karte einen Begriff von der Schweizer Hochebene machen? Die Formen sind in der Nähe gesehen vielleicht etwas weicher als in den Alpen der Centralschweiz. Tritt man aber ein wenig zurück, so geht der Farbenton so unmerklich von dem letztern in die auf der besagten Hochebene gezeichneten Gebirgsketten über, dass ein Schüler sich nothwendig einen ganz allmähligen Abfall des gesammten Berglandes bis zur Aar hin vorstellen muss. Entspricht dies den wahren Verhältnissen? Ist man nicht bei einer Fahrt in die Schweiz von Schaffhausen oder dem Hauensteintunnel aus erstaunt, so wenig von den langersehnten Bergen zu sehen und dann fast überwältigt, wenn man aus der Ebene den Colossen des Pilatus oder des Rigi gegenübertritt? „Der Zug des schwäbischen Jura ist ein sehr allmählig von Süd nach Nord aufsteigendes Plateau mit scharfen Absturzrändern nach dem Neckar zu." So heisst es in unsern geographischen Lehrbüchern. Ein Schüler sieht den steilen Abfall des Schwarzwaldes mit dunkler, brauner Farbe bezeichnet, — und gleich daneben soll ihm die gleiche Farbe einen sanften, kaum bemerkbaren Abfall des Jura zur Donau andeuten? Und muss er sich nicht den Bodensee nach der Karte wie einen richtigen auch im Norden von steilen hohen Gebirgen umgebenen Gebirgssee vorstellen? Und weiter. Wird es der Karte gelingen, dem Schüler einen Begriff der absoluten Höhe der Vogesen beizubringen, (dass dieses Gebirge über 1400^m hohe Gipfel hat) und wird er nicht begierig sein, das westlich davon liegende eben so massige Gebirge kennen zu lernen, welches noch viel steiler in die Ebene fällt? Auf dem höchsten Gipfel sieht er die Stadt Langres liegen; und bei näherer Betrachtung ergiebt sich, dass es sich hier um Höhen von nur 500^m handelt! Man vergleiche einmal gerade die letzgenannte Partie auf der Petermann'schen Karte. Es ist doch kaum möglich, dass nicht Jeder sofort die Zeichnung auf der letztern für instructiver hält. Und wie soll man, so frage ich zum Schluss, einem Schüler einen richtigen Begriff von Naab - Thal und Flussgebiet beibringen, diesem von allen Seiten mit dem tiefsten Schatten bedeckten Gebirgskessel? Das ist wohl mit die am schlechtesten gelungene Partie der ganzen Karte, wo die angewandte Darstellung das relativ falscheste Bild giebt.

Doch fehlt uns noch das Wichtigste. Einen wahren Rückschritt in der Kartographie kann Referent nur in der ausgesprochenen Markirung der Wasserscheiden erkennen, also gerade in dem Punkt, welchem Herr Dr. Möhl so viel Werth beilegt. Es gab eine Zeit in der kartographischen Literatur, wo die Länder mit furchtbaren Gebirgsketten durchzogen waren, die an der Sonne besserer, vor allem auf Höhenmessungen basirter Erkenntniss allmählig zu niedrigen Wasserscheiden zusammenschmolzen. Und diese Bilder sollen wieder hervorgeholt werden? Die Einführung dieser Abgrenzung der Entwässerungsgebiete hat in der Idee viel für sich. Bringt aber die Realisirung solche Missstände mit, dass sie die Plateaux mit massenhaften Bergketten bedeckt, so muss man ganz auf jene Idee verzichten. Ganz Mitteldeutschland wird ja mit zahllosen neuen Gebirgsmassen, die oft in unendlicher Verschlingung zusammenhängen, erfüllt. Tausende von Orten liegen plötzlich in abgeschlossenen Gebirgskesseln. Warum spricht man noch so gern vom Glatzer Gebirgskessel, liegt nicht genau ein ähnliches Gebilde 2 Grad westlich, nach der Elbe sich öffnend, von dem uns bekannten Lausitzer- und Mittelgebirge und — dem Plateau von Dauba umschlossen? Das Plateau von Dauba zeichnet Herr Dr. Möhl wie einen hohen Gebirgsrücken, weil es die Wasserscheide zwischen dem Polzen und kleinen Bächen, die sich in Elbe und Iser ergiessen, ist, das Plateau von Gitschin zwischen Iser und Elbe existirt auf der Karte nicht, denn die Nebenflüsschen der Elbe durchschneiden dasselbe in seiner ganzen Breite. Hier sind auch alle Andeutungen der wiewohl sehr niedrigen Höhenzüge fortgelassen, und die grüne Farbe bedeckt fast das ganze Gebiet des Königgrätzer Kreidebeckens. Erstaunt man nicht ebenso über die Entdeckung eines anderen von Hochgebirgen ringsumgebenen Tiefländchens, das von den See'n der Luschnitz bedeckt wird? Warum hier die grüne Farbe so ausgedehnt, da der grösste Theil dieser Ebene 400^m hoch ist, während die umgebenden Höhen dieselben kaum 300^m überragen. Wie merkwürdig sind die drei deutschen Mittelgebirge, der Thüringerwald, das Rhön-Gebirge und der Vogelsberg durch Quersättel verknüpft, von denen uns die früheren Karten in solchem Maase nichts andeuteten.

Das Schlimmste ist aber, wie schon oben gesagt, dass Plateaux in ein so buntes System von Kammgebirgen aufgelöst werden. Ein Schüler steht daher denselben oft gegenüber, wie ein Unkundiger den Windungen eines menschlichen Gehirns. Wo soll man das Plateau des Westerwaldes oder gar der Eifel suchen? Sind hier nicht die ausgesprochensten Gebirgsketten sichtbar? Und wie soll der Umstand nach der Möhl'schen Karte seine Erklärung finden, dass bis auf den heutigen Tag eine Moselthalbahn fehlt, und dass die uralte Verkehrsstrasse, welche Coblenz und Trier verbindet, nicht in dem Moselthal, sondern nördlich 1—2 Meilen von der Mosel entfernt auf der Hochebene hinläuft? Die Flusswindungen allein können dieses merkwürdige Factum doch gewiss nicht erklären. Wie leicht passirbar erscheint das Thal nach der Möhl'schen Karte. Jene Strasse müsste aber wohl ein Dutzendmal die Bergrücken übersteigen, um in die tiefen Thäler der Nebenflüsse der Mosel herabzugehen. Gerade hier heisst es, dem Schüler Abstractionen zumuthen, um sich ein richtiges Bild der wahren Verhältnisse zu machen, die man ihm durch andere Darstellung bedeutend erleichtern könnte. Ueberall da, wo Gebirgsketten und Wasserscheiden zusammenfallen, unterscheidet sich unsere Karte naturgemäss nicht

von den übrigen. Wo dies nicht der Fall ist, kann der Kamm
nicht mehr verfolgt werden. Unwillkürlich wird man die dargestellte
Wasserscheide mit der letzteren verwechseln. Die steilen Abfälle
des Plateau's treten daher öfters auch dann nicht charakteristisch
hervor, wenn sie nach Osten oder Süden gerichtet sind, z. B. bei
der Hardt, wo bekanntlich die höchsten Höhen nicht innerhalb der
Wasserscheide, sondern ganz am Rande des Plateau's liegen (Kalmit
800^m), von Möhl aber doch ganz im Schatten gezeichnet sind.

Die angeführten Beispiele mögen genügen, um das Fehlerhafte
der hier angewandten Methode in klares Licht zu stellen. Wenden
wir uns zum letzten Punkt, der Berücksichtigung der natürlichen
Verkehrswege, welche zur Charakterisirung unserer complicirten
heimathlichen Terrainverhältnisse von grossem Nutzen sind, so muss
uns ein Blick auf die Karte überzeugen, dass diesen wichtigen Verhältnissen nicht Rechnung getragen ist. Der Herr Verfasser glaubt,
wie es mir scheint, dies durch Aufnahme der künstlichen Verkehrswege, der Eisenbahnen, genügend gethan zu haben. Allerdings
schliessen sich dieselben in gebirgigem Terrain, — denn von den
Ebenen muss bei diesem Punkt ganz abgesehen werden, — den von
der Natur geschaffenen Wegen möglichst eng an. Doch befinden
wir uns in einer Periode des Eisenbahnbaues, wo, Dank der vervollkommneten Technik, auch sehr schwierige Passagen mit Eisenschienen
belegt werden. Die Eisenbahnen haben seitdem aufgehört, so viel
zur Kenntniss der Terrainverhältnisse beizutragen, wie das etwa noch
vor 10 Jahren der Fall war. Aber — wenn ein Unbefangener
beim Anblick der Möhl'chen Karte die Frage aufstellt, warum
haben sich die Bahnen gerade die schwierigsten Wege ausgesucht,
so könnte man ihn in sehr vielen Fällen nicht widerlegen. Denn von
irgend welchen Einsenkungen an den Uebergangsstellen der Eisenbahnen über eine Wasserscheide ist nichts zu bemerken. Gehen
wir aber zu den Pässen im eigentlichen Sinn des Wortes über, so
kann Referent nur sein grösstes Bedauern aussprechen, dass der
Herr Verf. diese günstige Gelegenheit, die kleinen Schulkarten, welche
meist in den Händen der Schüler zu sein pflegen, durch deutliche
Darstellungen der Einsattelungen zu unterstützen, gänzlich ausser
Acht gelassen hat. Die unglückliche Wasserscheiden-Theorie scheint
auch dieses Versäumniss verschuldet zu haben. Auf einer Karte,
wo naturgemäss so vieles übertrieben ist, um ein frappantes Bild
zu geben, genügte es nicht, kleine Häkchen an die Stelle des Passes
zu zeichnen. Natürlich wird nicht verlangt, sie so zu markiren,
dass man sie von weitem sehen kann, wohl aber, dass man sie,
vor der Karte stehend, sofort auffindet, auch ohne mühsam nach
dem beigedruckten Namen zu suchen. Aber selbst in der magern
Bezeichnung herrscht die grösste Willkür. Betrachten wir nur die
Alpen, so sind der Oberalp-Pass, über den jetzt eine gute Fahr-
strasse führt, die Grimsel, der Maloja-Pass, Tonale, Fern, Schar-
nitz- (Seefeld-), Peutelstein-, Plecken-, Schober-Pass etc. etc. weder

mit Namen angeführt, noch mit Häkchen bezeichnet, während eine
Menge von Jochen, die nur zu Fuss überstiegen werden können,
mit vollem Namen ausgeschrieben sind. Gewiss würden die Meisten,
welche sich die Karte des Studiums wegen anschaffen, eine Menge
von Gipfelnamen daran geben, wenn sie dafür die Passnamen hätten.
Auch hier der Kürze wegen nur ein Beispiel. Wer kennt die
Ifinger Spitze ausser denen etwa, welche sich längere Zeit in Meran
aufgehalten? Warum setzt Herr Möhl diesen Namen mit Zahl ein,
— zumal es nicht die höchste Spitze in dem von Eisack und Etsch
umschlossenen Gebirgsstock ist, — während er den Jaufen, über den
Jahrhunderte lang der Völkerzug ging, ehe die Klausen der Eisack
erschlossen wurden, nicht charakterisirt?

Ein wirkliches Verdienst der Karte ist es, alle Höhenangaben
in Metern zu bringen. Ueber die Zuverlässigkeit der Zahlen war
es mir bisher nicht möglich, eingehende Vergleiche zu machen.
Illusorisch wird aber die grosse Mühe, welche sich der Herr Verf.
gegeben hat, mit dieser Eintragung in sehr vielen Fällen dadurch,
dass dieselben nur Gipfelhöhen betreffen, fast nie die Thalsohle oder
Ebene erreichen, (was wir nach dem Obigen als erwiesen betrachten,)
— und ferner dadurch, dass sie, wie so viele Namen in den braunen Schatten gestellt sind, wodurch es mir wenigtens in vielen Fällen unmöglich war, beides zu entziffern, obgleich mein Auge ziemlich ans
Kartenlesen gewöhnt ist.

Wir schliessen hiermit unsere Besprechung, in welche wir nur
die Gesichtspunkte zu ziehen suchten, die für eine Schul-Wand-
karte maassgebend sind, — nicht weil der Kreis der Ausstellungen
bereits erschöpft wäre. Ich überlasse die Prüfung meiner Bemerkungen, zu welchen mich die Aufforderung, die Möhl'sche Karte
einer Besprechung zu unterziehen, veranlasste, den Fachmännern.
Ich glaubte der Sache zu nützen, wenn ich dieselbe nicht zurück-
hielt. Nochmals will ich versichern, dass ich die vielen Kleinigkeiten nur urgirt habe, um den Herrn Verf. zu einer sorgfältigen
Durchsicht seiner Karte vor einer neuen Ausgabe zu bewegen. Druck-
oder Stichfehler wiegen bei einer Karte ebenso viel, wie bei einem
Lexicon. Dennoch kann ich zum Schluss nicht umhin auszusprechen,
dass, wenn ich auch weit entfernt bin, mein Urtheil für maassgebend zu halten, doch im Allgemeinen die obenangeführten
Thatsachen die Behauptung unterstützen, dass dem unbedingten, ja
zum Theil überschwenglichen Lob, welches die Möhl'sche Karte
bereits gefunden hat, kaum eine oberflächliche Prüfung voraus-
gegangen ist.

GOTHA.   Dr. HERMANN WAGNER.

Bibliographie.

Januar und Februar 1872.

Von Dr. Ackermann.

Unterrichts- und Erziehungswesen.

Anzeiger für die neueste pädagogische Literatur. Ergänzungsblatt zu des Hersg. „Handbuch der päd. Lit. der Gegenwart". Hersg. v. Dir. Schott. Leipzig. Klinkhardt. Halbjährlich 8 Sgr.

Bericht über die erste allgemeine Lehrerversammlung zu Luxemburg, geh. am 27. Septbr. 1871. 5 Sgr.

Lerique, die Ideale und die christliche Jugenderziehung. Freiburg. Herder. 10 Sgr.

Rothenbücher, die Realschule, eine allg. menschliche Bildungsstätte. Berlin. Nicolai. 10 Sgr.

Schatzmayer, der Mensch und seine Erziehung im Lichte der Gegenwart. Eltern und Lehrern gewidm. 2. Aufl. Frankfurt. Vömel. 2½ Sgr.

Schmidt, die confessionslose Schule. Lpz. Kolmann. 8 Sgr.

Schröder, die gewerbliche Fortbildungsschule in ihrer Nothwendigkeit und zweckm. Organisation dargestellt für Behörden, Gewerbtreibende und Lehrer etc. Berlin. Stubenrauch. 10 Sgr.

Schulgesetz, neues, des Cantons Zürich. Zürich. 4 Sgr.

Schulgesetz-Entwurf für das Königreich Sachsen. Dresden. 5 Sgr.

Schulkalender für die österr. Gymnasien, Realgymnasien' und Realschulen im Schulj. 1871—72. Herausg. v. Reg. Rath Dir. Hochegger. Wien. Gerold. 1⅕ Thlr.

Thilo, das Zusammenwirken von Haus und Schule. Pädag. Vortrag. Berlin. Jmme. 5 Sgr.

Zulassung der Abiturienten der preuss. Realschulen 1. O. zu den Facultäts-Studien. Enthält: I. Die Petitionen der Städte. II. Die Berichte der Commissionen für das Unterrichtswesen im Abgeordnetenhause über die Pet. der Städte. III. Die Realschule I. O. und die philosophische Facultät, 8 Artikel von Dir. Ostendorf. IV. Sechs Artikel über die Frage: Soll der Mediciner seine Vorbildung auf dem Gymnasium oder auf der Realschule 1. O. erhalten? Von dems. V. die Vorbildung der Juristen und Verwaltungsbeamten. Von Dir. Münch. VI. Bemerkungen zu den Verordnungen über die Umgestaltung der bestehenden und die Errichtung neuer Gewerbeschulen in Preussen, vom 21. März 1870. Von Dir. Schauenburg. VII. Ueber die Stellung der höheren Bürgerschulen zur Frage der Berechtigung der Realschul-Abiturienten und das Interesse, welches besonders die kleineren und mittleren Städte an dieser Frage haben. Von Rector Wittenhaus. Köln. Du Mont-Schauberg.

Zur Reform des Universitäts-Wesens in Ungarn. Pest. Aigner. 6 Sgr.

Zur Statistik der Schullehrer-Seminarien in Preussen. Berlin. Hertz. 12 Sgr.

Astronomie, Physik und Chemie.

Arendt, Lehrbuch der anorgan. Chemie nach den neuesten Ansichten der Wissenschaft, auf rein experimenteller Grundlage. Für höhere Lehranstalten und zum Selbstunterricht methodisch bearb. 2. Aufl. In 2 Lfrgn. Lpz. Voss. 2½ Thlr.

Bopp, die gemeinnützigsten Anwendungen von Naturkräften f. Schul- und Selbstbelehrung, zugl. Text zu den 8 Wandtafeln f. Physik. 4. Aufl. Mit 15 Abb. Ravensburg. Ulmer. 8 Sgr.

——, 8 Wandtafeln f. d. phys. Anschauungsunterricht bearb. 3. Aufl. Chromolith. Ebda. 2⅖ Thlr.; auf Leinw. 4⁷/₁₅ Thlr.

Brettner, Mathematische Geographie. 6. Aufl. v. Bredow. Breslau. Morgenstern. 15 Sgr.

Büchner, Lehrbuch der anorganischen Chemie nach den neuesten Ansichten der Wissenschaft. 2. Abth. Braunschw. Vieweg. $1^5/_6$ Thlr. (1. und 2. $4^1/_8$ Thlr.)

Crüger, die Naturlehre f. den Unterr. in Elementarschulen bearb. 13. Aufl. Erfurt. Körner. 10 Sgr.

Dor, das Stereoskop und das stereoskopische Sehen. Vortrag. Basel. Schweighauser. 6 Sgr.

Fittig, Grundriss der Chemie. 1 Thl. Unorganische Ch. Lpz. Duncker. 2 Thlr.

Fliedner, Aufgaben aus der Physik nebst einem Anh. phys. Tabellen. 4. Aufl. Braunschweig. Vieweg. 16 Sgr.

——, Auflösungen. 4. Aufl. Ebdd. 28 Sgr.

Göbel, über Keplers astronomische Anschauungen und Forschungen. Ein Beitrag zur Entdeckungsgeschichte seines Gesetzes. Halle. 1 Thlr.

Hagen, über das Gesetz, wonach die Geschwindigkeit des strömenden Wassers mit der Entfernung vom Boden sich vergrössert. Berlin. Dümmler. 15 Sgr.

Heppe, Vademecum des praktischen Chemikers: Sammlung ältester und neuer Tabellen, Formeln und Zahlen aus der Chemie, Physik und Technologie. 2. Lfg. Lpz. Kollmann. 15 Sgr.

Higowski, Erklärungen und Formeln der Astronomie mit besonderer Rücksicht auf die Nautik. Kiel. Univ. B. 12 Sgr.

Klasiwetz, Anleitung zur qualitativen chemischen Analyse. Zum Gebrauche bei den praktischen Uebungen im Laboratorium. 4. Aufl. Wien. Czermak. 10 Sgr.

Hornstein, über die Abhängigkeit des Erdmagnetismus von der Rotation der Sonne. Wien. Gerold. 14 Sgr.

Jochmann, Grundriss der Experimentalphysik. Zum Gebrauch beim Unterr. auf höh. Lehranstalten. Berlin. Springer. $1^1/_3$ Thlr.

Koppe, die mathematische Geographie und die Lehre vom Weltgebäude für den Unterr. in höheren Schulen. Essen. Bädecker. 20 Sgr.

Lang, zur dynamischen Theorie der Gase. Wien. Gerold. $3^1/_2$ Sgr,

Listing, das Reflexionsprisma. Eine dioptrische Untersuchung m. Berücksichtigung der prakt. Optik. Göttingen. Dieterich. 8 Sgr.

Mädler, Geschichte der Himmelskunde nach ihrem gesammten Umfange. (In 16 Lfgn.) 1. Bd. 1. Lfg. Braunschweig. Westermann. 10 Sgr.

Meyer, über Sinnestäuschungen. 2. Aufl. Berlin. Lüderitz. $7^1/_2$ Sgr.

Müller, Lehrbuch der Physik und Meteorologie. Theilweise nach Pouillet's Lehrb. der Physik selbst bearb. 3. Bd. Lehrbuch der kosmischen Physik. 3. Aufl. Mit 385 eingedr. Holzschn. und 25 beigegeb., sowie einem Atlas von 40 Tafeln. Braunschweig. Vieweg. $7^1/_2$ Thlr.

Oppolzer, Nachweis für die im Berliner Jahrbuch f. 1874 enthaltenen Ephemeriden der Planeten (58) Concordia, (59) Elpis, (62) Erato, (64) Angelina, (91) Aegina und (113) Amalthea. Wien. Gerold. 6 Sgr.

Place, das Wichtigste aus der physikalischen Geographie als Anhang zum Leitfaden für den Unterr. in der Physik in gedrängter Kürze zusammengestellt. Gotha. Thienemann. 5 Sgr.

Reuschle, Kepler und die Astronomie. Zum 300 jähr. Jubiläum von Keplers Geburt am 27. Dec. 1871. Frankfurt. Heyder. 1 Thlr.

Sirius, Zeitschrift für populäre Astronomie. Hrsg. v. Falb. 5. Jahrg. 26 No. Graz. Leykam. Viertelj. 25 Sgr.

Spiller, die Entstehung der Welt und die Einheit der Naturkräfte. Populäre Kosmogenie. Mit 15 Zeichn. Berlin. Imme. $2^1/_2$ Thlr.

Weinhold, Vorschule der Experimentalphysik. Naturlehre in elementarer Darstellung, nebst Anleitg. zum Experimentiren und zur Anfertigung der Apparate. Mit über 400 Holzschn. und 2 Farbentafeln. II. 2 Thlr. (cplt. $3^1/_2$ Thlr.)

Mathematik.

Battich, Wegweiser für den gesammten Rechenunterricht in Volksschulen. Liegnitz. 25 Sgr.

Bellardi, Wegweiser für den Unterricht in der Geometrie in Volksschulen. Cassel. Kay. 10 Sgr.

Bodson, Michaelis et Martha, arithmétique élémentaire. 3. éd. Luxemburg. Bück. 1 Thlr.

——, —— ——, éléments de géométrie et de trigonométrie. 8. éd. Ebda. 1¹/₃ Thlr.

Boymann, Lehrbuch der Mathematik f. Gymnasien, Realschulen und andere höhere Lehranstalten. 8. Thl. Arithmetik. In Uebereinstimmung mit Heis' Sammlung. 3. verb. Aufl. Köln. Neuss. 25 Sgr.

Büttner, die Raumlehre in der Elementarschule. Ein Beitrag zur method. Gestaltung des geometr. Unterr. Für einfache Schulverhältnisse. Stolp. Eschenhagen. 18 Sgr.

Clebsch, Theorie der binären algebraischen Formen. Lpz. Teubner. 3²/₃ Thlr.

Decker, geometrische Formenlehre nebst den wichtigsten Lehren über die Ausmessung der Flächen und Körper für die höheren Classen der Volksschule und für Töchterschulen. 2. Aufl. Troppau. Buchholz. 10 Sgr.

Dronke, Einleitung in die höhere Algebra. 2. Thl. Halle. Nebert. à ³/₄ Thlr.

Grassmann, Aufgaben zum Rechnen 1.—3. Heft. Stettin. Grassmann. à 1 Sgr.

——, dass. Auflösungen und Anleitungen. à 4 Sgr.

Grünfeld, Rechenbuch zunächst f. Mittel- und Oberklassen der Volksschulen. Schleswig. 22 Sgr.

——, dass. Resultate. 2 Sgr

Harms, methodisch geordnete Aufgaben zunächst zur Uebung im schriftlichen Rechnen f. gehobene Volksschulen und die unteren Klassen der Gymn. und Realsch. 7. Aufl. Oldenburg. Stalling. 15 Sgr.

—— und Kuckuck, Rechenbuch für Gymnasien, Realschulen, Gewerbe- und höhere Bürgerschulen. 2. Aufl. 18 Sgr.

Henrich, Resultate zu dem Lehrbuch der Arithmetik und Algebra. Wiesbaden. Limbarth. 5 Sgr.

Herrmann, Katechismus der Algebra od. die Grundlehren der allgemeinen Arithmetik. Lpz. Weber. 15 Sgr.

Heuer, Handbuch beim Kopfrechenunterricht. Zum Gebrauch für Lehrer. 4. Aufl. Hannover. Helwing. 1 Thlr.

Huber, Katechismus der Mechanik. Lpz. Weber. 15 Sgr.

Huberti, rein geometrische Lösung systematisch geordneter Aufgaben. Ein Uebungsbuch zu jedem Lehrbuch der Planimetrie bes. zu dem v. Boymann. Zum Selbstunterrichte bestimmt. 1. Thl. Aufg. 1—733. Bonn. Cohem. 27 Sgr.

Köpp, neue Aufgabensammlung zum schriftlichen Rechnen. 3. Heft. 5. Aufl. Bensheim. 2 Sgr.

Kroymanns ausführliches Lehrbuch der Algebra für den Unterricht in Bürgerschulen, Realschulen etc. bearb. v. Davids. Mit einem Anhang enth. die Brigg'schen Logarithmen von 1—10000. 7. Aufl. Altona. Hammrich. 1 Thlr.

Kuznick, Wandkarte der metrischen Masse und Gewichte, ein Anschauungsmittel für den Unterr. in Schulen. 9. Aufl. Breslau. Maruschke. 6 Sgr.

Motnik, Lehrbuch der Arithmetik f. Untergymnasien. 1. Abth. 18. Aufl. Wien. Gerold. 18 Sgr.

Müller's Lehrbuch der ebenen Geometrie f. höhere Lehranstalten. 2. Aufl. v. Bauer. Halle. 20 Sgr.

Rücker, Wandtafel des neuen Masses und Gewichtes. 7. Aufl. Breslau. Görlich. 6 Sgr.

Ruland, praktische Anleitung zum gründlichen Unterricht in der Buchstabenrechnung. Ausf. Aufl. der in Heis' Sammlung enth. Aufg. 1. Thl. 2. Aufl. Bonn. Cohen. 1¼ Thlr.

Sadebeck, Elemente der ebenen Geometrie. Leitfaden für den Unterr. an Gymn. und höheren Bürgerschulen. 7. Aufl. Breslau. 12½ Sgr.

† Schlesinger, die Unterrichtsmethode der darstellenden Geometrie im Sinne der neueren Geometrie an Realschulen. Wien. Gerold. 6 Sgr.

Spörer, die ebene Geometrie und Trigonometrie. 2. Heft, für die oberen Gymnasialklassen bearbeitet. 2. Aufl. Anclam. 12½ Sgr.

† Staudigl, über die Identität von Constructionen in perspectivischer, schiefer und orthogonaler Projection. Wien. Gerold. 8 Sgr.

Stier und Sammler, Rechenheft für die Unterklassen der Realschulen und Gymnasien. 4. Heft. Chemnitz. Focke. 10 Sgr.

Stubba, Aufgaben zum Zifferrechnen f. Schüler in Stadt- und Landschulen. 6. Aufl. Bunzlau. 1¼ Sgr.

Sturm, Compendium des kaufmännischen Rechnens. Meissen. Schlimpert. 12½ Sgr.

Voltz, geometrisch-perspectivische Projection. Nördlingen. Beck. 1 Thlr.

Wittstein, Lehrbuch der Elementar-Mathematik. 3. Bd. 1. Abth. Anfangsgründe der Analysis und der analytischen Geometrie. Hannover. Hahn. 24 Sgr.

Naturgeschichte.

Arndts, Leitfaden für den ersten wissenschaftlichen Unterricht in der Naturgeschichte in Verbindg. mit einschl. technologischen Notizen. 3. Aufl. Regensburg. 18 Sgr.

Arbeiten des botanischen Instituts in Würzburg. Hrsg. v. Prof. Sachs. 2 Hefte. Lpz. Engelmann. 2½ Thlr.

Aus der Natur. Die neuesten Entdeckungen auf dem Gebiete der Naturwissenschaften. Neue Folge. 24 Nrn. Lpz. Gebhard. Halbjähr. 1⅓ Thlr.

Benecke, Lagerung und Zusammensetzung des geschichteten Gebirgs am südlichen Abhang des Odenwaldes. Heidelberg. Winter. 16 Sgr.

Berge, Unterhaltungen aus der Naturgeschichte. Eine Zugabe zu jeder Schulnaturgeschichte. Stuttg. Müller. 27 Sgr.

Cohn, die Entwickelung der Naturwissenschaft in den letzten 25 Jahren. Ein Vortrag. Breslau. Kern. 7½ Sgr.

Fieber, Katalog der europäischen Cicadinen, nach Orig. mit Benutzung der neuesten Literatur. Wien. Gerold. 6 Sgr.

Fiedler, anatomische Wandtafeln für den Schulunterricht. Auf Veranlassung des sächs. Cultusministeriums hersg. vom Landesmedicinalcollegium. 3. unver. Aufl. Dresden. Meinhold. 2 Thlr.

—— und Blochwitz, Leitfaden für den Schulunterricht beim Gebrauche der vor. Tafeln. Ebda. 7½ Sgr.

Fitzinger, Versuch einer Erklärung der ersten oder ursprüngl. Entstehung der organischen Körper und ihrer Mannigfaltigkeit in Uebereinstimmung mit den Gesetzen der Natur. Weder nach den Grundsätzen Lamarks noch Darwins und im Gegensatze zur Lehre der neuesten Zeit. Lpz. Liter. Mus. 4 Sgr.

Geinitz, das Elbthalgebirge in Sachsen. 1. Thl. Der untere Quader. Inhalt: I. Die Seeschwämme d. unt. Quaders. II. Die Korallen des unteren Pläners v. Bölsche. III. Seeigel, Seesterne und Haarsterne. Cassel. Fischer. 21 Thlr.

Giebel, thesaurus ornithologiae. Repertorium der gesammten ornith. Literatur und Nomenclator sämmtl. Gattungen und Arten. 1. Halbbd. Lpz. Brockhaus. 2½ Thlr.

Grassmann, deutsche Pflanzennamen. Stettin. 1²/₅ Thlr.

Gressler, Deutschlands Giftpflanzen mit naturgetreuen Abbildungen. 8. Aufl. Langensalza. 12 Sgr.

Grisebach, die Vegetation der Erde nach ihrer klimatischen Anordnung. Ein Abriss der vergleichenden Geographie der Pflanzen. 2 Bde. Lpz. Engelmann. 6 Thlr.

Heim, aus der Geschichte der Schöpfung. Basel. Schweigh. 8 Sgr.

Leydig, die in Deutschland lebenden Arten der Saurier. Mit 12 Taf. Tübingen. Laupp. 12 Thlr.

Henke, Beiträge zur Anatomie des Menschen mit Beziehung auf Bewegung. 1. Heft. Lpz. Winter. 1½ Thlr.

Lösecke und Bösemann, Deutschlands verbreitetste Pilze oder Anleitung zum Bestimmen der wichtigsten Pilze Deutschlands und der angrenzenden Länder, zugleich als Commentar der fortgesetzten Prof. Büchnerschen Pilznachbildgn. 1. Bdchn. Hautpilze. Berlin. Grieben. 20 Sgr.

Lüben, die Hauptformen der äusseren Pflanzenorgane in stark vergrösserten Abbildungen auf schwarzem Grunde. Für den Unterricht dargestellt. 2. Aufl. Lpz. Barth. 1⁷/₁₀ Thlr.

Luschka, über Mass- und Zahlenverhältnisse des menschl. Körpers. Eine Rede. Tübingen. Moser. 5 Sgr.

Marenzi, die organische Schöpfung beleuchtet im Geiste neuester wissenschaftl. Forschungen. 2. Aufl. Wien. Mayer. 5 Sgr.

Möhl, die Gesteine der Sababurg in Hessen nebst Vergleichungen mit ähnl. Gesteinen. Cassel. Württenberger. 1 Thlr.

Müller, botanische Untersuchungen. I. Unters. über die Sauerstoffausscheidung der grünen Pflanzen im Sonnenlichte. Heidelberg. Winter. 12 Sgr.

Nathusius, Wandtafeln für den naturwissenschaftlichen Unterricht m. specieller Berücksichtigung der Landwirthschaft. 30 Steintafeln. Berlin. Wiegandt. 10 Thlr. Einzeln à 20 Sgr.

Neger, Excursionsflora Deutschlands. Analytische Tabellen zum möglichst leichten und sicheren Bestimmen aller in Deutschland, Deutsch-Oesterreich und der Schweiz wildwachs. und häufiger cult. phanerog. und kryptogam. Gefässpflzn. Nürnberg. Korn. 1³/₄ Thlr.

Ney, über die Bedeutung des Waldes im Haushalt der Natur. Vortrag. Durkheim. Lang. 7½ Sgr.

Pfeiffer, nomenclator botanicus. Nominum ad finem anni 1858 publici juris factorum, classes, ordines, tribus etc. designantium enumeratio alphabetica. Vol. I. Fasc. I. Cassel. Fischer. 1½ Thlr.

Pritzel, thesaurus literaturae botanicae omnium gentium inde a rerum botanicarum initiis ad nostra usque tempora, quindecim millia operum recensens. Ed. nova. Fasc. 1. Lpz. Brockhaus. 2 Thlr.

Ramann, die Schmetterlinge Deutschlands und der angrenzenden Länder in nach der Nat. gez. Abb. nebst Text. In 25—30 Lfgn. 1. Heft. Berlin. Schotte. 27½ Sgr.

——, Leitfaden der Mineralogie Eine populäre Anleitg. zur Erklärung der Geologie, Oryktognosie und Geognosie. Ebda. 10 Sgr.

Reichenbach, wegweiser in die allg. Botanik. Ein Leitfaden für angehende Botaniker und Freunde der Pflznkunde überh. Lpz. Matthes. 15 Sgr.

Schödler, Buch der Natur. 18. Aufl. 2 Thlr. 1 Lfg. 12 Sgr.

Schlüter, Cephalopoden der oberen deutschen Kreide. 1. Lfg. Cassel. Fischer. 5¹/₃ Thlr.

Siegmund, illustrirte Naturgeschichte der drei Reiche. Für das Volk bearb. 1. und 2. Lfg. Wien. Hartleben. 5 Sgr.

Stammen wir von den Affen ab? Dresden. Dietze. 6 Sgr.

Stur, Geologie der Steiermark. Erläutergn. zur geol. Uebersichtskarte
v. Steiermark. 5 Thlr. Mit Karte 12 Thlr.
Suter, Geschichte der mathematischen Wissenschaften. 1 Thlr. Von den
ältesten Zeiten bis Ende des 16. Jahrh. Zürich. Orell. 2¹/₃ Thlr.
Thomé, Lehrbuch der Botanik f· Gymn., Realsch. etc. Mit 890 Holzschn.
2. Aufl. Braunschweig. Vieweg. 1 Thlr.
Tschermak, ein Meteoreisen aus der Wüste Atacama. Mit 4 Taf. und
3 Holzschn. Wien. Gerold. 24 Sgr.
Ulrich, internationales Wörterbuch der Pflanzennamen in lateinischer,
deutscher, engl. und franz. Sprache. Lpz. Weisbach. 2. Lfg. 10 Sgr.
Virchow, die Aufgabe der Naturwissenschaften in dem neuen nationalen
Leben Deutschlands. Rede geh. in der Nat.-Versamml. zu Rostock.
Berlin. Duncker. 2½ Sgr.
Wagner, malerische Botanik. Schilderungen aus dem Leben der Ge-
wächse. Populäre Vorträge über phys. und angewandte Pflanzenkunde.
2. Aufl. Lpz. Spamer. 2²/₃ Thlr.
Weber, die Alpen-Pflanzen Deutschlands und der Schweiz in color. Abb.
nach der Natur und in natürl Grösse. 3. Aufl. 3. und 4. Bd. München.
Kaiser. à 2²/₃ Thlr.
Wünsche, filices saxonicae. Die Gefässkryptogamen des Königr. Sachsen
und der angrenzenden Gegenden. Zwickau. Thost. 8 Sgr.
Zirkel, die Umwandlungsprocesse im Mineralreich. Akadem. Rede.
Berlin. Lüderitz. 6 Sgr.

Geographie.

Arendts, Geograph. Schulatlas. Unter Rücksichtnahme auf die physikal.
Verhältn. und die neueste politische Gestaltung. 13. Aufl. Regensburg.
Manz. 1 Thlr. 4 Sgr.
Arendts, Leitfaden für den ersten wissenschaftlichen Unterricht in der
Geographie. 12. Aufl. Ebda. 18 Sgr.
Burghard, Leitfaden beim geographischen Unterrichte für die Volks-
schulen. Landshut. Krüll. 2 Sgr.
Fischer, Leitfaden beim Unterricht in der Geographie. Langensalza.
18 Sgr.
Grassmann, Leitfaden der Geographie für höhere Lehranstalten. 6. Aufl.
Stettin. Grassmann. 4 Sgr.
——, Leitfaden der physischen und politischen Geographie für Schulen.
6. Aufl. Ebda. 4 Sgr.
Grünfeld, Schulgeographie. 1. Cursus. Schleswig. 7 Sgr.
Heinisch, Abriss der Erdbeschreibnng f. die Hand der Schüler bearb.
3. Aufl. Bamberg. 5 Sgr.
Hirschmann und Zahn, Grundzüge der Erdbeschreibung, nebst 3 Karten.
6. Aufl. Regensburg. Bössenecker. 6 Sgr.;·ohne Karten 1½ Sgr.
Kollack, Geographie des preuss. Staates und des deutschen Kaiserreichs
nebst Uebersicht der brandenb. preuss. Geschichte. 5. Aufl. Langensalza.
2½ Sgr.
Schultze, Heimathskunde der Provinz Sachsen mit einem Abriss der
Geographie von Deutschland. 2. Aufl. Mit Karte der Prov. Sachsen.
Halle. 5 Sgr.
Ulenhuths Kartenmodelle und Gradnetze zur Erleichterung d. geograph.
Unterr. und zur Förderung des Kartenzeichnens. V—VIII. Oesterreich.
Ungarn. 26 Blatt. 7½ Sgr. — Deutsche Südstaaten. 32 Bl. 7½ Sgr.
— Italien und Nachbarländer. 16 Blatt 6 Sgr. — Alte Geographie.
20 Blatt 6 Sgr. Berlin. Grieben. (I—VIII: 1⁵/₁₂ Thlr.)
Viehoff, Leitfaden für d. geogr. Unterr. höherer Lehranstalten. 3. Lehr-
stufe. Die politische Geographie in den mittleren Classen höherer Lehr-
anstalten. 4. Aufl. Berlin. Lüderitz. 10 Sgr.

Pädagogische Zeitung.

(Berichte über Versammlungen, Auszüge aus Zeitschriften u. dergl.)

Repertorium.

Physik.

(Mitgetheilt von Dr. Krebs.)

1. Ueber elektrische Oscillationen im inducirten Leiter von J. Bernstein in Heidelberg. (Pogg. Ann. Bd. CXLII. p. 54.)

Es ist bekannt, dass, wenn ein elektrischer Strom in der Nähe eines Leiters vorübergeht, er in demselben, sowohl beim Oeffnen als beim Schliessen elektrische Ströme von momentaner Dauer inducirt. Steckt man zwei Drahtrollen in einander und verbindet die Enden der inneren (Haupt-) Rolle mit den Poldrähten einer galvanischen Kette und die Enden der äusseren (Inductionsrolle) mit einem Multiplicator, so entsteht beim Schliessen des Hauptstroms ein diesem entgegengesetzt gerichteter Inductionsstrom in der Inductionsrolle, beim Oeffnen aber entsteht in derselben ein dem Hauptstrom gleich gerichteter Strom; beide Inductionsströme sind von nur momentaner Dauer.

J. Bernstein in Heidelberg hat nun, nachdem schon Helmholtz über diesen Gegenstand geschrieben, die Inductionsströme einer genaueren Untersuchung unterworfen und ist zu einigen merkwürdigen Resultaten gelangt, die wir hier in der Kürze mittheilen wollen. Es soll dabei der etwas complicirte Apparat, dessen sich Bernstein zu diesen Untersuchungen bedient, nur andeutungsweise beschrieben werden.

Ein galvanischer Strom, dessen Poldrähte mit einer Drahtrolle von wenigen Windungen dicken Kupferdrahts verbunden sind, lässt sich dadurch momentan öffnen und schliessen, dass eine Spitze über Quecksilber weggeführt wird. Diese Hauptrolle befindet sich innerhalb oder in der Nähe einer Inductionsrolle, deren Drahtenden mit einem feinen Multiplicator verbunden sind. Jedoch ist die Leitung an einer Stelle unterbrochen und kann dadurch momentan geschlossen werden, dass eine Metallspitze über einen Draht hinweggeführt wird. Bei einigen Versuchen ist die Drahtleitung der Inductionsrolle (durch eine Nebenschliessung) geschlossen und wird nur momentan der Strom, wenn die vorhin erwähnte Spitze über den Draht weggeht, zugleich durch den Multiplicator geführt.

Oeffnet man den Hauptstrom momentan und schliesst sofort den sonst offenen Inductionskreis, so müsste sich nach dem im Eingang Erwähnten ein Strom am Multiplicator anzeigen, der dem Hauptstrom gleichgerichtet ist. Dies ist nun auch in der That der Fall, nur dass der Strom sofort in die entgegengesetzte Richtung — mit verminderter Stärke — übergeht, mehrmals aus der positiven in die negative Richtung schwankt, um schliesslich ganz aufzuhören. Die Dauer aller Oscillationen beträgt je nach der Stärke des Hauptstroms 0,0007—0,0014 Secunden, die Dauer der ersten Oscillation 0,0001 Secunden bei Anwendung eines schwachen Hauptstroms. Ist der Inductionskreis dauernd durch eine Nebenschliessung geschlossen (und wird durch das Hinübergehen des Metallstiftes über den Metalldraht der Multiplicator in den Inductionskreis momentan eingeschaltet, nachdem eben der Hauptstrom geöffnet worden), so bemerkt man keine Oscillationen des Inductionsstromes in dem Sinne, dass der Strom abwechselnd verschiedene Richtung annimmt, sondern nur Schwankungen in der Stromstärke.

Je rascher der Hauptstrom unterbrochen wird, um so deutlicher sind die Oscillationen, resp. die Schwankungen der Stromstärke; bei längerer Dauer des Hauptstromes hören alle Oscillationen resp. Schwankungen des Inductionsstromes auf. — In ähnlicher Weise kann man die Inductionsströme, welche in der Hauptrolle selbst i. e. die Extraströme untersuchen.

Hat die Hauptrolle wenig Windungen, so bemerkt man kaum irgend welche Oscillationen des Extrastromes: hat sie aber viele Windungen, so treten bei Oeffnung des Hauptstromes eben solche Oscillationen auf, wie bei dem gewöhnlichen Inductionstrome, wenn der Inductionskreis nicht dauernd geschlossen ist.

Bleibt die Hauptrolle (durch ein Rheochord) dauernd geschlossen, so bemerkt man weder alternirende Oscillationen, noch Schwankungen in der Stromstärke.

Bernstein glaubt annehmen zu dürfen, dass in jedem Atom eines Körpers ein positives und negatives Elektricitätstheilchen mit einander verbunden seien und dass nun, wenn in der Nähe eines solchen Körpers ein Strom vorübergehe, die Theilchen sich trennen und um ihre Gleichgewichtslage in entgegengesetzter Richtung hin- und herpendeln. Dies ist namentlich bei offenem Kreis der Fall. Bei diesem Hin- und Herpendeln kommt zeitweise ein positives Theilchen mit einem negativen des nächsten Atoms zusammen, — sie gleichen sich aus und der Strom wird Null, dann schwingen die Theilchen noch weiter; — der Strom geht in die entgegengesetzte Richtung über; dann kehren die Theilchen zurück und es trifft wieder ein positives mit einem negativen zusammen, — der Strom wird wieder Null; die Theilchen gehen wieder aus einander — es kehrt die ursprüngliche Stromrichtung wieder etc., bis schliesslich die Theilchen in ihrer ursprünglichen Lage (nach verschiedenen immer schwächer werdenden Oscillationen) ankommen.

Bei geschlossenem Kreise nimmt Bernstein an, dass auch eine Trennung der Theilung stattfinde, dass aber z. B. jedes positive Theilchen in Ruhe komme, nachdem es mit dem negativen des folgenden Atoms sich vereinigt habe, — es findet im geschlossenen Kreis mehr Strömung als Schwingung statt.

Bernstein will noch weitere Versuche anstellen, um zu sehen, ob die hier angedeutete Theorie einer weiteren Entwickelung zugänglich ist.

2. Versuch von Budde, betreffend das Leidenfrost'sche Phänomen.
(Pogg. Ann. Bd. CXLII. p. 158.)

Das Leidenfrost'sche Phänomen beruht darauf, dass der an der unteren Fläche eines auf einer heissen Fläche liegenden Wassertropfens sich bildende Dampf den Tropfen hebt und ihn nicht in directe Berührung mit der heissen Fläche kommen lässt. Der Dampf muss also im Stande

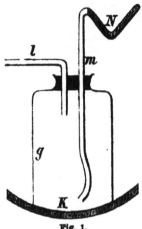

Fig. 1.

sein, dem Drucke der Atmosphäre und dem Gewicht des Tropfens zu widerstehen. Macht man demnach den Versuch im leeren Raum, so muss derselbe schon bei ziemlich niedriger Temperatur gelingen.

Auf einer Kupferschale K steht eine Glasglocke, durch deren Tubulus zwei Röhren gehen; die eine l kann mit einer Luftpumpe in Verbindung gesetzt werden; die andere m ist zugeschmolzen und an ihrem oberen gekrümmten Ende N mit Wasser gefüllt. Erhitzt man nun, nachdem die Glocke g ausgepumpt worden, die Kupferschale K im Wasserbade und auch das Wasser in N, so fliesst bald ein Tropfen Wasser durch m auf die kaum 100⁰ heisse Kupferschale K. Die Kupferschale ist weit über den Siedepunkt des Tropfens (bei diesem geringen Luftdruck) erhitzt und nun zeigt der Tropfen deutlich das Leidenfrost'sche Phänomen; die niedrigste Temperatur, bei welcher noch das Wasser in Tropfenform sich erhielt, war 88⁰ C.

8. Ueber die ungehinderte Drehung der beweglichen Leiter und des Solenoids am Ampère'schen Gestell von G. Krebs. (Wiesbaden.)

Hängt ein beweglicher Leiter oder ein Solenoid von der gewöhnlichen, in den Lehrbüchern beschriebenen Form an dem Ampère'schen Gestell und haben dieselben nach Einleitung eines galvanischen Stromes die bekannte Stellung angenommen, so wollen sie, wenn der Strom umgekehrt wird, eine Drehung von 180⁰ ausführen. Dabei aber drehen sie sich stets nach der Seite hin, dass sie am Gestell widerstossen; man muss sie dann aus- und auf der anderen Seite wieder einhängen, damit sie ihre Drehung vollenden können. Dass dies höchst störend ist und der Reinheit des Versuches grossen Eintrag thut, ist selbstverständlich.

Aus theoretischen Gründen ist leicht zu ersehen, dass der Leiter sowohl, als das Solenoid eigentlich ebensoviel oder so wenig Neigung haben, sich nach der einen als nach der anderen Richtung zu drehen; dass trotzdem der Leiter sowohl, wie das Solenoid sich stets nach einer und derselben Richtung bewegen, hat seinen Grund in der Anziehung, resp. Abstossung, welche der untere Horizontalarm des Ampère'schen Gestells auf die obere horizontale Seite des Leiters, resp. auf die Windungen des Solenoids ausübt. (Die nähere theoretische Begründung findet sich Pogg. Ann. Bd. 139, p. 614.)

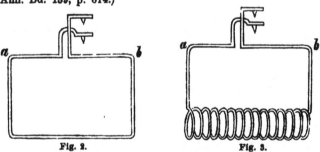

Fig. 2.   Fig. 3.

Giebt man aber dem beweglichen Leiter und dem Solenoid die Gestalt, wie sie in Fig. 2 und Fig. 3 dargestellt ist, so übt der untere Horizontalarm des Ampère'schen Gestells eine solche Einwirkung auf die obere Seite ab

des Leiters oder des Solenoids aus, dass sie sich bei der Umkehrung des Stromes immer nach der Richtung drehen, nach welcher die Drehung ohne Anstoss ausgeführt werden kann.

Hängt der Leiter am Gestell, so müssen die Horizontalarme des Gestells von Süd nach Nord stehen, während sie die Richtung von Ost nach West haben müssen, wenn das Solenoid am Gestell hängt.

Sehr vortheilhaft für die leichte Beweglichkeit ist es noch, wenn man Leiter und Solenoid aus Aluminiumdraht von ca. 2 Millimeter Dicke fertigen lässt.

4. Ueber die Erkaltung und Wärmeleitung in Gasen von Dr. Fr. Narr. (Pogg. Ann. Bd. CXLII. p. 123.)

Newton hatte *à priori* angenommen, dass bei einem festgesetzten Erkaltungsprocesse die Temperaturexcesse eines erwärmten Körpers über seine Umgebung in einer geometrischen Reihe abnehmen müssten, wenn die Abkühlungszeiten in keiner geometrischen Reihe wachsen. Die Versuche, welche Newton anstellte, schienen diesem Gesetze in befriedigender Weise zu entsprechen.

Dulong und Petit jedoch, welche ihre Untersuchungen übrigens nur auf Flüssigkeiten erstreckten, glaubten annehmen zu dürfen, dass das Newton'sche Gesetz des Erkaltens unexact sei und stellten für die Erkaltungsgeschwindigkeit v der Körper die Formel auf:

$$v = k \left\{ m . a^{\vartheta} . (a^t - 1) + n . p^c . t^{1,233} \right\},$$

wobei $t + \vartheta$ die Temperatur des Körpers, der sich in einer Erkaltungshülle von der Temperatur ϑ in Berührung mit einem Gase unter dem Drucke p befindet, vorstellt; wobei ferner k ein Coefficient ist, der von der Masse, Grösse der Oberfläche und Natur des erkaltenden Körpers, der Coefficient m von der Natur der Oberfläche und der Coefficient n von der Natur des umgebenden Gases abhängt. während c eine von einem Gase zum anderen sich ändernde Grösse und a einen constanten Coefficient $= 1,077$ darstellt; der erste Theil der Formel drückt demnach die Erkaltungsgeschwindigkeit im leeren Raume, der zweite dagegen den Erkaltungseffect des umgebenden Gases aus.

De la Provostage und Desains fanden bei ihren Versuchen die Dulong-Petit'sche Formel als hinreichend befriedigend.

Dr. Fr. Narr nun stellte neue Versuche über Gase an, welche in ein cylindrisches Gefäss von Messing eingeschlossen waren.

Ein eigenthümliches, in diesen Raum eingesenktes Thermometer liess die Temperaturen des Gases während der Erkaltung erkennen.

Da die Gase in einen luftleer gemachten Raum eingelassen wurden, so konnte nur von der Erkaltung durch Strahlung die Rede sein.

Aus den Versuchen nun glaubt der Verfasser entnehmen zu dürfen, dass das Newton'sche Gesetz der wahre Ausdruck für den Erkaltungseffect bei bloser Strahlung sei. Der Verfasser hat vier Gase: Wasserstoff, Kohlensäure, Luft und Stickstoff untersucht und hat dabei gefunden, dass bei Stickstoff und Luft und noch mehr bei Kohlensäure die Erkaltungsgeschwindigkeit in rascherem Verhältniss als die Temperatur wächst, dass dagegen bei Wasserstoffgas die Erkaltungsgeschwindigkeit in geringerem Masse, als die Temperatur, sich erhöht. Dabei weicht Wasserstoff noch am wenigsten von dem Newton'schen Gesetze ab.

Ausserdem ist bemerkenswerth, dass sich die vier genannten Gase dem Mariotte'-Gay-Lussac'schen Gesetze gegenüber ganz ähnlich verhalten, wie dem Newton'schen gegenüber; so dass also der Wasserstoff am meisten dem „idealen" Gase sich nähert.

Dass dieses abweichende Verhalten der Gase von einander in der Verschiedenheit der Molecularconstitution seinen Grund hat, ist einleuchtend;

ebensowenig überraschend ist es, dass gerade der Wasserstoff eine Ausnahmestellung einnimmt, der auch noch insofern sich vor den andern auszeichnet, dass er Wärme und Elektricität viel besser leitet.

Herrn Dr. Narr ist es übrigens nicht gelungen, aus den bisher gewonnenen Ansichten über die Constitution der Gase das Newton'sche Gesetz abzuleiten.

5. Ein Barometer ohne Quecksilber von A. Heller in Ofen. (Pogg. Ann. Bd. CXLII. p. 311.)

Hängt man an das eine Ende des Balkens einer feinen Wage eine hohle Kugel und an das andere Ende ein Gewicht, welches der Kugel bei gewöhnlichem Luftdruck das Gleichgewicht hält, aber ein viel kleineres Volumen hat, so wird, wenn man die Wage unter die Luftpumpe stellt und auspumpt, das Gleichgewicht aufhören: die Hohlkugel wird den Wagbalken niederziehen.

Auf diesen bekannten Schulversuch gründet Heller die Herstellung eines Barometers.

An das eine Ende des Balkens einer sehr feinen Wage wird eine Hohlkugel, an das andere Ende ein nahezu gleich schweres Gewicht von bedeutend geringerem Volumen gehängt und nun die Schwankungen beobachtet, welche der Wagbalken macht, wenn der Luftdruck sich ändert. Zu dem Zweck ist senkrecht zur Achse des Balkens ein Spiegel angebracht und ihm gegenüber wird ein Fernrohr mit einer vertikalen Scala, deren Bild im Spiegel beobachtet werden kann, aufgestellt. Die Zunahme des Barometerstandes um 1^{mm} giebt bei einer gewissen Einrichtung des Apparates einen Ausschlag von 4—5 Millimetern an der Scala.

Heller glaubt, dass sein Apparat die vielfachen Fehlerquellen, denen das gewöhnliche Barometer unterliegt, vermeide; auch ist es wohl empfindlicher; allein es dürften auch hier, wenn nicht absonderlich difficil verfahren wird, alsbald merkliche Aenderungen eintreten, wenn nicht dafür gesorgt wird, dass jede Möglichkeit der Verstaubung der Kugel und des Gewichts ausgeschlossen ist — ganz abgesehen von Oxydation etc.

Späterhin will Heller vergleichende Messungen mit Quecksilberbarometern und mit seinem Instrumente veröffentlichen.

6. Ein Quecksilberbarometer ohne Luftleere von A. Kurz. (Pogg. Ann. Bd. CXLII.)

Da ein gewöhnliches Quecksilberbarometer nie ein wirkliches Vacuum besitzt, so sind seine Angaben mehr oder minder ungenau. Kupffer hat deshalb schon 1832 den Vorschlag gemacht, an dem gewöhnlichen Barometer eine Veränderung anzubringen, um eine Correction wegen des Luft- und Quecksilberdampfgehaltes in dem Vacuum zu ermöglichen (Pogg. Ann. Bd. 26, pag. 450, oder Schmid Lehrb. der Meteor. 1860. p. 822). Die Einrichtung nach Kupffer ist folgende: Der längere und der kürzere Schenkel eines Heberbarometers sind durch ein cylindrisches Gefäss von Gusseisen, dessen Boden beweglich ist, verbunden. Der Boden des Gefässes wird wiederholt verschoben und die jeweiligen Ausdehnungen des Vacuums beobachtet. Entsprechen den Ausdehnungen des Vacuums

die Barometerstände
$$x \quad x-a'' \quad x-a'''$$
$$b' \quad b'' \quad b''',$$

so ist
$$b = b' + \frac{c}{x}, \; b = b'' + \frac{c}{x-a''}, \; b = b''' + \frac{c}{x-a'''},$$

wobei c die Depression des Quecksilbers durch die Luft im Vacuum bei einer Höhe der Luftsäule = 1 Theilstrich bedeutet, die Depression also $= \frac{c}{x}$ ist, wenn die Luft x Theilstriche hoch ist etc. Aus den obigen drei Gleichungen lassen sich leicht b, c und x bestimmen. Kurz hat statt des Heber- ein Gefässbarometer construirt: Eine ungetheilte Barometerröhre kann mehr oder minder tief in ein Glasgefäss, welches mit Quecksilber gefüllt ist, getaucht werden.

Herr Kurz bemerkt zum Schluss, dass nach seinen Beobachtungen ein derartiges Gefässbarometer wenig hinter einem guten Barometer mit Luftleere zurückbleibe. Besondere Hoffnungen scheinen sich also auf ein solches Barometer nicht gründen zu lassen.

7. Mach's Wellenmaschine.

In Carl's Repertorium der Experimentalphysik und der phys. Technik Bd. 6, p. 8 beschreibt Mach eine Wellenmaschine, welche in hohem Grade für den Schulunterricht empfehlenswerth ist. (Auf der Naturforscherversammlung zu Rostock hat Mach die betreffenden Versuche mit dieser Maschine unter allgemeinem Beifall angestellt.) Die Maschine besteht im Wesentlichen aus einer grösseren Anzahl Bleikugeln, von denen jede an zwei Fäden, genau so wie die Elfenbeinkugeln an der Percussionsmaschine, aufgehängt ist. Mit Hilfe einiger Nebenapparate, die sich sehr leicht handhaben lassen, kann man nun die fortschreitende und stehende Longitudinal- und Transversalwelle darstellen, und zwar so, dass die Kugeln ziemlich lange regelmässig schwingen. Der Apparat ist bei Dr. C. Neumann in Prag für 18 Gulden beziehbar.

In demselben Bande des Repertoriums wird Quincke's Apparat zur Darstellung von Schwingungen für physikalische Vorlesungen erwähnt. Es gründet sich derselbe auf das Princip des stroboskopischen Cylinders; 18 Bilder zeigen die hauptsächlichsten Arten der Licht-, Schall- und Wasserwellen. Die Bilder sind von der Springer'schen Buchhandlung in Berlin zu beziehen.

8. Influenzelektrisirmaschinen.

Einer derjenigen Apparate, welche gegenwärtig die Physiker [*] besonders beschäftigt, ist die Influenzelektrisirmaschine. Jedes Jahr bringt eine Reihe von Abänderungen und Verbesserungen. So hat Carré die ruhende Scheibe entfernt und statt dessen eine kleine langsam rotirende zwischen zwei Reibkissen sich reibende Scheibe angebracht; die auf dieser Scheibe beständig erzeugte Elektricität wirkt influirend auf die grössere, rasch rotirende, der die Saugarme gegenüberstehen. Bei der Winter'schen Maschine ist die ruhende (mit Ausschnitten und Papierbelegung versehene) Scheibe beibehalten und nur hinter derselben eine dritte kleinere, langsam zwischen Reibkissen rotirende Scheibe, welche die Stelle des elektrisch gemachten Hartgummis vertritt, angebracht.

Staudigl in Wien nimmt zwei rotirende Scheiben, welche die ruhende zwischen sich haben; die ruhende wirkt dann influirend auf beide rotirende ein und will Staudigl recht befriediegende Resultate erzielt haben.

Carl in München wendet zwei ruhende und zwei rotirende Scheiben an. Die zwei ruhenden, etwas grösseren, mit Ausschnitten und Papierbelegen versehenen, sind innen (einander gegenüber), die etwas kleineren rotirenden sind aussen, rechts und links von den ruhenden angebracht. Eine blos provisorisch hergestellte 15zöllige Maschine kam einer guten einfachen 20zölligen Maschine vollkommen gleich, so dass sich erwarten lässt, eine gut eingerichtete 15zöllige Doppelmaschine werde eine 20zöllige einfache weit übertreffen.

(Näheres hierüber findet sich in Carl's Repertorium Bd. 6.)

---

[*] S. auch diese Zeitschr. II, 423. III, 27. III, 270. D. Red.

9. Eine merkwürdige Beobachtung am Goldblattelektroskop von Prof. Dr. Forster. (Pogg. Ann. Bd. CXLIV, pag. 489.)

Die merkwürdigste Beobachtung, welche Herr Forster am Goldblattelektroskop gemacht hat, besteht darin, dass er die Goldblättchen positiv elektrisch fand, nachdem er den Knopf des Elektroskops mit einer stark elektrischen Kautschukstange berührt hatte.

Diese Entdeckung ist nicht neu und hat man in den Lehrbüchern der Physik und auch in der musikalischen Technik von Frick schon lange darauf hingewiesen, dass es rathsam sei, ein Goldblattelektroskop lieber durch Vertheilung, als durch Berührung elektrisch zu machen.

Forster schlägt vor, von der Kautschukstange Elektricität mittelst eines Probescheibchens zu entnehmen und mit diesem den Knopf zu berühren. Ist es nicht viel einfacher und besser, die alte Methode beizubehalten, welche darin besteht, dass man eine elektrische Glasstange nur annähert und während dessen den Finger auf den Knopf hält, dann den Finger und nunmehr die Stange entfernt?

10. Ueber die angeblichen Dunstbläschen in der Atmosphäre von J. Kober. (Pogg. Ann. Bd. CXLIV, pag. 395.)

Eine sehr wichtige Frage, von deren Erledigung die Lösung gar vieler Fragen der Meteorologie direct oder indirect abhängt, ist die, ob die Dunstbläschen des Wassers, des Nebels und der Wolken aus soliden Wassertröpfchen, oder aus kleinen seifenblasenähnlichen Gebilden bestehen, die inwendig Luft enthalten und auswendig mit Wasser überzogen sind.

Die letztere Ansicht scheint heutzutage die verbreitetste zu sein; sie ist von Halley und Leibnitz ausgegangen; Wolff, Kratzenstein und Saussure haben Versuche darüber angestellt, ohne nach Kober's Meinung sichere Resultate zu erzielen. Auch giebt Saussure selbst zu, dass der Wasserdampf auch solide Kügelchen bilde.

Kratzenstein u. A. sind der Ansicht, dass, weil Dunstbläschen nie einen Regenbogen erzeugen, sie auch keine soliden Wassertröpfchen, wie etwa die Regentropfen sein könnten.

Hierauf bemerkt Kober, dass sehr kleine Wassertröpfchen auch keinen Regenbogen hervorbringen könnten.

Bravais ferner ist der Ansicht, dass der Wasserdunst theils aus hohlen Bläschen, theils aus soliden Kügelchen bestehe.

Auch Clausius huldigt der Bläschentheorie.

Wir lassen nun Kober's eigene Ansichten folgen:

1) Die Wasserdünste der Atmosphäre bestehen sämmtlich aus grösseren oder kleineren soliden Tröpfchen.

2) Die innerhalb der Atmosphäre schwebenden Wassertröpfchen überziehen sich mit einer mehr oder minder feinen Luftschicht (diese verhindert das rasche Zusammenlaufen der einzelnen Tröpfchen zu grösseren Tropfen).

3) Solche gasumhüllte Tröpfchen bilden häufig zusammenhängende Conglomerate oder Complexe.

4) Dem Fallen der Dunstkörperchen sind nicht blos aufsteigende Luftströmungen hinderlich, sondern auch Adhäsionsverhältnisse (Quecksilbertröpfchen schwimmen auf Wasser etc.). Der Regen entsteht durch die Vereinigung bisher getrennter Dunstkörperchen. Oft will aus schweren Wolken kein Regen kommen; sind aber erst einige Tropfen gefallen, so folgt der Regen reichlicher; ähnlich wie beim Buttern die Fettkügelchen plötzlich zusammenschiessen, ebenso ergreift der einmal entstandene Regen rasch die ganze Wolke.

11. Ein Versuch in Betreff der Frage nach Dampfbläschen von
J. Plateau. (Pogg. Ann. Bd. CXLV, p. 154.)

Eine höchst interessante und überraschende Methode, um experimental
nachzuweisen, dass es keine Dampfbläschen giebt, ist die nachstehende
von Plateau erfundene.

Zieht man eine Glasröhre von 4 ᵐᵐ Durchmesser in eine Spitze von
0,4 ᵐᵐ Durchmesser aus, bringt die Spitze mit angenässtem Filterpapier
in Berührung, wodurch sich eine Flüssigkeitssäule von höchstens 1 ᵐᵐ Länge
in der Spitze sammelt, senkt dann in das obere Ende der Glasröhre einen
mit Schmalz überzogenen Pfropfen, so bildet sich an dem zugespitzten
Ende ein hohles Bläschen von weniger als 1 ᵐᵐ Durchmesser, das ca. 7
bis 8 Secunden stehen bleibt.

Füllt man nun eine am einen Ende geschlossene Glasröhre von 1 ᶜᵐ
Durchmesser mit Wasser, verschliesst das offene Ende durch ein steifes
Blatt Papier, kehrt die Röhre um und zieht das Papier seitwärts ab, so
fliesst die Flüssigkeit nicht aus, wenn die Röhre exact vertical gehalten
wird.

Bringt man jetzt an die untere Fläche des in der weiteren Röhre enthaltenen Wassers die Spitze der engen Röhre, nachdem man an derselben,
wie vorhin beschrieben, ein kleines Bläschen erzeugt hat, so hängt sich
dieses Bläschen an die Wasserfläche und es steigt alsbald die in demselben
enthaltene Luft als kleines Bläschen auf.

Stellt man nun unter der weiteren Röhre eine Kochflasche auf und
bringt das in derselben befindliche Wasser zum Sieden, so müssten, wenn
der Wasserdunst aus lufterfüllten Bläschen bestände, kleine Luftbläschen
in grosser Menge im Wasser der darüber befindlichen Röhre aufsteigen.
Man sieht aber nicht die Spur davon.

Plateau ist deswegen wohl berechtigt, zu sagen, er halte den obigen
Versuch, wenn auch nicht als entscheidenden Beweis, so doch als ein sehr
kräftiges Argument gegen die Hypothese vom Bläschenzustand.

Schul-Statistik.

Mittleres Alter der Classen.

Gymnasium zu Essen a/Ruhr.

Schuljahr: Herbst 1870 bis Herbst 1871.

(Mitgetheilt vom Gymn.-Lehrer PLAGGE.)

Classe.	Dauer des Cursus.	Schülerzahl	Mittleres Alter der Classe. Jahre. Monate.	Aeltester Schüler. J. M.	Jüngster Schüler. J. M.	Bemerkungen.
ber-Prima		13	18 $5^6/_{13}$	21 3	16 7	
nter-Prima		17	18 $1^{12}/_{17}$	19 11	16 —	Für jeden Schül
ber-Secunda		12	17 $8^3/_4$	22 5	14 10	das Alter nach J und Monaten festges
nter-Secunda	sämmtlich einjährig.	17	16 $^6/_{17}$	18 2	14 —	Ueberschiessende T welche weniger als $^1/_2$
ber-Tertia		27	14 $10^5/_{27}$	18 5	12 9	nat betragen, sind d vernachlässigt, die
nter-Tertia		36	14 $8^8/_9$	16 10	11 7	$^1/_2$ Monat dagegen
uarta		42	13 $1^6/_{21}$	16 1	10 7	einen vollen Monat reohnet worden.
uinta		40	12 $^3/_{20}$	14 8	10 8	
exta		32	10 $9^3/_4$	12 11	8 9	

Realschule II. Ordnung zu Essen a/Ruhr.

(Auszug aus dem Programm vom Herbst 1870.)

Von Demselben.

Classe.	Dauer des Cursus.	Mittleres Alter am 1. Apr. 1869. Jahre.	Mittleres Alter am 1. Apr. 1870. Jahre.	Schülerzahl im Schuljahr 1869—70. Winter.	Sommer.
Prima	zweijährig.	17,2	16,5	4	4
Ober-Secunda	je	15,6	15,9	13	13
Unter-Secunda	einjährig.	14,3	14,4	19	16
Ober-Tertia		13,8	14,4	22	29
Unter-Tertia		13,3	12,8	28	40
Ober-Quarta	halb-	12,3	12,8	47	40
Unter-Quarta	jährig.	11,9	12,3	32	35
Quinta		12,3	12,1	39	54
Sexta		10,6	12,0	63	65

Domschule zu Schleswig.

(Mitgetheilt von Dr. Grube.)

Classe.	Cursusdauer.	Schülerzahl.	Mittleres Alter. (Ber.-Termin 1. Octbr.)		Bemerkungen.
			Jahre.	Monate.	
Gymn.-Prima		15	19	$^1/_2$	
Real-Prima	fehlt				
G.-Secunda	sämmtl. zwei- jährig.	26	16	$10^1/_2$	
R.-Secunda		14	16	5	
G.-Tertia		32	14	9	
R.-Tertia		22	15	$5^1/_2$	
G.-Quarta		10	13	—	
R.-Quarta	sämmtl. einjährig.	18	14	$^1/_2$	
Quinta		17	12	5	
Sexta		39	10	9	

Anm. Die Ferienordnung ist auf sämmtlichen Gymnasien in Schleswig-Holstein die gleiche, nämlich:

Sommer-Ferien Juli — August	4	Wochen
Michaelis-Ferien Anf. October	1	-
Weihnachts-Ferien	2	-
Oster-Ferien	2	-
Pfingst-Ferien	1	-
Sa.	10	Wochen.

Anmerkung der Redaction:

Da in neuster Zeit einige Collegen angefangen haben, der Redaction dieser Zeitschrift statistische Uebersichten[*] über das mittlere Alter der Schüler der einzelnen Classen in verschiedenen Formen einzusenden, so erlaubt sich die gedachte Redaction, der Uebereinstimmung halber, folgendes im Wesentlichen mit dem von Plagge übereinstimmendes Schema vorzuschlagen:

Jahr.	Classe.	Cursusdauer.	Schülerzahl der Classe.	Berechnet für den 1. Oct. d. l. J.						Bemerkungen.
				Mittleres Alter.		Aeltester		Jüngster Schüler.		
				J.	M.	J.	M.	J.	M.	
		Bei ein- jährigen Cur- sen anzuge- ben, ob der Cursusanfang zu Ostern od. zu Michaelis ist.		(Brüche in Desimalen!)						Tage unter15 wegzulassen, Tage über 15 für einen vol- len Monat zu rechnen. Als Berechnungstermin ist immer die Mitte des Cursus zu nehmen, also bei Cursen, die von Ostern bis Ostern laufen, etwa d. 1. October, und bei solchen von Michaelis bis Michaelis entspr. der 1. April.

*) Ein Vorschlag zur Anstellung und Aufzeichnung allgemeinerer (nicht blos aufs mittlere Alter der Classen sich erstreckender) statistischer Untersuchungen, die gerade für den Mathematiker der Anstalt sich eignen, soll in einem der nächsten Hefte folgen. D. Red.

Statistische Notizen zum badischen Gymnasial-Lehrplan.

Die Redaction erhielt von Herrn Gymnasialdirector Kappes in Donaueschingen folgende Notiz zu der Besprechung des Organisationsplanes der badischen Gymnasien (I, 248—253): „Ihre gelegentlich einer Besprechung der neuen badischen Schulorganisation eingefügten Notizen haben, wenn mir nichts entgangen ist, bis jetzt keine Beantwortung in Ihrer Zeitschrift gefunden. Ich erlaube mir Ihnen bezüglich darauf Folgendes mitzutheilen:

Zu I, S. 248. Die Vermehrung der Stundenzahl*) hat ihren Grund in der Trennung von IV, V, VI in je zwei Abtheilungen, welche nur da nicht stattfindet, wo sie wegen Lehrermangels unmöglich ist. Also IV a, IV b, V a, b, VI a, b, je vier, beziehentlich drei Stunden, zusammen 33 Stunden etc.

Zu S. 250. Das Durchschnittsalter an unserer Anstalt war für den untersten Curs zu Anfang des Schuljahres am 1. October:

1862/63 — 11
1863/64 — 11
1864/65 — 11$^1/_4$
1865/66 — 11$^1/_3$
1866/67 — 11
1867/68 — 10$^3/_4$
1868/69 — 11
1869/70 — 11
1870/71 — 11
1871/72 — 10$^2/_3$

Durchschnittsalter in 10 Jahren 11 Jahre. Dazu ist aber zu bemerken, dass unser Gymnasium in einem schwachbevölkerten, ziemlich einsamen Bezirke ist. Wo die städtische Bevölkerung dichter ist, mag das Verhältniss anders sein.

Zu S. 251. 1$^1/_2$ wird noch als „sehr gut" gerechnet, 2$^1/_2$ als „gut," 3$^1/_2$ als noch „genügend." Die Bruchzahlen dienen hauptsächlich zur Differenzirung in der Location.

Zu S. 252. Die Berechnung der Noten nach der relativen Wichtigkeit der Fächer geschieht durch Multiplizirung der Note mit der Stundenzahl des Faches; aus der Gesammtsumme ergiebt sich die Mittelnote. Z. B.:

	Note		Stundenzahl		Product
Religion	2$^1/_2$	×	2	=	5
Deutsch	3	×	3	=	9
Lateinisch	3	×	7	=	21
Griechisch	3	×	6	=	18
Französisch	2$^1/_2$	×	2	=	5
Geschichte	2$^1/_2$	×	3	=	7$^1/_2$
Mathematik	4	×	3	=	12
Physik	3	×	2	=	6
Philos. Prop.	2$^1/_2$	×	1	=	2$^1/_2$
	26		29	:	86 = 3

(Fast das gleiche Resultat ergiebt sich durch

$$86 : 26 = 3^1/_3$$
$$\text{oder } 26 : 9 = 3.)$$

In vorstehendem Zeugniss würde aber der Abiturient trotz der Gesammtnote 3 ein Collegium in der Mathematik auferlegt erhalten.

Zu S. 252. Anm. **) der Red.

Das Freihandzeichnen ist im badischen Lehrplane in den fünf untersten Cursen obligatorisch. Als Vorschule für den geometrischen Unterricht wird im II. und III. Curs je eine Wochenstunde für elementares geometrisches Zeichnen und geometrische Elementarbegriffe verwendet. Im II. Curs beginnt alsdann der systematische geometrische Unterricht.

---

*) Vergl. die Anmerkung **) der Red. S. 248.

Nekrolog.

Prof. Dr. W. Casselmann, Lehrer am Realgymnasium zu Wiesbaden,
† den 15. Februar. Von ihm erschien: Leitfaden für den wissenschaftlichen Unterricht in der Chemie. 3. Auflage. Wiesbaden. Kreidel.
Chemische Untersuchungen der Mineralquellen zu Soden und Nenen-
hain. Wiesbaden. Niedner.

Biographien.

Kepler, der grosse Astronom Deutschlands in seinem Leben, Wirken
und Leiden. 2. Auflage. Mit Jugendporträt K's. Wien. Hartleben.
5 Ngr.
Johannes Kepler von Herm. J. Klein. Erster Artikel. Gäa. 1872.
Heft 1, S. 1—80.

Druckfehler des II. Bandes.

(Vergl. Bd. II. S. 559.)

Seite 453 Zeile 2 v. o. statt 17 lies —17.
- 453 - 25 v. o. zu streichen.
- 453 - 30 v. o. hierher Zeile 25.
- 454 - 6 v. o. statt „gefüllten“ lies „gefällten.“
- 473 - 5 v. - „Eschwege R. L. O.“ lies „Eschwege R. II. O.“
- 505 - 2 v. - „Bel“ lies „Die.“
- 508 - 3 v. - „irgendwo“ lies „nirgendwo.“
- 510 - 7 v. - „logischen“ lies „topischen.“
- 511 - 8 v. - „dann“ lies „denn.“
- 513 - 15 v. - „Gies“ lies „Heis.“
- 531 - 3 v. - Ende der Zeile schalte ein: „1. Jahrg. 5. Heft. S. 425.“
- 531 - 20 v. - „Juden“ lies „Inder.“
- 532 - 18 v. - „Versuche“ lies „Ursache.“
- 533 - 17 v. nach Newton) setze das Zeichen “.
- 538 - 1 v. statt „Glanscarten“ lies „Glanscarton.“
- 545 - 27 v. - „Erddampf“ lies „Joddampf.“
- 547 - 18 v. - „übriges“ lies „übriger.“
- 547 - 17 v. - „Schwanr“ lies „Schwanz.“
- 549 - 17 v. - „Sedum“ lies „Ledum.“
- 551 - 18 v. - „geschüttet“ lies „geschüttelt.“
- 552 - 3 v. - „Länge“ lies „Lauge“
- 553 - 19 v. - „schwächeren“ lies „schwächerer.“
- 553 - 18 v. - „Petrofacten“ lies „Petrefacten.“
- 553 - 19 v. - „Franastaro“ lies „Fracastaro.“
- 553 - 37 v. u. - „Glaurcher“ lies „Glaneoker.“

Berichtigungen.

Herr Prof. Scherling am Catharineum in Lübeck ersucht die Redaction, in seiner
„Vorschule der descriptiven Geometrie“ Hannover 1870 (s. Recens. II, 236) auf
S. 55—56 von Zeile 4 v. u. an folgende Verbesserung mitzutheilen:
„schneiden sich die Kreise, so schreitet die Chordale so lange noch gleichläufig fort,
bis der Mittelpunkt des beweglichen Kreises auf der Chordale liegt, also $PX = r_1$
wird,“
und S. 56 von Zeile 4 an:
„Für den Fall, wo die Gegenläufigkeit anfängt, hat man

$$c = MX = \frac{c^2 + r^2 - r_1{}^2}{2c}, \text{ also}$$

$$2c^2 = c^2 + r^2 - r_1{}^2 \text{ oder } c = \sqrt{r^2 - r_1{}^2}.$$

In der Figur S. 55 ist D statt P und E statt Q zu setzen.
Jahrg. III, Hft. 1, S. 47 Zeile 11 v. u. lies statt „während die andere . . . . . . strebt“
Folgendes:
„während die Wirkung der anderen (sogenannten momentanen), welche das Pendel
in Schwingung versetzt hat, der stossenden Seitenkraft, darin besteht, dass jenes in
seiner anfänglichen Richtung beständig weiter schwingt.“

Briefkasten.

Quittung über eingegangene Programme (Ostern 1872). Engel-hardt, (R. l. O. N. Dresden) „über Kalktuff im Allgemeinen und den von Robschütz bei Meissen insbesondere." 47 S. Eingehend, mit Angabe der Lit. — Geissler, (R. I. O. Ravicz) „über den naturgeschicht-lichen Unterricht auf Realschulen 1. Ordnung." 35 S. Der Kern dieser auch wegen statistischer Untersuchungen schätzbaren Arbeit soll in dies. Zeitschr. mitgetheilt werden. — Wertheim, (isr. R. in Frankfurt a/M.) „Einführung in die Zahlentheorie" 40 S., für Schüler der oberen Classen der Realschulen, aber auch Studirenden zu empfehlen. — Freyer, (Ilfeld, Kloster-Sch.) „Beispiele aus der Mathematik zur Logik." 35 S. Ein schätzbarer Beitrag über den Bildungswerth der Mathematik und manchen Philologen zum Studium zu empfehlen. — Wilde, (R. v. Debbe. Bremen) „über Fusspunktlinien der Kegelschnitte," 21 S. mit Differenzial-Rechnung. — Bernhardt, [Verf. von „Melanchthon als Mathematiker etc."] (Wittenberg, *G*.) „Kepler's Lehre von den Kräften des Weltalls." 23 S. Ein schätzbarer Beitrag zur Orientirung in der Geschichte der Astronomie. — Röntgen, (städt. Gew.-Sch. Remscheid) „Leitfaden für den Unterricht in der Hydraulik und Dampf-maschinenlehre." 59 S.

Notizen. Unser geehrter Mitarbeiter Herr Dr. Sturm wirkt seit Ostern dieses Jahres als Professor an der polytechnischen Schule in Darmstadt.

Rothe Tinte. Seit Jahren bemerkten wir, dass dieser Artikel, besonders wenn er schlecht ist, bei vielen Correcturen nicht unbedeutende Ausgaben erfordert, und suchten daher nach einer billigen und guten Quelle dieses Fabrikats. Durch Vermittelung unseres geehrten Mitarbeiters Herrn Dr. Fischer in Hannover ist uns nun von Herrn K. Lüders (Hannover, Artilleriestr. 14) eine Partie schöner an der Luft sich nicht verändernder rother Tinte zugesandt worden, die wir nach Gebrauch unsern Fachgenossen sehr empfehlen können. Herr Dr. Fischer versichert, dass sie sich nach seinen Erfahrungen Jahre lang halte. Der Preis ist

$$\text{für 12 kleine Gläser à } 50^{cc} \Big\} = 1 \text{ Thlr.}$$
$$\text{oder „ 3 grosse „ à } 250^{cc} \Big\}$$

Dieselbe Fabrik liefert auch sehr schöne blaue und violette Tinte.

Stellengesuch.

Ein Lehrer der Mathematik und Naturwissenschaft sucht eine Stellung an einer Gewerbe-, Baugewerken-, höhern Bürger- oder auch Handelsschule, womöglich in (oder in der Nähe) einer Universitätsstadt. Auch würde derselbe die Leitung eines Privatinstituts übernehmen. Nachweisungen wolle man an die Redaction dieser Zeitschrift unter der Chiffre *A. 2. S.* gelangen lassen.

Kopernikusfeier.

Zur vierten Säkularfeier des Kopernikus (vergl. diese Zeitschr. Heft 1, S. 93) am 19. Februar 1873 besorgt der Vorstand des Kopernikusvereins in Thorn als Festgeschenk eine Säkularausgabe des berühmten aber vergriffenen Werkes „de revolutionibus orbium coelestium" mit Beigabe der unter Kopernikus Einfluss entstandenen „narratio prima" des Rheticus. Diese Ausgabe soll in Format und Einrichtung sich der Nürnberger Ausgabe (1543) anschliessen und auf Grund der Vergleichung des im Besitze des Grafen Nostiz-Rieneck befindlichen Originalmanuscripts nach den Fortschritten der Typographie gedruckt werden. Zu subscribiren in der Buchhandlung von Lambeck in Thorn. Preis 6⅔ Thlr. (Vergl. Lit. Centralbl. 1872. 13.)

Die Centripetalkraft und die ablenkende Kraft fester Curven,

bearbeitet für den physikalischen Unterricht.

Von Julius Bode,
Oberlehrer an der h. Bürgerschule zu Langensalza.

Die üblichen Ableitungen der Formel für die Centrifugalkraft in Lehrbüchern der Physik, welche zum Gebrauch an
höheren Schulen bestimmt sind, erscheinen theils falsch, theils
zu kurz und bündig, als dass der Schüler durch sie eine deutliche Einsicht in den Vorgang erlangen könnte, welcher bei
krummliniger Bewegung statthat. Gemäss dem pädagogischen
Grundsatz: non multa, sed multum, pflege ich daher nach
Vorführung der bezüglichen Erscheinungen im täglichen Leben
und am Centrifugalapparat die Erfordernisse der krummlinigen
Bewegung im engen Anschluss an das Parallelogrammgesetz sehr
ausführlich zu erörtern. Hierdurch wird zugleich die Denkkraft
des Schülers in einer Richtung geübt, welche ihm auch späterhin zum Verständniss der Differenzial- und Integralrechnung von
wesentlichem Nutzen sein möchte. Den geehrten Herren Collegen unterbreite ich daher nachstehend meine schulmässige Behandlung der in der Ueberschrift genannten Kräfte.

In Erinnerung an die Berechnung der Kreis-Peripherie
nehmen wir zunächst an, die Bewegung solle längs einer gebrochenen Linie und zwar gleichförmig erfolgen. Kommt demgemäss ein materieller Punkt von der Masse m in einer Rich,
tung AB mit der Geschwindigkeit v in einem Orte B an
(s. Fig. a. f. S.) und soll er sich von B aus mit derselben Geschwindigkeit v gleichförmig weiter bewegen in einer Richtung BC
welche mit der ersteren den Winkel α bildet, so zerlege man
die gegebene Geschwindigkeit in B in zwei Componenten, deren

eine mit BC zusammenfällt und gleich v ist. Man kann sogar annehmen, das Bewegliche sei mit diesen beiden Seitengeschwindigkeiten in B angekommen, und sieht dann deutlich, dass zu der gewünschten Ablenkung es nur einer Kraft bedarf, welche in B angreift und für sich allein momentan eine Geschwindigkeit erzeugen würde, welche der zweiten gegebenen Seitengeschwindigkeit entgegengesetzt und an Grösse gleich ist. Man erkennt ferner, dass das Bewegliche durch eine solche Ablenkung eine neue Eigenschaft gar nicht gewinnt, namentlich auch in der Richtung der ablenkenden Kraft sich nicht bewegt, dass es vielmehr eine früher schon besessene Eigenschaft, jene zweite Seitengeschwindigkeit nämlich, in B verliert, sowie umgekehrt, dass in Ermanglung einer in B ablenkenden Kraft das Bewegliche nicht in der dieser Kraft entgegengesetzten Richtung, sondern in der ursprünglichen Richtung AB von B sich entfernt.

Um die ablenkende Momentankraft K zu construiren und zu berechnen, ersetzen wir die Geschwindigkeit v des Beweglichen m in B auf der Verlängerung von AB durch

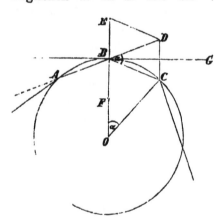

die Momentankraft $mv = BD$, zerlegen BD nach dem Parallelogrammgesetz in zwei Componenten $BC = mv \cdot$ und BE, deren erstere mit BD, den Winkel α bildet und bringen endlich in B eine Kraft BF an, welche gleich BE ist und die entgegengesetzte Richtung hat. Alsdann stellt BF der Grösse und Richtung nach die gesuchte Kraft K dar. Sie ist gleich und parallel CD, ihre Richtung steht also normal zur Halbirungslinie BG des Winkels α, halbirt Winkel ABC und bildet mit BC den Winkel $90 - \frac{1}{2}\alpha$; ihre Intensität ist demnach

$$K = 2\,mv \sin \frac{\alpha}{2}.$$

Wäre das Bewegliche in B nicht mit der Seitengeschwindigkeit angekommen, welche der Seitenkraft BE entspricht, so würde es unter übrigens gleichen Umständen schon vorher in der Richtung BC d. h. parallel BC sich bewegt haben. Es kann also auch BE als eine ablenkende Kraft angesehen werden, ablenkend nämlich aus der nächst folgenden Bewegungsrichtung BC. Die beiden an Intensität gleichen, an Richtung entgegengesetzten Kräfte BE und BF, welche auf die Geschwindigkeit selbst keinerlei Einfluss üben, wollen wir daher vorläufig die ablenkenden Kräfte nennen.

Es ist instructiv, von der Entstehung und Richtigkeit des Ausdrucks $2v \sin \frac{\alpha}{2}$ für die Seitengeschwindigkeit noch auf einem etwas anderen, zugleich anschaulicheren Wege sich zu überzeugen. Bezeichnet nämlich für einen Augenblick das Parallelogramm der Kräfte $BCDE$ dasjenige der bezüglichen Geschwindigkeiten, so springt sofort in die Augen, dass die zu vernichtende Seitengeschwindigkeit BE sowohl der gegebenen Geschwindigkeit $BD = v$, als auch dem Verhältniss $CD : BD$ proportional ist, welches Verhältniss nicht mit BD, sondern nur noch mit dem Winkel α sich ändert und gleich $2 \sin \frac{\alpha}{2}$ ist. Die zu vernichtende Seitengeschwindigkeit BE ist mithin dem Produkt $v \cdot \frac{CD}{BD} = 2v \sin \frac{\alpha}{2}$ proportional und wegen $BD = v$ und $CD = BE$ gleich diesem Produkt selbst. — Weil übrigens keine Naturkraft momentan eine messbare Geschwindigkeit $2v \sin \frac{\alpha}{2}$ hervorzubringen vermag, so erkennt man noch, was auch mit der Erfahrung übereinstimmt, dass längs einer gebrochenen Linie (gleichförmige) Bewegung unmöglich ist.

Dagegen ist krummlinige gleichförmige Bewegung wohl denkbar, insofern $2v \sin \frac{\alpha}{2}$ gleichzeitig mit α verschwindet, und jede Curve betrachtet werden kann als eine gebrochene Linie, deren je zwei aufeinander folgende Strecken unendlich klein und an Richtung unendlich wenig verschieden sind, so zwar, dass bei einer ebenen geschlossenen Curve die Summe aller Richtungsunterschiede α stets gleich $4R$ ist. Um die Möglichkeit und die Erfordernisse einer solchen Bewegung mathematisch zu ermitteln, was vorliegend unsere eigentliche Aufgabe ist, haben wir daher nur noch zu untersuchen, ob die im Mass der Momentankräfte alsdann unendlich kleine ablenkende Kraft $K = 2mv \sin \frac{\alpha}{2}$ im Mass der constanten Kräfte eine messbare Grösse hat d. h. ob jene Kraft bei continuirlicher Wirkung in der Zeiteinheit eine messbare Geschwindigkeit erzeugen würde, wie dies z. B. von der Schwere feststeht, obwohl sie einem fallenden Körper in jedem Augenblick nur einen unendlich kleinen Geschwindigkeitszuwachs ertheilt.

Hierzu bedarf es zunächst der Einführung der Zeit t in den Ausdruck für die Geschwindigkeit $2v \sin \frac{\alpha}{2}$, wesshalb wir nunmehr drittens des Parallelogramms der Wege uns bedienen. Benutzen wir hierzu, was in dieser Zeitschrift erlaubt ist, wieder die obige Figur, setzen wir $BC = BD = vt$, tragen wir auf BA den Weg $BC = BA$ ab und construiren wir den Kreis, welcher durch die drei Punkte A, B und C geht, den Mittelpunkt O und den Radius $OB = OC = R$ hat, so ist, weil die Dreiecke gleichschenklig und Winkel OBC und BCD als Wechselwinkel an Parallelen gleich sind, Winkel $BOC = \alpha$, mithin $\sin \frac{\alpha}{2} = \frac{\frac{1}{2}vt}{R}$ und

$$K = m\, \frac{v^2}{R}\, t.$$

Führen wir nun die gebrochne Linie ABC in eine krumme, in ein Curvenstück über, so müssen wir 1) die gleichen Wege BC und BA unendlich klein werden lassen und zwar gleich der unendlich kleinen Strecke, welche das Bewegliche auch bei krummliniger Bewegung in der Richtung BC noch geradlinig zurücklegt; hierbei geht t in die unendlich kleine Zeit τ über, nach welcher die einzelnen Ablenkungen, wie man sagt, continuirlich auf einander folgen. Hierbei wird auch R unendlich klein, so zwar, dass der Quotient $t : R$ constant bleibt. 2) Wir müssen den Ablenkungswinkel α unendlich abnehmen lassen, hierbei wächst R wieder und durchläuft alle Werthe von unendlich Klein bis Unendlich, wenn α bis Null abnimmt d. h. ABC eine gerade Linie wird. Daraus folgt, dass dieser Radius für eine grosse Reihe unendlich kleiner Werthe von α selbst endliche Werthe besitzt. Jeder solcher Werth r von R wird „Krümmungsradius" der Curve ABC im Punkte B genannt, weil von ihm die Grösse der Krümmung abhängt, der den drei unend-

lich benachbarten Punkten B, C und A umbeschriebene Kreis
„Krümmungskreis," und die Gerade BG, welche den Ablenkungswinkel halbirt und senkrecht auf dem zu B gehörigen Krümmungsradius steht, heisst die „Tangente" der Curve im Punkte B.
Für jede gegebene Curve hat nun zwar für jeden Punkt B derselben der Winkel α einen ganz bestimmten, von der Grösse der
Krümmung abhängigen Werth, er lässt sich jedoch in Graden
nicht angeben. Den zugehörigen Krümmungsradius dagegen
lehrt die h. Mathematik stets mit völliger Sicherheit finden. Nur
in dem einfachsten, für uns jedoch wichtigsten Falle, wenn
nämlich die unendlich kleinen Linien AB und BC zwei aneinander
stossende Seiten eines regulären Polygons, alle Winkel α also
gleich sind, die Curve ein Kreis ist, sind bekanntlich auch alle
Krümmungsradien gleich und zwar gleich dem Radius des
Kreises.

Unter Beibehaltung der seitherigen Bezeichnungen ergibt
sich demnach bei krummliniger Bewegung für die ablenkende
Kraft im Mass der Momentankräfte die Gleichung

$$K = m \, \frac{v^2}{r} \, \tau .$$

Nunmehr fragt sich, bis zu welcher Grösse f die bei ein-
maligem Wirken der ablenkenden Kraft erzeugte Geschwindig-
keit $\frac{v^2}{r} \, \tau$ anwachsen würde, wenn dieselbe Kraft k auf dieselbe
Masse m in derselben Richtung nicht nur einmal, sondern während
der Dauer einer ganzen Zeiteinheit continuirlich d. h., gemäss
der Definition unserer Grösse τ, $1 : \tau$ mal einwirkte. Die Geschwindigkeit würde $1 : \tau$ mal grösser, mithin $f = \frac{v^2}{r}$ werden
mit derselben Genauigkeit, mit welcher unsere gebrochene Linie
ein Curvenstück darstellt und bei krummliniger Bewegung die
Ablenkungen continuirlich aufeinander folgen. Wäre die ablenkende Kraft die Ursache des freien Falles einer Masse m,
so wäre deren Beschleunigung mithin gleich $\frac{v^2}{r}$. Für unsere ablenkende Kraft im Mass der constanten Kräfte haben wir also
die Gleichung

$$K = m \, \frac{v^2}{r} .$$

Da die Richtung dieser nur ablenkenden Kraft den Winkel ABC
halbirt, mithin für jeden Punkt der Bahn durch den Mittelpunkt

des zugehörigen Krümmungskreises geht, so hat man ihr den bezeichnenden Namen „Centripetalkraft" und der ihr an Intensität gleichen, jedoch entgegengesetzt · gerichteten Kraft den Namen „Centrifugal-, Flieh- oder Schwungkraft" gegeben, weil das Bewegliche, wenn die erstere Kraft nicht wirkt, ausschliesslich in der Richtung der letzteren Kraft vom Centrum des Krümmungskreises entflieht; die Beschleunigung $\frac{v^2}{r}$ heisst demnach die „Centripetal- oder Centrifugalbeschleunigung." Da ferner das Bewegliche m, wenn die Centripetalkraft in B (s. d. Fig.) nicht wirkte, nicht in der Richtung der Centrifugalkraft allein, sondern auch in der Richtung BC, mithin in der von der Tangente BG nur unendlich wenig verschiedenen Richtung BD mit der Geschwindigkeit v von B entfliehen würde, so hat man diese Geschwindigkeit „Tangentialgeschwindigkeit" und die Grösse der Bewegung mv die „Tangentialkraft" des Beweglichen in B genannt. Durch das letztere Produkt wird bekanntlich die „fingirte" Momentankraft gemessen, durch welche man die Geschwindigkeit v eines jeden Beweglichen von der Masse m in der Richtung seiner Bewegung ersetzen kann, wovon auch wir Eingangs dieser Untersuchung Gebrauch gemacht haben, während die sogenannte lebendige Kraft des Beweglichen durch das Produkt $\frac{1}{2} mv^2$ ausgedrückt wird. Da endlich die Centrifugalkraft als eine unendlich kleine Componente der Tangentialkraft sich ergeben hat, welche bei continuirlicher Wirkung in der Zeiteinheit die messbare Geschwindigkeit $\frac{v^2}{r}$ erzeugen würde, so folgt aus diesem durch mathematische Betrachtung mittelst Deduction gefundenen Ergebniss, dass krummlinige gleichförmige Bewegung wohl möglich ist, weil jeder solchen Centrifugalkraft irgend eine Naturkraft als Centripetalkraft Gleichgewicht zu halten vermag. Nicht der Nachweis der blossen Möglichkeit gleichförmiger krummliniger Bewegung ist jedoch das wichtigste Ergebniss der vorstehenden Untersuchung — denn an dieser Möglichkeit war bei der thatsächlichen Existenz krummliniger Bewegung nicht wohl zu zweifeln —, sondern vielmehr die gleichzeitige genaue Erkenntniss der Kraft, welche die ausschliessliche Ursache und Bedingung der Krümmung ist.

Daher steht auch kaum zu erwarten, dass bei ungleichförmiger Bewegung die Ursache ihrer Krümmung eine andere sein werde. In der That, auch bei einer solchen Bewegung erfolgen die Ablenkungen continuirlich auf einander nach einem jeden Zeittheilchen τ, und ist mithin auch jetzt während eines jeden solchen Zeittheilchens die Bewegung nicht nur geradlinig, sondern auch gleichförmig, weil eine beschleunigende Einwirkung auf das Bewegliche eben wegen der Continuität der Ablenkungen nicht zwischen ihnen, sondern nur gleichzeitig mit ihnen statuirt werden kann. Das Bewegliche kommt zwar in jedem Ablenkungspunkte mit einer anderen Geschwindigkeit an als mit welcher es abgeht, und es sind daher je zwei auf einander folgende Strecken der Curve unendlich wenig verschieden, auch geht für jeden Punkt B der Bahn der Krümmungskreis nur noch durch diesen und den nächstfolgenden Ablenkungspunkt, die Construction dieses Kreises jedoch, sowie diejenige der verschiedenen Parallelogramme und ihre Grösse bleiben unter übrigens gleichen Umständen, nämlich bei derselben Gestalt der Curve und Abgangsgeschwindigkeit v des Beweglichen im Punkte B genau dieselben. Daher ist bei einer solchen Bewegung auch die Centripetalkraft genau dieselbe wie bei gleichförmiger Bewegung.

Bei jeder krummlinigen Bewegung hat man sich also lebhaft vorzustellen, dass das Bewegliche in jedem Punkt seiner Bahn mit zwei Seitengeschwindigkeiten ankommt, von welchen die eine der nächst folgenden Bewegungsrichtung parallel, die andere dagegen nach der convexen Seite der Curve gerichtet ist und in jedem Ablenkungspunkte senkrecht steht auf der zu ihm gehörigen Tangente an die Curve. Alsdann ist ersichtlich, dass die Bewegung nur so lange und in so weit krummlinig bleibt als die zweite Seitengeschwindigkeit vernichtet wird.

Nachdem ich sodann diese Theorie auf die einleitend besprochenen Centrifugal-Erscheinungen angewandt und insbesondere einige solche Beispiele gründlich behandelt habe, in welchen eine Componente der Schwere als Centripetalkraft wirkt, pflege ich, wie folgt, fortzufahren.

Man würde indess sehr irren, wollte man annehmen, dass nur die Centripetalkraft gleichförmige Bewegung längs Curven zu erzeugen vermöge oder, mit anderen Worten, dass nur sie ausschliesslich ablenkend wirke. Sie allein thut dies allerdings mit absoluter Genauigkeit. Es ist jedoch denkbar, dass viele andere nach Richtung und Grösse von ihr nur unendlich wenig verschiedenen Kräfte vergleichsweise auch eben solche Wirkungen zur Folge haben, so zwar, dass die Summe aller Geschwindigkeits-Verluste beziehentlich Gewinne während jeder endlichen Dauer der Bewegung unendlich klein bleibt.

Wir gedenken der Festigkeit der Körper als einer in der Natur weit verbreiteten ablenkenden Kraft. Nehmen wir daher an, ein materieller Punkt von der Masse m bewege sich in einer Richtung AB und stosse in B mit der Geschwindigkeit v auf eine feste Gerade, welche mit BA einen Winkel von $180-\alpha$ Grad bildet, so zerfällt in B die Bewegungsgrösse mv in zwei Componenten: in die Componente $mv\cos\alpha$ längs der neuen Bewegungsrichtung BC und normal zu derselben in die Componente $mv\sin\alpha$, von welchen die erstere allein wirksam bleibt, während der letzteren die in Anspruch genommene Festigkeit des Schenkels BC als ablenkende Kraft Gleichgewicht hält, und es findet mithin ein messbarer Geschwindigkeits-Verlust

$$v - v\cos\alpha = 2v\sin^2\frac{\alpha}{2}$$

statt.

Wird jedoch die Ablenkung durch die Festigkeit einer Curve bewirkt und zwar auf deren concaver Seite, sodass wir continuirlich auf einander folgende Ablenkungen erhalten, so wird jeder Geschwindigkeitsverlust unendlich klein und zwar unendlich vielmals kleiner als die Seitengeschwindigkeit $2v\sin\frac{\alpha}{2}$, welche diejenige Centripetalkraft in jedem Punkt der Bahn momentan erzeugen würde, durch welche nach dem Früheren die ablenkende Kraft der Curve unbeschadet der Richtung der Bewegung ersetzt werden kann. Da nun die Centripetalbeschleunigung eine messbare Grösse ist, so kann dies die Summe der Geschwindigkeitsverluste binnen je einer Zeiteinheit nicht auch sein d. h. es ist diese Summe für jede Zeiteinheit, mithin für die Dauer jeder endlichen Zeit unendlich klein. Eine krummlinige Bewegung, erzeugt durch die Festigkeit einer Curve, erleidet daher durch deren ablenkende Kraft in messbarer Zeit keine Verzögerung, oder eine solche Bewegung ist, von dem Einfluss anderer Kräfte abgesehen, stets gleichförmig. In der That, vergleicht man die ablenkende Kraft der Curve mit der bezüglichen Centripetalkraft noch weiter, so findet sich, dass nicht nur ihr Richtungsunterschied gleich $\frac{\alpha}{2}$, sondern auch der Unterschied ihrer Intensitäten $2\,mv\,\sin\frac{\alpha}{2} - mv\,\sin\alpha = 8\,mv\,\sin^3\frac{\alpha}{4}\cos\frac{\alpha}{4}$ ist, mithin beide Unterschiede unendlich klein sind. Für die ablenkende Kraft fester Curven darf man daher überall die bezügliche Centripetalkraft in Rechnung ziehen.

Aehnliches gilt, wenn auf irgend ein im Uebrigen frei Bewegliches eine Kraft einwirkt, welche von der Centripetalkraft an Grösse und Richtung wesentlich verschieden ist. In diesem Falle ändern sich zwar Grösse und Richtung der Geschwindigkeit, als diejenige Componente der fraglichen Kraft aber, welche nur die Richtungsänderung bestimmt, kann jene angesehen werden, welche normal zur vorausgegangenen Bewegungsrichtung steht, weil von ihr im Uebrigen genau dasselbe gilt, was von der ablenkenden Kraft fester Curven.

Zur Uebung lasse ich die Componenten der Gravitation zeichnen, welche bei der Wurfbewegung und der Centralbewegung der Planeten in Betracht kommen, und bespreche noch mit den Schülern das Verhalten einer Kugel, welche in einer horizontal liegenden, in sich zurücklaufenden Röhre ohne Reibung sich bewegt, sowie die Centrifugal-Eisenbahn.

Das Rechenlineal,

ein an höheren Lehranstalten einzuführendes Unterrichtsmittel.

Vom Real-Oberlehrer Dr. von der Heyden in Essen.

(Mit Abbild.)

Nachstehende Zeilen bezwecken, die Aufmerksamkeit besonders der Lehrer der reinen und angewandten Mathematik auf ein Instrument zu richten, das, so genial erdacht und exakt ausgeführt, ebenso unbekannt in Deutschland geblieben zu sein scheint. Wenigstens haben meine Beobachtungen ergeben, dass gerade in den Kreisen, in denen es am ersten bekannt sein sollte, eine vollständige Unbekanntschaft mit der Einrichtung, dem Gebrauch und der Bezugsquelle eines Instrumentes herrscht, das in den Händen unserer Schüler durch die ausserordentliche Schnelligkeit und eine für die meisten Fälle hinreichende Genauigkeit, mit der die sonst zeitraubendsten Rechnungen bewältigt werden können, den Unterricht in der Physik und Chemie gleichwie in der Mathematik in der wirksamsten Weise zu unterstützen berufen ist. Einsender ist kein Verehrer der Methode, die im physikalischen und chemischen Unterricht entwickelten Formeln durch nackte Zahlenbeispiele zu illustriren, und doch sind letztere oft genug herbeizuziehen, um das Verständniss zu erleichtern. Wie häufig muss man aber selbst von den nothwendigsten Beispielen Abstand nehmen, weil der gewünschte Nutzen in keinem Verhältniss zu dem für die mechanische Rechenarbeit erforderlichen Zeitaufwand steht. Hier scheint mir nun das „Rechenlineal" ein recht erwünschtes Aushülfsmittel zu sein, mit dessen Hülfe wir die Technik des Rechnens in fast nicht mehr Minuten als bei Gebrauch der Logarithmentafel in Stunden bewältigen. Auch der rein mathematische Unterricht darf grossen Nutzen von dem Instrument erwarten als einer Controle der mit der Logarithmentafel durchgeführten Rechnung. Kam doch vor Kurzem hier der Fall vor, dass ein geübter Rechner eine Aufgabe dreimal rechnete, ohne einen begangenen Fehler zu finden. Das Detail der Rechnung wurde einem andern nicht minder geübten Rechner übergeben, auch dieser übersieht trotz dreimaliger Durchsicht den begangenen Fehler; das Rechenlineal führte im Augenblick auf die richtige Spur.

Es wird mich freuen, wenn in Folge nachstehender Zeilen das Instrument einer allseitigen Prüfung unterworfen wird. Ich zweifle nicht, dass daraufhin viele meiner Fachgenossen Veranlassung nehmen werden, denselben Schritt zu thun, der in Frankreich bereits seit Jahren gethan ist, das Instrument den Schülern der oberen Klassen höherer Unterrichtsanstalten zur Anschaffung zu empfehlen, ev. auf Kosten der betreffenden Anstalt in die Hände zu geben.

Das Rechenlineal ist eine Logarithmentafel in einfachster und bequemster Form. Von Buchsbaumholz construirt, 260^{mm} lang, 23^{mm} breit, 7^{mm} dick, besteht es aus zwei getrennten Stücken, dem in den beigegebenen Figuren 1. u. 2. in Vorder- und Seitenansicht abgebildeten Lineal AB und dem von der Seite in das Lineal einzuführenden Schieber CD (Fig. 2 Seitenansicht, Fig. 3 Vorderansicht). Der obere in der Figur mit A bezeichnete Theil des Lineals trägt, ebenso wie der obere Theil des Schiebers C, zwei durchaus übereinstimmende, nebeneinander liegende Theilungen, deren Haupttheilstriche mit 1, 2, 3, 4 . . . . . 9, 10 bezeichnet sind. Die Entfernung der einzelnen Theilstriche von dem mit 1 bezeichneten Anfang der Theilung sind den Logarithmen der angeschriebenen Zahlen proportional. Dasselbe gilt von den dezimalen Unterabtheilungen, von denen sich, wo der Raum es gestattete, sogar Hundertstel aufgetragen finden. Die untere, in der Fig. mit B bezeichnete Theilung ist jeder Hälfte der Theilung A vollständig entsprechend in doppeltem Massstabe aufgetragen. Mit dieser Theilung stimmt endlich die untere Theilung des Schiebers D Fig. 3 vollständig überein. Schiebt man den Schieber soweit in das Lineal hinein, dass Ende und Anfang seiner Theilung genau mit den entsprechenden Stellen der Theilung des Lineals übereinstimmen, so überzeugt man sich von der Sorgfalt, mit der die Theilung entworfen ist, durch die Beobachtung, dass sämmtliche Theilstriche des Lineals genau mit denen des Schiebers übereinstimmen. Ein Gleiches beobachtet man bei der oberen Theilung, wenn man den mittleren

Theil des Schiebers einmal mit dem Anfangsstri ch, ein anderes
mal mit dem Endstrich der oberen Theilung des Lineals zusammenfallen lässt.

Zur Ermöglichung einer höchst genauen Ablesung der beim
Gebrauch des Instrumentes erhaltenen Resultate gleichwie zur
genauen Einstellung des Schiebers ist dem Lineal ein messingener
Läufer (Fig. 4 Vorderansicht, Fig. 5 Seitenansicht) beigegeben.
Dieser hat zwei vorstehende mit zwei feinen Linien aa versehene
Arme und kann der Länge nach über das ganze Lineal hinweg-
geschoben werden. Es ist durch eine an der Seite des Läufers
bei E angebrachte Feder dafür gesorgt, dass bei jeder Stellung
des Läufers die die Striche aa verbindende Gerade auf der Län-
genrichtung des Lineals senkrecht steht.

Sehen wir nunmehr von der Theilung der Rückseite des
Schiebers ab und besprechen die Anwendung des Instrumentes.

Anwendung 1. Das Produkt zweier beliebiger Zahlen soll
gebildet werden, etwa

$$1{,}786 . 0{,}234.$$

Man benutze die untere Theilung B des Lineals. Der Anfangspunkt der Theilung des Schiebers wird so genau als möglich
auf den Theilstrich 1,786 der Theilung B des Lineals eingestellt.
Neben dem Theilstrich 2,340 der Theilung D steht auf der
Theilung B das Produkt 418... Die Betrachtung der Faktoren
1,786 und 0,234 zeigt, dass das einzuführende Komma vor die
Ziffer 4 zu setzen ist. Daraus ergiebt sich das Resultat 0,418.

Dieselbe Aufgabe ist mit Benutzung der oberen Theilungen
von Lineal und Schieber zu lösen. Man stellt den Anfangspunkt
der Theilung des Schiebers auf den Theilstrich 1,786 der
Theilung A; neben dem Theilstriche 2,34 des Schiebers findet
sich das Produkt 418.., daraus nach Einsetzung des Komma's
0,418...

Beispiel 2. Den Quotienten zweier beliebiger Zahlen zu
bilden:

$$0{,}471 : 1{,}852.$$

Man benutze die unteren Theilungen von Lineal und Schieber.
Stellt man neben den Theilstrich 471 des Lineals den Theilstrich 1852 des Schiebers, so steht neben dem Theilstrich 1
des Schiebers das Resultat 2544. Daraus durch Einführung
des Komma's 0,2544. In gleicher Weise werden die oberen

Theilungen von Lineal und Schieber zur Lösung dieser Art von Aufgaben benutzt. Der Läufer leistet bei diesen Aufgaben grosse Dienste, indem er ein höchst genaues Nebeneinanderstellen von Dividend und Divisor ermöglicht.

Wir bemerken, dass bei allen Aufgaben, bei welchen sowohl die oberen, wie die unteren Theilungen von Lineal und Schieber gebraucht werden können, es sich empfiehlt, den unteren Theilungen vor den oberen den Vorzug zu geben, weil diese wegen des grösseren Massstabes eine genauere Einstellung und Ablesung gestatten.*)

Beispiel 3. Ein Produkt zweier Zahlen durch eine dritte zu dividiren:

$$\frac{6,276. \; 3,243}{24,65}$$

Man stellt mit Hülfe des Läufers neben den Theilstrich 6,276 der Theilung B den Theilstrich 2465 der Theilung D, der auf den Theilstrich 3243 von D geschobene Läuferstrich zeigt auf B das Resultat 8255. Daraus nach Einsetzung des Komma's

0,8255.

Zur Lösung einiger Aufgaben sind ebenfalls die Theilungen A und C nur, wie bemerkt, mit weniger grossem Vortheil zu benutzen.*)

Beispiel 4. Eine Zahl durch ein Produkt zu dividiren:

$$\frac{2,141}{0,765. \; 18,5321}$$

Man stellt das Ende der Theilung D auf 765 der Theilung B, schiebt den Läufer auf 1853 der Theilung D und stellt auf den Läufer den Theilstrich 2141 des Schiebers. Neben Nr. 1 der Skala B steht auf dem Schieber 1512; hieraus 0,1512.

Beispiel 5. Einen gewöhnlichen Bruch $\frac{a}{b}$ in einen Dezimalbruch zu verwandeln.

Man stellt neben Theilstrich a auf B den Theilstrich b auf D und liest neben 1 der Theilung D auf B den gesuchten Zähler, während neben der 1 der Skala B auf D der reciproke Werth des Bruches angegeben ist.

---

*) Anm. d. Red. Desshalb scheint uns die obere Theilung überflüssig zu sein.

Beispiel 6. Zu drei Gliedern einer Proportion das vierte zu finden: $\frac{a}{b} : \frac{c}{x}$.

Man stellt a der Theilung C neben b der Theilung A und liest neben c der Theilung C auf A das Resultat. (Mit den Skalen D und B erhält man ebenfalls das Resultat durch dasselbe Verfahren.)

Beispiel 7. Das Quadrat einer Zahl $\underline{a}$ zu bilden. Man stelle die 1 der Theilung D neben a der Theilung B und findet neben 1 der Theilung C auf A das Resultat. Oder man stellt den einen Strich des Läufers auf a der Theilung B und liest neben dem oberen Läuferstrich auf A das Resultat.

Beispiel 8. Die Quadratwurzel aus einer Zahl $\underline{a}$ zu ziehen. Man stellt die 1 der Theilung C neben a der Theilung A und liest neben 1 der Theilung D auf B das Resultat. Hierbei ist zu bemerken, dass die erste Skala auf A gewählt wird, falls die in a enthaltenen Ganzen eine ungerade Anzahl von Ziffern aufweisen, im andern Falle wird die zweite Skala genommen. Auch hier kann man sich statt des Schiebers des Läufers bedienen.

Beispiel 9. Den Kubus einer Zahl a zu bilden.

Man stellt die 1 der Theilung D auf a der Theilung B und liest neben a der Theilung C auf A das Resultat.

Oder: man kehrt den Schieber im Lineal um, d. h. bringt die Theilung C neben B, stellt darauf a auf D und a auf A neben einander und liest neben 1 der Theilung D auf A das Resultat.

Beispiel 10. Aus einer Zahl a die Kubikwurzel auszuziehen.

Man bringe C neben B und stelle die 1 der Theilung D neben a auf A und liest dort, wo die Theilungen auf C und B übereinstimmen, das Resultat. Zu bemerken ist, dass wenn die in a enthaltenen Ganzen 1, 4, 7.. kurz $3n + 1$ Ziffern aufweisen, die erste 1 von D mit dem Theilstrich a der ersten Skala auf A, bei 2, 5, 8,.. $3n + 2$ Ziffern der Ganzen die erste 1 von D mit dem a der zweiten Skala auf A, endlich bei 3, 6, 9,... $3n$ Ziffern der Ganzen die letzte 1 von D mit A auf der ersten Skala von A in Uebereinstimmung zu bringen ist.

Oder: man bringe den Schieber in die Normalstellung (C neben A), stelle den Läufer auf a der Theilung A und gebe dem Schieber eine solche Stellung, dass von 1 der Theilung D auf B

dieselbe Zahl markirt wird, als vom Läufer auf Theilung C. Der
Läufer zeigt auf C das Resultat.

Beispiel 11. Das Produkt ab^2 zu bilden.

Man stellt 1 auf D neben b auf B und liest neben a auf
C das Resultat auf A.

Beispiel 12. Den Quotienten $\frac{a^2}{b}$ zu bilden.

Man stelle den Läufer auf a der Theilung B, stelle darauf b der
Theilung C auf den Läufer ein und lese neben 1 auf C das Resultat.

Beispiel 13. Zu berechnen $\frac{a.b^2}{c}$.

Man stelle den Läufer auf b der Theilung B, darauf c der
Theilung C auf den Läufer ein und lese neben a der Theilung
C das Resultat.

Beispiel 14. $\sqrt{ab}$ zu berechnen.

Man bilde auf A das Produkt ab und lese mittelst des Läufers
auf B das Resultat und zwar unter der 1. oder 2. Theilung,
je nachdem das Produkt ab eine ungerade oder gerade Anzahl
von Ziffern vor dem Komma enthält.

Beispiel 15. $\sqrt{\frac{a.b^2}{c}}$ zu berechnen.

Man stellt neben das Quadrat von b den Theilstrich c auf C,
rückt den Läufer auf a der Theilung C und liest neben dem
Läufer auf B das Resultat. Ob der Läufer auf die erste oder
zweite Skala von C einzustellen ist, hängt wieder davon ab, ob
$\frac{a.b^2}{c}$ eine ungerade oder gerade Anzahl von Stellen hat.

Weitere Beispiele werden überflüssig sein.

Wir betrachten nunmehr die Theilung der Rückseite des
Schiebers. Diese zeigt drei verschiedene Skalen (vergl. Fig. 6)
eine rechts mit S, die zweite rechts mit T bezeichnet und die
mittlere dritte, welche die Länge von 250^{mm} in 500 gleiche
Theile getheilt enthält. Die letzte Theilung lässt uns zu jeder
Zahl den Logarithmus, und umgekehrt zu jedem Logarithmus
den betreffenden Numerus finden.

Beispiel 16. Die log 12,231 zu finden.

Man stellt 1 der Theilung D neben 12321 der Theilung B
und. liest auf der Rückseite neben der dort angebrachten Marke
auf der mittleren Theilung die Mantisse des gesuchten Logarithmus 0903; daraus 1,0903.

Beispiel 17. Zum Logarithmus 0,19312 den Numerus zu finden.

Man stellt den Theilstrich 19312 der mittleren Theilung der Rückseite des Schiebers auf die erwähnte Marke ein und liest auf der Vorderseite des Lineals neben 1 der Theilung D den Numerus 1560. Hieraus nach Einführung des Kommas 1,560.

Die vorhinerwähnte mit S bezeichnete Theilung gestattet uns, für jeden Winkel den Sinus abzulesen.

Beispiel 18. sin 5⁰ 13′ abzulesen.

Man stellt die mit S bezeichnete Skala so neben A, dass die Anfänge und Enden beider Skalen übereinstimmen und liest neben 5⁰ 13′ der Theilung S auf A das Resultat 0,091. Zu bemerken ist, dass, wenn sich dass Resultat auf der ersten Skala von A findet, die erste Ziffer der dort gefundenen Zahl Hundertstel, im andern Falle Zehntel angibt.

Die mit T bezeichnete Skala gibt die Tangenten aller Winkel von 0—45⁰ an.

Beispiel 19. tang 20⁰ 30′ abzulesen.

Man stelle den Anfang der Theilung T neben den Anfang der Theilung A und findet neben 20⁰ 30′ der Theilung T auf A das Resultat 734. Zu bemerken ist auch hier, dass die erste Ziffer des gefundenen Resultates, falls es auf der ersten Skal avon A liegt, ein Hundertstel, falls auf der zweiten, ein Zehntel vorstellt, so dass also in diesem Falle die tang 20⁰ 30′ = 0,374 ist.

Die Tangenten von Winkeln > 45⁰ werden gleichwie die Contangenten aller Winkel auf die Tangenten der Winkel < 45⁰ zurückgeführt; desgleichen werden statt der Cosinus die Sinus der Complementwinkel gesucht.

Um die Sinus und Tangenten kleiner Winkel abzulesen, benutzt man die beiden bei den Zahlen 3438 und 206265 der Theilungen A und C angebrachten Striche; der erstere ist mit ′ bezeichnet und entspricht dem log. $\frac{1}{\sin 1′}$, der andere mit ″ bezeichnete entspricht dem log. $\frac{1}{\sin 1″}$. Da die Sinus und Tangenten sehr kleiner Winkel den Winkeln proportional sind, so findet man beispielsweise den sin 19′ wie folgt:

Man stellt die Marke ′ der Theilung C neben 19 der Theilung A und liest neben 1 der Theilung C auf A das Resultat 553. Daraus 0,00553. Ist das Produkt 6,52. sin 19′ zu bilden, so liest man neben 652 der Theilung C auf A das Resultat 360. Daraus 0,0360.

Von den Längsseiten des Lineals ist eine abgeschrägt (vergl. Fig. 2.). Diese enthält einen sorgfältig gearbeiteten Massstab von 0—250 ᵐᵐ. Die gegenüberliegende nicht abgeschrägte Längsseite ist von Anfang bis zu Ende in 260ᵐᵐ getheilt. Eine Fortsetzung dieser Theilung befindet sich auf dem Lineal zwischen den Skalen A und B vom ganz eingeschobenen Schieber verdeckt. Will man die Länge eines Gegenstandes, welcher $> 26^{cm}$ und $< 52^{cm}$ ist, abmessen, so bringt man den Anfang des Lineals und das Ende des Schiebers mit den beiden Enden des Gegenstandes in Uebereinstimmung; die Länge des Gegenstandes wird dann am linken Rande des Schiebers auf der erwähnten Theilung abgelesen.

Nun zur Rückseite des Lineals.

Dieselbe enthält folgende Aufschrift:

	Ppp.	*cyl.*	*sph.*
eau	1,000	1,273	1,910
mercure	0,074	0,094	0,141
cuivre	0,088	0,112	0,168
cui. jaun	0,117	0,149	0,224
bronce can.	0,116	0,148	0,221
fonte	0,139	0,177	0,266
fer	0,128	0,164	0,245
marbre	0,352	0,449	0,673
meulière	0,400	0,509	0,764
ter. gra.	0,520	0,661	0,995
pierre	0,481	0,612	0,918
maçonn.	0,369	0,470	0,702
chêne	1,166	1,090	1,636
sapin	1,818	2,315	3,472

Mesures françaises.

toise	= m.	1,949	arp. = are 34,19
pied	= ..	0,325	once = gr. 30,59
pouce	= ..	0,027	livre = k. 0,489
t. q.	= m. q.	3,799	boiss. = lit. 13,0
pi. q.	= ...	0,105	setier = lit. 156
t. c.	= m. c.	7,404	noeud = m'' 0,514
pi. c.	= ...	0,034	mil. ma. = m. 1852

Mesures anglaises.

pouce	= c^m	2,540	ton = m. c. 1,016
pied	= m.	0,305	gallon = lit. 4,543
yard	= ..	0,914	buschel = .. 36,34
mille	= ..	1609	quarter = .. 290,8
pi. q.	= m. q.	0,0929	l. av. p. = k. 0,453
pi. c.	= m. c.	0,023	schell = f. 1,16
acre	= ar.	40,46	livre = .. 25,20

$\pi = 3,1416$ $\log e = \mu = 0,43429$

$cer = D^2 : 1,273$ $1 : \mu = 2,303$

$sph = D^3 : 1,91$ $\log x = \mu \log \text{hyp. } x$

$v^2 = 2gh, \; g = 9,81$ chev. ord. = 45 k. m:''

$e = 2,718281828$ chev. vap. = 75 k. m:''

hom. manivelle = 7 k.

1 atm.: $0,01^2 = 1$ k 033

sph. h $= l^2$ km. 0,0788

réf. h. $= l^2$ km. 0,0125

sph.-réf. h. $= l^2$ km. 0,066

vitesse du son $= 333^m,6$

□ insc. $D^2 = C^2 : 19,74$

□ circons. $D^2 = C^2 : 9,87$

cyl. droit. surf. $= Dl : 0,318$

cône droit. surf. $= Dl : 0,636$

cône tronq. surf. $= l (D + D') : 0,636$

cône tronq. cub. $= h (A + A' + \sqrt{A. A'}) \frac{1}{3}$

sphère.... surf. $= D^2 \times 0,318$

$\sin A : \sin B = a : b.$

dilat. lin. de 0 à 100,⁰		force tir. □ de 0ᵐ,01	
acier . .	1 : 927	fer .	2260 à 7236 k
cuivre . .	1 : 583	fonte	1200 k
laiton. . .	1 : 533	plâtre. . .	5 à 10 k
étain. . .	1 : 462	mortier . .	1,5 à 12 k
plomb. . .	1 : 356	chêne . . .	700 K
zinc. . .	1 : 340	corde . . .	400 K
verre. . .	1 : 1122	sapin . . .	800 k

Zur ersten Tabelle bemerke ich, dass die *Ppp* überschriebene Vertikalreihe gestattet, die Gewichte parallelepipedischer Körper der oben angeführten Stoffe zu berechnen, wenn Länge, Breite und Höhe in Dezimetern gegeben sind. Dividiren wir das Produkt dieser Grössen durch die oben aufgeführten Zahlen, so haben wir das Gewicht in Kilogrammen. In ähnlicher Weise wird das Gewicht von Cylindern und Kugel in *kgr* gefunden. Bei Cylindern ist das Produkt d^2h, bei Kugeln d^3 durch die oben angegebenen Zahlen zu dividiren. ($d =$ Durchmesser in *dm*, $h =$ Höhe in *dm*).

Soviel über Einrichtung und Gebrauch des Rechenlineals.

Wegen der Anschaffung des Instrumentes wird es vor der Hand das Beste sein, sich an den Verfertiger desselben Tavernier-Gravet, Rue de Babylone Nr. 39 Paris direkt zu wenden. Das von mir beschriebene Instrument führt den Namen règle à biseau, modifiée par Mannheim. Der Preis ist 10 fr. Ausser diesem Instrument liefert derselbe Fabrikant:

règles ordinaires, de 0ᵐ, 26	6 fr.
règles ordinaires, à biseau	7 fr.
règles à echelles repliées, de 0ᵐ, 13 . . .	6 fr.
règles à echelles repliées, de 0ᵐ, 26 . . .	15 fr.
règles de 0ᵐ, 36	25 fr.
règles de 0ᵐ, 50	50 fr.
règles de 2ᵐ *pour les demonstrations* . .	200 fr.

Die letzteren Instrumente sind mir noch nicht zu Gesicht gekommen. Die ersteren *règles ordin.* sind weniger zu empfehlen, als das oben beschriebene. Bei ihnen fehlt der Läufer, und trägt der Schieber nur die oben mit *C* bezeichnete Skala, ausserdem scheinen die Instrumente weniger sorgfältig angefertigt zu sein. Ich sah eine *règle ordinaire*, bei welcher der Schieber

stärker eingetrocknet war, als das Lineal, es passten in Folge
dessen die Skalen nicht mehr aneinander. Die *règles ordinaires*
sind in Köln zu haben, der Preis stellt sich dort ungefähr um
1 Thlr. höher als in Paris. Beim Ankauf von ähnlichen Instrumenten, die aus andern Fabriken hervorgegangen sind, möge
man vorsichtig sein. Es existiren deutsche und englische Fabri-
kate, welche wegen mangelhafter Theilung oder schlechter Auswahl des Holzes vollständig werthlos sind.

Zum Schluss die Bemerkung, dass man eine eingehendere
Gebrauchsanweisung findet in der Broschüre

Instruction sur la règle à calcul par F. Guy. Paris Tavernier
   Gravet. 1867.

Eine kürzere Instruction wird jedem Instrumente beigegeben.*)

---

*) Dem von Herrn Tavernier der Redaction gütigst übersandten
Exemplar des beschriebenen Instruments waren beigegeben eine französische und eine deutsche Anweisung. Letztere führt den Titel: Anleitung
zum Gebrauch des von M. Mannheim verbesserten Rechenlineals (*règle à
calcul*) von Häseler, Ingenieur. Paris, Tavernier und Vinay. D. Red.

Ueber „Eintheilungen" in der Geometrie, ein Principienstreit.

Von Kober, Hoffmann, Reidt, Becker.

I. Die „Eintheilungen" in der Geometrie.

(Replik von J. Kober.)

Die Redaction der Zeitschrift opponirt meiner auf S. 519 des zweiten Bandes und auch schon auf S. 473 des ersten Bandes ausgesprochenen Behauptung, dass das Quadrat dem Rhombus (sowie dem Rechteck) unterzuordnen, dass das Quadrat ein Rhombus sei. Die Antwort steht zwar schon unmittelbar unter der tadelnden Anmerkung, sowie auch im Texte wenige Zeilen weiter unten die vom Herausgeber perhorrescirte Consequenz, dass die „Eintheilung" der Dreiecke nicht untadelhaft sei, wirklich gezogen ist; aber der grösseren Deutlichkeit willen sei mir noch einiges zu bemerken erlaubt.

Negative Merkmale (z. B. dass im Rhombus die Diagonalen ungleich sind, dass sich um den Rhombus kein Kreis beschreiben lässt) können an sich keinen logischen Eintheilungsgrund abgeben; all diese negativen Sätze negiren blos am (schiefwinkligen) Rhombus die Eigenschaften des Rechtecks und am (ungleichseitigen) Rechteck die des Rhombus. Selbst der in der Form positive Satz, dass dem grösseren Winkel die grössere Diagonale gegenüberliegt, gehört nicht dem schiefwinkligen, sondern dem allgemeinen Parallelogramm an: pflegt man doch auch in der Lehre vom Dreieck den Satz, dass der grösseren Seite der grössere Winkel gegenüberliegt, allgemein auszusprechen, ohne erst das gleichseitige (und gleichschenklige) Dreieck auszunehmen.

Dass der rechte Winkel „einen Eintheilungsgrund abgeben" dürfe, weil er „in der Geometrie eine ganz besondere Geltung" habe, gebe ich nicht zu. Das Sehnenviereck hat auch eine besondere Geltung (sicherlich eine weit grössere als das Rhomboid), aber es ist in richtigem Takte noch Niemand eingefallen, unter den Arten, in die man die Vierecke eintheilt, das Sehnenviereck zu nennen: man hebt es nur durch die besondere Benennung aus der Masse der

Vierecke heraus. Aehnlich steht der Kreis zur Ellipse, die Kugel zum Ellipsoid, die Conchoide u. a. zu den höheren Curven.

Ich begreife nicht, warum „die wenigsten Leser" hiermit einverstanden sein sollen, da ja in vielen Büchern die Definitionen gerade so enthalten sind, wie ich sie verlange (z. B. für das Rechteck bei Schlömilch und Joh. Müller [in Brandenburg], für den Rhombus bei Gerlach und Ziegler). Und diejenigen Geometer, die das Quadrat nicht unter das Rechteck und unter den Rhombus stellen, pflegen späterhin ihre eigenen Definitionen vergessen zu haben, wenn es sich z. B. darum handelt, ein Dreieck in ein Rechteck zu verwandeln (wobei sie nicht erwähnen, dass die Construction unter Umständen kein Rechteck, sondern ein Quadrat geben müsse) oder einen Rhombus aus der Seite und einer Diagonale zu construiren (wobei sie nicht bemerken, dass die Aufgabe unlösbar sei, sobald die Seite $= a$ und die Diagonale $= a \sqrt{2}$ ist, weil dann kein Rhombus entstehe, sondern ein Quadrat).

Euklid spricht zwar im Gegensatze zum Quadrate von einem Oblongum*) ($\acute{\varepsilon}\tau\varepsilon\varrho\acute{o}\mu\eta\varkappa\varepsilon\varsigma$), sieht sich aber im Anfange des zweiten Buches genöthigt, beide unter dem Namen Rectangel*) ($\pi\alpha\varrho\alpha\lambda\lambda\eta\lambda\acute{o}$$\gamma\varrho\alpha\mu\mu\sigma\nu$ $\acute{o}\varrho\vartheta\sigma\gamma\acute{\omega}\nu\iota\sigma\nu$: rechtwinkliges Parallelogramm, kürzer Rechteck) zusammenzufassen. Aehnlich unterscheiden noch heute manche Geometer**) zwischen Rechteck und rechtwinkligem Parallelogramm, haben aber nothwendiger Weise im weitern Verlaufe das Unglück, dass sie zwar viele Sätze über das rechtwinklige' Parallelogramm aufzustellen wissen, aber keinen einzigen über das Rechteck, so dass der Name Rechteck ganz überflüssig und die Unterscheidung illusorisch wird. Ebenso steht es mit dem gleichseitigen Parallelogramm und dem Rhombus. Besondere Namen führt man aber ein um der kürzern Beziehung willen, warum also nicht statt „rechtwinkliges Parallelogramm" sagen „Rechteck" und statt „gleichseitiges Parallelogramm" „Rhombus"?

Aeusserst selten „wenn überhaupt je" wird der Fall eintreten, dass man im Gegensatze zum Quadrate zu sagen hat „ungleichseitiges Rechteck" oder „schiefwinkliger Rhombus"

Ich habe schon früher (Bd. I. S. 234. Bd. II. S. 293 und 294) darauf hingewiesen, wie wichtig es ist, dass der Schüler von früh auf an logisches Denken gewöhnt werde. Die Vernachlässigung desselben in den untern Klassen sucht man vergeblich in Prima durch „logische Uebungen" oder „philosophische Propädeutik" wieder gut zu machen. Die Aufgabe logischer Bildung liegt aber grossentheils der Mathematik ob; um so verkehrter ist es, den Schüler von vorn herein des logischen Denkens zu entwöhnen. Der gesunde natürliche

---

*) Uebersetzung von Lorenz.
**) z. B. Heis und Eschweiler.

Verstand verlangt, dass in jeder Eintheilung die Unterscheidungsmerkmale gleichwerthig sind; wenn man z. B. rechtwinklig oder stumpfwinklig ein Dreieck nennt, weil es einen rechten oder stumpfen Winkel hat, so verlangt die logische Consequenz, dass man spitzwinklig ein Dreieck nenne, welches einen spitzen Winkel enthält*); da dies aber nicht geht, so ergiebt sich, dass die „Eintheilung" nicht untadelhaft ist.

Man sollte wol auch nach dieser Eintheilung erwarten dürfen, dass in der Folge (wie es z. B. bei der Eintheilung der Kegelschnitte in Ellipsen, Parabeln und Hyperbeln üblich ist) ein besonderes Kapitel handle vom rechtwinkligen, ein andres vom stumpfwinkligen und wieder ein andres vom spitzwinkligen Dreiecke; daraus dass dies nirgends geschieht und nicht geschehen kann, ergiebt sich obendrein, dass die Eintheilung nicht die nöthige Berechtigung hat. Euklid theilt auch nicht ein, sondern benennt nur. Man sollte sagen: Man nennt ein Dreieck stumpf-, recht- oder spitzwinklig, je nachdem der grösste Winkel ein stumpfer, rechter oder spitzer ist.

Ich halte es auch für besser (in Uebereinstimmung mit Euklid) zu sagen „Man nennt einen Winkel einen rechten, stumpfen etc.," anstatt „Man theilt die Winkel ein etc."

Eine wahre Calamität ist aber die Eintheilung der Vierecke. Wer wird wol die Säugethiere eintheilen in Bären, Raubthiere und andere (etwa gewöhnliche) Säugethiere?! Ist es aber wesentlich besser, die Vierecke einzutheilen in Parallelogramme, Trapeze und ordinäre Vierecke (Trapezoide)?

Es ist ein wichtiger Vorzug des Recknagel'schen Buches**), dass es in diesen Punkten der pädagogischen Entwicklung des logischen Bewusstseins die schuldige Rücksicht schenkt.

II. Ansicht des Herausgebers.

(Entgegnung und Vertheidigung.)

Da meine harmlose Anmerkung (II, 519)***) von Herrn Kober stark urgirt worden ist, derselbe überhaupt auch anderwärts eifernd

----

*) Der arme Schüler, den die angeborne Logik zu dem bekannten Fehler verleitet, wird mit Schrecken inne, dass die „Wissenschaft" das natürliche Denken nicht brauchen kann.
**) Vergl. Heft 3. S. 282.
***) Ueber derartige „Anmerkungen" haben bisweilen Männer, welche sich sonst von der Zeitschrift fern halten, (meist indirect) ihrem Unwillen Luft gemacht, indem sie irriger Weise in diesen Anmerkungen einen

gegen „Eintheilungen" in der Geometrie ankämpft, so habe ich es
für gut gehalten, zur Vermeidung von Missverständnissen ausführlicher, als es sonst wol bei dem elementaren und — fast trivialen
— Gegenstande nothwendig wäre, meine Ansicht hierüber darzulegen.

Herr Kober sagt (II, 519): „Die Parallelogramme einzutheilen
in rechtwinklige und schiefwinklige, ist nicht richtig" und begründet diese kategorische Behauptung durch die Worte: „Ein
Winkel des Rhombus kann kontinuirlich alle Werthe von
0° bis 180° durchlaufen, warum soll gerade der Winkel von
90° ausgenommen sein?"

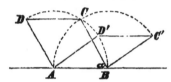

Ich entgegne hierauf Folgendes: Wenn ein linksgeneigtes
Gleichseit*) $ABCD$ (so mag der Kürze
halber das gleichseitige Parallelogramm heissen) durch Drehung
und Verschiebung dreier Seiten (AD,
CD, BC) bei festbleibender Basis AB
in ein rechtsgeneigtes $ABC'D'$ (oder

umgekehrt) übergeht, so kann allerdings der Winkel α ($= A\hat{B}C$)
alle möglichen Werthe von 0° bis 180° durchlaufen, wenn man
diese Grenzwerthe, welche den Rhombus zu einem Linienbündel
machen, der Vollständigkeit halber mitzählen will. Der rechte
Winkel ist dabei nicht „ausgenommen", da ja doch der Rhombus
bei seiner Bewegung in diese Uebergangslage kommen muss. Aber
unter den so entstehenden unzähligen Gleichseiten ist eben jenes
gleichwinklige mit lauter rechten Winkeln das „rechtwinklige
Gleichseit" das einzige seiner Art, während jedes andere doppelt in symmetrischen Lagen vorkommt und im Flächeninhalt (Grösse)

Tadel oder eine Censur und demgemäss eine Ueberhebung der Redaction sahen. Ich ergreife deshalb die gebotene Gelegenheit, um mich
darüber einmal offen auszusprechen.

Dem Herausgeber hat es fern gelegen, tadeln oder censiren zu
wollen. Aber das Recht, das jedem Mitarbeiter und Leser zusteht, neben
hervorgebrachten Ansichten ihre Gegenansicht zu äussern, muss doch
auch dem Herausgeber zukommen, und nichts ist natürlicher als dass er,
der erste, der die Beiträge liesst und lesen muss, seine Gegenansicht
(niclit Tadel!) auch zuerst ausspricht und wenn dies in wenigen Worten
möglich ist, so geschieht es am kürzesten in einer Anmerkung. Fast
scheint es, als wolle man dem Redacteur nur die Rolle eines Protokol-
lanten, Archivars und Buchbinders der Zeitschrift zuweisen. Das
muss doch wohl selbst den Strengsten als unbillig erscheinen. Ob die
Tadler als Redacteur anders verfahren würden, ist die Frage. Uebrigens
steht jedem Verfasser hinsichtlich der Anmerkungen zu seiner Arbeit das
Recht der Beschwerde oder Reklamation bei der Redaction zu.

*) Dieses Wort ist analog gebildet, wie Dreiseit, Vierseit, Viel-
seit etc.

vom Quadrat übertroffen wird. Dasselbe hebt sich deshalb von selbst aus der Menge der übrigen heraus, gerade so, wie der „Rechte"*) der einzige seiner Art als Hälfte des gestreckten sich aus den schiefen oder wie der „Gestreckte" als Grenzscheide und Uebergangsform zwischen den concaven und convexen sich heraushebt. Deshalb, und weil überdies auch sonst diese Formen für die gesammte Geometrie wichtig sind,**) haben die Geometer „in richtigem Takte" diese wichtige Art***) der Gleichseite, welche, wie oben bereits gezeigt, die Grenz- und Uebergangsgestalt zwischen den links und rechts geneigten Gleichseiten bildet, nach Euklid's Vorgange mit dem besondern Namen Quadrat (*quadratum*, τετράγωνον Euklid. Princ. Def. 30) belegt, gerade so, wie der Winkel von 90⁰ als Grenzscheide zwischen den spitzen und stumpfen mit dem besondern Namen „Rechter"†) belegt worden ist. Daraus ergab sich aber die Nothwendigkeit alle andern Gleichseite der Kürze und Verständigung halber ebenfalls in einen besondern Namen zusammenzufassen, was durch den Namen „Rhombus" (ῥόμβος, Eukl. Def. 32) geschieht. Dieser Sprachgebrauch aber hat sich so sehr befestigt, dass es schwer sein dürfte, ihn umzustossen.

Was hier von den Gleichseiten gesagt ist, gilt auch von den Ungleichseiten (Rhomboid und Oblongum). Unter allen Ungleichseiten (ῥομβοειδές, Eukl. def. 33) auf derselben Basis hebt sich das gleichwinklige (rechtwinklige) als einziges seiner Art heraus und heisst Oblongum††) (ἑτερόμηκες, Eukl. Princ. 31) auch längliches Rechteck, Rektangel und — κατ᾽ ἐξοχήν — „Rechteck" genannt. Man müsste aber folgerichtig, wenn man den Gegensatz zwischen schief- und rechtwinklig als Eintheilungsgrund verwirft, auch sagen:

---

*) Die Wichtigkeit („besondere Geltung") des „Rechten") hat man auch dadurch anerkannt, dass man ihn dem Schiefen coordinirte, ihn also auf eine höhere Stufe der Unterordnung erhob, als die Arten des Schiefen (spitze und stumpfe), so dass die Eintheilung nun eine Dichotomie (rechte-schiefe) und nicht, wie die Genesis der Winkel anfangs erwarten lässt, eine Trichotomie (spitz, recht, stumpf) giebt. Vgl. Drob. Log. § 122.

**) Man denke nur daran, dass der Rechte (R.) als Winkelmass, das Quadrat als Flächenmass gebraucht wird.

***) Eigentlich Ab- oder Unterart, wenn die Art (species) „Gleichseit" und die Gattung „Parallelogramm" ist.

†) Es wäre sprachlich und psychologisch nicht uninteressant zu untersuchen, von wem, wann und warum im Deutschen dieser Winkel gerade mit diesem Worte („rechter") belegt worden ist — eine etymologisch-psychologische Studie.

††) Man thut Unrecht diesen früher gebräuchlichen zweckmässigen Namen zu verwerfen und dafür „Rechteck" zu sagen; denn letzterer Ausdruck, identisch mit „rechtwinkliges Parallelogramm", ist doch für den Gattungsbegriff von Quadrat und Oblongum aufzuheben. Mit dieser Verwechslung giebt man den Feinden der „Eintheilungen" eine Waffe in die Hand.

das Oblongum ist ein Rhomboid (oder m. a. W. „das gleichwinklige Rhomboid heisst Oblongum).“*)

Diese so natürlich sich darbietende Unterscheidung und darauf
beruhende Eintheilung der Gleichseite und Ungleichseite zu verwerfen, liegt gar kein zwingender Grund vor; folgerecht dürfte man
auch nicht unterscheiden: rechte und schiefe Winkel, rechtwinklige und schiefwinklige Dreiecke. Wir sollten doch froh sein,
solche so natürlich sich darbietende Marken zu besitzen und sollten
sie nicht, angeblich der Continuität halber, gewaltsam wegreissen
oder verwischen. Die Continuität wird dadurch gar nicht beeinträchtigt und man begreift nicht, warum diese Eintheilung „nicht
richtig“ sein soll. Nicht wir machen den Eintheilungsgrund, sondern er bietet sich naturgemäss von selbst, als greifbar, dar, er
ist innig verwachsen mit der Genesis der Winkel und Parallelogramme.

Diese Verwerfung der Rechtwinkligkeit als Eintheilungsgrundes
— selbst wenn sie berechtigt wäre — entschuldigt nun aber
keineswegs das Verfahren, den so zu sagen vacant oder disponibel
gewordenen Ausdruck „Rhombus“ sofort zu ergreifen und als
Gattungsbegriff zu verwenden. Dies geschieht aber in dem
Satze „das Quadrat hat alle Eigenschaften des Rhombus“,
worin offenbar, wenn nicht ein Widerspruch entstehen soll, „Rhombus“ identisch ist mit dem Begriffe „gleichseitiges Parallelogramm“ oder (wie ich kurz sage) Gleichseit. Sonach bedeutet
der Satz „das Quadrat ist ein Rhombus“ nichts Anderes, als:
„das Quadrat ist ein Gleichseit.“ Ist das etwas Neues? Der
Satz aber „das Quadrat hat **alle** Eigenschaften des Rhombus“ — Rhombus, wie gebräuchlich, als schiefwinkliges Gleichseit
genommen — ist und bleibt falsch, sobald man nämlich — was
doch wohl erlaubt ist — auch die Länge der Diagonalen zu den
Eigenschaften der Parallelogramme rechnet. Zwar schneiden sich
im Gleichseit die Diagonalen rechtwinklig, auch wird es durch jede
Diagonale in gleichschenklige Dreiecke zerlegt, aber — die Diagonalen
sind im Quadrat gleich, im Rhombus ungleich; hierin also
weichen die beiden Gleichseite von einander ab. Dieser Unterschied
aber, der auch zwischen Oblongum und Rhomboid stattfindet, beruht
auf der Beschaffenheit der Winkel.

Wenn nun Jemand mit der gangbaren Terminologie nicht einverstanden ist, so sollte er das vorher bestimmt aussprechen, weil

---

*) Diese Sprachweise („heisst“) ist jedoch als Form einer blossen
„Benennung“ (Namengebung) wesentlich verschieden von jener ersteren („ist“), welche eine Sacherklärung anzeigt. Wir kommen
hierauf später zurück, mit Rücksicht auf eine Bemerkung Herrn Kober's
S. 283 (Hft. 3).

sonst Sätze, wie „das Quadrat ist ein Rhombus" selbstverständlich als Widerspruch erscheinen und nothwendig Missverständnisse erzeugen müssen. Daher meine sehr erklärliche Befürchtung (II, 519), dass die wenigsten Leser mit dieser Behauptung einverstanden sein möchten.

Denn ich halte es für sehr gewagt, trotz Baltzer und Schlömilch*), Autoritäten, auf die man sich gern stützt, einem von Alters her eingebürgerten und festgewurzelten Namen ohne Weiteres eine andere Bedeutung beizulegen und so den Sprachgebrauch gewaltsam zu ändern und zu verwirren. Eine solche Aenderung, zu welcher der Einzelne ohnmächtig ist, müsste wenigstens von einer Corporation von Lehrern oder Gelehrten**) ausgehen. Viel dankbarer würde es sein, wenn die Neuerer statt den Sprachgebrauch gewaltsam zu ändern, „im richtigen Takte" einen ebenso passenden kurzen Namen für „gleichseitiges Parallelogramm" (und sein Gegentheil), wie wir ihn in „Rechteck" und „Schiefeck" besitzen, etwa so kurz wie „Gleichseit"***) vorschlügen. Uebrigens fragt sich's, mit welchem kurzen Namen denn nun, nach anderweiter Verwendung des Namens Rhombus das „schiefwinklige Gleichseit" belegt werden soll?

Was aber Herr Kober von der Continuität der Winkel sagt, lässt sich ebenso gut auf die Seiten anwenden. Wenn durch continuirliche (gleichmässige) Verlängerung der kurzen oder durch Verkürzung der langen Gegenseiten ein Oblongum in ein Quadrat übergeht, oder — um es der oben beschriebenen Bewegung der Rhombusseiten noch besser anzupassen — wenn eine Strecke parallel zu sich selbst in der Ebene sich verschiebt, so erzeugt sie continuirlich alle auf der gegebenen Strecke als Basis mögliche Recht- oder Schiefecke von o bis ∞, darunter auch das gleichseitige (Rhombus und Quadrat). „Warum soll das gerade ausgenommen sein?" Man dürfte also analog und folgerichtig die Parallelogramme auch nicht eintheilen in gleichseitige und ungleichseitige.

Vielmehr dürften beide Eintheilungen nebeneinander bestehen können. Nur möchte ich der Eintheilung nach den Winkeln die oberste Stelle anweisen, weil sie mir berechtigter zu sein scheint.

---

*) Baltzer Elem. 3. Aufl. S. 35. „Der rechtwinklige Rhombus" ist ein reguläres Viereck und heisst „Quadrat". — Vorsichtiger drückt sich Schlömilch aus Geom. d M. S. 33—34 „Das Quadrat kann ebensowol als gleichseitiges Rechteck, wie auch als „rechtwinkliger Rhombus" betrachtet werden. Die meisten andern Autoren schliessen sich dem alten Sprachgebrauch an. Vergl. weiter unten d. Citate.

**) Etwa von der math. oder pädagog. Section der Naturforscher- oder Schulmännerversammlung.

***) Diesen Namen stelle ich nicht etwa als Muster auf, ich will nur dadurch die Kürze andeuten, und erwarte vielmehr gediegnere Vorschläge.

Und warum? Weil das Wesen des Parallelogramms im Parallelismus, also in der Beschaffenheit der Winkel liegt. Die Gleichheit der Gegenseiten ist bekanntlich eine sekundäre Eigenschaft.*) Die Gleichheit der Nachbarseiten aber hängt gar nicht vom Parallelismus ab, besteht vielmehr selbständig und kann ebenso auf dem Wege der Continuität erhalten werden, wie der rechte Winkel aus den schiefen.

Die Eintheilung der Parallelogramme nach den Winkeln ist also die natürlichste, weil nächstliegende,**) die andere nach den Seiten ist ihr coordinirt. Je nachdem man nun den einen oder den andern Eintheilungsgrund zum Hauptgrund wählt, erhält man, durch Combination beider, die bekannte ungezwungene in fast allen Lehrbüchern gebräuchliche***) Eintheilung in

ntweder ††)
I.
$\left\{\begin{array}{l}\text{schiefwinklige} = \left\{\begin{array}{l}\text{gleichseitige (Rhombus) †)}\\ \text{ungleichseitige (Rhomboid)}\end{array}\right\} \text{Schiefecke.}\\ \text{rechtwinklige} = \left\{\begin{array}{l}\text{gleichseitige (Quadrat)}\\ \text{ungleichseitige (Oblongum)}\end{array}\right\} \text{Rechtecke.}\end{array}\right.$

oder II.
$\left\{\begin{array}{l}\text{gleichseitig} = \left\{\begin{array}{l}\text{gleichwinklige (rechtw.) — Quadrat}\\ \text{ungleichwinklige (schiefw.) — Rhombus}\end{array}\right\} \text{Gleichsei}\\ \text{ungleichseitig} = \left\{\begin{array}{l}\text{gleichwinklige (rechtw.) — Oblongum}\\ \text{ungleichwinklige (schiefw.) — Rhomboid}\end{array}\right\} \begin{array}{l}\text{Ungleich-}\\ \text{seite.}\end{array}\end{array}\right.$

Auch diese Uebersicht veranschaulicht, dass man das Quadrat als Durchgangsgestalt sowol aus dem Rhombus, als auch aus dem Oblongum genetisch mittelst Bewegung erhalten kann, und dass, wenn es einmal „subordinirt" werden soll, man ebenso berechtigt, wäre, es dem Oblongum, als dem Rhombus zu subordiniren. Seine besondere Bedeutung für die Geometrie erheischt aber die Coordination und die Subordination nur unter das Gleichseit und Rechteck. Die Möglichkeit der Ableitung dieser Parallelogramme auseinander und ihre logische Stellung nach Umfang und Inhalt

---

*) Daher darf sie auch nicht in die Definition aufgenommen werden, sonst giebt dies eine Beschreibung; vgl. Drobisch Logik § 119.

**) Deshalb ist auch meiner Ansicht nach an den Eingang der Lehre vom Parallelogramm der Satz zu stellen: Die Summe der an derselben Seite liegenden Winkel (Nachbarwinkel) sind — als Innenwinkel bei durchschnittenen Parallelen — = 2 R., nicht aber, wie meist geschieht, der andere: „Die gegenüberliegenden Winkel sind gleich." Denn jene Eigenschaft, als schon aus der Parallelenlehre bekannt, liegt näher.

***) S. z. B. T. Müller S. 75. neue Aufl. S. 71. — E. Müller II, 44. — J. Müller IV, § 24. — Reidt § 19. — Schlömilch S. 33—34. — Snell I, S. 68 (Cap. XI, 5). — Recknagel Nr. 65. 66. 69. 71 (Rhomboid fehlt). — Baltzer S. 35. — Kunze § 74. — Beez S. 42—43. — Kambly § 74. — Helmes II, § 131 und 134. — Legendre Princip. XVII.

†) Diesen Namen will Baltzer (§ 6. Anm. 4) dem Deltoid, dagegen den Namen Trapez dem symmetrischen Trapez (Antiparallelogramm) beigelegt wissen. Die Motivirung dieses Vorschlags fehlt.

††) Uebereinstimmend mit Zerlang II, 336.

lässt sich noch durch drei Schemata recht anschaulich darstellen, welche ich als nette, den Unterricht fördernde, mnemotechnische Hilfsmittel hier mittheile.*)

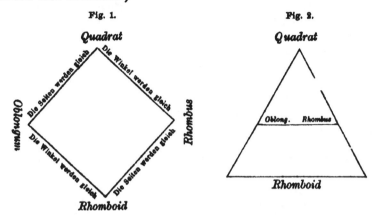

Hinsichtlich der negativen Merkmale stimme ich dem bei, was Herr Dr. Reidt im Nachstehenden darüber sagt und füge nur noch hinzu, dass sie häufig nur schein- bar negativ sind, weil wir für das Gegentheil des als positiv angenommenen Merk- males kein Wort haben und dieses Gegentheil durch die Negation nicht oder un ausdrücken müssen, z. B. gleichseitig, ungleichseitig, parallel, nicht parallel;. da- gegen: vertikal, horizontal, — rechtwinklig, schiefwink- lig, — gerade, krumm. Nur dann dürfte ein ne- gatives Merkmal zu ver- werfen sein, wenn dadurch der Umfang des zu er- klärenden Begriffes un- bestimmt und undeutlich wird, z. B. in einigen Erklärungen

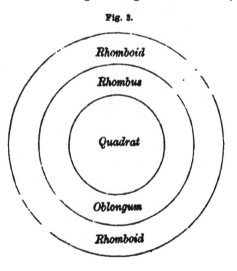

*) Hierzu sei bemerkt, dass das Schema 1. noch besser als das 2. den conträren Gegensatz des Rhomboids und Quadrats einerseits, wie des Oblongums und Rhombus andererseits darstellt, und übrigens ebenso gut vom Quadrat, als dem speciellsten, als vom Rhomboid, dem allgemein- sten Parallelogramm auszugehen gestattet. Die Schemata 2. und 3. aber veranschaulichen zugleich den Umfang der Begriffe.

Euklid's: „Punkt ist, was nicht Theile hat, Trapez ist jede andere Figur (die nicht so ist, wie etc.)", oder in der Naturgeschichte: „ein Säugethier ist ein Thier, das nicht Eier legt."[*] Von „schiefwinklig" aber hat jeder Anfänger der Geometrie, welcher die Winkellehre begriffen hat, ebenso gut wie von „rechtwinklig" eine klare Vorstellung, und man kann eigentlich nicht sagen, welches von beiden, ob recht- oder schiefwinklig, das positive Merkmal ist. Diejenigen, welche dem rechten Winkel keine besondere Geltung zugestehen, müssen strenggenommen „schiefwinklig" als das positive Merkmal annehmen.

Ueber die Eintheilung der Dreiecke nach den Winkeln bemerke ich folgendes:

Am meisten dürfte es sich empfehlen, die Eintheilung der Dreiecke mit der Discussion des Satzes von der Winkelsumme des Dreiecks genetisch zu verbinden, wie es Snell (I. S. 32) thut, also etwa so: In jedem Dreieck kann nur ein stumpfer oder nur ein rechter sein, dann sind die beiden andern spitze und das Dreieck heisst stumpfwinklig etc. Es wird hier nur die Benennung gegeben, die correcte Fassung der Definition muss dem Schüler als eigene Arbeit bleiben, nämlich: „ein stumpfwinkliges Dreieck ist ein solches, welches etc." Nun wird er, falls er nicht leichtsinnig arbeitet, schon von selbst darauf kommen, dass er nicht sagen darf: „ein spitzwinkliges Dreieck ist ein solches, welches einen spitzen Winkel hat" (!), sondern dass es heissen muss: „welches nur (oder lauter) spitze Winkel hat."[**] Kommt er nicht von selbst darauf, so muss die Führung des Lehrers helfen; gerade dieses Beispiel bietet eine ganz ausgezeichnete Gelegenheit, die „armen" Schüler bei ihren Definitionen einmal — was auch zur Unterrichtskunst gehört, — absichtlich fehl gehen zu lassen, um sie dann desto nachdrücklicher .zur Vorsicht zu mahnen. Man wird sie aber bald zu einer noch bessern Fassung leiten, wie sie Baltzer und T. Müller geben. Der letztere (S. 70 neue Aufl. S. 60) sagt: „Jedes Dreieck hat wenigstens zwei spitze Winkel; je nachdem nun der dritte stumpf, recht oder spitz ist, heisst das Dreieck stumpf-, recht- oder spitzwinklig. (Aehnlich Baltzer § 2, 6.) Dann ist der Eintheilungsgrund die Grösse des dritten Winkels und diese Fassung ist

---

[*] S. meinen Aufsatz „über Euklid's Principien" S. 115 und 131.

[**] Diese Fassung haben die meisten Autoren, z. B. J. Müller III, 30. — E. Müller II, 43. — Snell s. o. — Kunze § 45. — Schlömilch S. 19, der wie Kambly § 41 und Beez S. 22 das Wort „lauter" durch „nur" ersetzt. Reidt (§ 13) giebt die Winkel genauer an.

Bei Legendre, Ziegler und Recknagel 42 (S. 20) finde ich keine Erklärung des spitzwinkligen Dreiecks und Helmes (Plan. § 49) sagt: jedes andere Dreieck, welches weder recht- noch stumpfwinklig ist, heisst spitzwinklig.

die einzig richtige. Die Kober'sche Fassung (s. S. 249) „ein Dreieck heisst stumpf-, recht- oder spitzwinklig, wenn der grösste Winkel stumpf, recht oder spitz ist" hat wegen ihrer Kürze etwas Bestechendes, ist aber deshalb zu verwerfen, weil es leider auch Dreiecke giebt, welche einen grössten Winkel gar nicht haben (z. B. gleichseitige und solche gleichschenklige, in denen die Basiswinkel grösser sind, als der Winkel an der Spitze).

Dass aber die Eintheilung der Vierecke in Trapezoide, Trapeze und Parallelogramme, eine sehr gebräuchliche*) und bewährte Eintheilung „eine wahre Calamität" sein soll, muss ich entschieden bestreiten. Denn der Eintheilungsgrund, nämlich der vollständige, theilweise oder mangelnde Parallelismus, oder mit andern Worten die gegenseitige Lage der Seiten ergiebt sich mit Nothwendigkeit bei der Genesis des Vierecks und ist deshalb naheliegend und naturgemäss. Wer, wie Herr Kober behauptet,**) dass von den Begriffen „gewöhnliches Viereck", „Trapez", „Parallelogramm" immer der folgende dem vorhergehenden subordinirt sei, muss allerdings diesen Eintheilungsgrund verwerfen (obgleich auch das Subordiniren eine Art „Eintheilen" ist), Aber warum sollen sie denn subordinirt sein? Etwa, weil durch Aenderung der Lage der Seiten (Uebergang in den Parallelismus) eine Form in die andere übergeht? Durch die neueren Darstellungen der Raumwissenschaft zieht sich allerdings das Bestreben, die Raumgestalten aufzufassen wie Glieder eines Organismus.***) Aber diese Auffassung, so berechtigt sie auch sein mag, hindert und verbietet doch nicht, innerhalb dieses Organismus, Stellung, Unterschiede und Grenzen der Glieder festzuhalten, um nicht das Einzelne im Chaos der Allgemeinheit untergehen zu lassen. Dieses wollen, hiesse ein Princip auf die Spitze treiben. Denn dann wäre z. B. das „regelmäsige" Viereck eine Art des unregelmässigen, das Dreieck eine Art des Vierecks,

---

*) Vergl. T. Müller S. 75. neue Aufl. S. 69—70 wo auch Trapezoid genannt. — E. Müller II, 45. — J. Müller IV, § 18. — Snell 1, S. 34 (Cap. VI, 2). — Schlömilch S. 32, wo Trapezoid fehlt. — Rambly § 71. — Helmes § 129. § 149 und das allgemeine Viereck § 126. — Beez S. 34. — Recknagel S. 32. — Reidt § 19. — Kunze § 67 und 75. — Ziegler S 9. (der nur Vierecke mit parallelen Seiten unterscheidet). — Baltzer § 6, 4. Anm. giebt dem „Rhomboid" und „Trapez" andere Bedeutungen. Vgl. oben Anm. — Legendre (Crelle's Uebers. 4. Aufl. S. 3. Princ.) unterscheidet: Quadrat, Rechteck, Parallelogramm oder der Rhombus (!?), die Raute, das Trapez. Eine musterhafte Eintheilung!

**) In der Rezension der Brockmann'schen Geom. (III, 287).

***) Diese Analogie ist übrigens nicht ganz zutreffend. Eine geometrische Figur geht durch Bewegung ihrer Elemente (Glieder) oder durch Lagenänderung in eine andere über. Die Glieder eines Organismus aber haben ihre bestimmte Stellung, ihre Unterschiede und Grenzen. Nur etwa die Arten, Gattungen, Familien gehen in ihrer Organisation in einander über.

Fünf- und Sechsecks; denn jedes Dreieck lässt sich als Viereck*) mit einem gestreckten Winkel, oder als Fünfeck mit zwei, als Sechseck mit drei gestreckten Winkeln betrachten (bekanntlich Durchgangsgestalten der Vielecke mit hohlen und mit erhabenen Winkeln). So wäre allgemein das $(n-1)$ Eck, $(n-2)$ Eck etc. eine Art des $n$ecks u. s. f. Ebenso wäre nach dieser Theorie, weil der Kreis eine Ellipse und diese eine Parabel mit einem unendlich fernen Brennpunkte ist, auch der Kreis eine Parabel, die Gerade wäre eine gebrochene oder krumme Linie, wo die Richtungsänderungen = Null geworden sind und dergl. m. Zu solchen Resultaten gelangt man durch Verwischung aller Unterschiede und so lässt sich freilich in der Welt Alles beweisen und aus einer Mücke auch ein Elephant machen.

Freilich, etwas Willkürliches lässt sich am Ende in jeder Wahl eines Eintheilungsgrundes finden; sonst wäre es eben keine Wahl. Es kommt nur darauf an, unter den von der Natur gebotenen denjenigen zu wählen, welcher den vorliegenden Zweck am Besten erfüllt. Der Hauptzweck einer Eintheilung ist aber übersichtliche Ordnung des Begriffsumfanges. Sonach dürfte derjenige Eintheilungsgrund der werthvollste sein, welcher den Umfang des einzutheilenden Ganzen, als Gattungsbegriffs, am vollständigsten und übersichtlichsten in seine Glieder (Arten) zerlegt. Hierdurch bestimmt sich zugleich der Grad der Fruchtbarkeit eines Eintheilungsgrundes. So wird z. B. durch die gegenseitige Lage der Seiten, die immer in letzter Instanz von den Winkeln abhängt, der Umfang des Begriffs „Viereck" vollständiger bestimmt, als durch die Eigenschaft, dass sich um Vierecke Kreise beschreiben lassen. Denn in der nach dieser Eintheilung sich ergebenden Dichotomie „eingeschriebene und nicht eingeschriebene Vierecke" wäre zwar das erste (positive) Glied so ziemlich vollständig bestimmt, da alle Kreisvierecke gewisse charakteristische Eigenschaften besitzen, das andere (negative) Glied aber wäre seinem Umfange nach sehr unklar bestimmt. Dass unter Umständen die Eintheilungsgründe auch gleichwerthig sein können, bedarf kaum der Erwähnung und liessen sich hierzu leicht Beispiele finden.

Was aber das blosse „Herausheben" einer Art (nicht eines Individuums!) aus dem Umfange eines Begriffs anlagt, ist dies denn etwas Anderes, als eine stillschweigende Eintheilung? Es ist ja ohne den Gegensatz der andern Arten gar nicht möglich und die Verschiedenheit des „Herausheben" und des „Eintheilens" ist keine wesentliche, sondern nur eine formelle (sprachliche). Das Kind wird nur anders getauft.

---

*) Streng genommen ist es aber dann nicht Dreieck, sondern es erscheint nur als solches, wie der gestreckte Winkel als Gerade erscheint.

Was nun endlich die „Eintheilungen" als Unterrichtsmittel anlangt, sollen wir sie denn über Bord werfen? Sind sie nicht eine vortreffliche mnemonische und logische Uebung? Es klingt fast wie Ironie, wenn Jemand, der bei jeder Gelegenheit und mit Recht die logische Bildung des mathem. Unterrichts preist, die „Eintheilungen", welche gerade ein nicht unwichtiges Kapitel der Logik[*]) bilden, perhorreszirt. Das Beispiel von den „Bären", „Raubthieren" und „andern Säugethieren ist anfangs bestechend, aber bei genauerer Ansicht hinkt es. Denn das Parallelogramm ist doch nicht in der Weise eine Spezies des Trapezes, und dieses eine solche des Trapezoids, wie die Bären eine Familie der Raubthiere sind, abgesehen davon, dass es sehr fraglich ist, ob die Vergleichung von Figuren mit organischen Wesen statthaft ist.

Man sollte überhaupt etwas Bewährtes — falls es nicht etwa sich geradezu als fehlerhaft erweist — nicht eher verwerfen, bis man Besseres an seine Stelle setzen kann, oder — man muss in Ermangelung des Bessern mit dem relativ Besten sich begnügen.

Anm. Verfasser bittet auch andere, besonders die älteren und erfahrenen „Lehrer", seine hier niedergelegten Ansichten und Vorschläge über die geometrische Terminologie zu prüfen und entweder zu widerlegen oder zu billigen. Er wird nicht anstehen, auch begründete Widerlegungen derselben aufzunehmen. Zweck der Zeitschrift ist es ja, aus dem *pro* und *contra* der Ansichten das Wahre und Richtige für den Unterricht, wie lauteres Gold zu gewinnen und die Schlacke auszuscheiden.

III. Bemerkungen zu Kober's und Hoffmann's vorstehenden Aufsätzen.

Von Dr. Reidt in Hamm.

Zu den vorstehenden Bemerkungen des Herausgebers habe ich meinerseits, insbesondere auf die „Entgegnung" II, S. 518, Folgendes hinzuzufügen:

Der Verfasser der letzteren wird seine Behauptung, die Eintheilung der Parallelogramme in rechtwinklige und schiefwinklige sei nicht richtig, in dieser schroffen Form schwerlich aufrecht erhalten, denn der Sache nach theilt er selbst so ein und begründet eben diese Eintheilung, sowie die coordinirte in gleichseitige und und ungleichseitige in seinen, jener Behauptung folgenden Ausführungen, ebenso wie in dem vorstehenden Artikel dieses Heftes. Sein „Rechteck" ist genau dasselbe, wie das „rechtwinklige Parallelogramm", und wenn er jenes als besondere Art des Parallelo-

---

[*]) Vgl. Drobisch, Logik §§ 121—128.

gramms heraushebt, so liegt in dieser Absonderung oder Benennung selbstverständlich auch der Gegensatz zu dem nicht rechtwinkligen Parallelogramm. Alles, was er in dieser Beziehung will, die Unterordnung des Quadrats unter das gleichseitige, sowie unter das rechtwinklige Parallelogramm, geschieht ja eben durch jene beiden Eintheilungen, und nur die Benennungen sind verschieden. Meines Erachtens hätte der Verfasser der Entgegnung also von seinem Standpunkt aus nicht jene Eintheilung, sondern die gewählten Bezeichnungen für — zwar nicht unrichtig — aber doch der Verbesserung bedürftig erklären sollen, und ich war erfreut, diesen letzteren Standpunkt auch in der jetzt vorliegenden weiteren Auseinandersetzung wirklich eingenommen zu sehen. Da aber für den eigentlichen Inhalt meiner Bemerkungen (II. S. 209) die Wahl jener Bezeichnungen ziemlich gleichgiltig war, auch dieselbe keine Neuerung von meiner Seite enthielt, eine solche vielmehr eher auf derjenigen des Verfassers der Entgegnung zu suchen ist, so kann ich in jener Behauptung, ebenso wie in den nachfolgenden Erörterungen über Missbrauch bei den Eintheilungen keine Entgegnung auf meine — die genetische Entwicklung der Definitionen verlangende — Bemerkung erkennen.

Wenn aber gesagt wird, der betreffende Satz über die Parallelogramme könne an jener Stelle stehen, nur müsse der genetische Leitfaden auch der Satzheuristik der Schüler etwas übrig lassen, so bin ich dagegen der Ansicht, dass auch die Unterscheidung des Rechtecks im Sinne der Entgegnung als einer besonderen Art des Parallelogramms den Nachweiss ihrer Berechtigung erheischt, und dass dieser letztere wegen seiner fundamentalen Bedeutung nicht-fehlen darf. Die Befürchtung, dass für die Satzheuristik des Schülers Nichts übrig bleibe, scheint mir unbegründet. Dafür, dass überhaupt die genetische Entwicklung der Definitionen nothwendig sei, liefert mir die Bemerkung über die Antwort des harmlosen Schülers bei der Eintheilung der Dreiecke einen neuen Beleg. Wenn es nicht angeht, ein Dreieck spitzwinklig zu nennen, welches einen spitzen Winkel hat, so ergiebt sich daraus meines Erachtens nicht für die Eintheilung der Dreiecke, sondern für die vorangegangenen Definitionen des recht- und des stumpfwinkligen Dreiecks, aus denen der Schüler mechanisch die dritte bildet, ein Tadel; bei genetischer Entwickelung (die im Vorhergehenden vom Herausgeber hinreichend dargelegt ist), scheint mir eine solche Antwort kein Product angeborener Logik, sondern ein solches der Gedankenlosigkeit des Schülers zu sein.

Im Uebrigen enthalten die Ausführungen über Eintheilungen auch nach meiner Ansicht Richtiges, wenngleich sie im Wesentlichen wohl nur darauf hinauskommen, statt Eintheilen ein anderes Wort zu setzen. Dass negative Merkmale nicht gebraucht werden dürfen, sehe ich noch nicht ein, zumal der Unterschied häufig nur in der

Form liegt, die Negation eben die Position des Gegentheils ist. Warum soll z. B. der Parallelismus zweier Linien ein positives, die Convergenz ein negatives Merkmal sein? Erklärt Herr Kober doch wohl die parallelen Linien auch für solche, welche sich nicht schneiden. Ebenso kann auch ich in der üblichen Eintheilung der Vierecke keine Calamität erblicken und finde das angeführte Beispiel nicht passend; die Bedeutung und Stellung des Parallelogramms ist eine ganz andere, als die der Bären unter den Raubthieren. Auch das gegen den rechten Winkel Gesagte kann ich im Allgemeinen nicht für richtig erkennen und theile in dieser Beziehung die Ansichten des Herausgebers d. Zeitschrift. Wenn Herr Kober zur Begründung seiner Ansicht das Sehnenviereck dem Rhomboid gegenüberstellt, so verkennt er, wie mir scheint, den Unterschied zwischen einer Eintheilung der Parallelogramme insbesondere und einer solchen der Vierecke überhaupt. Die Beschaffenheit der Winkel hat für das Parallelogramm seiner Entstehung und Definition nach eine ganz andere Bedeutung als für das allgemeine Viereck die Frage, ob sich um dasselbe ein Kreis beschreiben lässt. Die letztere ist nicht, wie jene, durch den speciellen Character der Figur bedingt, sondern eine allgemeinere, die natürlich auch ihre besondere Anwendung auf das Viereck findet.

Der Ansicht aber, dass es zweckmässig sein würde, das gleichseitige Parallelogramm überhaupt, sowie das rechtwinklige mit je einem besonderen, kurzen Namen zu bezeichnen, stimme ich vollständig bei, nur möchte ich auch die besondere Unterscheidung der vier einzelnen Arten nicht missen. Die Fälle, wo man von einem „schiefwinkligen Rhombus" reden müsste, dürften doch in den Anwendungen nicht so ganz selten sein. Jedenfalls aber müsste eine solche Abänderung der, soviel ich weiss, gebräuchlichen und älteren Bezeichnungsweise nicht blos in einzelnen, wenn auch hervorragenden Schriften, sondern allgemeiner und in übereinstimmender Weise adoptirt sein, ehe ich es für gerechtfertigt halten würde, die letztere kurzer Hand als unrichtig zu bezeichnen.　　　REIDT.

IV. Ueber Eintheilungsgründe in der Geometrie.

Von J. C. BECKER.

Die Bemerkungen des Herrn J. Kober (Bd. II, Heft 6, p. 518) über die Eintheilung der Parallelogramme, denen ich mich vollkommen anschliesse, veranlassen mich, das damit angeregte Thema zu mehr eingehender Besprechung zu bringen.

Zur Zeit der Alleinherrschaft Euklid's waren es wesentlich zwei an sich nur schwer in Einklang zu bringende Principien, nach welchen man den Stoff der Geometrie ordnete und eintheilte. In erster Linie mussten sich die Sätze so folgen, dass jeder neue Satz aus vorhergehenden streng bewiesen werden konnte.*) Dann aber sollte doch wieder dafür gesorgt werden, dass diejenigen Sätze, welche von gleichartigen Gegenständen handelten, möglichst wenig getrennt wurden. Dies sind trotz Steiner und von Staudt, trotz Thibaut, Schweins, Snell, Schlömilch und Baltzer auch heute noch die einzigen Principien, nach denen die allermeisten der alljährlich zu Dutzenden neu aufgelegten Lehrbücher der Elementargeometrie fabricirt werden. Die Verfasser solcher Lehrbücher lassen dabei ausser Acht, dass die Geometrie sich nicht blos dadurch von der Naturgeschichte unterscheiden soll, dass sie uns strengen Nachweis von der Richtigkeit der den verschiedenen Raumgebilden zugeschriebenen Eigenschaften giebt. Sie haben nicht von Steiner gelernt, dass ihr auch noch eine andere viel wichtigere Aufgabe obliegt, die, die Gesetze ausfindig zu machen, welche in den Eigenschaften der Raumgebilde zu Tage treten.

Sie wissen nicht, dass es dieselben Gesetze sind, welche den verschiedensten Eigenschaften der verschiedensten Figuren zu Grunde liegen, und dass vor Allem diese Gesetze den Leitfaden abgeben müssen zur Gruppirung der geometrischen Theoreme, wenn aus dem Chaos dieser bewiesenen Wahrheiten ein organisch gegliedertes Ganze, d. h. eine Wissenschaft werden soll.

„Nicht**) die verschiedenen Eigenschaften einer Gestalt, sondern die gleichartigen, d. h. aus denselben Gründen erwachsenen Eigenschaften der verschiedenen Gestalten gehören zusammen; die Ordnungsprincipien sind vielmehr in den verschiedenen Fundamentalsätzen zu finden, welche die Eigenschaften der relativ einfachen Figuren ausdrücken."

Nichts ist unwissenschaftlicher als das Verfahren, die Sätze der Geometrie in Kapiteln zusammenzustellen, deren Ueberschriften glauben lassen, es handle sich um eine Naturgeschichte der Figuren, als z. B.

1) Von den Linien.
2) Von den Winkeln.
3) Von den parallelen Linien.

---

*) Man hat darum auch das Lehrgebäude des Euklid mit einer Schnur verglichen, und zwar mit einer knotigen, weil jeder neue Satz eine Lehre für sich bildet und gewissermassen nur an den vorhergehenden und folgenden angeknüpft ist. Die genetische oder heuristische Methode wollte dann einen glatten ununterbrochenen Faden daraus machen, ohne zu bedenken, dass dieser endlose einfache Faden lediglich das Bild endloser Langeweile ist und nicht das einer organisch gegliederten nach allen Seiten zusammenhängenden Wissenschaft.

**) Aus der Vorrede zum zweiten Band der ersten Auflage der „Elemente der Mathematik" von Dr. Richard Baltzer.

4) Von den Dreiecken.
    A) Von der Eintheilungen der Figuren überhaupt.
    B) Von den Seiten und Winkeln eines Dreiecks.
    C) Von der Congruenz der Dreiecke.
    D) Von den rechtwinkligen Dreiecken insbesondere.
    E) Von den gleichschenkligen Dreiecken.
    F) Aufgaben.
5) Von den Vierecken.
    A) Vom Vierecke im Allgemeinen.
    B) Vom Parallelogramme.
    C) Vom Trapeze.
    D) Aufgaben.
6) Vom Kreise. U. s. w.*)

Wenn man, was ja nach der neuesten Auffassung des Raumes zulässig ist, die Geometrie zur Naturwissenschaft zählt, so gehört sie doch jedenfalls eher zur Naturlehre, als zur Naturgeschichte, womit ich übrigens keineswegs sagen will, dass die Beschreibung räumlicher Figuren nicht ebenfalls zu den Aufgaben der Geometrie gehöre. Nur soll dies nicht zu ihrer Hauptaufgabe gemacht werden. Diese besteht vielmehr darin, die in den Eigenschaften der Figuren hervortretenden Gestaltungsgesetze darzulegen, und die ersteren durch die letzteren zu erklären, wie es Aufgabe der Physik ist, die Naturerscheinungen auf die Naturgesetze zurückzuführen.

Es ist unwissenschaftlich, die Betrachtung der Dreiecke oder Vierecke mit einer Eintheilung derselben zu beginnen. Erst wenn nachgewiesen ist, dass mit irgend einer Eigenschaft eines Gebildes noch andre nothwendig verbunden sind, lässt es sich rechtfertigen, daraus einen Eintheilungsgrund zu machen. Man zeige also zuerst, dass ein Dreieck mit zwei gleichen Seiten gegen die Halbirungslinie des Winkels derselben symmetrisch ist, ehe man die Dreiecke mit zwei gleichen Seiten durch einen besondern Namen von den übrigen trennt, nenne sie aber dann symmetrische Dreiecke, und nicht gleichschenklige. Denn das Dreieck hat keine Schenkel, kann dieselben also auch nicht gleich haben; dass es einen „gleichschenkligen Winkel" habe ist eine schlechte Entschuldigung für den albernen Namen, zumal, wenn man zuvor den Schülern eingeprägt hat, dass die Länge der Schenkel bei der Betrachtung der Winkel ganz unberücksichtigt bleiben müsse.

Die Betrachtung des Trapezes, oder wie man gewöhnlich sagt, des Paralleltrapezes sollte der des Parallelogramms vorhergehen, und nicht, wie es meist üblich ist, nachfolgen. Denn das Parallelogramm ist eine specielle Art des Trapezes und besitzt

---

*) Es ist dieses Inhaltsverzeichniss |der 7. Auflage eines weit verbreiteten Lehrbuchs entlehnt, das noch manche neuere Auflagen erlebt hat, die es seiner reichen Aufgabensammlung wegen auch verdiente.

alle dessen Eigenschaften. Auch soll man erst die mit der Parallelität zweier Seiten nothwendig verbundenen Eigenschaften kennen lernen, bevor man die speciellere Voraussetzung macht, dass auch die beiden andern Seiten parallel seien.

Ueberhaupt ist es sachgemäss, erst die allgemeineren und eben darum auch einfacheren Gesetze der Abhängigkeit zwischen Länge und Neigung sich gegenseitig begrenzender Strecken zu studiren, ehe man zur specielleren Betrachtung der einzelnen Figuren fortschreitet. In trefflicher Weise hat dies, ohne die Methode strenger Beweisführung zu verlassen, schon Briot gethan, dessen elementare Lehrbücher in Deutschland leider weniger bekannt sind, wie die von ihm und Bouguet herausgegebene Theorie der doppelt periodischen Functionen. Mehr und Treffliches ist freilich in dieser Richtung von Baltzer geleistet worden. Dennoch bringt Baltzer für den sog. dritten Congruenzsatz noch den alten ziemlich plumpen, nur das dass, nicht auch das warum feststellenden Beweis, der darin besteht, dass man die Dreiecke mit zwei entsprechenden Seiten und Ecken aneinanderlegt, worauf dann die Gleichheit der den zusammenfallenden Seiten gegenüberliegenden Winkel mit Hülfe der Verbindungslinie ihrer Scheitel aus dem Satze vom gleichschenkligen Dreiecke demonstrirt wird.

Briot dagegen führt ihn auf das ihm zu Grunde liegende Gesetz zurück, dass die dritte Seite eines Dreiecks, von dem zwei Seiten gegeben sind, mit dem von diesen eingeschlossenen Winkel zu- und abnimmt. Dieses Gesetz gehört zwar zu denjenigen, deren Richtigkeit die unmittelbare Anschauung ebenso unzweifelhaft erscheinen lässt, wie das unbeweisbare Axiom, dass zwei Geraden sich nur in einem Punkte schneiden. Briot giebt aber einen so einfachen Beweis, dass ich mich nicht enthalten kann, ihn hier. herzusetzen, zumal man diesen evidenten Satz noch immer für drei verschiedene Fälle durch drei besondere Mausefallbeweise zu stützen für nöthig findet. Es ist der folgende:

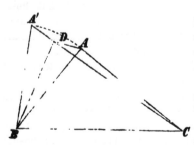

Sei $BA = BA'$, und D der Schnittpunkt der Halbirungslinie des Winkels ABA' mit der Geraden $A'C$, so ist $AD = A'D$, also $A'C = AD + DC > AC$, q. e. d.

Dieses Abhängigkeitsgesetz ist aber der Grund, aus dem nicht blos der obige Congruenzsatz folgt, sondern auch der Satz, dass von zwei Dreiecken, welche zwei Seiten gleich haben, dasjenige die dritte Seite grösser hat, in welchem dieselbe einem grösseren Winkel gegenüberliegt.

Wie viel nicht blos die Darstellung an Uebersicht, sondern

auch der Lernende an Einsicht gewinnt, wenn das zusammengestellt wird, was sich aus einem und demselben Gesetze ableiten
lässt, das lernt man ganz besonders aus den elementaren Abhand-
tungen Steiners*) kennen. Ich erlaube mir nur noch ein Beispiel. Geht der Lehre von den sog. merkwürdigen Punkten des
Dreiecks und was damit zusammenhängt eine auch die Lehre von
den Aehnlichkeitspunkten umfassende etwas allgemeinere Theorie
der Aehnlichkeit voraus, so folgt der Satz, dass die geraden Verbindungslinien der Ecken mit den Mitten der gegenüberliegenden
Seiten sich in einem Punkte in dem Verhältnisse 1 und 2 theilen,
sofort aus der Bemerkung, dass die Mittelpunkte der Seiten die
Ecken eines neuen Dreiecks sind, dessen Seiten halb so gross und von
derselben Stellung sind, wie die des gegebenen. Ebenso leicht lehrt
uns Steiner die bemerkenswerthen Beziehungen zwischen dem Schwerpunkt, dem Höhenpunkt und dem Mittelpunkt des umschriebenen
Kreises u. a. m. als eine Consequenz der Abhängigkeitsgesetze zwischen
ähnlichen Figuren erkennen.

---

*) Man beachte insbesondere die Abhandlungen im ersten Bande des
Crelle'schen Journals über die Potenzlinien und Aehnlichkeitspunkte der
Kreise, die „Constructionen mittels des blossen Lineals und eines festen
Kreises, endlich den ersten Theil seiner „Vorlesungen."

Kleinere Mittheilungen.

Vom Allgemeinen zum Besondern oder vom Besondern zum Allgemeinen?*)

(Vom Herausgeber.)

Gewöhnlich geht man in der Lehre vom Parallelogramm vom allgemeinen Parallelogramm (dem Typus der Parallelogramme, vom Rhomboid) aus. Im Schulunterricht, ich meine nicht etwa blos im propädeutischen, sollte man vom speciellsten Parallelogramm also vom Quadrat ausgehen.

Das Quadrat geht über in das Oblongum oder das ungleichseitige Rechteck

1) durch gleichmässiges Wachsen oder Abnehmen zweier Gegenseiten und dadurch bedingte Parallelverschiebung der andern Gegenseiten bei gleichbleibenden Winkeln. Aehnlich geht der Rhombus über ins Rhomboid.

Das Quadrat geht über

2) in das schiefwinklige Gleichseit (Rhombus) durch Drehung und Verschiebung dreier Seiten bei festbleibender Basis und damit verbundenes continuirliches Wachsen oder Abnehmen der gegenüberliegenden Winkel. Man erkennt dabei zugleich, dass von allen Gleichseiten über derselben Basis das Quadrat das grösste ist. Ebenso geht das Oblongum über ins Rhomboid.

Aehnlich kann man beim Dreieck verfahren. Man geht vom gleichseitigen Dreieck aus, lässt das gleichschenklige (nicht „symmetrische", weil auch das gleichseitige symmetrisch ist!) folgen und endet mit dem ungleichseitigen.

Aus dem Parallelogramm lässt man das Trapez (Paralleltrapez ist ein Pleonasmus!) aus diesem das Trapezoid entstehen und behandelt diese Figuren in eben dieser Reihenfolge. Die regelmässigen Vielecke, bei welchen die Richtungsänderungen der Seiten (des Perimeters) unter sich gleich sind, gehen zweckmässig den unregelmässigen mit verschiedenen Richtungsänderungen der Seiten voran, ebenso, wie der Kreis als Vieleck mit unendlich vielen und

---

*) Diese Notiz wurde angeregt durch Herrn Becker's vorstehenden Aufsatz.

unendlich kleinen Seiten und gleichen Richtungsänderungen (gleicher Krümmung) den andern Curven (z. B. Ellipse) mit variabler Krümmung vorangeht. Ebenso sollte man der Congruenz der allgemeinen Dreiecke die des rechtwinkligen vorangehen lassen und den pythagor. Lehrsatz erst am gleichschenklig-rechtwinkligen und dann am allgemeinen rechtwinkligen Dreieck beweisen. Behandelt man nicht auch in der Arithmetik anfangs die Gleichungen des 1. Grades etc., ehe man die Gleichungen 2. etc. Grades vornimmt?*)

Also — vom Besondern zum Allgemeinen! Das sei unsere Losung! Wenn man aber das Allgemeine hat, dann zeige man, wie das Besondere sich daraus entwickelt! Die Volksschule, die in anderer Beziehung wegen ihres mangelhaften mathematischen Unterrichts nicht selten Tadel erntet und verdient, ist uns in diesem Punkte voraus!

Hierüber schreibt uns einer unserer Mitarbeiter: „Auch ich bin der Meinung, dass wir die Methode des Schulunterrichts wol von der Methode der reinen Wissenschaft zu unterscheiden haben, welche ihr System unbehelligt durch fremdartige Nebenrücksichten sich aufbauen darf, während wir auch das psychologisch-didaktische Moment berücksichtigen, die Grundsätze der Pädagogik nicht ausser Acht lassen dürfen, sollen wir nicht in die Gefahr gerathen, die praktischen Früchte unseres Unterrichts zu schädigen. Darum halte ich in der Schule und in den Schulbüchern fest an dem alten Grundsatz: „Vom Besondern zum Allgemeinen"! Erst wenn der Schüler durch den Unterricht zum Erfassen der reinen Wissenschaft als solcher nach und nach befähigt worden ist, können wir ihm, vielleicht in einem Repetitionscursus in Prima, den umgekehrten Gang zumuthen. So fangen wir ja z. B. in der Naturgeschichte der Sexta auch nicht mit den niedersten Thierorganismen an, obgleich dies wissenschaftlich richtiger wäre." *Sapienti sat!*

Ein falscher Satz.

(Notiz von G. BINDER, Prof. am k. würtemb. Seminar Schönthal.)

In der reichhaltigen Sammlung von Gandtner und Junghans**) findet sich Thl. II. S. 128 folgender Satz:

572. „Lässt sich zugleich in und um ein Viereck ein Kreis beschreiben, und schneiden sich die Diagonalen des-

---

*) Diese Beispiele liessen sich sehr vermehren. Man denke nur an die analyt. Geometrie.
**) Diese Sammlung ist vom Hrn. Verfasser einer eingehenden Besprechung unterworfen worden, deren 1. Theil bereits in diesem Hefte (S. 389) folgt.   D. Red.

selben unter rechten Winkeln, so halbirt der Mittelpunkt
des innern Kreises die Gerade, welche den Diagonalen-
durchschnittspunkt mit dem Mittelpunkte des äusseren
Kreises verbindet."

Dass dieser Satz unrichtig ist, sieht man leicht folgendermassen.

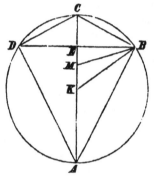

Auf dem Durchmesser AC des Kreises K
stehe die Sehne BD in E senkrecht, so
ist $ABCD$, als Deltoid, zugleich Tangentenviereck, und der Mittelpunkt M
des inneren Kreises ist der Durchschnittspunkt von AB mit der Halbirungslinie z. B. des Winkels ABC.
Da aber BM, wie leicht zu sehen,
auch den Winkel KBE halbirt, so ist
$KM : ME = KB : ME$, also $KM > ME$.
Dieser Irrthum ist bemerkenswerth als
ein Beispiel für die Nothwendigkeit
der Vorsicht beim Schliessen von den Eigenschaften einer allgemeineren Figur auf die einer besonderen. Der Satz ist abgeleitet aus den zwei richtigen Sätzen Theil I, 509, b und II, 571;
nämlich

„Im Tangentenviereck geht die Verbindungslinie der Diagonalen mitten durch den Mittelpunkt des inneren Kreises", und

„Im Sehnentangentenviereck liegen der Diagonalendurchschnitt
und die Mittelpunkte des inneren und äusseren Kreises in gerader
Linie."

Wenn also, so hat der Urheber des obigen Satzes ohne Zweifel
geschlossen, in einem Viereck der bezeichneten Art F und G die
Diagonalenmitten sind, so hat das Viereck $KGEF$ bei G, E, F
rechte Winkel, ist also ein Rechteck, und FG und KE halbiren
sich gegenseitig in M.

Dabei ist aber übersehen, dass ein Sehnentangentenviereck,
dessen Diagonalen senkrecht aufeinander stehen, nothwendig ein
Deltoid ist, wie leicht zu zeigen; dass somit F und G mit K und
E zusammenfallen, und dass dann für die Lage des Punktes M auf
KE nichts folgt.

Im Uebrigen sei hier bemerkt, dass die Versetzung des Lehrsatzes 571 in den § 27, wo er steht, einen zu grossen Aufwand von
Lehrsätzen über Polaren u. dergl. voraussetzt. Er lässt sich ganz einfach
aus der Lehre von der Aehnlichkeit der Dreiecke ableiten. Man
findet dann auch, wenn die bisherigen Beziehungen für ein beliebiges
Sehnentangentenviereck beibehalten werden, in welchem s die Summe
der Diagonalen, t die Summe zweier gegenüberliegenden Seiten ist,

$$KM : ME = t^2 : s^2 - t^2$$

M ist also nur dann Mittelpunkt von KE, wenn $s^2 = 2t^2$, woraus mittelst des Ptolemäischen Satzes weiter folgt, dass dann die Summe der Quadrate der Diagonalen gleich der Summe der Quadrate der Seiten sein muss. Also ist dann das Viereck ein Parallelogramm, und als Sehnentangentenviereck ein Quadrat; K, M und E fallen zusammen.

Der umschriebene oder umgeschriebene Kreis?

Von J. Kober.

Bekanntlich bilden im Deutschen die mit gewissen Präpositionen zusammengesetzten Zeitwörter zwei Gruppen, indem entweder der Accent auf der Präposition oder auf der Stammsilbe liegt, z. B. übersetzen und übersetzen. In den Wörtern der ersten Gruppe ist die Präposition vom Zeitworte trennbar, im Particip des Perfects durch Einschiebung der Silbe „ge“. Es ist also kein Zweifel, dass, wenn der Ton auf dem Präfix liegt, die Silbe „ge“ eingeschoben werden muss. Es steht sonach grammatisch unbedingt fest, dass man, wenn das Wort heisst umschreiben, sagen muss „umgeschrieben, ich schreibe um“, heisst es aber umschreiben, so muss man auch sagen „umschrieben, ich umschreibe.“

Nun tritt aber das Präfix „um“ in zwei Bedeutungen*) auf: 1) der einer Aenderung der Reihenfolge oder Lage, z. B. umschaufeln, umwerfen, umändern. Bei diesen Wörtern liegt der Ton stets auf dem Präfix. 2) in der Bedeutung „um — herum“. Dann liegt der Ton entweder auf dem Präfix z. B. umthun, umbinden, umschnallen, oder auf der Stammsilbe z. B. umzingeln, umgeben, umringen; in beiden Fällen haben wir transitive Zeitwörter, aber im ersten Falle steht das Einschliessende, Umgebende im Accusativ (z. B. ein Tuch umbinden), im zweiten Falle das Eingeschlossene, Umgebene (z. B. eine Stadt umzingeln, ein Feld umzäunen). Einige Wörter sind in beiden Formen gebräuchlich z. B. umwickeln, (z. B. den Arm mit einem Tuche umwickeln, dem Arme ein Tuch umwickeln), umwinden (das Haupt mit dem Lorbeer umwinden, dem Haupte den Lorbeer umwinden), umgürten (den Leib umgürten, gürte mir das Schwert um).

Einen Kreis umschreiben heisst also, ihn mit etwas (z. B. mit einem Vielecke) umgeben, umschliessen („Klein ist das Feld, das ich umschreibe“, wo offenbar der Hauptton auf der Stammsilbe liegt); der umschriebene Kreis müsste also derjenige sein,

---

*) Die ursprüngliche Verwandtschaft beider kommt hier nicht in Betracht.

der von einem Vieleck umschlossen, umgeben ist. Einen Kreis umschreiben (analog z. B. einen Reifen umlegen) heisst dagegen, um ein Vieleck einen Kreis legen, das Vieleck mit einem Kreise umgeben, umschliessen. Es ist also kein Zweifel, dass es in dem in der Geometrie durch den Sprachgebrauch angenommenen Sinne heissen muss: der um g e schriebene Kreis.

Zugleich ergiebt sich hieraus, dass wir, wenn nicht die praktische Rücksicht auf die Möglichkeit von Verwechslungen hinderte, von einem um s c h r i e b e n e n und einem um g e schriebenen Kreise sprechen könnten. Ersterer würde ein Kreis sein, der von einem Tangentenvieleck um s c h r i e b e n d, h. eingeschlossen ist (wo wir uns den Kreis früher als das Vieleck denken), der zweite dagegen ein Kreis, der einem Sehnenvieleck um ge schrieben ist, also dasselbe einschliesst (wo wir uns das Vieleck früher als den Kreis denken).

Offener Brief an den Herausgeber.

Geehrter Herr College!

Nachreden und Nachbeten ist bequemer als Nachdenken. Drum halten die orthodoxen Mathematiker zum Nachtheil der guten Sache an den ihnen überlieferten Dogmen ebenso fest, wie die orthodoxen Theologen an den ihrigen. Vorurtheil und Aberglaube haben ein ebenso zähes Leben als das Unkraut. Ich befürchte daher, verehrter Herr College, dass Ihr Bemühen, die Mangelhaftigkeit der logischen Grundlagen in den Euklidischen Elementen nachzuweisen, nicht mehr Erfolg haben wird, als das so manches anderen Mathematikers, welcher schon früher ein Gleiches versucht hat, wenn auch vielleicht keiner so ausführlich und gründlich als Sie es im diesjährigen 2. Heft Ihrer Zeitschrift gethan haben. Oder glauben Sie, der vor Jahren von Ohm erwähnte Ekel der Mathematiker vor Allem, was Philosophie heisst, habe sich gegenwärtig verloren und man werde Ihren logischen Bemerkungen über die Principien des 1. Buchs der Euklidischen Elemente Rechnung tragen bei Abfassung neuer Lehrbücher der Geometrie? Ich habe bei Herausgabe meiner Elemente das Gegentheil erfahren. Wie anerkennend sich auch andere Mathematiker, zumal in Ihrer Zeitschrift, über meine Arbeit geäussert haben, so absprechend äussert sich ein Berliner Mathematiker, Vorstand einer höheren Schule, noch im Jahre 1870 brieflich gegen mich über jeden Versuch, der Geometrie eine logische Grundlage zu geben. Er schreibt, „dass, um zu mathematischen Gedanken zu gelangen, es nicht nothwendiges Erforderniss sei, richtige Grundbegriffe von dem Raume, der Ebene und Geraden, dem Winkel etc. zu haben." In der That bedarf man, um gut zu verdauen, keiner physiologischen Kenntniss des Magens und keiner chemischen der Lebensmittel!*) Praktisch ist solche Ansicht gewiss, aber nicht wissenschaftlich. Und aus der psychologischen Thatsache — wie er es nennt, — dass das der Anschauung unmittelbar Zugängliche, Einfachste sich der begrifflichen Auffassung am schwersten füge, und dass die menschliche Erkenntniss nicht so systematisch wie in meinen Elementen vom Einfachen zum Zusammengesetzten fortschreite, glaubt er folgern zu müssen, „dass man höchstens am Schlusse des mathematischen Unterrichts auf dergleichen Fragen hinweisen dürfe und vielleicht nur, um die Schranken des menschlichen Könnens auch in der Sphäre des reinen Denkens zum Bewusstsein zu bringen." Also auch unter Mathematikern die Ansicht, die Wissenschaft müsse umkehren. Um zu mathematischen Gedanken zu gelangen, bedarf es demnach blos der Uebung im Formalismus des Schliessens. Solcher Auffassung gegenüber ist mir die Geringschätzung nun nicht mehr unerklärlich, mit welcher viele Philologen die Mathematik als Bildungsmittel behandeln.

Obschon Sie, verehrter Herr College, in ihrem Artikel über die Principien des 1. Buches von Euklids Elementen meiner Elemente, welche doch in den bis jetzt erschienenen beiden ersten Theilen den von Ihnen beklagten Mängeln in der Fundamentirung der Geometrie Abhülfe bieten, mit keiner Sylbe erwähnt haben,**) so schliesse ich doch aus manchen Indicien, dass Sie meiner Arbeit, über welche Sie schon früher bei verschiedenen Gelegenheiten sich beifällig ausgesprochen haben, auch jetzt noch Ihre Aufmerksamkeit würdigen und im Wesentlichen mit meinen Ansichten über die mathematische Wissenschaft und Didaktik übereinstimmen. Ich schliesse dies insbesondere aus der Stelle, in welcher Sie erklären, dass dem Euklid die metaphysische Grundlage, die Entwicklung der Eigenschaften des Raumes fehlten, ohne welche in unserer Zeit eine Grundlegung der Geometrie nicht mehr möglich sei; und dass Euklid weder den **Begriff** noch die **Aufgabe**, noch die **Methode** der Geometrie, noch auch das **Fortschreitungsprincip** dieser Methode angebe; dass er die Raumwissenchaft mit dem Schwierigsten, mit dem **Punkte** anfange, statt mit dem **Körper**, worauf doch die gesammte Natur hinweise. Ist mein Schluss richtig, so berechtigt er mich auch wol zu der Annahme, dass Ihnen beigehende Ergänzungen zu

---

*) Diese Kenntniss — wenn eine Anmerkung erlaubt ist — wäre doch aber manchmal recht nützlich! D. Red.

**) Dies ist leider nur ein Versehen, da die dazugefügte Anmerkung bedauerlicher Weise in ein anderes Heft gelangt war. Da kein Buch so gründlich auf die geometrischen Grundbegriffe eingeht, als Ihre „Elemente etc.", namentlich im 1. Theil, so lag die ehrenvolle Erwähnung derselben sehr nahe und wir verabsäumen nicht, den Herren Collegen das Werk angelegentlichst zur Lectüre zu empfehlen. D. Red.

Ihrem Artikel über die Euklidischen Elemente willkommen für Ihre
Zeitschrift sein möchten. Soll einer neuen Ansicht Bahn gebrochen
werden, so müssen die Anhänger derselben zusammenarbeiten, indem
sie dieselbe im Einzelnen mehr und mehr durchführen. Das ein-
malige Aussprechen einer neuen Ansicht genügt nicht, man muss
öfter auf sie zurückkommen, damit sie heute oder morgen dem bekannt werde, der sie gestern vielleicht übersah. Wie Sie, so fand
auch ich schon längst Euklid's Definitionen, Forderungssätze und
Grundsätze ungenügend nach Form und Inhalt. In den beiden
ersten Theilen meiner Elemente habe ich nun, wie Sie wissen, ganz
in Uebereinstimmung mit Ihnen, vom Körper ausgehend, die Eigenschaften des Raumes und seiner Gebilde entwickelt, den Begriff,
die Aufgabe, Methode der Geometrie und deren Fortschreitungsprincip festgestellt und den betreffenden Definitionen eine möglichst
kurze, aber scharfe Fassung gegeben; der jüngstvollendete, aber
noch nicht veröffentlichte 3. Theil, welcher das eigentliche System
enthält, wird, so hoffe ich, Ihren Anforderungen ebenfalls entsprechen; er bringt, was Sie bei Euklid vermissen, unter Anderm
auch eine Bestimmung dessen, „was man unter Definitionen, Grund-
und Forderungssätzen zu verstehen habe," und bringt zugleich eine
Vervollständigung derselben. Denn die drei Forderungen und die
drei rein geometrischen Grundsätze Euklid's reichen nicht einmal
für die Elemente der Planimetrie, geschweige für die gesammte
Geometrie aus. Wie ungenügend Euklid's Forderungen jedoch sein
mögen, immer bekunden sie seine wissenschaftliche Strenge. Er
fordert ausdrücklich, was er nicht entbehren kann, heutzutage
postulirt man in der Regel nicht mehr, sondern nimmt stillschweigend, was man braucht. Den Euklid verehre ich, auch wenn ich
sonst vielfach von ihm abweiche, eben dieser Gewissenhaftigkeit
wegen, als das Muster eines Mathematikers.

　　Ohne weiter auf Definirung des Postulates und Axiomes einzugehen, beschränke ich mich hier blos darauf, all' die Postulate
und Axiome aufzustellen, deren die Geometrie zu ihrem Zustande-
kommen gebraucht.

Postulate.

　　Es wird gefordert:
1) An jeder Stelle*) im Raume einen Punkt annehmen und zwi-
　　schen je zwei Punkten eine Gerade ziehen und dieselbe über
　　die Punkte hinaus beliebig verlängern zu dürfen.
2) Einen Punkt und jedes mit demselben fest verbundene räum-

---

*) Stelle ist der Raum, wo etwas stehen, überhaupt sein kann;
Ort ist der Raum, wo etwas wirklich ist. Daher Baustellen, Stellen
im Staate, die zu besetzen sind, Stellen, die man sucht; dagegen Standort, Fundort etc. So auch der geometrische Ort.

liche System so bewegen zu dürfen, dass der Punkt eine beliebige Linie, insbesondere eine Gerade, zum Wege hat.

3) Durch jede drei Punkte eine Ebene legen und dieselbe über die Geraden zwischen diesen Punkten hinaus beliebig erweitern zu dürfen.

4) Eine Gerade in einer Ebene und jedes mit der Geraden fest verbundene ebene System um einen ihrer Punkte so drehen zu dürfen, dass die Gerade die Ebene zum Wege hat.

5) Eine Ebene und jedes mit ihr fest verbundene räumliche System um einen ihrer Punkte drehen zu dürfen.

6) Eine Ebene um eine ihrer Geraden und zugleich um einen Punkt der letzteren eine zweite Gerade so drehen zu dürfen, dass diese die gedrehte Ebene zum Wege hat.

Geometrische Grundsätze.

1) Der Weg eines Punktes ist eine Linie, wenn der Punkt während der Bewegung an jeder Stelle dem in der nächst vorhergehenden und nächst folgenden continuirlich ist und nur diesen.

2) Der Weg einer Linie ist eine Fläche, wenn der Weg eines Punktes der Linie eine Linie ist, welche von der Bewegten verschieden ist.

3) Der Weg einer Fläche ist ein Raum, wenn der Weg einer Linie der Fläche eine Fläche ist, welche von der Bewegten verschieden ist.

4) Gebilde sind congruent und bilden, an derselben Stelle in derselben Lage gedacht, nur ein einziges, wenn sie zwar an verschiedenen Stellen doch ganz auf dieselbe Weise bestimmt und erzeugt sind, und namentlich auf dieselbe Weise erzeugt sind entweder durch eine rein fortschreitende Bewegung oder durch einfache oder zusammengesetzte totale oder partiale Drehung, und wenn dabei ihre Bestimmungsstücke auch der Lage nach dieselben sind, oder wenn deren Lage eine nach zwei Paaren von Raumgegenden entgegengesetzte ist (vgl. I. Th. S. 21 und 23). Dagegen sind Gebilde symmetrisch, wenn diese Bestimmungsstücke bei sonst gleicher Beschaffenheit nach dem einen oder den drei Paaren der Raumgegenden eine entgegengesetzte Lage haben.

5) Durch zwei angebbare Punkte ist nur eine Gerade möglich.

6) Zwei Gerade können sich nur in einem Punkt schneiden.

7) Durch drei angebbare Punkte, welche nicht in derselben Geraden liegen ist nur eine Ebene möglich.

8) Eine Gerade, welche mit zwei Punkten in einer Ebene liegt, liegt mit allen Punkten in derselben.

9) Eine Linie, welche mit einer unendlichen Geraden in derselben

Ebene liegt und durch zwei auf entgegengesetzten Seiten der Geraden liegende Punkte geht, muss sich mit der unendlichen Geraden schneiden.

10) Eine zurücklaufende gebrochene Linie muss wenigstens drei Bruchstrecken enthalten.

11) Eine unendliche Gerade, welche mit einer rücklaufenden Linie in derselben Ebene liegt und durch einen Punkt innerhalb geht, muss sich mit der rücklaufenden wenigstens zweimal schneiden.

12) Zwei rücklaufende Linien in derselben Ebene müssen sich wenigstens zweimal schneiden, wenn ein Punkt der einen innerhalb und ein zweiter Punkt derselben ausserhalb der andern liegt.

13) Jeder Schnitt zweier Linien ist ein Punkt.

14) Jeder Schnitt einer Linie mit einer Fläche ist ein Punkt.

15) Eine Gerade kann eine Ebene nur in einem Punkte schneiden.

16) Eine Gerade, welche durch zwei Punkte auf entgegengesetzten Seiten einer unendlichen Ebene geht, muss sich mit dieser schneiden.

17) Jeder Schnitt zweier Flächen ist eine Linie, ausnahmsweise ein Punkt, wenn die eine Fläche pyramidal oder conisch ist und der Schnitt durch die Spitze geht.

18) Zwei Ebenen können sich nur in einer Geraden schneiden.

19) Eine Fläche, welche durch zwei Punkte auf entgegengesetzten Seiten einer unendlichen Ebene geht, muss sich mit derselben schneiden.

20) Eine unendliche Ebene, welche durch einen Punkt innerhalb einer rücklaufenden Fläche geht, muss sich mit letzterer schneiden.

21) Eine unendliche Gerade, welche durch einen Punkt innerhalb einer rücklaufenden Fläche geht, muss dieselbe wenigstens in zwei Punkten schneiden, wenn irgend eine durch die Gerade gelegte Ebene die rücklaufende Fläche in einer rücklaufenden Linie schneidet.

22) Eine rücklaufende Fläche, welche durch einen Punkt innerhalb und durch einen Punkt ausserhalb einer anderen geht, muss sich mit letzterer schneiden.

23) Eine rücklaufende Linie, welche durch einen Punkt innerhalb und durch einen Punkt ausserhalb einer rücklaufenden Fläche geht, muss letztere wenigstens in zwei Punkten schneiden, wenn die rücklaufende Linie in einer Fläche liegt, welche die rücklaufende Fläche in einer rücklaufenden Linie schneidet.

24) Der Schnitt einer Linie oder Fläche mit einem Körper ist diese Linie oder Fläche selbst, wo der Körper nicht durchbrochen ist.

Obgleich nun alle Geometer von allen diesen Grundsätzen Gebrauch machen und machen müssen, so unterlassen es in neuerer Zeit doch viele Verfasser geometrischer Lehrbücher, diese Grundsätze ausdrücklich als solche aufzustellen. Allerdings verstehen sich diese Sätze von selbst, denn sonst wären es eben keine Grundsätze, aber dennoch fordert es die wissenschaftliche Strenge, damit man sich dessen bewusst werde und bleibe, dass dies auch ausdrücklich ausgesprochen werde, so fordert es die Euklidische Strenge, welche freilich heutzutage Vielen langweilig erscheint. — Euklid stellt nur folgende vier geometrische Grundsätze auf:

1) Was einander deckt, ist gleich.
2) Alle rechte Winkel sind einander gleich.
3) Zwei gerade Linien, welche von einer dritten geschnitten werden, so dass die beiden inneren an einer Seite liegenden Winkel kleiner sind als zwei Rechte, treffen, genugsam verlängert, auf dieser Seite zusammen.
4) Zwei gerade Linien schliessen keinen Raum ein.

Dass diese vier Grundsätze, abgesehen von ihren sonstigen Mängeln, nicht ausreichen, hat schon van Swinden und August bemerkt und deshalb einen unserm 12. Grundsatze entsprechenden aufgestellt. Ist aber der 12. gerechtfertigt, so sind es auch die Grundsätze 9, 16 und 20—24 für die Stereometrie; und sind es die Grundsätze 5 und 6, so sind es auch 7, 15 und 19 für die Stereometrie.

NEUSTRELITZ, den 1. Mai 1872.   MÜLLER.

Zu dem Capitel von den Incorrectheiten (Altes und Neues).

Vom Herausgeber.

An verschiedenen Stellen dieser Zeitschrift*) sind Verbesserungsvorschläge gemacht worden bezüglich der mathematischen Terminologie. Eine Bemerkung von Hrn. Prof. M. Kuhn in der Besprechung der Physik von Dorner (Zeitschr. Realschule I. S. 516) gab mir Anregung zur Fortsetzung derselben, was hier in fortlaufenden Nummern geschieht.

1) Ueber die Begriffe: Quadrat, Oblongum, Rhomboid, Rechteck, Schiefeck, Gleichseit, Ungleichseit etc. s. meinen Aufsatz (S. 349). Vgl. Zerlang II, 336.
2) Für das meist gebräuchliche „senkrecht“, das identisch ist mit „perpendikulär, lothrecht, vertikal“ dürfte sich empfehlen „winkelrecht“**), weil dieser Ausdruck für zwei Senkrechte

---

*) Siehe I, 272—79. 315. II, 111. 209. 211. 89—97. 516. 333—35. III, 19—23.
**) Ist ja auch die Wortumstellung von „rechtwinklig“. Denselben Vorschlag macht auch Kuhn in der obengen. Zeitschr.

in jeder Lage passt. Die andern Ausdrücke bezeichnen nur
die Rechtwinkligkeit auf der Horizontalen.*) Das von Baltzer gebrauchte normal halte ich mit Becker (II, 96) aus
demselben Grunde für nicht berechtigt.

3) Kleinere Vorschläge:
  a) Statt „Kreis beschreiben" oder gar „schlagen" zu sagen
  „Kreis ziehen". Es ist kürzer und analog dem „Linie
  ziehen".
  b) Der Ausdruck „betragen" statt „ist gleich" sollte beseitigt werden, weil er unmathematisch ist, also statt „Die
  Winkelsumme beträgt 2 R." ist zu sagen „Die Winkelsumme ist gleich 2 R."
  c) Statt „Verlängerung" zu sagen „Verlängerte" (nämlich
  Gerade, Linie). Verlängerung ist der Act des Verlängerns.
  d) St. „Grundlinie" genauer „Grundseite".
  e) Linienbündel (Streckenbündel) Ausdruck für zwei oder
  mehrere zusammenfallende Strecken z. B. beim Null- und
  Voll-Winkel.
  f) Zwei Strecken (Diagonalen) halbiren „sich", richtiger: „einander"!
  g) Ein Punkt (eine Strecke, Sehne) liegt im Winkel (vgl.
  Baltzer § 3. 5 und § 1. 5). Richtiger: in der Winkelöff-
  nung oder Winkelebene (Sektor).

4) Bezeichnungen:
  a) Der Winkel sollte bezeichnet werden mit $A\hat{O}B$ als concaver

$$A\check{O}B \text{ „ convexer}$$

  und demgemäss mit $A\bar{O}B$ „ gestreckter.
  b) Das Vieleck sollte consequent mit herumgehenden Buchstaben
  bezeichnet werden in ganz derselben Reihenfolge, wie man
  sich den Umfang durch einen Punkt erzeugt vorstellt; immer
  mit der Grundseite voran. Also $ABCD(A)$, d. i. $AB, BC,$
  CD, DA in Fig. 1, 2, 3.

Fig. 1.   Fig. 2.   Fig. 3.

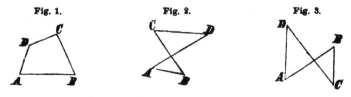

---

*) Astronomisch-geogr. aufgefasst bedeutet freilich lothrecht für
jeden Ort der Erde eine andre Richtung. Was für den Polbewohner lothrecht oder vertikal ist, das ist für den Aequatorumwohner horizontal,
(s. m. Bem. S. 125).

5) Die Reihenfolge der Quadranten in der Trigonometrie und analytischen (oder Coordinaten-) Geometrie ist nicht übereinstimmend. Der 1. Quadrant in der Trigonometrie ist in der Regel der 2. in der analytischen Geometrie. Es dürfte sich empfehlen, in beiden Fällen nach rechts herum zu zählen (s. Fig. 4).

Fig. 4.

6) Die Begriffe parallel und gleichgerichtet*) werden noch häufig identifizirt. Parallele Gerade können auch entgegengesetzte Richtung haben. (Reidt II, 211. Müller-Bauer Geom. Halle 1872. § 22. Baltzer § 2, 10 u. A.) Wäre nicht auch für „parallele“ Gerade der Ausdruck „ähnlichgerichtete“ statthaft? Die Gleichheit der Winkel begründet doch auch in einer geschlossenen Figur die Aehnlichkeit!

7) Die Begriffe Lage**) und Richtung werden noch häufig vermischt. Abgesehen von der nothwendigen Unterscheidung der absoluten und relativen Lage, möge nur Folgendes hier darüber bemerkt werden: Eine Strecke in ihrer Erzeugungsrichtung verschoben, ändert nur ihre Lage, d. h. sie geht durch andere Raumpunkte. Gedreht ändert sie Beides, Lage (mit Ausnahme des Drehpunktes) und Richtung.

Die sogenannte „separirte Tangentenformel“ und die Hilfswinkel.

(Bemerkungen von Mr. Hoüel, Prof. d. Math. zu Bordeaux, zu den Aufsätzen II, 421 und III, 144.)

1) Es giebt bekanntlich zwei Systeme von Formeln für die Berechnung der Elemente eines Dreiecks, welches durch zwei Seiten mit dem von ihnen eingeschlossenen Winkel gegeben ist, nämlich die Mollweide'schen Formeln

$$(1) \quad \begin{cases} (b-c) \cos \tfrac{1}{2} A = a \sin \tfrac{1}{2} (B-C), \\ (b+c) \sin \tfrac{1}{2} A = a \cos \tfrac{1}{2} (B-C), \end{cases}$$

und folgende, deren unmittelbare Folge die fragliche Tangentenformel ist,

$$(2) \quad \begin{cases} a \sin B = b \sin A \\ a \cos B = c - b \cos A \end{cases}$$

---

*) Ueber diesen, sowie überhaupt über den Begriff „Richtung“ wird in dieser Zeitschr. ein grösserer Aufsatz erscheinen.

**) Für „Lage“ sagt Becker (II, 94) „Stellung“. Auch in seinem neuen „Leitfaden für den Unterricht in der Geometrie“, Schaffhausen 1872, auf den ich hier vorläufig aufmerksam mache.

25*

nebst den ähnlichen aus der Vertauschung von B, b mit C, c sich ergebenden.

Nun darf ich es zunächst behaupten, dass nach meiner durch eine längere Praxis astronomischer Rechnungen gewonnenen Ueberzeugung die Auswahl zwischen diesen beiden Systemen für isolirte Rechnungsbeispiele eine ganz gleichgiltige Sache ist; für eine verlängerte Reihe mit einander verknüpfter Rechnungen hingegen ist das letztere System für den logarithmischen Calcul bei weitem vorzuziehen, während das erstere für Rechnungen mit Hilfe der Multiplicationstabelle oder der Rechenmaschine bedeutende Vortheile gewähren kann. Man wird dessen sich leicht versichern, indem man nur die Anzahl der in beiden Fällen nöthigen Aufschlagungen in der Tafel beobachtet.

2) Die sogenannten Hilfswinkel. Diese Winkel sind, wenigstens im vorliegenden Falle (s. d. Zeitschr. II, 423) für die Ermittelung des Logarithmus einer Summe oder Differenz von gar keinem Nutzen, und wenn sie auch die äussere Gestalt der Formel scheinbar vereinfachen, so erschweren sie wirklich die numerische Rechnung, weil sie den Gebrauch der trigonometrischen Tafeln erfordern, der viel beschwerlicher ist, als der der gemeinen Logarithmen und zwar ohne die Anzahl der Aufschlagungen irgendwie zu vermindern. Wenn man daher die Gauss'schen Additions- und Subtraktionslogarithmen nicht anwenden will, so kann man die gemeinen Logarithmen mit Hilfe der Transformation

$$\log (a \pm b) = \log a + \log \left(1 \pm \frac{b}{a}\right)$$

vortheilhaft benutzen. Für alle einfachen Rechnungen sind die Hilfswinkel ganz und gar aus den Lehrbüchern, gleichwie aus der Praxis zu verbannen.

Notiz über das Normalvierflach (Projectionsviereck).

Von A. Ziegler.

Auf die Wichtigkeit des Projectionsviereckes habe ich im 1. Bande dieser Zeitschrift Seite 494 aufmerksam gemacht. Jetzt scheint mir der kürzere Name Normalvierflach passender. Für den dort mitgetheilten 1. Satz habe ich nach vielen Versuchen die, wie mir scheint, beste Form gefunden:

Die Normalprojection eines Rechten, dessen einer

Schenkel auf der Tafel liegt, ist ein Rechter, und umgekehrt.*)

In dieser Form ist der Satz vieler Anwendungen und einer
Verallgemeinerung fähig, wobei „parallel" für „anliegend" zu
setzen ist.

Das Normalvierflach giebt alle Hauptsätze der Projectionslehre,
bildet den Schlüssel zur sphärischen Trigonometrie, und dient zur
denkbar einfachsten Kubatur und Schwerpunktsbestimmung für viele
Rotationskörper.

Bezüglich dieser neugefundenen Anwendungen verweise ich
auf meine „Fundamente der Stereometrie" München 1872,
Lindauer'sche Buchhandlung.

In meinen „Thesen" steht durch einen Druckfehler das Wort
„dialektisch" anstatt „didaktisch".

---

*) S. des Verf. unten citirtes Buch S. 8.

Literarische Berichte.

BECKER, J. C., Abhandlungen aus dem Grenzgebiete der Mathematik und Philosophie. II. (Fortsetzung von S. 281. Heft 3.)

in Verbindung mit:

ROSANES, J. Dr., Ueber die neuesten Untersuchungen in Betreff unsrer Anschauung vom Raume. (Ein Vortrag gehalten zur Habilitation an der Universität Breslau.) Breslau 1871.

In der 2. Abhandlung „die Axiome der Geometrie" (S. 16 bis 26) geht Verfasser aus von der Schrift Riemann's „über die Hypothesen, welche der Geometrie zu Grunde liegen."*) Dieser Gelehrte wollte nämlich durch die genannte Abhandlung die Dunkelheit erhellen, welche darin liegt, dass die Euklid'sche Elementargeometrie immer nur „Nominaldefinitionen giebt, während die wesentlichen Bestimmungen in Form von Axiomen auftreten, von denen man weder einsieht, ob und wie weit ihre Verbindung mit den Begriffen der Geometrie nothwendig, noch *a priori*, ob sie möglich sei."**) Obgleich nun Riemann selbst in seiner Darstellung sich sehr dunkel ausdrücke,***)

---

*) Göttingen 1868. Aus Bd. XIII der k. Gesellsch. d. W. zu Gött. herausgegeben von Dedekind.
**) Vergl. den Anfang der cit. Abhandlung.
***) Der Verf. charakterisirt die Riemann'sche Darstellung treffend, wie folgt (S. 17): „Was den Weg anbetrifft, wie er (Riemann) dazu gelangt, so muss ich gestehen, dass ich, gewohnt, mit jedem Worte einen klaren Begriff zu verbinden, und nur solche Begriffe passiren zu lassen, die durch irgend eine Anschauung, aus der sie abgezogen sind, sich als solche gehörig legitimiren können, nur mit der grössten Mühe und wahrer Selbstüberwindung eine Strecke weit gefolgt bin, dann aber fand, dass entweder das Licht, das mir jene Dunkelheit erhellen sollte, mich vollkommen geblendet habe, oder ich in eine noch grössere Dunkelheit gerathen sei, wie es bisweilen geschehen soll, wenn man einem Irrlichte nachläuft."

so komme er wenigstens zu dem richtigen aber keineswegs neuen Resultate, „dass die Sätze der Geometrie sich nicht aus allgemeinen Grössenbegriffen ableiten lassen." Denn z. B. aus dem blossen Begriff „Gerade" und „Punkt" lasse sich nicht der Satz ableiten: „zwei Gerade schneiden sich in nur einem Punkte" ebensowenig wie die nackten Begriffe „Gerade" und „Kreis" zu dem Satze führen: Eine Gerade hat mit dem Kreis entweder zwei Punkte oder einen oder keinen gemeinsam. Wenn R. aber behaupte, dass die Mathematik, soweit sie sich nicht auf Axiome stütze, eine Wissenschaft aus reinen Grössenbegriffen sei, so irre er. Denn schon Kant habe gezeigt, dass die Mathematik eine Wissenschaft aus der Construction der Begriffe sei, d. h. eine solche, die dadurch über den in der Definition gegebenen Begriffsinhalt hinausgehe, dass sie vermittelst ihrer Construction die unmittelbare Anschauung zu Hilfe nimmt. Verf. erläutert dies (S. 18) durch Kant's eigene Worte über die Construction des Begriffs Triangel. Aus dem nackten Begriff „Triangel" lässt sich z. B. nicht das Gesetz von der constanten Winkelsumme eines Triangels ableiten.

Alles dies gelte auch für die allgemeine Arithmetik. Hier sei die Erkenntniss zwar scheinbar discursiv, in der That aber intuitiv. Hier würden die Figuren durch Zahlzeichen vertreten und das sei auch in der Functionenlehre Riemann's nicht anders. Alle Sätze stützten sich in letzter Instanz auf anschauliche (durch Anschauung erkannte und geklärte) Axiome.

Unter „Wissenschaft aus reinen Grössenbegriffen" habe Riemann wol eine Wissenschaft gemeint, die „nur mit reinen Grössenbegriffen d. i. mit Zahlen operire." Die Geometrie sei vielmehr schon eine angewandte Grössenlehre. Der Nachweis Riemann's, „dass die Sätze der Geometrie sich nicht aus allgemeinen Grössenbegriffen ableiten lassen" berechtige nicht zu der Behauptung, dass diejenigen Eigenschaften, durch welche sich der Raum von andern denkbaren dreifach ausgedehnten Grössen unterscheide, nur aus der Erfahrung entnommen werden könnten, und dass die Thatsachen, welche Euklid in Form von Axiomen ausgesprochen habe, wie alle Thatsachen nicht nothwendig, sondern nur von empirischer Gewissheit, nur Hypothesen seien. Dies seien Meinungen, welche schon Kant (dessen Lehre man mit Unrecht als überwundenen Standpunkt betrachte) durch den Beweis von der *a priori*'schen Erkenntniss des Raumes widerlegt habe. Die Frage nach dem Realgrunde des Raumes aber, d. h. nach einer Ursache, welche bewirke, dass der Raum nur drei Dimensionen habe, sei ebenso unvernünftig, als jene, warum sich zwei Gerade in nur einem Punkte schneiden.

Kurz: Riemann unterscheide nur Erkenntniss aus (allgemeinen)

Begriffen und aus Erfahrung, er anerkenne nur als wahr, was
sich entweder durch Schliessen beweisen oder durch Erfahrung
nachweisen lasse; er kenne aber nicht die Mittelstufe: Erkenntniss
a priori, d. h. unmittelbar durch Anschauung sich uns aufdrängende,
zwingende (unwiderstehlich-nothwendige) Erkenntniss ohne Zuhilfe-
nahme der Erfahrung. Da sich nun unter den Axiomen auch einige
finden, welche die Grenzen möglicher Erfahrung überschreiten (z. B.
der Raum ist unbegrenzt, und endlos theilbar), so erkläre er diese
für Hypothesen, was ihm nicht hätte in den Sinn kommen können, wenn er wesentliche Eigenschaften des Raumes nicht übergangen hätte, z. B. „dass es unmöglich ist zu denken, dass
kein Raum sei, gewesen sei oder sein werde und dass es
unmöglich ist, eine Begrenzung im Raume zu denken, ohne
auf beiden Seiten wieder Raum vorauszusetzen." Er hätte
vielmehr, sagt Verf., fragen müssen (S. 25): „Wie ist es möglich, dass wir etwas mit so grosser Bestimmtheit wissen
können, das weder aus den Begriffen sich ableiten lässt,
von denen es handelt, noch aus irgend einer Erfahrung
entnommen sein kann? Die Antwort hierauf hätte er bei Kant
gefunden, dessen hierher gehörige Hauptstelle Verf. (S. 25) anführt,
und deren Schluss, weil er charakteristisch für Kant's Ansicht über
Raum und Zeit ist, auch hier folgen möge:
    „Es ist also unzweifelhaft gewiss und nicht blos möglich, oder
auch wahrscheinlich, dass Raum und Zeit, als die nothwendigen
Bedingungen aller (äussern und innern) Erfahrung, blos subje.c-
tive Bedingungen aller unserer Anschauung sind, im Verhältniss auf welche daher alle Gegenstände blosse Erscheinungen und nicht für sich in dieser Art gegebene Dinge sind, von
denen sich auch um deswillen, was die Form derselben betrifft,
Vieles *a priori* sagen lässt, niemals aber das Mindeste von
dem Dinge an sich selbst, das diesen Erscheinungen zu Grunde
liegen mag."
    Referent, welcher seinem (schon im 1. Theile dieser Besprechung
S. 279—281 niedergelegten) philosophischen Glaubensbekenntniss
nach ein *a priori* in der Raumwissenschaft nicht anerkennt, daher dieselbe auch zu den Naturwissenschaften zählt, ist nicht geneigt, die
Riemann'sche Ansicht über die Hypothesen der Geometrie ohne
Weiteres über Bord zu werfen. Denn alle sogenannte *a priori*'sche
Erkenntniss — soweit sie nicht auf dem logischen Satze des Widerspruchs beruht — ist strenggenommen in letzter Instanz doch nur
Erkenntniss *a posteriori*. Es ist richtig, eine *a priori* erkannte geometrische Grundwahrheit z. B. „zwei Gerade schneiden sich in nur
einem Punkte" scheint unserer inneren Anschauung (Intuition)
in sich so klar und so nothwendig, dass uns der Eindruck kommt,
diese Erkenntniss sei ohne alle Erfahrung möglich, ja dass sie

nicht einmal der Bestätigung durch Erfahrung (Verification) bedürfe, wie etwa ein durch Rechnung gefundenes physikalisches Gesetz. Dies ist jedoch Täuschung. Bei strengerer Prüfung erkennt man leicht, dass die Erkenntniss jener Wahrheit doch erst durch Erfahrung eingeleitet und schliesslich begründet worden ist. Denn die Erkenntniss der wesentlichsten Eigenschaften des Raumes (Ausdehnung, Ausfüllbarkeit, Theilbarkeit,*) Unbewegbarkeit, Ermöglichung der Bewegung des Raumerfüllenden) liegen nicht im menschlichen Geiste als „angeborene Ideen," sondern kommen ihm bei seiner Entwicklung erst allmählig zum Bewusstsein.**) Ein als blind Geborner, dem überdies die Fähigkeit sich zu bewegen, abginge, würde gewiss nicht eine Vorstellung vom Raume haben und Geometrie treiben können. Jeder Anfänger in dieser Wissenschaft wird zwar scheinbar rasch, doch immer noch allmählig genug, zu der Erkenntniss gelangen, dass obiger Satz vom Durchschnitt zweier Geraden unumstösslich wahr sei. Denn lange vorher haben bei der Entwicklung seiner Raumanschauungen unzählige sich bewegende geradlinige Gegenstände diese Wahrheit in ihm instinctiv angeregt und durch unablässig wiederholte Bilder in der Intuition unumstösslich befestigt. Er mochte zwei geradlinige Gegenstände in einer Ebene (etwa zwei feine Fäden) drehen und wenden, wie er wollte, immer fand er, dass ausser dem Parallelismus nur zwei Fälle möglich sind, entweder sie schneiden sich (gehörig verlängert), haben also nur einen Punkt gemeinsam oder sie fallen zusammen, *tertium non datur*.***) Dasselbe findet er für die idealen Bilder der die Geraden darstellenden Objecte d. i. für die mathematischen Linien, aber nicht etwa vor der Erfahrung.

Zur Auffindung des empirischen Satzes „an jedem Punkte der Erdoberfläche wirkt die Schwere" bedurfte es freilich vieler Beobachtungen und Versuche an unzählig vielen Punkten der Erde; bislang fand noch Niemand einen Punkt, wo die Schwere nicht wirkte. Dieser Satz ist also, abgesehen von anderer Begründung, ein Erfahrungssatz von allgemeiner Giltigkeit. Nicht anders ist's aber im Grunde mit unserem geometrischen Satze. So viele Menschen, so oft sie und an welchem Orte des Raumes sie auch zwei geradlinige Gegenstände bewegten oder die Bilder der Geraden (der mathem. Linien) in der Vorstellung sich bewegen liessen, so hat

---

*) Nicht zu verwechseln mit Trennbarkeit, d. h. die Möglichkeit, die Theile auseinanderzuschieben, wodurch eine Lücke entstünde.
**) Vgl. die Besprechung der 1. Abhandlung.
***) Man müsste denn die Gerade als Theil eines unermesslich grossen Hauptkreises der Kugel ansehen, dann erhielte man zwei Schnittpunkte (die Pole), aber diese Anschauung gehört nicht in die Elementar- und auch nicht in die sog. Euklid'sche Geometrie.

bis heute noch kein einziger behauptet, gefunden zu haben, dass zwéi Gerade sich in zwei Punkten schneiden könnten. Und warum? Weil der subjective (ideale) Raum nur Abbild des objectiven Raumes ist, und weil, was im objectiven Raume unmöglich ist, im subjectiven nicht möglich sein kann! Mag man das Produkt der innigen Verbindung oder der gegenseitigen Befruchtung einer stetigen Induction mit den Denkgesetzen und besonders mit dem logischen Satze des Widerspruchs „Erkenntniss *a priori*" nennen, — immer ist ＿und bleibt doch diese Erkenntniss in letzter Instanz empirischer Natur.

Freilich aus den blossen Begriffen „Gerade" und „zwei" kann, wie Kant richtig bemerkt, obiger Satz nicht entwickelt werden. Aber zu dieser Bemerkung bedurfte es wahrlich Kant'schen Scharfsinnes nicht.

Wer wird auch aus blossen Begriffen, besonders wenn sie inhaltsarm sind, neue Wahrheiten erzeugen wollen, wenn er nicht ihren Inhalt so zu sagen sich gegenseitig befruchten lässt. Dies wäre ein erfolgloses Abmühen, und das gilt ganz besonders für die Raumwissenschaft. Auch die blose „unmittelbare Anschauung" genügt nicht, denn die Anschauung ist passiv. Ein vernünftiger Denkprozess wird nicht den Begriff „gerade" und jenen ganz abstracten und leeren Begriff „zwei" formell verknüpfen, oder auch zwei Gerade in ihrer festen und starren Lage in derselben Ebene anschaulich sich vorstellen; das reicht nicht aus! Vielmehr muss er mittelst der Eigenschaften des Raumes und hier besonders mittelst der Ermöglichung der Bewegung die Geraden beleben d. h. sie fortschreitend und drehend bewegen und so erst wird der reflectirende Verstand im steten Hinblick darauf, dass es auch im objectiven Raume nicht anders sein kann, jene unumstössliche geometrische Wahrheit erkennen, nämlich dass zwei Gerade entweder nur in einem Punkte sich schneiden oder sich decken und dass es schlechterdings eine dritte Möglichkeit des (auch nur theilweisen) Zusammenfallens nicht giebt. Aehnlich aber ist es mit allen Axiomen.

Weil nun aber einige derselben über alle Erfahrung hinausgehen, so fordert schon die Vorsicht, dieselben nicht für unumstösslich fest zu halten. So sind z. B. die Axiome „der Raum ist unbegrenzt (also auch unendlich)" und „der Raum ist endlos theilbar" gar nicht „das Gewisseste, was wir wissen." Die Unbegrenztheit des Raumes ist nicht nur für den menschlichen Geist unfassbar, weil sie eine endlose Geistesthätigkeit verlangt, sondern lässt sich auch durch Nichts evident erweisen, sie ist nur wahrscheinlich, sie ist in der That eine Hypothese. Sie besitzt zwar (s. Riemann a. a. O. S. 16) „grössere empirische Gewissheit, als irgend eine äussere Erfahrung. Hieraus folgt aber die Unendlichkeit keineswegs" etc.*) Es ist wahr, eine Begrenzung im Raume zu denken, ohne auf beiden Seiten Raum vorauszusetzen, ist unmöglich und deshalb finden wir allerdings in der Vorstellung eine Grenze des Raumes nicht. Dies gilt aber nur für den subjectiven (idealen) Raum. Da aber dieser subjective Raum nur das psychische Abbild des objectiven Raumes und zwar des uns umgebenden Weltenraumes ist, dessen doch immerhin mögliche Grenze bis jetzt menschlicher Erfahrung unzugänglich war, so begeht derjenige, welcher die Unbegrenztheit des Raumes annimmt, den Fehler, eine Eigenschaft des Weltsnraumes auf den unserer Beobachtung unzugänglichen und also unbekannten Raum jenseits des Weltenraumes zu übertragen. Und wenn daher Jemand eine Grenze des Weltenraumes und über diese Grenze hinaus eine andere von diesem Weltenraume verschiedene aber vom menschlichen Geiste, der ja im Elemente des Weltenraumes „lebt und webt", unfassbare Grundexistenz, welcher er mehr als drei Dimensionen beilegt, annimmt, so haben wir kein Mittel, einen solchen des Irrthums zu überführen.

Wenn er aber aus dem Raume von drei Dimensionen (dem Weltenraume) heraus in das unbekannte Gebiet jenes hypothetischen Raumes von n Dimensionen sich begiebt, um Euklid's Geometrie zu treiben, die doch nur möglich ist im Raume von drei Dimensionen, so begeht er denselben Fehler, wie einer, der, um zu fischen, sein Netz ins Feuer wirft.

Ebenso wenig ist nach des Ref. Ansicht nachweisbar, dass der Raum endlos theilbar sei; dies scheint ihm ebenfalls Hypothese zu sein, und wenn Riemann (S. 17) vermuthet, dass das dem Raume zu Grunde Liegende eine discrete Mannichfaltigkeit bilde, so

---

*) Dieser Unterschied zwischen Unbegrenztheit und Unendlichkeit ist zu subtil, als dass er ohne Erklärung verständlich wäre. Uns scheint Unbegrenztheit den Mangel einer räumlichen Grenze, Unendlichkeit aber den Mangel einer zeitlichen zu bezeichnen. So sagt auch Herbart (Werke Bd. I. § 121. Anm.): „Unendlichkeit ist ein Prädikat für Gedankendinge, mit deren Construction wir niemals fertig werden." Doch scheint unter „Unbegrenztheit" nur verstanden zu sein die „menschlicher Erkenntniss zukommende U." nicht die „absolute". So sagt z. B. F. Klein in einem Aufsatz „über die Nicht-Euklidische Geometrie" (Nachr. v. d. Gött. k. Ges. d. Wissensch. 1871. S. 419. Vgl. Mathem. Annalen von Clebsch-Neumann 1871. S. 546.), auf den wir unsere Leser aufmerksam machen: „In Riemann's Schrift ist darauf hingewiesen, wie die Unbegrenztheit des Raumes nicht auch nothwendig dessen Unendlichkeit mit sich führt. Es wäre vielmehr denkbar und würde unserer Anschauung, die sich immer nur auf einen endlichen Theil des Raumes bezieht, nicht widersprechen, dass der Raum endlich wäre und in sich zurückkehrte." — Dann würde der Raum also etwa die Gestalt eines Ringes oder einer Wurst haben, welche auch stellenweise eingeschnürt sein könnte, so dass die Bewohner dieser Einschnürstellen so glücklich wären, dem Raume von n Dimensionen näher zu sein und ihn möglicherweise zu erforschen.

dürfte er vielleicht an Raumatome gedacht haben. Alles in Allem scheinen dem Ref. hier noch Probleme verborgen zu liegen, deren Lösung unser „von tiefster Nacht umgrenzte und von keiner Fackel zu erhellende Horizont" vereiteln dürfte.

Dagegen haben jene Eigenschaften des Raumes, welche sein Wesen ausmachen und ohne die er undenkbar ist, als feststehende Axiome bleibende Giltigkeit, z. B. der Raum ist ausgedehnt und unbewegbar (er ermöglicht erst die Bewegung), der Raum ist stetig (lückenlos). Eine Lücke im Raume müsste sofort eine andere Grundexistenz zeigen. Diese Axiome greift aber Riemann in seiner Abhandlung gar nicht an.

In enger Beziehung zu dem Gegenstande dieser Abhandlung steht die oben angezeigte Schrift von Rosanes und dürfte für eine kurze Besprechung derselben hier der passendste Ort sein.

Nach einem Ueberblick über den gewaltigen Fortschritt von der alten zu neueren Geometrie und von der *a priori*'schen Raumtheorie Kant's zur empiristischen der neueren Physiker (Gauss, Helmholtz) findet der Verfasser einen leichten Uebergang zum 11. Axiom Euklid's, einem Satze, den zwar noch Niemand für falsch auszugeben wagte, den man aber trotz der scharfsinnigen Bemühungen einiger Mathematiker (z. B. Legendre's) nicht zu „beweisen" vermochte. Hieraus schon ist der Standpunkt des Verf. und seiner Partei zu erkennen. Wer ein Axiom (Postulat) der Raumwissenschaft „beweisen" will, glaubt nicht mehr an seine unmittelbare Wahrheit und an seine lautere und reine Quelle innerer Anschauung (Intuition). Eben weil es Axiom ist, braucht und verlangt es nicht bewiesen zu werden! Trotz der scheinbaren Unmöglichkeit, das Axiom zu beweisen, war doch jeder neue Satz eine Verification desselben und „die Wahrscheinlichkeit für seine Richtigkeit durfte stärker angenommen werden, als für irgend eine aus der Erfahrung angenommene Thatsache." Aber wer da glauben wollte, dass diese Verification einen unbedingten Schluss auf die Wahrheit des Postulats gestatte, der würde sehr irren. Denn zwei Männer Bolyai und Lobatschewsky fanden in Uebereinstimmung mit Gaussens älterer Ansicht die imaginaire oder Pangeometrie (auch Nicht-Euklid'sche G. genannt), nach welcher die Hohlwinkelsumme eines Dreiecks auch kleiner als 180^0 (z. B. 100^0, ja sogar 0^0) angenommen werden darf und welche erlaubt, zu einer Geraden durch einen Punkt zwei Parallelen zu ziehen. Diese anfangs wenig beachtete Entdeckung wurde erst von Riemann und Helmholtz wieder zu Ehren gebracht. „Mit äusserster Consequenz behandelt diesen Gegenstand Riemann von der abstractesten Seite und zwingt uns zur Bewunderung der grossen Sicherheit, mit der er sich vor den Schranken der Anschauung frei zu machen weiss." Hierauf werden die Gegner der neuen Lehre, die, wie Bertrand in Vorurtheilen befangen, sich auf die allgemeine Evidenz berufen, scharf getadelt. Das Resultat ist schliesslich — das Axiom bleibt zweifelhaft. Diese bisher mehr geschichtliche Darstellung beschliesst ein Klage-lied (S. 12): „So wurden die Forschungen ignorirt, die einen neuen Standpunkt einnehmen gelehrt hatten, und man beharrte dabei, als sichere Ergebnisse aus 'der Anschauung Behauptungen hinzustellen, über welche eine strengere Kritik andere Urtheile gefällt hatte."

Nun aber schickt sich der Verf. an, Riemann's Lehre zu erklären. Die Hauptaufgabe einer solchen Erklärung ist nun offenbar für jeden, der die Riemann'sche Lehre verbreiten will, den dunklen Punkt der-selben, den abstracten Begriff einer „mehrfach ausgedehnten Man-nichfaltigkeit," wovon der Raum nur ein specieller Fall sein soll, aufzuhellen. Denn, ist doch schon „Mannichfaltigkeit" ein ziem-lich abstracter Begriff, wie viel mehr muss es eine „ausgedehnte M." und noch weit mehr eine „mehrfach ausgedehnte M." sein! Verf. sucht nun allerdings nach Riemann zu erläutern, was derselbe unter einer mehrfach ausgedehnten Mannichfaltigkeit verstanden wissen wolle (in der das Einzelne — das Element der Mannichfaltigkeit — einer mehrfachen „Bestimmungsart" fähig ist). Er erläutert dies durch Punkt und Linie, wobei aber der ziemlich vieldeutige Ausdruck „Bestimmungsart" unklar bleibt. Er fügt aber sogleich warnend hinzu, man solle sich durch das „ausgedehnt" ja nicht verleiten lassen, immer an Gegenstände der Anschauung zu denken, vielmehr sei die äusserste Abstraction von der letzten die Hauptsache bei der allgemeinen Untersuchung. Der wissbegierige Leser fragt nun offenbar „woran soll ich denn denken? Mit a. W.: welches sind denn die andern Spezies der Gattung „mehrfach ausgedehnte Man-nichfaltigkeit" (oder des Raumes von n Dimensionen)? Hier aber lässt uns sowohl der Apostel wie der Meister im Stich. Dass dies der Meister thut, darf uns nicht befremden. Denn es ist ein Privi-legium grosser Gelehrter, in einer dunkeln Sprache zu sprechen, um somehr, wenn sie vor einer Akademie der Wissenschaften reden und nicht alle haben auf dieses Privilegium verzichtet. Wohl aber durfte man vom Apostel erwarten, dass er die Lehre des Meisters in einer den Gebildeten verständlichen immerhin wissenschaftlichen Sprache erkläre und erläutere. Kurz: Sie nennen uns die andere Spezies nicht! Das aber ist eben der dunkle Punkt, der aufzuhellen war. Denn ein Begriff wird erst klar und deutlich, wenn sein In-halt und Umfang vollständig dargelegt wird und eine Abstraction wird erst möglich, wenn die concreten Fälle vollständig vorliegen. Wir wissen bis jetzt also nur soviel: unser Raum ist eine Spezies eines höheren Genus, aber dieses Genus ist unklar, unfassbar, dun-kel, ein x. In der That, hier wäre, fiel er nicht gar zu trivial aus, ein zwerchfellerschütternder Vergleich am Platze.

Wenn nun aber auch die Sehnsucht, die „mehrfach (*n* fach) ausgedehnte Mannichfaltigkeit" kennen zu lernen, nicht gestillt wurde, so begnügt sich der Leser vielleicht mit einer Abschlagszahlung, wenn er wenigstens erführt, welches denn die andern Spezies der dreifach ausgedehnten Mannichfaltigkeit, neben dem Raume, seien? Denn unser Raum wird zu dem, was er ist, erst dadurch, dass sein Krümmungsmass in jedem Punkte constant und zwar = 0 d. h. dass er krümmungslos ist. Wäre dies nicht, dann würden der Raum und (wol auch) die Raumgrössen Eigenschaften haben, die von denen, die wir durch unsere Erfahrung und Anschauung kennen, ganz verschieden sind.*) Diese Eigenschaften der andern Raumspezies nun zu beschreiben, die Spezies so zu charakterisiren, dass jeder von diesem anderen „Raume" (od. den Raumarten), sowie von der Nothwendigkeit seiner Existenz auf Grund gegebener Bedingungen einen klaren und deutlichen Begriff erhält, — das wäre Aufgabe des Commentators gewesen, deren würdige Lösung ihm den Dank der Hörer und Leser eingetragen hätte. Statt dessen sagt der Verf. nur (S. 14), eine andere dreifach ausgedehnte Grösse als den Raum besässen wir in unserer Anschauung nicht, und seien daher stets geneigt, seinen Eigenschaften eine grössere ihnen nicht zukommende Allgemeinheit zuzuschreiben. Diese Thatsache aber musste um so mehr Bestimmungsgrund sein, die andern Raumarten zu charakterisiren. Hiernach darf man wohl behaupten, dass die Schrift von Rosanes ihren Zweck nicht erreicht und den Leser unbefriedigt lässt.

Jeder, welcher es über sich gewinnt, den Commentar von Rosanes neben der Riemann'schen Originalschrift durchzulesen, dürfte, scheint uns, den Eindruck gewinnen, dass hier die mathematische Speculation auf die Spitze getrieben wird. Was auf der Spitze steht, bricht aber leicht ab und fällt um. Eine Speculation, die nur aus allgemeinen Begriffen Resultate ernten will, ist krankhaft und muss resultatlos sein, wie uns hinreichend die Geschichte der (neuen) Philosophie gelehrt hat. Der an der Grenzscheide der Mathematik und Philosophie stehende speculative Denker mag es für möglich oder wahrscheinlich halten, dass der Raum begrenzt und dass es jenseit dieser Grenzen eine andere Grundexistenz (einen anderen Raum) geben könne, der von dem uns umgebenden völlig verschieden ist und in den vielleicht der unsrige unter gegebenen Bedingungen sofort sich verwandeln könne, aber so lange er von seinem weit vorgeschobenen Beobachtungs- und Speculationsposten uns nicht sichere Kunde und überzeugungsfähige Beweise bringt, dass dort der Boden sicher sei und wir ihm getrost folgen dürfen, so lange wird er trotz geharnischter Zurufe wenigstens die Besonnenen nicht bewegen, ihre sichere Stätte mit einer unsichern zu vertauschen.

---

*) Vgl. oben Anm. S. 385.

Ein Rückblick auf unsern ursprünglichen Gegenstand, die Abhandlung Beckers, verpflichtet uns, dem Verf. das Verdienst zuzuerkennen, auf die Hauptquelle geometrischen Erkennens, die innere Anschauung (Intuition) mit Nachdruck hingewiesen zu haben. S. E.

GANDTNER, Dr. J. O., und JUNGHANS, Dr. K. F., Sammlung von Lehrsätzen und Aufgaben aus der Planimetrie. Für den Schulgebrauch sachlich und methodisch geordnet und mit Hilfsmitteln zur Bearbeitung versehen. Erster Theil. III. Aufl. 1871. Zweiter Theil. II. Aufl. 1870.

I.

Wenn Referent es unternimmt, die Gandtner-Junghans'sche Sammlung im Folgenden einer eingehenden Besprechung zu unterziehen, so geschieht dies einmal, weil ihm dieselbe durch ihre grosse Reichhaltigkeit, sowie den Fleiss und die Gelehrsamkeit ihrer Verfasser eine solche vor vielen andern zu verdienen scheint, sodann, weil er zur Verbesserung des Buches Einiges beitragen zu können hofft, und endlich besonders auch, weil er bei dieser Gelegenheit dem Leserkreis dieser Zeitschrift einige Desiderien vorlegen möchte, die nach seiner Ansicht eine dem heutigen Stand der Wissenschaft entsprechende und zugleich als Schulbuch vollkommen brauchbare Sammlung erfüllen müsste. Damit soll natürlich die, ohnedies anerkannte, bedeutende relative Brauchbarkeit des besprochenen Buches nicht in Abrede gestellt sein, dem Ref. vielmehr selbst Manches zu verdanken zum Voraus bekennt.

Dabei denkt sich Ref. das in zweiter Auflage erschienene und sehr verbreitete Buch in den Händen des Lesers und unterlässt deshalb die sonst übliche allgemeine Angabe des Inhalts und der Eintheilung. Ausdrücklich verdient hervorgehoben zu werden, dass die Ausstattung des Buches im Verhältniss zu dem geringen Preis eine vortreffliche ist, und dass Druckfehler sehr selten vorkommen.

Auch soll sich die folgende Besprechung auf die rein geometrischen Abschnitte des Buches beschränken, und daher die Schlussabschnitte beider Theile, welche Berechnungsaufgaben enthalten, nicht berücksichtigen. Die Verfasser sind der Ansicht, „dass auf der oberen Unterrichtsstufe die rechnende Behandlung der Raumgrössen in den Vordergrund tritt," und deshalb sind namentlich dem zweiten Theil eine grössere Anzahl von Berechnungsaufgaben beigegeben. Man kann sich damit einverstanden erklären und dennoch wünschen, dass die Constructionsaufgaben des vierten Abschnitts im zweiten Theile sämmtlich auch in dem rein geometrischen Theil wären behandelt worden, was mit einigen sehr interessanten z. B. 1032, 1049, 1072 nicht geschehen ist.

Doch das ist von untergeordneter Bedeutung. Weit richtiger erscheint uns ein anderes, dass nämlich, was zur geometrischen Behandlung vorgelegt ist, nun auch rein geometrisch behandelt werde, eine Forderung, der namentlich in Bezug auf schwierigere Lehrsätze und Aufgaben kaum in einer der bisherigen Sammlungen recht genügt ist. Und wenn diese Behauptung vielleicht etwas Auffallendes hat, so können wir, selbst auf die Gefahr als Ketzer zu erscheinen, nicht umhin, dieselbe sofort durch die noch auffallendere zu überbieten, dass wahrhaft geometrische Behandlung und Behandlung nach der Methode der Alten keineswegs durchaus identisch sind.

Die alten Geometer, um in dem unendlichen Chaos geometrischer Aufgaben sich zurecht zu finden und für die Auflösung der schwierigeren Probleme sichere Handhaben zu gewinnen, sahen sich, beim Mangel einer Algebra und Trigonometrie hingewiesen auf die Ausbildung der Lehre von den Daten und geometrischen Oertern, aber namentlich auf die Auflösung gewisser umfassender Normalaufgaben, auf welche sich viele andere zurückführen liessen. Die Constructionen solcher Aufgaben, wie sie z. B. in einigen Schriften des Apollonius, besonders in der *de sectione determinata* gegeben waren, treten bei ihnen an die Stelle der Auflösung complicirterer algebraischer Gleichungen des zweiten Grades; und auf sie wurden wol schon von den Alten, und wurden jedenfalls von denjenigen der Neueren, die den Alten auf diesen Bahnen nachgefolgt sind, viele schwierigere geometrische Aufgaben der verschiedensten Arten zurückgeführt. Zahlreiche Belege hierfür bieten z. B. die Sammlungen von Diesterweg (Berlin 1825, Elberfeld 1828), wo sich auch Behandlungen einzelner Aufgaben von Pascal, Fermat, Simson finden, die, wenn auch nicht mit ausdrücklicher Beziehung auf Appóllonius, doch in ähnlichem Geiste gehalten sind. Eine solche Disterweg'sche Lösung mag als Beispiel dienen. Die Aufgabe ist: „ein Dreieck aus einem Winkel, der Summe der einschliessenden Seiten a und der Summe der dritten Seite und der zugehörigen Höhe s zu construiren." Analysis: „Bezeichnet man die Grundlinie mit x, also die Höhe mit $s — x$, so ist vermöge Dat. 76*) das Verhältniss $a^2 — x^2 : \frac{1}{2} x (s — x)$, also auch $a^2 — x^2 : x (s — x)$, d. i. $AX \cdot XC : BX \cdot XD$, gegeben, wenn $AB = BC = a$, $BX = x$, $BD = s$ gesetzt wird; also lässt sich, vermöge *Apoll. de sect. det.* II, 1 der Punkt X, somit BX und das Dreieck finden."

Dass eine solche Behandlung, auch abgesehen von der Bezeichnung der gesuchten Grundlinie durch x, höchstens zur Hälfte geometrisch, und reichlich zur Hälfte rechnend genannt werden muss, wird wohl nicht bestritten werden können. Construiren wir nach der hier gegebenen Anweisung das Dreieck, so können wir allerdings dann an der Figur demonstriren, dass sie die verlangten Stücke

---

*) Euklid's Data, verbessert von Simson, übersetzt von Schwab. Stuttgart 1780.

habe; aber über den eigentlichen räumlichen Zusammenhang zwischen Gegebenem und Gesuchtem erfahren wir so gut wie nichts, nicht mehr als wir auch aus einer Lösung nach trigonometrischer Analysis entnehmen könnten.

Als bahnbrechend in durchgreifender und grossentheils ächt geometrischer Behandlung des elementarplanimetrischen Uebungs-stoffes, zunächst hauptsächlich der Aufgabe, ist wol für Deutschland vor andern die „Geometrische Analysis" von v. Holleben und Ger-wien (Berlin 1831/2) zu bezeichnen, ein Werk, das zwar, vielleicht zum Theil wegen seines Umfanges und der Unbequemlichkeit seiner Einrichtung, nicht genugsam bekannt geworden ist, das aber noch immer bedeutenden Werth besitzt, und über das die seitherigen Leistungen auf diesem Gebiet, soweit sie dem Ref. bekannt, nicht wesentlich hinausgekommen sind, wie denn einzelnes Mangelhafte darin noch immer von vielen Sammlungen fortgeführt wird.[*] Bei der Grösse der Aufgabe freilich, welche die Verfasser sich gestellt und zum ersten Mal in diesem Umfang zu bewältigen hatten, war kaum zu erwarten, dass auch überall die einfachsten Lösungen von ihnen aufgefunden würden; wie denn in der That wohl über die Hälfte ihrer schwierigeren Aufgaben noch bessere Constructionen zulassen. Allein es war auch die vollkommene Ausfeilung weniger die Sache der Lehrbücher selbst, als die ihrer Nachfolger. Wohl aber ist nun hervorzuheben, dass auch hier bei schwierigeren, namentlich örtlichen Aufgaben eine Methode häufig zur Anwendung kommt, die im Grunde auch als halb rechnend zu bezeichnen ist. Wenn man nämlich zur Auflösung solcher Aufgaben vorzugsweise mit mehr oder weniger passenden Parallelen operirt, die man zu gegebenen Geraden durch gegebene Punkte zieht, dann die sich auf diese Art ergebenden Proportionen nach den bekannten Sätzen umgestaltet und zusammensetzt, bis man endlich auf eine 4. oder mittlere Proportionale kommt, oder auf zwei Strecken, deren Rechteck und Summe oder Differenz gegeben ist; so ist das im Grunde auch ein Rechnen, das sich vom algebraisch-trigonometrischen hauptsächlich nur durch den geringeren Grad seiner Sicherheit unterscheidet, und das, nicht immer aber doch häufig, von dem wahren räumlichen Zusammenhang der betrachteten geometrischen Gebilde abführt.

Als Beispiel wählen wir, um damit wieder auf das zu be-sprechende Buch zurückzukommen, vorläufig eine Gruppe von Aufgaben in Theil II, 137, 138, 140. Ein Winkel BAC und ein

---

[*] So z. B. in Nr. 601, wo bei der Construction des Ortes für die Punkte, von denen aus an zwei Kreise Tangenten von gegebenem Verhältniss gehen, der Fall übersehen ist, wo ein Kreis den andern einschliesst; verglichen mit Gandtner und Junghans, II, S. 141, O. 10. Nagel, geometrische Analysis p. 224 ff. Lieber, Geometr. Constructionsaufgaben p. 74. — Uebrigens weiss Ref., dem die Möglichkeit ausgedehnteren Nach-suchens über Einzelheiten sehr erschwert ist, nicht, ob der Fehler nicht auf eine ältere Quelle zurückgeht.

Punkt P sind gegeben. Man soll durch P eine Gerade PXY, wo X auf AB, Y auf AC, so ziehen, dass (137) $AX + AY = s$; (138) $AX - AY = d$; (140) $AX \cdot AY = p^2$ werde. Um jedoch nicht zu weitläufig zu sein, verweisen wir für die im Buch gegebenen Auflösungen auf dieses selbst, und stellen hier nur die unsrigen auf.

Die Aufgaben 138 und 139 sind bei G. u. J. übereinstimmend mit H. und G.*) (1940 und 1942) behandelt, doch ist bei G. und J. zu tadeln, dass die gegebene Anweisung nur für den Fall ganz passt, dass P innerhalb des Winkels liegt. Man vergleiche nun folgende Construction, die für alle Lagen von P gilt, und die zugleich die Auflösung der Aufgabe in ihrer allgemeinsten Fassung enthält: Man mache für 138, auf AB und AC, $AD = AE = \frac{1}{2}s$, für 139, auf AB und der Verlängerung von CA, $AD = AE = \frac{1}{2}d$, ziehe DE und errichte auf AB und AC in D und E Perpendikel, die sich in F schneiden; beschreibe endlich um PF als Durchmesser einen Kreis, welcher die DE in G treffe, dann ist PG die verlangte Gerade.

Analysis und Beweis gründen sich, ohne Anwendung von Proportionen, auf die Sätze I, L. 84 und L. 457, die man nur ins rechte Licht zu stellen braucht,**) um sofort obige einfache und der Natur der Aufgabe entsprechende Construction zu erhalten.

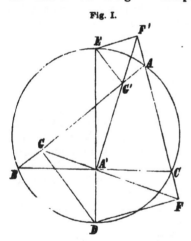

Fig. I.

Wenn (Fig. I.) DE der auf BC in A' senkrechte Durchmesser des um das Dreieck ABC beschriebenen Kreises ist, und man von D und E auf AC und AB die Senkrechten DF und DG, EF' und EG' fällt, so ist 1) $AF = AG = CF = CG' = \frac{1}{2}(AB + AC)$; $AF' = AG' = CF = BG = \frac{1}{2}(AB - AC)$, und 2) FG sowie $F'G'$ gehen durch A'.

Diese Figur und die in ihr enthaltenen Oerter und Daten sind für die Auflösung sehr vieler Aufgaben namentlich des ersten Theiles ausserordentlich fruchtbar, wie sich später zeigen wird. Für jetzt sei noch angeführt, dass dadurch ausser den soeben behandelten Auf-

---

*) Mit „H. und G." bezeichnen wir die Sammlung von v. Holleben und Gerwien; mit „G. und J." die Gandtner-Junghans'sche. Die Citate aus der letzteren werden nach der im Buche selbst befolgten Bezeichnung gegeben. Figurenzahlen mit arabischen Ziffern beziehen sich auf die des Buches, solche mit römischen auf die dem vorliegenden Aufsatz beigegebenen.

**) Ein Anfang dazu ist in I, A. 640 III. Aufl. gemacht.

gaben auch noch II L. 131a einfacher und mit den Mitteln des ersten Theiles behandelt werden kann. Man erhält für denselben nicht nur einen ganz elementaren Beweis, sondern auch sofort die Erweiterung, dass er für jedes Viereck mit zwei gleichen Gegenseiten gilt, sowie den analogen Satz für die Verbindungslinie der Diagonalenmitten, wenn man bedenkt, dass durch Verlängerung der gleichen Gegenseiten bis zum Durchschnitt zwei Dreiecke mit gleicher Differenz sowie zwei andere mit gleicher Summe der vom Durchschnitt ausgehenden Seiten entstehen.

Die Aufgabe 140 ist bei H. und G. nicht besonders behandelt, vermuthlich, weil sie mit der 2067 gelösten, wonach das Dreieck AXY eine gegebene Fläche erhalten soll, identisch ist; und es hätte auch wohl bei G. und J. auf diese 568 behandelte Aufgabe und die aus Anal. II sich ergebende elegante Construction hingewiesen werden dürfen. Behandelt man aber die Aufgabe 140 für sich, so wird man durch eine wahrhaft geometrische Analysis zunächst auf den folgenden Satz geführt, von dem specielle Fälle II. L. 198 und 208 stehen:

„Wenn von der Ecke A des Dreiecks ABC zwei Gerade, AD an BC und AE an die Peripherie des umschriebenen Kreises so gehen, dass $BAD = EAC$*), so ist $AD \times AE = AB \times AC$." Beweis liegt auf der Hand.

Damit erhält man folgende Construction: Man schneide auf AB und AC, $AD = AE = p$ ab, mache $DAF = PAE$, $FDA = EPA$, und ziehe durch P eine Parallele zu AC, welche die AF in G schneidet, dann bestimmt der Kreis FPG auf AB den Punkt χ.

Die echt geometrische Behandlung hat, das können die obigen Beispiele zeigen, vor der mehr oder weniger rechnenden folgende Vorzüge voraus: 1) Sie vermittelt den Zusammenhang des Gegebenen und Gesuchten durch die Anschauung und zwar auf eine der Natur der jeweiligen Aufgabe angemessene Weise. 2) Sie ist zwar mitunter schwieriger zu finden, aber in der Regel einfacher. 3) Sie ist aus den in 1) und 2) angeführten Gründen intellectuell und ästhetisch befriedigender. 4) Sie dient häufiger dazu, bekannte Beziehungen zwischen den Raumgrössen in neues Licht zu setzen oder neue aufzufinden.

Dass dies von Lehrsätzen wie von Aufgaben gilt, möge noch an der Satzgruppe II L. 547—553 gezeigt werden, die von der „Höhenlinie", dem „Kreispunkt" und der „Fusspunktslinie" vollständiger Vierseite (resp. Vierecke) handelt. Hier ist zwar der Beweis, dass die vier Höhendurchschnitte der Dreiecke eines vollständigen Vierseits in einer Geraden liegen, welcher von Steiner

---

*) Man beachte für das Folgende, dass alle Winkel einer und derselben Figur in der gleichen die Aufeinanderfolge der Buchstaben bestimmenden Drehungsrichtung zu nehmen sind. Vgl. Baltzer, Elemente Bd. II, p. 6 der 3. Aufl.

herrührt, ein mustergiltiger; um so weniger sind es zum Theil die
übrigen Beweise, und namentlich wird dafür, dass die Höhen- und
die Fusspunktslinie parallel sind, und die erstere vom Kreispunkt doppelt so weit entfernt ist, als die letztere, ein im Vergleich zu der
Einfachheit des Resultats wahrhaft abenteuerlicher trigonometrischer
Beweis geführt (L. 552 und 553). Nun ergiebt sich aber zunächst
Satz 549, wenn man K (Fig. 109) als gemeinschaftlichen Punkt z. B.
der um die Dreiecke ABF und AED beschriebenen Kreise betrachtet, sofort aus dem bekannten Satz (I, L. 458), wonach einerseits S_1, S_2, S_4, andererseits S_1, S_3, S_4 in gerader Linie liegen.
Und hält man diese Anschauung fest, so wird man für den Be-
weis von L. 552 und 553 fast nothwendig auf folgenden Satz hin-
getrieben, der vielleicht neu ist, und dessen ganz einfach ohne Proportionen zu führender Beweis dem Leser überlassen bleiben mag:

„Die Gerade, welche die Fusspunkte der von einem Punkt
einer Kreisperipherie auf die Seiten eines eingeschriebenen Dreiecks
gefällten Perpendikel verbindet, halbirt zugleich die Verbindungslinie
des Peripheriepunktes mit dem Höhendurchschnitt des Dreiecks."

Hieraus ergeben sich dann aufs einfachste die Sätze 552 und
und 553 und überdies ein neuer Beweis für 547.

Natürlich fällt es dem Ref. nicht ein, dem Entdecker der obigen Sätze, wer er nun sei, einen Vorwurf daraus zu machen, dass
er sie nicht gleich auch mit den einfachsten Beweisen begleitet hat.
Aber ein anderes ist ein Entdecker, ein anderes der Bearbeiter eines
Schulbuches. In das letztere gehören, wir sprechen es geradezu aus,
nur solche Lehrsätze und Aufgaben, bei denen die Mittel, mit denen
das Geforderte zu erreichen ist, zu der Forderung in einem an-
gemessenen Verhältniss stehen. Diese Angemessenheit zu beurtheilen, ist freilich am Ende dem individuellen Ermessen anheim-
gegeben; aber sie mehr, als bisher geschehen, zu erstreben, ist nothwendig, und kann selbstverständlich auch der Wissenschaft nur
Gewinn bringen. Ein Schulbuch sollte im Einzelnen wie im Ganzen
aus der Schule hervorgewachsen sein und der darin enthaltene
Uebungsstoff die Schulprobe durchaus bestanden haben. Dies ist aber
nur bei sehr wenigen, dies ist auch bei dem vorliegenden nicht
durchaus der Fall; denn sonst würde gewiss vieles einfacher, würde
namentlich eine Reihe zum Theil auffallender Unrichtigkeiten, auf
die wir noch später kommen werden, vermieden worden sein.

Gegen die Forderung der nothwendigen Einfachheit verstösst
besonders auch bei den Constructionsaufgaben die so häufige Manier,
die Analysis einer Aufgabe abzubrechen, sobald sie auf eine früher
gelöste reducirt ist. Es ist hier an die beherzigenswerthen Worte
Steiners[*]) zu erinnern: „Es scheint, dass man im Allgemeinen
bis jetzt noch zu wenig Sorgfalt auf die geometrischen Constructionen verwendet habe. Die hergebrachte, von den Alten uns über-

---

[*]) Die geometrischen Constructionen etc., Berlin 1833 p. 88 f.

lieferte Weise, wornach man nämlich Aufgaben als gelöst betrachtet, sobald nachgewiesen worden, durch welche Mittel sie sich auf andere vorher betrachtete zurückführen lassen, ist der richtigen Beurtheilung dessen, was ihre vollständige Lösung ´erheischt, sehr hinderlich. So geschieht es denn auch, dass auf diese Weise häufig Con-structionen angegeben werden, die, wenn man in die Nothwendig-keit versetzt würde, alles, was sie einschliessen, wirklich und genau auszuführen, sehr bald aufgegeben würden, indem man sich dadurch gewiss bald überzeugen würde, dass es eine ganz andere Sache sei, die Construction in der That, d. h. mit den Instrumenten in der Hand, oder, um mich des Ausdrucks zu bedienen, blos mit der Zunge auszuführen etc."

Und es ist leicht einzusehen, dass, was Steiner hier ganz all-gemein sagt, noch in weit höherem Grade gilt, wenn man es mit Schülern zu thun hat. Was wird man z. B. von einem Schüler zu erwarten haben, der zur Auflösung der Aufgabe II, 339 (bei H. und G., wo auch im Allgemeinen zu viel Aufgaben blos reducirt werden, 2048), ein Dreieck aus ϱ_a, ϱ_b, ϱ_c zu construiren, nach der ersten dort gegebenen Anleitung zuerst aus drei Proportionen h_a, h_b, h_c, und dann aus diesen nach A. 318 das Dreieck zeichnen soll? Entweder vier Nebenconstructionen, oder ein, wenn vollends noch die Beweislinien dazukommen, höchst unerbauliches Linien-gewirr. Macht man ihn aber darauf aufmerksam, dass (Fig. I.), wenn die Richtung von BC und der Punkt A' festliegt, durch $A'E = \frac{1}{2}(\varrho_b + \varrho_c)$ und senkrecht auf BC, der Punkt E und sofort durch $EF = EG = \frac{1}{2}(\varrho_c - \varrho_b)$ ein Kreis um E gegeben ist, an welchem AB und AC Tangenten sein müssen: dann kann ihm die Kenntniss jener Proportionen besser zu Statten kommen; er wird dann vielleicht finden, dass er noch aus A' z. B. mit $\frac{1}{2}h_c$, d. h. der vierten Proportionale zu $\varrho_a + \varrho_b$, ϱ_a und ϱ_b, einen Kreis zu beschreiben hat, und dass eine gemeinschaftliche innere Tangente an diesen und den Kreis E ihm B und die Richtung von BA giebt, u. s. w.; und er wird auf diese Art etwas zu Stande bringen, was sich sehen lassen kann und ihn selbst befriedigt.

Man wende nicht ein, dass die Auffindung solcher Verein-fachungen und die passende Verschmelzung der Nebenconstructionen in eine einzige Figur Sache des Schülers sei; denn es kommt nicht der durchschnittliche, ja es kommt bei Aufgaben von dieser Schwie-rigkeit kaum der beste Schüler damit zu Stande. Man sage auch nicht, der Gegenstand sei zu unbedeutend, um ihm diese Mühe zuzu-wenden; was vielmehr nicht der Mühe werth ist, das ist eben eine solche Beschäftigung mit der elementaren Geometrie, bei welcher man die auch dieser bescheidenen Disciplin innewohnende Schönheit nicht zur vollen Entfaltung und ihren von den Rechnern so häufig unterschätzten Werth für die mathematische Gesammtausbildung nicht zur Geltung bringt.

Es ist hier nicht unsere Sache, das weiter auszuführen; ein

Punkt aber ist hier noch zu besprechen, auf den jene Geringschätzung vorzugsweise sich stützte und noch stützt, der Vorwurf
nämlich, dass den Ausführungen der nicht rechnenden Geometrie
die nöthige Allgemeinheit mangle.   Dieser Vorwurf nun zerfällt
sofort in nichts, sobald jene Unterscheidungen beobachtet werden,
welche, nach ihrer Einführung in die Wissenschaft hauptsächlich
durch Möbius, gemeinschaftlich und consequent in den Elementen
durchgeführt zu haben nicht das geringste Verdienst des Baltzer'-
schen Lehrbuches ist. Wenn aber Baltzer (Vorrede zur 1. Aufl.
p. IV) sagt: „Die folgerichtige Unterscheidung der Strecken und
Bögen AB und BA, der Winkel und Flächen ABC und CBA....
ist heute in einer wissenschaftlichen Darstellung auch der Elemente
der Geometrie nicht mehr zu entbehren," so ist zu constatiren, dass
diese Einsicht in die grosse Masse der Lehr- und Uebungsbücher
und auch in das vorliegende noch keineswegs durchgedrungen ist.

Trägt man Bedenken, diese Unterscheidungen schon im An-
fangsunterricht anzuwenden, so gewöhne man wenigstens sich und
die Schüler an ein gleichmässiges Ablesen der Winkel, der con-
gruenten und der ähnlichen Figuren, an die Unterscheidung der
Verlängerungen von AB und BA und dergl.; um dann auf der
zweiten Stufe, wenn inzwischen die nothwendigen algebraischen
Kenntnisse erworben sind, zu der consequenten Durchführung der
Unterscheidung fortzuschreiten. Die vorliegende Sammlung wäre,
um auch nur der ersteren Forderung zu genügen, einer sorgfältigen
und gründlichen Revision zu unterwerfen; es herrscht in derselben,
namentlich in Bezug auf die Winkel, ziemlich viel Ungleichmässig-
keit und Unsicherheit. So ist es z. B. nicht zu billigen, wenn I.
L. 436 Zus. 1 gesagt wird (was freilich auch bei H. und G. 358, 1
zu finden ist), dass der Winkel zweier Kreise das Supplement des
Winkels der an den Schnittpunkt gezogenen Halbmesser sei. Natürlicher vielmehr ist es, anzunehmen, dass die beiden Kreise durch
Drehungen von gleichem Sinn beschrieben werden,[*) woraus folgt,
dass der Winkel, unter dem sich die Kreise schneiden, gleich dem
Winkel der Halbmesser ist, und sie somit z. B. bei innerer Berührung den Winkel Null, bei äusserer einen Winkel von 180° bilden. — So wird ferner in I, L. 171 durch die hinzugefügte Bedingung „und alle entweder innerhalb oder ausserhalb des Dreiecks
fallen," der Satz entweder unnöthig beschränkt oder aber zu
einem unrichtigen gemacht. Anderen Beispielen werden wir noch
begegnen.

Ein Mangel der elementaren Planimetrie ist allerdings zuzugeben: sie kann für die Determination der Trigonometrie nicht
entbehren; und es ist gewiss richtig, wenn Nagel (Geometr. Analysis p. 38 f.) sagt, dass in den hierher gehörigen Fällen auf eine

---

[*) Man vergl. Anderssen, Theorie des schiefen Schnittes etc. Programm von Breslau 1864 p. 1 und 2 oben.

Determination von der Planimetrie zu verzichten sei, da die Umschreibung der trigonometrischen Functionen wenig Werth hat, und bei einigermassen complicirteren Aufgaben kaum durchführbar ist. In der vorliegenden Sammlung ist von der Determination kaum irgendwo die Rede; an ein paar Stellen, wo etwas wie eine Determination angedeutet wird, ist dieselbe, zufällig, entschieden missglückt. So I A. 518, wo auf die Frage: „kann nicht auch die Summe oder Differenz beider Linien gleich der Summe oder Differenz der unteren Abschnitte werden?" offenbar eine alle vier Möglichkeiten verneinende Antwort erwartet wird; denn sonst würde die Stellung der Aufgabe, dass $XY + BC = BX + CY$ werden solle, welcher bekanntlich die zu BC parallele Tangente des inneren Berührungskreises entspricht, gewiss nicht unterlassen sein. Ebenso II A. 144, wo die Frage steht: „Warum ist die Construction im spitzwinkligen Dreieck nicht ausführbar?" eine Frage, welcher der Irrthum zu Grunde liegt, dass das rechtwinklige Dreieck für die Möglichkeit der Construction die Grenze bilde; während doch im ungleichseitigen rechtwinkligen Dreieck zwei Gerade der Aufgabe entsprechen, nämlich ausser der Höhe noch die Halbirungstransversale der Hypotenuse. Die richtige Determination ist $2a^2 \geq (b + c)^2$, wenn a die Seite ist, an welche die Transversale gehen soll; eine Bedingung, welche auch spitzwinklige Dreiecke einschliesst.

Eine dankenswerthe Zugabe übrigens wäre es in dieser Hinsicht, wenn jeder Aufgabe, oder wenigstens denen, bei welchen es gut ist, die Schüler auf eine Mehrheit resultirender Figuren aufmerksam zu machen, eine dahin bezügliche Andeutung beigefügt wäre. Sporadisch findet sich dergleichen in vorliegender Sammlung; H. und G., welche auch keine Determination geben, haben die Angabe, dass mehrere Resultate möglich seien, wenigstens bei den Aufgaben nicht unterlassen, die vollständig mit Construction und Beweis ausgeführt sind.

Seminar Schönthal (Württemberg). Prof. Binder.

(Fortsetzung folgt.)

Wittstein, Th. Prof. Dr., Anfangsgründe der Analysis und der analytischen Geometrie. Erste Abtheilung: Analysis. Hannover, Hahn'sche Hofbuchhandlung. 1872.

Vorstehende Anfangsgründe sind bis ins Einzelnste mit der grössten Sorgfalt durchgearbeitet und stellen sich als das Werk eines Gelehrten dar, welcher die Resultate der Wissenschaft mit Einsicht für den praktischen Unterricht zu verwenden versteht. Die Darstellung ist klar, durchsichtig und überall durch angemessen ausgewählte Beispiele ergänzt. Die beiden ersten Abschnitte geben das Gewöhnliche und Ausreichende von der Convergenz der Reihen und der Combinationslehre, der dritte und vierte die Entwicklung der Binominal-, Exponential- und logarithmischen Reihe. Der fünfte und sechste Abschnitt, welche von der Zinseszins-, Renten- und Wahrscheinlichkeitsrechnung handeln, sind besonders reichhaltig und enthalten diese interessanten und in das praktische Leben tief eingreifenden Theorien in einer Ausführlichkeit, welche man in den übrigen Lehrbüchern der Arithmetik oder Analysis vergeblich sucht. Die gleiche Sorgfalt ist der Lehre von den Differenz- und summatorischen Reihen zugewandt, während von den Kettenbrüchen sich nur das Nothwendigste vorfindet und die Anwendungen beinahe kärglich bedacht sind. In meisterhafter Darstellung hingegen schliesst das Werk mit einer Theorie der complexen Zahlen, der goniometrischen und cyclometrischen Reihen, sowie der höheren Gleichungen.

Unter den vielen vortrefflichen Einzelheiten mag der schöne, allerdings schon früher in Grunerts Archiv veröffentlichte Beweis des Satzes, dass jede Gleichung von einem bestimmten Grade wenigstens eine reelle oder complexe Wurzel haben müsse, hervorgehoben werden.

Das Verdienst des geehrten Herrn Verfassers wird nicht geschmälert, wenn Referent betreffs der fundamentalen Begriffe von den unendlichen Reihen nicht ganz mit ihm zu harmoniren vermag. Eine genügende metaphysische Grundlage der Reihentheorie ist eben noch zu schaffen und eine gerechte Kritik muss das relativ Gute, was geboten wird, gehörig zu sichten bemüht sein, damit sie zur Klärung der Principien, auf welche es hierbei ankommt, an ihrem Theil beitrage.

„Die Analysis," heisst es im Anfange, „ist derjenige Theil der Arithmetik, welcher die Ausbildung der Lehre von den irrationalen und den imaginären Zahlen nebst den Anwendungen dieser Lehre zum Gegenstand hat."

Diese Erklärung ist nicht ausreichend; denn die Sätze der Analysis beziehen sich auf die Zahl im allgemeinsten Sinne des Wortes und gelten durchaus nicht blos von irrationalen oder imaginären (besser „complexen") Zahlen; auch muss ja schon die niedere Arithmetik nicht blos den Begriff, sondern auch einen Theil der Theorie dieser Zahlen in sich aufnehmen und eine scharfe Grenzlinie dessen, was hiervon in die Arithmetik und was in die Analysis gehört, dürfte sich kaum ziehen lassen. Wenigstens ist die Scheidung zwischen beiden nur conventionell und entbehrt der principiellen Begründung. Wie stimmt es endlich zu der obigen Erklärung, dass die Combinationslehre und Wahrscheinlichkeitsrechnung, welche doch beide weder mit irrationalen, noch mit complexen Zahlen als solchen zu thun haben, in die Analysis aufgenommen sind?

§ 2: „Unter einer Grenze versteht man eine nachweisbar bestimmte Zahl, der man nach einem bestimmten Gesetze immer näher, und zwar so nahe wie man will, kommen kann, ohne sie jedoch genau zu erreichen."

Der Zusatz „nach einem gewissen Gesetz" ist zu eng und wäre besser weggeblieben: Denn es ist z. B. $\lim \frac{n+1}{n+2} = 1$ und der Ausdruck $\frac{n+1}{n+2}$ kann der Zahl 1 sich unbegrenzt nähern, auch wenn n auf ganz regellose und willkürliche Art ins Unendliche wächst.

An dieser Stelle wären nun die fundamentalen Sätze von den Grenzen — $\lim (u \pm v) = \lim u \pm \lim v$, $\lim (u . v) = \lim u . \lim v$ und $\lim \frac{u}{v} = \frac{\lim u}{\lim v}$ einzufügen gewesen. Ihre Weglassung ist nicht zu rechtfertigen, da sie in späteren Beweisen (unter anderen in § 40) sämmtlich vorausgesetzt werden.

Die Grundlage endlich, auf welcher der Begriff der Grenze allein zum vollen Verständniss gebracht werden kann, ist der Begriff der veränderlichen Grösse und zwar sowohl der unabhängig als auch der abhängig veränderlichen Grösse. Referent entbehrt ungern das Eingehen auf diese Begriffe, welche nicht immer als aus den Elementen der niederen Arithmetik den Schülern bekannt vorausgesetzt werden dürfen.

In § 4 wird die Aufgabe behandelt, eine unbekannte Grenze durch Rechnung zu finden, und damit mehr versprochen als geleistet wird. Noch dazu ist, was geleistet ist, ziemlich unklar ausgedrückt. Aus der Erklärung der Grenze soll nämlich folgende „einfachste und natürlichste" Lösung der vorgelegten Aufgabe sich ergeben:

„Man gehe von einem gewissen durch die Natur der vorgelegten Aufgabe gegebenen Werthe a_0 aus; addire dazu einen zweiten gleichfalls aus der Natur der Aufgabe hervorgehenden Werth a_1, dazu ferner einen dritten aus der Natur der Aufgabe hervorgehenden Werth a_2 u. s. w. und setze dies Verfahren unbegrenzt fort. Die Summe der so entstehenden unendlichen Reihe

$$a_0 + a_1 + a_2 + a_3 + \ldots . . in \; infinitum$$

wird die gesuchte Grenze sein."

Mit Hülfe der gleich darauf durchgerechneten Beispiele kann man den eigentlichen Sinn der hiermit angedeuteten Lösung entziffern:

Es sei u_n der allgemeine Ausdruck für die Näherungswerthe einer Grenze. Man setze den ersten Näherungswerth gleich a_0 und bezeichne die Differenz, welche sich ergiebt, indem man von einem beliebigen Näherungswerth u_k den vorhergehenden abzieht, mit a_k; alsdann erhält man successive

$$u_0 = a_0, \; u_1 = u_0 + (u_1 - u_0) = a_0 + a_1,$$
$$u_2 = u_0 + (u_1 - u_0) + (u_2 - u_1) = a_0 + a_1 + a_2$$

u. s. w. fort. Der n^{te} Näherungswerth ist mithin gegeben durch die Formel $a_0 + a_1 + a_2 \ldots + a_{n-1} + a_n$, welche, wenn n unbegrenzt wächst, in die unendliche Reihe $a_0 + a_1 + a_2 + \ldots$ sich verwandelt.

Was also resultirt, ist lediglich ein Zusammenhang zwischen den Begriffen von „Grenze" und „unendlicher Reihe" oder die Zurückführung des ersteren Begriffes auf den letzteren. In der Herleitung spukt aber implicite wieder das unglückliche „nach einem gewissen Gesetze," welches in der Definition der Grenze sich eingeschaltet findet. Dies Gesetz ist hier ein für alle mal so gewählt, dass die unabhängig Veränderliche, welche in dem Ausdrucke unter dem Grenzzeichen vorkommt (der Index des Näherungswerthes), nur die Reihe der natürlichen Zahlen durchlaufen soll. Die allgemeine Natur des Grenzprozesses wird hiermit specialisirt und dennoch das Product dieses specialisirten Prozesses, die unendliche Reihe, dem allgemeinen Begriffe wieder gleichgesetzt. In den gewöhnlichen Fällen ist dies auch richtig: aber es wäre leicht eine Menge von Fällen anzugeben, in denen die resultirende unendliche Reihe eine engere Bedeutung hat, als die Grenze, von welcher man ausgeht.

In § 5 findet sich der Satz: „Die Summe einer unendlichen Reihe ist jederzeit gleich der Grenze der Summe ihrer ersten n Glieder, diese Grenze für wechselnde Werthe von n genommen."

„Dies ergiebt sich aus dem Gange der vorigen Rechnung. Denn die succesiven Näherungswerthe jener Grenzen sind

$$a_0$$
$$a_0 + a_1$$
$$a_0 + a_1 + a_2$$
$$a_0 + a_1 + a_2 + a_3 \text{ u. s. w.}$$

und mithin kann der allgemeine Ausdruck ihres Näherungswerthes dargestellt werden durch

$$a_0 + a_1 + a_2 + \ldots + a_{n-1},$$

woraus unmittelbar

$$a_0 + a_1 + a_2 + \ldots \text{ in inf.} = \lim (a_0 + a_1 + a_2 + \ldots a_{n-1})$$

folgt."

Die letztere Folgerung ist keine Folgerung, sondern nur eine dem Vorigen angereihte Umschreibung des zu beweisenden Satzes! Was $\lim (a_0 + a_1 + a_2 + \ldots + a_{n-1})$ sein soll, ist allerdings klar: aber der Sinn, der sich der Summe einer unendlichen Reihe anknüpft, ist noch nicht erörtert und die Frage nach der Existenz einer solchen Summe gleichfalls noch unerledigt. Wie kann man einem bestimmten Begriff ohne Weiteres einen zu bestimmenden gleichsetzen? Auch sonst kann der Ausdruck $\lim (a_1 + a_2 + a_3 + \ldots + a_{n-1})$, je nach der Art und Weise, wie n ins Unendliche wächst, mehrere Werthe zulassen, welcher Fall bei jeder oscillirenden Reihe eintritt. Folglich muss der vorangestellte Satz, damit er allgemeine Gültigkeit erlange, mindestens folgender Massen ausgesprochen werden:

Die Summe einer unendlichen Reihe ist jederzeit gleich der für wachsende Werthe von n genommenen Grenze von der Summe ihrer n ersten Glieder, sofern diese Summe einen eindeutig bestimmten Werth hat.

Alle Schwierigkeiten lassen sich vermeiden, wenn man definirt: Eine unendliche Reihe heisst convergent, wenn' ihr sogenannter Rest, d. h. der Ausdruck lim $(a_n + a_{n+1} + a_{n+2} + \ldots)$ für wachsende Werthe von n genommen den Werth Null hat, und wenn man darauf den Satz beweist: Die Summe einer unendlichen con-vergenten Reihe ist gleich der Grenze von der Summe ihrer n ersten Glieder.

In § 15 und 16 wird die Methode der unbestimmten Coefficienten abgehandelt, um später zur Entwicklung der wichtigsten Reihen verwandt zu werden. Zunächst ist aber der Beweis des Hauptsatzes in § 15 nicht streng. Wenn nämlich die Gleichung

$$a_0 + a_1 x + a_2 x^2 + \ldots = b_0 + b_1 x + b_2 x^2 + \ldots$$

von $x = 0$ angefangen bis zu irgend einem von 0 verschiedenen Werthe von x Gültigkeit hat, so ist freilich zunächst $a_0 = b_0$, weil für $x = 0$ beide Reihen sich auf ihr erstes Glied reduciren und es besteht für alle in Betracht kommenden Werthe von x die etwas einfachere Gleichung

$$a_1 x + a_2 x^2 + \ldots = b_1 x + b_2 x^2 + \ldots,$$

welche beiderseits durch x dividirt $a_1 + a_2 x + \ldots = b_1 + b_2 x + \ldots$ ergiebt. Aber diese Division ist nur dann unbedenklich, wenn x von Null verschieden ist; für den Specialwerth $x = 0$ ist die Richtigkeit des erlangten Resultates besonders zu erweisen, weil Dividendus und Divisor beiderseits Nullen sind und dem gemäss die beiden Quotienten auf die unbestimmte Form $\frac{0}{0}$ kommen. Der bezeichnete Beweis ist aber weggelassen worden und damit auch die Substitution von Null für x in der Gleichung $a_1 + a_2 x + \ldots = b_1 + b_2 x + \ldots$ nicht ohne Weiteres statthaft.

Die Methode der unbestimmten Coefficienten ist dadurch werthvoll, dass sie die Reihe, auf welche es ankommt, in manchen Fällen rasch und sicher liefert: aber die bekannten ihr entgegenstehenden Bedenken werden nicht, wie der Herr Verfasser meint, erledigt, wenn man hinterher eine Untersuchung anstellt, „ob und für welche Werthe die gefundene Reihe convergirt." Hierdurch erhält man eben nur diejenigen Werthe von x, für welche die vorausgesetzte Ausgangsgleichung nicht von vorn herein widersinnig ist; was sich aus der ganzen Entwicklung ergeben hat, ist einzig und allein dieses: Wenn sich der gegebene Ausdruck in eine ihm gleichgeltende Reihe von der bestimmten Form verwandeln lässt, so müssen die Coefficienten der Reihe die durch Anwendung der Methode sich ergebenden Werthe haben und die Veränderliche muss innerhalb der Convergenzgrenzen der Reihe genommen werden. Wie in aller Welt aber kommt man nun dazu, ohne Weiteres auf die Richtigkeit des umgekehrten Satzes zu schliessen: Weil die beiden Bedingungen des Nachsatzes erfüllt sind, so muss auch die im Vordersatz aufgestellte Gleichheit wirklich bestehen. Der ergänzende Beweis des Umkehrungssatzes ist also nicht zu umgehen, mit anderen Worten die gefundene Reihe muss summirt werden und hierbei der gegebene Ausdruck als ihre Summe sich herausstellen.

Sonst verdient die Vorsicht, mit der die Methode der unbestimmten Coefficienten verwandt wird, alle Anerkennung: Die Rechnungen mit unendlichen Reihen, welche hierbei unterlaufen, sind alle so einfach, dass sie der besonderen Begründung entbehren können und nur bei Gelegenheit eines Beispieles, welches für die Fortschritte der Entwicklung nicht in Betracht kommt (die Verwandlung von $\sqrt{1-x}$ in eine Reihe), werden zwei unendliche Reihen mit einander multiplicirt — eine bekanntlich nicht immer zulässige Operation. Uebrigens hätte doch billiger Weise auch das Rechnen mit unendlichen Reihen berücksichtigt werden sollen und hierfür geben die zahlreichen Ausführungen betreffs der Berechnung von Näherungswerthen keinen hinlänglichen Ersatz.

Die gemachten rein theoretischen Ausstellungen betreffen nur einen sehr kleinen Theil des Werkes und hindern nicht dasselbe dringend zu empfehlen. Jedenfalls steht es weit über den untergeordneten Producten, welche unter ähnlicher Form den Büchermarkt überschwemmen — es führt wirklich in die Wissenschaft ein und ist dabei so klar, einfach und bündig abgefasst, dass es angehenden Primanern ebensowol zur Repetition des Lehrstoffes, wie auch zur Vorbereitung auf die Lehrstunde mit gleichem Vortheile in die Hand gegeben werden kann.

Ausstattung, Druck und Papier lassen nichts zu wünschen.

GUMBINNEN.   Dr. SCHWARZ.

NISSEN, J. H., Lehrbuch der Elementar-Mathematik für den Unterricht in Schullehrer-Seminarien und Realschulen, sowie für den Selbstunterricht. Vier Theile. Schleswig, Julius Bergas, 1871. Preis 1 Thlr. 26 Sgr.[*])

Infolge wiederholter Aufforderung und ermuthigt durch die schönen Resultate seines Unterrichts hat der Verfasser dieses Buches

---

[*]) Die hier mit Recht gerügten Mängel dieses Buches sind ein neuer Beleg dafür, dass der mathem. Seminarunterricht in Deutschland stellenweise recht übel bestellt sein mag. Vgl. I, 515—517. III, 42—49. II, 266.

D. Red.

sein Widerstreben gegen eine durch kein dringendes Bedürfniss gerechtfertigte Vermehrung der vorhandenen guten Lehrbücher überwunden.

Von den zahlreichen Verstössen gegen die mathematische Präcision des Ausdrucks, oder doch ungewöhnlichen Redewendungen bis zu entschiedenen Unrichtigkeiten, welche das so entstandene Werk aufweist, mögen beispielsweise die folgenden angeführt werden: Schon der Titel enthält in der Eintheilung „2. Theil Geometrie, 4. Theil Stereometrie" einen Fehler. Von den Winkeln eines Dreiecks wird, II, p. 42, gesagt, alle drei seien gleich zwei Rechten; ähnlich heisst es z. B. II, p. 54 „denn zwei Seiten eines Dreiecks sind grösser als die dritte." Dem entspricht freilich ganz, wenn in der Arithmetik, p. 8, das Additionszeichen $+$ mit und statt mit plus übersetzt wird. Ebendaselbst werden die vier Grundrechnungsarten dem Anfänger, wie folgt, erklärt: „Die Ermittlung einer unbekannten Zahl aus bekannten auf anorganischem Wege heisst Addition und Subtraction, während dieselbe auf organischem Wege durch Multiplication oder Division geschieht." I, p. 41 steht wörtlich: „Wenn Buchstabenausdrücke addirt werden sollen, so sind sie entweder gleich oder verschieden. Sind sie gleich, so darf man nur ihre Coefficienten addiren," u. s. w. I, p. 71 und 72 wird gesagt, dass die Basis eines Logarithmensystems kein ächter Bruch sein könne, da die Potenzen eines ächten Bruches immer kleiner als 1 seien. Wie berechnet der Verfasser z. B. $(\frac{2}{3})^{-2}$? Die gemischte quadratische Gleichung wird, p. 112 ff., consequent eine unvollständige genannt; was versteht der Verfasser unter einer vollständigen? In der Stereometrie heisst es S. 6, unter „regulairen Körpern" verstehe man solche, die „von lauter gleichen, regulairen Polygonen, Dreiecken oder Vierecken begrenzt sind." Congruent brauchen also die Grenzflächen nicht zu sein, auch ist es nicht nöthig, dass sie congruente Ecken mit einander bilden. Wofür hält der Verfasser z. B. eine von zehn gleichseitigen Dreiecken begrenzte Doppelpyramide? In der Trigonometrie, um auch aus dieser wenigstens ein Beispiel anzuführen, findet sich p. 13 der Satz: „Wächst der Winkel über 90^{0}, so wird er negativ, bis er zu 180^{0} angewachsen, sein negatives Maximum $= -1$ erreicht hat. Also $\cos 180^{0} = -1$."

Die angeführten, so ziemlich aufs Geradewohl herausgegriffenen Stellen werden hinreichen, den durch das ganze Werk gehenden Mangel an mathematischer Schulung des Ausdruckes zu kennzeichnen. Als Beispiele der äusseren Schreibweise mögen folgende Sätze dienen: „Ist das ⌗ ein Quadrat, so sind die um die Diagonalen liegenden ⌗ ⌗ auch Quadrate." „Aufgabe: Es soll ein niedriges △ in ein höheres verwandelt werden", u. dgl. m. Der Verf. ist übrigens in diesen Abkürzungen nicht consequent.

Die Anordnung und sachliche Behandlung des Stoffes harmonirt mit der äusseren Form; eine Berücksichtigung neuerer methodischer

Fortschritte findet sich fast nirgends. Die Arithmetik enthält kein wissenschaftliches System, sondern nur eine Anleitung zur Ausführung der einzelnen Rechnungs-Operationen; statt einer mathematischen Begründung dienen fast ausnahmslos bestimmte Beispiele zur Ableitung der einzelnen Erklärungen und Lehrsätze, in ähnlicher Weise, wie etwa das praktische Rechnen im Elementar-Unterricht erläutert wird. Die Beispiele sind übrigens zahlreich und mit ihrer vollständigen, oft behaglich breiten Ausführung nicht ungeeignet, das Verständniss des Inhalts der einzelnen Lehren und ihrer Anwendung zu vermitteln. Die Geometrie erinnert in der Anordnung der einzelnen Sätze vielfach an Euklid, doch nicht zu ihrem Vortheil, denn sie hat sich weniger die mustergiltigen Vorzüge als die Mängel desselben angeeignet. In bunter Reihenfolge ziehen die Lehrsätze ohne genetischen Zusammenhang als ebenso viele einzelne Kunststücke an dem Leser vorüber; die Planimetrie zerfällt nach einer Einleitung in drei Abschnitte, deren erster unter dem Titel „Linien und Winkel geradlinichter Figuren" unter Anderem einen Theil der Lehre vom Flächeninhalt der Dreiecke enthält; der zweite handelt „von der Aehnlichkeit der Dreiecke und von verwandten Gegenständen" (zu letzteren gehört z. B. der Satz vom Peripheriewinkel über einem Halbkreis), der dritte „vom Kreise und mit demselben verwandten Gegenständen." Streng logische Beweisführung und Anordnung nach dem Muster Euklid's findet sich dagegen nicht überall, so wird z. B. bei der Aufgabe, ein Dreieck von „einem in einer Seite gegebenen Punkt in drei gleiche Theile zu theilen," darauf verwiesen, dass die Ausführung der erforderlichen Theilung der Grundlinie in drei gleiche Theile später gelehrt werde. In der Stereometrie folgt auf den Abschnitt „Von der Lage der Linien gegen Ebenen und den Ebenen gegen einander" als zweiter der von den regelmässigen Körpern und darauf als dritter wieder der „Von der Lage der Linien gegen Ebenen und der Ebenen gegen einander."

Es wird auch hier nicht nöthig sein, weiter auf Einzelheiten einzugehen. Der Umstand, dass das Buch, aus den Kreisen der Elementar-Schule hervorgegangen, für den Unterricht künftiger Lehrer bestimmt ist, wird die vorstehende Besprechung desselben rechtfertigen. Ref. kann nicht glauben, dass der besondere Charakter der betreffenden Bildungs-Anstalten eine Behandlung des Gegenstandes, wie die vorliegende, erheische oder entschuldige, vielmehr werden gerade hier in methodischer Beziehung die strengsten Forderungen zu stellen sein. Die Bestimmung des Buches für Realschulen glaubt Ref. sich nur durch eine Verwechslung derselben mit gehobenen Bürgerschulen erklären zu können.

REIDT.

WIEDEMANN, G., Die Lehre vom Galvanismus und Electromagnetismus. 1. Bd. Galvanismus. 2. Bd. Wirkungen des galvan. Stromes in die Ferne. Zweite neu bearbeitete und vermehrte Aufl. (1. Bd. 1 Abth. S. 1—464. 3¹/₅ Thlr.) Braunschweig, Vieweg und Sohn, 1872.

Für diese 2. Aufl. eines so anerkannt trefflichen Werkes bedarf es nur einer einfachen Anzeige. Wir wüssten kein Buch, welches besser geeignet wäre zum Studium aller in das Gebiet der Berührungselektricität einschlagenden Erscheinungen. Es reiht sich würdig an das klassische Werk „Die Reibungselektricität von Ries." Die klare Darstellung, unterstützt von trefflichen Zeichnungen, die gleichmässige Berücksichtigung des Experiments und der mathem. Deduction, die Ausführlichkeit und Vollständigkeit*) in der Behandlung des Stoffs, die Literaturnachweise für das Quellenstudium machen allein dieses Werk zu einem Lehrbuche im besten Sinne des Worts und es ist deshalb den Lehrern — und an diese allein kann sich unsere Zeitschrift wenden — welche sich mit diesem Zweige der Physik speciell beschäftigen wollen, vor allem aber den Aspiranten eines Universitätslehramtes (deren es doch auch unter den Lehrern geben dürfte) angelegentlich zum Studium zu empfehlen. Die Ausstattung ist die rühmlichst bekannte der Verlagshandlung, welche hierin wohl von keiner andern in Deutschland erreicht werden dürfte.   D. Red.

---

*) Nach dem Prospect ist nur die Elektrophysiologie, die, zu einer eigenen Disciplin geworden, eine besondere Bearbeitung erfordern würde und die Lehre vom Erdmagnetismus ausgeschlossen.

Pädagogische Zeitung.

(Berichte über Versammlungen, Auszüge aus Zeitschriften u. dergl.)

Bericht über die Verhandlungen der mathematisch-naturwissenschaftlichen Section der Leipziger Schulmännerversammlung.
Pfingstwoche 1872.*)

1. Sitzung.
(22. Mai, Nachm. 1 Uhr.)

Die erste Sitzung der Section, welche der allgemeinen folgte, war eine vorbereitende. Zum Vorsitzenden wurde Oberlehrer Dr. Heym aus Leipzig gewählt. Auf Professor Buchbinder's (Pforta) Vorschlag wird beschlossen, die in Kiel für die nächste Versammlung gestellten Fragen: 1. „über den geometrischen Unterricht," 2. „über die Vorbildung der Lehrer der Mathematik und Naturwissenschaften auf Gymnasien" zuerst zu berathen. Nachdem derselbe dann noch eine Reihe anderer Thesen genannt, welche vorgeschlagen worden sind, beantragt Mathematikus Dr. Lehmann aus Leipzig, die Berathung seiner Thesen, die Seh (hexadisches Zahlensystem) betreffend, allen Uebrigen vorangehen zu lassen, und vertheilt drei darauf bezügliche kleine Schriften. (Ausserdem kommt eine Schrift von Dr. Peters zur Vertheilung, die math.-naturw. Lehrerbildungsanstalten auf den Universitäten betreffend.) Nachdem nun noch von anderer Seite über die zu befolgende Reihenfolge gesprochen, wird dies schliesslich der nächsten Sitzung überlassen.

2. Sitzung.
(23. Mai, Vormittags 8½ Uhr.)

Auf Antrag des Professor Gerhardt wird die Namensliste verlesen. Die Zahl der Mitglieder der Section beträgt 51. Nachdem nun beschlossen worden, erst nach Absolvirung der beiden Kieler Fragen über die andern Thesen weiter zu debattiren, erhält Prof. Gerhardt aus Eisleben das Wort zum Referat über

„die Stellung der Mathematik zu den übrigen Disciplinen des Gymnasialunterrichts" und „über den Unterricht in der Geometrie."

Betreffs des ersten Punktes sucht der Redner kurz nachzuweisen, dass der Unterricht in den alten Sprachen, der etwa die halbe Schulzeit in Anspruch nehme, in Bezug auf Ausbildung der einzelnen Geistesthätigkeiten keine Erfolge aufzuweisen habe, welche im Verhältniss mit den

---

*) Vgl. den Bericht über die Kieler Sectionsverhandlungen ds. Zeitschr. I, 171—174.
D. Red.

dafür gemachten Anstrengungen stehen. Nun sei die Mathematik, die bis jetzt meist nach euklidischer Methode behandelt sei, dadurch wesentlich ein Substrat der gemeinen Logik geworden, wofür sich aber die alten Sprachen besser eigneten. Vielmehr sei es Hauptziel des mathematischen Unterrichts, die Erkenntniss der mathematischen Grundwahrheiten anzustreben. Dann werde derselbe die Vorschule des wissenschaftlichen Erkennens und Erfindens überhaupt, wie das von Leibnitz aufs bestimmteste ausgesprochen sei und dann sei aber auch seine Berechtigung neben den anderen Gymnasialdisciplinen unbestreitbar.

Der Unterricht in der Geometrie wird meist nach euklidischer Anordnung gegeben. Das hat mehrfache Nachtheile. Man kommt dann selten zu allgemeinen Gesichtspunkten, kann die neuere Geometrie nicht verwerthen und ist genöthigt, die Stereometrie von der Planimetrie scharf zu trennen. In diesem Falle ist aber ein wissenschaftlicher Beweis der Parallelentheorie z. B. unmöglich. Man beginne deshalb gleich mit Raumanschauungen und zwar kann dies schon in IV geschehen. Dies fordern auch mehrere Koryphäen der neueren Zeit, so Riemann u. Helmholtz, welche sich beide mit den Principien der Geometrie beschäftigt haben. Dann muss aber der Raum nicht wie bisher als Constructionsgebiet, sondern als bestimmte Grösse genommen und also auch eine Definition desselben gegeben werden. Die von Riemann herrührende: „Der Raum ist eine dreifach ausgedehnte Mannigfaltigkeit, in welcher jeder Punkt ein bestimmtes Krümmungsmass hat," ist nicht für die Schule. Wir müssen sie aber praktisch brauchbar zu machen suchen. Der Redner schliesst mit folgenden Sätzen: „Es muss eine Agitation ins Werk gesetzt werden und zwar nicht blos in Fachzeitschriften, sondern besonders in den grösseren Tagesblättern, zu dem Zweck, der Mathematik die gebührende Stellung unter den Zweigen des Gymnasialunterrichts zu verschaffen" und zweitens: „Es muss von der mathematischen Section eine Commission ernannt werden, welche einen dem Vorgetragenen entsprechenden wissenschaftlichen Lehrgang in der Geometrie zu entwerfen hat." Hierdurch wird auch Halt in die Section gebracht werden

Conrector Dr. Heussi aus Parchim wünscht, dass eine Commission ernannt werde, welche den Vorschlag zu berathen hätte.

Kober aus Grimma vermisst an dem Vortrage jede Specialisirung des einzuschlagenden Lehrganges; manche neuere Lehrbücher enthalten auch schon zum guten Theil, was der Commission als Aufgabe gestellt werden soll.

Dr. Stade ist der Ansicht, dass das wissenschaftliche Lehrbuch nur von einem Einzelnen abgefasst werden kann und schlägt vor, Prof. Gerhardt zu ersuchen, er möge die Arbeit übernehmen.

Prof. Gerhardt lehnt dies wegen Mangel an Zeit ab.

Director Köpp aus Eisenach. Wir müssen uns über die Zielpunkte unseres Unterrichts einigen. Von grösster Wichtigkeit sind die Grundanschauungen, welche in den Gestalten der Aussenwelt liegen· Die Verbindung von Raum und Ebene macht sich leicht, wenn man vom Räumlichen ausgehend auf seine Grenzen und deren Grenzen übergeht. Durch die *géometrie descr.* wird die Abstraction vom Raume auf die Ebene besonders instructiv. Geometrie und Zeichnen stehen in enger Verbindung.

Director Dr. Zehme aus Barmen. Die beschreibende Geometrie ist zu schwierig. Es ist gar nicht leicht, durch Auf- und Grundriss das Bild eines Körpers zu erhalten. Dagegen muss von der untersten Classe an durch Anschauen und Zeichnen grosser Modelle, welche sich der Aussenwelt anschliessen, und nicht einfache geometrische Gestalten sind, die Stereometrie betrieben werden. Die Planimetrie wird den Schülern meist höchst langweilig.*) Erst in den oberen Classen tritt eine wissenschaftliche Behandlung der Geometrie ein.

---

*) Andere, hoffentlich die meisten Lehrer machen Erfahrungen ganz entgegengesetzter Art.
A. d. Ref.

Dr. Guthe aus Hannover. Ich bin gegen die Wahl einer Commission, weil dann leicht Uniformität im Unterricht eintreten könnte. Auch sind die Arbeiten in der neueren Geometrie noch nicht so abgeschlossen, dass sie für die Schule gut verwendbar wären. Ich würde empfehlen, für den Anfang den Raum allerdings nicht auszuschliessen, aber doch die Planimetrie und Stereometrie zu trennen. In der Prima kann dann alles zu einem Ganzen zusammengefasst werden.

Director Köpp. Ins Gymnasium gehören nur die einfachen Körper, wie Kegel, Kugel u. s. w., auch haben wir es nur mit systematischer Begründung zu thun, und mit wissenschaftlicher nur so weit, als es möglich ist. Das in den unteren Classen Gelernte können wir in der Prima bei den Kegelschnitten zusammenfassen, welche zuerst geometrisch und dann analytisch durchgenommen werden mögen.

Rector Friedlein aus Hof. Ich wünsche, dass wir zu unsern Thesen zurückkehren und erklären: Es ist Wunsch der math. Section, dass in allen Anstalten die Geometrie so gelehrt werde, dass sie das Anschauungsvermögen und die allgemeine Geistesbildung überhaupt in gedeihlicher Weise fördert und so der uns von Philologen oft entgegen gehaltene Vorwurf beseitigt werde, dass wir die Schüler dürre Beweise hersagen liessen. Damit es aber überall besser werde, müssen auch wir Lehrer z. Th. anders werden. Dies erreichen wir indess nicht durch ein von 'einer Commission verfasstes Lehrbuch.

Dr. Behlau aus Heiligenstadt. Ich habe bemerkt, dass man noch nach der ursprünglichen euklidischen Methode verfährt. Meine Schüler müssen die Beweise selbst suchen. Es kommt also wesentlich auf die Methode und die Wahl des Lehrbuchs an.

Director Zehme. Wir sind vorher von der Geometrie ab und auf die Frage gekommen, wie der Zeichnenunterricht mit der Geometrie verbunden werden müsse. Dies war aber auch berechtigt, denn das Gymnasium allein hat das Recht, Schüler auf die Bauakademie zu schicken, wo die Vorträge auch in dieser Beziehung gut vorbereitete Zuhörer erfordern. Wir müssen also diese Frage näher erörten.

Dr. Guthe. Das Gymnasium kann auf die Bauakademie keine Rücksicht nehmen; es hat nur den Gesichtspunkt, Menschen zu erziehen. Ich schlage folgende These vor: „Die Versammlung ist einstimmig der Ansicht, dass der Weg des Euklides absolut zu verlassen ist, dass dem Unterricht in der Geometrie vorausgehen muss ein propädeutischer Unterricht, der, von der Stereometrie ausgehend, die Anschauung vermittels des Zeichnens übt. Der Unterricht ist abzuschliessen mit einer Betrachtung, die im Stande ist, das, was auf den andern Stufen vereinzelt da steht, zu vereinigen, etwa mit Hilfe der Kegelschnitte."

Hierauf wird die Debatte geschlossen und es nimmt der Referent, Prof. Gerhardt, das Wort zu der Bemerkung, dass der von ihm angeregte Commissionsentwurf durchaus nicht bindend sein solle und dass er überzeugt sei, es müsse ein solcher in wissenschaftlicher Form fürs Gymnasium herzustellen sein.

Bei der Abstimmung über die gestellten Thesen erklärt **Rector Friedlein**, dass man seinen Antrag als erledigt betrachten möge, wenn dem Guthe'schen noch der Zusatz angefügt werde: „Es ist uns nicht um die Bildung von Mathematikern, sondern um allgemeine Bildung zu thun."

Der Vorschlag, eine Commission, sowie der, einen Einzelnen zu erwählen, um den angeregten Entwurf auszuarbeiten, wird abgelehnt, der Antrag von Guthe angenommen.

3. Sitzung.

(24. Mai, Vormittags 8½ Uhr.)

Nach Verlesung und Genehmigung des Protokolls und Annahme des Antrags von Prof. Geist, dass Anträge schriftlich einzureichen seien, erhält Prof. Buchbinder aus Pforta das Wort zum Referat über die Frage: Wie sind die Gymnasiallehrer der Mathematik und Naturwissenschaften vorzubilden?

Die vorgeschlagenen, im zweiten Tageblatt der Versammlung abgedruckten Thesen sind folgende:

a) Der künftige Lehrer dieser Art ist auf dem Gymnasium vorzubilden, dessen Unterrichtsplan hierzu angemessen umzugestalten ist (4 Stunden Mathematik von III bis I, 2 St. Naturwissenschaften durch alle Classen).

b) Er hat die Universität 4 Jahre lang zu besuchen, das 4. Jahr ist vorzugsweise der praktischen (seminaristischen) Ausbildung zu widmen.

c) An jeder Universität ist ein mathematisch-naturwissenschaftliches Seminar der Art zu errichten, dass zwar die Anleitung zu selbstständigen wissenschaftlichen Studien nicht zurückgedrängt wird, dass aber jedenfalls in grösserem Umfange als bisher die Uebungen auf die Vorbildung zum Lehrerberufe berechnet und zur Ausführung gebracht werden.

d) Die pädagogischen Seminare nach der Universitätszeit sind angemessen zu erweitern, namentlich dahin, dass eine hinreichende Anzahl Stellen für künftige Lehrer der in Rede stehenden Art bestimmt werden.

e) Die Lehrer der Mathematik an Gymnasien haben im examen pro facultate docendi die Fähigkeit nachzuweisen, auch in den beschreibenden Naturwissenschaften unterrichten zu können.

f) Die Vorschriften über das Probejahr sind mehr als bisher zur Ausführung zu bringen. Wo ein Probandus eine volle Lehrerstelle verwaltet, ist er ausser dem Director und den Ordinarien, in deren Classen er unterrichtet, auch dem Fachlehrer zu besonderer Unterweisung zu übergeben.

Für die These a) bemerkt der Referent, dass nur, wenn der Mathematiker classisch gebildet ist, er die richtige Stellung seinen Collegen gegenüber einnehmen könne und im Stande sei, für die Mathematik das rechte Verhältniss zu den andern Lehrgegenständen zu finden. Ein auf Realschulen oder anders gebildeter Lehrer könne sich allerdings später auch noch classische Bildung aneignen, aber das sei doch sehr schwierig. Es müsse aber auch der zweite Theil der These a) gefordert werden, da, wie der Redner kurz ausführt, die angegebene Ausdehnung des mathemat. und naturwiss. Unterrichts auch für alle übrigen Berufsclassen nothwendig sei und andernfalls immer weniger Lehrer der Mathematik ihre Vorbildung auf Gymnasien finden würden, was dem letzteren nur zum Schaden gereichen könne.

Die weitere Ausbildung könne dann der Mathematiker auf technischen Hochschulen oder auf Universitäten suchen. Auf ersteren wird die praktische Ausbildung jedenfalls zur Genüge gepflegt, aber es fehlen die allgemeinen wissenschaftlichen Vorlesungen und darum sind die Universitäten vorzuziehen. Der Redner giebt dann specielle Nachweise über die mathematisch-naturwissenschaftlichen Seminarien an den einzelnen Universitäten Deutschlands und begründet dadurch seine These c).

In Preussen bestehen auch in verschiedenen Städten Seminare für solche, welche ihre Studien vollendet haben. Diese erhalten ein nicht unbedeutendes Stipendium und werden unter Anleitung eines Fachlehrers allmählich zum selbstständigen Unterrichten herangebildet, ähnlich, wie es eigentlich im Probejahr gehalten werden solle. Die Vorschriften für das letztere werden aber nur selten befolgt, da die Probelehrer meist eine vollständige Lehrkraft zu vertreten haben. Jedenfalls liegen in den erwähnten Veranstaltungen zur Ausbildung der Lehrer gute Keime, welche nur entwickelt zu werden brauchen.

Bei der nun folgenden Discussion stellt sich mehrfach als störender Uebelstand heraus, dass die über denselben Gegenstand gepflogenen Kieler Verhandlungen gänzlich unbekannt sind; die hierauf bezüglichen Bemerkungen werden meist übergangen werden.

Dr. Friedlein. Es ist gleichgültig, wo ein Mathematiker seine Bildung erlangt hat, auf dem Gymnasium oder der Realschule; die Persönlichkeit macht den Mann tüchtig, nicht sein Lebensgang. Ich schlage also vor, in These a) zu setzen: Der Unterrichtsgang ist gleichgültig.

Prof. Winkler aus Rossleben. Ich möchte mich ausdrücklich dagegen verwahren, dass die unter a) geforderte Erweiterung des Unterrichts in der Naturgeschichte dadurch erreicht wird, dass man die wöchentliche Stundenzahl einfach um 2 vermehrt. Das geht nicht; unsere Schulen sind schon jetzt überbürdet.

Oberlehrer Krenzlin von Nordhausen. Wie Friedlein gegen Beschränkung des Bildungsganges. Bei Realschulbildung tritt statt des Griechischen das Englische auf und nicht gering anzuschlagen ist die bessere Vorbildung in der Naturgeschichte.

Director Köpp. Da die Lehrer der Mathematik auf Gymnasien bis jetzt meist auf Gymnasien gebildet sind und doch diese Frage aufgestellt wird, so ist damit ausgesprochen, dass man diesen Bildungsgang nicht für den besten oder einzigen hält.[*] Das weist also auf die Realschulbildung hin. Bleibt man bei der alten Weise, so wird man immermehr „gelehrte Mathematiker" erhalten, welche bei Collegen und Schülern einen schlechten Stand haben. Der Lehrer muss nothwendig die Richtung auf's Praktische haben.

Prof. Buchbinder. Der Lehrer der Mathematik auf Gymnasien soll nicht nur dies, er soll vielmehr wesentlich Gymnasiallehrer sein. Fachlehrer gehören in Fachschulen.

Oberlehrer Götting aus Torgau. Ich halte es für wichtig, zu These a) den Zusatz anzufügen: „Namentlich ist an denjenigen Anstalten, an welchen in der II. den Naturwissenschaften nur eine Stunde wöchentlich gewährt wird, eine zweite zuzulegen.

Dr. Suhle aus Bernburg. Ich schlage vor, These a) ganz zu streichen, weil sie inopportun ist sowohl den Philologen gegenüber, denen wir ein solches Zugeständniss nicht machen dürfen, als auch gegenüber den Realschullehrern, welche wir dadurch aus unserer Section vertreiben würden.

Nachdem noch Prof. Buchbinder seinen lebhaften Wunsch ausgesprochen, dass die letztere nicht geschehen möge, wird die Debatte geschlossen. Da bei der Abstimmung der Antrag von Suhle, These a) ganz zu streichen, angenommen wird, so sind damit auch die andern Anträge erledigt. Ein Antrag von Conrector Dr. Bolze aus Cottbus, die Thesen Dr. Lehmann's auf die nächste Tagesordnung als ersten Gegenstand der Berathung zu setzen, wird abgelehnt.

4. Sitzung.

(25. Mai, Vormittags 8½ Uhr.)

Ein Antrag auf Schluss der Sectionsberathungen, um an der gleichzeitigen Verhandlung der pädagogischen Section „über die Ueberbürdung der Schüler" Theil nehmen zu können, wird abgelehnt.

---

[*] Darum ja aber der zweite Theil der These a).　　　　　　Anm. des Ref.

Dr. Schakowsky (?) .... führt gegen These b) an, dass das letzte Jahr des Studiums zur Vorbereitung auf das Staatsexamen benutzt würde und sich also nicht zur praktischen Ausbildung eigne. Für diese wären also die früheren Semester passender.

Prof. Buchbinder bemerkt dagegen, dass beides sich recht wohl vereinigen lasse.

Es wird jetzt die These b) einstimmig angenommen, ebenso These c) u. d).

In Bezug auf These e) bemerkt

Oberlehrer Dr. Oertel. Zum Unterricht in der Naturgeschichte gehört eine gründliche naturg. Bildung. Diese kann ein Mathematiker, dessen Fach seine ganze Kraft in Anspruch nimmt, nicht erlangen. Darum schlage ich folgende These vor: Als Lehrer der Naturgeschichte sollen nur solche angestellt werden, welche sich vorzugsweise mit diesem Fache beschäftigt haben.

Dr. Westphal für These e), da der Unterricht in der Naturgeschichte für die Mathematiker an kleineren Gymnasien einmal eine Nothwendigkeit sei. Beim Examen könnten hierfür die Anforderungen in der Mathematik gemindert werden.

Dr. Suhle für These e) Wenn im Gymnasium etwas für die Naturgeschichte geschehe und ebenso nachher auf der Universität, dann bleibe der Mathematiker wenigstens in Connex damit und brauche sich später nicht erst von vorn hineinzuarbeiten.

Prof. Buchbinder. Das Staatsexamen verlangt ausser Mathematik und Physik noch ein drittes Fach, warum da nicht die Naturgeschichte nehmen? Auch hat der Mathematiker hierin nur bis zur III. zu unterrichten.

Dr. Heussi. Nach den bisherigen Bestimmungen hat der Examinand doch die Wahl, welches dritte Fach er hinzunehmen will, und oft ist ihm durch zufällige Umstände ein anderes Fach, wie neuere Sprachen und Philosophie, so nahe getreten, dass er darin ohne Mühe das erforderliche Examen bestehen kann.

Dr. Oertel spricht noch einmal über die Nothwendigkeit, darauf hinzuarbeiten, dass der Mathematiker von den naturgeschichtlichen Stunden entlastet werde.[*]

Bei der Abstimmung wird These e) abgelehnt und damit auch der Antrag von Dr. Oertel erledigt.

These f) wird ohne Discussion angenommen. Nachdem nun der Vorsitzende die diesjährigen Verhandlungen geschlossen, spricht Prof. Buchbinder demselben den Dank der Versammlung für seine Mühewaltung aus.

Zum Schluss mögen noch die übrigen für die mathematische Section gestellten Anträge, welche also wohl für die nächste Versammlung Material liefern würden, hier ein Stelle finden.

1) Antrag von Conrector Dr. Heussi in Parchim, „die Grenzen des mathematischen Unterrichts im Gymnasium" zu besprechen. (Antragsteller anwesend.)

2) Antrag von Mathematikus Dr. Kramer in Schleusingen, „die math. Section wolle geeignete Schritte thun, um eine Aenderung des Normallehrplans der Gymnasien dahin zu veranlassen, dass die 2 Stunden Naturgeschichte aus der Tertia in die Quarta verlegt, dafür aber in Tertia eine 4. mathematische Stunde angesetzt werde. (Antragsteller abwesend.)

3) Mathematikus Dr. Götting in Torgau beantragt die Besprechung des

_____

[*] Dieser Wunsch wird gewiss allgemein getheilt und konnte nur der Missstand, dass ausserdem der naturgeschichtliche Unterricht auf kleineren Gymnasien gänzlich fortfallen müsste, dafür sprechen, dem Mathematiker diese Last aufzubürden. Anm. d. Ref.

naturwissenschaftlichen (zunächst physikalichen) Unterrichts. (Antrag steller anwesend.)

4) Mathematikus Dr. Lehmann am Nicolai- Gymnasium in Leipzig wünscht eine Discussion, resp. Beschlussfassung über folgende 4 Sätze:

a) Die absolut zweckmässigste Einrichtung ist die einzig richtige.

b) Unter allen Zahlensystemen ist das der Seh (hexadisches System) das absolut zweckmässigste.

c) Sobald es überhaupt einführbar ist, so muss eine Generation, und zwar die unsrige, die erste sein, das Opfer der Einführung zu bringen.

d) Die Einführung der Seh ist möglich. (Antragsteller anwesend.)

5) Prof. Helmes in Celle beantragt: An Stelle von 4 mathematischen Aufgaben für das Abiturienten- Examen sind deren mehrere zur Auswahl zu stellen, darunter auch physikalische, deren eine mit behandelt werden muss. (Antragsteller abwesend.)

Schleiz. Dr. WESTPHAL.

Repertorium.

Zoologie.

Die Productionsfähigkeit einzelner Vögel. Ein gewöhnliches Haushuhn wiegt 1540 Gr., ein Ei 81,33 Gr. Vorausgesetzt, dass ein Huhn 100 Eier jährlich legt, macht dies ein Gewicht von 8133 Gr., also das Fünffache des Körpergewichts. Ein kleiner afrikanischer Fink — *Pytelia subflava* — wiegt 5,86 Gr., sein Ei 0,788 Gr. Dieser hat in einem Jahr 121 Eier gelegt = 95,348 Gr., mithin das 16,2 fache seines Körpergewichtes producirt. (Correspondenzbl. des nat. V. f Sachsen. I.)

Zur Naturgeschichte der Aesche, *Thymallus vexillifer. Ag.* Die Aesche gehört bekanntlich in die Familie der Salmoniden und unterscheidet sich von ihren Verwandten durch die kleine Mundspalte, die feinen Zähne auf den Kiefern, der Pflugschaar und Gaumenbeinen, durch die zahnlose Zunge, die nach vorn spitze Pupille der Augen und die hohe lange Rückenflosse. Die Schuppenränder sind mit schwarzen Pünktchen dicht besetzt, auf den Seiten gelb schimmernd. Die Schuppen sind halbkreisförmig, decken sich zur Hälfte, haben am freien Rande 5—7 Zähnchen und über 100 concentrische Linien. Die Brustflossen haben 16—17, die Bauchflossen 11, die Afterflosse 14—16, die Schwanzflosse 19 und die Rückenflosse 21—26 Strahlen. Farbe in der Jugend weiss und glänzend, im ausgewachsenen Zustand graulich- weiss bis schwärzlich mit gelbem Anflug auf den Seiten, im Alter dunkler; auf dem Kopf matt grün, auf der Sklerotika ein grosser schwarzer Fleck. Wachsthum langsam. Gewöhnliches Gewicht ³/₄ Pfd., Maximalgewicht 1½ Pfd. (und nicht 3—4 Pfd., wie oft angegeben wird). Nahrung rein animalisch, im Winter Phryganeenlarven, im Sommer neben diesen Insecten jeglicher Art, auch kleine Schnecken und Würmer. Im Magen finden sich stets Steinchen. Eier gelblich, nicht sehr zahlreich, zwischen 900 und 1000. Vorkommen nur in kaltem, schnellfliessendem, schattigem Bergwasser, nicht in der Ebene und in stehenden Gewässern. Hält sich meist in der Mitte des Bettes auf und vermeidet die dicht bewachsenen, finstern Orte. In den Strömungen hält sie sich gesellig, in Tiefen stets vereinselt. In der warmen Jahreszeit lauert sie nahe der Oberfläche auf Beute und schnellt sich aus dem Wasser, um Insecten zu haschen. Sie schwimmt sehr schnell, huscht wie ein Schatten dahin (daher der franz, Name *ombre*). In der Gefangenschaft stirbt sie sehr schnell, selbst in

Teichen mit künstlicher Wasserbewegung hält sie sich keinen Tag. (Zeitschr. Ges. N. IV. 78—80.)

Verwandlungsgeschichte der *Mantispa styriaca.* Im Juni legt das Weibchen zahlreiche rosenrothe Eier, welche einzeln auf einem Stielchen sitzen. Nach 21 Tagen entwickeln sich daraus Larven von der Form der Meloë- und Sitaris-Larven. Dieselben häuten sich alsbald und nehmen bis zum April des folgenden Jahres keine Nahrung zu sich. Dann aber fressen sie sich in die Eiersäcke gewisser Spinnen, namentlich *Lycosa* ein und leben von den Spinneneiern, und zwar nur eine in jedem Eiersack. Es erfolgt jetzt eine zweite Häutung, nach welcher die Larve nur noch Stummel von Beinen hat, die nicht mehr zum Fortbewegen dienen. Ihre Grösse beträgt 7—10^{mm}. Der Kopf ist sehr klein, queroval und jederseits mit einem Augenfleck von je 6 einfachen Augen versehen. Die früher dicht neben einander gestandenen Saugwarzen sind nun durch einen Wulst getrennt und stehen als gerade feine Spitzen nach vorn. Seitlich davon stehen die dicken dreigliedrigen Fühler; die Lippentaster bestehen aus zwei dicken Wurzel- und einem feingespitzten Endglied. Der Kopf ist unter einem Wulst des zweiten Ringes einziehbar; die 3 Brust- und 9 Hinterleibsringe sind wulstig abgesetzt, nehmen bis zum 8. an Dicke zu und von da an wieder ab. Der Larvenzustand dauert bis Mitte Juni; dann erfolgt die Verpuppung. Nach 5 Wochen durchbricht die Puppe das Cocon und den Eisack und kriecht noch einige Zeit umher, bis sie zum vollkommenen Insect wird. (Zeitschr. Ges. Nat. IV, 447.)

Zur Verwandlungsgeschichte der Regenbremse (*Haematopota pluvialis*). Die Larve lebt in trockener Baumerde, ist 20^{mm} lang, 3—4^{mm} breit, von weisser Farbe, von walzenrunder Gestalt und zwölfgliedrig. Die Puppe ist 15^{mm} lang, schlank, ohne Dornen am Kopfende, sondern statt deren nur mit zwei kleinen Knötchen versehen. Flügel und Beine reichen nur bis zum Hinterrande des ersten Hinterleibsringes. Die übrigen Ringe bis zum vorletzten tragen je einen Bürstengürtel und der letzte endet in eine dicke, wenig gespreizte Gabel. Die Puppenruhe währt 14 Tage. (Ebda. 536.)

Zur Naturgeschichte der europäischen Würgspinne *Atypus Sulzeri* giebt Koch folgende Beiträge. Länge 23^{mm}, Dicke 8^{mm}. Kopfbruststück breit, schildförmig mit flachen Gruben. Fresszangen stark und lang, Zahl der Augen 8, 2 grössere vorn dicht beisammen und jederseits 3 kleine. Hinterleib eiförmig, kurz sammetartig behaart mit erhabenem Längsfleck auf dem Rücken. Färbung verschieden, einförmig schwarzbraun, rostgelb, olivengrün bis weisslich. Männchen kleiner, höchstens 16^{mm} lang, mit schmalem, dünnem Hinterleib, längeren Beizen und Palpen und stets dunklerer Farbe. Beide Geschlechter wohnen in selbst gegrabenen horizontal an Grasrainen angelegten Gängen von 20—30^{cm} Länge, welche hinten vertikal in die Tiefe gehen, und mit einem dichten, filzigen Gewebe austapeziert sind. Letzteres setzt sich noch ein Stück über der Erde fort und ist so fest, dass es sich ganz herausziehen lässt, ohne zu zerreissen. Eingang durch Fäden verschlossen. Die Jungen wandern erst im Frühjahr aus der elterlichen Höhle aus und legen dann eigene Röhren an, die aber nur 8^{cm} lang und von der Dicke eines Strickstocks sind. (Ebda. 207.)

Zur Naturgeschichte der Blasenwürmer. Nach Pagenstecher ist die specifische Identität der Blasenwürmer im höchsten Grade wahrscheinlich, mithin die ältere Unterscheidung mehrerer Arten, namentlich die in *Echinococcus hominis* s. *altricipariens* und *E. veterinorum* s. *scolicipariens Küchm.* unhaltbar. Auch neuerdings in einem Beutelthier, dem Riesenkänguruh, *Macropus maior*, beobachtete Blasenwürmer haben sich als identisch mit dem Blasenwurme des Menschen, der Wiederkäuer und Schweine erwiesen. Die Säugethiere, bei welchen bis jetzt Echinokokken gefunden wurden, sind: Mensch; verschiedene Affen, wie *Inuus ecaudatus*, *Macacus cynomolgus* und *silenus*; mehrere Katzenarten; Rind, Schaf (*O. aries et ammon*), Mähnenschaf (*Ammotragus tragelaphus*); Ziege; Gemse; Antilope; Giraffe; Reh; Kamel; Dromedar; Schwein; Pferd; Zebra; Esel; Eichhorn und neuerdings noch das Riesenkänguruh. Bei den Vögeln hat man ausser beim Truthahn noch keine Ech. gefunden. (Ebda. III. 523.)

Neuer *Balonoglossus*. Bei Neapel leben 2 Arten B. Im Oersund Seelands ist neuerdings ein dritter, *B. Kupfferi*, entdeckt worden. Er lebt in feinem Schlamm in einer Tiefe von 12—16 Faden. In reinem Seewasser stirbt er sofort ab und zersetzt sich auffallend schnell. Maximal-Grösse 25ᵐᵐ l. und 7ᵐᵐ br. Der gerade den Körper durchsetzende Darmkanal schimmert angefüllt durch die zarte Körperhaut hindurch. (Ebd. III. 93.)

Die geographische Verbreitung der Fische. Von Dambeck. (Gäa. VII. 5. 275—82.)

Die Metamorphose von *Platypeza holosericea*. Von Bergenstamm. Ausführliche Beschreibung und Abbildung der in *Agaricus campestris* lebenden Larven. (Wiener, zool. bot. Unt. XX.)

Vier neue Hummelarten aus dem Süden Europas. Von Kriechbaumer. (Ebd.)

Zwei neue *Otiorhynchus*-Arten. Von Müller. (Ebda.)

Neue Alligatorart (*A. Lacordairei*) aus Mittelamerika. Von de Borre. (*Bull. ac. Brux.* XXVIII. Ztsch. ges. N. III, 167.)

Untersuchungen über den Bau und die Naturgeschichte der Vorticellen. Von Gräf. (Wiegm. Arch. XXXVII. Ztschr. ges. N. IV. 356—8.)

Zur Kenntniss der Radiolanen von Schneider. (Ztschr. w. Zool. XXI. ges. N. IV. 358.)

Die Arachniden Australiens v. Köch. Nürnberg.

Entwickelung und Bau der Samenfäden bei Iⁿsecten und Crustaceen von Bütschli. (Ztschr. ges. N. IV.)

Memoire sur les Cyprinoides de Chine. Von Bleeker. (*Verh. acad. evet. Amsterdam.* XII. Ztschr. ges. N. 363.)

Verbreitung und Lebensweise des Bartgeiers in der Schweiz. (Ztschr. ges. N. IV, 218—57.)

Bau des Eies einiger Salmoniden. Von His. (Baseler Verh. V. Ztschr. ges. N. IV. 283.)

Ueber das Ei der Reptilien. Von Eimer. (Rostocker Tageblatt 55.)

Einige neue südeuropäische Hymenoptera. Von Taschenberg. (Ztschr. ges. N. IV. 305—311.)

Biologische Notizen über einige zum Theil neue Hymenopteren aus *Port Natal*. Von Taschenberg. (Ebd. V. 1—21.)

Zur Morphologie und Biologie des blinden Grotten-Staphylinus *Glyptomerus caricola*. Von Joseph. (Jahresber. schles. Ges. 1870 150—160. Ges. Nat. V. 101.

Giebt es augenlose Arthropoden in Schlesien. Von demselben. Verf. führt auf: *Leptinus testaceus*, *Aglenus brunneus*, *Langelandia anophalma*, *Annomatus 12 — striatus*, *Claviger foveolatus*, *longicornis*. — *Chernes oblongus*, *cimicoides*. — *Niphargus puteanus* — *Cyclops*, *n. sp.* (Ebd.)

Die Kolonienbildung und die Entstehung der Arten bei den höheren Organismen. (Sitzungsberichte der Münchner Akademie II. 2. Ntf. IV. 51.)

Botanik.

Alpenveilchen. Sichere Arten sind bis jetzt nur folgende sieben: *Cyclamen europaeum Ait.; C. coum Mill.* in Südeuropa; *C. latifolium Sibth.* in der Türkei, Griechenland und Italien; *C. repandum Sibth.; C. hederaefolium Ait.; C. africanum Boiss.* in Nordafrika; *C. persicum Mill.* 1731 von der Insel Cypern eingeführt. Die vielen anderen, namentlich von Gärtnern angeführten Namen — der diesjährige Hauptkatalog von Haage u. Schmidt in Erfurt zählt deren nicht weniger als 42 auf — bezeichnen keine besondern Species. So gehören *C. Clusii, litorale, hungaricum, aestivum, purpurascens, reflexum, officinale* zu 1; *ibericum, caucasicum, orbiculatum, vernum, cilicium, Attkinsi* zu 2; *argyrophyllum, marmoratum, nobile, odoratum, graecum, Polii* zu 3; *byzantinum, fragans, romanum* zu 4; *subhastatum, linearifolium, autumnale, latifolium* zu 5; *antiochenum* zu 7.

Der Name *Cyclamen* ist von Tournefort in die Botanik eingeführt und abzuleiten von *cyclus*, weil Blätter und Knollen meist kreisrund sind. Im Alterthum heissen sie *Cyclaminos*. Das Vorkommen beschränkt sich auf die Gebirge der Mittelmeerländer, Alpen, Pyrenäen, Balkan und die spanischen Hochlande; ausnahmsweise finden sie sich auch in Böhmen und Schlesien, jenseits des Mittelmeeres im Atlas, Libanon, Persien, Kleinasien und Kaukassus. (Zeitschr. ges. N. III, 91.)

Wasseraufnahme durch die Blätter. Pflanzen, welche in einem genügend feuchten Boden leben, absorbiren niemals Wasser mit ihren Blättern; sowie aber die Blätter in Folge der Austrocknung des Bodens welken, beginnt sofort die Absorption und zwar steigert sich dieselbe in demselben Grade, als der Boden trockner wird. Ein leicht welker Zweig von *Eupatorium* mit 6 Blättern von etwa 90$\square^{cm}$ Oberfläche absorbirte in einer Nacht mehr als 4 Cubik^{cm} Wasser. (Ntf. IV. 47.)

Keimfähigkeit einzelner Pflanzen bei niedriger Temperatur. In einem Eiskeller, wo die auf einander geschichteten Eisblöcke mit Stroh überdeckt waren, hatten sich die ausgefallenen Körner zu jungen Pflanzen entwickelt. Die Wurzelfasern zeigten eine Länge von 1 Fuss und gingen durch mehrere Eisschichten hindurch. Sie hatten sich beim Wachsen den Weg selbst gebohrt und, das Eis schmelzend, das Wasser als Nahrung benutzt. (Zeitschr. ges. N. IV. 344.) Einen ähnlichen Fall hat Uloth im Sommer 1870 beobachtet. Er fand in Eisbrocken vollständig entwickelte Keimpflanzen von *Acer platanoides* und *Triticum vulgare* und zwar ca. 60 Stück von jedem. Das Eis hatte vor dem Einbringen in den Keller in einem Hof gelegen, der mit Ahornbäumen bepflanzt war; die Früchte waren abgefallen und an das Eis festgefroren.

Die Weizenkörner stammten, wie bei dem zuerst erwähnten Fall, aus Stroh, welches man zum Bedecken gebraucht hatte. Die Würzelchen waren oft 2—3 Zoll tief senkrecht in das Eis eingedrungen, die Pflanzen selbst ebenso kräftig entwickelt, als wenn sie bei höherer Temperatur in der Erde gekeimt hätten. Das Eindringen der Würzelchen war nur dadurch möglich, dass eine durch die Keimung relativ grosse Menge freigewordener Wärme das Eis zum Schmelzen brachte. Sprünge und Risse, durch welche das Eindringen hätte geschehen können, waren nicht vorhanden. Aus dem Eis herausgenommene Keimpflanzen von *Acer* wuchsen, in Erde verpflanzt, kräftig weiter. (Ntf. V. 9.)

Einfluss der Temperatur auf Pflanzen. Nach Versuchen von *de Vries*, einem holländischen Botaniker, ist das Maximum der Temperatur, bei welchem das Pflanzenleben noch fortdauert, im Wasser zwischen 45° und 47°, in der Luft zwischen 50° und 52°. Für einige Arten liegt diese Grenze noch etwas höher, ja einige Algen vegetiren sogar in Thermalquellen. Eine absolute obere Grenze ist also im Allgemeinen nicht estzustellen. Bei jungen Blättern liegt diese obere Grenze tiefer, als für alte und für die Spitzen langer Blätter tiefer, als für den Grund. Die untere Grenze der Temperatur, bei der noch Leben möglich ist, liegt jedenfalls unter Null. Weitaus die meisten Pflanzen, selbst tropische, können ohne Nachtheil für ihr Leben auf 0° abgekühlt werden. Die verschiedene Empfänglichkeit für den schädlichen Einfluss einer tieferen Temperatur beherrscht lediglich die Individualität. Eine Art Gewöhnung an niedere Grade, ein Abhärten oder wirkliches Akklimatisiren, findet nicht statt. Blätter und Stengel der Georgine z. B. erfrieren stets bei — 1° bis — 2°, obschon sie jetzt seit 60 Jahren bei uns·eingeführt sind, ebenso erfrieren die aus Indien stammenden Bohnen stets noch in Oberitalien, obgleich sie schon seit vielen Jahrhunderten dort cultivirt werden.

Ohne directen schädlichen Einfluss auf das Leben ist eine plötzliche und selbst bedeutende Temperaturschwankung, sobald sie nur innerhalb der oben angegebenen Grenzen bleibt. Einen sehr merklichen Einfluss haben diese Veränderungen aber auf die Bewegungen des Protoplasmas; sie verlangsamen nämlich die Bewegung und zwar um so mehr, je grösser sie sind, heben sie sogar zuweilen ganz auf. Was den Einfluss der Temperatur auf die Keimung betrifft, so hat jede Species ein Optimum d. h. einen Punkt, bei dem das Wachsen des Würzelchens schneller erfolgt, wie bei jeder andern Temperatur, ein bereits v. Sachs aufgefundenes Gesetz. Die Optimaltemperatur für das Erscheinen des Würzelchens d. h. die Temperatur, bei welcher die Zeit bis zum Hervorbrechen der Wurzel am kürzesten ist, liegt etwas tiefer, als die Optimaltemperatur für das Wachsthum. (Natf. IV. 37 u. V. 5)

Eigenwärme der Pflanzen. Die Untersuchungen mehrerer Blüthen von *Philodendron pinnatifidum* mittels des thermoelektrischen Multiplicators ergaben, dass die Eigenwärme des Blüthenschaftes eine ganz beträchtliche ist. Bei einer Blüthe war um 6½ Uhr N. die Temperatur mit der der Luft gleich, nämlich 19,9° C.; gegen 10 Uhr sank letztere auf 19,2 herab, die des Spadix stieg allmählich auf 27° und sank dann ebenfalls langsam, war aber am 2. Tag, 7 Uhr Morgens schon wieder auf 20° bei 18° Lufttemperatur und erhob sich Abends 9 Uhr 15° über die Lufttemperatur. Aehnliche Resultate lieferten die Temperaturmessungen an anderen Blüthen und weiter ergab sich, dass die Eigenwärme im Innern des Spadix am stärksten ist, niedriger in den Antheren, die weiblichen Organe, sowie der untere Theil des Schaftes aber gar keine Erhöhung zeigten. (Ztschr. ges. N.. III, 152.)

Aufnahme mineralischer Bestandtheile durch die Blätter Eine Kürbispflanze mit 8 je 27 Fuss langen Trieben. 200 Blättern und 4 Früchten vom Gesammtgewicht 5 Kilogr. ergab bei der Analyse über 600 Gr. Aschenbestandtheile und zwar 101 Gr. kohlensaures Kali, 24 Gr. schwefelsaures Kali, 181 Gr. kohlensauren Kalk und Magnesia, 206 Gr. phosphorsauren Kalk und phosphorsaure Magnesia und 84 Gr. Kieselsäure. Dagegen ergaben 6 Liter feuchten Bodens, innerhalb welcher sich die Pflanze entwickelt hatte, nur 1,91 Kali, 38,54 kohlensauren Kalk, 30,64 Gr. phosphorsauren Kalk. Eine andere Partie Erde desselben Bodens, die aber von keiner Pflanze bewachsen war, zeigte fast dieselbe Zusammensetzung. Es ist demnach der Schluss gerechtfertigt, dass die Kürbispflanze und vielleicht auch alle anderen Pflanzen ihre mineralischen Bestandtheile zum grossen Theil der Atmosphäre entnehmen. Eine Düngung des Bodens ist deshalb nicht überflüssig, weil die Pflanze in der ersten Entwickelungsperiode ohne Blätter ist, also allein von den Nahrungsbestandtheilen des Bodens leben muss. (Ntf. IV. 42.)

Die Veränderlichkeit der Blüthezeit der Pflanzen ist um so grösser, in eine je frühere Jahreszeit diese fällt. Für die im März blühenden Pflanzen beträgt die Schwankung ca. 37,6 Tage und für die im Juni blühenden 24,1 Tage. Die Schwankungen sind in positivem Sinne ebenso gross, als im negativen. (Ebd. V. 6.)

Kaffeethee. Auf der Insel Sumatra werden die Blätter des Kaffee-baumes in ähnlicher Weise zubereitet, wie die des Theestrauches und zur Darstellung eines Aufgussgetränkes benutzt, dessen physiologische Wirkungen denen des Thees und Kaffees ganz analog sein sollen. Der Gehalt an Theeïn (Kaffeeïn) der Kaffeeblätter übertrifft den der Kaffeebohnen, sowie der meisten Theesorten, wie die nachfolgenden von Mulder, Stenhouse, Graham, Campbell u. A. angestellten Analysen darthuen.

Kaffeethee	1,15 — 1,25% Theïn		Paraguaythee	0,13 — 1,25% Theïn
Souchonthee	1,50 — 2,55		Martinique Kaffee	0,36
China Bohea	0,60 — 0,70		Mocka	0,21
China Hyson	0,43 — 2,56		Cayenne	0,20
Java Hyson	0,55 — 0,60			

Der Preis des Kaffeethees ist ein ausserordentlich niedriger. Nach Johnston, Chemie des tägl. Lebens, betrug derselbe auf Sumatra im Jahre 1856 1½ Gr. Für 2 Gr. liesse sich derselbe auf den europäischen Markt bringen. Der Preis des chinesischen Thees beträgt an Ort und Stelle schon 6 Gr. und der des indischen 10 Gr. pro Pfd. (Gäa 1871. X. 1.)

Die **südaustralischen Grasbäume** galten seither bei den Colonisten für gänzlich unbrauchbar. Der Boden, auf dem sie wachsen, gehört zu dem magersten in Australien. Vor Kurzem hat man aber die Entdeckung gemacht, dass diese Bäume eine bedeutende Menge Terpentin und Zucker-stoff enthalten. Es ist in Folge dessen schon eine grossartige Fabrik in Thätigkeit, um die genannten Stoffe zu gewinnen. (Ebd.)

Pilzepidemien bei Insecten. Bei höheren Thieren, namentlich beim Menschen sind Pilze bisher nur als Erreger von Hautkrankheiten mit Sicherheit erkannt worden, als Ursachen innerer Erkrankungen nur vermuthet worden; bei niederen Thieren dagegen, insbesondere Insecten, entwickeln sie sich erwiesener Massen im Blute und erzeugen epidemische Krankheiten mit tödtlichem Erfolge. Schon seit 200 Jahren hat man auf dem Antillen, in China, Neuseeland, Mexico, später auch bei uns aus dem Leibe von Schmetterlingen, deren Raupen und Puppen, aus Wespen, Käfern etc. Pilze hervorwachsen sehen, ¹/₄—6‴ lang, meist schön gelb, an der Spitze oft kolbig verdickt oder verzweigt. An dieser Spitze sitzen die Früchte mit haardünnen, langen, meist zu 8 eingeschlossenen Sporen. Diese Pilze, die von Leveillé und Tulasne als *Torubia*, von Fries als *Cordiceps* beschrieben wurden, gaben zu dem Glauben Veranlassung, dass sich die Insecten in Pflanzen verwandelten. Dass diese *Cordiceps*-Pilze auch in unseren Gegenden Epidemien veranlassen, hat neuerdings Bail, Hartig und de Bary bei Kieferneulen und Kiefernspinnen nachgewiesen, ja es sollen 50—80% dieser Raupen hierdurch fallen. Ein anderer Pilz *Botrytis Bassiana* ist von 1835 bis vor 10 Jahren Ursache einer verheerenden Krankheit, der Muscardine oder Calcine, unter den Seidenraupen Südeuropas gewesen. Die abgestorbenen Raupen verwandelten sich in harte Mumien, die aussen mit weissem, staubigem Schimmel bedeckt, im Inneren mit trockenem, weissem Pilzgewebe erfüllt waren. Die Krankheit ist jetzt unter den Seidenraupen verschwunden, dagegen in den letzten Jahren bei den Kiefernraupen verheerend aufgetreten. Die Sporen keimen auf der Oberhaut der Raupen, die Keimschläuche dringen, die Haut durch-bohrend, in den Leib ein und schnüren hier viele walzige Fortpflanzungs-zellen ab, die sich im Blute verbreiten und nach ca. 14 Tagen die Raupe tödten. Nach dem Tode durchbrechen sie die Haut, um an der Aussen-seite die Sporen hervorzubringen. Ein anderer Pilz gehört der Gattung *Empusa* an und veranlasst das epidemische Absterben der Stubenfliege im Herbst, ferner der den Kiefernwäldern so schädlichen Floreule und der Zwerg-cicade. Ein neuer Pilz, *Tarichium sphaerospermum Cohn.* ist an den Erd-raupen der Ackersaateule, welche die Rapsfelder verwüstet, entdeckt worden. Die Raupen werden in ihrem Winterlager von diesem Pilze heimgesucht, zeigen sich anfangs bewegungslos, matt schwarz; nach dem Tode weich, dann eingeschrumpft, schliesslich als steinharte Mumien. Ihr Leib ist mit einer schwarzen, zunderartigen Pilzmasse erfüllt, die unter dem Mikroskop nur sehr grosse kugelförmige Sporen zeigt. Die Pilze gehen zeitig zu Grunde. Auch unter den Seidenraupen grassirt gegenwärtig eine Pilzkrankheit, die sog. Gattine und Pebrine. Sie ist verursacht durch die im Blute der Raupen entwickelten *Cornalia*'schen Körperchen, Leberts *Panhistophyton ovale*. (Ntf. IV. 16.)

Mykologische Beiträge. Von Müggeberg. Eine ausführliche Besprechung einer Reihe neuer Pilze, die sich finden an Weissbuchenspänen, wilden Reben, Maulbeerzweigen und Feigenzweigen. (Wiener zool. bot. Verh. XX. 635—58.)

Zur phykologischen Charakteristik der ostfriesischen Küsten und Inseln. Von Eiben. Verf. giebt am Schluss ein systematisches Verzeichniss sämmtlicher friesischen Algenarten nebst spez. Angabe der Standorte. (Hannov. Jahrb. XX. 37— 49.)

Neue Hyphomyceten Berlins und Wiens nebst Beiträgen zu deren Systematik. (Bull. Nat. Mosc. 1871. 88—147. Ztschr. ges. Nat. V. 94—98.)

Bryographische Studien aus den rhätischen Alpen. Von Pfeffer. (Allg. Schweizer Denkschr. XXIV. Ztschr. ges. Nat. IV. 351—6.)

Die Laub- und Lebermoose in der Umgegend von St. Goar. Von Herpel. Verf. stellt 192 selbstgesammelte Arten Laubmoose und 38 Arten Lebermoose mit genauer Angabe der Fundorte zusammen. (Nat. Verh. der Rheinl. XXVII.)

Vorläufige Mittheilung über Bewegungserscheinungen des Zellkerns in ihren Beziehungen zum Protoplasma. Von Hanstein. (Ebda.)

Die Bildung des Wickels bei den Asperifolien. V. Kaufmann. (*Mém. de soc. de Moscou*. XIII. Ztschr. ges. N. IV. 347—51.)

Flora der Schweizer Torfmoore. (Natf. IV. 365.)

Ueber die Frühjahrsperiode der Birke und des Ahorns. (Ebd. 371.)

Kopulirende Schwärmsporen bei Chlamydomonas. (Ebd. 52.)

Dr. Ackermann.

Neues aus dem Gebiete der Geognosie.

Structur von Gesteinen. R. Hagge hat in: Mikrosk. Unters. über Gabbro und verwandte Gesteine. Kiel 1871. die Resultate seiner mikroskopischen Untersuchungen verschiedener Gabbros, Hypersthenite und ihnen verbundene Serpentine aus verschiedenen Ländern niedergelegt. Besonders hervorzuheben ist der Nachweis des Olivins in mehreren Gabbrogesteinen (schwarzer Gabbro in Schlesien, Forellenstein von Schlesien, von der Baste, vom Radaner Berg bei Harzburg, von Drammen, Gabbro von Valeberg bei Kragerö). In dem Gestein von Valeberg zeigen die Dünnschliffe sogar deutliche Krystallumrisse; die verschiedenen Gabbros aus dem Veltlin führen nur z. Th. Olivin. Einige bisher als Gabbro oder Hypersthenit aufgeführte Gesteine sind hiervon zu trennen, weil sie gar keinen Diallagit und Hypersthen als wesentliche Bestandtheile enthalten und weil ihnen die granitartige Structur fehlt. (Z. B. Gabbro von Ehrenbreitstein, Hypersthenit von Spitzbergen.)

R. v. Drasche hat eine Menge Eklogite mikroskopisch untersucht. Es ergiebt sich aus seinen Untersuchungen, dass es am zweckmässigsten ist, sie in Omphacit führende und Hornblende führende einzutheilen. Beide Arten sind durch Uebergänge mit einander verbunden. Was die Genesis der sie zusammensetzenden Mineralien betrifft, so scheint der Granat immer älter, als Hornblende zu sein, da er sehr oft schön auskrystallisirt vorkommt und die Hornblende immer in Zonen um ihn krystallisirt. (Eingehendes in: Mineral. Mitth. v. Tschermak. Heft 2.)

C. W. Fuchs hat in: Mineral. Mitth. von Tschermak Heft 2. eine höchst lesenswerthe Arbeit über „die Veränderungen in der flüssigen und erstarrenden Lava" geliefert. Er bespricht zunächst die mechanischen Veränderungen an einzelnen Krystallen und zieht aus seinen Beobachtungen folgende Schlüsse: 1) Die Laven vom Vesuv und von Ischia (erstere Repräsentanten der Lava von basischer Natur oder basaltischer Gesteine, letztere solche saurer Lava oder trachytischer Gesteine) enthielten bei ihrem Ergusse aus dem Vulkane neben geschmolzener Masse bald eine grössere, bald eine kleinere Menge von Krystallen und Krystallbruchsäulen. 2) Wenn die geschmolzene Masse so reichlich war, dass die Krystalle in ihr schwammen, ordneten sich letztere so gut wie möglich nach der Schwere. 3) Die Krystalle wurden durch die Bewegung des Stromes zerbrochen und zertrümmert. 4) Durch Einwirkung der hohen Temperatur in der umgebenden geschmolzenen Masse wurden die Krystalle und deren Bruchstücke von Spalten zerrissen, auf welchen Lava in das Innere eindringen konnte, oder sie wurden angeschmolzen und erweicht. 5) Wird die verschiedene Schmelzbarkeit der einzelnen Species berücksichtigt, so kann man aus der Stärke und Häufigkeit der Veränderung auf die Reihenfolge der Ausbildung oder das Alter der Gemengtheile schliessen. 6) Es giebt sowohl in den vesuvischen Laven, wie in den Trachiten von Ischia Mineralien, die zum grössten Theile schon beim Ergusse der Lava vorhanden waren und andere, welche erst kurz vor dem Erstarren sich bildeten. Hierauf bespricht er die mechanischen Veränderungen von Mineralaggregaten. Sie bestehen 1) in einem Zerschellen der grösseren Stücke und in dem Abstossen von Ecken und Kanten, 2) in einer beginnenden Schmelzung (meist nur an Kanten und Ecken), 3) in molecularer Veränderung nicht vulkanischer Gesteine, wenn sie schwerer schmelzbar sind als die Lava. Die chemischen Veränderungen bestehen 1) in Oxydationserscheinungen, 2) in Reductionen in der Lava, 3) in Veränderung der Basicität.

Palaeontologisches. Dr. A. Günther, der gelehrte Ichthyolog am British Museum in London, hat in zwei Fischen aus den Flüssen von Queensland in Australien Angehörige der bisher als völlig ausgestorben geltenden Gattung *Cleratodus* der Trias- und der Jurazeit erkannt. (Jahrb. f. Min. u. Geogn. 1872. 1 Heft. S. 72 f.)

Feistmantel ist es gelungen, einen höchst erfreulichen Fortschritt in der palaeontologischen Forschung zu erringen, insofern er den Nachweis von verwandtschaftlichen Beziehungen vieler Fruchtstände zu den bezüglichen Mutterpflanzen liefert. (z. B. *Huttonia spicata* Ltbg. u. *Calamites Cisti* Brgt.; *Huttonia carinata* Germ. u. *Cal. Suckowii* Bgt.; *Bruckmannia tuberculata* St. u. *Annularia longifolia* Bgt.; *Cyatheites dentatus* Brgt. sp. u. *Cyathocarpus dentatus* Brgt. sp.; *Lepidostrobus variabilis* L. H. u. *Sagenaria elegans* Ltbg. sp.) (Eingehenderes in der Schr. d. k. böhm. Ges. d. Wiss. in Prag. 1871.)

Fraas hat in einer Höhle im Hohlenfels in der Nähe von Schelklingen einen Ort gefunden, der gleich Schussenried dafür beweist, dass zur Diluvialzeit (Eiszeit Schwabens) Menschen existirten. Sehr viele Reste von Bär, Rennthier, Pferd, Nashorn, Mammuth, Schwein, Löwe, Fischotter u. s. w. sind gefunden worden. (Jahrb. 1871. Heft 9.)

Anknüpfend an briefliche Nachrichten von Magdelis, welcher die Auffindung von Mammuthresten zwischen der Indigirka und Alaseja unfern des Eismeeres, sowie am Ufer der Kolyma zwischen Nishne-Kolymsk und Sredna-Kolymsk erfahren hatte und sie 1870 an Ort und Stelle besichtigte, stellt L. v. Schrenk in längerer Auseinandersetzung die Ansicht auf, dass die Fälle, in denen sich vollständige Mammuthleichen erhalten haben, keineswegs so zahlreich sein dürften, wie man zu glauben pflegt, dass sie vielmehr zu den grössten Seltenheiten gehören. Man stellt sich allgemein vor, dass ausser einzelnen Knochen, Schädeln, Gerippen und dergl. auch zahlreiche vollständige, wohlerhaltene Mammuthleichen in dem gefrorenem Erdboden Sibiriens stecken und ab und zu durch Abstürze u. s. w. zum Vorschein kommen. Dagegen ist v. Schrenk der Meinung, dass in der Regel die Mammuthleichen in schon zerstörtem, mehr oder weniger zerstückeltem Zustande durch Sand oder Schlamm eingebettet worden sind, dass aber in den wenigen Ausnahmefällen, wie bei den von Adams untersuchten an der Lena, weniger an ein Versinken des Thieres im Schlamm, als an ein Einbrechen in einen See oder in eine später vereiste Schneemasse zu denken ist, wo es vollständig vom Eis umgeben erhalten bleiben konnte Das Räthsel, wie gut erhaltene, vollständige Mammuthcadaver zahlreich in einer Zone vorkommen können, in welcher die lebenden Thiere keine ausreichende Nahrung gefunden haben, würde sich auf diese Weise sehr einfach lösen. (Westermann's Monatshefte 1872. 1. Heft.)

Bei Torquay Kent's Cavern befindet sich im Devonkalke eine Knochenhöhle, die aus einer Anzahl unregelmässig gestalteter Gallerien und kuppelförmig gewölbten Räumen besteht, ähnlich den Höhlen Westphalens und des Harzes im Devon. Die Ausbeutung der Höhle wird von der British Association planmässig wissenschaftlich betrieben und ihre Resultate werden jährlich veröffentlicht. Man hat bereits eine bedeutende Anzahl fossiler Wirbelthiere in mehr oder minder vollkommenen Resten nachgewiesen. (*Felis spelaea, Hyaena spelaea, Ursus spelaeus, U. priscus, Elephas primigenius, Rhinoceros tichorhinus, Equus caballus, Bos primigenius, B. longifrons, Cervus megaceros, C. tarandus* u. s. w.) Es haben sich dabei drei verschiedene über einander liegende Niveaus in den Ablagerungen der Höhle bestimmt unterscheiden lassen und in allen drei haben sich menschliche Knochen oder von Menschenhand herrührende Geräthe und Waffen gefunden. (Jahrb. 1872. 1. Heft.)

Dr. K. G. Zimmermann hat im Alluvium von Hamburg Ueberreste einer neuen Hirschart gefunden. (Jahrb. 1872. 1. Heft. S. 26—34.)

Meteorsteine. A. E. Nordenskiöld hat bei Ovifak in Grönland an der Küste 15 Blöcke gefunden, welche als Meteoreisen erkannt wurden; denn sie zeigen nach dem Aetzen die Widmannstädt'schen Figuren und enthalten 1,64—2,48 pr. c. Nickel. Die 2 grössten Blöcke sollen, nach ihrem Volum zu schliessen, 50,000 und 20,000 schwedische Pfunde wiegen; die kleinsten hatten 8 und 6 Pfund Gewicht. (Miner. Mitth. von Tschermak. 2. Heft.)

H. ENGELHARDT.

Realschullehrer-Examen in Oesterreich.

Mathematische und naturwissenschaftliche Themen,

welche von der k. k. wissenschaftl. Realschul-Lehramts-Prüfungs-Commission in Graz seit ihrem Bestehen (1869) den von dieser Commission bereits approbirten Lehramtscandidaten A) zur häuslichen Bearbeitung, B) zur Clausurarbeit vorgelegt wurden.

Es dürfte schon der Vergleichung halber mit andern Staaten für die Leser dieser Zeitschrift nicht ohne Interesse sein, über die Anforderungen an die Realschul-Lehramtscandidaten in Oesterreich etwas Näheres zu erfahren. Wir entnehmen diese Zusammenstellung der Zeitschrift „Realschule v. Döll" I. Jahrg. Heft 12. S. 542 und schliessen das Sprachlich-Geschichtliche aus.

A) Aufgaben zu Hausarbeiten.

3. a) Es ist aus dem Verhalten des Chlor's gegen die übrigen Elemente und deren Verbindungen, die des Kohlenstoffes mitinbegriffen, eine durch die wichtigsten Thatsachen begründete chemische Charakteristik des genannten Haloides abzuleiten und schliesslich motivirt anzuführen, welche Theile dieser Charakteristik mit dem, den Oberrealschulen zugewiesenen chemischen Lehrstoffe, bei den Schülern dieser Anstalten zu einem klaren Verständnisse gebracht werden können. — b) Welchen Antheil nehmen die Wurzeln bei der Ernährung der Pflanzen, und was haben die über diesen Gegenstand angestellten Versuche gelehrt?

4. a) Es ist die Sodafabrikation nach Leblanc sammt den neuesten Verbesserungen dieses Verfahrens zu beschreiben. — b) Welchen Antheil hat der Quarz an der Zusammensetzung der Gebirgssteine? — c) Lässt sich die Verschiedenartigkeit der Bedeckung als ein Eintheilungsgrund bei der Classification der Wirbelthiere benützen? — d) Welche Pflanzenfamilien sind im nördlichen, im mittleren und im südlichen Europa sowohl den Gattungen, als den Arten nach am meisten vertreten? Alles ist durch Beispiele zu belegen, die Nutzpflanzen sind besonders hervorzuheben.

5. a) Es ist eine Abhandlung über Rotationsflächen zu verfassen, in welcher besonders die Constructionen der ebenen Schnitte, der Berührungsebenen, der Normalen, der Beleuchtungs-Tonlinien und Schlagschattengrenzen, so wie der Durchschnitte zweier Rotationsflächen besprochen werden. Von den in Rede stehenden Objecten sind Zeichnungen, theils geometrisch in orthogonaler, axometrischer und perspectivischer Projection darzustellen, theils zu skizziren. — b) Es ist ein geschichtlicher Ueberblick zu geben, in welcher Weise sich die Theorie der imaginären Grössen bis zu ihrer dermaligen Bedeutung entwickelte, und der heutige Stand dieser Theorie, besonders hinsichtlich ihrer Wichtigkeit für geometrische und mechanische Entwicklungen ausführlich zu kennzeichnen.

8. a) Es ist der Grundgedanke räumlicher Ortsbestimmung durch Coordinaten im Allgemeinen zu entwickeln, mit besonderer Rücksicht auf krummlinige Coordinaten. In dieser Hinsicht ist namentlich das System der homofocalen Flächen des 2. Grades:

$$\text{I)}\ \frac{x^2}{\varrho^2} + \frac{y^2}{\varrho^2 - \varrho_1^2} + \frac{z^2}{\varrho^2 - \varrho_2^2} = 1,\ \frac{x^2}{\varrho_1^2} + \frac{y^2}{\varrho_1^2 - \varrho_2^2} - \frac{z^2}{\varrho_2^2 - \varrho_1^2} = 1,\ \frac{x^2}{\varrho_2^2} - \frac{y^2}{\varrho_1^2 - \varrho_2^2} - \frac{z^2}{\varrho^2 - \varrho_2^2} = 1$$

näher zu untersuchen, indem gezeigt wird, inwieferne die Parameter ϱ, ϱ_1, ϱ_2 der drei Flächen geeignet sind, als Coordinaten verwendet zu werden. Es sind die Grundformeln, welche zur Benützung dieses Coordinatensystemes erforderlich sind, für das allgemeine System I. und die specielleren in I. enthaltenen Systeme zu entwickeln. — b) Es sind die wichtigsten Methoden, nach welchen die Wellenlängen der farbigen Lichtstrahlen bestimmt werden können, zusammenzustellen, desgleichen die Principien, auf denen diese Methoden beruhen, theoretisch zu begründen.

9. a) Es sind die Gesetze der magnetisirenden Wirkungen des Voltai'schen Stromes vollständig zu entwickeln, und die wichtigsten technischen Anwendungen derselben (Telegraphie etc.) anzugeben. — b) Es sind die praktisch wichtigsten, algebraischen und geometrischen Aufgaben in systematischer Folge allgemein zu lösen und durch vollkommen ausgearbeitete Beispiele in besonderen Zahlen zu beleuchten, welche der Unterricht in der Mathematik an Realschulen in Hinsicht auf das Eisenbahnwesen hervorheben kann und soll.

10. a) Es sind die in wissenschaftlicher und gewerblicher Hinsicht wichtigen Kohlenwasserstoffe zu beschreiben und die Experimente auszuführen, durch welche die Eigenschaften derselben den Schülern erläutert werden können. — b) Es sind die Gesetze der Elektrolyse zu entwickeln und durch praktische Anwendungen zu erläutern.

B) Aufgaben zu Clausur-Arbeiten.

1. b) Eine kurze Schilderung der Erde in ihren Verhältnissen zum Sonnensystem. c) Beschreibung des Laufes der Donau vom Ursprunge bis zur Mündung, unter Anführung ihrer bedeutenden Nebenflüsse.

2. a) Der Rhein und seine Nebenflüsse. — b) Culturbild Italiens.

3. a) Es ist der chemische Charakter der Alkohole im Allgemeinen, und hierauf etwas eingehender die homologe Reihe der 1atomigen Alkohole von der gemeinschaftlichen Formel: $C_n H_{2n+1} \Big\rbrace O$ mit ihren Abkömmlingen, in ihren wichtigeren Repräsentanten zu schildern. — b) Beschreibung des Bleies in seinen wissenschaftlichen oder technisch interessanten Verbindungen. — c) Es sollen die Charaktere der Combinationen angegeben, die einfachen Gestalten, durch die sie bedingt werden, vollständig und mit ihren krystallographischen Zeichen aufgezählt und Beispiele aus der Natur beigefügt werden. — d) Welche Genera oder Species wären aus einer Conchylien-Sammlung auszuheben, und wozu, wenn es sich darum handelte, Oberrealschüler mit der nothwendigsten Terminologie für die Bestimmung von Schneckengehäusen bekannt zu machen?

4. a) Grundzüge der qualitativen chemischen Analyse und Gang der Analyse eines Kupferkieses mit qualitativer Bestimmung des Kupfers. — b) Praktische Ausführung der qualitativen Analyse des Kupferkieses, nebst qualitativer Bestimmung des Kupfers. — c) Welche Hauptformen der Blüthenstände unterscheidet man? Es sollen dieselben in Wort und Bild erläutert, und dafür Beispiele von bekannten Pflanzen gegeben werden. — d) Es soll die Classe der Insecten im Allgemeinen beschrieben werden. — e) Für jene Mineralien, aus denen Kupfer gewonnen wird, ist ein auf naturhistorische Merkmale basirter Schlüssel auszuarbeiten; auch sind sie kurz zu beschreiben.

5. a) Auf einen Kreiskegel ist mit Rücksicht auf die zur verticalen Projectionsebene senkrechten Sehstrahlen der Reflex einer durch die Kegelspitze gehenden Geraden zu construiren. — b) Eine halbrunde Mauernische aus Quadern ist in axometrischer Projection so darzustellen, dass die untere Gewölbfläche sichtbar erscheint. Der Steinschnitt ist durch Zeichnung und Text zu erläutern und das Bild der Nische in Farben auszuführen. — c) no ist die gemeinschaftliche Bildflächentrace zweier Ebenen $noff_1$ und $no\psi\psi_1$, welche mit einander den Winkel x einschliessen, und einen Kreis vom Halbmesser r berühren, dessen Ebene senkrecht auf no steht. Es ist das perspectivische Bild des Kreises zu zeichnen. — d) Es ist die Binominalformel für beliebige Exponenten abzuleiten und sind die Haupteigenschaften der Binomial-Coefficienten zu entwickeln. — e) Die allgemeine Gleichung des 2. Grades:

$$Ax^2 + By^2 + Cxy + ax + by + h = 0,$$

in welcher x und y die Coordinaten eines Punktes in der Ebene bedeuten, ist bezüglich der in ihm enthaltenen geometrischen Orte zu untersuchen, und sind die vorzüglichsten Eigenschaften derselben zu entwickeln. — f) Es sind die Grundformeln der sphärischen Trigonometrie abzuleiten.

8. a) Die Kennzeichen der Convergenz und Divergenz unendlicher Reihen sind in möglichster Ausdehnung auseinanderzusetzen. Zu erörtern ist auch der Fall, wo die einzelnen Glieder der Reihe die complexe Form: $a + b\sqrt{-1}$ besitzen. — b) Der Taylor'sche Lehrsatz für eine Function einer Veränderlichen zu entwickeln, so wie der darausfolgende Maclaurin'sche Satz. Das Restglied ist dabei besonders in Erwägung zu ziehen und in dieser Hinsicht der Zusammenhang dieser Frage mit der ersten Frage zu entwickeln. — c) Es sind die Entwicklungen einer Potenz des Sinus und Cosinus nach Sin. und Cos. der vielfachen Bogen vollständig abzuleiten. — d) Es sind die Grundzüge der mechanischen Wärmetheorie möglich einfach und übersichtlich geordnet zu entwickeln und auf permanente

Gase anzuwenden. — e) Welche Anwendungen lassen sich von den Gesetzen der Stromverzweigung zur Messung von Leitungswiderständen machen? — f) Wie lässt sich die Erscheinung des Regenbogens vollständig erklären?

9. a) Es ist die Formel für die Schwerpunkts-Abscisse eines Rotations-Körpers allgemein abzuleiten und auf einfache Beispiele (Kugelsegment, Umdrehungs-Paraboloid) anzuwenden. — b) Was nennt man galvanische Polarisation und wie kann man dieselbe bestimmen? — c) Es sind die Licht-Beugungs-Erscheinungen durch eine Spaltöffnung zu beschreiben und elementar zu begründen. — d) Eine Lehrstunde an einer Unterrealschule habe mit der Erörterung der abgekürzten Multiplication zu beginnen; es ist der Unterricht für diese Lehr- und Lernstunde niederzuschreiben. — e) Man bestimme x und y aus den Gleichungen $x^3 — 42x = y^3 — 42y + 126$ und $xy — 14 = 0$. — f) Es ist die Theilung einer gegebenen Strecke im äusseren und mittleren Verhältnisse zu erörtern, und sind die zunächst darauf beruhenden, praktisch wichtigsten Constructions-Aufgaben zu behandeln. — g) Es ist zu beweisen, dass 2 Ebenen zu einander parallel sind, wenn sie von einer 3. Ebene in parallelen Linien geschnitten werden und zur schneidenden Ebene nach derselben Seite hin gleiche Neigung haben.

10. a) Beschreibung des allgemeinen Ganges der qualitativen chemischen Analyse der häufiger vorkommenden Metalle und Metalloide. — b) Beschreibung der qualitativen Analyse eines Brauneisensteines mit gleichzeitiger Gewichtsbestimmung des Eisens. — c) Praktische Ausführung der Analyse von Brauneisenstein mit quantitativer Bestimmung des Eisens. — d) Wie findet man die Ausflussgeschwindigkeit von Flüssigkeiten aus Seitenöffnungen eines Gefässes? — e) Nach welchen Gesetzen erfolgt die Entwicklung von Wärme in einem geschlossenen Stromkreise? — f) Es sind die verschiedenen Arten von Fernröhren, ihrer Wirkung und Einrichtung nach zu beschreiben.

Versammlungen.

I. Versammlung des Vereins rhein. Schulmänner am 2. April in Cöln. 1) Vortragsthema (Dir. Dr. Jäger, Cöln): Ist es geboten, den Lehrplan des Gymnasiums und der Realschule 1. O. in den beiden untersten Classen identisch zu fassen? Resolution: „Es lässt sich nicht rechtfertigen, die Trennung des gymnasialen und des realistischen Bildungsweges schon mit Sexta zu beginnen; vielmehr liegt es im Interesse der nationalen Bildung, den Lehrplan der Gymnasien und Realschulen in den beiden untersten Classen identisch zu fassen. — 2) Vortragsthema (Dr. Zehme, Barmen): Ueber die Bedeutung der Gewerbeschulen neben Gymnasien und Realschulen (ohne Resolution). — 3) Vortragsthema (Oberl. Konen, Cöln): Was lässt sich innerhalb des gegenwärtigen Planes der Gymnasien für die Hebung des naturwissenschaftlichen Unterrichts thun? Resolution: „Die Versammlung erklärt, dass der wöchentliche zweistündige Unterricht in der Chemie für die I unbedenklich und da, wo geeignete Mittel vorhanden, sogar wünschenswerth sei, hält jedoch (nach dem Amendement Jägers) die Einwilligung des Ordinarius und Directors für diejenigen Schüler, welche sich an dem Unterrichte betheiligen wollen, für nothwendig und denselben für keinen Gegenstand der Prüfung. —

II. Versammlung von Lehrern an Realanstalten der westl. Provinzen am 3. April in Düsseldorf. Vorträge: 1) Ueber die Besoldungsverhältnisse der Lehrer an h. Lehranstalten (Dir. Dr. Krumme).

Anträge: a) Wir fordern für die Lehrer an städt. Schulen Gleichstellung bezügl. des Gehalts mit den Anstalten gemischten Patronats. b) Die Versammlung wählt eine Commission, welche eine dies erstrebende Petition an die Provinzialschulcollegien entwirft. Resolution: **Die Versammlung geht im Vertrauen auf das Entgegenkommen der Städte und in der Erwartung, dass sie sich bemühen werden, den Etat zu erfüllen, zur Tagesordnung über.** — 2) Ostendorf, über die Grundzüge einer Adresse, bez. Denkschrift an den Unterrichtsminister über Realschulen 1. O. und über Unterrichtsverwaltung. — 3) Ueber formale Bildung, Dr. Schmeding, Duisburg (ohne Disc.). — 4) Ueber Gesundheitspflege, Dr. Thomé, Cöln (o. D.).

Naturkundlicher Lehrkurs für Volksschullehrer in Württemberg.

In Stuttgart wird vom 1. Juli ab ein sechswöchiger naturkundlicher Lehrkurs für Volksschullehrer abgehalten, welcher wie die früheren von Herrn Professor Bopp von der Kgl. Baugewerkeschule daselbst geleitet wird. Zu diesem Kurs sind 15 Lehrer aus verschiedenen Gegenden des Landes einberufen worden. Die Gegenstände, welche derselbe behandelt, sind: **Die für die Volksschule wichtigsten und fasslichsten Belehrungen aus der Physik, Chemie und Mineralogie nebst Geognosie.** Bei dem heurigen Kurs soll neben der Hebung in der Experimentir-Fertigkeit **die methodische und didaktische Behandlung des Lehrstoffs** besonders ins Auge gefasst werden, namentlich auch die Ausdehnung, welche demselben in **einklassigen Volksschulen** gegeben werden kann.

Zugleich dürfte es die Freunde eines zeitgemässen naturkundlichen Unterrichts und der Lehrmittel zu seiner Ermöglichung interessiren zu erfahren, dass nach einem eben ausgegebenen Prospect Herr Professor Bopp zum Zweck, die Verallgemeinerung naturkundlicher Kenntnisse und mathematischer Anschauungen für den Volksunterricht zu unterstützen, ein **mathematisch-physikalisches** Institut gegründet hat. In demselben werden von Zeit zu Zeit Lehrkurse für Anstellung von Schulversuchen insbesondere Handhabung einfacher für den grundlegenden Unterricht berechneter Apparate ganz in derselben Weise, wie sie von dem Genannten auch für die Kgl. Oberschulbehörden abgehalten werden.

Durch Vermittlung dieses Instituts können die sämmtlichen von dem Inhaber desselben für den grundlegenden Unterricht herausgegebenen physikalischen, chemischen und metrischen Apparate in controlirten Original-Exemplaren unter der Adresse des Inhabers (C. Bopp, Professor in Stuttgart) am sichersten bezogen werden. Wir machen hierauf besonders aufmerksam, weil dadurch eine **Garantie für Bezug möglichst guter Lehrmittel** gegeben ist, was um so mehr von Wichtigkeit ist, als die Bopp'schen Apparate von verschiedenen Seiten in rein äusserlicher Weise nachgemacht und von Händlern in oft sehr mangelhaften Exemplaren angeboten werden. Es ist darauf zu achten, dass nach mehrfachen unliebsamen Erfahrungen der Herausgeber sich zu der Bestimmung veranlasst gesehen hat, dass fortan nur die **direct durch seine Vermittlung bezogenen oder mit seinem Controle-Zeugniss versehenen Apparate als ächt zu betrachten sind.**

Kurze Anzeige von Zeitschriften und Büchern.

1. Realschule, Zeitschr. für Real-, Bürger- und verwandte Schulen herausgegeben von E. Döll und M. Kuhn, von uns bereits angezeigt I, 526., bietet in ihrem 1. Bde. (1871, 12 Hefte) einen reichen Inhalt und gewährt besonders einen belehrenden Einblick in das österr. Realschulwesen. Von Jahrgang II liegt uns Heft 1—3 vor und heben wir für unsere Zwecke hervor: einen Aufsatz von M. Kuhn über den physik. Unterricht an österr. Realschulen, sowie eine Weltausstellungszeitung.

2. Monatsblätter für Zeichenkunst und Zeichenunterricht. Da diese Zeitschrift zu unserer in inniger Beziehung steht, so liegt uns die Pflicht ob, auf dieselbe hinzuweisen. Wir thun dies heute, indem wir eine Mittheilung aus Jahrg. 1871 No. XII. über Zeichenutensilien herausheben, wo nach dem Urtheile der Untersuchungscommission über die Ausstellung des Vereins zur Förderung des Zeichenunterrichts gerühmt werden als Lehrmittel: a) Mass-Stäbe vom Mech. Ed. Preisinger in Augsburg, b) Reisszeuge vom Mech. Schönner in Nürnberg u. c) Bleistifte von C. Hardtmuth in Budweis, nächstdem die von Grossberger und Kurz in Nürnberg, während die von Faber (Nürnberg) als geringer befunden wurden. Die Redaction wird bestrebt sein, durch eigene Anschauung von der gerühmten Güte dieser Lehrmittel sich zu überzeugen.

3. Die Nouvelles Annales de Mathematiques p. Gerono et Brisse fahren fort neben ihrem reichhaltigen Material Aufgaben (*Questions*) und deren Lösungen (*solutions*) zu bringen. Erstere haben bereits die Zahl 1091 (s. Juliheft) erreicht, welche geordnet zusammengestellt, eine hübsche Aufgabensammlung darstellen würden. Der Mitredacteur Mr. Brisse hat in Verbindung mit Hrn. André auch einen *Cours de Physique* (Paris, Dunod 1872) verfasst, welcher Rechnung und Experiment gleichmässig berücksichtigend in mässigem Umfange und in jener eleganten Form, die man an französischen Werken gewohnt ist, dasjenige gibt, was man bei uns an den Mittelschulen als Vorbereitung zur allgemeinen oder technischen Hochschule zu bieten pflegt.

Preisaufgaben

I. der Benecke'schen Stiftung in Göttingen

für 1874—75: Vollständige Behandlung der Theorie der Abel'schen Functionen für $p = 3$ im Zusammenhang mit der algebraischen Theorie der ebenen Curven 4. Ordnung. — Einzureichen bis 31. Aug. 1874 beim Dekan der philos. Fakultät in Göttingen (deutsch, lat., franz. oder engl.). Erster Preis 500 Thlr. Gold in Fr. d'or. Zweiter Preis 200 Thlr. Verleihung der Preise 1875 am 2. März dem Geburtstag des Stifters in öffentlicher Sitzung der Fakultät. Gekrönte Arbeiten bleiben unbeschränktes Eigenthum des Verfassers. — (Ueber die vorige Preisvertheilung s. L. C.-Bl. Nr. 12. Jahrg. 1872.)

II. der Fürstlich Jablonowski'schen Gesellschaft in Leipzig

für 1874: „Auf einem Rotationskörper, dessen Meridian durch die Lemniskate (Cassinische Curve) $(x^2 + y^2)^2 - 2a^2 (x^2 - y^2) = b^4 - a^4$ dargestellt ist, soll die Vertheilung der Elektricität unter dem Einfluss gegebener äusserer Kräfte ermittelt werden. (Die Beantwortung des Specialfalls

$b = a$ würde durch die Methode der reciproken Radien — Methode der sphärischen Spiegelung — auf den Fall eines Hyperboloids reducirbar und für die Erlangung des Preises unzureichend sein.) Vergl. Math. Annalen von Clebsch-Neumann S. 138.

für 1875: „Es ist durch neue Untersuchungen die Lage der Schwingungsebene des polarisirten Lichts endgültig festzustellen. Der Preis für jede dieser Aufgaben beträgt 60 Dukaten. Bis Ende November des betr. Jahres an den Sekretär der Gesellschaft einzusenden. —

Nekrologe.

Babbage, berühmter englischer Mathematiker. * 1792; † im October v. J. in London.

Wilhelm v. Braun, herzogl. Anhalt-Bernburgischer Geheimrath und Staatsminister a. D., bekannter Forscher auf dem Gebiete der Geognosie und Paläontologie, namentlich Anhalts. * 1. October 1790 zu Thal bei Ruhla; † 6. Februar zu Gotha.

Hugo v. Mohl, Professor der Botanik in Tübingen. * 1801; † 1. April 1872.

Theoph. Engelbach, Professor der Chemie in Bonn. * 1823 zu Mainz; von 1863—1869 Professor in Giessen; † 1. April 1872.

Dr. Martin Ohm, Professor der Mathematik an der Univerität in Berlin. * 6. N. 1792 in Erlangen, † 1. April in Berlin. Er wurde 1811 Privatdocent in Erlangen, 1817 Lehrer der Math. am Gymnasium zu Thorn, 1824 Professor in Berlin. Er war ein Bruder des den 6. Juli 1854 in in München verstorbenen Professors der Physik Georg Simon Ohm, Entdeckers des Ohm'schen Gesetzes. Von seinen Werken seien erwähnt: Elementarzahlenlehre. Erlangen. — Versuch eines vollk. consequenten Systems der Mathematik. 3. Aufl. Berlin 1853. — Lehrbuch der höheren Analysis. 4 Bde. — Die reine Elementarmathematik. 3. Aufl. — Die Lehre vom Grössten und Kleinsten. — Lehrbuch für den gesammten mathematischen Elementarunterricht. Lpz. 3. Aufl. — Lehrbuch der Mechanik. 3 Bde. Ebd. — Lehrbuch für die gesammte höhere Mathematik. Ebd. — Der Geist der mathematischen Analyse. Ebd.

Samuel Fenley Breese Morse, Erfinder des nach ihm benannten Schreibtelegraphen. * 27. April 1791 zu Charlestown; † 3. April 1872 in New-York. Der Telegraph wurde zuerst im Jahre 1835 in New-York von ihm öffentlich ausgestellt, erst 1843 aber gelang es ihm von der amerikanischen Regierung eine Unterstützung von 30000 Doll. zu erhalten, um eine Versuchslinie zwischen Washington und Baltimore zu errichten. Seit 1858 wirkte er als Professor an der Universität New Haven.

August Ernst Paul Laugier, französischer Astronom. * 1812; † in der ersten Aprilwoche zu Paris 60 J. alt. —

Dr. Hans Pfaff, ordentl. Prof. der Mathematik in Erlangen, ein Schüler v. Staudts. † den 20. Mai im 48. Lebensjahre. Verfasser von: Neuere Geometrie, 2 Thle. Erlangen 1867.

Dr. W. H. Brennecke, Director der Realschule in Posen. * 13. Dec. 1813 in Demmin; † 18. Mai zu Posen. Zuerst als Lehrer an einer Realschule Berlins thätig, wirkte er später an dem Gymnasium zu Jever und später in Cottbus; 1845 wurde ihm das Directorat der Realschule zu Kolberg und 1853 das der Realschule I. O. zu Posen übertragen.

Dr. med. et phil. Joh. Fr. Christ. Hessel, Professor der Mineralogie und Technologie in Marburg. * 27. April 1796 in Nürnberg, † 3. Mai in Marburg. Er gehörte Marburg seit Herbst 1821 an, wohin er von Heidelberg als ausserordentlicher Professor berufen worden war. Von seinen

Werken seien erwähnt: Die merkw. arithm. Eigenschaften der wichtigsten Näherungsreihen für die Formenabstände der Planeten etc. Marburg, Elwert. — Die Weinveredelungsmethoden des Alterthums. Ebd. Koch. — Krystallometrie oder Krystallonomie und Krystallographie auf eigenthümliche Weise und mit Zugrundlegung neuer allg. Lehren der Gestaltenkunde dargestellt. Leipzig, Schwickert. — *Parallelepipedum rectang. eiusdemque sectiones in usum crystallographiae.* Heidelberg. — Versuche über Magnetketten. Marburg, Bayrhofer. — Löthrohrtabellen für mineralogische und chemische Zwecke. Elwert. — Ueber gewisse. merkw. statische und mechanische Eigenschaften der Raumgebilde mit Schwerpunkt. Ebd. — Die Anzahl der Parallelstellungen und Coincidenzstellungen eines jeden denkbaren Raumdinges mit seinem Eben- und Gegenbilde. Cassel, Fischer.

Dr. Joh. August **Grunert**, Professor der Mathematik an der Universität Greifswald und zugleich Lehrer der Mechanik und Mathematik an der laudwirthschaftlichen Akademie Eldena. * 7. Febr. 1797 in Halle; † Anfangs Juni. Er wurde 1821 Lehrer der Mathematik und Physik am Gymnasium in Torgau und an der Kriegsschule der 6. Division, 1828 am Gymnasium in Brandenburg und 1833 Professor in Gött. Er schrieb u. A. Die Kegelschnitte. Lpz. — Statik fester Körper. Halle. — Supplemente zu Klügels Wörterbuch der Mathematik. Lpz. — Elemente der Differential- und Integralrechnung. — Elemente der sphärischen und sphäroidischen Trigonometrie. — Analytische Geometrie. — Lehrbuch der Math. und Physik. — Loxodromische Trigonometrie. — Seit 1841 gab er das Archiv für Mathematik und Physik heraus.

Dr. Wilh. **Casselmann**, Professor der Chemie. † am 15. Febr. d. J. in Wiesbaden. (Z. a. Chem. 11.)

Adolph **Strecker**, Professor der Chemie in Würzburg. * 21. Oct. 1822 in Darmstadt, † 7. November 1871. (B. Ber. 5. 125.)

Carl Jul. **Fritzsche**. (B. Ber. 5. 132.)

H. **Lecoq**, bedeutender Geologe. † 4. Aug. 1871. (N. J. Min. 1872. 67.)

Briefkasten.

A) Allgemeiner.

1) Wir machen die Herren Fachgenossen aufmerksam auf die „Bibliotheka mathematica" von A. Erlecke, Halle a. S., welche in 15 Abtheilungen alle erschienenen mathemat. Werke systematisch geordnet enthalten soll. Preis 5 Thlr. Prospect daselbst. —

2) Anregung zur Bearbeitung einer Geographie von Deutschland durch deutsche Lehrer nach einheitlichem Plane haben wir schon längst in dieser Zeitschrift geben wollen, wurden aber aufs Neue dazu angeregt durch eine Zusammenstellung von 14 Heimathskunden Allgem. Schulzeit. 1872. No. 13., welche unter dem Gesammttitel „Kleine Schulgeographie bei G. Heiberg (Schleswig) erschienen sind. Dieser Plan hat Manches für, aber auch Manches gegen sich, und es wäre uns im Interesse des Unterrichts wünschenswerth, wenn tüchtige Geographie-Lehrer sich darüber aussprechen wollten. Für sich hat er besonders, dass jährlich zum bestimmten Termin die Veränderungen aus sämmtlichen Bezirken an das Central-Redactions-Bureau gesandt, von dort aus in „Nachträgen" bekannt gemacht und in spätere Auflagen verarbeitet werden könnten. — Ganz auf ähnliche Weise liess sich eine Schulstatistik bearbeiten.

3) **An die Herren Verfasser und Drucker von Schulbüchern:** Es ist schon so manchmal gewünscht worden, verdient aber immer wieder

erinnert zu werden, dass jedes Schulbuch zum raschern Nachschlagen a m Kopfe der Seiten die Paragraphenzahl trage. Nicht minder wünschenswerth erscheint die Preisangabe jedes Buchs und die Seitenzahl bei neuen Abschnitten.

B) Specieller.

Hrn. B. in St. Wird mitgetheilt. — Hrn. F. in A. Recension der phys. Werke viel zu umfangreich und so leider nicht zu gebrauchen. — Z. i. F. Notiz besorgt. — Mr. H. in Bordeaux. Br. erhalten. Besten Dank für dié Brochüre. Notizen benutzt. Antwort später. — Mr. Brisse, Paris. Nouv. Ann. 1870 u. 71 und 6 Hefte 1872 richtig empfangen. — A. in H. Bibliographie, Progr. Repert. erh. — S. in B. Journaltausch erfolgt. Mit den Vorschlägen ganz einverst. — B. i. S. (Würt.) Eilt nicht mit G.-J. — K. i. W. phys. Rep. erh. — M. i. Helsingfors. Theilbarkeit d. Z. — Dir. D. i. Br. Bericht erhalten. — E. i. D. Recens. u. Rep. empfangen. — Hrn. H. i. R. Haben Sie Ihre Arbeit über Natg. aufgegeben? — Hrn. v, d. H. i. E. Das Rechenlineal durch die Verl.-Handlung zurück. — H. i. G. Wo bleibt die verspr. humor. Naturgesch. der lat. Gramm. v. X.? — Z. i. W. Ihre Entgegnung fand leider jetzt wegen ihrer Länge keinen Raum. — A. i. S. (Schweiz) Ihre Aufsätze über einen Cursus d. neuern Geom. später. —

Nachtrag

In Folge nachträglich nöthig gewordener Beschränkung der ursprünglichen Figuren-Zahl von 9 auf 7 wolle der geneigte Leser folgende Aenderungen der Buchstaben-Bezeichnung in Figur 4 vornehmen:

Die Entwicklung der Gleichung auf Seite 223 erfordert in Figur 4 statt: „$K-D-Q$" die Buchstaben „$D-B-E$" und die Beschreibung und Handhabung des Trisections-Curven-Zirkels auf Seite 232—235 in derselben Figur statt: „$K-D-Q-N$" die Buchstaben „$D-A-B-E$" zu setzen.

Diese nach obwaltenden Umständen leider unvermeidlich gewordene zweifache Bezeichnung der Figur lässt sich indess, ohne Irrthum zu erregen, leicht, wie folgt, ausführen:

Man schreibe die erste Correctur über das Lineal ($F-K-D-Q-N$), die andere unter dasselbe, also:

$D-B-E$ (zu Seite 223).

$F-K-D-Q-N$ (entsprechend Figur 5).

$D-A-B-E$ (zur Seite 232 ff.).

Ausserdem beliebe man noch Folgendes zu berichtigen:
Seite 215 Zeile 4 v. o. statt: „einer" lies „zwei."

„ 220 Zeile 6 v. o. füge an: „$\left(\frac{x}{2}\right)$."

„ 228 Zeile 9 v. o. setze nach ACM, „also Sehne $NM = (CL) = AM$."

„ 228 Zeile 17 v. o. setze nach Winkels. „Also ist $CL =$ Sehne $AM = MN = NB$."

„ 230 *) füge an: „$CK = AO$ und $KH = NM = \frac{x}{2}$."

„ 231 Zeile 8 v. o. statt: „Figur 6" lies „Figur 5, punktirte Curve."

Seite 231 Zeile 10 v. o. vor Conchoide setze: „inneren"

„ 231 *) streiche: „u. 8."

„ 231 **) statt: „Figur 6" lies „Figur 5"

„ 231 **) statt: „ACS" lies „ACB", streiche die untersten beiden Zeilen dieser Anmerkung und schreibe
dafür: „AB die äussere (punktirte) Conchoide in K'''
schneidet. AK''' muss daher $= AM = MN = NB$,
also auch $= CL$ sein. (Vergl. Behauptung auf S. 227.)"

Seite 232 Zeile 15 v. o. statt „Figur 7" lies „Figur 4."

„ 236 Zeile 9 v. u. statt „Figur 8" lies „Figur 6."

„ 239 Zeile 16 v. o. statt „Figur 9" lies „Figur 7."

Im Verlage von B. G. Teubner ist ein Separat-Abdruck der
„Lösung des Problems der Trisection von Dr. H. Hippauf" erschienen. In demselben sind alle vorstehenden Berichtigungen
bereits ausgeführt. Die Abhandlung nebst zwei Figurentafeln ist
durch alle Buchhandlungen für den Preis von 12 Sgr. zu beziehen.

Zur Methode des Unterrichts in der Algebra.

Von Dr. Reidt in Hamm.

1) Die Auflösung von (algebraischen) Bestimmungsgleichungen gilt vielfach für einen Theil unseres mathem. Schul-Unterrichts, welcher das Interesse der Schüler besonders anrege. Die glückliche Ueberwindung der anscheinenden Schwierigkeit einer in complicirter Fassung gestellten Aufgabe, mit welcher die jugendliche Geisteskraft sich zu messen Gelegenheit findet, die Freude des Findens und Gelingens, die Sicherheit und die allgemeine Anwendbarkeit des Verfahrens, endlich auch nicht selten der an sich anregende Inhalt einer gut gewählten Aufgabe sind in der That ebenso viele Hebel für die Bildung eines solchen Interesses. Allein mir scheint, dass man sich in dieser Beziehung auch vielfach täuscht. Von den beiden Theilen, in welche die Behandlung einer Aufgabe mittelst der Gleichungen zerfällt, verlangt der eine, die Auflösung der gegebenen oder gefundenen Gleichungen selbst, nur eine rein mechanische Arbeit, welche allerdings, wie wohl allgemein zugegeben wird, jedem, auch dem schwächsten Schüler zugänglich gemacht, deren Ausführung daher auch von jedem verlangt werden kann. Von der Bildung jener Gleichung aber aus den Bedingungen der Aufgabe, dem sogenannten Ansetzen, wird gewöhnlich gesagt, dass sich für dieselbe bei der unendlichen Mannichfaltigkeit der möglichen Aufgaben keine bestimmten Regeln oder Anleitungen geben lassen, dass sie vielmehr dem Scharfsinn des Rechners überlassen bleiben müsse. Wenn nun gerade in dieser Bethätigung eines gewissen Scharfsinns, d. i. hier der nöthigen Klarheit der Auffassung, der eigenthümliche Reiz zu suchen ist, welchen die Behandlung der algebraischen Bestimmungsgleichungen befähigteren Köpfen gewährt, so kann doch andererseits nicht geleugnet werden, dass thatsächlich nicht wenigen Schülern

schon bei Aufgaben, welche über die einfachsten Beziehungen
hinausgehen, die Gleichung oft mehr durch eine Art instinkt-
mässigen Gefühls unter der Hülfe der mathematischen Zeichen-
sprache, die „für uns rechnet und denkt", als durch eine klare
Erkenntniss jener Beziehungen gelingt, was sich bei näherem
Ausfragen nach den Gründen des Ansatzes sehr bald heraus-
stellt. Schwächere oder denkträge Köpfe scheitern schon frühe
auf diesem Gebiete ganz und gar; sie freuen sich dann, nachdem ihnen der Ansatz durch einen Mitschüler gegeben ist, nun
die mechanische Auflösung machen zu können, und da diese
es ist, die mit dem Resultat das eigentliche Ziel der speciellen
Aufgabe liefert, so bilden sie sich wohl gar ein, dass sie doch
die Hauptsache selbst gethan hätten. Ihr Interesse an dieser Partie
des Unterrichts beruht wesentlich auf der Freude, etwas arbeiten zu können, ohne sich geistig anstrengen zu müssen, auf
der Meinung, eine gewisse Leistungsfähigkeit zu entwickeln
und Lob zu verdienen, indem sie ein mit verhältnissmässig geringer Anstrengung erworbenes Können mechanisch an einer
grösseren Reihe von Aufgaben zur Anwendung bringen. Dass
hiermit die bildende Kraft des Unterrichts nicht ausgenützt wird,
ist an sich klar, und es bleibt deshalb wünschenswerth, auch
den schwächeren Schülern den Weg zur Auffindung des Ansatzes in Etwas zugänglich zu machen, zwar nicht durch
„Regeln", aber doch durch eine verständige Anleitung für die
nicht allzugrosse Zahl derjenigen Aufgabengruppen, welche
unter der „unendlichen Mannichfaltigkeit" eine besondere
praktische oder theoretische Bedeutung haben. Es kommt dazu,
dass das bunte Durcheinander, welches die betreffenden Aufgaben-
Sammlungen an dieser Stelle nachweisen, wenn es auch anfangs
durch den Wechsel der Objecte den Reiz der Neuheit erhält,
doch auf die Dauer auch ermüdend wirken kann und den Schüler
jedenfalls nicht recht zu einem klaren Bewusstsein der vollen
Bedeutung des Gelernten gelangen lässt. Das Interesse haftet
vorwiegend am Einzelnen oder Zufälligen; es entbehrt mehr
oder minder des eigentlichen wissenschaftlichen Gepräges.

Die Gedanken, die im Anschluss an das Gesagte im Folgenden über die Methode des betreffenden Unterrichts entwickelt
werden, sind schwerlich neu; vielleicht erscheint Manches als
jedem denkenden Lehrer längst bekannt; Anderes dürfte auch

Widerspruch finden. Was den Verfasser zu ihrer Veröffentlichung bewogen hat, ist vorzugsweise der Wunsch, eine Aufgabensammlung zu finden, oder für die Herausgabe einer solchen
zu wirken, welche ihm und denen, die mit ihm gleicher Ansicht
sind, die Ertheilung des Unterrichts nach den aufgestellten
Principien erleichtere.

Es würde zur Belebung des Interesses beitragen, wenn man
den betreffenden Unterricht gleich von vornherein mit Aufgaben
beginnen könnte, welche die Bildung eines Ansatzes verlangen.
Wenn der Schüler gleich am Anfang sieht, dass er nicht blos
mit mathematischen Formen zu operiren hat, die ihm an sich
ziemlich gleichgültig sein können, sondern dass er eine bestimmte
Anwendung auf Gebiete des praktischen Lebens oder der Wissenschaft machen kann, so wird er um so lieber die mechanischen
Operationen der Umformungen lernen. In der That wird es
sich empfehlen, die ersten aufzulösenden Gleichungen zu diesem
Zweck an leichte eingekleidete Aufgaben zu knüpfen; allein eine
wirkliche Durchführung dieses Verfahrens ist kaum möglich,
denn eine gewisse Sicherheit und Fertigkeit in der Ausführung
jener Operationen wird vorher erworben sein müssen, ehe man
an die schwierigere Forderung der Bildung der Gleichungen
herantritt. Jene Einsicht in die praktische Anwendbarkeit wird
ja auch theilweise dadurch ersetzt, dass der Schüler die früher
gelernten Sätze und Formeln aus ' den vier Species der sogenannten Buchstabenrechnung hier anwenden lernt.

Ist nun jene Fertigkeit erworben, so sind weiterhin die eingekleideten Aufgaben nicht sowohl nach der grösseren oder geringeren Complicirtheit der aus ihnen resultirenden Gleichungen
oder nach der (oft individuellen) Schwierigkeit des Ansatzes,
sondern nach bestimmten Kategorien ihres Inhalts zu ordnen.
Zuerst kommen die leichten Fälle, in denen der Wortlaut eigentlich nur eine unmittelbare Uebertragung der Gleichung in Worte,
das Ansetzen also nur eine Rückübersetzung in die Formelsprache
ist. Nach diesen Vorübungen beginne ich etwa mit Aufgaben
aus der Zinsrechnung. Für einen bestimmten Fall der letzteren,
z. B. für die Berechnung des Zinsfusses aus dem Kapital und
den njährigen Zinsen, werden mehrere Beispiele in bestimmten
Zahlen durchgenommen, welche sich nur durch die Wahl der
letzteren unterscheiden (wo nebenbei auf gehörige Abwechselung

zwischen verschiedenen Zahlformen behufs der Wiederholung
für das praktische Rechnen gesehen wird). Es folgt dann dieselbe Aufgabe in Buchstaben, indem also hier die Gleichung
$\frac{K}{100} \cdot x \cdot n = s$ auf x aufgelöst wird. Das Resultat $x = \frac{100\,Z}{K \cdot n}$ wird
in Worten ausgesprochen und erhält so die Gestalt einer aller-
dings jetzt mechanischen Rechnungsregel, deren Anwendung
auf die vorhergegangenen Zahlenbeispiele den Schülern klar
macht, wie in der allgemeinen Auflösung alle einzelnen bestimmten Beispiele mit enthalten sind. Indem dieses Verfahren
sich consequent bei den folgenden Aufgabengruppen wiederholt,
bis seine Bedeutung Allen völlig klar geworden ist, erscheint
dem Schüler das neue Unterrichtsfeld schon jetzt nicht blos als
die Kunst, verschiedene praktische Aufgaben zu lösen, sondern
vielmehr als diejenige, allgemeine Regeln oder Auflösungs-
Methoden zu finden, und diese Erkenntniss trägt nach meiner
Erfahrung nicht unerheblich zur Erhöhung des Interesses, auch
bei schwächeren Schülern, bei.

An die genannten Aufgaben schliessen sich zunächst in
gleicher Behandlungsweise diejenigen an, welche durch Ausgehen
von derselben Gleichung mit Wechsel der Unbekannten aufgelöst
werden, also die Bestimmung von K und die von n. Erst dann
wird zu einer neuen Gruppe übergegangen, etwa derjenigen,
welcher die Beziehung zwischen Anfangskapital, Procentsatz,
Anzahl der Jahre und angewachsenem Kapital, also die Gleichung

$$K \cdot \left(1 + \tfrac{pn}{100}\right) = C$$

zu Grunde liegt, und welche zu den drei verschiedenen Aufgaben
der Bestimmungen von K, von p und von n führt. Die äussere
Einkleidung der auf eine solche Gleichung führenden einzelnen
bestimmten Aufgaben wird natürlich eine mannichfaltige sein,
also nicht gerade blos von ausgeliehenen Kapitalien und ihren
Zinsen handeln, die innere Beziehung ist jedoch immer dieselbe.
Indem man nun — um kurz zu sein — in der angedeuteten
Weise zuerst langsam und schrittweise zu weiteren Aufgabengruppen übergeht und dabei auch von der stereotypen Bezeichnung der Unbekannten durch den Buchstaben x abzusehen gewöhnt, wird dem Schüler mehr und mehr klar, dass jede derartige
allgemeine Formel mehr ist als eine Bestimmungsgleichung

für eine zufällige Unbekannte, dass sie vielmehr eine Be-
ziehungsgleichung zwischen den in ihr enthaltenen Grössen
ist, welche je nach den Umständen als Bestimmungsgleichung
für jede einzelne von diesen gebraucht werden kann.

In dieser Weise werden nach einander die sogenannten
bürgerlichen Rechnungsarten und die Bewegungsaufgaben durchgenommen, wobei natürlich eine vollständige Erschöpfung aller
möglichen Fälle nicht nothwendig ist und das Verfahren im Einzelnen sich bei dem fortschreitenden Unterricht immer kürzer
gestaltet. Das Ansetzen der Gleichungen wird so allmählig zum
klaren Aufsuchen der Beziehungen zwischen den Grössen der Aufgaben und ihrer Darstellung in mathematischen Formeln, die
dann sogleich die Grundlage für je einen ganzen Kreis von Aufgaben bilden, und deren rasche Auflösung auf jede einzelne
ihrer unbestimmten Grössen, soweit als thunlich im Kopfe, geübt
wird. Das Verfahren erscheint trockener, als es ist; der Schüler,
der allmählig seine Kräfte erstarken, seinen Horizont sich erweitern sieht, gewinnt gerade hierdurch eine eigene Anregung;
zudem gehören auch in unseren gebräuchlichen Sammlungen
die meisten Aufgaben über Gleichungen ersten Grades mit einer
Unbekannten in die angegebenen Gebiete und sind nur nicht
nach denselben systematisch gegliedert; endlich kann, um das
Vergnügen der Schüler an anderweiten Aufgaben, wie z. B. den
humoristisch-poetischen im Heis, nicht zu verkümmern, die Auflösung auch solcher nebenbei betrieben werden, und sie wird
namentlich auch für die häuslichen Arbeiten willkommen sein.
Den Schluss bildet eine Auswahl der schwierigeren von derartigen Aufgaben.

Die Gleichungen mit mehreren Unbekannten bieten nur durch
Eliminationsmethoden Neues; die eingekleideten Aufgaben zu
denselben können jetzt schon in freierem Wechsel gewählt
werden.

Die Behandlung der Bestimmungsgleichungen erfährt jetzt
eine Unterbrechung, da man gegenwärtig wohl allgemein die
Gleichungen ersten Grades unmittelbar auf die Gesetze der Operationen der ersten und zweiten Stufe zu deren Einübung folgen
lässt. Mit der Lehre von den Potenzen, Wurzeln und Logarithmen wird ein neues Gebiet betreten, welches über den Bereich
des sogenannten bürgerlichen Rechnens hinausgeht, und welches

dann eine entsprechende praktische Anwendung in den quadratischen Gleichungen (oder denen höherer Grade), sowie in den
einfacheren Exponentialgleichungen und dergl. findet. Das Verfahren auf der früheren Stufe hat dem Schüler in systematischer
Weise gezeigt, dass er allen Anforderungen des praktischen
Lebens an seine Rechenkunst mit dem neuen Hülfsmittel genügen kann; er weiss aber auch, dass alle Rechnungen, die er
damals gemacht hat, auch ohne dieses Hülfsmittel, durch unmittelbare Vernunftschlüsse, durch Proportionen oder die Reduction auf die Einheit ausgeführt werden können; sein
früheres Können ist durch eine neue, aber einheitliche und allgemeine Methode erweitert worden. Die Einsicht, dass den nunmehr an ihn herantretenden Aufgaben das gewöhnliche praktische Rechnen aus einem mehr elementaren Unterricht nicht
mehr gewachsen, dass es also in gewissem Sinne ein höheres
Wissen ist, welches jetzt dargeboten wird, trägt nicht unwesent-
lich zur Werthschätzung desselben bei, und wenn das erhöhte
Interesse auch mit einem gewissen Selbstgefühl, was Rechtes zu
wissen, verbunden sein kann, so dürfte dieses auch bei fleissigen
Schülern nicht ohne alle Berechtigung und mindestens unschädlich sein.   Ist es doch eine weite Aussicht auf noch höhere,
ferner liegende Gebiete, die sich auch an dieser Stelle dem
Blicke des Schülers eröffnet, ohne dass wir ihn in dieselben
hineinführen können, und so wird auch hier, wie überall, ein
wirkliches Wissen die Mutter der Bescheidenheit sein.

2. Die angeführten Gebiete sind übrigens nicht die einzigen,
aus welchen der Uebungsstoff zu entnehmen ist. Das Feldgeschrei
unserer Tage auf dem Gebiete des Unterrichts ist „Concentration".
Man sucht dieselbe besonders in einem gegenseitigen Ineinander-
greifen und sich Fördern, oder auch in einer gemeinschaftlichen Betreibung verschiedener Fächer des Lehrplans, wie der Geschichte
bei der Lectüre classischer Schriftsteller, der geometrischen
Formenlehre im Zeichen-Unterricht, und dergl. mehr. Aber auch
die einzelnen Lehrfächer müssen sich innerhalb ihres eigenen
Gebietes concentriren, und auch der in der Stundenzahl an der
Mehrzahl der deutschen Schulen stark beschnittenen Mathematik
wird eine gewisse Concentration nicht schädlich sein. Dahin
rechne ich den Versuch, bei dem gleichzeitigen Unterricht in
der Arithmetik und Geometrie auch eine gleichzeitige Beziehung

und gegenseitige Unterstützung der zusammen behandelten Partien beider Fächer, soweit als möglich, stattfinden zu lassen. So bietet, um bei unserem eigentlichen Thema zu bleiben, die Auflösung geometrischer Constructionsaufgaben mittelst algebraischer Analyse ein passendes derartiges Gegenstück zu den Bestimmungsgleichungen. Es wird dies namentlich für die quadratischen Gleichungen ausführbar und lohnend sein, ja man wird geradezu einen grossen Theil des Uebungsmaterials für die letzteren aus geometrischen Aufgaben entnehmen können. Theilweise ist dies auch in den gebräuchlichen Aufgabensammlungen der Fall; was ich meine, ist der Wunsch, dass dies systematischer geschehe, und dass ein speciell ausgearbeiteter Lehrplan die gleichzeitige Behandlung des Gegenstandes in dem geometrischen und dem arithmetischen Unterricht durchführe. Statt also in dem letzteren die quadratischen Gleichungen an Beispielen mit willkürlichen und gleichgültigen Zahlen und Beziehungen zu üben, und dann späterhin das erworbene Wissen in der Geometrie als mehr oder minder mechanisches Hülfsmittel anzuwenden, concentrire man beide Partien zu innigerer Wechselwirkung, so dass nicht nur die eine der anderen, sondern beide sich gegenseitig dienen.

Bei dieser Gelegenheit erlaube ich mir, nebenbei auf eine das Interesse der Schüler oft recht anregende Uebung aufmerksam zu machen; es ist dies das Bilden einer Reihe geometrischer Aufgaben, welche durch eine und dieselbe Gleichung gelöst werden können, aus dieser gegebenen Gleichung. So kann man, um ein Beispiel anzuführen, aus der Gleichung

$$x^2 = a \cdot (a-x),$$

auf welche der goldene Schnitt führt, die folgenden Aufgaben gleichsam herauslesen:

Ein rechtwinkliges Dreieck zu construiren, in welchem die Höhe gleich der Differenz der Abschnitte der Hypotenuse ist, wenn der grössere dieser Abschnitte gegeben ist. — Eine Strecke so zu theilen, dass das Rechteck aus den beiden Abschnitten gleich der Differenz der Quadrate über denselben sei. — Eine Strecke so zu theilen, dass der kleinere Abschnitt das geometrische Mittel zwischen dem grösseren und der Differenz der beiden Abschnitte ist. — Eine Strecke so zu theilen, dass das Rechteck aus den beiden Abschnitten gleich dem Rechteck aus

der ganzen Strecke und der Differenz ihrer Abschnitte ist. —
Ein rechtwinkliges Dreieck zu construiren, wenn die Summe
der Hypotenuse und einer Kathete gegeben ist, und die zweite
Kathete das geometrische Mittel zwischen den beiden ersteren
Seiten sein soll. — Eine gegebene Sehne eines Kreises so zu ver-
längern, dass die von dem Endpunkt der Verlängerung an den
Kreis gelegte Tangente gleich der Sehne wird. Und dergl. mehr.

Wie einerseits alle diese Aufgaben mittelst der Theilung
nach dem goldenen Schnitt gelöst werden können, so können
sie andererseits durch sonstige geometrische Construction auf
Modificationen in der Ausführung jener ersteren Aufgabe führen.

3. Kehren wir zu unserem eigentlichen Gegenstand zurück,
so ist ferner zu wünschen, dass die Sammlung bei den Aufgaben mit gegebenen Gleichungen, wo also kein Ansatz verlangt wird, möglichst auf solche Beispiele Bedacht nehme, welche
durch leichte Abweichungen von dem hergebrachten Gang
der Umformungen eine Erleichterung für die Auflösung gewähren, und so den Schüler anregen, nicht blos den Mechanis-
mus der Umformungen in der gewöhnlichen Reihenfolge vorzunehmen, sondern auch ein wenig dabei zu denken. So wird
z. B. bei der Gleichung

$$\frac{5b - 6c}{4a^2} x + 2a - \frac{5b - 4a}{3b - 4c} x - \frac{3b - 5n}{2a} = \frac{5n - 4c}{2a} - \frac{6c - 4a}{3b - 4c} x$$

(aus Heis) der gedankenlose Schüler zunächst mechanisch Glied
für Glied mit dem Hauptnenner $4a^2 . (3b - 4c)$ multipliciren,
während der denkende zunächst die Glieder mit gleichen Nennern
verbindet und so die einfachere Gleichung

$$\frac{5b - 6c}{4a^2} x + 2a = \frac{3b - 4c}{2a} + \frac{5b - 6c}{3b - 4c} x$$

bildet. Die Wahrnehmung, dass die beiden Glieder mit x denselben Zähler haben, führt jetzt auf

$$(5b - 6c) x . \frac{3b - 4c - 4a^2}{4a^2 . (3b - 4c)} = \frac{3b - 4c - 4a^2}{2a},$$

dann auf

$$\frac{5b - 6c}{2a(3b - 4c)} x = 1; \quad x = 2a . \frac{3b - 4c}{5b - 6c}.$$

Tragen derartige Beispiele auch nur bei einzelnen Schülern zu
einer Beseitigung des gedankenlosen Schlendrians bei, so ist
damit schon ein achtungswerther Gewinn erreicht.

4. Bei den Aufgaben mit mehreren Unbekannten werden dem Schüler in der Regel die drei bis vier landläufigen Eliminationsmethoden vorgetragen. Man wird häufig die Beobachtung machen, dass derselbe sich eine Lieblingsmethode auswählt, gewöhnlich die zuerst gelernte, und diese dann, wo ihm die Wahl gelassen wird, fast ausschliesslich benutzt. Es ist dies auch kein grosser Schaden, denn im Grunde geschieht doch bei allen jenen Methoden dasselbe, nur in wenig verschiedener Anordnung. Man kann nun die Frage aufwerfen, ob es unter diesen Umständen nicht zweckmässig sei, dass der Unterricht auf diese Neigung der Schüler, statt sie zu bekämpfen, geradezu eingehe, eine Methode also in den Vordergrund stelle, die anderen nur soweit behandele, dass sie eben bekannt sind, und die gewonnene Zeit anwende, um zum Schlusse das ganze sich immer gleichmässig wiederholende Eliminationsverfahren durch eine, wenn auch in den allerersten Anfängen der Theorie bleibende Anwendung der Determinanten für die Zukunft zu ersparen. Die Frage, ob die elementaren Theile dieser Theorie in unseren Schulunterricht einzuführen seien, steht auf der Tagesordnung. Das neuere Schriftchen von Hesse über diesen Gegenstand, welches dazu bestimmt ist, dieser bereits stattgefundenen Einführung an den bairischen Realgymnasien zu Grunde gelegt zu werden, muss die Frage auch den norddeutschen Lehrern nahe legen, zumal es sich hier nicht um eine von den Behörden zu genehmigende Erweiterung des Lehrpensums auf ein neues Gebiet, sondern wesentlich nur um eine methodische Frage innerhalb eines schon vorhandenen Unterrichtsgegenstandes handelt, deren Entscheidung meines Erachtens zunächst Sache des einzelnen Lehrers für sich ist. Denn als unzweifelhaft betrachte ich, dass nicht eine allgemeinere Theorie der Determinanten, sondern vorwiegend nur deren specielle Anwendung auf die Auflösung algebraischer Gleichungen Gegenstand unseres Schulunterrichts werden kann. Anfangs ein entschiedener Gegner der vorgeschlagenen Neuerung, habe ich mich allmählig zu derselben bekehrt, nachdem ein praktischer Versuch des Repetitionscursus der Prima, sowie ein zweiter in einem Privatcursus mich von der Möglichkeit und dem Nutzen derselben überzeugt haben. Ich habe mich dabei im Allgemeinen dem Verfahren angeschlossen, welches Gallenkamp in seinen

Elementen der Mathematik befolgt, und dasselbe etwas weiter
ausgeführt; die Schrift von Hesse — ich sage dies auf die Gefahr hin, der Anmassung gegenüber dem grossen Meister der
Wissenschaft, dem gerade die Determinantentheorie so viel ver-
dankt, beschuldigt zu werden — schien mir dazu nicht recht
geeignet. Dieselbe ist selbstverständlich mit allen den Vorzügen
der Klarheit, Eleganz, Schärfe und strengen Wissenschaftlichkeit
ausgestattet, welche die Werke des berühmten Forschers kennzeichnen, allein sie scheint mir trotzdem als Schulbuch noch
etwas zu hohe Forderungen an die Geisteskraft unserer Durch-
schnitts-Schüler zu stellen. Denn wenn sie auch von der concreten Anwendung auf die Auflösung von Gleichungen ausgeht,
so beginnt sie doch in dieser Beziehung sogleich mit der wissenschaftlichen Allgemeinheit der Untersuchung und verlangt so
einen Grad des Abstractionsvermögens, welchen zu entwickeln
auch unseren Primanern zum grossen Theile nicht eben leicht
sein dürfte, und jedenfalls bedarf man für die Schule neben dem
Werke Hesses noch eines besonderen Exempelbuches. Damit
wäre denn noch eine weitere Seite für die zukünftige arithmetische Aufgabensammlung vorgezeichnet. Mir scheint, dass die
betreffenden Beispiele, ebenso wie die Lehre, sich unmittelbar
an die Auflösung der Gleichungen ersten Grades mit mehreren
Unbekannten in stufenmässigem Fortschritt vom Besonderen zum
Allgemeinen anzulehnen hätten. Zunächst tritt schon bei Gleichungen mit zwei Unbekannten der Gedanke auf, das in allen
einzelnen Fällen gleichmässig wiederkehrende Eliminationsverfahren dadurch entbehrlich zu machen, dass man, ähnlich wie
unter anderen Verhältnissen schon früher und auch später,
z. B. bald darauf bei den quadratischen Gleichungen verfahren
wird, dasselbe ein für allemal an Gleichungen von allgemeiner
Form ausführt und sich die allgemeinen Resultate behufs Substitution der jedesmaligen bestimmten Werthe im einzelnen Falle
merkt. Das Bildungsgesetz der Zähler und Nenner in

$$x = \frac{c_1 b_2 - c_2 b_1}{a_1 b_2 - a_2 b_1}, \quad y = \frac{a_1 c_2 - a_2 c_1}{a_1 b_2 - a_2 b_1}$$

ist leicht gefunden; man hat die Determinante eines Systems
von vier Elementen kennen gelernt. Die Auflösung von drei
Gleichungen mit drei Unbekannten, zuerst an einer Reihe besonderer Fälle geübt, führt sodann entsprechend, unter Anwen-

dung der Coefficientenmethode zur Aufsuchung allgemeiner Formeln für die Resultate und durch diese zum Begriff der Determinante dritten Grades. Nebenbei tritt die Wahrnehmung auf, dass die Coefficienten, mit welchen die einzelnen Gleichungen multiplizirt werden, Determinanten zweiten Grades sind, die später unter dem Namen Unterdeterminanten behandelt werden, wie denn überhaupt mehrere der einfacheren Sätze über die Determinanten auf diesem Wege zunächst am concreten Beispiel, gleichsam erfahrungsmässig, gewonnen werden, so dass die spätere allgemeinere und wissenschaftlichere Theorie ein Fundament vorfindet, welches das Verständniss derselben vermittelt. Der Uebergang zu Gleichungen mit vier Unbekannten zeigt die Analogie des Verfahrens und der Resultate und führt demgemäss zu dem Verlangen nach einer allgemeineren Untersuchung. Nach einer derartigen Propädeutik macht nun die Definition der Determinante n ten Grades und die Untersuchung ihrer einfacheren Eigenschaften keine Schwierigkeit mehr. Wegen der Anwendung der Permutationen wird dieselbe ihre Stellung auf dem Gymnasium erst in dem Unterricht der Prima finden können. Sie geht bis zu dem Nachweis, dass die in besonderen Fällen gefundene Regel für die Resultate der Auflösung von n linearen Gleichungen allgemein gelte, und bis zu der vereinfachten Berechnung des Werthes der Determinante mittelst der successiven Reduction auf das Produkt eines ihrer Glieder mit seiner Unterdeterminante.

5. Da ich im Früheren die gleichzeitige Betreibung verwandter Gegenstände im arithmetischen und geometrischen Unterricht behufs der Concentration befürwortete, so muss ich noch auf einen dagegen vorzubringenden Einwand antworten. Man kann entgegnen, dass gerade die Anwendung des früher Gelernten an einer davon entfernten Stelle des Unterrichts von besonderem methodischen Werthe sei. In der That wird ein verständiger Unterricht die unerlässliche fortwährende Repetition weniger in dem für den Lehrer, wie für die Schüler, äusserst ermüdenden Wiederholen des Gelernten in derselben Form und Reihenfolge als in einem steten Ueben und Anwenden desselben auf verwandten Gebieten suchen. Dazu aber findet sich noch anderwärts reichliche Gelegenheit, vor Allem in der Trigonometrie. Hier sind es zunächst in dem geometrischen Theil die

trigonometrischen Bestimmungsgleichungen, deren Auflösung ein
ausgedehntes Feld bietet, auf welchem die Uebung und Wiederholung der algebraischen Methoden sich mit derjenigen der trigonometrischen Formeln verbindet. Sie dienen gleichsam als die
Exerzitien, an denen wir die Formenlehre beider Disciplinen
gleichzeitig üben und einprägen können. Späterhin gesellen
sich zu ihnen u. A. die Aufgaben der Dreiecksberechnung aus
Bestimmungsstücken, welche nicht sämmtlich unmittelbar Seiten
oder Winkel sind, und bei denen es sich für eine rein trigonometrische Behandlung wesentlich um die Auflösung gegebener
oder zu bildender Beziehungsgleichungen auf gesuchte unbekannte
Grössen handelt. Auch auf noch manchen anderen Gebieten
fehlt es ja nicht an reichlicher Gelegenheit zur Anwendung und
damit zur Uebung der algebraischen Auflösungsmethoden, für
welche somit ein Verlernen nicht zu befürchten steht.

Studien über geometrische Grundbegriffe.

Vom Herausgeber.

I. Der Begriff der Richtung und Verwandtes.

Wie in den meisten Lehrbüchern der Geometrie die Untersuchungen über unsere Raumvorstellungen und die Entwickelung der geometrischen Grundbegriffe (gleichsam der metaphysische Theil) die schwächste Seite ist*), so wird ganz besonders unter diesen Grundbegriffen der Begriff der Richtung vernachlässigt. Kaum erörtert oder umschrieben, geschweige denn definirt, wird er meist stillschweigend vorausgesetzt als unmittelbar klar (nicht erklärbar) oder nicht erklärungsbedürftig. Jeden Begriff in den Elementen einer Wissenschaft aber, der als Grundbegriff (oder so zu sagen Axiombegriff) gilt, sollte man ausdrücklich als solchen bezeichnen. Das Einzige, was die Erörterungen dieses Begriffs gemeinsam haben, ist seine Unzertrennlichkeit von dem Begriff der Geraden.

Ich habe zum Beweise dieser Behauptungen einige der gangbarsten und anerkannt besten Lehrbücher der Geometrie, daneben einige mathematisch-philosophische Schriften nachgeschlagen und gebe im Folgenden eine Auslese der obenbezeichneten Erörterungen und zwar — um nicht zu verletzen — ohne jeden kritischen Commentar. Sodann werde ich meine eigene Ansicht über diesen Grundbegriff darlegen.

Gar nicht definiren Richtung die berühmten Autoren Euklid und Legendre, sowie Herbart in seinem ABC der Anschauung. Auch Klügel im mathematischen Wörterbuch (Leipzig 1823. Th. IV) übergeht diesen Begriff. Von den neuern beachtenswerthen Schul-

---

*) Eine lobenswerthe Ausnahme hiervon macht E. Müller, Elemente der Geometrie, Braunschweig 1869; siehe diese Zeitschrift I, 323.

bücher-Autoren unterlassen die Definition Beez (Elemente der Geom. Plauen 1869. Einl.) und einige Andere. Die übrigen, welche Richtung wenigstens erörtern, will ich in alphabetischer Ordnung aufführen.

Baltzer (Elemente der Mathematik. 3. Aufl. Leipz. 1870. II, S. 3. § 1) sagt: „Die einfachste unter den Linien ist die Gerade, welche eine von einem Punkte ausgehende Richtung (und die entgegengesetzte) angibt, und nach dieser Richtung ins Unendliche sich erstreckt;" und in der Anmerkung: „der · Begriff der Geraden ist vermöge seiner Einfachheit nicht definirbar, Richtung ohne die Gerade unverständlich."

B. Becker (über die Methode des geometrischen Unterrichts, Frankfurt a. M. 1845. S. 15): „Das Hauptmoment der Bewegung, insofern sie räumlich aufgefasst wird, ist die Richtung und so ergiebt sich der erste Unterschied der geraden und krummen Linien."

J. C. Becker (Verf. der Abh. aus dem Grenzgebiete der Mathem. und Philosophie in seinem Leitfaden für den Unterricht in der Geometrie an Mittelschulen, Schaffhausen 1872) S. 18, § 8: „Da die Gerade AB bei dieser Drehung fortwährend ihre Stellung ändert, so kann man dieselbe ansehen als das Mass für die Abweichung der Stellung der CD von der Stellung der AB" und (S. 21): „man bedient sich, um Stellungsunterschiede zu messen, des sogenannten Transporteurs oder Winkelmessers." — Becker vermeidet also den Begriff „Richtung" ganz und substituirt ihm den Begriff „Stellung".

Eingehender spricht sich

Fresenius (die psycholog. Grundlagen der Raumwissenschaft. Wiesbaden 1868. S. 30, § 4) über diesen Begriff aus. Doch erörtert er streng genommen nur die psychologische Genesis des Richtungsbegriffs, ohne eine definitive Erklärung desselben zu geben. Er sagt nämlich:

„Nachdem· wir die geradlinige Bewegung zwischen zwei Punkten unzählige Male mit unserem Bewusstsein vollzogen haben, freilich nicht mit der Aufmerksamkeit auf den Weg, sondern aufs Ziel gerichtet, so muss sich der vom selbstthätigen Sinn als Complexbild aufgefasste Weg als solches unserem Bewusstsein besonders fest eingeprägt und eine unverlöschliche Spur in demselben hinterlassen haben. In dieser Allgemeinheit, welche die Vorstellung von der Geraden in unserem Bewusstsein angenommen hat, wird sie sich aber auch längst von dem Begriffe des Ziels befreit haben und als selbstständige Idee des ziellosen Hinauszu im Bewusstsein existiren. Es kommt dazu, dass auch abgesehen von der Erfahrung an den realen Dingen der Umgebung diese gerade Bewegung sich als die einfachste denkbare, als welche sie nun erkannt ist, unserm Nachdenken als zugehörig zu der einfachen Bewegungsursache, der Kraft, empfiehlt, so dass uns hinfort mit der Vorstellung der Kraft unmittelbar die beiden Vorstellungen der Grösse (Geschwindigkeit) und der geraden Richtung der Bewegung als von der Kraft unzertrennliche Aeusserungen vor dem Bewusstsein stehen.

Was man also bei der Frage über die Zulässigkeit des Richtungsbegriffes gegen ihn vorbringen kann, ist, dass er kein Grössenbegriff sei; das ist er auch nicht. Ungerechtfertigt aber ist es, ihn unklar zu nennen. Er ist dem Bewusstsein eben so klar, so sicher und so ursprünglich, als der der Grösse."

Fries (mathematische Naturphilosophie, Heidelberg 1822) sagt in dem Abschnitte über die Grundbegriffe der Geometrie (§ 68):

„Die Verhältnisse der Figuren werden nach Ort, Richtung, Lage und Bewegung des übereinander Befindlichen vorgestellt. ... Durch die Richtung wird der Unterschied des Geraden, Winklichten und Krummen bestimmt. Gerade ist, dessen Theile alle in einer Richtung liegen. Die gerade Linie ist die Abstraction einer einfachen Richtung. Winklicht ist der von einem Punkte aus gemessene Unterschied der Richtungen. Krumm ist eine Ausdehnung, wenn in ihrer Verlängerung oder Ausbreitung eine stetige Veränderung in der Richtung ihrer Theile bestimmt ist."

„Die Grundbegriffe sind hier eigentlich die von Ort und Richtung. Ort bezieht sich auf die Verhältnisse der Construction nach den Abmessungen der Ausdehnung. Richtung bezeichnet das hier ... neu hinzukommende räumliche Verhältniss. Die Lage einer Figur wird durch Ortsbestimmungen und Richtungsbestimmungen in ihren Verbindungen mit einander construirt. ... Drehung ist Veränderung der Richtung." —

Dass man in Herbarts *ABC* der Anschauung (Göttingen 1804) nach einer Definition des Richtungsbegriffes vergeblich sucht, ist ja wohl bei dem propädeutischen Charakter dieses Werkes sehr natürlich. —

Helmes (Elementarmathematik, Hannover 1862. II. Planim. Einl. § 2): „Die Richtung und demgemäss die gerade Linie wird uns vorgezeichnet durch den Weg, den das Licht von einem ins Auge gefassten Punkte nach diesem Auge nimmt, natürlich demselben und dem einzigen Wege, auf welchem umgekehrt das Auge von seiner Stelle im Raume aus zu diesem Punkte gelangt." —

Kambly (die Elementarmathematik, Breslau 1870. II) lässt den Begriff Richtung unerklärt, spricht aber in § 3 von dem „nach allen Richtungen" ausgedehnten Raume und erklärt in § 8 die gerade Linie als diejenige, welche in allen ihren Punkten dieselbe Richtung hat." —

Kober (diese Zeitschr. I, S. 235): „Der Begriff „gerade" Linie kann und braucht nicht erklärt zu werden: er fällt zusammen mit dem Begriff „Richtung" (Nord, West etc.). Eine gerade Linie ist bestimmt durch einen Punkt und die Richtung. Die Richtung kann durch einen (zweiten) Punkt (als Ziel der Richtung) ersetzt werden."*).

E. Müller, Elem. der Geom. Braunschweig 1869. I. S. 15): „Das, wodurch sich die Strahlen eines Büschels von einander unterscheiden, heisst ihre Richtung." (Vergl. II, S. 4 Nr. 24; II, S. 10.) Dasselbe S. 17 auf die Ebene angewandt. — S. 16: „Da sich nun aber alle Strahlen oder Geraden, die durch einen Punkt gelegt werden, nur durch ihre Richtung unterscheiden, so bestimmt der zweite Punkt jedesmal auch die Richtung der durch den ersten Punkt gelegten Geraden." —

J. Müller, (Lehrbuch der Planimetrie, Bremen 1870. S. 1. Einl.):

(§ 2.) „Raumgebilde heissen alle Vorstellungen, welche sich aus den drei einfachen Grundvorstellungen des Raumes, des Orts, der Richtung ohne Hinzuziehung anderer Grundvorstellungen ableiten lassen."

---

*) Ein kleiner Aufsatz über Richtung von Kober folgt später.

(§ 3.) „Man kann sich den allgemeinen Raum nicht in der Mehrheit vorstellen, während die Vorstellung des Orts sowohl als der Richtung an sich eine besondere ist, so dass im allgemeinen Raume unendlich viele Oerter, unendlich viele Richtungen vorhanden sind. Die Vorstellung des allgemeinen Raumes ist unveränderlich. Die Vorstellungen des Ortes und der Richtung sind der Veränderung fähig. Die Veränderung dieser Vorstellung heisst Bewegung. Die Veränderung des Ortes wird Fortbewegung oder Verschiebung (progressive Bewegung), die Veränderung der Richtung wird Drehung genannt. —

T. Müller (Lehrbuch der Geometrie, Halle 1844) definirt zwar Richtung nicht, erörtert aber den Begriff in Abschnitt I, 11, δ: „durch die Aufeinanderfolge, in welcher zwei die Lage einer Geraden bestimmende Punkte genannt werden, lässt sich zugleich die Richtung bestimmen, in welcher man sich die Bewegung eines dieselbe erzeugenden Punktes gedacht hat.“ Und

I, 14: „Soll eine solche Linie (nämlich Curve) durch die Bewegung eines Punktes hervorgebracht werden, so muss dieser seine Richtung fortwährend ändern.*)

Ohm (die vier Elemente der Mathematik. 2. Bd. 3. Aufl. 1847. p. 93. § 1) sagt:

„In diesem uns gegebenen Raume unterscheiden wir .... 3) die Linie als Grenze der Fläche, welche wieder als eine gerade (auch Richtung genannt) oder als eine krumme erscheint.“ Und p. 94. § 2: „Eine Richtung (gerade Linie) erscheint uns durch zwei Punkte als völlig bestimmt und gegeben in's Unendliche fort; so dass durch dieselben zwei Punkte nicht zwei oder mehr noch verschiedene Richtungen (gerade Linien) durchgehen können,“ und ähnlich ist an verschiedenen

---

*) In der neuen Ausgabe von K. L. Bauer (Halle 1872) heisst es, nachdem in § 4 „Erzeugung der räumlichen Gebilde durch Bewegung,“ wohin doch die Definition des Richtungsbegriffes gehört, Richtung unerklärt gelassen ist — in § 7 („die verschiedenen Arten der Linien“): „Die gerade Linie oder Gerade, von der Jedermann eine klare Vorstellung hat, ist unter allen möglichen zahllosen Verbindungslinien zweier Punkte die kürzeste, weil sie ohne jede Richtungsänderung, also ohne Umweg direkt von dem einen Punkte nach dem andern geht.“

anderen Stellen stets Richtung als identisch mit gerader Linie gebraucht. —

Recknagel (Elem. Geometrie für Schulen, München 1871. S. 7, Erkl. 13): „Unter Richtung von einem Punkte 1 nach einem Punkte 2 versteht man den von 1 über 2 ins Unendliche gehenden Strahl. Von einem dritten Punkte sagt man „er liegt in dieser Richtung“, wenn er in dem oben definirten Strahle liegt.“

Reidt (Elemente der Mathematik. Berlin 1868. II, S. 2): „Eine krumme Linie entsteht durch Bewegung eines Punktes, der seine Richtung beständig ändert. Eine krumme Linie ist also eine solche, welche nirgends gerade ist. Der Begriff der geraden Linie ist nicht definirbar, er wird als gegeben vorausgesetzt. Der Begriff der Richtung setzt den der Geraden voraus.“ (Vergl. Baltzer.) —

Riecke (Rechnung mit Richtungszahlen, Stuttgart 1856) definirt Richtung nicht.

Schlömilch (Grundzüge etc., Geom. des Masses, Eisenach 1854. § 1. S. 7): „Das einzige Merkmal, welches wir an einer unbegrenzten Geraden wahrnehmen, ist ihre Richtung.“ —

Snell (Lehrb. der Geom. Leipz. 1841. I, S. 17): „Die gerade Linie hat zwei Eigenschaften, welche einer näheren Bestimmung fähig sind, nämlich Länge und Richtung. Wir fragen also, wodurch werden beide, Länge und Richtung bestimmt? Die Richtung einer geraden Linie ist noch nicht bestimmt, wenn ein Punkt vorgeschrieben ist, durch welchen die gerade Linie gehen soll. Denn etc.“ —

J. Steiner (systemat. Entw. der Abhängigkeit geom. Gestalten, Berlin 1832) definirt ebenfalls den Begriff Richtung nicht. In den einleitenden Begriffen heisst es: (Nr. 1.): „Die in der Geometrie erforderlichen Grundvorstellungen sind: der Raum, die Ebene, die Gerade (gerade Linie) und der Punkt.“ Bei der Definition der Geraden erwähnt er aber die Richtung nicht, braucht jedoch diesen Begriff schon in Cap. I, 1. —

Thibaut (Grundriss der reinen Mathematik, Göttingen 1831. S. 191. Nr. 2): „Das Wort Richtung bezeichnet den als nothwendig erscheinenden Gang, welchen die Construction einer geraden Linie in ihrem ganzen Verlaufe zu nehmen hat, sobald sie von einem bestimmten Anfangspunkte zu einem gegebenen Endpunkte fortschreiten soll. Die Richtung einer geraden Linie ist durchaus immer dieselbe, jeder Theil der geraden Linie selbst ihr unmittelbarer Ausdruck" ... und 3) „die Richtung einer geraden Linie und ihre Verlängerung ist durch jeden noch so kleinen Theil derselben vollkommen bestimmt und nur eine einzige, während ihre Grösse keine andern, als willkürliche Grenzen anerkennt."

Trendelenburg (logische Untersuchungen, 2. Aufl. Berlin 1862. I, S. 271): „In der Bewegung liegt die Richtung. Wenn in die erste Richtung keine neue Bewegung eintritt, d. h. wenn sich die Richtung nicht verändert, so entsteht die gerade Linie. Es kann scheinen, als ob mit der Richtung, insofern sie durch einen entfernten Punkt bestimmt wird, bereits vor Erzeugung der geraden Linie der Raum angenommen werde und dass also dennoch der fertige Raum die Voraussetzung der Entwickelung sei. Jedoch scheint es nur so. Wenn der Raum noch nicht gegeben ist, wie wir behaupten müssen, so kann auch bei der Bewegung von keiner Abweichung der Richtung rechts oder links, nach oben oder unten die Rede sein. Die ursprüngliche Bewegung vor der Vorstellung der Raumabmessungen ist daher nothwendig die Bewegung in der geraden Linie. Aus der geraden Linie lässt sich ohne die Richtung nach einem ausserhalb gesetzten Punkte der Kreis erzeugen, aus dem Kreis die Kugel, und die möglichen Richtungen im Raume sind dadurch sogleich bestimmt."

S. 272, wo vom nicht fertigen Raume gesprochen wird, sagt er: „Wir dürfen indessen diese Weise, geometrische Gestalten zu bilden, nicht als eine ursprüngliche zugeben. Denn es wird dabei der Raum als fix und fertig vorausgesetzt, als ein unendliches Gefäss, das sich trotz aller Wunder von selbst versteht. Der Raum wird vielmehr selbst erst durch die Bewegung real und ideal (wie wir zeigten)."

Zum Schluss sei noch anmerkungsweise einer neueren Auseinandersetzung des Richtungsbegriffes gedacht.

Mauritius (Osterprogramm, Coburg 1870. S. 12) sagt: „Indem ich nunmehr zur Parallelentheorie übergehe, sehe ich mich genöthigt, sowohl die Ausführungen von Fresenius, als die üblichen Darstellungen der Lehrbücher zu bekämpfen, weil sie auf einer unklaren Auffassung des Begriffes

der Richtung, wie es mir scheint, fassen. Die Richtung ist weder eine
Qualität noch eine Quantität, sondern ein Begriff, welcher zur Drehung
in demselben Verhältniss steht, wie der Punkt zur Linie. Auch irrt man,
wenn man der Geraden als solcher eine Richtung zuschreibt. Um eine
Figur zu ersparen, wollen wir die Karte von Deutschland vor uns liegend
denken und uns an die Stelle, wo Coburg (C) liegt, versetzen. Genau
nördlich liegt Erfurt (E) und Wittenberg (W), nordöstlich Frankfurt a. d. O.
(F) und Danzig (D), nordwestlich von Coburg Meiningen (M) und nordwestlich von Erfurt Göttingen (G). Fassen wir jetzt die Gerade CE ins
Auge, so werden wir der Geraden CF eine bestimmte Richtung nach
rechts zuschreiben und werden sagen, dass D in derselben Richtung liege.
Es ist die nämliche Drehungsbewegung der Augenmuskeln, Kopfmuskeln,
oder des ganzen Körpers zu vollziehen und wir nennen daher die Richtungen CF und CD identisch. Bei der Geraden ist die Analogie folgende.
Wir fixiren einen Punkt x von ihr und führen eine gewisse Bewegung mit
den Augenmuskeln nach rechts aus oder machen Schritte oder spannen mit
den Fingern, so dass jetzt der Punkt y fixirt wird. Nun sagen wir, der
Punkt y ist der Endpunkt. Ganz die nämliche Bewegung wird zum zweiten-
mal in demselben Sinn von x aus gemacht. Ist der jetzt fixirte Punkt
mit y identisch? Ja. Welcher Endpunkt ist denn x? Antwort: Bei x ist
von Endpunkt nicht die Rede, von x aus wird ja gerechnet und es kann
daher kein Endpunkt sein. Frage: Welche Richtung hat CF? Antwort:
Wenn CF eine Richtung zugeschrieben wird, so kann bei CE von Richtung nicht die Rede sein.

Richtung ist Operationsschluss, so gut wie Endpunkt, und vom Winkel
gerade so verschieden wie Endpunkt und Abstand.

Erlauben wir, bei der Geraden von y auszugehen, so kann x als Endpunkt betrachtet werden und ebenso kann CE eine Richtung zugeschrieben
werden, wenn sie auf CF bezogen wird. In diesem Falle, aber auch nur
in diesem, müssen wir wie vorhin sagen, CE und CW haben dieselbe
Richtung. Die naive Ansicht, welche einer einzigen Geraden eine Richtung
vindicirt, bezieht die Gerade stillschweigend auf den Complex aller übrigen
zu fixirenden Punkte. Nordwestlich von C liegt M, es hat CM eine andere
Richtung und bildet mit CE einen Winkel von etwa 45°**).

Schreiten wir nun von C nach E vor, so bleiben wir den Blick nach
W gewendet auf derselben Richtung, die wir von Hause mitgebracht,
wenn das Wort Richtung noch auf den Standpunkt C zurückbezogen wird.
Von E aus kann aber unter keinen Umständen gesagt werden, EW sei
noch dieselbe Richtung wie CW, denn die Gerade CD, auf welche CW

---

*) Wäre statt des Wortes Winkel die Bezeichnung Drehung oder Wen-
dung (viertel Wendung, halbe Wendung) in Gebrauch gekommen, man
wäre nicht darauf verfallen, der Klarheit wegen das unklare „Richtungsunterschied", was so viel sagt als Unterschied des Endpunktes oder mit
einer weiteren Confusion Unterschied der Endpunkte, zu erfinden, wo man
im Worte Abstand doch eine so klare Ableitung als Muster hatte.

als Richtung bezogen war, ist nicht mehr da und wir finden uns genau in der Lage, wie der Unkundige, welcher zu Hause weiss, wo Norden ist, „sich aber nimmer auskennt," wenn er ein paar Stationen gefahren. Obgleich also die Gerade CW beharrt, ist doch auf Standpunkt E die CW keine Richtung, weil keine Operation da ist, welche durch sie beschlossen wurde. Was identische Richtungen waren, haben wir eben gesehen. Sie wurden der CF und CD zugeschrieben, wenn wir von der Geraden CE ausgingen. Der laxe Sprachgebrauch aber, welcher einreissen konnte, weil man bei der Einfachheit der Sache immer wusste, wie es gemeint war, schrieb der Geraden als solcher eine Richtung zu und liess den Richtungsbegriff sogar an den Punkten F und D adhäriren. Der Begriff Endpunkt fällt weg, wenn von keiner Bewegung die Rede ist, und CF wird wieder eine simple Grade ohne Richtung, wenn an Drehung nicht gedacht wird. Der Sprachgebrauch bildet aber sogar das Wort Anfangsrichtung = Anfangsendpunkt!

Wir wenden uns nun in E genau so viel nach links als in C nöthig war, um M zu erblicken, und sehen G. Um die Verwirrung zu begreifen, welche die eben aufgedeckte Begriffswidrigkeit des Sprachgebrauchs, wodurch der Geraden in verschiedenen Punkten dieselbe Richtung zugeschrieben wird, angerichtet hat, wenden wir uns zurück zu dem Punkt x in einer geraden Linie, welche wir uns vorhin dachten. Ein gewisses Spannen mit den Fingern lieferte den Endpunkt y und die nämliche Spannung, noch einmal ausgeführt, einen Endpunkt, der mit y identisch war. Folgen wir aber bei der zweiten Spannung nicht der gedachten Geraden, sondern einer anderen, welche von x ausläuft, und es wollte Jemand fragen, ob der jetzt erhaltene Endpunkt mit dem vorigen identisch ist, so würden wir an dem Verstand des Fragenden zweifeln, denn wie kann man zu demselben Punkt gelangen, wenn man nicht auf der · Geraden bleibt? Nun höre man aber, welche unüberlegte Aussage von den Geraden CM und EG gemacht wird! Linien, welche von derselben Richtung den nämlichen Richtungsunterschied haben, sind in der Richtung identisch. Also: Endpunkte, welche von dem nämlichen Endpunkte denselben Abstand haben, sind identisch. Ja, wenn man auf derselben Geraden bleibt; und also in dem besprochenen Falle, wenn man auf demselben Punkte bleibt, denn sonst kann von Identität der Richtung, da der Begriff an die Station gebunden ist, nicht die Rede sein. Daraus ergiebt sich also, dass wir über die Richtung der Geraden CM und EG schlechterdings gar nichts aussagen können; wir wissen nur, dass sie mit der nämlichen Geraden gleiche Winkel bilden, aber die nämliche Gerade ist in ihren verschiedenen Punkten, wenn man dieselben als Standorte ansieht, noch keine nämliche Richtung, denn die Beziehung, in welcher verschiedene Punkte einer Geraden zu einander stehen, hat mit dem Begriff der Richtung nichts zu thun, sondern ist einfach nur das, was man Länge nennt. Der Sprachgebrauch mag sich damit entschuldigen, dass die Beziehung, welche ein Punkt der Geraden zum Anfangspunkte hat, sehr dicht bei der anderen räumlichen Auffassung, welche den Richtungsbegriff liefert, liege,

aber eine Rechtfertigung ist dies nicht, weil in der Vorstellung der Geraden die Aufeinanderfolge der Punkte nur die Abweichung vom Sehstrahl verbietet und also nur die Negation des Auftretens der Richtung
enthält."

Hierauf will ich meine eigene Ansicht über den Richtungsbegriff entwickeln und will zu zeigen versuchen, dass derselbe,
wie Fresenius richtig bemerkt, ganz klar ist, ja dass er, obschon zwar schwierig zu definiren, doch einer Definition sich
nicht entzieht.

(Fortsetzung folgt.)

Kleinere Mittheilungen.

Apparat zur Erläuterung des Wasserverschlusses und der Gasschiebelampe.

Einfaches Verfahren den Ueberdruck des Leuchtgases zu messen.

Von Dir. Dr. Krumme in Remscheid.

In beistehender Figur bedeutet ab einen beiderseits offenen Glascylinder, worin ein enges, ebenfalls an beiden Enden offenes Glasrohr mittelst eines durchbohrten Kautschukpfropfens bei a concentrisch befestigt ist. Der dadurch entstandene ringförmige Zwischenraum wird zum Theil mit Wasser angefüllt. Ueber das innere Rohr wird ein an beiden Seiten offenes, durch einen Gummischlauch mit der Gasleitung in Verbindung stehendes Glasrohr ef gestülpt. Wird cd bei c mit dem Finger verschlossen und der Gashahn geöffnet, so kann man mittelst dieser Vorrichtung das Prinzip des Wasserverschlusses und der Gasschiebelampe erläutern. Hält man die Vorrichtung etwas schräg und macht die Oeffnung c frei, so kann man den Gasstrahl ohne Gefahr anzünden. Der Abstand der Oberflächen des Wassers in den beiden ringförmigen Räumen wird dabei geringer, wie das ja auch der Versuch mit dem Apparat, der zur Erläuterung des Versuchs von Clément und Désormes erdacht worden ist, erwarten lässt.

Man befestige eine an beiden Enden offene, durch einen Gummischlauch mit der Gasleitung verbundene Glasröhre so längs eines Messstabes, dass der Nullpunkt des Messstabes mit dem freien Ende der Röhre zusammenfällt. Die Röhre taucht man in senkrechter Lage, mit dem offenen Ende. nach unten gekehrt, in Wasser, öffnet den Gashahn und zieht die Röhre so weit zurück, dass das Gas gerade zu entweichen beginnt. Die Länge des eingetauchten Theils der Glasröhre giebt ziemlich genau den Ueberdruck des Gases über den Druck der Luft mit Wasser gemessen an.

Aufgaben über das specifische Gewicht.

Von Demselben.

Bei der Behandlung physikalischer Zahlenbeispiele hat man von dem bestimmt ausgesprochenen Gesetze auszugehen, um zu der Gleichung oder unmittelbar zum Resultat zu gelangen. Man kann jedoch bei manchen Gruppen von Aufgaben dem Schüler die Lösung dadurch erleichtern, dass man bestimmte Fragen stellt, deren Beantwortung den Angriffspunkt zur Lösung bietet und den weiteren Verlauf derselben sicher erkennen lässt.

Bei der Lösung von Aufgaben über das specifische Gewicht, sogar bei den schwierigeren hat der Schüler einen Wegweiser für die Lösung, wenn er sich statt der Frage: „Wie viel mal so schwer ist der Körper als ein gleiches Volumen Wasser" die dem Inhalte nach damit übereinstimmende vorlegt: „Welches ist das Gewicht eines Kubikcentimeters des Körpers ausgedrückt in Grammen?" Die Antwort auf diese letztere Frage bietet einen direkten Angriffspunkt für die Lösung — und einen solchen zu finden ist ja meistens die Hauptschwierigkeit für den Schüler — wie ich an einigen Beispielen zeigen will. Man wird wohlthun, neben der gewöhnlichen Definition des specifischen Gewichts auch die folgende zu geben: Das specifische Gewicht eines Körpers ist diejenige Zahl, welche angiebt, wieviel Gramm ein Kubikcentimeter desselben wiegt.

1) Eine Platinkugel wiegt in Luft 84^{gr}; in Quecksilber wiegt sie nur 22,^{gr}6. Welches ist die Dichtigkeit des Platins, wenn die des Quecksilbers 13,6 ist?

Auflösung. Das Gewicht des verdrängten Quecksilbers ist $84 - 22,^{gr}6 = 61,4$; der Inhalt des verdrängten Quecksilbers, also auch derjenige der Platinkugel ist, weil 1^{ccm} Quecksilber 13,6^{gr} wiegt, $\frac{61,4}{13,6}$^{ccm}. Es wiegen demnach $\frac{61,4}{13,6}$^{ccm} Platin ... 84^{gr}. 1^{ccm} Platin wiegt $\frac{84 \cdot 13,6}{61,4}$ ^{gr}. Diese letztere Zahl ist also das specifische Gewicht des Platins.

2) p_1 Gramm eines Körpers, dessen specifisches Gewicht s_1 ist und p_2 eines anderen Körpers vom specifischen Gewicht s_2 werden gemischt. Gesucht das spec. Gew. der Mischung.

Auflösung. Die p_1 Gramm nehmen einen Raum von $\frac{p_1}{s_1}$ und die p_2 Gramm einen Raum von $\frac{p_2}{s_2}$ ccm ein.

$$\frac{p_1}{s_1} + \frac{p_2}{s_2} \text{ ccm wiegen } p_1 + p_2 \text{ Gr.}$$

$$\frac{p_1 s_2 + p_2 s_1}{s_1 s_2} \text{ ccm wiegen } p_1 + p_2 \text{ Gr.}$$

$$1^{\text{ccm}} \text{ wiegt } \frac{(p_1 + p_2) s_1 s_2}{p_1 s_2 + p_2 s_1}.$$

3) Olivenöl hat bei $12^0 C$ ein specifisches Gewicht von 0,919 und dehnt sich bei einer Erwärmung um $1^0 C$ um $\frac{1}{1200}$ seines Volumens aus. Welches ist das specifische Gewicht des Olivenöls bei $25^0 C$?

Auflösung. 1^{ccm} Olivenöl von 0^0 wiegt $0,^{\text{gr}}919$. Wird diese Menge Oel um $13^0 C$ erwärmt, so nimmt sie einen Raum von $\frac{1213}{1200}$ ccm ein. Das Gewicht von

$$\frac{1213}{1200} \text{ ccm Olivenöl von } 25^0 \text{ beträgt } 0,^{\text{gr}}919,$$

$$\frac{1}{1200} \text{ ccm Olivenöl von } 25^0 \text{ beträgt } \frac{0,^{\text{gr}}919}{1213},$$

$$1^{\text{ccm}} \text{ Olivenöl von } 25^0 \text{ beträgt } \frac{0,^{\text{gr}}919 . 1200}{1213}.$$

Versuch zur Erläuterung des Begriffs Undurchdringlichkeit.
Von Demselben.

Man verschliesst ein Standglas mit einem doppelt durchbohrten Kautschukpfropfen und steckt durch die eine dieser Oeffnungen den genau passenden Stiel eines Glastrichters. Verschliesst man die zweite Oeffnung des Pfropfens mit dem Finger, so kann man den Trichter, vorausgesetzt, dass der Stiel nicht zu weit ist, mit Wasser füllen. Nur eine geringe Menge Wasser fliesst ab. Befreit und schliesst man die Oeffnung abwechselnd, so fliesst das Wasser dem entsprechend aus dem Trichter ab oder bleibt in demselben stehen.

Ein instructives Experiment über Intensität der Lichtempfindung.
Von Dr. Fr. Thomas in Ohrdruf.

Dass uns infolge der Blendung der Retina durch das Sonnenlicht der Mond bei Tag nicht so hell erscheint als bei Nacht, leuchtet einem Knaben schon ein. Wenn wir aber aus derselben Ursache von einem Gegenstande ein helles und ein dunkleres Bild zu gleicher Zeit nebeneinander sehen, so hat das immerhin etwas Ueberraschendes und Auffälliges. Das einfache Experiment ist meines Wissens noch nicht beschrieben worden. Als Object wähle man im Zimmer bei Tage entweder ein Fensterkreuz, das sich auf hellem Hintergrunde (auf weissem Wolkenhimmel oder hell beleuchteten Gegenständen) abhebt; oder besser noch ein Bild, das zwischen zwei nahe bei einander stehenden Fenstern (an der sogenannten Spiegelwand) hängt; oder sein eigenes Spiegelbild, wenn es von einem zwischen sonnenbeleuchteten Gardinen hängenden Spiegel zurückgeworfen wird; oder eine Visitenkarte, die an solchem Spiegel steckt. Man betrachte dies Object vom Hintergrund des Zimmers aus mit dem einen Auge durch die hohle, gehörig verengerte Hand, und gleichzeitig mit dem andern Auge frei — und trenne beide Bilder durch Aenderung der Richtung der Augenachsen (Doppelsehen); so erscheint das Object durch die hohle Hand heller als frei gesehen. Man erhält nebeneinander ein helles und ein dunkleres Bild desselben Gegenstandes; jenes deshalb auch in seinen Details viel deutlicher als dieses. Beim Unterricht liesse sich das Experiment vielleicht verwendbar machen, wenn man die, welche nicht nach Willkür doppelt zu sehen vermögen, ein (nicht überwindbares) Prisma vor das eine Auge nehmen lässt. Von ähnlichen Versuchen im Freien erwähne ich nur der vermehrten Lufttrübung vor einer dunklen Partie des Hintergrundes, erzeugt durch Hebung des von den schwebenden Theilchen reflectirten Lichtes.

Interessant ist auch das negative Ergebniss, welches die Anwendung derselben Betrachtungsmethode auf den aufgehenden Mond liefern muss und in der That liefert. Mit der hohlen Hand verdeckt man die irdischen Objecte und nimmt dadurch, wie bekannt, die Anhaltepunkte für die veränderte Grössenbeurtheilung des Gestirnes hinweg. Es ist nun unmöglich, einen grossen und einen kleinen Mond so nebeneinander zu sehen wie in den vorigen Experimenten die hellen und dunklen Bilder. Wer mit beiden Augen gleich scharf sieht, auch nicht etwa das eine Auge auszuschliessen pflegt, für den genügt es, nur vor eines der Augen die hohle Hand zu bringen, um beide Mondbilder zur gewöhnlichen Grösse zusammenschwinden zu lassen. Der Vergleich dieses Versuches mit den vorigen giebt einen neuen Beweis dafür, dass die Mondvergrösserung nicht auf der Netzhaut, sondern nur in unserer Vorstellung besteht.

Zu den chemischen Schulversuchen.
Von Dr. Müller in Remscheid.

Um die Volumenverhältnisse des Wasserstoffs und Stickstoffs im Ammoniak zu zeigen, empfiehlt Hofmann (Einleitung in die moderne Chemie, 4. Aufl., S. 69) die Zersetzung des Ammoniaks durch Chlorgas, und weiterhin (S. 74) zeigt er in einem zweiten Versuche durch Zersetzung des über Quecksilber abgesperrten Ammoniakgases durch den elektrischen Funkenstrom die Verdichtung der das Ammoniak bildenden Elementargase auf die Hälfte ihres Volumens. Für Schulzwecke empfiehlt sich jedenfalls ein anderer Versuch, durch den man sowohl die Volumenverhältnisse, als auch die Verdichtung zugleich nachweisen kann, um so mehr, als der erstere der Hofmann'schen Versuche einen besonderen Apparat verlangt. Lässt man durch ein in einer U förmigen Röhre durch Quecksilber abgesperrtes Gemenge von 4 Vol. Ammoniakgas und 3 Vol. Sauerstoff den elektrischen Funken schlagen, so erhält man neben einer geringen Menge Wassers 2 Vol. eines Gases, das sich leicht als reiner Stickstoff erkennen lässt. Die 3 Vol. Sauerstoff erforderten nach einem früheren Versuche 6 Vol. Wasserstoff, um Wasser zu bilden, es müssen also in 4 Vol. Ammoniak 2 + 6 Vol. der elementaren Gase enthalten sein. Stellt man den Versuch mit dem S. 64 beschriebenen Apparate an, durch den die Gase bis über 100^0 erhitzt werden, erhält man 8 Vol., die sich beim Abkühlen auf 2 Vol. condensiren.

Notiz über die Darstellung des Regenbogens.
Von Dr. Zerlang.

Es ist durchaus unrichtig und verführt den Schüler zu einer verkehrten Auffassung der Sache, wenn in physikalischen Lehrbüchern der Regenbogen in perspektivischer Form dargestellt wird. Jeder sieht seinen Regenbogen und nur seinen und sieht ihn von vorn. Deshalb ist eine perspektivische Zeichnung so unmöglich, wie die perspektivische Ansicht desselben.

Bemerkungen zu Aufsätzen dieser Zeitschrift.
I. Erwiderung auf die Bemerkungen des Herrn Prof. Becker (II. 516).
Von Dr. Stammer in Düsseldorf.

Als ich im vierten Hefte des vorigen Jahrganges einige Einwendungen gegen den Aufsatz des Herrn Becker über Incorrectheiten etc. mir erlaubte, geschah das ganz allein aus dem Wunsche,

es möge nicht durch Aenderungen, die nicht absolut geboten sind,
die Unsicherheit in den mathematischen Ausdrücken noch vermehrt
werden. Herr Becker hat das anders aufgefasst und antwortet im
6. Hefte in einer Sprache, die wahrlich nicht dem ruhigen Ernste
angemessen ist, mit dem wissenschaftliche Gegenstände besprochen
werden sollen, aber noch viel weniger geeignet ist den Gegner zu
überzeugen. Diese Sprache, welche sich auch in andern Bemerkungen des Herrn Becker findet und durch welche das grosse Selbst-
bewusstsein des Verfassers hindurchleuchtet, macht es mir unmöglich, mich in weitere Erörterungen mit demselben einzulassen. Ich
habe nur noch hinzuzufügen, dass ich mich durch die erwähnten
Bemerkungen nicht für überführt halte.

II. Ueber die kürzeste Methode der Division.
Von Demselben.

Herr J. Kober theilt im 6. Hefte des vorigen Jahrganges
eine Methode der Division mit, welche allerdings eine bedeutende
Abkürzung der Rechnung gestattet. Der Herausgeber dieser dem
Unterrichte gewidmeten Zeitschriften erlaubt mir wohl, dazu folgende Bemerkung zu machen.

Dass bei der Subtraction der partiellen Produkte diese nicht
hingeschrieben, sondern sofort subtrahirt werden, ist eine Methode,
die auch Odermann (Kaufmännische Arithmetik) angiebt und die
sich ebenfalls in Noël, Arithmétique 1835 findet. Ich selbst habe
sie schon auf dem Gymnasium kennen gelernt und will gern zugeben, dass man sich bei hinreichender Uebung leicht damit vertraut macht. Ich habe daher auch in meinem Unterrichte im praktischen Rechnen in der Untersecunda unserer Realschule versucht,
die Schüler daran zu gewöhnen, bin aber bald davon zurückgekommen,
weil ich einsah, dass der Vortheil des raschern Rechnens durch den
Nachtheil aufgehoben wird, dass die Abkürzung die spätere
Entdeckung eines bei der Division gemachten Rechen-
fehlers ganz bedeutend erschwert. Dieser Umstand fällt
namentlich dann schwer ins Gewicht, wenn der Lehrer, wie es bei
uns in Secunda geschieht, die Arbeiten der einzelnen Schüler verbessert. Ueber die Subtraction habe ich kein Urtheil; ich stimme
indess darin mit Kober überein, dass es besser ist den Subtrahen-
den um Eins zu erhöhen als beim Minuenden zu borgen. Durch
diese Aenderungen wurde es meinen Secundanern leicht mehrere
Zahlen zugleich von einer andern abzuziehen.

III. Zur Vertheidigung der Notiz über Beweisführung in der Arithmetik. S. 26 d. l. Jahrg. dieser Zeitschrift.

Von Dr. Zerlang.

Auf die Bemerkungen der Herrn Schröder, Meyer und Hoffmann zu meiner kleinen Notiz über Beweisführung in der Arithmetik erlaube ich mir Folgendes zu erwidern.

Ich habe als Beispiel, an welchem ich meinen Zweifel an der Richtigkeit des eingeschlagenen Beweisverfahrens zu erläutern suchte, das erste beste und zugleich einfachste gewählt, welches sich darbot. Vielleicht liegt aber gerade in dieser Einfachheit der Grund, dass die Verschiedenheiten der Ansichten in Bezug auf das, was der Beweis zu leisten hat, nicht stark genug auseinander tritt. Im vorliegenden Satze lässt das als nicht allgemeingültig von mir getadelte Beweisverfahren an Beweiskraft durchaus nichts zu wünschen übrig, weil die hier befolgte Rechnungsregel aus inneren Gründen vollberechtigt ist. Doch zeigen die dazu angegebenen Fälle, dass man auch auf einem falschen Wege zu einem richtigen Resultate kommen kann. Sie sollen nur die Möglichkeit des Irrthums im allgmeinen, nicht seine Wirklichkeit im concreten Falle beweisen. Darum bitte ich, ausser dem früheren Beispiele noch andere mit mir zu betrachten, bei denen der Zufall nicht eine so bedeutende Rolle spielt. Ich will als nächstes die Auffindung des kleinsten gemeinschaftlichen Vielfachen mehrerer Zahlen nehmen und dieses nach der richtigen und nach einer falschen Regel bestimmen:

Richtiges Verfahren:	Falsches Verfahren:
2 │ 48, 80, 36, 30	
2 │ 24, 40, 18, 15	2 │ 48, 80, 36, 30
2 │ 12, 20, 9, 15	4 │ 24, 40, 18, 15
2 │ 6, 10, 9, 15	2 │ 6, 10, 18, 15
3 │ (3), (5), 9, 15	3 │ (3), (5), 9, 15
3, 5	3, 5
$V = 2.2.2.2.3.3.5 = 720.$	$V = 2.4.2.3.3.5 = 720.$

Beim ersteren Verfahren hat die Regel geleitet, dass man, mit dem kleinsten Primfactor beginnend, denselben so oft als möglich hinter einander absondert und erst dann zum nächstfolgenden übergeht. Das zweite Verfahren legt keinen Zwang in der Art, Grösse und Folge der abzusondernden Factoren auf und erreicht das Ziel oft und oft kürzer, als das richtige, wie z. B. in unserem Falle. Hätte man in dem falchen Verfahren der Reihe nach die Factoren 8, 2, 3 oder 4, 4, 3 abgesondert, so wäre als gemeinschaftliches Vielfaches 1440 gefunden, also nicht das kleinste.

In Rechenbüchern findet man leider das falsche Verfahren häufiger, als das richtige angegeben. Auch die Praxis wendet dasselbe mit Vorliebe an.

In dem folgenden Beispiele führt ein durchaus falsches Verfahren stets zu einem richtigen Resultate. Ich nehme die Aufgabe: 5 Pfd. kosten 7 Thlr.; was kosten 8 Pfd.? Wem ist da nicht der falsche Ansatz vorgekommen: 5 Pfd. : 7 Thlr. = 8 Pfd. : x Thlr.? Und das Resultat ist richtig, wie beim richtigen Ansatze. Aeltere Lehrbücher, besonders der Rechenkunst, finden sich mit dem Verhältnisse häufig in dieser sorglosen Weise ab. Dass auch in neueren Büchern dies Verfahren nicht ganz beseitigt ist, zeigt Dr. Joh. Müller's Lehrbuch der kosmischen Physik, 3. Aufl. 1872 auf S. 51, wo die Proportion steht 37 Minuten : 71058 Metern = 90 Grad : x. Das Resultat ist richtig 10370627 Meter. So haben wir also in Bezug auf mathematische Lehren dieselben Schlüsse, wie z. B. in der Zoologie zu ziehen:

Jeder Vogel hat einen Schnabel;
auch einige Nicht-Vögel haben einen Schnabel;
was einen Schnabel hat, braucht kein Vogel zu sein;

oder:
Jedes Säugethier gebiert lebendige Junge;
auch einige Nicht-Säugethiere gebären lebendige Junge;
was lebendige Junge gebiert, braucht kein Säugethier zu sein.

Also:
Jede richtige Auflösungsmethode giebt ein richtiges Resultat;
auch einige nicht richtige Auflösungsmethoden geben richtige Resultate;
ein richtiges Resultat braucht nicht von einer richtigen Auflösungsmethode herzustammen.

Ich glaube auf weitere Beispiele verzichten zu können, weil mir die gegebenen ausreichend und beweisend genug erscheinen. Zu diesem logischen Zweifel kommt in Bezug auf die fragliche Beweismethode ein didaktisches Bedenken. Hat ein algebraischer Beweis nach Herrn Meyers Ansicht nur die Aufgabe, die Richtigkeit der Formel zu beweisen, so genügt er vielleicht im günstigsten Falle den Minimalanforderungen an seine Fixirung und Unterbringung im System, aber nicht für den Unterricht. Ich wähle, um meine Meinung klarzulegen, den Lehrsatz aus Kambly Th. I, Anh. I. § 16,2:

Einen rein periodischen Decimalbruch verwandelt man in einen gemeinen Bruch, in dem man als Zähler die Periode und als Nenner so viele Neunen nimmt, als die Periode Ziffern hat; z. B.

$$0,\overline{702} = \frac{702}{999} = \frac{26}{37}.$$

Wende ich hierauf das von mir nicht gebilligte Beweisverfahren an, so gestaltet sich der Beweis folgendermassen:

$\frac{26}{37}$ resp. $\frac{702}{999}$ giebt bei der Ausführung der Division wieder $0,\overline{702}$.

Dieser Beweis müsste genügen. Und doch genügt er nicht; denn er giebt wesentlich nur die Bestätigung, die Probe für die Richtigkeit der Behauptung, aber keine Begründung; er bewirkt Ueberführung, aber nicht Einsicht. Und noch in einer dritten und zwar formalen Beziehung nehme ich Anstoss an dem besprochenen Beweisverfahren. Sieht man die Fassung eines Satzes wie Kambly § 19, 1 genauer an, so hat man es, streng genommen, nicht mit einem **Lehrsatze**, sondern mit der **Auflösung** einer dahinter liegenden **Aufgabe** zu thun. Der Satz lautet nicht: Der Quotient ist etc., sondern: Eine Summe **dividirt man** etc. Man verschiebt also das Beweisobject, wenn man, statt das Verfahren zu begründen, die Richtigkeit des Resultates nachweist. Und schon leisere Verschiebungen, ja nur Umformungen der Behauptungen sind zu vermeiden. Beispielsweise scheint es mir nothwendig, in Kambly Th. II, § 68 u. 69 den Schluss der Beweise umzugestalten, weil von der dritten Mittelnormalen resp. Winkelhalbirenden nicht stricte das im Lehrsatze Ausgesagte bewiesen wird, sondern die Umkehrung.

Zur Vertheidigung des von mir vorgeschlagenen, in seiner isolirten Stellung allerdings als willkürlich erscheinenden Beweises erlaube ich mir folgende Bemerkungen, welche zugleich dazu dienen mögen, meine oben ausgesprochenen didaktischen Bedenken zu begründen. Ich betrachte den Ausspruch des · Aristoteles (Analyt. post. 1. 27): Ἀκριβεστέρα δ'ἐπιστήμη ἐπιστήμης καὶ προτέρα, ἥτε τοῦ ὅτι καὶ διότι ἡ αὐτή, ἀλλὰ μὴ χωρὶς τοῦ ὅτι, τῆς τοῦ διότι als einen für den mathematischen Schulunterricht höchst bedeutsamen und glaube, dass es deshalb zweckmässig ist, wo es irgend thunlich, den synthetischen Beweis eines Lehrsatzes in die Auflösung einer Aufgabe umzuformen. Hat doch das, was wir jetzt als einen Lehrsatz besitzen, einst einem Forscher als Aufgabe vorgelegen, die er, nachdem er sie aufgelöst hatte, in die knappe Form eines Lehrsatzes brachte, dessen Richtigkeit er dann auf synthetischem Wege möglichst kurz bewies. Eben diesen Weg gehen, **nachgehen**, heisst **methodisch** verfahren. Ich wähle als einfaches Beispiel den Satz von der Winkelsumme eines Dreiecks und löse die in ihm liegende Aufgabe folgendermassen auf: Man summire die Winkel wirklich, indem man zwei beiderseits an den dritten als anstossende legt, so erhält man zunächst wegen der Gleichheit der Wechselwinkel durch die eine Spitze zur Grundlinie zwei Parallelen, die nach dem ersten Lehrsatze über die Parallelen eine einzige bilden.

Die Arithmetik hat sich die Auffassung ihrer Lehren als Aufgaben treuer als die Geometrie bewahrt, und man thut gut, ihr diese Auffassung zu lassen. Deshalb lasse ich $\frac{a+b}{c}$ zunächst als eine Aufgabe, in welche, nachdem die Addition und Subtraction mit Aggregaten behandelt ist, die Schwierigkeit oder das Neue durch den Divisor c gebracht ist. Dieser Divisor kann aber nur durch den Factor c beseitigt werden. Um diesen letzteren in der Summe $a + b$ zu gewinnen, schafft man ihn sich zunächst in den Posten, indem man $a = \dfrac{a}{c} \cdot c$ und $b = \dfrac{b}{c} \cdot c$, also $a + b = \dfrac{a}{c} \cdot + c\,\dfrac{b}{c} \cdot c$

$= \left(\dfrac{a}{c} + \dfrac{b}{c}\right) c$ setzt. Dann ist $\dfrac{a+b}{c} = \dfrac{\left(\frac{a}{c} + \frac{b}{c}\right) c}{c} = \dfrac{a}{c} + \dfrac{b}{c}$.

Ich glaube, dass auch der diesen Weg zum ersten Male Gehende ihn für einen ungezwungenen, methodischen halten muss.

Formulirt man, um die Sache auch von einer andern Seite zu beleuchten, den Zweck der Aufgabe dahin, dass $a + b$ in zwei Factoren zu zerlegen ist, deren einer c ist, so sieht man sich genöthigt, diese Zerlegung ebenfalls zunächst an den Posten vorzunehmen, also für a und b bezüglich $\dfrac{a}{c} \cdot c$ und $\dfrac{b}{c} \cdot c$ zu setzen. Der weitere Gedankengang deckt dann den obigen. Auch bei dieser ganz natürlichen Auffassung der Aufgabe scheint der eingeschlagene Weg zweckmässig und verliert das Willkürliche, das er, aus dem Zusammenhange genommen, an sich zu tragen scheint.

Ausserdem ist diese Auschauungsweise nur eine naheliegende Consequenz der Erklärung eines Bruchs, an die der Schüler ja schon früher gewöhnt ist. Fasst man z. B. $\frac{2}{3}$*) als Aufgabe im obigen Sinne, so ist ihre Auflösung

$$\frac{2}{3} = \frac{1+1}{3} = \frac{\frac{1}{3} \cdot 3 + \frac{1}{3} \cdot 3}{3} = \frac{\left(\frac{1}{3} + \frac{1}{3}\right) 3}{3} = \frac{1}{3} + \frac{1}{3} = 2 \cdot \frac{1}{3};$$

d. h. der Bruch ist ein Vielfaches eines aliquoten Theils von Eins. Dass der Rechenunterricht sich nicht dieser Form ·der Darstellung bedienen kann, liegt auf der Hand;**) aber das Wesentliche der Auffassung ist im Rechnen und in der Arithmetik dasselbe,

Als ein anderes Beispiel für die Anwendungsfähigkeit des von mir angedeuteten Auflösungsprincipes arithmetischer Elementaraufgaben wähle ich folgendes:

$$\sqrt[n]{a\,b} = x; \quad \sqrt[n]{a\,b} = \sqrt[n]{\left(\sqrt[n]{a}\right)^n \left(\sqrt[n]{b}\right)^n} = \sqrt[n]{\left(\sqrt[n]{a} \cdot \sqrt[n]{b}\right)^n} = \sqrt[n]{a} \cdot \sqrt[n]{b}.$$

Vergleicht man diesen Gang mit dem Kambly's § 45, 1, so erscheint er als ein durchaus einfacher und für die Auflösung der meisten derartigen Aufgaben zweckmässiger.

---

*) Nimmt man $\frac{2\,Thlr.}{3}$ statt $\frac{2}{3}$, so ergiebt sich die Nothwendigkeit der Zerlegung oder Umwechslung der Thaler in Drittelthalerstücke noch deutlicher, wenn man nicht zu den fremden Gulden übergehen will. Und an benannter Zahl erläutert man die Entstehung des Bruchs wohl immer zuerst. (Anm. des Verf.)

**) Sehr richtig! Denn dies setzt das Verständniss der Klammern voraus. Der Schüler schliesst einfacher so: $\dfrac{1+1}{3} = \dfrac{\frac{1}{3} + \frac{1}{3}}{3} = \frac{1}{3} + \frac{1}{3}$.　D. Red.

IV. Der Streit über den unendlich entfernten Punkt.[*]

Von Prof. Scheerling in Lübeck.

Dieser Streit scheint mir ein Streit um des Kaisers Bart zu sein. Denn schliesslich meinen doch Alle dasselbe, gleichgültig, ob sie an die Existenz des unendlich fernen Punktes glauben oder nicht. Das Nichtdaranglauben liegt aber den Begriffen der Jugend näher; daher belästige man sie nicht mit Speculationen über die Existenz oder Nichtexistenz desselben und halte sich an die von Steiner gegebene Erklärung, welche für die, die sie noch nicht kannten, im zweiten Heft dieses Jahrganges (S. 160) abgedruckt wurde, betrachte denselben also als ein bequemes Mittel, um in die Ausdrucksweise eine gewisse Gleichförmigkeit zu bringen. Aber man verschone jedenfalls die Jugend mit „verbesserten Definitionen", wie sie uns Herr Schlegel in Waren gebracht hat, wonach eine Richtung ein (unendlich entfernter) Punkt, eine Lage eine (unendlich kleine) Strecke sein soll! Sind das nicht Widersprüche in sich selbst, und sie sollen Widersprüche lösen?

Es sei mir der Versuch erlaubt, der Sache noch auf eine andere Weise beizukommen. Die Zeichen 0 und ∞ sind algebraische Zeichen von absonderlicher Art, welche an die Bedingungsgleichungen $a + x = a$ und $a + x = x$ geknüpft sind. Es giebt keine Zahlen, welche diesen Bedingungen genügen, wenn a seine Stelle in der Zahlenlinie oder Zahlenebene hat. Beide Zeichen sind als Grenzen aufzufassen, denen man sich beliebig nähern kann, ohne sie jemals mit willkürlichen Zahlen zu erreichen; und zwar ist

$$0 = \lim \frac{a}{x} \text{ für stetig wachsende Werthe von } x$$

$$\infty = \lim \frac{a}{x} \text{ für stetig abnehmende Werthe von } x$$

Die Grenze 0 wird nur erreicht, wenn man dem x einen Werth beilegt, der grösser ist, als jede denkbare Zahl, und die Grenze ∞ wird erreicht, wenn man dem x einen Werth beilegt, der kleiner ist, als jede denkbare Zahl. So wenig nun letzterer Werth 0 existirt (denn er ist ja die Negation einer Grösse), so wenig existirt der erstere, ∞.

In die Geometrie führen wir Zahlen ein, indem wir Längen nach ihrem Verhältniss zu einer constanten Längeneinheit beurtheilen, die dadurch gewonnenen Zahlen an die Stelle jener Längen setzen und mit ihnen rechnen. Beschreiben wir nun mit irgend einem Radius r einen Kreis, ziehen an denselben eine Tangente und betrachten diese als Projectionsgerade, so werden durch

---

[*] Mit diesem Aufsatze wollen wir den lästigen Streit in dieser Zeitschrift als beendet ansehen. D. Red.

Strahlen, die man vom Mittelpunkte S des Kreises zieht, die Punkte der Peripherie auf die Tangente projicirt. Bezeichnen wir die Punkte der Peripherie mit B und ihre Projectionen auf der Tangente mit b, so ist die Lage eines jeden b bestimmt durch seinen Punktwerth $\frac{bS}{bB}$ und wenn wir die veränderliche Länge bB durch x bezeichnen, so ist $\frac{bS}{bB} = \frac{x+r}{x} = 1 + \frac{r}{x}$. Nun hat man für wachsende x, $\lim \frac{bS}{bB} = 1$; für die Grenze ist also $bS = bB$ oder $bB + r = bB$, was die Bedingung ist, an welche das Zeichen ∞ geknüpft ist.

Man hat ferner $\frac{bS - bB}{bS} = \frac{r}{x+r}$. Für stetig abnehmende Werthe von x wird der Unterschied zwischen diesem Zähler und Nenner immer kleiner und hört auf, wenn wir dem x einen Werth beilegen, der kleiner ist, als jede denkbare Zahl, d. i. 0, dann aber wird $\frac{bS - bB}{bS} = 1$ oder $bS - bB = bS$ oder auch $r = bB + r$, was die Bedingung ist, an welche 0 geknüpft ist.

Der erste Fall tritt ein, wenn der projicirende Strahl Sb parallel mit der Tangente ist, der zweite, wenn derselbe durch den Berührungspunkt geht; und die wirliche Existenz einer Projection b ist an die Bedingung gebunden, dass eine Strecke bB existire. Eine solche Strecke existirt aber weder in dem einen, noch in dem andern Falle. Der Gleichförmigkeit im Ausdruck wegen aber sagt man in einem Falle: Der Punkt b fällt mit B zusammen, im andern: er liegt im Unendlichen.

Fasst man den Punkt b als das perspectivische Bild des Punktes B auf, so müsste man sagen: Für die Punkte der Peripherie, deren Sehstrahl $\parallel$ oder $\perp$ zu der Tangente, diese als Bildgerade betrachtet, steht, verschwindet das Bild.

Literarische Berichte.

Becker, J. C., Abhandlungen aus dem Grenzgebiete der Mathematik und Philosophie. III. (Fortsetzung von S. 386. Heft 4.)

In der dritten Abhandlung „über die Grundbegriffe der Geometrie und die Bewegung als Hilfsmittel bei geometrischen Untersuchungen" will Verf. der Bewegung, welche bekanntlich die Euklid'sche Geometrie bei ihrer Starrheit nur wenig berücksichtigt, wieder zu ihrem Rechte verhelfen.

Der Verf. geht von dem gewiss widerspruchsfreien Satze aus: „der Raum ist bewegungslos" (unbewegbar)*), einem Satze, der nach Ansicht des Referenten in der Raumwissenschaft nicht genug hervorgehoben wird, und doch gar nicht genug hervorgehoben werden kann. Was im Raume sich bewegt, sei immer nur Sinnliches (Empirisches: Materie, Schatten, Spiegelbild); es scheine demnach, als sei die Bewegung**) ein der Geometrie, als der Wissenschaft des Raumes *a priori*, fremdes und darum auszuschliessendes Element. In der That habe Schopenhauer im Decken congruenter Figuren einen Mangel zu sehen geglaubt, da dieses Decken Bewegung, Bewegung aber Materie voraussetze. Dieser Einwurf des grossen Philosophen verrathe aber ein Verkennen des eigentlichen Objects der Geometrie, welches nicht der Raum als solcher, sondern die Raumgrössen (wohl auch Raumgebilde!***) seien

---

*) Es ist wohl nur ein *lapsus calami*, wenn Verf. schreibt (S. 26): „Im Raume, an sich selbst betrachtet, ist nichts Bewegliches." Hier ist Subject „Bewegliches" und Apposition „an sich selbst betrachtet," so dass der Sinn des Satzes ist: „Bewegliches, an sich selbst betrachtet, ist nicht im Raume." Der Sinn soll aber sein: „Der Raum, an und für sich betrachtet, d. h. leer gedacht, ist unbeweglich!"

**) Es wäre hier nicht überflüssig, hervorzuheben, dass die Bewegung der Geometrie von der Bewegung der Mechanik verschieden ist, dass für erstere nur Richtung in Betracht kommt, dagegen von Kraft, Zeit und Geschwindigkeit abgesehen wird.

***) Raumgebilde unterscheidet sich, scheint uns, von Raumgrösse durch das hinzutretende Merkmal der Form.

31*

und insbesondere die Darlegung der Gesetze, nach dem diese einander gegenseitig bedingen (bestimmen).

Zur Vorstellung und Anschauung reiner (abstracter) Raumgebilde gelangen wir erst, wenn wir bei den wahrgenommenen wirklichen Objecten von allen empirischen Daten derselben abstrahiren. „Nur durch Adstraction aus wirklichen Körpern erhalten wir successive die Vorstellung von mathematischen Körpern, Flächen, Linien und Punkten" (S. 27). Sie sind anschauliche Vorstellungen. Ein mathematischer Körper ist nicht der begrenzte wirkliche Raum, welcher bleibt, wenn man alles Sinnliche (Empirische) des materiellen Körpers, wie Materie, Luft, Licht, Schatten, Farbe hinweggenommen denkt, sondern nur das Bild eines bewegten Raumes (Raumtheiles) in unsrer Vorstellung.*) Dasselbe drückt Verf. weiter unten (S. 28—29) anders aus: „Die Objecte der Geometrie, die reinen Raumgebilde, werden im Raume nur angetroffen, insofern man sie entweder durch Abstraction aus wirklichen Objecten übrig behält, oder insofern man sie selbst erst erzeugt."

Referent erlaubt sich hier einige Fragen: Wenn man (nach der auch sonst gangbaren Ansicht) den mathematischen Körper aus dem materiellen durch Abstraction von allem Materiellen (Sinnlichen) erhält, muss man dann nicht auch von der Grenze abstrahiren? Kann denn der Raum selbst Grenze bilden? Niemals kann Gleichartiges in Gleichartigem (Wasser in Wasser, Luft in Luft) Grenze bilden. Eine aus dem allgemeinen Raume abgesonderte Raumkugel ist nur zu denken, wenn man sich eine Kugelfläche eingeschoben denkt, diese könnte aber nur materiell oder etwa als Lichtfläche vorgestellt werden. Ergo darf man bei der Vorstellung eines mathematischen Körpers nicht von der materiellen Grenze abstrahiren. — Ferner: steht nicht dem mathematischen Körper, d. i. dem idealen begrenzten Raumstück ein reales begrenztes gegenüber? Das ist eben der wirkliche Raum, den der materielle Körper gerade einnimmt,**) und dieser ist das Object zu dem Abbild, dem idealen mathematischen Körper. Die Objecte der Geometrie existiren also auch als reale, nicht blos in unsrer Vorstellung als ideale. Die gangbare Ansicht, welche über dem mathematischen Körper (dem idealen Raumstück) den realen (d. i. das wirkliche Raumstück) ignorirt, wurzelt in einem übertriebenen Idealismus.

---

*) In seinem Leitfaden für den Unterricht in der Geometrie, Schaffhausen 1872, § 1 sagt der Verf. freilich dem widersprechend: „Zum Unterschied von einem wirklichen (materiellen) Körper nennt man den blos begrenzten, nicht erfüllten Raum auch einen mathematischen (geometrischen) Körper."
**) Vergl. vorstehende Anmerkung.

Verf. geht über zur Fläche (S. 28): „Durch weitere Abstraction gewinnen wir in der Oberfläche des Körpers oder in einem beliebigen Theile derselben die (immer noch anschauliche) Vorstellung einer Fläche. Eine Fläche erscheint in jedem Momente, wo sie anschaulich vor uns steht als Trennungsstelle (also Scheidewand!) zweier Räume; als Gegenstand der Mathematik ist sie jedoch meist (?) nicht diese Stelle, sondern das Bild dieser Stelle. Auch als Grenze oder Grenztheil eines mathematischen Körpers lässt sich die Fläche und zwar sowohl ruhend als bewegt, auffassen. Gleiches gilt von der Linie. Sie ist Bild der Flächengrenze oder Grenze des Flächenbildes oder Bild der Trennungsstelle zweier Flächentheile oder Theilstelle eines Flächenbildes. — Endlich der Punkt. Er ist Begrenzung*) oder Theilstelle einer Linie, Spitze an einer Fläche (nicht auch an einem Körper? Ecke! D. Ref.) und kann sowohl ruhend als auch bewegt vorgestellt werden, aber — er ist nicht mehr für sich allein anschaulich vorstellbar, da er keine Gestalt hat."

Referent erlaubt sich auch hier einige Fragen: Worin besteht die weitere Abstraction? Vorher hat man schon von allem Materiellen, also auch von der Grenze abstrahirt; wovon soll nun noch abstrahirt werden? Vernichtet man dadurch nicht auch die Fläche? Und wie geht dieser psychische Abstractionsprocess vor sich? Ist Oberfläche identisch mit Fläche? Wenn die Fläche „meist" nicht diese Stelle ist, sondern das Bild derselben, in welchen (selteneren) Fällen ist sie dieses (Bild) nicht? Was ist überhaupt „Stelle"? Dürfte diese Benennung wohl glücklich gewählt sein, da der Sprachgebrauch eher damit den Begriff Punkt verbindet? Referenten erscheint die Fläche, ebenso wie die Linie eher als ein Complex stetig in einander übergehender Stellen. Wenn die Fläche zwei Räume trennt, so kann sie auch von zwei Seiten, nämlich von den beiden durch sie getrennten Raumtheilen aus, angeschaut werden, die Oberfläche nur von einer Seite. Wie komme ich nun von einem Theilraume in den andern? Muss ich nicht (auch in der Vorstellung!) durch die Fläche oder Theilstelle des Körpers hindurch? Da aber Fläche als Grenze nicht Raum sein kann, sondern Nicht-Räumliches sein muss, dies aber allemal, als ausgedehnt, Raum einnimmt, so müsste auch das anschaubare Vorstellungsabbild ausgedehnt gedacht werden in der Richtung des Durchgangs von der einen auf die andere Seite.

Wenn Verf. weiter sagt (S. 28): „allerdings ist die Bewegung eines reinen Raumgebildes wie dieses selbst eine blos eingebildete," so ist dies zuzugeben, sofern unter „reinem Raumgebilde" das erzeugte Abbild eines wirklichen Raumgebildes in unsrer Vorstellung, d. h. das

---

*) Wohl besser: Grenze, denn Begrenzung ist die Thätigkeit (der Act) des Begrenzens.

ideale Raumgebilde verstanden wird. Wenn aber der Verfasser
fortfährt: „wirkliche*) Bewegung kommt nur dem Wirklichen zu
und sofern nur der Materie Wirklichkeit zukommt, ist sie
allein auch das wirklich Bewegliche, was im Raume angetroffen
wird," so möchte Referent fragen: meint der Herr Verf. im Ernst,
dass nur der Materie Wirklichkeit zukomme? Also käme dem
Raume, der Zeit, dem Geistigen Wirklichkeit nicht zu? Wenn
aber der Raum wirklich ist, was doch wohl heutzutage nur noch
idealistische Philosophen vom reinsten Wasser leugnen, dann könnte
man nach dem Verf. auch schliessen:

> Wirkliche Bewegung kommt nur dem Wirlichen zu,
> Der Raum ist wirklich,
> Folglich kommt dem Raume Bewegung zu (d. h. der Raum
> 　　ist beweglich),

während doch Verf. selbst gleich anfangs ganz richtig behauptet hat,
dass der Raum bewegungslos sei.

Weiterhin (S. 29) polemisirt Verf. gegen Trendelenburg. Dieser
sagt nämlich in seinen logischen Untersuchungen (2. Aufl. I. S. 224):
„Der Punkt, den wir vorläufig setzen, strebt über sich selbst hinaus
und dehnt sich zur Linie; die Linie bewegt sich aus sich heraus
und erweitert sich dadurch zur Fläche; die Fläche beschreibt durch
ihre Bewegung einen Körper. Es ist ein scheinbarer Widerspruch,
dass der Punkt aus sich heraustritt; es ist dies aber nichts anderes
als die Bewegung selbst, in den Anfang wie in den kleinsten
Raum zusammengedrängt; es ist jener ursprüngliche Widerspruch,
den zwar der trennende und zusammensetzende Verstand heraus-
klügelt, aber die erzeugende Anschauung**) mit der Macht ihrer
Selbstgewissheit nicht kennt."

Dies ist freilich eine wunderliche Art, die Entstehung der
Raumgebilde nach Analogie des organischen Wachsthums, den
Punkt gewissermassen als einen Raumembryo zu erklären und
ganz besonders. ist nicht einzusehen, dass dieser Punkt selbst,
ohne irgend eine Kraft getrieben (spontan), sich bewegen soll!
Und was ist dieser Punkt? Ist er eine Stelle im Raume, gewissermassen Raumatom, oder ist er ein materieller Punkt (Atom) im
Raumatome, dieses ausfüllend? Und warum soll dieses Heraus-
wachsen des Punktes zur Linie, der Linie zur Fläche, der Fläche
zum Körper nur ein scheinbarer Widerspruch sein? Diese absonder-
lichen Ideen beruhen aber auf der Annahme Trendelenburgs, dass
der Raum nicht gegeben sei und diese wurzelt wieder, wie Re-

---

*) Soll dies Gegensatz zu scheinbar oder ideal sein?
**) Nicht die Anschauung, vielmehr die schaffende Phanta-
sie erzeugt. Die Anschauung ist passiv, sie nimmt Fertiges, Vorge-
stelltes auf.

ferenten scheint, in der Ansicht Kants, dass Raum und Zeit nur
„Formen der Anschauung" seien. Trendelenburg nämlich sagt
(2. Aufl. S. 272): „Es kann scheinen, als ob mit der Richtung,
insofern sie durch einen entfernten Punkt bestimmt wird, bereits
vor der Erzeugung der geraden Linie der Raum angenommen werde
und dass also dennoch der fertige Raum die Voraussetzung der Entwicklung sei. Jedoch scheint es nur so. Wenn der Raum noch
nicht gegeben ist, wie wir behaupten müssen, so kann auch
bei der Bewegung von keiner Abweichung der Richtung rechts oder
links, nach oben oder unten die Rede sein etc."
     Zu solchen wunderlichen Ansichten muss derjenige gelangen,
welcher das unmittelbar Gegebene und Gewisse leugnet. Dass es
solche Köpfe giebt, ist aber mit eine Folge unsres ultra-idealistischen
Gymnasialunterrichts.
     Wenn nun der Herr Verfasser derartige Ideen absurd findet,
so muss ihm Ref. aus voller Seele beistimmen. Andererseits muss
er aber den eigenen Ausführungen des geehrten Herrn Verfassers
einige Bedenken gegenüberstellen, die jedoch gar nicht allein gegen
ihn, sondern überhaupt gegen die gangbaren Ansichten und Erklärungen der Geometrie gerichtet sind. Verf. sagt nämlich:
     „Punkt ist die Grenze oder Theilstelle einer Linie,
Spitze einer Fläche (nicht auch eines Körpers? Ecke!), aber er
ist nicht mehr allein anschaulich vorstellbar, weil er
keine Gestalt hat." Gleichwohl sagt Verf. (S. 29): „Denken wir
uns einen Punkt bewegt, so erhalten wir in seiner Bahn die Vorstellung einer Linie." Nun ist aber der Punkt nach dem Verf. nur
an der Linie (der Fläche, dem Körper) anschaulich vorstellbar,
folglich kann er für sich allein auch nicht bewegt gedacht werden,
sondern immer nur mit der Linie, mit der Fläche, mit dem Körper.
Dann aber beschreibt nicht der Punkt die Linie, sondern die Linie
(die Fläche, der Körper) erzeugt die Linie mittelst ihrer Grenze oder
Theilstelle, die Punkt heisst, d. h. also nichts anderes als: die
Linie erzeugt (beschreibt) sich selbst.
     Dennoch soll der Punkt, der doch nur an der Linie (der Fläche,
dem Körper) vorstellbar ist, auch noch selbständige Bedeutung
haben! Und damit stimmt Referent vollständig überein. Er ist
nämlich (S. 30) eine Stelle im Raume (also isolirt!) oder an
einem Raumgebilde, aber — eine Stelle ohne Ausdehnung
und Gestalt! Für den Punkt scheint der Ausdruck „Stelle" be-
zeichnender zu sein, als für Linie und Fläche. Aber der Punkt soll
eine ausdehnungslose Stelle sein. Referenten wenigstens ist es
schlechterdings unmöglich, eine Stelle ausdehnungslos zu denken,
dies wäre ein Nichts. Denn was Ausdehnung nicht hat, kann
unmöglich Raum einnehmen nie und nimmer, folglich nimmt weder
der isolirte Punkt noch der Punkt als Grenze der Linie (der Fläche

des Körpers) Raum ein, und doch sagt Verf. selbst: „ein Punkt
ohne Raum ist ein absoluter Unsinn. (S. 30.) — Was aber
die Gestalt betrifft, so kann freilich ein Ausdehnungsloses auch
nicht Gestalt haben; hat aber der Punkt Ausdehnung, so muss
er auch Gestalt haben, da ein Ausgedehntes ohne Gestalt schlechterdings undenkbar ist.

Aber noch mehr! Dieser ausdehnungslose Punkt, dieses Etwas
nur an einem andern Raumgebilde, dieses Nichts an und für sich
(aber doch auch wieder Etwas an und für sich!) soll eine Linie
beschreiben, wobei es doch in jedem Momente einen andern Ort
(oder Stelle) einnehmen, also den Raum successive durchlaufen, also
Theile desselben Raumes auch nacheinander einnehmen muss!
Wenn daher Verf. (S. 31) sagt: Mir wenigstens ist es schlechterdings unmöglich, einen Punkt anders, denn als Stelle im Raume
und zwar als Grenze vorzustellen und das Gleiche gilt mir von
Linien und Flächen — so muss Referent dem entgegenstellen: mir
wenigstens ist es schlechterdings unmöglich, zu denken, dass ein
Ausdehnungsloses durch Bewegung ein Ausgedehntes, also auch
Raumeinnehmendes (was doch die Linie wenigstens nach einer Richtung ist) erzeugen könne, dass also aus Nichts ein Etwas wird;
ja es ist mir sogar unmöglich zu denken, dass ein Ausdehnungsloses sich wirklich bewege! Und wenn Verf. weiter sagt: „Ich frage
jeden auf sein Gewissen, ob das wirklich die Linie ist, was er so
anschaulich und unabhängig von jeder Fläche frei im Raume sich
vorzustellen vermag und nicht vielmehr ein sehr dünner Faden, dem,
wenn auch nur eine sehr geringe, aber doch immer noch eine Breite
zukommt, und der gänzlich verschwindet, sobald die Breite verschwindet" — so erlaubt sich Ref. zu bemerken, ab man nicht auch
jeden auf sein Gewissen fragen dürfte, ob er wirklich eine klare
Vorstellung von einer Linie an sich erhält, wenn er sie als Grenze
einer Fläche, und von einer Fläche, wenn er sie nur als Grenze
eines Körpers, d. h. als Oberfläche (oder Aussenfläche) anschaut?
Und ob eine Linie, eine Fläche, als Grenze gedacht, keinen Raum
einnehmen?

Verf. sagt weiter (S. 31): „Wie in der empirischen, so kann
auch in der reinen Anschauung eine Linie nur als Grenze einer
Fläche oder eines Theiles derselben vorgestellt werden. Sie ist
durchaus nichts, als die Grenze einer Fläche."

Gegen diese gangbare Definition von Fläche (und ähnlich von
Linie und Punkt) als blosse Grenze, d. h. als blosse Negation muss
Ref. sich erklären und er stimmt hierin Trendelenburg bei, welcher
sagt (S. 267): „Aristoteles nennt die Gegenstände der Mathematik
Gegenstände der Abstraction (τὰ ἐξ ἀφαιρέσεως) aus der Wegnahme
entsprungen ... Darnach muss der handgreifliche Körper als das
Erste gesetzt und die Fläche nur als die Grenze desselben, die

Linie als die Grenze der Fläche und der Punkt als die Grenze der Linie bestimmt werden, so dass Fläche, Linie, Punkt eigentlich kein Wesen für sich haben, sondern nur darin bestehen, dass ein Anderes, das sie nicht selbst sind, aufhört."

Ref. will durch die vorstehenden Einwendungen nur andeuten, dass hier wohl Probleme verborgen sind, an deren Lösung ihm noch Niemand ernstlich herangetreten zu sein scheint. Seine eigne Ansicht über diese Grundbegriffe der Raumwissenschaft darzulegen, ist hier nicht der Ort.

Hierauf polemisirt Verf. noch gegen Prof. Wolf in Zürich und zeigt, dass es eine vierte Dimension (nicht Ausdehnung, denn der Raum ist ja selbst ein nach unendlich vielen Richtungen Ausgedehntes!) nicht geben könne, weil ein Raumtheil „nur als begrenzt*), nicht selbst wieder als Grenze oder Theilstelle einer anderen Raumvorstellung" sich denken lasse**), wie bei Punkt, Linie, Fläche. Verf. kommt dabei auf Riemanns oben erwähnte Schrift zurück, sowie auf Helmholtz's Abhandlung „über die thatsächlichen Grundlagen der Geometrie" (Heidelb. Jahrb. 1868. S. 733) und sucht darzuthun, dass die Annahme einer „mehrfach ausgedehnten Mannichfaltigkeit" nur eine unberechtigte Fiction sei. Nur eine verfehlte Anwendung der analytischen Geometrie, sowie die Aufhebung des Unterschiedes zwischen extensiven und intensiven Grössen konnte zur Annahme einer n fach ausgedehnten stetigen Mannichfaltigkeit oder (nach Riemann und Helmholtz) des Raumes von n Dimensionen führen. Sehr beherzigenswerth ist, was Verf. (S. 37) in seiner Polemik gegen die Hinzunahme der Dichtigkeit als vierter Dimension sagt: „da die letztere (nämlich die Dichte der Masse) jedoch eine intensive Grösse ist, ihr also eigentlich keine Ausdehnung, wiewohl eine Grösse zukommt, so thut man ja doch der Sprache und der Anschauung eine arge Gewalt an, wenn man hier von einer vierten Dimension, oder gar von einer vierfachen Ausdehnung spricht. Noch ärger schlägt man dem gesunden Menschenverstand ins Gesicht, wenn man mit Helmholtz auch das System der Farbe eine dreifach ausgedehnte Man-

---

*) Der Raum ermöglicht erst die Bewegung und also auch die Grenzsetzung. Er ist das Element, in welchem die Bewegung und Grenzsetzung vor sich geht (geschieht), und also nicht fähig und bestimmt, selbst Grenze zu bilden (zu sein). Das Letztere könnte wohl so scheinen, wenn ich mir z. B. aus einer Raumkugel eine kleinere abgegrenzt (nicht herausgeschnitten!, denn der Raum ist unbeweglich!) denke, so wird diese überall vom Raume umgeben. Aber nicht der Raum begrenzt die innere Kugel, sondern die Kugelfläche, die ich mir eingeschoben denke. (Vergl. oben.)

**) Dies ist wohl gleichbedeutend mit dem (oft angeführten) Satze: „der Raum ist krümmungslos;" das muss er sein, denn er ermöglicht nur die Krümmung, er ist Bedingung der Krümmung.

nichfaltigkeit nennt. Denn die Farbe hat gar keine Ausdehnung, da sie eine intensive Grösse ist. Noch weniger kommen dieser Mannichfaltigkeit Dimensionen zu. Denn die Dimensionen sind die Grössen, welche abgmessen werden müssen, um einen begrenzten Theil der Mannichfaltigkeit seiner Grösse nach zu bestimmen. Was hätte man aber unter der Grösse eines bewegten Theiles des Farbensystems zu verstehen?"

Schliesslich recapitulirt Verf. den Grundgedanken der Abhandlung: die Bewegung sei in der Geometrie berechtigt,[*] er warnt (S. 39) vor Trendelenburgs verworrener Ansicht, dass die Bewegung für unser Bewusstsein das Erste (Primitive) sei[**] und aus ihr die Vorstellung von Raum und Zeit sich herausbilde und vor dem in dieser Ansicht wurzelnden Fehler, „das Erzeugen von Raumgebilden auf den Ort selbst zu übertragen."[***] Vielmehr sei (nach Kant) das Erste (Primitive) die Empfindung und sinnliche Wahrnehmung und dadurch kämen wir zum Bewusstsein von Raum und Zeit. Räumliche Bewegung (Ortsveränderung) sei wol zu unterscheiden von intensiver selischer Bewegung (Zustandsänderung). Zugleich fertigt Verf. Trendelenburgs zu weite Definition von Ruhe und Bewegung ab („Alle Ruhe in der Natur ist nur das Gegengewicht der Bewegung"). Nur die Beziehung einer Vorstellung zu Raum und Zeit erzeuge die Vorstellung der Ruhe und Bewegung.[†]

Diese Abhandlung scheint Ref. als die wichtigste, lehrreichste und darum lesens- und empfehlenswertheste. Sie nöthigt zweifels-

---

[*] Ref. scheint die Bewegung in der Geometrie besonders deshalb berechtigt zu sein, weil sie (die Bewegung) die Mannichfaltigkeit in der Gesetzmässigkeit der Raumgebilde, z. B. auch die Uebergänge derselben ineinander erzeugt und vermittelt.

[**] Trend. S. 233: „Die Bewegung ist vor der Erfahrung und bedingt die Erfahrung, da sie das Medium ist, durch welches wir allein die äusseren Gegenstände ergreifen und verstehen." Und S. 269: „Mit unserer Ansicht von der Bewegung als der ursprünglichen That des Geistes und der Natur eröffnet sich eine andere Ansicht von der aus ihr hervorgehenden Mathematik. Eine genetische Entwicklung ist zwar der Mathematik nicht fremd, aber mit der Annahme einer fertigen Anschauung von Raum und Zeit nicht zu vereinigen.

[***] Ref. versteht dies so: diejenigen, welche diesem Irrthume verfallen, stellen sich dies Erzeugen von Raumgebilden so vor, dass mit dem Raumgebilde zugleich der Raum entstehe (wie Trend. meint).

[†] Wenn Verf. sagt: „Ruhe ist das Verharren am selben Orte und im selben Zustande, Bewegung ist Ortsveränderung," so scheint Ref. der Zusatz „und im selben Zustande" überflüssig ja sogar falsch; denn Zustandsänderung ist eben nicht Ortsveränderung; ein unbewegter (ruhender) faulender Apfel wäre also nicht in Ruhe? Wohl aber kann, wie die Chemie lehrt, die Zustandsänderung ihre Ursache in einer Ortsveränderung oder in der Bewegung der kleinsten Theile (Molecule, Atome) des Körpers haben und ist also dann die Bewegung nur im Raume des Körpers (Molecularbewegung).

ohne denjenigen, der mit dem ernsten Willen, über geometrische
Grundbegriffe klar zu werden, an sie herantritt zum tieferen Nach-
denken und dürfte vorzüglich geeignet sein zur Neubildung oder
Befestigung geometrischer Grundbegriffe.   S. E.

GANDTNER, Dr. J. O., und JUNGHANS, Dr. K. F., Sammlung von
    Lehrsätzen und Aufgaben aus der Planimetrie.
    Für den Schulgebrauch sachlich und methodisch geordnet und
    mit Hilfsmitteln zur Bearbeitung versehen. Erster Theil.
    III. Aufl. 1871. Zweiter Theil. II. Aufl. 1870.

II.
(Fortsetzung von Seite 397.)

Doch es ist Zeit, dass wir dem Inhalte des zu besprechenden
Buches näher treten. Wir haben hier neben der Reichhaltigkeit im
Allgemeinen auch die Zweckmässigkeit der befolgten Methode anzuerkennen, wornach die Anleitung für den Schüler in der Regel
soviel als möglich durch Verweisung auf fundamentale oder schon
behandelte Lehrsätze und Aufgaben gegeben wird. Denn wenn man
freilich auch gegen diese Methode manches einwenden kann, so wird
doch wohl durch sie am ehesten der Hauptzweck erreicht, dem Schüler
soviel als nöthig die Wege zu ebnen, und ihn doch zugleich von der
Mühe und Freude des Erfindens nicht auszuschliessen. Dass mit
dieser Anerkennung das nicht umgestossen wird, was oben über all-
zuausgedehnte Anwendung der Reduction bei Constructionsaufgaben
gesagt ist, versteht sich von selbst. Im Uebrigen ist es natürlich
nicht zu vermeiden, dass — auch die Uebereinstimmung über die
Wahl der Auflösungsmittel vorausgesetzt — dem oder jenem Leser
bald da bald dort zu viel oder zu wenig gegeben scheinen wird.
Und noch schwerer wird eine Uebereinstimmung aller Leser und
Beurtheiler zu erzielen sein über die an sich sehr dankenswerthe Zugabe seit der zweiten Auflage, wonach der Grad der Schwierigkeit bei
den einzelnen Nummern durch Zeichen angedeutet ist. Ungleichmässig-
keiten und Versehen waren hier schwer zu vermeiden; dahin gehört
z. B. die Bezeichnung von II, L. 98 und 99 mit einem Stern, während der zum Beweis nothwendige L. 96 deren zwei hat, also, und
mit Recht, der zweiten Stufe zugewiesen ist. Wir werden übrigens
im Folgenden in dieser Beziehung nur solche Fälle anmerken, wo
entweder ein Druckversehen, oder eine Täuschung über die nothwendigen Hilfsmittel obzuwalten scheint.

Ohne Zweifel wäre den Verfassern die Durchführung dieser
Unterscheidung namentlich in Bezug auf die Lehrsätze leichter geworden bei einer anderen Anordnung derselben, wenn nämlich nicht
die verschiedenen Figuren, Dreieck, Viereck, Kreis, Kreis und

Dreieck etc., sondern die verschiedenen **Fundamentalsätze** der
Eintheilung zu Grunde gelegt worden wären. Und noch aus einem
anderen Grunde verdient das letztere Eintheilungsprincip den Vorzug:
die gewählte Eintheilung, für die in den ganz elementaren Partien
wohl manches sprechen mag, führt häufig zur Zerreissung des Zusammengehörigen und macht nicht selten Verweisungen auf erst
Folgendes nothwendig; und namentlich dem Abschnitt über neuere
Geometrie ist das entschieden schädlich geworden.

In den den beiden Theilen vorausgeschickten Fundamentalsätzen
ist besonders die Sorgfalt anzuerkennen, womit der Ausdruck der
Flächensätze behandelt ist. Dagegen ist Satz 3 ungenau; es muss
hinzugefügt werden, dass die nicht gemeinschaftlichen Schenkel auf verschiedenen Seiten des gemeinschaftlichen liegen müssen. Zu Satz 21
wünschten wir den auf das rechtwinklige und gleichschenklige Dreieck
bezüglichen Zusatz beigefügt; in Satz 53 würde wohl besser gesagt:
„gehören zwei Paare gleicher Centriwinkel," etc.; und es wäre dem
entsprechend die Beschränkung auf den kleineren Bogen in S. 54
aufzuheben. S. 66 ist auf hohlwinklige Vierecke zu beschränken
(wozu zu vergleichen Baltzer § 4, 10); und in S. 67 wäre hinzuzufügen, dass beide Kreise denselben Mittelpunkt haben. Uebrigens
ist nicht abzusehen, warum einzelne Fundamentalsätze später als
Uebungssätze wiederkehren, so 21 Zus. 1 in L. 68a Zus.; 13 Zus. 3
in L. 113 (dazu mit einer falschen Verweisung), auf welch letzteren
überdies im Verlauf mehrfach verwiesen ist. Ebenso 42 in A. 34.

Im ersten Theile macht sich an verschiedenen Stellen, besonders
in den Lehrsätzen, das Bestreben geltend, Dinge vorauszunehmen,
welche eigentlich einer — nach der angenommenen Eintheilung des
Stoffes — höheren Stufe angehören. So wird von Berührungskreisen,
vom goldenen Schnitt, von ähnlichen Bögen etc. an Stellen geredet,
wo die zum Verständniss dieser Ausdrücke nothwendigen Grundbegriffe nach der Voraussetzung noch fehlen; und im zweiten Abschnitt findet sich eine grössere Anzahl von Sätzen, welche die Hülfsmittel des dritten voraussetzen. Darüber ist nun zwar im Allgemeinen
mit den Verfassern nicht zu rechten, auch ist durchaus nicht zu
leugnen, dass es in einzelnen Fällen ganz zweckmässig ist, die nämlichen Sätze von verschiedenen Seiten zu beleuchten; mitunter aber
ist denn doch des Guten in dieser Beziehung zu viel geschehen;
so in L. 348 (vergl. L. 257), wo in 1. nur der Beweis der Kreislehre umschrieben, in 2. und 3. aber zu viel in die Voraussetzung
aufgenommen ist, was vom didaktischen Gesichtspunkte aus nicht
gebilligt werden kann. Noch entschiedener zu verwerfen ist aber
die Aufnahme des „Mittelpunktes der Entfernungen" in den ersten
Theil L. 364 ff., wo der Schüler den genannten Punkt eigentlich
gar nicht zu Gesicht bekommt, sondern nur als ideales Ergebniss
eines „Zusammenschrumpfens" ahnen kann; während doch im zweiten

Theil diese Lehre ebenso einfach als elegant behandelt werden könnte, die eine so gute Vorübung für die Coordinatengeometrie bildet.

Wenn übrigens für diese Anticipationen zum Theil die Rücksicht auf den Umfang der beiden Theile massgebend gewesen sein sollte, so werden wir am Schluss dieses Abschnittes zeigen, wie eine grössere Zahl von Sätzen und Aufgaben aus dem zweiten Theil in den ersten theils ohne Zwang herübergenommen werden kann, theils besser herübergenommen wird.

In der Besprechung des Einzelnen, zunächst im ersten Theil, zu der wir nun übergehen, stellen wir uns die Aufgaben, Fehler und Ungenauigkeiten anzumerken, auf mögliche Vereinfachungen hinzuweisen, die Zahl der Vorausverweisungen auf später erst zu beweisende Lehrsätze zu vermindern, dagegen die im Buche mit Recht sehr häufigen Hinweisungen auf die Verwandtschaft verschiedener Sätze und Aufgaben noch zu vermehren; endlich in einzelnen Fällen bemerkenswerthe Erweiterungen hinzuzufügen.*)

Im ersten Abschnitt der Lehrsätze (§ 1—12) ist ungenau der Ausdruck von L. 25, wo die Dreiecke nicht ganz beliebig sind, da nicht eins in das andere fallen darf; didaktisch bedenklich in L. 56 der leicht zu vermeidende Ausdruck „Winkel mit gleich langen Schenkeln." In L. 253 wird ein Beweis angedeutet, der nicht zu erbringen ist. Man hat vielmehr zu unterscheiden: wenn die Dreiecke mit den gleichen Seiten auf einander gelegt sind, so fällt entweder noch eine Seite des zweiten in die Richtung einer Seite des ersten und der Satz folgt aus X oder aus 20.b; oder aber es ist das nicht der Fall, dann folgt der Satz mittelst L. 251, nach welchem die nicht gemeinschaftlichen Theile beider Dreiecke congruent sein müssen. — L. 313 U. 2 enthält eine Voraussetzung zu viel; es genügt, dass die gleichen Seiten mit einer der beiden andern gleiche Winkel machen. Dagegen ist umgekehrt L. 332, 3 durch den Mangel einer Bestimmung unrichtig; es muss heissen: „eine parallele Seite, die in beiden Trapezen die grössere oder die kleinere ist."

Ein grobes Versehen endlich enthält L. 353, wo die Congruenz zweier Vierecke behauptet wird, die flächengleich sind und ausserdem vier Stücke paarweise gleich haben!

Was ferner mögliche Vereinfachungen anbelangt, so machen wir vor allem an einigen Stellen der §§ 1—6 die Bemerkung, dass die elementaren Winkelsätze, die dem Schüler recht einzuprägen so wichtig ist, nicht gehörig ausgebeutet werden. So enthält L. 50 eine überflüssige Beschränkung; es sollte heissen: „von einem Punkt, der in einem der Nebenwinkel eines Winkels liegt." L. 84 Fig. 28 ist ausser der Parallele DK alles überflüssig, und der Beweis weit

---

*) Natürlich ohne den Anspruch, überall solches zu bieten, was den Lesern oder den Verfassern selbst unbemerkt geblieben wäre.

kürzer zu führen. Ueberflüssig ist ferner in L. 87 der Umweg über den Winkel u; ebenso in L. 90 und L. 93 die metrischen Relationen $(AD = AE, OB = OC)$. Besonders auffallend sind aber die Umwege in L. 154 und L. 159. Im ersteren folgt $BAD > DAC$ unmittelbar aus $C > B$; und dann sofort direct $BD > DC$, indem man $FAD = DAC$ macht; im zweiten ergiebt sich $BDA > ADC$ direct aus 14 in Verbindung mit $B > C$. Auch in L. 160 ist die Verlängerung unnöthig und die ganze Anordnung der Sätze 153—166 würde sich lichtvoller gestalten, wenn nach den Sätzen über das Perpendikel zuerst die über die Halbirungstransversale der Seite und dann erst die über die Mediane aufgeführt würden, welche nach L. 154 und 165 zwischen Perpendikel und seitenhalbirende Transversale fallen muss.

Ausserdem bemerken wir zur Vereinfachung: L. 39 ist die Parallele entbehrlich, wenn man sich auf 26 beruft; L. 63 wäre als specieller Fall von L. 57 zu kennzeichnen; für L. 98 bekommt man einen elementareren Beweis (ohne Vorausverweisung), und namentlich für A. 153 die elementarste Construction, wenn man das gleichschenklige Dreieck zum Rhombus ergänzt. Endlich wird L. 331 einfacher mit einer einzigen Hülfslinie bewiesen, welche die Halbirungspunkte von AE und DE verbindet (Fig. 106).

Nicht nothwendig ist die Vorausverweisung in L. 79 Umkehrung; der Beweis kann sogleich geführt werden, wenn man die Transversale bis zu der durch die Spitze zur Basis parallel gezogenen Geraden verlängert, und von den Durchschnitten Perpendikel auf die Basis fällt. Auch die Umkehrung von L. 80 ist zwar allerdings schwer zu beweisen, doch ist es nicht nöthig, den Beweis auf den zweiten Theil zu verschieben. Wir deuten zwei Beweise an, auf die

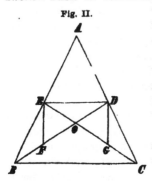

Fig. II.

Gefahr, bei dem vielbesprochenen Satz nichts Neues zu geben. Man beweise zuerst: Wenn sich innerhalb eines beliebigen Dreiecks ABC (Fig. II) zwei gleiche Transversalen BD und CE in O schneiden, so ist $OD < OC$ und $OE < OB$. Beweis indirect: aus der Annahme des Gegentheils würde (durch 24) $ABC + CBA \geq CDE + DEB$, also $< 180^0$ folgen. Macht man also $OF = OE$, $OG = OD$, so fallen F und G in das Dreieck; $BF = CG$; $BFE = DGC$ und beide stumpf. Wäre nun*) $C > B$, so wäre, in den Dreiecken DGC und EFB, $DC > EB$; aber andererseits, in den Dreiecken DBC und ECB, $DC < EB$, was sich widerspricht. Dieser Beweis gilt überhaupt, wenn BD und CE

---

*) Wenn jetzt BD und CE Medianen sind.

die Winkel proportionirt theilen und *mutatis mutandis* auch für die Aussenwinkel; er erfordert, wie man sieht, nur die zum ersten Abschnitt vorausgesetzten Hilfsmittel. — Oder man bilde aus 26 Zus. 2 u. 3 und L. 397 Zus. 2 einen neuen Satz über diejenigen Abschnitte der vom Halbirungspunkt eines Bogens ausgehenden Sehnen, welche zwischen der Sehne des Bogens und dem andern zu ihr gehörigen Bogen enthalten sind, und beweise daraus, dass zwei Dreiecke congruent sind, wenn sie eine Seite, den Gegenwinkel und die Mediane gleich haben; so ergiebt sich die Congruenz der Dreiecke ABD und ACE.

Zu L. 99—105, sowie zu L. 134 mag bemerkt werden, dass dieselben sämmtlich auch indirect durch Aufeinanderlegen bewiesen werden können; nur hätte man für einige derselben vorher den Satz zu beweisen: „wenn in zwei Dreiecken mit gleichen Winkeln eine Seite des einen grösser ist, als die entsprechende des andern, so sind die Differenzen je zweier entsprechenden Seiten im einen grösser als im andern." Wir würden die Aufnahme dieses Satzes namentlich auch aus dem Grunde empfehlen, weil mittelst desselben L. 721 weit einfacher zu beweisen ist. Da es dort nur darauf ankommt, zu zeigen, dass (Fig. 179) NE oder $NA < \frac{1}{4}(CE + AK)$, so bedarf man nur der einzigen Hilfslinie NS senkrecht zu AK. Dann hat man sofort durch Vergleichung der Dreiecke NAS und $CNA : NA - AS < NC - NA$, $2NA < NC + AS$ u. s. w. Auch L. 720, um dies gleich hier anzumerken, ist einfacher abzumachen. Man hat (in Fig. 178), wenn AF und AN gezogen sind, nur, auf CN, $CS = CA$ abzuschneiden, dann ist, weil die Winkel NAF und $A'AF$ durch AS und AN halbirt sind, $FS < \frac{1}{4}FN < \frac{1}{4}FA'$ (L. 159), und damit der Satz bewiesen; DE und QR sind überflüssig.

Zum zweiten Abschnitt §§ 13—17 haben wir keine Ungenauigkeiten anzumerken, abgesehen davon, dass in L. 465 Zus. 2 die Berufung auf L. 117 unverständlich ist. Dagegen bemerken wir in den anderen Beziehungen folgendes:

L. 377 wird wohl etwas besser ohne die Lothe durch successive Anwendung der Congruenzsätze 18, 16, 20 bewiesen. Bei L. 391 wäre auf L. 165 zu verweisen. Einfacher sind ferner zu beweisen: L. 397, indem man die Peripheriewinkel etwa in beiden kleineren Abschnitten betrachtet, also (Fig. 116) AC, CB, BD zieht; L. 401 so, wie zu dem äquivalenten Satz L. 562 angegeben ist; L. 481, wo GK als Sehne eines Peripheriewinkels von 30^0 (Fig. 126) gleich dem Halbmesser des Kreises $BGKA$ ist, worauf aus L. 479 und 480 das Uebrige ohne Weiteres folgt; L. 473, wo (Fig. 125) das Sehnenviereck $BKDE$ allein genügt; L. 504 nach L. 483, aus welchem z. B. (Fig. 131) $FK = FB = FC = FL$, und ebenso $HJ = HM$; also KL und $JM \perp HF$ u. s. w. Auch die folgende Fig. 132 zu L. 505 ist zu sehr belastet; mittelst L. 479 und 464 ergiebt sich ein viel einfacherer Beweis.

In L. 449 ist es zwar nicht einfacher, aber den Voraussetzungen des vorliegenden Abschnittes angemessener, den Schüler die Umkehrung zu L. 267 Zus. 2 bilden zu lassen. Ferner wäre zu wünschen: in L. 429c eine Andeutung darüber, was unter „äusseren Abschnitten" dann zu verstehen sei, wenn die Sehnen in beiden Kreisen getrennt liegen; in L. 443 eine Hervorhebung des genauen Zusammenhangs mit L. 466 und 483; in L. 457 eine Vervollständigung nach dem von uns oben in (I) Bemerkten; in L. 467 ein Zusatz über die Länge der von den Endpunkten des Durchmessers auf die beiden andern Seiten gefällten Perpendikel.

Bei L. 478 ist zunächst nicht abzusehen, inwiefern derselbe schwieriger sein soll, als der vorhergehende L. 477, bei welch letzterem der Zusatz wohl besser wegbliebe. Wir würden fürs Erste bei L. 477 die deutlichere Fassung wünschen: „Wenn die Ecken eines Dreiecks DEF auf den Seiten eines andern Dreiecks ABC oder deren Verlängerungen liegen (D auf BC u. s. w.), so schneiden sich die Kreise AEF, BFD, CDE in einem Punkte O." Dazu käme dann als Umkehrung der Satz 478, auf Dreieck DEF bezogen. Namentlich aber wäre dem L. 477 der Zusatz beizufügen, der ihm erst seine rechte Bedeutung giebt: Es ist $BOC = A + D$, $COA = B + E$, $AOB = C + F$, falls die Dreiecke einerlei „Sinnes" (Baltzer § 7, 1) sind; im andern Fall treten statt der Summen Differenzen ein. Daher ist der Punkt O für alle gleichwinkligen, dem Dreiecke ABC einbeschriebenen Dreiecke von bestimmtem Sinn derselbe. Dieser Satz ist für Constructionen von Dreiecken in Dreiecke sehr wichtig, und es kann so z. B. für A. 1027 eine bessere und einfachere Construction ohne Nebenzeichnung gefunden werden.

Dritter Abschnitt (§ 18—28). In L. 537 ist zwar in dritter Auflage der Fehler der zweiten verbessert; es wäre aber die dortige Bemerkung nicht einfach zu streichen, sondern zu bemerken gewesen, dass man um die Multiplication vornehmen zu dürfen, vorher den Uebergang von den Flächen zu den Masszahlen zu machen hat. Will man übrigens überhaupt an dieser Stelle den Satz bringen, der eigentlich in die Proportionenlehre gehört, so mache man, auf AB und AC, $AE = AD$, $AF = DC$; dann ist $EF \parallel BC$, $\triangle AEC = \triangle AFB$, und man hat einen rein geometrischen, dieser Stufe entsprechenden Beweis. In L. 592 sollte wohl die Frage anders gestellt werden; denn der Satz ändert sich eigentlich nicht, jedenfalls gar nicht dann, wenn die Fusspunkte der Perpendikel auf die Seiten selbst fallen. In den Erweiterungen des Satzes aber L. 680 und 697 ist die blosse Forderung: „Umkehrung" etwas bedenklich; denn ohne eine nähere Hinweisung werden wohl fast alle Schüler falsche Umkehrungen bilden, und vergeblich nach einem Beweis suchen. L. 646 gehört wohl kaum der zweiten Stufe an; in L. 648 ist statt auf 74 vielmehr auf den Beweis zu 74 zu verweisen. In L. 708

und 709 ist hinzuzusetzen, dass beide Vielecke demselben Kreis einbeschrieben sind.

Einfacher werden die Beweise von L. 531, Fig. 138 durch ein Perpendikel von C auf AD; von L. 585, wenn man DC zieht; von L. 600 durch Hinweisung auf L. 575; von L. 604 und 605, wenn man zuerst den letzteren z. B. für VQ dadurch beweist, dass man LE und ND (Fig. 162) bis zum Durchschnitt mit VQ in α und β verlängert, und die Congruenz der Dreiecke EFL und $QE\alpha$, DJN und $VD\beta$ zeigt; L. 624 durch L. 469, von dem er ein Corollar ist; L. 666 durch Hinweisung auf L. 661 und eine beliebige Gerade durch G (Fig. 171), welche die Parallelseiten schneidet.

Entbehrlich ist ferner in L. 576 die Verweisung auf 20.b; zu L. 581 eine der beiden Figuren, da z. B. in Fig. 155a aus $\triangle OAD = \triangle OCB$ auch $\triangle QBD = \triangle QBC$ folgt und umgekehrt; der Beweis aber geschieht einfach mittelst einer Parallele durch Q zu AB und CD, von der sich (indirekt) leicht zeigen lässt, dass sie in Q halbirt ist. Ebenso sind in L. 678 sämmtliche Hilfslinien total überflüssig und der Beweis ist viel einfacher nach L. 585 Zus. zu führen; ebenso in L. 642 die beiden, in L. 643 eine der Parallelen.

In den Lehrsätzen 544—46 wird man vielleicht besser geradezu gehen, indem man z. B. für L. 544 $DE^2 = (BD + CE - BC)^2$ entwickelt. L. 548 kann vermittelst unserer Figur I leicht für jeden beliebigen Winkel verallgemeinert und in instructiver Weise veranschaulicht werden, denn es zeigt sich $\triangle ABC$ als Differenz des constanten Dreiecks EBC und des veränderlichen Vierecks $EF'AG'$, welches letztere mit wachsendem AF' wächst. Und ein ähnlicher Lehrsatz lässt sich für veränderliche Summen der einschliessenden Seiten aufstellen und analog beweisen. Ferner lassen sich veranschaulichen die Flächensätze L. 637 durch Fig. 145; L. 638 durch die Figur der Ergänzungsparallelogramme; L. 639 (und 640) durch Fig. 93, wo in dem Lehrsatz 297 der Zusatz nicht fehlen sollte, dass die Diagonale des inneren Quadrats gleich der Differenz, die des äusseren gleich der Summe zweier Rechtecksseiten ist. In L. 634 sind wenigstens die „arithmetischen Hilfsmittel" fast ganz entbehrlich.

Denn man hat $\frac{2\triangle}{\varrho} = a + b + c$, $\frac{2\triangle}{h_a} = a$ u. s. w., woraus

$$\frac{2\triangle}{\varrho} = \frac{2\triangle}{h_a} + \frac{2\triangle}{h_b} + \frac{2\triangle}{h_c},$$

und durch Division mit $2\triangle$ der Satz folgt. Aehnliches gilt für die übrigen Relationen. Endlich vermissen wir in § 24 den für Parallelogrammverwandlungen aller Art sehr wichtigen Satz: Haben zwei Parallelogramme $ABCD$ und $AEFG$ die Ecke A gemein, und geht EF durch B, CD durch G, so sind sie flächengleich.

In der zweiten Abtheilung steht an der Spitze ein Abschnitt
über Bezeichnungen, geometrische Oerter und Daten. Was die ersteren
anbelangt, so machen wir an verschiedenen Stellen des Buches die
Wahrnehmung, dass die Bezeichnung bei örtlichen Aufgaben der
Klarheit und Consequenz ermangelt. Während man einerseits mehrfach auf den Pleonasmus stösst, dass Punkte „der Lage nach" gegeben sind, werden andererseits zuweilen Linien, welche der Lage
und Grösse nach gegeben sind, wie solche bezeichnet, von denen
man nur die letztere kennt. Wenn es z. B. in einer Dreiecksauf-
gabe heisst, dass a gegeben sei, so kann darunter nur die Länge
von BC verstanden werden, und diese Bezeichnung ist daher unzulässig, sobald zugleich die Lage eines gegebenen Punktes gegen
die Punkte B und C gegeben ist. So lässt sich z. B. zwar die Bezeichnung in A. 606 (607, 672) am Ende vertheidigen; aber es ist
doch besser, entweder statt a BC zu setzen, oder zu sagen es sei
gegeben p, q, A, wie in A. 626 geschieht. Unrichtig aber ist vor
A. 683 der Ausdruck „Kreis mit gegebenem Radius" statt „gegebenen
Kreis" wegen A. 686 und 689—691; wärend umgekehrt die Ueberschrift von § 20 für die Aufgaben 814—826 nicht passt. Ausserdem merken wir in dieser Beziehung an, dass A. 639 unbestimmt
ist, da nicht ausdrücklich gesagt ist, dass a gegeben sei, sowie zu
A. 92 den ungenauen Ausdruck „Lage" statt „Richtung".

Den geometrischen Oertern wäre vielleicht auch der aus L. 428 b
und 428 c sich ergebende hinzuzufügen, welcher eine sehr einfache
Lösung der beiden schwierigeren Fälle von A. 565 und 566 gewährt.
— In § 3 wünschten wir zwei Arten von Daten unterschieden;
diejenigen, bei welchen weitere Stücke einer Figur durch solche gegebene Stücke mitgegeben sind, welche für sich zur vollständigen
Bestimmung der Figur nicht hinreichen; und diejenigen, bei welchen
durch die gegebenen Stücke für sich schon die Figur vollständig
bestimmt ist, und nur noch andere Stücke der Figur genannt werden, welche ohne vorhergehende Zeichnung der Figur selbst aus den
gegebenen unmittelbar abgeleitet werden können. Die Aufstellung
von Daten, wie in D. 3 eines vorliegt, können wir aber nicht gut
heissen und kaum durch die Bequemlichkeit der kurzen Verweisung
darauf entschuldigen. Denn es liegt auf der Hand, dass dort nicht
nur das bezeichnete Stück, sondern das ganze Dreieck ohne Weiteres
gegeben ist, und dass man auf diese Art, wollte man consequent
sein, die Zahl der Daten ins Unbegrenzte vermehren müsste. —
Bei D. 17 und 18 wäre hinzuzufügen, dass auch h gegeben ist, bei
D. 20, dass das Parallelogramm gleiche Fläche mit dem Viereck
hat und demnach durch e, f und $\not< ef$ die Fläche des Vierecks bestimmt wird, wornach auch die zu viel enthaltende Bestimmung vor
A. 1140 zu verbessern wäre. Endlich möchten wir empfehlen die
Aufnahme der aus unsrer Figur I sich ergebenden Oerter und Daten,

also vor allem: „Wenn der Winkel A des Dreiecks ABC festliegt, und $b \pm c$ gegeben ist, so sind gegeben: 1) einer der Endpunkte des auf BC senkrechten Durchmessers des Umkreises, 2) ein Ozt für die Mitte von BC.“ . Ausserdem finden sich an der Figur neben den schon früher genannten die Stücke

$$\frac{\varrho_a + \varrho}{2}, \quad \frac{\varrho_a - \varrho}{2}, \quad \frac{\varrho_c + \varrho_b}{2}, \quad \frac{\varrho_a - \varrho_b}{2};$$

ferner viermal der Winkel $\dfrac{C - B}{2}$ u. s. w. Es lassen sich mittelst dieser Oerter und Daten theils ebenso gut, theils besser als im Buche geschehen, lösen die Aufgaben 610—613, 630f., 641, 663f., 703, 705, 708, 711—714, 719, 721, 724. — Dass seit der dritten Auflage bei den Oertern und Daten auf diejenigen Aufgaben hingewiesen ist, deren Analysis die Anwendung derselben fordert, ist gewiss durchaus zu billigen; doch werden in einer folgenden Auflage diese Hinweise vielleicht noch da und dort (A. 25, 37, 38 etc.) vervollständigt, zum Theil aber auch reducirt werden dürfen. In letzterer Beziehung meinen wir namentlich den vielgebrauchten Ort 10 und das verwandte Datum 9. Der erstere findet sich an einigen Stellen da angewendet, wo es sich nur darum handelt, von einem gegebenen Punkt an eine gegebene Gerade eine andere Gerade unter einem gegebenen Winkel zu ziehen, wo man also eine viel einfachere Construction hat; so A. 538f., 866, 1019, 1260 (auch in 989 und 1250 kann dieser Ort entbehrt werden). D. 9 aber wird man zwar wohl meistens dann zu verwenden haben, wenn r und A, oder a und A, selten aber, wenn r und a gegeben sind, weil man durch die zwei letzten Stücke unmittelbar zwei Ecken des Dreiecks und den Ort für die dritte erhält, und dann in vielen Fällen nicht nöthig hat, den Winkel A als solchen benutzen zu müssen; so in A. 661f. und den verwandten 770—773; namentlich aber in A. 726f., 743.

In den Aufgaben 661f. kann man allerdings D. 9 benutzen, und wird es *implicite* bei jeder Construction thun. Wir führen aber diese Aufgaben absichtlich mit an, weil sich uns daran eine andere Bemerkung knüpft. Wenn bei derselben der Schüler auf A. 257f. hingewiesen wird, welche er dort, da die Kreislehre nicht vorausgesetzt war, mit $b \pm c$ beginnend gelöst hat, so wird er sich angewiesen glauben, die dort gefundene Construction auch hier anzuwenden, und so nicht diejenige wählen, welche hier die durch die geometrische Eleganz geforderte ist, und für die er auf O. 10, resp. L. 442 zu verweisen wäre. Er wird Nebenconstructionen machen, oder wenigstens bei dem Versuch, die Constructionen zu verschmelzen, überflüssige Linien ziehen und nichts Einheitliches zu Stande bringen. Wir glauben aber, dass bei der ohnedies so grossen Neigung der Schüler durch Nebenconstructionen die Sache sich bequem und dem corrigirenden Lehrer ungeniessbar zu machen, und weil Lässigkeit gerade in diesem Punkt die Lernenden um einen guten Theil der Vortheile bringt, welche die Beschäftigung mit geometrischen Constructionen gewähren kann, in einem Schulbuch in dieser Beziehung möglichste Strenge beobachtet sein sollte.*) Aufgaben, für die man keine einheitliche Construction anzugeben weiss, bleiben besser weg oder werden an einen andern Ort gestellt, so z. B. A. 602, 603, 1026, 1027.

Gehen wir nun zu den Aufgaben selbst über. In Abschnitt 2, §§ 4—11, wäre in A. 62a statt „errichtet" zu sagen gefällt, und übrigens die Aufgabe auf beliebige parallele Richtungen von XY und PD auszudehnen. In A. 82—85 ist die Unterscheidung falsch gestellt. Das Unterscheidende ist nicht, ob L die $P'P''$ schneidet oder nicht, sondern ob P zwischen X und Y fallen soll oder nicht, A. 343—347 sind als schwierig bezeichnet, während sie doch fast identisch sind mit den auf die mittlere Stufe gestellten entsprechenden Aufgaben in § 5. Ebenso ist die als schwierig bezeichnete Aufgabe 390 ganz leicht; doch soll es statt $\not< be$ vermuthlich $\not< ce$ heissen. Zu A. 401 f. passt die angegebene Analysis nicht; es ist zu verfahren wie in den vorhergehenden Aufgaben. In A. 403 ist die Hinweisung auf 83 unverständlich; überhaupt aber gehört die Aufgabe, sowie die verwandte A. 412 nicht zu den schwierigen, sofern durch A, D und a (oder h) das Dreieck DEC sofort gegeben ist. A. 411 ist durch einen Druckfehler auf A. 364 statt 264 verwiesen.

Die A. 30 und 31 würden wir lieber in den dritten Abschnitt verlegen, indem sie einfacher durch Sehnenvierecke gelöst werden, und auch deshalb, weil bei grosser Entfernung des Durchschnittspunkts ein bei der angedeuteten Construction nothwendiger Punkt ebenfalls in grosse Entfernung fällt. Zu den Transversalenaufgaben 321—326 bemerken wir, dass zu ihrer Auflösung die Kenntniss von L. 260a nicht nöthig ist, wie z. B. in Bezug auf A. 326 auch Nagel (a. a. O. p. 157) behauptet. Man vergleiche folgende Construction: Parallelogramm $ABCD$ aus AB, BC, AC je gleich den doppelten Transversalen, BC und CD in E und F halbirt, AE und AF schneiden BD in G und H, so ist AGH das Dreieck. — In A. 457 ist jedenfalls $\not< ae$ zu streichen, da mit diesem die Aufgabe ganz leicht wird; für die beiden folgenden genügt eine Parallele zu AB durch C und $= AB$, indem durch $\not< ce$ und $B + C$ auch $\not< ae$ gegeben ist. In A. 474 ist statt auf O. 36 vielmehr auf ein verwandtes Datum zu verweisen; eher wäre der Ort 7 zu nennen. Zu A. 478 giebt auch L. 278 eine gute Construction.**)

---

*) Man vergl. Nagel a. a. O. p. 30 f.
**) In diesem Abschnitte 2 findet sich, wie wir nachträglich bemerken, die Aufgabe (A. 59), die wir oben in der Kritik der „Frage" zu A. 516 ff. vermisst haben, so dass wir vielleicht dort zu weit gegangen sind. Jedenfalls aber war bei der Frage zu A. 516 ff. auf A. 59 zu verweisen.

Im dritten Abschnitt bemerken wir als nicht gehörig bestimmt den Ausdruck von A. 482, welche übrigens, falls die Abschnitte durch das von P gefällte Perpendikel gemeint sind, wohl einfacher durch L. 136, D. 26 gelöst wird; ferner als ungenau die Unterscheidung der Schwierigkeit in A. 565 und A. 566, wo vielmehr je ein Fall in beiden Aufgaben der schwierigere ist. Im Uebrigen sei hier ausgesprochen, was auch von ähnlichen Aufgaben, wie 75 ff. 82 ff. gilt, dass man zu einer vollständig klaren Einsicht in die Constructionen und ihre Verhältnisse zu einander nur dann gelangt, wenn man die von dem festen Punkt nach entgegengesetzten Seiten ausgehenden Strecken einer Geraden, sofern sie von dem Punkt aus gemessen werden, mit entgegengesetzten Vorzeichen nimmt.

In A. 800 ist A. 799 wörtlich wiederholt, in A. 862 fehlt ein Stück, vermuthlich h.

Zu A. 488 möchten wir auf die Construction aufmerksam machen, welche häufig, z. B. in den angeführten verwandten Aufgaben 492, 559 f., 999 den Vorzug der Kürze hat: Liegt $AB = s$ beliebig im Kreis, so beschreibe man aus K mit KP einen Kreisbogen, welcher die AB in C , und aus P mit BC einen solchen, welcher die Kreislinie in X trifft so ist PX die Lage der verlangten Sehne. Auch A. 502 lässt sich in ähnlicher Weise lösen und für A. 546 ergiebt sich durch dasselbe Princip die einfachere Construction: Ziehe KP, mache $KA = KP$ und $AKP = \alpha$, so ist $P'A$ die Lage einer der gesuchten Sehnen. — A. 556 f. werden besser und ohne Beschränkung auf ein gleichschenkliges Dreieck gelöst, wenn man bedenkt, dass der Umkreis des gesuchten Dreiecks durch K gehen muss; A. 558 besser nach L. 479. Noch bemerken wir, dass A. 537 auf A. 536 zurückkommt, wenn man um XPP' einen Kreis beschreibt, der L zum zweitenmale in Y schneidet und YPP' betrachtet.

Bei den Dreiecksaufgaben der folgenden Paragraphen würde wohl theilweise die Anleitung durch Normalfiguren, wie Fig. 184 und unsere Fig. I, in besserer Weise gegeben, als durch die Data, die je und je auf Umwege führen. So sind z. B. A. 634—637 um nichts schwieriger als die unmittelbar vorhergehenden und sofort nach der Figur ohne Reduction zu lösen, z. B. A. 634: $AB = h_a$, $BC \perp AB$ $= \frac{1}{4}$ $(p-q)$, AD (wo D auf BC) $= m_a$; $KAD = DAB$ und CK parallel AB geben K u. s. w. — A. 658 f. sind von gar keiner Schwierigkeit, und bei A. 643 ist wenigstens nicht abzusehen, warum dieselbe extra durch das Prädicat „Schwierig" ausgezeichnet ist; sie verhielt sich zu A. 642 genau so, wie 566 zu 565.

Unter die Vierecksaufgaben fällt zunächt bei einigen über das Sehnenviereck auf, dass die elementaren Beziehungen zwischen den Winkeln nicht gehörig ins Auge gefasst sind; so sind die A. 794 — 796; die als schwierig bezeichnet sind, ganz leicht; in A. 794 ist durch $\sphericalangle df = \sphericalangle be$ das Dreieck ABC unmittelbar gegeben, 796 kommt durch dieselbe Betrachtung auf A. 16 hinaus, 795 ist durch einfache Verweisung auf A. 514 zu lösen. Auch A. 799 wird beträchtlich einfacher gelöst, wenn man bedenkt, dass durch $B + C$ und $\sphericalangle ef$ auch $\sphericalangle af = \sphericalangle ce$ gegeben sind.

Bei den Aufgaben über das Tangentenvierek bemerken wir zu A. 811 eine allzu reichlich ausgefallene Unterstützung des Schülers, sowie dass A. 821 von A. 820 nicht wesentlich verschieden ist. Für viele dieser Aufgaben, namentlich für die sämmtlichen als schwierig bezeichneten, möchten wir auf eine Art der Analysis aufmerksam machen, die ihre Lösung sehr erleichtert: Man verlängere eine Seite z. B. AB über B nach E so, dass $BE = DC$, und mache Dreieck $FBE \cong ODC$ (wenn O Mittelpunkt des Inkreises). Dann hat man, wenn AO und EF sich in G schneiden, ein Sehnenviereck $GOBF$, in welchem OF parallel AE und welches die halben Winkel des Tangentenviereckes als Winkel zwischen Seiten und Diagonalen enthält. Für A. 821 wäre noch $AH = AD$ auf AE abzuschneiden, wodurch sich weitere bemerkenswerthe Relationen ergeben. So findet man z. B. durch diese Figur von der schwierigen bei H. und G. (Nr. 2061) ungenügend behandelten Aufgabe, das Viereck aus a, b, c, ϱ zu zeichnen, eine elegante Lösung.

Bei A. 891 würde eine einfache Verweisung auf A. 507 genügen. Bei A. 892 f. ist die aus H. und G. entnommene Analysis zwar an sich nicht anzufechten, wir bemerken aber, dass es noch eine andere Construction giebt, deren Analysis auch zur Lösung der weder bei H. und G. noch bei G. und J. zu findenden und an sich bemerkenswerthen Aufgabe führt: ein Viereck zu zeichnen aus den Seitenwinkeln, dem Diagonalenwinkel und einer Länge (Seite oder Diagonale).

Unter den Kreisaufgaben ist wohl A. 921 mit Unrecht als schwierig bezeichnet; bei A. 966 eine auffallende Hülfsconstruction angegeben, während sich die Aufgabe einfach durch O. 30 erledigt; A. 992 durch Hinweisung auf L. 449 einfacher abzumachen.

Zu den schwächsten Abschnitten gehören in der Sammlung die, welche von der Construction von Figuren in und um Figuren handeln I §. 25 und II §. 10, welch letzterer hier zugleich besprochen werden soll.

Fürs Erste finden sich nicht selten Anleitungen, die zu Nebenzeichnungen führen, wie in den schon genannten I A. 1026 f., sowie besonders verwerflich, weil offenbar ganz unnöthig, in II 508 f., 514 — 515 a, 517 Anal. I, 519, die durch II, O. 20 und 21 besser zu behandeln sind. Dann aber, was noch weit fataler ist, herrscht nicht die nöthige Klarheit über die Zahl der bei solchen Aufgaben nothwendigen Bedingungen. Es ist eigentlich schon nicht gerechtfertigt, die Construction eines Rechtecks in einen Kreis (II, 461), eines Quadrats in oder um ein Quadrat (I, 1007 f.) zu verlangen, weil jedes in einen Kreis beschriebene Parallelogramm ein Rechteck, jedes in

ein Quadrat beschriebene gleichseitige, oder um ein Quadrat beschriebene rechtwinklige Parallelogramm ein Quadrat ist. Es ist das, so
gewöhnlich auch diese Ausdrucksweise in den Sammlungen ist, doch
ebensowenig richtig, als wenn sonst bei irgend einer Aufgabe eine
Bedingung zu viel gestellt, also z. B. für ein Sehnenviereck noch
die Bestimmung hinzugefügt würde, dass die Summe zweier gegenüberliegenden Winkel $= 2\,R$ sein solle; und es ist diese Ungenauigkeit namentlich auch darum zu vermeiden, weil dem Schüler häufig,
z. B. bei den letztgenannten zwei Aufgaben, die in der gegebenen
Figur liegende Beschränkung nicht zum Bewusstsein kommen wird.
Wohin aber Mangel an Klarheit in dieser Beziehung führt, zeigen
schlagend die Aufgaben I 1036 und 1025, welche beide etwas Unmögliches verlangen. Es ist in der That auffallend, dass solche Aufgaben bis in die dritte Auflage sich erhalten konnten, während doch der
Versuch sie zu construiren augenblicklich die Unmöglichkeit zeigen muss!

Weiter ist in I § 25 zu bemerken, dass die nämlichen Aufgaben
zweimal, ja, wenn man die speciellen Fälle einrechnet, zum Theil
dreimal vorkommen, ohne dass sich irgend eine Andeutung darüber
findet. So A. 1001, 1014, 1036 a; 1031, 1037, 1038; 1003, 1014.
Dabei ist 1003 offenbar mit Unrecht als schwierig bezeichnet; dasselbe
gilt von A. 1034, wenn man die bessere Analysis giebt, nach
welcher sich die Richtung der der Länge nach gegebenen Rechtecksseite durch ein rechtwinkliges Dreieck bestimmt, dessen Hypotenuse
die Verbindungslinie der auf den beiden andern Gegenseiten liegenden Punkte ist.

Das der Analysis von A. 1037 f. zu Grunde liegende Princip ist,
wie die Aufgaben II, 484, 487, 491, 493 und das Fehlen der analogen Aufgaben über Parallelogramme mit schiefem Winkel zeigen,
nicht in seiner Allgemeinheit erkannt — freilich in andern Aufgabensammlungen ebensowenig. Der Satz lautet: Wenn im Parallelogramm $ABCD$ zwischen AB und DC die Strecke EG und zwischen
BC und AD die Strecke FH, welche die EG in O schneidet, so
liegen, dass W. $EOF = DAB$ (also z. B. $AEOH$ Sehnenviereck),
so verhalten sich die zwei Strecken wie die Seiten des Parallelogramms. Damit ist die allgemeine Aufgabe leicht zu lösen: Ein
Parallelogramm von gegebener Gestalt zu zeichnen, dessen Seiten
durch vier gegebene Punkte gehen.

Die andere Aufgabe, welche durch vier Punkte ein Parallelogramm von gegebenem Winkel α und Inhalt f^2 verlangt, und von welcher
specielle Fälle II (487 und) 494 stehen, ist ebenfalls, und zwar
mit den Mitteln des ersten Theils, einfacher zu lösen. Zunächst ist
zu bemerken, dass die Reduction auf die andere Aufgabe, wonach
von dem Parallelogramm eine Ecke in einem gegebenen Punkt liegen
und die Gegenseiten durch zwei andere Punkte gehen sollen, weit
einfacher, als zu den Aufgaben II, 493—98, geschehen kann (wie

auch z. B. Lieber a. a. O. p. 127 angiebt). Sollen nämlich durch P_1 und P_3, P_2 und P_4 je zwei Gegenseiten gehen, so ziehe man $P_1 P_5$ gleichgerichtet und gleich mit $P_2 P_4$ und construire zunächst das Parallelogramm mit einer Ecke in P_1 und den Gegenseiten durch P_3 und P_5. Dafür aber ergiebt sich mit Hilfe des oben zu I § 24 angegebenen Lehrsatzes die Construction: Man zeichne über $P_1 P_3$ ein Parallelogramm $P_1 P_3 A B$ mit dem Inhalt f^2, und über $P_1 P_5$ einen den Winkel α fassenden Kreisabschnitt, dessen Bogen $A B$ in C trifft, dann ist $C P_5$ die Lage einer Seite des gesuchten Parallelogramms. —

Ausserdem heben wir in I § 25 noch hervor: Zu A. 996 ist die Verlängerung der Linie überflüssig, da sich sofort ergiebt, dass der Winkel bei $C = \frac{1}{4} R$ ist. In A. 1011 ist die Andeutung „Anal. ähnlich wie zu A. 1010" mindestens missverständlich. In A. 1020, die übrigens 1255 wiederkehrt, wäre besser zu sagen, dass die Seiten des neuen Dreiecks, je nachdem dasselbe ein spitz- oder stumpfwinkliges werden soll, die Aussenwinkel oder je einen Aussenwinkel und zwei innere des ursprünglichen halbiren. Jedenfalls aber ist, auch wenn man von den Höhen ausgehen will, jene Unterscheidung zu machen.

Unnöthig ist ferner in I, 1023 die Verbindungslinie von P mit dem Schnittpunkt von L und L'. Der Ort II, 20 kann nämlich (ohne dass wir damit gerade seine Aufnahme in den ersten Theil empfehlen wollten) durch blosses Winkelanlegen construirt werden. Dreieck $P A A'$ ist der Gestalt nach gegeben, und man hat, wenn A auf L liegen soll, nur von P an L eine Gerade $P B$ unter dem Winkel A' zu ziehen, so wird die an $P B$ in B unter dem Winkel A gelegte Gerade der Ort für A' sein. Zu ergänzen aber ist O. 20 dahin, dass solange der „Sinn" des Dreiecks $P A A'$ nicht bestimmt ist, es zwei Gerade $P B$ und somit zwei Ortslinien für A' giebt.

Ausserdem wollen wir zu II, § 10 noch anführen, dass A. 502 offenbar nicht hierher sondern in I, § 11 gehört, dass A. 547 sehr ungenau ausgedrückt ist, und dass A. 548—51 wohl eher in den ersten Theil aufzunehmen wären, da sie unmittelbar auf I, A. 995 zurückkommen.

Zu den Verwandlungs- und Theilungsaufgaben des vierten Abschnitts können wir uns kürzer fassen. Es ist zu loben, dass dieselben — abweichend von andern Sammlungen — meist bestimmt gehalten sind; doch sollte das auch vollends mit A. 1132 und 1134 geschehen sein. Zu A. 1155 f. bemerken wir, dass sich eine einfache Construction aus dem ohne Proportionen leicht zu beweisenden und zur Uebung für Schüler geeigneten Satze ergiebt: Wenn man in Fig. 83 $E'O$ zieht, welche ein auf $A C$ in A errichtetes Perpendikel in G trifft, so ist $A G$ gleich der halben Höhe von A auf $B C$. — A. 1169 kann ohne Algebra auf dieser Stufe nach A. 632 gelöst werden. Bei A. 1146 ist die Verweisung auf A. 1040 statt 1080 unrichtig. Zu A. 1184 fehlt der entsprechende Lehrsatz, der keineswegs auf II, 46 Zus. verschoben werden muss, sondern schon in I, § 6 angebracht werden kann. Dagegen ist A. 1195 dem zweiten Theil zuzuweisen, da ihre Lösung mit den Mitteln des ersten Theils unmöglich wird, sobald die durch die Theilpunkte der Mittellinie in den gegebenen Richtungen gezogenen Geraden eine oder beide Parallelseiten in den Verlängerungen schneiden.

In § 32, dessen Beifügung in dritter Auflage nur gebilligt werden kann, vermissen wir die Mittelpunkte der äusseren Berührungskreise, die doch auch zu hübschen Aufgaben Stoff geben. Auch begegnen wir in 1241 wieder einer unmöglichen Aufgabe! A. 1244, 1246, 1261 werden statt durch L. 464, Zus. besser durch L. 462 gelöst. A. 1258 gehört unter die ganz leichten; in A. 1259 hat man ohne Hilfsconstruction durch $ABD_b = HAD_b$ und BH senkrecht auf AD_b sofort zwei Oerter für B; und zu A. 1257 mag noch bemerkt werden, dass, wenn man von M_a auf AC ein Perpendikel M_aF fällt, dann H_aF den Winkel $H_b H_a M_a$ halbirt.

Schliesslich haben wir nun noch, soweit das nicht schon im Bisherigen geschehen ist, diejenigen Lehrsätze und Aufgaben des zweiten Theiles namhaft zu machen, welche in den ersten ohne Zwang herübergenommen werden können, oder besser herübergenommen würden. Dabei sehen wir von solchen ab, von denen wir glauben, dass sie mit Absicht von den Verfassern im zweiten Theile wiederholt sind, und bemerken, dass in weitaus den meisten Fällen, die wir nennen werden, die elementarere Behandlung zugleich die bessere ist, können aber die Begründung nur in einzelnen besonders bemerkenswerthen Fällen andeuten, um nicht allzu weitläufig zu werden.

Es gehören hierher die Lehrsätze des zweiten Theils: 23, 36, 46. (Ist $DEFG$, wo DE auf BC, ein Parallelogramm in ABC, so ziehe man an BC GH parallel AC, HJ parallel AB an AC, so ist, wenn GF oder deren Verlängerung von HJ in O geschnitten wird, das Dreieck OJF der Ueberschuss des Dreiecks ABC über die Parallelogramme CG und AH, und verschwindet, wenn G Mitte von AB.) Ferner L. 59 (cf. I, L. 667), 67, 81, 82, (etwa auch 91 als specieller Fall von I, L. 509b), 125, 141, 199a, 204, (205a), 233.

Ferner die Aufgaben 47, 73, 75, 87, 114, (174a und 174b), 191 (weit einfacher, und zwar, wie auch 174a für einen beliebigen Punkt P), 198 (wo die Verweisung auf L. 161 fast unbegreiflich ist; die Aufgabe gehört zu den elementarsten), 340—342 (z. B. 340 für ein gewöhnliches, hohlwinkliges Vieleck: Ueber $AB = a$ Dreieck ABE mit $\not\prec ABE = \not\prec ce$, $\not\prec BEA = \not\prec be$; Dreieck ABF mit $\not\prec FAB = \not\prec cf$, $\not\prec BFA = \not\prec df$. Dann liegen C und D auf EF und man hat eine directe Lösung, ohne zuvor ein ähn-

liches Viereck zu zeichnen), 347—350, 353, 376—380 (Peripheriewinkel!), wenn man will auch 381.   Sodann 384 (wo der sonderbare Ausdruck vielleicht mit Absicht gewählt ist), 389 (wo übrigens
die Forderung einerseits zu viel enthält, andererseits der Punkt *P*
auch ausserhalb der Kreise liegen kann), 569 (durch L. 581, A. 26),
596 (wo zwei Fälle zu unterscheiden).
Schönthal (Würtemb.).   BINBFR.

STOLL, F. X. Dr., **Anfangsgründe der neueren Geometrie
für die oberen Klassen der Gymasien und Realschulen.** Mit 16 Figurentafeln. Bensheim 1872. XVIII.
und 111 Seiten.   Preis?

Wer auf eine längere Reihe von Jahren zurückblicken und die
Erfolge des Unterrichts in der Mathematik auf höheren Lehranstalten
von jetzt und früher vergleichen kann, wird den grossen Fortschritt,
der durch die Anwendung der neueren Methoden erzielt ist, nicht
verkennen können.   Diejenigen, welche die Mathematik eine trockene
Wissenschaft nannten, zu deren Erlernung eine besondere Begabung,
aber kein höher strebender Geist, gehöre, hatten nicht ganz Unrecht,
so lange diese Wissenschaft in einer wenig entsprechenden Weise dargeboten wurde, so lange der Grundsatz galt, ein Lehrbuch der
Geometrie sei um so schlechter, je weiter es sich in seiner Methode
vom Vater Euklid entferne.   Mit dem Verlassen dieses Grundsatzes
erweiterte sich der Gesichtskreis, es kam mehr Leben in die Unterhaltung zwischen Lehrer und Schülern, d. h. in den Unterricht,
der Schüler fühlte sich zu grösserer Selbstthätigkeit angespornt,
weil seiner Phantasie ein grösserer Spielraum gegeben wurde.   Dies
ist, wie der Verfasser unseres zur Besprechung vorliegenden Buchs
richtig hervorhebt, das Verdienst der deutschen Mathematiker Möbius, Steiner und Staudt und der französischen Poncelet,
Gergonne und Chasles, welche durch Einführung einer neuen
auf Anschauung gegründeten Methode die Lehren der Geometrie in
einen innigeren, organischen Zusammenhang brachten.
Wenn wir nun schon aus pädagogischen Gründen dieser neuen
Methode unsern Beifall zollen müssen, so müssen wir auch jedes
Werk, durch welches dieselbe in die Schule eingeführt werden soll,
mit Freuden begrüssen.   Das vorliegende Werk nun ist „dazu bestimmt, Schülern der obern Klassen von Gymnasien und Realschulen
die Möglichkeit zu bieten, die Methoden der neuern Geometrie kennen
zu lernen, ohne mit einem Sprung den Standpunkt verlassen zu
müssen, den sie bei ihrem seitherigen Studium der Elementargeometrie eingenommen haben." — Wir wollen zusehen, wie er es anfängt und wie es ihm gelingt.
Als Zeitpunkt, zu welchem die Schüler in die neuere synthetische Geometrie einzuführen seien, bezeichnet der Verf. den „Ab-

schluss des auf Gymnasien und Realschulen üblichen Cursus der Planimetrie und Stereometrie." Er ist also der Meinung, es müsse oder es werde in den untern Klassen noch immer nach dem bekannten alten Schlendrian überall, wie früher, fort docirt und hält eine Brücke für nothwendig, um den „plötzlichen Sprung" von der alten zur neuen Methode zu vermeiden. Wir sind dagegen der Ansicht, dass die Principien der neuern Geometrie schon in der Tertia und Untersecunda zur Geltung gebracht werden können, wie es von den Verfassern mehrerer neuerer Lehrbücher der Geometrie mit Glück versucht ist. Mögen immerhin die ersten Elemente, die Parallelentheorie, die Congruenz der Dreiecke, die darauf beruhenden Constructionen, die Eigenschaften der Parallelogramme und Trapeze, die Inhaltsgleichheit der Figuren, die Grundeigenschaften des Kreises, von den ein- und umschriebenen Figuren in alter bewährter Weise vorgetragen werden: bei der Lehre von den Proportionen und der Aehnlichkeit der Figuren ist jedenfalls der Platz, wo die Schüler mit dem Sprachgebrauch und der Anschauungsweise der neuern Geometrie bekannt gemacht werden können und müssen. Schon Wittstein hat dies mit Geschick gethan, wiewohl derselbe auf den Gegensatz der Lage noch nicht gebührend Rücksicht genommen hat. Also nur noch einen Schritt weiter gethan und man hat keine „Brücke" nöthig, sondern kann ohne Sprung heilen und trockenen Fusses weiter wandern.

Nun ist vor Allem bei der Betrachtung der Verhältnisse der getheilten Strecken auf die Unterscheidung der Richtung der Theile Rücksicht zu nehmen. Dies aber führt uns auf den ersten Punkt, über den wir mit dem Verfasser des vorliegenden Buchs uns in Disharmonie befinden. Wenn wir die verschiedenen Richtungen durch $+$ und $-$ unterscheiden, so ist vor Allem nöthig, die beiden Richtungen von einem bestimmten oder willkürlich angenommenen festen Punkt aus zu betrachten; welche von den beiden Richtungen als die $+$ betrachtet wird, ist gleichgültig. Bei der Coordinatengeometrie ist der Anfangspunkt der Coordinaten der feste Punkt und die Lage aller in Betracht kommenden Coordinaten wird auf diesen einen Punkt bezogen. Bei mehreren in irgend einer Verbindung stehenden Strecken, bei denen es auf das Verhältniss oder das Product der Theile ankommt, fehlt ein solcher gemeinschaftlicher fester Punkt, wenn man sie nicht auf ein Coordinatensystem beziehen will; daher muss man jederzeit den gemeinschaftlichen Theilpunkt als Ausgangspunkt bei der Vergleichung der Richtung der Theile nehmen. Wenn wir also drei Punkte in der Folge a, b, c auf einer Geraden annehmen, so wird die Strecke ac in ba und bc getheilt, und weil diese in Beziehung auf b verschiedene Richtung haben, muss man das Verhältniss $\frac{ba}{bc}$ sowie $ba \cdot bc$ negativ nehmen.

Das thut auch unser Verfasser bei dem Mittelpunkt der involutorischen Punktreihen (§. 14). Bis dahin verfolgt er aber ein anderes Princip, indem er in unserm angenommenen Beispiele $\frac{ab}{bc}$ sowie $ab \cdot bc$ schreibt, und diese Ausdrücke $+$ nennt. Er ist dazu verführt durch die in § 1. vorausgeschickte Betrachtung, worin er schreibt $ab + ba = 0$, und daraus ableitet, dass $ba = -ab$ sein müsse. Es ist aber zu bemerken, dass das Addiren und Subtrahiren nichts weiter ist, als ein Fortschreiten von einem Standpunkte, auf dem man angekommen war, um eine bestimmte, gegebene Länge respective in derselben oder in der entgegengesetzten Richtung; befindet man sich dann auf derselben Seite des Ausgangspunktes a, auf welcher man zu Anfang vorwärts ging, so ist das Resultat positiv, entgegengesetzten Falls negativ. Es ist also genau derselbe Vorgang, den man macht, wenn man das Addiren und Subtrahiren auf der Zahlenlinie erläutert; und der Fall des Verfassers $ab + ba$ kann nimmermehr etwas anderes bedeuten, als von dem Punkte b, auf dem man angekommen war, nachdem man die Strecke ab durchwandert hatte, in derselben Richtung weiter wandern um eine Strecke $= ba$. Soll es rückwärts gehen, muss man schreiben $ab + (-ba)$ oder $ab - ba = 0$.

Wir wollen hier nicht näher untersuchen, ob vielleicht die Anschauung unsers Verfassers ihre Berechtigung hatte: so viel steht aber fest, dass Herr St. sich einer Inconsequenz schuldig gemacht hat, indem er, abweichend von dem Frühern auf S. 42 bei der hyperbolischen Punktreihe schreibt $oa \cdot oa' = ob \cdot ob' = + p^2$ statt, wie er nach dem Vorausgehenden hätte schreiben müssen, $ao \cdot oa' = bo \cdot ob' = - p^2$. Eben so hätte er bei der elliptischen Punktreihe schreiben müssen

$$ao \cdot oa' = bo \cdot ob' = + p^2$$

während es nach unserer Anschauung

$$oa \cdot oa' = ob \cdot ob' = - p^2$$

heissen muss, sowie hier der Verf. geschrieben hat. Die gerügte Inconsequenz tritt schon auf S. 7 in dem Beweise zu Lehrsatz 7 zu Tage, wo drei Proportionen, wie $\frac{ab'}{a'b} = - \frac{db'}{da'}$ aus drei ähnlichen Dreiecken abgeleitet sind, durch deren Multiplication -1 herauskommen soll; es ist aber kein Grund aufzufinden, warum diese Verhältnisse negativ sein sollen, da kein Gegensatz der Lage oder Richtung unter den 4 Strecken ab', $a'b$, db' und da' zu erkennen ist, man ist vielmehr geneigt, für db' und da' einerlei Richtung anzunehmen und also $+ \frac{db'}{da'}$ zu setzen. Es gewinnt daher den Anschein, als ob das Zeichen $-$ nur gesetzt sei, um -1 und nicht $+1$ herauszubringen. Es ergiebt sich aber auch in der That, wenn wir nach unsrer Anschauung die Verhältnisse schreiben, nämlich (in Fig. 7)

$$\frac{b'a}{b'a} = \frac{b'd}{a'd}; \quad \frac{-a'c}{c'a} = \frac{a'd}{c'd}; \quad \frac{-c'b}{b'c} = \frac{c'd}{b'd}$$

durch Multiplication derselben

$$\frac{b'a \cdot a'c \cdot c'b}{a'b \cdot c'a \cdot b'c} = \frac{b'd \cdot a'd \cdot c'd}{a'd \cdot c'd \cdot b'd}$$

oder $\quad \frac{b'a}{b'c} \cdot \frac{a'c}{a'b} \cdot \frac{c'b}{c'a} = + 1$

und das ist gerade der Werth des Products der drei Verhältnisse
im Menelaus'schen Satze nach unserer Anschauung vom Gegensatz
der Lage. Man beachte, dass wir oben in der zweiten Proportion
— $a'c$ setzten, weil wir in der ersten $+ a'b$ gesetzt hatten und $a'c$
dem $a'b$ in der Lage entgegengesetzt ist. Aus gleichem Grunde
setzten wir in der dritten Proportion — $c'b$, weil $c'b$ dem $c'a$ in
der 2. Proportion entgegengesetzt liegt.

Der Verf. liebt es, die in den einzelnen Lehrsätzen auszu-
sprechenden Relationen meistentheils nur in Gleichungen darzubieten
und überlässt es dem Leser, resp. dem Schüler, sich diese Gleichungen in die deutsche Sprache zu übersetzen. Dagegen ist vom
pädagogischen Standpunkte aus nichts einzuwenden: es ist aber jedenfalls zu empfehlen, dass dann die Gleichungen so dargestellt werden,
dass die gegenseitige Beziehung der in Betracht kommenden Stücke
leicht erkannt werden kann. Nun hat mit dem Satze des Menelaus
und was weiter daran hängt, Referent eigene Erfahrungen gemacht.
Da diese Zeitschrift auch dazu bestimmt ist, dass die Lehrer der
Mathematik ihre Erfahrungen in derselben niederlegen, so sei es
ihm gestattet, bei dieser Gelegenheit dies zu thun.

Der Satz des Menelaus wird von den Verfassern der Lehrbücher in verschiedener Ausdrucksweise gegeben, am häufigsten
so: „Die Producte aus den nicht aneinander stossenden Segmenten
der Seiten sind einander gleich." Denkende Schüler nehmen nun
zunächst Anstoss an dem Ausdruck „Producte der Segmente;" indess beruhigen sie sich, wenn ihnen klar geworden ist, dass sie sich
darunter Rechtecke und, bei drei solchen, rechtwinkelige Parallelepipeden denken könnten. Der Anstoss kommt aber von Neuem,
wenn bei weiterer Ausdehnung des Satzes mehr als drei Dimensionen eintreten. Sodann ist eine gewisse Unsicherheit in der Aneinanderreihung der zusammengehörigen Segmente schwer hinweg-
zuschaffen, die selbst dann noch nicht ganz verschwindet, wenn man
den Ausdruck vorher dahin präcisirt, dass man den Schülern sagt,
es gehören zusammen die nicht mit ihren Endpunkten zu-
sammenstossenden Segmente. Hr. St. hat allerdings oben erwähnten Anstoss vermieden, indem er den Satz des Menelaus so aus-
drückt: „das Product der drei Verhältnisse von je 2 in derselben Ordnung auf einander folgenden Segmenten der Seiten
ist $= - 1$". Abgesehen davon, dass, wie schon erwähnt, das
Product nicht $- 1$, sondern $+ 1$ ist, bleibt für den Schüler
immer noch die Unsicherheit übrig, die, wenn die Transversale nur
eine Seite in ihrer Verlängerung schneidet, da eintritt, wo er auf

die Segmente dieser Seite kommt. Das „in derselben Ordnung“ genügt noch nicht, um die Unsicherheit zu heben, und in 10 Fällen werden die Schüler 9 mal dieses 3. Verhältniss in umgekehrter Form angeben. ·Um diese Unsicherheit zu heben, hat Referent bei seinen Schülern den sehr leicht fasslichen Begriff des „Punktwerthes“ eingeführt, worunter das Verhältniss der Segmente einer Strecke verstanden wird; die Endpunkte der Strecke nennt er „Beziehungspunkte,“ weil auf sie die Segmente bezogen werden. Ist also die Strecke ab und wird auf ihr oder ihrer Verlängerung ein Punkt c angenommen, so ist der Punktwerth von c entweder $\frac{ca}{cb}$ oder $\frac{cb}{ca}$, jenachdem man a oder b als ersten Beziehungspunkt annimmt. Liegt c zwischen a und b, so ist sein Punktwerth $-\frac{ca}{cb}$; liegt er auf der Verlängerung, so ist er $+\frac{ca}{bc}$ gleichgültig ob er auf der Verlängerung über b oder a hinaus liegt, was nur daran zu erkennen ist, ob ca grösser oder kleiner als cb ist. Wäre z. B. $\frac{ca}{cb}=+\frac{1}{2}$; so müsste c auf der Seite von a liegen; der Punkt ist aber völlig bestimmt; denn es wäre $cb=ca+ab$; woraus sich, da $cb=\frac{1}{2}\cdot ca$ ist, $ca=2\cdot ab$ ergiebt. Hat man $\frac{ca}{cb}=-\frac{2}{3}$, so muss wiederum $ca<cb$ sein, aber c zwischen a und b liegen, und wenn man ca als die positive Richtung ansieht, so hat man cb negativ zu nehmen, so dass man hat $\frac{ca}{-cb}=-\frac{2}{3}$ oder absolut $\frac{ca}{cb}=\frac{2}{3}$ und durch Auflösung dieser Gleichung erhält man $ca=\frac{2}{5}\,ab$. Man muss sich also im Voraus nur über die allgemeine Lage des gesuchten Punktes orientiren und braucht dann nur die absolute Grösse des Bestimmungsstücks zu suchen.

Hiernach lässt sich der Menelaus'sche Satz präcis so in Worten ausdrücken: „Schneidet man die 3 Seiten eines Dreiecks durch eine beliebige, aber nicht durch eine Ecke gehende, Transversale, so ist das Product der Punktwerthe der Durchschnittspunkte immer $=+1$, wenn man der Reihe nach jeden der 3 Eckpunkte als ersten Beziehungspunkt ansieht.“ Auf gleiche Weise lässt sich der Ceva'sche Satz ausdrücken, das Product ist aber $=-1$, weil 3 negative oder 1 negativer und 2 positive Punktwerthe vorkommen, je nachdem der gemeinschaftliche Durchschnittspunkt der Ecktransversalen innerhalb oder ausserhalb des Dreiecks liegt.

Der Begriff des Punktwerthes lässt sich aber auf jede mehrzahlige Punktreihe ausdehnen. Nimmt man auf einer solchen irgend 2 feste Punkte als ersten und zweiten Beziehungspunkt an, so hat jeder andere Punkt der Reihe seinen Punktwerth. Schneidet man nun die Seiten eines Dreiecks durch 2 oder mehrere Transversalen oder durch einen Kreis, so hat man auf jeder Seite 2 oder mehrere Durchschnittspunkte und es ist immer das Product

aller Punktwerthe $= + 1$, wenn man, wie bei dem Menelaus'schen
Satze der Reihe nach jeden der drei Eckpunkte für die auf den
einzelnen Seiten liegenden Durchschnittspunkte als ersten Beziehungspunkt ansieht. Sonach erscheinen der Menelaus'sche und Carnot'-
sche Satz, ja selbst der Chasles'sche Satz unter derselben Form, was
für den Unterricht von bedeutendem Gewicht ist. Es erscheint z. B.
der Carnot'sche Satz nach Stoll's Bezeichnung so:

$$\frac{a'a}{a'b} \cdot \frac{a''a}{a''b} \cdot \frac{b'b}{b'c} \cdot \frac{b''c}{b''b} \cdot \frac{c'c}{c'a} \cdot \frac{c''c}{c''a} = + 1.$$

Man beachte, dass nach unserer Anschauung in allen Fällen
das Product $= + 1$ ist, während bei Stoll der Menelaus'sche Satz
$- 1$ und die andern $+ 1$ liefern. Der Chasles'sche Satz wird mit
Stoll's Bezeichnung nun so geschrieben werden müssen:

$$\frac{\beta'a}{\beta'c} \cdot \frac{\beta''a}{\beta''c} \cdot \frac{\alpha'c}{\alpha'b} \cdot \frac{\alpha''b}{\alpha''c} \cdot \frac{\gamma'b}{\gamma'a} \cdot \frac{\gamma''b}{\gamma''a} = + 1.$$

Wir gehen nun zu einem andern Punkte über. In § 14, S. 41
führt Hr. St. seine Leser auf involutorische Punktreihen und Strahlenbüschel und giebt als „Erklärung": Schneidet man eine Schaar
von Kreisen mit gemeinschaftlicher Potenzlinie durch eine Transversale, so bilden die Schnittpunkte (auf dem Kreise und der Potenzlinie) eine involutorische Punktreihe oder ein Punktsystem"
(soll wohl heissen: ein involutorisches Punktsystem). Weiter heisst
es: „Kann man vom Mittelpunkte der Involution Tangenten an
alle Kreise der Schaar legen, so nennt man die involutorische
Punktreihe eine hyperbolische, kann man es nicht, eine elliptische. Das letztere ist nur dann möglich (was denn? dass man
es nicht kann?), wenn alle Kreise der Schaar sich schneiden,"
u. s. w. Wir wissen nicht, wie Hr. St. diese „Erklärungen" ver-
antworten will in einem Buche, welches die „Anfangsgründe der
neueren Geometrie" lehren soll. Es ist durchaus nicht zu billigen,
dass man Schüler mit Namen belästigt, bei denen sie sich nichts
denken oder die durch den Namen bezeichnete Beziehung nicht finden
können. Was nützen insbesondere dem Schüler die Namen hyperbolische und elliptische Punktreihe, da Hr. St. doch die Kenntniss
der Kegelschnitte nicht voraussetzt, also die Beziehungen zur Hyperbel und Ellipse nicht erläutern konnte. Es war hier vollkommen
ausreichend, zu erwähnen, dass es involutorische Punktreihen mit
positiver und mit negativer Potenz gebe je nach der Lage des Mittelpunkts zu den conjugirten Punkten. Ueberhaupt aber hätte der
Verf. hier einen § einschalten müssen, in welchem das Wesen der
Punktreihen auseinander gesetzt worden wäre. Es beruht dies ja
einfach auf der Vergleichung der Doppelverhältnisse, die wir Verhältnisse der Punktwerthe nennen. Ist bei einer 4punktigen Reihe
das Verhältniss der Punktwerthe zweier durch einen Punkt getrennten Punkte in Beziehung auf die beiden andern $= - 1$, so
hat man die harmonische Reihe; ist jenes Verhältniss nicht $= - 1$,

so heisst sie eine anharmonische Punktreihe. Chasles nennt das Doppelverhältniss solcher 4 Punkte ein anharmonisches Verhältniss, eine Bezeichnung, die Herr Stoll freilich „sehr unpassend" findet (§ 17. S. 61). Bei einer harmonischen Punktreihe kann man die gewählten Beziehungspunkte vertauschen, ohne das Verhältniss der Punktwerthe zu stören. Deswegen heisst dieses Punktpaar ein involutorisches Paar. Von da ausgehend kann man zu den projectivischen Punktreihen schreiten und zeigen, wie man mit der grössten Leichtigkeit ein Paar solche durch Projiciren einer gegebenen Punktreihe auf eine andere Gerade von einem beliebig gewählten Projectionscentrum aus erhalten könne, wie man durch das sogenannte Zurückprojiciren zu einem gegebenen Punkte den paarigen finden könne, wenn zwei Paare involutorischer Punkte gegeben sind, wie man also Punktreihen erhalten könne, die aus lauter involutorischen Punktpaaren zusammengesetzt sind, und die man eben involutorische Punktreihen nennt; wie man ferner zu einem im Unendlichen liegenden Punkt den conjugirten finden könne, welcher der Mittelpunkt der Involution heisst, und wie endlich ein Punkt gefunden werden könne, der sein eigener conjugirter ist (Ordnungspunkt oder Doppelpunkt). Wäre dies dem §. 14 vorausgeschickt worden, so würde der Leser, der sich in dem Buche unterrichten will, mit ordentlichem Verständniss an diesen § herantreten, während ihm so die vielerlei Namen jetzt nur böhmische Dörfer sind. Alles dies, nur in anderer, aber nicht einfacherer, Form bringt Hr. St. später von §. 17 an: Daher hätte unserer Meinung nach der §. 14 passender hinter §. 17 seine Stelle gefunden.

In §. 17 ist uns Lehrsatz 12 völlig unverständlich. Es wird nämlich in der vorausgehenden „Erklärung 3" gesagt: „Punktreihen von vier Punkten, welche dasselbe Doppelverhältniss haben, heissen projectivisch und die Punkte, welche in ihren Symbolen dieselbe Stellung einnehmen, entsprechende." Also wenn $abcd$ projectivisch mit $a'b'c'd'$ ist, so ist z. B. $\frac{ac}{ad} : \frac{bc}{bd} : \frac{a'c'}{a'd'} : \frac{b'c'}{b'd'}$ und es sind aa', bb' u. s. w. entsprechende Punkte. Von entsprechenden Punkten kann sonach gar nicht die Rede sein, wenn nicht die Reihen projectivisch sind. Gleichwohl heisst es in Lehrsatz 12: „Wenn 2 Punktreihen in einer solchen Abhängigkeit von einander sind, dass einem Punkte der einen Reihe immer ein aber auch nur ein Punkt der andern Reihe entspricht, so sind die Reihen projectivisch." Heisst das nicht aber soviel, als wenn man sagt: Wenn in einer Figur eine jede Seite einen, aber auch nur einen Gegenwinkel hat, so ist es ein Dreieck? Und wenn dieser Satz nicht so unsinnig wäre, wie es scheint, was wäre damit für die Erkenntniss des Dreiecks gewonnen? Sonach sind die beiden sich entsprechenden Lehrsätze 12 und 14 auf Seite 68 und 69 völlig überflüssig; ihr reeller Inhalt ist durch die vorhergehenden Lehrsätze 11 und 13 völlig erschöpft. Der ge-

gebene Beweis, der noch dazu drei nicht angezeigte Druckfehler
enthält, ist für diejenigen, welche mit analytischen allgemeinen Anschauungen nicht schon völlig vertraut sind (— und für solche ist
gerade das Buch bestimmt —) völlig unverständlich.

Doch es sei genug an Austellungen dieser Art. Wir haben
noch andere, für ein derartiges Buch nicht minder wichtige zu machen.
Der Verf. hat lange §§ und in jedem derselben die Erklärungen,
Lehrsätze und Aufgaben, jede für sich von 1 an gezählt, die
Ueberschriften der Seiten geben nur die Seitenzahl an. Es wäre zu
wünschen gewesen, dass auch die Zahl des § mit angegeben worden
wäre, damit man sich beim Aufsuchen der Citate schneller zurecht-
finden könnte. Die schlimmste Ausstellung aber, die wir zu machen
haben, ist die Unzahl von Druckfehlern im Text sowohl, wie in
den Figuren. Eine Druckseite voll hat der Verf. selbst angegeben.
Das sind aber noch lange nicht alle! Von welcher Art dieselben
sind, davon nur ein paar Beispiele. In Fig. 5 sind, wenn Beweis
2 des Lehrsatzes 5 zu derselben passen soll, B und C zu vertauschen.
In Fig. 9 ist ausser den angezeigten Fehlern der Buchstabe p an
das Loth von a auf ab zu setzen. Auf S. 3 muss es in Z. 12 des
Lehrsatzes 2 in den Nennern heissen $c'b - ba$ und $c''b - ba$. Auf
S. 10 befinden sich in Lehrsatz 12 nicht mehr als sieben Fehler:
Z. 2 ist statt bc zu lesen be, Z. 5 bc $cd = ca$ statt bc' $bd = ca$,
Z. 6 f' statt f; Z. 2 v. u. $e'b$ statt $c'b$ und in der untersten Zeile
$e''a$ statt $c''a$. S. 15 Z. 4 und 5 ist o' statt b' zu lesen und Z. 21
$\frac{x}{\beta} = \frac{\alpha}{\gamma}$ statt $\frac{x}{\gamma}$. Auf S. 35 Z. 19 ist zu lesen: $db \cdot dc = db' \cdot dc'$.
Auf S. 43 Z. 13 muss es statt „auf demselben Grade" heissen:
„auf derselben Geraden" (der Verfasser schreibt immer Grade statt
Gerade), und in Z. 15 fehlt zwischen oa' und ob das Zeichen $=$.
S. 61 Z. 16 lese man ein statt im. S. 62 Z. 12 v. u. ist zu lesen
$ad = ab + bd$. S. 68 Z. 18 ist in den Nennern des 3. und 4.
Bruchs y statt x zu setzen und Z. 23 auch statt aus. S. 69, Z. 4
ist δ' statt δ zu lesen.

Dies sind die Druckfehler, die wir bemerkt haben in denjenigen
Sätzen, die wir einer eingehenderen Prüfung unterzogen haben; alle
Sätze hierauf anzusehen, konnten und wollten wir nicht. Hieraus
aber folgt, dass das Buch denjenigen, welche sich aus ihm unterrichten wollen, nicht zu empfehlen ist, wohl aber solchen, die die
Sache kennen und die Fehler leicht selbst entdecken können, insbesondere Lehrern der Mathematik in den oberen Classen; denn sie
finden darin eine recht reiche Auswahl von Anwendungen, die sie
ihren Schülern als Uebungsaufgaben vorlegen können. Jedenfalls
ist der Fleiss, den Hr. St. auf die Zusammenstellung verwandt hat,
in hohem Grade anzuerkennen, und wir können in seinem Interesse
die vielen Incorrectheiten des Druckes nur bedauern.

Lübeck.   W. SCHERLING.

HEILERMANN, D. HERM., Direktor der Realschule in Essen, eine elementare Methode zur Bestimmung von grössten und
kleinsten Werthen, nebst vielen Aufgaben. Leipzig,
Teubner. Preis 24 Sgr.

Die Auffindung des Maximums oder Minimums einer algebraischen Function ohne Anwendung der Differentialrechnung ist bis
jetzt im Wesentlichen darauf hinausgekommen, der Function eine
Form zu geben, welche die Bedingung des Max. oder Min. unmittelbar erkennen liess. Man suchte meistens die gegebene Function
als Summe oder Differenz zweier Ausdrücke darzustellen, wovon der
eine nur aus bekannten Grössen bestand, der andere die Form eines
Quadrats hatte und die Grösse enthielt, von der das Min. oder
Max. abhing. War die Function von der Grösse eines Winkels abhängig, so formte man sie so um, dass sie von einer Function dieses
Winkels in der Weise abhängig erschien, dass beide gleichzeitig ein
Max. oder Min. erreichten etc. Auch hat man wohl Differentialrechnung angewandt ohne das Kind beim Namen zu nennen. Dieser
Weg zur Aufsuchung des Max. oder Min. scheint mir der am
wenigsten zu empfehlende. Wer mit der höheren Mathem. genügend
vertraut ist, wird vom Verfahren des Differenzirens Gebrauch machen,
und wer die höhere Mathem. nicht kennt, wird gewöhnlich auch
nicht recht klar darüber sein, welche Grössen er vernachlässigen
darf und welche nicht.

Die bisher gebräuchlichen Verfahrungsarten sind in ihrer Anwendung so beschränkt, dass das Bedürfniss einer Vermehrung der
Principien, die bei der Aufsuchung des Max. oder Min. zum Ausgangspunkte dienen können, sich klar herausgestellt hat und das
obige Werk wird daher Manchem willkommen sein.

Nachdem der Verfasser im ersten Capitel das Max. oder Min.
der rationalen quadratischen Functionen mit einer und mit zwei
Veränderlichen vorwiegend durch die oben angedeutete Methode der
Umformung bestimmen gelehrt, beweist er im zweiten Capitel einige
allgemeine Sätze, die ich hier folgen lasse und denen ich zur Charakterisirung der Methoden des Verfassers dem Werke entnommene
Beispiele hinzufüge.

Nr. 11. Wenn eine positive Zahl in n positive gleiche
Factoren zerlegt wird, so ist die Summe von diesen
ein Min., d. h. kleiner als die Summe von n andern
Factoren, welche durch gleiche Zerlegung derselben
Zahl entstehen.

Beispiel Nr. 41. Den Kreisausschnitt zu bestimmen, welcher
bei gegebenem Inhalte (f) den kleinsten Umfang (u) hat.

Bezeichnet man den Radius des Kreises mit x, den Mittelpunkts-
winkel des Kreisausschnitts mit α, so ist

$$x + \frac{\alpha}{360}\,\pi\,x = \tfrac{1}{2}\,u \quad \text{und} \quad x \cdot \frac{\alpha}{360}\,\pi\,x = f.$$

Also ist nach Nr. 11 die Grösse $\frac{u}{2}$ und folglich auch u ein Min., wenn

$$x = \frac{\alpha}{360}\,\pi\,x = \sqrt{f}. \quad \alpha = \frac{360}{\pi} \text{ ist.}$$

Nr. 12. Wird eine positive Zahl in n gleiche Summanden getheilt, so ist das Produkt aus diesen Summanden ein Max.

Beisp. Nr. 31. Ein Dreieck, von welchem der Umfang gegeben ist, so zu bestimmen, dass der Inhalt am grössten wird.

Bezeichnet man mit x, y, z die Seiten, mit u den Umfang und mit f den Inhalt des Dreiecks, so ist

$$(x + y + z)\,(x + y - z)\,(x - y + z)\,(-x + y + z) = 16\,f^2$$

oder

$$(x + y - x)\,(x - y + z)\,(-x + y + z) = \frac{16 f^2}{u}.$$

Dazu ist

$$(x + y - z) + (x - y + z) + (-x + y + z) = u.$$

Nach Nr. 12 nimmt $\frac{16 f^2}{u}$ also auch f den grössten Werth an, wenn

$$x + y - z = x - y + z = + x - y + z = \tfrac{1}{3}\,u$$

oder $x = y = z = \tfrac{1}{3}\,u$ gesetzt wird.

Beide Sätze sind erweitert worden zu Sätzen, die man hier wohl zum ersten Male antrifft. Ich gebe hier die Erweiterung des Satzes Nr. 11, um durch Behandlung derselben Aufgabe nach der bis jetzt gebräuchlichen Methode und nach der des Verfassers die Eigenthümlichkeit des Werks in das rechte Licht zu stellen.

Nr. 14. Wird eine positive Zahl p dargestellt als Produkt von n Potenzen, deren Dignanden ihren Exponenten proportional sind, so ist die Summe der Dignanden ein Minimum.

Beisp. Wie hoch muss ein Licht über einer Ebene stehen, damit ein Punkt der Ebene, dessen Abstand von der Projection des leuchtenden Punktes auf die Ebene $= a$ ist, am stärksten erleuchtet wird?

Es handelt sich darum, zu finden, für welchen Werth von x der Ausdruck $\dfrac{x^2}{(a^2 + x^2)^3}$ ein Max. ist.

Nach Heilermann S. 89 wird gesucht, für welchen Werth von x die Kubikwurzel des reciproken Werthes nämlich

$$\frac{a^2}{\sqrt[3]{x^2}} + \sqrt[3]{x^4}$$

ein Min. ist. Man hat die identische Gleichung

$$\left(\frac{a^2}{\sqrt[3]{x^2}}\right)^2 \cdot \sqrt[3]{x^4} = a^4,$$

33*

oder $\left(\dfrac{'a^2}{2\sqrt[3]{x^2}}\right)^2 \cdot \sqrt[3]{x^4} = \dfrac{a^2}{4}$.

Folglich ist obiger Ausdruck $2 \cdot \dfrac{a^2}{2\sqrt[3]{x^2}} + \sqrt[3]{x^4}$ nach Nr. 14 ein Min. für

$\dfrac{a^2}{2\sqrt[3]{x^2}} = \sqrt[3]{x^4}$, also für $x = \dfrac{a}{\sqrt{2}}$.

Külp (Physik II, 212) behandelt den Ausdruck folgendermassen

$$\frac{x^2}{(a^2+x^2)^3} = \frac{x^3}{x^6 + 3x^4 a^2 + 3x^2 a^4 + a^6}$$

$$= \frac{4}{27 a^4 + \dfrac{1}{x^2}(4x^6 + 12 x^4 a^2 - 15 x^2 a^4 + 4 a^6)}$$

$$= \frac{4}{27 a^4 + \dfrac{1}{x^2}(x^2 + 4 a^2)(2x^2 - a^2)^2}.$$

Der Bruch wird am grössten für $2x^2 - a^2 = 0$ also für $x = \dfrac{a}{\sqrt{2}}$.

Ganz neu, soweit mir bekannt, ist das Verfahren des Verfassers das Max. oder Min. einer Function von beliebig vielen Gliedern zu bestimmen, welche die Veränderliche nur als Potenzen mit positiven oder negativen Exponenten enthalten. Weil das Verfahren ganz eigenthümlich ist, so will ich es kurz andeuten.

Um den Werth von x zu finden, der die Function
$$F = a_0 + a_1 x + a_2 x^2 + a_3 x^3$$
zu einem Max. oder Min. macht, theilt man dieselbe in die Theile
$$F_1 = a_0 + a_1 x + k a_2 x^2$$
$$F_2 = (1 - k) a_2 x^2 + a_3 x^3.$$

F_1 wird ein Max. oder Min. für $a_1 + 2 k a_2 x = 0$ (I) und
F_2 für $2(1-k) a_2 + 3 a_3 x = 0$ (II).

Der Werth von x, der F_1 und ebenso derjenige, welcher F_2 gleichzeitig zu einem Max. oder Min. macht, hängt ab von dem Werthe der Grösse k. Dieser lässt sich so bestimmen, dass x in beiden Gleichungen (I) u. (II) denselben Werth hat. Man braucht nur diese Gleichungen als Gleichungen mit den beiden Unbekannten k und x anzusehen. Der so aus den Gleichungen (I) und (II) sich ergebende Werth von x macht F_1 u. F_2 also auch $F = F_1 + F_2$ zu einem Max. oder Min. In ähnlicher Weise kann man schrittweise weitergehend die Bedingung des Max. oder Min. für jede Function höheren Grades feststellen.

In Nr. 21 lehrt der Verfasser das Max. oder Min. einer Function finden, die n von einander unabhängige Veränderliche enthält und in Nr. 22 endlich durch Anwendung von Hülfsgrössen das Max. oder Min. einer Function, welche $m + n$ Veränderliche enthält, die durch *m* Gleichungen mit einander verbunden sind.

Die aufgestellten Principien sind auf eine grosse Zahl von Beispielen aus der Planimetrie, Stereometrie, Mechanik und Optik angewandt.

Die Darstellung ist übersichtlich und anschaulich. Nur an einzelnen Stellen hätte ich mir eine Angabe des Grundes gewünscht, warum gerade ein Ausdruck von der gewählten Form gebraucht worden ist, damit das Verfahren den Charakter des Künstlichen und zufällig Gefundenen ganz verliert. Auch hätte die Wiederholung einiger Umformungen dadurch vermieden werden können, dass die Umformung einmal mit dem typischen Ausdrucke vorgenommen worden wäre.

Das Werk enthält auf wenigen Blättern viel Neues und gerade deshalb habe ich geglaubt, etwas näher auf den Inhalt eingehen zu müssen.

Remscheid.   KRUMME.

───────────

SPIEKER, Lehrbuch der ebenen Geometrie. Potsdam 1872. 6. Aufl.

Diese neue (sechste) Auflage des schätzbaren Lehrbuches, das jedenfalls zu den besseren gehört, wollen wir hier nur kurz anzeigen, da es bereits in Heft 2, S. 173 dieses Jahrganges besprochen worden ist. Im Vorwort spricht sich Verf. über die Verbesserungen und Zusätze aus. Zu letzteren gehört auch ein Anhang vermischter Uebungen ohne Andeutungen zur Lösung. Ueberhaupt enthält dieses Lehrbuch einen reichen Uebungsstoff und einen ganzen Abschnitt (V.) über die geometrische (Constructions-)Aufgabe, einen andern (XVIII.) über algebraische Geometrie, ein Capitel, das nach unserer Erfahrung für die Schüler ausserordentlich anregend ist. Dadurch und ganz besonders durch die Einflechtung der neuern Geometrie, welche hier mehr als in den meisten Lehrbüchern hervortritt, zeichnet sich dieses Werk vor vielen andern aus und ist wegen dieser Vorzüge sehr zu empfehlen. — Die äussere Ausstattung anlangend dürften die Figuren etwas feiner sein. Das Fehlen der Preisangabe, der Angabe der Paragraphen am Kopfe der Seiten und der ersten Seitenzahl — Mängel, deren Beseitigung für alle Bücher wünschenswerth ist — hat auch dieses Buch mit andern gemein. Dagegen ist das Format für ein Schulbuch sehr handlich.

                                                             D. Red.

Bibliographie.

März und April. (Mitgetheilt von ACKERMANN.)

Erziehungs- und Unterrichtswesen.

Centralblatt für pädagogische Literatur. Hrsg. v. Jessen. 4. Jahrg. 12 Nrn. Wien. Pichler. 24 Gr.

Dupanloup, der Schulunterricht in Preussen. Autor. Uebers. v. Sickinger. Mainz. Kirchheim. 5 Gr.

Finger, die Schule und die Tagesfragen. Frankfurt a/M. 15 Gr.

Gebrechen und Heilung der humanistischen Gymnasien mit bes. Rücksicht auf Bayern. Gedanken von zwei Philologen. München. Leutner. 12 Gr.

Heck, die evangelischen Schulen Oesterreichs in den deutsch-slavischen Ländern und die neue Schulgesetzgebung. Denkschrift. Wien. Helf. 8 Gr.

Morich, die nationale Schule. Eine Warnung. Braunschweig. Mayer. 8 Gr.

Schulmann, der praktische. Archiv für Materialien zum Unterricht in der Real-, Bürger- und Volksschule. Hrsg. v. Sem.-Dir. Aug. Lüben. 21. Bd. 8 Hefte. Lpz. Brandstetter. 2²/₃ Thlr.

Staat oder Geistlichkeit in der Schule. Stenographische Berichte der Verhandlungen d. Hauses der Abgeordneten über den Gesetzentwurf betr. Beaufsichtigung des Erziehungs- und Unterrichtswesens. Berlin. Kortkampf. 12½ Gr.

Waldner, freie Luft in Schule und Haus. Worte zur Beachtung für Eltern und Erzieher. Heidelberg. Winter. 6 Gr.

Wiese, Dr. L., die Bildung des Willens. 3. Aufl. Berlin. Wiegandt und Grieben. 10 Gr.

Zeitung für das höhere Unterrichtswesen Deutschlands. Unter Mitwirkung von Rector Cramer, Dir. Hoffmann, O. Jäger etc. hrsg. Lpz. Siegesmund und Volkening. 20 Gr. pro Quartal.

Mathematik.

August, Untersuchungen über das Imaginäre in der Geometrie. Berlin. Calvary. 15 Gr.

Brandi, mathematisches Uebungsbuch mit eingereihten Erklärungen und Sätzen, für höhere Lehranstalten. II. Arithmetik und Algebra. 2. Aufl. Münster, Russell. ½ Thlr.

Dietzel, Leitfaden für den Unterricht im techn. Zeichnen an Real- etc. Schulen. 4. Heft. 2. Aufl. Lpz. Seemann. 12 Gr. Inhalt: Die angewandte Projectionslehre.

Emsmann, mathematische Excursionen. Ein Uebungsbuch zum Gebrauche in den höheren Lehranstalten und beim Selbststudium. Zugleich Sammlung mathematischer Abiturientenaufgaben. Mit 2 Taf. Halle. Nebert 1¹/₃ Thlr.

Erlecke, bibliotheca mathematica. Systematisches Verzeichniss der bis 1870 in Deutschland auf den Gebieten der Arithmetik, Algebra, Analysis etc. erschienenen Werke, Schriften und Abhandlgn. Mit Autorenregister. 3 Abthlgn. Halle. Erlecke. 7½ Thlr.

Fahland, Lehrbuch der Arithmetik f. Gymnasien und Realschulen. Mühlhausen. Danner. 6 Gr.

Fort und Schlömilch, Lehrbuch der analytischen Geometrie. 1. Thl. Analytische Geometrie der Ebene v. Fort. 3. Aufl. Lpz. Teubner. 1¹/₃ Thlr.

Frombeck, ein Beitrag zur Theorie complexer Variablen. Wien Gerold. 12 Gr.

Funger, Cursus für den Unterricht im Tafelrechnen. 4. Aufl. Gera. Strabel. 3 Gr.

Gräfe, allgemeine Sammlung von Aufgaben aus der bürgerlichen, kaufm. Rechenkunst. 3. Aufl. umg. von Klusmann. Lpz. Brockhaus. 1 Thlr.
— Resultate. 3. Aufl. 10 Gr.

Grünfeld, Rechenbuch zunächst f. Mittel- und Oberklassen der Volksschulen. 1. Thl. 18. Aufl. Schleswig. 10 Gr.

Hadeler, Rechenbuch für Elementarschulen. 1. Kursus. 3. Aufl. Stade. 6 Gr.

Heger, Elemente der analytischen Geometrie in homogenen Coordinaten. Braunschweig. Vieweg. $1^2/_3$ Thlr.

Hering, Planimetrie nebst einer Einleitung in die Geometrie, zum Schul- und Selbstunterrichte bearb. Mit 5 Taf. Lpz. Quandt & Händel. 24 Gr.

Hesse, O.; die 4 Species. Leipzig. Teubner. 10 Gr.

Hofmann, Aufgaben aus der niederen Arithmetik. Zum Gebrauche in den unteren Klassen höherer Lehranstalten. 2. Aufl. Bayreuth. Grau. 12 Gr.

Hollweck, das Binomialtheorem, als Grundlage der Logarithmotechnie und Goniometrie. Passau. Waldbauer. 6 Gr.

Huther, das körperliche Zeichnen nach den Grundsätzen der Perspectivlehre. Nürnberg. Korn. 8 Gr.

Netoliczka, Repetitorium der mathematischen Physik für Candidaten der Maturitätsprüfung. Graz. $1^1/_2$ Thlr.

Peinlich, die steierischen Landschaftsmathematiker vor Kepler. Ein Vortrag. Graz. 4 Gr.

Pfaff, Aufgaben zum geometrischen Berechnungsunterricht. 4. Aufl. Freiburg. Herder. 6 Gr.

Pickel, die Geometrie der Volksschule. Anleitung zur Ertheilung des geom. Unterrichts in Stadt- und Landschulen. Eisenach. Bäreke. 12 Gr.

Reidt, Sammlung von Aufgaben und Beispielen aus der Trigonometrie und Stereometrie. 2 Thle. Lpz. Teubner. 1 Thlr. 20 Gr.

Schlecht, kleine theoretische und praktische Raumlehre nach einer neuen Methode auf unmittelbare Anschauung gegründet. Eichstätt. Krüll. 12 Gr.

Schmidt, die Decimalbruchrechnung. 5 Aufl. Wittenberg. 12 Gr.

Stoll, Anfangsgründe der neueren Geometrie f. die oberen Klassen v. Gymn. und Realsch. Bensheim. 20 Gr

Troppmann, praktische Rechnungsbeispiele m. auf die neuen Masse und Gewichte angew. Decimalbrüchen. Passau. 2 Gr.

Vega, logarithmisch- trigonometrisches Handbuch. 55. Aufl. 40. Ster. Ausg. v. Bremicker. Berlin. Weidmann. $1^1/_4$ Thlr.

Zirndorfer, Leitfaden bei dem ersten Unterrichte in der Geometrie für Gymnasien und Realschulen. 3. Aufl. Frankfurt a/M. Jäger. 14 Gr.

Astronomie, Physik und Chemie.

Benthin, Lehrbuch der Sternkunde in entwickelnder Stufenfolge. Zum Gebrauche f. Gymnasien, Real- und höhere Töchterschulen bearb. unter Mitwirkung und mit einem Vorworte von Prof. C. Bruhns. Mit 147 Holzschn. und 6 Sternkarten. Lpz. Fleischer. $2^2/_3$ Thlr.

Bruhns, Bestimmung der Längendifferenz zwischen Lpz. und Wien auf telegraphischem Wege ausgeführt. Lpz. Hirzel. 20 Gr.

Bruhns, astronomisch geodätische Arbeiten im J. 1870. 1) Bestimmung der Längendifferenz zwischen Bonn nnd Leiden. 2) Bestimmung der Polhöhe und eines Azimuths in Mannheim. 3) Bestimmung der Länge des Secundenpendels in Bonn, Leiden und Mannheim. Lpz. Engelmann. 3 Thlr.

Dammer, kurzes chemisches Handwörterbuch zum Gebrauch für Chemiker etc. 1. Lfg. Berlin. Oppenheim. 12 Gr.

Fortschritte der Physik im J. 1868. 24. Jahrg. Red. v. Schwalbe. 1. Abthl., enth. allg. Physik, Akustik und Optik. Berlin. Reimer. 1³/₄ Thlr.

Fricke, Leitfaden der mathemat. Geographie. Zunächst für Lehrerinnenseminare u. höhere Töchterschulen in Fragen und Aufgaben. Mit 5 Holzschn. Braunschweig. Bruhn. 6 Gr.

Geuther, kurzer Gang in der chemischen Analyse. 3. Aufl. Jena. Döbereiner. 6 Gr.

— erste Uebung in der chemischen Analyse. 2. Aufl. Ebda. 6 Gr.

Günther, Studien zur theoretischen Photometrie. Erlangen. Besold. 15 Gr.

Gräger, die Massanalyse oder die Bestimmung der chemisch wichtigen Körper auf volumetrischem Wege. 2. Ausg. Weimar. Voigt. 1¼ Thlr.

Hankel, elektrische Untersuchungen. 9. Abth. Ueber die thermo - elektrischen Eigenschaften des Schwerspathes. Lpz. Hirzel. 20 Gr.

Hasner, Tycho Brahe und Kepler in Prag. Prag. Calve. 12 Gr.

Klein, Handbuch der allgemeinen Himmelsbeschreibung vom Standpunkt der kosmischen Weltanschauung. 2. Thl. Der Fixsternhimmel. 2¹/₃ Thlr.

Kötteritz, Lehrbuch der Elektrostatik. Lpz. Teubner. 2¹/₃ Thlr.

Meibauer, die physische Beschaffenheit des Sonnensystems. 2. Aufl. Berlin. Lüderitz. 28 Gr.

Newton, Sir Isaac, mathematische Principien der Naturlehre. Mit Bemerkungen und Erläuterungen hersg. v. Prof. Ph. Wolfers. Berlin. Oppenheim. 4 Thlr.

Ofterdinger, zum Andenken an Joh. Kepler. Rede. Ulm. Stettin. 2 Gr.

Oppolzer, über die Bahn des Planeten (91). Aegina. Wien. Gerold. 8 Gr.

Pelz, über das Problem der Glanzpunkte. Ebda. 8 Gr.

Pfaff, das Mikrogoniometer, ein neues Messinstrument und die damit bestimmten Ausdehnungscoëfficienten der Metalle. Erlangen. Besold. 10 Gr.

Pinner, Repetitorium der organischen Chemie. Berlin. Oppenheim. 1³/₆ Thlr.

Rogner, über Joh. Keplers Leben u. Wirken. Festrede. Graz. 4 Gr.

Stefan, über diamagnetische Jnduction. Wien. Gerold. 2 Gr.

Weitzel, Unterrichtshefte für den gesammten Maschinenbau. Unter Mitwirkung einer Anzahl Professoren u. Lehrer techn. Lehranstalten hersg. 4. u. 5. Lfg. Lpz. Schäfer. 5 Gr.

Wiedemann, die Lehre vom Galvanismus und Elektrogalvanismus. 1. Bd. Galvanismus. 2. Aufl. Braunschw. Vieweg. 3¹/₃ Thlr.

Zöllner, über die Natur der Kometen. Beiträge zur Geschichte und Theorie der Erkenntniss. Lpz. Engelmann. 3¹/₃ Thlr.

Naturgeschichte.

Anzeiger, monatlicher, über Novitäten und Antiquaria aus dem Gebiete der Medicin und Naturwissenschaft. Jahrg. 1872. Berlin. Hirschwald. 8 Gr.

Arnoldi, Sammlung plastisch nachgebildeter Pilze. 2. Lfg. Gotha. Thienemann. à 2½ Thlr.

Askenasy, Beiträge zur Kritik der Darwinschen Lehre. Lpz. Engelmann. 24 Gr.

Baldamus, catalogus oothecae Baedekerianae typos continens omnes iconum operis Baedekeri: „Die Eier der europäischen Vögel." Catalogus avium a Baedekero collectarum, tam Europaearum quam exoticarum. Catalogus librorum praesertim ornothologiam spectantium ex bibliotheca Baed. Iserlohn. Bädeker. 10 Gr.

Behrens, mikroskopische Untersuchungen über die Opale. Wien. Gerold. 28 Gr.

Bill, Grundriss der Botanik für Schulen. 5. Aufl. Wien. Gerold. 1⅕ Thlr.

Cotta, die Geologie der Gegenwart. 3. Aufl. Mit dem Porträt des Verf. Lpz Weber. 2½ Thlr.

Daiber, Taschenbuch der Flora von Würtemberg. Zum Gebrauch f. botan. Excursionen nach d. Linné'schen System bearb. Heilbronn. Scheurlen. 18 Gr.

Dippel, das Mikroskop und seine Anwendung. 2. Thl. Anwendung des Mikroskopes auf die Histiologie der Gewächse. Mit 294 Holzschn. u. 8 Taf. 2. Abth. Braunschweig. Vieweg. 2²/₃ Thlr. (compl. 10¹/₃ Thlr.)

Eichwald, Analecten aus der Paläontologie und Zoologie Russlands. Moskau. Lpz. Voss. 1 Thlr.

Flemming, üb. die heutigen Aufgaben des Mikroskopes. Ein populärer Vortrag. Rostock. Kuhn. 4 Gr.

Fuchs, die künstlich dargestellten Mineralien, nach G. Rose's krystallochemischem Mineralsysteme geordnet. Haarlem. 2¹/₃ Thlr.

Hartwig, das Leben des Luftmeeres. 2. 3. Lfg. Mit 2 Illustr. in Irisdruck. Wiesbaden. Bischkopff. à 10 Gr.

Heer, Osw., le monde primitif de la Suisse. Traduit de l'allemaned par Isaac Demole. Basel. Georg. 4 Thlr. 24 Gr.

Heller, die Fische Tirols und Voralbergs. Innsbruck. Wagner. 16 Gr.

Kaltenbach, die Pflanzenfeinde aus der Klasse der Insecten. 1. Abth. Stuttgart. Thienemann. 1¹/₃ Thlr.

v. Kobell, die Mineralogie. Leichtfasslich dargestellt mit Rücksicht auf das Vorkommen der Mineralien, ihre techn. Benutzung etc. 4. Aufl. Lpz. Brandstetter. 1¹/₆ Thlr.

Koch, die Stellungen der Vögel. Für Präparatoren, Ausstopfer u. Freunde der Vögel. 2. Heft. Mit 130 Fig. Heidelberg. Winter. à 1 Thlr

Lüben, Anweisung zu einem methodischen Unterricht in der Thierkunde und Anthropologie. Für den Schul- u. Selbstunterricht bearb. Vergleichen u. Unterscheiden v. Thierarten, die zu einer Gattung gehören. 2. Aufl. Mit zahlr. Holzschn. Lpz. Brandstetter. 2¹/₄ Thlr.

Martens u. Kemmler, Flora von Würtemberg und Hohenzollern. 2. umg. Aufl. Heilbronn. Scheurlen. 2⁴/₅ Thlr.

Mohnicke, Uebersicht der Cetoniden der Sunda-Inseln und Molukken, nebst Beschreibung v. 22 neuen Arten. Berlin. Nikolai. 1¹/₄ Thlr. (col. 1¹/₂ Thlr).

Nachrichtsblatt der deutschen malakozoologischen Gesellschaft. 3. Jahrg. 1871. Red. v. Kobelt. Frankf. Sauerländer. 1¹/₃ Thlr.

Redtenbacher, fauna austriaca, die Käfer. 3. Heft. Wien. Gerold. 1 Thlr.

Reyher, die grosse Kiefern-Raupe. Stuttgart. Johannsen. 6 Gr.

Scholz, Uebersicht des Thierreichs. Nebst einem Anhang: Das Wichtigste über den Bau des menschl. Körpers. Zur Orientirung für Seminaristen und Lehrer an Volksschulen. 3. Aufl. Breslau. Morgenstern. 16 Gr.

Schönke, Naturgeschichte. 3 Thle. 3. Aufl. Berlin. Remak. 1²/₃ Thlr. mit Atlas 2¹/₂ Thlr.; Atlas allein ¹/₂ Thlr.

Sprockhoff, Hilfsbuch für den naturkundlichen Unterricht in Volksschulen. 2 Thle. Berlin. Thiele. à 5 Gr.

Studer, Index der Petrographie und Stratigraphie der Schweiz u. ihrer Umgebungen. Bern. Dalp. 2 Thlr. 4 Gr.

Vogl, Nahrungs- u. Genussmittel aus dem Pflanzenreiche. Wien. Manz. 2 Thlr.

Vogt, Carl, Lehrbuch der Geologie u. Petrefactenkunde. 3. Aufl. 2. Bd. Braunschw. Vieweg. à Lfrg. 1 Thlr.

Wartmann, Leitfaden zum Unterricht in der Naturgeschichte. Für höhere Volksschulen etc. 7. Aufl. St. Gallen. Scheitlein. 7½ Gr.

Weismann, über den Einfluss der Isolirung auf die Artbildung. Lpz. Engelmann. 20 Gr.

Wiesner, Untersuchungen über die herbstliche Entlaubung der Holzgewächse. Wien. Gerold. 8 Gr.

Willkomm, über Insectenschäden in den Wäldern Liv- und Kurlands. Dorpat. Gläser. 8 Gr.

Geographie.

Böttger, tabellarische Uebersichten zur astronomischen, physischen und politischen Geographie. 2. Aufl. Lpz. Fues. 12 Gr.

Daniel, Handbuch der Geographie. 3. Aufl. 30. Lfg. Ebda. 12 Gr.

Ehrich, Leitfaden für den geographischen Unterricht. 4. Aufl. Halle. Hendel. 5 Gr.

Guthe, Lehrbuch der Geographie für die mittleren und oberen Klassen höherer Bildungsanstalten. 2. Aufl. Hannover. Hahn. 1½ Thlr.

Hirschmann und Zahn, Grundzüge der Erdbeschreibung. 2. Abth. Hilfsbüchlein zum Unterrichte in der Geographie. Nebst drei Karten. Für die Hand der Schüler. 6. Aufl. Regensburg. 3 Gr.

—, Atlas für Volksschulen. 8 chromol. Karten. 6. Aufl. Ebda. 4 Gr.

Hörschelmann, Uebersicht der gesammten Geographie für den ersten Unterricht in Gymnasien und Bürgerschulen. 9. Aufl. bearb. v. Dielitz. Lpz. Schultze. 6 Gr.

Palm, Geographie. Als Memorirstoff für Elementarschulen bearbeitet. 3. Aufl. Königsberg. Bon. 1 Gr.

Peter, Geographie für die Volksschule. 3. Aufl. Hildburghausen. 3¾ Gr.

Winkler, Methode des geographischen Unterrichts nach erprobten Grundsätzen. Mit specieller Beziehung auf die Schullehrerseminare und deren Uebungsschulen. Dresden. Wolf. 10 Gr.

Pädagogische Zeitung.

(Berichte über Versammlungen, Auszüge aus Zeitschriften u. dergl.)

Bericht
über die Versammlung der mathematisch-naturwissenschaftlichen Section der 19. allgemeinen deutschen Lehrerversammlung in Hamburg am 21—24. Mai 1872.

(Local: Sagebiel, Sectionszimmer No. 2.)

Der Local-Ausschuss hatte Alles in bester Weise vorbereitet. Er, hatte die Versammlungszeit der Sitzungen im Voraus bestimmt und durch das „Programm" jedem Mitgliede bekannt gemacht. Mit der Einführung und Eröffnung der ersten Sitzung wurde Realschuldirector Debbe aus Bremen beauftragt.

Demgemäss fand denn nun die erste Sitzung am Dienstage den 21. Mai statt. Nach Eröffnung derselben referirte Herr Debbe über die Thätigkeit des Ausschusses seit der letzten Versammlung. Es war demselben zu Wien der Auftrag geworden, „sich durch einige Mitglieder aus Deutsch-Oesterreich zu verstärken." Der schriftliche Verkehr mit österreichischen Lehrern hatte indess nicht zu einem befriedigenden Resultat geführt und man beschloss deshalb, die Erörterung über diese Angelegenheit bis zur Besprechung der Reorganisationsangelegenheit auszusetzen.

Die Versammlung schritt nun zur Wahl eines Vorsitzenden und betraute mit diesem Amte den Realschuldirector Debbe aus Bremen; zum Secretär wurde Dr. Wohlwill aus Hamburg erwählt.

Vom Vorsitzenden wurde nun zunächst die Organisation der Section zur Debatte gestellt. Es bestand bisher ein Ausschuss von sechs Mitgliedern. Dieser hatte die Aufgabe, die Geschäfte der Section zu führen, Vorträge vorzubereiten und Anmeldungen zu denselben entgegenzunehmen, sich mit dem Ortsausschuss rechtzeitig in Verbindung zu setzen und die erste Sitzung anzuberaumen.

Diese Einrichtung hatte sich schon seit mehreren Jahren als zu schwerfällig arbeitend erwiesen und wiederholt würde der Wunsch ausgesprochen, den Apparat zu vereinfachen. Die anwesenden Mitglieder des bisherigen Ausschusses hatten sich nun über folgende Vorschläge geeinigt und empfahlen dieselben zur Annahme:

1. Der bisherige Ausschuss wird seinen Verpflichtungen enthoben.
2. In jeder letzten Sectionssitzung wird aus dem nächsten Versammlungsort ein Mitglied beauftragt, Alles für die erste Sitzung der Section Erforderliche vorzubereiten.
3. Anmeldungen zu Vorträgen nimmt das geschäftsführende Ausschussmitglied der allgemeinen deutschen Lehrerversammlung entgegen, dasselbe sorgt auch, wie bisher, für rechtzeitige Bekanntmachung der Themate in den beiden Organen der Section (deutsche Lehrerzeitung von Berthelt und Zeitschrift für mathematischen und naturwissenschaftlichen Unterricht von Hoffmann).

4. Sollte in einer deutschen Lehrer-Versammlung der nächstjährige Versammlungsort noch nicht bestimmt sein, so übernimmt der Vorsitzende die Verpflichtung, dass rechtzeitig das unter 2. gedachte Mitglied ernannt wird. Seine desfallsigen Aufforderungen geschehen Namens der Section.

5. In der ersten Sitzung der Section wird ein Vorsitzender und Schriftführer erwählt. Letzterer sorgt auch für Abfassung und Veröffentlichung der Protocolle.

Nach kurzer Debatte wurden sämmtliche Vorschläge mit grosser Majorität angenommen und darauf nach Feststellung der Tagesordnung für Mai 22. die Versammlung geschlossen.

2. Sitzung am Mittwoch, 22. Mai, Morgens 7½ Uhr im Ausstellungsgebäude Neuer Wall 77.

Tagesordnung: Vortrag des Herrn Professor Bopp über den Württembergischen Lehrapparat für den Unterricht in der Physik in Volks- und Mittelschulen. Der Vortragende führte die einzelnen Apparate meist experimentirend vor, erläuterte insbesondere die Gründe, die zur getroffenen Auswahl geleitet haben und den Gang des Unterrichts, dem diese Auswahl entspricht. Nach den Ausführungen des Vortragenden ist dabei vorzugsweise die Rücksicht auf die Anwendungen im praktischen Leben massgebend. Der Unterricht beginnt mit der Lehre vom Magnetismus, behandelt Elektricität und Elektromagnetismus eingehender, während von den übrigen Abschnitten, namentlich der Mechanik, nur wichtige Einzelheiten vorgeführt werden. —

Der chemische Lehrapparat für Bürger- und Fortbildungsschulen besteht aus 50 Nummern. Er dient namentlich zur Demonstration der Organogene des Chlor, zu Versuchen mit Schwefel, Phosphor und den wichtigsten Mineralsäuren etc. Die letzten 16 No. enthalten Präparate.

Eine Anleitung zum Gebrauch der Apparate wird in Württemberg den Volksschullehrern in besonderen Cursen gegeben.

Eine Discussion über den Vortrag konnte leider nicht stattfinden, es blieb jedoch vorbehalten, in einer der nächsten Sitzungen darauf zurückzukommen.

3. Sitzung, an demselben Tage Abends 6 Uhr.

Local: Sagebiel. Tagesordnung: 1. Ueber den mathematischen Unterricht in Volks- und Bürgerschulen. Refr. B. Pape, Director des Propolytechnicums in Hamburg.

2. Ueber die wirklichen Bahnen des Mondes, der Planeten und Kometen, sowie die scheinbare Bahn der Sonne durch die 12 Sternbilder des Thierkreises, unter Berücksichtigung der Mädlerschen Idee einer Centralsonne oder wenigstens Centralbewegung. Veranschaulicht durch 5 selbstgefertigte Apparate. Refr. Seminaroberlehrer Püschmann aus Grimma.

Der Vorsitzende theilte zunächst ein Schreiben des Herrn P. Müller aus Detzbüll, Kreis Tondern in Schleswig-Holstein mit. Derselbe ersucht Freunde der Oologie mit ihm in Tauschverkehr zu treten. Seine Sammlungen, sowie die reiche Vogelwelt seiner Heimath bieten ihm ausreichend Material, sowohl ganze Sammlungen abzugeben, als auch namentlich von Strandvögeln eine grössere Anzahl von Eiern derselben Art zu beschaffen.

Der anwesende Herr Cantor Moritz aus Lüneburg äussert denselben Wunsch in Bezug auf Mineralien u. Insecten.

Sodann erhält das Wort Herr Director Pape aus Hamburg.

Der Vortragende besprach zunächst eingehender die geschichtliche Entwicklung, die im zweiten Viertel unseres Jahrhunderts mit dem Aufschwung in allen Gebieten der Technik und Industrie eine neue Aera auch für die Stellung des mathematischen Unterrichts herbeigeführt hat. Er führte alsdann aus, wie im Verlauf derselben Entwicklung nun auch an die mittleren Bürgerschulen und die eigentlichen Volksschulen die Forderung als eine unabweisliche herangetreten sei, die Geometrie und Arithmetik als

regelmässige Unterrichtsgegenstände in den Lehrplan aufzunehmen. Er
erörterte, wie aus allgemeinen pädagogischen Rücksichten geschehen könne
und müsse, was durch die Zwecke des praktischen Lebens dringend gefordert sei und hob überdies als im neuen deutschen Reich besonderer
Beachtung würdig, die Bedeutung der Mathematik für die militärische
Bildung hervor.

In der darauf folgenden Discussion hebt zunächst Dr. Liebrecht aus
Hamburg den Einfluss der Mathematik als Bildungsmittel hervor, ein
Moment, das für die niederen Schulen um so mehr zu beachten sei, als
denselben naturgemäss die alten Sprachen fern bleiben müssen. Redner
findet auch nicht begründet, dass bei angemessener Unterrichtsmethode
nur Einzelne sich für die Mathematik befähigt erweisen.

Dr. Schröder aus Harburg findet es der Bildungsstufe der Volksschule angemessen, die Mathematik nur als Formenlehre vorzutragen.
Dagegen fordern Kutsch, O. Müller (Luckenwalde), Dr. Liebrecht
mit Entschiedenheit streng wissenschaftliche Behandlung, wenigstens in
den oberen Klassen. Der Referent präcisirt seine Forderung in demselben
Sinne; das Pensum will er nach dem sonstigen Standpunkt der verschiedenen Schulen abgemessen wissen.

O. Müller (Luckenwalde) erläutert, wie in der vielfach üblichen Behandlung als Anschauungsunterricht die Bedeutung der Mathematik als
Bildungsmittel ganz verloren gehe. Er hat von einer vollständigen Durchführung des strengwissenschaftlichen Gangs in der Volksschule den besten
Erfolg erfahren.

Herr Kutsch hebt hervor, dass die Forderung eines solchen Unterrichts vor allen Dingen eine streng wissenschaftliche Vorbereitung der
Lehrer zur Voraussetzung habe; er wünscht, dass die Section öffentlich
eine dem entsprechende Verbesserung des mathematischen Unterrichts in
den Seminarien als unabweisliche Forderung bezeichne.

Dr. Schröder erläutert seine Ansicht dahin, dass auch er in den
oberen Classen Beweise zulässig findet, soweit dieselben nicht die Fassungskraft der Schüler übersteigen; er hält es aber für unmöglich, die Stereometrie in der Volksschule in dieser Weise zu lehren.

Dr. Liebrecht kann auch diese Schwierigkeit nicht anerkennen;
wenn der Unterricht bis zur Stereometrie gelange, so seien auch hier Beweise zu geben.

Müller (Luckenwalde) findet es seinen Erfahrungen gemäss rathsam,
im Anfang des Unterrichts bei schwächeren Schülern nicht allzustreng
durchgehendes Verständniss zu fordern; es komme dann die Zeit, wo die
Fähigkeit, vollständig zu folgen, sich erkennen lasse; alsdann sei auf das
frühere mit grösserer Strenge zurückzugehen und nun erst alles Weiter-
gehen davon abhängig zu machen, dass für das Vorhergehende völliges
Verständniss erreicht sei.

Dr. Gumpertz aus Crefeld wünscht, dass der Abstimmung über
die vorgeschlagene Resolution eine Discussion über die Möglichkeit des
mathematischen Unterrichts in der Volksschule vorhergehe. Auf Befragen
des Vorsitzenden lehnt die Versammlung ab, über die Möglichkeit zu debattiren. Darauf wird mit grosser Mehrheit die folgende Resolution angenommen.

Die Mathematik ist in ausgezeichneter Weise geeignet,
die formale Bildung des Kindes zu fördern; es gebührt ihr deshalb eine umfassendere Berücksichtigung im Lehrplan der
Volksschule, als ihr bisher geworden ist. Diese Forderung wird
noch unterstützt durch die Thatsache, dass der Mathematik
für das praktische Leben eine stets wachsende Bedeutung zukommt.

Der Referent hat beantragt, diese Resolution durch eine Bezugnahme
auf die Erhöhung der militärischen Tüchtigkeit zu ergänzen. Dieser An-

trag wird abgelehnt. Ohne Debatte wird darauf die weitere von Herrn Kutsch vorgeschlagene Resolution angenommen:

Beim Unterricht in den Seminarien ist wissenschaftliche Behandlung des Gesammtgebiets der Elementar-Mathematik dringend geboten.

Es folgte der Vortrag des Herrn Seminaroberlehrers Püschmann aus Grimma im Königreich Sachsen über die von ihm hergestellten Veranschaulichungsapparate für den Unterricht in der mathematischen Geographie.

Referent verbreitet sich in längerer Einleitung über den Einfluss des Mondes auf die Erde, bespricht dann die 4fache Bewegung des Mondes 1) um sich selbst, 2) um die Erde, 3) mit der Erde um die Sonne, 4) mit dem Sonnensystem im Weltall, nach Mädlers Hypothese angeblich um eine Centralsonne.

Refr. bedauert die Unzulänglichkeit der bisher angewandten Veranschaulichungsmittel, die insbesondere in der Darstellung der Entfernungen die wirklichen Verhältnisse ganz ausser Acht lassen — und erläutert dann seine einfachen, die Sachverhältnisse viel genauer treffenden Modelle, von denen überdies II bis IV zum ersten Mal die wirklichen Bewegungen im Weltraum zur Anschauung bringen.

Apparat I Spirallunarium veranschaulicht 1) die Bahn unserer Erde um die Sonne, 2) die Bahn des Mondes um Erde und Sonne, 3) die Veränderungen in der Geschwindigkeit des Mondes, 4) Tag und Nacht, 5) Mondphasen, 6) Finsternisse, 7) Entstehung der 4. Jahreszeiten. Die Mondbahn ist als eine dichtanschliessende Spirallinie um die Kreisbahn der Erde gewunden; nur einzelne Windungen der Spirale sind erweitert, um die Bewegung des Mondes zu verdeutlichen.

Der Apparat würde für 2—3 Thlr. zu beschaffen sein und enthält einen unzerbrechlichen, auch sonst zu verwendenden Globus von 5".

Apparat II zeigt die Bahn von Erde und Mond unter Berücksichtigung ihres Fortrückens mit dem Sonnensystem vom Sternbild des Orion nach dem des Herkules, dient übrigens gleichem Zweke wie Apparat I.

Apparat III Spiralplanetarium veranschaulicht einen Kreisausschnitt der wirklichen Sonnenbahn, berechnet auf 6 Erdenjahre, und neben der Bahn von Erde und Mond noch die Spiralbahnen von Merkur, Venus, Mars, Jupiter, wie die des Enke'schen Kometen für dieselbe Zeit.

Apparat IV. „Jupitermondlunarium" giebt eine vergleichende Veranschaulichung der Bahn der Erde und des Mondes mit den Bahnen der 4 Jupitermonde auf die Zeit von 100 Tagen.

Apparat III und IV würden für ca. 6 Thlr. zu beschaffen sein.

Der Vorsitzende erklärte zum Schlusse unter allgemeiner Zustimmung der Versammlung, dass Seminaroberlehrer Püschmann aus Grimma durch Invention dieser neuen Veranschaulichungsmittel für mathem. Geographie, welche bei möglichster Billigkeit zugleich manche Mängel der zeither gebräuchlichen Tellurien, Lunarien und Planetarien vermeiden, zugleich aber auch vieles bisher noch nicht Veranschaulichte verdeutlichen, sich ein Verdienst um den fraglichen Unterricht erworben habe. Er sagt daher demselben seinen Dank und fordert die Mitglieder der naturwissenschaftlich mathematischen Section auf, dem Seminaroberlehrer Püschmann für den gehaltenen ansprechenden Vortrag, wie für sein eifriges Streben nach Beschaffung geeigneter Veranschaulichungsmittel durch Erhebung von den Sitzen Dank und Anerkennung zu zollen, was allseitig geschieht.

Schluss der Versammlung 9½ Uhr.

Dr. EMIL WOHLWILL,
Schriftführer.

Zum Repertorium der neuesten Entdeckungen, Erfindungen und Beobachtungen.

Physik
von Dr. Krebs in Wiesbaden.

Ueber die Bunsen'sche Chromsäure-Kette.

Obwohl die Bunsen'sche Chromsäure-Kette schon seit einiger Zeit bekannt ist, so verdient sie doch wiederholt hervorgehoben zu werden, als eine von den wenigen wirklich brauchbaren unter hunderten, welche wie Eintagsfliegen verschwinden. Es ist eine constante Kette ohne Thonzelle, (mit nur einer Flüssigkeit. Sie wird gewöhnlich in beistehender Form Fig. 1) z. B. von E. Leybold's Nachfolger in Köln gefertigt, besteht aus 2 Kohlenplatten, zwischen denen sich eine halb so lange Zinkplatte befindet. Die Zinkplatte ist an einer auf- und abschiebbaren Messingstange befestigt. Das bauchige Glas wird zur Hälfte mit einer Lösung von 3 Theilen saurem chromsauren Kali in 18 Theilen Wasser, der man 4 Theile concentrirte Schwefelsäure zusetzt, gefüllt. Zieht man die Zinkplatte mittelst der Messingstange in die Höhe, so dass sie aus der Flüssigkeit herauskommt, so ist die Kette ausser Thätigkeit gesetzt. Man kann nun die Elemente bis zum nächsten Gebrauch stehen lassen und erhält sofort wieder einen Strom, wenn man die Zinkplatte niederlässt. Braucht man aber voraussichtlich die Elemente erst nach längerer Zeit wieder, so ist es besser die Flüssigkeit in ein grosses, wohl verstopftes Glas zu

Fig. 1.

entleeren, wie es denn überhaupt vortheilhaft ist, sich stets eine grössere Menge der erregenden Flüssigkeit parat zu halten.

Dabei ist noch Folgendes nach meinen Erfahrungen bemerkenswerth: Die Flüssigkeit wirkt ungleich kräftiger, wenn sie warm ist, und hat man deshalb schon öfters gebrauchte, schwach wirkende, so ist es gut dieselbe vorher bis ca. 30° C. zu erhitzen. Selbstverständlich wird man gebrauchte Flüssigkeit beim Ausgiessen aus den Elementen niemals zu frisch bereiteter giessen; man hält sich deshalb am besten zwei grosse Flaschen, von denen die eine frisch bereitete, die andere gebrauchte Flüssigkeit enthält.

Elemente mit frisch bereiteter Flüssigkeit bei einer Temperatur von ca. 30° C. lieferte an der Tangentenboussole nahezu denselben Ausschlag wie gute Bunsen'sche Elemente; nach mehrmaligem Gebrauche aber nimmt die Kraft beträchtlich ab.

Mit 2—6 Elementen lassen sich alle gewöhnlichen Schulversuche anstellen.

An Bequemlichkeit im Gebrauche lassen diese Elemente nichts zu wünschen übrig.

Ein Element dieser Art, 30 Centimeter hoch, kostet 3 Thlr. 20 Sgr. Es gibt indessen auch grössere mit 3 Kohlen- und 2 Hauptplatten, welche bis zu 8 Thlr. 20 Sgr. kosten.

In der zweiten Auflage von Wiedemann's Galvanismus *) ist eine Bunsen'sche Chromsäure-Batterie beschrieben, welche wir hier noch kurz erwähnen wollen: Eine Anzahl Gläser, welche ca. 2 Liter Gehalt haben, werden mit einer für 40 Zellen hinreichenden Lösung von 6,182 Kilogramm gepulvertem doppelt chromsäurem Kali in 60,47 Liter Wasser, dem 6,282 Liter Schwefelsäure zugesetzt sind, gefüllt. In jedes Glas kann eine Zink-

*) S. 425. D. Red.

platte, welche von 2 Kohlenplatten umgeben ist, eingesenkt werden. Die einzelnen Elemente sind wie gewöhnlich mit einander verbunden und können die Zink- und Kohlenplatten sämmtlich mittelst einer Kurbel etc. aus der Flüssigkeit herausgezogen und wieder in dieselbe eingelassen werden. Die elektromotorische Kraft einer solchen Kette ist 2,30 von der Daniell'schen.

Ueber die Verwendung des übermangansauren Kali in der galvanischen Batterie von J. H. Koosen (Pogg. Ann. Bd. CXLIV. pag. 627).

Giesst man in die Thonzelle eines Grove'schen Elements statt Salpetersäure eine concentrirte Lösung von übermangansaurem Kali, der man $\frac{1}{30}$ Schwefelsäure zugesetzt hat, so erlangt das Element eine elektromotorische Kraft von 2, wenn die eines Daniell'schen = 1 gesetzt wird. Dasselbe Grove'sche Element, mit Salpetersäure geladen, hatte die elektromotorische Kraft 1,58. Dabei ist bemerkenswerth, dass während die elektromotorische Kraft der gewöhnlichen Bunsen'schen Kette abnimmt, wenn die Salpetersäure verdünnt wird, diess bei Anwendung des übermangansauren Kalis nicht der Fall ist. Die elektromotorische Kraft bleibt dieselbe, wie verdünnt auch die Lösung sei. Der innere Widerstand ist ungefähr derselbe, wie der der gewöhnlichen Grove'schen oder Bunsen'schen Kette. (Man kann, wenn auch nicht ganz mit gleichem Erfolg, das übermangansaure Kali zu der Kohle der Bunsen'schen Kette giessen.)

Indessen treten bei Anwendung des übermangansauren Kalis einige Uebelstände auf, die sich nur schwer beseitigen lassen. Abgesehen davon, dass man das besagte Salz nur krystallisirt und chemisch rein gebrauchen kann, hat es den Fehler, dass es sich nur schwer in Wasser löst (1 Theil Salz in 16 Theilen Wasser bei 15° C.) und ausserdem diffundirt es nicht. Wenn also das dicht am Platin anliegende Salz zersetzt ist, so nimmt die Wirkung der Kette beträchtlich ab. Daher muss man eigenthümliche Einrichtungen treffen, wenn die Wirksamkeit der Kette längere Zeit constant erhalten werden soll. Koosen schlägt folgende Einrichtung vor:

Man schneidet aus sehr dünnem Platinblech (man hat es jetzt bis zu 0,005^{mm} Plattendicke) viereckige Blätter, deren Breite etwas geringer ist, als der Durchmesser der Thonzelle, deren Höhe etwa 4 Centim. geringer als die Höhe der Thonzelle, alle von gleicher Grösse, legt sie genau über einander, so dass sie sich decken, löthet sie an den Mitten ihrer schmalen Seiten oben und unten mit Gold zusammen, löthet an der Einen dieser Seiten in der Mitte einen wenigstens 1^{mm} starken Platindraht als Poldraht und biegt dann die einzelnen Hälften dieser Blätter so auseinander, dass das Ganze einen cylindrischen Fächer aus Platinplatten bildet. In dieser Weise wirkt das Platin mit seinen beiden Flächen elektromotorisch auf die Lösung. Je grösser die Platinfläche (nicht unter ½ Quadratfuss) um so constanter der Strom.

Einen lang andauernden constanten Strom erhält man am besten auf folgende Weise: In dem gut amalgamirten Zinkcylinder wird ein zweiter Cylinder aus Haargewebe aus Pferdehaar (statt Thonzelle) lose eingesetzt; er muss noch einige Centim. über den Rand des Zinkcylinders hervorragen; dann setzt man den Platinfächer in den Haarcylinder und füllt das Ganze mit Wasser, dem $\frac{1}{10}$ Schwefelsäure zugesetzt worden. Nun wird, auf das Haargewebe sich stützend und ungefähr mit dem Boden 1 Centim. in die Flüssigkeit tauchend ein Sieb von Platinblech in das Element eingetaucht. Die Löcher des Siebs dürfen höchstens 1^{mm} Durchmesser haben. Schüttet man nun in das Sieb 20—25 Gramm übermangansaures Kali, so kommt die Kette sogleich in Wirksamkeit und man kann Platindrähte von 0,₂ᵐᵐ Durchmesser ins Weissglühen bringen.

Ganz besonders geeignet scheint das Element, um schwache constante Ströme zu erzielen. Hier wendet man statt Haartuch eine Thonzelle und ein einfaches Kreuz aus dünnstem Platinblech an. Auf den Rand der Thonzelle stützt sich ein Platinsieb, das etwa 1 Centimeter in die Flüssigkeit taucht und in das 40—60 Gramm Kali hypermang. gebracht worden. In der Thonzelle befindet sich Wasser mit $\frac{1}{10}$ Schwefelsäure; ausserhalb kann die Schwefelsäure verdünnter genommen werden. Ein solches Element leistet, um elektrische Glockenzüge, conische Pendel etc. in Bewegung zu setzen soviel als 2 Meidinger'sche Elemente; auch für Telegraphen dürften sie empfehlenswerth sein, da man nur halb so viel Elemente braucht, als seither. Vielleicht liesse sich dem Element auch die Form der Meidinger'schen Elemente geben. Besondere Hoffnung setzt Koosen auf die Möglichkeit der Anwendung des in Wasser sehr leicht löslichen übermangansauren Natrons, nur ist es ihm noch nicht gelungen dasselbe chemisch rein zu erhalten.

Ref. bemerkt noch, dass eine Lösung von übermangansaurem Kali mit Schwefelsäure versetzt in die Buff-Bunsen'schen Elemente statt chromsaurem Kali gegossen keine sehr gute Wirkung hervorbringt und dass die Stromstärke ziemlich rasch abnimmt.

Ueber das Leidenfrost'sche Phänomen von R. Colley in Moscau (Pogg. Ann. Bd. CXLIII p. 125).

Colley hat sich bemüht die Temperatur des Leidenfrost'schen Tropfens zu bestimmen und wandte derselbe die calorimetrische Mischungsmethode, nach dem Vorgang Baudrimont's an, kam aber zu andern Resultaten als dieser, da er mit grösserer Genauigkeit verfuhr und weil Baudrimont nach einer falschen Formel rechnete. Als Calorimeter diente ein Gefäss von dünnem Silberblech von etwa 80 C. C. Capacität. Der Wasserwerth desselben betrug 0,8855. Nachdem in das Wasser des Calorimeters der Leidenfrost'sche Tropfen eingegossen worden, wurde mittelst einer Glasschaufel umgerührt; der Wasserwerth des eingetauchten Theils desselben betrug 0,0714. Der Wasserwerth des Thermometers endlich, soweit dasselbe eintauchte, betrug 1,0770. Die Summe der Wasserwerthe des Calorimeters, Thermometers und der Glasschaufel betrug also 1,0339 Gr. Das Calorim. enthält gewöhnlich 50—60 Gr. Wasser.

Die Temperatur T des Leidenfrost'schen Tropfens wurde nach der Formel

$$T = \frac{P + A}{p\,c} (\vartheta - t) + \vartheta$$

berechnet. Hierbei bedeutet P das Gewicht des Wassers im Calorimeter, A die Summe der Wasserwerthe des Calorimeters, Thermometers etc., p das Gewicht und c die Wärmecapacität der silbernen Schale, t die Temperatur des im Calorimeter befindlichen Wassers und ϑ die Temperatur des Gemisches nach Eingiessen des Leidenfrost'schen Tropfens. Aus den angestellten Versuchen lassen sich nun folgende Resultate entnehmen:

1) Die Temperatur des Sphäroids (des Leidenfrost'schen Tropfens) wächst, wenn auch nur um 1½—2°, mit der Temperatur der erhitzten Schale, in der der Leidenfrost'sche Tropfen sich befindet. Ist die Masse des Sphäroids gross, so scheint es, als ob die Temperatur der Schale keinen Einfluss mehr auf die Temperatur des Sphäroids habe.

2) Je grösser das Sphäroid, um so höher steigt seine Temperatur, welche bis zu 100° gehen kann. Ueberhaupt schwankte die Temperatur

des Sphäroids zwischen 90,56 und 100,34° C. Im Uebrigen wird auch hier festgestellt, dass das Sphäroid die glühende Schale nicht berühre, sondern durch die Wasserdämpfe von der Schale entfernt gehalten werde; dass der Tropfen bei nicht zu hoher Temperatur ruhig und von runder Form sei, dass er aber rasch rotire und sich sternförmig ausbreite, wenn die Temperatur der Schale hoch sei und dass ferner bei allmähligem Abkühlenlassen der Schale der Zwischenraum zwischen Tropfen und Schale immer mehr abnehme, bis er endlich dieselbe berühre und dann plötzlich unter Zischen in Dampf übergehe.

Auch ist nie ein eigentliches Sieden des Tropfens, sondern nur ein Verdunsten an der Oberfläche bemerkt worden.

Untersuchungen über den Elektrophor von W. v. Bezold (Pogg. Ann. Bd. CXLIII. p. 52).

Die heut zu Tage allgemein verbreitete Theorie der elektrischen Erscheinungen am Elektrophor von P. Riess wird von Bezold bestritten und dafür eine andere aufgestellt.

Riess behauptet, dass sich in dem Elektrophorkuchen beim Reiben drei Schichten bilden: zwei gleichnamige an den beiden Oberflächen und eine entgegengesetzt elektrische im Innern. Von diesen drei Schichten soll die untere auf die Bodenplatte übergehen, so dass nunmehr zwei ungleichnamige auf dem Kuchen zurückbleiben, durch deren Zusammenwirken sich alsdann sämmtliche Erscheinungen nach bekannten Gesetzen erklären lassen. Zwischen Kuchen und Schild soll im Allgemeinen kein Uebergang von Elektricität stattfinden, ausgenommen den Fall, in welchem die Elektrisirung des Kuchens eine bestimmte Grenze überschreitet.

Es ist hier nicht der Ort die gesammte Untersuchungsweise mitzutheilen, nur soviel sei erwähnt, dass Bezold die Benutzung des Probescheibchens zur Constatirung der Beschaffenheit der Elektricität, ebenso wie das zweite Anlegen eines elektrischen Körpers, namentlich eines schlechten Leiters an das Elektroskop verwirft und dafür das empfindliche Pulvergemisch aus Schwefel und Mennige empfiehlt. Nachdem Bezold ausserdem eine Reihe von Versuchen über elektrische Fernwirkungen angestellt, kommt er zu dem Resultat: Die durch Reiben der oberen Kuchenfläche erregte Elektricität wirkt durch den Isolator hindurch (durch Fernwirkung) vertheilend auf die Bodenplatte. Ist die primäre Erregung stark genug, so durchbricht die angezogene, der primären ungleichnamige Elektricität der Bodenplatte den Luftraum zwischen dieser Platte und dem Kuchen und geht in Form von Funkenentladung theilweise auf die untere Bodenfläche über. Durch diese, sowie durch die auf der Bodenplatte noch zurückgebliebene Elektricität wird die Kraft, welche in dem Raume zwischen dem erst später aufgelegten Schilde und dem Kuchen thätig ist, verringert und dadurch ein Elektricitätsaustausch in diesem Raume verhindert. Die in dem Schilde durch Vertheilung hervorgerufene, der primär erregten ungleichnamige Elektricität bleibt demnach auf demselben und kann durch Ableitung der gleichnamigen und durch Abheben des Schildes frei d. h. elektroskopisch wirksam gemacht werden. Alle übrigen begleitenden Erscheinungen lassen sich von diesen Gesichtspunkten aus nach bekannten Gesetzen erklären.

Ueber das Bildungsgesetz der Lichtenberg'schen Figuren von W. v. Bezold (Pogg. Ann. Bd. CXLIV p. 337 u. 526).

Bezold hat eine Reihe von Versuchen über die Lichtenberg'schen Figuren angestellt zugleich eine Theorie derselben gegeben. Aehnliche Untersuchungen waren schon vorher in den Sitzungsber. d. k. bayr. Akad. d. Wiss. f. 1869. Bd. II. S. 371 veröffentlicht worden.

Die Figuren wurden gewöhnlich auf Tafeln von Hartgummi (Ebonit) hergestellt, welche unten mit einem Stanniolbeleg versehen waren, die zur Erde abgeleitet wurden. Die Entladung wurde auf sie geleitet, indem von den Conductoren der Elektrisirmaschine ein Draht nach der einen Kugel eines Sauerwald'schen Funkenmikrometers geführt, die andere Kugel aber mit einem auf die Platte gesetzten Zuleiter in Verbindung gebracht wurde.

Als Zuleiter dienten sehr feine Stricknadeln, welche an einem eigenthümlichen, durch Gelenke vielfach beweglichen Stativ isolirt befestigt waren, und mit Leichtigkeit auf die Platte aufgesetzt und wieder abgehoben werden konnten.

1) Geht die Zuleitung der Elektricität rasch von Statten (durch lauter gute Leiter), so werden namentlich die positiven Figuren regelmässiger und grösser; wird aber in den Leitungsbogen ein feuchter Faden eingeschaltet und dadurch die Entladung verzögert, so wird die Figur kleiner und unregelmässiger.

2) Sind die Probeplatten unbelegt, so werden die Figuren strahlenärmer und unregelmässiger; ebenso geben dünne Platten (dünne Siegellackschichten auf Blechtafeln) bessere Resultate als dicke; jedoch ist der Unterschied im letzteren Fall sehr unbedeutend. Sehr dicke und sehr dünne Platten geben merklich schlechtere Resultate.

3) Je grösser die Schlagweite, um so grösser werden sowohl die positiven als negativen Figuren; jedoch wird rasch eine gewisse Grenze erreicht, über welche hinaus eine Vergrösserung nicht mehr erzielt wird. — Mit Hilfe einer Leidner Flasche erhält man bei weitem grössere Figuren als bei einfacher Benutzung der Funken des Conductors einer Elektrisirmaschine. Jedoch geben 2 und mehr Flaschen kaum bessere Resultate als eine einzige.

4) Die Grösse der Belegung ist fast ohne Einfluss auf die Grösse der Figuren, so lange die Belegung grösser ist, als die entstehende Figur.

5) Dagegen erhält man beträchtlich kleinere Figuren, wenn die Belegung nicht zur Erde abgeleitet ist. •

6) Das Material des Isolators (Ebonitplatte, Glastafel, mit Siegellack überzogene Blechscheibe) ist fast ohne Einfluss auf die Beschaffenheit der Figur, namentlich wenn die Bestäubung (mit Schwefel und Mennige) vor dem Aufschlagen des Funkens vorgenommen wird.

7) Auf anisotropen Materialien (Holz, Flächen von nicht zum regulären System gehörigen Krystallen) werden die Figuren elliptisch; auf Holz z. B. steht die grosse Axe senkrecht auf der Längsfaser i. e. auf der Richtung der grössten Wärmeleitung. Das Verhältniss der kleinen zur grossen Axe ist bei Ahorn z. B. 5 : 6.

8) Versieht man eine Ebonitplatte auf der einen Seite mit schmalen, parallelen, von einander getrennten Stanniolstreifen, welche nur am Rande mit einander verbunden sind, so erhält man auf der andern Seite elliptische Staubfiguren.

9) Stellt man die Figuren unter der Luftpumpe her, so werden die Figuren um so grösser, je geringer die Dichtigkeit der Luft ist. — Ebenso werden die Figuren grösser, wenn der Isolator erwärmt worden war.

Bezold versucht nun auch eine neue Theorie der Lichtenberg'schen Figuren zu geben. Unter den Versuchen, aus welchen er seine Theorie ableitet, heben wir folgenden hervor: Taucht man einen Pinsel in eine klebrige Flüssigkeit, so wirft die Flüssigkeit im Momente des Eintauchens einen kleinen Wall auf; zieht man aber den Pinsel rasch heraus, so strömt die Flüssigkeit aus weitem Umkreise in radialer Richtung nach. War die Oberfläche mit feinen Körperchen bedeckt, so ordnen sich dieselben im ersten Fall zu einem kreisförmigen Ring an, im andern zu einer sternförmigen Figur.

Diess führt zu der Vermuthung, dass bei der positiven Entladung eine Bewegung gegen den Zuleiter hin statt finde, bei dem negativen eine solche vom Zuleiter gegen die Peripherie, die dann aber nicht im radialen Sinn bleiben kann, sondern zu Wirbelbewegungen Anlass geben muss.

Ueber die Fernwirkung der Elektricität auf Flüssigkeiten von W. Beetz (Pogg. Ann. Bd. CXLIV).

Wenn ein Wasserstrahl aus der engen Oeffnung einer Glasröhre aufwärts springt, so zerfällt er in Tropfen, welche in Parabeln von kleinem Parameter auseinandergehen. Nähert man dem Strahl einen (positiv oder negativ) elektrisirten Körper, so zieht sich der Strahl in eine Säule zusammen und steigt ungetheilt auf. Wird der elektrisirte Körper in grössere Nähe des Strahles gebracht, so zerfällt dieser wieder in viele kleinere Tröpfchen, welche in weiten Parallelbögen auseinander fallen.

Aus verschiedenen Versuchen, welche Beetz in dieser Hinsicht angestellt hat, zieht er folgende Erklärung dieser Erscheinung: Befindet sich ein z. B. negativ-elektrischer Körper in grösserer Entfernung vom Strahl, so wird die Oberfläche des Stammes (d. h. des unteren cohärenten Theiles des Wasserstrahles) durch Influenz schwach positiv elektrisch (während das Wasser in der Flasche negativ wird), die inneren unelektrischen Tropfen werden von den äusseren elektrischen angezogen und umgekehrt, weshalb eine Annäherung derselben stattfindet, nie aber eine vollständige Vereinigung zu einem soliden Strahl. — Wird der (negativ) elektrische Körper aber sehr nah gebracht und ist derselbe stark elektrisch, so stossen sich die durch Influenz elektrisch gewordenen Tropfen stark ab und es tritt nun eine Zerstiebung des Strahles ein.

Isolirende Flüssigkeiten, wie z. B. Petroleum zeigen diese Erscheinungen nicht.

Physikalische Theorie des Nordlichts von Dr. G. Zehfuss in Frankfurt a/M.

In einer kleinen Schrift (besonderer Abdruck aus dem Osterprogramm der Schulen des polytechnischen Vereins zu Frankfurt a/M.) entwickelt Zehfuss eine Theorie des Nordlichts, welche eine besondere Beachtung verdient. Seine Hypothese lautet:

Die Entstehung der Nordlichter ist an ein materielles Substrat geknüpft, als welches die zuweilen der Erdkugel nahe tretenden Schwärme feiner Meteormassen von gasiger oder staubförmiger Aggregatform (Meteorwolken) anzusehen sind. Ihr Licht ist, wie das des Plancten- und Zodiakallichtes, meist geborgtes Sonnenlicht. Die zuweilen dabei vernommenen Geräusche und Detonationen rühren, wie bei den Feuerkugeln, von einzelnen, die Atmosphäre durchschneidenden Meteorsteinen her, welche den Meteorwolken beigemischt sind. Die magnetischen Störungen sind aus dem eigenen, oder durch die Erdkugel in den eisenhaltigen Meteormassen inducirten Magnetismus zu erklären.

Hieraus wird schon ersichtlich sein, dass Nordlicht und Sternschnuppenfall in einer gewissen Beziehung zu einander stehen. Diejenigen Partieen regelmässig wiederkehrender Schwärme, deren Bahnen mit dem Raume sich kreuzen, welcher von der sich bewegenden Erdkugel durchschnitten wird, fallen nach und nach zur Erde als Sternschnuppen nieder, resp. sind bereits als solche niedergefallen, weshalb nicht jedesmal bei Nordlichtern zugleich starke Sternschnuppenfälle stattfinden. Nur die in etwas grösseren Entfernungen von der Erdkugel weilenden Massen treten von Zeit zu Zeit in günstige Constellationen.

Bestimmte Perioden für die Nordlichter lassen sich nur schwer angeben, doch dürfte eine Generalperiode von 55—59 Jahren, welche in 3 Perioden von je 19 Jahren zerfällt, existiren.

Dass das Auftreten von Nordlichtern häufig mit dem von Sonnenflecken zusammentrifft, ist erklärlich, wenn die Sonnenflecken wirklich Rauchwolken sind, welche durch das Verbrennen von frisch in die Sonne fliegenden Meteorsteinen erzeugt werden.

Das Licht der Nordlichter kann dieser Theorie zufolge theils reflectirtes, theils zuvor durch die Atmosphäre in den Schattenraum hineingebrochenes und gebeugtes und darum farbiges Sonnenlicht, theils, wo kleinere staubartige Massen von solcher Feinheit, dass sie keine eigentlichen Sternschnuppen- oder Feuerkugel-Erscheinungen (oft von Detationen begleitet) hervorbringen, in der Atmosphäre zum Glühen gelangen, auch eigenes Licht sein.

Noch bemerken wir, dass das bei vielen Nordlichtern beobachtete Funkeln der Sterne durch das Vorbeifliegen der Meteorsteine hervorgebracht wird.

Zum Schluss erklärt Zehfuss die verschiedenen Formen des Nordlichts: die Wolkenform, die Strahlenform, die Mantelform und die Bogenform und gibt im Anhang Notizen über wirklich beobachtete Nordlichter, die der Theorie als Stütze dienen.

Zoologie.
Von Dr. Ackermann in Hersfeld.

Einfluss farbiger Lichtstrahlen auf die Respiration. Wie bei den Pflanzen, so besteht auch bei den Thieren eine Ungleichheit in der Respiration unter Einwirkung verschiedenfarbiger Lichtstrahlen. Mit Hunden und Vögeln angestellte Versuche haben ergeben, dass die Menge der ausgeathmeten Kohlensäure am schwächsten war unter violettem Glas und sich allmählich steigerte mit den Farben roth, weiss, blau, grün und gelb. Die grünen und gelben Strahlen, welche bei den Pflanzen für die Aufnahme der Kohlensäure die wirksamsten sind, begünstigen also auch die Athmung der Thiere, die Kohlensäureausscheidung. (Ntf. V. 16.)

Die Talgdrüsen der Vögel. Den Vögeln fehlen die über den ganzen Körper verbreiteten Talgdrüsen, welche bei Säugethieren an jedem einzelnen Haarbalge vorhanden sind, und die Function haben, jedes einzelne Haar durch Einölen weich und elastisch zu erhalten. Die gelblichen Schläuche in den Wollkissen der Reiher sind keine Drüsen, sondern Federnbälge. Die Vögel besitzen nur eine Talgdrüse, die sogenannte Bürzeldrüse, die freilich einigen Vögeln z. B. manchen Papageien, Tauben, der Trappe etc. fehlt; sie ist eine Localisation der bei den Säugethieren über den ganzen Körper verbreiteten Talgdrüsen. (Zeitschrift ges. Natur. IV. 500.)

Vordringen einzelner Vögel nach Norden. Der Storch zeigt sich jeden Sommer in Est- und Finnland, während er vor ungefähr 20 Jahren nur bis Kur- und Südlivland bekannt war. Ferner ist eine nach Norden vorschreitende Verbreitung der Wachtel, des Rebhuhns, des Kormorans, des Cardinalgimpels (*Pyrrhula erythrina*), der Rohrdommel, des Pirols und der Knäkente constatirt. (Ntf. V. 6.)

Ueber die Höhe und das Intervall der Töne beim Kukuksruf hat Oppel Beobachtungen angestellt und gefunden, dass beide Töne fast von derselben Länge sind, das Intervall, sowie die absolute Tonhöhe je nach den Individuen verschieden ist. Das grösste Intervall ist eine verminderte Quinte (ges^2, c^2), das kleinste eine etwas zu knappe grosse

Secunde (d^2, c^2); die reine Quart ist nicht selten; am häufigsten ist die Terz. Der höhere Ton geht nie über ges^2 g^2 hinaus, der tiefere nie unter h^1 hinab; beide Grenzen werden aber nur selten erreicht. Am häufigsten waren e^2, c^2; f^2, des^2; fis^2 d^2; c^2, cis^2. Die in den musikalischen Nachahmungen gebrauchten Töne: d^2, b^1 (Beethoven) oder c^2, a^1 (versch. Volkslieder) hat Oppel in der Natur niemals beobachtet. (Ebd.)

Fischnester im Seegras. Auf einer wissenschaftlichen Expedition zur Erforschung des atlantischen Oceans fand Agassiz ein ziemlich kunstreich gebautes, ca. 2 Fäuste grosses Nest von Seegras, in welchem verstreut sich eine grosse Anzahl von Eiern vorfand. Ausgekrochene Embryonen wurden als *Chironectes pictus Cuv.* bestimmt. Wie der Name andeutet hat dieser Fisch handähnliche Flossen, d. h. die Brustflossen werden gestützt von einer Art verlängerter Handwurzel ähnlichen Anhängen; die Strahlen der Bauchflossen stellen die Finger dar. Man weiss schon lange, dass sich diese Fische mit diesen Gliedmassen am Seegrase festhalten und mehr gehen, als schwimmen. Einen weiteren und wichtigeren Dienst werden diese eigenthümlich construirten Flossen den Thieren beim Nestbau leisten. (Ebd. 17.)

Die deutschen Dorcadion-Arten. Nach Kraatz gibt es in Deutschland folgende 5 Dorcadion: 1) *D. aethiops Scop.* = *morio Fabr.* 2) *fulvum Scop.* = *canaliculatum Fisch.* 3) *pedestre Poda.* = *rufipes F.* ♀ *var. molitor Rchb.* 4) *fuliginator L.* = *vittigerum Fab.*, *var. ovatum Sulz.* = *hypocrita Muls.*, *var. atrum Bach.* 5) *arenarium Scop.* = *pedestre F. var. lemniscatum Küst.*, *var. abruptum Germ.*, ♀ *var. cinerarium Küst.* ♀ *var. vittigerum Pz.* — Kraatz bezweifelt das Vorkommen von *Dorc. Scopoli Hbst.* = *lineatum F.* in Deutschland. (Zeitschr. ges. Nat. V.)

Zur Naturgeschichte des Brotkäfers, *Trogosita mauritanica*, und seiner Larve. Larven, wie Käfer, die namentlich in Südeuropa (Südfrankreich) häufig vorkommen, werden fast allgemein als schädlich an Brot und Getreide auf den Böden bezeichnet, indem sie jene durchlöchern, dieses auffressen sollen. Nach Untersuchungen von Letzner ist dies durchaus nicht der Fall, vielmehr ist die Annahme gerechtfertigt, dass die Thiere von Fleischnahrung leben. Ueber die Larve ist ausser dem bereits Bekannten noch Folgendes zu bemerken: Das Nackenschild ist an den Seiten oft viel lichter gefärbt und durch eine lichte Längslinie getheilt, in der Nähe des Hinterrandes beiderseits flach grübchenartig eingedrückt. Die 4 Hornfleckchen auf den beiden folgenden Thoraxringen sind bei erwachsenen Exemplaren oft hell gefärbt und undeutlich. Die Hornhaken am letzten Segment sind gleich dick und biegen sich an der plötzlich auftretenden Spitze ebenso plötzlich nach oben. Die Puppe hat die flache Form und das vorn bedeutend verbreiterte Holzschild des Käfers. Kopf stark abwärts geneigt mit den Fresswerkzeugen bis über die Hüften der Mittelbeine hinwegreichend; Augen klein, Fühlerscheiden unter dem Thorax und den vorderen Schenkeln unbedeutend über die der Mittelbeine hinausragend; Thorax nach hinten stark verschmälert, mit etwas vorspringenden Hinterecken, gruppenweise mit einzelnen Borstenhaaren bewachsen. Die Scheiden der Fl.-decken lassen die Hinterbeinhüften unbedeckt, sind etwas länger als die Hintertarsen und tief gestreift. Farbe weisslich. (Zeitschr. ges Nat. V. 103.)

Zur Naturgeschichte mehrerer Schmetterlingsraupen. 1) *Cidaria incultaria Hs.* Die schwärzlich behaarte Raupe ist ½″ lang, hellgrün mit dunkelem Rückenstreifen und an den Seiten mit rothen Längsstrichelchen; der Kopf ist hellbraun; Nackenschild braun punktirt. Sie minirt in den Blättern von *Primula auricula* und verpuppt sich in einem Gespinnst nahe der Erde. Der Schmetterling erscheint Ende April und Anfang Mai. — 2) *Heliosela staneella Fk.* Raupe fusslos, weissgelb; Kopf ziemlich gross und hellbraun, Kiefern schwarzbraun;

zwischen Kopf und erstem Ring ein seitlich schwarzes Seitenfleckchen, Segmente an den Seiten wulstig vortretend; statt der Nachschieber ein kegelf. Analfortsatz. Das Räupchen lebt in dem etwas verdickten Blattstiel der *Quercus pedunculata;* sobald es an der Basis des Blattes angekommen, minirt es dicht neben der Mittelrippe 2—3‴ weit nach auswärts einen länglich ovalen Gang bildend, beisst dann diese Mine ringsum ab, dass sie ausfällt und überwintert darin. Der Falter erscheint im April. — 3) *Gelechia spurcella Hd.* Die 12ᵐᵐ lange, nach hinten etwas zugespitzte Raupe ist matt naukingelb und bräunlich längsstreifig, einzeln behaart; Kopf gross, dunkelgelb, hinten braun, Nackenschild braunroth mit 2 lichtgelb umsäumten schwarzen Punkten; Afterklappe dunkelbraun mit mattgelber Einfassung; Vorderfüsse schwarzbraun. Die Raupe sitzt in röhrenförmigen Gespinnsten an Schlehenzweigen, welche stark mit Flechten besetzt sind. Die Puppe überwintert in einem Cocon. Flugzeit April bis Juni. — 4) *Epithecia laquearia HS.* (= *perfidata Mn., merinata Gn.*). Raupe 10ᵐᵐ lang, mit dem Kopf allmählich verjüngt, am Bauche abgeplattet, fein quergefurcht, weisslich behaart, grün, gelb oder gelblichweiss bis rothbraun. Sie zeigt sich Mitte October und November an den Fruchtständen von *Euphrasia officinalis.* Flugzeit: Mai, Juni. (Ztschr. ges. Nat. V. 176 ff.)

Botanik.
Von demselben.

Neue Beispiele für trikotyle Embryonen. Dieser Bildung sind nach E. Junger ausser den schon bekannten 49 Fällen folgende Pflanzen fähig: *Populus, Ammobium, Sanvitalia, Calliopsis, Taraxacum, Anagallis, Digitalis, Antirrhinum, Mimulus, Oenanthe, Brassica, Cheiranthus, Saxifraga, Viola, Gypsophila, Portulaca, Euphorbia, Vitis.* (Ges. Nat. V. 93.)

Schädlicher Einfluss des Kochsalzes auf den Stärkemehlgehalt der Knollen. Ausgedehnte, in Tharand angestellte Versuche haben ergeben, dass Kochsalz nicht nur das Wachsthum der Kartoffelpflanze erheblich beeinträchtigt, sondern namentlich die Ausbildung des Stärkemehls erheblich hindert. Mit Kochsalz gedüngter Boden lieferte Knollen, die 10,2 bis 25% weniger Stärkemehl hatten, als Knollen, welche auf undüngtem Boden gewachsen waren.

Grosse Uebereinstimmung in den chemischen Bestandtheilen von *Ampelopsis hederacea* und *Vitis vinifera* beweisen Analysen von Gorup-Besanez. In beiden Pflanzen fanden sich Weinsäure, Weinstein, weinsaurer Kalk, Gummi, Zucker und, was am bemerkenswerthesten ist, wie im Safte der Traube, so in den Blättern von Ampelopsis Glykolsäure. Bis jetzt sind *Vitis vinifera* und *Ampelopsis* die einzigen Pflanzen, in denen Glykolsäure nachgewiesen wurde. Auch die Aschen beider Pflanzen ergaben eine grosse Uebereinstimmung; in beiden überwiegen bedeutend Kali und Kalk, beide sind arm an Phosphorsäure. (Ntf. V.)

Neue Untersuchungen über Bacterien von Cohn haben folgende Ergebnisse geliefert: Bacterien und Penicillium (Schimmel) sind von einander ganz unabhängig; erstere entwickeln sich nicht aus Penicillium; letzteres veranlasst nie Fäulniss. 1. Die Bacterien selbst sind Zellen, welche, wie die grösseren Formen bei sehr starker Vergrösserung erkennen lassen, einen protoplasmaartigen und sehr wahrscheinlich stickstoffhaltigen Inhalt haben. Eine Cellulose scheint nicht vorhanden zu sein. 2. Das Protoplasma der Bacterienzellen ist farblos, besitzt aber ein anderes Brechungsvermögen als Wasser; es ist daher die Trübung von Wasser ein

Zeichen für die Entwicklung der Bacterien. 3. Die Bacterienzellen vermehren sich durch Quertheilung in zwei Tochterzellen, die sich bald wieder selbst quertheilen. 4. Die Bacterien nehmen nicht nur flüssige, in Wasser gelöste, sondern auch feste, in Wasser nicht lösliche, Eiweissverbindungen für ihre Ernährung auf. Letztere werden vorher verflüssigt. Dieses Verflüssigen, sowie die Assimilation sammt den dabei auftretenden Nebenproducten wird als Fäulniss bezeichnet. 5. Die Bacterien sind die einzigen Organismen, welche die Fäulniss eiweissartiger Substanzen herbeiführen. 6. Sind die stickstoffhaltigen Nährstoffe aufgezehrt, so gehen die Bacterien in einen Ruhezustand über, wobei sie in der Regel Interzellularsubstanz ausscheiden und sich in palmellaartigen Massen (*Zoogloea*) zusammenhäufen. 7. Wenn Wasser, in dem Bacterien leben, verdunstet, so werden zahllose Bacterien in die Luft fortgeführt. (Bot. Zeitg. 51.)

Der physikalische Unterricht in den preuss. Schullehrer-Seminarien.

(Aus Stiehl Centralblatt l. J. p. 169—173.)

Es ist die Nothwendigkeit einer Vermehrung der für den physikalischen Unterricht in den Schullehrer-Seminarien angesetzten Stundenzahl in Antrag gebracht und zunächst die Gutachten sämmtlicher Seminarien über diese Frage erfordert worden. Es folgt hier das Gutachten eines Lehrers der Naturwissenschaften an einem Seminar der Provinz Hannover.

Dem mir gewordenen Auftrag, über gemachte Vorschläge wegen verstärkter Betreibung des physikalischen Unterrichts in den Schullehrer-Seminarien Bericht zu erstatten, glaube ich am zweckmässigsten zu genügen, wenn ich mir gestatte, zunächst auf den physikalischen Unterricht in den Seminarien nach seiner durch die Seminarzwecke gebotenen Eigenthümlichkeit kurz hinzuweisen, um sodann das diesem Gegenstande nothwendig zu werdende Mass von Zeit, so wie den Umfang und die Art der nothwendigsten physikalischen Apparate anzugeben.

Der Charakter des physikalischen Unterrichts in den Seminarien ergibt sich aus dem Zweck dieses Unterrichtszweiges: „Die Zöglinge sollen zum einfachen fruchtbringenden Unterricht in der Naturkunde theoretisch und praktisch befähigt werden." Dem gemäss hat sich auch zunächst die Form des Unterrichts zu gestalten. Derselbe muss, wie jeder andere Seminar-Unterricht, „nach denselben Grundzügen und in seinen begründenden Abschnitten theilweise selbst in den Formen gegeben werden, welche die Behandlung desselben Gegenstandes in der Elementarschule fordert."

Vor Allem ist aber durch das Obige der Geist und die Richtung dieses Unterrichts bedingt; das Regulativ stellt an denselben drei Grundforderungen: er soll

religiöse Haltung haben;

Freude an der Natur befördern;

dem praktischen Leben nützlich sein.

Was diese Forderungen betrifft, so lässt sich zunächst religiöse Richtung und Haltung dem physikalischen Unterricht eben sowenig ertheilen durch ein hie und da in den physikalischen Stoff eingestreutes oder demselben angefügtes Bibelwort, als durch herbeigezogene moralische oder dogmatische Bemerkungen; vielmehr dadurch, dass man dem Zögling durch Einführung in das grosse und reiche Gebiet der Naturerscheinungen

zur Auffassung des Gesetzmässigen in dem scheinbar Zufälligen und Willkürlichen verhilft, und ihn so anleitet, hinter den Erscheinungen und Gesetzen den Gesetzgeber und Schöpfer selbst zu erkennen. So werde der
Unterricht eine Exegese des Psalmwortes: „Herr, wie sind deine Werke
so gross und viel! Du hast sie alle weislich geordnet und die Erde ist voll
deiner Güter." An dieser Stelle deute ich besonders einen Gesichtspunkt
für den physikalischen Unterricht an, der mir nach meinen persönlichen
Erfahrungen wohl der Beachtung werth erscheint. Ich will ihn kurz den
apologetischen Gesichtspunkt nennen. — Es ist ja bekannt, dass gerade
in den letzten Jahrzehnten der Unglaube in seiner crassesten Ausgestaltung
als Materialismus eine sehr weite Verbreitung auch bis in die unteren
Volksschichten gefunden hat, so dass er als Zeichen einer ziemlich allgemein vorhandenen Geistesrichtung wohl beachtet zu werden verdient.
Ist es nun auch zunächst Aufgabe des Unterrichts in der christlichen Lehre,
die Zöglinge zu rüsten gegen die verschiedenen Formen des Unglaubens,
so dürfte doch der Religionsunterricht, wenn er sich nicht zu weit von
seinem eigentlichen Gebiete entfernen will, dazu allein kaum genügen,
zum mindesten aber in einem recht ertheilten naturkundlichen Unterricht
eine wesentliche Unterstützung finden. Denn der Materialismus unserer
Zeit hat ein wesentlich naturwissenschaftliches Gepräge; er entnimmt die
Waffen seiner Angriffe auf die Offenbarung der Naturkund ; auf dem Wege
populärer Bearbeitung einzelner physikalischer und chen ischer Kapitel ist
er bestrebt, zwischen Bibel und Natur Widersprüche aufzuzeigen und so in
immer weiteren Kreisen die Autorität der göttlichen Offenbarung und damit die Grundlage alles religiösen Lebens zu untergraben. Dieser Thatsache gegenüber hat nicht blos die Auslegung der Bibel, sondern auch
die der Natur die Aufgabe, den Einklang zwischen Gottes Wort und
Gottes Werken aufzuzeigen und so den angehenden Lehrer in den Stand
zu setzen, für seine Person und seine Wirksamkeit im späteren Berufs-
und Lebenskreise die Angriffe auf das Heiligste, was unser Volk besitzt,
abzuweisen. Zu dem Ende aber ist ein gründlicher physikalischer Unterricht mit bestimmter Betonung des angedeuteten Gesichtspunktes meines
Erachtens durchaus nothwendig. In diesem Sinne wünschte ich den Grundsatz „der naturkundliche Unterricht habe religiöse Richtung" verstehen
zu dürfen.

Freude an der Natur sodann vermag der naturkundliche Unterricht
nur zu fördern durch gründliche Einführung in die Erkenntniss physikalischer Thatsachen nach ihrem Zusammenhang und Zusammenklang.

Die rechte Freude an der Natur ist eine Frucht anhaltender und ernster
Arbeit.

Die dritte Bestimmung: „der physikalische Unterricht soll sich dem
praktischen Leben nützlich erweisen" — stellt diesen Unterricht in die
erste Reihe der realistischen Disciplinen der Schule und sichert ihm eine
besondere Beachtung. Es bedarf auch keines Nachweises, dass ein bedeutendes Mass naturkundlichen Wissens nicht minder allgemeines Bedürfniss ist,
wie z. B. geographische Kenntnisse. Gilt das von allen Zweigen der Physik,
so darf noch besonders hingewiesen werden auf die Chemie: sie bietet in besonderem Masse praktisches Interesse dar.

Wie das Regulativ — indem es namentlich die Anwendung der Chemie
auf die Agricultur hervorhebt — ein vorzugsweise praktisches Stück berührt, so greift es mit diesem Beispiel auch mitten in die s. g. organische
Chemie, und zeigt damit, dass es mehr fordert, als was z. B. die Crüger'-
schen Lehrbücher bieten, wie denn auch Schriften aus altpreussischen
Seminarien diesem jüngsten Zweige der Naturkunde eine besondere Pflege
zu Theil werden lassen.

Aus dem bisher Angedeuteten dürfte sich nun ergeben, dass dem
physikalischen Unterrichte, damit er die ihm in den obigen Anforderungen

gestellte Aufgabe wirklich lösen könne, ein bedeutendes Mass von Kraft und Zeit gewidmet werden müsse. Ich darf ferner noch einmal daran errinnern, dass der physikalische Unterricht, den das Seminar seinen Zöglingen ertheilt, vorbildlich für den Unterricht in der Elementarschule, — damit aber im besten Sinne des Wortes populär sein soll.

Mag der wissenschaftliche Unterricht anderer Lehranstalten sich mit mathematischer Ableitung und Fassung der Naturgesetze begnügen, der Seminar-Unterricht darf das nicht. Seine Stärke liegt vielmehr in der concreten in das einzelne gehenden Ausgestaltung, in der besonderen Hervorhebung der praktischen Momente. Neben dem Zurückgehen auf eine möglichst grosse Fülle von Erscheinungen, aus denen durch Induction das allgemeine Gesetz gewonnen wird, erfordert er gleichermassen die Anwendung des Gesetzes auf andere Erscheinungen.

Es liegt aber auf der Hand, dass damit — bei aller Beschränkung dem fast unübersehbaren Stoffe gegenüber — eine gewisse Breite des Unterrichts geboten ist; diese bedingt aber wiederum ein bedeutendes Mass von Zeit.

Wenn ich mir nun noch gestatten darf, auf meine eigene mehrjährige Lehrthätigkeit im Seminar hinzuweisen, so kann ich nicht umhin zu gestehen, dass es mir bei wöchentlich 3 Lehrstunden in einem Jahre kaum möglich war, alle Kapitel der Physik in dem nöthigen Umfange gehörig zu erläutern, wenn nicht zeitweilig noch eine 4. Stunde — privatim — zu Hülfe genommen wurde.

Am hiesigen Seminar ist der früher einjährige Cursus mit wöchentlich 2 Lehrstunden bereits zu einem zweijährigen erweitert, so dass an demselben die Zöglinge der 1. u. 2. Ordnung theilnehmen. Dieses gegen früher um das Doppelte vermehrte Mass von Zeit erscheint ausreichend, ist aber durchaus nicht zu reich bemessen, sondern fordert zugleich bezüglich des zu behandelnden Stoffes immer noch eine Beschränkung auf das Nothwendigste. — Nothwendig wurde die Vermehrung der Stundenzahl für den physikalischen Unterricht durch die Bedürfnisse des hiesigen Seminarbezirks. Die aus dem hiesigen Seminar entlassenen Lehrer finden mit wenigen Ausnahmen Anstellung in Städten, und zwar an mehrklassigen Schulen, in welchen der naturkundliche Unterricht nicht bloss eine selbständige Behandlung findet, sondern neuerdings auch in verstärktem Masse betrieben wird. Eine tüchtige Ausbildung der Zöglinge in diesem Gegenstande ist also dringendes Bedürfniss. Es muss demnach sowohl aus allgemeinen den Seminarzwecken entsprechenden Gründen, als auch vom Standpunkt des Bedürfnisses des hiesigen Bezirks jene an andern Orten angeregte, hier aber thatsächlich eingetretene Erweiterung der Stundenzahl für den physikalischen Unterricht als nothwendig bezeichnet werden.

Indem ich zu der Frage nach den nothwendigsten physikalischen Apparaten für das Seminar übergehe, hoffe ich mit meinen obigen Ausführungen nicht in Widerspruch zu kommen, wenn ich bezüglich des Umfanges und der Art der Apparate einer gewissen Beschränkung das Wort reden möchte.

Wenn der Seminar-Unterricht seiner Form nach überhaupt vorbildlich für den Elementarunterricht sein soll, so muss er es auch namentlich insofern, als er sich im Wesentlichen auf diejenigen Apparate beschränkt, welche einer gut situirten mehrklassigen Bürgerschule zu wünschen sind. Der künftige Lehrer soll im Seminar lernen, mit möglichst einfachen und wenig kostspieligen Apparaten möglichst viel zu leisten. Nicht brillante, effectmachende, seltene und darum ungewöhnliche Experimente, sondern vielmehr gerade gewöhnliche, alltägliche Erscheinungen und Verrichtungen sind es, welche der Schüler denkend auffassen soll — und eben dazu hat das Seminar seine Zöglinge anzuleiten.

Demgemäss gebe ich nachfolgendes Verzeichniss der für den physikalischen Unterricht des Seminars nothwendigsten Apparate:

1. Mechanik.

a. Feste Körper:	b. flüssige Körper:	c. luftförmige Körper:
1. Hebelvorrichtung,	4. Capillarröhrchen,	8. Stech- und Saugheber,
2. Rolle u. Flaschenzug,	5. Springbrunnen,	9. Barometer,
3. Pendel;	6. Setzwage,	10. Saugpumpe,
	7. Aräometer;	11. Luftpumpe.

2. Magnetismus.

12. Hufeisenmagnet,   14. Inclinationsnadel,
13. Zwei gleich starke, stabförmige Magnete, 15. Declinationsnadel (Compass).

3. Reibungselektricität.

16. Einige Glas- und Harzstäbe;   19. Elektrometer,
17. Elektrophor mit Fuchsschwanz,   20. Elektrisirmaschine.
18. Verstärkungsflasche,

4. Berührungselektricität.

21. Einige Kupferdrähte,   24. Schweiggerscher Multiplicator,
22. Galvanische Batterie aus etwa   25. Elektromagnetischer Telegraph
     4 (Daniellschen) Elementen,   nach Morse.
23. Elektromagnet,

5. Lichtlehre.

26. Einige Linsen,   29. *Camera obscura*,
27. Mikroskop,   30. Modell eines Auges.
28. Prisma,

6. Wärmelehre.

31 a. Modell einer Dampfmaschine,   31 b. Thermometer etc.

Lehrmittel. Mass-Stäbe auf Tapeten.

Die Schwierigkeit, sich an das neue Mass zu gewöhnen, so dass man darin denkt und nicht erst von Füssen auf Meter reducirt, wird von Allen, die bisher mit Fussmassen rechneten, nur langsam überwunden und ebenso gewinnt man nur langsam bei Schätzung von Dimensionen Uebung im Ausdrücken durch Metermass. Ein schätzbares, billiges und praktisches Mittel, diesen unbequemen Uebergang zu erleichtern, ist in dem Polytechnikum zu Aachen angebracht, indem mittelst Tapetendruckes und entsprechend starken Strichen, in der Länge einer Tapetenrolle (26 Fuss rhein.), Fussmass und Metermass neben einander gedruckt sind, zwei vergleichende Massstäbe in der Breite zum Auseinanderschneiden, einer mit horizontal, der andere mit vertikal angebrachten Zahlen. Der erstere findet sich in jedem Auditorium und Zeichenzimmer horizontal am Fries unter der Decke, der andere vertikal vom Fussboden bis zur Decke reichend an die Wand geklebt, so dass beide beständig von den Studirenden gesehen werden können. Sie geben ein vorzügliches Mittel, nicht blos zur Vergleichung der Masse, sondern auch zum Taxiren von Dimensionen in verschiedenen Höhen, da die Zahlen und Abtheilungen bis sehr weit sichtbar sind. Diese Massstäbe sind auf Veranlassung der Direction des Polytechnikums in der Tapetenfabrik der Herren H. und F. Lieck in Aachen angefertigt und kosten pro Rolle mit zwei Massstäben 15 Sgr. Sie werden bereits vielfach angefordert und würden für Gewerbeschulen, Realschulen, Gymnasien, auf Elementarschulen, in den Bureaux von Verwaltungen, von Technikern, Gewerbetreibenden, in den Arbeitszimmern von Polytechnikern, in Fabriken u. s. w. als nützliches Hülfsmittel, welches man überall leicht anbringen kann, beispielsweise auch in Schulen auf dem Lande, öffentlichen Gebäuden in kleinen Orten etc. angebracht, zur Popularisirung des Metermasses erheblich beitragen, da sie wegen starker Markirung der Theilung sich leicht der Vorstellung einprägen. Wir glauben daher durch diese Empfehlung der Sache zu nutzen.

Aachen.   v. Kaven.

Jahrbuch des Vereins für wissenschaftliche Pädagogik. Vierter Jahrgang. Herausgegeben von Prof. Dr. F. Ziller. Leipzig 1872, Gräbner.

Aus dem reichen und mannichfaltigen Inhalte dieses Jahrgangs dürften für die Leser dieser Zeitschrift von Interesse sein:

Einiges zur Prüfung von Herbart's mathematischem Lehrgange in den Reliquien (III) v. Ballauf. — Der früheste, allen Erziehungsanstalten gemeinsame Unterricht in Physik und Chemie (XIV) von Martin. — Anatomie in der Schule (XVII) v. Bochmann. — Ueber Schopenhauers Kritik der Kantschen Philosophie (VIII) v. Günther.

Die früheren in dieser Zeitschrift noch nicht erwähnten Jahrgänge II u. III boten für den Lehrer der Math. u. Natw.:

In II
> Beiträge zur Beantwortung der Fragen 53 und 54 des Vereinsjahrs 1869—70: „Wie lässt sich eine Annäherung an das noch unerreichte Ideal der genetischen Methode" (Fresenius, die psychologischen Grundlagen der Raumwissenschaft) bei dem geometrischen Unterrichte erreichen? Metaphysische Verwerthung von Fresenius obgen. Werke. Von Ballauf. — Ueber die genetische Methode bei dem geometrischen Unterrichte. Von Bartholomäi. — Sind die jetzt in Deutschland gebräuchlichen Staatsexamina von der Art, dass durch sie die wissenschaftliche Tüchtigkeit der Examinanden und die Tüchtigkeit für ihren Beruf wahrhaft gefördert werden? Von Ballauf. —

In III
> Zur Realschulfrage von Siebeck. — Ueber die Anwendung der inductiven und deductiven Methode in den Naturwissenschaften, namentlich in der Mechanik von Ballauf. — Das *ABC* der Anschauung von Lindner. — Die erste methodische Einheit der Naturkunde zum ersten Mährchen von Zille. — Die Fortbildung im Volksschullehrerseminar von Bartholomäi. — Das Probejahr von Wittstock. — Aus einem Briefe von Prof. Fresenius und Bemerkungen dazu von Ballauf, betreffend die Aufsätze über die genetische Methode (II. Jahrg.) von Ballauf. — Die psychologischen Grundlagen der Raumwissenschaft nach Fresenius von Bartholomäi. — und in dem Aufsatze „zur Kritik des Jahrbuches 1870" Ballauf und Bartholomäi über die genetische Methode der Schulmathematik.

Die Besprechung einzelner von den angeführten Aufsätzen muss für spätere Hefte dieser Zeitschrift aufgespart werden.

Druckfehler

in der Besprechung von Gaudtner und Junghans, Sammlung etc., von Binder.

Seite 368 Zeile 15 statt *KB* : *MK* lies *KB* : *BE*.
„   368   „   22 f. statt Diagonalen mitten lies Diagonalenmitten.
„   390   „   1 statt richtiger lies wichtiger.
„   390   „   20 statt treten lies traten.
„   390   „   29 statt Appollonius lies Apollonius.
„   390   „   30 statt Disterweg lies Diesterweg.
„   391   „   22 statt Lehrbücher lies Bahnbrecher.
„   392   „   30 statt CG^1 lies BG^1.
„   393   „   27 statt χ lies X.

Studien über geometrische Grundbegriffe.

Vom Herausgeber.

I. Der Begriff der Richtung und Verwandtes.

(Fortsetzung von S. 452.)

Richtung setzt voraus ein Ziel und einen Ausgangspunkt;*) das Erreichen des Ziels Bewegung, diese aber ein Bewegbares und eine Ursache der Bewegung die Kraft. Für unsern Zweck dürfen wir einstweilen von der Kraft abstrahiren, es genügt, ihre Wirkung, die Bewegung und das Ziel der Bewegung ins Auge zu fassen. Dann aber ist die erste Frage: „was wird bewegt?“

Der Raum selbst, den ich ein für allemal als gegeben annehme**), ist nur einer und unbewegbar***). Jeder Raum-

---

*) Es fehlt uns im Deutschen für diesen Begriff ein so kurzer Ausdruck, wie Ziel. Dürfte man den Sprachgebrauch gewaltsam ändern, so würde sich für „Ausgangspunkt“ ein einsilbiges Wort, wie etwa das „An“ (Anfang) empfehlen. Wir wollen im Folgenden wenigstens blos „Ausgang“ sagen.

**) Mit solchen idealistischen Philosophen — um von Mathematikern nicht zu reden —, welche die Existenz des Raumes leugnen und denselben entweder als blose Form der Anschauung (psycholog. Brille) oder, was ziemlich auf dasselbe hinausläuft, als ein Produkt (eine Schöpfung) unsrer Vorstellungskraft (Phantasie), wie Trendelenburg, ausgeben, ist gar nicht zu streiten. — Vergl. die Anm. S. 279 (Heft 3).

***) Ob der Raum begrenzt, in sich zurücklaufend, etwa in Gestalt eines Ringes oder einer Wurst als Ausgedehntes von drei Dimensionen zwischen einem Ausgedehnten von n Dimensionen schwebt und sich — möglicherweise bewegt, wie die neuere Raumgeometrie anzunehmen scheint, das kommt als Gegenstand mathematisch-philosophischer Speculation hier nicht in Betracht.

theil bleibt ewig an seiner Stelle.*) Dasjenige, was im Raume sich bewegt, ist die Materie und alles sinnlich Wahrnehmbare, was eine Wirkung der Bewegung von Materie ist (Licht, Schatten, Spiegelbild). Der Raum ermöglicht erst die Bewegung mittelst seiner Eigenschaft der Ausdehnung, d. h. des Ausgedehntseins und seiner Ausfüllbarkeit (Leere) und hierin, d. h. in seiner Ausfüllbarkeit und in der Ermöglichung der Bewegung**) liegt zugleich seine Bestimmung.

Wenn wir uns also im idealen Raume, dem Abbilde des objectiven Raumes, einen Punkt bewegt vorstellen, so ist es nur das Bild eines materiellen Punktes und nicht etwa ein, wenn auch noch so kleiner Theil des Raumes, eine Stelle im Raume, was wir bewegt vorstellen. Denn das Unmögliche, nämlich den Raum selbst zu bewegen, kann auch nicht vorgestellt werden. Wählen wir nun als zu Bewegendes den kleinsten materiellen Punkt, den wir annehmen dürfen, ein Atom, und zwar, falls in der Atomgrösse Verschiedenheit nachgewiesen sein sollte, das denkbar kleinste. Nennen wir ferner der Kürze halber das Raumtheilchen, welches von diesem materiellen Atom ausgefüllt wird, Raumatom (ohne dadurch etwa die Annahme von wirklichen Raumatomen und somit die Grenze der Theilbarkeit des Raumes auszusprechen). Schon oben wurde bemerkt, dass Richtung ein Ziel und einen Ausgangspunkt (der Bewegung) voraussetzt. Beide aber bedingen wiederum einen Zustand der Ruhe des Bewegten, d. h. der bewegte Punkt wird vor der Bewegung im Ausgangspunkt ruhend und nach der Bewegung als im Ziele zur Ruhe gekommen gedacht, worauf auch die Namen Anfangs- und Endpunkt deuten.***) Denken wir uns jetzt ein durch irgend eine Kraft bewegtes Stoffatom von seinem Ruhe-

---

*) Dieser Satz wird auch oft so ausgesprochen: „die Raumvorstellung ist unveränderlich." Die Unveränderlichkeit (Einerleiheit, Bestimmtheit) der Vorstellung vom Raume beruht aber eben so natürlich auf der Einheit und Unveränderlichkeit des objectiven Raumes, des Vorstellungsobjects, wie die Veränderlichkeit (Verschiedenheit) der Vorstellungen des Orts und der Richtung auf der räumlichen Verschiedenheit jedes dieser Objecte beruhen.

**) Leider haben wir im Deutschen kein Wort, welches diese Eigenschaft „Ermöglichung der Bewegung" kurz und scharf ausdrückte.

***) Im Ausgangspunkt ist sonach das Ende der Ruhe, im Ziel das Ende der Bewegung.

lage aus durch die Raumatome hingleiten, so muss, noch bevor
das Stoffatom seine Ruhelage verlässt, um in eins der nächsten
rings um dasselbe liegenden Raumatome als in sein Ziel zu gelangen, schon eine Auswahl unter denselben getroffen sein.
Jede Auswahl aber setzt einen Willen voraus. Wo ist nun bei
der Bewegung eines materiellen Punktes ein solcher Wille?
Nirgends anders, als in der Kraft, welche das Atom bewegt und
in letzter Instanz in dem Willen, von dem die Kraft ausgeht.
Bei der idealen Bewegung jedoch übt unser eigner Wille diese
Kraft aus. Ohne hier auf die Bewegung eines Atoms im objec-
tiven Raume einzugehen, will ich, was ja für den vorliegenden
Zweck die Hauptsache ist, gleich die psychische Bewegung eines
Atombildes im subjectiven oder idealen Raume, d. i. also die
Erzeugung der mathematischen Linie, betrachten. Ohnehin ist
ja die Bewegung eines Atoms und die dadurch erzeugte objective
Linie mit unsern Mitteln nicht sinnlich darzustellen, da auch
der feinste Faden, die feinste Bleistiftlinie, oder die feinste
Messerschneide immer noch etwas Flächen- oder Körperhaftes
haben und es muss dann immer wieder das in der Wirklichkeit
Unerreichbare durch die Vorstellung ersetzt werden, wobei freilich
zweifelhaft bleibt, ob es auch wirklich und wahrhaft ersetzt
werden kann. Im Allgemeinen aber sind die Vorgänge im objectiven Raume dieselben wie im subjectiven und man thut sehr
Unrecht, die objective Linie, die kein Gedankending ist, wie
die mathematische, zu ignoriren, oder gar ihre Möglichkeit zu
leugnen.*)

Schon oben behauptete ich, dass die Auswahl des Zieles
bereits vor der Bewegung (des Atoms und) des Atombildes geschehe. Obgleich nun diese Auswahl ein momentaner Willensact
ist, so liegt doch in ihr schon der Keim dessen, was wir Richtung nennen, und weil dieser Act der Auswahl eher ist und
sein muss als die Bewegung selbst, so ist auch Richtung eher
(primitiver) als Bewegung und folglich auch eher als das Produkt derselben, die Spur des Bewegten, d. i. die mathematische
Linie.

---

*) Könnten wir, mit feineren Sinnen begabt, den Raum noch anders,
als durch Bewegung wahrnehmen, so würden wir vielleicht gerade Raum-
linien erkennen.

Sonach ist die Wahl des Zieles*) das erste Moment der Richtung. Sie ist gewissermassen die Vorbereitung (Einleitung) dazu oder, wie oben gesagt, der Keim der Richtung.

Die Auswahl eines Ziels ist aber ausserordentlich mannichfaltig. Denn, stellen wir uns eine aus dem allgemeinen Raume abgegrenzte Raumkugel von beliebigem aber sehr grossem Radius vor und nehmen wir den Mittelpunkt dieser Kugel zum Ausgangspunkt der Bewegung, so ist klar, dass die Auswahl unter den Zielpunkten sehr gross ist. Denn jeder Punkt der Kugeloberfläche kann Ziel sein. Da wir aber diese Oberfläche beliebig erweitern dürfen, und diese bekanntlich (und mit ihr die Anzahl der Oberflächenpunkte) im Verhältniss des Halbmesserquadrats wächst, so muss die Anzahl der Ziele ins Unbegrenzte wachsen. Nun kann aber jeder Punkt des Raumes (jede Stelle im Raume) Ausgangspunkt sein, und es ergiebt sich sonach das Axiom: von jedem Punkte des Raumes aus sind unzählig viele Richtungen möglich. Uebrigens ist klar, dass diese Ziele und demgemäss die Richtungsstrahlen näher am Ausgangspunkte, d. h. auf einer kleinern concentrischen Kugelfläche dichter (zusammengedrängter) an einander liegen müssen, als nach der Oberfläche hin, wo sie sich allmälig erweitern; daher ist auch in der Praxis eine Richtung um so genauer zu bestimmen, je entfernter das Ziel (auf der Kugelfläche) ist, obgleich die Richtung (theoretisch) schon durch den ersten Bewegungsmoment als im Keime bestimmt ist.

Das zweite Moment der Richtung ist die Fixirung des

---

*) Der mögliche Einwurf, dass Richtung überhaupt kein Ziel mit Nothwendigkeit voraussetze, oder dass das Ziel der Richtung nicht wesentlich sei, da wir im gewöhnlichen Leben bei Ausdrücken, wie „die Richtung nach Osten," „die Richtung der Magnetnadel," gar nicht an einen Zielpunkt dächten, ist nichtig. Denn obschon obige Ausdrücke gar nicht eine genaue Richtung, sondern nur eine ungefähre, die Gegend der Richtung bezeichnen, ebenso wie etwa der Richtungsunterschied mittelst eines Winkels angegeben wird, und das eben keine Richtung, vielmehr nur Ausdruck der unbestimmten Umgangssprache ist, so verlangen jene Ausdrücke dennoch ein Ziel, denn die Richtung nach O. heisst Richtung nach dem Ostpunkt, die Richtung der Magnetnadel ist Richtung nach dem magnetischen Pol, und der Radius, welcher mit einem andern einen Winkel von 45⁰ macht, schneidet doch immer nur einen Punkt der Kugeloberfläche, wenn auch dieser Punkt variabel ist.

Ziels (dauernder Hinblick aufs Ziel oder das im Auge Behalten
desselben) während der Bewegung. Es liegt also in der Richtung etwas Bleibendes (Beharrendes). Richtung begleitet die
Bewegung. Aber mit der Bewegung hört auch die Richtung auf.*)
Der objectiven Linie, wie sie uns ein Gegenstand, etwa ein
gespannter Faden, bildlich darstellt, kommt nur Lage und
Länge zu. Indem wir aber sagen: „die Linie ist gerichtet
(„hat Richtung"), schreiben wir auch der gewordenen (fertigen)
Linie Richtung zu, welche doch nur der werdenden zukommen
soll. Ist dies berechtigt, und wenn es berechtigt ist, wie ist
es psychologisch zu erklären? Es ist berechtigt und nur zu erklären durch einen Act psychologischer Bewegung. Wir wiederholen nämlich in der Vorstellung die Bewegung des die Linie
beschreibenden Punktes, erzeugen sie von Neuem, indem wir
das Atombild den Weg vom Ausgangs- nach dem Zielpunkt
zurücklegen lassen. Da aber jeder Endpunkt einer Linie zum
Ausgangs- und Zielpunkt gewählt werden kann**), so hat
jede Linie doppelte Richtung. Die Wahl derselben ist
aber rein willkürlich, sie hängt vom Betrachtenden ab. Hierdurch erklärt sich die rein subjective Natur des Richtungsbegriffs, während Lage und Länge objective Eigenschaften
der Linie sind. Mit andern Worten: Lage und Länge hat
die Linie auch ohne ein Subject. Zu Richtung gehört nothwendig ein Subject.

Das Ziel soll aber nicht blos ausgewählt und während
der Bewegung fixirt, sondern es soll auch erreicht werden.
Diese Forderung wird aber eben erfüllt durch Bewegung. Es
liegt in der Richtung neben der Fixirung des Ziels noch ein
Streben nach demselben, d. h. ein Streben dasselbe zu erreichen,
welches von der Kraft in das Bewegte gelegt ist, und hierdurch
erklärt sich auch, dass die Richtung in der Geraden,

---

*) Daher sagt Bolze (diese Zeitschr. II, S. 334 u. 335) sehr richtig:
„Richtung ist nur vorhanden bei Bewegung." Wenn er aber hinzufügt:
„nun sind aber unsre mathematischen Linien so ruhig, dass bei ihnen unmittelbar an irgend welche Bewegung gar nicht zu denken ist," so fasst
er die Linie objectiv.

**) Daher hat die Bezeichnung „Endpunkte" ihre Berechtigung, weil
in ihnen die Bewegung (des Punktes) „endet." Gleiche Berechtigung hätte
freilich auch der Name „Anfangspunkte." Beide Ausdrücke dürften in
„Grenzpunkte" zusammenkommen.

d. h. in dem kürzesten Wege, zur Erscheinung kommt.
Denn jede Kraftwirkung unterliegt dem Beharrungsgesetze;
dieses aber erlaubt dem Bewegten nicht, ein neues Ziel zu
wählen, wodurch die Fixirung des ersten Ziels gestört und eine
Verzögerung in der Bewegung bewirkt werden würde. Das Wesen
der geraden Linie wurzelt im Beharrungsgesetz.[*])

Es könnte scheinen, als ob dieses dritte Moment der Richtung, nämlich das Ziel (auf dem kürzesten Wege und in der kürzesten Zeit) zu erreichen nicht nothwendig zur Richtung gehöre
und als ob zur Richtung Fixirung des Ziels oder Hinweis aufs
Ziel genüge. Wenn wir z. B. sagen: „dieser Ort liegt nach jener
Richtung," indem wir mit der Hand hindeuten, so scheint dies
allerdings nur ein momentaner Hinweis aufs Ziel zu sein. Das
ist aber nur ein äusseres rohes Merkzeichen. Vielmehr durchläuft während dieses Hinweises unsre Vorstellung
mit unmessbar grosser Geschwindigkeit die gerade
Linie von hier nach dem gedachten Zielpunkt und
diese uns physisch unmöglich ausführbare Bewegung deuten
wir eben mit der Hand an.

Richtung hat demnach so zu sagen drei Stadien ihres
Seins: Auswahl des Ziels vor, Fixirung desselben und
Streben, es auf dem kürzesten Wege zu erreichen
während der Bewegung. Doch folgen sich diese drei Acte
psychischer Thätigkeit bei der Bewegung des Atombildes mit
so grosser Geschwindigkeit, dass wir uns ihrer zeitlichen Reihenfolge nur bei der gespanntesten Aufmerksamkeit bewusst werden
und es uns vielmehr scheint, als fielen sie der Zeit nach zusammen. Doch dürfte der zweite Act, die Fixirung des Ziels
der wesentlichste unter den dreien sein[**])

---

[*]) In den beiden ersten Stadien „Wahl und Fixirung des Ziels" ist
die Richtung gewissermassen noch latent, durch die Bewegung kommt
sie in der Geraden zur Erscheinung, sie wird frei. Daher ist die Gerade der Repräsentant einer Richtung und der Begriff Richtung unzertrennlich mit dem Begriff „gerade Linie" verwachsen. Daher sagt
Kästner (philos. math. Abhandl. S. 52): „wer hat einen Begriff von Richtung, ohne die gerade Linie zu denken, durch welche die Richtung angegeben wird?" (Fries, math. Naturphil. § 68). Vergl. Baltzer, El. § 1 u. 3:
„Richtung (ist) ohne die Gerade unverständlich."

[**]) Ein grosser Irrthum ist's, wenn man „Richtung" mit „Ziel"
identificirt und sagt: „Richtung kann durch das Ziel ersetzt werden"

Aus dem Vorstehenden folgt zunächst, dass Richtung kein
Grössenbegriff ist. Denn die Wahl und Fixirung eines
Räumlichen ist weder der Vermehrung noch der Verminderung
fähig. (Richtungen lassen sich daher weder addiren, noch subtrahiren etc., mit andern Worten: auf Richtungen lassen sich
arithmetische Operationen nicht anwenden.) Man kann deshalb
auch nicht sagen: „diese Richtung ist grösser (oder kleiner)
als jene." Allerdings könnte die Fixirung des Ziels als eine
Art Aufmerksamkeit, sowie das Streben nach Erreichung
desselben auf kürzestem Wege als verminderbar und vermehrbar,
d. h. als einer Steigerung fähig gedacht werden und würde letzteres
auf den Begriff der Geschwindigkeit führen. Da sich hier
aber der Zeitbegriff einmischt, so tritt man aus dem räumlichen
Gebiete heraus und überdies in jenes der intensiven Grösse.
Richtung ist aber auch keine intensive Grösse, man kann nicht
von einer stärkeren oder schwächeren Richtung sprechen.
Sie ist vielmehr eine rein räumliche Qualität oder (strenger)
eine Modalität der Bewegung*) und als solche gegen Grösse
völlig indifferent.

Zuvörderst nun wirft sich uns die Frage auf: Ist Richtung der Veränderung fähig oder nicht? Diese Frage
ist schon nach Dem, was oben über die unendliche Anzahl und
Mannichfaltigkeit der Lage der Ziele gesagt ist, unbedingt zu
bejahen. Bevor ich aber die Frage, wodurch die Richtungen
geändert werden, beantworte, will ich erst, um das Feld der
Untersuchung zu verengern, die andre erledigen: „wodurch
wird die Richtung nicht geändert?"

In der einseitigen (unendlichen) Verlängerung der Geraden
AB (oder in dem unendlichen Strahl *AZ*) kann jeder Punkt,
der über das Ziel *B* hinausliegt (z. B. *Z*), ebenso, wie jeder,
der vor dem Ziele liegt, Ziel werden oder das Ziel ersetzen. Diese Ziele sind äquivalent. Denn jeder solche

_____

(z. B. Kober I, 235); denn „Ziel" ist ein Punkt, der durch Bewegung
erreicht werden soll. „Richtung das *modale* in der Bewegung gegenüber
dem Quantitativen in ihr, der Geschwindigkeit. Vielmehr wird Richtung
durchs Ziel bestimmt (nicht „ersetzt"). — Dass „Gegend" von Richtung ganz verschieden ist, dürfte kaum zu bemerken nöthig sein. Gegend
ist ein grösserer Raumtheil, der sehr viel Ziele umfassen kann.

*) Siehe meine Bem. S. 10.

Punkt ist Peripheriepunkt eines concentrischen Erzeugungs- oder Erweiterungskreises der Ebene. Das Ziel (Z) lässt sich so zu sagen in der Geraden hinaus- oder vorwärtsschieben, wie in der Mechanik der Angriffspunkt der Kraft. Die Richtung der Geraden wird aber durch diese Verschiebung nicht geändert, ebensowenig dadurch, dass das Ziel zwischen A und B angenommen und also rückwärts verlegt wird. Denn jede dieser Zwischenstellen war bei der Bewegung des Punktes von A nach B einmal momentan Ziel. Ebensowenig wird aber auch die Richtung geändert durch Verschieben des Ausgangspunktes. Hieraus folgt das Grundgesetz: die Verschiebung des Ausgangs und Ziels auf der Geraden oder, was dasselbe ist, die Verlängerung oder Verkürzung der ·Geraden ändert die Richtung derselben nicht. Hierin liegt auch der Grund, warum ein Winkel durch Verlängerung oder Verkürzung seiner Schenkel in der Grösse sich nicht ändert, und warum die Lage einer Geraden durch die Richtung zwar eingeschränkt (halb bestimmt) ist, aber doch innerhalb dieser Geraden der Veränderung (durch Verschieben) fähig ist, so dass auch hier Mannichfaltigkeit in der Einheit sich zeigt. Die Zielpunkte einer Geraden ($A Z \infty$) haben noch die Eigenschaft, dass sie, von A oder Z aus betrachtet, einander decken (verdecken). Jeder Punkt der Geraden verdeckt gewissermassen den nächsthintern oder — die Wegnahme des vordern enthüllt den hintern. Dies ist eine wesentliche Eigenschaft der Geraden. Aus ihr folgt auch das Axiom: „eine Gerade um sich selbst als Axe gedreht, schliesst keinen Raum ein," denn jeder Punkt der Geraden bleibt während der Drehung an seiner Stelle (oder an seinem Ort). Ebenso folgt daraus, dass ein Theil der Geraden auf der Geraden gleitend durch alle Zielpunkte geht, und überall mit der Geraden zusammenfällt, oder sie deckt.

Wodurch wird nun aber die Richtung geändert? Durch nichts anderes, als durch Wahl und Fixirung eines neuen Ziels.

Die Richtungsverschiedenheit.

(Gattungen und Arten der Richtung.)

Ein bewegter Punkt kann nur eine Richtung haben, z. B. $\overrightarrow{OA}$, weil er mehreren (sich nicht verdeckenden) Zielen nicht gleichzeitig zustreben kann. Verschiedene Richtungen kann er nur nacheinander (eine nach der andern) annehmen. Soll dies von demselben Ausgang aus geschehen, so muss er wegen der Continuität des Raums von dem erreichten Ziele (A) aus erst wieder in den Ausgangspunkt O zurück, er muss umkehren. Bei der Umkehr wird das (erreichte) Ziel zum Ausgang, der (frühere) Ausgang zum Ziel. (Ausgang und Ziel wechseln ihre Rollen.) Die Richtung von A nach O ($\overrightarrow{AO}$) ist der ersteren (OA) entgegengesetzt und heisse Gegenrichtung der erstern. Jeder Richtung entspricht eine Gegenrichtung. Behält bei fortgesetzter Bewegung der Punkt von O aus diese seine Richtung bei, so gelangt er nach zurückgelegter gleichgrosser Wegstrecke ($OA = OA_1$) in A_1, den Gegenpunkt von A. Jeder

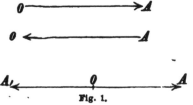

Fig. 1.

Punkt der Kugel (des Kreises) hat seinen Gegenpunkt. Die Gesammtheit der zueinander gehörigen (conjugirten) Gegenpunkte aller um einen Mittelpunkt liegenden concentrischen Kugeln (Kreise) bildet einen nach beiden Seiten ins Unendliche verlaufenden Doppelstrahl. Statt die verschiedenen Richtungsstrahlen mittelst eines und desselben Punktes von dem nämlichen Ausgang aus nacheinander zu erzeugen, wollen wir sie von nun an durch zwei Punkte, P und P_1 gleichzeitig bilden lassen.

So hätten wir bereits zwei Gattungen von Richtungen oder zwei Haupt- oder Grundrichtungen, die Richtung (nach) vorwärts*) (progressive) OA und die nach rückwärts (regressive, retrograde oder umgekehrte, rückgängige) OA_1. Bezeichnet man die eine OA als positiv ($+$), so ist die andere OA_1 ne-

---

*) Wir haben dafür keinen wissenschaftlichen Ausdruck; „gerade" (direct) passt nicht, weil jede Richtung gerade ist, d. h. in der Geraden erscheint. Mann muss sich also mit dem Ausdruck der Verkehrssprache begnügen.

gativ (—) und umgekehrt. Beide Richtungen liegen in derselben Geraden AA_1 und wir wollen diese Lage der Geraden die primäre nennen. Sie ist willkührlich und um sie, als fest bleibende Axe, lässt sich die Ebene im Raume umwenden, ohne dass die Axe ihre Lage ändert.

Erreicht P von O aus bewegt ein anderes von A und A_1 verschieden (seitwärts) gelegenes Ziel C des Kreises (der Kugel) und der andere Punkt P_1 das Ziel A oder A_1, so grenzen die Richtungsstrahlen OA, OC (oder OA_1, OC) ein Ebenenstück ab, welches nach einer Seite (Gegend) hin noch offen, eine beliebige (gerad- oder krummlinige) Schliessung oder Begrenzung zulässt. Dieses offene Linien- oder besser „Strahlengebilde,“ welches aus der allgemeinen Ebene ein Stück, einen Sector, abgrenzt, aber

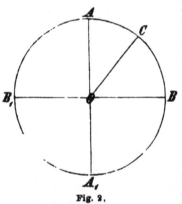

Fig. 2.

nicht ein- oder umschliesst, heisst bekanntlich Winkel. Der Winkel giebt den Unterschied zweier Richtungen von demselben Punkte aus an. Er giebt aber auch zugleich dem Flächenstück (Sector) die Form, er gestaltet es. Mit dem Winkel oder mit dem Wechsel der Richtung beginnt die Form, er ist das Urelement der Form*). Der Richtungsunterschied ist um so grösser (oder kleiner), je weiter (näher) die Zielpunkte A und C auf dem Kreise auseinanderliegen. Liegt das Ziel C von den Zielen A und A_1 der primären Lage gleichweit entfernt in B, so erhält man eine sozusagen „neutrale“ Richtung OB, nebst ihrer Gegenrichtung OB_1, welche sich unter allen übrigen heraushebt, weil sie mit den ersteren OA und OA_1 gleiche Richtungsunterschiede bildet, oder weil hier

---

*) Will man den Winkel im Raume als formendes Element, abgesondert von der Fläche, anschaulich darstellen, so geschieht dies am besten durch einen Winkel von Draht oder gespannten Fäden. Vergl. diese Zeitschr. Heft II, S. 123 und 128 Anm.: „Im Wechsel der Richtung liegt der Keim zur Form.“ Eine Gerade ist auch formlos. Es könnte zwar das Aussehen (die Gestalt) eines gestreckten Winkels diese Behauptung zu widerlegen scheinen. Doch ist bekanntlich ein wesentlicher Unterschied zwischen einer Geraden und dem gestreckten Winkel in der psychischen Verfolgung ihrer Erzeugung.

die Richtungunterschiede sich ausgleichen.*) Jeder der so gebildeten Winkel $A\widehat{O}B$ und $A_1\widehat{O}B$**) heisst ein Rechter (R) und die Richtung OB und OB_1 heisst winkelrecht auf AA_1. Die Verkehrssprache bezeichet diese Richtungen mit rechts und links (allgemein: seitwärts, lateral), indem man einen Beobachter in O nach dem Ziele schauend und die Arme ausstreckend denkt. Diese Lage (BB_1) sei die secundäre. Sie dreht sich bei der Wendung um die Axe AA_1 mit, eine Kreisebene im Raume beschreibend. Beide Strecken AA_1, BB_1 liegen in der Zeichenebene ABA_1B_1, die wir als die horizontale annehmen wollen. Man kann diese Ebene deshalb auch als horizontal (oder äquatorial) bezeichnen.

Die dritte Hauptlage, die tertiäre, ergiebt sich, wenn man über oder unter der Ebene AA_1BB_1 einen Richtungsstrahl von O aus nach einem Punkte C legt, welcher gleichweit***) von den Punkten A, A_1, B, B_1, oder auch nur von dreien derselben entfernt ist; diese Richtung OC, ebenso wie ihre Gegenrichtung OC_1 heisse die polare. Die Lage der Geraden CC_1 aber heisse ebenfalls die polare oder im Gegensatz zur horizontalen die vertikale. Die Verkehrssprache bezeichnet sie mit oben und unten (oberhalb, unterhalb). So ergeben sich also sechs Hauptrichtungen, gewissermassen Gattungen der Richtungen und drei Hauptlagen, nämlich:

Richtungen.	Lagen.		
vorwärts rückwärts }	vorn hinten	primäre	} horizontal (äquatorial)
linkwärts rechtwärts }	links rechts	secundäre	
aufwärts abwärts }	oben unten	tertiäre	} vertikal (polar)

---

*) Becker (Leitf. Schaffhausen 1872. S. 19) sagt: „beim Rechten haben die Richtungsstrahlen den grösstmöglichen Unterschied in der Stellung" und Bartholomäi nennt diese Lage „das reine Seitwärts" (Jahrb. für wiss. Päd. 1870. S. 172).

**) Ich bezeichne den concaven Winkel mit $\wedge$, den convexen mit $\vee$ über dem Scheitelbuchstaben und folgerichtig den gestreckten Winkel mit —; z. B. $A\overline{O}A$.

***) Dieses immer Gleichweitliegen von den ersten Zielen ist ein wichtiges Kriterium für die Bestimmung der Hauptrichtungen.

Zwischen diesen Richtungen und Lagen der Richtungsstrahlen gibt es nun unzählige Zwischenlagen und Zwischenrichtungen, welche z. B. mit s c h i e f, s c h r ä g und andern Wörtern bezeichnet werden.   Sie wären etwa als A r t e n (oder Nebenrichtungen) anzusehen.   Besondere Arten sind die Lage der Richtungseinheit (Einerleiheit), wo die Strahlen coincidirend ein Strahlen- oder Streckenbündel*) bilden, und die Lage des R i c h t u n g s - g e g e n s a t z e s.**)

Immer aber hängen die zweite und dritte Lage von der ersten, der p r i m ä r e n, welche w i l l k ü h r l i c h ist, ab.   Die Bestimmung aller andern Lagen wird auf diese drei Hauptlagen zurückgeführt.***)   Legt man durch je vier dieser sechs Punkte eine Ebene, so wird der ganze Raum in a c h t Winkelräume getheilt.

A n m.   Die Richtungen lassen sich geogr.-astronomisch auch so bezeichnen:

südnördlich sn	ostwestlich ow	zenithal (nordpolar) np
nordsüdlich ns	westöstlich wo	nadiral (südpolar) sp

*) So dürften zusammenfallende Strahlen (Strecken oder Gerade) passend bezeichnet werden.   Der Ausdruck „S t r a h l e n b ü n d e l" (nicht zu verwechseln mit Strahlenbüschel) ist übrigens bereits aus der Physik bekannt.

**) Beide Lagen erscheinen als eine Gerade, sind aber doch in der psychischen Verfolgung verschieden.

***) Veranschaulichen lassen sich diese Richtungen und Längen durch Axenkreuze, wie sie als Modelle in der Krystallographie gebraucht werden.

(Fortsetzung folgt.)

Kleinere Mittheilungen.

Ueber den Begriff der Richtung.*)

Von J. Kober.

Becker (Bd. II., S. 95 und 516) und Bolze (Bd. II., S. 334) bekämpfen den Gebrauch des Wortes Richtung in der Geometrie (z. B. in der Definition, nach welcher Parallelen gleiche Richtung haben). Bolze sagt: „Von den Parallelen darf man erst gar nicht sagen, dass sie einerlei Richtung haben." Er beruft sich auf den Sprachgebrauch: „Mein Freund wird von Stettin, ich werde von Cottbus nach Berlin reisen; wir haben ja dieselbe Richtung"**). Reisen wir aber Beide genau nach Westen, so „kommen wir nie wieder zusammen, wir haben keine gleiche Richtung mehr, denn es fehlt uns die Uebereinstimmung in Bezug auf das Ziel."

Wenn nun der Freund, statt von Stettin nach Berlin, von Berlin nach Cottbus reiste, so würde er — nach dieser Auffassung — wenigstens anfangs mit Herrn Bolze gleiche Richtung haben, weil Beide nach einem Ziele, etwa Lübben, fahren und z. B. auf dem Bahnhofe von Lübben zusammentreffen. Danach würde ein Reisender, und wenn er in ganz gerader Linie reiste, fortwährend seine Richtung ändern; denn, will er von Cottbus nach Berlin, so fährt er zuerst in der Richtung auf Lübben, nach Passirung dieses Ortes in der Richtung von Lübben, also in entgegengesetzter Richtung!

Es ergibt sich hieraus, dass das Wort Richtung falsch gebraucht ist und durch Ziel ersetzt werden müsste. Dieser Sprachgebrauch vermengt die Begriffe Ziel und Richtung, weil allerdings die Richtung einer Linie durch einen (zweiten) Punkt (das Ziel) bestimmt werden kann. Sollen wir desswegen das Wort Richtung verwerfen? oder lieber den Begriff klären! Letzteres ist um so leichter möglich, als in denjenigen praktischen Verhältnissen, in denen

---

*) Durch ein Versehen ist die Aufnahme dieser fürs 5. Heft bestimmten Arbeit verspätet worden.   D. Red.

**) Nicht dieselbe Richtung, sondern dasselbe Ziel! Man kann doch unmöglich die Richtungen Stettin — Berlin und Cottbus — Berlin einander gleich setzen!

die Richtung ihre Hauptrolle spielt (Schifffahrt und Bergbau) keine
Confusion eingerissen, sondern der Begriff rein erhalten ist. Das
Hauptinstrument zur Erkennung der Richtung ist die Magnetnadel;
diese weist aber nicht nach einem, wenn auch noch so fernen Punkte
(dies zu sehen, genügt ein Blick auf die Isogonenkarte), sondern sie
zeigt uns deutlich die innige Verwandtschaft des Begriffes der Richtung mit dem des Winkels: die messbar gemachte Ablenkung von
der ursprünglichen Richtung ist aber der Winkel.

    Becker will das Wort Richtung durch „Stellung" ersetzt
wissen; er sagt (S. 95): Richtung „ist ein Merkmal der Bewegung
oder anderer Thätigkeiten. Das Auge sieht einen Gegenstand in
einer bestimmten Richtung und ein bewegter Punkt, der von einer
bestimmten Stelle aus immer in derselben Richtung gesehen wird,
bewegt sich mit unveränderter Richtung. Die Bahn aber, welche
dabei jeder einzelne seiner (?) Punkte durchläuft, hat eine bestimmte
Stellung und nicht eine Richtung."

    Becker fasst die Linie nur als Grenze auf, verwirft aber, wie
es scheint, die Auffassung, dass die Linie durch Bewegung eines
Punktes entstehe. Er meint, jeder bewegte Punkt bewege sich
in einer bereits fertigen Bahn. Hierin scheint er mir aber, durch
eine dogmatische Ansicht verleitet, die natürliche Wahrheit zu verkennen: die Linie, die der zeichnende Bleistift, die fallende Stern-
schnuppe beschreibt, hat vorher noch nicht existirt, sie ist erst geworden, ebenso wie die Bahn eines Planeten. Und der werdenden
Linie eine Richtung zuzuschreiben, der gewordenen eine Stellung,
möchte doch wohl nicht thunlich sein; es möchte uns sonst gehen,
wie Jenem, den es verletzte, dass man für die negative Grösse dasselbe (Vor-) Zeichen gebrauchte wie für die Subtraction: er führte
ein neues ein, aber in keiner Rechnung wollte das neue Zeichen
zum Vorschein kommen, sondern überall das Subtractionszeichen.

    „Gerade" und „Richtung" sind innig verwandte Begriffe, wie
ja schon in der Sprache angedeutet ist: „Richtung" kommt her von
„recht"*), sowie *directio* mit *rectus* zusammenhängt. Darin ist ausgesprochen, dass man nothwendig bei dem Begriffe „gerade" ebenso
wie bei „Richtung" an eine Bewegung denkt, dass es eine gewalt-
same Abstraction ist, wenn man bei dem Begriffe der geraden Linie
die „Bewegung oder andere Thätigkeit" ausschliesst; diese Abstraction ist zwar begründet, rechtfertigt aber kein neues Wort.

    Die Einführung des Wortes Stellung würde in vielen Fällen
eine Aenderung der Sprache erfordern. Man pflegt ja doch bisher
bei dem Worte Stellung (vgl. stehen, Stelle) an einen festen Punkt

---

*) Im Altdeutschen hat das Wort „recht" die Bedeutung „gerade."
Der „Richtung" (von recht, rechts) steht gegenüber die „Ablenkung"
(von links).

zu denken, durch den die Linie gehen müsse. Stellung einer Armee ist etwas anderes, als Richtung derselben; Stellung und Richtung des Geschützes sind verschiedene Begriffe.

· Wie sonderbar würde sich in mancher Anwendung das neue Wort ausnehmen z. B. Stellung der Front, Stellung der Apenninen, der Küste; die Eisenbahnschienen liegen in gleicher Stellung. Der Lichtstrahl, der ins Prisma fällt, hätte eine Richtung, die gezeichnete Linie, die ihn darstellt, eine Stellung; der Wind Richtung, Wetterfahne und Windrose Stellung; die magnetische Kraft Richtung, die Magnetnadel Stellung; das Thal Stellung, der durchströmende Fluss Richtung u. s. w.

Oder soll das Wort Stellung nur in der geometrischen Wissenschaft, nicht auch in den praktischen Anwendungen gebraucht werden?

Wir würden statt des einen Wortes Richtung zwei Wörter erhalten, was jedenfalls der Einfachheit des Ausdruckes nachtheilig sein würde, zumal da in vielen Fällen ein Zweifel bestehen würde, ob man Richtung oder Stellung zu sagen hätte. (Wirkt z. B. die Centrifugalkraft in der Richtung oder Stellung der Tangente? denn der Kraft kommt eine Richtung zu, der Tangente eine Stellung.)

Und warum dies Alles? Weil man der fertigen Linie AB nicht ansehen kann, ob sie von A nach B oder von B nach A gezogen ist. Oder weil man sich hie und da angewöhnt hat, das Wort Richtung zu brauchen, wo man „Ziel" sagen sollte.

Bemerkung über Dr. Hippauf's Aufsatz „die Trisection des Winkels (3. Heft)."

Von C. Albrich, scientifischem Director der Realschule in Hermannstadt.

Der Aufsatz des Herrn Dr. Hippauf veranlasst mich, die Mittheilung zu machen, dass ich die Lösung dieses Problems nach derselben Methode in dem im Programme des Gymnasiums A. C. zu Hermannstadt für das Schuljahr 186^3/$_4$ veröffentlichten Aufsatz „Die Fusspunktlinien der Kegelschnitte und ihre Anwendung" bekannt gemacht habe. Seite XV. dieses Programmes heisst es nämlich: Unter den Fusspunktlinien des Kreises ist diejenige noch bemerkenswerth, deren Pol vom Mittelpunkt der Basis um den Durchmesser absteht; ihre Gleichung ist, da $f = 2a$ gesetzt werden muss $(x^2 + y^2 + 2ax)^2 = a^2 (x^2 + y^2)$. Es lässt sich durch eine einfache geometrische Betrachtung zeigen, dass, wenn man von irgend einem Punkt B dieser Curve zum Pol und Mittelpunkt des

Kreises die Leitstrahlen PB und $O'B$ zieht, die dadurch gebildeten Bogen AD und PC sich zu einander wie $1:3$ verhalten. Nach der Construction dieser Linie ist nämlich (s. Abb.) $AB = AO'$, also auch $ABO' = AO'B$, ferner $PO'C = O'BP + O'PB$, weil

aber $O'PB = O'AP = 2\, O'BP$ ist, folgt $PO'C = 3\, O'BP = 3\, AO'B$, also auch Bogen $PC = 3$ Bogen AD.

Ich habe diese Mittheilung in jenem Aufsatz gemacht, ohne ein besonderes Gewicht darauf zu legen und finde es bei dem Schicksal, das Programmarbeiten im Allgemeinen trifft — also solche aus den östlichsten Marken deutscher Cultur umsomehr treffen muss — nämlich nicht gelesen zu werden, sehr natürlich, wenn sie dem Herrn Verfasser des Eingangs erwähnten Artikels entgangen ist.

Literarische Berichte.

BECKER, I. C., Abhandlungen aus dem Grenzgebiete der Mathematik und Philosophie. IV. Schluss. (Forts. von S. 473.)

In der 4. und letzten Abh. „Zur Methode der Geometrie" (S. 41—62) verfolgt Verf. die Entwicklung (Herausbildung) der genetischen (heuristischen*) Methode der Geometrie, in Folge deren Euklid mehr und mehr in den Hintergrund tritt. Durch Kant vorbereitet beginnt diese Entwicklung bereits mit Herbart (ABC der Anschauung 1803), wird fortgesetzt von Schweins (1810), Snell (1841) und Schlömilch, aus dessen in den neuen Auflagen fehlender Vorrede zur Geometrie des Masses (1849) die Hauptstellen citirt werden, während auffallender Weise die mindestens ebenso gediegene Vorrede zu Snells Geometrie ignorirt wird**). Dabei berührt Verf. den Unterschied zwischen der Schlömilch'schen Darstellung und dem „radicalern Versuche" Snells, den Schlömilch selbst dahin bestimmt, dass er strenge Beweise gebe, während die Snell'schen Deductionen der Anschauung mehr anheimstellen, als unter Geometern von gutem Tone Sitte sei. Diesen guten Ton der Geometrie, der zu ängstlich die vermeintliche Grenze berechtigter Anschauung hütet, geisselt der Verfasser scharf und bezeichnet die Schlöm. Darstellung als nur in einzelnen Punkten wissenschaftlich***). — Für den radicalsten Versuch aber auf diesem reformatorischen Gebiete hält Verf. die durch Herbart und Trendelenburg veranlasste Schrift Bernhard Beckers „über die Methode des

---

*) Ref. nimmt „genetisch" als objectiv, „heuristisch" als „subjectiv" d. h. die genetische Methode ist durch den Gegenstand (das Object) selbst geboten oder nahe gelegt, die heuristische ist zugleich mit und wesentlich abhängig von der geistigen Construction des aufnehmenden Subjects, ist also ausser der Natur des Gegenstandes noch bedingt durch die Psychologie.

**) S. dieselbe theilweise in dieser Zeitschrift: Müller's Aufs. II., 192.

***) Unwissenschaftlich sei z. B. Schlömilch's Entwicklung der Bedingungen der Congruenz und Aehnlichkeit. Wissenschaftlich dagegen z. B. die Darlegung der Grundbegriffe in der Einleitung und die Entwicklung des Satzes § 15 (2. Aufl.). Referenten scheint besonders wissenschaftlich die Vorbereitung und successive Entwicklung des pythag. Lehrsatzes (§ 11), wobei aber Schlömilch, ebenso wie Snell, den anschaulichen und sehr gebräuchlichen Beweis Euklid's gänzlich ignorirt.

geometrischen Unterrichts, Frankfurt a. M. 1845, welcher den schon von Herbart bezeichneten Hauptfehler Euklids hervorgehoben und gerügt habe, statt eines Realgrundes der geometrischen Gesetze immer nur einen Erkenntnissgrund zu geben und statt die Nothwendigkeit des innern Zusammenhanges der geometrischen Wahrheiten darzulegen, nur die Richtigkeit jeder Thesis nachzuweisen. Leider sei B.'s Versuch, Besseres zu bieten, dadurch fehl geschlagen, dass er, durch Trendelenburgs Irrlehre verführt, statt für die Eigenschaften der Gebilde für diese selbst einen Realgrund gesucht habe. Wenn der Verf. hierbei sagt: „dabei ging er von der sehr weise klingenden Phrase aus „um das Wesen der Dinge zu begreifen, muss man in ihr Werden eindringen" (als ob das letztere leichter wäre, als das erste!)" — so kann Ref. diesem Tadel nicht beistimmen, weil durch das Eindringen in das Werden eines Dinges, wenn nicht Alles, so doch sicher schon viel gewonnen ist für die Erkenntniss seines Wesens. Die Erkenntniss des physiologischen Processes des Wachsens der Pflanzen verbreitet Licht über ihr Wesen. Die Erkenntniss des Werdens (der Erzeugung, Entstehung) der Geraden durch die Bewegung eines Punkts ist für den Begriff der Geraden wesentlich.

Als die gründlichste Quelle der Erkenntniss auf diesem Gebiete bezeichnet Verf. die Schrift Schopenhauers „über die vierfache Wurzel des Satzes vom zureichenden Grunde" 3. Aufl. 1864. Dieser grösste Philosoph unsers Jahrhunderts sei der Frage auf den Grund gegangen durch seine Lehre, dass jede Eigenschaft eines Raumgebildes Grund und zugleich Folge einer andern sei, aber nicht Ursache, denn die Ursache gehe der Wirkung in der Zeit voraus, aber Grund und Folge seien gleichzeitig und bedingen sich gegenseitig. Nach Schopenhauers Ansicht strebt die Euklid'sche Geometrie nur nach *convictio* (Ueberführung! daher „Mausefallenbeweise"!) mittelst eines Erkenntnissgrundes, nicht aber nach Einsicht in den Seinsgrund und diese Darstellung sei die Ursache der Abneigung vieler trefflichen Köpfe gegen die Geometrie. Daher verschliesse auch die Euklid'sche Geometrie die allein befriedigende, nur durch reine Anschauung zu erlangende unmittelbare Erkenntniss und treffend vergleiche jener Philosoph den Geometer mit einem Wanderer, „welcher auf dem dornigen, steinigen Wege sich abquält, weil er den breiten, bequemen, oft sehr nahen Fahrweg (aus optischer Täuschung) für Wasser hält."

Hieran knüpft Verf. noch die Versuche, welche nach Schopenhauers Lehre zur Verbesserung der geometrischen Methode gemacht worden sind, zuerst den von Kosack (Beiträge zu einer systematischen Entwicklung der Geometrie aus der Anschauung. Nordhausen Osterprogramm 1852). Dieser Versuch habe eine Polemik hervorgerufen, indem I. Bahnson 1857 in der Schleswig-Holsteinischen Schulzeitung gestützt auf Schopenhauers Urtheil über die Euklid'sche Geometrie und im Anschlusse an jene bekannte auch ins Deutsche übertragene*) Schmähschrift über die Mathematik von dem schottischen Professor Hamilton, dieser Wissenschaft nach Form und Inhalt jeden Werth abgesprochen habe. Interessant ist hierbei eine humoristische Stelle Schopenhauers, in welcher die Versuche, das unmittelbar Gewisse als beweisbedürftig darzustellen, persifflirt werden durch das Schiller'sche

> Jahre lang schon bedien ich mich meiner Nase zum Riechen.
> Hab' ich denn wirklich an sie auch ein erweisliches Recht?

Verf. verweist sodann auf seine eigene Entgegnung, deren Hauptgedanken er S. 51 wie folgt, zusammenfasst:

> „Um die Methode der Mathematik zu verbessern, wird vorzüglich erfordert, dass man das Vorurtheil aufgebe, die bewiesene Wahrheit habe irgend einen Vorzug vor der anschaulich erkannten oder die logische auf dem Satze vom Widerspruch beruhende vor der metaphysischen, welche unmittelbar evident ist und zu der auch die reine Anschauung des Raumes gehört."

Ref. erlaubt sich zu diesem im Allgemeinen sehr wahren Satze die Bemerkung, dass es nur darauf ankommt, festzustellen, wo die Grenze der „anschaulich erkannten" und der „bewiesenen" Wahrheit anzunehmen ist. Diese Grenze scheint bei den Mathematikern sehr variabel zu sein, wie die Sehweite beim Auge. Legendre beweist, dass alle rechten Winkel gleich sind, wir andern Menschenkinder sehen's auch ohne Beweis**).

Hierauf berührt Verf. noch eine weise kurhessische Verordnung vom Jahre 1843, den mathematischen Unterricht anschaulicher zu ertheilen, welche aber später, unter dem befremdenden Beifall Grunerts, durch eine entgegengesetzte Verordnung wieder aufgehoben worden sei. Zum Schlusse geht er weitläufiger auf einen angeblichen Irrthum des berühmten italienischen Mathematikers Cremona ein.

Unser Endurtheil über die Becker'schen Abhandlungen lautet dahin, dass sie eine offenbare Lücke in unserer mathematisch-philosophischen Literatur ausfüllen, dass aber andrerseits ihr Studium uns auch die Ueberzeugung gibt, dass auf dem Grenzgebiete der Mathematik und Philosophie in noch manchen Punkten der Zweifel Berechtigung hat und noch Probleme zu lösen sind, zu denen auch die Schopenhauersche Fackel versagt. — SEXTUS EMPIRICUS.

---

*) Ueber den Werth und Unwerth der Mathematik als Mittel zur höhern geistigen Ausbildung. Aus dem Englischen, Cassel 1839. Deutsch von . . . . . r (also einem Anonymus!). Für jeden, der über die früher herrschenden Vorurtheile gewisser „Gebildeter" über den Werth der Mathematik sich unterrichten will, ist die Lectüre dieser Schrift fruchtbar und unentbehrlich.

**) Vgl. Kober's treffende Bemerkung über die Gleichheit der Viertelstunden I, 241 und die Bemerkung des Herausgebers dieser Zeitschrift III. 186.

REIDT, Dr. F., Sammlung von Aufgaben und Beispielen aus der Trigonometrie und Stereometrie. 1. Theil: Trigonometrie, 2. Theil: Stereometrie. Leipzig 1872. B. G. Teubner.

Vorstehende Sammlung füllt eine recht empfindliche Lücke in der mathematisch-pädagogischen Literatur in erfreulichster Weise aus. Freilich kann man nicht sagen, dass es an trigonometrischen und stereometrischen Aufgabensammlungen geradezu fehlte — aber die vorhandenen, insbesondere die stereometrischen, welche fast ausschliesslich Berechnungsaufgaben enthalten, erstrecken sich durchweg nur auf Theile der betreffenden Theorie und zeigen weder systematische Anordnung noch methodische Studien. Hier liegt nun eine Arbeit verdienstvoller Art vor, eine Sammlung reichhaltigsten Uebungsmateriales, welches die Theorie von ihren ersten Anfängen an bis zu ihrem Abschlusse in stufenmässigem Fortschritte begleitet, welches sehr viel des Neuen und Interessanten auch für den Lehrer bietet und für den Unterricht von grösster Bedeutung zu werden verspricht.

Zuerst werden in dem für Schüler meistentheils sehr sterilen Gebiete der Goniometrie eine Fülle von Aufgaben geliefert, im Ganzen 464, die zum Theil Aufgabengruppen sind und wesentlich dazu beitragen werden, der Unterweisung in diesem Gebiete des Wissens lebensvolle Formen zu verleihen. Die Winkelfunctionen werden sowohl als Verhältnisszahlen, wie auch als Linien eines mit dem Radius 1 beschriebenen Kreises behandelt und selbst die einfachsten Sätze werden durch passende Beispiele illustrirt, welche theils den Beweis von Lehrsätzen, theils die Umformung oder Berechnung gegebener Ausdrücke fordern. Wie werthvoll dies gebotene Material sei, wird jeder Lehrer ermessen, der die geringe Gewandtheit der meisten Schüler in der Handhabung der goniometrischen Formeln aus Erfahrung hinlänglich kennen gelernt hat — der Grund liegt in der weit verbreiteten Praxis jene Formeln in dogmatischer Weise den Schülern zu überliefern und erst hinterher, wenn es sich um verwickeltere Dreiecksaufgaben handelt, die Verwendung gelegentlich zu zeigen. So tritt eine neue Schwierigkeit zu den sonstigen in der Sache liegenden Schwierigkeiten und erlahmt die Erfindungskraft des Mittelschlages von Schülern an dem schwerfälligen Formelapparate, dem sie Beweglichkeit und Uebersichtlichkeit zu verleihen ausser Stande sind.

Bei einer Anzahl von Aufgaben (52—59, 219, 279—281, 288, 290 und andern mehr) hätte Referent eine Andeutung über die Wahl des Vorzeichens gewünscht, welches dem von der Lösungsformel befassten Quadratwurzelausdruck zukommt. Nach dieser Seite hin am instructivsten dürfte die Gleichung 101

$$\sin \lambda + \cos \lambda = \pm \sqrt{1 + 2 : (\operatorname{tg} \lambda + \operatorname{ctg} \lambda)}$$

sein, wo das obere oder untere Zeichen gilt, je nachdem λ zwischen

— 45° und 135° oder zwischen 135° und 315° liegt. Dem Beweise ist der auch planimetrisch leicht erweisbare Satz zu Grunde
zu legen, dass, ohne Rücksicht auf das Zeichen der linken Seite,
die Ungleichheit

$$\operatorname{tg} \lambda + \operatorname{ctg} \lambda \geq 2$$

statthabe. Derartige Relationen, von denen die einfachste die
gleichfalls nur numerisch gültige Ungleichheit

$$\sin \lambda + \cos \lambda \geq 1$$

ist, lassen sich in grösserer Anzahl aufstellen, erleichtern in mehreren Fällen die Behandlung von Aufgaben, die Maxima oder Minima
betreffen, und würden bei einer neuen Auflage des Werkes eine
dankenswerthe Ergänzung des sonst so reichlich zusammengetrage-
nen Stoffes bilden.

Sehr hübsch sind die vielen Umformungsbeispiele, welche an
die fundamentalen Formeln

$$\sin \alpha \cdot \operatorname{cosec} \alpha = 1, \quad \operatorname{tg} \alpha = \frac{\sin \alpha}{\cos \alpha}, \quad \sin \alpha^2 + \cos \alpha^2 = 1$$

anknüpfen (62—107), wie denn überhaupt von hieran Beweise
goniometrischer Relationen und Transformationsaufgaben eine ständige
immer wiederkehrende Rubrik bilden.

Vortrefflich ist auch die Ausführung, welche pg. 13 dem Sinne
unzulässiger Lösungen quadratischer Gleichungen und der unendlichen
Menge von Lösungen goniometrischer Gleichungen gewidmet sind.
Von derartigen Gleichungen werden in der Folge zahlreiche Beispiele
geboten (110—150, 195—208, 253—272, 283—291, 305—307,
367—400) und wird dadurch einem wesentlichen Bedürfnisse des
Unterrichtes abgeholfen.

Ueber die Berechnung der goniometrischen Functionen, sowie
über den Gebrauch der logarithmisch-trigonometrischen Tafeln ist
alles Wünschenswerthe und in grösster Ausführlichkeit gegeben;
selbst die goniometrischen Reihen (vgl. 414—421 und Anhang 2
450—464) fehlen nicht. Instructive Aufgaben, welche die sonst so
trockene Lehre von der Einrichtung und dem Gebrauche der Tafeln
dem Interesse der Lernenden näher bringen, finden sich eingestreut;
es genügt insbesondere auf die Aufgaben 443—449 hinzuweisen.

Es folgen die das rechtwinklige Dreieck betreffenden Aufgaben,
zunächst die Fundamentalaufgaben (465—558), deren jede mit mehreren durchgerechneten Musterbeispielen und mit einer in tabella-
rischer Form zusammengestellten Beispielsgruppe sich ausgestattet
zeigt, darauf die für die Theorie wichtigsten Anwendungen auf das
gleichschenklige Dreieck, den Kreis und reguläre Polygone (559
—604). Die sonstigen Anwendungen auf Planimetrie, genetische
Geometrie, Physik und Mechanik schliessen sich massenhaft an
(605—710). Am Ende des Abschnittes endlich findet sich die Berechnung von Grössen, welche von den Seiten und Winkeln recht-

winkliger Dreiecke abhängen (711—720), schwierigere Aufgaben über das rechtwinklige Dreieck mit Bestimmungsstücken, welche nicht sämmtlich Seiten oder Winkel desselben sind (721—772), eine Anzahl von Lehrsätzen und Formeln über das rechtwinklige Dreieck (773—794) und eine Partie von Beispielen zu den Fundamentalaufgaben, welche entweder ohne alle Kenntniss der Tafeln oder mit Hülfe von einer Tafel der natürlichen goniometrischen Zahlen zu lösen sind (795—808).

Aufgaben der letztern Art fehlen nachher für das schiefwinklige Dreieck gänzlich; gleichwohl bilden sie eine nicht zu unterschätzende Uebung, die namentlich auch Gelegenheit zu Umformungen irrationaler Ausdrücke bieten und um der Abwechslung willen hin und wieder zu benutzen sein dürften. Zu dieser Kategorie von Aufgaben liefern Dreiecke Stoff, die einen der Winkel 60^0, 30^0, 45^0, 36^0, 18^0, 120^0, 135^0, 144^0 enthalten, oder in denen ein Winkel das Doppelte eines der beiden anderen Winkel ausmacht.

Den schwierigeren Aufgaben über das rechtwinklige Dreieck sind ein Paar vollständig ausgeführte Musteraufgaben vorangestellt und hierbei recht zweckmässig die Behandlung irrationaler Gleichungen erläutert, insbesondere (pg. 72) auch der Umstand, dass die zugehörigen rationalen Gleichungen auch den ursprünglichen Gleichungen fremde Wurzeln haben können.

Eine ganz ähnliche Anordnung, wie die Aufgaben über das rechtwinklige Dreieck, zeigen auch die Aufgaben über das schiefwinklige Dreieck, nur dass deren Zahl, wie es die allgemeinere Natur des Stoffes mit sich führt, eine ausserordentlich beträchtliche ist, und dass unmittelbar hinter jeder Fundamentalaufgabe die einfachsten planimetrischen Anwendungen verzeichnet sind (809—1429).

Von den Fundamentalsätzen sind der Sinussatz und der Pythagoreer an die Spitze gestellt und namentlich wird auch aus ersterem der letztere hergeleitet. Referent vermisst hier die selbständige planimetrische Ableitung der Gleichung

$$a \cos \beta + b \cos \alpha = c,$$

aus welcher in Verbindung mit den entsprechenden Formeln für b und a der Pythagoreer durch einfache Elimination sich ergibt. Die umgekehrte Aufgabe ist freilich (No. 818) gestellt.

Von pg. 118 bis pg. 122 ist die Musteraufgabe, ein Dreieck aus der Summe zweier Seiten ($a + b = s$), der Differenz der Gegenwinkel ($\alpha - \beta = \delta$) und der dritten Seite c zu construiren und zu berechnen, in umfassendster Weise behandelt. Die Zahlenberechnung knüpft an die Formeln an:

$$\sin \tfrac{1}{2} \gamma = \frac{c \cdot \cos \tfrac{1}{2} \delta}{s},$$

$$a = \tfrac{1}{2} s \left\{ 1 + \frac{c \cdot \sin \tfrac{1}{2} \delta}{\sqrt{(s - c \cos \tfrac{1}{2} \delta)(s + c \cos \delta)}} \right\},$$

$$b = \tfrac{1}{2} s \left\{ 1 - \frac{c \cdot \sin \tfrac{1}{2} \delta}{(s - c \cos \tfrac{1}{2} \delta)(s + c \cos \tfrac{1}{2} \delta)} \right\},$$

welche auf Grund der Construction abgeleitet worden sind. Sollte nicht die Ersetzung der beiden letztgenannten Formeln durch die Formeln

$$a + b = s,$$

$$a - b = \frac{sc \sin \tfrac{1}{2} \delta}{\sqrt{s^2 - c^2 \cos^2 \tfrac{1}{2} \delta}},$$

welche auf rein analytischem Wege entwickelt sich gleichfalls vorfinden, für den numerischen Calcül bequemer sein? Jedenfalls spart man durch die Berechnung des Zahlenwerthes von $a - b$ ein dreimaliges Aufschlagen in den Tafeln.

Die Tetragonometrie umfasst die Aufgaben 1430—1531, eine Anzahl, welche in keiner anderen Sammlung sich wieder vorfinden dürfte, und die Polygonometrie 15 weitere Aufgaben, denen in mehreren Anhängen Beispiele über den Gebrauch von Hülfswinkeln für logarithmische Rechnungen (1547—1597), vermischte Aufgaben zur Repetition (1598—1742) und Aufgaben über Maxima und Minima (1743—1772) beigefügt sind.

Die sphärische Trigonometrie zerfällt in zwei Abschnitte, von denen der eine das rechtwinklige (1773—1876), der andere das allgemeine sphärische Dreieck (1877—2045) betrifft, beide aber in der Anordnung des Stoffes analog den gleichnamigen Abschnitten der ebenen Trigonometrie gehalten sind.

Der stereometrische Theil schliesst nicht weniger als 606 Aufgaben in sich, welche den grundlegenden Theorien von der Lage der Ebenen und Linien, sowie den Eigenschaften der wichtigsten Körpergebilde angepasst sind. Betreffende Einzelheiten finden sich in einer Menge von Lehrbüchern und Aufgabensammlungen vor, aber etwas Ganzes und Vollständiges ist hier zum ersten Male gegeben und zwar in einer Vollendung, die für längere Zeit die Versuche darüber hinauszugehen ausschliessen dürfte. Dem für viele Anstalten unfruchtbarsten Theile des mathematischen Unterrichtes kann hierdurch die belebende Seele eingehaucht werden und ist das methodische Verdienst des geehrten Herrn Verfassers nach dieser Seite hin nicht hoch genug anzuschlagen.

Nach einigen einleitenden Aufgaben (1—15) folgen die 4 ersten Capitel: Verbindung gerader Linien unter sich und mit Ebenen (16—114), Verbindung zweier Ebenen mit einander (115—198), Verbindung dreier Ebenen mit einander (198—246); von den Körpern überhaupt und den Linien und Figuren an denselben (Prisma

247—290, Pyramide 291—353, Cylinder 354—405, Kegel 406—443, Kugel 444—536, regelmässige Polyeder 537—588, Allgemeines von den Körpern 589—606). Jedes Capitel bezieht sich auf mehrere Gruppen von grundlegenden Sätzen und zu jeder Gruppe sind die zugehörigen Uebungssätze, Constructions- und Rechnungsaufgaben in musterhafter Anordnung zusammengestellt und unter letzteren sind wieder diejenigen, welche ohne Trigonometrie lösbar sind, von denjenigen getrennt, welche die Anwendung trigonometrischer Lehren voraussetzen. Vielfältige Uebertragungen von Sätzen und Aufgaben aus der Planimetrie auf die Geometrie insbesondere der Kugelfläche sind theils aufgenommen und ausgeführt, theils angedeutet und dem Schüler zur selbständigen Entwicklung überlassen.

In Lehrsatz 263 ist wohl durch ein Versehen des Setzers hinter „congruént" der Zusatz „oder symmetrisch" weggefallen.

Die beiden letzten Capitel enthalten Oberflächenberechnungen (607—794) und Aufgaben über Volumina in grosser Menge (795—1302). Der Anhang gibt dazu noch einige Aufgaben über Maxima und Minima (1303—1322), schwierigere Aufgaben aus allen Gebieten (1323—1348), sowie einige Themata zu grösseren Arbeiten (1349—1354).

Die Fassung der Aufgabe 955 ist mit Rücksicht auf den Umstand, das die Grösse x, welche vom Radius des Grundkreises abgenommen werden soll, grösser als dieser Radius sich ergibt, nicht völlig zutreffend und würde zweckmässig etwa folgende Form erhalten können:

„Die Formel für das Volumen eines Cylinders ändert ihren Werth nicht, wenn an Stelle des Radius die Summe oder Differenz des Radius und einer bestimmten Grösse x und gleichzeitig an Stelle der Höhe beziehungsweise die Differenz oder Summe der Höhe und derselben Grösse x tritt. Wie verhält sich der Radius zur Höhe und welchen Werth hat die Grösse x?"

Wenn es sich einmal um Aufgaben über Volumina handelt — und solche bilden ja einen nothwendigen Theil des Unterrichtes — so bieten diejenigen, in denen auch das specifische Gewicht der die Volumina ausfüllenden Stoffe oder Anwendungen des Archimedischen Gesetzes über den Gewichtsverlust fester Körper, welche in Flüssigkeiten eintauchen, eine recht willkommene Abwechslung. Dergleichen Aufgaben kommen in vorliegender Sammlung verhältnissmässig nur wenige vor — aber wer wollte mit dem Herrn Verfasser rechten, der in dem Bewusstsein, wie viel des Werthvollen und Neuen er biete, nur sehr massvoll Vorhandenes aufzunehmen sich entschliessen mochte?

Zum Schlusse ist es dem Referenten Bedürfniss, der Ueberzeugung Ausdruck zu geben, dass das ganze Werk für sich selber spricht und sich selber Bahn brechen wird. Die überraschende

Fülle des aufgesammelten Stoffes, welcher alle Stadien des Unterrichtes von den ersten Elementen an bis zu den schwierigsten Partien umfasst, die lichtvolle übersichtliche Anordnung, die Klarheit und Präcision des Ausdruckes, die massvolle, einsichtige Hülfe, welche durch kurze Hinweisungen der Bemerkungen der Selbstthätigkeit geboten wird, die anregenden Perspectiven, welche es dem geförderten Verständnisse an den passenden Orten eröffnet, die preiswürdige Ausstattung endlich und die trotz der Häufung von Formeln und Zahlen erzielte Correctheit des Druckes — das alles sind Vorzüge, die ihm dauernde Geltung in der pädagogischen Literatur sichern werden. Der aufrichtigste Dank aller, welche sich für einen echt wissenschaftlichen und mit methodischer Umsicht ertheilten Unterricht in Trigonometrie und Stereometrie interessiren, gebührt dem geehrten Herrn Verfasser für die ausdauernde Mühe und Sorgfalt, die er aufgewandt hat, um seinen Fachgenossen die werthvollste Mithülfe in der gemeinsamen Berufsarbeit zu geben.

Dr. H. SCHWARZ.

ZIEGLER, A. (Gymnasialprofessor in Freising), Fundamente der Stereometrie in neuer und verbesserter Durchführung zum heuristischen Unterricht. München 1872.

Dieses Buch enthält auf 79 Seiten, in 45 Hauptsätzen mit Corollaren, Zusätzen und reciproken Sätzen, zu denen noch 179 Uebungen kommen, die gesammte Stereometrie in einer Weise behandelt, die beim ersten flüchtigen Durchlesen frappirt, bei näherem Eingehen aber in hohem Grade befriedigt. Prägnante Kürze des Ausdrucks und die äusserste Sparsamkeit in der Anwendung von Figuren sind die hervorragendsten äussern Eigenschaften des Buches. Mit Recht hält der Verfasser von vornherein darauf, dass die Schüler alle Gesetze an selbstgefertigten Modellen sich erläutern. Die wenigen (im Ganzen 25) Figuren dienen grösstentheils mehreren Hauptsätzen zugleich und sind in wichtigen Verhältnissen scharf und nicht zu klein gezeichnet. Die innern Vorzüge des Buches liegen in der Auswahl, Anordnung und Behandlung des Stoffs. Sorgfältig ausgewählte Hauptsätze führen auf kurzem Wege zu einem fest im Auge behaltenen Ziele. Unter diesen findet sich kein überflüssiger und wird kein wesentlicher vermisst. Die Beweise sind hinreichend scharf angedeutet. Zwischen den Hauptsätzen befinden sich mit kleinerer Schrift in fortlaufenden Nummern die zweckmässigsten Uebungen. Diese sind aber keine Unterbrechung des systematischen Zusammenhangs, sondern dienen grösstentheils als Ergänzungen und Erweiterungen des Systems oder als unmittelbare Anwendung und zur Repetition der betreffenden Hauptsätze.

Gut vorbereitete, in der Planimetrie und ebenen Trigonometrie
wohlgeübte, auch mit den Anschauungen der neueren Geometrie wenigstens einigermassen vertraute Schüler einerseits, und gewandte, mit
der heuristischen Methode vertraute, auch in der Projectionslehre
(descriptiven Geometrie) bewanderte Lehrer andererseits setzt das
Buch voraus. Leider freilich gibt es immer noch Lehrer der
Mathematik, die aus einer gewissen Geringschätzung auf die für
Theorie und Praxis hochwichtige darstellende Geometrie herabblicken,
vielleicht nur weil sie zu bequem sind, um sich ernstlich und eingehend mit ihr zu beschäftigen. Ref. hält die Darstellung räumlicher Grössen nach der Methode der orthogonalen und axonome-
trischen Projection für unentbehrlich zum vollen Verständniss stereo-
metrischer Gesetze auf Seiten der Schüler.·

Aus der Anordnung des Stoffes, zu welcher wir jetzt übergehen, wird der kundige Leser bald erkennen, wie sehr die Angabe
des Titels „in neuer und verbesserter Durchführung" gerechtfertigt
ist. Der Verf. behandelt die Stereometrie in 3 Büchern, die sich
naturgemäss aneinander reihen: 1. Buch Ebenen, 2. Buch Oberflächen, 3. Buch Körper. Nachdem er auf S. 1 die Grundbegriffe (nach eigener Angabe theilweise nach Baltzer) kurz festgestellt hat, folgt das Capitel A., Parallelismus von Geraden und
Ebenen, an dessen Schlusse sogleich die Parallel- und Perspectiv-
projectionen einer Figur, einer prismatischen und pyramidalen Fläche
erläutert werden. Hieran schliesst der Verfasser einen Anhang über
Stereoskopie, weil er es „zum Verständnisse von Zeichnungen
aller Art für nothwendig hält, die Mittel kennen zu lernen, welche
das Körperlichsehen unterstützen." Ref. betrachtet diesen Anhang
zwar als eine werthvolle Beigabe, ist aber der Meinung, dass die
Stereoskopie, als der Optik angehörig, auch diesem Theile der
Physik vorbehalten bleiben müsse, überhaupt scheint es ihm, als
überschätze man die Dienste, welche das Stereoskop beim Unterrichte in der Stereometrie leisten soll. — Das Capitel B. Normal-
projectionen erscheint dem Ref. als vorzüglich gelungen; alle
Sätze werden aus einer Figur, dem „Normalvierflach" bewiesen, „welches für die Stereometrie eben so wichtig ist, wie das
rechtwinklige Dreieck für die Planimetrie." Den Ausgangspunkt
dieser Betrachtungen bilden zwei Winkelhaken, die mit einer Kathete
an einander gelegt und mit der andern auf eine Ebene gestellt
werden. Rigoröse Theoretiker und Systematiker werden dieses Verfahren verwerflich finden, der praktische Schulmann, dem daran
liegen muss, dass seine Schüler klare Anschauungen gewinnen,
wird gern beistimmen. Zwei Gerade, die sich weder schneiden
noch parallel sind, nennt der Verf. schräge Gerade. Diese Bezeichnung ist keine glückliche; der in der descriptiven Geometrie
gebräuchliche Ausdruck „windschiefe Gerade" ist zwar auch nicht

sehr glücklich, gibt aber doch keine Veranlassung zu Begriffs-
verwechslungen, die bei den Ausdrücken schräge oder sich kreu-
zende Gerade allzuleicht möglich sind. Für den kleinen, aber
vollständig genügenden Anhang über Axonometrie müssen wir
dem Verf. dankbar sein. Dem Ref. ist keine einfachere und klarere
Darstellung dieser so wichtigen Projectionsmethode bekannt. — Das
Capitel C., der Keil, hat den Verf. nicht minder befriedigt. Es
ist zu wünschen, dass alle Mathematiker dem Verf. darin folgen,
statt des unpassenden Namens „Flächenwinkel" den, wenn wir nicht
irren, zuerst von J. H. T. Müller eingeführten Namen Keil und
für den langweiligen Ausdruck „Neigungswinkel des Flächenwinkels"
den schlanken Namen Keilwinkel zu gebrauchen. Bei dem Corollar zu Satz 12 darf wol der Zusatz: „wenn die Gerade nicht selbst
normal zur Ebene steht" nicht fehlen. Den Satz 14 auf S. 16
findet man selten in Lehrbüchern, obgleich er sehr wichtig ist.
Der Anhang über Planspiegel (S. 37, 38) hat dem Verf. Gelegenheit zu guten und zweckmässigen Uebungen gegeben, deshalb billigen wir dessen Aufnahme.

Das 2. Buch Oberflächen behandelt in 3 Capiteln A. die
Sphärik, B. die Messung der Rotationsflächen (Complanation)
mit einem Anhang über Hohlspiegel, C., die Kegelschnitte mit
einem Anhang über die stereographische Projection. Die Sphärik
erscheint uns hier in einer neuen, einfachen und höchst zweckmässigen Behandlung, analog dem Gange in der Planimetrie. Der
Name Polare zur Bezeichnung des zu einem Pol gehörigen Hauptkreises scheint uns nicht passend gewählt zu sein, weil er den Schüler
unwillkürlich an die gegenseitige Beziehung zwischen Pol und Polare
beim Kreise erinnert und derselbe nach einer Analogie suchen wird,
die nicht zu finden ist. Besser dürfte es sein, statt Polare Aequator zu sagen. Die Andeutung zur Lösung der Aufgabe 26 auf
S. 19 ist uns in ihrem Schlusse unverständlich: wir würden sagen:
„der gesuchte Kugelhalbmesser ist dann der Schenkel eines gleichschenkligen Dreiecks, zu welchem die Basis und der Winkel an
derselben bekannt sind." — Der sphärische Winkel ist als Theil der
Kugeloberfläche und als identisch mit Zweieck aufgefasst; die drei-
kantige Ecke oder das „Dreikant" wird aus der Construction des
sphärischen Dreiecks hergeleitet und als Theil des Kugelraumes
betrachtet; der unpassende Name Seiten der Ecke ist mit dem
bessern Kantenwinkel vertauscht. Der Unterschied zwischen Congruenz und Symmetrie der Dreiecke wird vermittelst der Polar-
dreiecke erledigt. Ueberall wird auf Analogien hingewiesen, wodurch eine angemessene Repetition der Planimetrie erzielt wird. —
In dem Capitel B. wird zunächst die Entstehung der Cylinder-,
Kegel- und Regelflächen erklärt; auch die Schraubenlinie findet hier
ihren Platz. Es folgen nacheinander die Inhaltsbestimmungen einer

Cylinderzone, der Kegelfläche, Kegel- und Kugelzone nebst Calotte, der ganzen Sphäre und des sphärischen Winkels. In einem Anhang werden die Hohlspiegel behandelt. — Das dritte Capitel behandelt die Kegelschnitte in neuer eigenthümlicher Weise und zwar so, dass die Beweise mit ganz leichten Modificationen von der Ellipse (mit welcher die Betrachtung beginnt) auf die Parabel und Hyperbel übertragen werden können. Dieses Capitel verdient die grösste Beachtung der Lehrer der Mathematik. In Satz 33 auf S. 36 muss es statt „alle unverlängerten Kanten" doch · wol heissen „alle Kanten auf einerlei Seite des Scheitels"? Die Entstehung einer Parabel ist auf eigenthümliche, hübsche Weise behandelt. Im Anfange ist die Theorie der stereographischen Projection in neuer Weise gegeben.

Das 3. Buch, Körper, behandelt in 4 Capiteln A. die Prismen und Cylinder, B. die Pyramiden mit Kegel und Kugel, C. Schichten, insbesondere auch Rotationsschichten, D. Polyeder, insbesondere reguläre Körper und deren Projectionen, sowie Sternpolyeder und die Archimedischen Körper. Warum der Verf. statt des von Wittstein eingeführten kurzen Namens Prismatoid die weitschichtige Bezeichnung Schicht ohne Zwischenecken gebraucht, ist uns nicht klar. Die Fassung des Hauptsatzes 42 auf S. 59 ist unklar und würde schwerlich richtig verstanden werden, wenn nicht die Gleichung $v = \frac{1}{6} (a + 4 b + c) d$ darunter stände. Wir wetten 10 gegen eins, dass Einer, der den Satz nicht schon kennt, nach dem Wortlaute $\frac{1}{3}$ statt $\frac{1}{6}$ schreiben würde. Besondere Beachtung verdient die Behandlung der durch Rotation der Kegelschnitte entstehenden Körper. Die Existenz der Platonischen Körper wird durch Theilung der Sphäre in congruente, reguläre, sphärische Polygone nachgewiesen.

Was die äussere Ausstattung von Seiten des Verlegers anbelangt, so lassen Schönheit und Correctheit des Druckes nichts zu wünschen übrig.

Unser Gesammturtheil über das vorliegende Werk, welches mit der früher erschienenen Planimetrie und Trigonometrie ein sorgfältig ausgearbeitetes und „zusammengefasstes" Schulbuch bildet, können wir kurz in dem buchhändlerischen Gemeinplatz zusammenfassen: „Es ist ein Werk, welches in keiner Bibliothek eines Lehrers der Mathematik fehlen sollte." Unter der Leitung eines kundigen und gewandten Lehrers wird es als Schulbuch grossen Nutzen stiften.

Wir können diese Anzeige nicht schliessen, ohne noch einen Punkt berührt zu haben, auf den der Verfasser der drei Werkchen: Grundriss der ebenen Geometrie. Landshut 1870. Ebene und sphärische Trigonometrie, Programm der Freisinger Studienanstalten 1870, und Stereometrie, in seinen Vorreden wiederholt zurückkommt, nämlich den Umfang des auf Gymnasien zu lehrenden geometrischen

Stoffes, einen Punkt, den auch die mathematische Section der letzten Versammlung deutscher Philologen und Schulmänner zu Leipzig discutirt hat, ohne zu e.nem Beschluss zu kommen.

Es ist nicht zu leugnen, dass „mancher Ballast" in den zahlreich vorhandenen Lehrbüchern der Geometrie für Schulen „herumgeschleppt" wird, den unser Verf. „über Bord geworfen" hat. In denselben findet man Vieles, was nur für den Mathematiker von Fach Interesse hat, aber zum Ausbau des Systems und namentlich zur Erreichung des den Gymnasien gesteckten Zieles wenig oder gar nicht von Bedeutung ist. Junge Lehrer halten aber häufig Alles, was in einem sonst gut empfohlenen Lehrbuch steht, für nothwendig und gerathen leicht in die Gefahr der Uebersturzung, um nur die Pensa der einzelnen Klassen in der nur knapp zugemessenen Zeit zu absolviren. Die Resultate solcher Uebersturzung sind bekannt; der grösste hieraus erwachsende Schaden aber liegt darin, dass die Schüler nach der Ueberfülle dargebotener, aber unverdauter Speise statt Freude an der Sache nur Ueberdruss ernten und nur allzuleicht zu der Ansicht kommen: „das ist mir zu wunderlich und zu hoch, ich kann es nicht begreifen!"

Der Ausbau der geometrischen Wissenschaft für Schulen ist auf einem Stadium angelangt, wo man mit dem sel. Stahl ausrufen möchte: „Die Wissenschaft muss umkehren!" Ja wohl, sie muss umkehren, soweit sie den Gymnasiasten von Nutzen sein soll, d. h. sie soll nicht wieder auf den primitiven Zustand zurückgeführt werden, sie soll nur aus dem bewährten Alten und Neuen, mit Beiseitesetzung alles Ueberflüssigen, ein Gebäude aufrichten, in welchem sich die Gymnasiasten zurecht finden können, ohne Kreuz-, Quer- und Irrgänge; sie soll einen Lehrstoff bieten, der nicht prätendirt, alle Gymnasiasten zu Mathematikern heranzubilden, sondern an seinem Theile die allgemeine Aufgabe der Gymnasien: harmonische Ausbildung der Geistes- und Verstandeskräfte, zu fördern im Stande ist; sie soll den Schülern ein wohlgeordnetes Ganze geben, was auch schwächer Begabte bei Fleiss und gutem Willen bewältigen können.

In den drei Werkchen, welche uns Ziegler geliefert hat, liegt eine Arbeit vor, welche sich als Grundlage für einen künftigen mathematischen Lehrplan anbietet. Manches möchte noch zu ändern und zu ergänzen sein, Wesentliches wohl schwerlich. Grössere Versammlungen von Mathematikern, wie die letzte in Leipzig, scheinen nicht geeignet zu sein, eine Einigung zu erzielen. Wohlan! so nehme die Reichsregierung die Sache in die Hand, und beauftrage anerkannte pädagogische Autoritäten unter den Mathematikern — keine Universitätsprofessoren — den mathematischen Lehrstoff in einem officiellen Programm in detaillirter und präciser Form festzustellen. Die drei Werkchen von Ziegler werden ihnen die Arbeit leicht machen.*) Eben so leicht wird es ihnen werden, die Erweiterung jenes Programmes für die grösseren Ansprüche der höheren Realschulen zu beschaffen. Die Lehrmethode mag immerhin der Individualität des Lehrers überlassen bleiben, auf diese legen wir überhaupt kein allzu grosses Gewicht. Mehr oder weniger streng heuristisch wird jeder verständige Lehrer unterrichten, selbst wenn das vorliegende Lehrbuch die Beweise und Auflösungen *in extenso* gibt.

Diejenigen, welche sich berufen und gedrungen fühlen, die Schulwelt mit neuen Lehrbüchern zu beglücken, brauchen sich wegen dieses Vorschlags nicht zu ängstigen, dass ihnen, wenn er ausgeführt würde, dieses Feld ihrer Thätigkeit verschlossen wäre; denn nicht auf das Wie? sondern nur auf das Was und Wieviel? kommt es hier an. Für das Wie? bleibt immer noch Spielraum genug.

LÜBECK.   Prof. CHR. SCHERLING.

BOTHE, Dr. Ferd. (Dir. der Proainzialgewerbschule in Saarbrücken), Physikalisches Repertorium, oder die wichtigsten Sätze der elementaren Physik. Zum Zweck erleichterter Wiederholung übersichtlich zusammengestellt. 2. Aufl. Braunschweig. Vieweg & S. 1871.

Dies vorliegende Buch enthält in gedrängter Kürze die wichtigsten Gesetze der Physik, nebst einigen Hauptpunkten der elementaren Mechanik. Es macht nicht den Anspruch darauf, ein Lehrbuch der Physik zu sein, sondern es stellt sich die Aufgabe, dem strebsamen Schüler die Repetition der gesammten Physik zu erleichtern. Zu dem Zweck sind alle Gesetze möglichst kurz und scharf ausgedrückt, die mathematischen Formeln meist ohne Entwicklung beigegeben und 44 Tabellen über Masssysteme, specifisches Gewicht, specifische Wärme etc. hinzugefügt.

Die zweite Auflage ist wesentlich vermehrt, indem die seit 1860 erschienenen, für den Fortschritt der Wissenschaft so wichtigen Arbeiten von Bunsen und Kirchhoff, Helmholtz, Graham etc. die entsprechende Berücksichtigung gefunden haben.

In dem ersten Abschnitt werden die allgemeinen Eigenschaften der festen, flüssigen und gasförmigen Körper nebst den Wechselwirkungen unter einander namhaft gemacht, sowie das Wichtigste über Bewegung, Kraft und Arbeit, nebst den Massen der Zeit und Arbeit mitgetheilt, woran sich noch einige Bemerkungen über Wellenbewegung anschliessen.

---

*) Nur wünschten wir dann die genetische Methode mehr berücksichtigt.   D. Red.

Die Mechanik in specie wird nicht berücksichtigt; bei der „Bewegung" wird z. B. der gleichförmig beschleunigten und verzögerten Bewegung eben 'nur gedacht, ohne die entsprechenden Formeln mitzutheilen.

Ziemlich ausführlich ist die Lehre vom Schall behandelt; auch die Tonleitern etc. werden ziemlich ausführlich und übersichtlich gegeben.

In nicht minderer Ausdehnung wird die Lehre vom Licht behandelt und die neuere Farbentheorie nebst den Kreuzungsfarben etc. vielleicht etwas weitschichtig im Verhältniss zu dem Uebrigen gegeben.

In der Wärmelehre könnte der mechanischen Wärmetheorie wohl ein grösserer Spielraum gegönnt sein. Bei „der Anwendung des Dampfes" werden eigentlich mehr blose Worte, als Erklärungen gegeben. Der Verfasser setzt wohl voraus, das der Leser bereits Alles das kennt, was hier blos mit dem Namen angeführt wird.

Auch der Magnetismus und die Elektricität enthalten Alles für diesen Standpunkt irgend Wünschenswerthe.

Der Verfasser hat alles Neue möglichst berücksichtigt und was besonders angenehm ist, überall historische Notizen zugefügt.

Das Buch dürfte demnach Allen denen willkommen sein, welche rasch die wichtigsten Lehren der Physik im Umrisse überblicken und sich einprägen wollen.

WIESBADEN. KREBS.

_____

FLIEDNER, Dr. C. (Oberlehrer am Gymnasium zu Hanau), Aufgaben aus der Physik nebst einem Anhange, physikalische Tabellen enthaltend. Zum Gebrauche für Lehrer und Schüler in höheren Unterrichtsanstalten und besonders beim Selbstunterricht. Vierte verb. u. verm. Auflage. Braunschweig, Vieweg & Sohn. 1872.

Die vorliegende Aufgabensammlung verdient mit vollem Rechte allen Lehrern der Physik zur Benutzung empfohlen zu werden. Uebrigens hat sie sich auch bereits eine weite Verbreitung errungen, da sie schon in vierter Auflage erscheint. Eben deswegen aber auch, weil sie kein Novum mehr ist, scheint es uns überflüssig eine detaillirte Angabe des in der Sammlung Gebotenen hier auszuführen. Auch unterscheidet sich die neue Auflage von der vorigen nur sehr unbedeutend. Wir begnügen uns deshalb zu bemerken, dass die in der Sammlung enthaltenen, über alle Gebiete der elementaren Physik sich erstreckenden Aufgaben den Vorzug besitzen, dass sie dem Verständniss der Schüler genau angepasst sind und dass man nicht erst weitläufige Erörterungen machen muss, um den Sinn der Aufgabe selbst zur Klarheit zu bringen. Das Buch ist eben ein Schulbuch im besten Sinne des Wortes. Derselbe.

Newton's, Isaac, mathematische Principien der Naturlehre
übersetzt und mit Anmerkungen und Erläuterungen
herausgegeben von Prof. Dr. J. Th. Wolfers. Berlin 1872,
Oppenheim.

Allen Freunden und Verehrern des grossen brit. Mathematikers
und Naturforschers, sowie Allen, die es lieben, aus den unmittelbaren
Quellen und an der Hand der Geschichte der Wissenschaft zu
schöpfen, muss die deutsche Bearbeitung dieses so berühmten Werkes willkommen sein. In der Vorrede erzählt der Verf. die Entstehung der Uebersetzung und dass sie, bereits zwei Decennien alt,
vielfach als Manuscript benutzt worden sei. Das Werk zerfällt in
drei Bücher: 1.—2. Bewegung der Körper. 3. Vom Weltsystem.
Die (fast 100 Seiten einnehmenden) Bemerkungen und Erläuterungen
des Herausgebers am Schlusse des Werkes bezwecken, gewisse Stellen
verständlicher zu machen, wollen also ein Commentar sein.

Eine „Beurtheilung" dieser Uebertragung bezüglich ihrer Correctheit will diese „Anzeige" nicht sein. Jene kann erst folgen,
wenn das Original mit der Uebersetzung, wenigstens in den Hauptstellen, verglichen ist. Vorerst sei für unsere Leser auf dieses ver-
dienstliche Unternehmen hingewiesen, das, wie alle derartigen Uebertragungen, schon des Zeitgewinnes halber, den die geläufigere Lectüre
in der Muttersprache mit sich bringt, verdienstlich ist.   H.

Frick, Dr. J., Physikalische Technik. 4. Aufl. Braunschweig 1872,
Vieweg & Sohn.

Von diesem anerkannt trefflichen und nützlichen Werke liegt
bereits die 4. Aufl. vor. Sie ist gegen die 2. (die 3. konnten wir
nicht vergleichen) beträchtlich, dem Umfange nach über 100 S.,
vermehrt und enthält fast in jedem ihrer 11 Capitel einen oder
mehrere neue Paragraphen.*) Es dürfte dieses Buch neben der
physikalischen Vorschule von Weinhold (s. S. 295) ein unentbehr-
liches Hilfsmittel jedes Lehrers der Physik an Mittelschulen sein und
immer mehr werden. Die darin gegebenen Anleitungen zur Selbst-
verfertigung von Apparaten wird freilich von den meisten Lehrern kaum
zu verwerthen sein, da physikalische Werkstätten, wie sie etwa
grössere polytechnische Schulen oder die Gewerbeakademie in Berlin
für die Heranbildung von Experimentatoren besitzen, selten sind,

---

*) Neu sind gegen die 2. Aufl. die §§ 5. 6. 7. 42. 71. 72. 97. 98. 102.
129. 138. 141. 142. 148. 152. 153. 179—80. 190. 194. 251. 271—72. 286. 297.
301. 309. 314. 318. 319. 323. 347. 359—370. 385. 400. 405. 418. 420. 422. Und
theilweise: 26. 112. 151. 161. 168. 184. 211. 253. 305. 317. 354—55.

überdies die nöthigen Kosten für die Werkstätte oder auch nur für Werkzeuge schwer bewilligt werden. Eine eingehende Besprechung des Einzelnen in diesem Buche müssen wir bis nach dem Studium am Experimentirtische verschieben. Bei dieser Gelegenheit sei hier wiederholt auf des Verfassers „Anfangsgründe der Naturlehre" für Volksschulen (s. S. 292) hingewiesen. H.

———————

FRAAS, Dr. O. (Prof. und Conservator am königl. Naturalienkabinet zu Stuttgart.), Geologische Tafeln für den Anschauungsunterricht. Die 4 Weltenalter in geologischen Profilen und Landschaften nebst Hilfstabellen zum Studium der Geognosie. 1872. (2 Thlr., auf Leinwand aufgezogen 3 Thlr. 10 Ngr.)

Für den elementaren Unterricht in der Geologie fehlten bis jetzt meines Wissens gänzlich grössere Tafeln. Die bei Justus Perthes in Gotha erschienenen sehr vortrefflichen von Berghaus erfordern einen so grossen Apparat einleitender Bemerkungen, dass bei ihrem Gebrauche dem Realschüler oder Gymnasiasten die Lust zur Geologie gleich im Keime erstickt wird. Darum ist es Prof. Fraas um so mehr zu danken, dass er an die immerhin nicht zu leichte Arbeit ging, für die Zwecke der Mittelschulen brauchbare geologische Tafeln herzustellen. Wir halten dieselben in der Hand eines tüchtigen Lehrers für vortrefflich und mit Nutzen verwendbar; in der Hand eines solchen, der von der Geologie wenig weiss, vielleicht nach einem Leitfaden sich erst für die nächste Stunde einarbeiten muss,*) werden sie wenig fördern.

Die 4 Tafeln können ihrer Grösse wegen (58 cm. hoch, 75 cm. breit) beim Classenunterricht, wie ich aus eigener Erfahrung weiss, ganz gut gebraucht werden. Sie sind in Farbendruck ausgeführt, wobei die Wahl der Farben zu loben ist, insofern durch sie theilweise die Farbe der Hauptgesteine jeder Formation wiedergegeben oder angedeutet ist und überhaupt solche gewählt sind, die die einzelnen Formationen selbst in der Ferne ganz scharf von einander unterscheiden lassen und überdies in der Zusammenstellung das Auge nicht beleidigen. Die Erdschichten sind auf den Holzschnitten mit eingezeichneter Schrift angegeben. Auf Tfl. 1 hätten wir jedoch bei den dunkleren Farben dieselbe wie auf den übrigen Tafeln lieber weiss, als schwarz gehabt, da man die Worte Goldadern, Kohlensandstein, Kohlenkalk u. a. nur in nächster Nähe zu lesen

———————

*) Solche Fälle kommen vor!

vermag. Bei der Darstellung der Goldadern wäre anstatt des Grün-
lichgelb ein grelles Gelb am Orte gewesen; die Zinngänge sind zu
vermischt dargestellt. Zur Unterscheidung der 6 wichtigsten in den
verschiedensten Formationen auftretenden Gebirgsgebilde sind verschiedene überaus einfache und daher ohne alle Mühe zu merkende und
dabei nicht zu verwechselnde Schraffirungen angebracht, deren Erklärung am Grunde jeder Tafel angegeben ist. Auf Tfl. 1 hätten
hierbei beim Kohlenkalk die Verticalstriche so gehalten werden sollen, dass sie noch mehr vom Dunkel abstachen. Bei der Darstellung
der einzelnen Formationen ist auch sehr deutlich hervorgehoben, ob
man die Schichten in horizontaler oder in geneigter Lagerung findet,
ja selbst, in welchem Grade letzteres der Fall ist; wo mehrfache
Lagerungsverhältnisse auftreten, sind dieselben auch angegeben, so dass
durch diese Darstellung der Schüler recht wohl zum Verständniss
verwickelterer Fälle, wie überhaupt zum Lesen schwerer zu verstehen-
der geologischer Tafeln und Profile vorbereitet werden kann. Die
Angabe der ungefähren Mächtigkeit der einzelnen Formationen, theilweise der einzelnen Formationsglieder ist unter dem Namen derselben
angegeben. Als sehr nette, die Tafeln zierende und belebende Beigabe sind die am Kopfe der Tafeln ausgeführten idealen Charakter-
landschaften zu bezeichnen.

Diese wenigen Ausstellungen abgerechnet, ist die Gesammtdarstel-
lung eine vortreffliche und kann ich diese billigen Tafeln deshalb
jedem Collegen, der in der Lage ist, geologischen Unterricht zu ertheilen, sehr warm empfehlen.

Ihnen ist ein Text (45 S.) beigefügt, der ausser einem Vorworte das Wissenswertheste über die 4 Weltenalter und einen Anhang (Hilfstabellen zum Studium der Geognosie) enthält. Der
2. Theil ist in der an Fraas zu rühmenden elementáren, aber der
Wissenschaft nichts vergebenden Weise wie seine für das grössere
Publikum bestimmten Arbeiten geschrieben und kann ganz gut als
Leitfaden den Schülern in die Hände gegeben werden. Ich glaube
ihn als einen Auszug aus seinem Buche: „Vor der Sündfluth" bezeichnen zu dürfen. Einige kleine Ungenauigkeiten sind uns beim
Durchlesen aufgefallen z. B. S. 24, wo es klingt, als sei alle Braun-
kohle aus Hölzern entstanden und in Thon eingebettet. Der 3. Theil
ist eine sehr dankenswerthe Beigabe.

Ein neues und gutes Unterrichtsmittel für den geologischen
Unterricht in Mittelschulen wäre nun geschaffen, aber noch fehlt ein
solches, das in vergrössertem Massstabe den Bau der wichtigsten
Petrefacten veranschaulicht. Selbst bei einer guten Sammlung dürfte
dieser nicht überflüssig sein, da das Wiedergeben derselben von
Seiten des Lehrers an der Wandtafel zu viel Zeit raubt und das
gründliche Betrachten der Petrefacten selbst wegen ihrer Kleinheit
nur immer wenigen Schülern auf einmal möglich ist. Ich selbst bin

mehrfach mit dem Gedanken umgegangen, dergleichen herauszugeben, vermag aber wegen mehrerer in Angriff genommener andern Arbeiten für jetzt nicht dazu zu kommen und gebe deshalb diesen Gedanken aus Liebe zur Schule jedermann preis. Sollte vielleicht Prof. Fraas diese Zeilen in die Hand bekommen, so möge er gebeten sein, uns in Verbindung eines im geologischen Unterrichte bewanderten Pädagogen diese Gabe der jetzt besprochenen als nothwendige Ergänzung hinzuzufügen.

DRESDEN.   H. ENGELHARDT.

Die Zulassung der Abiturienten der Realschule 1. Ord. zu den Facultätsstudien. Köln 1872.

Unter diesem Titel ist der Redaction eine Schrift zugegangen, welche folgende bereits anderwärts gedruckte Aufsätze gesammelt enthält: I. Die Petitionen der Städte Lippstadt, Mühlheim a. d. R., Ruhrort (S. 1—16). II. Die Berichte der Unterrichtscommission des Abgeordnetenhauses, die akademischen Gutachten über die Zulassung der Realschulabiturienten zu den Facultätsstudien von Dr. Loth, Dir. der Realschule 1. Ord. Ruhrort, Köln 1870 (S. 17 —42). III. Die Realschule 1. Ord. und die philosophische Facultät, acht Artikel über die Vorbildung der Lehrer an höheren Lehranstalten von Ostendorf. (S. 43—80). IV. Sechs Artikel über die Frage: Soll der Mediziner seine Vorbildung auf dem Gymnasium oder auf der Realschule 1. Ord. erhalten? von Ostendorf (S. 81— 99). V. Die Vorbildung der Juristen und Verwaltungsbeamten von Director P. Münch in Münster. (S. 100—110). VI. Bemerkungen zu den Verordnungen über die Umgestaltung der bestehenden und die Errichtung neuer Gewerbeschulen in Preussen vom 21. März 1870 (S. 111—232).

Man lernt aus dieser Aufsatzsammlung (welcher leider die Inhaltsübersicht fehlt) so recht das *pro* und *contra,* die Schatten- (Nacht-) Seiten-, Vor- und Nachtheile der Gymnasial- und Realschulbildung. Recht treffend ist z. B. S. 19 gezeichnet, in welche Nachtheile der Aspirant des Lehrerberufes oder — wenn man will — der Universitätsseminarist, und der Mediziner, welcher Gymnasialbildung mitbringt, gegenüber dem Realschulabiturienten geräth, wie jener kümmerlich die Elemente nachholen muss, die dieser längst kennt. Aus diesem Umstande ist auch die Langeweile des schon vorgeschrittenen Realschulabiturienten bei elementaren Collegien erklärlich, die manchen Universitätsprofessoren als „Dünkelhaftigkeit" erscheint.

Wie es Angesichts solcher Thatsachen noch Leute geben kann, welche der philologischen und supra-idealistischen Gymnasialbildung

das Wort reden, sogar Mediziner, das ist schwer zu begreifen*).
Die Zusammenstellung dieser zerstreut erschienenen Aufsätze ist
jedenfalls verdienstlich. Für den Lehrer ist besonders III wichtig.
Der Arzt aber mag durch IV, der Jurist durch V sein Urtheil sich
bilden, befestigen oder rectificiren.   H.

Bibliographie.

Mai.

Unterrichts- und Erziehungswesen.

Bibliothek, pädagogische. Von Richter. 27—29. Heft. Francke: Schrif-
ten über Erz. und Unterr. Lpz. Siegismund. à 5 Sgr.
Bibliothek pädagogischer Classiker. 20. u. 21. Lfg. Schleiermacher.
Langensalza. à 5 Sgr.
Dröse, pädagogische Charakterbilder. Geschichte der Pädagogik und
ihrer vornehmsten Vertreter in den vier letzten Jahrh. 4. Aufl.
Langensalza. 15 Sgr.
Ostendorf, Volksschule, Bürgerschule und höhere Schule. Rede, geh.
bei der Einführung als Director der Realsch. zu Düsseldorf am 9. April
1872. Düsseldorf. Schaub. 7½ Sgr.
Verhandlungen der 6. Directoren-Versammlung der Prov. Preussen.
Königsberg. Koch. 1½ Thlr.

Mathematik.

Gegenbauer, Auswerthung bestimmter Integrale. Wien. Gerold. 4 Sgr.
Grünfeld, Lehrbuch der Arithmetik. 2. Cursus. Zunächst zum Gebrauch
in der Secunda. Schleswig. Schulbuchh. 12 Sgr.
Jüdt, Sammlung von Aufgaben aus der Stereometrie und Trigonometrie
mit ihren Resultaten. Ansbach. Seybold. 6 Sgr.
Kleinpaul, Antworten für die Aufgaben zum praktischen Rechnen.
7. Aufl. Barmen. Langewiesche. 12 Sgr.
Kober, Aufgaben für den Rechenunterricht. 2. Heft. 2. Aufl. Dresden.
Höckner. 5 Sgr.
Kossak, die Elemente der Arithmetik. Berlin. Nikolai. 15 Sgr.
Munderloh u. Kröger, Rechenbuch. 1. Thl. 9. Aufl. Vermehrt durch
Aufgaben, in welchen das Rechnen mit der neuen Reichsmünze zur
Anwendung kommt. Oldenburg. Schulze. 10 Sgr.
Neumann, Repetitorium der Elementar-Mathematik. 2. Thl. Geometrie.
Dresden. Höckner. 15 Sgr.
Quitzow, Praktisches Rechenbuch. Güstrow. Opitz. 28½ Sgr.
— Antworten. Ebda. 8½ Sgr.
Reuter, Lehrbuch der Geometrie für den Schul- u. Selbstunterricht
2. Thl.: Ebene Trigonometrie und Stereometrie. Lübeck. Granntoff.
18 Sgr.

---

*) So musste Referent einmal von einem Arzte, der eine exclusiv-
philologische Schule (eine Philologenschule) besucht hatte, die Behauptung
hören, es schade gar nichts, wenn der Arzt auf dem Gymnasium nichts
von Naturwissenschaft lerne. Denn man lerne dafür auf jenen Schulen „arbeiten" und bringe dann in 14 Tagen fertig, wozu Andere vier Wochen
brauchten! —

Reuter, Repetitionstafeln. Ebda. 4½ Gr.

Rückbeil, Rechenbuch. 1. Thl. 1.—4. Heft. Sondershausen. Gödel. 17½ Sgr.

Solin, über graphische Integration. Ein Beitrag zur Arithmographie. Prag. Rziwnatz. 10 Sgr.

Teichert, über einige algebraische Curven 4. Grades. Freienwalde. 15 Sgr.

Winter, der Rechenschüler. Stufenweis geordnete Uebungsaufgaben zum Tafelrechnen. 1. 2. Heft. Lpz. Wöller. à 2 Sgr.

Physik, Chemie und Astronomie.

Bebber, die strengen europäischen Winter vom J. 1829 bis 1871. Kaiserslautern. Rohr. 7 Sgr.

Bruhns, Atlas der Astronomie. 12 Taf. in Stahlstich, Holzschn. u. Lith. nebst erl. Text. Lpz. Brockhaus. 1 Thlr.

Feser, Lehrbuch der theoretischen und praktischen Chemie. 1. Hälfte. Berlin. Hirschwald. 2 Thlr.

Kauer, Lehrbuch der Physik und Chemie f. Bürgerschulen. 2. Thl. Optik. Akustik. Anhang über strahlende Wärme. Mechanik. Wien. Beck. 16 Sgr.

Naumann, über Molekülverbindungen nach festen Verhältnissen. Heidelberg. Winter. 20 Sgr.

Pisko, Lehrbuch der Physik für Untergymnasien. 4. Aufl. Wien. Gerold. 1 Thlr.

Prix, Untersuchung der Anziehung zweier mit Elektricität geladener Kugeln. Glauchau. 15 Sgr.

Schmick, die neue Theorie periodischer säcularer Schwankungen des Seespiegels und gleichzeitiger Verschiebungen der Wärmezonen etc. Münster. Russel. 1½ Thlr.

Seydler, über die Bahn der Dione. Wien. Gerold. 2 Sgr.

Stefan, Untersuchungen über die Wärmeleitung in Gasen. 1. Abhandlung. Ebda. 4 Sgr.

Ulffers, Leitfaden für den Unterricht in der Physik. Eine systematische Uebersicht der wichtigsten physik. Lehren zum Zweck erleichterter Repetition zusammengestellt. Brieg. Bänder. 7½ Sgr.

Naturgeschichte.

Cohn, die Entwicklung der Naturwissenschaft in den letzten 25 Jahren. Ein Vortrag. 2. Aufl. Breslau. Kern. 7½ Sgr.

Engler, Monographie der Gattung Saxifraga L. mit bes. Berücks. der geogr. Verhältnisse. Mit 1 Karte. Ebda. 2½ Thlr.

Fitzinger, die natürliche Familie der Schuppenthiere. Wien. Gerold. 10 Sgr.

Grimm, Beiträge zur Lehre von der Fortpflanzung und Entwickelung der Arthropoden. Lpz. Voss. 10 Sgr.

Hoffmann, mykologische Berichte. Uebersicht der neuesten Arbeiten auf dem Gebiete der Pilzkunde. Giessen. Ricker. 1 Thlr.

Knapp, die bisher bekannten Pflanzen Galiziens und der Bukowina. Wien. Braumüller. 4 Thlr.

Koenen, das Miocän Norddeutschlands und seine Molluskenfauna. Cassel. Kay. 1½ Thlr.

Lasaulx, das Riesige und das Winzige in der Geologie. Bonn. Cohen. 10 Sgr.

Lucae, zur Morphologie des Säugethier-Schädels. Frankfurt. Winter. 1 Thlr.

Müller, terminologia entomologica. Mit 1080 Abb. auf 32 Taf. 2. Aufl. Brünn. Winiker. 2 Thlr.

Müller, botanische Untersuchungen. II. Beziehungen zw. Verdunstung, Gewebespannung und Druck im Innern der Pflanze. III. Untersuchungen über die Krümmungen der Pflanzen gegen das Sonnenlicht. Heidelberg. Winter. 24 Sgr.

Paul, Ergänzungen zu den zoologischen Lehrbüchern. 1. Säugethiere. Brandenburg. Wiesike. 5 Sgr.

Peyritsch, über einige Pilze aus der Familie der Laboulbenien. Wien. Gerold. 12 Sgr.

Pokorny, illustrirte Naturgeschichte der 3 Reiche. I. Thl. Thierreich. 2. Aufl. mit 490 Abb. Prag. Tempsky. 20 Sgr.

Purgold, Geognosie und Landwirthschaft. Prag. Hunger. 2 Sgr.

Reitter, Revision der europäischen Meligethes-Arten. Berlin. Nicolai. 2 Thlr.

Rey, Synonymik der europäischen Brutvögel und Gäste. Systemat. Verzeichniss nebst Angaben über die geogr. Verbreitung der Arten unter bes. Berücks. der Brutverhältnisse. Halle. Schwetschke. 1½ Thlr.

Schmidt, wissenschaftl. Resultate der zur Aufsuchung eines angekünd. Mammuthcadavers v. der kais. Akademie der Wiss. an der unteren Jenissey ausgesandten Expedition. Mit 1 Karte u. 5 Taf. Abb. Lpz. Voss. 2½ Thlr.

Schrauf, Atlas der Krystallformen des Mineralreichs. 3. Lfg. Wien. Braumüller. 8 Thlr.

Schubert, Lehrbuch der Naturgeschichte f. Schulen und zum Selbstunterricht. 21. Aufl. Durchgesehen von Pfaff. Frankfurt a. M. Heyder. 15 Sgr.

Seydlitz, fauna baltica. Die Käfer der Ostseeprovinzen Russlands. 1. Lfg. Dorpat. (Lpz. Köhler). 1⅓ Thlr.

Webers, illustr. Katechismen. No. 42. Katechismus der Geologie. Von Cotta. 2. Aufl. Lpz. Weber. 12 Sgr.

Wiesner, Untersuchung einiger Treibhölzer aus dem nördl. Eismeer. Wien. Gerold. 2 Sgr.

Willkomm, forstl. Flora von Deutschland und Oesterreich. Nebt einem Anhang der forstl. Unkräuter etc. Lpz. Winter. 20 Sgr.

Geographie.

Bartels, Schulgeographie. 3. Aufl. Hannover. Hahn. 9 Sgr.

Issleib, Geographie für Schule und Haus. Für Oesterreich herausgeg. Prag. Hunger. 5 Sgr.

Kiepert, kleiner Schulatlas f. d. unteren und mittleren Classen. 2. Aufl. 20 chromolith. Karten. Berlin. Reimer. 10 Sgr.

Simon, geographisches Hilfsbuch für Schüler. 3. Aufl. Berlin. Cohn. 7½ Sgr.

Waltenberger, Orographie der Algäuer Alpen. Augsburg. Lampert. 1⅗ Thlr. A.

Juni.

Unterrichts- und Erziehungswesen.

Arons, zur Reform der Volksschule. Berlin. Rubenow. 2 Sgr.

Böse, über Sinneswahrnehmungen und deren Entwickelung zur Intelligenz. Ein psych.-pädagog. Versuch. Braunschweig. Schwetschke. 8 Sgr.

Braun, Handbuch für die Geschichte der Erziehung und des Unterrichts im Bereiche der Volksschule in Zeit- und Lebensbildern. Breslau. Aderholz. 8 Sgr.

Dassenbacher, Jahrbuch der Unterrichtsanstalten der im Reichsrathe vertretenen Königreiche und Länder. 5. Jahrg. 1872. Wien. Seidel. 22 Sgr.

Eberty, über das Verhältnis des Staates zur Volkserziehung. Berlin. Henschel. 5 Sgr.

Fricke, pädagogische Feldzüge. Eine patriotische Beisteuer zu dem geistigen Kampfe der Gegenwart. Gera. Strebel. 10 Sgr.

Für unsere Universität. Ein Mahnwort eines Freiburger Bürgers an seine Mitbürger bei Gelegenheit der Eröffnung der Univ. Strassburg. Freiburg. Wagner. 2½ Sgr.

Höinghaus, Gesetz, betr. die Pensionirung der unmittelbaren Staatsbeamten, sowie der Lehrer und Beamten an den höheren Unterrichtsanstalten. Vom 27. März 1872. Ergänzt und erläutert auf Grund der amtl. Materialien der Gesetzgebung. Berlin. Deutsches Verlags-Institut. 7½ Sgr.

Lange, die Deutsche National-Volksschule. Vortrag, geh. auf der allg. Lehrervers. in Hamburg. Hamburg. Boysen. 5 Sgr.

Schrader, Erziehungs- und Unterrichtslehre für Gymnasien und Realschulen. In 7. Lfgn. 2. Aufl. 1. Lfg. Berlin. Hempel. 15 Sgr.

Schulz, die landwirthschaftlichen Mittelschulen und das sog. Freiwilligenrecht. Bonn. Weber. 7½ Sgr.

Spiller, homo sapiens. Der Mensch nach seiner körperlichen und geistigen Entwickelung. Berlin. Imme. 15 Sgr.

Stiehl, die 3 preussischen Regulative vom 1. 2. und 3. Oct. 1854 über Einrichtung des evang. Seminar-, Präparanden- und Elementarschul-Unterrichts. Im amtl. Auftrag zusammengestellt. 10. Aufl. Berlin. Hertz. 7½ Sgr.

— meine Stellung zu den 3 preuss. Regulativen. Eine Flugschrift. Ebda. 10 Sgr.

Ueber nationale Erziehung. Vom Verf. der „Briefe über Berliner Erziehung." Lpz. Teubner. 1 Thlr.

Valett, Beleuchtung der Schulfrage für die Herzogth. Bremen und Verden. Bremen. Valett. 5 Sgr.

Mathematik.

Bopp, anschaulicher Unterricht im metrischen System. Anleitung zum Gebrauch des für Schulzwecke zusammengestellten metrischen Lehrapparats nebst 1 Taf. Ravensburg. Ulmer. 15 Sgr.

Fässler, die Mathematik an Schweizerischen Mittelschulen. 1. Thl. das bürgerliche Geschäftsrechnen. Bern. Heuberger. 22 Sgr.

— Schlüssel zum vor. Ebda. 4 Sgr.

Féaux, Rechenbuch und geometrische Anschauungslehre, zunächst für die 3 unteren Gymnasialklassen. 4. Aufl. Paderborn. Schönigh. 12 Sgr.

Gegenbauer, Note über die Bessel'schen Functionen zweiter Art. Wien. Gerold. 1½ Sgr.

Hartner, Handbuch der niederen Geodäsie nebst einem Anhang über die Elemente der Markscheidekunst. 4. Aufl. Mit 390 Holzschn. und 2 Kupfertaf. Wien. Seidel. 5⅓ Thlr.

Heilermann, Sammlung geometrischer Aufgaben. 2. Thl. 2. Aufl. Coblenz. Hölscher. 7½ Sgr.

— Lehrbuch und Uebungsbuch für den Unterricht in der Mathematik an Gymnasien, Real- und Gewerbeschulen. 1. Geometrie der Ebene. 2. Aufl. Coblenz, Hergt. 18⅗ Sgr.

Helmert, die Ausgleichungsrechnung nach der Methode der kleinsten Quadrate mit Anwendungen auf die Geodäsie und die Theorie der Messinstrumente. Lpz. Teubner. 2⅓ Thlr.

Hertzer, 5-stellige Logarithmentafeln für Schule und Praxis. Berlin. Gärtner. 10 Sgr. Enthalten: die gem. Logarithmen der Zahlen. Länge der Kreisbogen für die einzelnen Secunden etc. ($r=1$). Logarithmen der goniometr. Functionen. Hülfstabelle zur Berechnung von *log sin* und *log tg* kleiner Winkel. Die natürlichen Logarithmen etc.

Hesse, Otto, ein Cyclus von Determinantengleichungen. Eine analytische Erweiterung des Pascalschen Theorems. München. Franz. 7½ Sgr.

Hochheim, Leitfaden für den Unterricht in der Arithmetik und Algebra an höheren Lehranstalten. Berlin. Mittler. 16 Sgr.

Höltschl, die Anéroïde von Naudet und Goldschmid. Ihre Einrichtung, Theorie, ihr Gebrauch u. ihre Leistungsfähigkeit beim Höhenmessen und Nivelliren. Wien. Beck. 2 Thlr.

Knapek, Formensammlung für das geometrische Zeichnen an allg. Volksschulen. 1. Abth. 2. Aufl. Wien. Seidel. 8 Sgr.

— methodisches Handbuch für das elementare Zeichnen an allg. Volksschulen. Für Lehramtscandidaten und Lehrer. 2. Aufl. Ebda. 16 Sgr.

Lehmann, 2. Beiblatt zur Revolution der Zahlen: warum ist unter allen Zahlensystemen das Sehsystem das zweckmässigste? Lpz. Hunger. 1½ Sgr.

Pammer, das Decimalrechnen auf Grund der Wesenheit des Decimalsystems. Linz. Fink. 10 Sgr.

Pohlke, darstellende Geometrie. 1. Abth. Darstellung der geraden Linien und ebenen Flächen, sowie der aus ihnen zusammengesetzten Gebilde, vermittelst der verschiedenen Projectionsarten. 3. Aufl. Berlin. Gärtner. 1⅙ Thlr.

Schorf, Lehrbuch der ebenen Trigonometrie, mit einer Aufgabensammlung nebst Auflösungen. Hannover. Hellwing. 16 Sgr.

Wagener, Exempelbuch oder Sammlung arithm. Aufgaben. 1. Hft. 28. Aufl. Hamburg. Nolte. 3 Sgr.

— Facitbuch. Ebda. 3 Sgr.

Wiegand, Algebraische Analysis und Anfangsgründe der Differentialrechnung. Ein Lehrbuch für Schüler der oberen Classen höherer Lehranstalten, sowie für angehende Stud. 4. Aufl. Halle. Schmidt. 18 Sgr.

Winkler, Ueber die Entwicklung und Summation einiger Reihen. Wien. Gerold. 4 Sgr.

Astronomie, Physik und Chemie.

Büchner, Lehrbuch der anorganischen Chemie nach den neuesten Ansichten der Wissenschaft. 3. Abth. Braunschweig. Vieweg. 1½ Thlr. (p. compl. 5⅔ Thlr.)

Fehling, Handwörterbuch der Chemie. 6. Lfg. Ebda. 24 Sgr.

Förster, Johann Kepler. Eine Festrede, geh. auf Anlass der 300jähr. Feier von Keplers Geburtstag in der Aula der Universität zu Berlin. Berlin. Lüderitz. 6 Sgr.

Fortschritte der Physik. Namen- und Sachregister zu Bd. I. bis XX. Bearbeitet von Barentin. Berlin. Reimer. 2⅔ Thlr.

Frick, die physikalische Technik oder Anleitung zur Darstellung von physikalischen Versuchen und zur Herstellung von physikalischen Apparaten mit möglichst einfachen Mitteln. 4. Aufl. Braunschweig. Vieweg. 3½ Thlr.

Gerding, die Werkstätte der Natur. Münster. Aschendorff. 1⅙ Thlr.

Grouven, Vorträge über Agriculturchemie mit bes. Rücksicht auf Thierphysiologie. 3. Aufl. Köln. Hassel. 2⅓ Thlr.

Handl, Notiz über absolute Intensität und Absorption des Lichtes. Wien. Gerold. 1½ Sgr.

Klinkerfues, theoretische Astronomie. 2. Abth. Braunschweig. Vieweg. 1½ Thlr.

Krebs, die Lehren der Physik in gedrängter Auswahl zusammengestellt. Mühlhausen. Förster. 10 Sgr.

Mach, die Gestalten der Flüssigkeit. Die Symmetrie. Zwei populäre Vorträge, geh. im Deutschen Casino zu Prag. Prag. Calve. 12 Sgr.

Mädler, Geschichte der Himmelskunde nach ihrem gesammten Umfange. 1. Bd. 3—5. Lfg. Braunschweig. à 10 Sgr.

Momber, Beitrag zu den Lösungen des Poisson'schen Problems: über die Vertheilung der Elektricität auf 2 leitenden Kugeln. Königsberg. Hübner. 10 Sgr.

Reye, die Wirbelstürme, Tornados und Wettersäulen in der Erdatmosphäre mit Berücksichtigung der Stürme in der Sonnenatmosphäre dargestellt. Mit 4 Sturmkarten. Hannover. Rümpler. 2²/₃ Thlr.

Schröder, Ergebnisse des physikalischen Unterrichts in der Elementarschule. 2. Aufl. Lpz. Siegismund. 3 Sgr.

Naturgeschichte.

Altum, Forstzoologie. I. Säugethiere. Mit 63, meist Originalfiguren. Berlin. Springer. 1⁵/₆ Thlr.

Beiträge zur geologischen Karte der Schweiz. Herausg. von der geologisch. Commission der schweiz. naturf. Gesellschaft. 9. Lfg. Bern. Dalp. 3 Thlr. Mit geol. Karte u. einer Profiltafel 7¹/₂ Thlr. Inhalt: Das südwestliche Wallis mit den angrenzenden Landestheilen von Savoien und Piemont.

Bibliotheca historico-naturalis, physico-chemica et mathematica oder systematisch geordnete Uebersicht der in Deutschland und dem Auslande auf dem Gebiet der gesammten Naturwissenschaften und der Mathematik neu erschienenen Bücher. Herausg. Dr. Metzger. 21. Jahrg. Juli—December 1871. Göttingen. Vandenhoek. 9 Sgr.

Birnbaum, Löthrohrbuch. Anleitung zur Benutzung des sogen. trockenen Weges bei chem. Analysen. Braunschw. Vieweg. 15 Sgr.

Bolau, die Biene und ihr Leben. Hamburg. Lehrmittelanstalt. 3 Sgr.

Boué, über geologische Chronologie. Wien. Gerold. 4 Sgr.
— über die Mächtigkeit der Formationen und Gebilde. Ebda. 3 Sgr.

Brehm, gefangene Vögel. 1. Thl. die Stubenvögel. 9. Lfg. Lpz. Winter. à 10 Sgr.

Burmeister, Geschichte der Schöpfung. Eine Darstellung des Entwickelungsganges der Erde und ihrer Bewohner. 7. verb. Aufl. 2. Abdruck. Herausgeg. von Giebel. Lpz. Wigand. 2²/₃ Thlr.

Desor, einige Worte über die verschiedenen Grundformen der Höhlen des Jura. Vortrag. Frauenfeld. Huber. 3 Sgr.

Fick, der Kreislauf des Blutes. 149. Heft der Sammlung gemeinverst. Vortr. von Virchow u. Holtzendorf. Berlin. Lüderitz. 7¹/₂ Sgr.

Fritsch, Cephalopoden der böhmischen Kreideformation. Prag. Řziwnatz. 10 Thlr.

Hess, die Entwickelung der Pflanzenkunde in ihren Hauptzügen. (Geschichte der Naturwissenschaften, 1. Bdchn.) Göttingen. Vandenhoek. 8 Sgr.

Homo versus Darwin. Eine richterliche Untersuchung der von Darwin veröffentlichten Behauptung in Betreff der Abstammung des Menschen. Lpz. Schlicke. 1¹/₂ Thlr.

Karsten, schriftliche Beigabe zu der Sammlung der wichtigsten Gebirgsarten aus den Geröllen der Herzogthümer Schleswig und Holstein. Hamburg. Lehrmittelanstalt. 9 Sgr.

Kobell, die Mineraliensammlung des bair. Staates. München. Franz. 13¹/₂ Sgr.

Lenz, die Säugethiere. 5. Aufl. Herausgeg. von Burbach. Gotha. Thienemann. 1. Lfg. 8 Sgr.

Meyer, Excursionsflora des Grossherzogtums Oldenburg. Ein Taschenbuch zu botan. Excursionen für Schulen und zum Selbstbestimmen nach der analyt. Meth. bearbeitet. Oldenburg. Schulze. 1¹/₄ Thlr.

Nicolai, Verzeichniss der in der Umgegend von Arnstadt wildwachsenden und wichtigeren cultivirten Pflanzen. Arnstadt. Frotscher. 10 Sgr.

Pokorny, illustrirte Naturgeschichte der 3 Reiche. Für die unteren Klassen der Volksschulen. I. Thl. Thierreich. 11. Aufl. mit 490 Abb.

20 Sgr. II. Thl. Pflanzenreich. 9. Aufl. mit 350 Abb. 18 Sgr. Prag. Mercy.

Ramann, die Schmetterlinge Deutschlands und der angrenzenden Länder in nach der Natur gezeichneten Abbildgn. nebst erläuterndem Text. 2. 3. Heft. Berlin. Schotte. à 27½ Sgr.

Reichardt, Grundlagen zur Beurtheilung des Trinkwassers, nebst Anleitung zur Prüfung des Wassers. 2. Aufl. Jena. Mauke. 15 Sgr.

Russ, der Kanarienvogel. Seine Naturgeschichte, Pflege, Zucht.

Siegmund, Naturgeschichte der 3 Reiche. 7.—11. Lfg. Wien. Hartleben. à 5 Sgr.

Spengel, die Darwinsche Theorie. Verzeichniss der über dieselbe in Deutschland, England, Amerika etc. erschienenen Schriften und Aufsätze. 2. Aufl. Berlin. Wiegandt. 10 Sgr.

Suess, über den Bau der italienischen Halbinsel. Wien. Gerold. 1½ Sgr.

Ulrich, internationales Wörterbuch der Pflanzennamen, in lat., deutsch., engl. u. franz. Sprache. 4. 5. Lfg. Lpz. Weissbach. à 10 Sgr.

Geographie.

Adamy, Geographie von Schlesien für den Elementar-Unterricht. 12. Aufl. Breslau. Trewendt. 3 Sgr.

Arendt, Fragen und Antworten zu dessen geogr. Leitfaden, sowie zu jedem anderen geogr. Unterrichtsbuche der neueren Methode. 2. Aufl. Regensburg. Manz. 15 Sgr.

— Geographie für weibliche Unterrichtsanstalten. 3. Aufl. Ebda. 25 Sgr.

Balbi, allgemeine Erdbeschreibung oder Hausbuch des geographischen Wissens. Eine systemat. Encyclopädie der Erdkunde. 5. Aufl. Wien. Hartleben. 26. Lfg. 6 Sgr.

Bernhard, Schulatlas von Baiern. München. Finsterlin. 8 Sgr.

Bibliotheca geographica oder systemat. geordnete Uebersicht der in Deutschland und dem Auslande auf dem Gebiete der gesammten Geographie neu erschienenen Bücher. Herausgeg. von Müldener. 19. Jahrg. Juli—Decbr. 1871. Göttingen. 6 Sgr.

Cannabichs Lehrbuch der Geographie nach den neuesten Friedensbestimmungen. 18. Aufl. Neu bearb. von Oertel. 2. Bd. 3. Lfg. Weimar. Voigt. à 10 Sgr.

Daniel, Lehrbuch der Geographie für höhere Unterrichtsanstalten. 31. Aufl. Herausgeg. von Kirchhoff. Halle. Waisenhaus. 15 Sgr.

— Leitfaden für den Unterricht in der Geographie. 68. Aufl. Herausgeg. von Kirchhoff. Ebda. 7½ Sgr.

Hann, Hochstetter und Pokorny, allgemeine Erdkunde. Ein Leitfaden der astronomischen Geographie, Meteorologie, Geologie und Biologie. Prag. Tempsky. 2 Thlr.

Hartmann, Leitfaden in zwei getrennten Lehrstufen für den geogr. Unterricht in höheren Lehranstalten. 11. Aufl. Osnabrück. Rackhorst. 9 Sgr.

Klöden, Handbuch der Erdkunde. 3. Aufl. I. Bd. 1. Lfg. Berlin. Weidmann. 10 Sgr.

Kohl, die Völker Europas. Cultur- u. Charakterbilder der europäischen Völkergruppen. 2. Aufl. Mit Farbentafeln nach Aquarellen von Kretschmer u. A. 1. Lfg. Hamburg. Berendsohn. 7½ Sgr

Kozenn, Erdbeschreibung für Volksschulen. 5. Aufl. Wien. Hölzel. 5 Sgr.

Langes neuer Volksschulatlas über alle Theile der Erde. 32 Karten in Farbendruck. 11. Aufl. Braunschweig. Westermann. 7½ Sgr.

Preuss, kurzer Unterricht in der Erdbeschreibung nach einer stufenweisen Fortsetzung. 17. von Lettau durchgesehene und verb. Aufl. Königsberg. Gräfe. 5 Sgr.

Schulgeographie, kleine, mit Berücksichtigung Deutschlands. Potzdam.
 Rentel. 1 Sgr.
Stahlberg, Leitfaden für den geographischen Unterricht. In drei Kursen
 bearb. 1. Bdchen. 10. Aufl. Lpz. Holtze. 6 Sgr.
Stichart, sächsische Vaterlandskunde. Für den Schulgebrauch bearbeitet. Mit einer Schulkarte v. Königreich Sachsen von Krumbholtz.
 5. Aufl. Dresden. Dietze. 4 Sgr.   A.

Juli. August.

Unterrichts- und Erziehungswesen.

Bieck, die Kreis- und Localaufsicht in Volksschulen. Erfurt. 3 Sgr.
Bildungsfrage, die, gegenüber der höheren Schule. Berlin. Springer.
 6 Sgr.
Chronik der Universität zu Kiel. Kiel. 10 Sgr.
Drbal, Darstellung der wichtigsten Lehren der Menschenkunde und Seelen-
 lehre. Nebst einer Uebersicht der Geschichte der Erziehungs- und
 Unterrichtslehre. Wien. Braumüller. 1½ Thlr.
Freninger, das Matrikelbuch der Universität Ingolstadt-Landshut-
 München. Rectoren, Professoren, Doctoren 1472—1872, Candidaten
 1772—1872. 1. Thl. München. Lindauer. 1½ Thlr.
Herchenbach, moderne Töchtererziehung. Münster. Russel. 3 Sgr.
Hory, das Lehrerinnen-Seminar zu Ludwigsburg. Im Auftrag des kgl.
 Cultusministeriums. Stuttgart. Grüninger. 7½ Sgr.
Klein, einige Worte über die Volksschule und deren Einfluss auf das
 physische Volkswohl. Ratibor. Wichura. 3 Sgr.
Kooks, Wünsche in Betreff des für den preussischen Staat zu erwartenden
 Schulgesetzes. Köln. Greven. 5 Sgr.
Lohmann, das neue Schulaufsichtsgesetz. Hannover. Wolf 5 Sgr.
Ohler, Lehrbuch der Erziehung und des Unterrichts. 7. Aufl. Mainz.
 Kirchheim. 2½ Thlr.
Personalstatus der bairischen Studienanstalten, zusammengestellt vom
 Ausschuss des Vereins von Lehrern an bair. Studienanstalten. München.
 Lindauer. 7½ Sgr.
Prantl, Geschichte der Ludwig-Max.-Universität in Ingolstadt, Landshut,
 München zur Festfeier ihres 400jähr. Bestehens im Auftrage des aka-
 demischen Senats verfasst. 2 Bde. München. Kaiser. 6²⁄₃ Thlr.
Protokolle über die im Juni 1872 im kgl. Unterrichts-Ministerium
 gepflogenen, das Volksschulwesen betreffenden Verhandlungen. Berlin.
 Hertz. 10 Sgr.
Richter, die Erziehung der weiblichen Jugend in deutsch-nationalem
 Sinne, mit bes. Berücksichtigung der höheren Töchterschule. 2. Aufl.
 Lpz. Siegismund. 10 Sgr.
Schlosser, pädagogische Fragen. I. Ueber nationale Erziehung. Frank-
 furt a. M. Zimmer. 5 Sgr.
Schott, Handbuch der pädagog. Literatur der Gegenwart. Ein nach
 den Hauptlehrfächern übersichtlich geordnetes Verzeichniss der nam-
 haftesten literar. Erscheinungen auf dem Gebiete der Pädagogik.
 II. Thl. 2. Abth. Mathematik. Lpz. Klinkhardt. 8 Sgr.
Schumann, Ferienschriften über pädagogische und kulturgeschichtliche
 Zeitfragen. Hannover. Brandes. 15 Sgr.
Steinbrück und Haupt, Schule im Freien. Langensalza. 6 Sgr.
Thaulow, unsere Landesuniversität Kiel. Kiel. 1½ Sgr.
Wachler, die Pensionirung der unmittelbaren Staatsbeamten, sowie der

Lehrer und Beamten an den höheren Unterrichtsanstalten. Gesetz
vom 27. März 1872. Durch Anmerk. erläutert. Berlin. Kortkampf.
7¹/₂ Sgr.
Werneke, die Confessionalität der höheren Schulen, zunächst in Preussen.
Münster. Russel. 3 Sgr.
Zur Schulgesundheitspflege. Beglaubigte Zahlen betr. die Schulhäuser
etc. mitgetheilt und beleuchtet von A. Gr. Barmen. Langenwiesche.
9 Sgr.

Mathematik.

Allihn, Lehrbuch der Planimetrie. Reval. Kluge. 15 Sgr.
Balsam, Leitfaden der Planimetrie nebst einer Sammlung von Lehrsätzen
und Aufgaben und einer geschichtlichen Uebersicht. 3. Aufl. Stettin.
Saunier. 22 Sgr.
Baltzer, die Elemente der Mathematik. 4. Aufl. Lpz. Hirzel. 1¹/₂ Thlr.
Becker, Leitfaden für den Unterricht in der Geometrie an Mittelschulen.
Schaffhausen. Schoch. 18 Sgr.
Binking und Wiese. Das Rechnen auf der unteren Stufe. Oldenburg.
Schmidt. 6 Sgr.
Blümel, Aufgaben und Lehrsätze aus der ebenen Geometrie. Berlin.
Calvary. 12 Sgr.
Bremiker, logarithmisch-trigonometrische Tafeln mit 5 Decimalen.
Berlin. Weidmann. 5 Sgr.
Clebsch, über eine Fundamentalaufgabe der Invariantentheorie. Göt-
tingen. Dietrich. 28 Sgr.
Fäsch, Aufgaben zum Zifferrechnen. 5. Aufl. St. Gallen. Huber. 3 Sgr.
Fialkowski, über die einheitliche Construction der 3 Kegelschnitts-
linien mittelst der Kreistransversalen. Wien. Sallmayer. 8 Sgr.
— Körperformen und Netze mit entsprechenden Ansätzen und Einschnitten
zum leichten Anfertigen von Körpermodellen ohne zu kleben. 2. verm.
Aufl. Ebda. 8 Sgr.
Giseke, systematisch geordnete Aufgaben zum Unterricht in der Buch-
stabenrechnung und Algebra. 2. Aufl. Halle. Schmidt. 12 Sgr.
Grassmann, die Begriffslehre oder Logik. 2. Buch der Formenlehre
oder Mathematik. Stettin. Grassmann. 7 Sgr.
Grelle, Leitfaden zu den Vorträgen über höhere Mathematik am Poly-
technikum zu Hannover. Hannover. Helwing. 2 Thlr.
Hartmann, die Eigenthümlichkeiten der periodischen Decimalbrüche.
Rinteln. Bösendahl. 5 Sgr.
Hechel, arithmetische Aufgaben für Gymnasien, Realschulen etc. Reval.
Kluge. 20 Sgr.
— dasselbe. Resultate. Ebda. 12 Sgr.
— die ebene analytische Geometrie mit zahlreichen Uebungsaufgaben.
2. Aufl. Ebda. 15 Sgr.
Heger, Anfangsgründe der Planimetrie. Lpz. Klinkhardt. 8 Sgr.
— Geometrie für Volksschulen. Ebda. 8 Sgr.
Hentschel, Lehrbuch des Rechenunterrichts in Volksschulen. Verfasst
mit gleichmäss. Berücksichtigung des Kopf- und Zifferrechnens. 2. Thl.
9. Aufl. Lpz. Merseburger. 14 Sgr.
— Aufgaben zum Zifferrechnen. 28. Aufl. 2 Hefte. Ebda. 7¹/₂ Sgr.
Jahrbuch über die Fortschritte der Mathematik. Herausgeg. von Ohrt-
mann, Müller und Wangerin. 2. Bd. Berlin. 1¹/₃ Thlr.
Kuckuck, das Rechnen mit decimalen Zahlen mit bes. Berücksichtigung
des abgekürzten Rechnens. Berlin. Weidmann 15 Sgr.
Lettau, algebraische Aufgaben mit Berücksichtigung des neuen Münz-
systems. Langensalza. 27 Sgr.
Menzel, der metrische Rechenmeister zum Selbstunterricht und für die
Schule. Minden. Hufeland. 6 Sgr.

Pleibel, Handbuch der Elementar-Arithmetik. 5. Aufl. Stuttgart. Schweizerbart. 1^{13}/$_{20}$ Thlr.

Schlömilch, 5stellige logarithmische und trigonometrische Tafeln. Schulausgabe. Braunschweig. Vieweg. 10 Sgr.

Stambach, der topographische Distanzenmesser und seine Anwendung. Aarau. Christen. 8 Sgr.

Strehl, Handbuch beim Unterrichte in der Arithmetik. Nach dessen Tode herausgeg. von Schubert. 8. Aufl. Wien. Sallmayer. 13 Sgr.

— Sammlung von Rechnungsaufgaben. 4. Aufl. Ebda. 18 Sgr.

Terlinden, Rechenbuch für Volksschulen. 13. Aufl. Neuwied. Heuser. 9 Sgr.

Wenck, die Grundlehren der höheren Analysis. Ein Lehr- und Handbuch für den ersten Unterricht in der höheren Mathematik. Zum Gebrauch an Lehranstalten sowie zum Selbstunterricht. Mit bes. Berücksichtigung derer, welche einem techn. Berufe sich widmen. Lpz. Teubner. 2 Thlr.

Westberg, der kleine Rechner oder Leitfaden zum theoret.-praktischen Rechnen. 3. Aufl. Reval. Kluge. 10 Sgr.

Wittstein, 5stellige logarith.-trigonom. Tafeln. 5. Aufl. Hannover. Hahn. 20 Sgr.

— Lehrbuch der Elementarmathematik. 4. Aufl. Ebda. 20 Sgr.

Worpitzky, Elemente der Mathematik. 1. Thl. Arithm. 20 Sgr. 2. Thl. Algebra. Kettenbrüche. Combinationsoperationen. Berlin. Weidmann. 15 Sgr.

Zähringer, Aufgaben zum prakt. Rechnen. 1.—8. Heft. Zürich. Meyer. à 1^1/$_2$ Sgr.

— Leitfaden für den Unterricht in der Arithmetik. Ebda. 10 Sgr.

Astronomie. Physik. Chemie.

Asten, Resultate aus Otto v. Struves Beobachtungen der Uranustrabanten. Lpz. Voss. 8 Sgr.

Bänitz, Lehrbuch der Physik in populärer Darstellung. Nach methodischen Grundsätzen für gehobene Lehranstalten. 2. Aufl. Berlin. Stubenrauch. 20 Sgr.

Bernard, Repetitorium der Chemie nach dem neuesten Standpunkt der Wissenschaft. 1. Thl. Anorganische Chemie. Breslau. Maruschke. 20 Sgr.

Büchting, bibliotheca astronomica et meteorologica oder Verzeichniss der auf dem Gebiete der Astr. und Met. in den letzten 10 Jahren 1862—71 im deutschen Buchhandel 'ersch. Bücher u. Zeitschr. Nordhausen. Büchting. 12 Sgr.

Döllmann, der Hagel. Stuttgart. Grüninger. 6 Sgr.

Förster, populäre Mittheilungen zum astron. Thl. des königl. preuss. Normalkalenders für 1873. Berlin. Statistisches Büreau. 15 Sgr.

— die veränderlichen Tafeln des astron. u. chronologischen Theils des königl. preuss. Normalkalenders für 1873. Ebda. 2^1/$_4$ Thlr.

Fortschritte der Physik im J. 1868. Dargestellt von der phys. Gesellschaft in Berlin. Red. v. Schwalbe. 24. Jahrg. 2. Abth. Berlin. Reimer. 2^1/$_2$ Thlr. (1—24: 90 Thlr.)

Fuss, Beobachtungen und Untersuchungen über die astronom. Strahlenbrechung in der Nähe des Horizontes. Lpz. voss. 13 Sgr.

Heppe, Vademecum des prakt. Chemikers. Ein Hand- und Hilfsbuch bei den Arbeiten im Laboratorium. 3. 4. Lfg. Lpz. Kollmann. à 15 Sgr.

Jacobsen, chemisch-technisches Repertorium. Uebersichtlich geordnete Mittheilungen der neuesten Erfindungen, Fortschritte u. Verbesserungen auf dem Gebiete der techn. u. industriellen Chemie. Berlin. Gärtner. 1 Thlr.

Karl, der Weltäther als Wesen des Schalles. Sigmaringen. Tappen. 15 Sgr.

Kohlrausch, Leitfaden der prakt. Physik mit einem Anhang: Das elektr. und magnet. absolute Maasssystem. 2. Aufl. Lpz. Teubner. 1½ Thlr.

Littrow, Bericht über die von den Herren: Dir. C. Bruhns, Dir. W. Förster, Prof. E. Weiss ausgeführten Bestimmungen der Meridiandifferenzen Berlin-Wien-Leipzig. Wien. Gerold. 1½ Sgr.

Lorscheid, Lehrbuch der anorganischen Chemie nach den neuesten Ansichten der Wissenschaft. Freiburg. Herder. 1½ Thlr.

Pettenkoffer, Beziehungen der Luft zu Kleidung, Wohnung und Boden. Drei populäre Vorträge geh. im Albert-Verein zu Dresden am 21., 23. und 25. März 1872. Braunschweig. Vieweg. 24 Sgr.

Postel, kleine Chemie, insbes. für Seminaristen. 4. Aufl. Langensalza. 10 Sgr.

Repertorium für Meteorologie, herausgeg. von der kais. Akademie der Wissenschaften. Red. v. Wild. St. Petersburg. Lpz. Voss. 1⅘ Thlr.

Schramm, die allgemeine Bewegung der Materie als Grundursache aller Naturerscheinungen. 1. Abth. Wien. Braumüller. 14 Sgr.

Secchi, die Sonne. Die wichtigeren neuen Entdeckungen über ihren Bau, ihre Strahlungen, ihre Stellung im Weltall und ihr Verhältniss zu den übrigen Weltkörpern. Autorisirte deutsche Uebersetzung n. Originalwerk bez. der neuesten v. dem Verf. für die deutsche Ausgabe hinzugefügten Beobachtungen u. Entdeckungen der Jahre 1870 u. 71. Herausgeg. v. Schellen. 8. Abth. Braunschweig. Westermann. 1½ Thlr. (cplt. 7 Thlr.)

Stefan, über die dynamische Theorie der Diffusion der Gase. Wien. Gerold. 6 Sgr.

Stern, Beiträge zur Theorie der Resonanz lufthaltiger Räume. Ebda. 2 Sgr.

Vogel, Beobachtungen, angestellt auf der Sternwarte des Kammerherrn v. Bülow. 1. Hft. Lpz. Engelmann. 3⅔ Thlr.

Weilenmann, aus der Firnenwelt. Gesammelte Schriften. Neue Folge. Lpz. Liebeskind. 1½ Thlr. (1. 2.: 3½ Thlr.

Wetzel, Wandkarte für den Unterricht in der mathemat. Geographie in 9 Blättern. 2. Aufl. Berlin. Reimer. 3½ Thlr.

Wirth, Wiederholungs- u. Hülfsbuch für den Unterricht in der Physik. Für die Hand der Schüler bearbeitet. 2. Aufl. Berlin. Wohlgemuth. 7½ Sgr.

Zenger, das Differentialphotometer. Vortrag, geh. in·der böhm. Gesellschaft der Wiss. Prag. Grégr. 4 Sgr.

Zöllner, die Kräfte der Natur und ihre Benutzung. Eine phys. Technologie. 6. Aufl. Lpz. Spamer. 2 Thlr.

— über die Natur der Kometen. Beiträge zur Geschichte und Theorie. 2. Aufl. Lpz. Engelmann. 3½ Thlr.

Naturgeschichte.

Beiche, vollständiger Blüthenkalender der deutschen Phanerogamen-Flora. 1. Bd. Jan. bis Juni. Hannover. Hahn. 1½ Thlr.

Brefeld, botanische Untersuchungen über Schimmelpilze. 1. Heft: Mucor Mucedo etc. Lpz. Felix. 3⅔ Thlr.

Bruttan, Schulnaturgeschichte. Bestimmt zum Gebrauche auf den Schulen der Ostseeprovinzen. Reval. Kluge. 18 Sgr.

Büchner, Ludw., physiologische Bilder. 1. Bd. 2. Aufl. Lpz. Thomas. 2 Thlr.

Droese, Anthropologie. Als Grundwissenschaft der neueren Pädagogik. Langensalza. 18 Sgr.

Droste, die Vogelschutzfrage. Ein Referat. Münster. Brunn. 8 Sgr.

v. Ettinghausen, über Castanea vesca und ihre vorweltliche Stamm-
art. Wien. Gerold. 1³/₅ Thlr.

Fitzinger, Versuch einer Erklärung der ersten od. ursprünglichen Entstehung der organ. Körper. Weder nach den Grundsätzen Lamarcks
noch Darwins und im Gegensatze zur Lehre der neuesten Zeit. Lpz.
4 Sgr.

Geinitz, das Elbthalgebirge in Sachsen. 2. Thl. Cassel. Fischer.
6¹/₂ Thlr.

Gerhardt, Verzeichniss der bei Liegnitz vorkommenden wildwachsenden,
eingebürgerten oder häufig cultivirten Gefäss-Pflanzen. Liegnitz.
Krumbhaar. 5 Sgr.

Gutekunst, Geognosie und Mineralogie Württembergs. Heilbronn.
Scheurlen. 12 Sgr.

Haeckel, natürliche Schöpfungsgeschichte. Gemeinverständliche wissenschaftliche Vorträge über die Entwickelungsgeschichte im Allgemeinen
und diejenige von Darwin, Goethe und Lamarck im Besonderen.
3. verb. Aufl. Berlin. Reimer. 1²/₃ Thlr.

v. Heuglin, Ornithologie Nordost-Afrikas, der Nilquellen und Küsten-
gebiete des rothen Meeres und des Somali-Landes. 24. u. 25. Lfg.
Cassel. à ⁵/₆ Thlr. (1—25. Lfg.: 23²/₃ Thlr).

Kraus, zur Kenntniss der Chlorophyllfarbstoffe und ihrer Verwandten.
Spektralanalyt. Unters. Stuttgart. Schweizerbart. 1¹/₃ Thlr.

Laube, die Echinoiden der österr.-ungar. oberen Tertiärablagerungen.
Herausgeg. von der geol. Reichsanstalt. Wien. Braumüller. 1¹/₂ Thlr.

Leunis, Schulnaturgeschichte. Eine analyt. Darstellung der 3 Reiche
zum Selbstbestimmen der Naturkörper. 2 Thl. Botanik. 7. Aufl.
Hannover. Hahn. 28 Sgr.

Lischke, japanische Meeresconchylien. 2. Thl. Cassel. Fischer. 20 Thlr.

Lüben, Naturgeschichte für Kinder in Volksschulen. Nach unterricht-
lichen Grundsätzen bearbeitet. 1. 2. Thl. 8. Aufl. Halle. Anton.
à 2¹/₂ Sgr.

Müller, Anwendung der Darwinschen Lehre auf Bienen. Berlin. Fried-
länder. 1¹/₅ Thlr.

Naumann, Lehrbuch der Geognosie. 3. Bd. 3. Lfg. 2. Aufl. Lpz. Engelmann. 1¹/₂ Thlr. (1.—8.: 17 Thlr.)

Ramann, die Schmetterlinge Deutschlands u. der angrenzenden Länder
in nach der Natur gezeichneten Abbildungen nebst erläut. Text.
Berlin. Schotte. 4. Heft. à 27¹/₂ Sgr.

Redtenbacher, Fauna austriaca. Die Käfer. 3. Aufl. 4. 5. Heft. Wien.
Gerold. à 1 Thlr.

Reichenbach, Deutschlands Flora in höchst charakteristischen Abbildungen in natürlicher Grösse und Analysen. Als Beleg für die Flora
Germanica excursoria u. zur Aufnahme und Verbreitung der neuesten
Entdeckungen Deutschlands und der angrenzenden Länder. No. 283.
284. Lzg. Abel. à 25 Sgr. color. 1¹/₂ Thlr.

— dasselbe. Wohlfeile Ausg. halb color. 215. 216. Ebda. 16 Sgr.

— icones florae Germanicae et Helvetiae simul terrarum adjacentium
ergo mediae Europae. Tom. XXII. Decas 13 et 14. 2 Kupfertafeln.
Ebda. à ⁵/₆ Thlr. color. à 1¹/₂ Thlr.

Reuss, Pflanzenblätter in Naturdruck mit der botanischen Kunstsprache
für die Blattform. 42 Foliotafeln. 2. Aufl. Stuttgart. Schweizerbart.
7¹/₂ Thlr.

Rosenthal, zur Kenntniss der Wärmeregulirung bei den warmblütigen
Thieren. Erlangen. Besold. 15 Sgr.

Scholz, das Wissenswürdigste aus der Mineralogie. Für Schullehrer-
seminarien und Volksschulen. 3. Aufl. Breslau. Maruschke. 6 Sgr.

Seidlitz, die Parthenogenesis u. ihr Verhältniss zu den übrigen Zeugungs-
arten im Thierreich. Lpz. Bitter. 7¹/₂ Sgr.

Vogt, Carl, Lehrbuch der Geologie und Petrefactenkunde. 3. Aufl. 2. Bd.
  3. Lfg. Braunschweig. Vieweg. à 1 Thlr.
Wigand, die Genealogie der Urzellen als Lösung des Descendenz-Pro-
  blems oder die Entstehung der Arten ohne natürliche Zuchtwahl.
  Ebda. 15 Sgr.
Woldrich, Leitfaden der Zoologie für den höheren Schulunterricht.
  Mit 450 in den Text gedruckten Abb. Wien. Beck. 1¹/₅ Thlr.

Geographie.

Amthor u. Issleib, Volksatlas über alle Theile der Erde in 25 Karten.
  16. Aufl. Gera. 7¹/₂ Sgr.
Backhaus, Leitfaden der Geographie für Mittelschulen. 3. Aufl. Mit
  2 Karten. Harburg. Elkan. 5 Sgr.
Handtke, Wandkarte des deutschen Reichs und der deutsch-österr.
  Provinzen in 9 chromolith. Blättern. Glogau. 1 Thlr.
— Wandkarte von Europa in 9 chromolith. Blättern. Ebda. 1 Thlr.
— Wandkarte vom österreich. Kaiserstaat. in 10 chromolith. Blättern.
  Ebda. 25 Sgr.
Hummel, kleine Erdkunde. In 3 Kursen. 2. Aufl. Halle. Anton. 3 Sgr.
Kiepert, karte des russischen Reichs in Europa in 6 Blättern. 3. Aufl.
  Berlin. Reimer. 3 Thlr.
Leuzingen, neue Karte der Schweiz und der angrenzenden Länder.
  Nach Dufours Karte bearb. 1: 400,000. Bern. Dalp. 2²/₃ Thlr.
Liebenow, Generalkarte von der preuss. Prov. Schlesien und den an-
  grenzenden Ländertheilen nebst Specialkarte vom Riesengebirge.
  1: 400,000. Chromolith. Breslau. Trewendt. 1½ Thlr.
— Specialkarte der Grafschaft Glatz nebst den angrenzenden Thln. von
  Böhmen und Mähren etc. 1: 150,000. 5. Aufl. Ebda. 22½ Sgr.
— Specialkarte vom Riesengebirge. 1: 150,000. 6. Aufl. Ebda. 15 Sgr.
Neumayer, Die Erforschung des Süd-Polar-Gebiets. Nebst Karte. Berlin.
  Reimer. 15 Sgr.
Renneberg, Grundriss der Erdkunde. Lpz. Merseburger. 10 Sgr.]
— Kurzgefasstes Lehrbuch der Erdkunde. Ebda. 24 Sgr.
Sandmann, Elementargeographie. 2. Aufl. Crossen. 3 Sgr.
Schuberts kurzgefasste Darstellung der österreichisch-ungarischen Mo-
  narchie. 10. Aufl. Wien. Sallmayer. 17 Sgr.
Sohr, Wandkarte des preuss. Staates in 12 chromolith. Blättern. Glogau.
  Flemming. 1½ Thlr.
Sommer, Leitfaden der Geographie. Braunschweig. Bruhn. 6 Sgr.
Uhlenhuth, Reliefatlas für methodischen Unterricht in der Geographie.
  1. Abth.: die Erdtheile und Palästina (14 Karten) 10 Sgr. 2. Abth.:
  die Länder Europas (14 Karten) 10 Sgr. Zusammen 15 Sgr.
Volksatlas, illustrirter, der Geographie in 52 Landkarten, 104 Blättern
  Text und 1 Bildersaal der Länder- und Völkerkunde. Stuttgart. Hoff-
  mann. 29. 30. Lfg. à 7½ Sgr.
Willkomm, Streifzüge durch die baltischen Provinzen. Schilderungen
  von Land- und Leuten. 1 Thl.: Liv- und Kurland. Dorpat. Gläser.
  2 Thlr.
Winckelmann, Wandkarte von Deutschland, der österreich.-ungar.
  Monarchie, von Polen, der Schweiz, Niederlande u. Belgien. 1:1,000,000.
  12. Aufl. Esslingen. Weychardt. 2 Thlr.

Pädagogische Zeitung.

(Berichte über Versammlungen, Auszüge aus Zeitschriften u. dergl.)

Bericht über die Thätigkeit der pädagogischen Section der 45. Versammlung deutscher Naturforscher und Aerzte zu Leipzig.

Den Besuchern der pädagogischen Sectionen der früheren Natur-
forscher-Versammlungen wird die Beobachtung nicht entgangen sein, dass
die Section noch an dem geeigneten Stoffe suchte und in Folge dessen
keineswegs frisches Leben zeigte. Und doch halte ich die Errichtung einer
pädagogischen Section für einen glücklichen Griff, weil ich mir von der
Thätigkeit derselben, wenn sie erst ins richtige Fahrwasser gekommen sein
wird, für den naturwissenschaftlichen Unterricht Anregung und Förderung
verspreche. Als Stoff für ihre Thätigkeit hat die pädagogische Section
naturgemäss die Behandlung von Fragen, die zu ihrer Lösung der Discussion bedürfen, die Erläuterung ausgestellter Lehrmittel, die Beschreibung
resp. Demonstration von Vorlesungsversuchen, überhaupt die Förderung
der Methodik und Technik des naturwissenschaftlichen Unterrichts.

Bedenkt man, dass gewöhnlich nur drei mal eine Stunde den Verhandlungen gewidmet werden kann, wenn Collisionen mit den Sectionen für
Physik und Chemie vermieden werden sollen, so wird man wohl zugeben,
dass die Hauptthätigkeit der pädagogischen Section ebenso wie der übrigen
Sectionen in der Mittheilung und Entgegennahme von Notizen und nicht
von langen Vorträgen bestehen wird, wofür ja die Fachzeitschriften
der geeignete Ort sind. Jedoch will ich demnächst meine Wünsche nach
dieser Richtung hin näher präcisiren und wende mich jetzt zur Sache.

Bereits in der pädagogischen Section in Innsbruck hatte ich den Vorschlag gemacht, der auch angenommen wurde, es möchten Maassregeln
getroffen werden, um in Rostock eine Ausstellung von Lehrmitteln und den
im Laufe des Vorjahrs erschienenen literarischen Hülfsmitteln zu veranstalten. Die letzteren sollten von Fachlehrern vorgelegt und besprochen
werden. Auch sollten die Lehrer der Naturwissenschaft vor Beginn der
Versammlung durch einen Aufruf in den öffentlichen Blättern und den
Fachzeitschriften ersucht werden, über Versuche und Hülfsmittel für den
naturwissenschaftlichen Unterricht in der pädagogischen Section zu berichten.
Diese Vorschläge wurden in Rostock nur in höchst bescheidenen Anfängen
verwirklicht. Die gleichen Bemühungen bezüglich der Leipziger Versammlung hatten bessere Erfolge.

Obgleich ich schon zu Anfang dieses Jahres die Herren Geschäfts-
führer ersucht hatte, für eine Ausstellung von Lehrmitteln für den naturwissenschaftlichen Unterricht Sorge zu tragen und eine geeignete Persönlichkeit zu ersuchen die Angelegenheit in die Hand zu nehmen, so kam die

Sache doch erst spät in Gang, weil die Unterhandlungen mit den Persönlichkeiten, an die man sich wandte, sich stets zerschlugen. Mittlerweile kam man in Leipzig auf den Gedanken, eine Ausstellung von Gegenständen zu veranstalten, die in naturhistorischer sowie in medizinisch-chirurgischer Hinsicht ein besonderes Interesse gewähren und hierbei die Lehrmittel in möglichst ausgedehnter Weise zu berücksichtigen.

Die ersten vorbereitenden Schritte, eine Ausstellung zu Stande zu bringen, wurden von den Herren Dr. med. H. Ploss und Dr. philos. Rud. König erst anfangs Juni gethan; aber trotz der Kürze der Zeit ist doch Erfreuliches zu Stande gekommen und die Besucher der Ausstellung werden dankend anerkannt haben, dass die beiden Herren sich mit vielem Eifer und grossem Geschick der mühevollen Aufgabe unterzogen haben.

Die Sitzungen der pädagogischen Sectionen fanden sämmtlich im Ausstellungsraume statt und hatten die Besichtigung und Demonstration der Lehrmittel zur Tagesordnung. Bei den nachstehenden Bemerkungen werde ich nur dasjenige erwähnen, wovon ich voraussetze, dass es nicht gerade überall bekannt ist.

Mikroskope waren in grosser Zahl ausgestellt von F. W. Schieck (Berlin), C. Zeiss (Jena), Rud. Wasserlein (Berlin), Schäffer & Budenberg (Buckau-Magdeburg), Krügelstein (Berlin) etc.; ebenso mikroskopische Präparate von Schäffer & Budenberg, Otz (Bern), C. Rodig (Hamburg), Dr. O. Barth (Leipzig) etc. Es wäre wünschenswerth gewesen, dass man einen Mikroskopiker ersucht hätte, vor Beginn der Versammlung die Mikroskope zu untersuchen und während der Versammlung in der pädagogischen Section und event. auch in andern Sectionen über die Eigenschaften der Instrumente verschiedener Aussteller zu berichten. Wie die Sache jetzt lag, wird wohl nicht Mancher einen grösseren Vortheil von diesem Theile der Ausstellung gehabt haben, als wenn er sich nur Preiscourante hätte kommen lassen. — Lehrmittel für den physikalischen Unterricht hatten ausgestellt Dr. E. Stöhrer (Dresden), E. F. Stöhrer (Leipzig), Franz Hugershoff (Leipzig), Appunn (Hanau), G. Schubring (Erfurt). Eine kleine und wenig kostbare (3 Thlr.?) Reibungselektrisirmaschine von E. F. Stöhrer fand viele Liebhaber. Die Maschine wird in Thätigkeit gesetzt, indem man den Träger der Rotationsachse in die eine Hand nimmt und die Scheibe mit der andern Hand dreht. Je nachdem man das eine oder das andere Ende des Axenträgers in die Hand nimmt und dadurch die Elektricität des Reibzeugs oder der Glasscheibe ableitet, erhält man am nicht berührten Ende positive oder negative Elektricität. Das Maschinchen eignet sich besonders gut zur Erregung der Influenz-Maschinen. Ferner zeigte Stöhrer in seiner Wohnung, wohin er zur Besichtigung seiner Apparate eingeladen hatte, Phosphorescenz-Röhren — Schwefelverbindungen, die vom Sonnenlicht beleuchtet weiss erscheinen, aber einige Augenblicke mit directem Sonnenlichte oder mit Magnesiumlicht beleuchtet und dann ins Dunkle gebracht, verschiedenfarbiges Licht ausschicken (Preis 2^1/$_3$ Thlr); Modell eines Metallbarometers (6 Thlr.); zwei gut wirkende Henry'sche Spiralen zur Demonstration der Inductionswirkung der Reibungselektricität etc. Auch war von Stöhrer eine sehr grosse und sehr theure Dampfmaschine für Unterrichtszwecke ausgestellt. Welchen Zweck derartige Maschinen für den physikalischen Unterricht erfüllen sollen, ist nicht recht ersichtlich; sie können höchstens für Zwecke des Zeichnens wirklich gebraucht werden. Es ist sogar nicht ohne Gefahr, eine solche Maschine nach einem Stillstande derselben von einem Jahre wieder in Thätigkeit zu setzen. Wo eine höhere Schule ist, wird es auch Dampfmaschinen geben, welche die Schüler jeder Zeit in Betrieb sehen können. Was die Schule bedarf, sind Durchschnittsmodelle, theils in Holz (Glas), theils in Eisen ausgeführt, welche die Stellung der Schieber etc. während einer Periode ihrer Bewegung deutlich erkennen lassen. Solche Durchschnittsmodelle wurden früher von dem verstorbenen Fessel in Köln geliefert; neuerdings habe ich sie in vorzüglicher Ausführung beim Herrn Geheimrath Knoblauch in Halle a. S. gesehen, der sie von seinem eigenen Mechaniker hatte anfertigen lassen. Abbildungen oder Modelle aus bemaltem Blech oder Pappdeckel sind nur Nothbehelfe.

Franz Hugershoff (Leipzig) hatte theils im Locale der Ausstellung, theils in seinem Laden ausgestellt: die Streifen von 13 der gebräuchlichsten Metalle, die gleich breit, gleich dick und gleich schwer sind (5 Thlr.), Brückenwagen Modell, woran die Einrichtung sichtbar (7 Thlr.), Drehwerk für rotirende Scheiben (6³/₄ Thlr., für Schulen, dem Busolt'schen Farbenkreisel vorzuziehen, weil die Drehungsaxe horizontal liegt); Cylinder mit Papierstreifen zur Erläuterung der Entstehung der Schraubenlinie (20 Sgr.), flache und scharfe Schraube aus Buchsbaum mit durchschnittener Mutter (per Stück 1 Thlr.); hydraulische Presse, Apparat zur Demonstration der gleichförmigen Fortpflanzung des Drucks bei Flüssigkeiten etc. in Glas ausgeführt. (Die meisten dieser Apparate haben noch den hohen Preis von 1 Thlr.)

Georg Appunn (Hanau a. Main) hatte seinen Obertöne-Apparat und seine Resonatoren ausgestellt und erläuterte sie in einer Sitzung der pädagogischen Section. Die Apparate sind gut, dauerhaft gearbeitet und weit weniger kostspielig als die von König. Appunn zeigte noch eine Sirene (durchlöcherte Zinkscheibe), worauf er die Melodie: „Heil dir im Siegerkranz" vortrug.

Schubring (Erfurt) zeigte einen von ihm ausgeführten, soviel ich weiss von Mach angegebenen Apparat, der die Obertöne eines beliebigen Grundtones ohne Weiteres anzugeben gestattet (aufgezogen 1 Thlr. 12½ Sgr.) und einen hundert Jahre lang zu gebrauchenden Kalender von einfacher Construction (unaufgezogen 10 Sgr.).

Von Zeichnungen waren die Bosche'schen Wandtafeln ausgestellt. Bei dieser Gelegenheit will ich erwähnen, dass die Wandtafel enthaltend die Spektren der Sonne, der Alkalien und alkalischen Erden (Wien, Magdalenenstr. 14 bei George André Lenoir) in zweiter sehr verbesserter Auflage erschienen ist. Ausser dieser Tafel sind neuerdings noch zwei andere erschienen, die eine die Spektren einiger schwerer Metalle, die andere einige Sternspektren nach Huggins und Miller darstellend. Preis einer jeden Tafel 2½ Fl. ö. W.

Auf der Rückreise hatte ich Gelegenheit die vorzüglichen Goldblatt-Elektroskope des Mechanikus Wesselhöft in Halle a. S. kennen zu lernen. Die Elektroskope sind gross und solid und die Divergenz der Goldblättchen ist auch bei ungünstiger Witterung von längerer Dauer. Mit zweien solcher Elektroskope, einem mit seitlichem Griff aus Hartgummi versehenen Messingdrahte, der die Knöpfe der Elektroskope leitend zu verbinden gestattet und einem cylindrischen Stabe aus Hartgummi lassen sich die Erscheinungen der Influenz sehr deutlich zeigen. Verwandelt man ein Elektroskop mittelst der beiden hierzu gelieferten Messingscheiben in ein condensirendes Elektroskop, so kann man die Fundamental-Erscheinungen der galvanischen Elektricität mit grosser Deutlichkeit demonstriren. Besser noch als der Versuch mit der Kupfer- und Zinkplatte gelingt folgender, der die Möglichkeit der Entstehung der Elektricität durch Reibung völlig ausschliesst. Man fasst ein achteckiges Zinkstäbchen an dem einen Ende und drückt das andere leicht gegen die obere Condensatorplatte, während man den Knopf der untern Platte ableitend berührt. Hebt man nun die Berührung des Stabes und der unteren Condensatorplatte und dann die ableitende Berührung auf, so divergiren die Goldblättchen bedeutend, besonders wenn man die Finger vor dem Anfassen mit angesäuertem Wasser befeuchtet hat. Der Versuch gelang mir übrigens auch, wenn die Finger durch Löschpapier vor directer Berührung mit dem Zink geschützt waren. Die beim Auflösen und Krystallisiren eines Salzes frei werdende Elektricität zeigt man auf folgende Weise. An die obere Condensatorplatte lässt sich ein in einen Ring endigender Draht befestigen. In den Ring setzt man ein Platinschälchen mit Kochsalz und Wasser und erwärmt dasselbe, bis das Salz anfängt sich zu lösen. Dann nimmt man die Flamme weg, berührt die untere Condensatorplatte einen Augenblick ableitend und hebt die obere ab, wobei die Goldblättchen divergiren. Ueberlässt man den Apparat sich selbst, so tritt ein Moment ein, wo das Auflösen aufhört und die Bildung neuer Krystalle noch nicht wieder begonnen hat. In diesem Stadium zeigen die Goldblättchen beim Aufheben der oberen Platte keine Ladung. Bilden sich nun wieder Krystalle, so wird auch wieder Elektricität entwickelt und zwar die entgegengesetzte, wie beim Auflösen.

Von Lehrmitteln für den Unterricht in der Chemie war hauptsächlich nur eine grosse Auswahl von Apparaten nach A. W. Hofmann ausgestellt.

In der mineralogischen Abtheilung waren schöne und interessante Sachen — Auswürflinge des Vesuvs beim letzten Ausbruch von O. Usbeck in Reichenbach i. S., Auswürflinge der Schlamm-Vulkane auf Java von Dr. Schneider in Loschwitz b. Dresden, schöne krystallisirte Mineralien von C. F. Pech in Berlin — ausgestellt; aber man vermisste sehr speciell für den Unterricht geeignete Sammlungen. Eine solche müsste scharf begrenzte und hinreichend grosse Krystalle der gewöhnlichsten Mineralien und die typischen Repräsentanten der mineralogischen Grundbegriffe aufweisen und vorwiegend diejenigen Mineralien und Gebirgsarten enthalten, welche für Technik und Landwirthschaft von hervorragender Bedeutung sind. Seltenere Mineralien sollten ganz ausgeschlossen werden, weil dadurch die Qualität der gewöhnlich vorkommenden und nothwendigen leidet.

Die ausgestellten Krystallmodelle von R. Heger in Dresden zeichneten sich durch Grösse und Sorgfalt der Arbeit aus; jedoch dürfte es wenig Schüler geben, die von der ganzen Sammlung (40 Stück) wirklich Gebrauch machen. Selbst in unseren Realschulen mit 8- resp. 9jährigem Kursus können von der Krystallographie nur die allerersten Elemente durchgenommen werden, so dass also, wenn man sich wirklich nur auf das Nothwendige beschränkt, der Anschaffung der freilich kostspieligen Modelle von Thomas in Siegen kein unüberwindliches Hinderniss entgegensteht. Von diesen bekannten Modellen, die zuerst auf Veranlassung und unter Leitung des Realschuldirectors Dr. C. Schnabel in Siegen hergestellt worden sind, waren einige Proben ausgestellt. Ein besseres Hülfsmittel für den ersten Unterricht in der Krystallographie ist mir nicht bekannt.

Herbarien zu billigen Preisen waren ausgestellt von der allgemeinen Lehrmittel-Anstalt von Ludw. Hestermann in Hamburg (Grosse Bleichen 32), Pilze aus Papier maché nachgebildet von Ernst W. Arnoldi in Gotha (pro Stück 6 Sgr.); Moose von Fr. Ackermann in Weinheim. Gotthold Elssner in Löbau (Königr. Sachsen) hatte seine Wandtafeln ausgestellt, worauf die Analyse unserer Getreidepflanzen veranschaulicht ist und erläuterte er dieselben in einer Sitzung der pädagogischen Section. Elssner will durch seine Wandtafeln und Anschauungsvorlagen beim Unterricht in der Botanik eine grössere Berücksichtigung verschaffen, ein gewiss sehr zu beachtender Gesichtspunkt. Bei der Analyse der Pflanzen und bei der Repetition werden derartige Wandtafeln mit grossem Nutzen gebraucht werden können. Bis jetzt sind erschienen: Sieben Tafeln Getreidepflanzen (Gerste, Rispenhafer, Roggen, Trespengras, Weizen) 1¹/₂ Thlr. — *Pinus silvestris, betula verrucosa Ehrh., Viscum album* 25 Sgr. — *Fagus silvatica, viburnum Opulus, taxus baccata*, 1 Thlr. — *Prunus spinosa, hedera helix, tilia grandi-* und *parvifolia*, 1 Thlr. — *Fraxinus excelsior, Leontodon Taraxacum, Bellis perennis, Centaurea cyanus* 1 Thlr. 2 Sgr. — *Orchis maculata* 24 Sgr.

Für den zoologischen Unterricht waren folgende Lehrmittel ausgestellt: Eine nach bestimmten Grundsätzen zusammengestellte Käfersammlung von Ludw. Hestermann (Hamburg), Sammlung von Schmetterlingen und (aufgeblasenen) Raupen, Apparate zum Fangen und Präpariren der Insekten von Ernst Heyne (Leipzig), Instrumente zum Fangen, Abbalgen, Skelettiren,

Ausstopfen der Thiere von Wilh. Schlüter (Halle) etc.   Besonderen Beifall fanden Prof. Bock's plastische, anthropologische Lehrmittel hergestellt von Gebrüder Steger (Leipzig), durch welche sie auch zu beziehen sind. (S. u.)

Weil schon früher in dieser Zeitschrift von diesen Präparaten die Rede gewesen ist, so will ich mich nicht weiter darüber verbreiten, sondern bemerke nur, dass ich diese Nachbildungen für ein sehr geeignetes Lehrmittel halte.   Die bekannten Präparate von Auzoux in Paris sind so theuer, dass nicht manche Schule sich dieselben wird anschaffen können.

Auffallender Weise hatte die permanente Ausstellung landwirthschaftlicher (und naturwissenschaftlicher) Lehrmittel in Karlsruhe sich nicht an der Ausstellung betheiligt, was um so mehr zu bedauern ist, als es bei der so überaus freien Versammlung gar zu sehr an treibenden Kräften fehlt, um etwas Gemeinsames zu Stande zu bringen. Die Karlsruher permanente Ausstellung, dieses durch die Hochherzigkeit des Grossherzogs von Baden ins Leben gerufene Institut, findet auf der Naturforscher-Versammlung ein reiches und natürliches Feld ihrer Thätigkeit und wird hoffentlich künftighin die dort gebotene Gelegenheit, in weiteren Kreisen bekannt zu werden und zu wirken, nicht unbenutzt vorbeigehen lassen.

Remscheid, den 6. Sept. 1872.

KRUMME.

Prof. Dr. Bock's
plastische anthropologische Lehrmittel für Schulen
von Gyps und mit Oelfarbe naturgetreu gemalt.

In Gyps gebildet von den Gebrüdern Steger, Bildhauer in Leipzig.

Bestellungen nehmen an Dr. Bock und Gebr. Steger in Leipzig.

I. Schematische Darstellungen in vergrössertem Massstabe.

1) Das Herz, dessen vordere Wand abzuheben ist, so dass die vier Herzhöhlen mit ihren Oeffnungen und Klappen gleichzeitig sichtbar werden. 3 Thlr. 10 Gr.
2) Das Herz in kleinerem Formate. 2 Thlr.
3) Der Augapfel, dessen obere Hälfte (mit einer mikroskopischen Darstellung der Netzhautschichten) abzunehmen ist, so dass nun die Hornhaut mit der Regenbogenhaut, die Linse und der Glaskörper herausgenommen werden können. 2 Thlr. 20 Gr.
4) Der Augapfel, in kleinerem Formate. 2 Thlr.
5) Das Gehörorgan, zerlegbar in das Trommelfell, die Gehörknöchelchen, das Labyrinth mit halberöffneter Schnecke. 3 Thlr. 10 Gr.
6) Das Gehörorgan, in kleinerem Formate. 2 Thlr.
7) Die Haut, auf deren Durchschnittsfläche die Schweissorgane, ein Haarbalg mit dem Haarkeime und Haare, die Talgdrüsen und Gefühlswärzchen (mit Tastkörperchen) sichtbar sind. 1 Thlr. 20 Gr.
8) Die Zähne, in der aufgebrochenen linken Unterkieferhälfte; Entwicklung und Bau derselben dargestellt. 1 Thlr. 15 Gr.

II. Präparate in natürlicher Grösse.

9) Das Gehirn, in fünf Darstellungen:
A. Gehirn von oben. 1 Thlr. 10 Gr.

B. Gehirn von unten (Basis mit Hirnnerven). 1 Thlr. 10 Gr.
C. Gehirn, der Länge nach in der Mitte senkrecht durchnitten.
   1 Thlr. 10 Gr.
D. Gehirn, quer durchschnitten, mit den Hirnhöhlen. 1 Thlr. 10 Gr.
E. Knöcherner Kopf mit zerlegbarem Gehirn. 5 Thlr.

10) Köpfe; eine Hälfte mit dem obersten Stücke des Halses, verschie-
dentlich durch - und aufgeschnitten:
   A. Kopf mit den Muskeln, Blutgefässen und Nerven, 2 Thlr. 20 Gr.
   B. Kopf mit theilweiser Eröffnung der Schädelhöhle, der Augen-
      höhle, des Ober- und Unterkiefers. 2 Thlr. 20 Gr.
   C. Kopf mit Durchschnittsfläche, auf welcher Gehirn, die geöff-
      nete Nasen-, Mund-, Schlundkopf- und Kehlkopfshöhle sichtbar
      sind. 2 Thlr. 15 Gr.

11) Die Lungen mit dem Herzen. 4 Thlr.
12) Die Lungen mit Herzen, dessen vordere Wand abzuheben ist. 5 Thlr.
13) Der Kehlkopf (von vorn und von hinten):
   A. Kehlkopf von vorn mit Zungenbein und Schilddrüse. 1 Thlr.
   B. Kehlkopf von hinten, mit Stimmritze und Stimmbändern. 1 Thlr.
   C. Kehlkopf im Zusammenhange mit Zunge und Schlundkopf,
      welcher von hinten eröffnet ist. 1 Thlr 10 Gr.
14) Die Gelenke, zum Theil eröffnet, mit ihren Knochen und Bändern:
   a) Arm - Gelenk, geöffnet. 1 Thlr.
   b) Ellenbogen-Gelenk, von vorn. 1 Thlr.
   c) Ellenbogen-Gelenk, von der Seite. 1 Thlr.
   d) Hand-Gelenke. 1 Thlr.
   e) Hüft-Gelenk, geöffnet. 1 Thlr.
   f) Knie-Gelenk, geöffnet. 1 Thlr.
   g) Fuss-Gelenke. 1 Thlr. 15 Gr.
15) Der Rumpf (Torso) mit den Brust- und Baucheingeweiden. 12 Thlr.

Verpackung billigst.

Allgemeiner Briefkasten.

Um vielseitig ausgesprochenen Wünschen zu genügen, soll im 4. Jahrg.
dieser Zeitschrift besonders der naturwissenschaftliche Unterricht in
den im Prospect bezeichneten vier Schulgattungen berücksichtigt werden.
Es soll daher jedes Heft eine Arbeit hierüber von erfahrenen und bewährten Schulmännern enthalten. Auch soll dem österreichischen Schulwesen, ganz besonders aber der Lehrmittelausstellung der Wiener
Weltausstellung vorzügliche Aufmerksamkeit geschenkt und sollen
überhaupt die österreichischen Schulmänner zur Betheiligung an der Zeitschrift angeregt und veranlasst werden. Wir bitten jedoch alte wie neue
Freunde des Unternehmens, welche sich durch Beiträge betheiligen wollen,
die Tendenz unsers Organes „Vervollkommnung des (mathem. und
naturw.) Unterrichts" streng im Auge zu behalten und rein wissenschaftliche Themata (mit Ausnahme etwa von kurzen Notizen und kleineren Mittheilungen) nicht einzusenden, da es für diese andere, jedem
Lehrer bekannte, Journale gibt. Alle Beiträge müssen innige Beziehung zum Unterricht (zur Schule) haben.   D. Red.

Druckfehler-Verzeichniss zum III. Bande.

Seite 51 Zeile 15 v. u. lies unvollkommenen statt unvollkommen.
„ 53 „ 21 v. o. „ der statt oder.
„ 55 „ 20 v. o. „ feinerom statt feinerem.
„ 55 „ 9 v. u. „ Transversalen die statt Transversalen, die.
„ 55 „ 7 v. u. „ um statt nur.
„ 56 „ 14 v. o. „ Quadrat statt Qradrat.
„ 67 „ 21 v. o. „ Marmor. Wälder statt Marmor — Wälder.
„ 147 „ 1 v. u. „ Winkel statt Winke.
„ 309 „ 23 v. o. „ Ligowski statt Higowski.
„ 309 „ 25 v. o. „ Hasiwetz statt Klasiwetz.
„ 310 „ 4 v. u. „ Moenik statt Motnik.
„ 326 „ 5 v. o. „ Hellmich statt Geissler.
„ 404 „ 16 v. u. „ der Ebenen statt den Ebenen.
„ 406 „ 8 v. o. „ der ersten allgemeinen statt „der allgemeinen".
„ 410 „ 16 v. o. „ Schüler statt Schulen.
„ 414 „ 27 v. u. „ Radiolarien statt Radiolanen.
„ 414 „ 25 v. u. „ Koch statt Köch.
„ 414 „ 21 v. u. „ Wetensch statt evet.
„ 414 „ 6 v. u. „ anophthalma statt anophalma.
„ 418 „ 20 v. o. „ bryogeogr. statt bryogr.
„ 426 „ „ 6. Mai statt 6. Nov.
„ 427 „ 19 v. o. „ Greifswald statt Gött.
„ 439 „ 4 v. u. „ in einem statt des.
„ 441 „ 1 v. u. „ goniometrischen statt geometrischen.
„ 447 „ 18 v. u. „ die reine Elementar- statt die vier Elemente der.
„ 463 „ 15 v. u. „ wirklichen statt willkührlichen.
„ 464 „ 6 v. u. „ im einen statt in einem.
„ 488 „ 4 v. u. „ Herr St. statt er.
„ 489 „ 9 v. o. „ neueren statt neuerer.
„ 480 „ 4 v. o. „ die statt von den.
„ 489 „ 1 v. o. „ Punkte statt Punkt.
„ 490 „ 20 v. o. „ habe statt hatte.
„ 490 „ 14 v. u. „ so wie statt sowie.
„ 490 „ 1 v. u. „ $\frac{b'a}{ab}$ statt $\frac{b'a}{b'a}$.
„ 491 „ 15 v. u. „ Parallelepipede statt Parallelepipeden.
„ 492 „ 13 v. o. „ $\frac{ca}{cb}$ statt $\frac{ca}{bc}$.
„ 493 „ 8 v. o. im vierten Factor lies $\frac{b''b}{b''c}$.
„ 493 „ 13 v. o. im vierten Factor lies $\frac{a''c}{a''b}$.
„ 404 „ 17 v. o. „ Punkte statt Punkt.
„ 494 „ 14 v. u. das zweite : muss heissen $=$
„ 494 „ 13 v. u. „ $a\,a', b\,b'$.
„ 495 „ 19 v. o. „ a' statt a.
„ 495 „ 2 v. u. „ Incorrectheiten statt Incorrectheiten.
„ 495 „ 1 v. u. „ Chr. statt W.
„ 503 „ 26 v. o. „ l'allemand statt l'allemaned.
„ 516 „ 20 v. o. „ Dorcadion-Arten statt Dorcadion.
„ 516 „ 17 v. u. „ Halsschild statt Holzschild.

Hr. Dr. Stoll hat uns ein genaues Verzeichniss der Druckfehler seiner neuen Geometrie (vgl. S. 488 dieser Zeitschr.) eingesandt. Wir machen daher diejenigen Lehrer, welche dieses Buch benutzen, darauf aufmerksam.

UK Ltd.
K
0119
I00012B/708/P